河口村水库工程论文集

本论文集编纂委员会　编

中国水利水电出版社
www.waterpub.com.cn
·北京·

内 容 提 要

本论文集依据国家172项节水供水重大水利工程之一、河南省“十二五”期重点建设项目——河口村水库工程，汇编了围绕河口村水库从项目立项到建设期间，在国内外核心及相关刊物上已发表的反映河口村水库工程建设期一些先进的设计理念、科学的施工技术、创新的管理思路及科学实验与研究的前沿课题等；详细诠释了河口村水库建设期复杂地质和环境条件下的工程规划与布置，建筑物结构设计与处理，施工技术与工艺难点，建设期管理难题，施工新技术、新工艺、新材料的开发，试验与研究等主要内容，取得了一批科研、专利及先进施工技术成果。这些成果保证了工程建设质量、安全和进度，部分成果已达到国际先进和国内领先水平；丰富了河南省水利工程建设、管理、设计与施工方面的技术宝库。

本论文集内容丰富，系统全面，具有较高的学术理论、工程实践价值，可为从事水利水电工程规划与设计、施工与管理、科学试验与研究的工程技术人员提供参考。

图书在版编目（CIP）数据

河口村水库工程论文集 / 《河口村水库工程论文集》编纂委员会编. -- 北京 : 中国水利水电出版社, 2017.11

ISBN 978-7-5170-6160-1

Ⅰ. ①河… Ⅱ. ①河… Ⅲ. ①水库工程－济源－文集
Ⅳ. ①TV62-53

中国版本图书馆CIP数据核字(2017)第326303号

书　　名	河口村水库工程论文集 HEKOUCUN SHUIKU GONGCHENG LUNWENJI
作　　者	本论文集编纂委员会　编
出版发行	中国水利水电出版社 (北京市海淀区玉渊潭南路1号D座　100038) 网址：www.waterpub.com.cn E-mail：sales@waterpub.com.cn 电话：(010) 68367658（营销中心）
经　　售	北京科水图书销售中心（零售） 电话：(010) 88383994、63202643、68545874 全国各地新华书店和相关出版物销售网点
排　　版	中国水利水电出版社微机排版中心
印　　刷	三河市鑫金马印装有限公司
规　　格	184mm×260mm　16开本　43.5印张　1032千字
版　　次	2017年11月第1版　2017年11月第1次印刷
印　　数	0001—1000册
定　　价	**178.00**元

《河口村水库工程论文集》编纂委员会

前　言

河口村水库是国家172项节水供水重点水利工程之一，也是河南省“十二五”期间的重点建设项目。水库工程位于济源市克井镇黄河一级支流沁河最后一段峡谷出口处，控制流域面积9223km²，占沁河流域面积的68.2%。工程任务是以防洪、供水为主，兼顾灌溉、发电、改善下游河道生态基流。总库容3.17亿m³，为大（2）型水利枢纽工程，由混凝土面板堆石坝、泄洪洞、溢洪道及引水发电系统组成。工程总投资27.75亿元。

水库建成后将沁河下游河道防洪标准由不足25年一遇提高到100年一遇；水库与三门峡、小浪底、故县、陆浑等水库联合调度，可使黄河花园口100年一遇洪峰流量削减900m³/s，进一步完善黄河下游防洪工程体系，也为黄河下游调水调沙改善条件；同时还能保证南水北调中线工程总干渠穿沁工程等基础设施的防洪安全。工程建成后，每年向济源市、焦作市及华能沁北电厂提供城镇生活及工业用水量1.28亿m³；可保证沁河下游农业灌溉供水量不低于建库前水平，提供下游灌溉面积31.05万亩，补源面积20万亩；改善沁河下游生态环境，保证五龙口断面5m³/s的流量。

新中国成立以来，黄河水利委员会（以下简称黄委会）和山西、河南两省曾多次对沁河干流工程进行规划研究，黄委会设计公司（现黄河勘测规划设计有限公司，以下简称黄河设计公司）从1956年就开始对沁河五龙口以上坝址进行查勘设计。于1980年5月初步提出规划阶段的《沁河河口村水库初步设计阶段报告》，确定河口村水库的开发任务为防洪、灌溉，并兼顾发电，推荐选用河口村坝址。1991年黄委会设计院向国家提交的《沁河水资源利用规划报告》得以批准，1994年河南省人民政府将河口村水库工程确定为河南省重点建设的三座大型水库之一。2005年3月黄河设计公司正式编制了《沁河河口村水库工程项目建议书》，2009年2月国家发展和改革委员会（以下简称国家发改委）以发改农经〔2009〕562号文批复项目建议书；2011年2月25日国家发展和改革委以发改农经〔2011〕413号文批复《沁河河口村水库工程可行性研究报告》；2011年12月30日水利部以水总〔2011〕686号文正式批复《沁河河口村水库工程初步设计报告》。

河口村水库于2008年5月前期工程开工，2011年4月主体工程开工，2011年10月19日大坝截流，2013年12月25日导流洞下闸封堵蓄水，2014年9月23日水库下闸蓄水，2015年12月主体工程完工，2016年10月水库工程全部完工，2017年工程竣工验收。

河口村水库地质条件复杂，涉及大小断层14条，特别是高122.5m的大坝建在厚达42.0m覆盖层上，高达百米的两座泄洪洞进水塔坐落在大坝上游左岸的狭窄陡坡岸边。同时河口村水库建设工期紧、任务重，涉及各项工程施工计划、技术及专项方案调整，深覆盖层坝基处理，大坝截流及坝基处理施工干扰，大坝及泄洪洞施工与安全度汛，泄洪洞与导流洞同期施工爆破与干扰，泄洪洞（导流洞）爆破开挖与武庙坡大断层影响，泄洪洞进口高塔架混凝土运输及浇筑，泄洪洞进水塔大体积混凝土温控防裂等多项技术难题。

河口村水库建设者们坚持科学指导施工，科学创新过程，科学服务工程，加大科研投入，借科技“尖刀”破难攻坚，采用了10多项新技术、新材料、新工艺，解决了典型建筑物施工技术与工艺、设备、结构等难题，保证了工程建设质量、安全和进度，取得了一批科研成果，其中，1项达到国际先进水平，7项达到国内领先水平，5项分获河南省科技进步二、三等奖，5项获得河南省水利科技进步一、二等奖，5项获得河南省优秀工程咨询成果一、二、三等奖，19项获得国家发明专利或实用新型证书，中国钢结构金奖1项，公开发表学术论文约140篇。

为更好地展示参与单位的科技成果，提供水利科技人员交流与提高的平台，特编辑出版《河口村水库工程论文集》。收录的论文涉及工程设计、施工技术与管理及科学试验与研究等，以丰富河南省水利工程建设、管理、设计与施工方面的技术宝库，也为后期的水利工程设计、管理与施工提供参考。

本论文集所收论文均为参与河口村水库建设的工程技术人员编写，在此表示衷心感谢。鉴于编者水平有限，书中如有不当之处，敬请广大读者批评指正。

编　者

2017年2月

目　录

第一篇　工　程　设　计

第二篇 施工技术与管理

第三篇 科学试验与研究

第一篇

工　程　设　计

近期建设沁河河口村水库的必要性

张迎华[1]　田　华[2]

（1. 水利部黄河水利委员会勘测规划设计研究院；2. 河南省水文水资源局）

1　沁河干流工程规划及河口村水库概况

1.1　沁河干流工程规划概况

沁河是黄河三门峡至花园口区间（以下简称三花间）三大支流之一，流域面积135.32万hm^2，占黄河三花间流域面积的32.5%。沁河洪水是黄河下游洪水的一个重要组成部分，沁河水资源是山西省晋东南和河南省豫北地区工农业发展的重要水源。

1997年由国家计委、水利部联合组织审查通过的《黄河治理开发规划纲要》，提出在沁河干流自上而下布置马连疙瘩、张峰和河口村3座水库工程。河日村水库基本上控制了沁河流域的洪水和径流，是黄河下游防洪“上拦”工程体系的重要组成部分。尽快兴建河口村水库，不但可以减轻沁河下游的洪灾损失，而且可缓解水资源供需矛盾，促进地区国民经济发展。在《黄河的重大问题及其对策》（中华人民共和国水利部，2000年4月）中提出，近期要加快“上拦”工程建设步伐，在支流沁河建设河口村水库工程。

1.2　河口村水库概况

河口村水库位于沁河干流最后一个峡谷段出口五龙口以上约9km处，距河南省济源市12.0km，控制流域面积92.23万hm^2，占沁河流域面积的68.2%。根据黄河下游防洪和沁河流域国民经济发展要求，拟定河口村水库的开发任务以防洪为主，结合灌溉、供水、发电等综合利用。根据1985年黄委会勘测规划设计院完成的《沁河河口村水库工程可行性研究报告》，水库正常蓄水位267.00m，总库容3.30亿m^3；坝顶高程289.00m，最大坝高117.0m，工程设有泄洪洞、溢洪道、灌溉发电洞等泄水建筑物，最大泄量12050m^3/s；电站装机容量1.2万kW，灌溉面积8.8万hm^2。按当地材料坝布置，土石方挖填工程量1027万m^3，混凝土及钢筋混凝土工程量27.13万m^3。工程建设总工期6～7年，按2000年价格水平估算的工程静态总投资为17.24亿元。

2　河口村水库的重大作用

2.1　减轻沁河下游洪水灾害，进一步削减黄河下游洪水

2.1.1　提高沁河下游的防洪标准，减轻洪水灾害

沁河自五龙口出山谷进人下游平原，五龙口至安村为无堤防的天然河道，南岸自安村、北岸自逮村始有堤防，两岸堤防共长153km。沁河下游河道为“悬河”，河床一般高

出两岸地面2～4m，最大达7～8m。历史上沁河下游河道决口频繁，洪水灾害十分严重，成为该地区社会经济发展的心腹之患。特别值得注意的是，历史上曾有黄、沁并溢的记载，如1819年沁河涨水，先决马营坝；黄河相继涨水，夺流而出，两相汇合，一股入卫，一股顺太行堤东注，造成严重的洪灾损失。

目前沁河上缺乏控制性水库工程，其下游及豫北平原的防洪问题十分突出。沁河下游堤防的设防流量为4000m^3/s（小董站），相应洪水水位高出相距43.0km的新乡市30.4m，高出京广铁路詹店车站处路面17.4m。沁河下游左岸老龙湾以下15.0km堤防是黄河干流堤防的组成部分，目前设防标准仅为20年一遇。当沁河洪水超过4000m^3/s时，将淹没沁南滞洪区，该区是河南省工农业生产较发达地区之一，有人口约15万人，土地约1.1万hm^2，由于洪水预见期短，将对人民群众的生命财产带来巨大损失。若洪水进一步上涨，目前河道可能在老龙湾以下向北决溢，将危及豫北地区经济较发达的武陟、获嘉、修武、辉县、新乡、卫辉等县市人民生命财产和工农业生产的安全，以及京广铁路、焦枝铁路、京广高速公路等交通运输安全，对国民经济的发展造成严重影响。兴建河口村水库，控制沁河洪水，可以将小董站500年一遇洪峰流量9500m^3/s削减至4000m^3/s，防洪标准由现状的20年一遇提高到大于200年一遇；对于小于200年一遇洪水，可以不使用沁南滞洪区，从而减轻沁河下游的洪灾损失，并减轻黄、沁洪水遭遇对豫北平原国民经济发展的影响。

2.1.2 进一步削减黄河下游洪水

沁河洪水和黄河洪水经常遭遇，是小浪底至花园口无控制区大洪水的主要来源之一。近期兴建河口村水库，若遇1954年及1958年型洪水，可削减花园口洪峰流量1100～2200m^3/s，对减轻黄河下游洪水威胁、减少黄河滩区中常洪水的淹没损失、减少东平湖的分洪几率等均具有重要的意义。

2.2 进一步开发利用沁河水资源，促进国民经济发展

沁河流域目前尚无一座大型水库，中小型水库的调节库容约1.09亿m^3，只占天然年径流量的6%，而且主要集中在中上游山西省境内的支沟上。沁河河川径流水清量丰，但年际年内分配不均，因干流上无控制性工程调节，常常出现丰水期防洪紧张，枯水期引水困难的被动局面，上下游、流域内外争水现象严重。井灌面积的扩大，致使地下水严重超采，出现大面积地下水漏斗区，其范围涉及沁河以南、黄河以北的大部地区，总面积达16万hm^2，多年平均地下水位下降速率0.4m/s，地下水平均埋深达13.0m，对生态环境和工农业生产造成不利影响。

河口村以下大部分为沁河冲积平原，地形平坦，土壤肥沃，气候温和，光照时间长，是沁河流域的农作物高产区。该地区人口集中，紧邻豫北及晋东南能源基地，城镇、工矿密集，工农业生产发达。沁河下游的焦作、济源两市经济发展迅速，1997年两市国民生产总值291亿元，占河南省的7%，人均GDP 7644元，比全省平均高73%。随着沁北火电基地的兴建及地区经济的快速发展，沁河下游的水资源供需矛盾将更加突出，兴建河口村水库，不仅可以改善供水条件，有效缓解工农业用水的紧张局面，回补地下水，改善生态环境，而且还可以在节水的基础上新发展灌溉面积近6万hm^2，并为当地提供1.2万kW的水电电力。

沁河上游的引沁入汾工程正在建设之中，工程建成后，将对沁河下游的供水产生一定影响。因此，兴建河口村水库，调蓄沁河径流，可以基本解决河南、山西在沁河水资源开发利用上的矛盾，有利于沁河上中游水资源的开发利用。

3 近期兴建河口村水库的有利条件

3.1 前期工作基础扎实

20世纪70年代初以来，黄委会对河口村水库工程进行了大量的勘测规划和设计工作，重大地质问题基本查明，工程技术方案可行。1973年5月，由黄委会主持，山西、河南两省共同参加，提出了《沁河干流工程选点报告》，对河口村水库工程规划进行了初步研究。根据国务院国发〔1976〕41号文，由黄委员勘测规划设计院负责，河南黄河河务局和新乡地区水利局配合进行部分测量、钻探和水库规划工作，于1980年5月提出了《沁河河口村水库初步设计报告》（工程规划），此后又进行了地勘试验补充工作。1985年4月编制了《沁河河口村水库工程可行性研究报告》，1988年3月原水利电力部水利水电规划设计管理局组织对该报告进行了初步审查。根据水利部〔1988〕49号文要求，黄委院于1991年编制了《沁河水资源利用规划报告》，1992年通过能源部水利部水利水电规划设计总院审查。该报告在水资源评价和水资源利用现状分析的基础上，对规划水平年（2000年）沁河流域及相关地区的水资源需求进行了预测和供需平衡分析，推荐近期马连圪塔水库和河口村水库同时建设。这些勘测、规划、设计工作为进一步开展河口村水库工程的勘测设计工作，早日开工建设打下了良好的基础。

3.2 淹没损失小，周围地区社会经济发达

根据以往规划成果，河口村水库仅淹没耕地169.3hm^2，需迁移人口约1900人，与黄河支流及河南省同类水库相比，淹没损失较小。工程所在地的焦作和济源市，是河南省经济发展较迅速的地区，地方政府十分支持兴建河口村水库。坝址下游9.0km处五龙口有沁北公路和焦枝铁路通过，对外交通条件较好。

3.3 各级政府历来重视河口村水库建设问题

中央和地方政府历来都十分重视沁河干流的开发问题。早在1968年9月，河南省提出《沁河下游规划报告》，要求兴建河口村水库。1976年国务院在批复《关于防御黄河下游特大洪水意见的报告》（国发〔1976〕41号文）中指出：支流工程除已建的伊河陆浑水库需要加固外，拟再兴建洛河故县和沁河河口村水库。1993年7月，国务委员陈俊生同志检查黄河防汛工作，查勘河口村水库坝址时指出：沁河的洪水问题，小浪底解决不了，黄委提出修沁河河口村水库，我表示同意，要尽快研究立项，争取早建。1999年6月21日江泽民总书记主持的黄河治理开发工作座谈会上，河南省的领导同志又提出近期要建设河口村水库。

4 结论和建议

4.1 结论

为了控制沁河洪水，减轻洪水灾害，完善黄河下游防洪工程体系；为了进一步开发利

用沁河水资源，缓解沁河下游日益尖锐的水资源供需矛盾，促进国民经济和社会的可持续发展，近期急需兴建河口村水库。

4.2 建议

河口村水库前期工作基础扎实，具备近期开工建设条件。为了加快工程建设步伐，需要在1985年可行性研究报告的基础上，按照水利部规定的水利水电工程设计阶段，尽快编制上报河口村水库工程项目建议书，争取早日立项，开工建设。

河口村水库在黄河下游防洪中的地位与作用

严汝文[1]　郑会春[2]　段彦超[3]

（1. 黄河水利委员会规划计划局；2. 黄河规划勘测设计有限公司；
3. 山东黄河勘测设计研究院）

摘要： 介绍了黄河下游的洪水特性和防洪工程体系总体布局，分析了修建河口村水库工程的必要性和该工程在黄河下游防洪中的地位与作用，提出了尽快修建河口村水库工程的建议，对工程规划设计具有借鉴作用。

关键词： 防洪；黄河下游；水库；作用

1　黄河下游防洪工程体系概述

1.1　黄河下游洪水特性

黄河干流全长5464.0km，自河源至内蒙古托克托县的河口镇为上游，河口镇至郑州桃花峪为中游，桃花峪至入海口为下游。黄河下游洪水主要由中游地区暴雨形成，分别来自河龙间（河口镇—龙门）、龙三区间（龙门—三门峡）和三花间（三门峡—花园口）这三个地区。

河龙间是黄河粗泥沙的主要来源区，区间暴雨强度大，历时较短，洪水过程具有峰高量小尖瘦型的特点。区间较大洪水洪峰流量可达11000～15000m³/s，历史实测最大为18500m³/s。龙三间为黄河细泥沙的主要来源区，暴雨特性与河龙区间相似，但由于受秦岭的影响，暴雨发生的频次较多，历时较长（一般为5～10d），洪水过程为矮胖型，洪峰流量7000～10000m³/s。以上两个区间的洪水常常相遭遇，其特点是洪峰高、洪量大，含沙量也大，对黄河下游防洪威胁严重。

三花区间一次暴雨的历时一般为2～3d，最长历时达5d，洪水过程多为峰高量大的单峰型，洪峰流量一般为10000m³/s左右，实测最大为15780m³/s。该区间的洪水具有涨势猛、洪峰高、洪量集中、预见期短等特点，对黄河下游防洪威胁最为严重。下游防洪中常把来自河龙间和龙三区间的洪水称为“上大洪水”，把来自三花区间的洪水称为“下大洪水”。

小浪底水库建成后，威胁黄河下游防洪安全的主要是来自小花间（小浪底—花园口）的洪水。由于小花间暴雨强度大、历时长，主要产洪地区河网密集，有利于汇流，故形成的洪水峰高量大，一次洪水历时约5d左右，连续洪水历时可达12d之久。根据实测资料统计，1931年、1935年、1954年、1958年、1982年等黄河大洪水均为小花间形成的洪水，而且洪峰流量均发生在7月上旬至8月中旬之间，时间更为集中。

1.2 黄河下游防洪工程体系总体布局

黄河干流在孟津县白鹤镇由山区进入平原，由于水少沙多，黄河下游河床不断淤积抬高，自花园口至入海口河长768.0km，河床普遍高出两岸地面4.0～6.0m，部分地段达10.0m以上，成为举世闻名的地上“悬河”，是淮河和海河流域的天然分水岭。黄河下游由于河道高悬于地面之上，全靠大堤束水行洪。治理黄河以来，在干支流上先后修建了三门峡和小浪底水利枢纽、伊河陆浑和洛河故县水库（称为“上拦工程”）；开辟了北金堤滞洪区、山东齐河北岸展宽区、垦利南岸展宽区，修建了东平湖滞洪水库（称为“分滞工程”）；并对黄河下游大堤进行了4次加高培修（称为“下排工程”），初步形成了“上拦、下排，两岸分滞”的防洪工程体系。目前，黄河下游大堤以防御花园口洪峰流量22000m^3/s为设防标准，经河道槽蓄作用，相应高村、孙口站的流量分别为20000m^3/s和17500m^3/s，经东平湖分洪后艾山以下河段的大堤按11000m^3/s流量设防。

2 建设河口村水库工程的必要性

沁河是黄河下游一条主要支流，流域面积1.35万km^2，约占三花区间流域面积的32.5%，占小花间无工程控制区面积的50%。目前，黄河下游防洪工程体系中已建的“上拦工程”小浪底、三门峡、伊河陆浑、洛河故县4座大型水库可控制黄河干流及伊洛河洪水，而对沁河干流的暴雨洪水尚无工程控制。沁河老龙湾以下至沁河河口之间的左岸大堤为黄河、沁河共用大堤，一旦失守，淹没影响范围巨大。为确保沁河左堤，沁河右堤按4000m^3/s流量设防，重现期不足25年一遇。近年来，沁河右堤保护区经济社会发展迅速，在建的南水北调中线总干渠工程（设计防洪标准为100年一遇）穿过沁南地区，现状沁河下游的设防标准已不能满足当地经济社会发展和南水北调中线总干渠工程的防洪要求。

拟建的河口村水库坝址位于沁河下游最后一段峡谷的出口处，控制沁河流域面积9223km^2，占沁河流域总面积的68.2%，该区域是沁河流域暴雨中心之一，属于暴雨洪水频发区。河口村水库建成后，可有效控制沁河洪水，将沁河100年一遇洪峰流量由7110m^3/s削减至4000m^3/s，使沁河下游的防洪标准由目前不足25年一遇提高到100年一遇，保证沁河下游地区和南水北调中线工程总干渠穿沁南渠段的防洪安全。修建河口村水库工程后，可以弥补现状黄河下游防洪工程体系的不足，使小花间无工程控制区的面积减少1/3，对于以沁河来水为主的洪水，与小浪底、三门峡、故县、陆浑等水库工程联合运用，可有效削减花园口的洪峰流量和超额洪量，减轻黄河下游大堤的防洪压力，进一步减少东平湖蓄滞洪区分洪运用几率，对保障黄河下游地区的防洪安全具有重要作用。

3 河口村水库在防洪中的地位与作用

3.1 河口村水库工程主要技术指标

河口村水库初拟正常蓄水位283.00m，设计洪水位283.43m，校核洪水位286.97m，死水位225.00m；水库总库容3.47亿m^3，兴利库容2.6亿m^3，电站装机20MW。该工程为大（2）型Ⅱ等工程，工程枢纽主要由大坝、溢洪道、泄洪洞和引水发电系统组成。大坝初选采用混凝土面板堆石坝。主要建筑物设计洪水标准采用500年一遇，校核洪水标准为5000年一遇。

3.2 河口村水库在黄河下游防洪中的地位与作用

河口村水库工程是国务院2002年批复的《黄河近期重点治理开发规划》确定建设的重要防洪工程，是黄河下游防洪工程体系的重要组成部分。修建河口村水库，不仅可以改变目前沁河下游防洪的被动局面，保证沁河下游防洪安全，解决牺牲沁河下游南岸局部的问题，而且进一步完善了黄河下游防洪工程体系中的“上拦工程”，提高对沁河流域和小花间无控区洪水的控制能力。河口村水库对黄河下游干流防洪能够起到以下具体作用。

3.2.1 有效减小黄河下游洪水威胁，减轻黄河下游大堤的防洪压力

河口村水库生效以后，对于黄河下游发生较大洪水，通过三门峡、小浪底、故县、陆浑、河口村5座水库的联合调节运用，可以有效削减花园口、高村、孙口各站的洪峰流量和洪量。根据分析，对于黄河下游1982年型洪水（沁河来水较大），当花园口发生100年一遇标准洪水，河口村水库可相应将花园口、高村、孙口站的洪峰流量分别削减600m^3/s、1800m^3/s、1300m^3/s，拦蓄花园口超万洪量1.98亿m^3；当花园口发生1000年一遇标准洪水时，河口村水库可将高村站洪峰流量由20500m^3/s削减为20100m^3/s，将孙口站洪峰流量由18100m^3/s削减至17600m^3/s，拦蓄花园口超万洪量1.34亿m^3。对于黄河下游1958年型洪水（属沁河来水不大的洪水类型），河口村水库可将花园口千年一遇洪峰流量由20100m^3/s削减至18400m^3/s，削减花园口洪峰流量1700m^3/s，削减高村、孙口洪峰流量1200m^3/s、900m^3/s，拦蓄花园口超万洪量1.74亿m^3。因此，通过河口村水库参与5库联调，有效削减黄河干流下游各站的洪峰流量，从而减轻黄河下游大堤的防洪压力。

3.2.2 进一步减少东平湖滞洪区分洪运用几率

东平湖滞洪水库地处黄河由宽河道进入窄河道的转折点，是目前黄河下游防御花园口站22000m^3/s流量标准内洪水唯一需要启用的滞洪工程。其主要作用是调蓄黄河、汶河洪水，控制艾山站下泄流量不超过10000m^3/s，确保艾山以下河段防洪安全。东平湖湖区总面积627km^2，总库容39.8亿m^3，由二级湖堤分隔为新、老湖区两部分，老湖区209km^2，库容11.9亿m^3；新湖区418km^2，库容27.9亿m^3。湖区现有人口34.1万人，耕地47.62万亩，其中，老湖区人口12.28万人，耕地8.33万亩；新湖区人口21.82万人，耕地39.29万亩。东平湖以控制艾山站下泄流量不超过10000m^3/s作为分洪运用的控制标准。在只有黄河发生洪水（不遭遇汶河洪水）情况下，当孙口站洪峰流量达到10000m^3/s而不超过13500m^3/s，即启用老湖区分洪；在孙口站洪峰流量超过13500m^3/s情况下，即需启用新湖区分洪。

由于东平湖湖区有大量人口和耕地，启用湖区分滞一次黄河洪水，造成的淹没损失巨大，分洪进入湖区的泥沙引起的渠系淤塞和土地沙化影响尤其严重。1982年8月花园口出现15300m^3/s的洪峰，是新中国成立以来仅次于1958年的大洪水。启用东平湖分洪水量近4亿m^3，由于分入湖区的泥沙淤积，造成6275亩耕地沙化而弃耕，群众失去生产条件，生活困难。因此，在确保下游防洪安全的前提下应尽可能减少运用东平湖分滞黄河洪水的概率。

小浪底水库正常运用后，在小浪底、三门峡、陆浑、故县水库4库联合调度下，当发生30年一遇洪水时，且沁河也发生较大洪水时，如1982年型洪水，花园口洪峰流量为12400m^3/s，孙口洪峰流量为10400m^3/s，需东平湖分洪水量为0.21亿m^3，分洪几率为近30年一遇。河口村水库生效后五库联合运用，当发生50年一遇洪水时，对该类型洪水，可以削减花园口洪峰流量1700m^3/s，减小洪量2.08亿m^3；削减孙口洪峰流量1300m^3/s，基本达到10000m^3/s，不需要使用东平湖滞洪区分洪。因此河口村水库生效以后，通过5库联调，对沁河也发生较大洪水情况下的黄河下游洪水，可进一步减少东平湖滞洪区分洪运用几率。

4 结论

（1）河口村水库是黄河下游防洪工程体系的重要组成部分，为了提高沁河下游地区的防洪能力，保证黄河下游的防洪安全，尽快修建河口村水库是十分必要的。

（2）修建该工程，还可向济源市及沁北电厂等能源基地供水，并为沁河下游灌区提供水源保障，利用水力资源发电，为促进当地的经济社会发展起重要作用。

（3）河口村水库工程也是黄河水沙调控体系的重要组成部分，通过水库调节，可为黄河干流调水调沙创造条件，并保持枯水季节的下泄流量，有利于改善河道基流。

河口村水库在黄河下游防洪工程体系中的作用

张志红　刘红珍　李保国　王　莉

（黄河勘测规划设计有限公司）

摘要： 小浪底水库投入运用后，尽管有效解决了库区以上特大洪水的威胁，减轻了下游防洪负担，但小花间无工程控制区2.7万km^2的流域面积内产生的洪水仍不能被有效控制，黄河下游防洪威胁依然存在；此外，长期以来黄河下游防洪体系建立在牺牲沁河下游右岸局部利益的基础上，使得下游防洪一直处于被动防洪的地位。河口村水库建成生效后，不仅将改变沁河下游被动的防洪局面，而且还将进一步减轻黄河下游洪水威胁，完善黄河下游防洪工程体系，在黄河下游防洪工程体系中具有重要的战略地位。

关键词： 暴雨洪水；河口村水库；防洪；沁河；黄河

河口村水库位于沁河最后一段峡谷出口处，下距五龙口水文站约9.0km，属河南省济源市克井乡。河口村坝址控制流域面积9223.0km^2，占沁河流域面积的68.2%，占小花间无工程控制区面积的34.2%。该工程是控制沁河洪水、径流的关键性工程，是黄河下游防洪工程体系的重要组成部分。

1　暴雨洪水特性

1.1　黄河流域暴雨洪水特性

黄河流域属大陆性季风气候，流域暴雨的基本特点是强度大、历时短，暴雨集中盛夏，出现频数不高，年际变化大。就形成区域性较大洪水的强降雨过程而言，主要分为两类：①区域性强连阴雨；②大面积暴雨。黄河洪水系由暴雨形成，从全流域来看，洪水发生时间为6—10月。其中，大洪水的发生时间，上游一般为7—9月，三门峡为8月，三花间为7月中旬至8月中旬。黄河下游大洪水，主要来自中游地区，按其来源可以分为3种类型[1]。

（1）以三门峡以上的河龙间和龙三间来水为主（简称“上大洪水”），这类洪水系由西南东北向切变线带低涡暴雨形成。其特点是洪峰高、洪量大、含沙量大，对黄河下游防洪威胁十分严重，如1933年和1843年洪水。

（2）以三门峡以下的三花间来水为主（简称“下大型洪水”），这类洪水主要由南北向切变线加上低涡和台风的影响产生的暴雨所形成。其特点是三花间普降大到暴雨，三门峡至小浪底区间、伊洛河、沁河一般同时涨水形成花园口大到特大洪水，到花园口遭遇形成涨势猛、洪峰流量大、含沙量小的洪水，对黄河防洪威胁十分严重，如1958年和1982

年洪水等。

(3) 以三门峡以上的龙三间和三门峡以下的三花间共同来水组成（简称“上下较大型洪水”），如1957年和1964年洪水。这类洪水系由东西向切变线带低涡暴雨所形成，特点是洪峰较低、历时较长、含沙量较小。此类洪水由于组成洪水的来源区不同，因此不能形成下游特大洪水。

小浪底水库建成后，对黄河下游防洪威胁最大的洪水来源于小花间，小花间是三花间洪水的主要来源区之一。据实测资料统计，小花间洪峰、洪量的地区来源和组成分为伊洛河、沁河、小花干流区间三部分。小花间1954年、1958年和1982年3场实测较大洪水中，1954年和1982年沁河洪水占小花间来水比例较大，五龙口站洪峰流量占小花间洪峰流量的13.1%～18.5%，5d洪量占15.8%～18.7%；1958年洪峰流量仅占小花间洪峰流量的7.7%，5d洪量占7.2%。

1.2 沁河流域暴雨洪水特性

沁河流域处在太行山区，地形对降水有较大影响。暴雨的地区分布一般是由北向南递增，且基本上是由流域周围的山地向河谷递减。暴雨发生的机遇，下游比上游多，暴雨量级下游比上游大。暴雨中心主要分布在阳城、润城一带和五龙口至武陟区间的西万一带。

沁河洪水由暴雨形成，年最大洪峰多发生在7—8月。一次洪水历时均在5d之内，洪峰陡涨陡落，呈单峰型或双峰型，洪量集中。洪水来源多以五龙口以上来水为主，发生较大洪水时，沁河五龙口以上与山路平以上洪水遭遇机会较多。

2 现状防洪工程体系及存在问题

目前黄河下游已初步形成了“上拦下排、两岸分滞”的防洪工程体系[2]，加强了防洪非工程措施建设，提高了黄河下游抗御洪水灾害的能力。鉴于黄河的问题十分复杂，其不利的水沙条件和游荡多变的“地上悬河”形势，使得现状处理洪水的体系仍不够完善，表现在中游水库还不完善、河势变化依然较大，中常洪水可能决堤成灾的危险依然存在。

从水库防洪体系来看，黄河干流的三门峡水库和小浪底水库，有效控制了“上大洪水”来源区和“下大洪水”的三小区间来源区，支流伊洛河的陆浑、故县水库控制了“下大洪水”的伊洛河来源区，唯独沁河洪水没有控制性工程。小花间无工程控制区2.7万km^2的流域面积内产生的洪水仍不能够被有效控制，黄河下游防洪威胁依然存在[3]。小花间无工程控制区的洪水具有汇流快、预见期短的特点，尤其沁河五龙口以上流域属太行山区，受地形抬升作用，易形成突发性的暴雨，而且山前洪积扇规模较小，汇流速度快，预见期短，使得黄河下游的防洪一直处于被动防洪的地位。此外，从黄河下游整体防洪安全大局出发，长期以来沁河下游右堤设防标准远低于国家规定的标准，当发生对黄河下游防洪安全威胁较大的洪水时，若沁河来水也较大，则沁河下游右堤先自然漫溢，分洪至沁南地区，以减轻黄河下游洪水威胁。

因此，现状黄河下游防洪工程体系还不够完善。在现有防洪工程体系基础上，还须合理控制小花间无工程控制区来水，不牺牲或少牺牲局部利益，最大限度地削减和拦蓄黄河下游洪峰、洪量，并尽可能地减少下游东平湖滞洪区分洪概率。

3 河口村水库的防洪作用

3.1 进一步完善黄河下游防洪工程体系

河口村水库建成生效后，可控制沁河上中游洪水，使小花间无工程控制区的面积由目前的2.7万km^2减小到1.8万km^2，可将沁河武陟站100年一遇洪水洪峰流量由7110m^3/s削减到4000m^3/s，拦蓄4000m^3/s以上洪量0.58亿～0.98亿m^3，使沁河下游的设防流量重现期由25年一遇提高到100年一遇，沁南地区将不会遭受100年一遇洪水淹没，有效保护沁河下游2149km^2范围内的人民生命财产和基础设施的安全；当遇黄河下游发生1000年一遇洪水时，河口村水库可拦蓄4000m^3/s以上洪量1.29亿～1.91亿m^3，较大程度地减轻沁河右岸洪水漫溢造成的损失。因此，河口村水库建成生效后，可基本解决牺牲沁河下游局部利益的问题，改变沁河下游防洪的被动局面，进一步完善黄河下游防洪工程体系。

3.2 进一步缓解黄河下游大堤的防洪压力

河口村水库生效以后，可以削减花园口、高村、孙口等断面洪水一定的洪峰和洪量，进一步减轻黄河下游大堤的防洪压力。通过三门峡、小浪底、故县、陆浑、河口村5座水库的联合调节运用，对于1982年典型洪水，当花园口发生100年一遇标准洪水时，在4库（三门峡、小浪底、故县、陆浑水库）防洪运用基础上，河口村水库可进一步削减花园口、高村、孙口洪峰流量分别为600m^3/s、1800m^3/s、1300m^3/s，拦蓄花园口超10000m^3/s洪量1.98亿m^3；当花园口发生1000年一遇标准洪水时，河口村水库可将高村站洪峰流量由20500m^3/s削减到20100m^3/s，将孙口站洪峰流量由18100m^3/s削减到17600m^3/s，拦蓄花园口超10000m^3/s洪量1.34亿m^3。对于1954年典型洪水，当花园口发生100年一遇标准洪水时，河口村水库可削减花园口、高村、孙口洪峰流量分别为1500m^3/s、1000m^3/s、700m^3/s，拦蓄花园口超10000m^3/s洪量1.00亿m^3；可拦蓄花园口1000年一遇超10000m^3/s洪量0.47亿m^3。发生1958年典型洪水时，河口村水库可将花园口1000年一遇洪峰流量由20100m^3/s削减至18400m^3/s，削减花园口洪峰流量1700m^3/s，削减高村、孙口洪峰流量1200m^3/s、900m^3/s，拦蓄花园口超10000m^3/s洪量1.74亿m^3。可见，河口村水库生效后，可进一步削减黄河花园口、高村、孙口各站的洪峰流量，可有效减轻黄河下游洪水威胁、缓解黄河下游防洪压力。

3.3 减少东平湖滞洪区分洪运用概率

东平湖滞洪区是黄河下游防洪工程体系的重要组成部分，是确保山东艾山以下河段防洪安全的一项重要分洪工程。东平湖分洪以孙口站洪峰流量大于10000m^3/s作为老湖区分洪的控制指标，当洪水继续上涨，孙口站洪峰流量达到13500m^3/s时，新湖区开始分洪。

目前，东平湖分洪概率为近30年一遇。河口村水库生效后可进一步减少东平湖分洪几率。如对于1982年典型洪水，当花园口发生50年一遇洪水时，可削减孙口洪峰流量至10100m^3/s，基本不需要使用东平湖滞洪区分洪。

3.4 提高对中常洪水的控制能力

河口村水库生效以后，对黄河下游常遇洪水的控制手段和控制能力将得到有效加强，为保护下游滩区安全创造条件。

4　结论

（1）黄河下游的防洪问题是黄河治理规划的首要任务，尽管目前已形成了“上拦下排、两岸分滞”的防洪工程体系，但鉴于黄河水沙条件复杂、洪水来源组成不同，黄河下游防洪威胁依然存在。

（2）河口村水库建成生效后，针对小花间不同典型、不同频率的洪水，通过三门峡、小浪底、故县、陆浑、河口村水库的联合调节运用，既可满足沁河下游100年一遇洪水洪峰流量不超4000m^3/s，又可进一步削减和拦蓄黄河下游各站洪峰流量及超10000m^3/s洪量，从而改变沁河下游被动的防洪局面，进一步减轻黄河下游洪水威胁，完善黄河下游防洪工程体系。此外，还可进一步减少东平湖分洪几率。

综上所述，河口村水库在黄河下游防洪工程体系中具有重要的战略地位，它与小浪底、三门峡、陆浑、故县水库共同组成黄河下游防洪工程体系的上拦工程，这些水库工程在黄河下游防洪运用中，相互补充、相互完善，缺一不可。

参考文献

[1]　史辅成，易元俊，高治定．黄河流域暴雨与洪水[M]．郑州：黄河水利出版社，1997.
[2]　李文家，石春先，李海荣．黄河下游防洪工程调度运用[M]．郑州：黄河水利出版社，1998.
[3]　李国英．治理黄河思辨与践行[M]．北京：中国水利水电出版社，2003.

河口村水库工程作用与效益分析

魏洪涛　贾冬梅　靖　娟

（黄河勘测规划设计有限公司）

摘要： 河口村水库的作用主要表现在提高沁河下游防洪标准，与三门峡、小浪底、陆浑、故县水库联合运用降低黄河下游东平湖蓄滞洪区运用几率，同时兼有工业生活供水、增加广利灌区供水量及提高灌区灌溉保证程度、发电和增加水库下游生态基流等作用。经分析计算，河口村水库净效益现值为22亿元，表明该项目具有较好的经济效果。

关键词： 防洪；供水；效益；河口村水库

河口村水库是控制沁河洪水的关键工程，坝址控制流域面积为 $9223km^2$。其对保障黄河下游及沁河下游地区防洪安全具有重要作用，使沁河下游南岸防洪标准由不足25年一遇提高到100年一遇，改变沁河下游被动防洪局面；河口村水库与三门峡、小浪底、陆浑、故县水库联合运用，可有效削减花园口50年一遇洪峰和洪量，降低下游东平湖蓄滞洪区分洪运用几率，减轻黄河下游洪水威胁，进一步缓解黄河下游大堤的防洪压力[1]。

1　对沁河下游防洪的作用

1.1　保护区基本情况

沁河下游防洪保护区总面积约 $2149km^2$，总人口233.3万人，耕地10.29万 hm^2。分为左岸丹河口以上、左岸丹河口以下、右岸3个防洪保护区。

左岸丹河口以上防洪保护区面积约 $33km^2$，涉及沁阳及济源市的部分村庄，总人口4.46万人，耕地0.14万 hm^2。左岸丹河口以下防洪保护区面积约 $1379km^2$，涉及河南省的新乡市和博爱、武陟、修武、辉县、获嘉、新乡等县，区内有新乡市市区和武陟、修武、获嘉等县城。保护区内总人口173.0万人，其中非农业人口76.8万人，耕地6.71万 hm^2。基础设施有京广铁路、焦枝铁路（焦作—新乡段）、107国道、省级公路等。

右岸防洪保护区面积约 $737km^2$，涉及河南省的济源市、武陟县、沁阳市、温县、孟州等县（市），区内有沁阳市市区。保护区总人口55.81万人，耕地3.44万 hm^2。保护区内有河南省省级重点文物——武陟县妙乐寺塔，还有天宁寺三圣塔、清真寺、太平军围攻怀庆府旧址、河头村沁台及王寨龙山文化遗址5处市级保护文物。

1.2　防洪工程现状及河口村水库的作用

目前沁河下游堤防总长161.63km，其中，左岸76.29km，右岸85.34km。1964年，国务院批准沁河下游防洪标准为防御小董站 $4000m^3/s$ 的洪水。根据《黄河下游“十一五”防洪工程建设可行性研究》，沁河下游堤防设计标准：左岸丹河口以上防洪标准为25

年一遇，堤防级别为4级；左岸丹河口以下防洪标准为100年一遇，堤防级别为1级；右岸防洪标准为50年一遇，堤防级别为2级。

由于左岸丹河口以下防洪保护区涉及范围较大，有京广铁路交通干线，关系到黄海平原安全，甚至关系到全国经济社会发展的整体部署，因此沁河下游防洪采用“牺牲局部，顾全大局”的原则处理，右岸堤防设防标准低于左岸堤防，在发生超标准洪水时，沁河右岸首先溃决，以保证沁河左岸丹河口以下的堤防安全。

河口村水库的兴建可以有效地控制沁河洪水，将沁河武陟站100年一遇洪水洪峰流量由7110m^3/s削减到4000m^3/s，拦蓄4000m^3/s以上洪量0.58亿～0.98亿m^3，右岸地区不再遭受100年一遇洪水淹没，大大减轻沁河下游的洪水威胁，使沁河下游的防洪由被动转为主动。河口村水库可有效解决牺牲沁河下游局部的问题，弥补现状防洪工程体系存在的不足。

1.3 洪灾损失计算

左岸丹河口以上，根据保护区的地形特点，堤防决口以后，洪水沿保护区至丹河口入河。右岸当发生低标准洪水时，受灾地区主要是沁南滞洪区；当发生高标准洪水时，由于堤防设防标准低，且采用的堤防超高低于计算值，因此洪水有可能在上段决口，决口洪水将沿右岸下行，最后进入沁南滞洪区。

根据《焦作市统计年鉴2007》及典型调查估算，左岸丹河口以上防洪保护区总财产为14.79亿元，右岸防洪保护区总财产为296.96亿元[2]。综合考虑防洪保护区的经济财产情况，参照类似地区洪灾损失率的分析成果，依据水文泥沙分析结果，并经专家评估，确定洪灾损失率并进行洪灾损失计算（见表1）。

表1　沁河下游保护区洪灾损失

洪水频率/%	洪灾损失/亿元	
	左岸丹河口以上保护区	右岸保护区
4	3.55	
2	4.44	43.43
1	5.32	61.77
0.5	8.87	104.23

1.4 防洪经济效益计算

河口村水库的防洪经济效益是指有无河口村水库相比减免的洪灾经济损失，采用频率法计算。根据以上分析，河口村水库防洪效益主要分析左岸丹河口以上和右岸防洪保护区经济效益。通过分析计算，左岸丹河口以上和右岸防洪保护区多年平均防洪效益分别为2152万元和11668万元，合计为13820万元。

2 降低东平湖滞洪区运用几率

2.1 滞洪区概况

东平湖滞洪区位于黄河由宽河道转为窄河道的过渡段，是保证黄河下游窄河段防洪安全的关键工程，承担分滞黄河洪水和调蓄大汶河洪水的双重任务，可控制艾山下泄流量不超过 10000m^3/s。设计分洪运用水位为 44.50m，相应库容为 30.5 亿 m^3，可分蓄洪水 17.5 亿 m^3。小浪底水库投入运用后，东平湖滞洪区的分洪运用几率为 30 年一遇，是必须保留的滞洪区，为黄河下游分滞洪区建设的重点。湖区总面积 627km^2，其中，老湖区 209km^2，新湖区 418km^2；涉及山东省东平、梁山、汶上 3 县的 20 个乡镇，区内现有村庄 385 个、人口 37.53 万人，其中，老湖区 99 个村庄、人口 12.58 万人（金山坝以西 38 个村庄、人口 4.9 万人），新湖区 286 个村庄、人口 24.94 万人。东平湖滞洪区内有耕地 3.18 万 hm^2，其中，老湖区 0.56 万 hm^2，新湖区 2.62 万 hm^2。

2.2 洪灾损失计算

东平湖滞洪区蓄洪后受黄河干流顶托，难以短期内将蓄滞洪水排出，淹没历时较长，据分析，最长淹没历时约 50d。鉴于黄河多泥沙的特点，分洪后，将对滞洪区造成一定的泥沙淤积，减小滞洪库容，且难以恢复。根据对东平湖滞洪区小安山乡财产调查分析，滞洪区内人均家庭财产为 20667 元，计入基础设施后，滞洪区内人均财产为 31001 元。

通过水文分析，确定不同标准洪水下需要东平湖滞洪区分蓄洪水量，统计不同淹没水深下的淹没面积及财产数量，并分析估算淹没历时。通过对淹没水深、淹没历时及淹没财产种类等分析，考虑一定的压沙影响，拟定综合淹没损失率，进行淹没损失计算，经分析计算，东平湖滞洪区 30 年一遇、50 年一遇、100 年一遇淹没损失分别为 7.36 亿元、10.09 亿元、62.39 亿元。

2.3 河口村水库对东平湖滞洪区的作用及效益计算

东平湖滞洪区运用几率现状为 30 年一遇，河口村水库建成以后，在其调蓄作用下，对于 1954 年型和 1982 年型洪水，东平湖滞洪区运用几率可提高到 50 年一遇以上[3]。其效益是指减少东平湖滞洪区运用几率而减少的淹没损失，按照频率法计算，东平湖滞洪区多年平均防洪效益为 4279 万元。

综合以上分析，河口村水库多年平均防洪效益为 18100 万元。考虑防洪保护区财产、经济发展等因素，拟定保护区洪灾损失增长率为 2.5%，则计算至河口村水库生效水平年防洪效益为 22053 万元。

3 城市生活及工业供水效益

河口村水库城市生活和工业供水范围主要涉及济源市、沁北电厂和沁阳市沁北工业园区。水库调节后，多年平均增供水量为 12828 万 m^3。工业供水效益计算采用分摊系数法，即按有、无项目对比供水工程和工业技术措施可获得的总增产值乘以供水工程效益分摊系数计算。参照受水区现状水平年万元产值取水量以及《河口村水库工程水资源论证报告》《黄河流域水资源综合规划》《黄河流域“十一五”节水型社会建设规划》等，在进行工业生活供水效益计算时，万元产值取水量按照 50m^3 计。参考类似工程，初步拟定工业供水效益分摊系数为 1.5%。

工业供水效益是由河口村水库和供水工程（含渠道、城市管网等）两部分共同作用的结果，根据投资费用的调查分析，初步考虑两部分各分摊工业供水效益的 50%。经计算，河口村水库工业供水年效益为 19242 万元。

4 灌溉效益

河口村水库农业供水范围为广利灌区，总灌溉面积为3.40万hm^2，目前灌区供水量达不到设计需水要求。2020年灌区维持现状规模，有无河口村水库调节，灌区的供水量分别为10304万m^3和9527万m^3，多年平均向灌区增供水量777万m^3。

根据对广利灌区调查，灌区内作物复种指数为1.8，种植比例为小麦80%、玉米80%、棉花20%。小麦、玉米、棉花净灌溉定额分别为3150m^3/hm^2、2100m^3/hm^2、2250m^3/hm^2。灌区现状灌溉水利用系数为0.45，进一步采取节水措施后，2010年灌区灌溉水利用系数达到0.65，则小麦、玉米、棉花毛灌溉定额分别为5070m^3/hm^2、3225m^3/hm^2、3570m^3/hm^2，综合毛灌溉定额为7365m^3/hm^2。灌区小麦、玉米、棉花平均单产为7200kg/hm^2、7335kg/hm^2、1155kg/hm^2，市场价格分别为1.8元/kg、1.6元/kg、14.0元/kg，则综合产值为23010元/hm^2。

农作物产出是灌溉和农业技术措施综合作用的结果，灌溉分摊系数反映水在农业生产中的作用，该地区属于水资源短缺的地区，综合分析后灌溉分摊系数取0.5。考虑灌溉效益需要在河口村水库与灌溉渠系之间进行分摊，河口村水库的灌溉效益为总灌溉效益的60%。根据作物单位面积的产值及用水量，计算灌区单方水所产生的灌溉效益约为1.61元，其中河口村水库分摊的灌溉效益为0.96元/m^3。河口村水库多年平均向灌区增供水量777万m^3，则多年平均灌溉供水效益为750万元。

5 发电效益

按照设计，河口村水库有一大一小2个电站，大电站利用供水和汛期部分弃水进行发电，小电站利用工业生活供水进行发电，装机容量为11.6MW（大电站装机容量为10MW，小电站装机容量为1.6MW），多年平均发电量为3435万kW·h，厂用电率按0.5%计，则有效发电量为3418万kW·h。

发电效益采用火电站替代费用计算。通过分析合适规模火电站的装机与发电边际费用，计算与水电站等效发电量的火电站费用，作为水电站的发电效益。通过分析有关火电站的投资费用指标和参数，替代火电站投资为4000元/kW，火电站工期为3年，替代火电站与河口村水库电站同步生效，到厂标准煤价取650元/t，标准煤耗取310g/(kW·h)，年运行费率取4.5%。计算火电站供电边际费用为0.34元/(kW·h)，则河口村水库年发电效益为1149元。

6 河道基流补水效益

据实测资料统计，沁河下游武陟站47年系列中有45年断流，几乎年年发生断流，其中一年中断流天数最多的为319d，一年连续断流最长的时间达240d。根据武陟站1956—2000年实测径流系列统计，有212个月断面流量小于3m^3/s。河口村水库建成后，在加强沁河水资源统一管理的情况下，可保证沁河下游五龙口断面最小流量为5m^3/s，进入下游的流量为3m^3/s，沁河干流（不包括丹河）年最小入黄水量为1.04亿m^3，多年平均入黄水量为4.37亿m^3，改变沁河下游频繁断流的局面。

经径流调节计算，水库运行后多年平均增加河道基流水量1397万 m^3。河道内供水的效益按放弃最可能的其他用途而减少的效益或增加的费用计算。本次按照放弃农业灌溉供水的单方水效益计算，河口村水库的河道内供水效益为2248万元。

7 结论

河口村水库的开发任务是以防洪、供水为主，兼顾灌溉、发电、改善河道基流等综合利用。其作用主要表现在提高沁河下游防洪标准，与三门峡、小浪底、陆浑、故县水库联合运用，降低黄河下游东平湖蓄滞洪区的运用几率；向济源市、沁北电厂和沁阳市沁北工业园区供水；提高广利灌区灌溉保证程度，并增加部分灌溉水量；利用工业生活、灌溉用水及河道基流发电；解决沁河下游断流问题，增加生态水量。河口村水库工程可以量化计算的效益主要是防洪效益、城市生活及工业供水效益、灌溉效益、发电效益和河道基流补水效益，经分析计算，河口村水库净效益现值为22亿元，表明该项目具有较好的经济效果。

参考文献

[1] 王延红，魏洪涛. 河口村水库供水水价与资金筹措方案分析[J]. 人民黄河，2010，32 (2)：79-81.

[2] 焦作市统计局. 焦作市统计年鉴2007 [M]. 北京：中国统计出版社，2007.

[3] 张志红，刘红珍，李保国，等. 河口村水库在黄河下游防洪工程体系中的作用[J]. 人民黄河，2007，29 (1)：61-62.

河口村水库水资源状况简论

褚青来[1]　周陈超[2]

（1. 河南省河口村水库工程建设管理局；2. 国家发改委概算评估中心）

摘要： 根据现有水文资料，分析了沁河流域的水资源状况，同时分析了河口村水库各部门对水资源分配情况，不仅为水库工程设计提供参考，还可为引水工程（地方引水项目）的设计提供参考依据。同时，针对北方水资源紧缺的现状，为充分利用河口村水库入库水量（主要是汛期来水量较大，提出了拦蓄汛期洪水），充分发挥工程的供水作用奠定了基础。

关键词： 水资源；地表水；地下水；用水量；耗水量；拦蓄

1　工程概况

河口村水库工程位于河南省济源市克井镇河口村，距沁河最后峡谷段出口以上约 9.0km，控制流域面积 9223km²，占沁河流域面积的 68.2%。工程开发任务以防洪、供水为主，兼顾灌溉、发电、改善河道基流等综合利用。工程由混凝土面板堆石坝、泄洪洞、溢洪道、引水发电系统等组成，500 年一遇设计，2000 年一遇校核，最大坝高 122.5m，总库容 3.17 亿 m³。

2　沁河流域概况

沁河发源于山西省沁源县，流经山西省安泽、沁水、阳城、晋城，河南省济源、沁阳、博爱、温县，于武陟县汇入黄河。河道全长 485.0km，落差 1844.0m，流域面积 13532km²。流域分为石山林区、土石丘陵区、河谷平川区和冲积平原区 4 种类型。石山林区主要分布在流域四周的分水岭一带，面积 6850km²，约占流域面积的 50.6%；土石丘陵区主要分布在流域中部的泽州盆地及其附近，面积 4484km²，约占流域面积的 33.1%；平原区面积 1566km²，约占流域面积的 11.6%；河谷平川区面积 632km²，约占流域面积的 4.7%。

3　流域水资源状况

根据历史资料，沁河流域多年平均（1956 年 7 月至 2000 年 6 月系列）降水量为 611mm，降水总量为 82.68 亿 m³；流域多年平均水资源总量为 17.45 亿 m³，其中，地表水资源量为 14.20 亿 m³，地下水资源量为 11.05 亿 m³，重复量 7.80 亿 m³。

沁河流域水资源主要为大气降水补给，多年平均降水量是黄河流域多年平均降水量的 1.13 倍。多年平均天然河川水资源量为 14.20 亿 m³，流域平均径流深为 105mm。相对于黄河流域及其中下游除伊洛河以外的几条主要支流，沁河河川水资源量较为丰富。但沁河流域水资源存在地区分布不均、年内分配不均、年际变化大等特性，使水资源利用存在较为不利因素。

4　沁河流域水利工程建设情况

自20世纪50年代后期，沁河流域开展了大规模的治理开发建设，兴修了大量的蓄、引、提等水利工程。目前蓄水工程已建成的中型水库5座，总库容为1.53亿m^3，兴利库容0.52亿m^3；小型水库103座，总库容1.01亿m^3，兴利库容0.58亿m^3，根据现状资料统计，蓄水工程总供水量0.5亿m^3；引水工程中5000亩以上的自流灌溉引水工程13处，设计灌溉面积136.1万亩，有效灌溉面积91.0万亩，实灌面积83.2万亩；提水工程包括机电排灌站、水轮泵站1084处和机电井15421眼，总灌溉面积149.4万亩；水力发电已建500kW以上水电站18处，装机5.44万kW，年发电量16612万kW·h。

5　水资源开发利用状况及存在的问题

5.1　各类工程供水量

据现状统计资料，沁河流域水利工程总供水量8.23亿m^3，其中地表水3.62亿m^3，地下水4.61亿m^3，在总供水量中向流域外供水1.78亿m^3。从供水情况来看，由于近年来沁河径流持续偏枯，加上地表供水工程不足，地下水开采量迅速增加。1985年以前山西省用水基本上是以地表水为主，1985年以后逐渐增加了地下水的开采量。

5.2　各部门用水量

沁河流域用水部门有居民生活用水、工农业生产用水和生态用水等，其中农业灌溉用水所占比重最大。沁河流域国民经济各部门现状用水量为8.23亿m^3，其中，农业灌溉6.13亿m^3（流域外1.78亿m^3，占农业用水的34.5%），占总用水量的74.5%；工业用水1.37亿m^3，占总用水量16.6%；居民生活用水0.69亿m^3，占总用水量8.4%；城镇生态环境用水量0.045亿m^3，占总用水量0.5%。

5.3　耗水量

现状沁河流域总耗水量约为6.14亿m^3，其中地下水耗水量3.29亿m^3。在各部门耗水量中，农业灌溉耗水量为4.44亿m^3（其中流域外耗水1.78亿m^3），占总耗水量的72.3%；工业耗水量0.98亿m^3，占总耗水量的16.0%；居民生活耗水量为0.44亿m^3，占总耗水量的7.2%；其他耗水量0.28亿m^3，占总耗水量的4.5%。

5.4　存在的问题

沁河流域水资源在开发利用中也存在一些问题：①干流缺乏控制性工程，地表水开发利用程度较低，地下水超采严重；②局部河段水质污染严重；③沁河断流情况严重；④缺乏水资源统一管理，水事矛盾突出。

6　沁河流域可供水量

6.1　地表水供水量

沁河流域已建成中型水库5座、小型水库103座和一定数量的小型引提水工程，这些工程大都以农业灌溉为主，为流域内的农业发展起到了积极的作用，现有水源工程在今后很长一段时间内仍将发挥重要的作用。现状工程情况下，沁河流域地表水供水量为4.50亿m^3，占流域天然年径流量的32%。马房沟提水工程、张峰水库、河口村水库工程的生效后，将使沁河流域的地表供水量有较大增加。预测2020年水平沁河流域的地表水供水量多年平均达到6.78亿m^3，占沁河流域多年平均天然径流量的48%左右。

6.2 地下水供水量

沁河流域地下水供水水源主要是浅层地下水，平原区城市还开采有极少量的中深层地下水水源。根据区域地下水采补平衡的原则，沁河流域平原区浅层地下水和山丘区地下水供水量采用地下水可开采量2.99亿m^3（含流域外引沁济蟒灌区地下水开采量0.12亿m^3）。考虑到一般情况下对中深层水进行集中开采都会引发一系列不良的环境地质问题，因此，按照可持续发展的原则，中深层水不宜作为长期开采的水源，只能作为应急资源和战略储备资源，故本次不计算中深层水的供水量。基于以上分析，规划水平年沁河流域地下水供水量为2.99亿m^3。

6.3 可供水总量

根据以上分项预测，2020年水平沁河流域可供水总量为9.77亿m^3，其中地表供水量6.78亿m^3，地下供水量2.99亿m^3。

7 河口村水库水资源状况

7.1 水文资料

由于河口村坝址无水文测验资料，选用下游9.0km处五龙口水文站的资料进行径流还原计算（因距离较近，汇流面积较小，且无大的支流，可近似作为水库坝址的入库水量）。根据采用的1956年7月至2006年6月50年系列水文资料经分析计算，该系列多年平均天然径流量为10.52亿m^3。

7.2 入库水量

2020年水平山西省沁河干流需水量为43798万m^3，其中马房沟提水5900万m^3，根据《山西省张峰水库工程可行性研究报告》的供水预测，张峰水库建成后，全部供水效益发挥，新增的供水量为19086万m^3。根据以上需水量预测，考虑沁河干流社会经济发展的水需求、山西省和河南省水资源的统一管理等因素，得出山西省消耗水量2.97亿m^3。

根据以上分析，五龙口断面天然水量为10.52亿m^3，山西省消耗水量2.97亿m^3，同时考虑引沁济蟒灌区及河口电站引水量2.55亿m^3，最终得出河口村水库入库径流多年平均为5亿m^3。

7.3 河口村水库可供水量

根据河口村水库的入口水量和来水量年内分配情况，在保证下游河道最小生态基流5m^3/s及水库下游广利灌区灌溉用水的前提下，经过水库的兴利调节计算，在供水保证率95%时，河口村水库可向济源市、济源沁北电厂和焦作市提供工业和城市生活水量1.28亿m^3。

8 建议

国家发展和改革委员会批复河口村水库以防洪、供水为主，兼顾灌溉、发电、改善生态等综合利用水利工程，说明国家对河口村水库的供水作用非常重视，期望河口村水库向豫北地区的提供更多的水资源，尽管河口村水库可提供年供水量 1.28 亿 m^3，但与需求量相差甚远。充分利用沁河水资源是缓解用水矛盾的重要办法。根据以上分析和河口村水库的实际特点，沁河水量非汛期大部分经引沁渠直接分流，前汛期（8 月 20 日）受汛限水位控制，无法拦蓄洪水，仅可拦蓄后汛期洪水，有可能出现水库蓄满率低的问题，从而不能发挥水库最大的供水作用。对此，建议研究水库的防汛调度运用方式，充分利用气象预报和洪水预报手段，在确保工程防洪安全的前提下，采用多年调节或动态汛限水位，把沁河洪水拦蓄在库内，真正的变水害为水利。

张峰水库对河口村水库入库设计洪水的影响

宋伟华　李保国　张志红　盖永岗

（黄河勘测规划设计有限公司）

摘要：河口村水库作为控制沁河流域洪水的关键性工程以及黄河下游防洪工程体系中的重要组成部分，其设计洪水的分析确定对整个水库工程设计至关重要。对河口村水库坝址天然设计洪水、受张峰水库影响后的设计洪水成果进行分析，结果表明：对于五龙口和张峰水库同频、张五区间相应，2000年一遇和500年一遇洪水张峰水库对河口村水库坝址设计洪水的洪量有加大作用，这是张峰水库先期滞洪之后敞泄造成的，但影响很小；100年一遇及50年一遇洪水张峰水库对河口村水库入库洪水的3d洪量分别削减4%和1%。对于五龙口和张五区间同频、张峰相应的洪水组成，张峰水库对河口村水库坝址设计洪峰有一定削减作用，对3d洪量和5d洪量则没有影响。

关键词：设计洪水；洪峰；洪量；河口村水库；张峰水库

1　工程概况

河口村水库位于沁河最后的峡谷段出山口五龙口以上约9.0km处，坝址以上控制流域面积为9223km^2，占沁河流域面积的68.2%。库区为峡谷型河道，两岸为陡壁悬崖，河床由砂卵石沉积层组成，河谷狭窄，宽度多为300.0～500.0m，河道蜿蜒曲折，坡陡流急，河道平均比降为0.527%。河口村水库作为控制沁河流域洪水的关键性工程以及黄河下游防洪工程体系中的重要组成部分，其设计洪水的分析确定对整个水库工程设计至关重要。

沁河是黄河三门峡至花园口区间两大支流之一，流域面积为13532km^2，约占黄河三门峡至花园口区间流域面积的32.5%，占黄河流域总面积的1.8%。沁河流域目前已建大型水库1座，中型水库5座，小（1）型水库33座。位于河口村水库上游163.0km的张峰水库是沁河干流上的一座大型水库，于2008年下闸蓄水运用。该水库坝址以上控制流域面积为4990km^2，按100年一遇洪水设计（Q_m =3920m^3/s），2000年一遇洪水校核（Q_m =7476m^3/s），水库总库容为3.92亿m^3，调洪库容为0.73亿m^3，防洪库容为0.36亿m^3。

2　暴雨洪水特性

2.1　沁河流域暴雨特性

流域内暴雨主要集中在7—8月[1]。暴雨期副热带环流可分为经向与纬向两种类型。在经向环流作用下，影响暴雨的天气系统有台风、台风倒槽和南北向切变线等。纬向环流型暴雨天气系统为东西向切变线（具有低涡活动）、三合点和西风槽。前者形成南北向带状暴雨，后者造成东西向带状暴雨。该流域处在太行山区，地形对降雨有较大影响。暴雨的地区分布一般是由北向南递增，且基本上是由流域周围的山地向河谷递减。

2.2 沁河流域洪水特性

沁河洪水由暴雨形成，年最大洪峰多发生在7月、8月，其中8月出现洪峰的次数最多，占50.0%左右。洪峰出现时间最早为7月上旬，最迟到9月下旬。一次洪水历时平均在5d之内，洪峰陡涨陡落，呈单峰型或双峰型，洪量集中。

从洪水组成情况来看，沁河流域洪水来源多以五龙口以上来水为主。五龙口以上洪水主要来源于润城至五龙口区间，从历年各站最大3d洪量统计来看，润城至五龙口区间洪量占五龙口比例在60%以上，最大可达89%。

从洪水遭遇情况来看，发生较大洪水时，沁河五龙口以上与山路平以上洪水遭遇机会较多。据武陟站1954年、1956年、1966年、1968年、1982年洪水统计，五龙口以上来水与山路平以上来水遭遇的有4场洪水。

2.3 沁河历史洪水

沁河历史洪水远期的有1482年（明成化十八年）、1761年（清乾隆二十六年）洪水，近期的主要有1895年、1943年、1846年、1892年、1932年洪水等。

1482年洪水是晋东南地区发生的一场异常大洪水，暴雨中心主要位于黄河三门峡至花园口区间，该年大汛期间降雨持续时间长达数月之久，由于位置距河口村水库工程较远，且该场洪水成因复杂，洪峰流量不易确定，因此在计算中未予以考虑。1761年洪水系通过历史文献资料考证而知，在沁河河段并未调查到洪痕，洪峰流量是采用几种方法综合而定的，因此在计算中也仅作为参考。

1895年历史洪水是调查到的较为可靠的大洪水，该场洪水是山西省南部地区近百年来的最大洪水，主雨区分布在山西省三川河、汾河太原以南地区，暴雨中心位于汾河下游以及沁河丹河流域和浊漳河上游。据调查，该次洪水在沁河五龙口河段洪峰流量为5940m^3/s，在丹河山路平河段洪峰流量为1600m^3/s，推算武陟站洪峰流量为7020m^3/s。

3 河口村水库设计洪水

河口村水库作为黄河下游防洪工程体系的组成部分，其设计洪水分析计算涉及黄河三门峡、花园口、三花间等水文站（或区间）。黄河干流花园口、三门峡、三花间等站及区间的天然设计洪水已往已经进行过多次复核审查，目前采用的是水利电力部1976年审定结果。这里仅介绍河口村天然入库设计洪水并着重介绍河口村水库受张峰水库影响后入库设计洪水。

河口村水库坝址下游9.0km处为五龙口水文站，区间无大支流加入，该水文站控制流域面积与坝址控制面积相差22km^2，河口村水库天然坝址设计洪水分析计算直接采用五龙口水文站资料。

采用1895年、1943年、1953—1998年共48年洪水系列，其中1895年洪水按特大值加入计算，重现期为104年，1943年历史洪水按实测连续系列处理。

采用洪水频率分析法，用P-Ⅲ型分布曲线进行适线[2]，对五龙口站不同频率设计洪水进行计算，得出该站设计洪水即河口村水库坝址天然设计洪水见表1（其中W_3、W_5、W_{12}分别为3d、5d、12d洪量）。

表1　　河口村水库坝址天然设计洪水表

洪水频率P/%	洪峰流量Q_m/(m^3/s)	W_3/亿m^3	W_5/亿m^3	W_{12}/亿m^3
0.05	11500	8.77	10.59	18.02
0.20	8900	6.96	8.48	14.18
1.00	5980	4.90	6.08	10.17
2.00	4790	4.04	5.07	8.63

4　张峰水库对河口村水库设计洪水的影响

张峰水库已建成并蓄水运用，将直接影响河口村水库的入库洪水，为此河口村水库的坝址设计洪水应考虑张峰水库的影响。河口村水库的入库洪水由张峰水库出库洪水与张峰—五龙口区间（以下简称“张五区间”）洪水叠加而成。

（1）张峰水库调洪运用方式。张峰水库的防洪调度分三级：入库洪水不超过20年一遇且水库水位不超过防洪高水位时，为保护下游村镇和滩地，水库下泄流量不超过800m^3/s；当入库洪水超过20年一遇且洪水位超过防洪高水位时，泄洪洞全部开启；当入库洪水超过百年一遇且洪水位超过设计洪水位时，溢洪道闸门全部开启。以上任何一种情况下，最大下泄流量不得超过入库洪峰流量。

（2）张峰站、张五区间设计洪水。沁河张五区间流域面积为4255km^2。张峰水库设计洪水采用水库工程审定成果[3]。张五区间设计洪水采用面积指数法推算，利用沁河流域各测站设计洪水资料，在双对数纸上点绘洪峰、洪量与集水面积的关系，综合分析确定该地区的洪水面积指数，再参照以往研究成果中该地区面积指数的分析，洪峰面积指数n采用0.67，洪量面积指数m采用0.9，设计洪水见表2。

表2　　张峰站、张五区间设计洪水表

洪水频率P/%	张峰站				张五区间			
	洪峰流量Q_m/(m^3/s)	W_3/亿m^3	W_5/亿m^3	W_{12}/亿m^3	洪峰流量Q_m/(m^3/s)	W_3/亿m^3	W_5/亿m^3	W_{12}/亿m^3
0.05	7480	5.88	7.97	12.85	6670	5.35	6.90	11.14
0.20	5800	4.66	6.26	10.17	5190	4.24	5.43	8.81
1.00	3920	3.23	4.34	7.12	3550	2.94	3.76	6.17
2.00	3140	2.63	3.53	5.85	2860	2.41	3.06	5.07

（3）受张峰水库影响后的河口村水库设计洪水。河口村坝址以上设计洪水组成考虑了五龙口和张峰水库同频、张五区间相应（工况一）以及五龙口和张五区间同频、张峰相应（工况二）两种工况。经张峰水库调节后，1982年（典型年）河口村坝址各频率设计洪水见表3。

表 3　　典型年河口村坝址各频率设计洪水表

工况	$P/\%$	$Q_m/(m^3/s)$			W_3/亿 m^3			W_5/亿 m^3		
		五龙口水库天然	张峰水库影响	河口村水库坝址	五龙口水库天然	张峰水库影响	河口村水库坝址	五龙口水库天然	张峰水库影响	河口村水库坝址
工况一	0.05	11500	−150	11350	8.77	0.08	8.85	10.59	0.06	10.65
	0.20	8900	−40	8860	6.96	0	6.96	8.48	0	8.48
	0.50	7220	−47	7173	5.78	0	5.78	7.11	0	7.11
	1.00	5980	−70	5910	4.90	−0.20	4.70	6.08	0	6.08
	2.00	4790	−210	4580	4.04	−0.05	3.99	5.07	0	5.07
工况二	0.05	11500	−90	11410	8.77	0	8.77	10.59	0	10.59
	0.20	8900	−80	8820	6.96	0	6.96	8.48	0	8.48
	0.50	7220	−19	7201	5.78	0	5.78	7.11	0	7.11
	1.00	5980	−1320	4660	4.90	0	4.90	6.08	0	6.08
	2.00	4790	−1130	3660	4.04	0	4.04	5.07	0	5.07

（4）张峰水库对河口村设计洪水的影响。由表 3 可知，对于工况一，即五龙口水库和张峰水库同频、张五区间相应的洪水组成，2000 年一遇和 500 年一遇洪水张峰水库对河口村水库坝址设计洪水的洪量有加大作用，这是张峰水库先期滞洪之后敞泄造成的，但影响很小；100 年一遇及 50 年一遇张峰水库对河口村水库入库洪水的 3d 洪量分别削减 4% 和 1%。对于工况二，即五龙口水库和张五区间同频、张峰水库相应的这种洪水组成，张峰水库对河口村水库坝址设计洪峰有一定削减作用，对 3d 洪量和 5d 洪量则没有影响。

5　设计洪水合理性分析

（1）沁河各水文站及张五区间设计洪水是根据流量资料推求的，所选取的水文代表站五龙口、山路平、武陟 3 站均属国家基本站，且均经过黄河水利委员会水文局统一整编，资料精度较高；采用的历史洪水，均是在历史洪水调查或历史文献资料考证的基础上分析整编而得的，都较为可靠。

（2）分析统计参数可知，其时间和空间变化是合理的。随着统计时段的加长，均值增大，变异系数减小，符合一般的统计规律。从统计参数的空间变化看，洪峰流量和各时段洪量均值、变异系数，下游武陟站大于上游五龙口站，这是区间有较大支流丹河汇入所致。统计参数的空间变化与五龙口站至武陟站河段的洪水特性相符，是合理的。此外，五龙口站上游的张峰水库坝址设计洪水，其峰、量均值均小于五龙口站峰、量均值，符合该地区洪水特性；设计洪水的变异系数则是张峰水库坝址大于五龙口站，也符合该河段变异系数上游大于下游的一般规律。

（3）各频率设计值的时间和空间变化是合理的。各频率时段洪量，随着统计时段的加长而增大，随着洪水频率 P 增加而减小，符合一般变化规律。从上下游关系看，张峰水库设计洪峰流量和各时段洪量均小于五龙口站，符合张五区间有一定来水量的洪水特性。

参考文献

[1] 史辅成，易元俊，高治定. 黄河流域暴雨与洪水[M]. 郑州：黄河水利出版社，1997.

[2] 中华人民共和国水利部. 水利水电工程设计洪水计算规范：SL 44—2006 [S]. 北京：中国水利水电出版社，2006.

[3] 水利部长江水利委员会水文局，水利部南京水文水资源研究所. 水利水电工程设计洪水计算手册[M]. 北京：水利电力出版社，1995.

河口村水库工程设计洪水分析

宋伟华　李保国　张志红　马翠丽

（黄河勘测规划设计有限公司）

摘要：河口村水库坝址以上控制流域面积9223km²，占沁河流域面积的68.2%，占黄河小花间无工程控制区间面积的34%。水库修建的主要目的是为了保证沁河流域的防洪安全、提高黄河下游防洪工程体系对沁河流域和小花间无控区洪水的控制能力。作为控制沁河流域洪水的关键性工程以及黄河下游防洪工程体系中的重要组成部分，其设计洪水的分析确定对整个水库工程设计至关重要。通过对河口村水库坝址天然设计洪水、受张峰水库影响后的设计洪水成果进行了分析，并对其进行了合理性检查，为水库工程设计以及水库参与中下游水库群调度提供了可靠的依据。

关键词：河口村；设计洪水

1　概况

沁河是黄河三门峡至花园口区间（以下简称“三花间”）两大支流之一，呈南北向狭长形，流域面积13532km²，约占黄河三花间流域面积41635km²的32.5%，占黄河流域总面积的1.8%。

河口村水库位于沁河最后峡谷段出山口五龙口以上约9.0km，坝址以上控制流域面积9223km²，占沁河流域面积的68.2%，占黄河小花间无工程控制区间面积的34%。库区为峡谷型河道，两岸为陡壁悬崖，河床由砂卵石沉积层组成，河谷狭窄，宽度多为300.0～500.0m，河道蜿蜒曲折，坡陡流急，河道平均比降为5.27%。

沁河流域目前已建大型水库1座、中型水库5座、小（1）型水库33座。位于河口村水库上游163.0km的张峰水库是沁河干流一座以供水为主、兼顾防洪等其他任务的大型水库，水库于2008年下闸蓄水运用。

2　三花间及沁河流域暴雨洪水特性

（1）暴雨特性。黄河三花间较大暴雨多发生在7—8月，其中特大暴雨多发生在7月中旬至8月中旬[1]。该区间暴雨发生次数频繁，强度也较大，暴雨面积可达2万～3万km²，历时一般2～3d。

沁河流域处在太行山区内侧，地形对降雨有较大影响。暴雨的地区分布一般是由北向南递增，且基本上是由流域周围的山地向河谷递减。

（2）洪水特性。黄河洪水由暴雨形成，故洪水发生时间与暴雨发生时间相一致。三花间洪水发生时间为7月中旬至8月中旬。该地区洪水过程历时较短，洪峰大，洪量相对较小。

小浪底水库建成后，对黄河下游防洪威胁最大的洪水来源于小花间。小花间的支流呈辐射状交汇于干流，且汇口相距较近，汇流比较集中。从洪水传播时间上看，如果降雨范围笼罩伊洛河、沁河，则伊洛河、沁河的洪水可以同时遭遇，形成小花间的大洪水或特大洪水。当出现南北向（经向型）大暴雨时，暴雨可以笼罩小花间全流域，伊洛沁河及干流区间洪水相遭遇，形成小花间的大洪水和特大洪水。

沁河洪水由暴雨形成。年最大洪峰多发生在7月、8月，其中8月出现洪峰的次数最多，占50%左右。洪峰出现时间最早为7月上旬，最迟到9月下旬。一次洪水历时平均在5d之内，洪峰陡涨陡落，呈单峰型或双峰型，洪量集中。

从洪水组成情况来看，沁河流域洪水来源多以五龙口以上来水为主。五龙口以上洪水主要来源于润城至五龙口区间，从历年各站最大3d洪量统计来看，润城至五龙口区间洪量约占五龙口平均为60%以上，最大可达89%。

从洪水遭遇情况来看，发生较大洪水时，沁河五龙口以上与山路平以上洪水遭遇机会较多。据武陟站1954年、1956年、1966年、1968年、1982年5场洪水统计，五龙口以上来水与山路平以上来水遭遇有4场。

3 沁河历史洪水

沁河历史洪水，黄委会曾于1954年6—8月和1955年4月进行过多次调查，远期的有1482年（明成化十八年）、1761年（清乾隆二十六年）洪水，近期的有主要有1846年、1892年、1895年、1932年、1943年等。

1482年洪水是晋东南地区发生的一场异常大洪水，暴雨中心主要位于黄河三门峡至花园口区间，该年大汛期间降雨持续时间长达数月之久，由于位置距工程较远，且该场洪水成因复杂，洪峰流量不易确定，因此在计算中未予以采用。1761年洪水系通过历史文献资料考证而来，在沁河河段并未调查到洪痕，洪峰流量的计算是采用几种方法综合而定，因此在计算中也仅作为参考。

1895年历史洪水是沁河调查到的较为可靠的大洪水，该场洪水是山西省南部地区近百年来的最大洪水，主雨区分布在山西省三川河、汾河以南地区，暴雨中心位于汾河下游以及沁河丹河流域和浊漳河上游。该次洪水在沁河五龙口河段，调查洪峰流量为5940m^3/s，在丹河山路平河段调查洪峰流量为1600m^3/s，推算武陟站洪峰流量为7020m^3/s。1943年历史洪水调查可靠，五龙口河段洪峰流量为4100m^3/s，1895年和1943年2个历史洪水参与设计值计算。

4 设计洪水

河口村水库作为黄河下游防洪工程体系的组成部分，其设计洪水分析计算涉及黄河三门峡、花园口、三花区间等水文站（或区间）。黄河干流花园口、三门峡、三花间等站及区间的天然设计洪水已往曾进行过多次复核审查。目前采用的是1976年水利电力部审定成果，相关详细内容不再介绍，着重介绍河口村天然入库设计洪水和受张峰水库影响后入库设计洪水。

4.1　河口村水库天然设计洪水

河口村水库坝址下游 9.0km 处为五龙口水文站，区间无大支流加入，水文站控制断面面积与坝址控制面积相差 22km²，河口村水库天然坝址设计洪水分析计算直接采用五龙口水文站资料，五龙口站于 1951 年 8 月建立，为国家基本水文站。

采用洪水系列为 1895 年、1943 年、1953—1998 年共 48 年。其中 1895 年按特大值加入计算，重现期为 104 年；1943 年历史洪水按实测连续系列处理。

采用洪水频率分析法，用 P-Ⅲ型分布曲线进行适线[2]，对五龙口站不同频率设计洪水进行计算，得出该站设计洪水成果即河口村水库坝址天然设计洪水计算成果见表 1。将五龙口实测系列延长至 2006 年后，设计值减小幅度在 5%左右，安全起见，仍采用系列至 1988 年成果。

表 1　　　　河口村水库坝址天然设计洪水计算成果表（面积 9223km²）

单位：洪峰，m³/s；洪量，亿 m³

采用系列	项目	统计参数			频率的设计值 P/%				
		均值	C_S	C_S/C_V	0.05	0.2	1	2	5
至 1998 年	Q_m	980	1.2	3	11500	8900	5980	4790	3290
	W_3	0.99	0.98	3	8.77	6.96	4.9	4.04	2.94
	W_5	1.34	0.9	3	10.59	8.48	6.08	5.07	3.77
	W_{12}	2.28	0.9	3	18.02	14.18	10.17	8.63	6.41
至 2006 年	Q_m	862	1.28	3	11100	8500	5630	4460	3000
	W_3	0.90	1.02	3	8.42	6.65	4.64	3.80	2.74
	W_5	1.22	0.93	3	10.07	8.04	5.72	4.75	3.50
	W_{12}	2.07	0.92	3	16.85	13.46	9.61	7.98	5.90

4.2　张峰水库影响后河口村的设计洪水

沁河上游张峰水库已建成并蓄水运用，将直接影响河口村水库的入库洪水，为此，河口村水库的坝址设计洪水应考虑张峰水库的影响。张峰水库设计防洪库容为 0.36 亿 m³，能将 20 年一遇洪水洪峰 2160m³/s 削减至 800m³/s。河口村水库的入库洪水，为张峰水库出库洪水过程与张五区间（张峰—五龙口）洪水过程叠加而成。

4.2.1　张峰水库调洪运用方式

张峰水库位于山西省晋城市沁水县郑庄镇张峰村沁河干流上（距晋城市城区 90.0km），下距五龙口水文站 172.0km。水库坝址以上控制流域面积 4990km²。枢纽为Ⅱ等工程，按 100 年一遇洪水设计，2000 年一遇洪水校核。

张峰水库的防洪调度按三级运行，入库洪水不超过 20 年一遇且水库水位不超过防洪高水位时，为保护下游村镇和滩地，水库下泄流量不超过 800m³/s；当入库洪水超过 20 年一遇且洪水位超过防洪高水位时，泄洪洞全部开启；当入库洪水超过 100 年一遇且洪水位超过设计洪水位时，溢洪道闸门全部开启。以上任何一种情况下，最大下泄流量不得超过入库洪峰流量。

4.2.2 张峰、张五区间设计洪水

张峰水库设计洪水采用水库工程审定结果[3]。张五区间设计洪水采用面积指数法推算，利用沁河流域各测站设计洪水资料，在双对数纸上点绘洪峰、洪量与集水面积的关系，综合分析确定该地区的洪水面积指数，洪峰面积指数采用 0.67，洪量面积指数采用 0.9。张峰、张五区间设计洪水计算成果见表 2。

表 2　　张峰、张五区间设计洪水计算成果表

单位：洪峰，m^3/s；洪量，亿 m^3

采用系列	面积/km^2	项目	统计参数			频率的设计值 P/%					
			均值	C_V	C_S/C_V	0.05	0.2	1	2	5	20
张峰	4990	Q_m	560	1.45	2.3	7480	5800	3920	3140	2160	842
		W_3	0.52	1.29	2.3	5.88	4.66	3.23	2.63	1.85	0.81
		W_5				7.72	6.15	4.22	3.43	2.46	1.12
		W_{12}				12.76	10.17	7.01	5.69	4.08	1.87
张五区间	4255	Q_m				6670	5190	3550	2860	2000	813
		W_3				5.35	4.24	2.94	2.41	1.71	0.76
		W_5				6.88	5.48	3.72	3.00	2.13	0.95
		W_{12}				11.37	9.07	6.17	4.97	3.54	1.59

4.2.3 受张峰水库影响后的坝址设计洪水

河口村坝址以上设计洪水组成考虑了两种情况：五龙口站和张峰水库同频、张五区间相应以及五龙口和张五区间同频、张峰水库相应。

经张峰水库调节后，受张峰水库影响后河口村各频率的坝址设计洪水峰、量值见表 3。

表 3　　河口村水库坝址设计洪水峰、量值表

单位：洪峰，m^3/s；洪量，亿 m^3

典型年	地区组成 / 项目	频率 P/%	张峰、五龙口同频率，张五区间相应					张五区间、五龙口同频率，张峰相应				
			0.05	0.2	0.5	1	2	0.05	0.2	0.5	1	2
1982 年	洪峰	五龙口天然	11500	8900	7220	5980	4790	11500	8900	7220	5980	4790
		张峰影响	−150	−40	−50	−70	−210	−90	−80	−20	−1320	−1130
		河口村坝址	11350	8860	7170	5910	4580	11410	8820	7200	4660	3660
	3d 洪量	五龙口天然	8.77	6.96	5.78	4.9	4.04	8.77	6.96	5.78	4.9	4.04
		张峰影响	0.08	0	0	−0.2	−0.05	0	0	0	0	0
		河口村坝址	8.85	6.96	5.78	4.7	3.99	8.77	6.96	5.78	4.9	4.04
	5d 洪量	五龙口天然	10.59	8.48	7.11	6.08	5.07	10.59	8.48	7.11	6.08	5.07
		张峰影响	0.06	0	0	0	0	0	0	0	0	0
		河口村坝址	10.65	8.48	7.11	6.08	5.07	10.59	8.48	7.11	6.08	5.07

计算结果表明，对于五龙口站、张峰水库同频，张五区间相应这种洪水组成，2000年一遇和500年一遇洪水，张峰水库对河口村水库坝址设计洪水的洪量有加大作用，这是由于张峰水库先期滞洪之后敞泄造成的，加大的3d洪量分别为0.9%和1.5%，影响很小；100年一遇及50年一遇张峰水库对河口村水库入库洪水的3d洪量分别削减4%和1%。对于五龙口、张五区间同频，张峰相应这种洪水组成，张峰水库对河口村水库坝址设计洪峰有一定削减作用，对3d洪量和5d洪量则没有影响。

5 设计洪水成果合理性分析

（1）依据的基本资料是可靠的。沁河各站及区间设计洪水成果是根据流量资料推求的，所选取的代表站均属国家基本站，且均经过黄委会水文局统一整编，资料精度较高；采用的历史洪水成果，均是在历史洪水调查或历史文献资料考证的基础上分析整编而得的，较为可靠。

（2）统计参数的时间和空间变化是合理的。随着统计时段的加长，均值增加，C_V减小，符合一般的统计规律。从统计参数的空间变化看，洪峰流量和各时段洪量均值、C_V值下游武陟站大于上游五龙口站，这是由于区间有较大支流丹河汇入所致。统计参数的空间变化与五龙口站至武陟站河段的洪水特性相符，是合理的。

此外，五龙口站上游的张峰水库坝址设计洪水，其峰、量均值均小于五龙口站峰、量均值，符合该地区洪水特性；设计洪水成果的C_V值则是张峰水库坝址大于五龙口站，也符合该河段C_V值上游大于下游的一般规律。

（3）各频率设计值的时间和空间变化是合理的。各频率时段洪量，随着统计时段的加长而增大，随着洪水频率增加而减小，符合一般变化规律。

从上下游关系看，设计洪峰流量和各时段洪量张峰水库均小于五龙口站，符合张五区间有一定来水量的洪水特性。

参考文献

[1] 史辅成，易元俊，高志定. 黄河流域暴雨与洪水[M]. 郑州：黄河水利出版社，1997.

[2] 中华人民共和国水利部. 水利水电工程设计洪水计算规范：SL 44—2006 [S]. 北京：中国水利水电出版社，2006.

[3] 水利部长江水利委员会水文局，水利部南京水文水资源研究所. 水利水电工程设计洪水计算手册[M]. 北京：水利电力出版社，1995.

沁河河口村水库防洪库容论证

李保国　宋伟华　盖永岗

（黄河勘测规划设计有限公司）

摘要： 河口村水库是黄河中下游防洪工程体系的重要组成部分，不仅可以有效地控制沁河洪水，提高沁河下游防洪应变能力，而且可以与防洪工程体系中的其他水库联合调节，减轻黄河下游洪水威胁，缓解黄河下游防洪压力。根据水库的防洪任务，通过论证制定了水库的防洪调度规则，建立防洪工程体系联合调度数学模型，对河口村水库防洪库容进行论证。结果表明，在规模允许的情况下，满足各项防洪要求并与水资源利用相协调所需的河口村水库防洪库容为 2.3 亿 m^3。

关键词： 黄河；沁河；河口村水库；防洪库容

河口村水库位于沁河最后一段峡谷出口处，坝址控制流域面积 9223km^2，占沁河流域面积的 68.2%。水库是以防洪、供水为主，兼顾灌溉、发电、改善河道基流等综合功能。该水库工程是控制沁河洪水、径流的关键工程，是黄河下游防洪工程体系的重要组成部分[1]。

1　河口村水库防洪需求分析

1.1　沁河下游防洪需求

沁河下游两岸保护区面积 2149km^2，人口 233.3 万人，耕地 154.5 万亩。左岸丹河口以上为沁北自然滞洪区，面积 43.6km^2，区内涉及河南省沁阳市 4 个乡镇，目前堤防防洪标准为 25 年一遇。左岸丹河口以下大堤主要防护地区涉及河南省博爱县、武陟县、修武县、辉县市、获嘉县、新乡县、新乡市等，有京广铁路等交通干线，目前防洪标准为 100 年一遇。沁河右岸大堤保护区涉及河南省沁阳市、济源市、孟州市、武陟县、温县等，长期以来，为确保黄河下游防洪安全，减少洪水对下游防洪的压力，沁河下游右岸防洪采取“牺牲局部，顾全大局”的原则进行处理，即当黄河下游发生较大洪水时，如沁河洪水也较大，则破除沁河右堤，使黄河洪水自然漫溢入沁南滞洪区。沁河右岸大堤目前防洪设防流量仅为 4000m^3/s，重现期不足 25 年。

沁河下游堤防防洪标准提出时间较早，近年来由于区域内经济发展迅速，对防洪保安全的要求越来越迫切，防洪标准也应有所变化。根据国家《防洪标准》有关规定，最新复核成果[2]，沁河下游保护对象及应达到的防洪标准如下。

（1）左岸丹河口以上堤防。保护区总人口 7.8 万人，耕地 6.3 万亩，防洪标准为 20～10 年一遇；连接乡以上公路的混凝土结构小桥数座，防洪标准为 25 年一遇；省级文物保护单位 3 处，防洪标准为 100～50 年一遇。综合考虑以上因素，沁河左岸丹河口以上堤防的防洪标准应采用 50 年一遇。

（2）左岸丹河口以下堤防。保护区总人口 85.05 万人，其中农业人口 54.02 万人，耕地 92.16 万亩，防洪标准为 50～30 年一遇；新乡市是保护区内的最大城市，受保护的非农业人口 13.73 万人，防洪标准为 50～20 年一遇；保护区内的京广铁路、焦枝铁路等骨干铁路，郑—焦—晋高速公路、长垣济源高速公路，防洪标准为 100 年一遇。沁河左岸堤防的防洪标准取防护对象防洪标准的较大值，为 100 年一遇。

（3）沁河下游右岸堤防。保护区总人口 47.46 万人，耕地 48.92 万亩，防洪标准为 30～20 年一遇；保护区内的焦温、长济、二广 3 条高速公路，防洪标准为 100 年一遇；国家级重点文物 5 处，省级文物 1 处，市级文物 2 处，国家级旅游设施 1 处，防洪标准取 100 年一遇。因此，沁河右岸堤防的防洪标准可取各防洪对象防洪标准的较大值，为 100 年一遇。

从沁河下游防洪要求来看，其防洪标准宜选择 100 年一遇，保护区等级和防洪标准见表 1。

表 1　沁河下游保护区等级和防洪标准表

岸别	保护对象	重要性	等级	重现期/年	综合标准/年
左岸	京广铁路等	骨干铁路	Ⅰ	100	100
	沁园遗址等	省级文物保护单位	Ⅱ	100～50	
	乡村	人口 54.02 万人，耕地 92.16 万亩	Ⅱ	50～30	
	新乡市	一般城镇	Ⅳ	50～20	
右岸	焦温、长济、二广高速	重要公路	高速	100	100
	沁阳天宁寺三圣塔等	国家级文物保护单位	Ⅰ	100	
	乡村	人口 47.46 万人，耕地 48.92 万亩	Ⅲ	30～20	

1.2 黄河下游防洪需求

黄河中下游洪水有两个主要来源区——三门峡以上区域和三门峡至花园口区间，中游防洪水库的任务是尽量拦蓄这两个区间的洪水，使下游花园口至东平湖河段的流量不超过堤防设计流量。三门峡、小浪底水库修建后，可以有效控制三门峡以上区域的洪水，对于三门峡至花园口区间洪水，小浪底水库可以控制三门峡至小浪底区间部分；伊洛河上的陆浑、故县可以控制伊洛河部分；除此之外，小浪底至花园口区间 2.7 万 km^2 流域面积产生的洪水缺乏有效控制，这部分区域的洪水具有汇流快、预见期短的特点，尤其沁河五龙口以上流域属太行山区，受地形抬升作用，易形成突发性的暴雨，而且山前洪积扇规模较小，汇流速度快，预见期短，使得黄河下游的防洪一直处于被动局面。现状条件下为保证黄河下游整体防洪安全，解决沁河对黄河下游造成的超标准洪水，目前在沁河入黄口南岸设置了沁南临时滞洪区。根据测算，若黄河下游发生 100 年一遇洪水，需要沁南地区分洪约 0.98 亿 m^3（1954 年型），对花园口 1000 年一遇标准洪水，沁南地区分洪量更大，约为 3.20 亿 m^3（1954 年型）。在三门峡、小浪底、陆浑和故县水库联合运用和沁南滞洪区自然分洪情况下，形成目前黄河下游堤防的设防流量，但是不能利用沁南自然滞洪区有计划地削减黄河下游的超万洪量。

经中游水库作用后，如下游仍将出现超过堤防设计流量的洪水，就需要启用东平湖滞洪区进行分洪，东平湖滞洪区是调蓄黄河洪水和汶河洪水的重要工程措施，但由于东平湖分洪运用时湖区经济损失较大，这就要求干支流水库尽可能削减进入下游的超万洪量，减少东平湖分洪运用几率[3]。

目前处理黄河下游洪水的方针是“上拦、下排，两岸分滞”。上拦是指利用中游防洪水库拦蓄超过堤防设计流量的洪水；下排是指综合利用河道、堤防、河道整治工程约束洪水排洪入海；两岸分滞是指利用下游两岸滞洪区分蓄、分滞超过堤防设计流量的洪水。按照此方针，先后修建了干流上的三门峡、小浪底水库，支流伊洛河上的陆浑、故县水库，4次加高加固了黄河下游大堤，自下而上进行了河道整治，开辟了东平湖、北金堤滞洪区，初步形成了下游防洪工程体系[4]（见图1）。现状防洪工程体系联合运用后，下游防洪标准可达近1000年一遇，但目前处理下游洪水难度极大，主要表现在3个方面：①中游水库还不完善，小浪底至花园口区间尚有2.7万km^2流域面积是无工程控制区，产生的洪水缺乏有效控制；②黄河下游为地上悬河，一旦大堤溃口，将给黄淮海平原广大地区造成灭顶之灾，确保黄河大堤安全，责任重于泰山；③黄河下游滩区有近190万群众，一旦发生漫滩洪水则首当其冲，确保滩区群众安全避险，任务十分繁重。

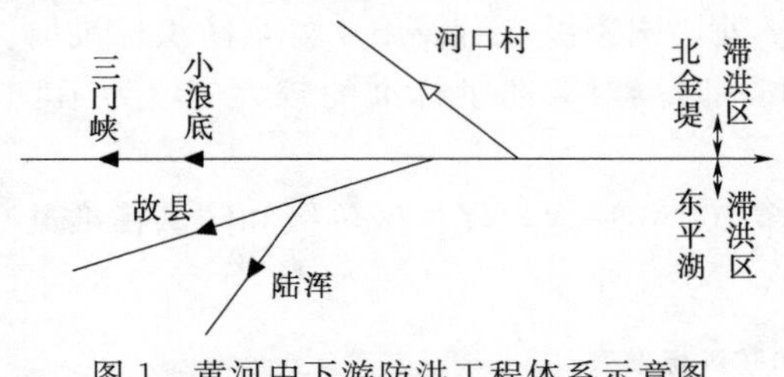

图1　黄河中下游防洪工程体系示意图

2　河口村水库防洪运用方式拟定

从目前黄河下游和沁河下游防洪形势来看，要求河口村水库合理控制沁河来水，在不牺牲或尽量少牺牲局部利益的前提下，最大限度地削减黄河下游洪峰、拦蓄黄河下游洪量，尽可能减少下游东平湖滞洪区分洪几率。

根据以上分析，可以确定河口村水库的两个防洪控制断面，一是沁河干流的武陟站，要求河口村水库建成后替代沁河下游右岸自然滞蓄洪水作用，根据区间洪水预报，控制100年一遇及以下洪水武陟站洪峰流量不超过4000m^3/s；二是黄河干流的花园口站，要求河口村水库在花园口洪水起涨段提前关门控泄，尽量拦蓄花园口至艾山的堤防设计流量以上的洪水和东平湖滞洪区以下超过10000m^3/s的洪量。根据上述运用原则和选定的两个防洪控制断面，编制数学模型，分析比选了河口村水库在预报花园口11000m^3/s、12000m^3/s、13000m^3/s不同流量时关闸运用方案，根据分析结果来看，按预报花园口站12000m^3/s流量开始关闸运用，对于削减下游花园口、孙口等站的洪峰流量和超万洪量效果最佳，这也与防洪工程体系中支流上的陆浑、故县两座水库的控泄时机是一致的。

河口村水库作为黄河中下游防洪工程体系的一部分，建成后将与体系中的其他工程联合运用，各工程的运用方式采用小浪底水库初步设计中的研究成果，限于篇幅不再详述，河口村水库防洪运用方式如下。

(1) 当预报花园口站流量小于 $12000m^3/s$ 时，若预报武陟站流量小于 $4000m^3/s$，水库按敞泄滞洪运用；若预报武陟站流量大于 $4000m^3/s$，控制武陟流量不超过 $4000m^3/s$。

(2) 当预报花园口流量出现 $12000m^3/s$ 且有上涨趋势，水库关闭泄流设施；当预报花园口流量小于 $12000m^3/s$ 时开闸泄洪，其泄洪方式取决于入库流量的大小：若入库流量小于当前的泄流能力，按入库流量泄洪；否则按敞泄滞洪运用，直到水位回至开闸时水位。此后如果预报花园口流量大于 $10000m^3/s$，控制防洪高水位，按入库流量泄洪；当预报花园口流量小于 $10000m^3/s$，按控制花园口 $10000m^3/s$ 且沁河下游不超过 $4000m^3/s$ 泄流，直到水位回降至汛期限制水位。

3 防洪库容分析

防洪库容的确定，除需满足下游保护区的要求外，还要考虑兴利等其他开发目标、工程规模以及淹没影响等因素。根据制定的运用方式编制数学模型对黄河中下游防洪工程体系联合运用进行模型计算，分析河口村防御不同频率设计洪水所需防洪库容，综合考虑各种因素，合理选定水库防洪库容。

洪水调节计算中设计洪水典型选择1954年型和1982年型，两场洪水均是三花间来水为主且沁河来水较大，五龙口站洪峰流量位于其实测系列的前两位，属于对于河口村水库防洪运用最为不利的典型。设计洪水组成采用花园口、三花间、武陟、五龙口同频率，五武区间及三花间其他区间相应，其调算结果见表2。

表2　　河口村水库防洪库容调算结果表　　单位：亿 m^3

典型年	防御不同频率洪水所需防洪库容		
	1%	2%	3.33%
1954	1.38	1.12	0.06
1982	3.23	2.30	0.21

从计算结果来看，防御黄河、沁河100年一遇同频率洪水（河口村水库在花园口流量超过 $12000m^3/s$ 时段内维持关门控制运用）需要河口村水库防洪库容3.23亿 m^3，由于坝址地形、地质条件等因素限制，无法实现。防御黄河、沁河30年一遇同频率洪水需要河口村水库防洪库容0.21亿 m^3，无法满足防御沁河下游100年一遇洪水要求。防御黄河、沁河50年一遇同频率洪水需要河口村水库防洪库容2.30亿 m^3，当河口村水库蓄洪量超过2.30亿 m^3 后，不再控制沁河流域洪水造成黄河下游超万洪量，按入库流量泄洪，此时沁河下游流量小于 $4000m^3/s$，在整个过程中，河口村水库将武陟站100年一遇洪峰流量由 $7110m^3/s$ 削减到 $4000m^3/s$，沁河下游堤防标准由目前不足25年一遇提高到100年一遇。因此，综合选定河口村水库的防洪库容为2.30亿 m^3，由此分析的水库规模可满足防洪、供水、发电等综合需求。

4 结论

目前小花间的洪水预见期仅8h，从建设完善的暴雨洪水预警预报系统角度来讲，其预见期还有进一步延长的可能，今后可结合预报系统建成情况进一步优化水库运用方式，进行水库动态汛限水位研究，发挥河口村水库最佳的综合效益。

参考文献

[1] 水利部黄河水利委员会. 黄河流域防洪规划[M]. 郑州：黄河水利出版社，2008.

[2] 河南黄河河务局，焦作黄河河务局. 沁河下游治理研究报告[R]. 郑州：河南黄河河务局，2009.

[3] 李国英. 黄河答问录[M]. 郑州：黄河水利出版社，2009.

[4] 李文家，石春先，李海荣. 黄河下游防洪工程调度运用[M]. 郑州：黄河水利出版社，1998.

沁河河口村水库水文自动测报系统设计

杜　军　张石娃　赵新生

（黄河水利委员会水文局）

摘要： 河口村水库水文自动测报系统共布设中心站1处，区域集成传输站2处，遥测站54处。系统设计为自报式和查询-应答相结合的工作体制。自动测报系统遥测站和区域集成传输站采用卫星和GSM信道通信，双信道互为备份。在GSM不通遥测站采用卫星和PSTN信道通信，双信道互为备份。系统采用星形网络与带状网络相结合的复合网络结构的组网方式。介绍了河口村水库水文自动测报系统的站网布设、系统总体结构、通信组网方式和洪水预报调度方案。

关键词： 自动测报系统；站网布设；通信组网

1　概述

河口村水库水文自动测报系统共布设中心站1处，区域集成传输站2处，遥测站54处。其中在水库以上流域面上均匀分布遥测雨量站41处，在库区及坝下布设遥测水位站5处，在干支流布设遥测水文站8处。

河口村水库水文自动测报系统洪水预警预报系统的总体目标：改善水文数据采集、传输和处理手段，增强数据采集传输的可靠性，缩短水文数据的汇集和预报调度作业所需要时间，进行润城站或饮马道入库水文站的洪水预报，为防汛和水库调度提供快捷的雨情、水情信息和预报成果。其总体功能满足以下要求。

（1）系统要求站网布设能有效控制区间降雨变化和洪水演进传播过程。实时、定时自动采集区域水文信息（包括雨量、水位）。

（2）水情信息采集与传输的时效性和可靠性及自动化程度有较大提高，要求在3～5min内能够收集到流域内全部的雨情和水情信息。

（3）水情预报的预见期、预报精度达到《水情预报规范》（SL 250—2000）的要求，能够满足防洪、水库调度的需要。

（4）水文信息服务范围和程度有所提高，能够快捷、清晰地为防汛调度决策提供科学依据。

2　系统站网布设

流域呈阔叶形，地势北高南低，流域面积13532km²，河道长485.0km，干流比降3.8‰。河口村水库地处济源市辛店乡河口村沁河干流，距入黄河口99.0km，控制流域面积9245km²，占沁河流域在面积的68.2%。沁河洪水由暴雨形成，流域内年降雨量约

650mm，其中汛期占60%～70%，降雨量一般北部少，南部多，暴雨的机遇亦是下游多于上游。暴雨持续时间一般为24h左右。

2.1 站网布设原则

(1) 能有效地控制五龙口以上流域区的降雨分布及由于下垫面不均匀性对降雨径流的影响。暴雨中心区站网密度适当大于其他地区。

(2) 能够满足润城站或饮马道入库水文站的洪水预报及河口村水库防洪调度的要求。

(3) 以现有报汛站为基础，新增雨量站尽量选在现有非报汛站处，以保证水文资料的连续性。

(4) 满足“水文站网规划技术导则”并参照WMO推荐的站网控制标准。WMO推荐标准为干旱半干旱地区雨量站100～250km²/站，流量站300～1000km²/站；湿润地区雨量站250～1000km²/站，流量站1000～5000km²/站。

(5) 满足《水文自动测报系统规范》(SL 250—2000) 的要求。

2.2 站点布设

本次遥测站网的布设是综合考虑河口村水库以上流域的自然地理特性、降雨洪水特点、洪水预报的要求而做出的。共布设水文站8处，其中新建河口村水库入库站1处，小流域代表站1处；布设新建水位站5处，其中，坝前1处，水库常年回水区1处，水库变动回水区1处，坝下1处，杜河水电站1处；布设遥测雨量站41处，其中新增雨量站9处（有3处与原人工站重合）。

2.2.1 水文站

河口村水库水文自动测报系统遥测水文站与现有水文站网结合，原则上利用现有的水文站，只作个别调整与增设。因润城水文站距离水库回水末端太远，中间又有支流加入，故在水库末端增加饮马道入库水文站。油房水文站可作为石林山区的小流域代表站，但干流以东占本流域区46%面积的土石丘陵区没有小流域代表站，拟增加端氏河端氏小流域代表站。

2.2.2 水位站

布设水位站5处。坝前水位站距坝0.1～0.2km，常年回水区水位站距坝8.0～10.0km，变动回水区水位站距坝17.0～19.0km，坝下水位站距坝1.5～3.0km，杜河水位站设在杜河水电站坝前。

2.2.3 雨量站

本次设计遥测雨量站49处，其中纯雨量站41处，水文站兼有遥测雨量功能的水文站8处，平均每站控制面积190km²。

3 系统总体结构与通信组网方式

3.1 系统总体结构

沁河河口村水库水文自动测报系统是由降雨、水位、流量信息系统采集、传输、存储检索、预报所构成的有机整体。系统总体结构见图1。

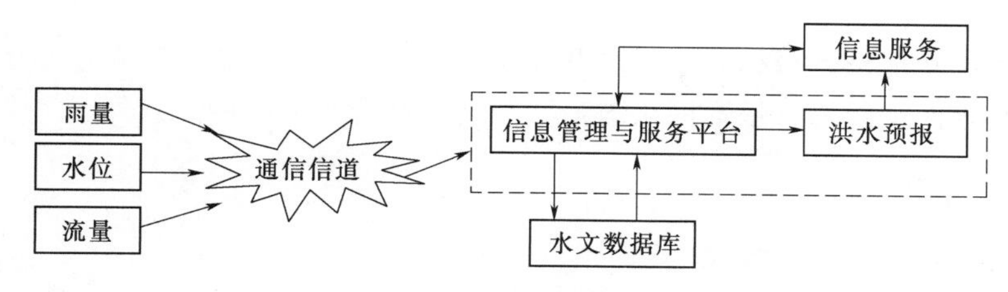

图 1　系统总体结构

河口村水库水文自动测报系统设计为：河口村水库中心站，张峰集成传输站、润城集成传输站以及区间遥测站。遥测站以定时自报、增量加报方式向中心站或集成传输站报告水文信息。集成传输站实时向中心站报告区域集成水文信息。区域集成传输站向其所属辖遥测站召测水文信息。中心站向集成传输站或直接管辖遥测站召测水文信息。

3.2　水情信息采集传输系统的结构

河口村水库水文自动测报系统的水情信息采集传输结构为：河口村水库中心站、张峰水库和润城 2 个集成传输站、52 个遥测站 3 个层次，具体见图 2。

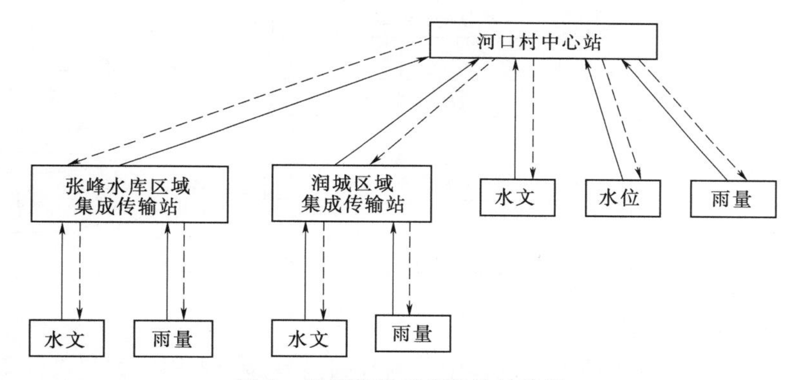

图 2　系统信息采集传输结构图

3.3　系统工作体制

河口村水库水文自动测报系统设计为自报式和查询-应答相结合的工作体制。

所有遥测站都具有自报，定时自报和增（减）量加报相结合的功能。遥测站按规定的时段（时间间隔）或当被测水文要素（雨量、水位）发生变化，达到规定的增（减）量时，遥测站自动向中心站或区域集成传输站报送实时水文数据。区域集成传输站向中心站报送辖区集成水文数据。中心站的数据接收设备始终处于等待接收状态。

区域集成传输站、水文站具有查询-应答功能，可人工干预随时或自动定时召测区域所属遥测站水文信息。

卫星遥测站 RTU 的工作参数，由中心站远地编程修改。遥测站也可人工干预随时发报。

3.4　系统通信组网方式

河口村水库水文自动测报系统通信方式为遥测站和区域集成传输站采用卫星和 GSM 信道通信，双信道互为备份。在 GSM 不通时，遥测站采用卫星和 PSTN 信道通信，双信道互为备份。

根据本系统总体设计目标要求，以及综合考虑各种通信方式的特点，本系统拟采用双信道通信的复合网络结构（星形网络与带状网络相结合）的组网方式。

4 系统信息流程

4.1 系统信息流程

遥测站采集水文数据，自动传输到数据接收中心站，数据在接收中心站汇集后，通过计算机网络转储到水文情报预报中心的 Sybase 数据库服务器上，水情信息通过数据库服务器发布。系统信息流程见图 3。

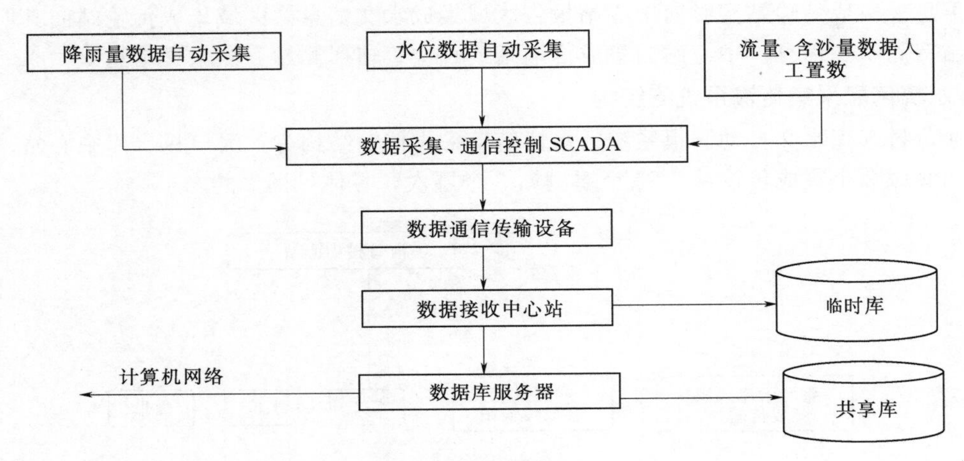

图 3 系统信息流程图

4.2 中心站数据接收方案

为了提高中心站计算机的可靠性，中心站数据接收部分采用对称双机冗余设计，即采用两台高档计算机作为主机和副机（前置机），两台计算机具有独立完成数据收集、处理、转储、通信等功能。

主机和副机并行工作，具有对数据进行检错、纠错及压缩、存储和转储等功能，平时副机在线工作，主机可离线。主机及副机之间的通信都是自动的，真正具有双机备份，容错能力。对副机采用冗余设计，该机不带打印机等外设，可明显地提高系统的可靠性。

5 洪水预报作业

系统要能在 30～60min 内做出入库洪水预报，其预见期和预报精度基本满足防汛和水库调度要求。系统要能为用户方便、快捷地提供各类雨、水、工情信息，为水库运用和防汛减灾提供决策支持。

5.1 数据预处理

数据预处理具体工作有以下几个方面。

（1）从数据库中提取实时雨、水情数据，并进行合理性检查，根据模型和洪水预报调度的要求，将这些数据进行插补外延，并分割成 0.5～1.0h 为时段的降雨过程和流量过程。

(2) 从数据库中提取本次降雨前40d的降水量、蒸发量数据，计算每个单元的前期土壤含水量。同时计算每个单元的实时面雨量过程。

(3) 根据需要从数据库提取历史资料，经处理后进行典型雨、洪对比分析。

5.2 洪水预报

5.2.1 洪水预警预报

通过已有的卫星云图和雷达信息发现在沁河有暴雨或特大暴雨时，根据气象部门提供的暴雨数值预报，分析历史上曾出现过的类似暴雨形势，结合当时的雨水情信息和流域下垫面及水利工程运用状况，利用降雨径流模型进行流域产汇流计算，做出河口村入库洪水（含峰量）量级估算，作为预警预报，其预见期约20～24h。

5.2.2 降雨径流预报

根据实时雨水情信息和流域下垫面及水利工程运用现状，利用数学预报模型进行产汇流计算，做出河口村入库洪峰流量预报，其预见期约为10～16h。

5.2.3 河道汇流预报

根据张峰站（或润城站）洪峰及以下区间的实时雨水情信息，进行河道干支流汇流模型计算，同时利用最新水情信息反馈到数学模型中进行实时修正。此阶段做出的入库洪峰洪量预报的精度较前两种要高，但预见期只有2～6h。

5.3 水库调度及预报

5.3.1 仿真调度预案

选择历史上曾经发生过的各种类型的大洪水，经分析设计成不同量级、不同形状的洪水过程，再根据当时可能出现的防洪形势，预先做出仿真调度预案。当发生洪水预警时，可超前为水库调度提供决策依据。

5.3.2 调度预报

根据入库洪水预报结果，当时的防洪形势和水库运行原则，进行水库调度演算，亦可调用仿真预案进行分析。

5.3.3 水库调度

根据入库站的实测流量过程进行实时调度操作演算。此时水库调度、水库调度演算和水文观测站反馈信息（出入库流量过程、坝前水位、蓄水量、回水末端等）要互相配合，及时调整。

水库调洪演算拟采用蓄率中线法或经验试算法。已知入库流量过程、坝前起始水位和闸门启闭情况，可求得水库出流过程和坝前水位过程。

河口村水库水情自动测报系统遥测站网布设与论证

盖永岗　李伟珮　李保国

（黄河勘测规划设计有限公司）

摘要： 遥测站网的布设是水情自动测报系统建设中一项重要的工作，既关乎系统功能的实现，又与系统投资紧密相关。应根据工程任务，充分利用已建在建系统，并考虑所在流域的资料条件、产汇流规律、洪水预见期、水文预报方法、防洪控制断面等，在综合确定系统建设范围的基础上，合理进行系统遥测站网的布设和论证。确定了河口村水库水情自动测报系统的建设范围，并充分结合现有站网，对遥测站网进行了合理的布设和论证。

关键词： 水情自动测报系统；遥测站网；河口村水库

河口村水库位于黄河一级支流沁河最后一段峡谷出口处，下距五龙口水文站约9.0km，属河南省济源市克井乡，是控制沁河洪水、径流的关键工程，也是黄河下游防洪工程体系的重要组成部分。通过河口村水库水情自动测报系统建设，可满足河口村水库建设和运用管理及防洪和水量调度的需要，实现快速采集信息、提高科学决策能力的目标，以便有效的控制沁河洪水，实现沁河水量调度管理工作的正规化和规范化。

河口村水库水情自动测报系统设计的一项关键工作是遥测站网的布设和论证。恰当合理的布设遥测站网，可以在实现系统功能的前提下，节约投资。

1　系统建设范围

确定水情自动测报系统建设范围是进行站网布设的前提。系统建设范围取决于工程任务，同时，应需考虑所在流域的资料条件、产汇流规律、现有测站分布、洪水预见期、水文预报方法、防洪控制断面以及已建或在建水利水电工程等[1]。应根据以上各方面综合考虑，充分利用已建系统的基础上，合理拟定水情自动测报系统的建设范围。

河口村水库是沁河流域规划的两座控制性骨干工程之一，其工程开发任务为以防洪、供水为主，兼顾灌溉、发电、改善河道基流等综合利用，河口村水库水情自动测报系统主要是为工程的洪水调度及水资源的合理利用收集实时雨水情信息，增长预见期，提高预报精度。其上游已建有张峰水库水情自动测报系统。

根据河口村水库工程开发任务和河口村水库水情自动测报系统建设目标，在沁河流域地理、气象、水文特性的基础上，充分利用上游已建的张峰水库水情自动测报系统，确定河口村水库水情自动测报系统建设范围为张峰水库到五龙口区间的沁河流域，具体可见图1，图1中虚线所圈范围为本次设计的河口村水库水情自动测报系统的建设范围。

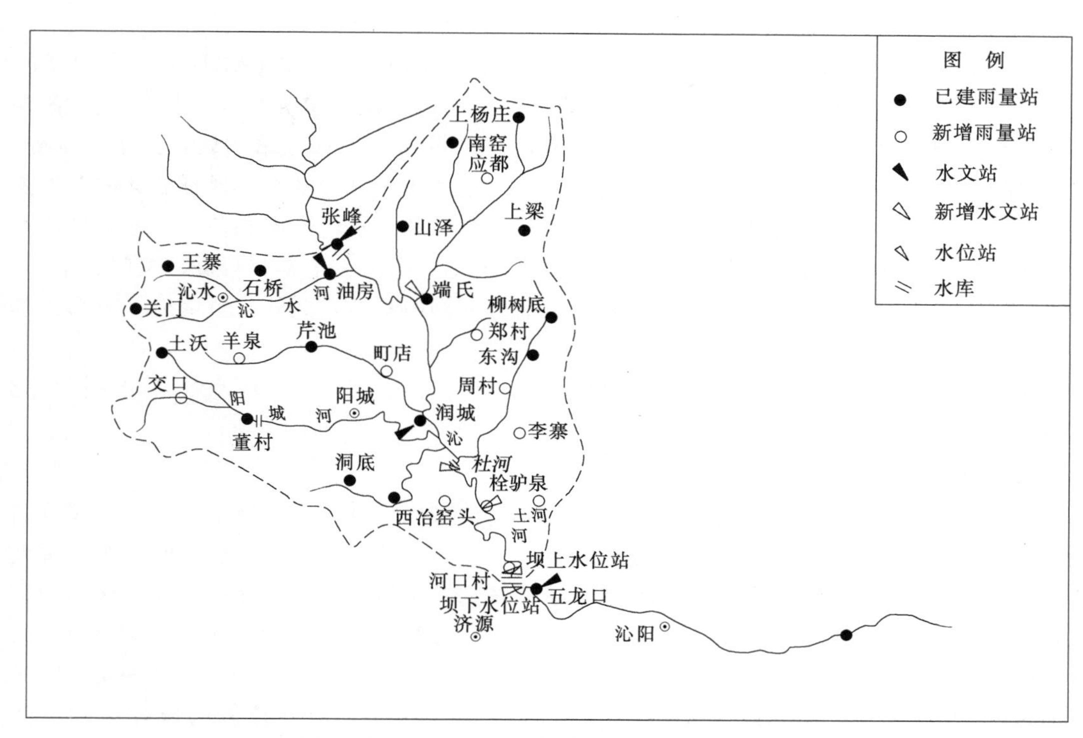

图 1　河口村水库水情自动测报系统站网布设图

2　系统布设和论证

河口村水库水情自动测报系统遥测站网布设，应能有效控制河口村水库以上流域的降雨分布及由于下垫面的不均匀性对降雨径流的影响，满足河口村水库施工期和运用调度期实时雨、水情监测和入库径流预报的要求。由于沁河上游已建有张峰水库水情自动测报系统，河口村水库水情自动测报系统设计中要充分利用已建系统，节约投资。因此，本次设计中，只需考虑张峰水库至五龙口水文站区间的沁河流域范围内的站网布设。此外，小花间暴雨洪水预警预报系统还覆盖了张峰水库至五龙口区间的部分测站，在河口村水库水情自动测报系统设计中也要全面考虑，充分加以利用，以避免重复建设。

2.1　站网布设

在分析沁河流域张峰水库至五龙口区域内的自然地理、地形地貌及降雨分布和洪水演进特点的基础上，结合预报方案编制的要求、自动测报系统的要求，对站网现状情况、设站的周边条件等进行综合分析，确定河口村水库水情自动测报系统的遥测站点。

(1) 水文站点 6 处。分别为张峰出库站、润城水文站、栓驴泉水文站（河口村水库入库站）、五龙口水文站（河口村水库出库站），以及油房和端氏两处布置在支流上的小流域代表站。其中，沁河干流的栓驴泉水文站和支流端氏河的端氏水文站为新增遥测水文站，其余均为现有测站。

(2) 水位站点 2 处。分别为坝前水位站和坝下水位站，分别用于监测坝前和坝下水位，坝前水位站同时监测雨量。

(3) 雨量站点30处。河口村水库水情自动测报系统所涉及的张峰水库至五龙口区间设计遥测雨量站30处，是在现有雨量站点的基础上经过删减和增改而成，有纯雨量站23处，兼有遥测雨量功能的水文站有6处，兼有遥测雨量功能的水位站1处。其中，董村、柳树底和李寨3处雨量站为小花间暴雨洪水预警预报系统遥测雨量站，现有的其他人工观测雨量站中，除了端氏雨量站将集成在端氏遥测水文站及沁水、马邑和神坪3处雨量站不纳入本测报系统外，其余14处（南窑、上杨庄、上梁、山泽、王寨、石桥、关门、土沃、芹池、交口、东沟、洞底、西冶、土河）均改造为遥测雨量站；此外，新增加了应都、羊泉、町店、郑村、周村和窑头6处遥测雨量站。

(4) 中心站1处。布设在河口村水库管理局办公楼内。河口村水库水情自动测报系统站网布设图见图1。

2.2 站网论证

(1) 能够控制区域降雨的空间分布。针对沁河流域内多暴雨，且暴雨强度大、笼罩面积小、时空变化大的特点，需要布设足够密度的雨量站网才能控制暴雨的空间分布。本系统设计中以均匀分布为总体原则，充分考虑了系统覆盖范围的张峰水库—五龙口区间的沁河流域的自然地理和地形地貌特点、水系分布及走向和暴雨变化规律，共布设遥测雨量站点共计30处（含具有遥测雨量功能的遥测水文站和遥测水位站），张峰水库—五龙口区间的沁河流域面积为4255km²，平均每站控制面积为142km²，能够控制区域降雨的空间分布。

(2) 基本满足洪水、径流调度要求。河口村水库水情自动测报系统范围内沁河干流上布设有4处水文站，平均1064km²有1站，配合雨量站的信息，可以基本掌握区域内洪水和径流量的来源以及洪水的演进情况。此外，在干流右岸支流沁水河和左岸支流端氏河上分别布设有油房水文站和端氏水文站作为系统范围内石山林区和土石丘陵区的小流域代表站，用以研究该地区的产汇流规律，分析产汇流模型参数。干流水文站加上小流域代表站，本系统范围内共布设有水文站6处，平均709km²有一站。

(3) 基本满足站网布设规范要求。根据水利部水文司颁布的《水文站网规划技术导则》(SL 32—92)，温带、内陆和热带山区（湿润区）的水文站的密度为300～1000km²/站，雨量站的密度为300km²/站；根据世界气象组织（Word Meteorological Organization，简称WMO）推荐的温带山区水文站网密度最低标准为水文站300～1000km²/站，雨量站100～250km²/站。河口村水库水情自动测报系统所覆盖范围为副热带季风区，地形上以石山林区和土石丘陵区为代表，因此规划的站网密度能达到站网布设规范的最低标准。

(4) 以已建水情测报系统为参照，能满足要求。与沁河流域临近的伊洛河流域已建的故县水库水情自动测报系统遥测雨量站网密度为239km²/站，陆浑水库水情自动测报系统遥测雨量站网密度为159km²/站[1]，且这两个测报系统均为符合我国国情的水情自动测报系统。本次设计的河口村水库水情自动测报系统遥测雨量站网密度为142km²/站，比上述两个测报系统的遥测雨量站网密度均较大，且分布均匀，因此能够满足要求。

(5) 满足《水文自动测报系统技术规范》(SL 61—2003) 要求。满足《水文自动测报系统技术规范》（SL 61—2003）要求，满足河口村水库防汛和水量调度的要求。

3 结论

遥测站网的布设是水情自动测报系统建设中一项重要的工作。应根据工程任务，充分利用已建在建系统，并考虑所在流域的资料条件、产汇流规律、洪水预见期、水文预报方法、防洪控制断面等，在综合确定系统建设范围的基础上，合理进行系统遥测站网的布设，并进行论证。基于上述原则确定了河口村水库水情自动测报系统的建设范围，并充分结合现有站网，对遥测站网进行了合理的布设和论证，既充分利用了已有站网，节约了投资，又满足了系统的要求。

参考文献

[1] 水利部水利水电规划设计总院，中水东北勘测设计研究有限责任公司. 水利水电工程水文自动测报系统设计手册[M]. 北京：中国水利水电出版社，2008.

河口村水库工程地质条件综述及评价

刘庆军　郭其峰　王耀军　王勇鑫

（黄河勘测规划设计有限公司）

摘要： 河口村水库工程库坝区地质条件与水文地质条件复杂。通过对库坝区地质构造、岩溶发育及岩体透水性等基本工程地质条件的分析可知，库坝区圪料滩—谢庄一线的下游库岸存在多处渗漏段，总渗漏量较大，此外坝基河床存在深厚覆盖层，左岸存在龟头山山体失稳及变形问题，这些工程地质问题对河口村水库工程设计和建设影响重大。

关键词： 工程地质条件；水库渗漏；深厚覆盖层；河口村水库

沁河河口村水库位于河南省济源市，水库的开发任务以防洪、供水为主，兼顾灌溉、发电、改善生态，并进一步改善黄河下游调水调沙生产运行条件。水库设计正常蓄水位275.00m，坝顶高程288.50m，混凝土面板堆石坝最大坝高为122.5m，总库容为3.17亿m^3，电站总装机容量为11.6MW，属大（2）型工程，主要建筑物（大坝）级别为1级[1]。

河口村水库勘测工作始于20世纪60年代，经过多年勘察论证，河口村水库库坝区的工程地质条件已基本查明，笔者对其存在的主要工程地质问题进行了分析评价。

1　工程区基本地质条件

1.1　区域构造稳定性及地震

工程区处于华北断块南缘的二级构造豫皖断块与太行断块的交接部位，广泛发育燕山运动以来形成的各种构造形迹。

盘古寺断层是区域内规模最大、距坝址最近的一条断层，该断层总体呈近东西走向，延伸长度大于60.0km。据测定，其最新活动年龄大于10万年，晚更新世以来没有活动迹象，应不属于活断层。

工程区地震动峰值加速度为0.10g，相应的地震基本烈度为Ⅶ度，反应谱特征周期为0.40s。

1.2　地形地貌及地层岩性

河口村水库为峡谷河道型水库，回水长度约18.5km。库坝区为古生代石灰岩地貌形态，多呈悬崖峭壁。张庄以上库岸地形分水岭比较宽厚，张庄以下左岸库外有切割较深的山口河，分水岭相对比较单薄。水库基岩库盘基本处于封闭状态。

坝址区沁河平水期水位为172.00～178.00m，河谷横断面成U形。龟头山古滑坡体分布在左岸坝肩，全长约560m，宽约80m，体积约71万m^3。

库坝区出露的地层主要有太古界登封群（Ard）、中元古界汝阳群（Pt_2r）、古生界寒武系（∈）及新生界第四系（Q）等。与工程关系最为密切的主要是寒武系馒头组（$\in_1 m$）地层，岩性为白云岩、灰岩、泥质条带状灰岩夹页岩等，总厚94.0～105.6m。该层下部夹一层岩溶化灰质白云岩，构成水库漏水的通道。

1.3 地质构造

根据构造形迹，由北至南可分为3个构造单元。

（1）单斜构造区。位于余铁沟至老断沟连线以北。区内岩层向北缓倾，断层与褶皱基本不发育，构造形迹微弱。但在馒头组下部，发育一拖曳褶皱层，其中伴生构造夹泥及裂隙溶洞。

（2）龟头山褶皱断裂发育区。位于两沟以南至五庙坡断层间。该区共发育5条较大规模的断层（F_9、F_{10}、F_{11}、F_{12}、F_{14}）及两个褶皱束，断层以东西向为主。除以上构造外，临近五庙坡断层带附近尚有大量近东西向小断层发育。

（3）断层密集带区。位于五庙坡断层以南至盘谷寺断层北支（F_1）之间。以一组走向270°～300°的正断层为主，其中F_1规模最大，起控制作用，其次为五庙坡断层带。五庙坡断层带是与盘古寺断层北支相伴生的分支断裂，主要由F_6、F_7、F_8三条近东西向的阶梯状正断层组成，是很多断裂面与岩层层面错综交汇组合而成的破碎岩体，断层带宽度为6.0～70.0m。由于五庙坡断层邻近水库主体工程部位，因此带来一系列工程、水文地质问题，如龟头山山体稳定及左坝肩绕坝渗漏等问题。

1.4 水文地质条件

（1）岩溶。库坝区岩溶多属于近代岩溶，主要沿河谷两侧的阶地（古河道）和近岸岸坡发育。坝址区岩溶发育主要在馒头组下部（$\in_1 m^4$～$\in_1 m^1$）的灰质白云岩中以及五庙坡断层带以南的碳酸岩岩层中。

近坝区单斜构造区馒头组下部岩溶总体上不甚发育，主要集中在馒头组下部的构造层中，岩溶发育多沿层间的小断层和皱曲发育，较为明显的岩溶现象多发育在受地质构造、河流阶地、古河道以及地下水活动影响强烈的近岸坡地段，且其发育程度具有随远离岸坡减弱的特征。

龟头山褶皱区岩溶发育主要受构造作用控制，馒头组下部岩层岩溶发育程度较高；在五庙坡以南的断层密集带区，岩溶多沿断层带发育。

表1　各水文地质单元岩层透水性指标表

单元区		各透水岩体透水率/Lu							
		Ard、$Pt_2 r$	$\in_1 m^{1+2}$	$\in_1 m^3$	$\in_1 m^4$	$\in_1 m^5$	$\in_1 m^6$	$\in_2 x$	$delQ_3$
单斜构造双层含（透）水层区	右岸近岸	10	100	200	30	20			
	右岸中远岸	1	20	100	10	1			
	右岸远岸	1	5	10	20	5			
	左岸	5	20	35	15	25			
龟头山褶皱断裂混合透水层区		50	550	3000	1800				6000
断层密集带低水位区	五庙坡断层带	1500	1500	1500	1500	1500	1500	1500	1500
	断层带南	30	300	80	60	850	2500	50～100	
河床区	浅层风化卸荷基岩	120							

注　表中岩体透水率不小于100Lu的值，来源于1985年以前的勘察资料，由岩体单位吸水量换算而来。

（2）水文地质单元及岩体透水性。根据岩层、地质构造、岩体透水性等，将库坝区划分为余铁沟—老断沟以北的单斜构造双层含（透）水层区、余铁沟—老断沟以南至五庙坡断层间的龟头山褶皱断裂混合透水层区、五庙坡断层以南至F_1间的断层密集带低水位区、河床砂卵石及浅层风化带含水层区4个水文地质单元。河床砂卵石层渗透系数为40～60m/d，各单元的透水性指标汇总见表1。

2 工程地质与主要水工建筑物

2.1 坝址坝型选择

选择了4条坝线进行比选，其中，一坝线缺陷严重；二坝线工程地质条件复杂，地形条件较好，坝体工程量较小，虽坝肩存在古滑坡体等岸坡稳定及绕坝渗漏问题，溢洪道位于断层破碎带，但已基本查清，可进行处理；三坝线地质条件和二坝线相似，存在沿老断沟断层带渗漏问题等，其地形适合建造混凝土重力坝，但投资相对较大；四坝线地质构造较简单，绕坝渗漏问题相对较小，地质条件优于其他坝线，但存在泄水建筑物与施工道路交叉、坝体及溢洪道工程量较大等问题，且最靠近猕猴自然保护区。综合考虑，选择二坝线（混凝土面板堆石坝）为推荐坝址。

二坝线河床覆盖层深厚，混凝土面板基础（趾板）有两种处理方式：一是趾板全部坐落在基岩上，即覆盖层开挖方案；二是趾板直接建在覆盖层上，即覆盖层不开挖方案。不开挖方案的关键是查清坝基覆盖层的组成和结构，有无软土、架空或易液化的细沙夹层，影响坝体变形或稳定，以便于处理。二坝线不开挖方案造价低，同时工期较短，经综合比较推荐其为选定坝型。

2.2 引泄水建筑物

引泄水建筑物主要包括泄洪（导流）洞、发电洞、电站厂房及溢洪道等，利用坝址左岸龟头山S形弯的有利地形条件，均集中布置在左岸龟头山附近。

泄洪（导流）洞均穿越五庙坡断层，断层与洞轴线夹角约为40°，断层破碎带宽达70.0m，以其为围岩的洞段稳定性差。两洞塔架基础位于F_{11}断层带及影响带范围内，须加强塔架的基础处理工作。

引水发电洞穿越地层为太古界登封群变质岩，无大的断层分布，多位于Ⅱ～Ⅲ类围岩内，工程地质条件较好。

溢洪道位于古滑坡体后缘与五庙坡断层之间，部分直接坐落在断层破碎带上，岩体条件差，须进行基础处理、基础防渗、排水及边坡支护等。

电站厂房基础坐落在完整的基岩上，基础工程地质条件较好。但厂房后坡至龟头山间自然边坡高陡，存在上部汝阳群石英砂岩和砾岩崩塌掉块现象。

3 主要工程地质问题及评价

3.1 水库渗漏

（1）渗漏条件分析。寒武系馒头组下部构造透水层出露高程低于库水位，是水库与坝肩集中渗漏的通道，水库渗漏地段主要为圪料滩—谢庄一线的下游库岸。据对库坝区地形、地层岩性、岩溶发育及岩体透水性的分析，可能产生渗漏的部位及渗漏途径为：①左岸库水自坝肩—谢庄岸坡向山口河和五庙坡断层带的渗漏，渗漏途径为库水沿龟头山褶皱断裂发育区破碎岩溶化岩体或下部构造透水层渗漏；②右岸库水自吓魂滩—余铁沟、圪料滩岸坡分别向余铁沟及近岸坝肩的渗漏，渗漏途径分别为沿近岸区岩溶、风化卸荷岩体和远岸区下部构造透水层渗漏；③坝肩两侧存在库水绕坝渗漏，此外河床坝基因存在沙砾石层以及风化岩体，故也存在坝基渗漏问题。

（2）渗漏量估算及评价。采用解析法和三维数值模拟方法对以上地段的渗漏量进行了估算，其中解析法计算的总渗漏量为 10926 万 m^3/年（3.47m^3/s），三维模拟计算的总渗漏量为 10173 万 m^3/年（3.23m^3/s），两种方法的计算结果较为接近。该渗漏总量约为沁河多年平均流量（34.89m^3/s）的 10%，年渗漏量约占总库容的 34.4%，属严重渗漏，因此加强工程的防渗处理是十分必要的。

根据不同部位的渗漏量计算结果可知，左岸的渗漏量最大，仅坝肩—老断沟向五庙坡断层带的渗漏量就占总渗漏量的 65.5%，河床次之，而右岸的渗漏量最小，仅占总量的 9.4%。

根据上述渗漏量计算结果结合不同分区岩体透水性指标进行分析，防渗的重点应在左岸的龟头山坝肩—老断沟段、坝基以及右岸的近岸区，需采取切实有效的防渗措施，减少库水的渗漏。其他渗漏段渗漏量相对较小，且离坝址较远，不存在渗流等问题，可不进行防渗处理。

3.2 坝基深厚覆盖层

坝基覆盖层主要是河床、漫滩及高漫滩河流冲洪积层，一般厚度为 30.0m 左右，最大厚度为 41.87m。岩性为含漂石及泥的砂卵石层，夹 4 层连续性不强的黏性土及若干沙层透镜体，工程地质特性极不均匀，所带来的工程地质问题主要有 3 个[2]。

（1）黏性土夹层的抗滑稳定性。根据 4 层黏性土夹层的分布特征可知，第①层大部分将要清除，第③层、④层埋深较深，分布范围相对较窄，而第②层分布范围较广，且从趾板向下游有抬高趋势，向第①层靠拢，从而形成坝基的主要抗滑稳定控制软弱面。根据试验资料可知，黏性土夹层的内摩擦角为 19°～23°，而砂卵砾石层内摩擦角为 36°～39.5°，因此黏性土夹层对坝基抗滑稳定有一定控制作用。

（2）不均匀沉陷。河口村水库坝基的砂卵砾石层属低压缩-不可压缩性土，砂层透镜体相当于中密-密实；黏性土夹层属中低压缩性土，但其累计厚度为 5.0～20.0m，占覆盖层总厚度的 1/6～1/2。砂卵砾石层、砂层和黏性土夹层不仅变形模量相差较大，且空间分布也很不均匀，大坝坐落在这种各向异性且极不均匀的地基上，可能产生坝基不均匀沉陷工程地质问题。

（3）渗透稳定与地震液化。砂卵砾石层和砂层的不均匀系数均大于 5，坝基覆盖层可能产生流土或管涌等渗透变形。河口村水库沙层透镜体连续性差，分布范围小，其影响是有限的；但坝基覆盖层的上部存在个别较松散的砂层透镜体，可能产生饱和沙土地震液化。

3.3 龟头山山体稳定

龟头山被 F_{11} 及五庙坡断层切割，构成一个在外力作用下有可能向 SW 方向滑移压缩的呈东西向延展的三棱体，将龟头山岩体视为可沿 F_{11} 滑动的刚体。按单向压缩考虑，五庙坡断层带的压缩量为 2.83cm，同时利用 Ansys 进行三维有限元计算分析，在完建工况下，坝轴线附近最大位移量为 4.26cm。这些变形对建筑物有一定影响，在水工建筑物布置时应考虑山体变形对建筑物的影响。

此外，水库蓄水后龟头山古滑坡体可能失稳，位于坝肩及发电洞、溢洪道进口的滑坡体，应加以处理。龟头山发育有东西向褶皱，两侧岩体分别倾向上游和下游，左坝肩拐点至五庙坡断层带之间的弧形坝段存在沿软弱夹层向上游或下游的局部失稳问题。

4 结论

综上所述，河口村水库工程地质条件和水文地质条件极为复杂，存在着寒武系馒头组岩溶渗漏、坝基河床深厚覆盖层、左岸龟头山山体稳定等工程地质问题，尤以水库渗漏问题最为突出，已成为制约水库工程建设的重大技术问题。应根据地质条件，合理设计水库防渗、大坝坝基深厚覆盖层处理及枢纽建筑物布置方案。

参考文献

[1] 刘庆军，王登科. 沁河河口村水库可行性研究阶段工程地质勘察报告[R]. 郑州：黄河勘测规划设计有限公司，2009.

[2] 陈海军，任光明，聂德新，等. 河谷深厚覆盖层工程地质特性及其评价方法[J]. 地质灾害与环境保护，1996，7 (4)：53-59.

河口村水库岩溶发育特征及其对水库渗漏和防渗设计的影响

刘庆军　万伟锋　王耀军　郭其峰　王勇鑫

（黄河勘测规划设计有限公司）

摘要： 岩溶地区的库区渗漏问题一直是水利工程中的热点和难点问题。河口村水库库坝区水文地质条件复杂，局部发育有较大规模的溶蚀现象，在总结岩溶发育空间分布规律的基础上，分析了影响岩溶发育的因素，在此基础上分析了岩溶发育对水库渗漏量和水库防渗的影响，为水库渗漏问题的评价和防渗设计提供了依据。

关键词： 水利工程；河口村水库；岩溶；渗漏；防渗设计

0　引言

随着中国水利工程建设的迅猛发展，近年来在岩溶地区修建水库越来越多[1-2]。岩溶地质现象的存在，给工程的建设和运行带来一系列工程地质问题，其中，岩溶渗漏是制约水库、电站能否兴建的关键问题[3]，正确分析和认识岩溶的发育规律和特征对水库的渗控设计具有重要的指导意义。

河口村水库位于黄河一级支流沁河最后一段峡谷出口处，下距五龙口水文站约9.0km，属河南省济源市，是控制沁河洪水、径流的关键工程，也是黄河下游防洪工程体系的重要组成部分。水库工程规模为大（2）型，设计洪水位285.43m，正常蓄水位275.00m，最大坝高122.5m，总库容3.17亿m^3，电站总装机11.6MW。

水库库坝区出露的寒武系馒头组下部岩层溶蚀现象较为普遍，在局部地段发育有较大规模的溶洞，该层岩组透水性较强，是构成库坝区水库渗漏的主要层位，其岩溶发育程度和规模以及分布规律直接影响着水库的渗漏评价和防渗设计。

1　地质条件概况[4]

河口村水库是一个典型的峡谷河道型水库，区域性盘谷寺断层北支从坝址下游跨过沁河（距坝轴线最近约620.0m），构成了中山峡谷区与低山、盆地区的地貌分界。库坝区出露的地层由下至上有：前震旦系太古界登封群、震旦系中元古界汝阳群、古生界寒武系、奥陶系及新生界第四系。

本区展布地质构造以近东西向高角度正断层为主，局部（在坝址龟头山附近）伴有逆断层、逆掩断层及小型褶皱。断层走向以270°～300°为主。在坝址区，构造形迹强弱分区性较为明显，在坝址区余铁沟—老断沟以北，为一单斜构造区，断层与褶皱不发育，构造形迹微弱；在两沟以南至五庙坡断层间，为龟头山褶皱断裂发育区，共发育4条压性逆断层及两组褶皱束；五庙坡断层以南至盘谷寺断层北支（F_1）之间，为一断层密集带区（图1、图2）。

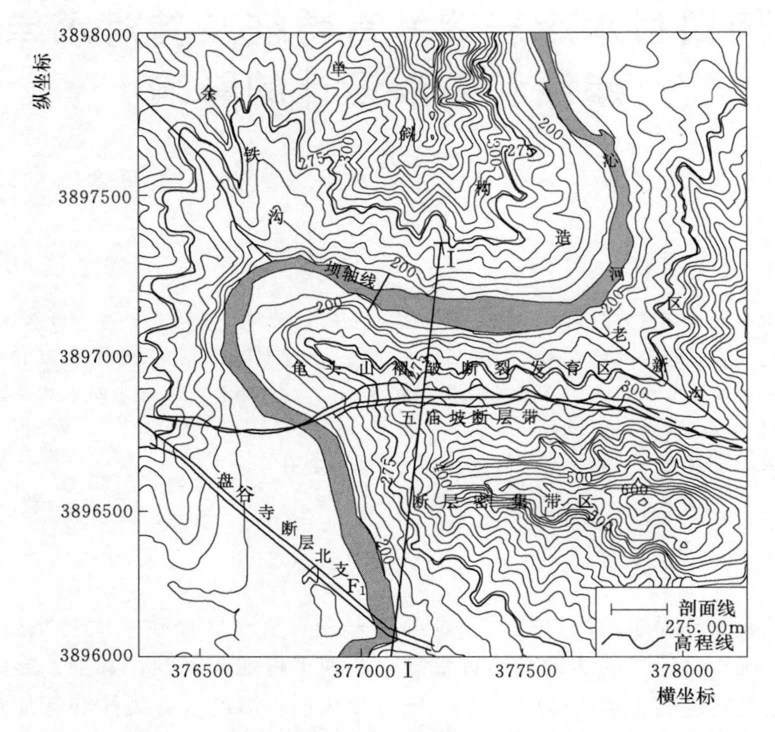

图1 河口村水库坝址区构造分区简图（单位：m）

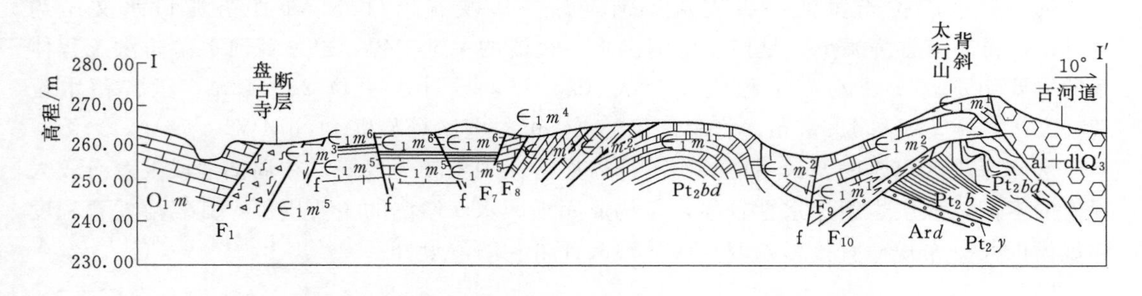

图2 盘谷寺断层至太行山背斜轴部之间构造形迹剖面示意图

库坝盘基岩为一多层状透水与隔水相间的岩体。下部为太古界登封群及元古界汝阳群的变质岩、碎屑岩，是一相对不透水岩体；中下部为寒武系馒头组（$\in_1m^1$、$\in_1m^2$、$\in_1m^3$及$\in_1m^4$下部），岩性为白云岩、泥灰岩及页岩，受构造影响，发育拖曳褶皱，岩体破碎，伴生有溶洞及溶孔，为透水层；上部为寒武系馒头组上部（$\in_1m^4$上部、$\in_2m^5$、$\in_1m^6$）、毛庄组、徐庄组灰岩、页岩、砂岩互层，为相对不透水岩体；库盘顶部为张夏组$\in_2z$（包括徐庄组$\in_2x^4$）岩溶化灰岩，溶洞发育，透水性强，为透水层。具体见表1。

表1　库区岩层含（透）水特征划分表

<table>
<tr><th>地层</th><th>组（群）</th><th>段</th><th>岩性</th><th>含（透）水特征</th><th>厚度/m</th><th>底板分布高程/m</th></tr>
<tr><td rowspan="5">寒武系中统</td><td>张夏组$\in_{2}z$</td><td>$\in_{2}z$</td><td rowspan="2">灰岩</td><td rowspan="2">岩溶裂隙含（透）水层</td><td rowspan="2">200.0</td><td rowspan="2">275.00以上</td></tr>
<tr><td rowspan="4">徐庄组$\in_{2}x$</td><td>$\in_{2}x^{4}$</td></tr>
<tr><td>$\in_{2}x^{3}$</td><td rowspan="9">页岩
灰岩
砂岩</td><td rowspan="9">相对含水层</td><td rowspan="9">190.0～195.0</td><td rowspan="9">212.00～314.00</td></tr>
<tr><td>$\in_{2}x^{2}$</td></tr>
<tr><td>$\in_{2}x^{1}$</td></tr>
<tr><td rowspan="9">寒武系下统</td><td rowspan="3">毛庄组$\in_{1}mz$</td><td>$\in_{1}mz^{3}$</td></tr>
<tr><td>$\in_{1}mz^{2}$</td></tr>
<tr><td>$\in_{1}mz^{1}$</td></tr>
<tr><td rowspan="6">馒头组$\in_{1}m$</td><td>$\in_{1}m^{6}$</td></tr>
<tr><td>$\in_{1}m^{5}$</td></tr>
<tr><td>$\in_{1}m^{4}$</td></tr>
<tr><td>$\in_{1}m^{3}$</td><td rowspan="3">白云岩
泥灰岩
页岩</td><td rowspan="3">构造含（透）水层</td><td rowspan="3">32.0～34.0</td><td rowspan="3">180.00～282.00</td></tr>
<tr><td>$\in_{1}m^{2}$</td></tr>
<tr><td>$\in_{1}m^{1}$</td></tr>
<tr><td>中元古界</td><td>汝阳群$Pt_{2}r$</td><td></td><td>石英砂岩</td><td rowspan="2">相对隔水层</td><td rowspan="2"></td><td rowspan="2"></td></tr>
<tr><td>太古界</td><td>登封群Ard</td><td></td><td>花岗片麻岩</td></tr>
</table>

上层含（透）水层张夏组灰岩质纯，厚度约200.0m，灰岩中溶洞发育，多为大裂隙所贯通，透水性强，地表支沟多为干谷，该含水岩组由于分布高程较高，在河口村水库库尾处底板高程275.00m（水库水位设计高程275.00m），对水库渗漏影响不大。

馒头组下部构造透水层总厚度32.0～34.0m，分布在沁河河谷两岸，底板南高北低，高程180.00～232.00m（坝址区河床高程约170.00m）。在河口村水库的坝址区该透水层底板高于地下水位，成为透水而不含水的岩体，顺河出露延伸长度5.0km，至库区吓魂滩附近，构造透水层下降至河面，向北倾入河底。在水库蓄水后，寒武系馒头组下部构造含水岩组将成为单斜构造区库水向外渗漏的主要通道。压水试验资料表明，该层透水率算术平均值（q）为1.37～15.3Lu，少数局部孔段为无压漏水。

2　库坝区岩溶发育规律

2.1　库区岩溶发育概况

在库区上游区，规模较大的岩溶现象主要发育在上部中寒武统张夏组下段亮晶鲕粒灰岩中，发育规模以大型的溶洞为主，分布高程330.00～340.00m，与河流Ⅳ级阶地高程相吻合，并沿构造裂隙发育。由于其分布高程皆高于库水位，与水库渗漏无关。

在水库中游区，由于可溶岩与非溶岩相间叠置，垂直渗流不畅，且岸坡山体陡峭，岩性条件和地形特征限制了岩溶的发育。

在近坝库区，同样存在可溶岩与非可溶岩相间迭置，但由于受盘谷寺断层和太行山背斜的影响，地质构造发育。在单斜构造区主要表现为馒头组下部岩层的层间小褶皱、小断层；在龟头山主要表现为褶皱、断层交错发育；五庙坡断层以南至 F_1 断层之间主要表现为断层的密集发育，地质构造发育的规模和程度控制或影响着岩溶发育的规模。

在坝址下游区，受五庙坡断层带和 F_1 断层影响，断层密集发育，岩溶亦多沿基底面以上断层带发育，主要表现为串珠状溶孔溶隙，且连通性较好。在断层的交汇处，多表现为规模较大的溶隙。在该区其他地段，岩溶发育现象不明显。

2.2 坝址区不同构造分区的岩溶发育规律

2.2.1 单斜构造区岩溶发育的空间分布规律

（1）岩溶发育的分布与地质构造行迹的强弱相一致。在余铁沟—老断沟以北的单斜构造区，层面向北缓倾，构造形迹微弱。但在馒头组下部，受太行山背斜影响，发育一拖曳褶皱层，其轴向一般 280°～300°，褶皱起伏差，一般为 1.0～2.0m。层间小逆断层常常与褶皱相伴而生，往往下部是断层，上部变为皱（褶）。在层间“皱曲”发育的地段，由于岩体较为破碎，地下水径流条件好，岩溶现象也较为发育，溶孔溶洞多发育在“皱曲”的核部或者沿小断层发育。“皱曲”越发育的地方，岩溶发育现象就越明显，岩溶发育规模亦较大。

（2）岩溶发育与距离岸坡的远近相关。岩溶发育与距离岸坡远近的关系，侧面反映着岩溶发育与地表水、地下水活动和风化卸荷作用近岸—远岸的强弱分布关系。

根据对坝址区右岸的钻孔、平洞的溶蚀现象的统计分析，溶洞发育的密度、规模都明显与岩体距岸坡远近有关。如馒头组中发育的角砾岩，探洞中揭露的较大规模的溶洞以及钻孔中的溶蚀现象，均随着远离岸坡逐渐减弱或变得不明显，总体上在距岸坡 70.0～80.0m 后随距离增加有减弱趋势。另外，根据库坝区右岸钻孔压水试验的统计资料，相同岩层的透水性，从近岸—中远岸—远岸有逐渐减弱的趋势，这也从侧面说明坝址区右岸岩层的岩溶化程度由近岸向远岸逐渐减弱。

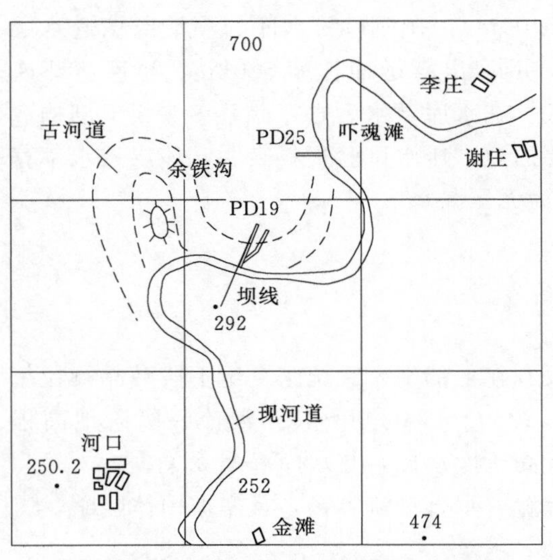

图 3　PD19 和 PD25 平洞和古河道分布示意图

（3）规模较大的溶蚀现象与古河道等地下水强径流区分布相一致。除受岩性与构造作用控制外，右岸馒头组岩层的较大规模的岩溶现象与古河道、河流阶地等地下水强径流区的分布也有较大关系。

目前右岸揭露的规模较大的岩溶现象主要在 PD19、PD25 平洞中及吓魂滩对岸峭壁上，平洞中较大规模的溶蚀现象发育的洞段基本上和古河道的分布相一致（见图 3）。

此外，坝址区岩溶较为发育的地段及其高程基本上处于历史Ⅲ级阶地形成的一级斜坡区及古河道下部，历史河道底高程约在 240.00～250.00m，距岩溶发育层距离 5.0～25.0m，处于地下水径流比较强的区域，具有岩溶发育的有利条件。

2.2.2 龟头山褶皱断裂发育区岩溶发育分布

在余铁沟—老断沟以南和五庙坡断层之间的龟头山褶皱断裂发育区，该地段断层、褶皱发育，岩层产状凌乱，岩溶发育不像右岸成层性明显。下部中元古界汝阳群碎屑岩顶面高程在225.00～260.00m，该顶面以下为非岩溶化地层。岩溶发育主要表现为馒头组下部岩层中的岩溶及龟头山古滑坡体的岩溶。整体上处于五庙坡断层以北的龟头山一级斜坡区，其发育高程和河流Ⅲ级阶地相吻合。

2.2.3 断裂带密集区岩溶发育分布

该区由于属于断裂带密集区，岩溶发育主要受断层及其发育规模控制，多集中在断层及其影响带内。在断层及其影响带附近，岩溶发育主要沿原有的构造裂隙发育，岩溶现象多表现为沿断层发育的串珠状溶洞，而在该区其他断层不发育的地段岩溶现象不明显。在较大的断层或者多条断层交汇处，往往有较大的溶隙发育，其延伸方向一般与断层走向相同。

2.3 库坝区岩溶发育的控制因素分析

2.3.1 地层岩性

地层岩性是岩溶发育的基础，可溶岩的位置决定了岩溶发育的分布，可溶岩可溶性的强弱及厚度限制了岩溶发育的规模。

馒头组岩层以下为相对不透水的前震旦系地层，构成了整个区域上的地下水排泄的基底面和溶蚀基准面。同时在馒头组地层，可溶的质纯白云岩、灰岩的分布决定了馒头组中岩溶发育的层位，不可溶的泥灰岩及页岩等限制了岩溶发育的位置，由此形成了坝址区馒头组地层岩溶间层状发育的特征。

2.3.2 地质构造

在水库库坝区岩溶发育的诸多影响因素中，地质构造对岩溶发育起着主导控制作用。

从2.2节中不同构造分区的岩溶发育规律可以看出，3个构造分区的岩溶发育均受构造作用控制明显，余铁沟—老断沟一线以北的单斜构造区，受构造作用影响较弱，上部张夏组厚层鲕状灰岩中，溶洞主要沿一组走向为NWW的高角度节理裂隙发育，下部馒头组地层中仅在坝址区层间小褶皱发育或靠近古河道的局部地段可见有较为明显的溶孔、溶洞发育；在余铁沟—老断沟一线以南地区，由于靠近太行山背斜轴部及五庙坡断层带，同时受盘谷寺断层的影响，岩溶发育受构造作用控制明显，岩溶发育程度一般高，且主要沿断层发育，尤其是在断层间的交汇地段，岩溶现象更为明显。

2.3.3 地下水活动

河口村水库库坝区岩溶发育规模受区内河流及地下水活动的影响明显，较大规模的溶蚀现象一般发育在靠近古河道、河流阶地及岸坡等河流及地下水活动强烈的区域。

在水库上游区，规模较大的溶洞主要发育在高出沁河水面70.0～80.0m的Ⅳ级阶地附近，分布高程330.00～340.00m。在近坝库区，岩溶发育的高程与Ⅲ级阶地高程相吻合，同时较大规模的岩溶发育与古河道的分布相一致。

2.3.4 风化卸荷作用

在坝址区分布的馒头组下部岩层，其岩性为白云岩、泥灰岩及页岩互层，强度软硬相间，近岸坡地段风化卸荷作用表现较强。根据坝址区平洞、钻孔等勘探资料以及河谷两侧的岩溶发育现象的调查，随着由岸坡向山体内侧距离的增加，岩溶发育的规模及程度都明显降低。这主要是由于随着风化、卸荷、淋滤、溶蚀等外营力作用从岸边向远岸区逐渐减弱，造成岩体的变形、破碎程度和地下水活动也相应减弱，因而坝址区岩溶的发育也具有由岸边向远岸区减弱的特点。

综上所述，库坝区的岩溶发育与地层岩性、地质构造、风化卸荷作用以及河流和地下水的活动密切相关，地层岩性是本区岩溶发育的基础，地质构造作用对本区岩溶发育起主导控制作用，而风化卸荷作用、河流阶地和古河道分布区历史时期的地下水活动影响加剧了岩溶发育的程度及规模。

3 岩溶发育对水库渗漏的影响分析

3.1 岩溶发育对水库渗漏量的影响

岩溶发育的程度和规模直接影响着该层的透水性能，进而影响着水库的渗漏量。从前述地质条件可以看出，寒武系馒头组下部岩层，受构造影响发育拖曳褶皱，岩体破碎，伴生有溶洞及溶孔，是水库与坝肩集中渗漏的通道。

在余铁沟—老断沟一线以北的单斜构造区，馒头组下部岩层产状平缓，岩溶发育受构造影响相对较弱，岩溶发育主要沿层间的“皱曲”发育，在有古河道、河流阶地等地下水强径流区岩溶较为发育。由于岩溶发育的规模和程度由近岸向远岸逐渐减弱，所以渗透性较强的岩体主要分布在近岸坡地段，主要的渗漏量主要集中在近岸区。从对库坝区渗漏量的估算结果（见表 2）来看，对单斜构造区右岸，近岸渗漏段的渗漏量最大，中远岸次之，远岸区最小。

表 2　　不同渗漏段渗漏量估算结果表

库岸	渗漏段	渗漏量/(m^3/d)
左岸	龟头山—五庙坡断层带	196025.2
右岸	远岸	3072.9
	中远岸	8352.0
	近岸	16576.0

在两沟以南的龟头山褶皱断裂发育区，断层、褶皱发育，岩层产状凌乱，岩溶发育不像单斜构造区成层性明显。馒头组下部岩层中的岩溶发育多呈不规则的小溶洞，局部呈蜂窝状，该层由于裂隙发育，岩溶连通性较好，同时，该区分布的古滑坡体中，岩体溶蚀架空显著，岩溶较为发育，透水性极强，为左岸水库渗漏的主要通道。此外，由于龟头山以南为断层密集带区，地下水位较低，因此，龟头山段—五庙坡断层的渗漏将是最主要的渗漏部位，从表 2 可以看出，左岸五庙坡—龟头山断层带的渗漏量为 196025.2m^3/d，为整个右岸渗漏量的 7 倍。

3.2 岩溶发育对水库防渗线布设的影响

3.2.1 左岸

左岸由于含水层的层状结构被破坏，岩溶整体上相对较发育，从而形成一整体的透水性较强的含水岩体，透水性从上而下逐渐变小。在五庙坡断层带及其以南存在断层密集带区，由于断层及其影响带本身的强透水性，防渗帷幕线应尽量避免跨越断层。

根据左岸地质条件、岩溶发育特征及岩体透水性规律分析，左岸防渗帷幕线应于五庙坡断带以北，近平行五庙坡断层向东延伸，跨过老断沟，止于单斜构造区。

3.2.2 右岸

根据前述岩溶发育规律及钻孔压水试验资料，岩溶发育和岩层的透水性总的趋势是，近岸区岩溶较发育、透水性强；远岸区岩溶发育较弱，透水性亦相对较弱。建库后，库水通过下部透水层呈承压式向下游绕渗。由于构造透水层近岸区岩溶相对较发育，为防止集中渗流，应采取有效防渗措施进行帷幕灌浆处理。远岸区因岩溶发育和透水性有普遍减弱趋势，渗漏量不大，不再进行全面帷幕防渗。

4 结论

（1）在库坝区，岩溶发育的分布与地质构造形迹的强弱相一致，其发育的规模和程度由近岸向远岸逐渐减弱，规模较大的溶蚀现象与古河道等地下水强径流区分布相一致。

（2）不同构造单元区的岩溶发育现象差异明显，余铁沟—老断沟一线以北的单斜构造区馒头组下部岩溶总体上不甚发育，岩溶发育多沿层间的小断层和“皱曲”发育；两沟以南的龟头山褶皱区，岩溶发育主要受构造作用控制，馒头组下部岩层岩溶现象程度较高；在五庙坡以南的断层密集带区，岩溶多沿断层带发育。

（3）在库坝区，地层岩性是本区岩溶发育的基础，地质构造作用对本区岩溶发育起主导控制作用，而风化卸荷作用及河流阶地和古河道等地下水活动强烈区的分布则影响和加剧了岩溶发育的程度及规模。

（4）岩溶发育对水库渗漏的影响主要体现在渗漏量和防渗措施的布设，渗漏量较大的地段主要集中在岩溶较为发育的左岸龟头山褶皱断裂发育区以及右岸近岸区；而防渗措施的选取也重点集中在岩溶较为发育和岩体透水性强的地段。

参考文献

[1] 邹成杰．水利水电岩溶工程地质[M]．北京：水利电力出版社，1994.

[2] 付兵．四川省武都水库坝基岩溶发育特征及其对工程影响研究[D]．成都：西南交通大学，2005.

[3] 黄静美．岩溶地区水库渗漏问题及坝基防渗措施研究[D]．成都：四川大学，2006.

[4] 刘庆军，等．沁河河口村水库工程可行性研究报告[R]．郑州：黄河勘测规划设计有限公司，2009.

河口村水库工程龟头山古滑坡体稳定性研究

褚青来[1]　丛晓明[2]

（1. 河南省河口村水库建设管理局；2. 建设综合勘察研究设计院有限公司）

摘要： 龟头山滑坡体位于库区的正常蓄水位影响范围内，水库建成运行后，库水位的变动对坡体的安全性势必存在影响。基于稳定分析理论，对几种运行工况下坡体的安全性进行了计算分析，计算结果表明在蓄水前及正常蓄水情况下，古滑坡是稳定的，在考虑地震作用时，滑坡体的稳定性大大降低，稳定性系数为 0.840<1.0，滑坡已经失稳。因此，龟头山古滑坡考虑到安全性的需要，在特殊情况下稳定性受到影响，应进行加固处理，确保水库的安全运行。

关键词： 古滑坡；稳定性；安全系数；极限平衡

1　引言

坝址区位于河口村以上，吓魂滩与河口滩之间，长约 2.5km。河谷呈两端南北向、中间近东西向的反 S 形展布。两岸谷坡比较完整，在反 S 形两转弯处，左岸有老断沟、右岸有余铁沟以悬谷形式与主河道相交。老断沟与主河道交汇处高程 210.00m，余铁沟与主河道交汇口处高程 220.00m。河床水面高程 168.00～178.00m，纵坡比降 4‰。

坝址区河谷为 U 形峡谷，谷坡覆盖层较薄，大部分基岩裸露。谷底宽度 100.0～180.0m，在正常蓄水位 283.00m 时，河谷宽度 440.0～650.0m。由于组成河谷的岩层软硬相间，使两岸谷坡陡缓不同，呈台阶状。

龟头山滑坡体位于库区的正常蓄水位影响范围内，水库建成运行后，库水位的变动对坡体的安全性势必存在影响，基于稳定分析理论，对几种运行工况下坡体的安全性进行计算分析，对水库安全运行有技术支持。

2　地质概况

龟头山山体在稳定分析区内被两个构造断裂所切割。北部岸边为 F_{11} 逆掩断层，出露高程在 180.00～230.00m 之间，走向 NW300°～310°，倾向 SW，倾角 20°～27°，切割于山体的中下部。南部为五庙坡断层带（F_6、F_7、F_8），走向 NW270°～280°、倾向 SW、倾角 45°～87°。由于 2 条断层［F_{11} 与（F_6、F_7、F_8）］的倾角不同，约在高程 108.00m 处相交，使两断层间山体呈一不规则的三角楔形体。

龟头山古滑坡堆积物（delQ_3）：岩性为破碎松动岩体、岩块及碎石，局部钙质胶结，厚 10.0～40.0m，分布高程 260.00～300.00m。古崩塌堆积物（colQ_3）：岩性为巨型鲕状灰岩岩块及碎石，局部钙质胶结，分布高程 220.00m 以上。沁河余铁沟古河道堆积物（al＋dlQ_{31}）：底部为卵石及粉砂，上部为坡积岩块、碎石及壤土，厚约 30.0m，分布高程 245.00m 以上。Ⅲ级阶地堆积物（al＋dlQ_{31}）为砂卵石、碎石夹黏性土。全新统（Q_4）：坡积、洪积岩块、碎石及壤土（dl＋plQ_4）。Ⅱ级阶地堆积物（alQ_{41}）：下部为砂卵石夹黏性土，上部为壤土。Ⅰ级阶地堆积物（alQ_{42}）：下部为砂卵石层，上部为壤土。河床堆积物（alQ_{43}）：岩性为含漂石砂卵石层夹黏性土及砂壤土，最大厚度 47.97m。

3　分析原理

Janbu 法是一种既满足力和力矩平衡条件，又可用于任何形状的滑动面的较精确的方法，其特点是假定条块间水平作用力的位置。因而每个条块都满足全部静力平衡条件和极限平衡条件，滑动体的整体力矩平衡条件也得到满足。

计算中考虑最复杂的情况。即计算块体为多地层，同时有地震力和地下水作用，从而比一般的计算公式考虑更为全面。从滑体中取出任意条块 i 进行分析，Janbu 法条块作用力分析见图 1。

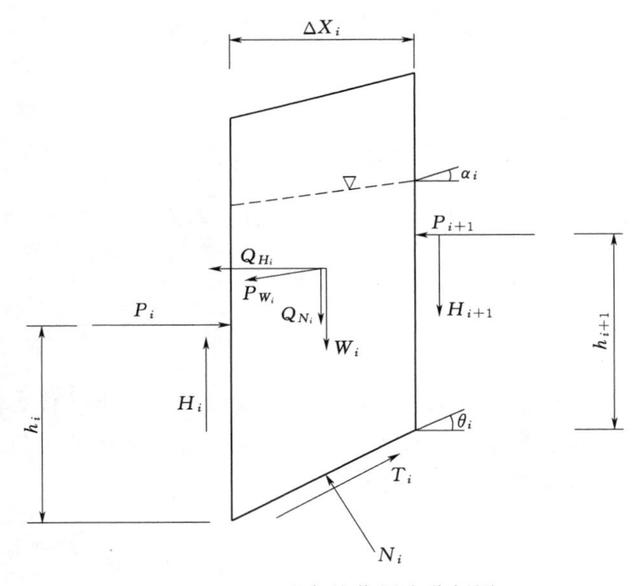

图 1　Janbu 法条块作用力分析图

图中，条块的侧面分别有法向力 P_i、P_{i+1} 和切向力 H_i、H_{i+1}，h_i、h_{i+1} 为法向力到滑面底的距离。则根据图 1 有以下推导：

$$\sum F_y=0,\text{即 } W_i+\Delta H_i+Q_{V_i}=N_i\cos\theta_i+P_{W_i}\cos\theta_i+T_i\sin\theta_i \tag{1}$$

其中

$$N_i=(W_i+\Delta H_i+Q_{V_i}-P_{W_i}\cos\theta_i-T_i\sin\theta_i)/\cos\theta_i \tag{2}$$

由 $\sum F_y=0$，得：

$$\Delta P_i=T_i(\cos\theta_i+\sin2\theta_i/\cos\theta_i)-(W_i+\Delta H_i+Q_{V_i})\tan\theta_i-Q_{H_i} \tag{3}$$

由极限平衡条件，设稳定系数为 F_s，则有：

$$F_s=\tau_f/T_i=(C_iL_i+N_i\tan\theta_i)/T_i \tag{4}$$

从而可得到

$$\Delta P_i = \frac{1}{F_s}\frac{[C_i L_i \cos\theta_i + \tan\varphi_i (W_i + \Delta H_i + Q_{V_i} - P_{W_i}\cos\theta_i)]}{\left(1+\dfrac{\tan\varphi_i \tan\theta_i}{Fs}\right)\cos^2\theta_i}$$

$$-(W_i + \Delta H_i + Q_{V_i})\tan\theta_i - Q_{H_i} \tag{5}$$

对条块侧面的法向力 P，显然 $P_1 = \Delta P_1$，$P_2 = \Delta P_2 + P_1 = \Delta P_1 + \Delta P_2$，以此类推，若有 n 条块，则

$$P_n = \sum_{i=1}^{n} \Delta P_i \tag{6}$$

式（6）代入式（5）得到

$$Fs = \frac{\sum\limits_{i=1}^{n}[C_i l_i \cos\theta_i + \tan\varphi_i (W_i + \Delta H_i + Q_{V_i} - P_{W_i}\cos\theta_i)]/m_i}{\sum\limits_{i=1}^{n} Q_{H_i} + \sum\limits_{i=1}^{n}(W_i + \Delta H_i + Q_{V_i})\tan\theta_i} \tag{7}$$

其中 $m_i = \left(1+\dfrac{\tan\varphi_i \tan\theta_i}{F_s}\right)\cos^2\theta_i$。

由于 ΔH 未知，对滑面中点取矩 $\sum M_i = 0$，则得到

$$H_i = P_i \frac{\Delta h_i}{\Delta X_i} + \Delta P_i \frac{h_i}{\Delta X_i}$$

$$\Delta H_i = H_{i+1} - H_i$$

4 计算分析工况

根据现场踏勘及理论分析选择沿滑坡体潜在可能滑动方向上的代表性剖面即二坝线剖面，进行滑坡体稳定计算。根据二坝线工程地质剖面图和滑坡体分布位置，选取左岸边坡建立滑坡体极限平衡分析的模型（见图 2）。

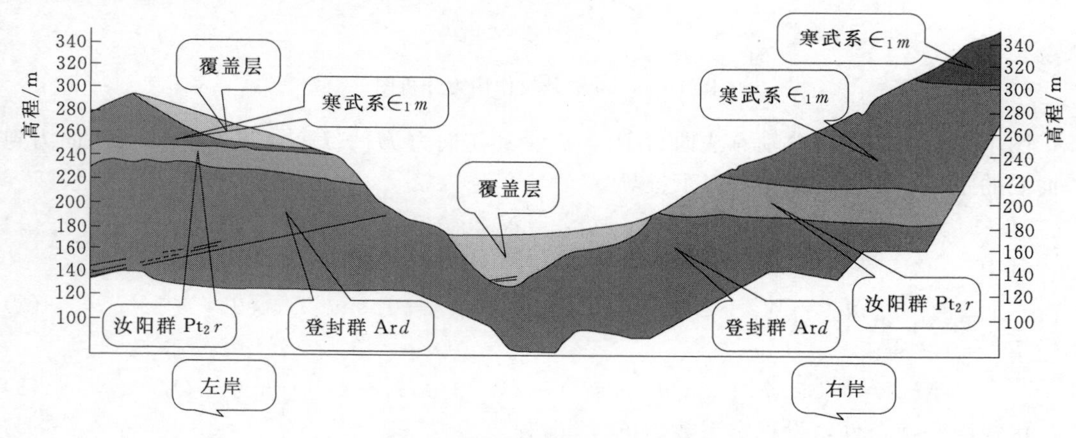

图 2　二坝线工程地质剖面图

地质报告中提供的古滑坡体物理力学参数建议值见表1。

表1　　古滑坡体物理力学参数建议值表

序号	岩组	容重/(kN/m³)	内摩擦角/(°)	黏聚力 C/kPa
①-1	滑坡体	24.0～25.4	11.3～12.2	20～40
②	$\in_1 m^{1-4}$	26.6	38.0	650
③	$Pt_2 r$	26.8	52.0	1400
④	Ard	26.5	50.0	1300
⑤-1	F_{11}断层（天然）	26.0	18.8	30
⑤-2	F_{11}断层（饱和）	26.4	15.0	0

根据工程设计要求，选取以下工况对古滑坡体稳定性进行极限平衡分析。

（1）工况一：正常蓄水位275.00m。

（2）工况二：正常蓄水位275.00m＋地震。

5　结果分析

计算结果表明：自然状态下，滑坡体处于稳定状态；当在自然状态下考虑地震作用时，滑坡体的稳定性大大降低，稳定性系数为0.840＜1.0，趋于失稳；蓄水过程中由于水对坡体的以上不利作用，随着蓄水位的升高，滑坡体浸水面积的增加和孔隙水压力的升高，滑坡体稳定性是逐渐降低的。正常蓄水位275.00m＋地震工况下滑坡体的稳定性大大降低，趋于失稳，其稳定性系数比自然状态＋地震工况下的稳定系数更低，说明蓄水改变了坡体的渗流场，使得库水波动影响范围内坡体浸润线抬升，孔隙水压力升高，不利于边坡的稳定，加之地震作用产生了超孔隙水压力，更加不利于边坡的稳定，使其处于不稳定状态；在正常蓄水位275.00m骤降至267.00m工况下，由于库水骤降产生了顺坡向的动水压力，从而增大了下滑力，对边坡稳定性尤为不利，骤降幅度越大越不利于边坡的稳定。计算典型结果见图3。

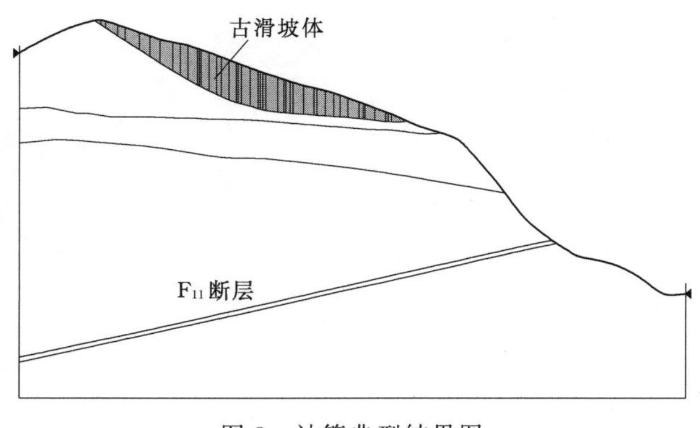

图3　计算典型结果图

6 结论

计算结果表明在蓄水前及正常蓄水情况下，古滑坡是稳定的，在考虑地震作用时，滑坡体的稳定性大大降低，稳定性系数为 0.840<1.0，滑坡已经失稳。因此，考虑龟头山古滑坡安全性的需要，在特殊情况下稳定性受到影响，应进行加固处理，确保水库的安全运行。

参考文献

[1] [日]申润植.滑坡整治理论与实践[M]. 李妥德，杨顺焕，译. 北京：中国铁道出版社，1996.
[2] 高长胜. 边坡变形破坏及抗滑桩与土体相互作用研究[D]. 南京：南京水利科学研究院，2007.
[3] 瞿万波. 边坡抗滑桩作用机理及其优化研究[D]. 重庆：重庆大学，2005.
[4] 郑颖人，唐晓松. 库水作用下的边（滑）坡稳定性分析[J]. 岩土工程学报，2007，29（8）：1115-1121.
[5] 刘汉东. 边坡失稳定时预报理论与方法[M]. 郑州：黄河水利出版社，1996.
[6] 王士天，刘汉超，张倬元，等. 大型水域水岩相互作用及其环境效应研究[J]. 地质灾害与环境保护，1997，8（1）：69-89.

三维激光扫描仪在河口村坝址地形图测绘中的应用

赵保国　苗云鹏

（黄河勘测规划设计有限公司测绘院）

摘要： 主要介绍了三维激光扫描仪的地形测绘原理、作业步骤及成图方法，并就操作中的关键技术进行了分析。

关键词： 三维激光扫描；地形测绘；应用

0　引言

河口村水库位于河南济源市太行山脉南端，坝址施工区的河道两岸山势陡峭，山坡上多碎石，其中相当一部分是悬崖，测绘人员无法到达，常规的测绘方法很难完成。由于采用了 GS200 三维激光扫描成图技术，较好地解决了这一问题。

GS200 型激光扫描系统是中距离系列中的一款先进设备。该设备具有自动聚焦功能。自动聚焦是一项克服激光散射，提高量测精度的技术。所有激光量测仪器的量测精度都与激光器发射的光束照射在被测物体上光斑的大小有关。激光的方向性虽然很强，但仍存在一定散射，因此物体距离较远时照射光斑必然变大，这将影响远距离量测的精度。GS200 所具备的自动变焦功能能够在量测过程中根据量测物体的距离自动聚焦，减小光斑直径，有效提高量测精度。

1　三维激光扫描基本原理

三维激光扫描测量是基于点云扫描的原理。激光发射器发出激光束经过反光镜（三角形的第一个角点）发射到目标上，形成反光点（三角形的第二个角点），然后通过 CCD（电荷耦合器件图像传感器，Charge - Coupled Device，简称 CCD）（三角形的第三个角点）接受目标上的反光点，最后，基于两个角度及一个三角底边计算出目标的景深距离（Y 坐标），再经过激光束移动的反光点的位移角度差及 Y 坐标等计算出 Z、X 坐标，见图 1。反光镜的作用在于将激光束进行水平偏转，以便实现激光某一方向的扫描测绘功能。扫描仪主体本身的周向自旋转功能可以实现纵向扫描，每当扫描一个周期后，扫描仪主机将步进一次，以便进行第二次扫描，如此同步下去，最终实现对所有空间的扫描过程。每扫描一个点云后，CCD 将点云信息转化成数字电信号并直接传送给计算机系统进行计算，进而得到被测点的三维坐标数据。扫描仪采用自动的、实时的、自适应的激光束聚焦技术（在不同的视距中），以保证每个扫描点云的测距精度及位置精度足够高。根据目标大小及精度要求，可以把不同视点采集的点云信息经过拼接处理后合并到同一个坐标系中，合并办法是通过多个定标球或配准等方法来完成的（见图1）。

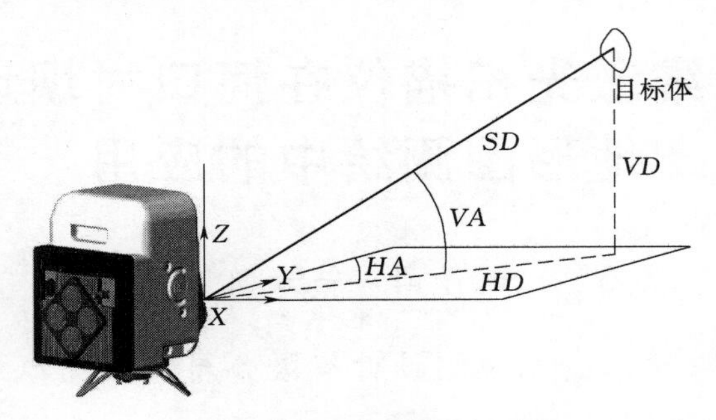

图1　三维激光扫描坐标系图

然后，采用扫描软件将复杂实体或实景重建三维数据及模型，主要是获取目标的线、面、体、空间等三维实测数据并进行高精度的三维逆向建模。

2　河口村工程地形图测绘中作业步骤及成图方法

2.1　作业步骤及主要关键点

主要分以下几个步骤。

（1）按要求连接好系统各部件。

（2）打开扫描软件，笔记本电脑和三维激光扫描仪自动建立连接，连接成功后，通过扫描仪上的摄像头，在软件上可看到被扫描的物体。

（3）建立工作区和扫描站。

（4）进行全景图的拍摄，通过扫描仪的摄像头，可对被扫描物体周围的全景进行拍摄。

（5）建立扫描实体，设置扫描参数。扫描参数的选择，是针对扫描物的具体情况而定的。扫描精度分为预览、中等精度和高精度扫描，也可根据测量需要人工输入网格分辨率大小值。

（6）在软件实景图上圈定扫描范围，根据实际需要，可用矩形圈定，也可用多边形圈定。

（7）开始扫描，软件指示扫描的时间和剩余时间，并实时显示扫描进度。扫描完成后，软件自动提醒扫描结束，显示扫描点云结果。

（8）重新选择扫描范围，进行新的扫描。

在作业过程中，扫描仪对角度和距离都有限制，所以要选择好架设仪器的位置，这样两岸的陡崖都可以扫描到，能够减少设站次数，提高工作效率。当扫描距离较远，超出扫描仪的激光射程时，就需要迁站。如果移动扫描仪，则需要建立新的站点，对定标球重新扫描（定标球扫描顺序不变）。

作业中，我们采用后方交会的设站方法，并与全站仪相互配合进行测量。每次设站都扫描6个控制点，且均匀分布在扫描范围内，不同站上的控制点要求重合，能够起到检查的作用。这些控制点是用全站仪测出其坐标，分别在每站扫描开始和结束的时候，单独扫描控制点。因扫描仪的光束是绿色的，光斑在晴天不易发现，需在控制点棱镜前方先用白纸挡住，当确定反光点照准棱镜中心后，再进行扫描棱镜。扫描仪在扫描控制点的时候是扫描在棱镜中心的，因此在用全站仪对这些控制点进行测量的时候，高程位置也是归算在棱镜中心，两个只有统一后，处理中的高程才正确。

2.2 内业成图方法

由于不同的位置和角度扫描获得的三维数据分别处于各自的局部坐标系，所以还需要把每次的扫描数据放到一个统一的整体坐标系下，这个过程称为配准。扫描仪扫描的是点云数据，扫描完成后，将文件传输到后处理软件 Real Works Survey 中，进行整合点云处理与利用扫描的控制点进行后方交会配准，将扫描数据配准到测区坐标系。

对扫描的点云数据，要利用数据滤波工具，通过选择测量误差范围，可剔除测量误差较大的点。再将数据生成 dxf 文件，即可在 CAD 软件下编辑成图。

野外扫描时，不可避免会扫描在灌木上，或扫描在水面上。首先要将代表灌木点、水面点等颜色的点删去，如颜色号为 61、91、71、81、101、111、121、103、131 等。然后在 CAD 软件中，利用格式刷或特性匹配工具，将点云数据生成高程注记。因为点的密度过大，数据量大，也不易勾绘等高线，需将高程注记过滤，本次作业是按 4.0m 的间距先进行过滤，再利用其生成等高线。首先设置等高距为 10.0m，粗略生成等高线，查看是否存在连续有闭合圈的情况，如果有的话，检查是否和实地地形一致，否则就是存在错误的高程点。依照此法，分别设置为 5.0m、2.0m，最后设置 1.0m 等高距，直至将错误的点剔除完，最终生成 1m 等高距的等高线。并到实地与地形对照，检查是否存在与实地不符的情况，最终形成成果图。

3 结论

三维激光扫描仪采集数据均匀，无需人工操作，效率高，在三维立体建模、模型准确度以及数据处理等方面均具有较大的优势，解决了河口村坝址地形图测绘中悬崖地方难以测绘的问题，说明其在测绘行业有着广阔的应用前景。

参考文献

[1] 李鸣明，赵宏，王昭，等. 快速三维扫描系统的研究[J]. 光子学报，2002，31 (5)：611－615.

[2] 贺美芳，周来水，朱延娟. 基于局部基面参数化的点云数据边界自动提取[J]. 机械科学与技术，2004，23 (8)：912－915.

[3] 罗先波，钟约先，李仁举. 三维扫描系统中的数据配准技术[J]. 清华大学学报，2004，44 (8)：1001－1006.

河口村水库工程坝型比较研究

吴建军　袁志刚　姜苏阳　罗　畅

（黄河勘测规划设计有限公司）

摘要：河口村水库工程坝址的地形、地质条件及坝区筑坝材料具备修建碾压混凝土重力坝和混凝土面板堆石坝的条件。研究和论证结果表明，在河口村修筑碾压混凝土重力坝和混凝土面板坝技术上都是可行的，混凝土面板坝方案投资省，技术优势较明显。

关键词：混凝土面板堆石坝；碾压混凝土重力坝；坝型选择；河口村水库

1　概述

沁河河口村水库工程位于黄河一级支流沁河最后一段峡谷出日处，地处河南省济源市克井乡，坝址控制流域面积 9223km^2。总库容为 3.468 亿 m^3。兴利库容为 2.6 亿 m^3。该工程是国务院国发〔1976〕41 号《关于防御黄河下游特大洪水意见的报告》以及国务院国函〔2002〕61 号文《黄河近期重点治理工程开发规划》中列入的黄河下游防洪工程体系的重要防洪水库。工程建设任务以防洪为主，兼顾供水、灌溉、发电、改善生态等综合利用。

（1）坝址地形地质条件。河口村水库工程坝址位于吓魂滩与河口村之间，该段河谷长约 2.5km，平面上呈反 S 形，河谷为 U 形谷，纵坡比降 4‰。坝址处为侵蚀型峡谷，谷坡覆盖层较薄，大部分基岩裸露。残存有Ⅰ级、Ⅱ级阶地。覆盖层厚度 10.0～40.0m，最厚 47.62m。

坝址段内右岸有一古河道分布，从 4 坝线右坝肩起，经东、西余铁沟至一坝线右坝肩，全长 2.5km。谷宽 150.0～200.0m，谷底高程 245.00～250.00m，堆积物厚度 5.0～40.0m。在 2、3 坝线右坝肩，已被后期河流侵蚀，残存无几，唯独余铁沟内保存完整。

坝址区出露的地层有前震旦系、震旦系、寒武系、奥陶系及第四系。

坝址区为单斜构造区，岩层走向近东西，向北缓倾，倾角 3°～7°。F_1（盘谷寺断层北支）走向 280°～300°，倾向 SW，倾角 50°～70°，断距近 1000.0m，断层带宽度 10.0～30.0m。

五庙坡断层带由 F_6、F_7、F_3 三条近东西向的阶梯状正断层组成。走向 270°～280°，倾向 S 或 SW，倾角 45°～87°，断距近 70.0～90.0m，断层带宽度 6.0～70.0m。

（2）坝址区筑坝材料。在坝址下游河口村附近，大坝所需的石料储量极为丰富。岩性为奥陶系中统马家沟组灰岩、白云质灰岩、白云岩等，质地坚硬，岩性稳定，质量较好，无用层薄。料场场地开阔，开采方便，运距较短。

砂砾石料，来源于坝址下游10.0～15.0km的五龙口料场。砂砾石储量丰富，砾石的质量指标基本满足规程要求。产区砂料属细砂，缺少中砂和粗砂，需人工制砂。

2 枢纽布置方案

根据坝址区地形、地质条件，坝型比较主要是对混凝土面板堆石坝、碾压混凝土重力坝坝型进行比较。

1985年曾对黏土心墙坝方案进行了研究，但由于黏土心墙所用黏土量140万m^3，黏土料主要来自于大社土料场，而目前该土料场上已盖起了学校，除此料场之处，坝址区其他土料场储量均不满足要求，因此，在坝型比较方案中不再考虑黏土心墙坝方案，重点进行面板堆石坝方案和碾压混凝土重力坝方案的比较。

(1) 碾压混凝土重力坝方案。枢纽由拦河大坝、泄洪排沙建筑物、电站厂房等建筑物组成。拦河大坝为碾压混凝土重力坝，坝基开挖最低高程138.00m，坝顶高程279.60m，最大坝高141.6m。坝顶宽15.0m，下游坝坡1∶0.7，上游坝坡1∶0.2，最大底宽109.9m。坝顶长度487.87m，共分为20个坝段，除第1和第20坝段外，其余各坝段宽均为25.0m。电站厂房采用坝后式厂房，布置在河床右侧，装机2台，合计20MW。泄洪排沙建筑物主要由1座溢流坝和2条泄洪底孔组成。溢流坝堰顶高程261.10m，溢流面净宽16.0m，闸墩宽度3.0m。

泄洪底孔位于河床中部10号、11号两个坝段，共设4个泄洪底孔，单孔净宽4.0m，高度6.0m，进口高程197.00m。泄流段全长97.59m，设置2道掺气坎。

(2) 混凝土面板堆石坝方案。枢纽由混凝土面板堆石坝、泄洪洞、溢洪道及引水发电系统组成堆石坝最大坝高156.5m（河床覆盖层以上110.0m），坝顶高程288.50m，防浪墙高1.2m，坝顶长度465.0m，坝顶宽10.0m、上游坝坡1∶1.4，下游坝坡1∶1.5，并设8.0m宽的“之”字形上坝公路，下游综合边坡1∶1.80。泄洪建筑物由泄洪洞、溢洪道组成。

泄洪洞设高位和低位2条，其中1条泄洪洞进口底板高程为210.00m，洞身长582.0m；另1条泄洪洞进口底板高程190.00m，洞身长552.0m，洞身断面均为9.0m×13.5m（宽×高），城门洞型。

溢洪道为3孔净宽11.0m的开敞式溢洪道，布置在龟头山南鞍部地带，进口引渠底板高程259.70m，采用克—奥Ⅰ型实用堰，堰顶高程266.20m，溢洪道总长度202.2m。

3 坝型比较

根据两方案的具体布置，通过从工程地质条件、枢纽布置格局、关键技术施工导流、施工条件、工期、工程量及工程投资等方面对混凝土面板堆石坝、碾压混凝土重力坝方案进行比较。

(1) 从工程地质条件看，2种坝型的坝轴线位置同属一地质单元。趾板和坝基均置于前震旦系片麻岩，风化程度低，强度高、湿饱和抗压强度80MPa。虽然碾压混凝土坝的趾板对基础要求较高，但总的差别不大，坝基岩体条件均能适应2种坝型，坝基基岩强度安全储备较大，对河床覆盖层、坝肩软弱夹层、断层、溶洞及卸荷带、危岩体等工程地质问题，均可进行工程处理，就其难度和工程量而言，2 种坝型没有大的差别。2 种坝型坝体填筑料的储量、质量均可满足要求。

(2) 从 2 种坝型的枢纽布置总格局来看，其坝轴线位置不是坝型选择的制约因素，两坝线分别适合布置混凝土面板堆石坝和碾压混凝土重力坝。

(3) 关键技术。

1) 碾压混凝土重力坝方案的关键技术问题有：三坝线是混凝土重力坝方案的最优坝线，主要问题有五庙坡断层压缩变形问题，由于碾压混凝土重力坝对坝基变形要求比当地材料坝要高，而左岸五庙坡断层带在蓄水后的压缩变形，对重力坝的变形不利，需要进行专项处理。右坝肩的"构造三层"中泥化夹层对重力坝坝肩的稳定极为不利，需要进一步处理后才能保证坝基稳定，计算分析结果表明，在技术上是可行的。碾压混凝土重力坝坝体材料中，细骨料所占比重较大，有相当一部分中粗砂需人工制砂。这也是重力坝方案比面板堆石坝方案投资高的一个主要方面。

2) 混凝土面板堆石坝的主要关键技术问题有：通过坝线比较，二坝线是作当地材料坝的最佳位置。此坝线在过去的 20 多年里，做了大量地质工作，地质问题基本查明。由于已建河日电站的存在，泄水建筑物必须穿越五庙坡断层带，给施工带来一定难度。该坝线位置河床覆盖层深度 10.0～40.0m，在面板堆石坝设计中，趾板与基础的连接处理难度较大。通过坝肩稳定变形计算、大坝堆石体有限元分析计算，初步成果表明，坝肩稳定变形，坝体的沉降量可以控制在已建工程的沉降范围以内，堆石体及面板混凝土均可满足抗压强度的要求。面板混凝土的防裂和耐久性问题、混凝上的配合比、水泥、掺合料和外加剂等问题，仍需在下阶段深入研究。周边缝止水也是高混凝土面板坝的关键技术问题，设计中参考了国内外周边缝止水的先进经验，河口村工程混凝土面板的周边缝采用 3 道止水（即表层塑性填料一道，中、底部二道铜止水）加自愈（表层塑性填料上的粉煤灰与底部铜止水下的反滤小区料）的止水系统，通过分析论证是可靠的。因此，混凝土面板堆石坝的关键技术问题已基本得到解决，这种坝型在技术上是可行的。

(4) 施工导流。重力坝方案在坝体底部设置导流缺口，另在岸边设置一条导流洞。混凝土面板堆石坝方案在上、下游均设有临时围堰，后期需拆除，利用一条导流洞外加一条泄洪洞进行导流，导流洞后期改建为永久泄洪洞，充分利用导流设施，节约了工程投资。

(5) 施工条件。重力坝方案需将坝体全断面挖至基岩面，开挖量和施工难度较大。混凝土面板堆石坝趾板处覆盖层较深，也存在一定的处理难度，但开挖处理的范围仅限于趾板后的部分，较碾压混凝土重力坝处理的范围小。坝址区缺少天然的中、粗砂，砂料需人工制砂，由于碾压混凝土重力坝方案坝体混凝土方量大，因此，施工工作量大，投资多。

(6) 工期。混凝土面板堆石坝方案总工期 60 个月，碾压混凝土重力坝方案与堆石坝方案总工期基本相同。

(7) 工程量及工程投资。从上述各方面的比较可以看出，影响两方案选择主要因素在于工程量及投资。混凝土面板堆石坝方案较碾压混凝土重力坝方案工程总投资可节省 3000 万元。由于混凝土面板堆石坝适应坝肩变形能力强，采用此坝型降低了坝肩压缩变形引起大坝稳定及渗漏稳定的风险，混凝土面板堆石坝方案存在的技术问题通过技术处理都可以解决，故选用混凝土面板堆石坝方案是合适的。

4 进一步优化工程设计

河口村水库工程地形、地质条件较复杂，河床覆盖层厚，工程规模大，技术难度高，必须谨慎对待。根据河口村水库工程的实际情况，下一步还须做好以下几个方面工作。

（1）研究河床覆盖层的物理、力学指标，进行应力、应变的复核计算。

（2）优化趾板布置，研究周边缝附近地质条件及改善措施，以改善面板受力状态，减小周边缝的变位。

（3）研究止水结构型式和止水材料性能，以及面板混凝土防裂抗裂及耐久性，使其留有充分的裕度。

（4）查明帷幕线的水文地质条件，优化帷幕方案，减少帷幕工程量。

（5）优化大坝坝体填筑分区，结合坝体分区及其质量要求，研究提高建筑物开挖料上坝利用率。

（6）做好大坝施工研究，结合料场开挖规划、上坝道路布置，提高上坝强度，进一步缩短工程建设工期，为工程尽早发挥效益创造条件。

河口村水库工程坝线坝型方案比选

褚青来[1]　姜苏阳[2]　李　艳[2]　崔　莹[2]

（1. 河南省河口村水库工程建设管理局；2. 黄河勘测规划设计有限公司）

摘要： 根据河口村水库坝址段地质地形条件，选择了4条坝址线，并对可行的3条进行了比选。通过对二坝址（线）混凝土面板堆石坝与沥青心墙坝、三坝址（线）的碾压混凝土重力坝及四坝址（线）混凝土面板堆石坝坝型进行技术经济比较可知，存在的地质问题都可以通过工程措施予以解决。进一步的研究和论证结果表明，修建混凝土重力坝和混凝土面板坝及沥青混凝土心墙坝在技术上均可行，二坝址（线）混凝土面板堆石坝方案在投资、工期及施工方面更具优势。

关键词： 混凝土面板堆石坝；混凝土重力坝；沥青混凝土心墙坝；坝型比较；坝址（线）；河口村水库

1　工程概述

河口村水库位于黄河一级支流沁河最后一段峡谷出口处，下距五龙口水文站约9.0km，属河南省济源市克井镇，坝址控制流域面积9223km²，占沁河流域面积的68.2%。工程设计标准500年一遇，校核标准2000年一遇，总库容3.17亿m³，工程布置有大坝、泄洪（导流）洞、溢洪道和引水电站。坝址段由吓魂滩至河口村全长2.5km，河道呈反S形，河床由砂卵石沉积层组成，间有局部基岩出露，河谷狭窄，横断面为U形，宽度为200.0～300.0m，河道坡陡流急，平均比降为0.53%。两岸为高山，植被不良，岩石裸露，左岸为济源五龙口风景区主峰，海拔超1000.00m，属国家级猕猴自然保护区，右岸顺河建有侯月铁路和引沁济蟒灌渠，铁路在坝址段为穿山隧道，距水库500.0～800.0m，山体裂隙不发达，渠道为隧洞间明渠，渠底高程在水库校核洪水位以上。

在进行坝线坝型方案比选时，根据坝址段地形地质条件，结合不同坝型及相应的工程总体布置、施工条件和工程总投资等，自下而上选择了4条坝址（线）。

2　四条坝址（线）方案

一坝址（线）位于余铁沟口下游河道拐弯处，龟头山弯道中部，泄洪洞、导流洞布置需穿越五庙坡断层，F_{11}断层分布于坝基及两坝肩，地质条件比较复杂，且河谷开阔，坝体工程量较大，相比其他三处坝址（线），地质地形条件最差，同时主坝区还有装机容量为10800kW的河口引沁渠水电站。经过综合比较，一坝址（线）方案不再考虑。

二坝址（线）是河流转入弯道的起点。此段河谷窄狭，覆盖层较厚，最大厚度

41.87m，龟头山由左岸向西凸入河道，山体东西长约400.0m，宽约200.0m，平均高程305.00m，且山体稳定，基岩完整，似天然坝体，其河弯地形条件有利于土石坝坝型及枢纽总体布置，泄水、导流、输水建筑物较短。但由于当地土料储量不够，不具备修建黏土心墙坝的条件，因此重点进行了混凝土面板堆石坝与沥青混凝土心墙堆石坝坝型比选。

三坝址（线）在二坝址（线）上游约360.0m处，位于反S形中部，河道平顺，无法有效利用S形河道布置建筑物，若集中布置或分两岸布置都会加大泄水建筑物的长度、施工及管理的难度，因此三坝址（线）不适宜建面板堆石坝，可利用重力坝体布置泄水及引水建筑物，重力坝型枢纽建筑物布置相对紧凑。

四坝址（线）位于三坝址（线）上游480.0m，坝基覆盖层是3个坝址（线）中最厚的，最大厚度为49.07m。河道右岸为凸岸，可以布置泄洪和引水建筑物，有利于混凝土面板堆石坝枢纽总体布置。

3个坝址（线）距离较近，本着等库容、等精度的原则，从地形地质、施工条件、建筑物布置、保护区问题、淹没损失、工程投资和工期、效益和经济比较等方面进行坝型比较研究。

3 各坝址（线）处坝型设计

3.1 二坝址（线）混凝土面板堆石坝坝型

枢纽主要由混凝土面板堆石坝、泄洪洞、溢洪道、引水发电洞等组成。

混凝土面板堆石坝最大坝高122.5m（趾板修建在覆盖层上），坝顶高程288.50m，防浪墙高1.2m，坝顶长530.0m，坝顶宽9.0m，上游坝坡1∶1.5，下游坝坡1∶1.5并设6.0m宽的“之”字形上坝公路，下游综合边坡1∶1.685。坝体自上游至下游分别为碎石土盖重保护区及上游黏土铺盖、面板、垫层区、周边缝特殊垫层区、过渡层区、主堆石区、下游堆石区以及下游干砌石护坡，坝脚设石渣盖重。河床覆盖层的趾板置于覆盖层上，布置在面板的周边，与防渗面板通过设有止水的周边缝连接，形成坝基以上的防渗体，趾板下坝基覆盖层采用混凝土防渗墙（防渗墙基础设帷幕灌浆）截渗。两岸趾板基础进行固结灌浆和帷幕灌浆。防渗帷幕向两坝肩以外分别延伸一定长度。

根据地形，溢洪道布置在左岸龟头山南鞍部地带，两条泄洪洞均布置在左岸龟头山至老断沟一带，引水发电洞布置在泄洪洞右侧、五庙坡断层带以北。

3.2 二坝址（线）沥青混凝土心墙坝坝型

沥青混凝土心墙坝除坝体防渗形式不同于混凝土面板堆石坝，其他坝体材料和面板堆石坝基本接近，枢纽泄水及引水建筑物布置和结构与混凝土面板堆石坝基本一样。

坝顶高程288.00m，最大坝高124.00m，坝顶长475m，坝顶宽10.0m，上游坝坡1∶2.0，下游综合边坡1∶1.8。坝体由上游块石护坡、上游主堆石、过渡层、沥青混凝土心墙、过渡层、下游次堆石、下游块石护坡和排水带组成。

坝体防渗采用沥青混凝土心墙，心墙采用垂直墙，墙顶低于坝顶1.0m，墙顶宽0.6m，两侧边坡1∶0.003，底部最大厚度1.72m，与下设混凝土基座相连，在碾压沥青混凝土与混凝土基座之间设黏结层。

混凝土基座在河床部位底部通过混凝土防渗墙嵌固在基岩内，在岸边混凝土基座直接嵌固在基岩内。混凝土基座上下游约 20.0m 范围内覆盖层砂卵石挖至高程 164.00m，河床覆盖层中高程 172.00m 左右存在黏土夹层的部位原则上全部挖除，排除控制大坝稳定安全的隐患；两岸心墙基础 3.0～10.0m 范围原则上挖除松散表层 1.0～3.0m。对沥青混凝土心墙的混凝土基座下进行固结灌浆和帷幕灌浆。左右岸帷幕布置及设计同混凝土面板堆石坝。

3.3 三坝址（线）碾压混凝土重力坝坝型

混凝土重力坝基本断面为 1 个三角形，坝顶高程 288.00m，最大坝顶宽度根据坝顶设施需要确定为 16.0m。上游坝坡分为 2 段，在高程 215.00m 以上为垂直段，以下采用 1：0.20的坡比，下游坝坡根据稳定计算结果调整为 1：0.75。

5 个溢流表孔堰顶高程为 272.00m，堰顶下游采用 WES 曲线，堰顶上游为两段圆弧，下游坝坡仍为 1：0.75，与挡水坝段平行。

4 个泄洪排沙底孔采用短有压段进口，后接明流段的形式。单孔过流净宽 4.0m。泄流段全长 96.84m，其间设置 2 个掺气坎。

在校核洪水位 286.95m 条件下泄洪能力为 10714m^3/s，其中泄洪排沙底孔泄流 3421m^3/s，溢流表孔泄流 7293m^3/s。

在设计洪水位 286.71m 条件下，最大泄量为 10534m^3/s，溢流表孔和泄洪底孔分别下泄 7119m^3/s 和 3415m^3/s。

大坝为碾压混凝土坝，只设横缝不设纵缝。坝体上游面采用 C20W8F100 二级配碾压混凝土防渗面层。

坝基开挖应达到微风化岩层至弱风化下部基岩。由于 3 坝址（线）坝基岩体条件较好，风化层较薄，因此根据地质资料里中等风化和微风化的地层分界线位置，坝基开挖高程确定为 137.00m。为了保证岸坡坝体的侧向稳定，岸坡开挖坡度一般不陡于 1：0.5。

三坝址（线）现有地质地形适宜于建碾压混凝土重力坝，但建坝后主要存在以下地质问题：①左坝肩五庙坡断层压缩变形对重力坝变形不利；②左坝肩局部古滑坡体及断层带存在不利影响；③右坝肩泥化夹层对重力坝坝肩的稳定极为不利。

左岸五庙坡断层带主要处理措施：对局部有影响的断层带予以挖除并回填混凝土，对分布在左坝肩的局部古滑坡体全部挖除；由于 F_6、F_7、F_8 三条断层是顺河走向，因此还需在左岸设置防渗帷幕（长约 437.0m）。对左岸 F_{11} 断层局部挖除并增加一排灌浆帷幕。右坝肩寒武系馒头组$\in_1 m^3$ 层中，分布连续性构造泥化夹层，抗剪指标较低，岩体稳定性差，由于泥化夹层不能作为坝基，因此需要尽量挖除，并向山体洞内回填混凝土，其次采取帷幕灌浆措施处理，以保证坝肩稳定。

对坝基进行固结灌浆，对基础进行固结灌浆同时加强基础帷幕防渗措施，减少沿坝底渗流。主帷幕孔深为 1Lu 相对不透水层以下 5.0m，副帷幕孔深取副帷幕孔深的 2/3。

3.4 四坝址（线）混凝土面板堆石坝坝型

枢纽由混凝土面板堆石坝、泄洪洞、溢洪道及引水发电系统组成。

面板堆石坝最大坝高 129.0m（趾板修建在覆盖层上），坝顶高程 292.00m，防浪墙高 1.2m，坝顶长 695.0m，坝顶宽 9m，上游坝坡 1：1.50，下游坝坡 1：1.60，下游综合边坡 1：1.67。大坝其他细部设计基本同二坝址（线）面板坝。

两条泄洪洞布置在右岸，均为明流洞。由右岸岸边向山体内依次为低位洞和高位洞。

溢洪道布置在右岸靠近坝肩处，为开敞式溢洪道，引水发电洞布置在右岸，泄洪洞右侧。

4　综合比较

4.1　坝址（线）比较

通过对二坝址（线）混凝土面板堆石坝（与沥青心墙坝）、三坝址（线）的碾压混凝土重力坝及四坝址（线）混凝土面板堆石坝坝型进行技术经济比较，3 条坝址（线）存在的地质问题都可以通过工程措施予以解决。

四坝址（线）相对二坝址（线）、三坝址（线）而言，地质条件较好，但主要缺点是工程量大、投资高，其次四坝址（线）离猕猴自然保护区试验区最近，施工过程中产生的废水、废气、噪声、扬尘、弃渣等对野生动物的影响较大，因此不予推荐。三坝址（线）地质条件和二坝址（线）地质条件相差较小，坝体均为常规坝型，且施工技术都相对成熟，其主要控制因素在于工程量及投资、坝址（线）对自然保护区的影响、工期等方面。根据计算，二坝址（线）混凝土面板堆石坝方案分别较碾压混凝土重力坝方案、四坝址（线）混凝土面板堆石坝方案工程静态总投资节省 12871 万元、27826 万元。

综合以上比较，从节省投资、工期较短以及施工方便角度出发推荐二坝址（线）。

4.2　坝型比较

根据地质地形情况，二坝址（线）混凝土面板堆石坝和沥青混凝土心墙坝均适合河口村水库工程。根据施工条件，沥青混凝土心墙构造较复杂，施工质量、施工设备及施工工艺要求都较高，沥青混凝土心墙受季节影响会大些，而面板坝基本不受季节影响，可全年施工。沥青混凝土心墙坝总投资比面板坝高 4.2%，总工期 67 个月，比混凝土面板坝（不开挖方案）工期长 7 个月；另外，沥青心墙坝坝高 122.0m，国内仅有 1 个沥青心墙坝（四川冶勒）有这么高的坝高，类似工程实例和筑坝经验缺乏，加上河口村坝基覆盖层夹层较多，构造较复杂，坝体坝基变形较大，坝基防渗墙、帷幕灌浆位置位于坝体中部，不便于工程运用期的检修和维护，因此沥青心墙坝在投资、工期上不具明显优势，且坝体变形和基础沉降较大，国内外工程实例少。

综合比较，从投资节省、构造简单、施工方便、工期短、运行期维修方便角度出发，推荐二坝线混凝土面板堆石坝坝型。

河口村水库面板堆石坝止水设置及单价分析

袁国芹　闫　鹏　王　晖

（黄河勘测规划设计有限公司）

摘要： 河口村面板堆石坝止水类型和结构复杂多样，结合设计资料，针对不同的止水结构形式、施工工艺，分析确定人工费、材料费和机械使用费，计算的止水工程单价为周边缝止水3507.85元/m、张性缝止水2749.03元/m、压性缝止水1934.96元/m，大坝面板止水总投资为2632.99万元。

关键词： 混凝土面板；堆石坝；面板止水；施工工艺；止水单价；河口村水库

沁河河口村水库工程的主要建筑物有混凝土面板堆石坝、泄洪洞、溢洪道及引水发电系统等。面板堆石坝最大坝高为122.5m，上游表面的钢筋混凝土面板为坝体的主要防渗结构之一。为了适应堆石坝的变形，同时考虑到温度变化和施工设备等因素，必须对面板、趾板进行合理分缝，且接缝处都应设置止水设施，以确保混凝土面板的整体性和防渗。止水的类型和结构不同，对应的人、材、机消耗量有所不同，单价也有很大差别。对于一般坝型来说，止水工程投资已含在水工建筑细部结构费用之中，但面板堆石坝的止水工程投资所占比例较大，在细部结构中已不能涵盖，因此需要分析单价，单独计算投资。

1　接缝分类与止水设置

河口村水库面板堆石坝的接缝根据位置及作用可分为周边缝、垂直缝（面板张性缝、面板压性缝）、面板与防浪墙接缝、趾板间分缝等，最基本的是周边缝和垂直缝。

面板常规止水结构形式通常采用3道止水，即在表层接缝设置有盖板保护的塑性嵌缝填料，在接缝中部设置橡胶止水带，在接缝底部设置铜止水。工程实践表明，中部止水带在施工中很难与混凝土紧密结合，常发生漏水，河口村水库面板采用GB新型止水结构形式，该形式将中部止水带提至表层，将止水带固定在缝口位置。为了适应大接缝位移，将表层止水带设计成变形能力很强的波浪形，同时为了确保止水带在大接缝张开情况下承受高水压力作用，在止水带下面的缝口处设置了支撑橡胶棒。在波形止水带上部设置表层塑性嵌缝材料，并采用GB复合盖板对塑性嵌缝材料进行封闭。

1.1　周边缝止水结构

周边缝是趾板与面板间的接缝，它是面板防渗体系的重要组成部分。止水采用GB新型止水结构形式，接缝底部设F形止水铜片，表层止水结构包括底部的PVC橡胶棒、波形橡胶止水带、塑性填料。在波形止水带上部设置有盖板保护的塑性嵌缝材料（包括GBW膨胀填料、GB柔性填料、GB三复合橡胶板）。周边缝缝宽为12mm，缝间填塞沥青木板，底部沿线均设水泥砂浆垫层。

1.2 垂直缝止水结构

面板垂直缝与坝轴线垂直，在靠近周边缝处转弯，与周边缝垂直连接。坝体中间的垂直缝受压，称为面板压性缝，靠近岸坡的垂直缝受拉，称为面板张性缝。

张性缝设3道止水，止水结构基本与周边缝相同，底部设一道W形止水铜片，表面设置止水带，止水带上部采用塑性嵌缝材料（包括GBW膨胀填料、GB柔性填料）加GB三复合橡胶板覆盖，不锈钢角钢及螺栓固定。张性缝缝间刷厚3mm的乳化沥青，不设填充料，底部沿线均设水泥砂浆垫层。

压性缝设2道止水，止水结构与张性缝比较减少了波形橡胶止水带、GBW膨胀填料，缝宽12mm，缝间填塞沥青木板，其他结构与张性缝基本相同。

1.3 其他接缝

河口村水库工程面板坝的其他接缝（如面板与防浪墙接缝、趾板间接缝）的结构形式基本上都是3道止水，设置铜片止水、橡胶止水带、表面塑性填料加盖板保护的形式，只是在嵌缝材料和断面设计上有所区别。

2 止水施工工艺

（1）砂浆垫层铺设。砂浆垫层铺设在缝的底部，厚度一般为10cm，其上部铺设厚6mm的PVC垫片，以减轻上部止水被破坏造成的渗漏影响。

（2）缝面清理。采用压力水将缝面冲洗干净后，从上至下将接触面和缝口打磨平整、并用钢丝刷将预留V形槽的两边刷干净，再用压力水将槽内外表面乳皮灰砂冲洗掉。缝面处理干净后晾干或者烘干[1]。

（3）铜片止水制作与安装。铜片止水分为F形止水和W形止水，周边缝采用F形止水，垂直缝采用W形止水。铜片止水由人工焙烧、弯制、焊接而成[2]，粘贴在PVC垫片上，铜止水鼻子宽度为30mm（W形止水为25mm），内部填充聚氨酯泡沫，顶部放置直径30mm的氯丁橡胶棒（W形止水氯丁橡胶棒直径为25mm）。铜片止水上部至V形槽底部的缝面之间用厚12mm的沥青木板充填（张性缝缝宽为3mm，涂刷乳化沥青）。

（4）V形槽放置氯丁橡胶棒和波形橡胶止水带。缝面处理完毕后，面板张性缝、周边缝V形槽按设计要求放置直径80mm的PVC棒和波形橡胶止水带。PVC棒直接放置在V形槽内，然后在缝面接触面上刷底胶，粘贴复合GB止水条，将波形橡胶止水带粘贴于复合GB止水条上，再用不锈钢扁钢、不锈钢膨胀螺栓固定波形止水带。压性缝没有波形橡胶止水带。

（5）塑性填料嵌填。表面塑性填料包括GBW膨胀填料、GB柔性填料，周边缝填料为扇形结构，垂直缝柔性填料为半圆结构。开始嵌填之前，按设计尺寸将柔性填料加工成型，并把柔性填料切割成相应形状，沿缝面分段嵌填，保证嵌填的柔性填料达到设计嵌填量的要求。

（6）GB复合橡胶盖板安装。柔性填料分段填铺后，应及时铺设复合盖板。首先在已处理的混凝土表面均匀涂刷底胶，将复合盖板粘贴在混凝土上。待复合盖板分段安装完成后，及时铺压不锈钢角钢，然后每隔30cm用不锈钢膨胀螺栓固定。在复合盖板边缘采用配套的封边剂进行封闭。

3 面板止水单价分析

为了合理计算止水工程投资，需要根据设计图纸、施工工艺确定人工费和材料、机械消耗量，进而分析计算止水单价。

（1）人工费。人工费参考《水利建筑工程概预算》中趾板止水子目计算，由于设计施工较定额复杂，因此人工工时可以适当扩大，计算结果见表1。

表1　　施工100.0m所需人工费计算结果表

项目	单价/(元/工时)	周边缝3道止水		张性缝3道止水		压性缝2道止水	
		人工/工时	人工费/元	人工/工时	人工费/元	人工/工时	人工费/元
工长	7.11	55.76	396	53.1	378	37.17	264
高级工	6.61	390.29	2580	371.7	2457	260.19	1720
中级工	5.62	334.53	1880	318.6	1791	223.02	1253
初级工	3.04	334.53	1017	318.6	969	223.02	678
合计			5873		5595		3915

（2）材料费。根据设计图纸计算材料消耗量，包括砂浆、橡胶止水带、氯丁橡胶棒、PVC棒、塑性填料、紫铜片、不锈钢膨胀螺栓、角钢、扁钢、沥青木板、黏合剂等材料，计算结果见表2。

表2　　施工100.0m所需材料费计算结果表

项目	数量单位	周边缝3道止水		张性缝3道止水		压性缝2道止水	
		数量	合价/元	数量	合价/元	数量	合价/元
GB三复合橡胶板（厚13mm）	m^2	94.5	11624	86.94	10694	70.46	8667
不锈钢角钢∟50×6	kg	941.64	14125	941.64	14125	941.64	14125
不锈钢扁钢50×6	kg	495.6	7434	495.6	7434		
不锈钢膨胀螺栓M15×120	套	1333	26660	1333	26660	667	13340
橡胶止水带	m	105	8400	105	8400		
氯丁橡胶棒ϕ30mm	m	105	3255				
氯丁橡胶棒ϕ25mm	m			105	2205	105	2205
PVC棒ϕ80mm	m	105	4305				
PVC棒ϕ50mm	m			105	1680		
PVC棒ϕ30mm	m					105	630
PVC垫片（厚6mm）	m^2	29.4	1441	55.13	2701	55.13	2701
100mm×6mm（宽×高）复合GB止水条	m	315	7560	210	5040	210	5040

续表

项目	数量单位	周边缝3道止水		张性缝3道止水		压性缝2道止水	
		数量	合价/元	数量	合价/元	数量	合价/元
65mm×3mm（宽×高）复合GB止水条	m	210	1680	210	1680		
GBW膨胀填料	t	5.83	58300	4.26	42600		
GB柔性填料	t	6.45	64500	3.32	33200	4.85	48500
聚氨酯泡沫填料	m^3	0.38	247	0.32	208	0.32	208
紫铜片（厚1mm）	kg	700.88	31540	770.96	34693	770.96	34693
铜电焊条	kg	4.37	149	4.81	164	4.81	164
水泥砂浆	m^3	8.4	1512	7.35	1323	7.35	1323
黏合剂	kg	14.48	290	21	420	21	420
锯材	m^3	0.63	1260	0.54	1080		
沥青	t	0.35	1400	0.3	1200		
木材	t	0.12	54			0.1	45
乳化沥青	kg			94.5	378		
其他材料费	%	0.5	1229	0.5	968	0.5	672
合计			246965		194573		135013

（3）机械使用费。以往混凝土面板坝表层止水都是由人工按照分块、分板、分条的组合方式施工的，存在嵌填不密实、填料间黏接不牢固、效率低等问题，施工质量难保证、施工进度不理想。中国水科院开发研制了首台GB柔性填料挤出机后，形成了止水材料的机械一体化一次成型的施工工艺。根据成功的施工经验，施工100.0m所需机械使用费计算结果见表3。

表3　　施工100.0m所需机械使用费计算结果表

项目	周边缝3道止水		张性缝3道止水		压性缝2道止水	
	数量/台时	合价/元	数量/台时	合价/元	数量/台时	合价/元
台式电钻	40	64	40	64	40	64
电锤	80	473	80	473	80	473
角磨机	80	1352	80	1352	80	1352
高压冲洗机	20	500	20	500	20	500
卷扬机	90	2340	90	2340	90	2340
吊篮	90	855	90	855	90	855
电焊机	15	120	15	120	15	120
牵引台车	40	5381	20	2690	15	2018
喂料车	40	826	20	413	15	310

续表

项目	周边缝3道止水		张性缝3道止水		压性缝2道止水	
	数量/台时	合价/元	数量/台时	合价/元	数量/台时	合价/元
GB填料挤出机	40	4856	20	2428	15	1821
振动夯	40	385	20	193	15	145
其他机械费		86		57		50
合计		17238		11485		10048

人工费、材料费、机械使用费为直接费，再计入其他直接费、现场经费、间接费、企业利润、税金，则可计算出施工100.0m对应的面板坝止水费用（见表4）。

表4　　施工100.0m对应的面板坝止水费用表

项目	周边缝合价/元	张性缝合价/元	压性缝合价/元
直接费	270076	211653	148976
其他直接费	10803	8466	5959
现场经费	21606	16932	11918
间接费	15124	11853	8343
企业利润	22233	17423	12264
税金	10943	8576	6036
合计	350785	274903	193496

分析计算表明，面板止水结构、形式、部位以及嵌缝材料的不同，单价会有很大的差别，周边缝止水为3507.85元/m，张性缝止水2749.03元/m，压性缝止水1934.96元/m。通过计算分析，河口村水库大坝面板止水投资2632.99万元（见表5），大约占坝体投资的5%。在河口村项目建议书及可研设计阶段，由于还不能精确确定止水详图，估算编制直接采用水利建筑工程定额，因此止水工程单价偏低40%，投资严重不足。可见，止水单价确定是否合理将直接影响坝体投资。

表5　　河口村水库面板止水工程投资表

项目	长度/m	单价/(元/m)	合计/万元
周边缝止水	719	3507.85	252.21
防浪墙与面板连接缝止水	584	2540.49	148.36
面板张性缝止水	5062	2749.03	1391.56
面板压性缝止水	3548	1934.96	686.52
防浪墙止水	204	1568.68	32.00
趾板等分缝间止水	463	2642.32	122.34
合计			2632.99

4 结论

面板坝止水工程施工工艺复杂，结构形式多样，嵌缝材料也不尽相同，因此应根据具体设计调整消耗定额，合理确定止水单价。在前期设计阶段没有施工详图时，可按上述单价并适当考虑阶段扩大系数进行估算，防止投资不足，影响工程施工质量和进度。

参考文献

[1] 王国忠，程燕. 混凝土面板堆石坝止水工程单价分析研究[J]. 吉林：东北水利水电，2001，19（9）：1-3.

[2] 谢玉华. 浅谈钢筋混凝土面板止水造价[J]. 四川：四川水力发电，2000，19（4）：28-29.

深覆盖层地基修建高面板堆石坝技术难点分析

姜苏阳　邢建营　韩　健　李远程　崔　莹

（黄河勘测规划设计有限公司）

摘要：河口村水库工程拟建的面板堆石坝坝高122.5m，趾板直接建在约40.0m厚的沙砾石覆盖层上。在复杂坝基深覆盖层上修建面板坝的关键是查清覆盖层的组成和结构，应综合对坝体、坝基及防渗墙、板体系（面板、趾板、连接板）进行应力变形分析，并针对河口村大坝特殊性及关键点采取相应的工程处理措施。

关键词：面板堆石坝；坝基；深厚覆盖层；稳定计算；应力；变形；河口村水库

1　堆石坝修建难点

河口村水库工程拟建面板堆石坝坝高达122.5m，趾板直接建在厚40.0m左右的覆盖层基础上，目前该坝高在国内居第二，其覆盖层组成在国内类似工程中是最复杂的。该坝体上游存在软土或易液化的夹层，会影响坝体变形或稳定，需进行处理。

面板坝的主要工程问题是坝体变形以及变形过大引起的接缝张开和面板断裂导致的渗水，因此对面板坝的坝体变形控制进行研究，提出控制变形的措施，使面板及接缝的变形值在允许范围内，是面板坝建设的关键。

对于建造在非硬岩基础上的混凝土面板堆石坝，需要分析的问题有：坝基在坝体和水荷载作用下的抗滑稳定性；采用混凝土防渗墙防渗，确定墙的厚度、应力状态及墙距坝脚的距离等；坝基及坝体的变形（包括最终变形和变形过程）对趾板、连接板、面板应力变形及伸缩缝防渗止水可靠性的影响；坝基的渗透稳定性和渗漏损失。

防渗面板、板间缝和周边缝止水对坝体和坝基的应力变形极为敏感，因此应对应力变形及由此带来的面板裂缝、止水失效和渗流控制问题更加重视。在覆盖层上直接建造混凝土面板堆石坝需要解决以下难点。

（1）如何评价并处理覆盖层。河口村覆盖层中存在影响坝基稳定的黏土夹层，需通过稳定计算，对大坝的动静力稳定性作出评价。

（2）合理确定坝体填筑标准，保证坝体和坝基具有较高的变形模量，以减少日后的沉降。

（3）通过三维应力应变有限元计算，对坝体、坝基的变形进行评价。如果坝体变形过大，有可能导致面板裂缝及面板接缝张开和止水失效，甚至导致面板、防渗墙、连接板断裂及大量漏水和坝基渗水，对坝体和坝基产生渗透破坏，影响大坝和水库的安全运行。

（4）如何改进面板、周边缝和板间缝的结构设计，保证面板和变形伸缩缝的止水结构具有足够的柔性，以获得较强的适应变形能力，确保防渗系统的有效性。

（5）如何合理安排施工顺序，保证在面板和变形伸缩缝施工前，坝体和坝基的主要沉降基本完成，减少在水荷载作用下的总变形。

2 三维应力变形计算内容及难点

面板坝三维有限元计算可以综合对坝体、坝基及防渗墙、板体系（面板、趾板、连接板）进行应力变形分析，有助于设计方案论证，可以准确分析与预报大坝在施工与运行期间的性能、大坝施工填筑方式。覆盖层上面板坝的应力变形，特别是防渗墙和面板的应力状态，防渗墙与趾板以及趾板与面板接缝变形的正确预测，对覆盖层上面板坝的设计、施工以及安全运行具有十分重要的意义。

三维应力变形计算内容及要解决的问题如下。

（1）通过计算坝体、防渗墙、坝基覆盖层砂卵石在施工期和蓄水期的应力变形特性，研究施工期和蓄水期的坝体沉降、水平位移分布（顺河向及沿坝轴线方向）以及坝体大、小主应力及应力水平分布。

（2）分析深厚覆盖层下防渗墙与坝体的合适位置及静力和动力条件下的应力变形情况，包括防渗墙与坝体之间的连接板设置一块、两块时，防渗墙、连接板、趾板的变形，接缝位移及各自的受力特性。

（3）分析深厚覆盖层下防渗墙的应力应变特性及等级为C25与C35的混凝土选取不同材料时的受力、变形、位移特征。

（4）在深厚覆盖层上的面板坝周边缝、面板张性缝、压性缝的接缝位移、变形的容许范围，分析防渗墙、连接板、趾板之间的接缝变形规律，以指导止水结构设计。

（5）通过计算混凝土面板的挠度和坝轴向位移分布，分析计算混凝土面板的应力分布，对结构配筋提出建议。

（6）模拟施工填筑顺序，研究坝体填筑高差的合理控制高度、坝体超填高度、预留沉降时间对面板应力变形的影响。

（7）以筑坝材料敏感性分析计算作为大坝设计控制指标。

（8）面板坝接缝止水设计计算，设计时应选择能适应运行期和施工期面板周边缝变位和垂直缝变位的止水结构和止水材料，分析覆盖层上面板坝防渗体系的安全性是否有保障。

3 坝坡稳定分析技术难点

（1）河口村面板坝在设计坝坡时考虑的因素及原则。目前已建造的混凝土面板坝大多数在设计时不进行坝坡稳定分析，而是按照已建工程类比选定坝坡。一般而言，随着坝高增加，适当变缓坝坡才能保持一定的安全度。而边坡的确定与筑坝材料的物理特性、坝址处的地质条件等因素有关。筑坝材料质量和施工压实要求均会影响筑坝材料的抗剪强度，因此放缓坝坡不是提高坝坡稳定的唯一措施，提高筑坝材料的抗剪强度也能达到目的。目前尚缺乏通过提高筑坝材料的要求而获得更高抗剪强度的量化指标，放缓坝坡不是提高边坡稳定性的唯一措施但是是有效的措施。

坝体直接建造在覆盖层上，坝坡稳定除坝体填筑材料外还受坝基控制，因此坝坡不宜过陡；坝体沉降除受坝料级配和填筑密度影响外，还受坝基影响，为降低面板坝沉降梯度，亦应放缓坝坡；为充分利用枢纽的岩石开挖料，对下游坡也需放缓；由于坝基覆盖层存在4层壤土夹层，因此上下游坝坡需要通过稳定计算来确定。

(2) 坝基覆盖层中壤土夹层的处理。坝基覆盖层内分布着面积不等、高程不同的壤土夹层，80%以上为粉质壤土，岩性概化为粉质黏土、重粉质壤土、中粉质壤土、轻粉质壤土4种。其分布高程可以概化为4层：第1层分布高程为175.00～168.00m，平均高程为173.00m，连续性较强；第2层分布高程为168.00～152.00m，平均高程为162.00m，整体性差；第3层分布高程为154.00～148.00m，平均高程为152.00m；第4层分布高程为148.00m左右，该层连续性极差。

河床覆盖层中第1层黏土夹层原则上应全部挖除。为减少坝基沉降，提高坝基承载力，坝基开挖后，建基面采用振动碾压实6～8遍，在防渗墙上游7.0m至大坝坝轴线坝基核心区的开挖建基面上，采用单击夯击能不小于3000kN·m的强夯处理。强夯施工的设备、工艺以及质量控制标准均通过现场强夯试验确定，并通过河床砂卵石层的干密度、渗透系数、颗粒级配、承载力等物理力学参数变化指标来调整。

4 坝基液化问题及处理技术

面板坝坝基范围内发现沙层透镜体约有14个，主要分布在坝轴线附近及下游，其中有3个透镜体分布在下游坝脚附近，沙层透镜体分布高程142.90～173.90m。根据已有资料，利用《水利水电工程地质勘察规范》(GB 50487—2008) 附录N推荐的相对密度法进行判断，河口村水库地震设防烈度为Ⅶ度，大坝校核设防烈度为Ⅷ度，相应的液化临界相对密度为0.75。河口村水库3个沙层透镜体的相对密度为0.68、0.89、1.01，一般大于0.75，属于密实状态、不液化层。但坝基覆盖层的上部局部埋藏较浅、较松散的沙层透镜体不排除产生地震液化的可能性，因此需要进行处理。

(1) 坝轴线附近。结合趾板布置和坝基开挖，初步确定坝基开挖方案为趾板及趾板下游50.0m范围内挖至高程165.00m，趾板下游50.0～100.0m范围挖至高程168.00m，趾板下游100.0m以外坝基范围内挖至高程170.00m。根据地质勘探成果，将有5个分布在开挖高程以上的沙层透镜体被挖除。

根据工程类比和公式计算，强夯处理的有效深度为8.0m左右，强夯后沙砾石相对密度达到0.75，根据《水利水电工程地质勘察规范》(GB 50487—2008) 附录N的规定，对于按Ⅶ度地震设防的河口村水库工程采用设计要求的强夯处理后，在其影响深度范围内可以消除地震液化的可能性。根据地质勘探成果，位于趾板下的一个沙层透镜体应进行加密处理。

(2) 大坝下游附近。震害调查发现，喷水冒沙严重的区域地下水位埋深都比较浅，一般不超过3.0m，甚至不足1.0m，地下水位埋深为3.0～4.0m时，很少出现液化现象，地下水位埋深超过5.0m时未见有液化实例。因此，可把液化最大地下水位埋深定为5.0m，说明采用5.0m压重可解除下伏地层的液化问题。大坝下游结合坝体稳定采用顶高程195.00m、长110.0m的压坡使大坝范围内所有的沙层透镜体上覆压重都大于5.0m，可基本解除沙层透镜体的地震液化问题。

5 右岸馒头组岩层岩溶问题及防渗帷幕处理技术

馒头组下部$\in_1m^3$和$\in_1m^1$岩层中溶蚀现象较为普遍，且一般成层性较为明显，在$\in_1m^3$局部还可见规模较大的溶洞发育，岩溶整体不发育，但岸边岩溶较发育。发育形态以溶孔、溶隙为主，溶洞大者一般直径为0.5～2.0m。

主要强透水层为$\in_1m^4$下部至$\in_1m^1$岩层组成的构造透水层，其余岩层透水性皆相对较弱。近岸边岩层（长210.0m）的透水性强、远岸边的透水性弱。

对于右坝肩在高程200.00～220.00m的强透水岩层的处理措施：在$\in_1m^4$地层（高程243.00m，$\in_1m^3$顶部）沿帷幕线布置一条灌浆洞（2号灌浆洞），其下布置两排灌浆帷幕；坝顶灌浆洞（1号灌浆洞）向右岸延伸210.0m，在距右坝肩120.0m范围内采用一排帷幕与下部帷幕相接，距右坝肩120.0m以外采用一排灌浆帷幕，深度至3Lu线以下5.0m，高程195.00m。远岸区因为岩体透水性有减弱趋势，绕渗量不大，所以不再进行全面帷幕防渗。

沁河河口村水库防渗体设计

刘培周

(黄河勘测规划设计有限公司)

摘要：结合水库防渗体设计实例，介绍了防渗体的组成，对防渗材料即复合土工膜的设计、施工、质量控制进行了阐述，分析计算了复合土工膜稳定安全系数，得出相关结论，以期保证水库安全使用。

关键词：防渗体；复合土工膜；趾板；安全系数

1 工程基本概况

沁河河口村水库位于黄河一级支流沁河最后一段峡谷出口处，下距五龙口水文站约9.0km，属河南省济源市克井镇，是控制沁河洪水、径流的关键工程，也是黄河下游防洪工程体系的重要组成部分。

河口树水库属大（2）型水库，按500年一遇洪水设计，2000年一遇洪水校核。是一座以防洪、供水为主，兼顾灌溉、发电、改善生态等综合利用水利枢纽。水库主体工程由混凝土面板堆石坝、泄洪洞、溢洪道及引水发电系统等建筑物组成。

2 防渗体组成

堆石坝属于土石坝的一种，是以石料为主要填筑材料的挡水建筑物，坝体由堆石体、防渗体和过渡层三部分组成。副坝为重力式混凝土挡墙，采用垂直防渗。在坝基面进行帷幕灌浆，灌至相对不透水层以下5.0m。同时，注意主坝防渗体和重力式混凝土副坝防渗体的连接，防止出现渗漏通道。将主坝堆筑面延伸至挡墙面，同时在修筑挡墙时将主坝防渗体——复合土工膜伸入重力式挡墙中，组成了复合土工膜与混凝土挡墙的一个整体的防渗体，同时接缝处进行处理，灌入沥青，再用膨胀性材料对接缝进行密实处理。另外，主坝趾板处的灌浆与副坝的帷幕灌浆相连接，在交接处进行交叉灌浆，即趾板的灌浆穿过挡墙的帷幕灌浆，这样就组成复合土工膜＋趾板＋帷幕灌浆＋副坝本身混凝土挡墙＋帷幕灌浆的一个整体防渗体。

3 防渗体设计

3.1 复合土工膜设计

复合土工膜以塑料薄膜作为防渗基材，与无纺布复合而成的土工防渗材料，它的防渗性能主要取决于塑料薄膜的防渗性能。目前，国内外防渗应用的塑料薄膜主要有聚氯乙烯（PVC）、聚乙烯（PE）、乙烯/醋酸乙烯共聚物（EVA），它们是一种高分子化学柔性材料，比重较小，延伸性较强，适应变形能力高，耐腐蚀，耐低温，抗冻性能好。其主要机理是以塑料薄膜的不透水性隔断土坝漏水通道，以其较大的抗拉强度和延伸率承受水压和适应坝体变形；而无纺布亦是一种高分子短纤维化学材料，通过针刺或热黏成形，具有较高的抗拉强度和延伸性，它与塑料薄膜结合后，不仅增大了塑料薄膜的抗拉强度和抗穿刺能力，而且由于无纺布表面粗糙，增大了接触面的摩擦系数，有利于复合土工膜及保护层的稳定。同时，它们对细菌和化学作用有较好的耐侵蚀性，不怕酸碱盐侵蚀。

为了节省造价，采用分区铺膜：高程 250.00m 以下采用 350/0.6/350 复合土工膜；高程 250.00m 以上采用 350/0.4/350 复合土工膜。其周边缝等分缝。

3.2 趾板尺寸的确定

（1）趾板的宽度。

1）对于坚硬、新鲜的基岩：$S=H/(20\sim30)$，其中，H 为水头。

2）对于微风化的基岩：$S=H/(2\sim5)$。

本设计中将趾板分为 7 段，包括左岸 3 段、河床段和右岸 3 段。河床段趾板宽度取为 5.02m，位于左岸的 3 段以高程降低的顺序依次取为 1.28m、2.84m、4.15m，右岸 3 段以高程降低的顺序依次取为 1.59m、3.11m、4.21m。

（2）趾板厚度 $h=0.4$m。

3.3 趾板的布置

（1）趾板必须布置在稳定或经过处理的稳定地基上，以防止趾板产生较大的变形或滑动失稳，在选择坝轴线和趾板线时，研究地质条件，避开不利于稳定的断层、裂隙等不利因素。

（2）河床段的趾板，趾板线“x”平行于坝轴线，趾板底面一般是水平面。岸坡段趾板，由于该段布置在斜坡上，趾板底面为非水平面，其轴线“x”与坝轴线不平行。具体布置方法有 3 种。

1）趾板底面开挖成与该段岸坡平行或接近相同坡度的平面，以趾板轴线为控制线。这种布置的优点在于趾板地基开挖较少，但其趾板有一定的横向坡度，不利于机械施工。

2）趾板横截面上其底面线为水平线，但不同的地段趾板 α 不等，但这种情况“x”线可能在趾板之外，且开挖量大。

3）岸坡趾板几何形状与河床段趾板相同，但不同的趾板的 α 角不同，将趾板横剖面底面线开挖成与水平线具有一定的夹角 γ，优、缺点与 1）相同。

本设计中岸坡坝段采用第一种布置方法。按照开挖量适中的原则将趾板布置为 8 段。

3.4 趾板的尺寸及趾板基础处理

趾板基础开挖至弱分化层并进行固结灌浆和帷幕灌浆。河谷处趾板段的灌浆设计见图 1。其中两边为预留固结灌浆孔，中间为预留帷幕灌浆孔。

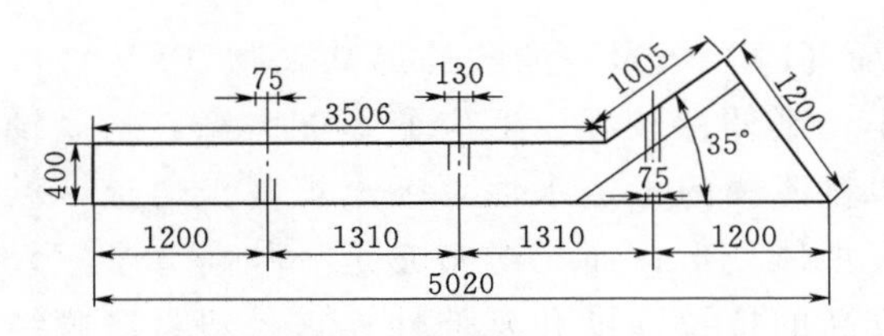

图1 趾板尺寸示意图（单位：mm）

4 稳定性分析

4.1 复合土工膜与垫层间的抗滑稳定计算

（1）考虑不利运行情况，分竣工期未蓄水和水库满蓄运行2种情况。复合土工膜与垫层水泥浆之间摩擦系数根据文献资料采用0.577，黏结力 $C=0\text{kg/cm}^2$、0.1kg/cm^2、0.2kg/cm^2 分别计算。

1）大坝竣工期未蓄水情况。未蓄水时，由受力平衡可得安全系数 K。

2）大坝在水库满蓄运行时。水库满蓄时，复合土工膜被水压力压紧于垫层之上，从而使摩擦力大大提高，计算结果见表1。复合土工膜与水泥砂浆相接触。

表1 复合土工膜稳定分析安全系数计算结果表（一）

黏结力 C /(kg/cm²)	0		0.1		0.2	
	竣工期	满蓄期	竣工期	满蓄期	竣工期	满蓄期
安全系数 K	0.865	5.195	9.865	14.195	18.865	23.195

注 摩擦系数 $f=0.577$。

（2）混凝土护坡与复合土工膜间抗滑稳定计算。现浇混凝土保护层厚10cm，设竖缝，缝距12.0m，缝内放沥青处理过的木条1.0m长，间断1cm，且在护坡混凝土板线设 $\varphi=1\text{cm}$，孔距2m的排水孔，使其畅通排水。因此水库水位降落时，混凝土护坡与复合土工膜间的水与水库水位同步下降，对混凝土板不产生反压力。故竣工期、满蓄期以及水位下降期抗滑稳定分析相同。现浇混凝土与复合土工膜的摩擦系数采用0.6，黏结力按 0kg/cm^2、0.1kg/cm^2、0.2kg/cm^2 分别计算稳定安全系数 K，计算结果见表2。

表2 复合土工膜稳定分析安全系数计算结果表（二）

黏结力 C/(kg/cm²)	0	0.1	0.2
安全系数 K	0.9	9.9	18.9

注 摩擦系数 $f=0.6$。

显然，经过涂沥青处理和现浇混凝土护坡后，坝坡是稳定的。

4.2 趾板的稳定和应力分析

由于趾板的厚度只有0.4m，规范规定趾板厚度小于2m可不作趾板的稳定和应力分析。

参考文献

[1] 国家电力公司水电水利规划设计总院. 混凝土面板堆石坝设计规范[M]. 北京：中国电力出版社，2006.

[2] 河海大学，大连理工大学，西安理工大学，等. 水工钢筋混凝土结学[M]. 北京：中国水利水电出版社，2009.

[3] 辽宁省水利水电勘测设计院，浙江省水利厅. 小型水利水电工程设计图集土坝与堆石坝分册[M]. 北京：中国水利水电出版社，2009.

河口村水库左岸坝肩三维渗流分析

张彩双　韩　健　陈艳丽

（黄河勘测规划设计有限公司）

摘要： 河口村水库库区左岸有断层分布，岩石相对破碎，透水性较强，使得水库存在绕坝肩渗漏问题。通过三维渗流计算方法对河口村水库左岸坝肩进行计算分析，模拟选取的防渗帷幕布置，分析防渗措施的长度和深度对渗漏量的影响，为防渗措施方案的选择提供了指导意义。

关键词： 渗漏；断层；防渗帷幕；透水性

0　引言

河口村水库工程位于沁河干流最后峡谷段出口五龙口以上约 9.0km 处，距河南省济源市 12.0km，属济源市克井乡。控制流域面积 9223km^2，占沁河流域面积的 68.2%。在库区左岸，近东西向长 526.0m，近南北向宽 150.0～200.0m，分布五庙坡断层带、F_{11} 逆掩断层及其派生的分支逆断层，在地层中有寒武系馒头组下部严重透水岩层。根据左岸地下水分布及岩层透水性的分布特点，渗漏途径主要是自库岸向 F_6、F_7、F_8 断层带及其以南岩基低水位区渗漏，渗流方向为 SW187°。

由于河口村水库库区存在渗漏问题，这一问题的存在直接影响到水库的兴利指标，因此就左岸坝肩的渗漏问题进行分析研究。

1　有限元模型及边界条件确定

1.1　计算范围

根据河口村坝线左岸的水文地质条件，本次计算重点研究左岸坝肩的绕渗问题。为此，在计算范围的选取上，北侧以及西侧以沁河河床中心线为界；东侧取到老断沟；南侧边界东部起始于五庙坡断层向南 100.0m 处，西部止于盘谷寺断层与沁河的交口处；整个渗流场的底部以透水性较差的泰山系岩层 Anz 层的中部高程 80.00m 为界。

计算坐标系采用右手系，x 轴方向为从东指向西；y 轴方向为从南指向北；z 轴方向为高程方向向上为正。三维有限元计算共剖分单元 42974 个，结点 35898 个。

1.2　边界条件及计算假定

在边界条件的选取上，上游水位取坝址以上的库区库水位，根据不同的工况取相应的值，边界为河床和山坡的表面；下游水位取盘谷寺断层与沁河的交口处的河床高程 161.00m，边界为坝址以下河床和山坡的表面。因推荐的坝型为混凝土面板堆石坝，混凝土面板的防渗效果相当好，而坝体的透水性能相当好，因此假定坝体的混凝土面板不透水，坝体全透水，这样在计算时可以不考虑面板和坝体堆石的存在而直接将上游水位作用于岸坡，下游水位可直接作用到防渗帷幕下游。

在北部和西部的河床中心线边界上，假定左右两岸无水量交换，为不透水边界；在东侧的老断沟边界及南侧边界假定为一流线，也属于不透水边界。

2 计算参数及计算工况的选取

2.1 计算参数的确定

根据水文地质条件分析，提出渗流计算参数见表1。

表1　　渗流计算参数表　　单位：m/d

序号	1	2	3	4	5	6	7	8
岩层	强透水岩体	中等透水岩体	弱透水岩体	五庙坡断层带	南区透水岩体	南区中等透水岩体	河床	帷幕
渗透系数	30	0.58	0.005	13	11	0.58	50	0.01

2.2 计算工况的确定

为了研究合理的防渗措施，有效阻止坝肩的渗漏，确定防渗帷幕向山体内延伸的合理长度以及防渗帷幕合理的下限高程，计算时选定了下列工况。

（1）工况1：上游水位283.00m条件下，防渗措施只有坝址区帷幕，帷幕穿过溢洪道；

（2）工况2：上游水位283.00m条件下，防渗措施采用垂直于五庙坡断层的帷幕，帷幕长延伸到河床边，帷幕深插入弱透水层；

（3）工况3：上游水位283.00m条件下，防渗措施采用平行于五庙坡断层的帷幕。

3 计算结果分析

3.1 工况1计算结果

该工况为上游水位283.00m条件下，防渗措施只有坝址区帷幕，帷幕穿过溢洪道，从其区域内地下水等水位线分布图及各典型剖面地下水等势线分布图可以看出以下结果：①由于左岸基本没有防渗措施，地下水等水位线分布于左岸的大部分地区，左岸山体有着较高的地下水位；②坝址区帷幕的防渗效果良好，基本上阻挡了90%的水头，在y3剖面帷幕后的地下水位为177.70m，在帷幕转向处的地下水位将近200.00m；③从表2中所列渗流量可知，在此工况下渗漏量较大，而且主要发生在五庙坡断层以南的区域，占总渗漏量的90%以上。

表2　　工况1各部位渗流量表　　单位：m^3/d

部位	坝后及龟头山	五庙坡断层	五庙坡断层以南	合计
渗流量	1919.9	7726.8	92951.4	102598.1

3.2 工况2计算结果

该工况为上游水位283.00m条件下，防渗措施不但有坝址区帷幕，岸坡防渗措施采用垂直于五庙坡断层的帷幕，帷幕长延伸到河床边，帷幕深插入弱透水层，从其区域内地下水等水位线分布图及各典型剖面地下水等势线分布图中可以看出以下结果：①虽然岸坡采用了一定的防渗措施，但因增加的帷幕的方向与左岸绕渗的流线方向夹角较小，没有有效阻挡地下水流，因而地下水等水位线仍分布于左岸的大部分地区，左岸山体有着较高的地下水位；②坝址区帷幕的防渗效果良好，仍基本上阻挡了90%的水头，在y3剖面帷幕后的地下水位为177.30m，与工况1相当，在帷幕转向处的地下水位不足190.00m，低于工况1近10.0m；③从表3中所列渗流量可知，在此工况下渗漏量比工况1有所减小，但仍较大，而且也主要发生在五庙坡断层以南的区域，占总渗漏量的90%以上，与工况1相比，坝后和五庙坡断层渗漏量减小较多，五庙坡断层以南则有所增加。

表3　　工况2各部位渗流量表　　单位：m^3/d

部位	坝后及龟头山	五庙坡断层	五庙坡断层以南	合计
渗流量	1633.2	4281.0	96044.9	101959.0

3.3　工况3计算结果

该工况为上游水位283.00m条件下，防渗措施不但有坝址区帷幕，岸坡防渗措施采用平行于五庙坡断层的帷幕。为了比较帷幕长度的影响，此工况下帷幕长度分228.0m、394.0m、501.0m、624.0m、796.0m 5种；为了比较帷幕深度的影响，帷幕深度分插入弱透水层底部高程210.00m、截断中透水层、截断强透水层3种。上述计算工况共计15种。

从上述计算工况区域内地下水等水位线分布图及部分工况各典型剖面地下水等势线分布图中可以看出以下结果。

（1）岸坡防渗措施采用平行于五庙坡断层的帷幕，因增加的帷幕的方向与左岸绕渗的流线方向夹角较大，因而有效地阻挡了地下水流，地下水等水位线向库区方向压缩，而且随着帷幕长度的增加，绕渗范围逐步减小。

（2）坝址区帷幕的防渗效果良好，仍基本上阻挡了90%以上的水头，在y3剖面帷幕后的地下水位在各种情况下变幅不大，基本在177.00m左右；在帷幕转向处的地下水位随着帷幕长度的增加而降低，随着帷幕深度的增加而降低；在左岸山体内，地下水位随着帷幕长度的增加而降低，随着帷幕深度的增加而降低，变化幅度较大。总体来讲，帷幕深度插入弱透水层与帷幕深度截断中透水层的效果基本相同，比帷幕深度截断强透效果略好，没有质的变化。

（3）从渗流量可知，在各工况下渗漏量比工况1有所减小，也主要发生在五庙坡断层以南的区域，该区域的渗漏量占总渗漏量的90%左右，与工况1相比，坝后和五庙坡断层渗漏量减小较多，五庙坡断层以南减小比例不大。坝后及龟头山的渗漏量在各工况下稳定在1500～1670m^3/d，随着帷幕长度的增加或随着帷幕深度的增加变化不大，五庙坡断层及其以南区域的渗漏量随着帷幕深度的增加变化不大，但随着帷幕长度的增加变化较大。

（4）左岸坝肩的总渗漏量受3种帷幕深度的影响不大，而受帷幕长度的影响较大。

（5）帷幕长796.0m时的渗漏量减小幅度比较大，原因是帷幕截断了绕渗通道，这与有限元模型计算范围的假定有关。

4 结论

（1）由于河口村左岸岩石相对破碎，透水性较强，如不采取相应的防渗措施则左岸的最大渗透量可达 102598.0m^3/d，因此采取一定的防渗措施是必要的。

（2）当采用垂直于五庙坡断层的帷幕时，因增加的帷幕的方向与左岸绕渗的流线方向夹角较小，没有有效地阻挡地下水流，因而地下水等水位线仍分布于左岸的大部分地区，左岸山体有着较高的地下水位，最大渗透量仍有 101959.0m^3/d。

（3）岸坡防渗措施采用平行于五庙坡断层的帷幕，由于增加的帷幕的方向与左岸绕渗的流线方向夹角较大，因而有效地阻挡了地下水流，地下水等水位线向库区方向压缩，而且随着帷幕长度的增加，绕渗范围逐步减小。

（4）当采用平行于五庙坡断层的帷幕时，坝址区帷幕的防渗效果良好，仍基本上阻挡了 90%以上的水头，坝下帷幕后的地下水位在各种情况下变幅不大，基本在 177.00m 左右；在帷幕转向处的地下水位随着帷幕长度的增加而降低，随着帷幕深度的增加而降低；在左岸山体内，地下水位随着帷幕长度的增加而降低，随着帷幕深度的增加而降低，变化幅度较大。

总体来讲，帷幕深度插入弱透水层与帷幕深度截断中透水层的效果基本相同，比帷幕深度截断强透水层效果略好，没有质的变化。

参考文献

[1] 潘家铮. 工程地质计算和基础处理[M]. 北京：水利电力出版社，1985.
[2] 龚晓南. 土塑性力学　第二版[M]. 杭州：浙江大学出版社，1999.
[3] 毛海涛，侍克斌，宫经伟. 大坝无限深透水地基渗流计算深度选取初探[J]. 水力发电，2009（4）.

河口村水库面板堆石坝地震响应分析

冯龙龙[1,2,3]　苏晓丽[1]　李　星[1,2,3]

（1. 河海大学　水利水电学院；2. 河海大学　水资源高效利用与工程安全国家工程研究中心；3. 河海大学　水文水资源与水利工程科学国家重点实验室）

摘要： 针对面板堆石坝在地震荷载作用下坝体应力和永久变形过大以及面板接缝容易损坏的问题，采用等效线性本构模型，利用加速度时程输入的方法，对河口村面板堆石坝进行三维非线性有限元分析，给出了地震过程中大坝的地震加速度、应力、永久变形的分布图以及面板的应力、挠度和接缝变形的大小。分析结果表明，在设计水位加地震荷载工况下，坝体的抗震性较好。

关键词： 面板堆石坝；加速度；应力；永久变形；抗震；河口村水库

混凝土面板堆石坝是由防渗面板、防渗接地结构以及坝体堆石体组成的混合结构，由于其具有工程量小、安全、经济、施工方便和适应好的特点[1]，因此得到了广泛应用。随着技术的发展和设计经验的积累，面板堆石坝的设计高度已经突破了200.0m，如水布垭水电站的坝高超过了230.0m。而这些高坝大部分修建在覆盖层较厚的基础上，在坝基深覆盖层的影响下，坝体在地震作用时可能会产生较大的变形[2]。笔者以河口村面板堆石坝为例，通过有限元计算分析了坝体和面板对地震作用的一些响应规律。

1　工程概况

河口村水库工程位于河南省境内黄河一级支流沁河干流上，主要任务是防洪、供水，兼顾发电和改善生态环境。该工程为混凝土面板堆石坝，设计坝高124.0m，坝顶高程288.50m，顶部设防浪墙，其高度为1.2m，坝顶总长为481.0m，宽为10.0m，设计上游坡比采用1∶1.5，下游为1∶1.6。坝体主要由主堆石区、次堆石区、混凝土面板和防渗墙等部分组成。根据面板坝规范要求，100.0m以上的面板坝上游面下部设铺盖区及盖重区，上游铺盖的顶部在坝体高度的35%处，即顶部高程为200.00m，最大高度为35.0m，在周边缝下设小料区（特殊垫层），下游坡面为大块石护坡。

2　动力计算模型

2.1　混凝土的本构模型

混凝土（含防浪墙、面板、连接板）按照线弹性模型计算。

2.2　堆石体和地基的本构模型

动力分析采用等效线性黏弹性模型，即假定坝体土石料和地基覆盖层土为黏弹性体，

采用等效剪切模量 G_d 和等效阻尼比 λ_d 这两个参数来反映土的动应力应变关系的非线性和滞后性两个基本特征，并表示为剪切模量和阻尼比与动剪应变的关系[3]。该模型的关键在于确定初始最大动剪切模量 $G_{d\max}$ 与平均有效应力 σ'_m 的关系，以及动剪切模量 G_d 和等效阻尼比 λ_d 的关系，相应的计算公式如下：

$$G_d = \frac{1}{1+\dfrac{\gamma_d}{\gamma_r}} G_{d\max} \tag{1}$$

$$\lambda_d = \lambda_{d\max}\left(\frac{\dfrac{\gamma_d}{\gamma_r}}{1+\dfrac{\gamma_d}{\gamma_r}}\right)^{m'} \tag{2}$$

式中：$\lambda_{d\max}$ 为最大阻尼比；m' 为等效阻尼比指数；γ_r 为参考剪切应变。

$$G_{d\max} = K' P_a \left(\frac{\sigma'_m}{P_a}\right)^{n'} \tag{3}$$

式中：K' 为剪切模量系数；n' 为剪切模量指数；P_a 为大气压力。

参考剪应变公式为

$$\gamma_r = \frac{\tau_{d\max}}{G_{d\max}} \tag{4}$$

式中：$\tau_{d\max}$ 为最大动剪应力。

2.3 接触面的动力计算模型

接触面单元在动力计算时采用的剪切劲度 K_c 与动剪应变 γ_d 的关系为

$$K_c = \frac{K_{c\max}}{1+\dfrac{MK_{c\max}}{\tau_f}\gamma_d} \tag{5}$$

式中：$K_{c\max}=C\sigma_n^{0.7}$，$C$ 为试验参数，σ_n 为接触面单元的法向应力；$\tau_f=\sigma_n\tan\delta$，$\delta$ 为接触面的摩擦角；M 为试验参数。

剪切劲度 K_c 与阻尼比 λ_c 的关系为

$$\lambda_c = \left(1+\frac{K_c}{K_{c\max}}\right)\lambda_{c\max} \tag{6}$$

式中：$\lambda_{c\max}$ 为最大阻尼比。

2.4 动水压力

地震期间，库水作用即库水的动水压力采用附加质量法进行计算[4-5]（当上游坝面为倾斜面板时按 Westergard 解答的近似公式求解），即把动水压力对坝体地震反应的影响用等效附加质量考虑，将其和坝体质量叠加来进行动力分析：

$$M_{wi} = \frac{\psi}{90}\,\frac{7}{8}\rho\sqrt{H_{0i} z_i A_i} \tag{7}$$

式中：M_{wi} 为等效附加质量；ψ 为倾斜面板和水平面的夹角，(°)；ρ 为水的密度，kg/m^3；H_{0i} 为计算节点 i 所属断面上的坝前水深，m；z_i 为计算节点到水面的水深，m；A_i 为节点 i 的有效面积，m^2。

3 面板堆石坝非线性动力分析

3.1 有限元模型

对河口村面板堆石坝建立有限元模型，该模型主要是8节点六面体单元，考虑到坝体的实际形状，部分单元采用三棱柱进行过渡，共计9862个单元、11489个节点。

3.2 动力计算参数

本次动力计算所采用的相关参数见表1（固结比为1.5）和表2。

表1 坝料在不同动剪应变下的剪切模量比和阻尼比表

动剪应变	土堆石料		过渡石料		河床砂卵石料		黏土夹层		次堆石料		垫层石料	
	$G_d/G_{d\max}$	λ_c	$G_d/G_{d\max}$	λ_c	$G_d/G_{d\max}$	λ_c	$G_d/G_{d\max}$	λ_c	$G_d/G_{d\max}$	λ_c	$G_d/G_{d\max}$	λ_c
5×10^{-6}	0.995	0.003	0.993	0.003	0.991	0.019	0.998	0.001	0.994	0.006	0.993	0.049
1×10^{-5}	0.99	0.005	0.987	0.006	0.982	0.032	0.997	0.002	0.988	0.012	0.987	0.075
5×10^{-5}	0.952	0.022	0.936	0.026	0.915	0.08	0.984	0.008	0.942	0.044	0.94	0.128
1×10^{-4}	0.909	0.039	0.88	0.044	0.843	0.098	0.969	0.016	0.89	0.069	0.887	0.141
5×10^{-4}	0.666	0.096	0.595	0.109	0.517	0.12	0.863	0.057	0.618	0.122	0.611	0.153
1×10^{-3}	0.499	0.116	0.423	0.133	0.349	0.124	0.76	0.085	0.447	0.136	0.44	0.156
5×10^{-3}	0.166	0.143	0.128	0.162	0.097	0.126	0.387	0.14	0.139	0.149	0.136	0.156
1×10^{-2}	0.091	0.147	0.068	0.167	0.051	0.127	0.24	0.153	0.075	0.15	0.073	0.156

表2 坝料的剪切模量系数和指数表

土样名称	K'	n'
主堆石料	2953.0	0.540
过渡石料	2714.4	0.550
河床沙卵石料	2532.9	0.540
黏土夹层	318.2	0.550
次堆石料	2830.0	0.540
垫层石料	2977.0	0.590

3.3 加速度输入

坝体的动力反应计算需考虑“正常蓄水位＋地震”工况。根据该工程所在的坝址场地地震资料，在设计地震工况下，基岩输入地震加速度取100年超越概率2%的峰值强度为0.201g，地震响应持续的时间取24s。地震波输入方向如下：x 方向为沿原河流方向；y 方向为沿高程方向，依据水工建筑物抗震设计规范，将其峰值折减2/3；z 方向为沿坝轴方向。100年超越概率2%的地震加速度时程曲线见图1。计算中将整个地震历程划分为24个大时段，每个大时段又划分为50个小时段，因此积分计算的时间步长为0.02s。

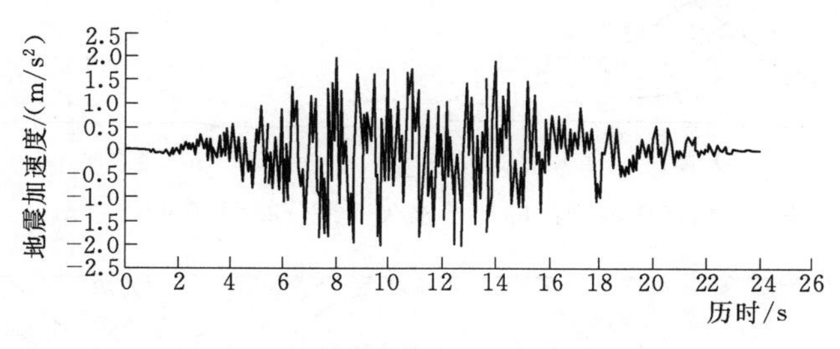

图 1　地震加速度时程曲线图

4　计算结果分析

4.1　加速度反应

坝体在地震期间，随着高程的增加绝对加速度放大现象很显著[6]，顺河向最大绝对加速度为 $9.0m/s^2$，放大系数为 4.5，发生在典型剖面下游坝顶附近；竖直向绝对加速度的最大值为 $10.0m/s^2$，放大系数为 5.0，发生在典型剖面坝顶附近。

4.2　动位移反应

坝体动位移的极值在地震期间并不大，对坝体的影响不是很大。典型剖面顺河向最大位移为 11.0cm，发生在坝顶处；竖直向最大位移为 6.5cm，位于上游坝顶附近。

4.3　应力反应

地震期间坝体典型剖面的应力反应见图 2。由图 2 可以看出：第一主应力的最大值为 0.53MPa，位于典型剖面坝体底部靠近坝轴线附近；第三主应力的最大值为 0.51MPa，位于典型剖面坝体底部靠近坝轴线附近；最大动剪应力为 0.35MPa，发生在于典型剖面坝轴线附近。

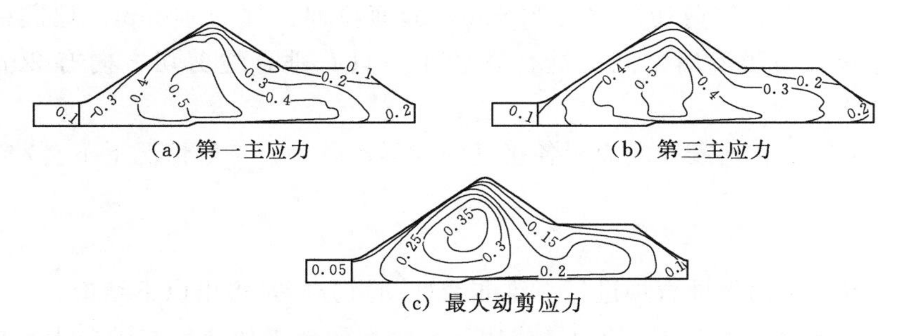

图 2　地震期间坝体应力反应图（单位：MPa）

4.4　地震永久变形

坝体典型剖面的地震永久变形分布见图 3，坝体沿主坝坝轴线断面的地震永久变形分布见图 4，最大值发生在典型剖面上。

由图 3 和图 4 可知：地震后，坝体的最大永久水平位移为 15cm，最大竖直向沉降为 49cm；坝轴剖面永久水平位移为 15cm，最大永久垂直位移即沉降为 49cm。地震永久沉降约为坝高的 0.4％。

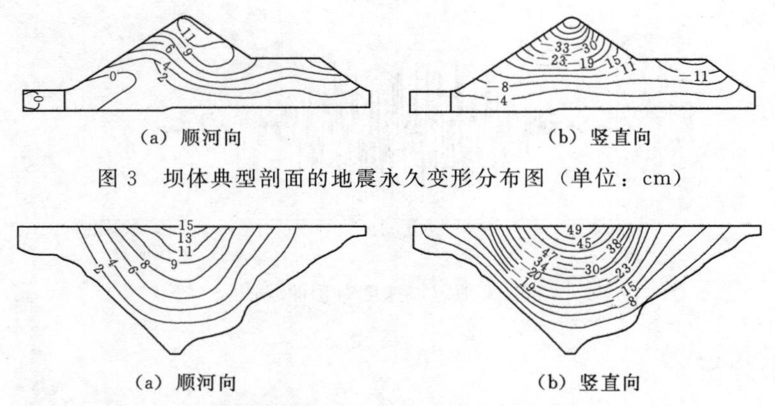

(a) 顺河向　　(b) 竖直向

图 3　坝体典型剖面的地震永久变形分布图（单位：cm）

(a) 顺河向　　(b) 竖直向

图 4　坝轴线断面的地震永久变形分布图（单位：cm）

4.5　面板接缝的地震响应分析

面板顺河向地震加速度反应极值出现在面板顶部中间，最大反应为 8.5m/s^2，放大倍数为 4.2 倍；竖直向加速度反应峰值出现在面板顶部中间位置，最大反应为 11.0m/s^2，放大倍数为 5.4 倍。地震过程中，面板的最大动挠度为 9.5cm。

地震期间，面板的顺坡向最大压应力为 7.50MPa，顺坡向动拉应力相对较小，为 1.56MPa，位于右岸 1/2 坝高靠岸坡位置，地震期间动拉应力极值较小，出现拉应力的区域非常小，面板整体以压应力为主。面板轴向压应力极值为 1.8MPa，动拉应力极值为 0.35MPa。相比而言，在设计地震作用下，面板的顺坡向动应力较大，而轴向应力比较小。

在地震荷载作用下，周边缝的最大位移反应为：顺缝剪切位移为 37mm，垂直缝剪切位移为 36mm，缝面拉伸位移为 29mm。地震期间面板缝的最大位移反应为：顺缝剪切位移为 11mm，垂直缝剪切位移为 23mm，缝面拉伸位移为 10mm。地震引起的趾板与连接板及连接板与防渗墙之间的缝位移较小，只有垂直缝剪切方向有 20mm 左右的错动。

通过分析可知，在地震期间面板各接缝的变形比较小，一般情况下不会发生破坏。

5　结论

对河口村混凝土面板堆石坝进行三维非线性动力分析，得出以下结论。

（1）在 100 年超越概率 2%的地震作用下，大坝的地震加速度与动应力反应分布规律与设计地震一致。三维分析中，堆石体以及面板的绝对加速度和位移的最大地震反应位于坝顶局部位置，存在明显的鞭梢效应，需要结合计算结果对坝顶进行抗震加固。

（2）在设计地震作用下，坝体的应力比较小，面板的顺坡向动应力较大，而轴向应力比较小。

（3）在地震期间面板各接缝的变形比较小，一般情况下不会发生破坏。

三维非线性有限元动力分析得到的在设计地震作用下坝体的绝对加速度、位移、应力和地震永久变形以及面板地震响应分布规律表明，坝体抗震安全性较好。

参考文献

[1] 孔宪京，张宇，邹德高. 高面板堆石坝面板应力分布特性及其规律[J]. 水利学报，2013，44 (6)：631-639.

[2] 张峰. 深覆盖层面板堆石坝应力变形分析[J]. 工程地质计算机应用，2012，68 (4)：30-35.

[3] 刘洁平，张令心，石磊. 基于 MSC. Marc 二次开发的土体静力和地震非线性分析方法[J]. 地震工程与工程振动，2008，28 (3)：178-183.

[4] 吕生玺，沈振中，温续余. 九甸峡混凝土面板堆石坝地震反应特性研究[J]. 中国农村水利水电，2008 (2)：88-91.

[5] 严祖文，李敬梅，冯艺. 地震作用下坝基土体液化判别及动力有限元分析[J]. 中国农村水利水电，2006 (10)：78-81.

[6] 田斌，卢晓春，孙大伟，等. 董箐混凝土面板堆石坝地震响应特性研究[J]. 水电能源科学，2012，30 (1)：62-65.

河口村水库左岸山体防渗帷幕设计

解枫赞[1]　孙永波[2]　田　丰[2]

（1. 河南省河口村水库工程建设管理局；2. 黄河勘测规划设计有限公司）

摘要：叙述了河口村水库坝址区左岸山体防渗帷幕工程地质条件，分析了左岸防渗方案选择，提出了左岸山体防渗帷幕设计。通过对左岸山体防渗帷幕的布置形式、长度、深度的研究，基本阻断了坝址区左岸的渗漏，减少了水库的渗漏量。

关键词：透水性；渗漏；防渗帷幕

0　引言

河口村水库的开发任务以防洪、供水为主，兼顾灌溉、发电、改善河道基流等综合利用。水库总库容 3.17 亿 m^3，正常蓄水位 275.00m，正常蓄水位以下原始库容 2.47 亿 m^3，装机容量 11.6MW。河口村水库工程等别为Ⅱ等，属大（2）型。主要建筑物有：混凝土面板堆石坝、两条泄洪洞、溢洪道、引水发电洞及电站厂房。

河口村水库是一个典型的峡谷河道型水库。河床宽 100.0～200.0m，水位超过 275.00m 时，库面宽一般为 200.0～500.0m，最宽处不超过 1.0km。回水长度约 22.0km，库尾在和滩村附近，水库面积约 10.0km^2。左岸龟头山至老断沟东西长约 1000.0m 的条形地带，自北向南划分为 3 个水文地质单元区，即近岸相对弱透水区、五庙坡断层带强透水区及其以南的强透水低水位区，透水性由北向南而增强，地下水位由北向南降低。近岸相对微透水区的顶面高程及地下水位均低于 230.00m 高程，透水性强，水库蓄水后存在水库渗漏问题，必须进行防渗处理。

1　左岸山体防渗帷幕工程地质条件

左岸五庙坡断层带（F_6、F_7、F_8）以北有一个近东西向的弱透水带分水岭，高程 205.00～220.00m。分水岭北侧向河床排泄，南侧向五庙坡断层带（F_6、F_7、F_8）及断层以南排泄。

根据河口村水库坝址区水文地质资料分析[1]，在余铁沟—老断沟以北的单斜构造区，基底（太古界登封群）由北向南逐渐抬升至 220.00～225.00m；龟头山褶皱断裂发育区由于断层和褶皱发育，基底的空间分布规律不明显，分布高程一般在 230.00～260.00m，五庙坡断层带以南的断层密集带区，基底高程分布主要受断层控制，往往是在 2 个断层带之间，基底由北向南逐渐抬升，遇到断层时基底发生跌落，高程范围跨度较大，近坝区一般为 170.00～260.00m，仍低于 275.00m 的水库正常蓄水位。由于坝址左岸自老断沟以下山体单薄且构造发育，使岩体内产生节理裂隙，造成岩体破碎，形成岩体内的透水通道，水库蓄水后自老断沟至左坝肩存在渗漏问题。

2 左岸防渗方案选择

为了研究左岸防渗帷幕线设置和左岸渗漏量的关系，结合溢洪道闸室及泄洪洞进口，拟定了 2 条防渗帷幕布置形式，通过计算来确定最优方案。

方案一：防渗帷幕通过溢洪道闸室前沿，近似平行河岸，沿五庙坡断层以北，顺断层布置，从地表面进行灌浆，单排帷幕，孔距 2.0m。帷幕深入相对不透水层 5.0m 左右，计算时帷幕底高程按 220.00m 考虑。

方案二：防渗帷幕通过溢洪道闸室前沿，垂直五庙坡断层布置，单排帷幕，孔距 2.0m。

计算结果分析如下。

(1) 由于河口村左岸岩石相对破碎，透水性较强，如不采取相应防渗措施则左岸的最大渗透量可达 102598m^3/d，因此采取一定的防渗措施是必要的。

(2) 当采用垂直于五庙坡断层的帷幕时，因增加的帷幕方向与左岸绕渗的流线方向夹角较小，没有有效阻挡地下水流，因而地下水等水位线仍分布于左岸大部分地区，左岸山体有着较高地下水位，最大渗透量仍有 101959m^3/d。

(3) 当采用平行于五庙坡断层的帷幕时，坝址区帷幕的防渗效果良好，基本上阻挡了 90%以上的水头。在左岸山体内，帷幕深度插入弱透水层与帷幕深度截断中透水层的效果基本相同。帷幕的不同防渗延伸长度对渗漏量影响明显，地下水位随着帷幕长度增加而降低，变化幅度较大。建议帷幕防渗长度延伸至老断沟。

综合上述分析，方案一防渗效果好，解决渗漏量效果显著，但面积大、深度深，费用也较贵；方案二虽然帷幕长度短、投资省，但不能有效阻挡渗漏通道。因此，左岸防渗措施采用方案一，即设置平行于五庙坡断层的帷幕。

3 左岸山体防渗帷幕设计

3.1 左岸帷幕灌浆布置

根据左岸地质构造条件、岩体透水性分布规律及库坝区渗流模拟计算结果[2-3]，左岸防渗帷幕线接坝基防渗帷幕线，从溢洪道闸室前铺盖底部穿过。为满足帷幕灌浆高程地形需要，并尽量避免五庙坡断层对灌浆质量的影响，帷幕中心线布置于五庙坡断层带北侧，近似平行五庙坡断层向东（上游）延伸。过 ZK77 钻孔后，帷幕线在泄洪洞进口开挖边坡段拐至边坡马道上，经过泄洪洞进口段后，继续平行于五庙坡断层带向东延伸，跨越老断沟 200.0m 左右，左岸帷幕全长 1211.72m。

(1) 帷幕顶高程确定。为了避免洪水期库水对左坝肩龟头山及溢洪道稳定的影响，左岸防渗帷幕在距离左岸防渗帷幕起点 294.60m 范围内，帷幕灌浆顶高程定为 286.00m，即高于校核水位高程；剩余段帷幕灌浆顶高程定为 275.00m，即为正常蓄水位高程。

(2) 帷幕底高程确定。根据库坝区渗流模拟计算及地质勘探成果，左岸山体帷幕灌浆深度在老断沟以西按渗透系数小于 3×10^{-7}m/s 控制；跨过老断沟进入单斜构造区段，考虑到该段内构造相对简单，且远离坝段，防渗底界线按 5×10^{-7}m/s 线控制，帷幕底高程在 210.00～260.00m 范围内。

左岸防渗帷幕桩号 ZM0＋454.90 前帷幕灌浆孔为两排，上、下游排帷幕孔均垂直布置，孔距 2.0m，排距 1.0m，上、下游排帷幕孔同深度；先导孔布置在下游排，先导孔比帷幕底线深 10.0m。先导孔应采取岩芯，自上而下分段做压水试验并灌浆，灌浆压力通过灌浆试验确定。排间施工顺序：下游排→上游排。孔间施工顺序：先导孔→一序孔→二序孔→三序孔。剩余帷幕灌浆段帷幕灌浆孔布置 1 排，为垂直孔，孔距 2.0m。在帷幕灌浆遇到建筑物，如发电洞、泄洪洞时，应注意施工措施，做好帷幕与建筑物的衔接和封闭，并避免帷幕施工对洞室结构的破坏。

由于大部分帷幕灌浆顶高程距离地面较近，因此对帷幕沿线主要开挖灌浆平台进行灌浆。灌浆平台开挖原则：灌浆平台宽 3.0m，仅对表层破碎岩石进行清理，能满足灌浆需要即可，尽量减少开挖，避免因灌浆平台开挖引起局部边坡稳定问题。灌浆平台布置宽 3.0m、厚 0.3m 的素混凝土压重板。

桩号 ZM0＋023.30～ZM0＋048.95 范围，现状地形低于帷幕顶高程，布置混凝土挡墙，在墙下进行帷幕灌浆。

3.2 左岸灌浆洞设计

左岸防渗帷幕向东北方向跨越老断沟后，由于地形急剧升高，在 309.00m 高程布置灌浆洞进行灌浆，全长 165m。左岸灌浆洞穿越地层主要为寒武系馒头组 $\in_1 m^5$～$\in_1 m^6$ 地层，岩性主要为泥质条带灰岩、白云岩夹页岩等，属中硬岩与较软岩互层，岩层缓倾向岸内。该段灌浆洞处于单斜构造区内，断层等构造不发育，地质条件整体较好，岩体较完整，局部节理较发育，进口段约 30.0m 受风化卸荷影响为Ⅳ类围岩，其他洞段岩体围岩以Ⅲ类为主。灌浆洞采用城门洞型，断面尺寸为 2.5m×3.5m（宽×高），纵坡采用 0.5%。灌浆洞采用钢筋混凝土衬砌，混凝土标号为 C25，厚 0.5m，洞身衬砌分段长度 10.0m。

3.3 左岸平洞封堵设计

左岸平洞统计见表 1。根据平洞是否会影响边坡稳定、库区防渗及拟建建筑物安全三方面考虑，对于不涉及上述问题的平洞不作处理；对于仅影响边坡稳定，没有渗流问题的平洞，采用浆砌石对其进行封堵；对于有防渗要求的平洞，采用素混凝土进行封堵，并进行回填灌浆。

表 1　　左岸平洞统计表　　单位：m

编号	位置	进口高程	处理措施
PD2	坝线附近	196.00	挖除
PD5	坝线上游	274.00	混凝土封堵
PD6	坝线上游	210.00	洞身小，不处理
PD7	溢洪道末端	182.00	洞口 3.0m 浆砌石封堵，洞内堆石
PD8	坝线上游	208.00	混凝土封堵，并回填灌浆

续表

编号	位置	进口高程	处理措施
PD9	溢洪道附近	269.00	挖除
PD10	溢洪道附近	268.00	挖除
PD11	泄洪洞进口附近	275.00	洞口3.0m浆砌石封堵，洞内堆石
PD14	溢洪道附近	260.00	挖除
PD15	溢洪道附近	263.00	挖除
PD16	泄洪洞进口附近	270.00	洞口3.0m浆砌石封堵，洞内堆石
PD17	溢洪道泄槽左岸	278.00	挖除
PD21	泄洪洞进口上游	231.00	离库坝区较远，不处理
PD24	大电站边坡	213.00	洞口3.0m浆砌石封堵，洞内堆石
PD25	2号古崩塌体下部	268.00	浆砌石封堵

4 结论

河口村水库工程库坝区水文地质条件复杂，左岸五庙坡断层带是水库渗漏的主要通道，左岸山体的防渗帷幕对水库后期防渗至关重要。设计结合坝址区水文地质条件及库坝区渗流模拟计算结果，对帷幕的布置形式、长度、深度进行研究，工程按此设计方案实施，从后期水位监测孔长期监测水库渗漏情况来看，基本阻断了坝址区渗漏，减少了水库渗漏量。

参考文献

[1] 郭其峰，刘庆军，万伟峰. 河口村水库地质报告[R]. 郑州：黄河勘测规划设计有限公司，2010.
[2] 刘汉东，刘海宁，杨继红. 河口村水库坝址区渗漏与龟头山边坡稳定性研究报告[R]. 郑州：黄河勘测规划设计有限公司，2009.

某水库导流洞改建泄洪洞衬砌方案对比

张晶晶[1]　魏水平[2]　王　飞[1]　黄达海[3]

（1. 三峡大学水利与环境学院；2. 河南省河口村水库工程建设管理局；
3. 北京航空航天大学交通科学与工程学院）

摘要： 某水库导流洞将改建为泄洪洞，在其“龙抬头”段的侧墙部位，原来衬砌处理有3种方式：拆除原衬砌，重新设计厚2m的衬砌；把原衬砌当岩体，不考虑其结构效应，设计厚0.75m的新衬砌；进行新老结合处理，加厚原衬砌。利用ANSYS软件，分别采用Beam3梁单元和Solid65实体单元，对上述不同厚度的衬砌结构进行应力和内力计算，尤其是新老结合面的剪力计算。结果表明：经过处理后的新老混凝土组合衬砌在新混凝土龄期到达28d之后，能够承受相应的设计荷载。

关键词： 衬砌；梁单元；实体单元；新老结合面；导流洞改建

“多洞合一”或“一洞多用”的工程改建，有全部拆除重建和部分拆除改建两种方式。全部拆除重建方案技术操作简单，但工期长、工程造价高；部分拆除改建方案有多种，这里主要指在原隧洞混凝土衬砌表面补浇新混凝土。这种改建方案充分考虑了隧洞的实际位置，较之全部拆除方案能减少工作量、节约成本、缩短工期，但也存在老混凝土对新混凝土的约束问题、新老混凝土开始协同工作的时间问题、厚壁衬砌计算方法问题。

国内外关于水工隧洞衬砌计算的研究很多，但鲜有衬砌厚度达到2.75m的案例。我国规范推荐的隧洞衬砌结构的计算方法为结构力学方法[1]。根据《水工隧洞设计规范》（DT/L 5195—2004）中的方法开发的软件已被各大设计院普遍采用，但理论计算[2]与工程实际[3]均表明：当衬砌结构超过一定厚度时，梁单元法计算结果不再正确，需要寻求新的计算方法。

针对某导流洞改建时3种衬砌方案分别用Beam3单元和Solid65实体单元建立相应的衬砌结构模型，比较分析不同衬砌厚度、不同单元类型计算结果的差异性；对不同龄期新老混凝土结合衬砌方案进行研究，通过对关键部位应力尤其是结合面剪应力的计算，分析新老混凝土结合方案的可行性。

1　隧洞衬砌计算方法研究

某大型水电工程拟修建一条圆拱直墙型泄洪隧洞，该隧洞尾段由临时建筑物导流洞改建而来。在其“龙抬头”段的侧墙部位，对原来衬砌的处理有3种方式：其一，拆除原衬砌，重新设计厚2.0m的衬砌；其二，把原衬砌当岩体，不考虑其结构效应，设计厚0.75m的新衬砌；其三，进行新老结合处理，加厚原衬砌。现取改建段中沿水流方向长

1.0m 的混凝土衬砌结构作为初始计算模型，详细尺寸见图 1。利用 ANSYS 软件，分别采用 Beam3 梁单元和 Solid65 实体单元对不同厚度的衬砌结构进行应力和内力计算（尤其是新老结合面的剪力计算）。本次计算荷载组合及大小见图 2，约束示意见图 3。

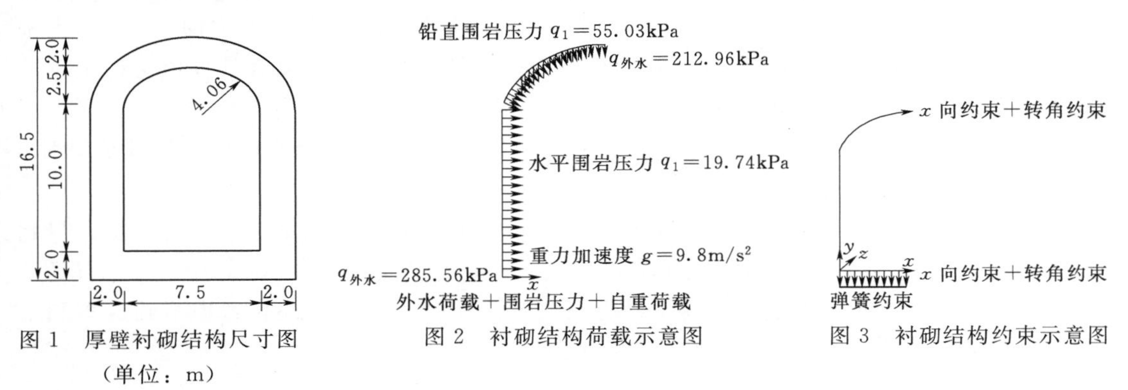

图 1 厚壁衬砌结构尺寸图（单位：m）

图 2 衬砌结构荷载示意图

图 3 衬砌结构约束示意图

2 梁单元和实体单元计算结果对比

在 ANSYS 中分别采用 Solid65 实体单元和 Beam3 梁单元按照图 1、图 2 建立了边墙衬砌厚度为 0.75m、2.00m、2.75m 的有限元模型（考虑到结构对称，只取一半建模）。Solid65 单元模型的正应力分布见图 4，Beam3 单元模型的弯矩分布见图 5。为了便于比较，将梁单元计算得到的弯矩值按照材料力学公式 $\sigma=\dfrac{M}{W}$（σ 为最大正应力；M 为弯矩；W 为弯曲截面系数）换算成该处截面上的最大正应力。两种单元计算结果比较见表 1。

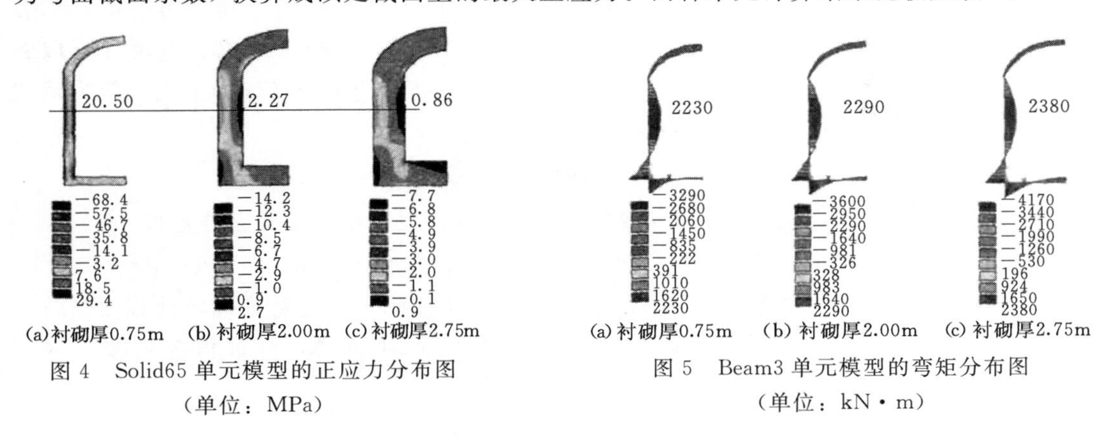

图 4 Solid65 单元模型的正应力分布图（单位：MPa）

图 5 Beam3 单元模型的弯矩分布图（单位：kN·m）

表 1 计算结果比较表

衬砌边墙厚/m	梁单元			实体单元相同截面上最大正应力/MPa
	边墙最大弯矩/(kN·m)	弯曲截面系数 W/m³	危险截面上最大正应力/MPa	
0.75	2230	0.09	24.78	20.50
2.00	2290	0.67	3.42	2.27
2.75	2380	1.26	1.89	0.86

从表1可以看出，采用梁单元进行计算得到的边墙拉应力最大值均大于采用实体单元计算的结果。显然，随着衬砌厚度的增加，梁单元的计算结果和实体单元计算结果相差越来越大。几何尺寸是引起计算结果差异的主要影响因素。由结构力学知识可知，实体单元计算的梁的跨中弯矩也应小于梁单元计算结果。当梁柱截面逐渐增大时，ANSYS中Beam计算模型因为取几何中心连线作为计算跨度或计算高度，所以其计算值会越来越偏离真实情况。相反，实体单元模型计算结果会更准确，也更贴近实际。

基于上述计算单元的对比研究，为了保证结果的正确性，选择实体单元计算结果对3种衬砌方案进行研究分析。

从图4和表1可以看出，采用Solid65实体单元对3种衬砌方案进行受力分析，得到0.75m、2.00m、2.75m厚衬砌边墙内侧最大拉应力依次为20.5MPa、2.27MPa、0.86MPa，显然2.75m厚新老混凝土结合衬砌方案受力最安全，综合考虑节约成本和工期，认为新老混凝土结合衬砌方案为最优衬砌方案。

3 新老混凝土结合衬砌方案研究

该大型水库工程在导流洞改建泄洪洞时，保留封堵段之后的导流洞，并在保留的原2.0m厚混凝土衬砌上补浇0.75m厚新混凝土，构成由新老混凝土结合而成的2.75m厚衬砌。利用ANSYS软件对新老混凝土弹性模量比依次为0.5∶1、0.7∶1、1∶1进行计算，并对结合面上的剪应力和边墙内侧的最大拉应力进行分析，确定新老混凝土结合方案的可行性。

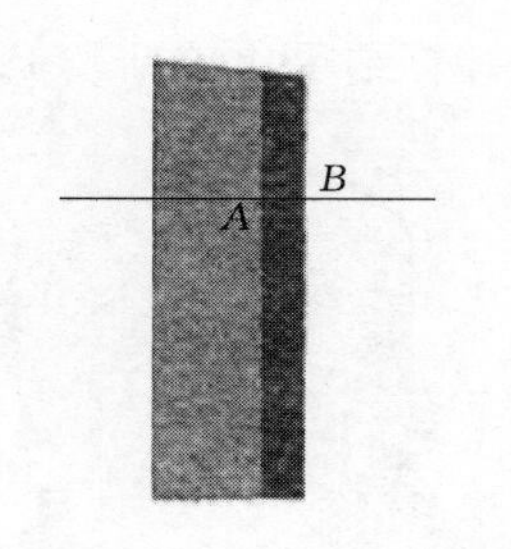

图6 新老混凝土结合计算模型
A—老混凝土边墙内侧最大应力值点；
B—新混凝土边墙内侧最大应力值点

3.1 计算模型

取2.75m厚衬砌为计算模型，其中边墙由0.75m厚新混凝土和2.00m厚老混凝土组成。本次计算取新老混凝土内边墙同一高程的两个点作为最大拉应力值代表点，见图6。

3.2 计算结果

3.2.1 不同弹性模量比下结合面剪应力分布

根据《混凝土结构设计规范》(GB 50010—2010)[4]，不配置箍筋和弯起钢筋的板类受弯构件，其截面受剪承载力按式(1)和式(2)计算，允许剪应力按式(3)计算。

$$V_c = 0.7\beta_h f_t b h_0 \tag{1}$$

$$\beta_h = \left(\frac{800}{h_0}\right)^{1/4} \tag{2}$$

$$[\tau] = \frac{V_c}{bh_0} \tag{3}$$

式中：V_c为截面受剪承载力，N；f_t为新混凝土的抗拉强度，N/m^2；b为截面宽度，mm；h_0为截面高度，mm，当$h_0 < 800$mm时取$h_0 = 800$mm，当$h_0 > 2000$mm时取$h_0 = 2000$mm；β_h为截面高度影响系数；$[\tau]$为允许剪应力。

新混凝土的抗拉强度 f_t 与弹性模量 E_t 的关系为

$$E_t = (1.45 + 0.628 f_t) \times 10^4 \tag{4}$$

新混凝土的弹性模量随龄期的变化而变化，这里采用双曲线公式表示新混凝土弹性模量与时间的关系：

$$E(\tau) = E_0 \tau / (q + \tau) \tag{5}$$

式中：τ 为龄期，d；$E(\tau)$ 为混凝土龄期为 τ 时的强度，GPa；q 为计算参数，取 3.03；E_0 为混凝土达到设计龄期 28d 时的弹性模量，取 30GPa。

ANSYS 计算得到的结合面上最大剪应力与按规范算得的允许剪应力 $[\tau]$ 比较（见表 2）。

表 2　　ANSYS 与规范方法算得的新老混凝土结合面剪应力对比表

新混凝土龄期/d	$E_{新}$/GPa	$E_{老}$/GPa	$E_{新}:E_{老}$	f_t/MPa	$[\tau]$ /MPa	τ_{real}/MPa
3	15	30	0.5∶1	0.08	0.1	0.89
7	21	30	0.7∶1	1.04	0.7	0.91
28	30	30	1∶1	2.47	1.7	0.94

注　τ_{real} 为 ANSYS 仿真计算得到的结合面上的剪应力。

由表 2 可知，当新浇混凝土的龄期小于 28d，混凝土结合面上的剪应力始终大于允许剪应力值，不能够实现新老混凝土的良好结合。当新混凝土龄期达到 28d、新老混凝土的弹性模量比为 1∶1 时，结合面上的剪应力为 0.94MPa，小于允许剪应力 1.7MPa，满足结合强度要求。新老混凝土结合衬砌在新混凝土浇筑 28d 后能够协调工作、共同受力。

3.2.2　不同弹性模量比下衬砌边墙铅直向应力云图

在荷载和约束不变的条件下，利用 ANSYS 计算得到新老混凝土弹性模量比值为 0.1∶1、0.3∶1、0.5∶1、0.7∶1、1∶1 时对应的边墙铅直向应力云图（见图 7）（定性反映随着新老混凝土弹性模量比值变化边墙内侧最大应力值变化趋势）。

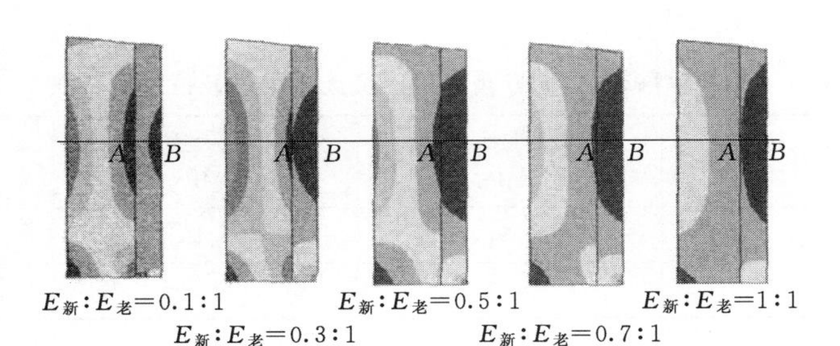

图 7　新老混凝土不同弹性模量比时边墙铅直向应力云图

3.2.3　不同弹性模量比时 A 点和 B 点应力变化趋势

混凝土的弹性模量是随着龄期的增加而增加的，采用双曲线公式表示弹性模量与时间的关系。通过计算，得到边墙新老混凝土随龄期变化而变化的应力值（见表 3 和图 8）。

从表 3 和图 8 可以看出，新混凝土浇筑完毕后，随着龄期的增加，新老混凝土的弹性模量逐步接近，老混凝土内侧最大应力逐渐减小，新混凝土内侧最大应力不断增大。当两者弹性模量相同时，新混凝土内侧最大拉应力达到 0.97MPa，在混凝土允许抗拉强度范

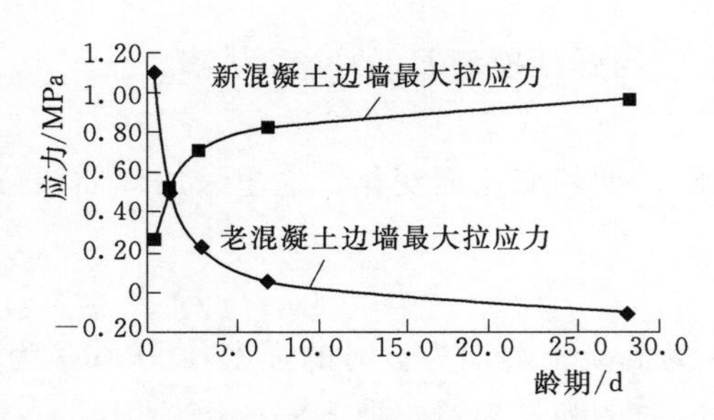

图8　新老混凝土随时间变化最大拉应力对比图

围内；此时老混凝土内侧承受压应力，受力安全。荷载作用逐渐从老混凝土向新混凝土过渡，新混凝土逐步承担起承载的作用。当新混凝土的龄期到达28d时，最终实现了新老混凝土的共同受力，且整体结构都在安全受力范围内。

表3　　边墙新老混凝土随龄期变化的应力值表

新混凝土龄期 t/d	E_t/GPa	E_0/GPa	老混凝土铅直向应力/MPa	新混凝土铅直向应力/MPa
0.3	3	30	1.10	0.27
1.3	9	30	0.49	0.54
3.0	15	30	0.21	0.70
7.1	21	30	0.05	0.82
28.0	30	30	−0.10	0.97

4　结构衬砌优化

利用ANSYS软件，采用Solid65实体单元建立模型，在底板和边墙接触部位设置导角结构，计算荷载和约束与上面2.75m厚衬砌结构相同。2.75m厚衬砌有、无导角结构时最大应力值及位置对比见表4。

表4　　2.75m厚衬砌有、无导角结构时最大应力值及位置对比表

项目	拐角处最大拉应力/MPa	边墙内侧最大拉应力/MPa	整体最大拉应力/MPa	整体最大拉应力出现位置
无导角	1.40	0.97	1.40	拐角处
有导角	0.52	0.83	0.83	边墙内侧

衬砌结构建了导角后，整体应力有所下降，最大拉应力出现的位置也发生了变化。从表4可以看出，设置导角后，结构的最大拉应力位置从拐角处转移到边墙内侧，同时整体最大应力由1.40MPa降低到0.83MPa，设置导角明显降低了整体结构的应力，达到了进一步优化新老混凝土结合衬砌方案的目的。

5　结论

结合某导流洞改建工程，对不同龄期、不同厚度的隧洞衬砌结构进行了有限元计算，结论如下。

（1）当衬砌厚度小于1.0m时，实体单元和梁单元计算结果吻合良好；当衬砌厚度超过1.0m时，两者存在一定差异，且衬砌越厚，差异越大，因此笔者认为规范推荐方法不适合厚壁衬砌的内力计算。

（2）针对该导流洞改建工程，当新混凝土龄期达到28d后，在设计荷载下，结构最危险点应力满足要求，结合面上的剪应力也满足规范规定。

（3）设置导角，对衬砌结构最危险点应力有很大改善，建议采用。

参考文献

[1] 王青，徐港. ANSYS梁单元的理论基础及其选用[J]. 三峡大学学报，2005，27（4）：336-340.

[2] 石广斌. 实体单元与梁单元数值分析的差异性剖析及应用[J]. 西北水电，2012（1）：61-65.

河口村水库1号联合进口塔架整体稳定性分析

杜全胜　陈　娜

（黄河勘测规划设计有限公司）

摘要：根据河口村水库1号泄洪洞与发电洞联合进口塔架的结构布置形式及运用要求，采用拟静力法、反应谱法有限元动力分析对联合进口塔架的整体稳定性进行了分析。同时，对稳定计算工况进行识别，补充完善规范相应计算公式；计算结果表明，联合进口塔架的结构布置体型合理，满足功能需求，进口塔架整体稳定性满足规范要求。

关键词：联合进口塔架；拟静力法；稳定安全系数；河口村水库

1　工程布置

河口村水库是一座以防洪、供水为主，兼顾灌溉、发电、改善河道基流等综合利用的大（2）型水利枢纽工程。泄洪洞及发电洞进口建筑物按2级设计。1号泄洪洞兼用施工导流、泄洪排沙及保证发电洞进口“门前清”的运用要求，经综合比选，最终确定把1号泄洪洞进口与发电洞进口放在一起组成联合进口的布置方案（以下简称1号联合进口塔架）。1号联合进口塔架基础呈“L”形，顺水流向最大长度为49.00m，最大宽度为33.00m，塔基基岩高程191.00～186.09m，塔顶高程291.00m，塔体最大高度为104.913m，泄洪洞侧塔体后部有13.85m伸入岩体。塔体两侧及塔后回填混凝土，与周边山体相靠。进口塔架作为泄洪洞和发电洞的进口控制工程，其整体稳定安全尤为重要。

2　基本资料

2.1　库水位

河口村水库特征水位：死水位225.00m；正常蓄水位275.00m；校核洪水位285.43m；设计洪水位285.43m；检修水位275.00m。

2.2　地质条件

1号联合进口塔架基础坐落在中元古界汝阳群石英砾岩及太古界登封群花岗片麻岩岩体上，塔基岩体属坚硬岩，耐风化性强，但受岸坡卸荷及构造作用影响岩体中高角度节理裂隙较发育，按坝基岩体分类可划分为$A_{Ⅲ}^{1}$～$A_{Ⅲ}^{2}$类。

2.3　计算参数

为方便整体稳定计算，未考虑泥沙压力的作用，用浑水容重代替。

非汛期水容重 10.00kN/m^3；汛期、设计洪水以及校核洪水浑水容重 10.30kN/m^3；混凝土容重 25.00kN/m^3。花岗片麻岩基础承载力 [R] =4000kN/m^3。基础抗剪断强度指标：摩擦系数 f'=0.70，黏结力 C'=550kN/m^3。基本风压 0.42kN/m^2。地震设计烈度为 7 度，按地震动峰值加速度 $1.22\times10^{-1}g$ 进行地震荷载计算。

3 计算理论和方法

1 号联合进口塔架整体稳定计算采用拟静力法和反应谱法有限元动力分析。侧重介绍拟静力法，并将有限元计算成果加以简述。

拟静力法稳定计算的内容包括：塔基基底应力；塔体沿基础面的抗滑安全系数；塔体的抗倾覆安全系数；塔体的抗浮安全系数。

计算时，按刚体极限平衡理论进行，且不考虑周边岩体的抗力。

1 号联合进口塔架滑动面假定为 191.00m 高程，基础面为"L"形，拟静力法塔基应力按规范给定公式进行，如下：

$$P_{\min}^{\max}=\frac{\Sigma G}{A}\pm\frac{\Sigma M_x y}{J_x}\pm\frac{\Sigma M_y x}{J_y}$$

式中：ΣM_x、ΣM_y 定义为建基面上垂直力对形心轴 X、Y 轴的力矩总和；考虑到塔体实际受力情况，不能忽略水平向荷载对基底应力的影响，因此 ΣM_x、ΣM_y 应为作用在塔架上的全部竖向和水平荷载对于基础底面垂直水流方向的形心轴的力矩总和，这一点在工程经常用到，值得探讨。

4 计算工况

河口村水库在确定开发任务的时候，充分考虑到与黄河干流小浪底水库、支流陆浑水库及故县水库联调，完善黄河中下游防洪减淤体系，确保黄河下游防御花园口洪峰流量 22000m^3/s 堤防不决口。鉴于以上防洪的特殊要求，河口村水库留有 2.00 亿 m^3 以上的调洪库容，因此，河口村水库具有设计水位 285.43m 滞洪的工况。

1 号联合进口塔架整体稳定计算工况见表 1。

表 1　　1 号联合进口塔架整体稳定计算工况表

计算条件	计算工况	工况描述	倾覆方向
基本组合	设计洪水位泄流	泄洪洞工作弧门开启，发电洞侧取水门关闭	前趾
	设计洪水位滞洪	泄洪洞工作弧门关闭，发电洞侧取水门关闭	前趾
	正常蓄水位挡水	泄洪洞工作弧门关闭，发电洞侧取水门开启	前趾
特殊组合	完建无水		前趾
	校核洪水位泄流	泄洪洞工作弧门开启，发电洞侧取水门关闭	前趾
	正常蓄水位+地震	泄洪洞工作弧门关闭，发电洞侧取水门开启，遇顺水流向或横向地震	前趾、左右两侧
	检修	泄洪洞事故检修门关闭	前趾

特殊组合检修工况的定义：河口村水库有检修时间，水库未专门设置检修水位，为工程安全计，检修工况对应的水位按正常蓄水位 275.00m 计。

5 荷载计算及荷载组合

作用在塔体上的荷载有静荷载和动荷载。静荷载主要有塔体自重、设备重、塔体内部水重、塔后岩体重、扬压力及静水压力；动荷载有塔体地震惯性力、地震动水压力、浪压力及风压力。具体见表 1。

5.1 扬压力及静水压力

塔体基础扬压力按全水头计入，根据相关研究结论浑水对扬压力的影响不明显，校核、设计洪水位时扬压力所用水容重仍按 10kN/m³ 考虑。

浑水对建筑物的静水压力影响是存在的，为简化计算，校核、设计水位时浑水容重按 10.30kN/m³ 计入。

对深式进水口塔架稳定最难满足的是地震侧向抗倾覆工况，很难使计算的安全系数满足规范要求；这时设计人员通常在上下游静水压力是否抵消方面犹豫，结合计算分析，认为静水压力对抗倾覆安全系数的影响较大，应充分考虑其作用，以保证塔体的抗倾安全度。

5.2 塔后岩体重

1 号联合进口塔架泄洪洞侧伸入基岩 13.85m，在未考虑岩石弹抗的作用下，不能忽略该部位的岩体重量，岩石饱和容重为 25.50kN/m³。

5.3 地震动水压力

塔体地震动水压力应按《水工建筑物抗震设计规范》（SL 203—1997）规定的进水塔相关公式计算，塔体内部的动水压力按水体的地震惯性力计入。

6 拟静力法稳定计算结果

采用拟静力法，1 号联合进口塔架各工况稳定计算结果见表 2。

表 2　　1 号联合进口塔架各工况稳定计算结果表

荷载组合	计算工况	抗滑稳定安全系数 K_c'		抗倾覆稳定安全系数 K_0			抗浮稳定安全系数 K_f		建基面应力	
		允许值	计算值	允许值	对前趾	对侧面	允许值	计算值	$P_{上游}$ 计算值 /kPa	$P_{下游}$ 计算值 /kPa
基本组合	设计洪水位泄流		9.47		1.36	—	1	1.78	565.47	912.40
	设计洪水位挡水	3.00	6.08	1.35	1.37	—		1.79	541.52	957.11
	正常蓄水位挡水		7.42		1.49	—	1	1.94	664.55	923.18
	完建		—		—	—	0	—	1511.50	1289.63
	校核洪水位泄流		9.48		1.35	—	—	1.78	573.36	904.52
特殊组合	正常蓄水位＋顺河						1			
	地震		4.80		1.38	—		1.95	207.90	1379.83
	正常蓄水位＋横河	2.50		1.20			0			
	检修		7.42		1.49	—		1.94	656.18	922.07

由结果分析，抗倾覆是塔体稳定计算的控制条件；完建无水控制最大基底应力，可以验证基底承载力能否满足要求。各工况抗滑、抗浮及基底应力均满足规范要求。

拟静力法计算中未考虑岩体的弹性抗力，以及塔后基础部位以上岩体的剪力作用，留有一定的安全储备。

7 反应谱法有限元动力分析

反应谱法有限元分析工况及荷载组合等同拟静力法。动力有限元计算模型不考虑塔体与基岩的摩擦，即塔体与基岩作为连续体处理，基础不考虑质量和惯性，只考虑弹性；计算模型剖分大部分用六面体单元剖分，局部用二次四面体单元剖分，共剖分 72474 个单元，95114 个节点。

动力分析仅考虑有地震的工况。在垂直水流向地震作用下，水平向（垂直水流向）最大位移为 102.42mm，竖向最大位移为 16.82mm，顺水流向最大位移为 5.99mm；在顺水流向地震作用下，水平向（顺水流向）最大位移为 61.97mm，竖向最大位移为 13.38mm，顺水流向最大位移为 2.56mm；两种工况最大位移均发生在塔顶，与静力有限元分析结果相比，地震作用对塔体位移的影响较大，且垂直水流向地震位移较顺水流向大。

有限元动力分析对塔体的稳定性进行计算，计算结果显示垂直水流向地震和顺水流向地震抗滑稳定最小安全系数分别为 2.32、2.23，大于规范要求的 1.05（按抗剪公式计算）。

8 结论

通过分析，考虑水平向荷载对基底应力的作用，完善了规范计算公式。通过分析河口村水库的防洪要求，对 1 号联合进口塔架整体稳定计算工况进行分析和确认。通过拟静力法和反应谱法有限元动力分析，基底应力、抗倾覆稳定系数、抗滑稳定系数及抗浮稳定安全系数均满足规范要求。

参考文献

[1] 董海钊，陈昭友，申相水，等. 小浪底工程孔板泄洪洞进水塔整体稳定性分析[J]. 人民黄河，1998，20（5）：38-40.

[2] 黄河勘测规划设计有限公司岩土工程与材料科学研究院. 河口村水库泄洪洞进水塔静动力有限元分析[R]. 郑州：黄河勘测规划设计有限公司，2011.

河口村水库枢纽工程隧洞进口边坡稳定性评价

刘庆军　周延国　王勇鑫

（黄河勘测规划设计有限公司）

摘要：河口村水库枢纽工程隧洞进口边坡处于龟头山褶皱断裂发育区，进口区还发育有1号、2号两处崩塌体，该区岩性复杂、褶皱断层发育，地质条件复杂。根据隧洞进口边坡区的基本地质条件，对进口边坡岩体进行了分类，并对其稳定性进行了地质宏观分析，通过边坡稳定计算，对进口边坡的稳定进行了定量评价并给出了治理边坡的处理措施。

关键词：河口村水库；左岸枢纽建筑物；进口边坡；地质分析；稳定性计算

0　引言

河口村水库位于沁河中游太行山峡谷段的南端，属河南省济源市，其主要开发任务为防洪、供水，正常蓄水位275.00m，总库容2.64亿m^3，最大坝高122.5m，工程属大（2）型。枢纽左岸边坡布置有泄洪洞、导流洞、引水发电洞等多个隧洞进口，其中导流洞后期改建为2号泄洪洞，边坡最高达100.0m，为2级边坡，且边坡地质条件复杂，从进口边坡位置的重要性及地质条件的复杂性考虑，需对进口边坡岩土体进行稳定性分析与评价[1]。

1　隧洞进口边坡区地质条件

左岸枢纽建筑物边坡区位于老断沟以西，穿越龟头山，至盘古寺断层北支（F_1）以北的沁河左岸。该区为一谷坡地形，高程260.00m以下至河床为近直立陡峻岸坡，以上为缓坡地形，坡度20°～30°，发育有3条小冲沟。

地层为太古界登封群（Ard）的花岗片麻岩、花岗伟晶岩、云母石英片岩等，中元古界汝阳群（Pt_2r）的硅铁质胶结的底砾岩、石英岩状砂岩、粉砂质页岩，寒武系馒头组（$\in_1 m^1$～$\in_1 m^4$）白云质灰岩、灰岩、泥灰岩等。

另外，在进口塔架上下游各分布1处古崩塌体，崩塌体主要成分为崩塌块石（Q_3^{col}）和洪坡积土夹石（Q_4^{pl+dl}）。塔架上游侧古崩塌体（1号古崩塌体）坐落在一山梁上，分布范围较小，呈长条形，1号崩塌体厚3.0～13.1m，平均宽度20.0～40.0m，上窄下宽，最长处约200.0m，分布底高程230.00m左右，顶高程约为320.00m，方量约3万m^3。塔架下游侧古崩塌体（2号古崩塌体）位于塔架后侧山沟中，分布面积较大，下部坡度较缓，中上部坡度相对较陡。2号崩塌体厚5.1～10.1m，平均宽度60.0～100.0m，上宽下窄，分布底高程260.00m左右，顶高程约为400.00m，方量约12万m^3。通过钻孔、坑槽探揭露，崩塌体厚度一般在5.0～13.0m，上部2.0～3.0m为残坡积的碎石土，较密实；中下部为崩塌堆积的张夏灰岩岩块夹少量土，堆积密实，大部分有轻微泥钙质胶结。另外，某些勘探点揭露崩塌体底部与基岩交界面处有一层古残坡积土，通过平洞PD25，槽探TC29、TC30及导流洞进口部分开挖面揭露情况分析，古崩塌体底部古残坡积土的分布具有不连续性。

建筑物区处于龟头山褶皱断裂发育区，主要发育一系列的北西西向褶皱及已查明的断层：五庙坡断层带、F_{11}逆掩断层、F_{12}断层、F_{14}断层。

（1）五庙坡断层带主要由F_6、F_7、F_8近东西向的阶梯状正断层组成。断层产状：F_6走向270°，倾向S，倾角50°～80°；F_7走向270°～280°，倾向S或SW，倾角60°～87°；F_8走向270°～280°，倾向S或SW，倾角45°～60°。断层走向、倾向较稳定，但倾角变化较大，一般上陡下缓。在破碎带中，除上述3条断层外，还发育2组次级小断层，因此五庙坡断层带，是由很多断裂面与岩层层面错综交汇组合的破碎岩体。

（2）F_{11}逆掩断层：断层走向300°～310°，倾向SW，倾角15°～27°，最大倾角达51°。断层面呈舒缓波状。断层带宽度0.5～2.0m，组成物质可分2个带，即断层泥带、压碎岩带。泥带厚1～10cm，为含角砾的断层泥，遇水软化，分布不连续；压碎岩带厚0.4～1.9m，为碎裂的片麻岩夹构造透镜体，挤压紧密。

（3）F_{12}断层：断层走向300°，倾向NE，倾角35°，为压性断层，断层带宽度0.2～0.5m，断层带物质为断层泥和角砾岩。

（4）F_{14}断层：断层走向260°～290°，倾向SE—SW，倾角53°～70°，断层带宽度0.05～0.3m，为正断层，断层带物质为岩块、岩屑夹泥等。

根据节理裂隙统计资料，进口区主要发育4组节理，产状分别如下：①走向285°、倾向195°、倾角73°；②走向70°、倾向160°、倾角73°；③走向95°、倾向5°、倾角45°；④走向345°、倾向75°、倾角80°。

泄洪洞进口区岩体的风化卸荷程度主要受岩性、地形条件和构造控制，岩体全、强风化厚度较薄，为3～6m；弱风化厚度达20.0～30.0m。

2 边坡稳定性定性分析

（1）泄洪洞进水塔上游侧的古崩塌体（1号古崩塌体）。1号古崩塌体总高约90.0m，下部60.0～70.0m高处为水位变动区，从地形地质条件分析，蓄水后崩塌体会发生局部的滑塌，其主滑方向朝向导流洞进口及近坝库区，不会对泄洪洞进水塔造成直接的破坏，且其距离泄洪洞进口较远，碎石进入洞内随高速水流破坏泄洪洞内部结构的可能性很小。

（2）进水塔后的古崩塌体（2号古崩塌体）。分布在塔架后侧山沟中，面积较大，距离进水塔较近，其整体稳定性直接影响到进水塔的稳定。根据地质勘察分析，2号古崩塌体下部多未胶结，崩塌体底部与基岩交界面处有一层古残坡积土，整体滑动的可能性较大，需进行计算分析。

（3）进水塔后仰坡。走向为135°、倾向为45°。后仰坡的稳定性主要受五庙坡断层、F_{14}断层及节理裂隙控制，坡面上断层和节理的空间展布情况见图1。

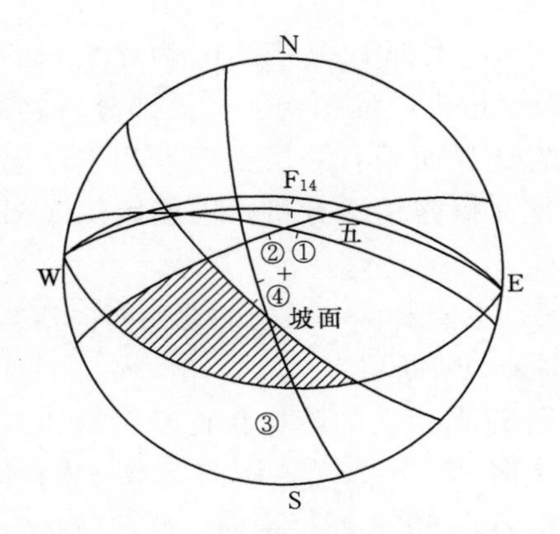

后坡裂隙与断层

编号	倾角/(°)	倾向/(°)
坡面	74	45
裂隙①	73	195
裂隙②	73	160
裂隙③	45	5
裂隙④	80	75
五庙坡断层	65	185
F_{14}断层	60	185

图1　河口村水库工程泄洪洞进水塔后仰坡赤平投影图

从赤平投影图分析，坡面上存在由①和F_{14}断层、②和③组节理及③和④组节理切割形成的楔形体。其中③和④组节理易沿③组节理侧向滑动，属不稳定块体，应采取合理的加固措施；其余楔形体沿滑动的可能性小。

(4) 进口左侧边坡，走向约为225°、倾向为315°。左侧坡的稳定性主要受五庙坡断层、F_{12}断层及节理裂隙的影响，坡面上断层及节理裂隙的空间展布情况见图2。

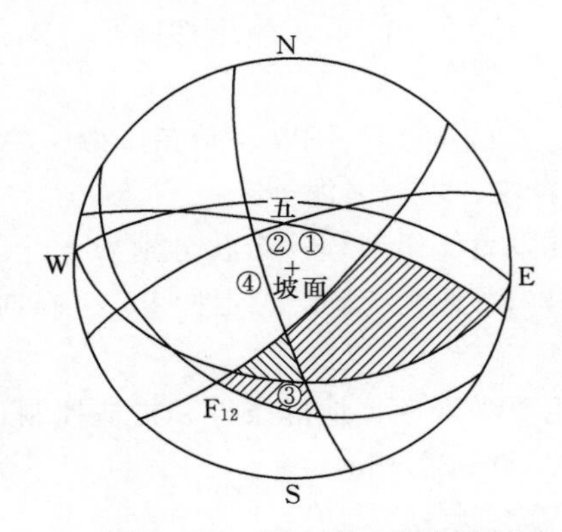

左坡裂隙与断层

编号	倾角/(°)	倾向/(°)
坡面	74	315
裂隙①	73	195
裂隙②	73	160
裂隙③	45	5
裂隙④	80	75
五庙坡断层	65	185
F_{12}断层	35	30

图2　河口村水库工程泄洪洞进口左侧边坡赤平投影图

从赤平投影图分析，坡面上存在由①和③组节理、③和④组节理、④组节理和F_{12}断层切割形成楔形体。其中③和④组节理、④组节理和F_{12}断层切割形成的楔形体易沿③组节理、F_{12}断层剪出，为不稳定块体，需考虑系统支护以外的增强支护措施。其余楔形体处于基本稳定或潜在不稳定状态，进行系统支护即可。

(5) 进口右侧边坡，走向为225°、倾向为135°。右侧坡的稳定性主要受4组节理裂隙和F_{11}断层的影响，坡面上节理和断层的展布情况见图3。

从赤平投影图分析，坡面上存在由②和③组节理、②和④组节理、①和④组节理、④组节理和F_{11}断层切割形成楔形体。其中④组节理和F_{11}断层、①和④组节理、②和④组节理所组成的楔形体存在滑动剪出的可能性较大，属不稳定块体；其余楔形体滑动的可能性不大，属潜在不稳定块体，系统支护基本可保证边坡的稳定。

综上所述，枢纽建筑物进口边坡处于龟头山褶皱断裂发育区，节理裂隙较发育，岩体

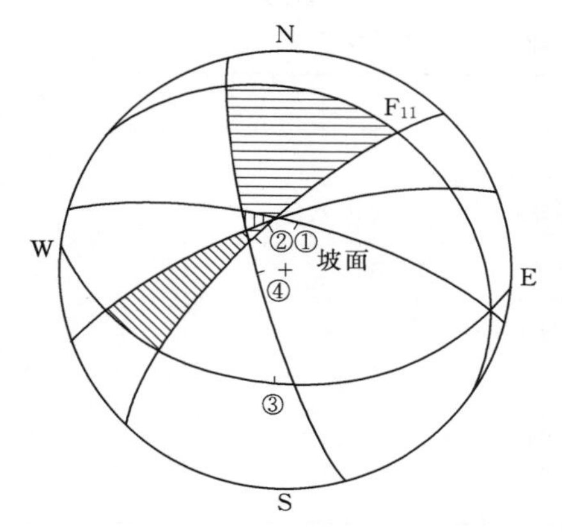

右坡裂隙与断层

编号	倾角/(°)	倾向/(°)
坡面	74	135
裂隙①	73	195
裂隙②	73	160
裂隙③	45	5
裂隙④	80	75
F_{11}断层	21	215

图3 河口村水库工程泄洪洞进口右侧边坡赤平投影图

较破碎，边坡开挖后，会在坡面上形成不稳定或潜在不稳定的块体，存在破坏模式为拉裂、崩塌、楔形体滑塌等局部稳定问题，但边坡整体基本稳定。

3 边坡稳定定量分析及处理措施

3.1 2号崩塌体

根据勘探揭露的地质情况，古崩塌体未发现滑动的迹象，古崩塌体底部残积土具不连续性，天然状态下属于稳定边坡。但在施工扰动、水位骤降或饱水地震等条件下，崩塌体力学参数将有所下降，存在局部坍塌或由坍塌引起的分级滑塌的可能。

经过反演和敏感性分析，古崩塌体上层及中层采用提供参数的平均值（表1），下部与基岩交界面的古残坡积土按60%连续较为符合实际，计算参数按60%连续状态取均值。

表1　　2号古崩塌体计算参数

名称	天然容重/(kN/m³)	浮容重/(kN/m³)	水下		水上	
			c/kPa	φ/(°)	c/kPa	φ/(°)
崩塌体底部残积土	18	19.5	17.5	21.4	29	24.9
崩塌体中下部	21	12	17.5	25	35	28.5
崩塌体表层	19.5	11	25	25	45	27.5

古崩塌体的稳定分析采用边坡稳定分析的程序EMU（Energy Method Upper Bound Limit Analysis，简称EMU）计算，和《水电水利工程边坡工程地质勘察技术规程》（DL/T 5337—2006）推荐的萨尔玛法（Sarma）等效。计算采用随机搜索的方法，通过对不同假定滑动面进行优化随机搜索，得出各工况安全系数的极小值（表2）。

通过结果分析，对照2级边坡抗滑稳定系数标准，圆弧滑动计算的各种工况均满足DL/T 5337—2006要求，不会发生整体滑动。经过治理方案的比较，最终确定了格构梁＋长锚杆的支护措施。

表 2　　2 号崩塌体稳定计算结果表

运　用　条　件		抗滑稳定安全系数
施工期		1.29
正常运用条件	水库水位从设计洪水位骤降到正常蓄水位	1.21
	正常蓄水位 275.00m，坡脚淹没	1.21
	水库水位从正常蓄水位骤降到坡脚以下	1.21
	设计洪水位 285.43m，坡脚淹没	1.21
非常运用条件 1	水库水位从设计洪水位骤降到坡脚高程以下	1.16
非常运用条件 2	正常蓄水位＋地震	1.10

在施工期及运行期，针对支护结构和 2 号古崩塌体布置监测系统，通过分析监测数据，了解崩塌体的变形、应力情况以及支护结构的工作状态，来判断加固措施是否合理以及是否需要采取进一步的治理工程。

3.2　岩质边坡

根据赤平投影分析，左侧边坡由③、④组节理和 F_{12} 断层切割形成的岩体滑动可能性较大。按刚体极限平衡理论建立模型，断层 F_{12} 所形成楔形体的计算参数见表 3。

表 3　　断层 F_{12} 所形成楔形体的计算参数表

名称	饱和容重/(kN/m³)	浮容重/(kN/m³)	抗剪强度 f	综合斜坡滑角/(°)
Pt_2r 砂岩	27	17	0.25	23.5

经反演计算分析，沿 F_{12} 断层在左侧坡的出露线，施加锚索锚固力 50t/m，各工况抗滑稳定安全系数均满足规范要求，计算结果见表 4。综合考虑，设计时每 6.0m 布置 1 根 300t 的锚索，锚索方向指向下游，偏向山里并向下方向，并与综合斜坡方向成 40°。进口开挖形成的左侧高边坡和进水塔后仰坡在各种运用条件下抗滑稳定安全系数均满足规范要求，系统支护后可保证边坡的整体稳定。

表 4　　正常工况和地震工况下断层 F_{12} 楔形体稳定计算结果表

运用条件	抗滑稳定安全系数	边坡规范要求的安全系数
正常工况	1.47（饱和容重）	1.20～1.25
	4.01（浮容重）	
正常工况＋地震工况	1.05（饱和容重）	1.05～1.10
	1.84（浮容重）	

4　结论

隧洞进口边坡处在龟头山褶皱断裂发育区，褶皱、断层及节理裂隙较发育，岩体较破碎，且分布有 2 处古崩塌体，地质条件复杂。

通过分析计算，左岸枢纽建筑物进口边坡在施工期基本稳定，但在水库蓄水后的运行期，2 号古崩塌体的稳定性处于临界状态，左侧岩质边坡 F_{12} 断层与节理裂隙组合形成的楔形体滑动的可能性较大，需采取稳妥的支护措施。

经施工开挖，边坡开挖稳定情况与评价结论基本相符，边坡整体稳定，并对 2 号古崩塌体及左侧岩质边坡 F_{12} 断层处的楔形体采取了施工处理措施。

参考文献

[1] 刘庆军，郭其峰，等. 沁河河口村水库工程初步设计阶段工程地质勘察报告[R]. 郑州：黄河勘测规划设计有限公司，2011.

河口村水库工程泄洪洞进口左侧边坡安全稳定分析

孙永波[1]　郭其峰[1]　王耀军[1]　建剑波[2]

（1. 黄河勘测规划设计有限公司；2. 河南省河口村水库工程建设管理局）

摘要： 河口村水库泄洪洞进口位于山岩褶皱断裂发育区，其左侧边坡断层节理发育，对边坡安全稳定影响较大。根据现场开挖揭露的实际地质条件，运用刚体极限平衡原理，参照《水利水电工程边坡设计规范》，对断层、裂隙组合剪切的楔形体模型进行稳定安全计算，提出布置锚索加固措施方案，取得较好效果。

关键词： 河口村水库；泄洪洞；边坡稳定；楔形体；加固措施

自20世纪80年代以来，随着大、中型水利水电工程大量修建，边坡安全的重要性越来越受到工程师们重视。传统的极限平衡法仍是工程中最常用的边坡稳定分析方法，其原理简单，物理意义明确，计算结果仍为人们在边坡稳定分析中依据的最重要指标。边坡加固常用措施有3种：①利用抗滑结构抵抗滑体的滑动力、增强边坡的稳定性；②通过锚索或锚杆来抵抗滑体的滑动力；③改变边坡的环境，提高边坡自身的抗滑能力和稳定性。

河口村水库泄洪洞进口为谷坡地形，地质条件比较复杂，断层、裂隙对边坡安全稳定影响较大。通过根据已开挖揭露断层、节理等地质条件，建模计算边坡稳定，取得较好效果。

1　工程概况

河口村水库位于黄河一级支流沁河最后一段峡谷出口处，是控制沁河洪水、径流的关键工程，也是黄河下游防洪工程体系的重要组成部分；是以防洪、供水为主，兼顾灌溉、发电、改善生态，并进一步完善黄河下游调水调沙运行条件的水库，水库总库容3.17亿m^3，最大坝高122.5m，正常蓄水位275.00m，设计洪水位为285.43m，工程属大（2）型，工程等别为Ⅱ等；主要建筑物有：混凝土面板堆石坝、泄洪洞、溢洪道、发电洞等。泄洪洞共两条，分为1号泄洪洞和2号泄洪洞，两洞轴线相距40.0m，进口为一体开挖。左侧靠山体的泄洪洞为2号泄洪洞，其进口底高程为210.00m，左侧边坡断层节理发育，对边坡安全稳定影响较大。

2　泄洪洞进口工程地质条件

泄洪洞进口边坡处于龟头山褶皱断裂发育区，岩体中断层、褶皱、节理等构造较发育。泄洪洞进口左侧边坡为高边坡，最高坡高超过 100.0m，边坡走向约为 225°、倾向为 315°。根据边坡实际开挖揭露的地质条件，自下而上分别为太古界登封群、中元古界汝阳群、寒武系及第四系上更新统古崩塌体。边坡出露 F_{12} 断层走向约 286°，倾向 NE，倾角约 41°，充填物以岩屑夹泥为主。开挖揭露汝阳群地层中主要发育 4 组节理：①倾向约 95°、倾角约 81°，充填物为钙质、锈质及岩屑；②倾向约 274°、倾角约 84°，岩屑充填；③倾向约 120°、倾角约 49°；④倾向约 185°、倾角约 74°。

对 F_{12} 断层和节理的组合关系进行分析，见表 1。

表 1　F_{12} 断层和节理的组合关系表

编号	结构面名称	倾向/(°)	倾角/(°)
P	坡面	315	59
L1	裂隙①	95	81
L2	裂隙②	274	84
L3	裂隙③	120	49
L4	裂隙④	185	74
F_{12}	F_{12} 断层	16	41

3　计算模型、计算公式及计算结果

3.1　计算模型

由赤平投影图知，F_{12} 断层与②组节理切割形成的楔形体为不稳定块体，楔形体交棱线倾向为 359°、倾角为 40°，易沿裂隙②及 F_{12} 断层断层面侧向滑动。切割的不稳定楔形体模型见图 1。

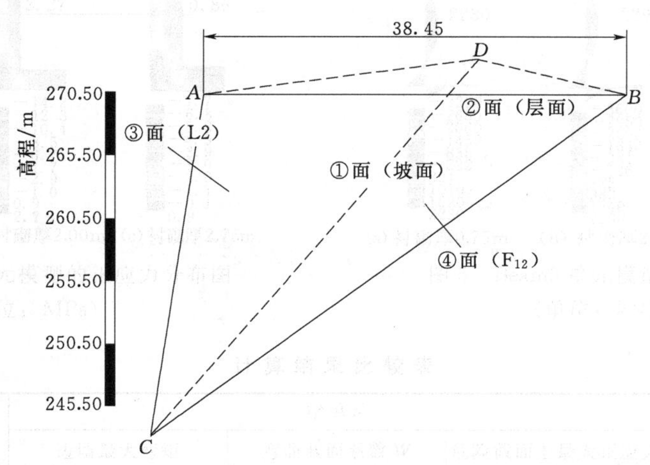

注：本示意图以坡面为视角，以水平岩层面 ABC 三角形为滑动楔形体的底面，面积 $S=433.57\text{m}^2$，高 $h=34.52\text{m}$。楔形体 $ABCD$ 的体积 $V=4989\text{m}^3$。

图 1　切割楔形体模型图（单位：m）

3.2 计算工况

根据《水利水电工程边坡设计规范》（SL 386—2007），泄洪洞进口边坡级别定为2级。场区地震基本烈度为7°，地震加速度为0.1g。根据水库运行方式，泄洪洞进口边坡的稳定计算工况及允许安全系数见表2。

表2　计算工况及允许安全系数表

计算工况		库区水位/m	地下水位/m	最小安全系数
正常工况	正常运行工况	275.00	275.00	1.2
	设计洪水位工况	285.43	285.43	1.2
	骤降285.43～275.00m	275.00	285.43	1.2
	骤降275.00～250.00m	250.00	275.00	1.2
非常Ⅰ工况	施工期	—	—	1.15
	骤降285.43～250.00m	250.00	285.43	1.15
非常Ⅱ工况	地震工况	275.00	275.00	1.05

3.3 地质参数

进口左侧边坡切割块体模型所处地质条件基本物理力学参数是：中元古界汝阳群（Pt_2r）岩石的天然密度、饱和密度分别为2.68g/cm³和2.70g/cm³，岩体之间的抗剪断系数及黏聚力分别为1.3MPa和1.4MPa；F_{12}断层夹层的天然密度、饱和密度分别为2.10g/cm³和2.15g/cm³，岩体之间的抗剪断系数及黏聚力分别为0.38MPa和0.05MPa；岩石裂隙的岩体之间抗剪断系数及黏聚力分别为0.45MPa和0.08MPa。

3.4 安全系数计算公式

$$K=\frac{c'_A A_A + c'_B A_B + N_A \tan\varphi'_A + N_B \tan\varphi'_B}{m_{WS} W + m_{CS} Uc + m_{PS} P} \tag{1}$$

式中各参数意义见《水利水电工程边坡设计规范》（SL 386—2007）中附录D。

3.5 计算结果与加固措施

地震工况地震惯性力取最不利情况，惯性力作用方向为359°。由式（1）计算得边坡锚索加固前、后楔形体抗滑稳定安全系数的成果（见表3）。

表3　锚索加固后各工况抗滑安全系数计算成果表

计算工况		锚索加固前抗滑稳定安全系数	锚索加固后抗滑稳定安全系数
正常工况	正常运行工况	1.16	1.28
	设计洪水位工况	1.81	2.09
	骤降285.43～275.00m	1.09	1.21
	骤降275.00～250.00m	1.09	1.21
非常Ⅰ工况	施工期	1.35	1.48
	骤降285.43～250.00m	1.09	1.21
非常Ⅱ工况	地震工况	1.08	1.18

表3中“锚索加固前抗滑稳定安全系数”显示，正常工况仅设计洪水位满足规范要求，非常Ⅰ工况中骤降工况不满足要求，需采取加固措施，经分析，采用锚索加固方案合理。在楔形体坡面施加5根150t锚索，锚索的参数：指向为179°，俯角为10°。经加固后复核计算，各工况抗滑稳定安全系数满足要求，计算成果见表3“锚索加固后抗滑稳定安全系数”。

4 结论

边坡稳定分析是岩土工程领域的一个热点研究课题。通过运用刚体极限平衡原理，对河口村水库泄洪洞进口左侧边坡开挖揭露的地质条件进行稳定复核分析，在不稳定楔形体坡面上采用锚索加固处理后，边坡满足稳定要求。

河口村水库泄洪洞进口左侧边坡的安全稳定分析

孙永波　张晓瑞　何蕴华　赵　宁

（黄河勘测规划设计有限公司）

近年来，随着大、中型水利水电工程的大量修建，水库边坡的安全性越来越受到工程师们的重视。目前水利工程中最常用的边坡稳定分析方法是极限平衡法，该方法具有原理简单，物理意义明确等特点，其计算结果通常被人们作为进行边坡稳定分析最重要的依据和指标。边坡加固措施大致分三类：①利用抗滑结构抵抗滑体的滑动力，增强边坡的稳定性，达到加固抗滑的目的；②通过锚索或锚杆抵抗滑体的滑动力，达到加固抗滑的目的；③通过改变边坡的环境，提高边坡自身的抗滑能力和稳定性，达到加固抗滑的目的。河口村水库泄洪洞进口为一谷坡地形，地质条件复杂，断层及卸荷裂隙纵横交错，特别是泄洪洞进口左侧边坡高达100.0m，断层、裂隙对其安全稳定性影响较大。参照《水利水电工程边坡设计规范》（SL 386—2007）的规定，运用刚体极限平衡原理建立模型，分析其稳定性，取得了较好的结果。

1　工程概况

河口村水库位于黄河一级支流沁河最后一段峡谷出口处，是控制沁河洪水、径流的关键工程。该工程是以防洪、供水为主，兼顾灌溉、发电、改善生态，并进一步完善黄河下游调水、调沙运行条件的水库。水库总库容3.17亿m^3，最大坝高122.5m，正常蓄水位275.00m，设计洪水位为285.43m，工程属大（2）型，工程等别为Ⅱ等。主要建筑物有混凝土面板堆石坝、泄洪洞、溢洪道、发电洞等。泄洪洞共2条，分为1号泄洪洞和2号泄洪洞，两洞轴线相距40.0m，进口为一体开挖。左侧靠山体的泄洪洞为2号泄洪洞，其进口底高程为210.00m，左侧边坡最高开口处高程为310.00m，其开挖综合坡度为1∶1.60。

2　泄洪洞进口工程地质条件

泄洪洞进口段地层自下而上依次为：太古界登封群（Ard）、中元古界汝阳群（Pt_2r）、寒武系馒头组（$\in_1 m$）、第四系上更新统古崩塌体（Q_3^{col}），其地质构造属于褶皱断裂发育区，岩层产状凌乱，裂隙发育，岩体破碎。影响泄洪洞进口左侧边坡稳定的主要断层、裂隙有：五庙坡断层带、F_{12}断层、坡面上的①～④组裂隙。

五庙坡断层带主要由F_6、F_7、F_8三条阶梯状正断层组成，其中，F_6走向270°，倾向S，倾角65°；F_7走向275°，倾向SW，倾角73°；F_8走向275°，倾向SW，倾角53°。F_{12}

为压性断层，断距约为6m，断层宽度约为0.4m，断层走向300°，倾向NE，倾角35°。坡面上的①～④组裂隙，其中，①走向285°，倾向195°，倾角73°；②走向70°，倾向160°，倾角73°；③走向95°，倾向5°，倾角45°；④走向345°，倾向75°，倾角80°。砂岩中每组裂隙影响深度超过30m，每组裂隙中的裂隙间距为5m。泄洪洞进口左侧边坡所处地质条件的基本物理力学参数见表1。

表1　　左侧边坡所处地质条件的基本物理力学参数表

岩体特征	岩体分类	天然密度	饱和密度	抗剪断强度（岩体/岩体）	
				f'	c'/MPa
Pt_2r 石英砾岩、石英砂岩，弱风化—微风化	Ⅱ	2.68	2.70	1.3	1.4
F_{12}断层夹层	Ⅴ	2.10	2.15	0.25	0.02
岩石裂隙	—	—	—	0.45	0.08

进口左侧边坡走向约为225°，倾向315°。根据地质条件分析，F_{12}断层在左侧边坡上出露高程一端为241.00m左右，另一端出露到地面。

由于F_{12}断层在左侧边坡上存在4组节理，这4组节理与F_{12}断层切割形成楔形体，楔形体易沿节理和F_{12}断层剪出，为不稳定体。经分析，节理和F_{12}断层切割形成的楔形体交棱线倾向351°、倾角25°。

3　计算工况及容许安全系数

根据《水利水电工程边坡设计规范》（SL 386—2007），泄洪洞进口边坡级别为2级，场区地震基本烈度为Ⅶ，地震加速度为0.1g。根据水库运行方式，计算泄洪洞进口边坡的稳定工况及允许安全系数见表2。

表2　　计算工况及允许安全系数表

计算工况		库区水位/m	地下水位/m	最小安全系数
正常工况	正常运行工况	275.00	275.00	1.2
	设计洪水位工况	285.43	285.43	
	骤降285.43～275.00m	275.00	285.43	
	骤降275.00～250.00m	250.00	275.00	
非常Ⅰ工况	施工期	—	—	1.15
	骤降285.43～250.00m	250.00	285.43	
非常Ⅱ工况	地震工况	275.00	275.00	1.05

4 计算模型、参数选取与稳定安全系数计算公式

4.1 建立模型

依据裂隙③、④和断层F_{12}切割的块体建立模型。模型可能滑出面底高程约为257.00m，顶面高程约为280.00m，模型宽度为5.0m，模型侧面长度为10.0m，模型底滑面为组合滑面，组合滑面与水平面夹角25°。

4.2 选取参数

根据泄洪洞进口右侧施工便道开挖揭露的地质条件分析，裂隙间存在着不连续性，有效接触面积基本为40%。裂隙间的黏聚力按70%取值，作为有效黏聚力。荷载均按《水工建筑物荷载设计规范》(DL 5077—1997) 相关公式计算。

4.3 稳定安全系数计算公式

参照《水利水电工程边坡设计规范》(SL 386—2007) 中楔形体计算公式，结合本模型实际，确定刚体平衡计算公式。即

抗滑安全系数计算公式为

$$K=\frac{f(W\cos\alpha-U-F\sin\alpha)+cA}{W\sin\alpha+F\cos\alpha} \tag{1}$$

施加锚索后抗滑安全系数计算公式为

$$K=\frac{f(W\cos\alpha-U-F\sin\alpha+P\sin\theta)+cA}{W\sin\alpha+F\cos\alpha-P\cos\theta} \tag{2}$$

式中：f为F_{12}摩擦系数；c为裂隙结构面黏结力；W为岩体自重；α为组合滑动面与水平面夹角；A为裂隙结构面连接的有效面积；U为扬压力；F为作用在模型上水平方向的力（包括水压力、地震惯性力、地震动水压力）；P为锚索锚固力；θ为锚索与组合滑动面的夹角。

5 稳定分析结果与加固措施

根据式(1)，计算得到抗滑安全系数，见表3。计算结果显示，当模型的在库水位由设计洪水位骤降到250.00m工况时，模型的抗滑稳定安全系数为1.12，不满足要求，需采取加固措施。

表3　各工况抗滑安全系数计算结果

计算工况		抗滑稳定安全系数	最小安全系数
正常工况	正常运行工况	2.38	1.2
	设计洪水位工况	3.75	
	骤降285.43～275.00m	1.43	
	骤降275.00～250.00m	1.69	
非常Ⅰ工况	施工期	2.51	1.15
	骤降285.43～250.00m	1.12	
非常Ⅱ工况	地震工况	1.91	1.05

根据式（2）计算，每5.0m间距布置一根锚固力为150t的锚索，锚索指向171°、倾角20°时，即锚索指向与组合滑面夹角40°时，可使模型在库水位由设计洪水位骤降到250.00m工况时，模型的抗滑稳定安全系数提升到1.16，满足要求。

6 结论

针对河口村水库工程泄洪洞进口左侧高边坡特殊情况，通过建立模型计算了边坡稳定安全系数，并据此提出了边坡稳定加固措施：在沿F_{12}断层出露线的上方，每5.0m布置一根锚固力为150t的锚索，锚索指向171°、倾角20°，具有一定的参考价值。

河口村水库工程泄洪洞进口左侧边坡安全稳定再析

孙永波[1]　建剑波[2]　郭其峰[1]　王耀军[1]

（1. 黄河勘测规划设计有限公司；2. 河南省河口村水库工程建设管理局）

摘要： 河口村水库泄洪洞进口位于山岩褶皱断裂发育区，其左侧边坡断层节理发育，对边坡安全稳定影响较大。本文根据现场开挖揭露的实际地质条件，运用刚体极限平衡原理，参照《水利水电工程边坡设计规范》（SL 386—2007），对断层、裂隙组合剪切的楔形体模型进行稳定安全计算，提出布置锚索加固措施方案，取得较好效果。

关键词： 河口村水库；泄洪洞；边坡稳定；楔形体；加固措施

0　引言

自20世纪80年代以来，随着大、中型水利水电工程大量修建，边坡安全的重要性越来越受到工程师们重视。传统的极限平衡法仍是工程中最常用的边坡稳定分析方法，其原理简单，物理意义明确，计算结果仍为人们在边坡稳定分析中依据的最重要指标。边坡加固常用措施有3种：①利用抗滑结构抵抗滑体的滑动力、增强边坡的稳定性；②通过锚索或锚杆来抵抗滑体的滑动力；③改变边坡的环境，提高边坡自身的抗滑能力和稳定性。

河口村水库泄洪洞进口为谷坡地形，地质条件比较复杂，断层、裂隙对边坡安全稳定影响较大。笔者根据已开挖揭露断层、节理等地质条件，建模计算边坡稳定并运用到工程实际中，取得较好效果。

1　工程概况

河口村水库位于黄河一级支流沁河最后一段峡谷出口处，是控制沁河洪水、径流的关键工程，也是黄河下游防洪工程体系的重要组成部分；是以防洪、供水为主，兼顾灌溉、发电、改善生态，并进一步完善黄河下游调水调沙运行条件的水库，水库总库容3.17亿m^3，最大坝高122.5m，正常蓄水位275.00m，设计洪水位为285.43m，工程属大（2）型，工程等别为Ⅱ等；主要建筑物有：混凝土面板堆石坝、泄洪洞、溢洪道、发电洞等。泄洪洞共2条，分为1号泄洪洞和2号泄洪洞，两洞轴线相距40.0m，进口为一体开挖。左侧靠山体的泄洪洞为2号泄洪洞，其进口底高程210.00m，左侧边坡断层节理发育，对边坡安全稳定影响较大。

2　泄洪洞进口工程地质条件

泄洪洞进口边坡处于龟头山褶皱断裂发育区，岩体中断层、褶皱、节理等构造较发育。泄洪洞进口左侧边坡为高边坡，最高坡高超过100.0m，边坡走向约为225°、倾向为315°。根据边坡实际开挖揭露的地质条件，自下而上分别为太古界登封群、中元古界汝阳群、寒武系及第四系上更新统古崩塌体。边坡出露F_{12}断层走向约286°，倾向NE，倾角约41°，充填物以岩屑夹泥为主。开挖揭露汝阳群地层中主要发育4组节理：①组倾向约95°、倾角约81°，充填物为钙质、锈质及岩屑；②组倾向约274°、倾角约84°，岩屑充填；③组倾向约120°、倾角约49°；④组倾向约185°、倾角约74°。

F_{12}断层和节理的组合关系见表1。

表1　F_{12}断层和节理的组合关系表

编号	结构面名称	倾向/(°)	倾角/(°)
P	坡面	315	59
L1	裂隙①	95	81
L2	裂隙②	274	84
L3	裂隙③	120	49
L4	裂隙④	185	74
F_{12}	F_{12}断层	16	41

3　稳定计算及成果分析

3.1　计算模型

由赤平投影图知，F_{12}断层与②组节理切割形成的楔形体为不稳定块体，楔形体交棱线倾向为359°、倾角为40°，易沿裂隙②及F_{12}断层断层面侧向滑动。切割的不稳定楔形体模型（见图1）。

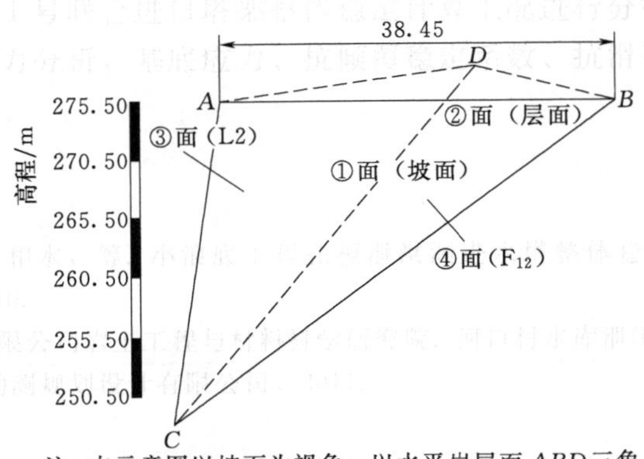

注：本示意图以坡面为视角；以水平岩层面ABD三角形为滑动楔形体的底面积$S=433.57m^2$，高$h=34.52m$，楔形体$ABCD$的体积$V=4989m^3$。

图1　切割块体模型图（单位：m）

3.2　计算工况

根据《水利水电工程边坡设计规范》（SL 386—2007）的规定，泄洪洞进口边坡级别定为2级。场区地震基本烈度为Ⅶ度，地震加速度为$0.1g$。根据水库运行方式，泄洪洞进口边坡的稳定计算工况及允许安全系数见表2。

表2　计算工况及允许安全系数表

计算工况		库区水位/m	地下水位/m	最小安全系数
正常工况	正常运行工况	275.00	275.00	1.2
	设计洪水位工况	285.43	285.43	
	骤降285.43～275.00m	275.00	285.43	
	骤降275.00～250.00m	250.00	275.00	
非常Ⅰ工况	施工期	—	—	1.15
	骤降285.43～250.00m	250.00	285.43	
非常Ⅱ工况	地震工况	275.00	275.00	1.05

3.3　地质参数

泄洪洞进口左侧边坡所处地质条件（见表3）。

表3　边坡岩体物理力学参数表

岩体特征	岩体分类	天然密度/(g/cm³)	饱和密度/(g/cm³)	抗剪断强度（岩体/岩体）	
				f'	c'/MPa
Pt_2r 石英砾岩、石英砂岩，弱风化～微风化	Ⅱ	2.68	2.70	1.3	1.4
F_{12}断层夹层	Ⅴ	2.10	2.15	0.38	0.05
岩石裂隙	—	—	—	0.45	0.08

3.4　计算结果与加固措施

$$K=\frac{c'_A A_A + c'_B A_B + N_A \tan\varphi'_A + N_B \tan\varphi'_B}{m_{WS}W + m_{CS}U_c + m_{PS}P} \tag{1}$$

各参数意义见《水利水电工程边坡设计规范》(SL 386—2007) 中附录D。

地震工况地震惯性力取最不利情况，惯性力作用方向为359°。由式（1）计算的抗滑安全系数（见表4）。

表4　各工况抗滑安全系数表

计算工况		抗滑稳定安全系数
正常工况	正常运行工况	1.16
	设计洪水位工况	1.81
	骤降285.43～275.00m	1.09
	骤降275.00～250.00m	1.09
非常Ⅰ工况	施工期	1.35
	骤降285.43～250.00m	1.09
非常Ⅱ工况	地震工况	1.08

结果显示，正常工况仅设计洪水位满足规范要求，非常Ⅰ工况中骤降工况不满足要求，需采取加固措施，经分析，采用锚索加固方案合理。

在楔形体坡面施加5根150t锚索，锚索的参数：指向为179°，俯角为10°。经加固后复核计算，各工况抗滑稳定安全系数满足要求，计算成果见表5。

表5　锚索加固后各工况抗滑安全系数计算成果表

计算工况		抗滑稳定安全系数
正常工况	正常运行工况	1.28
	设计洪水位工况	2.09
	骤降285.43～275.00m	1.21
	骤降275.00～250.00m	1.21
非常Ⅰ工况	施工期	1.48
	骤降285.43～250.00m	1.21
非常Ⅱ工况	地震工况	1.18

4　结论

边坡稳定分析是岩土工程领域的一个热点研究课题。笔者运用刚体极限平衡原理，对河口村水库泄洪洞进口左侧边坡开挖揭露的地质条件进行稳定复核分析，在不稳定楔形体坡面上采用锚索加固处理后，边坡满足稳定要求。

Thermal Stress Analyses and Reinforcement Design of Massive RC Structures

Nannan Shi[1] Runxiao Zhang[2] Dahai Huang[1]

(1. *Department of Civil Engineering*, *Beihang University*, *Beijing*, *China*; 2. *Department of Civil Engineering*, *University of Toronto*, *Toronto*, *Canada*)

Abstract: Massive reinforced concrete (RC) structure is widely used in long-term damp environments. To improve the concrete durability and reduce the reinforcing steel corrosion, crack width control is more rigorous in massive RC structure. In this paper, the short-term (30 days) temperatures of concrete are measured by the distributed temperature system (DTS) to inverse the thermal parameters using the genetic algorithm (GA), and the long-term (300 days) temperature is predicted by using the calculatedthermal parameters. Moreover, thermal stress field considering the creep is calculated based on the eight-parameters-equation, and the parameters were modified by the results of temperature stress test machine (TSTM). Furthermore, a quantitative reinforcement configuration method is proposed on the basis of the predicted thermal stress field, and its feasibility and effectiveness are verified by a sluice pier structure. Finally, the optimal reinforcement scheme obtained was selected by the comparisons of the crack width, reinforcement stress and the total cross-sectional area of reinforcement. This article provides a new methodology to design reinforcement configuration for massive RC structure.

Keywords: massive reinforced concrete; reinforcement design; thermal stress; crack width

1 Introduction

In practice, the generation of thermal stress is a major cause of early age thermal cracking of massive concrete structure. Tensile thermal stresses are generated by restraining of volumetric deformation, while the tensile strength of concrete is very low. Therefore, cracks are widespread in massive structure. High strength concrete is often used in the massive reinforced concrete (RC) structure, which brings more heat of hydration than the dam concrete (ACI318 - 11, 2011). Consequently, massive RC structures tend to crack more easily due to higher thermal stresses and it is necessary to enhance the requirements of crack width control. Related literatures indicated that only about twenty percent of cracks in massive concrete structure are caused by the external load, while the others are mainly caused by temperature deformation, shrinkage and inhomogeneous deformation, etc (Briffaut, Benboudjema, Torrenti, & Nahas, 2013).

It is important to understand the time-dependent temperature field and thermal stresses field in massive RC structure for assessment of thermal cracking. Many experimental and numerical studies have been conducted to simulate the temperature field and the thermal stress field (Amin, Kim, & Lee, 2009; Chu, Lee, & Amin, 2013; Sheibany & Ghaemian, 2006; Tian& Wang, 2012). In particular, Wilson (1968) initially developed mass concrete structure of temperature field finite element simulation program DOT-DICE in 1968, and this program was applied successfully to the temperature field calculation of Dworshak Dam. Moreover, Bazant has made numerous contributions on the creep and shrinkage mechanism as well as the calculation model (Bazant, 1972). In 1985, Tatro and Schrader in the U S Army Corps of Engineers further modified this program (Tohru & Sunao, 1996).

In 1992, P. K. Barrett introduced 3D thermal stress calculation software ANACAP, which brought the smeared crack model of Bazant into temperature stress analysis (Barrett, 1992). South Korean scholars (Amin et al., 2009) simulate the thermal stress in mass concrete using the finite element code DIANA. Further, Jin-Keun Kim (Lee & Kim, 2009) has researched deeply in the coupling effect between the heat transfer and the moisture diffusion, concrete creep and early age cracking. However, thermal parameters measured in the laboratory were adopted in the model, which cannot represent the actual concrete thermal properties on site. In this paper, FEM program FZFX3D is improved based on the previous program, and it can reproduce the concrete thermal parameters in the site using the genetic algorithm (GA), which makes the numerical simulation have better accuracy.

Many advanced numerical approaches have been performed to simulate the relationship of reinforcement configuration and cracking behaviour of concrete, in which cracking is caused by external load rather than thermal stress (ACI 207.1R-96, 1996; Bazant & Thonguthai, 1978; Cusson & Repette, 2000). However, reinforcement configuration methods for limiting thermal cracking have not been effectively improved in massive RC structure. In order to limit the development of thermal cracking, constructional reinforcement should be configured. However, the existing constructional reinforcement designs of massive RC structure have some disadvantages. For instance, thermal reinforcement configuration is based on engineering experience rather than actual calculation. Consequently, a modified method of reinforcement configuration is proposed in this paper. This method is used to calculate the crack width, depth and stress distribution of reinforcement. In addition, this composite method has been applied in the reinforcement optimisation design of a sluice pier structure.

2 Temperature field analysis

Based on finite element method, stress analysis of the structure was carried out to reproduce the thermal cracking in massive RC structures. It is well known that the temperature field is required for the subsequent thermal stress calculation. Therefore, further reinforcement design must give priority to reproduction of the temperature field of the entire structure.

In the temperature field analysis, the measured temperature can be obtained by optical fibre in concrete. The thermal parameters of concrete (i. e. thermal conductivity, convection heat exchange coefficient, heat capacity and thermal expansion coefficient) are fundamental importance for the temperature field. However, it is usually difficult to obtain the thermal parameters of concrete in actual projects. In the study, based on the temperature data measured by distributed temperature system (DTS) using optical fibre (as shown in Figure 1), the values of the thermal parameters were obtained by the GA. Moreover, GA plays critical roles in the inversion of thermal parameters. These steps are shown in detail in the part one of Figure 2.

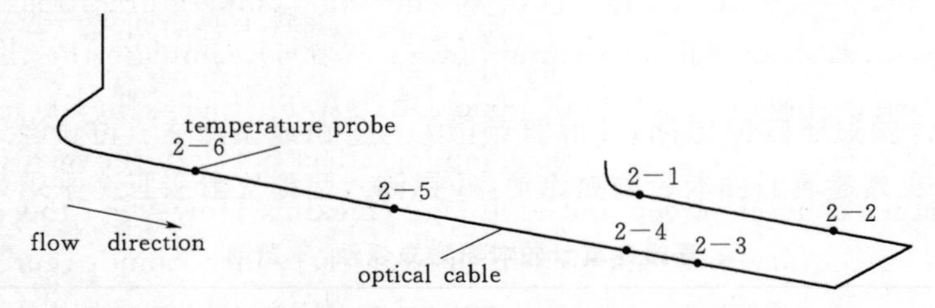

Figure 1 Fibre optic measuring point distribution of DTS

2.1 Calculation principles

Concrete thermal properties are affected by various factors, which make concrete thermal field analysis complicated (Neville, 1997). Since the thermal conductivity coefficient of concrete is one of the thermal parameters to predict the temperature variation during hydration, the reliability of the proposed numerical approach depends on the thermal conductivity coefficient of concrete, especially at the very early age.

In this paper, the boundary condition is assumed that the concrete surface heat flow is proportional to the difference between concrete surface temperature and atmospheric temperature, which can be expressed as follows,

$$-\lambda \frac{\partial T}{\partial n}=\beta(T-T_a) \tag{1}$$

where λ is thermal conductivity; n is the surface normal direction; T denotes the concrete surface temperature, T_a denotes atmospheric temperature and β represented surface heat transfer coefficient.

The instantaneous temperature value of one point in the homogeneous solid can be represented as $T_i=f(x, y, z, \tau)$. Based on the Fourier heat conduction theory, three dimensional (3D) unstable heat conduction equation can be obtained as Equation 2 (Zhu, 2003a).

$$[\underline{x_1}, \underline{x_2}, \underline{x_3}, \underline{x_4}, \underline{x_5}, \underline{x_6}, \underline{x_7}, \underline{x_8}, \underline{A}, \underline{B}]^T \leqslant X_\sigma \leqslant [\overline{x_1}, \overline{x_2}, \overline{x_3}, \overline{x_4}, \overline{x_5}, \overline{x_6}, \overline{x_7}, \overline{x_8}, \overline{A}, \overline{B}]^T$$

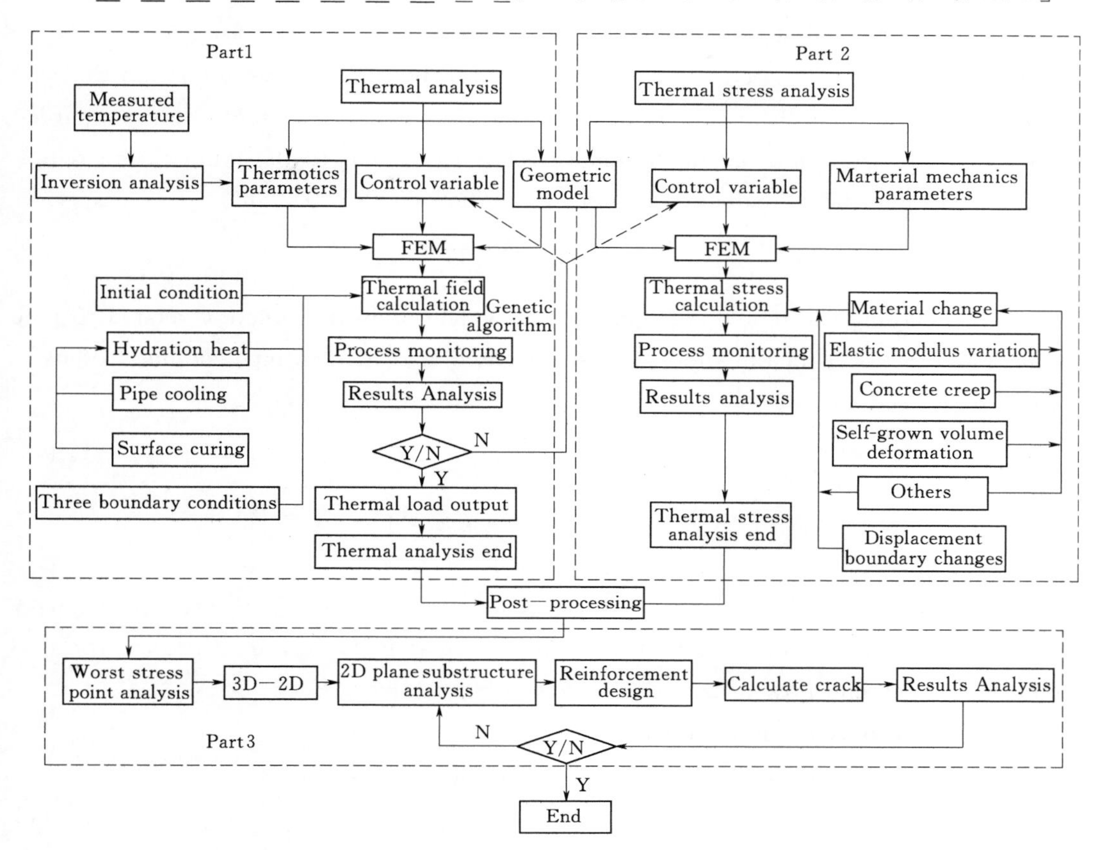

Figure 2 Thermal stress prediction and reinforcement design

$$\frac{\partial T}{\partial t} = \alpha \left(\frac{\partial^2 T}{\partial x^2} + \frac{\partial^2 T}{\partial y^2} + \frac{\partial^2 T}{\partial z^2} \right) \tag{2}$$

Owing to the hydration heat of cement, the heat conduction equation of 3D unsteady temperature field of concrete can be expressed as Equation 3.

$$\frac{\partial T}{\partial t} = \alpha \left(\frac{\partial^2 T}{\partial x^2} + \frac{\partial^2 T}{\partial y^2} + \frac{\partial^2 T}{\partial z^2} \right) + \frac{\partial \theta}{\partial \tau} \tag{3}$$

where T, t, α, θ, and τ mean temperature, time, thermal diffusivity, adiabatic temperature rise and concrete age, respectively.

According to the variation principle, the methods of spatial discretisation and time domain difference are used to obtain the temperature field governing equations with the consideration of initial and boundary conditions (Zhu, 2003a).

$$\left[[H] + \frac{1}{\Delta t_k}[R] \right] \{T_{k+1}\} - \frac{1}{\Delta t_k}[R]\{T_k\} + \{F_{k+1}\} = 0 \tag{4}$$

where $[H]$ means heat conduction coefficient matrix; $[R]$ express heat conduction added matrix; $\{F_{k+1}\}$ is node temperature load array; $\{T_{k+1}\}$ and $\{T_k\}$ are thermal load arrays in the time $k+1$ and k, respectively.

2.2 Calculation method of cooling water pipes

Considering the cooling effect of pipe in concrete, temperature simulation in the code is based on the equivalent heat conduction equation, in which the cooling water is regarded as a negative heat resource and its cooling effect is equivalent to the temperature reduction. The equivalent heat conduction is quoted as follows (Zhu, 2003b).

$$\frac{\partial T}{\partial t}=\alpha\left(\frac{\partial^2 T}{\partial x^2}+\frac{\partial^2 T}{\partial y^2}+\frac{\partial^2 T}{\partial z^2}\right)+(T_0-T_w)\frac{\partial \phi}{\partial t}+\frac{\partial \theta}{\partial \tau} \tag{5}$$

where T_w, denoting the temperature of cooling water; ϕ is the function related to pipe cooling. The function ϕ in Equation (5) is the function related to pipe cooling. In detail, it can be expressed as,

$$\left.\begin{aligned}\phi(t)&=e^{-pt}\\ p&=ka/D^2\\ K&=2.09-1.35\xi+0.32\xi^2\\ \xi&=\lambda L/c_w\rho_w q_w\end{aligned}\right\} \tag{6}$$

where a means thermal diffusivity; λ is the thermal conductivity; D denotes the diameter of the cooling pipe; L is the length of the cooling pipe and c_w, ρ_w, q_w represent the specific heat, density and flow of the cooling water, respectively.

2.3 Thermal parameters inversion analysis

The adiabatic temperature rise of concrete can be expressed as

$$\theta=\theta_0(1-e^{-at^b}) \tag{7}$$

where θ denotes the transient adiabatic temperature rise in time (t); θ_0 represents the ultimate adiabatic temperature rise; both a and b are the temperature variation corresponding parameters.

It is necessary to obtain the thermal parameters of the concrete *in situ* to predict the temperature field. The quadratic sum of the temperature error between the actual measurement T_{ij}^c and the finite element analysis result T_{ij}^m is defined as objective function, and thermal parameters α, β, θ_0, a, b are the design variables. Therefore, the objective function $E_{r,T}$ can be described as

$$E_{r,T}=\min F_T(X)=\min\sum_{j=1}^{m}\sum_{i=1}^{n}(T_{ij}^c-T_{ij}^m)^2 \tag{8}$$

$$X_T=[x_1, x_2, x_3, x_4, x_5]^{\mathrm{T}}=[\alpha, \beta, \theta_0, a, b]^{\mathrm{T}} \tag{9}$$

where α, β mean thermal diffusivity and surface heat transfer coefficients.

In practice, the design parameters are constrained in ranges, which can be written as

$$[\underline{\alpha}, \underline{\beta}, \underline{\theta}_0, \underline{a}, \underline{b}]^{\mathrm{T}}\leqslant X_T\leqslant[\overline{\alpha}, \overline{\beta}, \overline{\theta}_0, \overline{a}, \overline{b}]^{\mathrm{T}} \tag{10}$$

2.4 Working mechanism of GA

There are various methods to solve the constrained nonlinear programming problem (Equation

8), such as direct, (Gao, 2009) indirect, (Mantia & Casalino, 2006) hybrids, (Mengali & Quarta, 2007) etc. However, good initial guesses are the requirements of the previous method, which is their main drawback. In contrast, GA can obtain satisfactory results without any prior knowledge (Whitley, 1994), which exists in three operations to generate additional control parameters: reproduction, crossover and mutation. Therefore, in this paper, GA is used to solve the programming problem with the corresponding objective function (Equation 8) and design parameters (Equations 9 and 10).

Remark Figure 3: The flow diagram of GA is shown in Figure 3, which clearly demonstrated the working mechanism of GA. In addition, the main processes include: (i) give the first generation to initialisation; (ii) evaluate the current generation using the fitness function E_r; (iii) decide whether or not the GA should be end; (iv) create the (i) generation by using "reproduction", "crossover" and "mutation" operations until the new generation satisfied the accuracy requirement. Moreover, the detailed GA tutorial and theory is presented in literature (Fogel, 1994; Srinivas & Patnaik, 1994).

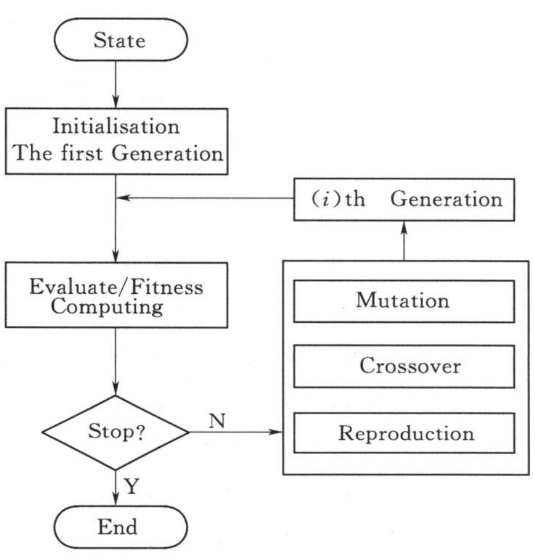

Figure 3 Flow diagram of GA

3 Thermal stress analysis

In order to measure the development of thermal stress in the concrete interior, temperature stress tests were carried out to obtain the measured thermal stresses using the temperature stress test machine (TSTM). The shape and working principle of TSTM are shown in Figures 4 and 5. TSTM is a closed-looped, uniaxial restrained testing device, which has three main functions: the measurement of load; the measurement and control

Figure 4 Photograph of temperature stress testing machine

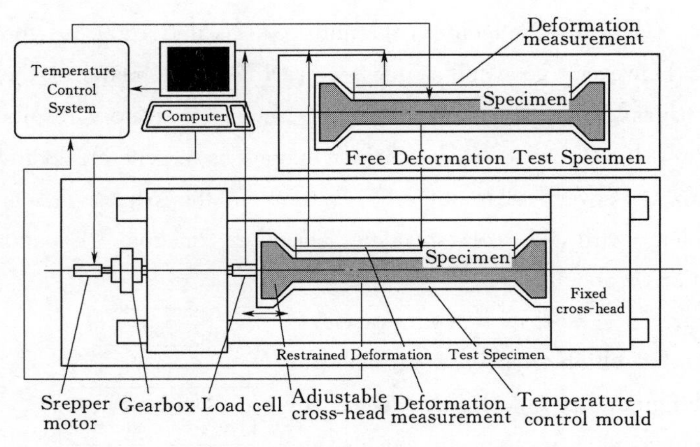

Figure 5 Schematic diagram for TSTM

of temperature; the measurement and control of deformation; and the measurement of reinforcement stain. For the concrete specimen, one of the cross-heads is restrained by the steel claw and the other is controlled by a stepper motor according to the specimen deformation. The load on the specimen is monitored by a load cell with accuracy of 1N placed at the adjustable cross-head (Shi, Ouyang, Zhang & Huang, 2014).

Thermal stresses of the structure were calculated on the basis of the reproduced temperature field and the effect of time-dependent elastic modulus. In addition, concrete creep was incorporated in the stress analysis (Amin et al., 2009).

The detailed description of thermal stress analysis is shown in the part two of Figure 2. A general relationship for the thermal stress calculation is as follows (Amin et al., 2009).

$$\sigma(\tau)=K_r \frac{E(\tau)}{1+C(t,\tau)}\gamma\Delta T \tag{11}$$

where $E(\tau)$ is the transient elastic modulus; $\sigma(\tau)$ is the transient tensile stress; $C(t,\tau)$ is the creep degree; γ is the thermal dilation coefficient; ΔT denotes the temperature change; K_r [$K_r=(0\sim100\%)$] is the degree of restraint; if the deformation is totally free, $K_r=0$; if the deformation is fully restrained, $K_r=100\%$. In this paper, good agreement of stresses was noted between the calculated values and the experimental values in Figure 6.

In creep analysis, numerous models [e. g. the CEB-FIP Model (CEB-FIP Model code for concrete structures, 1978], the ACI Model (ACI Committee 209, 1978), the BP Model (Bazant & Panula, 1982) and the Exponential Model (Bazant & Wu, 1974)) are used to calculate the thermal stress of concrete. In view of memory usage, the Exponential Model was selected in the code (Zhu, 2009). Besides, the creep degree can be calculated as follows:

$$C(t,\tau)=(x_1+x_2\tau^{-x_3})[1-e^{-x_4(t-\tau)}]+(x_5+x_6\tau^{-x_7})[1-e^{-x_8(t-\tau)}] \tag{12}$$

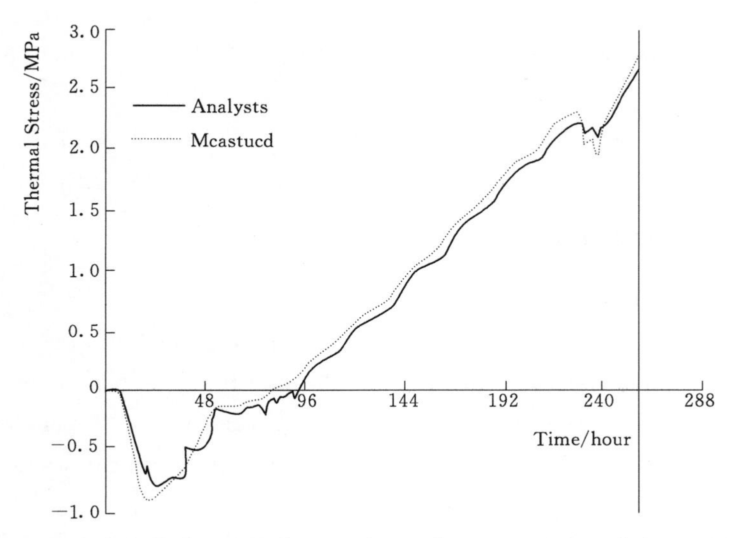

Figure 6 Comparison of stress between the experimental measurement and the numerical simulation

where $C(t, \tau)$ denotes the creep coefficient; t is the time; τ is the loading age. The creep parameters $x_1 \sim x_8$ are constant, which can be determined by the optimising algorithm based on the experimental data (Zhu, 2003a).

Moreover, the time-dependent elastic modulus can be calculated by Equation 13.

$$E(\tau) = E_0(1 - e^{-A\tau^B}) \tag{13}$$

where τ is the concrete age (day); E_0 is the ultimate elastic modulus [$E_0 = 1.5E_{28}$ (Zhu, 2003a)]; E_{28} is the elastic modulus of concrete in 28 days. In this study, E_{28} was measured as 20GPa; both A and B are constants based on the measured values (Zhu, 2003a).

Therefore, the thermal stress can be formulated by:

$$\begin{cases} \sigma(\tau) = K_r \dfrac{E(\tau)}{1 + C(t, \tau)} \gamma \Delta T \\ E(\tau) = E_0(1 - e^{-A\tau^B}) \\ C(t, \tau) = (x_1 + x_2\tau^{-x_3})[1 - e^{-x_4(t-\tau)}] + (x_5 + x_6\tau^{-x_7})[1 - e^{-x_8(t-\tau)}] \end{cases} \tag{14}$$

where $K_r = 100\%$, $E_0 = 30$ GPa. However, other parameters are unknown, such as the creep parameters $x_1 \sim x_8$ and elastic modulus parameters A, B.

The back analysis was employed to calculate these unknown parameters. The specific values of a "black box" strategy are as: the design variables are chosen as x_1, x_2, x_3, x_4, x_5, x_6, x_7, x_8, A, B, and the objective function $E_{r,\sigma}$ can be described as Equations (15) and (16).

$$E_{(r,\sigma)} = \min F_\sigma(X) = \min \sum_{i=1}^{n} (\sigma_i^c - \sigma_i^m)^2 \tag{15}$$

$$\boldsymbol{X}_\sigma = [x_1, x_2, x_3, x_4, x_5, x_6, x_7, x_8, A, B]^T \tag{16}$$

where the parameters satisfied the constraints: $x_i \geqslant 0$, $i=1\sim 8$; $A \geqslant 0$, and $B \geqslant 0$.

In practice, the design parameters are constrained in ranges, which can be given by Equation (17)

$$\begin{aligned} &[\underline{x_1},\ \underline{x_2},\ \underline{x_3},\ \underline{x_4},\ \underline{x_5},\ \underline{x_6},\ \underline{x_7},\ \underline{x_8},\ \underline{A},\ \underline{B}]^{\mathrm{T}} \leqslant \boldsymbol{X}_\sigma \\ &\leqslant [\overline{x_1},\ \overline{x_2},\ \overline{x_3},\ \overline{x_4},\ \overline{x_5},\ \overline{x_6},\ \overline{x_7},\ \overline{x_8},\ \overline{A},\ \overline{B}]^{\mathrm{T}} \end{aligned} \tag{17}$$

4 Reinforcement design method

4.1 Plane substructure theory

The reinforcement design method of massive RC can be divided into two parts. Firstly, 3D elastic finite element model was built to simulate the structure in order to determine the weak parts of structure. Secondly, 3D space problem was transformed into 2D plane problem through the "plane substructure theory". Finally, crack width and reinforcement stress can be obtained under different reinforcement design schemes.

It is feasible that the transformation 3D elastic finite element calculation results are employed as the load boundary condition of plane substructure nonlinearity. In addition, in the "plane substructure theory", the entire structure stress distribution can be obtained after meshing. Plane substructure is analysed as a part of the overall structure, which satisfies Equation (18).

$$\boldsymbol{K}_e \boldsymbol{\chi}_e = \boldsymbol{F}_{eV} \tag{18}$$

The plane subsection element satisfies Equations 19, 20 and 21.

$$\boldsymbol{K}_{ep} \boldsymbol{\chi}_{ep} = \boldsymbol{F}_{epv} \tag{19}$$

$$\boldsymbol{F}_e = \boldsymbol{F}_{eV} + \boldsymbol{F}_{eL} + \boldsymbol{F}_{eR} \tag{20}$$

$$\boldsymbol{F}_{epv} = [F_{ex,1} + F_{ex,5} \quad F_{ey,1} + F_{ey,5} \quad F_{ex,2} + F_{ex,6} \quad \cdots \quad F_{ex,4} + F_{ex,8} \quad F_{ey,4} + F_{ey,8}]^{\mathrm{T}} \tag{21}$$

"Plane substructure" is a unit thickness plane in the weak part of the structure. The selection of plane substructure had two principles. Firstly, plane substructure should contain the maximum stress area of 3D finite element calculation results. Secondly, plane substructure should include the main reinforcement. There are three steps to obtain the "plane substructure". Step 1: Through 3D finite element calculation and stresses, results in comparison, the weak parts of the structure can be selected. And unit thickness plane in the weak regions is taken as "plane substructure"; Step 2: Data were transferred from 3D FEM to 2D FEM, and then 2D FEM was calculated; Step 3: 2D plane substructure was analysed. And then cracking patterns and reinforcement stress distribution can be obtained. In short, three steps are shown in detail in Figure 7.

4.2 Reinforcement designs of plane substructure

The principle of reinforcement design is to decrease reinforcement on the condition of control crack width. Consequently, the objective function can be written as Equations (22) and (23).

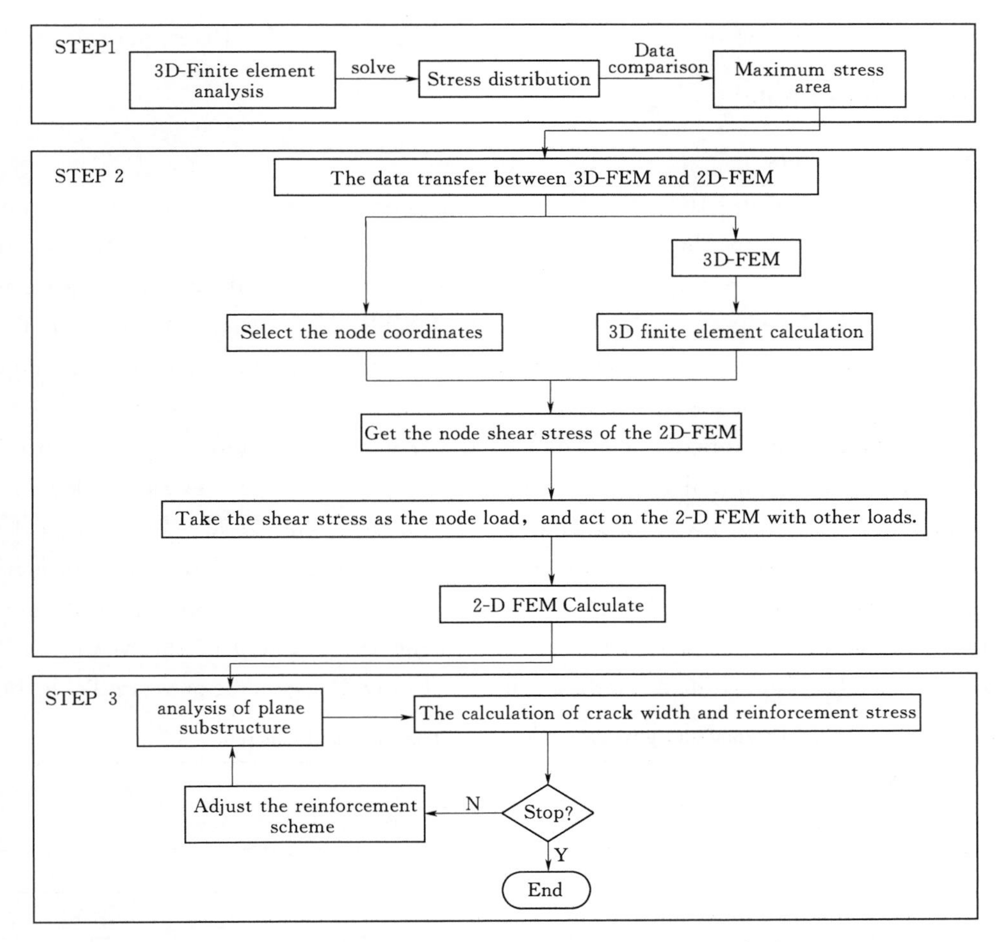

Figure 7 Flow chart of reinforcement design method

$$F(x)=\sum_{i=1}^{M} n_i \pi \left(\frac{x_{opt,\,i}}{2}\right)^2 l_i \tag{22}$$

$$x_{opt,\,i}=\frac{x_i s_i}{f_{y,\,i}} \tag{23}$$

where $x_{opt,i}$ is the ideal rebar diameter; n_i denotes the number of reinforcement bars layer; l_i is the length of rebar; M means the row number of rebar; x_i represents rebar diameter; $f_{y,i}$ denotes design value of rebar stress; and s_i is the stress values corresponding with x_i.

The integrated diagram of thermal stress analysis and reinforcement design can be introduced in Figure 2 "Part 1" is about temperature field analysis. Both of the measured temperature and calculated temperature are adopted in the GA, and then the important thermal parameters of site concrete can be obtained. After thermal field calculation of finite element model, all temperature variations were obtained. "Part 2" is the thermal stress analysis, which considers the variation of elastic modulus, concrete creep and tensile strength. "Part 3" is the reinforcement design method of massive RC structures.

5 Numerical example

5.1 Model parameters

This section illustrates the efficiency of the proposed method. A sluice pier was investigated as an example in the paper. Temperature field was analysed by the program FZFX3D. General preprocessing of the software is developed based on the finite element software ANSYS. Moreover, FZFX3D coded in FORTRAN 90 was used to calculate the temperature field and the stress field, which considered the heat generation and the cooling water pipe cooling process.

The thermal parameters are identified by the GA with the following characteristics: the initial value and the initial range of the (α, β, θ_0, a, b) are set as (0.086 m^2/d, 1450 $kJ/m^2d℃$, 27℃, 0.33, 0.92) and (0.07~0.15 m^2/d, 1000~2000 kJ/m^2d ℃, 25~50℃, 0.25~0.70, 0.5~1.8), respectively. The population size, mutation method and stopping criteria are designed as 20, Gaussian and $E_r \leqslant 50$, respectively. And the final results of the (α, β, θ_0, a, b) are computed using the GA tool of the MATLAB 7.0 as (0.1032 m^2/d, 1500 $kJ/m^2d℃$, 32℃, 0.65, 1) by 116 generations (in Table 1).

Table 1 Thermal and physical—mechanical parameters of concrete

Material property	Concrete	Rock
Water/cement ratio	0.5	—
Unit quantity of cement/(kg/m^3)	300	—
28-day tensile strength/MPa	1.96	—
28-day compressive elastic modulus/GPa	23.1	53
Density/(kg/m^3)	2400	2670
Specific heat/[J/(kg · ℃)]	950	760
Thermal conductivity/[kJ/(m · d · ℃)]	217.68	360
Thermal diffusivity/(m^2/d)	0.1032	—
Convection coefficient/[kJ/(m · d · ℃)]	1500	1500
Maximum adiabatic temperature rise/℃	32	—
Thermal parameter a	0.65	—
Thermal parameter b	1.00	—
Thermal expansion coefficient/(10^{-6}/℃)	5.5	—

The parameters of creep and elastic modulus are identified by the GA with the following characteristics: all of the initial value of (x_1, x_2, x_3, x_4, x_5, x_6, x_7, x_8, A, B) are zero and the initial range of the ten parameters are selected as (0~10, 0~60, 0~10, 0~10, 0~10, 0~60, 0~10, 0~10, 0~1, 0~1), respectively; The population size, mutation method and stopping criteria are designed as 50, Gaussian and $E_{r,\sigma} \leqslant 2$, respectively; and the final results of the (x_1, x_2, x_3, x_4, x_5, x_6, x_7, x_8, A, B) are computed as Table 2.

Table 2 Parameters calculation results

A	B	x_1	x_2	x_3	x_4	x_5	x_6	x_7	x_8
0.06	0.466	0.4224	40.8017	0.2506	0.0486	0.1490	39.0334	0.3359	0.9996

5.2 Model details and boundary conditions

The geometry size and finite element model of sluice pier are shown in Figure 8 (a) and (b), respectively. In the structure, the points DT01 and DT02 are selected in the back analysis. Meanwhile, the points 01, 02 and 03 are adopted in the temperature and thermal stress analysis. The finite element model is divided into space hexahedral element. Different colour denotes the different kind of concrete. Moreover, the FEM is used to simulate the process of concrete layered casting. Each layer thickness is 0.75 metre along the longitudinal direction, and total 60924 elements and 69372 nodes were divided in the model. The concrete and reinforcement can be modelled by Solid 65 and Link 8, respectively. Besides, in this model, adiabatic boundary condition and fully constrained mechanical boundary are adopted in the surrounding rock.

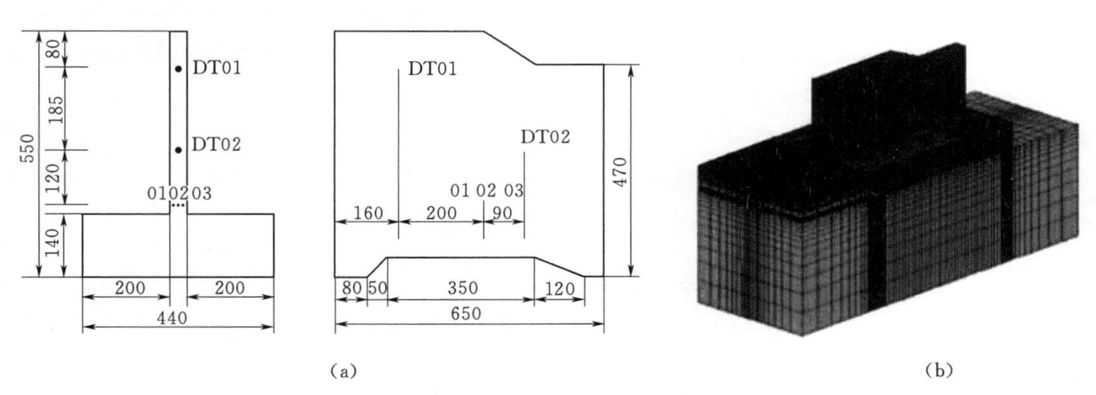

Figure 8 The geometry size and finite element model of sluice pier (cm)

In the temperature field analysis, the third-type boundary condition is adopted and concrete is adiabatic and fully restraint around the surrounding rock. To verify the accuracy of proposed method, comparisons between calculation results and experimental results are performed, and excellent agreements with measured results are obtained for the example structure (shown in Figure 9). The proposed model can be used to estimate the generation of the cracking and crack size in massive RC structure.

In the example, concrete nearby the bedrock was chosen as the research object, in which original reinforcement scheme is 5Φ36 (means five Φ36 diameter reinforcing steel per metre). The maximum principal stress value is between −1.59 and 5.76 MPa.

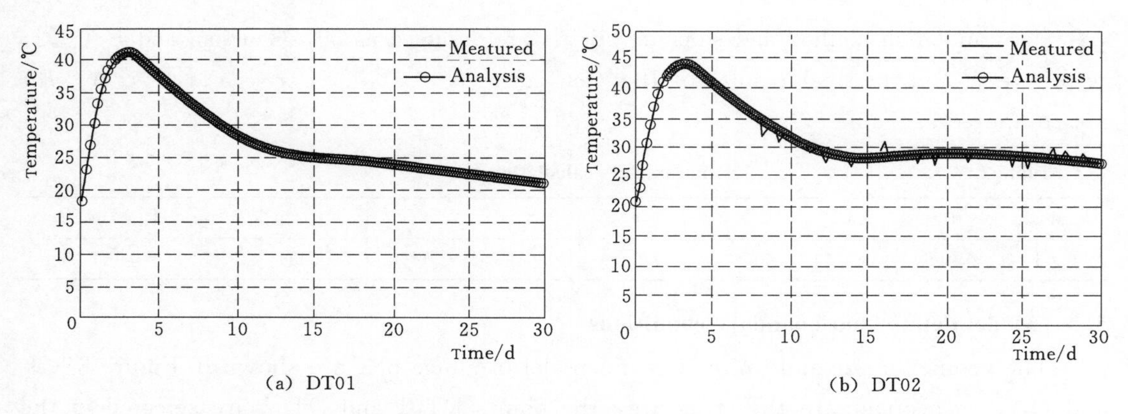

Figure 9　Comparison of the temperature history between measurements and numerical simulations (a) DT01 and (b) DT02

Moreover, the temperature histories of points 01, 02 and 03 are shown in Figure 10. After temperature rise and drop, the concrete temperature changes with the air temperature. The maximum temperatures of surface point (01) and internal point (03) are 32.53 and 45.09℃, respectively. Meanwhile, they reached their maximum temperatures in 2.5 and 4.0 days, respectively. The maximum temperature of concrete can reach 45.09℃ due to the high cement content. Besides, the sluice pier structure is thin, thus the time of the highest temperature is also relatively early. The thermal stress histories of point 01, 02 and 03 are shown in Figure 11. In the early time, concrete was in the expansion state and produced about 0.4～0.8 MPa compressive stress. The surface point 01 began to produce tensile stress at the age of 6.74 day. After that, the tensile stress increased with temperature reduction. The maximum tension stress was 3.59 MPa when the temperature dropped to the lowest value.

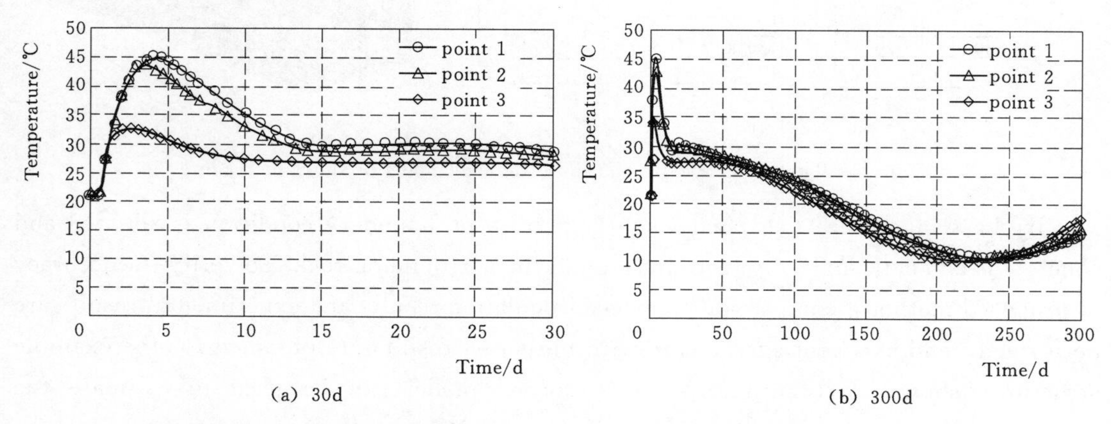

Figure 10　Temperature history curves of typical points (a) 30d and (b) 300d

The whole calculation was divided into 17 load steps. In step 5, the maximum tensile stress exceeds the tensile strength of concrete and then crack appears. Crack width increased with the in-

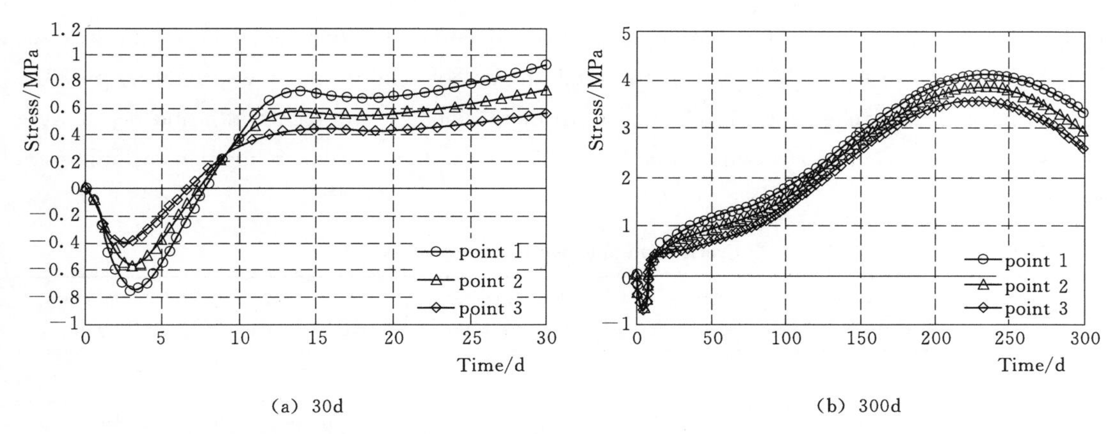

Figure 11 Thermal stress history curves of typical points (a) 30d and (b) 300d

crease in stress, and crack width had a sudden increase value. Meanwhile, reinforcement stresses had a sudden increase when cracks appeared. The variation curves of crack width and reinforcement stress were shown in Figure 12. Finally, the calculation value of the maximum crack width can be achieved as 0.22 mm. Meanwhile, the corresponding maximum reinforcement stress value is 83.17 MPa. Both of the crack width and reinforcement stress conform to the design requirements.

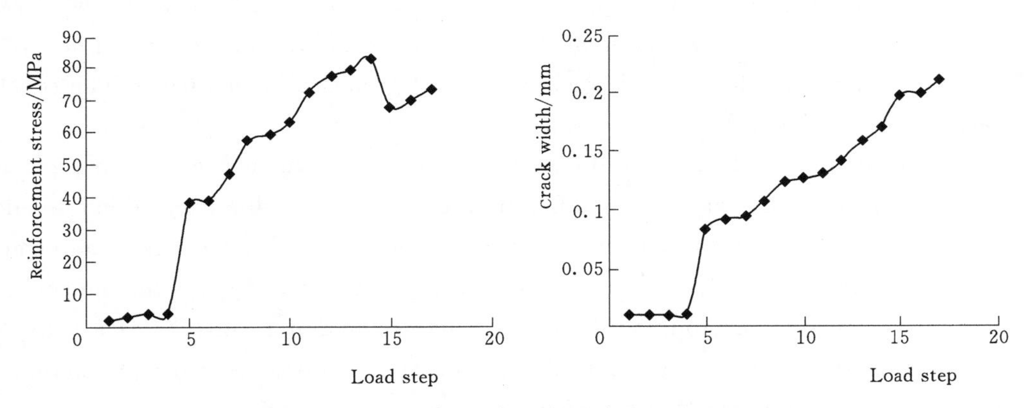

Figure 12 Crack width and reinforcement stress

However, in the structure, all the reinforcement stress values are very small except the stress in the cracking area. Most of the reinforcement did not have enough effect. Consequently, four reinforcement design schemes were carried out to improve the effect of reinforcement, and the calculation results were shown in Table 3.

5.3 Reinforcement optimisation

The cracking patterns and stress distribution with different reinforcement schemes were shown in Table 3. Considering the decrease in the reinforcement, and meanwhile satisfied the objective function Equations 17 and 18, the optimisation scheme of reinforcement configuration should choose Scheme 3 (3 Φ 36). But the maximum crack width of Scheme 3 is slightly bigger than limiting value in GB 50496—2009. Consequently, the Scheme 5 (4 Φ 32) was selected as the best in the end, in which the total amount of reinforcement was reduced by 38% comparing with the Scheme 1. Meanwhile, both of the increase in crack width and depth were very small. Reinforcement stress increased by 31.55%, in other words, reinforcement utilisation rate was enhanced.

Table 3 Crack form and reinforcement stress

Number	Reinforcement schemes	Area of rebar/mm^2	Reinforcement stress/MPa	Maximum crack depth/m	Maximum crack width/mm
1	5 Φ 36	5086	83.26	0.77	0.211
2	5 Φ 36	4069	98.71	0.78	0.226
3	3 Φ 36	3052	110.32	0.9	0.252
4	5 Φ 32	4019	95.13	0.76	0.237
5	4 Φ 32	3215	109.53	0.9	0.242

6 Conclusions

The thermal and mechanical properties of early age massive RC structure were analysed. Based on the accurate prediction of the temperature and thermal stress, a new reinforcement design method for control crack width was proposed in this paper. The conclusions are summarised as follows.

A numerical method to predict the temperature and thermal stress of massive RC structure was introduced, which is modified by the GA in the preliminary period. In addition, numerical simulation of temperature and thermal stress showed good agreement with the measured results. Moreover, the plane substructure theory was implemented to achieve the transformation from 3D finite element calculation results (FECR) to 2D-FECR based on the node equivalent load. Finally, the reinforcement design method is achieved comparing crack width and reinforcement gross. Numerical simulation shows that the amount of reinforcement reduced by 38% and meanwhile the reinforcement stress increased by 31.55% (within the yield strength of steel) for some special cases.

7 Acknowledgement

The authors want to thank PhD Qiang Meng from Tsinghua University, who gives technical advice on genetic algorithm application.

8 Funding

This work was supported by China. Three Gorges Corporation [Grant Number TGC-2012746379]; Hekoucun reservoir concrete engineering projects [Grant Number HKCSK-

KY-01]; The authors wish to express their gratitude for the financial support that has made the study possible] .

References

[1] ACI 207. 1R-96. (1996). Mass concrete. Farmington Hills, MI: American Concrete Institute.

[2] ACI 209-78. (1978). Prediction of creep, shrinkage and temperature effects in concrete structures. Farmington Hills, MI: Second Draft, American Concrete Institute.

[3] ACI 318-11. (2011). Building code requirements for structural concrete and commentary. Farmington Hills, MI: American Concrete Institute.

[4] Amin, M. N., Kim, J. S., & Lee, Y. (2009). Simulation of the thermal stress in mass concrete using a thermal stress measuring device. Cement and Concrete Research, 39, 154-164.

[5] Barrett, P. K. (1992). Thermal structure analysis methods for RCC dams. Proceeding of Conference of roller compacted concrete Ⅲ, Santiago, California, USA, pp. 407-422.

[6] Bazant, Z. P. (1972). Prediction of concrete creep effects using age-adjusted effective modulus method. Journal of the American Concrete Institute, 69, 212-217.

[7] Bazant, Z. P., & Panula, L. (1982). New model for practical prediction of creep and shrinkage, Publication SP-76. Farmington Hills, MI: American Concrete Institute, p. 156.

[8] Bazant, Z. P., & Thonguthai, W. (1978). Pore pressure and drying of concrete at high temperature. Journal of the Engineering Mechanics Division, 5, 1059-1079.

[9] Bazant, Z. P., & Wu, S. T. (1974). Dirichlet series creep function for aging concrete. Journal of the Engineering Mechanics Division ASCE, 99, 575-597.

[10] Briffaut, M., Benboudjema, F., Torrenti, J. M., & Nahas, G. (2013). Creep consideration effect on meso-scale modeling of concrete hydration process and consequences on the mechanical behavior. Journal of Engineering Mechanics, 139, 1808-1817.

[11] CEB-FIP. (1978). CEB-FIP model code for concrete structures. Lausanne: Committee EuroInternational du Beton-Federation International de la Precontrainte.

[12] Chu, I., Lee, Y., & Amin, M. N. (2013). Application of a thermal stress device for the prediction of stresses due to hydration heat in mass concrete structure. Construction and Building Materials, 45, 192-198.

[13] Cusson, D., & Repette, W. L. (2000). Early-age cracking in reconstructed concrete bridge barrier walls. ACI Materials Journal, 4, 438-446.

[14] Fogel, D. B. (1994). An introduction to simulated evolutionary optimization. IEEE Transactions on Neural Networks, 5, 3-14.

[15] Gao, Y. (2009). Direct optimization of low-thrust many-revolution earth-orbit transfers. Chinese Journal of Aeronautics, 22, 426-433.

[16] Lee, Y., & Kim, J. K. (2009). Numerical analysis of the early age behavior of concrete structures with a hydration based micro plane model. Computers and Structures, 5, 1-8.

[17] Mantia, M. L., & Casalino, L. (2006). Indirect optimization of low-thrust capture trajectories. Journal of Guidance, Control, and Dynamics, 29, 1011-1014.

[18] Mengali, G., & Quarta, A. A. (2007). Trajectory design with hybrid low-thrust propulsion system. Journal of Guidance, Control, and Dynamics, 30, 419-426.

[19] Neville, A. M. (1997). Properties of concrete. New York, NY: Wiley.

[20] Sheibany, F., & Ghaemian, M. (2006). Effects of environmental action on thermal stress analysis of

Karaj concrete arch dam. Journal of Engineering Mechanics, 132, 532 - 544.

[21] Shi, N. N., Ouyang, J. S., Zhang, R. X., & Huang, D. H. (2014). Experimental study on early-age crack of mass concrete under the controlled temperature history. Advances in Materials Science and Engineering, 2014, 1 - 10. Article ID 671795.

[22] Srinivas, M., & Patnaik, L. M. (1994). Adaptive probabilities of crossover and mutation in genetic algorithms. IEEE Transactions on Systems, Man, and Cybernetics, 24, 656 - 667.

[23] Tian, G. L., & Wang, Y. (2012). Numerical simulation analysis on mass concrete thermal stress. Progress in Industrial and Civil Engineering, 204 - 208, 4396 - 4399.

[24] Tohru, K., & Sunao, N. (1996). Investigations on determining thermal stress in massive concrete structures. ACI, 93, 96 - 101.

[25] Whitley, D. A. (1994). Genetic algorithm tutorial. Statistics and Computing, 4, 66 - 85.

[26] Wilson, E. L. (1968). The determination of temperatures within mass concrete structures. Structures and Materials Research, Department of Civil Engineering, University of California, Berkeley, USA, SESM Report N, 17, 187 - 202.

[27] Zhu, B. F. (2003a). Thermal stressed and temperature control of mass concrete. Beijing: China electric power press.

[28] Zhu, B. F. (2003b). The equivalent heat conduction equation of pipe cooling in mass concrete considering infiuence of external temperature. Journal of Hydraulic Engineering, 3, 49 - 54.

[29] Zhu, B. F. (2009). On some problems in construction of concrete dams. Journal of Hydraulic Engineering, 40, 1 - 9.

河口村水库2号泄洪洞弧形工作闸门设计研究

周　伟　陈丽晔　王　春

（黄河勘测规划设计有限公司）

摘要：河口村水库2号泄洪洞弧形工作闸门孔口尺寸为7.5m×8.2m（宽×高），设计水头75.43m，为直支臂主纵梁结构，属于国内规模较大的深孔弧形闸门。在设计过程中对闸门进行了进一步的优化，采用了转铰式止水、主纵梁框架结构、门叶左右分节等设计方法，连接部位均采用高强螺栓连接形式，在结构计算时主要采用平面体系假定和允许应力法，对主纵梁框架结构进行了有限元分析计算，并对各处螺栓连接计算做简要的描述，确保闸门整体结构安全、合理、经济，为以后类似大孔口、高水头深孔弧形闸门设计积累了宝贵的经验。

关键词：河口村水库；泄洪洞；弧形工作闸门

1　工程概述

河口村水库位于黄河一级支流沁河最后一段峡谷出口处，下距五龙口水文站约9.0km，河口村水库建成后，与三门峡、小浪底、故县、陆浑等水库联合调度运用，将进一步完善黄河下游的防洪工程体系，减轻黄河下游洪水威胁，缓解黄河下游大堤的防洪压力，并为黄河干流调水调沙，充分利用沁河水资源，改善生态、提供电能创造了条件，同时保护南水北调中线穿沁工程的防洪安全。

水库工程规模为大（2）型，坝长465.0m，最大坝高156.5m，枢纽由混凝土面板堆石坝、1号泄洪洞、2号泄洪洞、溢洪道及引水发电系统等建筑物组成。

2号泄洪洞利用施工导流洞改建而成，设置1道事故检修门和1道工作门。泄洪洞出口底板高程均高于下游沁河水位，因此未设出口检修闸门。2号泄洪洞工作闸门孔口尺寸7.5m×8.2m（宽×高），底坎高程210.00m，设计水头75.43m，按泥沙淤至门顶设计；考虑到该工作闸门设计挡水及操作水头低于80.0m，且无局开运行要求，因此2号泄洪洞工作闸门按常规弧形闸门设计，弧面半径为15.0m，支铰高度为10.7m，采用单吊点摇摆式液压启闭机操作，启闭容量为5000kN/1000kN。

2　闸门止水研究

2号泄洪洞弧形工作闸门属于规模较大的深孔弧门，根据国内设计经验，当设计水头在60.00m以下时，采用常规的止水方式，但是当水头达到70.00m以上时，常规的止水方式将难以满足闸门密封要求。高水头深孔弧形闸门的选型难点主要集中在闸门止水方式上，可以说止水形式决定了闸门布置形式，按照目前已建成的工程实例来看，深孔弧形闸门止水大概有3种类型，即偏心铰压紧式止水、充压伸缩式止水、转铰式止水。

（1）偏心铰式弧形闸门采用突扩式门槽，闸门止水预埋在门槽内，闸门关闭时，利用偏心铰机构推动闸门向上游方向移动，使面板压紧止水，闸门开启时，利用偏心铰机构推动闸门向下游方向移动一段距离，使闸门面板与止水脱离，以减小启闭力，为防止闸门在启闭过程中产生射水，胸墙上方设置一道防射水转铰止水，在闸门启闭过程中防射水橡皮始终贴紧面板，以保证高压水流不会形成缝隙流。

（2）充压伸缩式弧形闸门同样采用突扩式门槽，止水亦布置在门槽内，工作过程是利用流体向橡皮止水空腔内充压、泄压，使止水自身产生伸缩，进而止水与闸门面板之间压紧或者脱离，同样，为了防止缝隙流射水，顶部增设一道转铰式止水。

上述两类止水均采用突扩式门槽，止水布置于门槽周边，均能适应百米以上水头，优点是止水效果可靠，通过人为作用控制顶止水与闸门面板的接触，减小止水摩阻力，延长了止水使用寿命，目前在国内已经积累了不少的科研成果和经验。但是此类止水也存在着造价高、操作复杂、检修困难的缺点，同时突扩式门槽侧墙的水舌冲击区流态复杂，存在不稳定的压力分布区。

（3）转铰式止水是在闸门胸墙埋件上设置可以适应闸门径向变位的转动顶止水，闸门上布置一套常规止水，转铰式止水可以起到闸门启闭过程中防射水作用，该结构具有结构简单、操作方便的特点，多用于中高水头，而80.0m以上高水头闸门也不乏应用实例，如乌江渡放空洞闸门，三峡深孔、底孔闸门等。

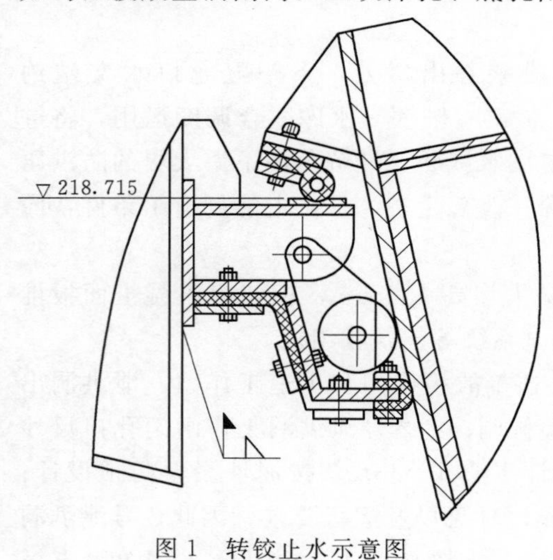

图1　转铰止水示意图

河口村水库2号洞工作闸门孔口尺寸水头均比三峡深孔弧门［孔口尺寸7.0m×9.0m（宽×高），操作水头85.0m］略小，而且三峡深孔弧门通过几年的工程实践检验，止水效果良好，综合上述各因素，最终确定河口村2号洞工作门止水形式为转铰式止水，见图1。顶止水采用P形橡皮，压缩4mm，防射水橡皮为U形橡皮，侧止水采用方头P形橡皮，压缩3mm，底止水为条形橡皮，压缩5mm，上述止水均为橡塑复合水封。考虑到弧门安装过程难免产生的误差，故防射水橡皮装配件同胸墙之间采用工地焊接，即待橡皮调整完毕后再同胸墙焊接件之间施焊，保证了止水橡皮的安装精度。

3　闸门结构布置

河口村水库2号泄洪洞工作闸门孔口尺寸7.5m×8.2m（宽×高），底坎高程210.00m，设计水头75.43m，闸门结构形式为直支臂主纵梁结构，闸门由门叶、支臂、支铰、止水、侧轮等部件组成。门叶和门叶之间、支臂和门叶之间、支臂和支铰之间、支铰和支承钢梁之间均采用高强度螺栓连接。

2号洞工作闸门为窄高形深孔弧形闸门，采用主纵梁同层布置形式，面板直接支承在垂直次梁和主纵梁上，而垂直次梁与主纵梁之间存在高差，采用多根主横梁支承垂直次梁，主横梁与主纵梁等高连接，两端和主纵梁腹板焊接。门叶材质选用Q345B，弧门面板半径为15.0m，面板厚度28mm；主纵梁为箱形结构，梁高为2100mm，腹板厚度28mm，两道主纵梁中心距离4500mm，单个主纵梁腹板中心距1200mm；主纵梁之间布置5道垂直次梁，主纵梁外侧各布置1道垂直次梁，垂直次梁为工字结构，上翼缘于面板连接，梁高672mm，腹板厚度20mm；主横梁共设5道，从上到下依次是：顶梁、上横梁、中横梁、下横梁和底梁，其中上、中、下3道横梁为箱形结构，梁高为1400mm，腹板厚度28mm，顶梁、底梁为单腹板梁，横梁两端与主纵梁内侧腹板等强焊接。考虑到运输单元限制，将门叶分为左右两扇，连接处在每扇门上各设置一道通长连接腹板，现场安装时通过高强度螺栓和铰制孔螺栓将左右腹板连接起来，左右面板对接处开坡口，门叶安装完毕采用水密焊以防漏水，并要求焊后磨平。闸门结构见图2。

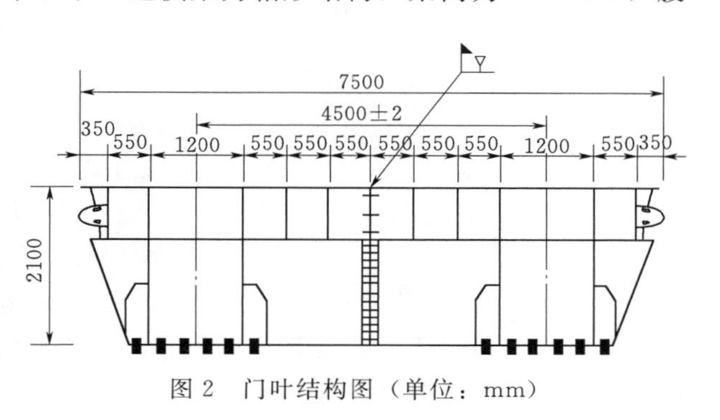

图2 门叶结构图（单位：mm）

弧门支臂采用直支臂结构，支臂断面为箱形结构，梁高1200mm，翼缘、腹板厚度均为36mm，支臂分叉角24°。考虑运输单元限制，将支臂在上裤衩处分段，在工地采用高强螺栓连接。上下支臂间、左右两支臂之间均用工字形支撑杆连接，支撑杆与支臂等高，支撑杆之间采用交叉斜撑连接，斜撑为槽钢背对背连接结构，最终支撑杆和斜撑共同组成了支臂连接系，为保证安装方便，上述连接系同支臂之间均采用工地焊接。为了便于检修，支臂上方布置两排栏杆，保证行人从支铰可以安全到达门叶附近。

闸门门叶及支臂结构主要受力构件均为厚板焊接而成，焊接量多，焊接应力较大，为消除焊接残余应力、减小焊接变形，闸门门叶及支臂按制造单元进行焊后整体热处理。

支铰采用圆柱铰形式，为防止水流冲击支铰，支铰高度取1.44倍的孔口高度。该闸门支铰承受荷载很大，单铰荷载达36288kN，设计过程中对铰座、铰链形式进行了优化，最终选用ZG310-570材质；铰轴为空心结构，材质选用34CrNi3Mo；轴承选用进口关节轴承，型号为Deva. gli® dedg03.12，轴承加装了密封装置，该轴承具有承载能力高、摩阻力小、工作寿命长、可自动调芯的特点，能够减少支铰在安装过程中产生的误差。为保证支铰安装精度，在支铰后设置了支铰钢梁，支铰钢梁埋设于二期混凝土中，支铰通过螺栓与之相连，其上设有剪力块。

4 结构计算

该闸门结构计算主要基于平面体系假定和容许应力方法进行结构计算，对面板、垂直次梁、主横梁、主纵梁与支臂组成的框架结构和支铰、吊耳等零部件均进行了强度、刚度、稳定验算。由于该闸门属于大孔口、高水头弧形闸门，荷载动力系数按1.2考虑，同时材料容许应力考虑 0.9 的调整系数。

荷载传递顺序按照水压→面板→垂直次梁→主横梁→主纵梁→支臂→支铰顺序，其中主纵梁也同时直接承受面板传递过来的受压范围内的水压荷载。面板按四边固定的弹性薄板承受均布荷载计算厚度，考虑 2mm 的锈蚀余量取整后，厚度确定为 28mm，同时对面板进行折算应力验算。计算垂直次梁时按照支撑在主横梁上的 4 跨连续梁进行超静定计算，由于垂直次梁上翼缘直接和面板焊接，整体稳定不再验算。主横梁按照支撑在左右主纵梁上的简支梁模式计算，承受来自于各垂直次梁传递来的集中荷载。主纵梁和上下支臂组成了框架结构，承受的荷载由两部分组成，一部分是主纵梁本身与面板连接处传递来的水压力，另一部分是各横梁和转铰止水传来的集中力。主框架结构复杂，采取有限元方法计算，弯矩计算结果见图 3，最大弯矩值出现在下支臂与主纵梁连接处。

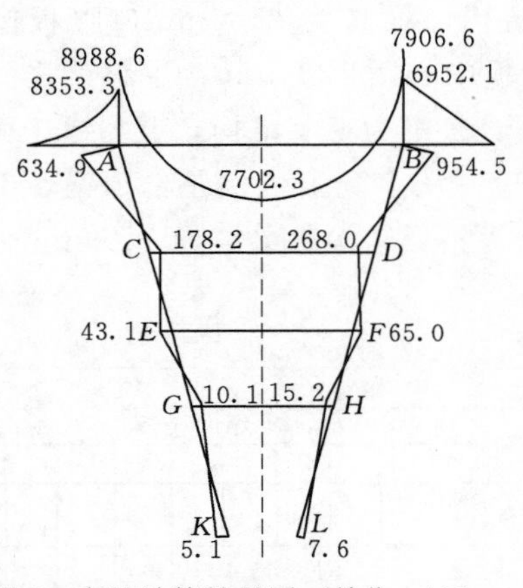

图 3　弯矩计算结果图（单位：kN·m）

闸门支臂和门叶主纵梁下翼缘采用 8.8 级 M48 高强度螺栓连接，在连接板上下边缘设置抗剪板，抗剪板同主纵梁下翼缘采用工地焊接，螺栓沿连接板周边对称布置，共 24 根螺栓。同样，支臂同铰链、支臂分段处也采用 8.8 级 M48 高强度螺栓连接，其中，支臂分段处按照等强设计方法计算。铰座和支铰钢梁之间采用 12 根 M64 螺栓上下对称连接，水压荷载最终通过支铰钢梁传递给水工塔架，计算螺栓时，弯矩产生的拉力由螺栓承受，剪力由设于支铰钢梁上的抗剪块承受，弯矩由两部分叠加而成，一部分是垂直支铰钢梁面的正向压力作用在支铰轴承上产生的摩阻力；另一部分是平行于支铰钢梁表面的切向荷载产生的弯矩。

5　结论

河口村水库 2 号泄洪洞弧形工作闸门属于规模较大的深孔弧形闸门，在设计过程中充分借鉴了国内其他大中型深孔弧门的成功设计经验，对止水形式、门叶结构、支臂、支铰进行了优化分析，并充分考虑安装要求，采用了转铰式止水、主纵梁框架结构、门叶左右分节等设计方法，连接部位均采用高强螺栓连接，确保闸门整体结构安全、合理，为以后高水头、大孔口深孔弧形闸门设计积累了宝贵的经验。

参考文献

[1]　陈丽晔，等. 小浪底工程一号明流洞弧形闸门设计[J]. 红水河，2003，22（3）：46-48.

[2]　中华人民共和国. 水利水电工程钢闸门设计规范：SL 74—1995[S]. 北京：中国水利水电出版社，1995.

河口村水库偏心铰弧门设计与研究

陈丽晔　姚宏超　杨丽娟

（黄河勘测规划设计有限公司）

摘要： 结合河口村水库1号泄洪洞偏心铰弧门的特点和运行要求，以及深孔弧门在以往工程中易出现的问题，重点介绍闸室段流道突跌突扩形式、水流掺气、闸室布置、偏心铰弧门主要参数选取、主辅止水新型形式、支铰结构与偏心轴位置关系确定、门叶结构特点以及首次提出双孔偏心铰弧门的同步控制措施等。偏心铰弧门利用偏心原理，借助辅机推动拐臂，带动偏心轴旋转，使弧门产生径向移动，前进压紧主止水，后退脱离主止水，由主机操作弧门启闭。

关键词： 1号泄洪洞；偏心铰弧门；偏心轴；止水；河口村水库

1　工程概况

河口村水库位于黄河一级支流沁河最后一段峡谷出口处以上约9.0km，属河南省济源市克井乡，是控制沁河洪水、径流的关键工程，也是黄河下游防洪工程体系的重要组成部分。工程以防洪、供水为主，兼顾灌溉、发电、改善生态，并进一步完善黄河下游调水调沙运行条件。

1号泄洪洞偏心铰弧门是河口村水库唯一可以任何水位下、任意开度下具备局部开启控泄排沙的金属结构关键设备，堪称河口村水库的水龙头。1号泄洪洞承压水头9043m，孔口尺寸4.0m×7.2m（宽×高），要求经常局部开启控泄，因此选用偏心铰弧形闸门形式。偏心铰弧门是水工金属行业中闸门形式最复杂、技术难度最大的一种门型，目前国内水利水电工程应用较少，笔者结合河口村水库的特点，主要介绍偏心铰弧门设计的要点。

2　闸门布置

偏心铰弧门与普通潜孔弧门的主要区别之一是闸室段需要设置突跌和突扩，而底坎及突扩的尺寸直接影响闸室流态。河口村水库1号泄洪洞偏心铰弧形闸门闸室段突跌及突扩的尺寸借鉴小浪底水利枢纽排沙洞、孔板洞偏心铰弧门闸室布置的成功经验，闸室上游顶部采用1∶4的压坡，门槽侧向突扩0.5m，底坎由坎顶至坎底突跌1.3m，下游底坎采用1∶10的斜坡，侧墙设置导流挡水板。

模型试验表明闸室出口最大流速为34.9m/s[2]，为保证闸室的平整和防止高速水流的破坏，在闸室工作段设置了钢衬，钢衬面板厚度为25mm，后面通过工字钢和钢筋与一期混凝土的钢筋网焊接在一起。

国内外普遍认为，闸门通气充分是保证闸门安全运行，改善水流流态，防止空蚀、振动的重要措施之一。某工程进行动水试验时，中闸室液压启闭机机架周边未封闭，大量气流从启闭机室进入，导致启闭机房的门窗、玻璃、卷帘门及吊物口钢盖板均被吸落。河口村水库吸取了以往工程的经验，并根据水工模型试验研究成果，加大了通气孔面积。由于河口村水库1号泄洪洞长达600.0m，出口补气受限，因此在闸室两侧设有两个通风井，利用闸室门槽的两侧突扩和底坎突跌对侧向水舌和底空腔掺气，另外流道中间闸门支铰上方设有通气孔，用于闸室充分补气。

部分已建工程通气孔面积见表1。

表1　部分已建工程通气孔面积表

工程名称	孔口（宽×高）/(m×m)	水头/mm	通气孔尺寸（宽×高）/(m×m)
宝珠寺底孔	4.0×8.0	80.00	2×1.00
江底孔	4.0×7.5	120.00	2×1.00
底排沙洞	4.4×4.5	122.05	2×2.99
河口村1号泄洪洞	4.0×7.2	90.43	2×2.49

闸室分上、中、下3层。上层布置一套液压泵站、电气及其附属设备，中层分别布置两套主、辅液压启闭机，下层由中墩分为2孔，布置2套偏心铰弧门。为便于闸室设备检修维护，在泵室顶部布置1台桥机。

216.00m高程的启闭机平台上游侧设置了楼梯，作为施工期及运行期的检修通道，启闭机平台的爬梯分别可以到达胸墙检修孔及闸门支铰（臂），当闸门需要维护或更换侧止水时，可在胸墙平台检修孔内完成。

3　偏心铰弧门设计

3.1　偏心参数选取

偏心参数是偏心铰弧门设计的重要参数，主要包括偏心半径、偏转角度和偏心位置。信心参数的选取主要是在保证弧门所需径向偏移量的前提下，减小副机的容量和行程，并使弧面脱开主止水的间隙尽量均匀。弧门径向偏移量由主止水的最大压缩量和弧面与主止水脱开后的间隙组成。主止水的最大压缩量由水压力、温差引起的结构压缩变形量和制造安装误差决定，经综合考虑主止水的最大压缩量取25mm，弧面与主止水的间隙在考虑避免闸门振动和气蚀及已建工程经验后取为25mm，则径向位移量为50mm。

在弧门径向位移量一定的条件下，偏心半径的大小直接影响副机的启闭容量，启闭容量随偏心半径的增大而成线性上升；偏转角度直接影响副机的行程和闸门前移过程中主止水压缩量的均匀程度，偏转角度大则副机的行程大、主止水的压缩量不均匀。经综合比较，最后确定偏心半径为50mm，偏转角度取60°。偏心位置取最大位移方向与总水压力作用线的方向一致。

3.2　主止水及辅助止水

偏心铰弧门的主止水一般采用山型橡皮，布置在封闭的框型门槽埋件上，主止水材质选用压紧力小，耐切磋的 LD－9 橡皮，主止水座的材质为 ZG270－500，河口村水库 1 号泄洪洞偏心铰弧门孔口高度为 7.2m，两侧止水座径向长度为 8.16m 需要一次铸造加工成型，尤其是胸墙、底坎与两侧止水座的连接部位，需要严格按照径向加工，保证其平顺过度，否则会形成 14mm 的台阶，影响止水压缩量达不到止水效果。

辅助止水由门楣转铰止水和两侧预压止水组成。门楣转铰止水一般靠库水压力及弹簧板的作用转动止水元件，使之与面板压紧，但闸门经多次运行后，弹簧钢板容易出现断裂，因此本次设计采用专利产品“偏心铰弧形闸门转铰顶部止水装置”[3]，即依靠弹簧代替弹簧钢板的作用。为防止转铰处的水压力作用在止水上，使止水压缩变形变大，转铰处常常设有支承轮，但由于偏心铰弧门要满足压紧和后退状态过程中的挡水，转动角度较大，使止水元件与支承轮的转动力臂不同，两者不可能在转动过程中同时与弧门面板紧贴，因此要求止水元件具备止水及支承双重功能。改性聚乙烯材料承载力大，摩擦系数小，又具有一定的弹性，因此选用改性聚乙烯作为止水元件。为保证闸门任意开度运行时能防止两侧狭缝射流，偏心铰弧门的两侧采用预压式辅助止水，止水形式为方头 P 形，预压缩量为 3mm。

3.3 支铰设计

偏心铰弧门是利用偏心轴的偏心原理，通过副机推动拐臂，带动偏心轴旋转，使弧门产生径向移动，因此不只在铰链与铰轴之间需要设置轴承，在固定铰与铰轴之间亦需要设置轴承，轴承须具有重载荷、低磨阻及体型小的特点。由于闸门使用频率低，轴承转速亦低，因此按静载负荷选择轴承，为减小启闭主机及副机的启闭容量及支铰的布置要求，轴承均选进口 SKF 双列调心滚子轴承。

偏心轴端部与联轴器通过花键轴连接成一体，偏心轴除承担水压力外，还承担拐臂传递的巨大扭矩，为此要求偏心轴材料具有优良的机械性能，该部件材料选为 34CrNi3Mo。

偏心铰弧门设计、制造、安装的关键是 O、G、K3 点的位置关系，铰座及埋件的铰心为 O，铰链及门体的铰心为 G，且闸门密封状态下偏心轴大轴的最大偏心位置与铰座中心线的位置关系为 120°，与拐臂中线的位置关系为 119°4′。

3.4 门体结构设计

门叶结构包括门叶和支臂两部分，材料均为 Q345B。弧门的弧面半径为 12.0m。由于弧门面板与主止水间存在切磋力，影响止水的使用寿命，因此面板迎水面要求精加工，弧面半径公差控制为±1mm。门叶结构按主纵梁布置并进行内力分析。门叶结构设计除要满足强度、刚度及稳定的要求外，还要满足制造、运输及维护等方面的要求，强度和刚度在进行静力分析的基础上，根据以往工程经验，在主要结构设计中适当考虑动力影响。

为满足运输单元的要求，门叶部分分为左右两部分，中间用高强螺栓连接、铰制孔螺栓定位。结构焊后要求进行消应力热处理。支臂的分节以上下支对称分开，中间用高强螺栓连接。

4 启闭机

4.1 启闭机参数选取

主机采用摇摆式液压启闭机，容量考虑了闸门后退挡水压力、转铰止水压力、辅助止水摩阻力及闸门自重等因素，最后选定主机容量为3500kN/1000kN，行程9.0m。

辅机采用垂直固定式液压启闭机，辅机容量考虑了关门封孔水压力引起的支铰摩阻力、侧止水摩阻力及主止水切磋力等因素的影响，后撤位置考虑了后撤挡水压力引起的支铰摩阻力、侧止水摩阻力及转铰止水的影响。辅机的位置及容量与拐臂的长度有关，而拐臂的长短直接影响辅机的容量，经综合考虑，拐臂的长度取2.0m，辅机容量为3000kN/1000kN，行程为2.5m。

4.2 同步控制措施

1号泄洪洞流量较大，出于金属结构制造、安装、运输、操作和运行等方面的考虑，进口段一分为二，在工作闸室之后又汇成一条洞，为了防止单侧孔出流流态紊乱，要求双孔同步运行，即双孔工作闸门同时启闭，同步偏差小于100mm。

为满足两扇闸门同步控制要求，液压启闭机的液压系统自动纠偏，共用一套液压泵站。即两扇闸门的液压启闭机采用一套液压系统控制，主、副油缸通过液压系统自动纠偏，当两扇闸门的同步偏差超过30mm时开始纠偏，同步差超过100mm时报警、停机。在液压系统中采用气囊式蓄能器进行补泄保压、锁定闸门，满足闸门全开、局部开启的需要。

5 结论

河口村水库1号泄洪洞偏心铰弧门规模大，控制精度高，在设计过程中借鉴了小浪底工程的成功经验；同时针对河口村水库的特点，提出了新型的门楣转铰止水形式，给出偏心铰弧门支铰中枢的位置关系，创新了双孔偏心铰弧门同步控制措施，解决1号泄洪洞水流对冲消能的问题。

参考文献

[1] 林秀山，王庆明. 机电与金属结构设计[M]. 郑州：黄河水利出版社，2005.
[2] 武彩萍，吴国英，朱超. 河口村水库泄洪洞水工模型试验报告[R]. 郑州：黄河水利科学研究院，2012.
[3] 唐洪海，丁正中. 一种偏心铰弧形闸门转铰顶部止水装置：中国，200920276573[P]. 2009-11-27.

固定卷扬启闭机设计方案研究

杨　立[1]　毛明令[1]　李　鹏[2]

（1. 黄河勘测规划设计有限公司；2. 河南省水利水电工程建设质量监测监督站）

摘要： 河南河口村水库是一座灌溉、供水、发电综合利用的水利枢纽，枢纽装设有多种形式的卷扬式启闭机，2台×2500kN固定卷扬启闭机是其中比较有代表性的高扬程、大容量、双吊点闸门启闭设备。从启闭机的设计思路入手，详细论述了方案优选的全过程，以及在启闭机设计中所采用的电机背置式起升机构、钢丝绳多层缠绕、全封闭传动等关键技术及设计特点。

关键词： 固定卷扬启闭机；电机背置式起升机构；多层缠绕；闭式齿轮传动

1　概述

河南河口村水库坝址位于黄河一级支流峡谷段出口五龙口以上9.0km的济源市境内，是一座以防洪为主，结合灌溉、供水、发电、改善河道基流等综合利用的大（2）型水利枢纽。主要建筑物包括混凝土面板堆石坝、泄洪洞、溢洪道及引水发电洞等。其中泄洪洞有2条，分别为1号泄洪洞和2号泄洪洞。2台×2500kN固定卷扬启闭机装设在2号泄洪洞291.00m高程的机房内，用于启闭2号泄洪洞事故检修闸门，闸门运行条件为动闭静启。

2　启闭机的主要技术参数及主要技术条件

根据河口村水库启闭设备采购技术文件，启闭机的主要技术参数和主要技术条件如下：启闭机为双吊点启闭机，吊点距为4.8m，启闭容量为2台×2500kN，启闭扬程为68.0m。启闭机采用两吊点独立驱动的布置方式，两吊点的电机通过刚性中间轴连接，确保双吊点同步运行。起升机构采用全封闭齿轮传动，传动链末端不使用开式齿轮，也不使用将多台减速器串联布置方式。

3　启闭机方案的选择比较

通过上述技术参数和技术条件得知，河口村水库2台×2500kN固定卷扬机无疑属于大容量、高扬程、双吊点启闭机。大容量、高扬程启闭机的设计方案直接关系到整机的性能、布置条件和技术经济指标。

目前，国内大容量起重机起升机构布置方式有多种，但综合起来可分为两大类，即单卷筒方案和多卷筒方案。一般起重量不大于3000kN时，常采用单卷筒方案；大于

3000kN 时，多采用双卷筒或四卷筒方案，以减小卷筒的尺寸和重量。河口村水库工程的2台×2500kN启闭机单吊点最大起重量小于3000kN，故单个吊点起升机构采用单卷筒布置方案。

单卷筒起升机构的布置方案也有多种，目前常见的、应用最广泛的是卷筒端带有一级开式齿轮的开式传动，称为方案一，见图1。其主要优点是减速机的尺寸小，结构紧凑，选用标准减速机即可满足传动要求，视觉效果美观，便于布置机架梁系，四角受力相对均衡，是一种经济、实用的布置方案，一般用在低速、重载和使用不频繁的机构中。缺点是开式齿轮工作条件较差，齿轮润滑条件不好，易磨损，维护工作量较大，环境易受污染。此方案因带有开式齿轮，并不满足河口村水库工程的卷扬启闭机必须采用闭式齿轮传动的要求。

方案二是将上述方案一中的开式齿轮与减速机合二为一，组成一台大型减速机，卷筒直接支承在减速机的低速轴上的闭式传动方案，见图2。该方案克服了方案一存在的缺点，但减速机的中心距明显加大（有时几乎加大1倍），除一些中、小型门机可选到标准减速机外，通常会大到无成品可选，必须进行开发和研制，给设计、制造和安装增加一定困难，检修起来也不甚方便，造价十分昂贵。

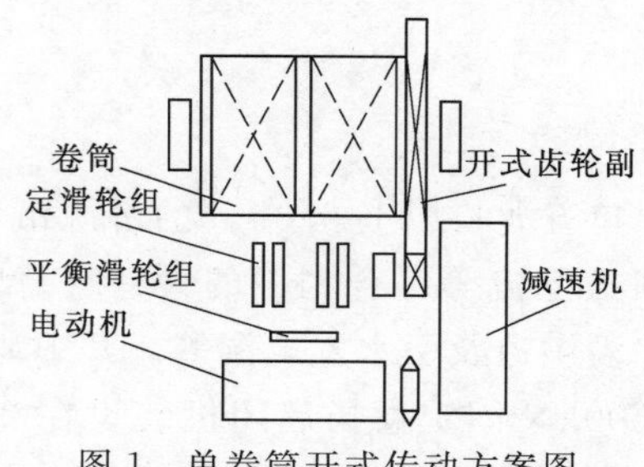

图1 单卷筒开式传动方案图

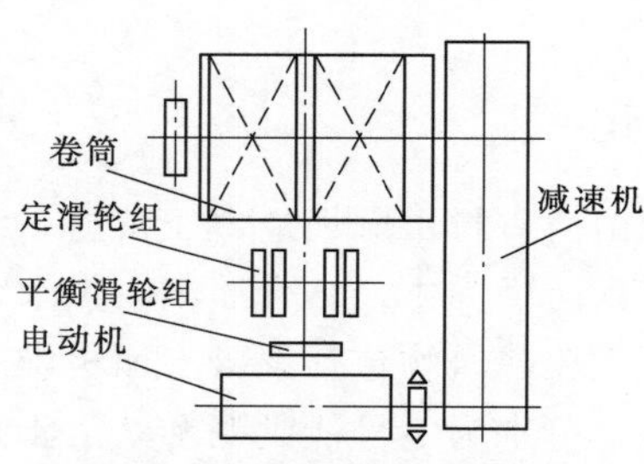

图2 单卷筒闭式传动方案图

上述方案各有长短，虽都可行，但都存在这样那样的不足，不能令人满意。为了能找到更为理想的方案，技术人员又对上述方案进行了仔细研究，通过改变传统的设计思路，最终得到了一种新方案，即电机背置的闭式传动方案三，见图3。

该方案的突出特点是电动机被置于卷筒的背侧，故称其为电机背置的闭式传动。传统布置方案中，电动机通常布置在卷筒的前侧（卷筒出绳一侧），即电动机和滑轮组都在卷筒的同一侧。而在电机背置的闭式传动方案中，电动机和定滑轮组相对于卷筒基本对称。此方案克服了上述两种方案存在的各种不足，既能选到标准减速机，又便于安装机械同步轴；既可单吊点使用，又可组合为双吊点起升机构。且吊点距可以做得很小，同时，结构布置也比较紧凑，下部的梁系布置较方便，平面视觉效果也较好。故河口村水库工程所有的卷扬启闭机均采用了电机背置的闭式传动，与河口村水库启闭设备采购技术文件相符。

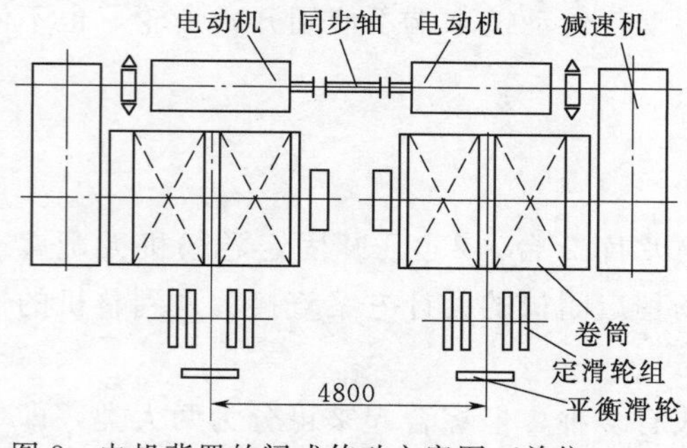

图3 电机背置的闭式传动方案图（单位：mm）

电机背置的闭式传动方案突出优点是大幅度减小了减速机的尺寸。以 2 台×2500kN 卷扬启闭机为例，按照电机背置的闭式传动布置方案，2 台×2500kN 起升机构减速机的总中心距长度只需 1700mm。如按照方案二，在主要参数基本相同的情况下，起升机构减速机的总中心距最小需要 3300mm。两者相比可以看出，采用电机背置式起升机构时，减速机的总中心距减小幅度达到了 50%左右，其结果相当可观。

目前，国内浙江东力公司生产的系列硬齿面减速机的最大中心距为 1785mm，最大输出扭矩 872000N·m。可满足电机背置式起升机构对减速机的选择需求。

与采用单台超大型减速机的起升机构相比，方案三的减速机投资可节约 50%左右。河口村水库工程固定卷扬机选用浙江东力公司生产的 DLH4SH26 硬齿面减速机 2 台。两者相比，其效益非常明显。

4　设计中的关键技术

4.1　高扬程钢丝绳缠绕技术

启闭机扬程为 68.0m，钢丝绳长度达 960.0m，属高扬程范畴。钢丝绳在卷筒上只缠绕 1 层时卷筒直径和长度将非常大，甚至超过门槽的宽度致使钢丝绳与门槽摩擦损坏。而钢丝绳在卷筒上多层缠绕时须确保钢丝绳由底层向上层平稳过渡，且钢丝绳每层排列整齐，无相互挤压或脱槽等现象。

河口村工程卷筒采用双折线沟槽技术，钢丝绳在卷筒上缠绕 3 层，配合挡环使钢丝绳层间过渡时将其抬高；为防止钢丝绳在缠绕过程脱槽，严格控制钢丝绳与卷筒垂直平面夹角在 0.3°～1.5°之内，可确保钢丝绳在卷筒上多层缠绕均匀，启闭机结构紧凑，满足钢丝绳与门槽尺寸的配合要求。

4.2　全封闭齿轮传动技术

起升机构采用无开式齿轮的全封闭齿轮传动，齿轮的制造安装精度高，运转平稳，噪声小。全封闭结构可采用强制润滑，齿轮与轴承维护简单。另外，全封闭齿轮传动可降低启闭机的高度，减轻卷筒装置的重量。

4.3　三合一闸门高度指示装置

闸门高度指示装置采用主令控制器（针盘式）、绝对值编码器（电子式）和显示仪表三合一形式，使主令控制器和绝对值编码器运转同步。安装在卷筒轴的端部可使其有效地避开传动机构在传动过程中的误差，测距更加精确。

5　结论

固定卷扬式启闭机的布置形式看似简单，但在实际应用中却不容易。特别是近年来大容量、高扬程固定卷扬式启闭机的大量采用，对设计者的水平和经验提出了更高的要求，要求设计者在设计中能够结合实际情况，认真研究比较，不仅要做到设备整机性能最优，还要能结合水工建筑物的实际条件做出最优的布置，并努力使启闭机的技术经济指标达到最高，在设计中要完全做到这几点实属不易。

河口村水库工程溢洪道设计

吴建军　张晓瑞　袁志刚　罗　畅

（黄河勘测规划设计有限公司）

摘要： 沁河河口村水库工程位于黄河一级支流沁河最后一段峡谷出口处，地处河南省济源市克井乡，坝址控制流域面积 9223km²。总库容为 3.468 亿 m³，兴利库容为 2.6 亿 m³，工程建设任务以控制和管理洪水为主，兼顾供水、灌溉、发电、改善生态等综合利用。枢纽由混凝土面板堆石坝、泄洪洞、溢洪道及引水发电系统组成。坝顶高程为 288.50m，坝顶长 465.0m，最大坝高 156.5m（河床覆盖层以上 110.0m）。溢洪道位于左坝肩以南五庙坡断层带的龟头山鞍形地带。溢洪道工程由引渠、闸室段、陡槽、挑流段等工程组成。通过溢洪道的设计，利用地形条件，减少了开挖工程量，降低了溢洪道开挖边坡，节约了工程投资，较好地解决了河口村水库工程的泄洪建筑物布置问题。

关键词： 溢洪道；混凝土面板堆石坝；河口村水库工程

1　工程概况

沁河河口村水库工程位于黄河一级支流沁河最后一段峡谷出口处，地处河南省济源市克井乡，坝址控制流域面积 9223km²。总库容为 3.468 亿 m³，兴利库容为 2.6 亿 m³，该工程是国务院国发〔1976〕41 号文《关于防御黄河下游特大洪水意见的报告》以及国务院国函〔2002〕61 号文《黄河近期重点治理工程开发规划》中列入的黄河下游防洪工程体系的重要防洪水库。工程建设任务以防洪为主，兼顾供水、灌溉、发电、改善生态等综合利用。

工程建成后，可使沁河下游防洪标准由不足 25 年一遇提高到 100 年一遇；对于以沁河为主的洪水，与其他防洪工程联合运用，可有效削减花园口 100 年一遇洪峰和洪量，减少下游东平湖蓄滞洪区分洪运用几率，对保障黄河下游及沁河地区防洪安全具有重要作用。同时，还可向济源市提供城镇生活及工业、沁北电厂等能源基地用水，向广利灌区提供灌溉水源，并利用水力资源发电，改善河道生态基流，对促进本地区经济社会发展具有重要作用。

枢纽由混凝土面板堆右坝、泄洪洞、溢洪道及引水发电系统组成。坝顶高程为 288.50m，坝顶长 465.0m，最大坝高 156.5m（河床覆盖层以上 110.0m）。溢洪道位于左坝肩以南五庙坡断层带的龟头山鞍形地带。溢洪道工程由引渠、进口段、闸室段、陡槽、挑流段等工程组成。溢洪道基础岩层组成为前震旦系花岗片麻岩及寒武系岩层。花岗片麻岩面积较大，岩石强度高，受五庙坡断层影响小，较完整；寒武系岩层受构造影响，完整性差。

水库枢纽为大（2）型Ⅱ等工程，主要建筑物的防洪标准为500年一遇洪水设计，5000年一遇洪水校核，设计洪水位为283.43m，下泄流量8909m^3/s，校核洪水位为286.97m，下泄流量10506m^2/s。

2 溢洪道设计

2.1 布置原则

由于右岸为凹岸，又有余铁沟切割，且坝坡延伸范围大，没有有利的地形可供布置溢洪道。左岸为凸岸，有布置溢洪道的有利地形，因此，将溢洪道布置在左坝肩以南五庙坡断层带的龟头山鞍形地带。从避免高边坡开挖、减少工程量及进流条件较好等方面确定溢洪道轴线。

（1）规模。单宽流量主要根据建筑物和下游河床的地质条件，并结合施工便利、降低投资和安全运行等因素综合考虑拟定。参考国内外已建工程单宽流量，选定闸室底坎高程后，确定其设计单宽流量为129.97$m^3/(s \cdot m)$，校核单宽流量170.57$m^3/(s \cdot m)$。

（2）布置型式。考虑闸基地质及建筑物的检修条件，确定溢洪道底坎高程为266.20m。溢洪道由引渠段、闸室段、泄槽段和出口挑流消能段组成，溢洪道长度232.0m。闸前30.0m引渠渠底采用混凝土衬砌厚0.5m。左岸翼墙采用扭曲面。引渠底板高程采用259.70m，右岸采用椭圆曲线，其方程为$x^2/30^2+y^2/7.5^2=1$，混凝土衬砌。左岸由于岩石稳定性差，采用ϕ22锚筋，锚入基岩深3.0m。引渠及闸室段高程260.00～262.00m以上分布有古滑坡体，需要清除。溢洪道闸室为3孔净宽11.0m的开敞式溢洪道，布置在龟头山南鞍部地带。闸室底板高程256.70m。采用克一奥Ⅰ型实用堰，堰顶高程266.20m。泄槽段由圆弧部分和1∶2的斜坡部分组成，后接挑流鼻坎。槽身采用矩形槽。闸室采用分离式底板，中墩厚2.0m，泄流总宽度33.0m。溢流堰上设17.43m的弧形闸门。中墩上下游端均采用流线型。闸室下游侧设置公路桥，桥宽7.0m，双侧人行道宽0.75m，桥面高程288.50m，并与坝顶公路相接。堰上游设置灌浆帷幕，并与坝体帷幕线相接。帷幕下游设深为6.0m和3.0m的基岩排水孔，基础面设纵向、横向无砂混凝土水平排水系统，并与泄槽段排水相接。泄槽段为矩形横断面，宽为37.0m，混凝土底板衬砌厚1.0m。底板纵、横缝一侧的基础面均设置无砂混凝土排水管。边墙为半重力式挡土墙。挑流段采用与泄槽等宽的连续式鼻坎，其反弧半径为29.58m，挑射角为30°，鼻坎顶高程为197.70m，鼻坎齿墙根据消能计算深入基岩13.0m，底部高程为179.70m。为防止水流冲刷鼻坎后岩石，鼻坎后10.0m范围采用1.0m厚的混凝土衬砌，衬砌顶高程为192.70m。

2.2 水力计算

2.2.1 泄槽段沿程水面线计算

溢洪道泄流能力见表1，泄槽段沿程水面线按下列公式进行计算：

$$\Delta S=(E_{sd}-E_{su})/(i-J) \tag{1}$$

墙高在掺气水深的基础上加安全超高Δ：

$$\Delta=0.61+0.037vh^{1/3} \tag{2}$$

式中：h 为断面不掺气水深；v 为断面平均流速；掺气水深计算见表 2，通过计算，墙高为 7.7～11.7m，墙高取 8.0～12.0m。

表 1　溢洪道泄流能力计算表

水位/m	286.97	285	283.43	282.00	280.00	278.00	277.00	276.00	274.00	272.00	270.00	268.00	266.20
流量/(m^3/s)	6311	5466	4809	4227	3480	2751	2068	2024	1546	1020	534	164	0

表 2　掺气水深计算表

计算断面	计算位置	计算断面平均流速 V /(m^3/s)	不计入波动及掺气的水深/m	计入波动及掺气的水深 h_0/m
1	c 点	14.955	8.374	10.002
2	d 点	15.206	8.236	9.864
3	弧中点	17.304	7.237	8.866
4	e 点	20.880	5.998	7.626
5	陡槽末端	37.745	3.318	4.946
6	反弧底端	38.251	3.274	4.902
7	鼻坎顶	36.666	3.416	5.044

2.2.2　消能防冲

采用校核洪水及 100 年一遇洪水复核下游冲刷情况，校核洪水 $Q=6311.0m^3/s$，上游水位 286.97m，下游水位为 181.30m，河床高程 171.30m。100 年一遇洪水 $Q=4809.0m^3/s$，上游水位 283.43m，下游水位为 180.00m。消能形式采用挑流消能 $b=37.0m$，反弧末端高程 192.70m，反弧半径 29.58m，纵坡 $i=50\%$，挑射角 $\theta=30°$。水舌挑距及最大冲坑深度分别采用《混凝土重力坝设计规范》(SL 319—2005) 相应公式计算：

$$L=\frac{1}{g}[V_1^2\sin\theta\cos\theta+V_1\cos\theta\sqrt{V_1^2\sin^2\theta+2g(h_1+h_2)}] \tag{3}$$

根据计算，校核洪水情况下，挑距为 207.12m，冲坑深度 52.81m，坡降为 207.12/52.81=3.92。100 年一遇洪水情况下，挑距为 188.44m，冲坑深度 45.84m，坡降为 188.44/45.84=4.11，满足规范要求的 1/1.5～1/5.0 的要求。

2.3　闸室稳定、应力计算

计算工况考虑施工完建、正常蓄水位和正常蓄水位加地震工况。

基底面的抗滑稳定安全系数，按抗剪断强度公式计算：

$$K_1=(f_1\cdot\sum w+c\cdot A)/\sum P$$

通过计算，闸室稳定满足规范要求，基本组合基础最大最小应力分别为 1.34MPa 和 0.23MPa，特殊组合基础最大最小应力分别为 1.21MPa 和 -0.08MPa。满足规范要求。

2.4　基础处理

溢洪道底板及边墙基础岩石岩性分为两部分：前震旦系花岗片麻岩及寒武系岩层。花岗片麻岩面积较大，岩石强度高，受五庙坡断层影响小，较完整；寒武系岩层受构造影响，完整性差。上述岩层的底板及边墙分别设置直径为 22mm、25mm 的锚筋，锚入岩石

2.0m、3.0m，锚筋间距 2.0m×2.0m（长×宽）。五庙坡断层带：挖除断层带破碎岩石，回填混凝土，其中 F_7、F_8 之间挖除 2.0m，F_7、F_6 之间挖除 1.0m。为减少断层带岩体的压缩性，防止在水重力的作用下，由于岩体压缩变形造成不均匀沉陷，导致纵横缝错台，对断层带进行固结灌浆，灌浆深度 6.0～7.0m。为减轻地下水对底板的影响，在底板下设置无砂混凝土排水管。

3 结论

河口村水库工程溢洪道的设计，利用了左坝肩地形垭口，减少了开挖量和开挖边坡。通过对溢洪道基础岩石的处理，满足溢洪道的稳定安全要求。今后在设计过程中，应加强试验和现场观测，对设计进行进一步的优化设计。

沁河河口村水库引水发电洞设计

杜全胜　张晓瑞

（黄河勘测规划设计有限公司）

摘要： 根据河口村水库开发任务的需要，引水发电洞兼顾供水和引水发电的双重任务，以满足下游工农业用水的需求。发电洞进口形式经竖井式和塔式方案比选后，最终确定采用塔式进水口；同时为满足环保需要采取分层取水布置方案。发电洞洞身相对较短，在未设置调压室的前提下，主洞经济洞径选用3.5m；大小电站均为一洞两机布置方案，分岔处均设置钢岔管，钢岔管采用月牙肋型。

关键词： 塔式进水口；分层取水；月牙肋型钢岔管；经济洞径；河口村水库

1　工程概况

河口村水库是一座以防洪、供水为主，兼顾灌溉、发电、改善河道基流等综合利用的大（2）型水利工程。工程枢纽主要由混凝土面板堆石坝、溢洪道、泄洪洞、引水发电洞、地面厂房以及升压站等建筑物组成。水库总库容3.17亿m^3，最大坝高122.5m，正常蓄水位275.00m，正常蓄水位以下原始库容2.47亿m^3。电站采用岸边引水式地面厂房，分大小两个厂房布置；大电站装机2台，单机容量5MW，其尾水直接进入原河道；小电站装机2台，单机容量0.8MW，电站尾水满足工农业用水需求；电站总装机容量11.6MW，年发电量3435万kW·h。

2　引水隧洞布置

引水发电洞进口与1号泄洪洞进口组成联合塔式进水口。根据国家环保部的批复意见，进水口分220.0m、230.0m与250.0m三层布置。引水发电洞采用一管多机供水方式，大电站主洞洞径3.5m，小电站岔洞洞径1.7m。洞身由进口渐变段、水平转弯段、上平段、上弯段、斜井段、下弯段、锥管段以及压力钢管段组成。

大电站主洞起始底高程216.00m，上平段纵坡为6‰。下弯段转弯半径24.0m，段末洞底高程为169.45m。钢衬接入点为引0＋624.709，小电站岔洞接入点为引0＋558.259，岔洞洞径1.7m，岔洞与主洞平面夹角为57.05°。

大电站压力钢管起点为引0＋632.709m，主、支管下端与机组蜗壳相连。大电站机组岔管采用卜形布置，采用非对称“Y”形月牙肋岔管，最大公切球半径1.44m，分岔角为68°。小电站采用非对称“Y”形月牙肋岔管，包括旁通管和机组钢岔管，最大公切球半径为1.02m，分岔角分别为63°和68°。

发电洞进口段岩性以花岗片麻岩为主，次为石英云母片岩和碧玉岩，岩体风化卸荷相对较强，且受断层带的影响，围岩稳定性较差，围岩类别初步确定为Ⅳ类。洞身段岩性同进口段，岩体微风化～新鲜，局部发育随机小断层及挤压碎裂带，地下水对围岩体的影响较弱；围岩基本稳定，但局部可能存在掉块，围岩类别初步确定为Ⅱ类、局部为Ⅲ类。

3 进水口形式比选

可研阶段发电洞进水口为竖井式，结合审查意见，初设阶段引入岸塔式进水口（与1号泄洪洞进水口结合），从地形地质条件、结构安全、运行安全、工程投资等方面加以比选，确定最终布置形式[1]。

地形、地质条件方面基本相似。岸塔式进水口与1号泄洪洞进口结合，引起的开挖量较小，但洞长较竖井式增加37.002m；竖井式进口覆盖层范围小，进行洞脸削坡后，可布置进水口，开挖量较小。两者进口段均受断层的影响，采取工程措施后，均能满足设计要求。

岸塔式进水口结构受力明确，塔两侧开挖后回填混凝土，塔基约有20.0m左右镶嵌在岩石中，有利于进水口的整体稳定。竖井式进水口有利于避免地震惯性力等不利荷载对闸门井的影响，闸门井结构简单，工程量相对较小；缺点是竖井前近50.0m的洞身段不具备检修条件，且竖井施工工艺复杂，施工难度大。

发电洞与1号泄洪洞组成联合进水口，两者分层布置，水库运行时，1号泄洪洞相机排沙，有利于发电洞进口“门前清”，保障引水发电系统和供水系统的运行安全。竖井式进水口位于1号泄洪洞进口塔架的右后侧，与1号泄洪洞进口呈斜坡衔接；虽处于1号泄洪洞冲沙漏斗保护范围内，但存在进口局部为死水区、进口水流旋转方向不明以及拦污栅不易检修等不利因素，致使对发电洞进口保护作用降低，不利于引水发电系统和供水系统的安全运行。

从工程投资看，两方案投资较为接近，没有明显差别。

综合以上多方面分析，岸塔式进水口明显优于竖井式进水口，初设阶段推荐采用岸塔式进水口。

4 引水发电洞洞径选择

河口村水库发电洞设计流量为19.8m^3/s，经济流速2.0～4.0m/s之间；但考虑水库装机规模小，仅为11.6MW，在当地电网中所占比例极小，因此初设阶段按不设置调压室的原则，选取3.0m、3.5m和4.0m^{3}种洞径进行方案比选。

所选洞径是否满足不设置调压室的要求，按《水电站调压室设计规范》（DL/T 5058—1996）中式（3.1.2-1）作初步判别：

$$T_w=\frac{\sum L_i v_i}{gH_p}>[T_w] \tag{1}$$

式中：T_w为压力水道中水流惯性时间常数，s；L_i为各段压力水道（包括蜗壳及尾水管）的总长度，m；v_i为各段压力水道内的平均流速，m/s；g为重力加速度，m/s^2；H_p为水电站设计水头，m；$[T_w]$ 为 T_w 的允许值，一般取 2～4s。3 种洞径计算成果见表 1。

表 1　　不同洞径断面计算成果表

洞径/m	3.0	3.5	4.0
断面面积/m^2	7.07	9.62	12.57
平均流速/(m/s)	2.80	2.06	1.58
T_w /s	3.57	2.83	2.35

由表 1 可知，3 种洞径计算的 T_w 均满足规范要求。从水流条件看，洞径 4.0m 时，洞内流速为 1.58m/s，相对偏低；洞径 3.0m 和 3.5m 的洞内流速均在经济流速范围内。从施工角度考虑，三者洞径差别不大，施工方法相似；从工程投资看，在洞线选定的前提下，主洞工程投资与洞径成正比，洞径越大，工程投资越大；最终结合水机调保计算成果，确定发电洞主洞按 3.5m 设计。

5　旁通管泄流能力验证

发电洞进口高程经最小淹没深度计算确定为 216.0m。死水位 225.00m，小电站已无法运转，须经旁通管满足工农业用水 4.2m^3/s 流量需求，本阶段需复核旁通管的供水能力。

旁通管出口位于下游水位 215.00m 以下，按淹没出流管道流量公式计算。参见《水力计算手册》（第二版）的相应公式，如下：

$$Q=\frac{1}{\sqrt{1+\lambda\dfrac{L}{d}+\sum\zeta}}A\sqrt{2gz_0} \tag{2}$$

式中：Q 为旁通管管道流量，m^3/s；λ 为沿程水头损失系数；L 为管道计算段长度，m；d 为管道内径，m；$\sum\zeta$ 为管道计算段中各局部水头损失系数之和；A 为管道出口断面面积，m^2；z_0 为包括上游行进流速水头在内的上下游水头差，m。

经计算，在旁通管出口全开的情况下，过流能力约为 5.55m^3/s，满足设计要求。

6　引水发电洞水头损失计算

大电站引水系统水头损失包括局部水头损失和沿程水头损失。局部损失主要发生在发电洞进口、闸门井、渐变段、平面转弯段以及下弯段等部位，计算时根据局部布置形式，选取单一的局部损失系数计算；沿程水头损失计算采用谢才-曼宁公式，根据衬砌材料不同选取糙率系数进行计算。大电站引水系统水头损失计算中钢筋混凝土衬砌段糙率取 0.014、钢衬段和压力钢管段取 0.012，经计算，设计流量 19.8m^3/s 的水头损失为 0.618m。

7　结论

（1）河口村水库发电洞进口经方案比选后，采用岸塔式进水口（与 1 号泄洪洞进水塔结合)，有利于发电洞进口“门前清”，保障引水发电系统和工农业供水系统的安全运行。

(2) 在未设置调压室的前提下，结合水机调保计算成果，确定主洞的经济洞径为3.5m。

(3) 死水位225.00m时，在小电站无法运行的情况下，须经旁通管供水，经计算，在旁通管全开的情况下，泄流能力达到5.55m^3/s，满足4.2m^3/s的供水需求。

参考文献

[1] 张秀崧，赵小娜，李梅，等. 戈兰滩水电站发电引水系统设计[J]. 水利水电工程设计，2009，(28)，增刊：9-11.

河口村大机组电站厂房设计

刘增强　柴志阳　孟旭央

（河南省河口村水库工程建设管理局）

摘要： 河口村水库以防洪、供水为主，兼顾灌溉、发电和改善河道基流等综合作用。电站分大机组和小机组两个电站，总装机容量为11.6MW。其中大电站以发电为主，并提供生态基流，装机容量为10MW；小电站兼发电和向沁北电厂供水双重任务，装机容量为1.6MW。通过大电站的厂区布置、结构布置、副厂房结构布置设计优化及稳定应力计算等内容，可为类似工程的设计提供一定参考价值。

关键词： 河口村；电站厂房；布置；稳定应力

1　工程概述

河口村水库位于黄河一级支流沁河最后一段峡谷出口处，下距五龙口水文站约9.0km，属河南省济源市克井乡，是控制沁河洪水、径流的关键工程，也是黄河下游防洪工程体系的重要组成部分。开发任务是“以防洪、供水为主，兼顾灌溉、发电、改善河道基流等综合利用”。水库总库容3.26亿m^3，最大坝高122.5m，正常蓄水位275.00m。

电站分大、小机组两个电站，总装机容量11.6MW。大电站以发电为主，并提供生态基流；小电站兼发电和向沁北电厂供水双重任务。大机组电站为岸边式地面厂房，由2台混流式水轮发电机组、安装间及副厂房组成，总装机容量为10MW，额定水头76.00m，单机额定流量7.80m^3/s，机组安装高程为171.20m。

根据《中国地震动参数区划图》（GB 18306—2001），确定河口村坝址场地地震动反应谱特征周期为0.40s，地震动峰值加速度0.1g，确定电站抗震设计烈度为7度。

河口村水库工程等别为Ⅱ等，属大（2）型。根据《水利水电工程等级划分及洪水标准》（SL 252—2000），电站厂房及次要建筑物为3级，电站厂房按50年一遇洪水设计，200年一遇洪水校核。

2　大机组电站厂区布置

大机组电站采用岸边式地面厂房布置形式，安装间布置在主机间右侧，中控室及交接班室均布置在安装间的上游侧，主变压器布置在主机间上游室外地面高程180.00m的平台上，考虑主变检修、消防等要求，2台主变压器之间，变压器与主厂房、中控室分别通过防火墙分隔。

厂房上游侧设置不小于4m宽的消防通道，路面高程为180.00m，可以满足消防车作业的需要，净空高度无障碍，满足有关规范要求。主厂房的对外交通出入口，布置在安装间右山墙侧，与进厂公路平顺相连。

尾水平台高程为180.00m，高于200年一遇校核尾水位179.45m。机组尾水闸门孔口尺寸为2.82m×1.34m（宽×高），底坎高程168.39m，采用平板钢闸门，2台机组共用1台单轨移动式启闭机，为满足尾水闸门检修要求，计算确定启闭机牛腿底高程为185.30m。

根据地质资料，电站厂区覆盖层大部分为Q_4^{al}，厚度最大达30.0m左右。厂房纵轴线上游侧边坡局部存在覆盖层Q_4^{dl}，基本分布在高程213.00～224.00m之间，厚度最大为4.7m。覆盖层下部即为太古界登封群（Ar*d*）变质岩，电站厂房基础均坐落在该岩层。基岩面向河床倾斜，坡度约40°。按照地质专业提供的建议开挖边坡，覆盖层按1∶1.75坡比开挖，基岩（片麻岩）采用1∶0.3的坡比进行开挖。为了满足小机组电站进场方便，节省工程量，小电站进场道路在大电站厂房开挖后边坡210.00m高程通过。施工中应确保及时锚喷支护，严格按照边坡开挖支护施工程序执行，保证边坡稳定安全。

3 厂房结构布置设计

3.1 厂房主要控制尺寸及高程确定

根据《水电站厂房设计规范》（SL 266—2001）第2.3条厂房内部布置原则，机电专业对河口村大机组电站提出的具体设计参数和要求，主厂房总长28.92m，其中机组段长17.90m，安装间长11.00m，机组段与安装间之间设0.02m宽的伸缩缝，机组中心间距为7.00m。主厂房跨度13.00m，其中上游侧跨度为7.00m（包括吊车柱在内），下游侧跨度为6.00m（包括吊车柱在内），机组安装高程为171.20m。厂房平面布置图见图1。

厂房由蜗壳层（高程169.20m）、水轮机层（高程173.50m）、发电机层（高程178.67m）组成，发电机层以上部分高度主要取决于发电机转子连轴长度、桥机高度及吊装方式等；发电机层以下部分各层高程主要考虑水轮机安装高程、尾水管体形、蜗壳尺寸、水轮机坑高度、机电管线布置及土建结构体形要求等因素综合确定。

机组横剖面图见图2。

3.2 主厂房各层布置

主厂房分3层布置，高程为178.67m的发电机层，高程为173.50m的水轮机层和高程为169.20m的蜗壳层。发电机层布置有发电机、机旁盘等机电设备及吊物孔。水轮机层布置调速器、吊物孔、机坑进人门等设备。蜗壳层布置有引水管道、蝶阀、尾水管进人门等设备。根据机组安装检修的需要，厂内设1台300/50kN电动双梁桥式起重机一台，轨距为11.00m，轨顶高程187.30m，厂房屋顶采用轻钢结构。

3.3 安装间各层布置

安装间分两层布置，安装场层高程为180.30m，布置1个3.0m×2.0m（长×宽）的

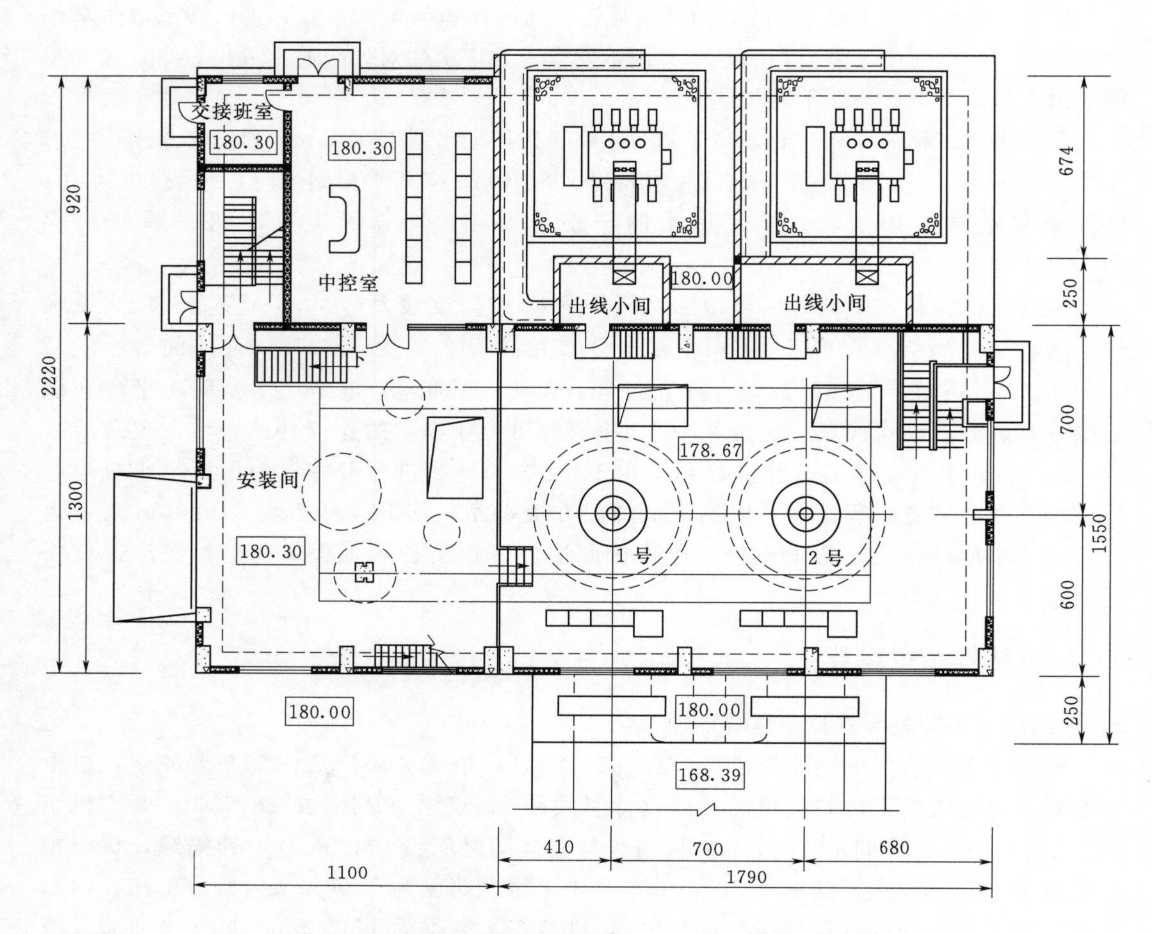

图 1　厂房平面布置图（高程单位：m；尺寸单位：cm）

吊物孔，上游布置通往底层的楼梯；底层高程为 173.50m，布置空压机、储气罐、储油罐、转子支墩及 2 台渗漏检修排水泵，渗漏检修集水井设在安装间最底层，集水井底高程为 166.20m。进厂大门设在安装间右侧山墙处，室外地坪高程为 180.00m，低于室内 0.3m。

3.4　副厂房各层布置

安装间段副厂房分四层布置，底层高程为 173.50m（与水轮机层同高），主要布置 10kV、35kV 开关柜及 1 号、3 号励磁变；二层高程为 177.80m，为电缆夹层；三层高程为 180.00m，布置中控室、交接班室和楼梯间；四层高程为 184.50m，布置办公室、卫生间等。副厂房净宽 8.5m。

主机段副厂房分两层布置，底层高程为 169.20m（与蜗壳层同高），引水管道从该层通过；二层高程为 173.50m（与水轮机层同高），主要布置低压开关柜、发电机电压配电装置及 1～2 号厂变，其净宽 8.50m；其顶部室外 180.00m 高程平台布置 1 号和 2 号主变压器。

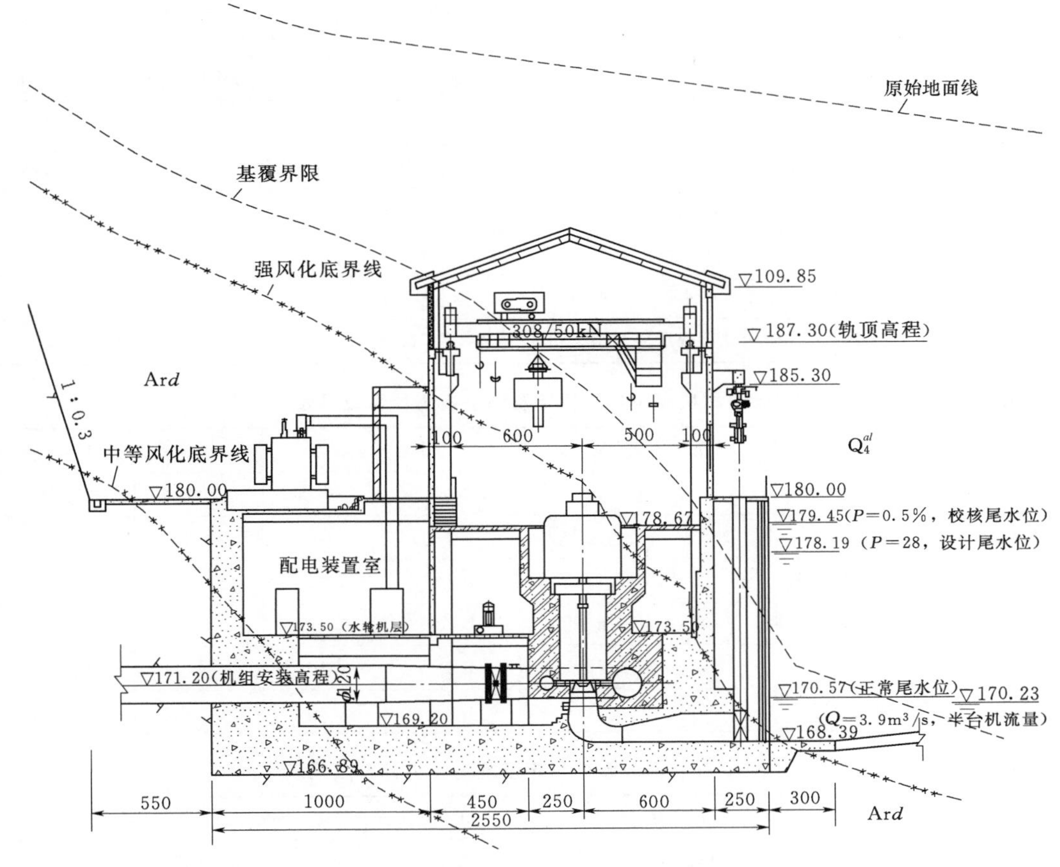

图2 机组横剖面图（高程单位：m；尺寸单位：cm）

4 副厂房结构布置优化设计

由于初设阶段电压等级的下调，取消了可研阶段主变室顶部的GIS室。为了优化结构体型、减少投资，综合比较多种布置方案，确定将主变压器由室内布置调整为室外布置。取消原主变室消防设施、节省空间，根据实际需要，将主厂房机组间距沿厂房纵向压缩至7.0m，使厂区开挖工程量大幅减少，节省工程投资。

5 厂房整体稳定应力计算

电站厂房基础为太古界登封群（Ar*d*）变质岩，厂房上游面全部位于片麻岩内，下游及左、右面，下部为片麻岩。太古界登封群（Ar*d*）变质岩系，岩性坚硬，较为均一，无软弱夹层，新鲜～微风化，裂隙稍发育，沿结构面有渗水滴水现象，为Ⅱ类围岩，其极限饱和抗压强度为80MPa。

设计取机组段和安装间段分别进行整体稳定及地基应力计算，荷载组合和计算成果见表1～表3，计算成果表明，厂房整体稳定性及地基应力满足规范所规定的安全度。

表 1　　荷载组合表

荷载组合	计算情况	水位	荷载名称					
			结构自重	永久设备重	水重	静水压力	扬压力	地震作用
基本组合	正常运行	下游设计洪水位 178.19m	√	√	√	√	√	
特殊组合	完建期	下游无水	√	√			√	
	机组检修	下游检修水位 170.34m	√		√	√	√	
	机组未安装	下游设计洪水位 178.19m	√		√	√	√	
	非常运行	下游校核洪水位 179.45m	√	√	√	√	√	
	地震情况	下游满载运行水位 170.57m	√	√	√	√	√	√

表 2　　大电站机组段整体稳定及地基应力计算成果表

荷载组合	计算情况	抗滑稳定安全系数		抗浮稳定安全系数		地基应力	
		K	$[K]$	K_f	$[K_f]$	σ_{min}/kPa	σ_{max}/kPa
基本组合	正常运行	1.82	1.10	1.57	1.10	12.32	115.60
特殊组合	机组检修	—	1.05	4.74	1.10	125.00	145.11
	机组未安装	1.05	1.05	1.33	1.10	7.60	66.43
	非常运行	1.14	1.05	1.41	1.10	−17.37	121.47
	地震情况	10.92	1.00	4.75	1.10	122.43	153.78

表 3　　大电站安装间段整体稳定及地基应力计算成果表

荷载组合	计算情况	抗滑稳定安全系数		抗浮稳定安全系数		地基应力	
		K	$[K]$	K_f	$[K_f]$	σ_{min}/kPa	σ_{max}/kPa
基本组合	正常运行	2.06	1.10	1.89	1.10	28.90	81.58
特殊组合	非常运行	1.10	1.05	1.57	1.10	1.73	83.56
	完建期	—	1.05	—	1.10	110.41	123.88
	地震情况	11.84	1.00	—	1.10	116.59	117.70

6　设计评价及需要探讨的新问题

河口村大机组电站突出的设计特点在于能够在有限的空间上，合理布局、优化设计，满足机电专业设备布置要求的同时，达到功能划分合理、结构空间紧凑，为工程下阶段工作的设计优化提供了设计思路，为类似工程的设计提供了一定的参考价值。

参考文献

[1]　潘建东，刘元勋. 丙材水电站厂房设计[J]. 广东水利水电，2005，(6)：55-56.

发电引水洞进口分层取水金属结构设计

董海钊[1]　陈丽晔[1]　严　实[2]

（1. 黄河勘测规划设计有限公司；2. 河南省河口村水库工程建设管理局）

摘要： 结合河口村水库发电引水洞进口金属结构设备运行方式，及水生态环境要求，介绍了电站进口分层取水的布置形式、金属结构设备的选型、参数选取及其设计要点。

关键词： 发电引水洞；金属结构设计；河口村水库

1　概述

河口村水库工程位于黄河一级支流沁河最后一段峡谷出口处以上约 9.00km，属河南省济源市克井乡，是控制沁河洪水、径流的关键工程，也是黄河下游防洪工程体系的重要组成部分。工程以防洪、供水为主，兼顾灌溉、发电、改善生态，并进一步完善黄河下游调水调沙运行条件。

河口村水库为引水式电站，装有 2 台 5MW 和 2 台 0.8MW 混流式水轮发电机组。4 台机组共用 1 个进口，依次设拦污栅（检修门共槽）和取水闸门及其启闭设备；考虑生态、环保要求，进口分 3 层取水布置，每层由取水闸门控制取水。4 台机组设有 5 孔出口，大机组 2 孔；小机组 3 孔，其中一个为旁通引水管，在小机组检修时，旁通管引水满足城市与工业供水要求，出口设尾水检修闸门及其启闭设备。

2　发电引水洞进口金属结构布置

沁河区间污物来量较小，进口仅设置 1 道拦污栅，1 道清污机槽。拦污栅槽按检修闸门要求设置，预留检修闸门门库，工程运行后期根据需要设置检修闸门。

取水闸门布置在拦污栅的后面，根据环评要求，为减缓工程下泄低温水对于农业生产及水生生物等方面影响，需分 3 层布置取水闸门，根据需要可分层取水。当引水洞或机组进水阀发生事故时，动水闭门防止事故扩大，无快速闭门保护机组的任务；在阀门或引水洞需要检修时，静水关闭提供检修条件；机组发电时闸门锁定在孔口上方。

拦污栅及取水闸门均采用门机通过液压自动挂脱梁操作，门机沿流道方向布置于塔顶 291.0m 平台，该布置方式紧凑、坝面整齐、景观效果好、操作运行方便。

3　拦污栅

3.1　拦污栅结构形式

为满足分层取水要求，拦污栅及清污机槽布置至 254.00m 高程，拦污栅孔口尺寸

3.5m×34.5m（宽×高），为潜孔式平面滑动直栅。栅体高度近35.0m，超出了门机的轨上有效提升高度，因此栅体按运输单元分为10小节制造，在工地焊成5大节栅体，节间通过长短轴连接。当需要检修时，可将拦污栅逐节提至坝顶，解开长轴两端固定连接板的螺栓，然后移动两侧连接板至长轴两端并固定，此时两连接板已脱开短轴，即两节栅体已脱开。检修完毕后，再逐节连接并放入栅槽继续运行。

由于拦污栅槽按检修闸门槽进行设计，门槽宽度较宽，为降低工程投资，拦污栅的主、反滑块较高。为避免污物从主、反滑块及门楣的间隙进入流道，分别设置了型钢满足间距要求。为减小水头损失，栅条上游面设计为圆头。栅条厚度8mm，栅条间距为69mm。栅条直接焊在横梁的上翼缘。在横梁之间的栅条上设有定位穿条，以提高栅条的刚度。

3.2 清污方式

工程采用机械和人工相结合的方法进行清污。机械清污设备为清污抓斗，由进口门机操作，主要用于清理拦污栅栅前的污物。在拦污栅上、下游侧设有水位测量装置，可将其信号传输至主控室，通过计算机计算出拦污栅上、下游之间的压力差。值班人员可及时了解到各扇拦污栅的堵塞情况并采取相应的处理措施。当达到设计规定的清污压差0.5m时，值班人员通知门机操作人员利用清污抓斗将污物抓至坝顶外运。当栅前存在难以用清污抓斗清除的污物时，可进行人工清污。

4 取水闸门

4.1 布置及运用方式

鉴于河口村水库下泄水体低温水现象较为明显且持续时间长的特点，为减小对农业生产及水生生物等方面影响，工程设计中将电站进水口采取分层取水，共设置3层取水口，具体布置为高层取水口底板高程250.00m，中层取水口底板高程230.00m及底层取水口底板高程220.00m。

河口村水库引水发电系统机组前设有快速阀门，当机组出现事故时，阀门快速关闭保护机组，因此引水发电洞进口未设快速闸门，但发电引水洞长达600.0m，为保护引水洞取水闸门具备动水闭门条件。

3层取水闸门的孔口尺寸均为3.5m×3.5m（宽×高），设计水头分别为35.43m、55.43m、65.43m，设计过程中考虑可互换性，门叶结构按65.43m设计。闸门止水布置在下游面，利用部分水柱闭门。闸门充水平压方式采用下层闸门门顶充水阀充水平压，以免平压时水流冲击闸井侧墙；启门水头差5.0m，启闭力由下层取水闸门动水关闭时持住力控制。

4.2 结构设计

由于取水闸门的启闭机容量为持住力控制，因此闸门主支承形式选用滑动形式，主滑块材料采用自润滑的复合材料，为减少主滑块座板厚度，主滑块沿边梁通长布置，最大线荷载为30.3kN/cm；门叶主材为Q345B，面板厚度为25mm，门叶主梁900mm，次梁高400mm。门叶结构主要部件应力见表1，从表1中看出对于中小孔口的高水头闸门结构，剪应力控制。

表 1　　门叶结构主要部件应力计算表

名称	部位	材料	强度				挠度	
			最大应力/MPa		容许应力/MPa		计算值/mm	容许值/mm
			σ	τ	σ	τ		
底层取水闸门	面板	Q345B	202.4		220			
	主梁	Q345B	160.0	97.4	220	130	1.7	8.2
	水平次梁	Q345B	173.3	100.4	220	130	0.69	4.1
	底梁	Q235B	111.7	81.2	160	95		
	边梁	Q345B	60.4	97.7	160	130		

5　启闭机

5.1　选型及主要参数确定

电站引水洞进口顺水流向依次布置清污机槽、拦污栅、3 层取水闸门及检修闸门门库，均为 1 孔，3 层取水闸门如采用 3 台固定卷扬式启闭机操作，整个电站部位的塔架需要沿流道方向加长 5.0m，且固定卷扬式启闭机还需要设置启闭机房，布置更受限，土建及设备的投资高，景观效果差。经综合分析，虽然设 3 层取水闸门，但不会同时运行操作，平时只需要根据农业生产及水生物要求，相应某层的取水闸门取水即可，这样 3 层取水闸门采用 1 套移动式启闭设备操作即可满足要求。因此启闭设备选用沿水流方向行走的门式启闭机配合液压自动挂脱梁操作，该布置形式紧凑，工程投资少、景观效果好。

门机轨上扬程受拦污栅的单节高度 6.9m 控制，选为 8.0m（不含抓梁），总扬程 75.0m，下层取水闸门动水闭门时持住力 1721.6kN 控制，门机容量选用 2000kN，轨距、轮距均为 7.0m。

5.2　门机设计

门机设计采用了多项国内先进技术，如封闭传动、变频调速、集中润滑系统等。封闭传动由于在传动末端取消了开式齿轮，不但效率得到提高，且具有环保、维护简单等优点，目前在新建或改建工程中应用越来越多。变频调速技术的应用，可有效地保证空载或额定荷载下，高、低速均可平稳可靠运行，该技术节能环保，有效地缩短启闭时间，工作效率高。集中润滑系统采用电控器，递进式分配器，程序控制，定时定量润滑，具有超压报警与油位报警等功能，并能在司机室操作与显示，方便可靠，该技术极大地减轻了维护人员的劳动强度。

门机安全保护装置分机械和电气两大部分。机械保护由荷载限制器、闸门高度指示器、行程限位开关、风速仪、避雷器、夹轨器、缓冲器、车挡等组成。电气保护主要由短路、过流、过压、欠压、失压、缺相、错相等组成。另外门机设电气联锁保护装置，当其中一机构工作时，另一机构闭锁。门机大车运行时，携带总荷载不得超过 1000kN，超载时行走机构将自动断电。

6 结论

为减缓工程下泄低温水对于农业生产及水生生物等方面影响，河口村水库发电引水洞进口采用分层取水布置方式，导致沿流向闸槽较多，给金属结构的布置带来了难度，设计经过研究取水闸门的运用方式，采用沿流向行走的门式启闭机的形式，节省了空间、降低了工程投资、坝面景观效果好，具有广泛的推广应用价值。目前，河口村水库电站进口金属结构设备已经制造完毕，闸门埋件已安装，闸门及门机正在安装过程中。

河口村水电站水轮机选型设计

张新伟　毛艳民　沈珊珊

（黄河勘测规划设计有限公司）

摘要： 河口村水电站设置大电站和小电站，两个电站的运行水头范围、机组安装高程、机组布置型式等均不同。根据电站的布置特点和运行水头范围，通过模型参数比较分析，确定了水轮机机型及主要参数；结合经济和技术性能、运行灵活性等因素，合理选择了机组台数和机组装置型式。

关键词： 水轮机；选型设计；卧式机组；混流式水轮机；河口村水电站

1　工程概述

河口村水库为大（2）型工程，由混凝土面板堆石坝、溢洪道、引水发电系统、1号泄洪洞及2号泄洪洞组成。电站厂房位于坝下游400.0m的左岸，布置有大、小2个厂房，大、小电站之间直线距离约为120.0m。大电站的过机水量主要用于灌溉供水、生态供水，部分作为弃水，小电站的尾水用于工业供水。

溢洪道为3孔开敞式溢洪道，布置在左坝肩，距离大电站约800m，1号、2号泄洪洞及电站进口布置在大坝上游的左岸，距离溢洪道约500m。

2　电站基本参数

大电站装机容量10MW，年发电量3029万kW·h，年利用小时数3029h；小电站装机容量1.6MW，年发电量406万kW·h，年利用小时数2536h。

水库水位：校核洪水位285.43m，正常蓄水位275.00m，汛期限制水位238.00m/275.00m（前汛期/后汛期），死水位225.00m。

电站尾水位：大电站校核尾水位（流量$Q=3330m^3/s$）179.45m，正常尾水位（流量$Q=15.6m^3/s$）170.57m，最低尾水位（半台机发电流量$Q=3.9m^3/s$）170.23m。小电站正常尾水位为215.00m。

多年平均含沙量（入库）为$4.84kg/m^3$，实测最大含沙量为$112kg/m^3$（1973年7月7日）。河口村水库平均过机含沙量较小，水库过机含沙量绝大部分时段小于$1kg/m^3$。

库区最高气温42℃，最低气温－18.5℃，月平均最高气温27℃，月平均最低气温0.2℃。

3　水轮机形式及装机台数选择

大电站水轮机水头运行范围为102.9～52.2m，该水头段适宜选用运行范围宽、效率较高、运行稳定性好的混流式水轮机，因此大电站推荐水轮机形式采用混流式[1]。

小电站机组运行水头范围为 57.5～29.0m，适宜选择能在该水头范围内安全高效运行的混流式水轮机[1]。

对大电站进行了 2 台机和 3 台机方案的比较（表 1）。

表 1　　大电站装机台数比较表

项目	方案一	方案二
总装机容量/MW	10.0	10.0
装机台数	2	3
单机额定容量 N_r/MW	5.0	3.333
转轮直径 D_1/m	1.0	0.8
额定转速 n_r/(r/min)	600	750
额定流量 Q_r/（m^3/s)	7.8	5.4
水轮机质量/t	22	13
发电机质量/t	48	35
水轮发电机组设备总价/万元	550	561
主厂房尺寸（长×宽×高)/(m×m×m)	26.0×11.0×21.0	29.3×11.0×20.0

大电站装机方案二单机容量较小，可以采用卧式机组，但该电站发电引水管道较长，卧式机组飞轮力矩值较小，导致机组过渡过程难以满足有关规范要求。综合考虑机组运行灵活性和设备安全性等，选定方案一，装机 2 台，单机额定容量 5MW。

小电站是为城市和工业供水配套的工程，其设备规模应满足供水要求，电站装机容量为 1.6MW，进行了 1 台机和 2 台机装机方案比较（表 2）。

表 2　　小电站装机台数比较表

项目	方案一	方案二
总装机容量/MW	1.6	1.6
装机台数	1	2
单机额定容量 N_r/MW	1.6	0.8
转轮直径 D_1/m	0.8	0.55
额定转速 n_r/(r/min)	600	1000
额定流量 Q_r/(m^3/s)	4.29	2.31
水轮机质量/t	10	4.2
发电机质量/t	22	13
主厂房尺寸（长×宽×高)/(m×m×m)	17.0×10.0×12.0	20.5×8.0×10.0

注　厂房长度包括旁通阀布置尺寸。

小电站装机方案一虽然主机段长度比较小，但要求的安装间长度长，厂房宽度较宽，其土建投资并不少，调度运行灵活性差。从满足供水流量的灵活性考虑，选定方案二，电站装机 2 台，单机额定容量 0.8MW。

4 额定水头选择

根据《小型水力发电站设计规范》（GB 50071—2002）的规定，大电站的额定水头宜在加权平均水头的0.85～0.95倍间选取。根据规划确定的电站动能指标，河口村大电站水轮机运行水头范围为102.9～52.2m，全年加权平均水头84.5m，汛期加权平均水头为76.6m，大电站水轮机额定水头与加权平均水头的比值取0.9，选定水轮机额定水头为76.0m。

小电站供水水头范围为57.5～7.5m，根据混流式水轮机适应能力，水头低于29.0m时，机组停止运行，利用旁通管输水，因此，小电站水轮机运行最大水头57.5m，最小水头29.0m，加权平均水头46.8m，水轮机额定水头与加权平均水头的比值取0.876，选定额定水头为41.0m。

5 水轮机模型参数选择

5.1 大电站

根据大电站水轮机运行水头范围，适用的水轮机模型转轮有HLD41、HLA153等机型，其主要模型参数见表3。经计算，HLA153、HLD41两机型真机参数比较见表4。

表3 大电站模型转轮主要参数表

模型转轮型号	适用水头/m	最优工况			限制工况		
		单位转速/(r/min)	单位流量/(m^3/s)	模型效率/%	单位流量/(m^3/s)	模型效率/%	临界空化系数
HLA153	90.0～125.0	71	0.955	91.5	1.080	89.0	0.080
HLD41	70.0～105.0	77	0.950	92.0	1.123	87.6	0.106

表4 大电站机组真机参数比较表

项目	方案一	方案二
机型	HLA153	HLD41
装机容量/MW	10.0	10.0
最大水头/m	102.9	102.9
最小水头/m	52.2	52.2
额定水头/m	76.0	76.0
台数	2	2
单机容量/MW	5.0	5.0
转轮直径/m	1.0	1.0
水轮机额定效率/%	90.2	89.1
水轮机额定出力/MW	5.21	5.21
额定转速/(r/min)	600	600
额定流量/(m^3/s)	7.8	8.0
水轮机允许吸出高度 H_s/m	1.29	−3.10
比转速 n_s/(m·kW)	194	194
比速系数 k	1691	1691

由表 3 和表 4 可以看出：HLA153 型转轮效率较高，空化性能方面，HLA153 型转轮较好，HLA153 和 HLD41 机型机组转速相同、转轮直径相当。

从利于机组高效、稳定运行、减少开挖量和节省投资等因素考虑，依据河口村电站的运行特点，大电站选择 HLA153 型转轮进行相关设计，水轮机比转速为 193m·kW。

5.2 小电站

根据小电站水轮机运行水头范围，国内可供选用的机型有 HLD74、HLA244、HLA286，其主要模型参数见表 5。经计算，真机参数比较见表 6。

表 5　小电站模型转轮主要模型参数表

模型转轮型号	适用水头/m	最优工况			限制工况		
		单位转速/(r/min)	单位流量/(m^3/s)	模型效率/%	单位流量/(m^3/s)	模型效率/%	临界空化系数
HLD74	50～80	79.0	1.080	92.7	1.247	89.4	0.143
HLA244	35～60	80.0	1.080	91.7	1.275	86.5	0.150
HLA286	≤75	77.5	1.005	92.7	1.185	88.6	0.113

表 6　小电站机组真机参数比较表

项目	方案一	方案二	方案三
机型	HLD74	HLA244	HLA286
装机容量/MW	1.6	1.6	1.6
最大水头/m	57.5	57.5	57.5
最小水头/m	29.0	29.0	29.0
额定水头/m	41.0	41.0	41.0
台数	2	2	2
单机容量/MW	0.8	0.8	0.8
转轮直径/m	0.55	0.55	0.57
水轮机额定效率/%	91.0	0.88	90.0
额定转速/(r/min)	1000	1000	1000
额定流量/(m^3/s)	2.31	2.38	2.33
水轮机质量/t	4.2	4.2	4.8
水轮机允许吸出高度 H_s/m	2.440	2.370	4.195
比转速 n_s/(m·kW)	280	280	280
比速系数 k	1792	1792	1792

由表 5 和表 6 可以看出：效率方面，HLD74 型转轮较高，HLA286 型转轮次之，HLA244 型转轮较低；过流能力方面，HLA244 型转轮大，HLD74 型转轮次之，HLA286 型转轮小；空化性能方面，HLA286 型转轮较好，HLD74 型次之，HLA244 型转轮较差。

综合比较效率、过流能力和空化性能等指标，小电站选用 HLD74 型转轮，水轮机比转速为 280m・kW。

6 吸出高度和机组安装高程

根据大电站所选择的转轮资料，大电站水轮机转轮空化系数 $\sigma_m=0.08$，取电站空化安全系数 $k_x=1.4$，装置空蚀系数 $\sigma_y=0.112$，计算出相应吸出高度 $H_s=1.29$m。按半台机流量对应尾水位 170.23m（半台机流量 $Q=3.9\text{m}^3/\text{s}$），并满足最低尾水位应淹没尾水管出口上缘 0.5m 以上，所需吸出高度为 0.9m，确定水轮机安装高程 171.20m。

根据小电站所选择的转轮资料，小电站水轮机转轮空化系数 $\sigma_m=0.1375$，取电站空化安全系数 $k_x=1.3$，装置空蚀系数 $\sigma_y=0.1787$，计算出相应吸出高度 $H_s=2.44$m，按尾水位为 215.00m（半台机流量 $Q=1.16\text{m}^3/\text{s}$），并满足水轮机尾水管出口的淹没水深大于 0.5m，确定安装高程 217.17m（主轴中心线）。

7 机组装置形式比选

大电站装置 2 台混流式水轮发电机，从单机容量分析主轴安装形式可以选择卧式或立式。从节省电站建筑物和设备投资、缩短安装工期等方面考虑，机组主轴安装形式采用卧式是有利的。但大电站发电引水系统引水管路长约 781.0m，经机组过渡过程计算，需要较大的机组转动惯量，卧式机组不易满足要求，因此推荐机组采用立轴布置方案。

小电站装置 2 台混流式水轮发电机组，单机容量仅为 0.8MW，单机容量较小，推荐采用卧轴布置方案。

8 推荐方案的机组参数

大、小电站水轮发电机组主要参数见表 7。

表 7　　大、小电站水轮发电机组主要参数表

项目	大电站	小电站
机组台数	2	2
水轮机型号	HLA153 - LJ - 100	HLD74 - WJ - 55
额定水头 H_r/m	76.0	41.0
最大水头 $H_{\max}$/m	102.9	57.5
最小水头 $H_{\min}$/m	52.2	29.0
水轮机额定效率 η_r/%	90.7	91.0
转轮直径 D_1/m	1.0	0.55
水轮机额定流量 Q_r/(m³/s)	7.8	2.31
水轮机额定出力 N_r/MW	5.26	0.842
比转速 n_s/(m・kW)	193	280
允许吸出高度 H_s/m	0.9	2.44

续表

项目	大电站	小电站
发电机型号	SF5000－10/2600	SFW800－6/1180
发电机额定功率/MW	5.0	0.8
额定转速 n_r/(r/min)	600	1000
发电机额定电压/kV	10.5	10.5
发电机额定效率/%	95.0	95.0
功率因数 $\cos\varphi$	0.8	0.8

9 结论

河口村水库的开发任务以防洪、供水为主，兼顾灌溉、发电、改善河道基流等综合利用。河口村水库电站设置大电站和小电站，两个电站的运行水头范围、机组安装高程、机组布置形式等均不同，以上因素均对机组转轮设计选型、参数选择以及厂房布置带来了较大的困难。

通过参数计算分析和比选，确定了水轮发电机组的各项设计参数。目前，主、辅机已经完成设备招标，厂房土建施工基本完成，正在进行机电设备的安装，首台机组预计将于2015年年底投产发电。

参考文献

[1] 水电站机电设计手册编写组．水电站机电设计手册[M]．北京：水利电力出版社，1989.

河口村水库工程施工条件简述

竹怀水，张瑞洵，宋双杰

（黄河勘测规划设计有限公司）

摘要：介绍了河口村水库工程区地形、地质条件及水文、气象条件。设计中，结合当地交通现状及规划情况，考虑了既满足施工期运输要求，又提高工程运行期防汛抢险可靠程度，还能够服务于地方等因素，对外交通选择新修坝址至裴村外线道路。根据工程布置特点、施工方法、施工机械配套和对外交通选用公路运输等特点，修建场内交通线路。经综合分析，河口村水库工程施工的交通、水电、通信、物资供应等条件优越，水文资料详尽，已具备工程施工的条件。

关键词：施工条件；地形；水文；交通条件；河口村水库

1 工程概况

河口村水库工程沿坝轴线从右往左依次为混凝土面板堆石坝、溢洪道、引水发电洞、1号泄洪洞及2号泄洪洞。电站厂房位于坝下游400.0m的左岸，布置有大、小电站厂房。大坝为1级建筑物，泄洪洞、溢洪道、发电洞进口为2级建筑物，发电洞、电站厂房为3级建筑物，临时建筑物级别为4级。

混凝土面板堆石坝最大坝高为122.50m，坝顶长度为530.0m，坝顶宽9.0m，上游坝坡坡比为1∶1.5；下游坝坡设6.0m宽的“之”形上坝公路，综合边坡坡比为1∶1.685。溢洪道为3孔净宽15.0m的开敞式，由引渠、控制闸、泄槽和挑流鼻坎4部分组成，总长度174.0m。泄洪洞由引渠段、进口闸室、洞身和出口段组成，设高位洞和低位洞。低位洞为1号泄洪洞，进口高程为195.00m（设2个事故检修门和2个弧形工作门）；高位洞为2号泄洪洞，进口高程为210.00m（设1个事故检修门和1个弧形工作门）。两洞断面均为城门洞形，断面尺寸为9.0m×13.5m（宽×高），出口采用挑流消能形式，洞身长分别为600.0m、616.0m。发电引水建筑物由塔式进水口、拦污栅、分层事故门及门井、工作门及门井、主洞、上下厂房、岔管等组成，装机4台，总装机容量为11.6MW（2台×5.0MW和2台×0.8MW）。主洞洞径为3.5m，洞身长692.88m。

该工程土石方开挖总量为396.6万m^3，大坝总填筑量约600万m^3，混凝土总量为53万m^3，金属结构4326t。

2 地形、地质条件

坝址区位于河口村以上、吓魂滩与河口滩之间，长约2.5km。河谷呈两端南北向、中间近东西向的反S形展布。坝线位于龟头山北侧，河谷底宽134.0m，坝顶河谷宽

450.0m。河床深槽基岩面高程为131.06m左右，覆盖层为含漂石砂卵石层夹黏性土及沙层透镜体，最大厚度为41.87m，混凝土面板趾板基础覆盖层最大厚度为36.76m。右坝肩古河道残留宽10.0m，堆积物厚约5.0m。坝址处为高山峡谷，地形陡峭，施工道路布置比较困难。距坝址右岸下游1.0km左右的河口滩地，面积约16.8万m^2；距坝址左岸下游1.6km左右的金滩滩地，面积约3.1万m^2。两滩地现状高程均位于天然河道20年一遇洪水水位以上，适宜布置施工生产设施，也可以布置临时堆料场地。从安全角度考虑，施工生活及文化福利设施可以布置在靠近河口滩地的阶地上，面积约2.4万m^2。坝址上游右岸亦有部分滩地可作为临时场地使用。

3 水文、气象条件

河口村坝址以上沁河流域属副热带季风区。冬季受蒙古高压控制，气候干燥、寒冷。春季很少受西南季风影响，雨量增加有限。夏季雨量集中，7—8月雨量占全年的40%以上，最大月雨量出现在7月，最高温度出现在雨季开始之前。据济源气象站1971—2000年资料统计，坝址区多年平均降水量为600.3mm，年平均气温为14.3℃，1月平均气温（为0.2℃）最低，极端最低气温为－18.5℃，7月平均气温（为27.0℃）最高，极端最高气温出现在6月，达42.0℃。年平均蒸发能力为1611.2mm。无霜期为180d左右。

坝址以上控制流域面积为9223km^2，占沁河流域面积的68.2%。沁河径流主要由降水形成，7—10月为汛期，11月至翌年6月为非汛期。一次洪水历时均在5d之内，洪峰陡涨陡落，呈单峰型或双峰型，洪量集中。经水文分析，坝址20年一遇洪峰流量为3100m^3/s，50年一遇洪峰流量为4580m^3/s，200年一遇洪峰流量为7200m^3/s，非汛期20年一遇洪峰流量为31.8m^3/s。

4 交通条件

4.1 对外交通条件

坝址右岸约11.0km有济（济源）阳（阳城）公路通过，且有低等级公路连接至坝址；坝址左岸下游约9.0km有207国道及二广高速（内蒙古自治区二连浩特市—广州）通过，并有乡间简易道路连接至坝址；坝址南距焦枝铁路约9km，与济源市、洛阳市、焦作市和新乡市均有公路、铁路相通，对外交通条件较好。

工程对外交通运输方案选择公路运输。现有上述道路因沿线村庄密集，且地处煤矿塌陷区，故不能满足施工期外来物资运输要求。设计中，结合当地交通现状及规划情况，考虑到既要满足施工期运输要求，又要提高工程运行期防汛抢险可靠程度，还能够服务于地方等因素，对外交通选择新修坝址至裴村外线道路。该路全长约10.5km，等级为公路三级，为沥青混凝土路面，路基宽8.5m，路面宽7.0m。

4.2 场内交通条件

工程区除有一条经过河口电站至上游拴驴泉小电站的引沁济蟒干渠简易检修便道外，没有可供施工的现有道路。根据工程布置特点、施工方法、施工机械配套和对外交通选用公路运输等特点，按照前期施工与后期施工、临时道路与永久道路、施工与运行管理三结合的原则，规划新建干线施工道路12条，总长15.9km，分别通向左右岸的大坝、溢洪道、泄洪洞进出口、引水发电洞及厂房、业主营地、变电站、导流洞等。根据使用功能、担负任务量大小，道路级别分矿Ⅱ级和矿Ⅲ级两种，均为泥结碎石路面。矿Ⅱ级道路路面宽7.0m，总长10.9km；矿Ⅲ级道路路面宽6.5m，总长5.0km。工程完工后，将把通往左右坝肩、溢洪道、泄洪洞进口、电站厂房、业主营地、变电站的道路路面改建为沥青混凝土路面，以满足运行管理、度汛抢险、旅游观光之交通需要，改建路段总长8.7km。

5 建筑材料及资源条件

（1）工程周边有济源、洛阳、焦作及郑州等大中城市，并分布有济源太行水泥有限公司、焦作坚固水泥有限公司、洛阳铁门水泥有限公司，济钢、安钢、沁北电厂、首阳山电厂等大型厂家，因此工程建设所需要的钢材、水泥、粉煤灰、火工材料等均可足额供应。

（2）工程区内选择土料场2处，石料场1处，粗细骨料均采取现场加工方式获得。

（3）工程距离济源市、洛阳市较近，人口众多，人力和生活物质供应充足。

（4）目前有线电视、电话、网络以及无线通信都已经覆盖本区域，通信条件优越。

（5）工程距洛阳较近，洛阳为工业城市，工矿企业较多，技术力量雄厚，如洛阳矿山机械厂、洛阳第一拖拉机厂和洛阳工程机械厂等，可为施工机械修理和金属结构加工提供服务。

（6）供水。坝址区的河水、孔隙水、基岩裂隙水皆属弱碱性淡水，对混凝土皆无腐蚀性。没有超出污染技术指标，基本上均能满足饮用水的要求。因此，生产生活用水可以打井或提取河水。

（7）供电。克井镇现有110kV变电站，距坝址约15.0km，五龙口镇郑村有35kV变电站。目前，坝址下游右岸有河口小电站，装机3台×3600kW，运行平稳。工程高峰用电量约6700kW，选择了T接堽头110kV变电站—河口水电站35kV线路。设变电站1座，变电站设2台SZ10－5000/35主变压器，电压35kV，容量10000kV·A，配电电压10kV，用6回线路分别送至各负荷中心。该变电站在工程前期为施工变电站，待水库建成后将作为厂坝用电的备用电源。

河口村水库工程施工的交通、水电、通信、物资供应等条件优越，水文资料详尽，其设计经多年充分论证，目前工程施工已顺利开展。

沁河河口村水库工程施工总进度计划安排综述

陈友平　竹怀水　宋克天

（黄河勘测规划设计有限公司）

摘要： 河口村水库深覆盖层面板堆石坝基础处理程序复杂、难度大，堆石坝临时断面多，导流度汛对各期坝体填筑高程有严格要求，部分永久泄洪系统由导流洞改建而成，施工交叉干扰大，细致周密的进度规划有利于加强控制和指导施工，保证建设项目均衡、有序进行，实现工程工期目标。为此，对工程项目初步设计各期进度安排和可行性分析作简要介绍。

关键词： 河口村水库；进度安排；进度分析；工期

1 概述

河口村水库工程是一座以防洪、供水为主，兼顾灌溉、发电、改善河道基流等综合利用的大（2）型水利枢纽，沿坝轴线从右往左依次为混凝土面板堆石坝、溢洪道、引水发电洞、1号泄洪洞及2号泄洪洞，电站厂房位于坝下游400.0m的左岸，布置有上、下厂房。面板堆石坝最大坝高122.50m，1号泄洪洞洞身长600.0m，断面9.0m×13.5m（宽×高），2号泄洪洞由导流洞经龙抬头改建而成，洞身长616.0m，断面9.0m×13.5m，溢洪道为3孔净宽15.0m的开敞式溢洪道，电站装机4台，总装机容量11.6MW，发电洞主洞洞径3.5m，洞身长692.88m。

工程土石方开挖约327万m^3，石方洞挖约32万m^3，土石方填筑约638万m^3，混凝土浇筑约51万m^3，主要工程量见表1。

表1　河口村水库主要工程量表

项目	单位	主体工程	临建工程	合计
土石方明挖	万m^3	301.54	25.95	327.49
石方洞挖及井挖	万m^3	25.92	6.48	32.40
土石方填筑	万m^3	617.11	20.85	637.96
混凝土	万m^3	43.89	6.62	50.51
喷混凝土	万m^3	2.21	0.28	2.49
钢筋/锚筋	t	21193	2333	23526
金属结构	t	4074.5	252	4326.5

2 建设工期安排

河口村水库2007年年底前期工程开工，拟2011年11月截流，2014年1月具备供水条件，同年2月第一台机组发电。根据目前筹建工程进展情况，建设工期调整为：筹建期24个月，从2008年1月至2009年12月；准备期26个月，从2009年9月至2011年10月；主体工程施工期27个月，从2011年11月至2014年1月；完建期7个月，从2014年2—8月。工程总工期（不计筹建期）60个月，供水工期53个月，第一台机组发电工期54个月。

3 施工总进度安排

3.1 筹建工作进度安排

由于场内交通公路、桥梁、供水等工程规模较大，将部分准备工程列入筹建期，以使主体工程尽早开工。目前筹建工程已全面开工建设，施工供水、供电、通信已完成并投入运行，业主营地已经建成并入住，对外交通道路、连接两岸交通的金滩大桥已经通车，场内干线道路也全面贯通。筹建工作计划于2009年12月完成，满足准备工程开工条件。

3.2 准备期项目进度安排

本期控制进度为2010年8月导流洞出口边坡开挖，2011年11月截流，2011年12月大坝基坑具备开挖条件。

导流洞于2010年8月开工，2010年12月进口工作面具备洞挖条件，2010年11月出口工作面具备洞挖条件，2011年10月导流洞贯通，2011年11月截流，上下游围堰10月进占，12月初防渗墙完工，12月底围堰达到设计高程。

砂石料加工系统、混凝土生产系统于2011年2月投产，满足导流洞衬砌时间要求。

大坝岸坡开挖从2011年1月开始，至2011年7月完成178.00m高程以上坝肩开挖，并完成岸坡部位趾板混凝土浇筑。

根据工程导流度汛要求，1号泄洪洞必须在2012年汛前完成并参与泄洪，因此安排提前开工，考虑到1号泄洪洞出口同导流洞出口相距较近，为了避免施工干扰，安排与导流洞同时开工，于2010年8月进行出口边坡开挖，2010年11月具备洞挖条件，2011年截流前完成K0＋100～K0＋500洞挖及部分衬砌。进口边坡开挖于2010年12月开始，2011年7月具备洞挖条件，截流前完成K0＋000～K0＋100洞挖及衬砌。

2号泄洪洞龙抬头段进口边坡开挖同1号泄洪洞进口边坡开挖同时进行，截流前完成龙抬头段K0＋000～K0＋080洞挖及衬砌，预留约80.0m长岩塞，待导流洞下闸后挖除。

3.3 主体工程施工期项目进度安排

本期控制进度为2011年12月基坑开挖，2012年6月坝体临时断面填筑至225.50m高程，临时断面拦挡50年一遇洪水，2013年12月导流洞封堵，2014年1月蓄水至220.00m，具备供水条件。

大坝基坑开挖于2011年12月初至2012年1月底进行，同时进行坝体下游排水带填筑，2012年1月进行坝基砂卵石强夯处理，2012年1月中旬开始坝体一期临时断面填筑，设 2 个台阶，临时断面顶高程为 225.50m，台阶高程分别为 195.50m 和 172.00m；二期全断面填筑至 238.50m 高程，三期全断面填筑至 286.00m 高程，四期为坝顶部分填筑，顶高程为 288.50m。混凝土面板分两期施工，一期面板待坝体一期、二期填筑完成后开始，安排在 2013 年 3—4 月进行，浇筑至 233.00m 高程，具备拦挡 2013 年汛期洪水以及供水、发电水位要求，2013 年汛前完成坝前粉质黏土填筑及堆渣。二期面板待坝体三期填筑完成并沉降 3 个月后开始，同时避开寒冷季节（12 月至次年 2 月），安排在 2014 年 3—4 月进行，浇筑至 286.00m 高程。

1 号泄洪洞进行洞身衬砌、塔架、进出口混凝土浇筑及金结安装，于 2013 年 5 月完成。

2 号泄洪洞进行塔架、进出口混凝土浇筑及金结安装，于 2013 年 5 月完成。

溢洪道（包括滑坡体开挖）于 2012 年 1 月开工，部分石方开挖料直接上坝填筑坝体二期次堆石，安排在二期坝体填筑同时进行，2013 年 11 月完成混凝土浇筑。

发电洞于 2011 年 6 月开工，上平段由进口工作面进行施工，下平段由出口工作面进行施工，斜洞段施工待上、下平段施工完成后进行，发电洞施工于 2013 年 9 月完成。

地面厂房（大机组）于 2012 年 1 月开工，混凝土浇筑于 2013 年 12 月完成，第一台机组安装从 2013 年 6 月开始，至 2013 年 12 月底，第一台机组安装完成，2014 年 2 月完成第二台机组安装并发电。

地面厂房（小机组）于 2012 年 11 月开工，混凝土浇筑于 2013 年 9 月完成，第一台机组安装从 2013 年 8 月开始，至 2013 年 12 月底，第一台机组安装完成，2014 年 1 月蓄水至 220.00m 高程，具备向沁北电厂供水条件，2014 年 2 月完成第二台机组安装并发电。

3.4 完建期项目进度安排

工程完建期自 2014 年 2—8 月，共 7 个月。剩余机组安装于 2014 年 2 月完成，导流洞封堵于 2014 年 4 月完成，2 号泄洪洞预留岩塞段施工于 2014 年 4 月完成，2 号泄洪洞出口挑流鼻坎改建于 2014 年 6 月完成，坝顶防浪墙施工于 2014 年 7 月完成，坝体四期填筑于 2014 年 7 月完成，坝顶道路等附属工程的施工于 2014 年 8 月完成。

4 施工总进度可行性分析

工程关键线路为：导流洞进、出口开挖→导流洞洞身施工→河床截流→围堰二期防渗墙施工→大坝基坑开挖及处理→坝体一期、二期、三期填筑→二期面板浇筑→坝顶防浪墙施工→坝体四期填筑→坝顶道路施工等附属工程的施工。

由于导流洞下闸改建场面小、体型复杂、工序较多，而且必须于一个非汛期完成，因此还应注意另外一条次关键线路的工作，即导流洞进、出口开挖→导流洞洞身施工→河床截流→围堰二期防渗墙施工→大坝基坑开挖及处理→坝体一期、二期填筑→一期面板浇筑→导流洞下闸→龙抬头预留的岩塞开挖→导流洞封堵及龙抬头预留的岩塞段混凝土衬砌→2 号泄洪洞出口挑流鼻坎改建。

工程的施工重点为面板堆石坝基础处理及坝体填筑，施工难点为 2012 年汛前坝体需填筑到临时挡水高程，基坑内施工工程序多，交叉干扰大，坝体填筑强度高。进度安排的重点是对施工项目进行全面系统的分析，研究关键项目的施工强度和相应的保证措施。

4.1 筹建期进度分析

业主采取各种加强筹建工作措施，将筹建工作分三期进行，第一期为外线路（小外线），场内3号路、营地、临时供水；第二期为1号、2号公路、金滩大桥、临时供电工程；其余4～10号场内道路、外线路及导流洞为第三期。到目前为止，第一期、第二期工程已经完工，第三期工程正在进行施工，目前的进度不会对2010年8月导流洞开工造成影响。

4.2 准备期项目进度分析

准备期控制进度的项目为导流洞施工，导流洞最大开挖断面为13.2m×17.7m（宽×高），总长约740.0m，洞挖平均进尺约65.0m/月，开挖强度1.31万m^3/月，边、顶拱衬砌综合进尺约94.0m/月，衬砌0.51万m^3/月，洞挖进尺比国内平均先进水平略低，衬砌进尺较单台钢模台车效率略高，单台进尺无法满足时，可以通过增加台车或采取其他方式解决。

4.3 主体工程施工期项目进度分析

主体工程施工控制项目为混凝土面板堆石坝工程，其特点是工程量大、分区多，同时要满足不同时期度汛要求，坝体临时断面较多，截流后第一个汛前的枯水期，坝体临时断面要填筑至拦挡50年一遇洪水的225.50m高程，基坑覆盖层开挖强度22.23万m^3/月，基坑石方开挖强度3.27万m^3/月，坝基砂卵石强夯强度2.57万m^2/月，趾板混凝土浇筑0.07万m^3/月，防渗墙施工0.09万m^2/月，坝体平均填筑强度25.22万m^3/月，高峰强度30.26万m^3/月，临时断面平均上升速度为11.0m/月。填筑强度为国内同类工程平均水平，但上升速度较快，而且坝体填筑与基础处理交叉进行，因此要采取一些必要的措施，保证坝体安全度过截流后的第一个汛期。

（1）加强现场施工组织，利用面板堆石坝施工仿真研究成果，为施工组织提供科学依据和可靠的参数。

（2）加强截流前的准备工作，尽量争取提前截流，为汛前坝体临时断面填筑至挡洪高程争取工期。

（3）截流前完成料场覆盖层的剥离，完成砂石料系统建设并投入运行，提前加工坝体一期填筑所需要的垫层料。

（4）由于块石料场和人工骨料场同属一个料场，因此要提前做好料场开采规划，避免施工干扰。

（5）截流前进行料场爆破开采和坝体碾压试验，为截流后坝体持续高强度填筑提供科学依据。

5 结论

河口村水库施工总进度安排以关键线路为主线，以关键项目为重点，借助P3软件的先进网络技术和资源加载功能，均衡安排各单项工程。为确保工程的顺利建设，经过设计深化和优化，并重视和加强前期工程项目，合理分标，采取有效的技术和安全措施，科学管理和精心组织施工，该工期目标是可行的。

河口村水库工程分标方案研究

竹怀水　宋双杰　陈友平

（黄河勘测规划设计有限公司）

摘要：河口村水库工程是一座以防洪、供水为主，兼顾灌溉、发电、改善河道基流等综合利用的大（2）型水利枢纽，位于黄河一级支流沁河峡谷段出口以上约 9.0km 处。根据工程布置特点和建筑物组成情况，结合施工技术特点，提出了主体工程施工的分标方案。

关键词：河口村水库；施工；分标方案

1　工程概况

河口村水库工程位于黄河一级支流沁河峡谷段出口五龙口以上约 9.0km 处，属济源市克井镇境内，距济源市 22.0km。工程沿坝轴线从右往左依次为混凝土面板堆石坝、溢洪道、引水发电洞、1 号泄洪洞及 2 号泄洪洞。电站厂房位于坝下游 400.0m 的左岸，布置有大、小电站厂房。大坝为 1 级建筑物；泄洪洞、溢洪道、发电洞进口为 2 级建筑物；发电洞、电站厂房为 3 级建筑物；临时建筑物级别为 4 级。

混凝土面板堆石坝最大坝高 122.50m，坝顶长度 530.0m，坝顶宽 9.0m，上游坝坡 1∶1.5；下游坝坡设 6.0m 宽的“之”形上坝公路，综合边坡 1∶1.685。

溢洪道为 3 孔净宽 15.0m 的开敞式，由引渠、控制闸、泄槽和挑流鼻坎 4 部分组成，总长度 174.0m。

泄洪洞由引渠段、进口闸室、洞身和出口段组成，设高位和低位两条。低位洞为 1 号泄洪洞，进口高程为 195.00m（设 2 个事故检修门和 2 个弧型工作门）；高位洞为 2 号泄洪洞，进口高程为 210.00m（设 1 个事故检修门和 1 个弧型工作门）。两洞断面均为城门洞型，断面尺寸 9.0m×13.5m（宽×高），出口采用挑流消能形式，洞身长分别为 600.0m、616.0m。

发电引水建筑物由塔式进水口、拦污栅、分层事故门及门井、工作门及门井、主洞、上下厂房、岔管等组成，装机 4 台，总装机容量 11.6MW（2 台×5.0MW 和 2 台×0.8MW）。主洞洞径 3.5m，洞身长 692.88m。

工程土石方开挖总量 396.6 万 m^3，其中，利用 309.8 万 m^3，弃渣 86.8 万 m^3。大坝总填筑量约 600 万 m^3，混凝土总量 53 万 m^3，金属结构安装 4326t。

2　施工组织方案

2.1　施工条件

（1）施工交通条件。坝址右岸约 11.0km 有济（济源）阳（阳城）公路通过，且有低等级公路连接至坝址；坝址左岸下游约 9.0km 有 207 国道及二广高速（内蒙古自治区二连浩特市—广州）通过，并有乡间简易道路连接至坝址；坝址南距焦枝铁路约 9.0km，与济源市、洛阳市、焦作市和新乡市，均有公路、铁路相通。工程对外交通运输方案选择公路运输，设计中，结合当地交通现状及规划情况，考虑了既满足施工期运输要求，又提高工程运行期防汛抢险可靠程度，还能够服务于地方等因素，选择新修坝址至裴村外线道路。该路全长约 10.5km，为三级公路，沥青混凝土路面，路基宽 8.5m，路面宽 7m。

根据工程布置特点、施工方法、施工机械配套和对外交通选用公路运输等特点，按照前期施工与后期施工、临时道路与永久道路、施工与运行管理三结合的原则，场内交通道路，共规划新建干线施工道路 12 条，总长 15.9km，分别通向左右岸的大坝、溢洪道、泄洪洞进出口、引水发电洞及厂房、业主营地、变电站、导流洞等建筑物，道路等级为矿Ⅱ级，泥结碎石路面宽 7.0m，总长 10.9km；矿Ⅲ级泥结碎石路面宽 6.5m，总长 5.0km。

（2）水、电、通信条件。对坝址区的河水、河床砂卵石孔隙水、基岩裂隙水水质分析，属弱碱性淡水，坝址区地表水及地下水对混凝土皆无腐蚀性。按已有分析项目，水质总硬度为中等硬水，固形物小于规定容许值，没有超出污染技术指标。

克井镇现有 110kV 变电站，距坝址约 15.0km；五龙口镇郑村有 35kV 变电站；目前于坝址下游右岸有河口小电站，装机 3 台×3600kW，属于引水发电，运行平稳。工程高峰用电量约 6700kW，可优先考虑使用河口电站。

目前有线电视、电话、网络以及无线通信都已经覆盖本区域，通信条件优越。工程附近洛阳、济源及焦作等工业城市，分布有大中型工矿企业和水泥、粉煤灰、火工材料生产企业，可以提供建筑材料及加工修配服务。

（3）料场、渣场选择。工程设置渣场共 3 处，石料场 1 处，土料场 2 处，均有道路相通。设临时堆料场 2 个，大部分开挖渣料均用于围堰填筑、坝后压戗区填筑使用。

2.2 施工导流

初期采用河床一次断流，枯水期围堰挡水，隧洞导流的方式；中期采用坝体临时挡水度汛，导流洞和 1 号泄洪洞导流的方式；后期采用坝体挡水度汛，两条泄洪洞导流的方式。

上、下游围堰均采用土石围堰，按 20 年一遇洪水重现期标准设计。导流洞断面为城门洞型，尺寸 9.0m×13.5m（宽×高），洞身长 740.0m。截流采用单戗堤单向进占，立堵截流方式。

2.3 施工布置

砂石加工系统布置在石料场东侧的山凹台地上，混凝土生产系统布置在大坝下游右岸河口滩滩地上。综合加工厂分两处布置，1 号综合加工厂布置在河口滩西侧的阶地上，主要为大坝工程施工服务；2 号综合加工厂布置在金滩滩地上，主要为泄洪和发电工程施工服务；其他工厂均布置在河口滩滩地上。

生活福利设施和办公总建筑面积为 24000m^2，占地面积为 54500m^2。业主营地布置在河口村东侧阶地上；施工营地分两处布置，1 号施工营地布置在河口村东侧阶地上，主要为大坝工程营地；2 号施工营地布置在金滩滩地上，主要为泄洪和发电系统工程营地；综合仓库集中布置在 1 号道路旁。

2.4 施工进度

工程计划施工总工期60个月，其中，工程准备期26个月，主体工程施工期27个月，完建期7个月。工程筹建期24个月，不列入总工期。

工程关键线路：导流洞进、出口开挖→导流洞洞身施工→河床截流→围堰二期防渗墙施工→大坝基坑开挖及处理→坝体一期、二期、三期填筑→二期面板浇筑→坝顶防浪墙施工→坝顶道路等附属工程施工。

3 分标依据

(1) 工程建筑物组成及特点。

(2) 前期工程实施情况。

(3) 相关审批文件的要求。

(4) 建设单位对工程分标的建议和意见。

4 分标原则

(1) 有利于竞争、有利于业主管理和控制。

(2) 有利于专业化施工。

(3) 有利于采用先进的施工机械和先进的施工技术。

(4) 工程施工场地有限，标段数量宜适当控制。

(5) 安装工程规模不大，工程量较小，原则上纳入相关的土建工程标。

(6) 主体工程安全监测及砂石加工系统单独成标。

(7) 分标方案研究应充分考虑勘测、设计工作和招标、投标工作的进度协调一致。

5 分标方案

5.1 分标方案选择与比较

根据上述原则，以及工程的布置及组成特点、工程施工主要内容，初步将土建及安装工程分4个方案进行比较（见表1、表2）。

表1 分标方案表

序号	七标段方案	八标段方案	十标段方案	十一标段方案
1	导流洞土建及安装工程标	导流洞土建及安装工程标	导流洞土建及安装工程标	导流洞土建及安装工程标
2	泄洪洞土建及安装工程标	泄洪洞进口土建及安装工程标	泄洪洞进口土建及安装工程标	泄洪洞进口土建及安装工程标
3	大坝工程标	1号泄洪洞土建及安装工程标	1号泄洪洞土建工程标	1号泄洪洞土建工程标
4	溢洪道土建及安装工程标	大坝工程标	大坝岸坡开挖工程标	大坝岸坡开挖工程标
5	引水发电系统土建及安装工程标	溢洪道土建及安装工程标	大坝工程标	大坝工程标

续表

序号	七标段方案	八标段方案	十标段方案	十一标段方案
6	安全监测工程标	引水发电系统土建及安装工程标	引水发电系统土建及安装工程标	引水发电系统土建及安装工程标
7	砂石骨料加工系统工程标	安全监测工程标	溢洪道土建及安装工程标	溢洪道土建及安装工程标
8		砂石骨料加工系统工程标	灌浆工程标	灌浆工程标
9			安全监测工程标	安全监测工程标
10			砂石料加工系统工程标	砂石料加工系统工程标
11				基础处理工程标

表 2　　分标方案比较表

方案	优点	缺点
七标段方案	（1）各建筑物相对独立，干扰小； （2）任务清楚，责任明确，便于质量管理； （3）主要标段投资较大，易吸引技术力量和管理水平较强单位竞标	（1）标段间投资相差较大，不够均衡； （2）泄洪洞系统标段投资额度大，且属于关键项目，进度控制严格，有一定风险； （3）大坝施工标段投资额度大，且施工内容多而复杂，含有基础处理、灌浆、强夯等专业性较强施工技术，质量和进度控制难度大
八标段方案	（1）各建筑物相对独立，干扰小； （2）任务清楚，责任明确，便于质量管理； （3）将泄洪洞系统分标段实施，易吸引技术力量和管理水平较强单位竞标；进度控制难度降低	（1）标段间投资相差较大，不够均衡； （2）泄洪洞系统分标段实施，存在进口工作面交接问题，时间控制较严格，协调难度较大； （3）大坝施工标段投资额度大，且施工内容多而复杂，含有基础处理、灌浆、强夯等专业性较强施工技术，质量和进度控制难度大
十标段方案	（1）项目相对独立，干扰小，责任明确； （2）主要标段投资相对均衡，利于市场竞争； （3）专业性较强的项目单独成标，利于质量控制	（1）泄洪洞标较大，进度控制风险大； （2）标段划分较多，招投标工作量大，现场协调较多，管理范围大； （3）大坝施工标段投资额度大，且施工内容多而复杂，含有基础处理、灌浆、强夯等专业性较强施工技术，质量和进度控制难度大
十一标段方案	（1）项目相对独立，责任范围明确； （2）主要标段投资相对均衡，利于市场竞争； （3）专业性较强的项目单独成标，利于质量控制	（1）泄洪洞标较大，进度控制风险大； （2）标段划分较多，招投标工作量大，现场协调较多，管理范围大； （3）大坝施工标段投资额度大，且施工内容多而复杂，含有基础处理、灌浆、强夯等专业性较强施工技术，质量和进度控制难度大； （4）防渗墙施工与大坝施工干扰很大，协调困难，且处在关键线路，风险较大

5.2 推荐分标方案

通过以上分析，结合施工总进度计划情况，七标段中泄洪系统、大坝工作内容复杂，工作量大，且泄洪系统对导流和度汛影响明显，施工单位需要投入的各类设备数量多，风险较大；八标段解决了七标段的泄洪系统过大问题，降低风险，但是大坝工程依然很大，战线较长。十标段方案具有项目相互独立性较强、责任范围明确、在施工时段内场地独立性强、相互干扰小等特点；岸坡开挖独立成标且提前实施，有利于业主后期择优选择大坝主体施工承包商；泄洪系统进口独立成标，其与洞身分开招标，可以降低按期截流风险，利于专业性较强的承包人竞标。十一标段将大坝防渗墙及其帷幕灌浆以及上游围堰防渗墙作为单独标段划分，虽然可以引入专业性强的队伍施工，提高质量的保证程度，但因基础强夯与防渗墙施工干扰较大，特别是一旦任何一方出现质量问题时认定困难，处理难度大，不仅会给工程进度造成被动，还可能影响工程度汛或运行。因此推荐十标段方案。

P3软件在河口村水库施工总进度编制中的应用

陈友平　王　伟　杨应军

（黄河勘测规划设计有限公司）

摘要：河口村水库包括挡水建筑物、泄水建筑物、发电建筑物以及临时建筑物等，施工项目众多，施工程序复杂，交叉干扰大。结合工程施工总进度的编制，采用P3项目管理软件进行施工总进度计划的编制，提高了施工总进度设计的效率。随着P3软件的推广应用，将给编制详尽、科学的计划提供便利。

关键词：河口村水库；P3；施工总进度；应用

1　P3软件的功能和特点

P3是最早的、专业级的基于CPM的项目管理软件，P3系列软件已成为项目管理的行业标准。一是P3能同时管理多个工程；二是P3能有效控制大型、复杂项目；三是通过信息编码和WBS对工程数据进行结构化组织；四是网络图（PERT）；五是费用管理办法：利用费用科目对项目的费用进行单价/成本分析，盈利分析；六是资源管理办法：利用先进的资源平衡来优化资源计划；七是方案分析选择与优化计划：P3有丰富、直观的图形反映工程数据，P3独特的总体更新功能可快速而又方便地修改工程数据；八是报告工程进展：P3提供150多个可自定义的报告和图形。

2　进度计划建立

2.1　工程信息输入

工程信息需要输入该工程的代码、工程名称、公司名称、计划单位、每周工作天数、小数位数、每周开始于星期几以及工程开始时间和必须完成时间等。河口村水库工程代码为HEKC，计划单位为天，每周工作天数为了进度计算及显示的方便，取7d，每周开始于星期一，小数位数取2位，工程开始时间初步定为2008年1月1日，必须完成时间根据进度计算的最长路径确定，建立工程时先空缺。

2.2　WBS建立

WBS是将工程按不同层次进行分解，便于将复杂的工程项目进行分级管理，便于在不同层次进行分析、汇总。河口村水库WBS编码根据项目特点划分见图1。

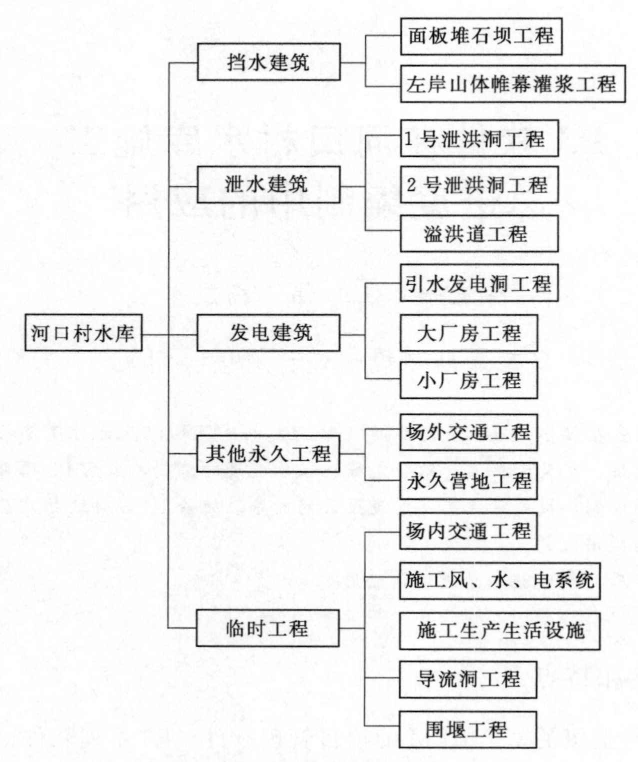

图1　河口村水库WBS编码图

2.3　输入作业数据

2.3.1　作业代码

作业代码在一个工程中是唯一的，不能重复，新作业代码的插入方式通过“插入作业方式”设置修改；在打开工程时选择“独占使用”即可修改已有的作业代码；如果需要大规模修改，可以通过复制作业后删除选中的作业，粘贴时选择粘贴外部关系且全部重新编排，即可得到按顺序编排的作业。

2.3.2　作业工期

作业工期的输入方式有两种，一种是已知开始和完成时间，确定工期；另外一种是直接输入原定工期，施工总进度编排常用的做法是根据工作面计算或类比，直接输入原定工期。

2.3.3　作业类型

作业类型共9种，河口村水库工程中用到的有任务作业和里程碑作业。其中，里程碑作业有工程开工、河床截流、导流洞下闸、具备供水条件、首台机组发电等。

2.3.4　逻辑关系

P3计划是单代号的网络计划，作业逻辑关系共4种，包括完工-开工（FS）、开工-开工（SS）、完工-完工（FF）、开工-完工（SF）。河口村水库工程中4种逻辑关系全部用到，其中，最常用的是FS关系。

2.3.5 作业分类码

作业分类码建立的目的是通过不同的编码，随心所欲地组织、汇总、过滤、提取所需的工程数据，分类码可以按总进度计划的作用，根据需要建立，比如按建筑物类型建立（如大坝、渠道、隧洞、渡槽等），也可以按施工分区建立，还可以按标段建立，编码越多，用起来越方便，特别是项目类型多，作业量大的工程，作业分类码的灵活运用，能够大大丰富施工总进度计划的内涵，并起到事半功倍的效果。

河口村水库工程结合施工总布置分区情况以及考虑分标方案，设置了施工分区分类码以及分标方案分类码。施工分区分类码的设置，提高了分区强度及工程量的查询及汇总速度，方便、快捷地为施工组织设计其他专业提供所需的分区工程量及强度指标。分标方案分类码设置以及在作业中的加载成功后，通过P3程序数据组织功能，能够快速地从施工总进度中生成各分标进度，使招标设计的进度和初步设计进度紧密结合，使各标的进度和总进度协调一致，为安排各标的标书编制、招标时间等提供依据。

2.3.6 资源

资源包括人、材、机，广义上也包括工程量，在施工总进度计划中，最常用的资源是工程量，在定义资源中，输入工程所用到的工程量编码，通过在作业中加载编码及数量，P3软件可以根据生成的施工强度对作业时间安排作出调整，以便得出更为优化的进度计划。工程量的加载可以通过总体更新选项、编辑公式来从自定义数据项中获取，也可以直接在作业的资源选项中输入预算数量。

2.4 数据输出

2.4.1 施工进度

P3进度计划常用的形式有：横道图和网络图。横道图一般只显示作业的开始和完成时间，不显示逻辑关系。网络图包括时标网络图和纯逻辑网络图，时标网络图是在横道图的基础上添加逻辑关系，是工程上最为常用的表达方式，直观易懂。纯逻辑网络图由于是在一个框格内显示作业数据，无法直观地显示工期的长短，因此，只在有特殊要求的时候才使用，河口村水库工程施工总进度采用的是时标网络图。

2.4.2 关键线路图

在P3软件中，能通过已建立的逻辑关系，并根据设置的视图形式，自动标识关键线路，在本工程中，关键线路图直接在时标网络图中通过深颜色横道标识，区别于非关键线路的浅色横道。

2.4.3 强度曲线

P3软件能通过加载的工程量，自动形成强度曲线，如：土石方开挖强度、混凝土浇筑强度、土石方填筑强度以及劳动力强度等。

2.4.4 分年度施工进度指标表

P3软件能通过加载的工程量以及劳动力定额指标，利用总体更新功能，自动计算劳动力用量。简要步骤如下：①通过工程量和工期生成施工强度；②根据工作项目查询水利定额加载工日指标；③根据施工组织设计手册确定劳动力系数；④在总体更新中编辑公式生成劳动力用量。

利用软件自带的丰富的报表功能，输出到 Excel 表格中，自动统计分年度施工强度及分年度工程量，并通过分年度、分类工程量统计以及施工指标，粗估风、水、电负荷曲线以及分年度材料及设备用量。

2.4.5 其他图表

P3 软件具有丰富的图表功能，可以制作工程项目的各种分析、汇总报表。除了上面提到的时标网络图、纯逻辑网络图、关键线路图、强度曲线图等，还可以根据不同的层次，不同的分类，通过筛分、汇总，形成如进度报表、作业矩阵报表、流量报表等。另外，有些汇总图表也可将工程数据输出用 Excel 等软件来制作。

河口村水库工程管理设计研究

徐　庆　竹怀水　宋双杰

（黄河勘测规划设计有限公司）

摘要：河口村水库工程位于流经河南省济源市克井镇境内的黄河一级支流沁河峡谷段，属新建大（2）型水利枢纽，其开发任务以防洪、供水为主，兼顾灌溉、发电、改善河道基流，也是黄河下游防洪体系和水沙调控体系的重要组成部分。为充分发挥工程的综合效益，促进水资源的可持续利用，保障经济社会的可持续发展，工程管理设计应具有为水库生产、经营管理以及职工生活所必备的管理条件和设施；同时，为加强水利工程管理，保证工程安全，提高效能，应规范管理单位的岗位设置和岗位定员。

关键词：河口村水库；工程管理；机构；编制；设计

1　概述

河口村水库控制沁河流域面积 9223km^2，总库容 3.17 亿 m^3，是以防洪、供水为主，兼顾灌溉、发电、改善河道基流等综合利用的大（2）型水利枢纽，也是黄河下游防洪体系和水沙调控体系的重要组成部分。该工程既有以防洪为主的公益性功能，又有供水、发电等经营性功能，应属准公益性工程。但其供水、发电效益有限，为保证工程的顺利建设，保障工程效益的正常发挥，提高国有资产的运营效益，突出服务性，结合工程所属地方水管体制改革的实际，成立水库建设管理局，定性为事业单位，贷款还本付息后实行“收支两条线”管理，收入上缴，支出有预算。

2　建设期管理

按照水利部《水利工程建设项目管理规定》（水建〔1995〕128 号）要求，水利工程建设要推行项目法人责任制、招标投标制和建设监理制，核心是项目法人责任制。水利工程项目法人对建设项目的立项、筹资、建设、生产经营、还本付息以及资产保值增值的全过程负责，并承担投资风险。项目法人负责组织工程建设，具体落实在工程建设管理中的权利、义务和责任。适应市场经济的要求，工程项目建设管理中严格实行项目法人责任制、招标投标制、建设监理制、合同管理制等四项制度，严格按照《中华人民共和国建筑法》《中华人民共和国招标投标法》《中华人民共和国合同法》进行工程项目的建设和管理工作，提高工程质量，有效控制工程投资和工期，保证工程的顺利实施。

2.1　建设管理机构

水库工程为黄河中下游防洪体系的重要组成部分，工程建成后由水利部黄河水利委员会统一调度水库防洪。按照水利部《关于贯彻落实〈国务院批转国家计委、财政部、水利部、建设部关于加强公益性水利工程建设管理若干意见的通知〉的实施意见》精神，由工程所在地的省（自治区、直辖市及计划单列市）人民政府或其委托的水行政主管部门负责组建项目法人，任命法定代表人（以下简称法人代表）。项目法人是项目建设的责任主体，对工程质量、进度、资金管理和生产安全负总责，并对项目主管部门负责。新建项目一般应按建管一体的原则组建项目法人。

河口村水库工程在建设期间，由河南省人民政府委托河南省水利厅组建"河南省河口村水库工程建设管理局"，作为河口村水库工程建设的项目法人，隶属河南省水利厅。该建设管理局负责与工程建设相关的一切事宜，如根据《中华人民共和国建筑法》《中华人民共和国招标投标法》《中华人民共和国合同法》等相关法律以及水利行业规定，对工程建设通过公开招标方式择优选择合适的工程建设的各类承包人；负责工程建设项目的申报、审批、资金筹措、征地、移民、工程的招标、建设过程中的管理等。

2.2 机构设置及编制

按照水利部《水利工程设计概（估）算编制规定》中有关建设单位定员标准，参照《水库工程管理设计规范》（SL 106—1996）、《水利工程管理单位定岗标准》以及近期类似工程建设管理情况，机构设置除正副局长、总工程师及总经济师外，下设办公室、计划合同、工程技术、质量安全、财务资产、移民迁安等科室。测算建设期人员编制 65 人，其中，52 人直接参与工程建设管理，13 人为行政后勤及辅助人员。

工程建成后以建管局为班底，其大部分人员和资产转为水库管理单位。

2.3 建设管理

按照水利部《水利工程建设项目管理规定》，建设管理局作为项目法人，具体负责该工程的招标投标、工程建设和竣工验收工作，并严格依照有关规定和章程，对工程建设进行管理，建设期内管理模式采用以下"三制"。

（1）项目法人负责制。项目法人是项目建设的责任主体，对项目建设的工程质量、工程进度、资金管理和生产安全负总责，并对项目主管部门负责。

（2）招标投标制。依据《中华人民共和国招标投标法》，工程建设采用招标投标制，项目法人通过公开招标方式，择优选择建设监理单位和各类建筑安装工程、设备制造的承包方，招标工作由项目法人或其委托的具有相应资质的招标代理机构完成，在合同中明确规定建设项目的投资额度、工程规模、技术标准、完成的数量、质量和工期等。全部招标投标工作接受政府部门的监督。投标方通过竞争中标后依法签订承包合同，主体工程施工承包人的资质应不低于水利水电工程总承包一级、水利水电施工企业一级或与承包项目相一致的专业承包一级。

（3）建设监理制。依据《水利工程建设监理规定》，项目法人依法通过招标选择建设监理单位。建设监理单位依据国家有关工程建设的法律、法规、规章和批准的项目建设文件、建设工程合同以及建设监理合同，对工程建设进行管理，其主要工作内容是进行建设工程的合同管理，按照合同控制工程建设的投资、工期和质量，并协调建设各方的工作关系。监理机构的资质应不低于水利行业甲级。

2.4 资金筹措

工程以防洪、供水为主，兼有灌溉、发电等功能，其建设资金来源考虑由中央、地方及项目法人共同分摊。工程投资由建筑工程费用、机电设备及安装工程费用、独立费用、基本预备费、移民和环境投资、建设期利息等组成，按设计文件编制年水平计算，计入建设期利息后固定资产投资27.15亿元，其中，资本金23.7亿元，占87.3%；长期借款3.43亿元，占12.7%；流动资金343万元，按照70%借款、30%资本金考虑。

3 工程运行期管理

3.1 管理机构及人员编制

工程建成后，运行期管理机构将按照新建项目建管一体的原则，以“建设管理局”为班底成立“水库管理局”，隶属河南省水利厅，服从水利部黄河水利委员会的防洪统一调度管理。

河南省河口村水库管理局运行期管理的主要任务是负责工程建成后的运行维护、供水、发电、偿还贷款本息、固定资产的保值增值以及运行期综合经营等，并对河南省水利厅负责。

河口村水库建成后根据职能划分为管理机构和经营机构。管理机构的职责是负责工程工情的采集、处理，工程维修养护，做好水情的预测及水库优化调度。在保证水库安全运行的前提下，充分发挥水库防洪、兴利等方面的综合效益，做好经营管理，在经济上达到良性循环。经营机构的职责是建立必要的经济实体，如：水电经营公司、供水公司、水产公司等。其主要职责是负责水库兴利效益的经营和管理，为水库管理提供良好的经济保障。

根据《水利工程管理单位岗位设置标准》（试点）的规定，河口村水库管理岗位定员级别为3级，参照国家电力公司《水力发电厂劳动定员标准》（试行）的有关条文，结合已建或在建工程实际编制情况，遵循政企分开、政事分开、管养分离、精简高效、良性运行和因事设岗、以岗定责、以工作量定员的原则，初步拟定水库管理单位机构组织和人员编制（不含供水、发电等经营性企业），水库管理单位除正副局长和总工程师外，下设行政办公室、财务资产科、工程管理科、水政监察科、调度中心、经营管理科和发电厂等。按岗定员，包括单位负责岗、行政管理岗、技术管理岗、财务与资产管理岗、水政监察岗、运行管理岗、观测及电站运行管理岗等，测算编制为80人，其中，生产人员52人，管理人员22人，其他人员6人。

3.2 管理设施

3.2.1 工程管理范围和保护范围

（1）工程管理范围。为保障枢纽安全、正常运用，根据国务院颁发《大坝安全管理条例》和水利部颁发《水库工程管理设计规范》（SL 106—1996）中的有关条文，结合工程重要性划定该工程管理范围和保护范围。

工程管理取得土地按永久征地征用，并办理确权发证手续，待工程竣工时移交水库管理局。管理区内的附着物归工程管理局使用和管理，其他单位和个人不得擅入或侵占。

(2) 工程保护范围。为保证工程安全，除设置工程管理区外，另设工程保护区。水工建筑物保护范围在管理范围界线外延，其中大坝及泄洪建筑物保护范围外延 200.0m，其他建筑物保护范围为管理范围外延 50.0m。库区保护范围为坝址以上、库区两岸土地征用线以上至第一道分水岭脊线之间的陆地。

3.2.2 工程管理区规划

(1) 生产、生活区。依据《水库工程管理设计规范》(SL 106—1996) 的有关规定，根据工程建设与运行管理对管理设施用房的要求，管理机构管理设施用房主要由办公用房、文化福利用房、生产用房等组成，其中，生产用房主要由调度设备用房、档案资料室、文印室、修配车间、仓库、车库、食堂、锅炉房、卫生所等组成。

工程所在地距城区仅 15.0km 左右，在工程运行期间，按照利于管理、方便生活的原则，管理机构设置前方基地及后方基地。前方基地建筑面积为 1880m^2，由建设期的管理设施改建而成，不再另行建设。后方基地建筑面积为 3715m^2，其占地面积为 7430m^2。

(2) 交通设施。河口村水库建成后，有裴村至大社的专线道路直通济源市，工程防洪调度运用的对外交通条件十分优越。场内左右岸均有永久道路通向大坝、泄洪建筑物及引水发电系统，工程防洪调度运用的场内交通条件也十分便捷。根据《水库工程管理设计规范》(SL 106—1996) 配置交通工具，其中，各类车辆 10 辆（载重、汽车具车、小型客车、防汛专用车），小型船只 2 艘。

3.2.3 通信

河口村水库设电力系统通信、水利系统通信、生产调度与行政管理通信及水情自动测报通信等。

(1) 河口村水库电站经过 35kV 线路接入克井变，随线路架设 24 芯 ADSS 光缆，两端安装光传输设备和接入设备。水电站经光纤电路至克井变，接济源供电公司光纤电路经济源变、白涧变至地调作为主用通信通道，可传输 600bit/s～2Mbit/s 自动化信息。

(2) 河口村与郑州之间的水利系统通信电路组织以租用 10M 电信公网为主要通信方式，并在河口村水库与河南省水利厅设置短波电台，作为其备用通信方式。同时在省水利厅信息中心与黄委会信息中心间建设 12 芯光缆，并配置光端机等设备，将信号由省水利厅传至黄委会，构成河口村水库至河南省水利厅和黄河水利委员会的水利系统通信电路，供防汛和水利调度用。

(3) 生产调度及行政管理通信设 1 套 48 端口具有调度功能的程控用户交换机，该交换机以中继方式与济源地调及公共通信网相连。在重要的生产岗位和管理部门设电话分机。

(4) 河口村水库水文设自动测报系统的遥测站和区域水文信息集成传输站采用卫星和 GSM 信道通信，双信道互为备份。

3.3 工程管理运用

3.3.1 工程调度运用

河口村水库的主要任务是以防洪、供水为主，兼顾灌溉、发电、改善生态等综合利用效能。水库运用首先满足汛期防洪要求，其次满足供水、发电等要求。水库调度应纳入黄河下游防洪体系，防洪运用方式批准后由黄委会统一调度。

3.3.2 水价制定和水费计收

（1）工程实行有偿供水。水费是工程运行的主要经济来源之一，是保证工程正常运行的基础。供水价格的制定，要兼顾供需双方的利益，既要考虑各类用水户的承受能力，又要满足供水工程的固定成本、运营成本、归还贷款和获得合理利润的要求。水价制定采用容量水价和计量水价相结合的两部制水价，按照《水利工程供水价格管理办法》的规定进行核定，在核定的基础上，经省价格行政主管部门批准后执行。

（2）容量水费及计量水费在确定当年水量调度计划后，在建设单位与用户签订的供水合同内核定，计划外水费由补充合同核定，其中容量水费在年初预缴，其他水费在年终按实际发生的数量结算。所收水费应根据国家有关规定制定其使用和管理办法。

3.3.3 建筑物管理

河口村水库工程主要建筑物为混凝土面板堆石坝、溢洪道、引水发电洞、泄洪洞、电站等。管理单位应按照设计文件、相关行业规程要求，针对性地制定相应建筑物、设备等管理维护细则与操作规程等，并认真执行，确保检测、监测系统正常运行，维修维护到位，操作正确及时，确保工程安全。

4 结论

河口村水库工程于 2011 年顺利截流。工程建设期采纳了设计提出的建设管理模式，组建了与工程管理相适应的各级组织管理机构。目前在这一模式管理下，主体工程建设过程始终处在有序、受控和高效的状态。河口村水库工程建设期管理模式的成功运作，使工程的各项建设目标得以顺利实现。

河口村水库工程设计概算编制要点总结

袁国芹

（黄河勘测规划设计有限公司）

摘要：设计概算是国家核定工程投资的依据，是编制投资计划的依据，是实行投资包干的依据，是考核设计方案经济合理性、控制招标标底、施工图预算的依据，因此合理编制设计概算意义重大。以河口村水库工程设计概算编制为例，从不同方面总结了设计概算编制中关键技术问题及解决办法、编制注意事项等。

关键词：河口村水库；设计概算；编制要点

沁河河口村水库工程为河南省重点水利项目，工程任务以防洪、供水为主，兼顾灌溉、发电、改善河道基流等。根据初步设计概算批复，工程总投资277467万元，中央预算内定额投资补助97200万元，利用上海浦发银行贷款34343万元，其余投资145924万元由河南省从省财政专项资金和预算内基本建设投资等渠道解决。

1　项目概况

1.1　工程概况

河口村水库工程位于黄河一级支流沁河最后一段峡谷出口处，下距五龙口水文站约9.0km，属河南省济源市克井乡，是控制沁河洪水、径流的关键工程，也是黄河下游防洪工程体系的重要组成部分。开发任务是“以防洪、供水为主，兼顾灌溉、发电、改善河道基流等综合利用”。枢纽由混凝土面板堆石坝、泄洪洞、溢洪道及引水发电系统组成。大电站装机为2台×5000kW，小机组装机为2台×800kW。工程属大（2）型，Ⅱ等工程，工程总工期60个月。主要工程量汇总见表1。

表1　主要工程量汇总表

工程项目	土石方明挖/万 m^3	石方洞挖/万 m^3	土石方填筑/万 m^3	混凝土/万 m^3	钢筋/万 t	压力钢管/t	帷幕灌浆/万 m	固结灌浆/万 m	金属结构/t
工程量	360	32	623.3	50.55	2.72	316	10.07	6.33	4326

1.2　初步设计概算批复情况

按2011年第二季度价格水平，国家发改委核定初步设计概算总投资277467万元。工程总投资277467万元，静态总投资272152万元，建设期融资利息5315万元。其中，工程部分静态总投资193518万元，水库淹没处理及移民安置费61015万元，建设及施工场地征用费10257万元，环境保护费4068万元，水土保持费3294万元。工程总概算表详见表2。

表 2　　工 程 总 概 算 表

序号	工程或费用名称	建筑安装工程费/万元	设备购置费/万元	独立费用/万元	合计/万元	占第一至第五部分投资/%
Ⅰ	工程部分投资				193518.73	
一	第一部分：建筑工程	104572.35			104572.35	57.28
1	挡水工程	48862.15			48862.15	26.76
2	泄洪工程	37497.27			37497.27	20.54
3	引水工程	1110.29			1110.29	0.61
4	发电厂工程	1504.97			1504.97	0.82
5	沁河补救措施工程	188.81			188.81	0.1
6	交通工程	10098.43			10098.43	5.53
7	房屋建筑工程	1589.2			1589.2	0.87
8	其他建筑工程	3721.23			3721.23	2.04
二	第二部分：机电设备及安装工程	2282.18	5023.87		7306.05	4
三	第三部分：金属结构设备及安装工程	1030.44	7204.19		8234.63	4.51
四	第四部分：施工临时工程	19866.33			19866.33	10.88
1	导流工程	7956.16			7956.16	4.36
2	交通工程	4685.85			4685.85	2.57
3	施工供电工程	840.42			840.42	0.46
4	房屋建筑工程	1470.39			1470.39	0.81
5	其他临时工程	4913.51			4913.51	2.69
五	第五部分：独立费用			42585.48	42585.48	23.33
1	建设管理费			5700.36	5700.36	3.12
2	生产准备费			1341.09	1341.09	0.73
3	科研勘测设计费			15933.68	15933.68	8.73
4	其他			19610.35	19610.35	10.74
	第一至第五部分投资合计	127751.23	12228.06	42585.48	182564.77	100
	工程部分基本预备费				10953.89	6
Ⅱ	移民和环境投资				78634	
一	水库淹没处理及移民安置费				61015	
二	建设及施工场地征用费				10257	
三	环境保护工程费				4068	
四	水土保持工程费				3294	
Ⅲ	工程总投资				277467.66	
一	静态总投资				272152.66	
二	建设期融资利息				5315	

2 设计概算编制依据和编制方法

河口村水库工程设计概算主要依据水利部水总〔2002〕116号文发布的《水利工程设计概（估）算编制规定》进行编制，采用的定额为水利部颁发的《水利建筑工程概算定额》（2002年）、《水利水电设备安装工程概算定额》（1999年）及《水利工程施工机械台时费定额》（2002年）。对新工艺、新技术通过调查研究、编制补充单价的方法确定投资。

3 关键技术问题及解决办法

河口村水库工程地质条件复杂，投资大，设计概算是国家核定工程投资的依据，是编制投资计划的依据，是实行投资包干的依据，是考核设计方案经济合理性、编制招标控制价、施工图预算的依据。所以，设计概算在初步设计阶段占有非常重要的位置。为确保投资相对准确，主要在以下几方面给予重点关注和技术创新。

3.1 工程量计算

严格按《水利水电工程设计工程量计算规定》（SL 328—2005）计算工程量，避免漏算、漏列工程量。设计工程量按建筑物或工程的设计几何轮廓尺寸计算，在做设计概算时乘以相应阶段系数。主要的工程量有土石方开挖、土石填筑、混凝土、模板、钻孔灌浆等。大坝工程量严格按坝体分区部位、设计图纸计算，混凝土工程量应根据设计图纸分部位、分强度、分级配计算。

3.2 密切关注施工组织设计

施工组织设计提出的主体工程施工方法、砂石料运距、土石料运输运距、土石方平衡、主要施工机械等都是设计概算的前提，因此设计概算必须紧密结合施工方法，按不同的施工机械、运输距离确定采用的定额换算方法，合理计算工程单价。

3.3 基础价格的确定

人工预算单价、材料预算单价、施工风水电单价、砂石料单价、施工机械台时费等，是设计概算的重要基础单价，基础价格的精确程度直接影响设计概算的质量，因此在设计概算编制中给予了高度重视。

主要材料包括建筑常用的水泥、钢筋、木材、炸药、油料等。主材价格的确定要通过调查、收集生产厂家资料，确定各种材料来源地和供货比例、材料原价，综合考虑材料包装费、运输保险费、运杂费、材料采购及保管费，最终计算合理的材料价格。另外，砂石料单价计算也很关键。根据设计本工程采用人工砂石料，由施工企业通过爆破方法，开采岩石作为碎石原料，经过机械破碎、碾磨、筛分、冲洗、机制砂等工序加工成混凝土骨料、大坝垫层料。计算砂石料时应结合生产工序流程和施工方法，分别计算覆盖层摊销费、碎石原料开采运输单价、制碎石、制砂单价，成品料运输单价等各工序单价，再按工序单价系数和工序单价计算砂石料综合单价。如果在砂石料加工过程中，发生级配弃料或超径石弃料，其费用也进行摊销。通过计算碎石单价49.86元/m^3，砂单价87.42元/m^3，通过与类似工程对比，相对合理。

3.4 主要建筑工程单价计算

主要工程单价包括大坝堆石料填筑单价、面板混凝土单价、面板止水单价、挤压边墙单价、泄洪洞 C40 高强抗冲磨混凝土等对投资影响大的工程单价。单价计算中合理考虑人工费、材料费、机械使用费、各种取费，如间接费、利润、税金等。

堆石料填筑单价要根据不同坝体填筑分区分别计算主堆石料、次堆石料、垫层料、过渡料等单价。单价计算包括料场爆破开采、简单加工运输、上坝填筑等工序，单价计算中不能漏掉工序。泄洪洞 C40 高强抗冲磨混凝土要考虑加入硅粉，这些特殊的混凝土配合比中聚丙烯纤维、硅粉、外加剂掺量的多少，材料的价格都需要根据实验及调查资料确定。

混凝土挤压边墙施工工艺，是近年来随着面板坝的增多而发展起来的一种新的施工方法。混凝土挤压边墙技术简化了垫层料施工工序，减少了施工干扰，使垫层料以水平碾压代替了斜坡碾压，并能保证垫层碾压质量。通常采用 BJY－40 型边墙挤压机施工，每填筑一层垫层料之前，用边墙挤压机制作出一个顶宽 0.1m、底宽 0.71m、高 0.4m 的梯形断面混凝土墙，然后在其内侧按设计铺填垫层料。这种特殊的施工工艺、混凝土配合比在目前水利定额中没有相应的子目，根据调研施工单位、生产厂家等收集相关资料，补充挤压边墙施工单价，并考虑合理的幅度差系数作为概算单价，经计算挤压边墙混凝土单价 280 元/m^3 左右，常规施工墙体混凝土单价 410 元/m^3 左右，两者相差很大，补充单价的计算避免了套用水利定额中墙体混凝土定额、单价偏高的现象。

面板止水设计很复杂，包括周边缝、面板张性缝、面板压性缝、防浪墙与面板连接缝、趾板分缝等多种止水形式，通常采用 3 道止水，即在表层接缝设置有盖板保护的塑性嵌缝填料，在接缝中部设置橡胶止水带，在接缝底部设置铜止水。河口村水库面板采用 GB 新型止水结构形式，该形式将中部止水带提至表层，将止水带固定在缝口位置。为了适应大接缝位移，将表层止水带设计成变形能力很大的波浪形，同时为了确保止水带在大接缝张开情况下承受高水压力作用，在止水带下面的缝口处设置了支撑橡胶棒。在波形止水带上部设置表层塑性嵌缝材料，并采用 GB 复合盖板对塑性嵌缝材料进行封闭。这种复杂的止水形式，与现行《水利建筑工程概预算定额》中面板止水子目有很大的区别，无法使用，需要结合河口村水库工程的实际设计资料，针对不同的止水结构形式、施工工艺，分析确定人工、材料和机械消耗量，补充定额，计算工程单价。设计概算中对止水单价的定额补充是很关键的技术问题。通过调查、计算分析单米材料消耗量、并考虑损耗量，同时调研中国水利水电科学研究院等科研部门的成果，进行对比分析，费用计价得到了很好的解决。

3.5 交通工程造价指标的确定

在水利水电工程设计中，由于地质条件的复杂性，交通工程往往投资所占比例很大，场内外道路总长约 33.0km，沁河大桥 1 座、长 367.0m，永久交通和临时交通工程投资近 2 亿元，为相对准确确定交通指标，调查分析了坝址交通条件、材料价格、并类比相似条件下的已建水电工程公路造价指标，经过合理分析类比确定交通工程造价指标。

3.6 机电设备价格确定

主要设备包括水轮机、发电机、桥机、变压器、110kV 高压电气设备、启闭机、钢闸门、拦污栅设备，这些设备采用市场询价或类比相似工程的方法，另计运杂费、保险费及采保费，做到不遗漏、不冒算、不漏算。

以上都是设计概算工作中遇到的难点，造价专业人员通过调研、查新、类比测算等多种手段，进行技术创新，使设计概算计算准确，造价成果技术先进、经济合理。

4 结论

本研究从工程量计算、基础价格、工程单价计算等方面进行了局部总结，河口村水库工程设计概算还有许多需要总结的地方，例如材料价差的处理方法，建设管理费、监理费、勘察设计费的计算，审查时注意事项等都值得思索和总结。

沁河河口村水库工程是河南省重点工程，初步设计概算顺利通过了水利部水利水电规划设计总院审查，得到国家发展和改革委的批复，并按设计概算的结果确定了筹资数额和渠道。河口村水库工程初步设计概算符合水利行业概（估）算编制规定，编制规范、依据合理、计算准确，具有先进的工程造价理念。设计概算在许多新技术应用的费用计算分析中有突出的创新性，具有技术先进、经济合理的特点，在同类工程造价成果中具有领先的技术水平，是国内同期同类水利工程造价的典范。

金滩大桥桥位选择与洪水分析

于剑丽　鲁玉忠　宋银平

（黄河勘测规划设计有限公司）

摘要： 桥位选择和洪水分析的正确与否，不仅影响桥梁工程结构的合理、决定和施工能否顺利进行，而且也关系着桥梁建设与使用的安全性、经济性和社会效益。通过对金滩大桥桥址地形地貌、地质构造、河流水势等进行分析来选择合适的桥位，对结构安全、施工难易、工程进度、投资多少等进行分析来确定桥型。经计算核对、施工验证、运营考验，证明桥位、桥型的选择是科学合理的，达到了安全可靠、经济适用、技术先进及环保的目的。

关键词： 桥位选择；洪水分析；金滩大桥；河口村水库

1　工程概况

河口村水库位于河南省济源市克井镇黄河一级支流沁河下游，控制流域面积为 9223km^2，占沁河流域面积的 68.2%，占小浪底至花园口无工程控制区间面积的 34.2%。水库主要承担黄河下游和沁河下游的防洪任务，其次是承担城市生活、工农业供水，并兼顾发电、改善生态的功能。金滩大桥是河口村水库连接对外道路与场内管理道路的控制性工程，不仅是河口村水库工程建设的关键通道，也是水库运行期间管理及服务地方的保障，同时大桥对沟通两岸区域交通、促进地方经济旅游发展也起到一定的作用。

桥梁起点和终点处附近均有基岩出露，岩性为奥陶系下统灰色含燧石结核白云质岩、条带状细晶白云岩、泥灰岩，岩体整体较为完整，无大的结构面及不良地质体分布。

桥位区中间部分为第四系河流冲洪积物河床，桥位区地层成因分为上部第四系河流冲洪积覆盖层和下部奥陶系白云质灰岩。场区不存在影响工程安全的崩塌、滑坡、采空区等不良地质现象[1]。场地土类型为中硬场地土，无地震液化土层。

2　桥位设计原则

（1）桥位选择应综合考虑沁河河道的现状、河势、防洪及河道整治对桥梁的要求，应消除或尽量减少大桥对沁河的不利影响。

（2）桥位应尽量选在河道顺直、主流稳定、主河槽较窄的河段，以缩短桥长，降低工程造价。

（3）桥址应处于工程地质和水文地质条件较好、区域地质稳定的河段。应结合桥位区地质、水文特点，采用合理的桥型、基础形式和施工方案，使工期合理、造价降低。

（4）结合河口村水库主要建筑物的总体布置，桥梁线型在满足规范要求的前提下，力求接线顺畅、路线及桥长均较短，尽量降低工程造价。

（5）桥型方案选择时，在满足各方面使用功能的前提下，要力求桥型结构经济、安全、美观。同时要根据桥位区的地形、地貌、气象、水文、地质、地震等条件，考虑防洪要求，结合当地施工条件，选用技术可靠、施工工艺成熟、便于后期养护的桥型方案。

（6）尊重地方政府及有关部门的意见和建议，充分利用既有公路，并考虑地方乡镇公路规划，尽量与现有路网有效、合理地连接。

（7）符合可持续发展战略，注意节省能源，少占用耕地，注重环境保护。

（8）应对河道洪水进行计算分析，充分结合洪水流量、流速、水位实际情况确定桥高、桥长和桥跨。桥位布置与河段的自然特性及河势演变特点相适应，尽量避免或降低桥梁建设对河床产生的不利影响。

3 桥位选择

河口村水库两岸的连接道路为过水路面，属于原 Y006 乡道，每年 12 月至次年 6 月多数时间仅可通行小型车辆，汛期不能通行。水库施工前期，如只是加固维修原过水路面，会严重影响施工进度，但如果在原位建桥，势必束窄河道，抬高洪水位，影响河口村水库工程施工期安全。同时，水库泄洪洞距离过水路面不到 200.0m，受上游泄洪洞冲刷、雾化的影响较大，对大桥永久性运营安全将产生不利影响。

根据河口村水库主要建筑物总体布置，金滩大桥位于沁河最后峡谷段出山口处，设计时，在河口村水库坝址到五龙口水文站之间 9.0km 的河段内选择了两个桥位进行比选，见图 1。桥位一位于河口村水库坝址下游约 2.0km 处，下距五龙口水文站约 7.0km，该桥位与现状主流法向夹角约 30°；桥位二位于河口村水库坝址下游约 2.7km 处，与现状主河道垂直。两桥位相比，桥位二需要增加引线长度 1.2km，但右岸山势陡峭，引线接连较困难，开挖及防护工程量大，相对于桥位一而言其初始投资有所增加；并且桥位二线路比桥位一线路长，会增加工程运行管理的费用和不便程度。因此，从技术经济比较和方便工程管理方面考虑，选定桥位一作为推荐桥位。推荐桥位综合考虑场内道路走向、两岸接线高程、地形、地质构造的影响，保证大桥基础与上游泄洪洞之间有适当的距离，能够减轻泄洪洞下泄水头对大桥基础冲刷的不利影响，降低大桥基础的埋置深度，降低基础造价。

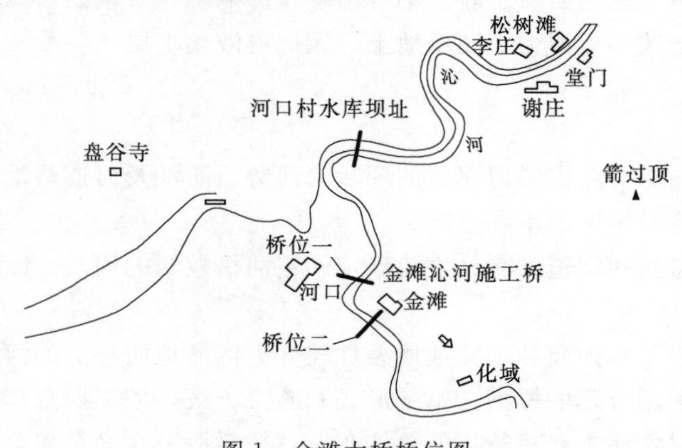

图 1　金滩大桥桥位图

根据推荐桥位的实际地形情况，如果桥位和河流正交，右岸桥台正好在右岸河谷地带，且离泄洪洞冲刷坑更近，因此推荐桥位选用与现状主流法向夹角为30°的斜桥。

4 设计洪水分析

沁河发源于山西省沁源县霍山南麓的二郎神沟，沁河流域是黄河三门峡至花园口区间两大支流之一，流域位于太行山脉西侧，大部为山区，海拔一般在700.00m左右，最高为2000.00m。沁河润城、丹河龙门口以上为沁潞高原，润城至五龙口、龙门口至陈庄为太行山峡谷，金滩大桥位于此河段上。河段为峡谷型河道，两岸为陡壁悬崖，河床由砂卵石沉积层组成，间有局部基岩出露，河谷狭窄，宽度为300.0～500.0m，河道蜿蜒曲折，坡陡流急，河道平均比降为0.527%。沁河洪水由暴雨形成，年最大洪峰多发生在7月和8月。洪峰出现时间最早为7月上旬，最迟到9月下旬。一次洪水历时均在5d之内，洪峰陡涨陡落，呈单峰型或双峰型，洪量集中。

金滩大桥的设计洪水分析不同于天然河道的洪水分析。大桥施工及建成后2～3年的洪水分析采用天然河道的洪水分析，可直接采用五龙口水文站的设计洪水成果；河口村水库建成后，应采用经河口村水库调节后的设计下泄流量作为金滩大桥桥位断面的设计洪水。河口村水库建成前设计洪峰流量采用4790m³/s（相当于频率$P=2\%$的洪水流量），建成后设计洪峰流量采用2820m³/s（水库调节后的设计下泄流量）。金滩大桥断面现状水位-流量关系见表1。

表1　　金滩大桥断面现状水位-流量关系表

水位/m	流量/(m³/s)	水位/m	流量/(m³/s)
163.40	0.1	169.90	858
163.90	4.8	170.40	1068
164.40	17.7	170.90	1307
164.90	39.6	171.40	1558
165.40	71.3	171.90	1810
165.90	113	172.40	2121
166.40	167	172.90	2470
166.90	229	173.40	2836
167.40	303	173.90	3212
167.90	394	174.40	3669
168.40	485	174.90	4193
168.90	591	175.40	4897
169.40	715	175.90	5615

金滩大桥的设计防洪标准为50年一遇，其设计洪水位分别根据前述推求的河口村水库建成前、建成后50年一遇设计洪峰流量，利用该断面水位-流量关系插补推求。通过分析得到水库建成前50年一遇洪水位为175.32m、建成后水位为173.38m。

5 桥型参数分析

考虑设计洪水能顺畅宣泄，避免河床产生不利变形，保证墩台有足够的稳定性，对桥长及跨度进行设计。该河段为峡谷型河道，两岸为陡壁悬崖，桥梁最小长度宜根据河床地形确定，不宜压缩河槽，金滩大桥最小长度采用 367.0m，桥面净宽 8.0m，两侧各设 0.5m 防撞护栏，桥面总宽 9.0m。上部结构为三联共 12 跨先简支后连续小箱梁，下部为桩柱式结构，设计行车速度为 30km/h。

按照《公路工程水文勘测设计规范》(JTG C30—2015) 中不通航河流确定桥面高程：

$$H_{min} = H_p + \Delta h + \Delta h_j + \Delta h_0 \tag{1}$$

式中：H_{min}为桥面最低高程；H_p 为最高设计水位，建库前 H_p=175.32m，建库后 H_p=173.38m；Δh 为考虑壅水、浪高、波浪壅高、床面淤高、漂浮物高度等因素的总高度；Δh_j 为不通航河流桥下净空，取 0.5m；Δh_0 为桥梁上部构造建筑高度，取 2m。

通过计算得到水库建成前、后最大壅水高度为 0.3m、0.22m，桥位断面 50 年一遇洪水时桥墩冲高分别为 2.18m、1.85m，波浪高度分别为 0.47m、0.41m，漂浮物高度取 0.5m，桥墩冲高和波浪高不同时考虑，这里只考虑桥墩冲高，则建库前、后 Δh 分别为 2.98m、2.65m，从而得到建库前、后桥面最低高程分别为 180.80m、178.53m。结合两岸实际地形和方便接线的需要，桥面高程采用 181.295m。桥面纵向采用平坡，桥面横坡为双向 2%。

6 结论

金滩大桥在规划设计过程中，综合考虑了桥位地形、地质构造等因素，通过洪水分析，提出了合理的桥位及桥型方案。目前，金滩大桥已经通车运营，为河口村水库主体工程的顺利建设提供了有力保证，同时其正常运营证明了所选桥位和桥型是合理的。

沁河河口村水库外线公路孔山隧道选线方案的确定

于剑丽　刘红杰　凡明杰

（黄河勘测规划设计有限公司交通设计院）

摘要： 河口村水库外线公路需穿越孔山山区。山区山高沟深，地形复杂，存在断裂、溶洞、采空区等不良地质问题，路线如何过孔山一直是河口村水库外线公路选线的重点，经多次现场勘查，与多方案比较，最终确定长隧道方案穿越孔山。

关键词： 孔山隧；道线型设计；河口村水库；沁河

1　概况

河口村水库外线公路是河口村水库对外交通的主要运输通道，不仅是河口村水库建设期间的主要运输通道，也是河口村水库建成后防汛、水库运行的有效保障。同时外线道路与焦克公路连接，与济源市正在建设的孔山工业区道路形成环路，该外线公路在跨越孔山时采用中、长两种隧道方案进行比选。隧道的长短影响外线公路的经济、安全、顺畅，是设计的重点。

外线公路起点在省道 S306 五龙口镇裴村西接线，路线沿北方向前行，下穿焦枝铁路，在圣皇国家公墓南侧山坡展线，以隧道方案穿越孔山，在新南沟东南冲沟出洞，从新南沟村东穿过，下穿侯月铁路，在大社村东与河口村已完工的外线公路相接。路线全长 7.525km，在 K2＋960～K4＋360 设 1400m 长隧道 1 座，涵洞 17 道长 333.0m。外线公路采用二级公路标准，设计速度 60km/h，路基宽度 10.0m，行车道宽度为 2×3.5m，硬路肩宽度为 2×1.0m，土路肩宽度为 2×0.5m。路面为沥青混凝土路面，隧道建筑界限为 10m×5m（宽×高）。

2　地质条件

工程区处于低山丘陵区，地形复杂。地貌单元主要属山前洪积扇、山前冲洪积平原，其次为低山间台地、冲沟，起点段地形总趋势呈北高南低，高程一般 140.00～250.00m；中间隧洞段为低山丘陵区，高程一般 250.00～450.00m；终点段地形呈南高北低，高程一般 226.00～320.00m。

隧道进口位于济源市五龙口镇莲东村村北 1.5km 左右的檀树沟西侧基岩山体斜坡坡脚处，隧洞走向 NW336°，自然坡度 20°～30°，隧道设计进口里程 K2＋960，洞口处基岩裸露，岩层产状为：走向 NE68°～NE83°，倾向 NW，倾角 10°～11°。另外发育 3 组高倾角节理，对边坡稳定影响不大，岩层倾向与坡向相反，对稳定性有利，整体稳定性较好，但受这3组节理相互切割，岩体破碎，在施工开挖成洞过程中易产生滑塌及掉块现象，可采用放坡处理，建议基岩采用坡率1∶0.5，或采用喷锚支护。

出口位于济源市五龙口镇新南沟村南0.4km左右的耙齿沟基岩山体斜坡坡脚下，自然坡度20°左右，隧道设计出口里程K4＋360，洞口处基岩裸露，岩层产状为：走向NE75°～NE80°，倾向NW，倾角6°～8°。另外发育4组高节理，对边坡稳定影响不大，岩层倾向与坡向相同，且为缓倾角，对边坡稳定不利，且节理互相切割，岩体较破碎，在施工开挖成洞过程中易产生坍塌及掉块现象，可采用放坡处理，采用坡率1∶0.5，或采用喷锚支护。

隧道区未发现明显的断裂，节理裂隙发育，根据《公路隧道设计规范》（JTG D70—2014），根据线路布置，孔山隧道围岩分级分成Ⅱ级、Ⅲ级、Ⅳ级。各级围岩所占隧道比例见表1。

表1　各级围岩所占隧道比例表

围岩级别	Ⅱ	Ⅲ	Ⅳ
长度/m	324	907	169
百分比/%	23.2	64.8	12

3　隧道总体设计

3.1　设计原则

（1）在地形、地貌、地质、气象和环境等调查的基础上，综合比选隧道各轴线方案的走向、平纵线形、洞口位置等，提出推荐方案。

（2）地质条件差时，长隧道的位置应尽可能避开不良地质地段，并与路线走向综合考虑。

（3）根据公路等级和设计速度确定车道数和建筑限界。在满足隧道功能和结构受力良好的前提下，确定经济合理的断面内轮廓。

（4）隧道内外平、纵线形应协调，以满足行车的安全、舒适要求。

（5）根据隧道长度、交通量及其构成、交通方向以及环保要求等，选择合理的通风方式，确定通风、照明、交通监控等机电设施的设置规模。

（6）结合公路等级、隧道长度、施工方法、工期和营运要求，对隧道内外防排水系统、消防给水系统、辅助通道、弃渣处理、管理设施、交通工程设施、环境保护等作综合考虑。

3.2　隧道位置选择

（1）隧道位置应选择在稳定的地层中，尽量避免穿越工程地质和水文地质极为复杂以及严重不良地质地段；当必须通过时，应由切实可靠的工程措施。

（2）路线沿沟进洞时，其位置宜向山侧内移，避免隧道一侧洞壁过薄、山洪冲刷和不良地质对隧道稳定的不利影响。

（3）隧道洞口不宜设在滑坡、崩坍、岩堆、危岩落石等不良地质及排水困难的沟谷低洼处或不稳定的悬崖陡壁下。应遵循“早进晚出”的原则，合理选定洞口位置，避免在洞口形成高边坡和高仰坡。

（4）隧道的进出口位于悬崖陡壁下的洞口，不宜切削原山坡；洞门处隧道轴线选择宜与地面等高线正交，可以避免偏压对洞门稳定产生的不利影响。本隧道推荐方案进口隧道轴线与地面等高线成45°，出口与地面等高线正交。

3.3 隧道线型设计

隧道应根据地质、地形、路线整体走向、通风、因素确定隧道的平曲线线型，当隧道为曲线时，平曲线半径尽量大于不设超高和加宽的平曲线半径。隧道内纵面线型应考虑行车的安全性、营运通风规模、施工作业效率和排水要求，隧道纵坡不应小于0.3%，一般不大于3%；隧道洞外连接线与隧道线型协调，洞口内外各行驶3s的设计速度行程长度范围的平纵断面线型保持一致。

推荐方案隧道起讫桩号为K2＋960～K4＋360，长1400m，属长隧道。隧道为直线隧道，隧道进口（K2＋960）路面设计高程为266.099m，隧道出口（K4＋360）路面设计高程为299.648m，纵向坡度为人字坡，桩号K2＋960～K4＋270段坡度为2.64%，桩号K4＋270～K4＋360段坡度为－0.82%。

3.4 隧道方案比较

根据以上所述原则，经过现场多次勘察，结合地形地质条件及和业主沟通后，经初步比选确定以下两个方案（见图1），隧道段路线方案性能及主要工程量比较见表2。

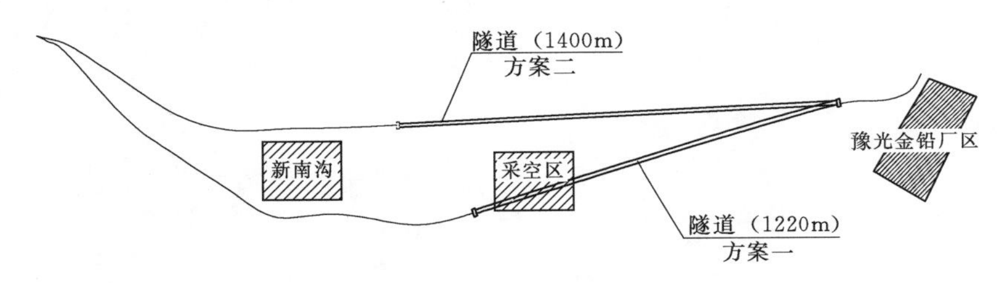

图1 隧道平面布置图

表2 隧道段路线方案性能及主要工程量比较表

项目	单位	方案一	方案二
路线长度	km	3.0	2.822
土石方开挖	m^3	78634	26635
土石方回填	m^3	25675	25093
挡墙	m^3	1430	1725
喷混凝土	m^2	5640	5640
隧道	m/座	1260/1	1400/1
建筑安装费	万元	4685	4756

（1）方案一。隧道进口在豫光金铅主场区北侧冲沟进洞，跨过山岭之后在新南沟西南冲沟出洞，出口位置上方为砂石料场采空区，隧道采用单向坡，隧道长1260.0m，线路

长3.0km。方案一优点：隧道略短，投资略少。方案一缺点：①隧道出口山体被采石场采空，对隧道安全存在一定的隐患，出口段需要加强支护；②隧道出口早开挖量大，若加长隧道，出口地质条件不好，明洞长，衬砌工作量大；③隧道为单向上坡，且出口有200.0m长的深路堑，该段路基排水比较困难。

（2）方案二。隧道进口在豫光金铅主场区北侧冲沟进洞，跨过山岭之后在新南沟东南冲沟出洞，出口位置与地形线正交，隧道采用人字坡，隧道长1400.0m，线路总长2.88km。方案二优点：①路线短，平面线型好；②可避开隧道出口山体被采石场采空区，为隧道施工期及运营期的安全提供了保证；③隧道出口地形条件好，支护、防护工程量较少；④隧道采用人字坡便于排水。方案二缺点：隧道稍长，投资稍大。

经过以上比较，方案二虽然工程投资稍大，但隧道走向更符合安全实用、质量可靠、经济合理的设计理念，推荐方案二。

4 结论

在隧道选线过程中，地质问题是决定隧道走向最关键的因素，通过分析隧道的工程地质条件并比较了不同方案的优缺点，提出了较合理的选线意见，目前该隧道已经贯通通车，孔山隧道的投入使用为河口村水库的建设打下了坚实的基础。

河口村水库工程生态环境影响研究

黄海真[1]　王　娜[2]　姚同山[1]

（1. 黄河勘测规划设计有限公司；2. 郑州自来水投资控股有限公司）

摘要： 河口村水库工程位于太行山猕猴国家级自然保护区。在工程区生态环境现状调查的基础上，对工程生态环境影响进行了分析。指出水库下泄低温水将使浮游植物种群结构发生变化，工程建设可能影响两岸猴群的基因交流等，可采取分层取水、建设猕猴生态通道等措施保护生态环境。

关键词： 生态环境；自然保护区；河口村水库

河口村水库工程位于黄河一级支流沁河最后一段峡谷出口处，是控制沁河洪水、径流的关键性工程，也是黄河下游防洪工程体系的重要组成部分[1]。该水库总库容 3.17 亿 m^3，装机容量 11.6MW，年供水总量 12720 万 m^3，最大坝高 122.5m，正常蓄水位 275.00m，相应库容 2.50 亿 m^3。工程主要由堆石坝、泄洪洞、溢洪道、引水发电系统等组成。工程建成后，其功能将以防洪、供水为主，兼顾灌溉、发电和改善河道基流等[2]。

根据工程设计方案，工程区一部分位于太行山猕猴国家级自然保护区（简称保护区）的试验区，其中水库淹没区位于保护区调整前的缓冲区和核心区（2009 年功能区调整后该区域为试验区），水库回水 20.0km，淹没影响土地面积约 60 万 m^2，生态环境问题较为敏感。

1　生态环境现状

1.1　自然保护区现状

工程区大部分位于保护区内，保护区内共有高等植物 1700 多种，列为国家二级保护植物的有 3 种，分别为连香树、山白树、太行花；列为国家三级保护植物的有青檀、野大豆等 10 种。野生兽类列为国家一级保护动物的有 2 种，为金钱豹、林麝；列为国家二级保护动物的有 3 种，分别为斑羚（青羊）、猕猴和水獭；有各种鸟类近 140 种，其中国家一级保护鸟类有 4 种，分别为白鹳、黑鹳、金雕和玉带金雕[3]。

保护区毗邻多个乡镇和行政村，保护区核心区仍有部分村庄，人类活动频繁。近年来，保护区内珍稀动物金钱豹等已极为稀少，生物多样性有所降低。

1.2　生态环境现状调查范围和方法

根据《环境影响评价技术导则——非污染生态影响》（HJ/T 19—1997），工程评价区以水库为中心，面积约 130km^2，包括水库淹没区、枢纽施工区、水库下游河段、移民安置区、工程受水区。现状调查采用传统的野外调查研究方法，如植物样方调查、收获法测定生物量、实验室物种鉴定等。同时应用“3S”技术及数据库技术等，如应用 GPS 进行野外调查样点定位，应用 RS 遥感影像进行专题解译，应用 ArcGIS 地理信息系统软件进行投影变换、缓冲区分析、空间叠置分析等，采用空间数据库查询技术进行景观生态格局现状分析等。

1.3 评价区现状

评价区现有植物群落结构简单，物种组成单调，多为次生演替产物。评价区有青檀、太行菊 2 种珍稀保护植物，其中青檀主要分布在库尾海拔约 330.00m 处的山坡，太行菊主要分布在海拔 1000.00m 以上的悬崖峭壁。另外淹没区分布有 3 株古槐树，其中，2 株为一级古树，1 株为二级古树。

评价区有国家重点保护动物 4 种，金钱豹、林麝为国家一级保护动物，猕猴、斑羚为国家二级保护动物，另外还有河南省重点保护动物复齿鼯鼠。

评价区鸟类有 10 目 25 科 60 种，其中，国家一级保护鸟类 3 种，分别为黑鹳、金雕、玉带海雕；国家二级保护鸟类 10 种，分别为苍鹰、雀鹰、松雀鹰、秃鹫、红脚隼、勺鸡、红脚鸮、雕鸮、长耳鸮、短耳鸮；河南省重点保护鸟类 2 种，分别为黑枕黄鹂、红嘴山鸦。

根据实地调查，采集到鱼类 3 个科 7 个亚科 19 种，其中鲤科鱼类占绝大多数，黑鳍鳈最为常见。根据已有资料[5]，河口村水库附近有鱼类 32 种，都为北方淡水河道中常见鱼类，未发现国家级保护鱼类及濒危鱼类。除草鱼是具有河湖洄游特性的鱼（产漂流性卵）外，其他皆为定居性鱼类，以产沉黏性卵、浮性卵为主，食性以杂食性居多。

2 环境影响分析

工程建成后，将提高沁河流域和小花间无控区洪水的控制能力，有效减轻黄河下游洪水威胁，缓解黄河下游防洪压力。同时，工程将发挥供水、灌溉和发电功能，有效促进下游地区的经济发展。将在坝后维持 $5m^3/s$ 的最小生态基流，改变沁河近年来频繁断流的局面，有效改善下游河道生态。工程实施后，保护区内尤其是在保护区核心区的居民将会被迁出，将有效减少人类活动对保护区的影响，有利于保护区的管理和维护。

2.1 工程运行对陆生生态环境的影响

水库淹没影响范围均在保护区的试验区。工程运行主要对水库淹没影响范围内的少量灌丛和部分水域以及以此为栖息生境的部分两栖爬行类、鸟类和小型兽类产生影响。而淹没区内植物主要为荆条、野皂荚等库区常见植物，不涉及珍稀濒危物种。水库淹没区不是猕猴经常活动的区域，对其生境不会产生大的影响。但水库建成蓄水后，原有的沁河河道将成为水面宽阔的水库，可能对两岸猕猴产生基因阻隔，影响两岸猴群的基因交流。工程区周边金钱豹活动较少，此外，金钱豹活动范围广，且没有定向迁徙的习性，水库的建成运行不会对金钱豹的生存环境造成太大影响。工程施工会对两栖类及爬行类动物产生直接影响，如蛙、蛇等，但这类物种数量多、分布广，不会危及其种群数量。水库建成后，将为迁徙的水鸟提供良好的生存和栖息环境，库区周边湿度大，将有利于各种植物的生长，也将为鸟类提供更好的食物来源。水库运行对水库淹没影响范围内陆生生态环境影响较小，保护区的功能不会发生改变，而且淹没区内村民外迁，将有利于保护区的生态保护和管理。

2.2 工程运行对水生生态环境的影响

（1）库区水温影响。根据预测计算，水库蓄水后水温沿垂向呈梯度分布，夏季排水口下泄水体温度要低于天然河道状态下的水体温度。下泄低温水现象最为明显的是5月，如不采取措施，下泄水体温度将低于天然河道状态下水温约4.6℃。

（2）对库区水生生态环境的影响。河口村水库蓄水后，水体形态及流态等将发生巨大变化，水面宽度、水深大幅度增加，水体体积增大，而流速则大幅度减小，库区河段水域环境从河道激流型转变为湖库缓流型。浮游生物的群落结构更趋于多样化，部分底栖动物会迁移到支流、库尾等浅水区。水库蓄水将为水生维管束植物在沿岸及库滨交错带的出现提供条件。

水库蓄水后，在砾石河滩产沉性卵或黏性卵鱼类的产卵场不复存在，但这些鱼类对生殖环境要求不高，产卵场将转到浅水区。鱼类饵料基础会有较大改善，索饵场也将变得更加多样。水库可为鱼类安全越冬提供更好的场所。但水库大坝将形成生态阻隔，对洄游性和半洄游性鱼类产生不利影响，需要采取工程措施，减轻不利影响。

（3）对下游河道水生生态环境的影响。水库建成后，设计确保下游$5m^3/s$的生态基流[6-7]，下泄水量的保证，有利于鱼类繁殖。冬季在工程下游河道形成活水区，将有利于水生生物的生存。在春季和夏季，下泄流量的保证为鱼类繁殖提供更多的繁殖场和繁殖条件，对鱼类生长和索饵有利。在秋季，由于人为控制，河道水量减少，缩减了河床范围，因此将影响一部分底栖动物和水草的生长。

水库下泄低温水将使浮游植物种群结构发生变化，如不采取措施，低温水下泄将使该河段喜低温种类成为优势种，而且下泄低温水将使部分鱼类产卵时间推迟。受低温水下泄影响，鱼类也将因产卵、索饵等特性的变化而向河流下游迁移。

3 生态环境保护措施

3.1 施工期生态环境保护措施

通过优化施工布置，尽量减少施工占地及施工活动对植被的扰动，减少陆生动物生境损失。爆破开采等高噪声对野生动物影响较大，因此传播距离较远的施工活动应限定时段进行。施工应合理规划，减少爆破次数，并尽量采取无噪声爆破方式施工。项目完建后，施工营地、材料仓库等设施应及时清理，废弃物统一堆放至渣场，并进行生态恢复。同时，应对施工人员和附近居民加强生态保护宣传教育，并建立相应的惩罚制度。

3.2 运行期生态环境保护措施

（1）古树名木的保护。根据调查，水库淹没影响范围内共有3株古槐树，均位于保护区的试验区，需进行迁移保护。通过比选，拟将3棵古树迁移至河口村水库工程建设管理局院内，并制定科学的移植技术和可行的措施。

（2）分层取水及生态基流保障。为减轻下泄低温水对农业生产及水生生物等的影响，设计采用3层取水口，高层取水口高程为230.00m，中层取水口高程为220.00m，低层取水口高程为215.00m。水库运行时，可根据实际来水情况及库区水位变化，做到尽量取用水库表层水，最大程度减轻下泄低温水对农业生产及水生生物等的影响。

为保障坝下$5m^3/s$生态基流，在蓄水初期，依靠河口村水库坝线紧邻的河口电站发电尾水保障下游生态用水量，电站不运行时通过河口村发电机组旁通水管补水；运行期通过河口村发电尾水和河口电站发电尾水保障下游生态用水，两处机组均不运行时，通过机组补流或机组旁通水管保障下游生态用水。

（3）水生生物保护措施。由于沁河河道鱼类主要为小型淡水鱼，洄游习性不强，对环境条件要求不高，因此无需专门建设过鱼设施，可通过水库运行调节对库区和河道栖息环境进行保护。但在鱼类产卵期，应尽可能保持水位稳定，以防鱼受精卵因库水位降落过快露出水面而死亡，或因水位上升过多而被淹没太深。在电站进口设置拦鱼设施，以减少溢洪造成鱼类的机械性损伤及气体过饱和使鱼类产生气泡病。应在防洪安全的条件下，延长泄流时段，降低泄流强度，兼顾消能与防止气体过饱和。

（4）运行期猕猴救助措施。增设猕猴投喂点，并定期投放食物，以减少保护区居民搬迁和季节性食物缺失对猕猴造成的影响。为解决水库修建后对猕猴生境阻隔的问题，通过调查分析和专家咨询，设计在淹没区狭窄处的张庄北、圪料滩西、东滩、酒滩修建4座吊桥。为准确掌握水库建设对保护区和其他野生动物的影响程度，并及时救护受伤或生病的猕猴等野生动物，增设管护站，对水库沿线的猕猴及其他野生动物进行监测和救护。

（5）鱼类增殖放流。水库建设应在保护生态环境及野生鱼类资源的前提下进行渔业资源增殖。为充分发挥沁河生态优势，加强水产种苗管理，保护好野生鱼类种质资源，需建立人工增殖放流站。通过鱼类增殖放流，增加优势鱼类种群数量，使鱼类种质资源得以持续利用，维持和保护生态环境。综合多方面因素，将鲤鱼和鲫鱼作为人工增殖放流的主要对象，其他经济鱼类如马口鱼、鲇鱼等为次要对象。

4 结论

河口村水库工程在施工期和运行期对生态环境造成一定不利影响。施工占地和施工活动对区域生态造成的破坏可以通过环保措施消除和减缓，而且这些不利影响是暂时的，施工结束后，通过生态恢复，不利环境影响基本可以消除。工程运行期对生态环境产生的不利影响，主要包括对沁河两岸猕猴产生基因阻隔、水库淹没部分植物、低温水下泄等，这些不利影响可以通过相应的工程及生态补偿措施得到避免或减缓，但水库淹没造成植物生物量损失是难以挽回的。根据实地调查分析，采取相应保护和补偿措施后，河口村水库建设对保护区总体影响不大，且水库运行后，库区居民迁出，人类活动减少，有利于自然保护区的生态保护与管理。

河口村水库具有防洪、灌溉、供水、发电等功能，库区居民迁出，有利于保护区的管护，生态基流的下泄对下游生态的维护起着积极作用，工程建设有较大的社会效益。

参考文献

[1] 黄河水利委员会．黄河近期重点治理开发规划[M]．郑州：黄河水利出版社，2002.

[2] 黄河勘测规划设计有限公司．河南省河口村水库工程可行性研究报告[R]．郑州：黄河勘测规划设计有限公司，2009.

[3] 宋朝枢，瞿文元．太行山猕猴自然保护区科学考察集[M]．北京：中国林业出版社，1996.

[4] 甘雨，方保华．河南省野生动植物资源调查与保护[M]．郑州：黄河水利出版社，2004.

[5] 杜发兴，徐刚，李帅．水电工程的河流生态需水量研究[J]．人民黄河，2008，30（11）：58-62.

[6] 倪晋仁，崔树彬，李天宏，等．论河流生态环境需水[J]．水利学报，2002（9）：24-27.

沁河河口村水库施工道路水土保持方案设计

张宇华　张春满

（黄河水利职业技术学院）

摘要：在水利工程开发过程中，不可避免地会对自然生态环境造成影响，河南济源沁河河口村水库前期2号道路施工过程中，由于地形、地质条件等原因，造成多处的边坡裸露和高填方边坡，影响生态环境及边坡稳定。采取客土喷播、铺设生态袋及植生袋等措施，使其恢复生态。对于不稳定的高填方边坡，采取"排水拦渣"的措施，以保证其稳定性。

关键词：河南济源河口村水库；2号施工道路；水土保持；客土喷播；生态袋；边坡稳定

0　引言

河口村水库位于河南省济源境内、黄河一级支流沁河最后一段峡谷出口处，是控制沁河洪水、径流的关键工程。水库总库容3.17亿m^3，最大坝高122.5m，属大（2）型工程[1]。河口村水库场内2号道路属于前期工程，是通往左坝肩、溢洪道、引水洞和泄洪洞进口的主要施工道路。水库建成后，该道路改为永久道路。

2号道路为山区道路，大部分路段在高山陡崖处，施工过程中不可避免地出现高边坡和坡面挂渣的现象，造成水土流失严重，自然生态被破坏的问题。因此，需对2号道路进行水土保持方案设计。

1　河口村水库2号施工道路工程概况

2号施工道路位于沁河左岸，起点与金滩大桥相接，高程181.20m，终点在泄洪洞进口，高程为291.00m，路线全长2.077km。道路沿线地势起伏较大，多悬崖、深沟，沿线冲沟发育，存在崩塌体等不良地质现象。线路区域主要为基岩山坡，冲沟部位为洪积物、坡积物，局部地段经过崩塌体。

2号道路在开挖后，大部分为岩质边坡，局部为土质边坡。岩质边坡的最大开挖高度约44.0m，土质边坡的最大开挖高度约24.0m。大部分边坡呈裸露状态（部分边坡已经采取混凝土喷锚支护），容易产生水土流失。另外，2号道路沿线有10处冲沟，都不同程度地存在大量松散的高填方边坡，这些边坡坡度较陡（坡比在1∶1～1∶1.3之间），高差较大（最大高差60.0m），遇雨季水流冲刷，易产生水土流失，危及边坡稳定，破坏边坡生态。

2　河口村水库2号施工道路水土保持设计

2.1　设计依据

严格执行《中华人民共和国水土保持法》《中华人民共和国水土保持法实施条例》等有

关法律、法规，坚持以“预防为主、全面规划、综合防治、因地制宜、加强管理、注重效益”的水土保持方针，根据《开发建设项目水土保持方案技术规范》(SL 204—1998)、《水土保持综合治理规划通则》(GB/T 5772—1995)、《水土保持综合治理技术规范》(GB/T 16453—1996)、《水土保持综合治理效益分析》(GB/T 15774—1995)、《土壤侵蚀分类分级标准》(SL 190—1996)，按照最大限度减少 2 号施工道路两侧水土流失的原则，设计水土保持方案。

2.2 防止水土流失的主要措施

防止 2 号施工道路边坡水土流失措施有工程保护措施和植被恢复措施[2]。工程保护措施有挡渣墙、拦石网、生态袋及植生袋、主动防护网（SNS)、菱形或城门洞型网架护坡、截水沟、排水沟及急流槽等。植被恢复措施有人工播种及栽种、客土喷播（TBS 植物喷播技术、GKS 植被混凝土喷播技术、高次团粒喷播技术)、生态袋、植生袋、三维植被网、土工格栅网、网格护坡等。

2.3 开挖边坡治理

2.3.1 治理方案选择

根据水土保持设计原则、边坡开挖高度、边坡类型及地质情况，采取以下治理方案。

(1) 对于边坡高度低于 20.0m 的岩质边坡、相对较密实的土夹石或土坡，采用坡脚种植爬墙虎及紫穗槐，以恢复边坡生态。

(2) 对高于 20.0m 的边坡，考虑到边坡较高，因采用爬墙虎绿化边坡需要的时间太长（爬墙虎每年生长速度一般在 1.0～2.0m)，所以采用客土喷播技术进行植被恢复。

(3) 对于相对较高的松散边坡，如较破碎易风化的岩石边坡和松散的土加石边坡，由于其自身抗冲能力差，种植爬墙虎不能提高抗冲能力，采用客土喷播这种具有较强防冲能力及保护能力的植被护坡形式。

(4) 对于已经喷锚支护的边坡，虽已满足水土流失的要求，但不符合生态恢复的要求，也需要考虑植被恢复。对低于 20.0m 的边坡，采用种植爬墙虎及紫穗槐护坡；对于高于 20.0m 的边坡，采用客土喷播技术进行护坡。

2.3.2 主要治理技术

客土喷播技术是先在边坡上打锚杆（或锚钉)，挂复合材料网（高镀锌铁丝网或土工网)，然后将植物草籽及植生基材混合料喷射到坡面上，形成植被。客土喷播技术可分为客土喷植技术、TBS 植物喷播技术、植被混凝土护坡绿化技术和高次团粒喷播技术。

(1) 客土喷植是在土中加一些附属材料（如泥炭土、保水剂、复合肥等)，把这些土或土的混合料喷在坡面上。这种喷播技术未改变土的物理性质，不能防止冲刷，一般用于较缓的土质边坡。

(2) TBS 植物喷播技术是在土或土的混合料中添加高分子材料黏合剂，以加强混合料与坡面黏接和抗冲能力。但是，这种高分子材料在紫外线照射下容易分解，影响绿化及抗冲能力效果，一般用于较缓的或破碎的软岩边坡。

(3) 植被混凝土护坡绿化技术是以水泥作黏合剂，同时添加一定量的混凝土绿化添加剂（如 GKS 植被混凝土)。此基质凝固之后，有一定的力学强度，不龟裂、不冲刷、不流失。该方法适用于各种岩质边坡护坡绿化，但其施工过程复杂，并且后期需要大量养护，否则会造成植被因失去水分而不能生长。同时，如果水泥掺量不当，容易影响植被的生长。

（4）高次团粒喷播技术使用的是富含有机质和黏粒的客土材料。在喷播瞬间，客土材料与团粒剂混合，并在空气的作用下诱发团粒反应，形成与自然界表土具有相同团粒结构的人造绿化基盘。由于喷播瞬间会发生疏水反应，所以黏结力极强的绿化基盘牢固地吸附于坡面上[3-4]。人造绿化基盘能起到防止风化坡面的岩石加速风化的作用，抵抗雨蚀和风蚀，防止水土流失，并且不需要后期养护。该技术适用于各类岩质和土质边坡。高次团粒在许多高速公路、水电工程的高边坡植被绿化都展现出了良好的效果。如，河南新乡宝泉抽水蓄能电站上水库的部分边坡绿化就是采用这种技术。

工程从抗冲能力强、绿化效果好、后期养护小的角度出发，对高于 20.0m 的稳定边坡（包括高于 20.0m 的喷锚支护边坡）和松散的边坡，采用高次团粒客土喷播技术进行水土保持及生态恢复。高次团粒客土喷播植物土厚 10cm。喷射前，铺设高镀锌铁丝网，网孔规格为 8cm×8cm。铁丝网采用锚杆（或锚钉）固定，锚杆长 50～100cm（土坡及破碎岩石边坡可以加长到 2.0～3.0m），呈梅花形布置，间排距均为 1.0m。植物采用 0.3 狗牙根＋0.7 荆条草灌混播。

2.3.3 植物栽种技术

对于边坡高度在 20.0m 以下的边坡（含已喷锚支护边坡），采用的水土保持及生态恢复措施是在坡脚种植紫穗槐及爬墙虎。紫穗槐间距为 1.0m，爬墙虎采用扦插植种，间距为 0.3m。对于边坡坡脚紧挨排水沟的路段，内侧墙内铺填植物土，以供植物生长。对于部分基岩边坡，需加高排水沟内侧墙，加高高度为 0.5m，用强度等级为 M7.5 的砂浆砌筑块石。对于排水沟处于冲沟位置的部分道路，排水沟距离坡脚有一定距离，一般 2.0～5.0m，可考虑植种乔木，如 108 杨树等，杨树株距、行距均为 2.0m。

2.4 高填方边坡坡面治理

2.4.1 治理方案选择

2 号道路高填方坡面比较陡，大部分边坡在 1∶1.0～1∶1.3，且基本未经碾压。为保证高填方稳定，确保坡面覆土后能够生长植物，一般采用砌石护坡、砌石网格护坡、三维植被网、主动防护柔性网、坡脚设挡渣墙拦截、生态袋或植生袋铺设等措施。

（1）砌石护坡是比较常规的护坡办法，但投资高。同时，高填方边坡不稳定，易产生沉降、塌陷，施工比较困难。

（2）网格护坡是在坡面用混凝土或浆砌石做网格骨架，网格内覆土。这种结构投资比砌石护坡节省，但适应基础变形的能力较差，一般用于较低的坡面，不适用于较高和较陡的不稳定边坡。

（3）主动防护柔性网是将钢丝网或塑料网铺在坡面上。该结构可以防止坡面滚石，但不能解决坡面小颗粒的流失。同时，钢丝网需要通过锚杆固定，锚杆需要 5.0～8.0m 才能穿过坡面固定，因此在松散的陡坡上施工较困难。

（4）生态袋是用聚丙烯和其他高分子材料复合制成，耐腐蚀，耐微生物分解，抗紫外线，有一定柔性。袋内装有植物种子和植物营养土，可以直接生长出植物。生态袋不仅可以保护边坡，而且适应基础变形，可以用于较陡边坡上，但投资偏高。植生袋和生态袋性质差不多，植生袋投资比生态袋较节省，但使用寿命短，一般不超过10年。

根据上述分析，最终选定方案如下。

(1) 3号、4号、5号及6号冲沟比较高，高填方下部为8号道路，为确保边坡安全及植被的良好恢复，其下部采用网格护坡，网格内覆土，植草种树，恢复植被；上部采用生态袋防护恢复植被。

(2) 1号、2号冲沟相对稳定，边坡稍缓，全部采用网架护坡；10号冲沟位于2号路末端、泄洪洞进口边坡上部，为确保后期泄洪洞进口开挖的安全，该段高填方边坡采用网格护坡。

(3) 其他冲沟，高填方边坡高度一般在10.0m左右，流失不是很大，边坡下部有大量茂密植被，可以阻拦部分流失，为节省投资，采用坡脚设挡渣墙，坡面铺设植生袋的方案保护边坡及恢复植被。

2.4.2 主要技术措施

(1) 网格护坡。由于网格护坡不适用于较高和较陡的边坡，所以，对于3号、4号、5号及6号较高冲沟，15.0m以下采用网格护坡。网格护坡骨架为菱形网格骨架，骨架宽、高均为0.5m，网格尺寸为3.0m×3.0m（宽×高）；网架护坡每隔10.0m设置1道支撑梁，以增加稳定；骨架内植草（树），恢复植被。

(2) 生态袋（植生袋）护坡。3号、4号、5号及6号冲沟边坡菱形网架以上采用铺设生态袋恢复边坡植被。生态袋装土前单个尺寸为970mm×430mm（长×宽），装填后标准尺寸为850mm×380mm×140mm（长×宽×高），单袋装沙土量为60kg。生态袋随高填方坡比自然码砌，袋与袋之间采用三角连接扣连接。生态袋种植植物同高次团粒喷播，采用袋内与土混装或直接喷涂在生态袋表面。

植生袋是采用自动化的机械设备将种子准确均匀的定植在营养膜上，植生袋分4层，最外层为尼龙纤维网，次外层为无纺布，中层为植物种子，次内层为能在短期内自动分解的无纺棉纤维布（或者纸浆层）。植生袋的规格：装土前单个尺寸40cm×60cm（长×宽），装土后尺寸为35cm×55cm×14cm（长×宽×高），植生袋种植植物同高次团粒喷播。

2.4.3 坡面排水

2号道路有几处冲沟位于涵洞出口，并且1号～6号冲沟坡面范围比较大，在设置网格、生态袋及植生袋护坡时，为防止涵洞及坡面雨水冲刷高填方坡面，确保生植护坡措施稳定和安全，需将涵洞及坡面的水流排出高填方坡面。其排水方式为：在涵洞出口设置跌水，并接急流槽至高填方坡脚；在冲沟坡面每隔10.0～15.0m设置横向排水沟，使其与急流槽连接，将坡面来水引出高填方坡面。急流槽为矩形断面，尺寸为1.0m×1.0m（宽×高），侧墙厚0.4m，底板厚0.3m，每隔5.0m设一稳定基座。横向排水沟尺寸为0.5m×0.5m（宽×高）。急流槽和横向排水沟均采用浆砌石砌筑。

2.4.4 挡渣墙布置

为防止高填方顺坡面滑移坍塌，该工程考虑在高填方坡脚砌筑浆砌石挡渣墙。挡渣墙为重力式，采用浆砌石砌筑，高度根据坡面坡脚的宽度及坡度确定，一般在2.0～4.0m。

3 结论

综上所述，河口村水库2号道路水土保持方案为：①对于开挖边坡，20.0m以下的稳定边坡（包括喷锚支护边坡），采用在坡脚种植爬墙虎及紫穗槐的方法，20.0m以上的稳定边坡（包括喷锚支护边坡）和相对较高的松散边坡，采用高次团粒喷播技术；②对于高填方边坡，采用菱形网格护坡和铺设生态袋及植生袋相结合的措施，保护边坡及恢复生态。

参考文献

[1] 郑会春，李泽民，竹怀水，等. 沁河河口村水库工程可行性研究报告[R]. 郑州：黄河勘测规划设计有限公司，2009：1-2.
[2] 马连城，郑桂斌. 我国水利水电工程高边坡的加固与治理[J]. 水力发电，2000（1）：32-35.
[3] 刘波，李英平，陈国立. 岩石路堑边坡防护客土喷播立体绿化技术[J]. 市政技术，2004，22（2）：74-75.
[4] 章恒江，邹东平，史文飞. 客土喷播绿化防护技术的实践与探索[J]. 公路，2004（11）：210-212.

河口村水库供水水价与资金筹措方案分析

王延红　魏洪涛

（黄河勘测规划设计有限公司）

摘要： 采用库容分摊法、效益现值比例分摊法等，测算了河口村水库公益性开发功能与经营性开发功能应分摊的固定资产投资及成本费用。在此基础上，测算了工业及城镇生活供水的成本水价和盈利水价；调查了工程受益区现状水价水平；分析了水库供水用户的可承受水价。在综合考虑水价水平、投资结构、项目财务状况及管理体制设计等因素的前提下，推荐河口村水库供水水价为0.72元/m^3。资金筹措方案为项目固定资产动态总投资275819万元。其中，贷款39223万元，占14.2%；资本金236596万元，占85.8%。

关键词： 工程水价；可承受水价；贷款能力；资金筹措；河口村水库

1　工程概况

拟建的河口村水库位于黄河一级支流沁河最后一段峡谷出口处，下距五龙口水文站约9.0km，是控制沁河洪水的关键工程，也是黄河下游防洪工程体系的重要组成部分。2009年2月27日，国家发展和改革委员会对该工程的项目建议书进行了批复，确定河口村水库的开发任务是“以防洪、供水为主，兼顾灌溉、发电、改善河道基流等综合利用”。水库的防洪作用主要是进一步完善黄河下游防洪工程体系，控制小花间无工程控制区的部分洪水，改变沁河下游被动防洪局面，减轻黄河下游洪水威胁，减小东平湖滞洪区分洪运用概率。

河口村水库建成后，能充分调节和利用沁河水资源，每年向当地工业及生活供水12828万m^3；向广利灌区多年平均增供水量1013万m^3。水库建设一大一小两个电站，小电站装机容量为1.6MW，其尾水用于工业供水；大电站利用水库供水及汛期部分弃水进行发电、装机容量为10MW，两个电站多年平均发电量为3280万kW·h。河口村水库建成后，在加强沁河水资源统一管理的情况下，可保证五龙口断面最小流量5m^3/s，进入下游流量3m^3/s，沁河干流（不包括丹河）年最小入黄水量为0.77亿m^3，多年平均入黄水量4.35亿m^3，可改变沁河下游频繁断流的局面。

2　水库供水水价分析

2.1　工程水价测算

（1）投资及成本费用分析。据估算，2008年第四季度价格水平的项目静态总投资为270395万元，其中枢纽工程投资198414万元、水库淹没处理补偿及环境和水土保持投资71981万元。

河口村水库工程年总成本费用包括职工工资及福利费、工程维护费、折旧费、库区维护费、工程保险费及其他费用等。据估算，不考虑贷款时水库的总成本费用为9151万元，年运行费为3475万元。

(2) 费用分摊。费用分摊包括固定资产投资分摊和成本费用分摊，是建设项目资金筹措的依据，也是各功能成本核定及产品价格测算的基础。河口村水库是具有多种功能的综合利用工程，专用工程投资由各功能自身承担，共用工程投资由相关功能共同承担。其分摊方法采用库容分摊法、效益现值比例分摊法、功能主次关系法、可分离费用—剩余效益法等，综合各种方法的分摊结果、权衡相关因素后确定最终的分摊比例。

河口村工程静态总投资270395万元，其中发电专用工程投资为9166万元、共用工程投资为261229万元。考虑到发电工程属于河口村水库的附属工程，主要是利用水库下泄基流及工农业引水流量发电，不影响工程规模，因此共用工程投资在防洪和供水（包括工农业供水和河道基流补水）功能之间分摊。河口村水库有效库容为26300万m^3，汛限水位至死水位之间的兴利库容（3212万m^3）由供水承担；防洪高水位与正常蓄水位之间的防洪库容（6700万m^3）由防洪承担；剩余部分由防洪、供水按可分离费用—剩余效益法进行分摊。供水部门分摊的投资按照供水保证率法在工业供水、生活供水、灌溉与河道基流补水等功能之间进行分摊。据分析计算，公益性部分（包括防洪、河道基流补水、灌溉）分摊投资176693万元，占静态总投资的65.3%；工业、生活供水分摊投资84536万元，占31.3%；发电分摊投资9166万元，占3.4%。按各功能分摊投资的比例进行成本费用的分摊，其结果见表1。

表1　河口村水库费用分摊结果表

项目	投资/万元	分摊比例/%	总成本费用/万元	年运行费/万元
防洪	164170	60.7	5556	2110
工业、生活供水	84536	31.3	2861	1086
灌溉	5270	1.9	178	68
河道基流补水	7252	2.7	245	93
发电	9166	3.4	310	118
合计	270395	100.0	9150	3475

(3) 水价测算。河口村水库的供水价格，对于农业用水，按照补偿供水生产成本费用的原则核定；对于工业、生活用水，按照在补偿供水生产成本费用和依法计税的基础上，获取一定利润的原则核定。根据费用分摊结果，测算水库灌溉供水成本水价为0.18元/m^3，运行成本水价为0.07元/m^3。按照是否承担公益性部分运行费以及不同的盈利水平等，测算水库工业、生活供水水价为0.22～0.91元/m^3（见表2）。

表2　河口村水库工业、生活供水水价测算结果表

项目	水价/(元/m^3)	备注
成本水价	0.22	不承担公益性部分运行费
	0.40	承担公益性部分运行费

续表

项目	水价/(元/m³)	备注
盈利水价	0.72	净资产利润率6%
	0.91	净资产利润率8%

2.2 现状水价调查

河口村水库城镇生活和工业供水用户主要为济源市城市生活和工业、沁北电厂、沁阳市沁北工业园区等。目前，济源市主要采用抽取地下水为城市生活供水，水价为1.1元/m³（不含污水处理费）。沁北电厂一期工程已投产，总装机容量为2台×600MW，全部采用地下水作为供水水源，年需水量约2000万m³，自备供水工程供水成本约为0.75元/m³。

2.3 用户可承受水价分析

（1）可承受水价分析标准。调查研究表明：当水费占家庭收入的1%时，对居民的心理影响不大；当水费占家庭收入的2%时，有一定影响；当水费占家庭收入的2.5%时，将引起居民的重视，注意节约用水；当水费占家庭收入的3%时，将对居民用水产生很大的影响，可促使他们合理地节约用水。对不同规模的城市，不同收入的用户采用不同的水费支出比例，一般特大城市比例为3%，中等城市为2.5%。从国内经验看，水费支出占人均可支配收入的比例为2%～2.5%时，绝大多数居民能够承受[1]。根据济源市的社会经济发展水平，把居民水费支出占人均可支配收入的1.5%～2.0%作为可承受水价的分析标准。

世界银行和一些国际贷款机构的研究表明：当水费占工业企业生产总值的3%时，将引起工业企业对用水量的重视；占6.5%时将引起企业对节水的重视，在8%～10%时将促进工业企业节约用水、合理用水。国内的一些研究表明，水费占工业企业生产总值的3%是比较合适的。沁北电厂现状水费支出占其年产值的比例为0.6%左右。根据当地的社会经济发展情况以及工业结构特点，一般工业用水按照水费支出占工业产值的2.0%～2.5%来分析工业企业的水价承受能力。

（2）可承受水价测算。据资料分析[2]，2008年济源市人均可支配收入为12000元左右。居民生活用地表水水资源费为0.15元/m³，污水处理费为0.65元/m³，济源市居民可承受水价见表3。从表3可知，济源市居民生活用水可承受的水价为3.6～4.8元/m³。扣除水资源费及污水处理费后，按自来水厂及管网配套工程、水源工程水价大体相当分析，居民可承受的水源水价为1.4～2.0元/m³。

表3　济源市居民可承受水价表

年人均可支配收入/元	用水定额/(m³/年)	居民可承受水价/(元/m³)		可承受的水源水价/(元/m³)	
		R=1.5%	R=2.0%	R=1.5%	R=2.0%
12000	50	3.6	4.8	1.4	2.0

注　R为居民水费支出占人均可支配收入的比例。

据分析，工程设计水平年的工业万元产值用水量为50m³，工业用水水资源费为0.25元/m³，污水处理费为0.8元/m³，受益区工业用户可承受水价见表4。从表4可知，工程受益区工业用户可承受的水价为4.0～5.0元/m³。扣除水资源费及污水处理费后，按自来水厂及管网配套工程、水源工程水价大体相当分析，工业用户可承受的水源水价为

1.5～2.0 元/m^3。随着工业技术的改进，万元产值取水量将逐步降低，工业供水价格的承受能力也将逐步增强。

表 4　　受益区工业用户可承受水价表

水平年	万元产值用水量/m^3	可承受水价/(元/m^3)		可承受的水源水价/(元/m^3)	
		$r=2.0\%$	$r=2.5\%$	$r=2.0\%$	$r=2.5\%$
2010 年	50	4.00	5.00	1.48	1.98

注　r 为工业水费支出占工业产值的比例。

3　贷款能力测算

河口村水库的财务收入主要为供水收入与水力发电收入，作为公益性功能的灌溉只有很少量的财务收入，而防洪、河道内生态补水功能则没有任何财务收入。通过贷款能力测算，分析河口村项目的财务状况和融资能力，改善投资结构，扩大投资来源。项目建成后，依靠经营性功能的收益补贴公益性功能的运行费用，使公益性功能较强的河口村水库项目能够维持自身的正常运行。

3.1　测算条件

(1) 考虑农业增供水量较小，且用户从河道内取水，水费征收难度较大，因此贷款能力分析时不考虑灌溉供水收入。

(2) 根据目前河南省电力公司电厂平均上网电价情况，现阶段拟采用 0.30 元/(kW·h)(不含税) 作为河口村水库电站的上网电价计算发电收入。

(3) 项目的贷款偿还期按 15 年，年利率按同期银行贷款利率 5.94%，建设期利息按复利计。贷款偿还采用等本息方式，利息计入当年成本费用。还贷资金来源主要为折旧费和未分配利润。

(4) 水库供水水费收入征收营业税，税率为 5%，所得税税率为 25%，盈余公积金为可供分配利润的 10%。

3.2　测算方案及结果分析

根据水库供水水价测算和分析结果拟定水价方案，按照维持项目整体正常运行及满足还贷要求进行贷款能力测算，河口村水库供水水价与贷款能力的关系见图 1，贷款能力测算结果见表 5。

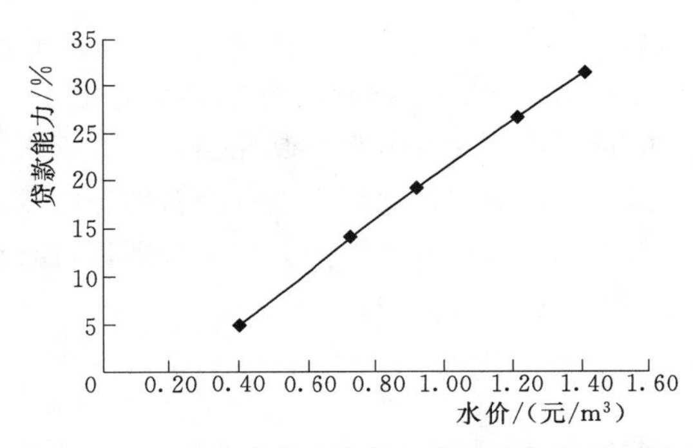

图 1　河口村水库供水水价与贷款能力的关系图

表 5　　　　　　　　　　　　　　贷款能力测算结果表

方案编号	供水水价/(元/m^3)	静态总投资/万元			建设期利息/万元	动态总投资/万元	贷款比例/%	全部投资财务内部收益率/%
		资本金	贷款本金	合计				
1	0.40	258768	11627	270395	1866	272261	5.0	−3.1
2	0.72	236596	33799	270395	5424	275819	14.2	0.2
3	0.91	223887	46508	270395	7463	277858	19.4	1.3
4	1.20	205771	64624	270395	10370	280765	26.7	2.6
5	1.40	193603	76792	270395	12323	282718	31.5	3.4

由图 1 和表 5 可见，拟定的水价方案均有一定的贷款能力，贷款比例为 5.0%～31.5%，且随着水价的提高，贷款能力增大。水价平均每提高 0.10 元/m^3，贷款本金增加约 6000 万元。对于各水价方案，项目的全部投资财务内部收益率为−3.1%～3.4%，表明项目盈利能力较弱。

4　推荐的资金筹措方案

河口村水库工程既有防洪等公益性功能，又有供水、发电等经营性功能，属准公益性工程。为保障工程效益的正常发挥，提高国有资产的运营效益，突出服务性，结合河南省当前水管体制改革的实际，河口村水库管理单位定性为事业单位，贷款还本付息后实行“收支两条线”管理，收入上缴，支出有预算。

根据调查及分析结果，河口村水库的城市生活供水和工业供水用户的可承受水价为 1.4～2.0 元/m^3，现状河南省境内水库向工业供水的最高水价为 0.40 元/m^3。考虑到济源市属于水资源相对缺乏的地区，水价承受能力测算时选取的参数比较适中，随着社会经济的发展，水资源需求会越来越大，而水资源总量不会增加，甚至会出现相对减少的局面，水资源价值会逐步增加，用户的承受能力也会逐步提高。适当地提高水价有利于优化水资源配置，提高水资源利用效率。

综合考虑工程的性质、管理体制设计、水价上升趋势、贷款风险等因素的影响，选定方案 2 作为推荐方案，即水库向工业和生活供水水价为 0.72 元/m^3。项目固定资产动态总投资 275819 万元，其中，贷款 39223 万元（含建设期利息 5424 万元），占固定资产动态总投资的 14.2%；资本金 236596 万元，占 85.8%。

根据投资分摊的分析结果，公益性功能应分摊投资 176693 万元，依据水利产业政策，这部分投资应由国家财政性资金安排；在推荐的资金筹措方案中，国家资本金为 236596 万元，较公益性功能分摊的投资多 59903 万元。其原因：一方面水价不能太高，要考虑到用户的承受能力；另一方面，需要通过供水、发电等经营性功能的财务收入来承担整个工程的运行费用，通过“以水养水、以电养水”的方式实现项目自身良性运行，而无需国家再补贴公益性功能的运行费用和更新改造费用。

5　结论

（1）通过工程水价测算、现状水价调查及可承受水价分析，拟定可能的水库供水水价方案。基于对各水价方案的最大贷款能力测算结果，对项目的资金筹措方案及财务可行性进行评价。推荐河口村水库供水水价为 0.72 元/m^3，资金筹措方案为项目固定资产动态总投资 275819 万元，其中，贷款 39223 万元，占 14.2%；资本金 236596 万元，占 85.8%。

（2）在项目的前期论证阶段对建设资金筹措方案、投资结构等经济、财务及管理问题进行科学的分析测算，可为国家、地方政府和有关投资者对项目的决策提供依据。通过采取合理的资金筹措方案、完善的项目经营管理体制和运行机制，使具有一定财务收益的准公益性水利建设项目能够实现自身良性运行。

参考文献

[1] 何志萍，史艳阳，韩龙. 万家寨引黄工程北干资本金测算[J]. 人民黄河，2003，25（6）：36-37.
[2] 河南省统计局. 河南省统计年鉴 2008[M]. 北京：中国统计出版社，2008.

沁河河口村水库工程移民安置及后期扶持机制的探讨

宁亚伟　张　舫　王　楠

（黄河勘测规划设计有限公司）

摘要：探讨了水库移民工作的安置、后期扶持政策及存在的问题，在此基础上提出了建立水库移民后期扶持机制的建议。

关键词：水库移民；水库淹没；移民区；安置规划；河口村

1　工程概况

沁河河口村水库工程位于黄河一级支流沁河最后出口处，属河南省济源市克井镇。是控制沁河洪水、径流的关键工程，也是黄河下游防洪工程体系的重要组成部分。工程正常蓄水位275.00m，总库容2.50亿m^3，装机容量11.6MW。沁河河口村水库工程主体工程由混凝土面板堆石坝、泄洪洞、溢洪道及引水发电系统等建筑物组成。水库开发任务以防洪、供水为主，兼顾灌溉、发电、改善生态，并进一步完善黄河下游调水调沙运行条件。

沁河河口村水库工程建设征地库区涉及济源市克井镇的5个行政村，淹没土地601.7hm^2，淹没影响人口798户3004人，农副业设施177处，淹没区内还有输电线路、通讯线路、交通道路等专项设施。河口村水库工程库区需生产安置3040人，搬迁安置770户3040人。

2　水库移民的安置方式

农村水库移民的安置分为生活安置和生产安置。生产安置的效果涉及移民的长远发展，同时也是移民未来生活的保障。

2.1　水库移民的生活安置

沁河河口村水库移民主要是农业人口，因此，在移民安置方式中坚持以土为本，以农为主，实行集中安置与分散安置相结合的模式。根据济源市政府提出的移民安置初步方案并结合移民意愿，经现场考察和分析，初步拟定济源市克井镇的11个村为移民安置区，新建居民点2个，分别是佃头安置点和枣庙安置点。

2.2　水库移民的生产安置

由于生产安置的效果涉及移民的长远发展，同时也是移民未来生活的保障，因此当地政府主要采取项目扶持及第三产业扶持政策。根据济源市提出的新农村建设规划方案，移民安置结合克井镇区域特点和济源市“建设资源节约型社会”，“积极扩大就业，不断增加居民收入”的发展思路，通过向二产业、三产业转移劳动力以及发展温室大棚等种植业，使移民安置后生活达到或者超过原有水平。从而为沁河河口村水库建设的顺利实施及工程长期运行创造良好的环境条件。

3 目前我国水库移民后期扶持的主要政策

由于水库移民属于非自愿移民，具有强制性及社会性的特点，受来自社会、政治、经济、人文、地理、宗教、观念、习俗等多方面的影响，同时受国情、国力条件的制约。因此水库移民工作主要采取前期补偿和后期扶持的办法。现行移民后期扶持政策主要有：1981年财政部和电力工业部联合发文决定成立的库区维护基金、1986年1月1日实行的库区建设基金和移民扶助金、1996年国家计委等五部委联合发文决定对1986—1995年投产1996年以前国家批准开工建设的大中型水电站、水库库区设立后期扶持基金。同时还制定了移民后期扶持的多项优惠政策。

4 水库移民后期扶持政策存在的主要问题

国家及地方各项后期扶持和优惠政策的制定和实施，对恢复和提高移民生产生活水平，维护社会稳定，促进水利水电事业可持续发展发挥了重要作用，但也还存在不少问题，主要表现在以下几方面。

（1）后期扶持政策不完善。虽然国家先后出台了一系列移民后期扶持政策，但由于是在不同时期针对不同移民群体制定的政策，水库移民被人为地划分为不同类型，进而实行不同的后期扶持政策，造成在扶持移民的力度和标准上存在较大差距。

（2）后期扶持资金与移民实际需要差距大。由于水库移民工作是一项系统工程，其涉及面广、不可预见的因素多，受国情、国力条件的制约，扶持资金相对较少，同时受水库运行带来的新问题影响，目前仍有相当数量的移民在生产生活上存在许多困难和问题，移民与安置区非移民的生活水平差距日益拉大。

（3）监督管理机制不健全。我国先后颁布实施的一系列与移民有关的政策、法规及各项规章制度，规范了移民工作，对加强管理、保护移民合法权益、促进移民工作顺利开展发挥了重要的作用。但迄今为止，在水库移民管理体制上，我国缺少一个全国性的统一领导和管理水库移民工作的行业管理机构，现有的移民管理机构十分混乱，隶属关系各异，职能又不相同，从而导致政出多门、效益低下、管理不规范。

5 建立水库移民后期扶持机制的思考

后期扶持是中国水库移民政策的重要组成部分，对水库移民实行后期扶持政策不但是十分必要的，而且是必需的。

（1）建立移民后期扶持资金的稳定来源渠道。大中型水利水电工程征地补偿及移民安置条例规定，对水库移民采取前期补偿、补助，后期生产扶持的方式。因此，在做水库前期工作时就应该把水库移民前期补偿费及后期扶持费纳入到整个工程总概算，以保障后期扶持资金有可靠的来源。

（2）建立监督管理机制。制定科学的安置方案、建立水库移民后期扶持监督管理机制，实行统一有效的监督管理，使后期扶持管理经费足额到位，做到专款专用，以确保移民工作的顺利进行。

（3）多渠道筹措扶持资金。目前，我国水库移民后期扶持政策主要是从工程直接经济效益即发电效益中提取后期扶持资金，而许多以防洪、供水、灌溉等社会效益为主的水利工程，发电量很少，后期扶持资金难以筹措到位。应尽快研究、制定以社会效益为主的工程后期扶持资金筹措办法，使水库移民搬迁后不会因工程性质的不同而享受不同的扶持政策。

6 结论

移民工作是一项复杂的系统工程，既涉及国民经济很多部门，又涉及千家万户，既关系到当地的经济发展和社会稳定，又直接影响工程能否顺利实施。为此，应在调查研究的基础上妥善地制订移民安置规划和后期扶持措施，处理好工程建设与移民的关系、淹没区与受益区的关系、国家与地方的关系。

河口村水库移民安置研究

崔　洋[1]　李敬茹[1]　邢　琳[2]

（1. 黄河勘测规划设计有限公司；2. 黄河水利委员会　黄河档案馆）

摘要： 沁河河口村水库设计水平年需要搬迁安置移民770户3040人，规划全部在克井镇远迁，以农业安置为主。经对初拟的安置区分析，土地承载容量、水环境容量能够满足移民安置需要，种植业、养殖业人均纯收入可超过水库建设前水平，济源市有能力安置河口村水库移民。

关键词： 移民安置；水库淹没；河口村水库

河口村水库位于黄河一级支流沁河最后一个峡谷出口处，地处河南省济源市克井镇，是黄河下游防洪工程体系的重要组成部分。设计最大坝高122.5m，正常蓄水位为275.00m，正常蓄水位以下原始库容为2.50亿m^3，水库电站装机容量为11.6MW，多年平均发电量为3373万kW·h。水库移民安置规划设计是工程前期工作的重要内容之一。

1　淹没影响

河口村水库淹没影响范围由水库淹没区和因水库蓄水而引起的影响区组成。根据回水、风浪爬高计算结果，水库浸没、塌岸分析以及对其他受水库蓄水影响区域的研究，确定河口村水库淹没影响范围为济源市克井镇的5个行政村、12个自然村，淹没土地面积601.70hm^2，淹没影响人口798户3004人，淹没各类房窑面积147713.61m^2、农副业设施177处、小型工业企业8处及有关专业项目。枢纽工程建设区建设用地涉及济源市2个镇（克井镇和五龙口镇）、7个行政村，建设用地总面积为186.06hm^2，其中，永久征地138.16hm^2、临时用地47.90hm^2，影响房窑面积4888.4m^2、农副业设施16处及有关专业项目[1]。

济源市克井镇总人口6.6万人，其中农业人口53638人，河口村水库淹没影响人口全部为农业人口，占克井镇总人口的4.55%；淹没影响耕地占克井镇总耕地的3.55%，工程建成后克井镇人均耕地由0.092hm^2减少到0.089hm^2。淹没影响的5个行政村均为克井镇的贫困村，对克井镇的财政收入影响不大，对当地的经济影响有限。

2　移民安置任务及安置标准

2.1　安置任务

依据实物调查成果和当地土地资源条件，并结合济源市近3年人口统计资料，河口村水库人口自然增长率采用0.6%。基准年（2008年）河口村水库库区需生产安置3004人，安置劳力 2340 人；根据 6‰人口自然增长率推算，设计水平年（2010 年）河口村水库需生产安置 3040 人，安置劳力 2369 人，需搬迁安置 770 户 3040 人。

2.2 安置标准

农村移民安置以农业安置为主，全部在克井镇远迁安置，移民安置规划总目标为搬迁后移民生活水平不低于搬迁前。根据克井镇农村统计资料分析，安置区基准年水浇地年平均单产可达 10845kg/hm^2，按照人均基本口粮 460kg/年的标准，移民生产安置的人均耕地应不低于 0.043hm^2。根据库区生产、生活现状调查及收入构成分析，移民搬迁对与土地关系密切的种植业、养殖业的收入影响较大，而对打工等收入影响较小，因此应以恢复搬迁后移民的种植业和养殖业收入为主。根据《济源市国民经济和社会发展第十一个五年规划纲要》提出“农民人均纯收入年均增长 9%左右”的发展目标推算，设计水平年各村移民的种植业、养殖业人均纯收入要达到 2564 元[2]。

3 移民安置区选择

根据移民安置任务并结合移民安置意愿，拟定济源市克井镇佃头村、塘石村、大郭富、小郭富、酒务村、北樊村、勋新村、后沟河、阎河、枣庙村、北社村 11 个村为移民安置区。新址居民点初拟 2 个，分别是位于佃头村的佃头安置点和位于枣庙村的枣庙安置点。其中，佃头安置点为城镇集中移民安置区，采取城镇集中安置方式，促进移民劳动力向第二、第三产业转移；枣庙安置点为大农业移民安置区，移民安置以种植业为主。

移民安置环境容量是指一个地区在一定的生产力、一定的生活水平和环境质量条件下所能承受的移民安置数量，这里重点对土地承载能力和水环境容量进行分析。

（1）土地承载容量分析。土地承载容量是根据设计水平年耕地资源质量和数量，考虑粮食单产增长等因素计算设计水平年安置区粮食总产量，按人均基本口粮 460kg/年来分析安置区土地承载容量。土地承载容量分析具体参数：基准年水浇地单产 10845kg/hm^2，人口自然增长率 0.6%，耕地递减系数为 0.2%，粮食增长系数为 2.5%。设计水平年安置区耕地面积为 1068.21hm^2，粮食人口总容量为 26459 人，扣除安置区原住农业人口 10020 人，还可安置移民 16439 人，大于设计水平年需生产安置的 3040 人，安置区土地承载力满足移民安置要求[3]。

（2）水环境容量分析。济源市水资源充裕，是天然的地下水汇集盆地，境内有沁河、蟒河和引沁济蟒渠。安置区内有蟒河和引沁灌渠穿过，地表水资源和地下水资源丰富，水环境容量充足。经环境容量分析，认为济源市克井镇选择的移民安置区土地容量充足，地下和地表水资源条件优越，基础设施完善，可以满足移民生产生活需要，环境容量能够满足移民安置需要，安置区的选择是适宜的。

4 移民安置去向、方式及安置效果

根据移民安置指导思想及移民安置规划原则，充分听取移民意见，在环境容量分析的基础上确定河口村水库工程库区规划设计水平年移民（济源市克井镇）安置去向见表 1。水库库区移民 80%安置于克井镇佃头安置点，20%安置于枣庙安置点。

表 1　　设计水平年移民分村安置去向表

行政村	设计水平年安置任务		枣庙安置点		佃头安置点	
	安置户数	安置人数	安置户数	安置人数	安置户数	安置人数
张庄	215	825	21	83	194	742
河东	129	520	13	52	116	468
圪料滩	91	395	32	126	59	269
东滩	229	870	21	87	208	783
渠首	106	430	65	260	41	170
合计	770	3040	152	608	618	2432

结合当地资源条件、区域经济发展规划，通过调整耕地进行安置，生产安置以农业安置为基础，在巩固农业基础产业地位的同时，调整产业结构和种植结构，发展养殖业及第二、第三产业，以保证移民生活水平得到恢复和提高。河口村水库工程库区规划设计水平年移民分村安置方式汇总见表 2。

表 2　　设计水平年移民分村安置方式汇总表　　单位：个

行政村	种植业安置		养殖业安置劳力	第二、第三产业安置劳力	合计
	基本口粮田安置劳力	温室大棚安置劳力			
张庄	359	245	12	27	643
河东	156	240		9	405
圪料滩	132	172		4	308
东滩	369	280	19	10	678
渠首	133	202			335
合计	1149	1139	31	50	2369

（1）种植业规划。根据国家人均基本口粮 460kg/年的标准以及克井镇统计报表，安置区共划拨 129.79hm^2 生产用地作为基本口粮田，并对基本口粮田农田水利设施进行完善，提高土地质量，可安置移民劳动力 1149 个。

（2）温室大棚规划。根据安置区经济社会情况，并结合当地经济发展规划，拟发展温室大棚 34.13hm^2，可安置移民劳动力 1139 个，组织专家对移民劳动力进行温室种植技术培训，根据种植蔬菜、花卉品种的不同，拟培训 4 次。

（3）养殖业规划。根据济源市养殖业发展模式及市场需求，拟发展一个占地 5.3hm^2 规模的养猪场，可安置移民劳动力 31 个，对养殖业安置的移民劳动力进行养殖业技术培训 62 人次。

（4）第二、第三产业安置规划。佃头安置点距克井镇政府所在地 1.8km，周边交通便利，利用其地理位置的有利条件，规划在小区一楼临街道方向开发 50 间门面房，安置剩余移民劳动力 50 个。

根据克井镇 2007 年农村统计资料，河口村水库库区淹没影响各村人均耕地 0.047～0.079hm^2，人均年纯收入 3600～3940 元。按照《济源市国民经济和社会发展第十一个五年规划纲要》“农民人均纯收入年均增长9%左右”的目标，采用上述生产安置方式对设计水平年库区移民收入进行预测（见表3）。

表3 安置区移民收入预测表

行政村	基本口粮田收入/万元	温室大棚收入/万元	养猪场收入/万元	第二、第三产业收入/万元	年人均纯收入/元	
					预测	规划目标
张庄	39.34	159.44	30.97	48.6	3374	3163
河东	23.39	124.89		16.2	3163	2999
圪料滩	18.84	103.32		7.2	3275	2678
东滩	41.23	172.56	49.03	18	3228	2792
渠首	23.13	105.4			2989	2564
合计	145.93	665.61	80	90		

从预测的生产安置后各村人均纯收入可以看出，河口村水库工程建设后，设计水平年农民种植业、养殖业人均纯收入均超过水库建设前水平，达到或超过了济源市国民经济和社会发展规划的目标。

5 后期扶持及权益保障

5.1 后期扶持

移民后期扶持范围是水库直接淹没或受淹没影响搬迁的农村移民，基准年和水平年分别为3004人和3040人，从其完成搬迁之日起扶持20年，扶持资金来源由国家统一筹措，扶持方式为发放生产生活补助或项目扶持。生产生活补助直接发放给移民个人，要核实到人，建立档案、设立账户，及时足额发放到户；采取项目扶持方式的，可以统筹使用资金，但项目的确定要经绝大多数移民同意，资金的使用与管理要公开透明，接受移民监督，严禁截留挪用。具体方式由地方各级人民政府在充分尊重移民意愿并听取移民村群众意见的基础上确定，并编制切实可行的水库移民后期扶持规划。

5.2 权益保障

移民依法享有与安置地居民同等的权利和义务，有权享有移民安置优惠政策。移民有权知道移民安置政策、补偿标准和自己的补偿实物数量、补偿金额，种植业安置的移民有权得到调整安置的土地。业主和移民管理部门应当按照规定的标准及时支付移民安置补偿、补助费。

对移民中的弱势群体，例如贫困家庭、残疾人员家庭、以妇女为主的家庭、65岁以上单身且无法定赡养义务人的孤寡老人家庭和少数民族家庭等，应给予特别关注和支持，对有一定文化水平的劳动力进行职业培训，帮助其发展农业生产，提高农业收入，同时还应尽可能地提供各种就业信息和指导，增加其就业机会。

6 实施管理与移民培训

6.1 实施管理

移民实施管理规范化是顺利实施移民安置的保证，需建立和完善移民管理机构，健全移民实施管理体制，根据河口村水库建设有关文件确定的管理方式，将移民搬迁安置工作任务分解、落实到人，层层负责，明确各级移民机构，共同完成移民工作任务。

在移民实施过程中，设计代表应参与移民项目的建设、验收工作。业主应委托有资质的移民监理机构对移民安置实施过程进行综合监理，监理时限为水库淹没处理实施开始到移民安置完成后1年。业主还应委托有资质的单位进行移民监测评估，监测评估时限为水库淹没处理实施开始到移民安置完成后5年。

6.2 移民培训

（1）加强移民干部的培训。河南省移民机构应组织济源市级移民干部培训，济源市应组织乡镇、村干部的培训和技术骨干的培训。

（2）农村移民技能培训。根据种植业安置规划和养殖业安置规划，对进行高效种植业、养殖业安置的移民劳动力进行劳动技能培训，以适应调整种植业结构和集约化养殖业生产的需求。根据市场需求，对劳务输出的移民劳动力进行其他劳动技能培训。

参考文献

[1] 黄河勘测规划设计有限公司．沁河河口村水库工程可行性研究报告阶段建设征地移民安置规划报告[R]．郑州：黄河勘测规划设计有限公司，2008.

[2] 黄河勘测规划设计有限公司．沁河河口村水库工程可行性研究报告阶段建设征地移民安置规划大纲[R]．郑州：黄河勘测规划设计有限公司，2008.

[3] 中华人民共和国水利部．水利水电工程建设征地移民安置规划设计规范：SL 290—2009[S]．北京：中国水利水电出版社，2009.

第二篇

施 工 技 术 与 管 理

河口村水库混凝土面板堆石坝深覆盖层坝基处理措施研究和应用

林四庆　李永江　曹先升　严　实

（河南省河口村水库工程建设管理局）

摘要： 河口村水库面板堆石坝坝高超过百米，坐落在深覆盖层上，坝基渗漏及变形问题比较突出。结合河口村水库工程实际地质情况，通过对坝基深覆盖层渗漏及变形处理方法的分析和方案选择，首次在混凝土面板堆石坝深覆盖层坝基采用高压旋喷桩加固。地基处理后的检测资料分析表明坝基抵抗变形能力有了较大幅度的提高，达到了降低大坝变形量和减少接缝位移的目的。处理方法不仅有效解决了由坝基深覆盖层引起的大坝变形问题，而且降低了投资、缩短了工期，为将来在类似地质条件下建造混凝土面板堆石坝基础处理提供了新的思路和方法。

关键词： 混凝土面板堆石坝；趾板；基础处理；高压旋喷桩

1　概述

河口村水库工程位于河南省济源市克井镇黄河一级支流沁河下游。控制流域面积9223km^2。工程开发任务以防洪、供水为主，兼顾灌溉、发电、改善生态。枢纽为大（2）型工程，由混凝土面板堆石坝、泄洪洞、溢洪道及引水发电系统组成。水库按500年一遇设计，2000年一遇校核，最大坝高122.5m，水库正常蓄水位275.00m，设计（校核）水位285.43m，总库容3.17亿m^3，电站装机容量11.6MW，总工期60个月。

河口村水库拦河大坝为混凝土面板堆石坝，坝顶高程288.50m，防浪墙高1.2m，坝顶长度530.0m，坝顶宽9.0m，上、下游坝坡1∶1.5。坝体自上游至下游分别为上游铺盖、面板、垫层区、过渡层区、主堆石区、下游堆石区以及下游压坡。大坝坝体防渗通过布置在上游面的钢筋混凝土面板，河床深覆盖层基础防渗通过在面板趾板前采用混凝土防渗墙截渗，防渗墙与面板趾板通过连接板连接，使坝基与坝体形成完整的防渗体系。大坝基本剖面见图1。

2　坝基地质概况

河口村水库地处太行山中山峡谷的南端，库坝区为古生代石灰岩地貌形态，多呈悬崖峭壁，库区出露的地层主要为太古界登封群（前震旦系）、中元古界汝阳群（震旦系）、古生界寒武系、奥陶系及新生界第四系。

坝址区坝基左岸为龟头山山体，上部为第四系和寒武系岩层，中部与下部为汝阳群和

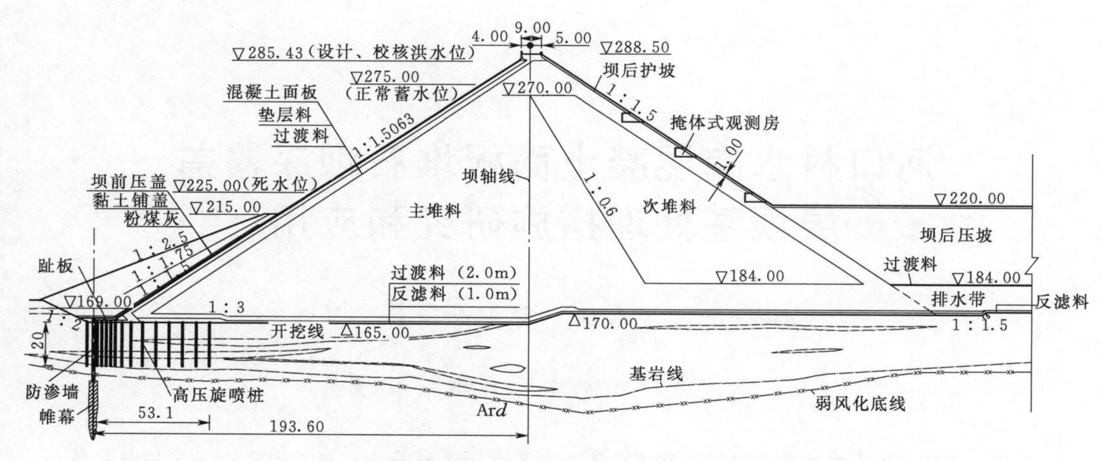

图1 河口村水库混凝土面板堆石坝典型剖面图(单位:m)

登封群岩层。右岸为一向北缓倾的单斜构造,出露岩层自下而上有登封群变质岩、汝阳群碎屑岩、寒武系碳酸盐岩等。

河床为砂卵石覆盖层,有漫滩及高漫滩河流冲积、洪积层组成,一般厚度30.0m,最大厚度为41.87m。岩性为含漂石及泥的砂卵石层,夹4层连续性不强的黏性土及19个砂层透镜体。

砂卵石含漂石共分上、中、下3层,卵石成分以白云岩、灰岩为主,中等蚀圆,分选差。河床砂卵石层中,平均干容重为2.05g/cm^3,孔隙比为0.327,比重2.72。纵波速度1020~1460m/s,横波速度298~766m/s,动泊松比0.43~0.46,动弹性模量为420~1220MPa,剪切模量160~1100MPa。河床砂卵石层中,渗透系数$k=1\sim106$m/d,一般为40~60m/d,多是河床中部大,向两岸逐渐变小。

黏性土夹层,顶面高程平均值分别约为173.00m、162.00m、152.00m、148.00m,层厚一般0.5~6.6m,最厚达12.0m,顺河延伸长350.0~800.0m,对坝基稳定、变形起控制作用。岩性以黄灰色中、重粉质壤土为主,局部为粉质黏土和轻粉质壤土,自然固结较好。第①层厚2~6.6m;第②层厚0.5~6.4m。第③层、第④层连续性较差,厚0.5~3m。

砂层透镜体一般分布在河流凸岸,长30.0~60.0m,宽10.0~20.0m,厚0.2~5.0m,一般厚1.0~3.0m,浅部15.0m以上居多。岩性以粉、细砂为主,级配良好、密实。

3 坝基处理方案选择与比较

3.1 坝基防渗形式选择

根据前期勘察和坝址(坝轴线)、坝型方案比较结果,河口村水库大坝坝轴线布置在沁河最后一个出山口河流转入弯道的起点,该处河谷窄狭,地形地质条件相对较好,坝线较短,投资较少,坝型选择为混凝土面板堆石坝。但该处坝址基础位于河床深覆盖层处,覆盖层为砂卵石地层,透水性很强。以往的面板堆石坝面板基础(趾板)多坐落在坚硬、不可冲蚀和可灌浆的基岩上,以解决坝基的渗漏问题,但这样可能会带来大量的基础开挖,不仅延长了工期,增加了工程造价,而且大量的开挖常引起工程区的环境问题,不利于工程所在地的可持续发展。根据坝址区的特殊条件，参考国内外已建、在建高面板坝经验和河床覆盖层上建坝的防渗处理方案，前期对坝基河床段深覆盖层防渗处理研究了以下处理方案。

（1）开挖方案。将河床段面板基础趾板处及下游0.5倍坝高范围内（大坝变形最大核心区域）的河床覆盖层全部挖除，趾板直接置于基岩之上，趾板底部高程136.00m，宽度10.0m，厚度0.9m，最大坝高156.5m。

（2）不开挖（防渗墙连接）方案。将河床段趾板置于覆盖层上，最大坝高122.5m，河床砂卵石在趾板前采用混凝土防渗墙截渗，防渗墙与趾板之间以连接板将坝基混凝土防渗墙与趾板、面板连接起来，形成完整的坝体及坝基防渗体系。防渗墙长114m，墙厚1.2m，嵌入基岩。趾板与防渗墙之间连接板长4.0m，厚0.9m。

（3）碾压混凝土高趾墙方案。方案介于趾板开挖和趾板不开挖（防渗墙）方案之间，为改善面板应力情况，使面板、趾板布置平顺，在河床段将混凝土防渗墙与连接板、趾板合成一种结构，采用一种单一的混凝土高趾墙，高趾墙基础嵌入基岩上，面板直接与高趾墙连接，高趾墙既是面板的基础，又具有截断河床砂卵石渗水的功能。高趾墙顶部高程166.00m，顶部宽度4.0m，底部高程136.00m，底部最大宽度32.5m，上游坡1∶0.2，下游平均坡度1∶0.75。为适应施工期坝体填筑施工，同时为节省投资，高趾墙采用碾压混凝土结构，各方案比较见表1。

表1　坝基防渗处理方案比较表

项目	开挖方案	不开挖方案	高趾墙方案
趾板设置	趾板坐在基岩上，趾板下做帷幕灌浆防渗	趾板坐在覆盖层上，坝基采用混凝土防渗墙加帷幕灌浆防渗	高趾墙坐在基岩上，高趾墙下做帷幕灌浆防渗
工程实例	国内外大多数面板坝的做法	工程实例较少，但有增多的趋势，坝高在100.0m以上的大坝国内已建成5座以上	工程实例较少
上游围堰	围堰高37.5m，边坡1∶1.75，且临近趾板开挖基坑边坡，从基坑至围堰顶高达80m，围堰防渗及稳定问题突出。围堰紧邻泄洪洞进口，存在坡脚冲刷问题	围堰高16m，不存在趾板处覆盖层大开挖，上游围堰布置后移，采用大坝临时断面挡水度汛，边坡坡比放缓，上游围堰防渗及稳定易解决	上游围堰形式及尺寸基本和开挖方案一样
施工及导流	增加坝基开挖施工难度，增加施工导流的复杂性	采用大坝临时断面挡水，能够简化施工导流，缩短工期，减少围堰投资	河床窄槽深基坑施工布置困难，开挖难度大。增加导流系统布置工程量
泄洪洞及进水口	由于上游围堰布置前移造成泄洪洞进水口前移，进水口开挖边坡变高（山体变高），不仅进口开挖量增加，泄洪洞加长，同时进口存在高边坡稳定问题	上游围堰布置后移使得泄洪洞进水口也后移，进水口开挖边坡变低（山体变低），开挖量减少，泄洪洞洞长缩短，枢纽布置简化	由于上游围堰布置前移造成泄洪洞进水口前移，进水口开挖边坡变高（山体变高），不仅进口开挖量增加，泄洪洞加长，同时进口存在高边坡稳定问题
工程量	围堰高37.5m，围堰填筑约70多万m^3，其次泄洪洞进口开挖量及洞身工程量都有所增加	围堰填筑方量由70多万m^3锐减到20多万m^3	围堰高37.5m，围堰填筑约70多万m^3，其次泄洪洞进口开挖量及洞身工程量都有所增加
工期/月	67	60	62
大坝投资/万元	56817.93	48087	50257

综合上述，从结构可靠性、工期保证性、施工技术条件及基础处理投资等方面比较分析，认为不开挖（防渗墙）处理方案是工程较为可行的地基防渗处理方案。

3.2 坝基变形处理方案选择与比较

3.2.1 坝体变形计算分析

坝基采用防渗墙解决了坝基渗漏的问题，但由于坝基坐落在深覆盖层上，坝基深覆盖层再筑坝后受上部荷载的影响变形会带来大坝坝体产生变形，影响坝体及大坝上游面板施工期及运行期的安全。根据大坝基础地质勘察资料，对大坝进行了三维有限元应力应变分析，旨在全面反映坝体与坝基，包括防渗体系的应力变形特性。三维有限元应力应变分析主要结果及分析如下。

（1）河口村坝高122.5m，竣工期和运行期最大沉降分别为134.85cm和138.45cm，坝体及面板的沉降、水平位移和应力分布符合混凝土面板堆石坝一般规律。

（2）施工期及运行期面板各种水平接缝、垂直缝和错动变位除河床覆盖层外，其他不是很大。但位于河床段的防渗墙—连接板—趾板—面板之间接缝三向变位较大，最大变形（相对）出现在连接板与防渗墙之间，其沉降错动值为52.2mm，此数值略大，已超过面板止水最大承受能力，因此需考虑对大坝基础进行加固处理措施。

3.2.2 坝基处理方案选择

坝基覆盖层处理方法主要为提高坝基变形能力，减少面板、防渗墙、趾板及连接板变形。坝基最终加固处理的控制标准：大坝沉降值一般不超过坝高的1%，各种剪切、张开、沉降变位值不宜超过3cm，应力应小于混凝土面板（趾板、连接板及防渗墙）允许应力或可以通过配筋解决。根据坝基覆盖层的组成和物理力学性质，初步选择了可能实施的坝基强夯、高压旋喷灌浆及固结灌浆等几种形式，并根据基础情况，也可将这几种形式组合使用。

（1）方案一（固结灌浆加强夯）。大坝基础处理根据其受力部位不同分区采取不同处理措施。主要受力核心区域即坝基防渗墙至下游50.0m范围，这一段区域基础变形较大，该区域坝基采用固结灌浆加固处理，固结灌浆从上游向下游分加密区和渐变区，加密区宽10.0m，间排距2.0m，渐变区间排距平均为4.0m，灌浆深度20.0m。该区域以下至大坝坝轴线之间（主堆石区基础范围）采用单击夯击能不小于3000kN·m的强夯进行处理。同时从防渗墙至坝轴线之间的主堆石区域，将原河床深覆盖层挖除10.0m深，以将该范围内的上部壤土夹层全部挖除。未做固结灌浆和强夯处理的基础表层开挖后均采用不小于25t振动碾碾压10遍处理。

（2）方案二（强夯）。方案是在方案一基础上，将坝基主要受理核心区的固结灌浆也改为强夯处理，其余处理形式同方案一。

（3）方案三（高压旋喷桩）。方案是取消坝基所有强夯及固结灌浆，坝轴线以上范围也挖除10.0m深，大坝上游防渗墙到趾板下游区域50.0m范围核心区采用高压旋喷桩加固，共布置14排，防渗墙至趾板区域为加密区，布置5排，间排距2.0m；趾板下游为渐变区，桩间距逐渐加大，依次向下游间排距按2.0m、3.0m、4.0m、5.0m、6.0m进行渐变。旋喷桩桩长20.0m，桩径1.2m，布置约597根桩。大坝核心区以下区域强夯取消，基础表层开挖后均采用不小于 25t 振动碾碾压 10 遍进行处理。

3.2.3 坝基处理方案比较

各方案比较见表 2。根据表 2 可看出，从施工工艺、技术可靠性、工期及投资等方面比较，方案三（高压旋喷桩）较优，缺点是投资较大，工期较紧。方案一投资及工期也较大，方案二虽然投资较省，工期可得到保证，但施工工艺不占优势、技术可靠性不能满足设计要求。因此经综合比较最后推荐采用方案三，即高压旋喷桩方案。

表 2　坝基深覆盖层处理方案比较表

项目	方案一	方案二	方案三
施工工艺	灌浆前需降地下水位，并加盖重，施工按分序加密的原则进行。灌浆施工次序采取先边排后中排，先外后内，先导孔、Ⅰ序孔、Ⅱ序孔的施工顺序。各单元先导孔钻进结束后，先进行一组弹性波CT测试，然后再进行灌浆的相关操作	强夯施工前先把地下水位降至夯击面以下 3.0m，然后按点夯、复夯、满夯的工艺组合，先点夯一遍（每遍 6～8 击），复夯一遍（每遍 6～8 击），满夯 3 遍	旋喷桩施工工艺：旋喷桩桩径 1.2m，间排距 2.0～6.0m 渐变，采用三管法，其中水压 35～40MPa，浆液压力 30～35MPa
技术可靠性	根据相关文献分析地基固结灌浆后，其中架空或大孔结构及大部分连通性较好的孔隙被水泥结石充填，但细砂及黏性土等细颗粒区域的灌浆效果远不如粗颗粒区域好。其次固结灌浆需要盖重，并需要降水等，否则灌浆效果不理想。灌后其整体性虽然进一步得到加强，但随着压强的增大仍存在一定的变形	强夯法主要适用于处理碎石土、砂土、非饱和细粒土、湿陷性黄土、素填土和杂填土等地基的处理，对本工程，由于漂卵石占比例较大、黏土壤土夹层及砂层透镜体层分布大、渗透系数较大，降水效果不明显，且工程覆盖层深，强夯影响深度有限。因此基本认为强夯处理法不适用于河口村水库大坝的地基处理	旋喷桩对砂卵石等松散地层比较适用，但对于含有较多漂石的地层，须经高压喷射灌浆试验，根据相关工程经验经旋喷桩处理后桩位处的地基承载力可提高 6 倍，桩间提高 1.5～2.0 倍
工期比较	11 月初截流，次年 6 月底大坝满足度汛要求。期间要完成截流、基坑排水、基坑开挖、强夯、固结灌浆及坝体填筑、趾板施工等内容。 在保证基础处理施工时间，大坝一期填筑平均强度达 38.85 万 m³/月。根据河口村工程的料场开采和道路运输条件，大坝一期填筑难以达到如此高的施工强度，因此实现坝体临时断面度汛的条件较困难。此外，此方案的缺点是灌浆设备多	工期基本要求同方案一。期间要完成截流、基坑排水级、基坑开挖、强夯、坝体填筑、趾板施工等内容。 在保证基础处理施工时间的前提下，大坝一期填筑平均强度 30.24 万 m³/月。根据河口村工程的料场开采和道路运输条件，基本能实现此填筑强度	工期基本要求同方案一。期间要完成截流、基坑排水级、基坑开挖、旋喷桩、坝体填筑、趾板施工等内容。 在保证基础处理施工时间的前提下，大坝一期填筑平均强度 32.26 万 m³/月，根据工程施工道路、料场开采条件，要达到填筑强度，旋喷施工机械需投入较大
估算投资/万元	1768	310	2057

3.3 坝基处理方案试验和施工

为了更好的验证高压旋喷桩的效果，为大坝基础处理提供设计方案及参数，大坝基础处理前对高压旋喷桩进行生产性试验[1]。试验区选择在地基加固区，试验区面积约520m²，按生产桩的8%作为试验桩，共布置50根试验桩，桩间距同生产桩。灌浆试验的目的是检验灌浆参数的合理性和该地层的成桩效果，并通过成桩前后的地基检测资料分析高压旋喷桩对地基处理的作用。鉴于本地层存在孤石情况，为提高旋喷效果，高压旋喷桩采用新三管法施工，即提高浆压压力，水压35～40MPa，浆液压力0～35MPa，灰比为0.8∶1.0～1.0∶1.0，灌浆水泥采用硅酸盐或普通硅酸盐水泥，强度等级为42.5，要求成桩后，桩体最小直径不小于1.2m，桩体28d抗压强度不小于3MPa。

试验前后，分别采取静载、钻孔旁压、瑞雷波、跨孔波速、挖开检查等一系列试验手段对天然地基和处理后的复合地基进行对比检测。试验检测结果分析如下。

（1）地基承载力：坝基高压旋喷处理前，天然河床砂卵石层的承载力特征值一般在500～600kPa，处理后相应的复合地基承载力特征值达到990～1100kPa，承载力提高近200%，提高显著。

（2）地基变形模量：坝基高压旋喷处理前，天然河床表层砂卵石层的变形模量E0一般在40MPa左右，处理后相应处复合地基变形模量达到46.1～154.1MPa，最大提高约285%，最低也提高15%以上。

（3）在试验区表层通过纵横各布置2条瑞雷波剖面，经检测，天然地基黏土层横波波速一般为362～579m/s，平均波速504m/s，而砂卵石层横波波速一般为558～769m/s，平均波速666m/s。复合地基瑞雷波波速经检测提高了15.0%～20.7%，桩密集区的测点波速提高明显，随着桩的稀疏，波速提高率降低。

（4）通过打深孔做旁压剪切模量试验检测坝基深层变形模量，布置6个测孔。根据天然地基和复合地基旁压试验检测结果，黏土层平均旁压模量提高了16.7%～127.88%，平均地基承载力提高了22.26%～94.87%；平均变形模量提高了27.14%～84.89%。砂卵石层平均旁压模量提高了13.83%～68.06%，平均地基承载力提高了38.27%～94.53%，变形模量提高了45.04%～122.67%。

（5）选取了11根桩进行开挖检查，开挖深度约0.3～2.0m，从统计结果来看，桩径大部分满足设计要求。桩体整体呈圆柱形，水泥与卵石或黏土多搅拌均匀，充填较充分，胶结也较好。整体来看，桩体成桩质量较为理想。

高压旋喷桩施工完毕后，又分别对生产桩也进行了载荷、瑞雷波、单桩声波、取芯及挖开检查等检测，检测结果同试验区结果基本一致。通过静载试验、跨孔波速、瑞雷波等多项手段检测，加固后的复合地基的各项物理力学性质均得到不同程度的提升，特别是地基承载力和变形模量提高最为明显。整体来看，高压旋喷桩改善了坝基河床天然地层的不均匀特性，明显提高了坝基河床砂卵石层整体的承载能力和抗变形能力，达到了设计的预期目的。

4 坝基处理方案效果分析与验证

4.1 试验对比计算分析

根据已完成的大坝基础处理旋喷桩试验成果，对大坝基础处理前和旋喷后复合地基进行对比计算分析。根据试验结果看，地基承载力及变形模量提高幅度比较大，提高值达1～3倍以上，从波速上看提高幅度不是很大，但也在15%～30%之间，综合以上实验结果，对加固后的地基参数进行了调整，并重新进行了大坝三维有限元应力应变分析，计算结果显示：大坝竣工期沉降变形由原来134.85cm降至120.5cm，降低约10.6%，蓄水期沉降变形由未处理138.45cm降至125.82cm，降低约9.10%。坝体在竣工期向上下游位移分别降低约35%和3.9%。面板顺坡向拉压应力变化不大，但面板在竣工期和运行期的法向位移约减少50%左右。防渗墙在竣工期和蓄水期顺水流方向位移减少50%左右。各种接缝的最大值分别减少10%～50%。其中位于连接板与防渗墙之间接缝沉降错动的最大变形由处理前52.2mm降低到33.5mm，减少了36%，包括其他各种接缝变形量都有一定程度的降低，并控制在常规止水的设计范围内。

4.2 观测资料分析

为监测大坝的基础沉降，特别是高压旋喷灌浆区域大坝基础变形情况。在大坝0+140断面，基础高程170.00m，埋设了水平固定测斜仪。大坝填筑从2012年2月开始填筑，截止到目前大坝已填筑80.0m左右，基础沉降从2012年5月初开始观测，根据坝基水平观测仪观测情况（见图2），坝基旋喷桩范围沉降值至2012年9月以前沉降约20cm，平均每个月约沉降5cm，以后至目前，逐渐趋于稳定，截止2013年5月沉降约4cm（累积沉降约24cm），平均每月沉降约0.5cm，其中未采取旋喷桩加固的坝基最大沉降约83cm，和大坝三维有限元计算成果基本接近，目前随着上部大坝的填筑增高，沉降还在发展。总体来看高压旋喷桩加固总体沉降不是很大，充分体现出高压旋喷桩的加固效果。

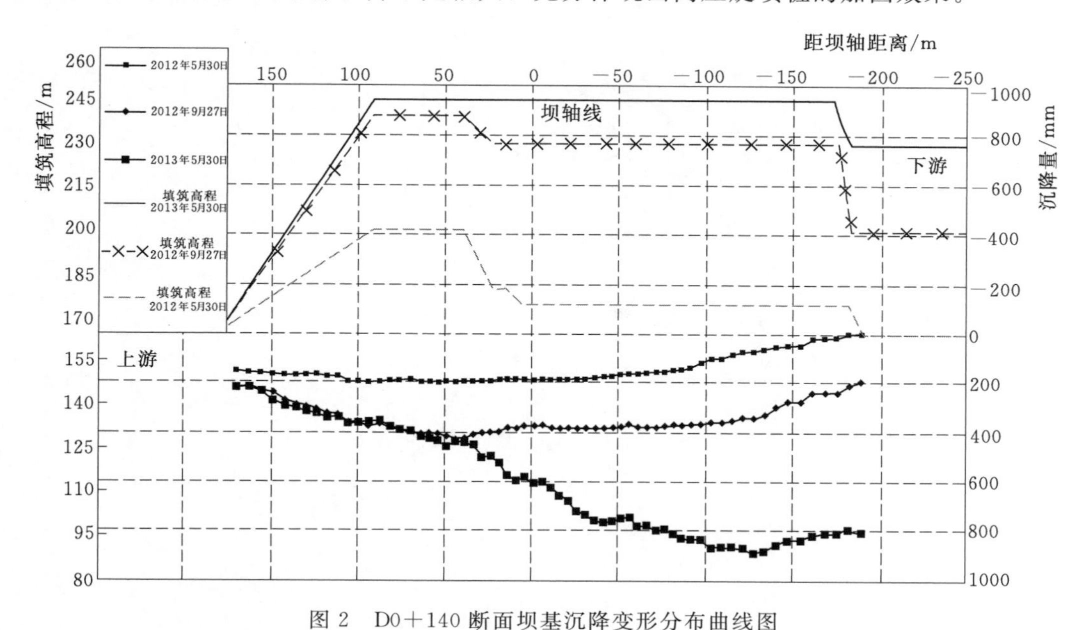

图2 D0+140断面坝基沉降变形分布曲线图

5 结论

高压旋喷桩作为面板坝的基础处理在国内尚属首次，根据工程实施情况和相关检测结果，并依据处理后的三维有限元计算及大坝基础观测资料分析结果，此种方法不仅达到了加固坝基减少大坝变形的效果，而且缩短了工期、减少了基础开挖和由此引起的开挖弃料的处理；同时也说明高压旋喷桩是加固深厚覆盖层（特别是地质条件复杂的覆盖层）地基的良好、有效手段，为深厚覆盖层坝基处理提供了新的思路和方法。

参考文献

[1] 中华人民共和国国家发展和改革委员会. 水电水利工程高压喷射灌浆技术规范：DL/T 5200—2004 [S]. 北京：中国电力出版社，2005.

自然伽玛测井在河口村坝址软基勘测中的应用

孙振东

（黄河水利委员会）

摘要： 介绍自然伽玛测井在河口村坝址软基勘测中确定含泥层空间分布的方法；着重阐述自然伽玛测井划分河道沉积层的依据，伽玛测井的工作方法及曲线整理，多层套管、水、泥浆吸收改正及伽玛测井曲线的解释和应用。通过在河口村坝址勘探中的应用，自然伽玛测井的效果是良好的。

河口村水库位于太行山麓孔山脚下，是沁河入黄前的最后一级阶梯。坝址两岸成直立峭壁或高角度的岸坡。优越的地形、地貌构成了良好的筑坝条件。由于季节变化，河水暴涨暴落，因此，河床沉积变化大，成分复杂，分选性差，砂壤土、黏土沉积呈层状、串珠状、透镜状厚薄不等，在河流方向上 700.0m 范围内含泥层连续分布已构成了主要工程地质问题，自然伽玛测井在对该区河床覆盖层的地质分层、确定含泥层的空间分布方面取得了明显效果。其方法简单、经济、快速，是目前软基勘探中普遍采用的物探方法。

1 应用自然伽玛测井划分河道沉积层

自然伽玛测井是一种常规的测井方法，人们都习惯用颗粒吸附的概念来描述泥质含量与伽玛强度的关系，即岩石的颗粒越小，表面积越大，吸附能力越强，放射性强度越高。这是一般规律的特殊情况，确切地说，沉积地层的伽玛强度与地层泥质含量的比例呈正相关关系，其关系式如下：

$$C_{\gamma}=K_{e}J_{\gamma}+m_{e} \tag{1}$$

式中：C_{γ} 为泥质含量；J_{γ} 为伽玛强度，脉冲/s；K_{e}、m_{e} 为经验常数。

河口村坝址处的沉积层为近代河道沉积砂层及砂卵石层、壤土层等，总厚度约 30～35m。从天然放射性元素的沉积机理看，最重要也是最常见的铀、钍、钾三种放射性元素存在着沉积的有利因素：①河道狭窄，两岸切割厉害，相对高差大，易形成冲积物和洪积物沉积；②坝址区附近出露花岗岩、花岗片麻岩等火成岩系和变质岩系；③区内有大面积的植被覆盖，使地表含有较多的有机质胶体和黏土微粒相伴沉积。有机质胶体与放射性元素有正相关规律，所以配合钻探进行自然伽玛测井并取得了满意的地质效果。但自然界是千变万化的，又涉及沉积学、测井学等方面许多理论，需要进一步地深化理解，进而找到更有效地运用伽玛测井去解决更多的地质问题的方法。

2 工作方法及资料整理

2.1 工作方法

采用法国福腊科 T400 测井仪，先后对本区 40 多个钻孔进行了自然伽玛测井。累计测井深度约 1300m。T400 测井仪性能稳定，重复性好，有较大的测量范围。测程有 100 脉冲/s、1000 脉冲/s、10000 脉冲/s、50000 脉冲/s 4 挡，有 10 个挡位的灵敏度开关，可以测到 40 个刻度值。时间常数有 2s、4s、6s、8s、10s 共 5 挡。2s（RC）最小，灵敏度最高，考虑便于资料对比，野外工作均采用 2m/min 的电缆提升速度，选择测量条件时尽可能一致或接近，以减少人为误差。

2.2 自然伽玛曲线的整理

由于河床沉积成分复杂，分选性差，层位和成分变化大，管钻施工困难，在约 30.0m 的钻孔中要下 3 层（ϕ219mm、ϕ168mm、ϕ127mm）厚壁套管。由于管壁吸收，伽玛曲线随套管层次的增加幅值减小，地层的细分性降低，ZK86 孔放射性测井成果见图 1。从图 1 中反映出同一层中由于套管层次的增加，自然伽玛曲线形成明显的阶梯状。图 1 右下部为伽玛曲线，出现了周期性负异常，是因管箍影响造成的。这些异常的重叠给伽玛曲线解释增加了很大困难。因此，多层套管的重叠和管箍的交错影响伽玛曲线解释，需对套管的厚度影响给予修正，以便分层、定厚，地层对比和进一步做定性及半定量解释。

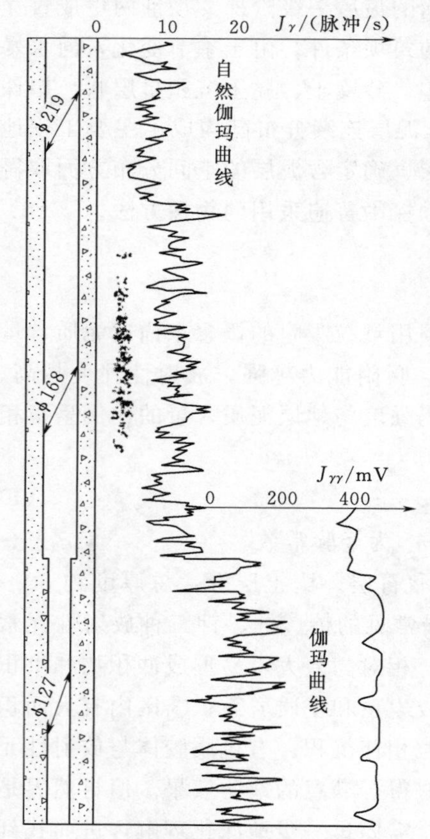

图 1　ZK86 孔放射性测井成果图

2.3 套管、水（泥浆）对伽玛射线吸收的改正

河道砂卵石沉积一般符合伽玛测井的厚层条件，且介质密度均匀，前边已经谈到坝址区沉积地层中铀、钍、钾是产生伽玛射线的主要放射性元素，并随泥质含量的增加而增加。自然伽玛测井是要获得地层单位重量在单位时间内放射出的伽玛射线数 A，又知 A 和单位重量地层中的泥质含量 C_γ 有正比关系。用数学方法可以得到地层被记录的伽玛射线总数 J_γ 为：

$$J_\gamma = KnA = KnA'C_\gamma \tag{2}$$

式中：K 为比例常数；n 为仪器探测效率：A' 为单位体积中黏粒含量单位时间内放射伽玛射线数；C_γ 为泥质含量。

设 C_1、C_2 为套管和水（或泥浆）对伽玛射线吸收校正系数，则：

$$C_1 = \frac{100}{100 - n_{铁}} \tag{3}$$

$$C_2 = \frac{100}{100 - n_{水}} \tag{4}$$

式中：$n_{铁}$、$n_{水}$ 为铁、水对伽玛射线吸收的百分数。

将 C_1、C_2 乘以式（2）对铁、水进行修正，得下式：

$$J_\gamma = KnA'C_\gamma \frac{100 \times 100}{(100 - n_{铁})(100 - n_{水})} \tag{5}$$

通常对铁、水厚度吸收修正值做成量板。本区钻孔均在潜水面以下，所以只需对标准系列护壁管 ϕ219mm、ϕ168mm、ϕ127mm 做出 $C_{\phi 219}$、$C_{\phi 168}$、$C_{\phi 127}$ 吸收校正值，就可将伽玛值校正在同一水平上。表 1 为河口村水库几个主要地层用已有的测井曲线在同一地层不同管径做出的伽玛强度修正值。从表 1 和图 1 均可看出，在多层套管吸收条件下，要先做吸收修正方可作地质解释和地层对比。

表 1　　同一地层不同管径伽玛强度修正值表

地层 \ γ强度（脉冲/s）\ 管径	ϕ127mm	ϕ168mm		ϕ219mm	
		$\overline{J}$	$\overline{J} \times C$	$\overline{J}$	$\overline{J} \times C$
砂砾石层	11～15	8～11	12～16	5～7	11～15
含泥砂砾石层	18	12	17	9	19
粉细砂层	24	16	23	12	26
粉质壤土层	35～45	32	46	15～20	32～43
黏土层	>50	>35	>50	>25	>50

注　1. 该表修正值是 23 个钻孔中同岩性饱和地层在变径前后所做修正值的平均值。
2. $\overline{J}$ 是伽玛曲线平均值。
3. 表中伽玛强度校正值 C 是将 ϕ168mm、ϕ219mm 修正到和 ϕ127mm 等效条件下。

3　自然伽玛测井曲线的解释及应用

经套管吸收改正以后的伽玛曲线，方可做地质解释。对放射性统计涨落要在同样地质和测试条件下，划出各层段的算术平均值，求出相对均方误差：

$$\sigma = \pm \frac{1}{\sqrt{2\tau \overline{N}}} = \pm \frac{1}{\sqrt{2RC\overline{N}}} \tag{6}$$

式中：$\overline{N}$ 为伽玛强度的平均值；RC 为仪器的时间常数。

对均一地层每一点的读数有 68.3%的机会在 $\overline{N}(1 \pm \sigma)$ 内，超出正常涨落不多的幅值变化，要查清是涨落引起的，还是由地层变化引起的。众所周知，河道沉积一般是渐变过程，对于突变点要给予重视。如果是由泥质变化引起伽玛曲线幅值的改变，那么伽玛场的变化是一渐变过程，不可能在某一颗粒前有放射性，而其后则无放射性。多少年来，地质上泥质颗粒尺寸在 1～5μm 之间变化，而没有一个恒定的颗粒尺寸界限，即说明了这一点。但并不否认对个别的沉积间断和剥蚀沉积造成成分和结构上的较大差异。图 2 中，为花岗岩弧石造成的伽玛异常，曲线极值高出正常场十多倍。曲线基底明显，两翼异常对称，上升下降梯度变化大。在砂砾石层中出现像 ZK47 孔那样宽度窄、强度高的异常时要分清情况，查明成因，该孔钻探发现 11.07～15.40m 处有 3 处弧石，由伽玛场特点可知异常为花岗岩弧石造成的，由地面伽玛测量也可得知，基岩本底伽玛强度相差达 8 倍。图

3 为 FD－71 闪烁辐射仪测得的岩性伽玛强度剖面。在工程伽玛测井中，花岗岩孤石易造成自然伽玛异常，是值得重视的干扰因素。

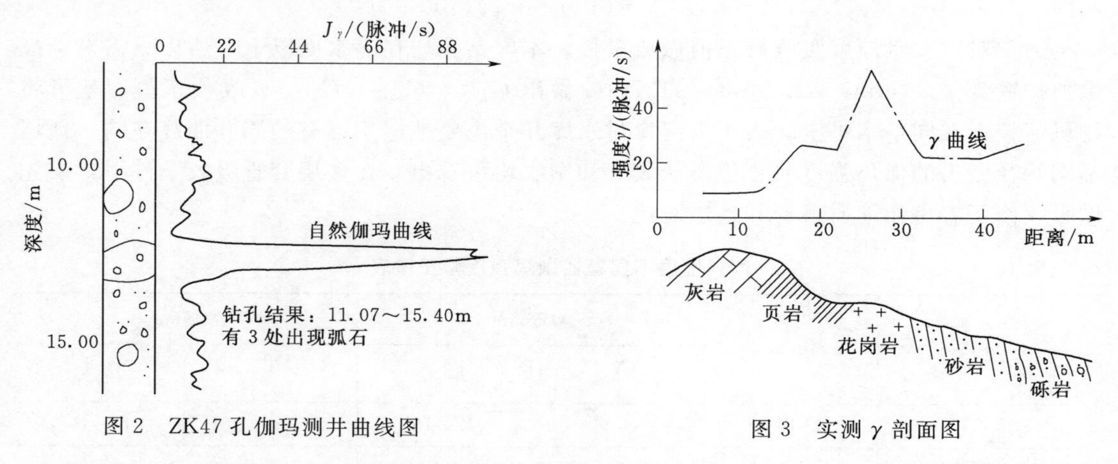

图 2　ZK47 孔伽玛测井曲线图　　　　图 3　实测 γ 剖面图

ZK24 孔自然伽玛强度峰值为 40 脉冲/s，高出砂砾石层 3 倍。相应段伽玛—伽玛强度也高出相邻层位显示正异常，图 4 中，ZK24 孔侧井曲线自然伽玛异常反映泥质含量增加，伽玛—伽玛异常反映相应部位密度降低，两者互为印证，使含泥层的确定更为可靠。

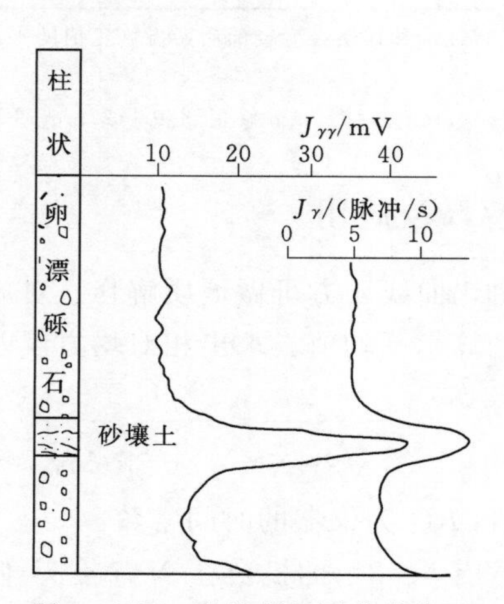

图 4　ZK24 孔放射性测井曲线图

伽玛曲线的变化反映沉积时水动力能量的变化，放射性元素的由少到多即是水动力能量由强到弱。本坝址区横剖面Ⅲ-Ⅲ′是在基岩面高程 150.00～155.00m 以上，有黏土层、砂、砾石层、壤土层互层。在垂直河道方向上，地层向两岸上翘成弯月形沉积，且随河床升高交替沉积的频度变慢。伽玛强度幅值降低，即泥质含量有下降趋势。图 5 为Ⅰ—Ⅰ′和Ⅱ—Ⅱ′地质剖面。在Ⅲ—Ⅲ′剖面上游河道平直部分，泥质沉积多呈透镜状、串珠状星点分布，这是受河床沉积条件所控制。河口村坝址地形条件复杂，放射性元素随机械混合物、悬浮物（胶体和次胶体）和溶液状被水搬运。因此在水的流速、流向改变时，如在河弯内侧和河流坡度变缓处及大滚石背后等便沉积下来，形成局部泥质沉积。

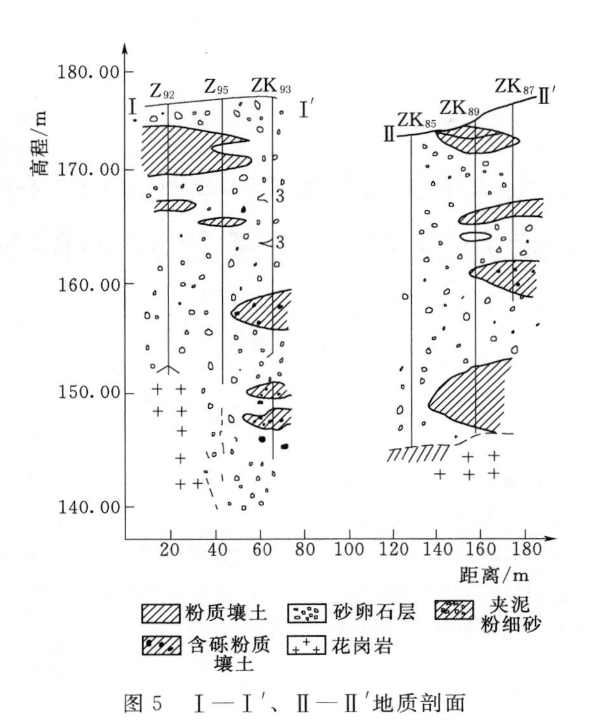

图5　Ⅰ—Ⅰ′、Ⅱ—Ⅱ′地质剖面

综上所述，自然伽玛测井在河口村坝址勘探中取得了较好的效果。需强调指出：软基勘探中严格造孔工艺，配合伽玛—伽玛测井等综合测井方法，均可得到满意的地质效果。

CASIO5800计算器编程在河口村水库高边坡开挖施工测量放样中的应用

张亚涛

（河南省水利第一工程局）

摘要：河口村水库大坝趾板高边坡岩石开挖最大高差约为100m，施工放样工作非常艰巨，为保证高边坡开挖后趾板体型，高边坡开挖需要很高的精度。通过河口村水库大坝标的趾板边坡开挖测量实践，在高边坡开挖施工中采用CASIO5800计算器编程及CAD，既减少了计算，又提高了测量精度。测量数据通过Excel处理，在CAD上的成图，又检验了测量成果的准确性。

关键词：测量放样；CASIO5800；计算器编程

1 工程概况

河口村水库混凝土面板堆石坝最大坝高122.5m，坝顶高程288.50m，防浪墙高1.2m，坝顶长度530.0m，坝顶宽9.0m，上游坝坡1∶1.5，下游坝坡1∶1.5。大坝趾板从*X*1～*X*2，一共为10段，其中*X*1～*X*10的趾板边坡均为岩石边坡，需要进行爆破开挖。垂直于趾板“*X*”线馒头组岩层为1∶0.75，其余岩层开挖为1∶0.5，马道宽2.0m。以右岸趾板*X*2～*X*3段为例，边坡顶部高程263.00m，开挖至底部高程165.00m，从240.00m开始至180.00m，每隔20.0m设2.0m宽马道，高程220.00m以上部分岩石开挖边坡为1∶0.75，高程220.00m以下岩石开挖边坡为1∶0.5。

2 编程放样

在了解施工内容及图纸之后，为便于我们能够通过数据直观的了解地物间相对位置，同时减少放样过程中的计算器输入，我们首先根据设计提供的测量控制点（表1）建立施工坐标系，建立以趾板“*X*”线为轴线的趾板施工坐标系，在以后的趾板开挖及浇筑施工过程中都将使用趾板施工坐标系。

表1　　设计提供趾板控制点表

趾板“*X*”线控制点坐标（左右坝肩开挖蓝图提供数据）						
控制点	*Y*坐标/m	*X*坐标/m	高程/m	趾板桩号	趾板坡降	备注
*X*1	377147.2090	3897387.6940	286.0000	0		
*X*2	377206.4590	3897297.3950	226.5000	108.0022	1.8152	*X*1～*X*2
*X*3	377263.5880	3897198.0380	166.0000	222.6126	1.8944	*X*2～*X*3

2.1 建立施工坐标系

建立 $X2 \sim X3$ 趾板施工坐标系，即将表 2 中设计提供的控制点的大地坐标转化为以向量 **X**2 至 **X**3 为 X 轴的施工坐标。使用 CASIO5800 进行施工坐标的计算，编制如下计算器程序。

表 2　　沁河河口村水库工程施工控制点成果表

点名	等级		连接于 1954 年北京坐标系的施工坐标		1956 年黄海高程系	备注
	平高	高程	X/m	Y/m	H/m	
HP03	二等	Ⅱ	3897322.9165	377280.2436	280.4152	观测墩，设有强制对中装置
HP04	二等	Ⅱ	3897396.0467	376887.2847	266.2394	
HP05	二等	Ⅱ	3897222.5309	376514.9395	259.4873	

（1）第一步：首先编制程序计算向量 **X**2→**X**3 的水平距离及方位角。

方位角计算程序：

```
Lbl 0:"A"? A:"B"? B:"X"? X:"Y"? Y
"L=":Pol(X-A,Y-B)→L ◿
J<0⇔J+360°→J
"FWJ"=:J→K ◿
Goto 0
```

A、B 为起点 **X**2 点的坐标 X 和坐标 Y；X、Y 为向量终点 **X**3 点的坐标 X 和坐标 Y；L 即为 **X**2 至 **X**3 的水平距离，$K=J$ 为向量 **X**2→**X**3 的方位角。

（2）第二步：计算转换后的施工坐标。

施工坐标转换程序：

```
"QDX="? A:"QDY="? B:"FWJ="? K:Lbl 0:"X="? X:"Y="? Y
"ZH=":(X-A)*cos(K)+(Y-B)*sin(K)→C ◿
"PZJ=":-(X-A)*sin(K)+(Y-B)*cos(K)→D ◿
Goto 0
```

起点坐标（A，B）即 **X**2 的大地坐标，FWJ 为施工坐标轴线方位角，即第一步计算的方位角，待转换点大地坐标（X，Y），ZH 为转换后的施工坐标 X 坐标（桩号）PZJ 为转换后的施工坐标 Y 坐标（偏中距）。

在第二步的编程中我们分别将待转换控制点 HP03、HP04 及 HP05 转化为 **X**2～**X**3 施工坐标系控制点，以便在下步施工放样中使用。

2.2 边坡开挖放样

趾板边坡从上往下开挖，要对设计图纸进行校核验算。根据设计提供的趾板“X”线控制点、趾板体型及开挖断面图，计算图纸上马道位置是否正确，从趾板建基面开始向上计算，这部分工作可利用 CAD 及 Excel 完成。

2.2.1 马道边坡的开挖编程

校核验算完成之后，查看结果是否有误，正确的话就可以开始放样了。以右岸趾板边坡 220.00m 马道为例，放样 240.00～220.00m 边坡。根据校核验算得到的准确的 a 点和 b 点，通过这两点编制计算器程序来计算预裂孔放样的位置。

```
"QDX"? A:"QDY"? B:"SJGC"? C:"FWJ"? K:Lbl 0:"PD"? D:"X"? X:"Y"? Y:"Z"? Z
"ZH=":(X-A)*cos(K)+(Y-B)*sin(K)→M◢
"PZJ=":-(X-A)*sin(K)+(Y-B)*cos(K)→N◢
"T=":N-(Z-C)*D◢
"PC=":(Z-C)*√(1+D²)◢
"BPK=":Z-(C+N/D)◢
"GC=":Z-C◢
Goto 0
```

前半部同方位角及坐标转换程序，以 $b \rightarrow a$ 建立施工坐标系，计算放样点与坡脚线的位置关系。$QDGC$ 为坡脚的高程即为 220.00m，FEJ 为直线 $b \rightarrow a$ 的方位角，PD 为放坡坡度 0.75，T 为开口线的位置偏差，如果计算的 T 等于 0 的话，说明就是预裂孔的所在位置，PC 为预裂孔长度，BPK 为边坡上爆破孔深度，GC 为边坡外的爆破孔深度。

2.2.2 趾板边坡的开挖编程

趾板边坡开挖以趾板 **X**2～**X**3 线内侧开挖线上两点 c 点和 d 点为例，以 $d \rightarrow c$ 建立施工坐标系，计算放样点与坡脚线的位置关系。编制的计算器程序同马道边坡的开挖程序，不同的是增加了一个纵坡 I，此时设计高程为 $SJGC = C \pm M/I \rightarrow H$，$C$ 为起始点高程，根据坡降更改±符号。

2.3 放样数据校核

现场实际放样过程中，记录放样点位及放样点孔长等。放样完毕后，将全站仪记录点位数据导出至 Excel 中，通过在 CAD 图中建立施工坐标系，对放样点位进行校核，分别校核偏距及坡度，对比设计图纸是否正确，对外业测量放样成果进行校核，确保放样结果正确无误。

3 结论

可编程计算器已成为工程测量放样过程中不可或缺的有力工具，高边坡开挖现场放样中，利用 CASIO5800 编制简便可行的计算器程序，简化现场放样计算过程，大大提高了工作效率和测量的精度，利用 CAD 制图工具进行测量成果的检校，控制误差在规范允许的误差之内，保证测量的准确性。

物探技术在河口村水库工程勘察中的应用

任　垒

［中国地质大学（武汉）工程学院］

摘要：以河口村水库为例，基于物探手段对库区具体断层破碎带进行勘察。其中，地震折射波法可查明古崩塌体的厚度，大地电磁法可查明库坝区地下水位等。及时发现施工过程中可能存在的工程地质问题，对指导施工工作具有现实意义。

关键词：地质勘察；断层；综合物探；溶洞；地下水

1　河口村水库工程地质概况

沁河河口村水库工程位于沁河干流最后峡谷段出口五龙口以上约 9.0km 处，属河南省济源市克井乡。控制流域面积 9223km^2，占沁河流域面积 13532km^2 的 68.2%。河口村水库处于太行山中山峡谷区，是一个典型的峡谷河道型水库。库坝区基岩裸露，为古生代石灰岩地貌形态，多呈悬崖峭壁，地形相对高差达 1000.0m。库区为古生代石灰岩地貌形态，多呈悬崖峭壁，地形相对高差达 1000.0m。沁河主要沿 NWW、NNE 两组节理裂隙发育，河流弯道多，河曲发育。库区内存在的不良地质现象主要有崩塌、滑坡及岩溶等。出露地层有：太古界登封群（前震旦系）、中元古界汝阳群（震旦系）、古生界寒武系、奥陶系及新生界第四系。

库区地下水类型可分为松散岩类孔隙水和基岩裂隙水两类。工程区地表水及地下水对混凝土均不存在腐蚀性。由于库盘下层透水层的存在，水库永久性渗漏地段主要在左、右岸近坝区附近，左岸老断沟、谢庄向山口河及五庙坡断层带渗漏，右岸圪料滩、吓魂滩向余铁沟的渗漏。

2　物探方法原理及野外工作方法

2.1　地震勘探折射波原理及方法

在自然界中，不同类型的岩石往往具有不同的物质成分，不同的结构等差异，而且即使是同一类型的岩石由于存在环境的不同也会呈现出不同的弹性特征。这些都会引起弹性波传播条件变化，而地震勘探正是利用地下介质的这种变化来查明地质问题的。地震勘探采用折射波法，辅以低速带测试，观测系统采用追逐相遇观测系统，如本次勘探观测道为 24 道，检波点距为 10.0m，仪器采样率为 0.25ms，记录长度为 512ms；以炸药为震源，追炮距离视覆盖层厚度和场地条件而定。

2.2　地质雷达探测原理及方法

地质雷达是利用超高宽频脉冲电磁波探测地下介质分布的一种地球物理勘探方法。地质雷达发射的电磁脉冲传播过程中遇到介电常数界面将发生反射和透射，界面两侧物体介电常数差异越大反射能量越强。根据反射波组的波形、能量、频率、速度以及同相轴的连续性等参数的特点和变化规律，确定地质体的大致结构、存在的构造及其形态等。

本次探测选用3207A100MHz雷达天线，采集方式为点测，扫描采样数为1024，采集时窗为200～300ns，介电常数选用8。

根据收集掌握的已有资料，进行计算分析。数据处理采用SIR-3000探地雷达系统的配套软件及其他分析处理软件。

3 物探技术在工程实例中的应用

3.1 勘测依据

本次测量工作严格按照《水利水电工程测量规范（规划设计阶段）》（SL 197—1997）执行。测量过程中随机对部分点进行了检查观测，测量平均相对误差小于10cm，满足规范要求。从地震折射波法所取得的地震记录图中可以看出，计时信号清晰、可靠、起跳点明显；各道工作良好，检波器无接反、无不工作道；信噪比高，初至前背景平静，折射波初至清晰。按照《水利水电工程物探规程》（SL 326—2005）地震记录评价标准评定，均为合格记录。

3.2 数据分析

本次探测共布设测线17条，其中Ⅰ、Ⅱ、Ⅲ测线用来查明古崩塌体厚度；Ⅳ、Ⅴ、Ⅵ、Ⅶ测线用来查明库坝区地下水位；Ⅷ、Ⅸ测线用来查明基底分布；Ⅹ测线用来查明吓魂滩泉群的来水路径；Ⅺ、Ⅻ等测线用来查明溶洞的发育情况。本次探测完成地震折射波法3条测线。地震勘探成果见表1。

表1　地震勘探成果表

测线编号	测线长度/m	古崩塌体		基岩	
		厚度/m	V_2/(m/s)	高程/m	V_2/(m/s)
A	203.9	2.52～13.68	1100	214.80～307.01	2700
B	206.2	4.04～11.12	980	256.23～348.58	2600
C	92.9	1.13～8.25	950	273.60～292.02	3100

根据地质工程师的要求和现场的工作条件，在余铁沟布设EH-4测线2条，分别为D测线、E测线；在老断沟布设测线1条，为F测线；在金滩村北沟布设测线1条，为G测线。其中，D测线长度173.5m、E测线长度607.6m、F测线长度778.6m、G测线长度1135.4m。

3.3 溶洞探测

根据地质工程师的要求和现场的工作条件，在吓魂滩河右岸沿公路布置地质雷达测线1条，为K测线；在PD20平硐主洞左右硐壁、掌子面和支洞左右硐壁、掌子面各布置地质雷达测线1条，分别为L测线、M测线、N测线、O测线、P测线、Q测线；在PD19平硐主洞左右硐壁和支洞左右硐壁、掌子面、硐底、硐顶各布置地质雷达测线1条，分别为R测线、S测线、T测线、U测线、V测线、W测线、X测线。Ⅺ测线长度77.0m。探测深度范围未发现大尺寸的溶洞存在，但疑似裂隙或蜂窝状岩溶较为发育。其中，在K测线、L测线、M测线、R测线、S测线、T测线、U测线、W测线、X测线的不同测段分别有深度不等的岩溶发育。其余段未发现明显的岩溶发育。

4 结论

（1）通过布设多条物探测线基本查明了库区古崩塌体的厚度、地下水位、断层之间的基底空间分布、溶洞发育情况，为工程设计提供了依据。

（2）利用地质雷达探测了吓魂滩泉群附近岩层和PD20平硐及其支洞、PD19平硐及其支洞周围的岩溶发育情况。其中，吓魂滩泉群附近岩层岩溶较为发育；PD20平硐及其支洞周围岩溶偶有发育；PD19平硐及其支洞附近岩溶较为发育。

高压旋喷桩在河口村水库混凝土面板堆石坝坝基处理中的应用

邢建营[1]　严　实[2]　郭其峰[1]

（1. 黄河勘测规划设计有限公司；2. 河口村水库工程建设管理局）

摘要：混凝土面板堆石坝的趾板一般建在坚硬、不可冲蚀和可灌浆的基岩上，由于各种条件限制需建在深覆盖层上时，由覆盖层引起的变形问题常成为制约方案成败的关键问题。结合河口村水库工程的实际情况，经过对相关深覆盖层处理方法的分析和比较，创造性地采用高压旋喷桩对影响大坝变形的核心区进行了处理。地基处理后的检测资料表明其平均抵抗变形能力有了较大幅度的提高。该处理方法不仅有效解决了由坝基深覆盖层引起的大坝变形问题，而且降低了投资、缩短了工期，而且为将来深厚覆盖层基础的生态处理和流域的可持续开发进行了有益的探索和尝试。

关键词：混凝土面板堆石坝；趾板；基础处理；高压旋喷桩

1　引言

河口村水库位于黄河一级支流沁河下游，控制流域面积 9223km^2，占沁河流域面积的 68.2%，占黄河小浪底至花园口无工程控制区间面积的 34%。工程开发任务以防洪、供水为主，兼顾灌溉、发电、改善生态。水库为大（2）型工程，由大坝、泄洪洞、溢洪道及引水发电系统组成，按 500 年一遇洪水标准设计，2000 年一遇洪水标准校核，水库正常蓄水位 275.00m，设计（校核）水位 285.43m，总库容 3.17 亿 m^3。

大坝采用河床趾板建在覆盖层上、两岸趾板建在基岩上的混凝土面板堆石坝，最大坝高 122.5m，上游坝坡 1∶1.5，下游综合坝坡 1∶1.68，并设置“之”形上坝公路。河床覆盖层的防渗采用混凝土防渗墙进行处理，防渗墙和河床趾板之间通过 4.0m 宽的连接板进行连接。

2　研究目的

中国现行面板堆石坝规范[1-2]中一般推荐将趾板坐落在坚硬、不可冲蚀和可灌浆的基岩上，但由于目前坝址区地质条件的限制，要达到上述要求，常需要进行大量的开挖，这不仅延长了工期，增加了工程造价，而且大量的开挖常引起工程区的环境问题，不利于工程所在地的可持续发展，因此寻求合适的基础处理措施并对其进行研究就显得非常必要。

河口村大坝基础覆盖层最厚达 41.87m，且包含有数层连续性不同的黏性土夹层和砂层透镜体。如采用趾板建在基岩上的方法，虽然具有较成熟的施工技术和大量工程实践，但大开挖将引起围堰加高、导泄流洞增长等一系列工程问题。经综合分析，采用趾板建在覆盖层上的方案的总投资将比趾板建在基岩上的方案节省10%左右，且缩短了工期。

趾板建在覆盖层上的方案目前在国内已有数个工程实例，其基础覆盖层经处理后都达到了要求。河口村大坝基础较深、组成复杂，需要进行处理后才能作为趾板基础。为寻求经济、高效且对大坝工期影响较小的方法，特进行本次研究。

3 研究方法

研究主要结合河口村大坝基础地质条件和处理方法进行。

3.1 坝基地质条件

坝基覆盖层主要是河床、漫滩及高漫滩河流冲积、洪积层，一般厚度30.0m，最大厚度为41.87m。岩性为含漂石及泥的砂卵石层，夹4层连续性不强的黏性土及19个砂层透镜体。

(1) 砂卵石层。含漂石、砂卵石层，共分上、中、下3层，卵石成分以白云岩、灰岩为主，中等蚀圆，分选差。河床砂卵石层中，平均干容重为2.05g/cm^3，孔隙比为0.327，比重为2.72。纵波速度1020～1460m/s，横波速度298～766m/s，动泊松比0.43～0.46，动弹性模量为420～1220MPa，剪切模量160～1100MPa。

河床砂卵石层中，渗透系数k=1～106m/d，一般为40～60m/d，多是河床中部大，向两岸逐渐变小。

(2) 黏性土夹层。根据大量的河床钻孔资料分析，河床覆盖层中共发现4层较连续的黏性土夹层，顶面高程平均值分别约为173.00m、162.00m、152.00m、148.00m，层厚一般为0.5～6.6m，最厚达12.0m，顺河延伸长350.0～800.0m，对坝基稳定、变形起控制作用。岩性以黄灰色中、重粉质壤土为主，局部为粉质黏土和轻粉质壤土，自然固结较好。

(3) 砂层透镜体。砂层透镜体一般分布在河流凸岸，长30.0～60.0m，宽10.0～20.0m，厚0.2～5.0m，一般厚1.0～3.0m，浅部15.0m以上居多。岩性以粉、细砂为主，级配良好、密实。

3.2 基础处理设计及施工

3.2.1 三维有限元应力变形计算分析

为了控制大坝在施工期及运行期的变形，确保工程安全，根据大坝基础地质勘察资料，对大坝进行了三维有限元应力应变分析，旨在全面反映坝体与坝基，特别是防渗体系的应力变形特性。三维有限元应力应变分析结果如下。

(1) 竣工期和运行期最大沉降分别为93cm和100cm，竣工期和运行期上游部分坝体向上游最大水平位移分别是14cm和−1cm，下游部分坝体向下游水平位移25cm，运行期下游部分坝体向下游水平位移增大到32cm。竣工期和运行期坝体大主应力最大值分别是2.671MPa和1.978MPa，坝体应力水平代表值在0.5左右。

(2) 面板的轴向位移指向河谷，运行期（施工期）左右岸面板轴向位移分别为5.9（2.93）cm和4.6（2.09）cm，由于河床部分趾板坐落在覆盖层上，面板底部最大挠度比趾板建在基岩上的要大，河口村面板坝达到 36.2（18.1）cm，面板中部（约 2/3 坝高处）挠度达到 39.6（14.6）cm。

（3）无论是施工期还是运行期，各种接缝的变形由于趾板坐落在覆盖层上，相比其他工程均较大。运行期防渗墙顶向下游最大位移 20.9cm，连接板上游端向下游最大位移 32.64cm、趾板向下游最大位移 18.78cm。防渗体系各结构的位移基本上协调一致，除了地形和覆盖层厚度变化很大的部位，防渗墙—连接板—趾板—面板之间接缝的三向变位都不大。最大变形是连接板与防渗墙之间接缝的相对沉降量，最大达 52.2mm。

由有限元分析结果可以看出，大坝的沉降变形和挠度基本上与类似工程相同。但连接板和趾板之间的相对错动较大，已经达到和稍微超过目前止水的最大承受能力，需要考虑对基础进行加固处理措施。

3.2.2 大坝基础处理方案

（1）大坝基础处理原则。根据上述计算结果，为减少坝基沉降，提高坝基抵抗变形的能力，需要对大坝基础进行加固处理。加固处理的控制标准，大坝沉降值不应超过 1%，各种剪切、张开、沉降变位值不宜超过 3cm，应力应小于混凝土面板（趾板、连接板及防渗墙）允许拉应力，如超过可以通过配筋来解决。

（2）大坝基础处理方案比较。当土石坝基础较为软弱，或由于变形较大或不均匀变形问题需要进行处理时，根据坝基覆盖层的组成和物理力学性质，目前一般有以下几种处理方法。

1）置换法。置换法是将地基中不符合要求的软弱部分挖除，代之以良好的土、碎石等并压实的一种处理方法。这种处理方法效果最好，但是一般仅适用于浅小基础。对河口村大坝基础来说，如采用挖除置换法，就相当于采用大开挖方案，将引起工期和投资增加等一系列问题。

2）强夯法。强夯法是用一定重量的夯锤从一定高度落下，利用夯击能使地基快速固结的一种地基处理方法。该法一般适用于处理碎石土、砂土、低饱和度的粉土与黏性土、湿陷性黄土、素填土和杂填土等地基。河口村大坝基础一般为含漂石砂卵石层，局部存在大孤石，加之强夯法处理深度有限，因此该方法不适用于河口村大坝基础的处理。

3）高压旋喷。高压喷射注浆法适用于土、砂土、砾石、卵石等松散透水地基。河口村大坝地基处理的主要目的，是提高地基的整体变形模量，降低由此引起的大坝和防渗体系的变形。高压喷射注浆法通过钻入土层中的灌浆管，用高压压入某种流体和水泥浆液，并从钻杆下端的特殊喷嘴以高速喷射出去的地基处理方法，在处理过程中，浆液进入地基的孔隙中充填、固结，提高了地基的整体性，因此最为合适。

（3）大坝基础处理方案设计。根据相关规范，趾板下游 0.3～0.5 倍坝高范围内的地基应具有低压缩性，考虑河口村大坝坝高为 122.5m，并根据三维有限元计算结果，靠近防渗墙及趾板区域为控制大坝各种接缝位移的核心区域。

经分析和比较，对防渗墙下游 50.0m 范围核心区域内的河床覆盖层基础采用高压旋喷桩进行处理。高压旋喷桩布置情况为防渗墙下游侧布置 5 排间距 2.0m 的高压旋喷桩；为满足变形过渡的要求，向下游桩间距逐渐变大，依次为 2.0m、3.0m、4.0m、5.0m、6.0m，高压旋喷桩桩长均为 20.0m（或到基岩），桩径 1.2m，总共布置约 630 根桩。

高压旋喷桩技术要求为采用硅酸盐或普通硅酸盐水泥，强度等级为 42.5。要求成桩后，桩体最小直径不小于 1.2m，桩体 28d 抗压强度不小于 3MPa。

3.3 高压旋喷桩处理试验和施工

河口村大坝基础含有较多漂石，为验证高压喷射注浆法的适用性，根据相关规范[3]进行了生产性灌浆试验。试验区选择在地基加固区，包含地层结构复杂（如含多层黏性土夹层和夹砂层）地段，面积约 $520m^2$。生产性试验桩数量按大坝基础处理总桩数的 8%选取，共布置 50 根，桩间距根据生产桩的要求布置。灌浆试验的目的是检验灌浆参数的合理性和该地层的成桩效果，并通过成桩前后的地基检测资料分析高压旋喷桩对地基处理的作用。

试验前后，分别采取静载、钻孔旁压、跨孔波速、瑞雷波等一系列试验手段对天然地基和处理后的复合地基进行对比检测。由于桩间距不同等实际条件限制，载荷试验成果可能存在一定的局限性，结合天然地基载荷试验成果及复合地基静载试验成果，对试验区地基处理效果分析如下。

（1）地基承载力。坝基高压旋喷处理前，175.00m 高程附近天然河床砂卵石层的承载力特征值一般在 500～600kPa，处理后相应的复合地基承载力特征值达到 990～1100kPa，承载力提高近 200%，提高显著。

（2）地基的变形模量。坝基高压旋喷处理前，天然河床表层砂卵石层的变形模量 E0 一般在 40MPa 左右，处理后相应处复合地基变形模量达到 46.1～154.1MPa，最大提高约 285%，最低也提高 15%以上。

（3）不同桩间距区复合地基试验成果。2m×2m 桩间距区的地基承载力特征值及变形模量的提高最为明显，分别提高 2～3 倍；4m×5m 桩间距区内的变形模量提高不明显。

从生产性灌浆试验情况看，处理后地基的变形模量等都有了较大幅度的提高[4]。从挖开检查的情况看，成桩效果明显，桩径等都达到了设计的要求。因此根据灌浆试验调整后的各种灌浆参数按设计图纸进行了高压旋喷桩的施工。在施工过程中，部分由于遇到大孤石难以继续施工的桩，根据桩对变形的影响情况进行了调整。

4 研究结果

通过静载试验、钻孔旁压、跨孔波速、瑞雷波等多项手段检测，加固后的复合地基的各项物理力学性质均得到不同程度的提升，特别是地基承载力和变形模量提高最为明显。整体来看，高压旋喷桩改善了坝基河床天然地层的不均匀特性，明显提高了坝基河床砂卵石层整体的承载能力和抗变形能力，达到了设计的预期目的。

根据试验成果，对三维有限元计算的地基参数进行了调整，并重新进行了大坝三维有限元应力应变分析，计算结果显示高压旋喷桩处理后趾板—连接板错动值下降约 50%；连接板—防渗墙相对沉降量下降约 30%；连接板—防渗墙张开量下降约 60%。说明坝基处理采用高压旋喷桩方案是可行的。

通过河口村坝基深覆盖层的高压旋喷加固生产实践，初步积累了以下经验可供参考。

（1）在河床砂卵石层中进行高压旋喷灌浆时，由于其渗透系数较大，并有地下水等的作用，可能会产生漏浆量过大，孔口不返浆及成桩后桩体形状不规则等异常情况，在施工中应考虑降水和减少水流流动。

（2）采取该方法施工时，应注重对河床覆盖层的工程地质特性进行研究，结合具体的地质条件，合理调整有关施工参数，调整施工孔序及孔间距，以期实现经济、高效加固地基的目标。

（3）在大规模生产施工前，进行现场的生产性试验工作是必要的。

（4）高压旋喷桩可作为加固深厚覆盖层（特别是地质条件复杂的覆盖层）地基的一种良好、有效手段，其加固效果检测要结合覆盖层的工程地质特性，选取合适的方式和方法。根据高压旋喷桩的特性和覆盖层的地质特性，规范中有些常规的检测手段未必适合（如钻孔取芯及芯样的物理力学性质试验效果不理想），应以多种手段综合检测，应以静载、跨孔波速及钻孔旁压为主，辅以必要的开挖检查，单独的一两种手段无法准确全面反应加固效果。

5 研究结论

目前高压喷射灌浆在水利工程中一般用来进行防渗处理，结合河口村坝基覆盖层的组成和经济技术比较，第一次用来做混凝土面板堆石坝基础的加固处理。根据工程实施情况和相关检测结果，并依据处理后的三维有限元计算结果来看，此种方法不仅达到了加固坝基减少大坝变形的效果，而且缩短了工期、减少了基础开挖和由此引起的开挖弃料的处理，为深厚覆盖层地基的处理方法进行了有益的尝试和探索。

参考文献

[1] 中华人民共和国水利部. 混凝土面板堆石坝设计规范：SL 228—1998[S]. 北京：中国水利水电出版社，1999.

[2] 中华人民共和国水利部. 混凝土面板堆石坝设计规范：DL/T 5016—2011[S]. 北京：中国电力出版社，2011.

[3] 中华人民共和国水利部. 水电水利工程高压喷射灌浆技术规范：DL/T 5200—2004[S]. 北京：中国电力出版社，2005.

[4] 姜苏阳，郭其峰. 深覆盖层面板坝设计及坝基处理措施[M]. 北京：中国水利水电出版社，2011.

河口村水库混凝土面板堆石坝开挖技术研究

谢俊国[1]　建剑波[2]

（1. 河南省水利第一工程局；2. 河南科光工程建设监理有限公司）

摘要： 河口村水库位于河南省济源市克井镇的黄河一级支流沁河最后一段峡谷出口处，是一座以防洪、供水为主，兼顾灌溉、发电、改善河道基流等综合利用的大（2）型水利枢纽工程。主要建筑物有混凝土面板堆石坝，溢洪道，引水发电洞。通过对河口村水库大坝工程坝肩开挖的研究，对高边坡岸坡石方开挖、建基面保护层开挖的爆破设计及参数选择进行了总结，爆破施工中应采取的安全措施进行了归纳，取得了良好效果。

关键词： 堆石坝；石方爆破；开挖；研究

1　工程概况

河口村水库坝高 122.5m，坝顶长 530.0m，坝顶宽 9.0m，上游坝坡 1∶1.5，下游综合边坡 1∶1.685，库容 3.17 亿 m^3。

左坝肩开挖涉及的地层有 5 个地层（$\in_1 m^{1\sim4}$和 $Pt_2 r$），岩石多坚硬，岩体卸荷强烈，属褶皱断裂发育区，构造复杂，除地表出露的规模较大的断层外，岩体中尚有 4 组发育节理，开挖边坡总体稳定性差，加上边坡高陡，发生崩塌、落实的可能性很大。

右坝肩为单斜构造，岩层向山体内倾斜，断层与褶皱不发育且规模小，构造形迹微弱，上部地层岩石较软弱，浅表部岩体卸荷较强烈，大部分充填次生泥，节理发育，表部卸荷裂隙作用的松动岩块及由于裂隙切割组合形成不稳定块体。

2　研究措施

由于工程的地质情况复杂，为确保安全，根据现场实际情况，结合岩石类别，成立了科研技术小组。针对实际地形和地质情况，为满足石方开挖运输和可利用料的备料及边坡设计要求，在施工过程中研究制定了科学有效的坝肩石方开挖方案。

（1）先进行爆破试验以确定爆破施工参数。根据实验爆破的施工参数对不同地质条件下的岩石情况分别采取不同的爆破方法，如深浅孔松动爆破，预裂爆破，水平预裂或水平岩石爆破等。

（2）爆破的设计思想：设法提高爆破效果，避免或减轻爆破的后冲破裂作用，保证爆后边坡岩石稳定，以保证下一次钻孔和施工安全，减少爆破岩石的飞散，减少或避免损坏现场施工设备和机械，扩大孔网面积，提高钻孔采石率，节省成本，提高功效。

(3) 主要对策：为了减少干扰，尽快完成开挖任务，采用24h工作制和按工作面满负荷投入机械设备的攻坚战略，在坝肩开挖时采取控制爆破，减少大块石渣堵塞道路、粉尘扰民问题。具体方案如下。

2.1 各种爆破参数选用

2.1.1 深孔松动爆破参数

钻孔直径：89～110mm。单孔装药量根据式（1）计算：

$$Q = qhab \tag{1}$$

式中：q 为单方耗药量，$q = 0.4 \sim 0.8 \mathrm{kg/m^3}$；$h$ 为孔深，拟定为10～15m；a、b 为孔距和排距，根据地质地形情况而定，一般为1.5～2.0m孔距，排距为2.0m，左右梅花形布局。

装药方式：混装乳化炸药全耦合装药，堵塞长度2.0～3.0m，单耗药量0.4～0.7kg/$\mathrm{m^3}$，起爆方式采用"U"形起爆或斜线微差起爆。

2.1.2 边坡预裂爆破参数

钻孔直径89mm，孔深6.0～9.0m，间距0.8m，不耦合系数2.5～2.8，装药结构间隔装药，线装药量为260～300g/m。

单孔装药量由式（2）计算：

$$Q = qHa \tag{2}$$

式中：q 为线耗药量，一般取 $q = 0.35 \sim 0.45 \mathrm{kg/m}$；$H$ 为孔深；a 为孔距。

2.1.3 浅孔爆破参数

钻孔 ϕ42mm，用手工风钻，孔深2.0～5.0m，间距1.8m，排距1.5m，堵塞长度1.2～1.5m，单耗药量0.45～0.55kg/$\mathrm{m^3}$，起爆方式为V形微差起爆或斜线形微差起爆。

单孔装药量由式 $Q = qHab$ 计算，$q = 0.75 \sim 1.0 \mathrm{kg/m^3}$，其符号意义同前。

2.1.4 水平预裂及水平光爆

为保证水平建基面的完整性，水平面预留1.0m的保护层，用手持或气腿式风钻进行水平预裂或水平光面爆破及浅孔爆破：孔径42mm，间距1.0～1.2m，孔深2.0～4.0m，填堵长度0.5m，单耗药量为0.45～0.55kg/$\mathrm{m^3}$。

水平预裂或光面爆破：孔径42mm，孔间距0.5～0.6m，孔深2～4m，堵塞长度0.5m，线密度160～200g/m。

2.1.5 保护层开挖方法

为保证建基面岩石的完整性，对上部为直径36～110mm，孔径爆破预留2.0m保护层。保护层周边采用光面爆破，其余部分底部留20cm撬挖层，采用人工辅以风镐清理至建基面的设计高程。其爆破参数：钻孔直径42mm（手风镐钻打孔），深度为1.8m，间距为1.2m，排距1.2m，单耗药量0.45～0.6kg/$\mathrm{m^3}$，堵塞长度0.5m，底部柔性垫层0.2m，装药结构为间隔装药。

2.2 安全保证措施

高边坡开挖施工的安全主要为现场安全控制和边坡安全控制防护2个方面，其措施要点如下。

（1）在临边道路路肩浇筑混凝土，防护墩上张贴夜间反光条，弯道设置广角镜，适当位置设立弯道、限速、上下坡、防止落石等安全警示标牌，在交通频繁的交叉路口，设专人指挥，危险地段悬挂“危险”或“禁止通行”的标志牌。

（2）在爆破作业时统一指挥，统一信号，划定安全警戒区，并明确安全警戒人员，爆破工作面内设定装药警戒区，所有机械设备及无关人员不得进入警戒区。

（3）严格按照爆破规程作业，做好爆破安全控制，杜绝爆破直接破坏工程安全和周围行人安全。

（4）爆破后及时进行坡面排除，为下一道工序创造安全作业环境。

（5）做好高边坡的排水工作，遵循“高水高排”的原则，高处水不应排入基坑内，在永久边坡大规模开挖前先开挖好永久边坡上坡部的山坡截水沟，以防上雨水漫流冲刷边坡。

（6）在永久边坡面的坡脚以及施工场地周边及道路的坡脚，均应挖排水沟槽和设置必要的排水设施，及时排除坡底积水，保护好边坡的稳定。

（7）为了检查边坡的安全稳定性，在高边坡开口线附近的适当位置，设置沉降和位移观测点若干个并编号，利用已布设的基准点，用全站仪定期测出位移观测点的三维坐标，并绘制三维坐标与时间关系曲线图，若发现问题及时上报有关部门进行原因分析，正确处理。

由于堆石坝岸坡开挖技术方案制定的科学、合理、结合实际，收到了良好效果，使得左右坝肩开挖任务按节点准时完成，同时在施工过程中，又不断发现问题，不断研究改进，整个工程在确保安全、质量的同时，快速地进展。

安全系统工程在河口村水库大坝工程施工安全管理中的运用

任明辉

（河南省水利第一工程局）

摘要： 安全系统工程的事故树分析法就是一种基于分析基本原因事件的安全分析方法，它不仅能分析出事故的直接原因，还能深入地揭示出事故的潜在原因。用它描述事故的因果关系直观、明了，思路清晰，逻辑性强。既可用于定性分析，又可用于定量分析，是安全系统工程的重要分析方法之一。

关键词： 河口村水库大坝；安全系统工程；事故树分析法；爆破飞石伤害

河口村水库是一座以防洪、供水为主，兼顾灌溉、发电、改善河道基流等综合利用的大（2）型水利枢纽，工程位于黄河一级支流沁河最后一段峡谷出口处，属河南省济源市克井镇，是控制沁河洪水、径流的关键工程，也是黄河下游防洪工程体系的重要组成部分。

河口村水库大坝是河口村水库工程的重要组成部分，为混凝土堆石坝，石坝最大坝高122.5m，坝顶长度530.0m，坝顶宽9.0m，上游坝坡1∶1.5，下游坝坡1∶1.5。坝体从上游依次由混凝土面板、垫层料、过渡料、主堆石、次堆石，下游干砌石护坡等结构组成。

1 大坝施工的主要特点

（1）坝体填筑量大、施工强度高，大坝填筑共有743万m^3，高峰时段平均强度29.16万m^3/月，每天填筑量大约1万m^3，相当于10m^3自卸车装运810车次。

（2）工程地处深山峡谷中，大坝坝高122.5m，两岸高峻陡峭，局部地段几乎直立，施工道路布设难度大，路况差、弯道多、道路窄、坡度大。

（3）大坝填筑材料来源于项目部自行爆破取得，爆破安全是施工安全控制的重点。

（4）大坝趾板施工位于陡壁下方，危石多且不易清理。

2 大坝施工危险性分析

（1）填筑料开采过程危险、有害因素：爆破飞石、爆破地震效应、雷电引发早爆。

（2）填筑料运输填筑过程危险、有害因素：交通撞车、坡道翻车、坝顶机械翻车、重车坠石伤人。

（3）趾板施工过程危险、有害因素：高空坠石伤害、触电、高处坠落、机械伤害。

(4) 挤压边墙施工过程危险、有害因素：高处坠落、机械伤害、触电事故。

在分析的基础上，为避免以上危险、有害因素的发生，项目部从源头预测，重点进行过程控制、辅助事后结果检验等一系列的安全管理工作。找出引发以上危险、有害因素发生的基本原因事件，从源头进行控制，做到预防为主，安全施工。

安全系统工程的事故树分析法就是一种基于分析基本原因事件的安全分析方法。它起源于故障树分析法（Fault Tree Analysis，简称 FTA），能对各种系统的危险性进行辨识和评价，不仅能分析出事故的直接原因，还能深入地揭示出事故的潜在原因。用它描述事故的因果关系直观、明了，思路清晰，逻辑性强。既可用于定性分析，又可用于定量分析，是安全系统工程的重要分析方法之一。

大坝填筑施工危险性分析与控制就是采用安全系统工程的事故树分析法对大坝填筑可能发生的事故进行定性分析。运用事故树分析法对大坝填筑施工的危险、有害因素进行逐个分析，找出引发事故的潜在原因即基本原因事件，对基本原因事件采取措施进行控制，将事故苗头遏制在萌芽状态，最终达得安全施工的目的。以河口村水库爆破作业为例说明安全系统工程在安全管理中的运用。

3 爆破飞石事故的分析与控制

3.1 河口村水库爆破作业工程概况

据招标文件和设计要求，选定河口村石料场作为块石料和人工骨料料源。河口村石料场位于坝址下游沁河右岸的河口村村南冲沟西侧。河口村石料场开采范围边缘距离河口村和侯月铁路较近，石料场爆破开采时要考虑对河口村居民和建筑的影响，同时考虑对侯月铁路安全行车的影响。河口村水库石料开采具有山势陡峻，料场开采场面狭小，开采强度大等特点。

3.2 事故树编制分析

(1) 确定顶上事件。顶上事件就是所要分析的事故，本事故树的顶上事件为“爆破飞石伤害”。

(2) 顶上事件的各种原因。将造成顶上事件的所有基本原因事件找出来，基本原因事件可以是人的不安全行为、物的不安全状态或管理上的缺陷。经调查、分析，顶上事件“爆破飞石伤害”的基本原因事件为：单孔药量偏大、封堵材料不合理、炮孔周边有散落石块、炮孔堵塞长度过小、炮孔位置不合理、炮孔角度偏离设计线、孔深不够、爆破指数过大、最小抵抗线设计不合理、爆破孔网参数选取不当、避炮区域或距离不当、个体防护不当、构筑物防护不当、未按规定时间爆破人员误入、爆前警戒未全面覆盖、人员冒险不撤离。

(3) 绘制事故树图，见图 1。

3.3 事故防范措施

(1) 单孔药量偏大的控制措施。爆破工程技术人员应在爆破设计说明书中准确计算单孔药量，爆破员应按爆破设计说明书的规定进行操作，不应自行增减药量。如确需调整，应征得现场爆破工程技术人员同意并作好变更记录。

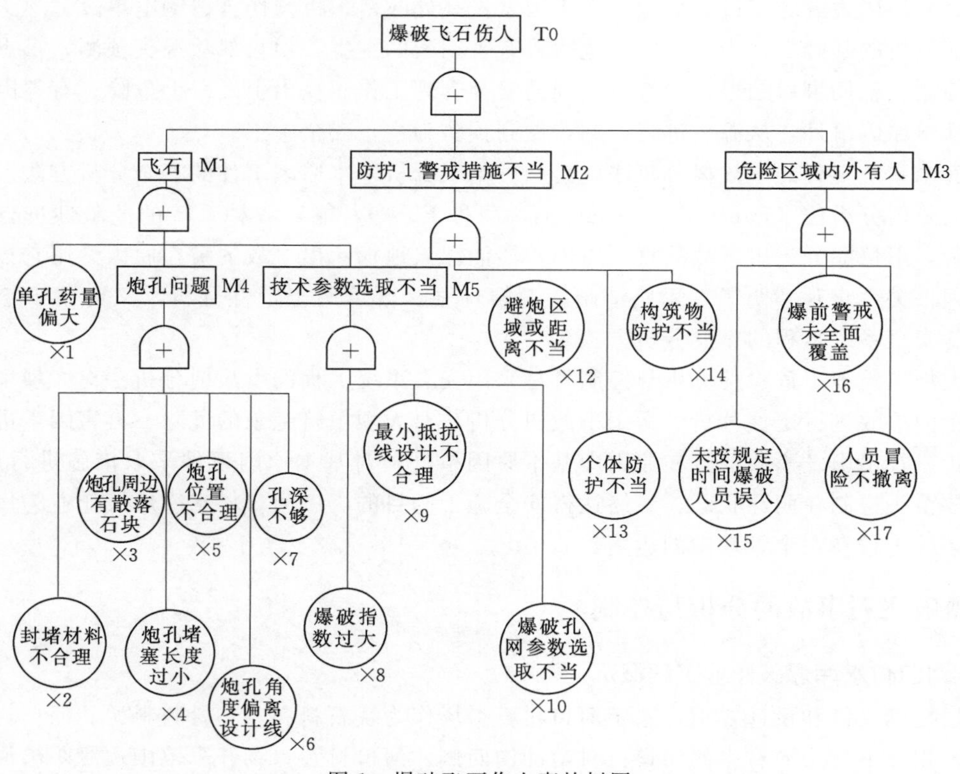

图1 爆破飞石伤人事故树图

(2) 封堵材料不合理。填塞料宜利用钻孔时的弃渣，或外挖碎块砂石土；不应使用腐殖土、草根等比重轻的材料。不应使用石块和易燃材料填塞炮孔，填塞完毕，应进行验收。

(3) 炮孔周边有散落石块。爆破前应将孔口周围0.5m范围内的碎石、杂物清除干净；孔口岩壁不稳者，应进行维护。

(4) 炮孔堵塞长度过小。爆破工程技术合理确定炮孔堵塞长度，爆破员严格按爆破设计说明书的规定进行操作，不应自行改变填塞长度；如确需调整，应征得现场爆破工程技术人员同意并作好变更记录。

(5) 炮孔位置不合理。根据设计说明书或爆破方案正确设置炮孔位置。

(6) 炮孔角度偏离设计线。根据设计说明书或爆破方案正确设置炮孔位置，确保炮孔角度不偏离。

(7) 孔深不够。炮孔深度必须严格按设计要求设置。

(8) 爆破指数过大。按设计要求正确选取爆破指数，避免爆破漏斗半径与最小抵抗线比太大。

(9) 最小抵抗线设计不合理。爆破工程技术人员在装药前应对第一排各钻孔的最小抵抗线进行测定，对形成反坡或有大裂隙的部位应考虑调整药量或间隔填塞。底盘抵抗线过大的部位，应进行清理，使其符合设计要求。

（10）爆破孔网参数选取不当。按照设计要求合理布置孔间距、排间距、孔深、孔径等相关参数。

（11）避炮区域或距离不当。爆破作业时，爆炸源与人员和其他保护对象之间的安全允许距离应按爆破各种有害效应分别核定，并取最大值。飞石对被保护对象的安全距离不应小于相关规定。露天爆破需设避炮掩体时，掩体应设在冲击波危险范围之外并构筑坚固紧密，位置和方向应能防止飞石和炮烟的危害；通达避炮掩体的道路不应有任何障碍。

（12）个体防护不当。爆破作业人员必须正确佩戴防护用品。

（13）构筑物防护不当。对于危险区域内的构建筑物，要采取相应的防护措施。

（14）未按规定时间爆破人员误入。装药前1～3d应发布爆破通告，内容包括：爆破地点、每次爆破起爆时间、安全警戒范围、警戒标志、起爆信号等。爆破通告除以书面形式通知当地有关部门、周围单位和居民外，还应以布告形式进行张贴。不得随意更改爆破时间。

（15）爆前警戒未全面覆盖。爆破警戒范围通过设计确定。在危险区边界，应设有明显标志，并派出岗哨。执行警戒任务的人员，应按指令到达指定地点并坚守工作岗位。爆破前警戒工作应对设计确定的危险区进行实地勘察，全面掌握爆区警戒范围的情况，核定警戒点和警戒标志的位置，确保能够封闭一切通道。警戒人员应在起爆前至少1h到达指定地点，按设计警戒点和规定时间封闭通往或经过爆区的通道，使所有通向爆区的道路处于被监视之下，并在爆破危险区边界设立明显的警戒标志（警示牌、路障等）。在道路路口和危险区入口，应设立警戒岗哨，在危险区边界外围设立流动监视岗哨。警戒人员应持有警戒旗、哨笛或便携式扩音器，并佩戴袖标。

（16）人员冒险不撤离。确保警戒力度，禁止危险区域内有人。

4 结论

以上爆破飞石伤害事故的事故树分析，只能对事故进行定性分析，如果能够获得可靠的事故树基本事件的发生概率，将能够计算出事故树的概率重要度和结构重要度，从而得出控制爆破飞石事故的主要控制事件，通过对主要控制事件的控制，能最大效率的控制事故的发生，做到工作量少，控制效果最大。

从对爆破飞石伤害事故的事故树分析可以看出：事故树分析过程是由表及里，由外至内的查找事故的根本原因的过程，根据事故树分析法对分析出的基本原因事件进行控制，是非常具有针对性的。因此，使用事故树分析方法的技术手段分析河口村水库大坝工程可能发生的事故案例是具有系统性和科学性的。随着国家对安全工作的重视，安全管理人员整体水平的提高，安全系统工程的事故树分析法将会运用于安全管理的各个领域，为辨识和控制危险源提供更科学系统的依据。

浅析河口村水库石料厂爆破安全控制

郭林山

（河南省水利第一工程局）

摘要： 河口村水库为河南省水利建设重点工程，水库主体为面板堆石坝，施工中需要爆破石方工程量大，周边环境复杂，为避免出现爆破事故，采用“单项控制、整体融合”，有效控制爆破作业过程的安全问题和爆破作业对周边环境的影响问题。

关键词： 河口村水库；爆破；安全控制；周边环境

1 工程概况

河口村水库位于河南省济源市克井镇沁河下游，其大坝为面板堆石坝，大坝填筑料由距大坝4.0km的石料场采用深孔爆破取得。石料厂位于低山丘陵区，自然坡度为20°～60°，岩石基本裸露，弱风化，主要为白云岩，岩石实验抗压强度41.4～142MPa，平均为92.6MPa，主要为白云岩，属于沉积岩的一种，坚固系数$f=10\sim12$，只能采用爆破法进行开采，根据设计要求需要开采473.1万m^3，需要炸药约2300t，爆破作业次数多。石料厂距离河口村居民居住房屋最近600.0m，距离济源到侯月的铁路线300.0m，距离项目部营地300.0m，石料厂的东侧和西侧各有1个碎石加工厂，北侧有果园、村庄，因此爆破作业安全和爆破对周边的安全影响必须进行严格控制。

2 爆破作业施工中的安全控制

2.1 炸药

工程所用炸药均为2号岩石炸药，炸药性能比较稳定，起爆感度适中。炸药由民爆公司专用车辆运至现场，在卸车过程中不得野蛮搬运、装卸，禁止与铁质物品撞击、冲击、摩擦，禁止使用挖土机等机械设备倒运炸药。

在炸药存放地点和装药施工过程中禁止抽烟、携带打火机、点燃垃圾，气温高时避免阳光直射炸药，避免挖土机、钻机等机械设备运转产生的热量传递到炸药上，使炸药温度上升导致炸药燃烧爆炸。

炸药运到现场以后，由项目部安全科负责警戒和监督炸药的使用，严格防止炸药丢失，在炸药运至现场到起爆之前，安全科必须安排警戒人员加强值守，当天未使用完的炸药必须根据清退制度，退回民爆公司，清退时履行清退手续，核点数量、品种，确认无误后签字清退。

2.2 雷管

工程采用电雷管和导爆管雷管，其中导爆管雷管使用较多，相比炸药而言，雷管具有较高的起爆感度，比较容易起爆，而雷管的起爆又能够引起炸药爆炸，所以使用雷管应更加注重安全管理。雷管不得与炸药同场存放，相距距离不得少于25.0m，在搬运使用电雷管时，不得猛烈撞击、摩擦、碰撞，要轻拿轻放，防止电雷管的脚线和衣服接触，并将对讲机等通信设备关机。测量电雷管时，必须使用专用欧姆表，仪表性能符合《爆破安全规程》（GB 6722）要求，严禁使用万能表测试。

2.3 起爆网路

工程采用电雷管-导爆管混合起爆网路，采用串并联方式，此起爆网络具有爆破效果好、可靠性高、起爆顺序和时差能准确控制、分段数量不受限制等特点，对于降低爆破震动具有明显效果。网路敷设前，必须对爆破器材进行外观检查：雷管不应变形、破损、锈蚀；导爆管管内无断药，无异物或堵塞，无折伤、油污和穿孔，端头封口良好；炸药不应吸湿结块，乳化炸药不应稀化或变质。如果雷管和炸药存在以上问题时不得使用，以免因爆破器材不合格造成早爆、盲炮并引发安全事故。

2.4 装药

装药前先检查炮孔的孔位、深度、倾角是否符合设计要求，孔内有无堵塞、孔壁是否掉块以及孔内有无积水。孔位和深度不符合要求时，要提前处理，禁止边装药边处理，装药时严格控制每孔的装药量，在装药过程中用竹制炮杆检查装药高度，装药过程中发现堵孔，应停止装药并及时处理，严禁用钻具和铁器处理装药堵塞的钻孔；填塞必须采用钻孔的岩屑和黏土，防止填塞过程中有石块和异物落入孔内，并保证填塞长度。在装填炸药时，禁止穿着化纤和含毛等容易产生静电的衣服。

2.5 起爆及爆后检查

每次进行爆破作业时项目部要安排专人负责指挥，根据要求，深孔台阶爆破的安全距离不小于200.0m，为确保安全，最好将警戒范围扩大至300.0m，各路口和附近石料厂、果园等安排安全人员严格警戒，禁止无关人员入内，在爆破前通知附近村民并张贴告示，让爆区内外人员知晓。经与当地村委会和附近石料厂协商，确定每次爆破时间为10点或17点30分。

在起爆15min后，等待爆破岩体塌落稳定，安全科才能指派验炮员进入工作面进行爆后检查。发现有盲炮或尚未塌落稳定的岩体及爆破体时，划定危险范围，拉好警戒线，并派专人看守，无关人员不得接近，同时制定处理方案，指定专人处理。发现有残留爆破器材时，在以后的清渣过程中由安全科指派专人负责处理。

3 爆破对周边环境的安全控制

爆破作业对周边环境可能产生的安全影响主要有爆破震动、爆破冲击波、爆破飞散物、有害气体、爆破噪声和爆破烟尘。

3.1 防止爆破震动危害

爆破中产生的震动，对附近居民影响较大。爆破作业时必须限制爆破震动源强度，根据附近村庄、石料厂等所在地面质点振动的安全允许速度和至爆区的距离，算出爆破震动安全允许装药量，作为爆破作业不产生震动危害的极限单响药量，另根据招标文件要求，爆破单响最大起爆药量不能超过300kg。由《爆破安全规程》（GB 6722）查出一般民用建筑物安全允许质点振动速度为2.6cm/s，依据震动公式 $v=K(Q^{1/3}/R)^{a}$ 计算出被保护对象的质点震动速度远小于2.6cm/s（根据地震监测部门的试验，K 值取118.2，a 取1.46）。项目部委托地震监测部门对石料厂爆破的现场监测显示，受保护对象位置的震动速度均在0.06～0.30cm/s，其爆破震动对附近建筑物是安全的。在爆破作业中，为减小震动，控制每次的单响起爆药量不超过300kg，爆破作业采用分段延期起爆，每次爆破前进行爆破设计，合理分段，合理安排起爆顺序和延期间隔时间，均匀释放爆破能量，降低单个药包爆破震动峰值效应。

3.2 预防爆破个别飞散物危害

爆破中严格控制飞石，防止对人员和机械及周边设施、果园造成危害。爆破作业中根据现场情况优化爆破参数，选定正确最小抵抗线和单耗药量、单孔装药量。根据钻孔期间地形变化及时调整孔位，根据钻孔岩粉的情况判断深层地质结构，及时调整单耗，精心施工，逐个检查炮孔、孔位、孔径、孔深、倾斜角度，检查炮孔是否通顺，发现问题及时补救。严格控制装药长度与单孔药量；确保填塞密实和填塞长度，填塞物内不含碎石。根据《爆破安全规程》（GB 6722）规定的露天爆破个别飞散物安全允许距离加大警戒范围，严防无关人员进入爆区。为防止爆破飞石对西侧山脚下的碎石场产生危害，施工中预留西侧山体不予爆破，并随着爆破高程的降低，形成一道隔墙，有效阻止爆破飞石落到碎石场，减少对碎石场的危害。

3.3 预防爆破冲击波的危害

合理布药、优化参数，严控最小抵抗线和单耗，限制弹孔装药量和一次起爆药量，采用分段延期起爆技术，最大限度地减少炸药能量无效损耗；精心施工，严控装药长度与单孔药量，确保填塞长度与密实度，采用分段延期爆破时，要对药包进行试爆，了解先爆药包其爆坑对后爆药包最小抵抗线方向、量值的影响，据此调整药包间距和装药量以及起爆时差。由于石料厂地势开阔，附近建筑物少，爆破冲击波产生的危害并不大。

3.4 预防有害气体产生

爆破工程使用的炸药爆炸后接近零氧平衡，爆破时采用反向起爆，孔深较大时采用多点起爆，适当增大起爆能，确保炸药达到完全爆轰，减少有害气体的产生，爆破时人员一般远离爆区，起爆人员位于上风口位置，有效减少有害气体的危害。

3.5 预防爆破噪声

严格控制炸药单耗、单孔装药量和一次起爆总药量，块石解小时，尽量不用裸露药包，多采用液压破碎锤进行。针对爆破后在山谷中的回声较大，爆破时尽量调整起爆顺序，多临空面时，起爆方向尽量不正对山谷方向。

3.6 预防爆破烟尘

在爆破作业中，提高炸药能量有效利用率，采用含水量适中的黏土或岩粉进行填塞，并控制填塞密度，有效降低爆破粉尘的产生。

工程爆破施工环节多而复杂，尤其是爆破周围环境的安全涉及社会和民生问题等诸多环节，每个环节必须慎之又慎，才能使爆破作业在保证安全的情况下取得良好的爆破效果。要不断加强对爆破作业人员的教育和培养，提高作业人员的业务技能，克服麻痹思想，精心施工，规范操作，杜绝爆破安全事故的发生。

瑞雷波测试在河口村水库地基中的探测应用效果分析

——以河南省济源市克井镇河口村水库为例

芈书贞[1]　王海周[1]　潘路路[2]

（1. 华北水利水电学院水利职业学院；2. 河南省水利第一工程局）

摘要：以河口村水库试验区地基加固前后的瑞雷波波速差异为例，简要介绍了瑞雷波的原理、测试方法、技术要求，并进行了瑞雷波波速测试试验验证，分析了试验结果，为河口村水库后期施工提供了技术参数和施工依据，也以此为例，进一步说明了瑞雷波在地基加固处理中的可应用性。

关键词：瑞雷波；地基加固

河口村水库是一座以防洪、供水为主，兼顾灌溉、发电、改善河道基流等综合利用的大（2）型水利枢纽，工程位于黄河一级支流沁河最后一段峡谷出口处，下距五龙口水文站约9.0km，属河南省济源市克井镇，是控制沁河洪水、径流的关键工程，也是黄河下游防洪工程体系的重要组成部分。大坝工程坝基覆盖层岩性及地层结构复杂，主要成分为漂卵砾石，并含有黏性土夹层及砂层透镜体，部分基础虽然较密实，但整体基础均匀性差，大坝填筑后可能存在不均匀的变形。为防止大坝面板及趾板、连接板、防渗墙变形过大，对大坝基础混凝土防渗墙至下游50.0m范围内采用高压旋喷灌浆进行加固处理。

为了论证高压旋喷桩灌浆加固的可行性和加固效果，确定高压旋喷灌浆施工的有关技术参数及施工工艺，并为工程验收提供依据，需对高压旋喷桩复合地基进行相关检测。其中瑞雷波测试主要任务为测试地基相同层位加固前后瑞雷波波速差异，检测地基处理前后物理力学性质的改善程度及地基加固效果。

1　瑞雷波的工作原理

瑞雷波是地震波的一种，它在均匀介质中无频散（波速不随频率变化而变化），在非均匀（如层状）介质中有频散且其波长不同，其穿透深度也不同，瑞雷波的传播速度与介质的物理力学性质，密切相关，波速高承载力相对也高，所以测试出地基加固前后地基的瑞雷波传播速度是否提高，就可以得知地基承载力的提高程度。根据瑞雷波的以上特性，采用适当的测试方法，可以得到不同的地层相应的瑞雷波速度，以反映介质的物理特性和存在状态[1]。瑞雷波测试原理见图1[2]。

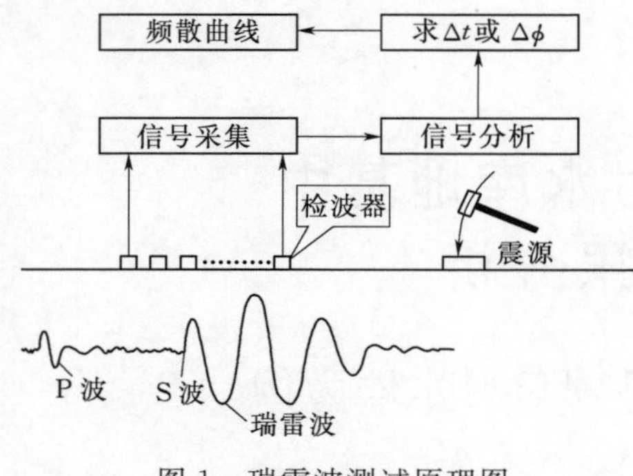

图1 瑞雷波测试原理图

2 瑞雷波测线的布置

河口村水库在地基加固区选定一个26.0m×20.0m（长×宽）的试验区进行生产性试验。试验区共布置50根桩，桩间距2.0～4.0m不等，排距2.0～6.0m不等，瑞雷波测试本着纵横各两条测线的原则，成桩前、成桩后瑞雷波测试均布置4条测线，测线号均分别为PM1、PM2、PM3、PM4，且成桩前、成桩后瑞雷波测试测线位置一致，以便进行对比。

3 瑞雷波测试的方法

瑞雷波测试的方法有稳态和瞬态2种，此次选用的是多道瞬态瑞雷波测试技术[3-4]。点距为6.0m，道间距为3.0m，偏距为3.0m、6.0m，采用100kg重锤激发，12道接收，检波器的主频为4.0Hz。采用锤击方式激振。瑞雷波法野外工作布置见图2，将瑞雷波频散曲线的波长（纵坐标）转换为真实地层的深度。将频散曲线中的平均速度转换为层速度，设平均速度以层厚为权数，即可求得各层的瑞雷波速度[5]。

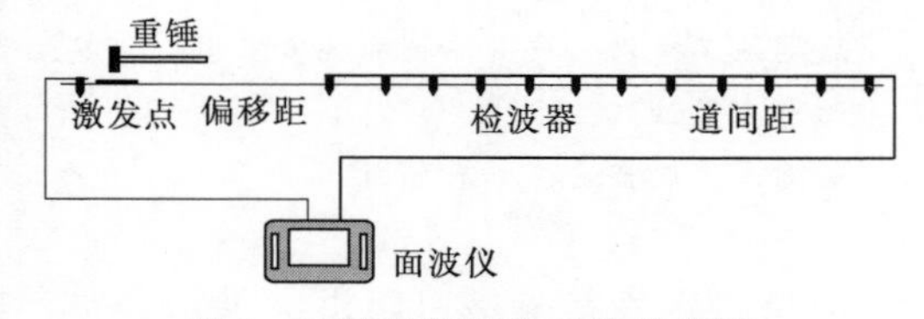

图2 面波勘探野外工作示意图

4 瑞雷波测试的技术措施

(1) 场地要求平整，无较大起伏，不得选在地表为疏松等松软介质地区，以免严重吸收能量而使最大测量深度变小。

(2) 在钻孔旁进行试验，确定观测系统，选定道间距与偏移距。

(3) 为了提高信噪比，压制干扰，在同一激发点重复锤击接收3～5次，把信号进行叠加，再在排列的另一端以同样的偏移距、同一激发点重复锤击3～5次，引导信号进行叠加，把2次叠加信号作为此测次的有效信号。

(4) 加大激振能量，改善激振条件，保证勘探深度达到目的层次。

5 瑞雷波的测试成果与分析

试验前，实际完成瑞雷波剖面4条，分别为PM1、PM2、PM3、PM4，其中PM1、PM2剖面完成6个测点，PM3、PM4剖面完成5个测点，每条测线的测点从上向下分为若干层，4条测线共记录原始数据80个。成桩后，在试验前的相同位置进行了瑞雷波测试，测试参数与试验前保持一致，以便进行对比。4条测线测试结果及分析见图3和表1、表2。

表 1　　瑞雷波测线测试记录表

测线号	测点数	地质解释	瑞雷波波速/(m/s)	
			成桩前（均值）	成桩后（均值）
PM1	6	砂卵石	673.0	759.0
		黏性土	536.0	598.0
PM2	6	砂卵石	658.0	695.0
		黏性土	595.0	656.0
PM3	5	砂卵石	643.0	663.0
		黏性土	545.0	575.0
PM4	5	砂卵石	675.0	727.0
		黏性土	536.0	617.0

表 2　　各测点瑞雷波波速整体的提高率表

测点号	整体提高率/%	测点号	整体提高率/%
PM1－1	2.4	PM2－6	1.7
PM1－2	18.4	PM3－1	1.5
PM1－3	10.8	PM3－2	5.3
PM1－4	7.0	PM3－3	6.5
PM1－5	4.3	PM3－4	5.3
PM1－6	1.7	PM3－5	1.3
PM2－1	2.3	PM4－1	2.0
PM2－2	16.0	PM4－2	16.2
PM2－3	10.3	PM4－3	20.7
PM2－4	7.0	PM4－4	15.0
PM2－5	4.0	PM4－5	2.3

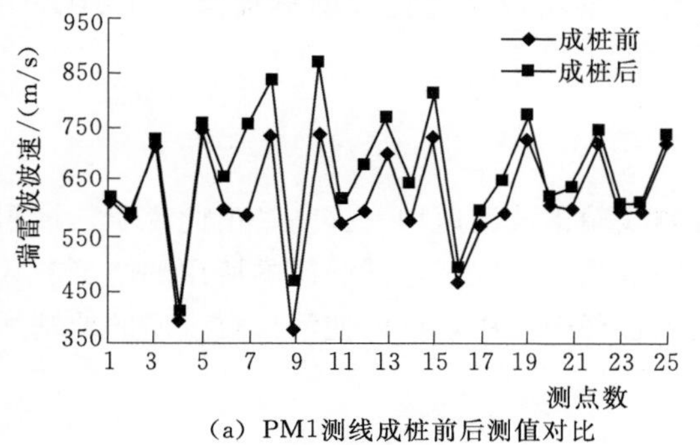

（a）PM1测线成桩前后测值对比

瑞雷波波速/(m/s)
测点数
成桩前
成桩后

（b）PM2测线成桩前后测值对比

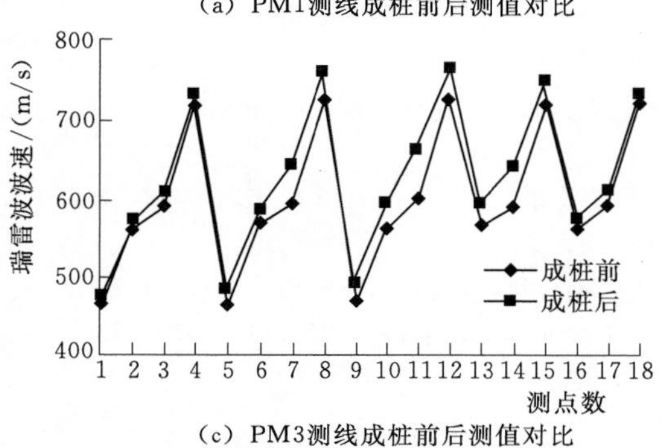

（c）PM3测线成桩前后测值对比

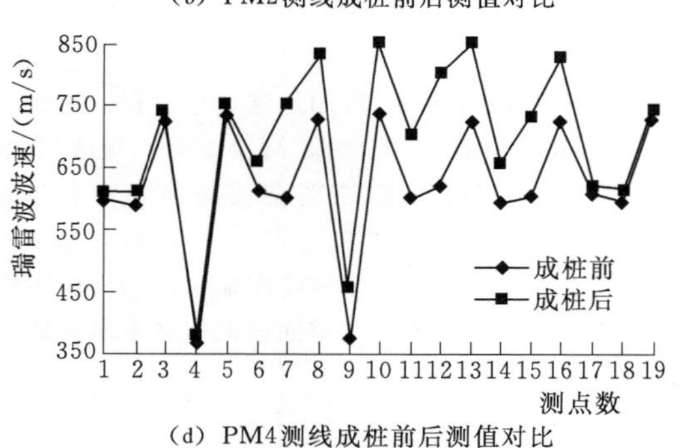

（d）PM4测线成桩前后测值对比

图 3　4 条测线各测点成桩前后瑞雷波波速对比图

由于测试深度 25.0m 以下能量较弱，所以解释深度截止到 25.0m。另外需要说明的是旁压试验钻孔揭示的局部深度薄层瑞雷波测试成果未能反映，原因可能是该地层的厚度和埋深比已经超出了瑞雷波法的测试精度范围。

从图 3 中可以看到成桩前、成桩后各测点瑞雷波波速的每个测点在成桩后瑞雷波波速都有不同程度提高，说明地基使用高压旋喷桩加固后承载力得到一定的提高，这种地基加固方法适用于该工程中。

结合图 3 和表 1、表 2 分析，可以认为，成桩前，瑞雷波测试范围内波速差异不大，具体如下。

（1）PM－1 测线黏土层瑞雷波波速一般为 380～598m/s，平均波速 536m/s，而砂卵石层瑞雷波波速一般为 566～746m/s，平均波速 673m/s，此次测线局部深度的黏土层波速较低。

（2）PM－2 测线黏土层的瑞雷波波速一般为 588～601m/s，平均波速 595m/s，而砂卵石层瑞雷波波速一般为 565～725m/s，平均波速为 658m/s，此次测线局部深度的黏土层波速较低。

（3）PM－3 测线黏土层瑞雷波波速一般为 462～600m/s，平均波速 545m/s，而砂卵石层瑞雷波波速一般为 558～727m/s，平均波速 643m/s，此次测线局部深度的黏土层波速较低。

（4）PM－4 测线黏土层瑞雷波波速一般为 372～617m/s，平均波速为 535m/s，而砂卵石层瑞雷波波速一般为 589～739m/s，平均波速为 675m/s。

对比发现，成桩后测试范围内地基瑞雷波波速呈现不均匀状态，其中 PM－4 测线、PM－1 测线、PM－2 测线所经过的桩密集的测点瑞雷波波速提高明显提高了 15.0%～20.7%，但随着桩变稀疏，波速的提高率降低。

6 结论

通过试验区成桩前后瑞雷波波速分析，各测线瑞雷波波速均有提高，由此说明，加固后的地基承载力得到提高，高压旋喷灌注桩加固地基效果较好，试验区的所用的施工参数和施工工艺可行，可在后期整个地基加固的施工过程中使用，可以使河口村水库的地基加固取得较好效果。

参考文献

[1] 何樵登，熊维纲. 应用地球物理教程——地震勘探[M]. 北京：地质出版社，1991.

[2] 杨成林. 瑞雷面波勘探[M]. 北京：地质出版社，1993.

[3] 陈华，尹建民. 瞬态瑞雷波法检测堆石体地基强夯效果[J]. 岩石力学与工程学报，2001，20（增）：1897－1899.

[4] 王超凡，邹桂高. 多道瞬态瑞雷波勘探应用研究[J]. 地质科学，2002，37（1）：110－117.

[5] 肖柏勋，李长征. 瑞雷面波勘探技术研究评述[J]. 工程地球物理学报，2004（1）：38－47.

面板堆石坝填筑质量实时监控系统研究与应用

曹先升[1]　王　飞[2]

（1. 河南省河口村水库工程建设管理局；
2. 天津大学　水利工程仿真与安全监测国家重点实验室）

摘要： 针对堆石坝施工及质量控制特点而开发的填筑碾压质量实时监控系统，综合采用了现代计算机技术、网络技术、GPS技术、GPRS技术与图形学等技术，可以对堆石坝填筑质量实施远程、移动、高效、及时、便捷的管理与控制。用堆石坝填筑质量实时监控系统取代常规监理旁站方式监控堆石坝碾压参数，可以减少仓面欠碾，避免仓面漏碾等情况的发生，有效控制碾压质量，同时可以缩短试验检测周期，提高施工速度。

关键词： 面板堆石坝；坝体填筑；实时监控；质量控制；河口村水库

面板堆石坝属土石坝的一种，但相对其他传统坝型具有较高的安全性、良好的基础适应性、能就地取材、工程造价较低、工期短、运行安全、抗震性好、运行管理方便等特点，在大坝坝型比选中具有较强的竞争力。面板堆石坝填筑碾压质量是堆石坝施工质量控制的主要环节，直接关系到大坝的运行安全，而堆石体的施工质量主要与坝料级配和填筑密实度有关，因此在堆石坝的施工中，有效地控制坝料级配和填筑密实度是保证大坝施工质量的关键。对于堆石坝的填筑施工质量，传统的方法是依靠人工现场控制碾压参数（碾压速度、振动状态、碾压遍数、压实厚度及行走轨迹）和人工挖试坑取样的检测方法来管理，但已与目前大规模机械化施工的堆石坝建设要求不相适应，也很难达到大坝的施工质量控制要求。因此，有必要研究开发一种具有实时性、连续性、自动化、快速高精度等特点的面板堆石坝建设管理系统对坝体填筑质量实施控制，以实现对堆石坝工程进行远程、移动、高效、及时、便捷的工程管理与控制，实时指导施工、有效控制工程建设过程、控制工程成本、提高管理水平与效率。

1　面板堆石坝填筑施工实时监控

1.1　填筑质量控制标准

现有面板堆石坝施工质量控制的方法和手段主要遵循《碾压式土石坝施工规范》（DL/T 5129—2013）与《混凝土面板堆石坝施工规范》（DL/T 5128—2009）的规定，反滤料及砂砾料的压实控制指标采用干密度或相对密度，垫层料、过渡料及堆石料（主堆、次堆）的压实控制指标采用孔隙率（干密度）。堆石料、砂砾料试验检测测定的干密度平均值应不小于设计值，标准差应不大于0.1g/cm^3；当样本数小于20组时，应按合格率不小于90%、不合格干密度不得低于设计干密度的95%控制。

质量控制指标通过试验检测获取，但试验检测内容不限于各坝料质量主控指标，还包括其他质量表征项目。规范规定，反滤料、垫层料、过渡料及主堆石料的填筑除按规定检查压实质量外，必须严格控制颗粒级配以及渗透系数等；坝壳堆石料的填筑以控制压实参数为主，并按规定取样测定干密度和级配。

1.2 填筑施工质量控制指标体系

面板堆石坝施工质量监控包括施工过程质量监控和事后质量监控 2 个方面，以施工过程控制参数为过程控制指标，以质量检查标准为事后控制指标。面板堆石坝填筑施工质量控制指标体系见图 1。通过监控上述指标，实现对面板堆石坝填筑施工质量的全过程控制。

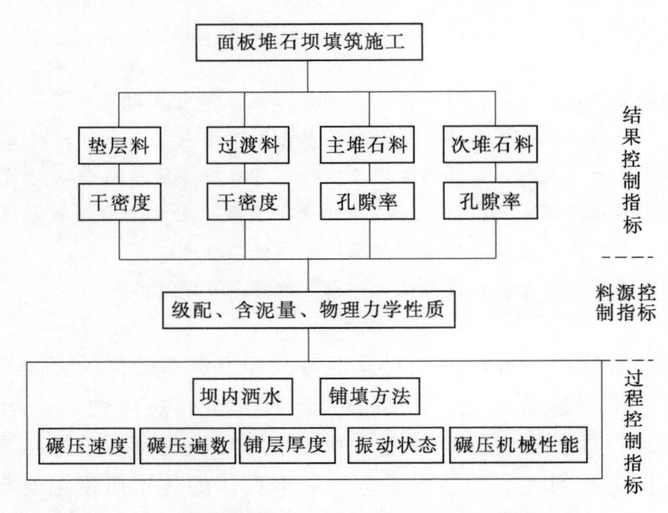

图 1 面板堆石坝填筑施工质量控制指标体系图

1.3 填筑质量实时监控系统总体框架

面板堆石坝填筑施工质量实时监控系统由总控中心、网络中继站、现场分控站、GPS 基准站和 GPS 流动站（碾压机械）等构成（见图 2）。

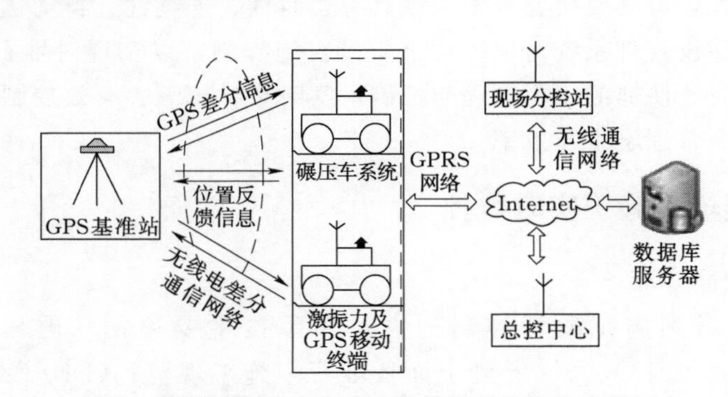

图 2 填筑碾压质量实时监控系统的总体构成图

通过安装在碾压机械上的监测终端，实时采集碾压机械的动态坐标、激振力输出状态，经 GPRS 网络实时发送至远程数据库服务器中；然后，根据预先设定的控制标准，服务器端的应用程序实时分析判断碾压机械的行车速度、激振力输出是否达标；接着，现场分控站和总控中心的监控终端计算机通过有线网络或无线 WiFi 网络，读取上述数据，进行进一步实时计算和分析，包括坝面碾压质量参数（含行车轨迹、碾压遍数、压实高程和压实厚度）的实时计算和分析；再将这些实时计算和分析的结果与预先设定的标准进行比较，根据偏差，指导相关人员做出现场反馈与控制措施[1-3]。

1.4 填筑施工实时监控的基本过程

面板堆石坝填筑碾压质量实时监控的步骤见图 3。

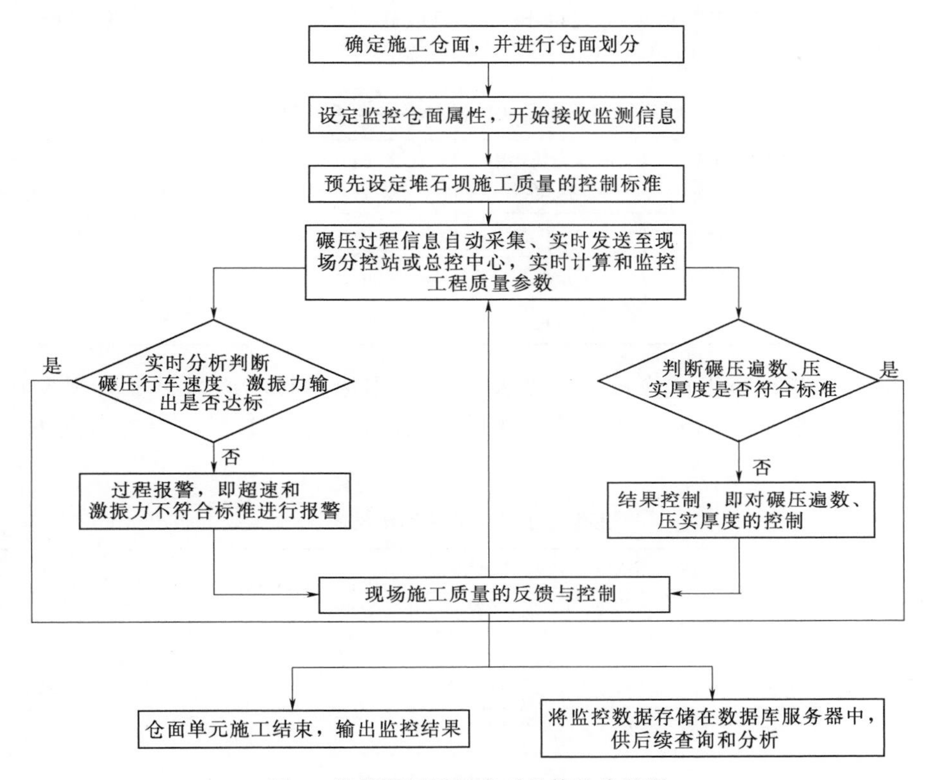

图 3　填筑碾压质量实时监控的步骤图

2 实时监控系统应用实例

2.1 工程概况

河口村水库是一座以防洪、供水为主，兼顾灌溉、发电、改善河道基流等综合利用的大（2）型水利枢纽工程，位于黄河一级支流沁河最后一段峡谷出口处，下距五龙口水文站约 9.0km，是控制沁河洪水、径流的关键工程，也是黄河下游防洪工程体系的重要组成部分。河口村水库工程总工期为 60 个月。

河口村水库由面板堆石坝、泄洪洞、溢洪道及引水发电系统组成，其中面板堆石坝最大坝高 122.5m，坝顶高程 288.50m，坝顶长 530.0m，坝顶宽 9.0m，上、下游坝坡 1∶1.5（下游坝后堆渣平台以下边坡 1∶2.5），坝体由上游混凝土面板、垫层料、过渡料、主堆石、次堆石、下游预制异形块护坡等组成，堆石坝填筑方量约 540 万 m^3。

2.2 实时监控系统运行情况

河口村水库是河南省的重点水利工程，工期紧、任务重、质量要求高，为了提高大坝填筑质量，加快施工进度，河口村水库建设管理局引进了天津大学开发的大坝 GPS 碾压施工质量实时监控系统，对河口村水库大坝坝体碾压机械进行实时自动监控，以确保大坝碾压施工质量全过程实时监控，达到有效控制坝体填筑质量的目的。系统运行后，从2012 年初开始填筑至 2013 年 4 月 10 日共对主堆料区 486 个仓面、过渡料区 188 个仓面、排水带区 2 个仓面、反滤料区 6 个仓面和次堆料区 139 个仓面共 821 个仓面的填筑碾压过程进行了完整的监控（见表 1）。

表 1　　堆石坝碾压质量实时监控系统监控结果表

分区	平均碾压遍数比率/%	碾压遍数比率控制标准/%	平均仓面厚度/cm	设计厚度/cm	厚度控制标准/%
主堆料区	95.6	90	79.1	80	±10
次堆料区	96.1	90	80.0	80	±10
过渡料区	96.6	90	40.8	40	±10

对主堆石料进行随机试验检测（见表 2），根据河口村水库面板堆石坝设计要求，主堆料干密度不小于 2.2g/cm^3，孔隙率控制标准为不大于 20%，渗透系数 K 不小于1mm/s。

表 2　　主堆料土工试验检测结果表

检测部位坐标 x，y，z	干密度/(g/cm^3)	孔隙率/%	渗透系数 K /(mm/s)	不均匀系数
264.2，47.3，237.2	2.24	19.1	7.92	29.57
123.5，53.8，238.0	2.22	19.2	9.76	28.71
257.7，21.8，238.8	2.25	18.8	8.3	57.88
65.4，15.0，239.6	2.26	18.4	7.09	44.69
145.2，16.5，240.4	2.24	19.1	6.38	49.18
121.4，3.5，241.2	2.24	19.1	5.56	51.94
121.3，13.4，242.0	2.21	20.2	5.83	31.88
144.1，22.4，242.8	2.25	18.8	5.85	25.3
43.6，11.6，243.6	2.23	19.5	5.30	23.18
280.4，29.8，244.4	2.22	19.9	6.61	31.88
140.9，37.2，245.2	2.24	19.1	7.79	30.00
227.9，−88.0，231.6	2.23	19.5	6.09	41.51

注　检测部位坐标为大坝施工坐标。

对堆石坝填筑质量实时监控结果及试验检测结果进行综合分析表明：通过实时监控系统的应用，可以减少仓面欠碾，避免仓面漏碾等情况的发生，提高大坝仓面施工作业的水平；可以对碾压质量参数全过程监控，通过过程控制和结果控制，保证施工质量；可以减少试验检测的频率及同一施工仓面试验检测次数，缩短试验检测周期，提高施工速度，从而加快大坝主体工程总体施工进度；可以在工程运行期间逆向查询施工情况，提高管理水平。

与常规依靠人工现场控制碾压参数来控制施工质量相比较，实时监控系统减小了人为主观因素的影响，保证碾压参数均在控制范围内，杜绝了偷工减料情况的发生，保证高质量施工。

3 结论

实时监控系统是综合了现代计算机技术、网络技术、GPS技术、GPRS技术与图形学等开发出来的一套系统，它满足了水利工程土石方填筑质量控制的需求，能够对施工过程进行实时性、连续性、自动化、高精度的全过程监控，实现了预期目标。应用情况表明，该系统有很好的适用性，在土石方填筑工程质量控制中具有推广价值。

参考文献

[1] 吴晓铭，黄声享．水布垭水电站大坝填筑碾压施工质量监控系统[J]．水力发电，2008，34（3）：47-50.
[2] 刘东海，王光锋．实时监控下的土石坝碾压质量全仓面评估[J]．水利学报，2010，41（6）：720-726.
[3] 天津大学水利水电工程系．心墙堆石坝施工质量实时监控与系统集成技术及工程应用研究报告[R]．天津：天津大学，2009.

GPS 监控系统在河口村水库大坝施工质量控制中的应用

芈书贞[1]　张　婷[2]

（1. 河南水利与环境职业学院；2. 中国水利水电科学研究院）

摘要： 河南省河口村水库大坝为混凝土面板堆石坝，堆石料的填筑是整个大坝施工的重要过程。为适应大坝填筑施工质量管理的需要，在大坝填筑前期引入了 GPS 碾压监控系统监测坝体填筑过程。通过对该工程中使用的 GPS 监控系统的组成、作用、操作流程的介绍和了解，并对引进 GPS 监控系统一段时间后坝体碾压质量效果的分析，结果表明运用该系统后坝体的填筑质量较使用前有提高，为坝体后期施工积累了经验，加快了工程建设，提高了工程管理质量，缩短工程建设工期。

关键词： 河口水库；面板堆石坝；填筑过程；碾压；GPS 监控系统；操作流程；密实度

1　引入 GPS 碾压监控系统的意义

河口村水库是一座以防洪、供水为主，兼顾灌溉、发电、改善河道基流等综合利用的大（2）型水利枢纽，工程位于黄河一级支流沁河最后一段峡谷出口处，下距五龙口水文站约 9.0km，属河南省济源市克井镇，是控制沁河洪水、径流的关键工程，也是黄河下游防洪工程体系的重要组成部分。拦河大坝为面板堆石坝，施工难度和工程量大，技术要求高，堆石料的填筑是整个大坝施工的重要过程，填筑质量影响到后期混凝土面板的施工和整个大坝的质量。传统堆石料填筑质量控制方法是采用人工监控铺料厚度、碾压遍数、碾压机械行驶速度等碾压参数，但这种方法存在准确度低、效率低、不能实现全天候实时监控等缺点[1-2]。为此，工程从 2012 年 3 月 1 日开始，引进了 GPS 碾压监控系统，通过在碾压机械上安装高精度的 GPS 定位仪和激振力监测装置，对坝面碾压机械进行实时自动监控，动态监测仓面碾压机械的速度、激振力状态和碾压轨迹，实时计算分析仓面内任意位置的碾压遍数，控制坝体的碾压质量[3]。

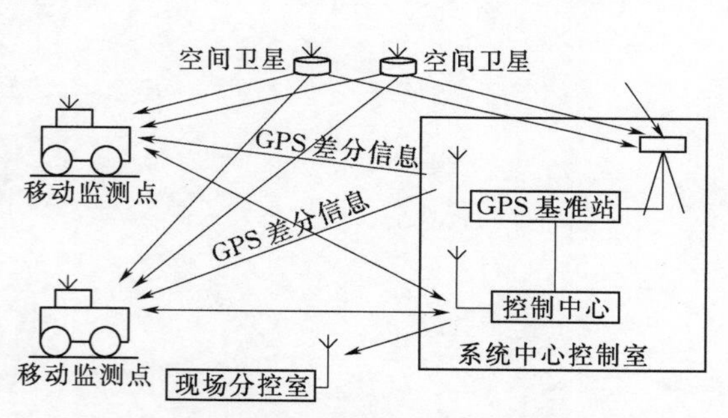

图 1　大坝填筑碾压施工质量监控系统示意图

2　GPS 碾压监控系统组成及作用

河口村水库大坝的 GPS 碾压监控系统由总控中心，GPS 基准站，现场分控站，GPS 流动站组成，系统示意图见图 1[4]。

2.1 总控中心

总控中心是整个碾压监控系统的中心，安装在建设管理局办公楼内。系统的数据处理、分析、储存等均在此进行，并将计算、分析结果、图形报告通过无线数据通信方式，发送到现场分控室。主要功能如下。

（1）自动接收GPS流动站返回的数据，发播基准站的差分数据。

（2）监控数据的保存、入库管理和调用。

（3）实时显示碾压机械的运行轨迹、速度、振动状态和搭接情况。

（4）计算碾压遍数，不同碾压遍数用不同颜色表示。

2.2 GPS基准站

为了提高GPS系统的监测精度，采用差分GPS技术所需而设置在大坝左坝肩的设备，根据基准站已知精密坐标，计算出基准站到卫星的距离改正数，并由基准站实时将这一数据发送给总控中心和流动站，对流动站定位结果进行改正，从而提高定位精度。

2.3 现场分控站

现场分控站位于大坝右坝肩观礼台上，主要任务是接收来自总控中心的监控信息，使现场管理人员及时了解施工现场施工状态和施工质量情况，一旦出现质量偏差，及时提示有关管理人员指示机械操作人员进行返工、改正。主要功能如下。

（1）实时显示每个碾压机械的运行轨迹、速度、振动状态和搭接情况，出现异常会弹出警示窗口报警。

（2）显示指定仓面的碾压遍数（用颜色表示）。

（3）显示碾压厚度及碾压后高程。

（4）指定仓面碾压监控成果输出，成果由图形报告包括碾压轨迹图，碾压遍数图，压后高程图，压实厚度图等。

2.4 GPS流动站

安装在碾压机械上，进行GPS移动观测，其观测项目主要是碾压机械的碾压遍数、碾压轨迹、机械的行进速度和振动状态。主要功能有：①自动接收总控中心发来的本GPS流动站的定位数据和基准站的差分数据；②自动发送本流动站位置数据和碾压参数数据给总控中心；③听从分控站管理人员的指挥。

3 GPS碾压监控系统操作流程

3.1 测量

测量人员根据现场实际情况和设计、进度要求，测出需要碾压区域周边线的点坐标，填写《监测系统开仓计划表》，这些点坐标连成面形成一个区域，即为需要碾压的区域。

3.2 建仓

进入建设管理局网络，输入用户名和密码，登录系统，选定需要开仓的工作面的分区和高程，根据测量人员填写的《监测系统开仓计划表》，输入测量人员提供的点坐标，对该仓面进行命名和仓面设置后，即建仓成功。仓面建立成功后仓面信息无法修改，如果需要修改就要删除仓面，重新建仓。仓面命名要规则，一般是编码＋分区＋部位＋所在层＋

所在仓，规则化命名便于后期查询和管理。

3.3 开仓

建仓完成后，派遣碾压车辆到指定仓面，分控站管理人员通过通信设备，指令现场施工人员开始碾压施工。开仓时需要注意，有一些特殊区域需禁止碾压，如安装有大坝监测设备的区域，所以建仓时要把这部分区域排除。开仓时录入的数据必须准确，因为开仓后所建立的仓面即使是错误的也无法删除。

3.4 监控

开仓后，已派遣到该仓面的车辆行驶轨迹在该层面任何位置均可通过监控室内电脑屏幕显示。碾压机械在碾压过程中，分控站管理人员实时观测碾压机械和碾压仓面的状况，实时查看到仓面具体位置的碾压遍数，车辆的运行轨迹、静碾遍数、低振遍数数图、碾压遍数图。监控碾压过程中出现问题，分控站管理人员及时和现场施工人员联系。

3.5 关仓

当仓面碾压遍数达到要求遍数比例在90%以上后，分控站管理人员通知现场施工员和监理员，沟通关仓。

3.6 资料整理

检测完成后，可生成的图形文件有静碾遍数图、低振遍数图、振遍数图、碾压遍数图、轨迹图、高程图、厚度图。

4 GPS碾压监控系统效果分析——碾压后坝料密实程度分析

河口水库坝体主堆料、垫层料、过渡料的设计干密度分别为2.20kg/m³、2.29kg/m³、2.21kg/m³。

对大坝主堆料在使用GPS碾压监控系统之前和之后一段时间内的干密度试验报告数据进行了整理分析，见图2。由于施工进度原因，使用GPS碾压监控系统之前的干密度试验数据较少，使用后试验结果数据较多。由图可以的得出结论：①使用前后所测主堆料干密度均符合设计要求，但使用后主堆料的干密度普遍大于使用前的密度，施工质量较好；②通过曲线趋势分析，使用后的曲线趋势线比使用前的曲线趋势线更为平稳，说明使用GPS之后其碾压质量更稳定。

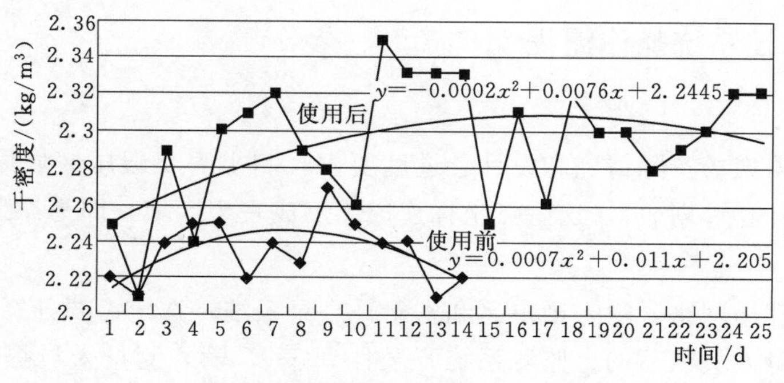

图2 主堆料干密度趋势对比图

对大坝主堆料、过渡料、垫层料在使用GPS碾压监控系统后一段时间内测得的干密度数据进行分析，见图3。结论为：①各区料的实测干密度均符合设计要求，垫层料的密度一般大于过渡料、主堆料，这也符合设计理论要求；②垫层料实测干密度最小值2.32kg/m³，最大值2.38kg/m³，过渡料实测干密度最小值2.29kg/m³，最大值2.37kg/m³，所测数据总体较为平稳，没有过大或者过小情况。

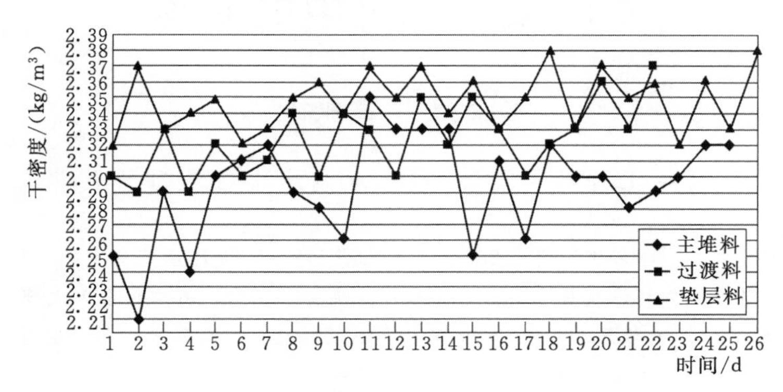

图3　各区碾压干密度图

这些都反映了使用GPS碾压监控系统后，对坝体碾压过程进行实时全程控制，坝体的碾压质量得到了提高。但是由于试验数据有限，有些情况还需要后期施工进一步检验。

5　结论

GPS碾压监控系统通过建立以监控系统为核心的“监测—分析—反馈—处理”的监控体系，对大坝的填筑过程和填筑质量进行实时监测，实现了对大坝施工的全过程、全天候实时在线监测与控制，有效地提高了河口村水库大坝施工控制的水平和效率，确保工程质量始终处于受控状态。为面板堆石坝施工提供了新型、先进的质量控制手段与信息集成管理办法，提高了大坝质量管理水平，促进了工程管理层次的提升，对于河口村水库工程的高标准建设具有十分重要的意义。

参考文献

[1]　赵川，吴敏，沈嗣元，等. 堆石坝填筑质量GPS监控及附加质量法检测密度技术[J]. 云南水利发电，2009，25 (5)：101-105.

[2]　刘海涛. 基于GPS的面板堆石坝监测与填筑质量控制[J]. 黑龙江水利科技，2010，38 (1)：124-125.

[3]　张秀芝，刘志清. GPS在水布垭大坝施工质量监控中的运用[J]. 人民长江，2006，37 (7)：65-67.

[4]　吴晓铭. 面板堆石坝填筑施工质量GPS实时监控系统方案研究[J]. 水力发电，2002 (10)：30-32.

GPS 实时监控系统在河口村水库坝体填筑中的应用

杨金顺[1]　吕仲祥[2]

（1. 河南省水利第一工程局；2. 河南省水利水电工程建设质量监测监督站）

摘要： 河口村水库面板堆石坝坝高122.5m，坝基地形狭窄，设计填筑工期短，施工强度大，要求质量高。为了确保坝体填筑碾压质量，同时加快施工进度，河口村水库大坝建管局决定采用GPS实时监控系统彻底解决人工控制碾压参数的缺点，实现了可视化、实时、精确地对影响碾压参数的关键因素进行控制，最终达到了预期效果。

关键词： 面板堆石坝；GPS；监控；碾压参数

1　工程概况

河口村水库坝型为混凝土面板堆石坝，大坝全长530.0m，坝顶宽9.0m，最大坝高122.5m，坝顶高程288.50m，上下游坝坡均为1∶1.50，坝后不设“之”形上坝路，坝后设混凝土预制块护坡。

坝体填筑从上游至下游依次由特殊垫层料（小区料2B）、垫层料（2A）、过渡料（3A）、主堆石（3B）、次堆石（3C）、反滤料、上游壤土铺盖（1A1）、粉煤灰（1A2）和石碴盖重（1B）、下游堆石护坡（3D）、石碴压坡（4A）等组成，填筑总量约为743万m^3，坝基上下游面底宽约420.0m。

坝体填筑结构分区见图1。

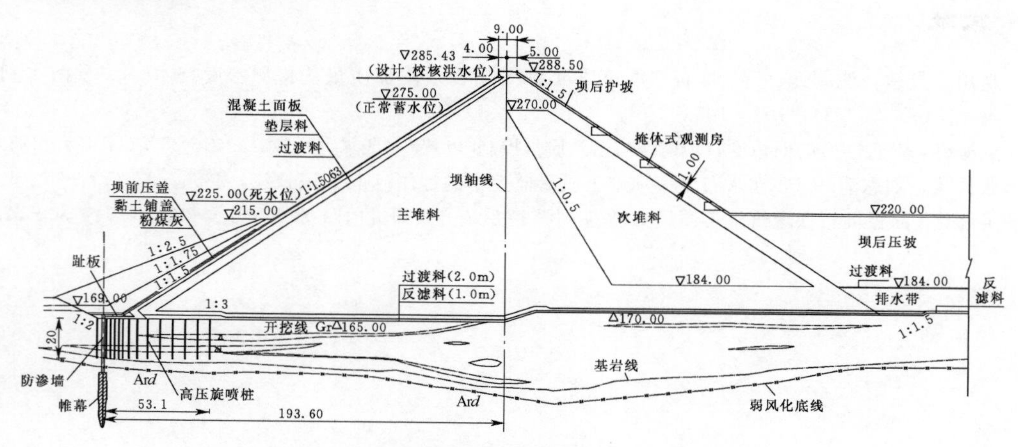

图1　坝体填筑结构分区示意图（单位：m）

2 工程特点及采用GPS实时监控系统控制坝体填筑碾压质量的目的

河口村水库大坝设计坝高122.5m，河床坝基覆盖层厚达42.0m，设计坝轴线上游仅开挖上部约10.0m，下游开挖约5.0m，开挖后坝基为砂砾石基础。坝基从河床趾板轴线以下50.0m范围内采用高压旋喷桩加固处理，在国内高坝大库基础处理方法上尚属首例。

该工程大坝坝体填筑约540万m^3，最高填筑强度约40万m^3/月，坝址地处V形峡谷中，河床狭窄，两岸高峻陡峭，局部地段几乎直立，施工道路布置困难。

堆石坝填筑碾压施工质量是大坝施工质量控制的主要环节，直接关系到大坝的运行安全。堆石坝的填筑施工质量管理，如果仍然采用常规的依靠人工现场控制碾压参数（碾压速度、振动状态、碾压遍数和压实厚度）和人工挖试坑取样的检测方法来控制施工质量，一方面由于人工控制碾压参数的主观性和精确度很难达到该工程所需的施工质量要求；另一方面，由于取样时间和等待结果的基本程序限制因素将会严重影响坝体填筑施工强度，最终导致工程不能如期完工，甚至带来不可估施工技术量的度汛风险。

鉴于上述工程特点，为确保坝体施工质量，同时有利于加快施工进度，通过借鉴其他类似项目的工程经验，决定研究开发一种具有实时性、连续性、自动化、高精度等特点的河口村水库工程大坝施工数字化管理系统——GPS实时监控系统，对坝体填筑进行全过程的实时监控，以实现对河口村水库工程大坝施工进行远程、移动、高效、及时、便捷的管理与控制，实时指导施工，有效控制工程建设过程，以提高管理水平与工作效率。

3 GPS实时监控系统基本构架及其主要功能

GPS实时监控系统最早在湖北清江水布垭水库大坝工程开始使用，其他水利枢纽工程施工中很少使用，其在全国大型水利工程的应用尚未成熟及完善。该工程借鉴电力系统大型项目的管理经验，通过邀请国内有类似经验的系统开发方进行洽谈比选，最终选定天津大学作为本系统的研发单位。

该GPS实时监控系统由总控中心、现场分控站、GPS基准站、网络系统和碾压机械监测终端等部分组成，主要实现的功能如下。一是动态监测仓面碾压机械运行轨迹、速度、激振力和碾压高程等，并在大坝仓面施工二维数字地图上可视化显示，同时可供在线查询。二是实时自动计算和统计仓面任意位置处的碾压遍数、压实厚度等，并在大坝仓面施工数字地图上可视化显示，同时可供在线查询。三是当碾压机械运行超速，激振力不达标时，系统自动给车辆司机、现场监理和施工人员发送报警信息；当碾压遍数和压实厚度不达标时，系统可提示不达标的详细内容以及所在空间位置等，并在现场监理分控站PC监控终端上醒目提示，以便及时指示返工或调整，同时把该报警信息写入施工异常数据库备查。四是在每仓施工结束后，输出碾压质量图形报表，包括碾压轨迹图、碾压遍数图、压实厚度图和压实高程图等，作为质量验收的辅助材料。五是可在总控中心和现场监理分控站对大坝混凝土碾压情况进行监控，实现远程、现场“双监控”。六是把整个建设期所有施工仓面的碾压质量信息保存至网络数据库。

4 面板堆石坝填筑碾压过程实时监控的方法

通过安装在碾压机械上的监测终端，实时采集碾压机械的动态坐标、激振力输出状态，经GPRS网络实时发送至远程数据库服务器中；然后，根据预先设定的控制标准，服务器端的应用程序实时分析判断碾压机的行车速度、激振力输出是否超标；接着，现场分控站和总控中心的监控终端计算机通过有线网络或无线WiFi网络，读取上述数据，进行进一步的实时计算和分析，包括坝面碾压质量参数（含行车轨迹、碾压遍数、压实高程和压实厚度）的实时计算和分析；再将这些实时计算和分析的结果与预先设定的标准作比较，根据偏差，指导相关人员做出现场反馈并采取控制措施。

面板堆石坝填筑碾压质量实时监控的方法具体包括12个阶段，见图2。

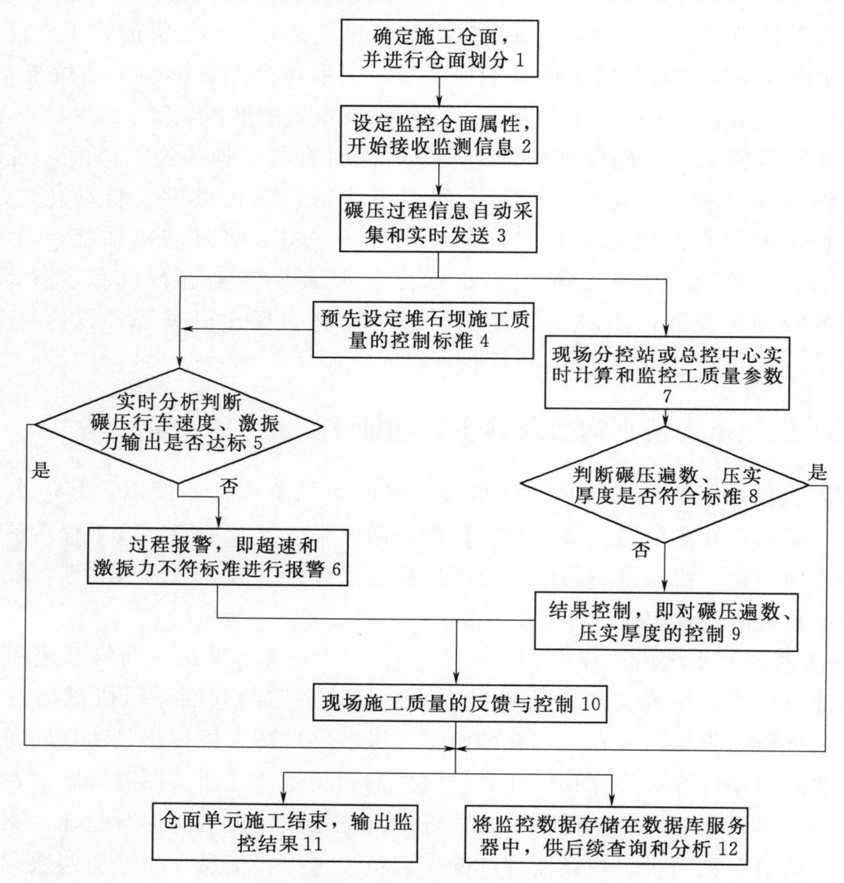

图2 填筑碾压质量实时监控的步骤图

(1) 第1阶段，确定施工仓面，进行仓面划分。根据要监控的仓面所在分区，以及仓面预计碾压后的高程，生成该高程下该分区的数字地图，然后在该层面上根据实际的施工区域（由控制点施工坐标确定）进行仓面划分。仓面控制点坐标来源于施工单位呈报的开仓计划表及准填证。

根据大坝体形和分区设计，建立大坝分区三维模型，然后将三维模型和不同高程面做平面剖切，可得到各分区所有高程仓面的数字地图。

（2）第2阶段，设定监控仓面的属性，开始接收监测信息。对划分好的仓面进行属性设置，包括输入仓面名称，进行施工车辆绑定，确定该仓面施工的碾压机标识号和向该仓面供料的运输车辆标识号。

打开该仓面的数字地图，施工开始，准备接收碾压机械的监测信息。

（3）第3阶段，碾压过程信息自动采集和实时发送。通过安装在碾压机械上的高精度GPS接收机，按设定的时间间隔（如1s）定位碾压机械当前坐标（x，y，z），并通过无线电信号，接收GPS基准站发送的坐标差分信息，修正当前坐标；同时，通过激振力实时采集装置，实时识别当前碾压机械输出的激振力状态信号，将修正后的碾压机当前坐标、当前时间及激振力输出状态，通过GSM模块，经GPRS网络发送到远程数据库服务器。

（4）第4阶段，根据相关设计资料，预先设定堆石坝填筑施工参数的控制标准；然后，分别进入第5、7阶段。

（5）第5阶段，根据预先设定的控制标准，服务器端的应用程序实时分析判断施工过程参数是否达标，如达标，分别进入第11、12阶段，否则进入下一阶段。

（6）第6阶段，过程报警：对超速、激振力不符合标准进行报警，然后进入第10阶段。

在现场分控站和总控中心的监控终端计算机上，会发出相同报警信息。

（7）第7阶段，现场分控站或总控中心实时计算和监控施工质量参数，包括碾压遍数、碾压高程、压实厚度在内的坝面碾压质量参数。

（8）第8阶段，将实时计算得到的结果与预先设定的质量控制标准作比较，分析判断碾压遍数、压实厚度是否符合标准，若符合标准，分别进入第11、12阶段，否则进入下一阶段。

（9）第9阶段，对碾压遍数和压实厚度进行结果控制。

当碾压遍数、压实厚度不满足标准要求时，通过现场分控站和总控中心的监控终端计算机发出提示信息。

（10）第10阶段，现场施工质量的反馈与控制。

当监控的施工质量参数不符合标准时，现场监理和施工人员采取相应的施工调整措施和补救措施。对于过程报警，现场监理指导施工人员和司机纠正速度及激振力。对于结果控制指标，当碾压遍数不足或压实厚度过大时，现场监理通过对讲机给施工人员发出指令，进行补碾。

（11）第11阶段，仓面单元施工结束时，输出监控结果，作为质量验收的材料。

输出监控结果，包括反映超速和激振力不符合标准轨迹的碾压轨迹线图、碾压遍数图、压实厚度图、压实高程图等。

（12）第12阶段，将施工仓面的监控数据存储在数据库服务器中，供后续查询和分析。

5 GPS实时监控系统应用效果

该GPS实时监控系统有效运行22个月，共完整监控了主堆料区的697个仓面，次堆料区的211个仓面，过渡料区的284个仓面，排水带区的2个仓面，反滤料区的6个仓面，共1200个仓面的填筑碾压过程进行了完整的监控。完整监控下的仓面振碾标准遍数及以上的碾压区域面积比率平均值为96.14%。碾压后经过试坑法取样验证，仅有2仓干密度略低于设计值，经补碾后达到设计要求，达到了对坝体的填筑碾压施工质量进行实时监控的目的。

6　结论

河南省河口村水库工程大坝填筑碾压质量GPS实时监控系统的成功应用，实现了4个目标。第一，对河口村水库工程大坝建设质量（坝面碾压填筑）进行在线实时数字化监控。第二，实现业主和监理对工程建设质量的深度参与和精细管理。通过系统的自动化监控，不仅使业主放心工程质量，有效掌控施工进度，而且可实现对大坝建设质量和进度控制的快速反应。第三，有效提升河口村水库工程建设的管理水平，实现工程建设的创新化管理，为打造优质精品工程提供强有力的技术保障。第四，对坝体填筑质量和进度信息进行集成管理，为大坝枢纽的竣工验收、安全鉴定及今后的运行管理提供信息集成平台。

补偿收缩混凝土在防渗面板裂缝控制中的应用

曹先升

（河南省河口村水库工程建设管理局）

摘要： 河口村水库大坝面板混凝土长度超长，面板基础为挤压式边墙混凝土，对后期施工的面板混凝土沿长度方向易产生较大约束应力，从而限制面板混凝土的收缩变形，施工及运行期易导致混凝土面板产生裂缝。对大坝面板采用了补偿收缩混凝土，在混凝土中添加了防裂剂，并进行了补偿收缩混凝土抗裂计算，最终确定了满足抗裂要求的补偿收缩混凝土配合比，解决了超长面板混凝土裂缝控制问题。检查已施工的面板发现其效果良好，达到了面板防裂的目的。

关键词： 面板堆石坝；超长混凝土面板；补偿收缩混凝土；裂缝控制；河口村水库

1 工程概况

河口村水库是一座以防洪、供水为主，兼顾灌溉、发电、改善河道基流等综合利用的大（2）型水利枢纽。工程位于黄河一级支流沁河最后一段峡谷出口处，属河南省济源市克井镇，水库总库容 3.17 亿 m^3。水库大坝为混凝土面板堆石坝，最大坝高 122.5m，坝顶高程 288.50m，坝顶长 530.0m，坝顶宽 9.0m，上游坡比 1∶1.5。大坝上游混凝土面板为不等厚薄壁结构，顶部厚 30.0cm，底部最大厚度为 71.6cm，面板最大单块长度为 214.4m。面板共计 47 条块，分块宽度为 12.0m 和 6.0m 两种，其中宽 12.0m 的有 39 块，宽 6.0m 的有 8 块。面板配双层双向钢筋。混凝土面板表面积 6.9 万 m^2，面板混凝土设计为 C30W12F200，二级配混凝土，工程量 3.12 万 m^3，面板基础为挤压式边墙混凝土。面板分两期施工：高程 225.00m 以下为第一期，最大坡长 104.5m；高程 225.00～286.00m 为第二期，最大坡长 109.9m。

2 补偿收缩混凝土防裂原理

河口村水库大坝面板混凝土长度超长，面板基础为挤压式边墙混凝土，对后期施工的面板混凝土沿长度方向易产生较大约束应力，从而限制面板混凝土的收缩变形，施工及运行期易导致混凝土面板产生裂缝。有关资料表明：堆石坝混凝土面板裂缝中 80％是收缩变形裂缝。为了减少混凝土面板收缩裂缝的出现，常规措施有：①设置伸缩缝以减少结构连续的长度；②结构措施，如提高混凝土强度等级，采用双层配筋等；③减小基础约束，如在挤压边墙与面板之间涂刷隔离剂等；④优化混凝土配合比；⑤严格控制施工工艺，如避开高温季节施工、控制出机口坍落度及面板拉模速度、做好面板保温保湿措施等[1-4]。除了常规措施外，目前最具有代表性的是采用补偿收缩混凝土来达到消除混凝土裂缝的目的。

混凝土胶凝材料在水化过程中散发大量水化热，由于混凝土的导热性较差，因此热量在混凝土结构内部大量聚集而不能散发，混凝土在降温过程中，形成表里温差，表层温度收缩应变受到内部约束，产生拉应力，当混凝土表里温差超过一定范围，就有可能发生表面裂缝，进而发展成贯穿性裂缝。另外，混凝土构件从最高的截面平均温度逐渐降至环境大气平均温度的过程中，起因于温差的温度应变受到外部约束时所引发的裂缝是贯通性的。因此，采用水化热低、有一定膨胀性能的补偿收缩混凝土，同时加以适当的温控措施，就可以经济、合理、有效地解决面板混凝土的开裂问题。

补偿收缩混凝土是利用在混凝土中添加具有膨胀性能的外加剂（膨胀剂或防裂剂）使硬化后的混凝土体积膨胀，并在钢筋下产生压应力来补偿混凝土的收缩应力，即让混凝土适度膨胀，受到外部、内部约束后产生压应力来抵消其有害的拉应力，从而达到避免或大大减轻混凝土开裂的目的，这就是补偿收缩混凝土的防裂机理，也就是说，补偿收缩混凝土防裂的原理就是利用限制膨胀来补偿限制收缩。

为防止河口村水库大坝混凝土面板出现有害裂缝，经有关技术人员现场论证，确定河口村水库大坝面板混凝土采用补偿收缩混凝土的技术方案；同时将原设计面板单层配筋优化为直径较小的双层配筋，采用在挤压边墙基础涂刷“三油两砂”隔离、严格控制施工工艺等措施。

3 补偿收缩混凝土配合比设计

3.1 原材料

水泥采用河南省大地水泥有限公司生产的强度等级为42.5级的普通硅酸盐水泥。骨料为工地砂石加工厂加工的人工砂及碎石。粉煤灰为郑州金龙源Ⅰ级粉煤灰。外加剂为中国水利水电第十二工程局施工科研所混凝土外加剂厂生产的VF防裂剂、NMR－Ⅰ高效减水剂、BLY引气剂。

3.2 补偿收缩混凝土配合比

根据该工程的特点和原材料情况，考虑混凝土的强度等级、水化热、膨胀性及工作性能，经反复试验，提出混凝土配合比（表1）。

表1　C30W12F200面板补偿收缩混凝土配合比表

水泥强度等级	水胶比	粉煤灰掺量/%	VF防裂剂掺量/%	砂率/%	混凝土材料用量/(kg/m³)							高效减水剂NMR－Ⅰ 1.8%	引气剂BLY 1.0%
					水	水泥	粉煤灰	VF防裂剂	砂	碎石			
										5～20mm	20～40mm		
P.O42.5	0.35	20	10	33	131	262	75	37	601	525	788	6.74	3.74

注　NMR－Ⅰ高效减水剂及BLY引气剂均为液剂。

4 补偿收缩混凝土抗裂计算

混凝土限制膨胀率补偿限制收缩而使面板不产生有害裂缝的判别式为[3]：

$$D=\varepsilon_2-S_d-S_t\leqslant S_k \tag{1}$$

式中：D 为混凝土最终收缩变形；ε_2 为混凝土的限制膨胀率；S_d 为混凝土的干缩变形率；S_t 为混凝土的冷缩变形率；S_k 为混凝土的极限延伸率。

（1）混凝土的限制膨胀率。该工程混凝土的限制膨胀率设计值 $\varepsilon_2 = 2.5 \times 10^{-4}$。

（2）混凝土的干缩变形率。坝址区多年平均降雨量为 600.3mm，年平均蒸发能力为 1611mm。3 月多年平均相对湿度为 65%左右，3—5 月各月相对湿度变化不大，根据这样的气候条件，面板混凝土实际配筋率为 0.45%，钢筋直径 $d=1.6$cm，以 60d 龄期为基准确定干缩应变[3] $S_d = 1.35 \times 10^{-4}$。

（3）混凝土的冷缩变形率[3]。水泥水化热引起的混凝土最高绝热温升为

$$T_{\max} = (W_1 Q_1 + W_2 Q_2 + W_3 Q_3)/(r_h C) = 46℃ \tag{2}$$

式中：$T_{\max}$ 为水泥水化热引起的混凝土最高绝热温升；W_1 为单方混凝土水泥用量；W_2 为单方混凝土防裂剂用量；W_3 为单方混凝土粉煤灰用量；Q_1 为水泥水化热值；Q_2 为防裂剂水化热值；Q_3 为粉煤灰水化热值；r_h 为混凝土容重；C 为混凝土比热。

面板只考虑沿厚度方向一维散热，散热系数取 0.6，则由水泥水化热引起的温升值 $T_1 = 46 \times 0.6 = 27.6℃$，混凝土的平均入仓温度 $T_2 = 18℃$，预计混凝土中心最高温度 $T_3 = T_1 + T_2 = 45.6℃$。

河口村水库面板混凝土计划于 2013 年 3 月开始施工，5 月 15 日前完成，根据当地气象统计资料，该时段多年月平均最高气温为 14.0℃，多年最低气温平均值为 2.0℃。根据面板结构形式及施工季节情况，经计算混凝土内部最高温度为 45.6℃，则混凝土温差 $\Delta T = 45.6 - 2.0 = 43.6℃$，混凝土线膨胀系数 $\alpha = 1 \times 10^{-5}/℃$，混凝土受到钢筋和基础的约束，取约束系数 $R=0.6$，则混凝土冷缩率为 $S_t = \alpha \Delta T R = 2.6 \times 10^{-4}$。

（4）混凝土的极限延伸率[3]。计算式为

$$S_k = 0.5 R_f (1 + \mu / d) \times 10^{-4} = 1.153 \times 10^{-4} \tag{3}$$

式中：R_f 为混凝土抗拉强度；μ 为配筋率；d 为钢筋直径。

在考虑徐变情况下混凝土的极限延伸率为

$$S'_k = S_k \times (1 + 0.5) = 1.73 \times 10^{-4}$$

（5）混凝土的最终收缩变形。补偿收缩混凝土的最终收缩变形[3] $D = \varepsilon_2 - S_d - S_t = -1.45 \times 10^{-4}$（负号表示收缩，混凝土处于受拉状态）。而 $S'_k = 1.73 \times 10^{-4}$，这说明补偿收缩混凝土的剩余变形值小于混凝土的极限延伸率，即 $D \leqslant S'_k$，故混凝土不会开裂。对于普通混凝土而言，最终收缩变形 $D = -(S_d + S_t) = -3.95 \times 10^{-4}$，混凝土的最大变形率大于混凝土的极限延伸率，故混凝土会开裂。

5 应用效果

该工程大坝一期填筑到 245.00m 高程后，一期面板混凝土于 2013 年 3 月 12 日开始浇筑。面板混凝土采用钢滑模跳仓浇筑，混凝土采用坝下游拌和站拌制；8～12m^3 混凝土罐车运输至坝面 245.00m 高程；每仓采用 2 道铁皮 U 形溜槽坡面运输；混凝土分层均匀摊铺入模，振捣棒分层振捣，分层厚度 25～30cm；在混凝土浇筑过程中，钢筋的架立筋在混凝土埋没前用气割或电焊即时贴坡割断；滑模每层滑升 1 次，坡面滑升速度 1.0～1.5m/h，混凝土脱模后人工抹面；混凝土终凝后及时覆盖并适时洒水养护，每仓滑升到

顶后，沿坡面 30.0m 左右水平布置 3 道花管，通水喷淋养护至水库蓄水。到 2013 年 5 月 6 日，一期混凝土面板已完成浇筑 16 块（共 24 块），经对已施工面板混凝土的跟踪观察，尚未发现有害裂缝，达到了面板防裂的目的。

6 结论

（1）在超长混凝土结构中采用补偿收缩混凝土可有效减少混凝土收缩变形。

（2）采用 VF 防裂剂通过合理地配比，可有效提高混凝土的抗裂能力。

（3）对面板基础，也就是挤压边墙的外表面进行找平处理并喷洒“三油两砂”，可有效减小基础对面板的约束；另外，随时割除钢筋的架立筋也是减小基础对面板的约束、防止面板裂缝的措施之一。

（4）采用喷淋保湿养护方式更有利于面板混凝土膨胀性能的发挥。

（5）河口村水库工程大坝混凝土面板采用补偿收缩混凝土作为面板裂缝控制的主要措施，效果良好。补偿收缩混凝土的防裂机理清晰，应用情况表明，在水工建筑超长结构中其作为控制混凝土裂缝的方法是可行的。

参考文献

[1] 王铁梦. 工程结构裂缝控制[M]. 北京：中国建筑工业出版社，1997.

[2] 游宝坤. 混凝土膨胀剂及其应用[M]. 北京：中国建材工业出版社，2002.

[3] 游宝坤，李乃珍. 膨胀剂及其补偿收缩混凝土[M]. 北京：中国建材工业出版社，2004.

[4] 李海潮. 混凝土面板堆石坝施工技术及应用[M]. 北京：黄河水利出版社，2008.

透水模板布在河口村水库混凝土工程中的应用

王召阳

（河南省水利第一工程局）

摘要： 作为一种新型的建筑材料，混凝土透水模板布不仅可以提高混凝土的外观质量、性能、耐磨性、抗冻性以及表面抗拉强度，也可以改善混凝土的耐久性，同时还可以有效地降低施工成本。通过河口村水库工程混凝土施工的实践，证明混凝土透水模板布这种新型建筑材料，在混凝土施工中，特别是坡面混凝土施工中优势明显，值得在其他工程施工中借鉴使用。

关键词： 混凝土透水模板布；混凝土表观质量；混凝土性能

1 工程概况

河口村水库属大（2）型水库，是一座以防洪为主，兼顾供水、灌溉、发电、改善生态，并为黄河干流调水调沙创造条件的水库。水库大坝是混凝土面板堆石坝，最大坝高122.5m，坝顶高程288.50m，防浪墙高1.2m，坝顶长度530.0m，坝顶宽9.0m，上游坝坡1：1.5，下游坝坡1：1.5。

目前河口村水库工程混凝土工程主要进行两岸的趾板施工，由于岸坡陡峭（1：1.8左右），又受地形条件的限制，常态混凝土不能直接入仓，只能采用泵送混凝土入仓方式，因此混凝土坍落度较大，只能选用架立模板进行坡面混凝土施工。坡面混凝土施工易造成混凝土表面产生气泡等，影响外观质量，项目部经过多种方案的比选及研究，最终确定：大坡面混凝土浇筑过程中，在混凝土没有达到初凝前，自下而上分段进行模板的拆除，并实行人工收面处理，既能保证混凝土的平整度，又消除了表面气泡等；小坡面混凝土施工时，在模板上粘贴透水模板布，有效地消除了表面的水泡及气泡等，混凝土的外观质量良好。

2 透水模板布的性能和特点

2.1 透水模板布的性能

透水模板布是经过特殊工艺加工成亲水基的纤维组织，质地柔软、坚韧，它的主要原料是改性高分子聚丙烯纤维，能够适应各种类型的混凝土模板。它的结构主要分为表面层（过滤层）和内层（透水层）两个基本组成部分。通过表1可以看出透水模板布的性能指标。

表1　透水模板布的性能指标表

平均孔径/μm	单位面积质量/(g/m²)	厚度/mm	透气量/[L/(m²·s)]	排水能力/(L/m²)	保水能力/(L/m²)	断裂强度/(kN/m)
<40	380±20	>0.6	>60	≥0.4	≥0.25	4.2

作为一种新型建筑材料，混凝土透水模板布在河口村水库大坝趾板混凝土工程中已经使用。在施工过程中发现，使用混凝土透水模板布不仅能消除混凝土表面产生的气泡、砂线、砂斑等浇筑混凝土后通常出现的这些质量通病，还能使混凝土形成致密、表面平整，大大提高了混凝土表观质量；除了表观质量得到提高外，使用混凝土透水模板布也使混凝土性能得到进一步提高；使用混凝土透水模板布在防止碳化、减少氯离子渗透以及改善混凝土耐久性方面也有显著成效；使用混凝土透水模板布还提高了混凝土抗冻性和表面抗拉强度；在施工过程中使用混凝土透水模板布贴到模板上把刚浇好的混凝土表面多余的空气和水排出，降低了混凝土表面水灰比，使混凝土提高了强度和耐磨性。

2.2　混凝土模板布特点

（1）使用寿命延长。模板布能很好地减少混凝土表面产生的气泡，使混凝土更加密实，可以有效地减少混凝土内部与外界物质交换的可能，增加混凝土抵抗力，从而大大延长了混凝土结构的寿命。

（2）耐磨性好。其能提高混凝土的表面硬度、耐磨性以及抗裂强度和抗冻性，使混凝土的渗透性、碳化深度和氯化物扩散系数显著降低。

（3）耐化学腐蚀性强。其能限制化学侵蚀物质的渗透，这样就抑制了化学侵蚀物质对混凝土的破坏。

（4）提高保养质量。混凝土透水模板布的保水作用，能够确保混凝土在养护期间保持高湿度，减少了混凝土表面气泡和砂眼以及裂纹的产生。

（5）抑制砂眼和裂纹产生。由于混凝土透水模板布具有均匀分布的孔隙，水能通过渗透和毛细作用经透水模板布均匀地排出，不形成聚集，这样就能有效地减少砂斑、砂线等混凝土表面缺陷的产生。

3　透水模板布施工流程与工艺

3.1　工艺流程

工艺流程具体为：模板表面清理→涂刷胶水→平铺模板布→边缘固定及搭缝处理→模板安装→混凝土浇筑→模板拆除→清水冲洗表面→二次使用。

3.2　施工工艺

（1）模板清理及整修。施工前应提前把模板清洗干净，让模板表面没有脱模剂以及其他的杂物；一定要及时地把模板整理平整，如果模板不平整会直接影响到胶水的粘力和模板布的平整度。

（2）模板布的裁剪。算好尺寸裁剪好模板布，应按照模板的尺寸多出5cm裁剪，每边预留出5cm左右作排水用。

（3）喷涂胶水。可用气泵均匀地将胶水薄薄地涂在模板表面及四周，还可以采取刷涂的方法进行，但是要注意胶水不能涂得太厚或厚薄不均匀，这样会堵塞排水孔影响它的使用效果。

（4）模板布粘贴。喷涂完胶水后等几分钟让胶水的颜色变得透明起来，这样就可以进行模板布粘贴，粘模板布时应该拉紧模板布，让羊毛状的一边粘贴在表面及四边，把位置固定好后，再用手从中心把模板布推向两边，在推的过程中模板布若有褶皱可以快速地揭起来重新再铺一下，在很短时间内揭起来重新铺不会影响胶水的粘力。如果使用的是木模板就方便多了，只需要在木模板四周钉上钉子加以固定就行。

（5）模板布与模板布的搭接。应在拼接位置先将两张模板布重叠5cm左右，在重叠的这5cm中找出中间处线，在中间处切断，把切下来的多余两片去掉，然后在连接处多涂一些胶水往下压平整，确保两边平整相接，这样就避免了浇筑时混凝土渗入中间。施工结束后，模板布与模板应连成一体，以确保表面没有褶皱或气泡。

4 施工注意事项

（1）天气要求。透水模板布粘贴时，尽量选在天气比较晴朗干燥、室外温度在10～40℃的气温进行施工。

（2）速度要求。要求粘贴速度在5min/m^2 以上。

（3）模板布的重复利用。先仔细检查一下第一次使用后模板布的颜色，如果颜色不深说明水泥浆没有堵塞排水层衬料，这样还可以继续第二次使用。第一次使用后的透水模板布千万不要对衬料进行清洗，因为在清洗的过程中免不了会损坏衬料反而影响第二次的利用。

（4）在施工过程中钢筋绑扎及混凝土捣固。钢筋和捣固棒不能接触到透水模板布，以免模板布破损使混凝土渗入模板布和模板之间影响混凝土的外观质量。

5 实施效果检验

5.1 混凝土的外观质量

经检查混凝土的外观质量非常漂亮，质量上乘。

5.2 经济效果

（1）降低施工成本。一是整体成本降低，后续维修保养的费用减少；二是施工快捷简单，节省成本，产品可以重复使用；三是可以节省修补砂眼和裂纹的费用；四是可以用普通的廉价模板，因为模板无需直接接触混凝土，所以其周转的使用次数会相对增加；五是方便脱模，可以不需要脱模剂。

（2）延长混凝土构件使用寿命。使用透水模板布后，可以延长混凝土结构寿命的20%以上，即相当于节约工程投资20%以上，其经济效益非常显著。

河口村水库挤压边墙施工工艺

郭林山

（河南省水利第一工程局）

摘要： 挤压边墙施工法是近年来在混凝土面板施工中推广的一种新的施工工艺。其优点是节工，保证质量，加快工程进度，是一个较好的施工方法。

关键词： 河口村水库；挤压边墙；坡面修整；测量放线

1 工程概况

河口村水库工程位于河南省济源市克井镇黄河一级支流沁河下游，控制流域面积 9223km^2，占沁河流域面积的 69.2%。水库主要以供水为主，兼顾灌溉发电改善生态，枢纽为大（2）型，工程由混凝土面板堆石坝、泄洪洞、溢洪道及引水电站系统组成。混凝土面板堆石坝最大坝高 122.5m，坝顶高程 288.50m，坝顶长度 530.0m，顶宽 9.0m，上下游坝坡 1∶1.5。为了减少上游坝坡的削坡工程量，设计采用挤压边墙新技术的设计方案。为了提高施工质量，建管局、监理、施工单位对其施工过程的施工工艺和质量控制特别重视，制定了一套良好可行的施工方法。

2 挤压边墙的施工工艺

由于目前全国各地所建的混凝土面板堆石坝对挤压边墙混凝土的施工方法无统一的模式，一般是采取锤击法、静力挤压法、振动法和碾压法等对挤压边墙混凝土试件的成型方法进行实验比较。根据河口村水库现场的实际情况，用分层装料、静力挤压的方法成型比较合适。因为挤压边墙施工的实墙是由于静力挤压方法在压力机上进行，可以准确地控制。挤压与锤击法、振动法和碾压法相比，人为影响因素较少，并且成型均匀性和重复性好。工地所采用的挤压边墙机械型号为 BTY40 型，成型的断面与设计形式相同。梯形高 400mm，顶宽 100mm。迎水面坡比为 1∶1.5，内侧面坡比为 8∶1。

2.1 施工工艺流程

作业面平整与检测验收—测量放线—挤压机就位—搅拌车运输与卸料—边墙挤压（螺旋挤压直接分料充实坡角，螺旋反推连续前进，成型速度 40～80m/h，行驶方向由手搬方向杆转向或自动转向）—表面及层间缺陷修补—端头边墙施工—小区料摊铺碾压—垫层料摊铺碾压—取样检验—验收合格—进入下一个工序。

2.2 作业面的平整度要求

混凝土挤压边墙施工场地在每一层施工前及小区料、垫层料填筑施工后进行检查并保证基底场地平整，使两者尽可能在同一平面上。如果有高差，则用人工整平，以使挤压边墙机行走时能够保持水平。其平整度控制在±2cm以内。尤其是应将挤压边墙机行走轮子范围内的垫层料整平，以免影响挤压边墙的施工质量。

2.3 测量放线

采用全站仪沿坝轴线方向每10.0m设1个控制点，控制点距上游一定距离标出挤压机行走路线，并利用水准尺对挤压机身进行调整，对其垂直方向和平行机身方向的水平调整。

2.4 挤压机的就位

由于挤压机机身太重，移动不便，应采用机械将挤压机直接移到施工起点位置，施工前对挤压机进行就位和在测量放线的位置定向。根据轮廓边线由专人控制挤压机的行走方向，控制挤压边线成型偏差在坡面法线方向不超过设计面上＋50～－80mm的范围内，使其直线达到设计要求。

2.5 边墙挤压的要求

挤压机高度控制应根据挤压边墙体的设计高度和断面尺寸，施工时调整挤压机后轮轮高，为避免混凝土边墙挤压成型后其坡角出现松动现象，应将挤压机外坡刀片贴近下一层边墙坡顶。为保证混凝土边墙上游面的平整度要求，每层混凝土边墙挤压时预留2cm，以抵消由于垫层料填筑碾压引起的边墙混凝土变形位移。预留位移量根据现场试验来进行调整。

2.6 表面及层间缺陷处理

在施工中如发现挤压边墙表面和层间有缺陷，应立即用同样的材料，人工及时处理，使其达到设计要求。

2.7 端头挤压边墙的施工要求

挤压边墙端头的施工是在混凝土挤压边墙与两岸岸坡趾板接头处的起始端和终端，采用人工立模浇筑边墙，人工夯筑施工，模板为组合模板（钢模和木模组合），使用边墙同类材料分层施工，层厚不大于10cm，并依混凝土配合比喷洒速凝剂。

挤压边墙施工后2h开始垫层料、小区料的摊铺，卸料距边墙不小于30cm，采用机械辅以人工进行铺料，厚度稍高于边坡顶面约5cm，然后采用18t自行振动碾碾压轮距边坡内边线20cm，振动碾先静碾2遍，后采用高频低震碾压6遍，振动碾与边墙之间的未能碾压的范围，用液压振动夯板震动密实。

2.8 坡面整修与挤压边墙凿缝

挤压边墙施工完毕和垫层料填筑碾压后，若每层边坡接坡出现明显的台阶，采用人工整平处理并在坡面上布置5.0m×5.0m的测量网格对表面平整度进行检查，对坡面起伏不平部位进行补亏削盈，用砂浆修补。为减少挤压边墙对面板混凝土的约束，采取沿面板垂直缝分缝处开槽，将挤压边墙断开，留一条伸缩缝以减少对面板的约束。

3 挤压边墙施工的优点

挤压边墙施工工艺和方法是在填筑一层垫层料之前用边墙挤压机作出一条半透水的混

凝土边墙，然后在其内侧铺垫层料碾压合格后再重复这一工序，形成完整、有一定强度的混凝土临时坝面。其优点有：传统混凝土面板施工工艺中的坡面斜坡碾压，完全被垫层材料的垂直碾压取代，垫层料的密实度得到良好的保证，蓄水后这一区域的变形大大减少，提高了抗水压能力。垫层和坝体同步上升有利于施工组织和质量控制，沉降均匀，坝体建成后沉陷量很少，克服了对面板的拉应力破坏。有挤压边墙对坡面的限制，垫层不需超宽填筑，节省材料和碾压工作量。不用削坡修整坡面，简化了施工设备，不需要坡面平整机械、斜坡压路机、沥青喷涂设备、水泥砂浆施工模具等。边坡挤压墙的成型速度高，每小时 40.0～80.0m，加快了坝体的施工进度。边墙的临时坝面能抵御洪水，保证安全度汛，可降低导流设计标准，节省工程总投资。雨季施工时不怕雨水冲刷拉槽，减少了不可预计的工程量，降低了施工费用。有边墙的防护作用，面板施工可安排在合理时段进行，避免了面板由于垫层斜坡面的收缩沉降而产生裂缝，保证了大坝面板的质量。

挤压边墙施工技术在河口村水库中的应用

芈书贞[1]　王海周[1]　潘路路[2]

（1. 华北水利水电学院水利职业学院；2. 河南省水利第一工程局）

摘要： 河口村水库面板堆石坝上游坡面施工采用了挤压边墙新技术，代替了传统工艺中垫层料的超填、人工和机械削坡休整、斜坡碾压、坡面防护等工序，简化了施工工序，加快了施工进度。通过从设计断面、原材和配合比设计、施工程序3个方面介绍了河口村水库面板堆石坝的挤压边墙技术，为其推广和发展积累经验。

关键词： 面板堆石坝；上游边坡；挤压式边墙

1　工程概况

河口村水库是一座以防洪、供水为主，兼顾灌溉、发电、改善河道基流等综合利用的大（2）型水利枢纽，工程位于黄河一级支流沁河最后一段峡谷出口处，下距五龙口水文站约9.0km，属河南省济源市克井镇，是控制沁河洪水、径流的关键工程，也是黄河下游防洪工程体系的重要组成部分。工程沿坝轴线从右往左依次为混凝土面板堆石坝、溢洪道、引水发电洞、1号泄洪洞及2号泄洪洞。大坝为1级建筑物，最大坝高122.5m，坝顶高程288.50m，坝顶长度530.0m，顶宽9.0m。坝体上游坡比1∶5，坝前垫层料宽300cm，填筑厚度40cm，过渡料宽400cm，填筑层厚40cm。

为了减少上游坝坡的削坡工程量，加快施工进度，采用了最新的挤压边墙技术的设计方案。同时，挤压边墙在坝前形成一道坚实的支撑面，同步成型坡面保护，提供一个抗冲刷的防护面，有利于工程安全度汛。

2　挤压边墙设计断面

挤压边墙高度为垫层料的设计铺填厚度，河口村水库面板坝垫层料的铺填厚度为40cm，故确定挤压式边墙单层高度为40cm。边墙上游坡度与混凝土面板堆石坝的上游坝坡相同，为1∶5。顶部宽度太大会降低边墙适应变形的能力，顶部宽度太小会造成边墙成型困难，容易坍塌，设计挤压边墙顶宽0.1m，背水坡8∶1，底宽0.75m，设计断面图见图1。

3　配合比设计

挤压墙混凝土配合比设计主要考虑3个方面的因素：①要保证挤出的混凝土成型良好，这取决于挤压机挤压力的大小，同时挤压墙混凝土应满足设计渗透指标；②挤压墙混

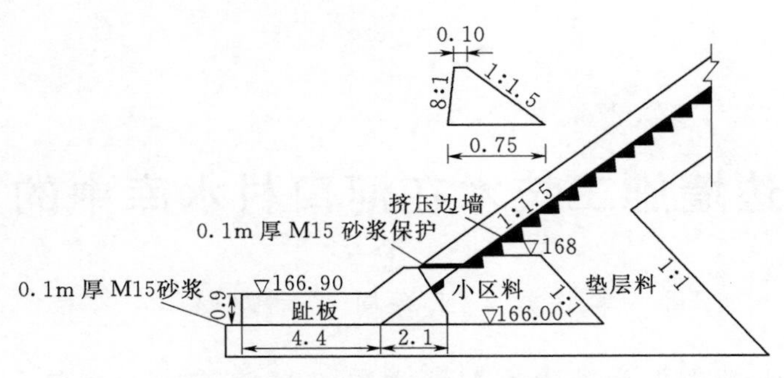

图1 挤压边墙设计断面图（单位：m）

凝土作为垫层料的一部分，其性能应尽可能接近垫层料的技术参数，即挤压混凝土的强度和弹模值满足设计要求，具有较低的抗压强度和弹性模量；③混凝土配合比应适应快速施工的要求。挤压边墙混凝土技术指标见表1。

表1　　挤压边墙混凝土设计技术指标表

项目	干密度/(g/cm³)	渗透系数/(cm/s)	弹性模量/MPa	抗压强度/MPa
指标	＞2.1	10^{-3}～10^{-4}	3000～5000	3～5

挤压边墙配合比试验严格按照《混凝土面板堆石坝挤压边墙混凝土试验规程》（DL/T 5422—2009）执行，使用原材为：水泥（河南大地普通42.5级）、砂（河口村天然砂）、早强减水剂（山西黄藤，掺量2.0%）、速凝剂（山西黄腾，掺量8.0%），通过生产性试验，确定挤压边墙设计配合比见表2。

表2　　挤压边墙设计配合比表

混凝土材料用量/(kg/m³)					
水	水泥	砂	小石	早强剂	速凝剂
101	85	909	1255	1.7	6.8

4 挤压边墙施工

河口村水库面板堆石坝挤压边墙施工分为3个阶段。

4.1 采用的挤压机

采用BJY40型边墙挤压机，它的特点是断面规则、直线度好、工效高、操作简便。挤压机自重2600kg，功率45kW，前进方式为螺旋连续推进。

4.2 施工程序

施工程序为平整施工场地→测量放线→挤压机就位与定向→混凝土拌和及入仓→边墙挤压施工→边墙端头处理与施工→垫层料填筑碾压→整修与挤压边墙凿缝。

（1）平整施工场地。施工时，检查前一层挤压边墙和垫层料填筑后的高差和平整度，整平挤压机行走轨迹范围内垫层区，以免影响边墙机挤压施工质量和边墙成型精度。

（2）测量放线。在边墙施工前，根据边墙挤压机的宽度，在其内侧每10cm一个控制点，放一根平行于坝轴线的细线，每5.0m左右用钢钉将细线固定，用以指导挤压机的行进方向，使成型的挤压墙平直，位置准确，在垫层料表面。

（3）挤压机就位与定向。挤压机在吊装前，先检查其各部件是否连接牢固，确认发动机及其他构件运行状况良好，将边墙挤压机吊装到指定起点，就位时应尽量满足前进的直线方向，利用水准仪对挤压机进行机身调节，使机身处于水平状态，并使外墙板与已成型边墙外坡面重合，及时进行高度校核，保证边墙高度。

（4）混凝土拌和及入仓。混凝土搅拌罐车拉运混凝土进场，待罐车就位后，开动挤压机，卸料速度均匀连续。在卸料的同时，人工掺加高效速凝剂，速凝剂的掺量为水泥用量的3%，根据速凝剂添加器的流量大小，对速凝剂加水适当稀释后使用。

（5）边墙挤压施工。挤压机两端尽量靠近趾板开始行走，行走路线以前沿内侧靠线为准，并根据后沿内侧靠线情况做适当调整。在卸料行走的同时，根据水平尺、坡尺校核挤压边墙结构尺寸的情况，不断调整内外侧调平螺栓，使上游坡比及挤压墙高度满足要求。挤压机行走速度控制在60～80m/h，且边墙机的行走速度要与搅拌车保持一致，搅拌车送料要均匀、出料速度适中。

（6）边墙端头处理与施工。挤压机施工完成后，在混凝土挤压边墙与两岸岸坡趾板接头处的起始端和终止端采用人工立模浇筑边墙，其使用的混凝土材料与边墙混凝土相同。边墙混凝土挤压全部完成后，吊离挤压机，然后按边墙的设计尺寸架设模板，采用挤压混凝土人工浇筑边墙的端部。

（7）垫层料填筑碾压。挤压边墙成型1h后开始垫层料摊铺，垫层料卸料方向与边墙轴线一致，卸料距边墙不小于30cm，采用机械辅以人工进行铺料，铺料厚度高于边墙顶面约5cm，4h后开始碾压。碾压时，钢轮距边墙保持20cm的安全距离（尽量靠近边墙），靠边墙侧20cm，振动碾先静压1遍，再振压6遍。边角部位采用液压振动夯板压实，夯板压痕用小型振动碾整平，防止因激振力过高而破坏边墙。

（8）整修与挤压边墙凿缝。对坡面起伏不平部位进行补亏削盈砂浆修补。为减少挤压边墙对面板混凝土的约束，采取沿面板垂直缝分缝处开槽，将挤压边墙凿断，开槽尺寸10cm×30cm（宽×深），开槽完成后用小区料分层回填，人工夯实。

5 结论

挤压边墙施工技术2001年首次在黄河上游公伯峡水电站面板堆石坝中应用，作为施工新技术，与传统方法相比，挤压边墙施工技术在河口村水库面板堆石坝施工中的应用，明显提高了工程质量、加快了施工进度，并且增加了工程导流度汛安全性，保证了工程后期施工，也为其他施工中的面板堆石坝积累了一定经验。

坝基混凝土防渗墙施工技术

王建军[1]　建剑波[2]　王建飞[3]　申　志[3]

（1. 河南省陆浑水库灌溉工程管理局；2. 河南省河口村水库工程建设管理局；
3. 河南省河川工程监理有限公司）

摘要： 混凝土防渗墙是水利工程中常用的一种防渗结构型式，尤其在土石坝工程覆盖层地基防渗处理技术中应用较广。墙体施工通过采用新技术、新工艺及过程中的严格质量控制，河口村水库坝基防渗墙施工质量，取得了较好的效果。

关键词： 河口村水库；混凝土防渗墙；施工技术；质量检测

1　工程概况

河口村水库为混凝土面板堆石坝，坝基坐落在砂卵石深覆盖层上，坝基采用混凝土防渗墙截渗。防渗墙厚1.2m，墙长114.0m，平均深度20.6m，最大深度为27.8m，墙底嵌入基岩以下1.0m。墙体采用C25W12混凝土，墙内配置钢筋，墙体工程量为2340m^2。

坝基覆盖层以砂卵石为主，含漂石卵石层及多层透镜状黏性土夹层及砂层透镜体，漂石及孤石最大直径5m以上，蚀圆度差，成分以石英砾岩、灰岩、花岗岩为主。基岩岩性以花岗片麻岩为主，岩体完整性较好。由于覆盖层地层不均一，混凝土防渗墙施工时有一定的难度。

2　坝基混凝土防渗墙施工

2.1　造孔成槽

防渗墙成槽采用造孔“钻劈”法，即钻凿两边主孔后劈打之间副孔抽取钻渣成槽。成槽分二期施工，先施工一期槽，后施工二期槽（一期槽长6.0m、二期槽长5.4m）。造孔中遇大块径孤石时，采用SM-400钻机钻进，在槽内下置定位器进行钻孔，钻到规定深度后，提出钻具，在漂卵石、孤石部位下置爆破筒，提起套管，引爆。爆破筒内装药量按岩石段长2～3kg/m，如系多个爆破筒则安设毫秒雷管分段爆破，以避免危及槽孔安全。

2.2　固壁泥浆

采用优质Ⅱ级钙基膨润土泥浆进行护壁，为提高膨润土在水中分散度、造浆率及增加泥浆的稳定性，在制浆时加入分散剂，选用工业碳酸钠（Na_2CO_3）作为分散剂。膨润土泥浆配合比见表1。

表 1　膨润土泥浆初步配合比表

序号	材料用量/kg					备注
	水	膨润土	工业碳酸钠	CMC	重晶石粉	
1	1000	80	3			一般地层
2	1000	80	3	0.30		漏浆地层
3	1000	80	3	0.50	80	塌孔地层

每筒膨润土浆的搅拌时间不低于 4min，放入浆池待膨化后备用，新制膨润土浆存放 24h 并经充分水化溶胀后使用。

2.3　清孔换浆和接头孔的刷洗

采用"气举法"即抽筒抽取置换泥浆法清孔换浆。清孔时，将抽筒放入孔内距离孔底 50～100cm，上下往复运动抽筒，孔底浆渣将不断的填满抽筒，然后把抽筒提出孔口倒出槽外，同时，向槽内不断补充新鲜泥浆。Ⅱ期槽接头孔的刷洗采用具有一定重量的圆形钢丝刷子，通过调整钢丝绳位置的方法使刷子对接头孔孔壁进行施压，在此过程中，利用钻机带动刷子自上而下分段刷洗，从而达到对孔壁进行清洗的目的。

2.4　清孔换浆结束标准

清孔换浆结束 1h 后，槽孔内淤积厚度不大于 10cm。使用膨润土时，孔内泥浆密度不大于 1.15g/cm^3；泥浆黏度 32～50s（马氏）；含砂量不大于 6%。

2.5　钢筋笼、预埋灌浆管的制作与下设

钢筋笼制作根据设计要求及槽孔长度、深度进行加工，预埋灌浆管（防渗墙下基岩帷幕灌浆孔）按 1.5m 间距焊接固定在钢筋笼中心线上，钢筋笼与预埋灌浆管同时下设，用平板车运至下设地点，使用 25t 吊车吊放。

2.6　混凝土浇筑

2.6.1　混凝土配合比

根据墙体混凝土 C_{90}25W12（弹性模量 2.80×10^{4}MPa）设计指标要求，进行配合比综合试验，除水泥、骨料外掺加一定量的粉煤灰及外加剂，最后确定墙体配合比各种指标为：水胶比不大于 0.65，入槽坍落度 18～22cm；扩散度 34～40cm，坍落度保持 15cm 以上时间不应小于 1h；初凝时间不大于 6h，终凝时间不大于 24h；密度不小于 2100kg/m^3；胶凝材料的总量不大于 350kg/m^3。

2.6.2　混凝土入仓及浇筑

混凝土搅拌车运送混凝土通过马道进槽口储料罐，再分流到各溜槽进入导管。混凝土浇筑时采用压球法浇筑，每个导管均下入隔离塞球。开始浇筑混凝土前，先在导管内注入适量的水泥砂浆，并准备好足够数量的混凝土，以使隔离的球塞被挤出后，能将导管底端埋入混凝土内。浇筑过程控制混凝土上升速度不大于 2m/h，并连续上升至高于设计规定的墙顶高程以上 0.5m。

2.7 墙段连接

采用接头管法进行连接，接头管法是目前混凝土防渗墙施工接头处理的先进技术，二期槽混凝土浇筑前，在两端接头孔下设接头管，根据槽内混凝土初凝情况逐渐起拔接头管，在一期槽孔端头形成接头孔；二期槽孔浇筑混凝土时，接头孔靠近一期槽孔的侧壁形成圆弧形接头，墙段形成有效连接。

3 质量检测

3.1 过程检测

（1）原材料中间产品质量。工程共成型28d抗压强度试件35组，最大值35.50MPa，最小值25.20MPa，平均值29.10MPa，标准差2.20MPa，离差系数0.08，强度保证率97.19%，全部符合设计要求。

（2）造孔检测。防渗墙共25个槽孔，造孔过程中，严格控制各项施工参数，取样位置由现场监理人员指定，共进行孔内泥浆密度检测75次，泥浆黏度检测75次，含砂量检测75次，淤积厚度检测125次。泥浆密度、泥浆黏度、含砂量、淤积厚度均满足设计要求，造孔各项施工参数抽检结果见表2。

表2　　造孔各项施工参数抽检统计表

项目名称	设计参数	抽检次数	实测值
泥浆密度/(g/cm^2)	≤1.15	75	1.04～1.14
泥浆黏度/s（马氏）	32～50	75	32～40
含砂量/%	≤6	75	0.20～3
淤积厚度/cm	≤10	75	0～10

3.2 成墙检测

（1）钻孔注水检测。墙体钻孔2个，从取出的短柱状芯样看，墙体浇筑质量好，无空洞窝裹现象，混凝土芯样抗压试验2组，试验强度平均值26.10MPa；孔内注水试验共7个试段，透水率0.41×10^{-2}～2.58×10^{-2}mL/min，均满足设计要求。

（2）跨孔超声波CT检测。CT检测75组，检测结果防渗墙混凝土浇筑连续、均匀、完整性较好，声波速度多数大于3500m/s，部分在3000～3500m/s。

（3）单孔声波检测。声波速度在3333～4630m/s，平均速度4093m/s，防渗墙浇筑均匀、连续性较好。

（4）墙体弹性模量测试。墙体弹性模量测试12点，弹性模量范围26.65～34.77GPa，平均值31.82GPa。

（5）墙体全孔壁光学成像测试。墙体检查孔全孔壁光学成像测试2孔，防渗墙体混凝土连续完整。

（6）墙体垂直反射法测试。墙体垂直反射法共测试571点，大部分点位反射信号波形规则或较规则，说明墙体完整连续，混凝土密实均匀。

4 结论

防渗墙施工技术被广泛用于水电基础加固项目中，它是水利水电工程中较普遍采用的一种地下连续墙，而且是透水体防渗处理的一种有效措施。河口村水库坝基为深覆盖层、透水性强、存在大漂石、黏土夹层及砂子透镜体等，地基复杂，地质结构极不均匀。防渗墙施工中采用了新技术、新工艺以及新的检测手段，有效地解决了坝基在复杂地层中混凝土防渗墙施工的部分技术难题，提高了混凝土防渗墙施工的技术含量，施工过程中，通过各方的共同努力，河口村水库坝基混凝土防渗墙质量得到了有效控制。

潜孔锤跟管钻进成孔在堆石体边坡锚杆施工中的应用

赵文博[1] 王建军[2] 王建飞[3] 申 志[3]

(1. 河南省河口村水库工程建设管理局；2. 河南省陆浑水库灌溉工程管理局；
3. 河南省河川工程监理有限公司)

摘要： 潜孔跟管钻进技术作为一种逐渐发展成熟起来的新兴技术，在遇复杂地质条件时使用，钻速快、实用方便，成为一种可靠的护壁钻进方式。简要介绍了堆石坝边坡锚杆施工的工艺流程，并重点阐述了潜孔锤跟管钻进技术在锚杆钻孔过程中遇到复杂易坍塌地层的运用。

关键词： 跟管钻；堆石体；堆石体锚杆；施工；应用

1 工程概况

河口村水库混凝土面板堆石坝最大坝高 122.5m，坝顶高程 288.50m，防浪墙高 1.2m，坝顶长 530.0m，坝顶宽 9.0m，上游坝坡 1∶1.5，下游坝坡 1∶1.5。坝体从上游至下游依次由混凝土面板、垫层料、过渡料、主堆石、次堆石、级配碎石、预制块护坡等结构组成。

根据业主要求，大坝建成后，为显示工程标识，利用大坝下游坝坡布置“河口村水库”5 个大字，字体位于下游坝坡靠上游布置，字体高度约 19.0m，字体笔画宽度 2.0～3.0m，字体为在坝面浇筑混凝土形成。

2 跟管钻技术应用缘由

坝坡大字根据设计要求，由于字体较大，且布置在斜坡上，为确保字体稳定，设计采用锚杆将其固定在坝坡上，锚杆长 2.15m，直径 ϕ30mm，钻孔直径 ϕ90mm，沿字体周边内外侧布置，间距根据字体走向不大于 2.0m，共计锚杆 300 根。

由于字体坐落在下游坝坡上，坝坡表面为 10cm 厚预制块，预制块下面为坝体堆石，堆石为 5～80cm 组成。由于采用一般钻机成孔困难，钻进过程容易造成塌孔现象，施工单位经比较选用新型的 KQD－100 潜孔跟管钻机进行钻孔，即随钻孔随下套管，已解决钻进过程中的塌孔问题。

3 跟管钻施工

3.1 潜孔锤跟管钻进技术工作原理

该钻进技术是在潜孔锤的下端加接一偏心钻具，当钻具下到孔底后，顺时针方向旋转时，扩孔器从中心偏离出来，与钻头同步旋转，结果钻出的孔径套于套管外径，因此套管随着钻头的前进而随之下降，即实现跟管钻进。当钻进至稳定地层，套管已隔住坍塌地层时，需要提升偏心钻具，此时将钻具逆时针方向旋转一下，扩孔器在钻头中心轴偏心的作用下向中心收拢，即可通过套管而将偏心钻具提出孔外，再换用普通潜孔锤钻进稳定地层至设计孔深。

因坝后设计锚杆锚固端深入坝后堆石体2.0m，故套管跟进后不在拔出。套管是标准地质管材，为花管，外径ϕ90mm壁厚3mm、长度2.0m。

3.2 测量放线

施工前根据设计图纸进行孔位测量布置，确定钻孔位置，并现场放样，在坝后预制块坡面上用红色喷漆做标记孔位并编号。

3.3 锚杆孔钻孔及锚杆制安

3.3.1 钻孔

施工时在坝顶安装10t卷扬机，在坡面上安设钻机施工台车，卷扬机牵引坡面钻机平台可上下移动至锚杆孔位。钻机就位后，应保持平稳，调整导杆或立轴与钻杆倾角一致，并在同一轴线上，确保钻孔垂直坡面。按设计要求在套管壁上两侧开孔30mm，间距300mm，保证灌注砂浆时的充盈状态。在钻进过程中，应精心操作，精神集中，合理掌握钻进参数，合理掌握钻进速度（一般情况风压为0.6～0.8MPa，转速90次/min），保证套管跟随钻机钻进，防止埋钻、卡钻等各种孔内事故。完毕后，用清水把孔底沉渣冲洗干净。

3.3.2 锚杆安装

（1）根据设计图纸要求采购符合设计要求的ϕ30mm锚杆原材，施工前，认真检查原材料型号、品种、规格及锚杆各部件的质量，并检查原材料和主要技术性能是否符合设计要求。并取3根锚杆进行钻孔、注浆试验性作业，考核施工工艺和施工设备的适应性。

（2）锚杆杆体的组装与安放。按设计要求制作锚杆，为使锚杆处于钻孔中心，在锚杆杆件上沿轴线方向每隔0.5m设置一个定中架。

（3）锚杆应平直、顺直、除油除绣。杆体自由端用塑料布或塑料管包扎，安放锚杆杆体时，应防止杆体扭曲、压弯，注浆管宜随锚杆一同放入孔内，管端距孔底为50～100mm，杆体放入角度与钻孔倾角保持一致，安好后使杆体始终处于钻孔中心。若发现孔壁坍塌，应重新透孔、清孔，直至能顺利送入锚杆为止。

3.3.3 注浆

锚杆注浆采用挤压泵H-3底部注浆法，注浆材料采用水泥砂浆，其强度为M20，水灰比为0.44。为增加浆液的和易性和早期强度，在浆液中掺入适量减水剂和早强剂；砂子过筛，水泥砂浆应拌和均匀，随拌随用，一次拌和的水泥浆必须在初凝前用完，以保证灌浆达到“早强、高强和高时效”的效果。注浆采用压力灌浆，正常采用0.2MPa压力，最大不超过0.4MPa。注浆完毕应将外露的钢筋清洗干净，并保护好。

4 质量检查

质量检查主要包括：①进场机具、机械要满足施工要求，确保成孔孔径、孔深满足设计要求；②进场材料包括锚杆、水泥砂浆原材料检查，并按规范要求进行送检，检测合格方能使用；③现场拌制水泥砂浆严格按照配合比进行拌制，配备称量设备；④确保灌注砂浆孔内充盈，并根据规范要求对锚杆拉力进行拉拔试验。

工程完工后，施工单位委托河南科源水利建设工程检测有限公司对堆石体边坡砂浆锚杆进行了拉拔试验，共检测锚杆锚固力 5 组（15 根），其中最大值 45.2kN，最小值 40.6kN，均满足设计要求。

5 结论

潜孔锤跟管钻进技术是一门新兴又比较成熟的技术，在边坡堆石体钻进施工中，具有高效率、成本低，使用方便等一系列优点。在实际应用中，应根据地层地质情况及设备条件，合理地选配跟管设备形式，在保证安全生产的基础上，兼顾经济效率与时间效率，选择对应的施工工艺，最大程度地发挥潜孔跟管钻进技术的优势。

基于水平固定测斜仪的坝基沉降监测方法及应用

魏小平[1]　建剑波[1]　翟　巍[2]　张会娟[3]

（1. 河南省河口村水库工程建设管理局；2. 北京建工四建工程建设有限公司；
3. 中国科学院遥感与数字地球研究所）

摘要： 针对沉厚覆盖层、宽大坝基的施工环境，应用水平固定测斜仪系统进行了坝基沉降监测，并结合水平固定测斜仪计算原理，探讨了监测的具体方法。监测结果表明：该系统监测能实时、可靠地反映坝基沉降特性，应用前景广泛。

关键词： 水平固定测斜仪；坝基；沉降；监测

混凝土面板堆石坝（Concrete Faced Rockfill Dam，CFRD）是以堆石体为支撑结构并且在其上游表面设置钢筋混凝土面板作为挡水防渗体的一种坝型。面板堆石坝在安全性、适用性、经济性等方面具备独特优势，并且具有良好的抗滑稳定性、抗渗稳定性和抗震稳定性，同时能够较好地适应各种地形、地质、水文及气候条件，造价低，工程进展快，技术规范成熟，加之目前快速碾压技术的迅速发展，已在工程中得到了大量的应用。随着面板堆石坝建坝数量的不断增多，工程规模的不断扩大，对坝基及坝体的沉降变形以及预测沉降的主要方法已成为目前面板堆石坝的主要研究课题。现阶段，主要采用沉降板、沉降磁环和水管式沉降仪等方法监测坝基沉降。应用水平固定测斜仪进行坝基沉降监测，不仅能保证坝基沉降的连续性，而且能保证监测数据实时性。

1　水平固定测斜仪计算原理

根据水平固定测斜仪观测系统的工作原理，起始端 A 或结尾端 B 均可作为起算点进行沉降累加计算，其沉降计算结果为相对于 A 点或 B 点的相对沉降值，只要测得 A 点或 B 点 的绝对沉降值即可推算系统各监测点绝对沉降量。水平固定测斜仪装置及计算示意图见图 1 和图 2。

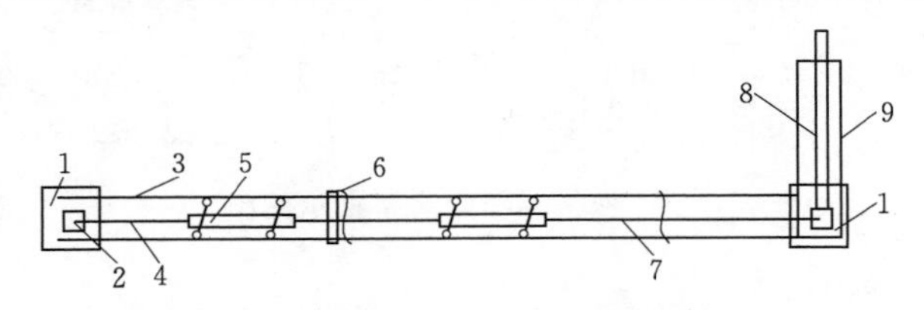

图 1　水平固定测斜仪装置示意图

1—固定端；2—锚固块；3—导槽保护管；4—位移传感器；5—水平固定测斜仪；
6—过渡端；7—连接杆；8—传递杆；9—保护管

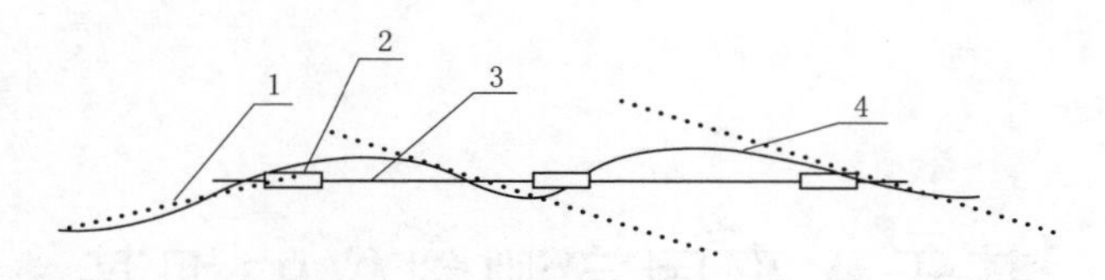

图 2　水平固定测斜仪计算原理示意图

1—沉降趋势线；2—水平固定测斜仪；3—连接杆；4—相对沉降线

应用水平固定测斜仪进行坝基沉降计算方法如下。

(1) 观测固定端 A（或 B）的坐标，作为起始计算点。

(2) 观测水平固定测斜仪测值，计算该次水平固定测斜仪两侧相对沉降。

(3) 从固定端一侧起算，通过水平固定测斜仪沉降累加，计算系统沉降（基准值）。

(4) 重复 (1)、(2) 和 (3) 步骤，计算系统下一次系统沉降（绝对沉降值）。

(5) 通过上述步骤，应用水平固定测斜仪计算不同时刻、不同位置的坝基沉降。

2　水平固定测斜仪工程应用

2.1　工程概况

河口村水库位于黄河一级支流沁河最后一段峡谷出口处，下距五龙口水文站约 9.0km，属河南省济源市克井镇，是控制沁河洪水、径流的关键工程，也是黄河下游防洪工程体系的重要组成部分，工程规模为大 (2) 型，工程等级为Ⅱ等，由混凝土面板堆石坝、1 号泄洪洞、2 号泄洪洞、引水发电洞、溢洪道及水电站等组成，其中混凝土面板堆石坝坝基为深厚覆盖层黏性土，坝体采用上游为级配料、下游为非级配料填筑。在大坝 0+140 断面 173.00m 高程处埋设了一套从上游到下游贯通的水平固定测斜仪，按照每隔 5.0m、6.0m 和 7.0m 等间距布置了 63 支水平固定测斜仪，用于监测多达 350.0m 的坝基沉降。其监测布置情况见图 3。从图 3 可见，水平固定测斜仪安装埋设在坝基部位，坝基沉降监测系统的工作基点位于坝下，水平固定测斜仪系统长度多达 350.0m，分布在从上至下的坝基中心线附近，能较好地反映坝基沉降。

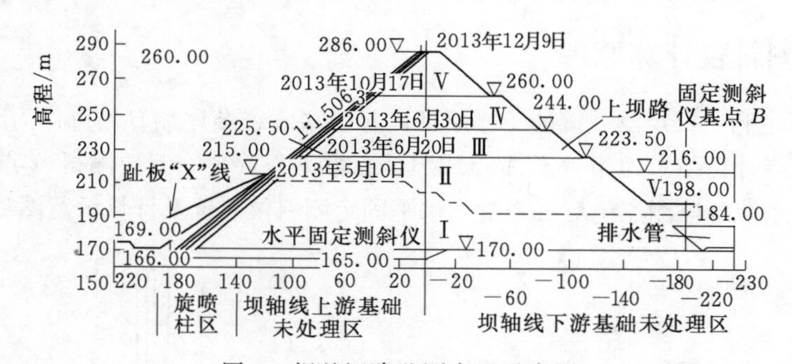

图 3　坝基沉降监测布置示意图

2.2　监测成果

坝轴线上游至防渗墙之间基础由原河床 175.00m 高程挖至 165.00m 高程，并对防渗墙、连接板、趾板及防渗墙下游 50m 范围基础采用高压旋喷桩进行了专门加固处理；坝轴线下游次堆区覆盖层基础开挖至170.00m高程，但在坝下0+000～0+180靠近右岸岸坡部位发现有较厚的黏性土层及砂层透镜体，且有向左岸延伸的趋势，该层黏性土并未完全挖除。并结合水平固定测斜仪安装埋设位置，坝上游的HI5-1-1～HI5-1-5位于高压旋喷桩坝基处理范围内，HI5-1-6～HI5-1-30位于坝轴线上游坝基处理至165.00m高程，HI5-1-31～HI5-1-36位于坝轴线下游坝基处理165.00～170.00m高程过渡段之上，HI5-1-37～HI5-1-63及基准点B位于坝轴线下游坝基处理至170.00m高程之上，且在坝下0+000～0+180靠近右岸岸坡部位发现有较厚的黏性土层及砂层透镜体地层。待坝基开挖和填筑高程满足要求后，完成水平固定测斜仪安装埋设。待仪埋稳定后，按照填筑高程和观测技术要求，进行坝基沉降观测、整编及分析。其典型的监测成果见图4、图5。

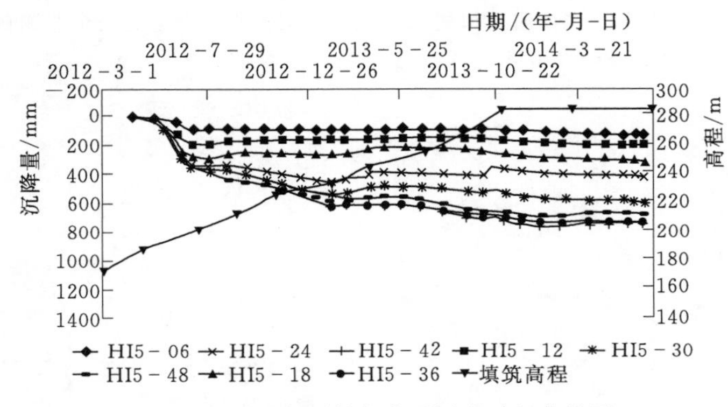

图4 水平固定测斜仪典型测点时程曲线图

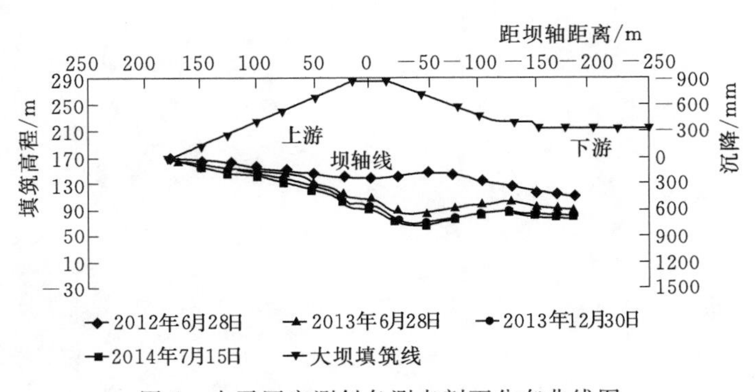

图5 水平固定测斜各测点剖面分布曲线图

从图4可见，随着填筑高程和时间增加，坝基沉降量逐渐增加。坝体填筑完成后，坝基沉降量持续增加，但增幅有所减小。

从图5可见，随着坝体填筑，坝基沉降变形逐渐增加，填筑至225.00m高程时，最大沉降变形为461mm（D0-182）；填筑至240.00m高程时，最大沉降变形为651mm（D0-51）；填筑至286.00m高程时，最大沉降变形为789mm（D0-51）；填筑至286.00m高程静置后，沉降变形在−5～15mm之间波动，目前变化趋稳。各阶段监测成果反馈施工效果，该系统能实时、可靠地反映坝基沉降特性，能较好地指导工程施工。

3 结论及建议

水平固定测斜仪沉降监测系统，用于监测坝基沉降经验较少，针对深厚覆盖层、宽大坝基的河口村水库工程施工环境，能较好地完成安装埋设实属难得。该系统监测成果能实时、可靠地反映坝基沉降特性，能较好地指导工程施工，建议在今后工程中推广应用。

参考文献

[1] 邵宇，李海芳，邓刚. 面板堆石坝面型特性[M]. 北京：中国水利水电出版社，2011.

[2] 艾斌. 混凝土面板堆石坝变形及监测问题[J]. 大坝与安全，1996 (3)：21-22.

[3] 黄河勘测规划设计有限公司. 河南省河口村水库工程下闸蓄水安全鉴定设计自检报告[R]. 河南：黄河勘测规划设计有限公司，2014.

[4] 中国水利水电科学研究院. 河南省河口村水库工程下闸蓄水安全鉴定安全监测自检报告[R]. 河南：黄河勘测规划设计有限公司，2014.

河口村水库上游围堰塑性混凝土防渗墙施工综述

建剑波[1]　任　博[2]　马辉文[2]

（1. 河南省河口村水库工程建设管理局；2. 中国水利水电基础局有限公司）

摘要：介绍河口村水库上游围堰塑性混凝土防渗墙，采用“钻劈法”施工及进行质量控制。通过对防渗墙体注水试验和无损检测，墙体没有明显的异常或缺陷，且连续性较好。

关键词：河口村水库；塑性混凝土；防渗墙；施工综述

1　工程概况

河口村水库位于济源市克井镇境内，黄河一级支流沁河最后一段峡谷出口处，距下游五龙口水文站约9.0km。水库控制流域面积9223km^2，占沁河流域面积68.2%，占黄河三花间流域面积的22.2%。设计防洪标准为500年一遇，校核标准为2000年一遇。水库坝型为混凝土面板堆石坝，大坝全长530.0m，坝顶宽9.0m，最大坝高122.5m，坝顶高程288.50m，总库容3.17亿m^3，是大（2）型水利工程。水库的开发任务以防洪、供水为主，兼顾灌溉、发电、改善河道基流等综合利用。

工程总投资27.75亿元，计划总工期60个月。主要建筑物由混凝土面板堆石坝、泄洪洞、溢洪道及引水发电系统组成。

2　上游围堰防渗墙布置

上游围堰布置在主坝轴线上游约300.0m处，河床宽约150.0m，河床面高程在176.00～180.00m之间。河床覆盖层最大厚度约40.0m，岩性为（Q_4^{al}）含漂石砂卵石层夹黏性土、黏性土夹层及砂层透镜体。上游围堰堰基主要持力层为砂卵石层，由于其结构复杂且不均一，局部具架空结构，其透水性强，抗渗能力差，存在渗透变形问题，为确保大坝基坑开挖，需对上游围堰基础进行有效的防渗处理。

根据围堰处的地质覆盖层勘探资料，设计单位经过综合比较，选用了塑性混凝土防渗墙防渗，围堰全长163.0m，其中防渗墙长141.0m，防渗墙厚0.6m，与两岸基岩连接常用现浇墙，防渗墙最深36.0m，塑性混凝土防渗墙渗透系数$K=1\times10^{-7}$cm/s，抗压强度$R28=2.0$MPa，弹性模量$E=500$MPa，防渗墙墙顶高出现有河床1.0m，防渗墙基础插入基岩0.5m。

根据整个工期安排，上游围堰防渗墙需要在一个非汛期完成。

3 主要施工过程及方法

防渗墙从2011年5月下旬开始施工，由于开工时间较晚，而且需在汛前完成，在场地狭窄、工期紧、任务重的情况下，施工单位通过科学管理，精心组织，合理安排，资源调配，加大投入，从搭建施工平台、钻孔、混凝土浇筑至防渗墙施工结束，历时2个月的时间，基本上在汛期前完成防渗墙3446.38m^2。

3.1 钻进方法

结合地层、施工强度、设备能力等综合考虑，本工程防渗墙采用CZ-22冲击钻机“钻劈法”成槽，膨润土泥浆护壁，抽筒法清孔换浆，泥浆下直升导管浇筑混凝土。Ⅰ期槽的1、3、5、7号主孔采用冲击钻机钻孔形成，先施工主孔，后用钻头钻劈副孔，及时用抽筒打捞主孔内的回填，然后继续劈副孔、打捞回填，直至设计孔深。副孔劈完后，再用钻头在主孔与副孔之间找小墙，直至槽段内的每一个地方的槽孔厚度符合设计要求。Ⅱ期槽段在两侧的Ⅰ期槽浇筑成墙完成后进行，1号、9号孔（即Ⅰ期槽的1号、7号孔）为接头孔，在Ⅰ期浇筑后，混凝土达到终凝后开始用冲击钻机钻进接头孔，其他主孔和副孔施工和Ⅰ期槽施工方法一样。

3.2 孔型控制

（1）各单孔中心线位置在设计防渗墙中心线上、下游方向的误差不大于3cm。

（2）钻劈法施工时孔斜率不得大于4‰；遇含孤石地层及基岩陡坡等特殊情况，应控制在6‰以内。接头套接孔的两次孔位中心在任一深度的偏差值，不得大于设计墙厚的1/3。

3.3 基岩鉴定

根据地质剖面图和设计预计孔深及观察连续不断抽出的钻渣，取样保存，结合该孔左右槽孔的深度，填写防渗墙基岩鉴定表，描述该地层地质情况，并请地质工程师判定，确定基岩面。

3.4 终孔

成槽后，作业班组长初检，值班技术员复检，复检合格后值班技术员填写检查记录表，并提交值班监理审查后，通知建设管理、设计、监理、施工四方进行终孔联合验收。主要检查槽孔孔位偏差、槽宽、孔深、孔斜率、Ⅰ～Ⅱ期槽接头孔套接厚度等。

3.5 清孔换浆

槽孔采用“抽筒法”进行清孔换浆。清孔结束1h后，一边用测针测孔底淤积厚度，一边对孔底泥浆黏度、密度、含沙量3项指标进行检测。槽孔内淤积厚度不大于10cm，使用膨润土时，孔内泥浆密度不大于1.15g/cm^3；泥浆黏度18～35s（苏氏）；含沙量不大于6%。

3.6 混凝土浇筑

混凝土浇筑导管采用快速丝扣连接的ϕ250mm的钢管连接。一期槽端导管距孔端1.0～1.5m，二期槽端导管距孔端1.0m，导管底口距槽底距离控制在15～25cm范围内。混凝土浇筑采用压球满管法开浇，导管内隔浆球放好以后，漏斗内置入砂浆盖板，密封严实，然后给漏斗放满砂浆。混凝土浇筑必须连续进行，混凝土面上升速度不低于2m/h。

4 施工难点

上游围堰防渗范围内，地层属砂卵石层，存在部分孤石，钻进过程中孔斜偏差难以保证，遇孤石层时，要及时进行孔斜测量，发现超标情况，及时回填砂卵石进行重新钻孔，钻孔过程中孔口采用自制纠偏架将钢丝绳强行向孔斜相反方向压紧。

5 防渗墙体质量控制及检测

5.1 施工过程质量控制

施工过程中施工单位建立完善了质量保证体系，对每道工序严格执行“三检”制度；监理单位严把原材料入场检验关，严格履行监理职责；同时，对重要隐蔽和关键部位单元工程进行联合验收，而且对重要工序实现扩大化四方联合验收制。通过参建各方共同努力，上游围堰防渗墙共划分单元工程26个，全部合格，其中优良单元工程24个，优良率92.3%。

5.2 注水试验

根据注水试验规程（YS 5214—2000，J1 02—2001），对防渗墙体钻孔、注水试验，采用计算公式 $K=q\ln(2L/d)/2\pi LH_C$ 计算渗透系数。调整后设计渗透系数 $K=n\times 10^{-7}(n=1\sim 5)$。

经计算WYJ-01号检查孔，渗透系数最大值 $K=4.86\times 10^{-7}$，WYJ-02号检查孔渗透系数 $K=1.59\times 10^{-7}$，均符合墙体渗透系数指标。

5.3 墙体无损检测

为进一步检测防渗墙体连续性和接头孔的连接质量及完整性，河口村水库工程上游围堰防渗墙采用SIR-3000地质雷达检测。通过对防渗墙检测结果表明，探测范围内没有明显的异常或缺陷，墙体连续性较好。

6 结论

上游围堰防渗墙施工结束后，为后期大坝围堰填筑打下了坚实基础，同时为整个大坝基坑开挖赢得了时间，经大坝基坑开挖后，上游围堰防渗墙效果显著，基坑内无明显渗水，完全满足施工要求。

河口村水库导流洞施工设计

竹怀水　窦　燕　王永新

（黄河勘测规划设计有限公司）

摘要：河口村水库导流洞是工程建设的控制项目，其开挖衬砌断面大、洞身长、进出口施工困难，能否按期完工关乎水库工程的顺利实施。通过分析导流洞工程的施工及建设条件，在确保工程质量与安全的前提下，提出了可行的施工设计方案。选择了导流洞与两条泄洪洞结合布置、运用的方案，即导流洞在非汛期为施工导流专用，汛期与1号泄洪洞联合度汛；导流洞下闸封堵后经过龙抬头改建为2号永久泄洪洞。为满足导流洞工程施工交通需要，沿河布置了连接导流洞出口与现状乡间沥青道路的3号施工道路，布置了从出口至进口的8号施工道路，同时为满足进出口上部开挖需要，布置了连接3号施工道路和泄洪洞进口的2号施工道路。

关键词：导流洞；地质条件；布置；施工设计；河口村水库

河口村水库工程是一座以防洪、供水为主，兼顾灌溉、发电、改善河道基流等综合利用的大（2）型水利枢纽，主要建筑物包括混凝土面板堆石坝、溢洪道、2条泄洪洞、1条引水发电洞及2座电站。导流建筑物主要包括上、下游土石围堰和1条导流洞。其中，导流洞结合2号泄洪洞布置，全长740.0m，城门洞形断面，断面尺寸为9.0m×13.5m（宽×高）。导流洞工程土石方明挖41.67万m^3，石方洞挖14.41万m^3，混凝土浇筑7.32万m^3。导流洞导流任务完成后，改建成2号永久泄洪洞。导流洞是工程建设的控制项目，能否按期完工关乎水库工程的顺利实施。通过研究分析导流洞工程的施工及建设条件，在确保工程质量与安全的前提下，提出了可行的施工设计方案。

1　导流洞地质条件及工程布置

1.1　地质条件

导流洞进口边坡坡顶高程为230.00～240.00m，坡高60.0～70.0m；后边坡整体走向约为139°，侧坡整体走向向下游约为225°。后边坡走向与F_{11}断层的走向夹角为9°～19°，倾向坡内，对边坡的稳定相对有利，但在边坡后缘易形成切割面；进口后边坡与F_{12}断层的走向交角为19°～49°，倾向坡外，倾角35°，受断层F_{11}后缘切割的影响，后坡岩体存在沿F_{12}断层面滑塌的可能。侧坡F_{11}、F_{12}断层的走向与两侧边坡走向夹角在50°～65°之间，且两断层倾角均较缓，对两侧边坡的稳定影响不大，但两断层切割区存在垮塌可能[1]。

导流洞洞身围岩分类见表1。

表1　　导流洞围岩分类

桩号	围岩分类	地层岩性
0+000～0+130	Ⅱ、Ⅲ	太古界登封群 Ar*d* 片麻岩、伟晶花岗岩
0+130～0+200	Ⅳ、Ⅴ	F_{11}断层带及影响带
	Ⅲ、Ⅳ	太古界登封群 Ar*d* 片麻岩、伟晶花岗岩
0+200～0+240	Ⅱ	太古界登封群 Ar*d* 片麻岩、伟晶花岗岩
0+240～0+370	Ⅳ	F_8～F_6 断层影响带片麻岩洞段
	Ⅴ	F_8、F_7、F_6 断层带；F_8～F_6 断层影响带泥灰岩洞段
0+370～0+520	Ⅲ	$\in_1 m^4$～$\in_1 m^6$ 板状泥灰岩、粉沙岩洞段
0+520～0+555	Ⅳ、Ⅴ	F_5～F_4 断层带及影响带
0+555～0+740	Ⅲ	$\in_1 m^{1+2}$白云质灰岩及 $Pt_2 r$ 石英砂岩砾岩洞段
	Ⅳ	$\in_1 m^3$、$\in_1 m^4$ 泥灰岩洞段

导流洞进口段岩体风化卸荷较强且有 F_{11}、F_{12} 断层发育，洞身及出口段地层岩性变化频繁且发育五庙坡断层带（F_6、F_7、F_8）及 F_4、F_5 等多条断层，洞段地质条件总体较差，其中Ⅱ类围岩约占 9%、Ⅲ类围岩约占 27%、Ⅳ类围岩约占 60%、Ⅴ类围岩约占 4%，整个洞段围岩以Ⅲ类、Ⅳ类为主。

导流洞出口边坡坡顶高程为 246.00～260.00m，坡高 60.0～70.0m。出口边坡底部由中元古界汝阳群云梦山组（$Pt_2 y$）厚层状石英砾岩夹透镜状石英粗沙岩组成，其上为寒武系下统馒头组（$\in_1 m$）组成，岩层走向近 EW，倾向 N（即倾向岸内），倾角小于 10°，为逆向坡，岩层走向与洞线交角较大（近于直交），稳定条件较好。

1.2　工程布置

根据坝区地形地质条件、施工特点及水工枢纽布置情况，结合导流程序安排，对泄洪洞条数、隧洞断面尺寸和围堰规模、坝体上升速度、施工交通条件等进行了计算分析、综合比较，选择了导流洞与两条泄洪洞结合布置、运用的方案，即导流洞在非汛期为施工导流专用，汛期与 1 号泄洪洞联合度汛；导流洞下闸封堵后经过龙抬头改建为 2 号永久泄洪洞。因此，导流洞的总体布置既满足了施工导流的要求，又考虑了与永久泄洪洞的结合，做到了充分利用地形地质条件，紧凑布置，技术可行，经济合理。

导流洞由进口明渠段、进水塔、洞身段和出口明渠段 4 部分组成。

（1）进口明渠段。长 119.04m，其中进水塔前 20.0m 引渠段采用钢筋混凝土护砌，明渠底高程为 177.20m，平坡。

（2）进水塔。顺水流向长度为 23.5m，垂直水流向宽度为 16.0m，总高 36.3m。考虑到改建后保障 2 号泄洪洞顺畅过流，塔顶高程与 2 号泄洪洞进口明渠底平齐，为 210.00m。为保证塔架的稳定性，改善塔基应力分布，并尽量减少开挖工程量，将进水塔尾部 5.0m 长的过流部分嵌入塔后岩体中。塔架与开挖边坡之间全部由混凝土回填。进水塔进口采用喇叭形椭圆曲线，上缘曲线为 $x^2/10.5^2+y^2/3.5^2=1$，侧墙曲线为 $x^2/7.5^2+y^2/2.5^2=1$。喇叭口进口尺寸 14.0m×17.0m（宽×高），闸后孔口尺寸为 9.0m×

13.5m（宽×高），边墩和底板厚均为3.5m。封堵闸门采用后止水的平板闸门，门槽尺寸1.98m×1.00m（宽×高）。门槽后以1∶10的斜坡与边墩内侧连接。

（3）洞身段。全长740.0m，其中临近进水塔段20.0m为渐变段，由9.0m×13.5m（宽×高）的方形断面渐变为9.0m×13.5m（宽×高）城门洞形断面。桩号0+274.0（2号泄洪洞龙抬头起点）前洞身段只需满足导流期的运用，其导流期可能出现明流、明满过渡流、压力流状态；桩号0+274.0以前为临时建筑物，按4级建筑物设计；以后为永久建筑物（即2号泄洪洞洞身段），按2级建筑物设计。

（4）出口明渠段。采用整体槽式结构，长39.0m，纵坡0.01，边墙高度由导流期出口最高水面线控制。为了方便后期改建，底板下部按泄洪洞鼻坎体型设计，底板顶高程比出口断面洞底高程低0.5m。

2 导流洞工程施工设计

2.1 施工总体布置及条件

为满足导流洞工程施工交通需要，沿河布置了连接导流洞出口与现状乡间沥青道路的3号施工道路，长700.0m，矿山2级标准，泥结碎石路面宽9.0m；布置了从出口至进口的8号施工道路，长1.9km，矿山2级标准，泥结碎石路面宽7.0m；同时，为满足进出口上部开挖需要，布置了连接3号施工道路和泄洪洞进口的2号施工道路，长2.0km，矿山3级，泥结碎石路面宽6.5m，并从2号路终点引施工支线道路（长约1.4km，碎石路宽6.0m）至进口边坡顶部。

根据总进度计划安排，导流洞工程与水库工程的场内2号、3号道路、建设管理营地及生活供水、施工变电站等列为项目的前期工程。其中2号、3号道路先期建设，为导流洞施工创造条件。施工生产生活区布置结合前期与主体工程施工、进度计划统筹安排。

对坝址区地表水及地下水水质分析可知，水质对混凝土皆无腐蚀性。按已有分析项目，水质总硬度为中等硬水，固形物含量小于规定容许值，Cl^-、SO_4^{2-}、NH_4^+、Fe^{2+}、Fe^{3+}、NO_2^- 等含量均小于规范允许值，地表水与地下水均基本上能满足饮用水的要求，因此混凝土拌和用水和生活用水采取井水，其他用水取自河水即可[2]。

导流洞施工时，变电站尚不具备供电条件，供电方案选择接引当地农用电，结合自备发电机。

导流洞工程混凝土总量约为7.32万m^3，喷混凝土约0.8万m^3，共需沙石骨料约18.7万t。因主体沙石料加工系统尚未建成，故骨料与钢筋、水泥等建筑材料就近市场购买。

2.2 开挖与支护

2.2.1 进出口开挖

导流洞进口土石方明挖19.53万m^3；出口土石方开挖量22.14万m^3。

进口开挖高度约78.0m，利用场内8号施工道路（177.00m高程）及施工支线道路等每隔3～4个台阶引1条施工支线，用于出渣。开挖采用深孔台阶爆破，台阶高度为6.0～8.0m，沿设计开挖线进行预裂爆破或预留保护层等控制爆破技术，保证开挖边坡的稳定。采用 YQ－100 型潜孔钻钻孔，$3m^3$ 轮胎式装载机配 20t 自卸汽车装运出渣。

出口开挖最高约 82.0m，利用场内 3 号施工道路及施工支线道路等每隔 3～4 个台阶引 1 条施工支线，用于出渣。同样采用 YQ－100 型潜孔钻钻孔，$3m^3$ 轮胎式装载机配 20t 自卸汽车装运出渣。

2.2.2 洞身开挖与支护

导流洞进出口作为洞身开挖工作面。洞身石方洞挖 14.41 万 m^3，混凝土浇筑 5.06 万 m^3。

由于隧洞开挖断面较大，根据钻孔、装渣和喷锚等机械设备工作要求及进度安排，导流洞分上下两层爆破开挖，分层高度见图 1。

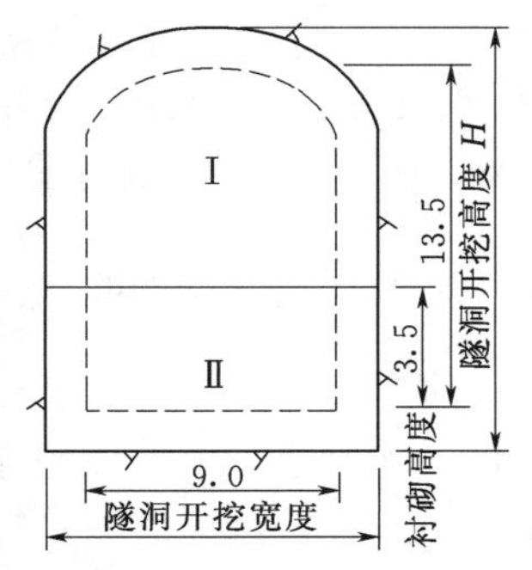

图 1 导流洞开挖分层示意图（单位：m）

上部开挖采用液压三臂凿岩台车钻孔，光面爆破；下部开挖采用 YQ－100 型潜孔钻钻竖向孔、侧壁先行预裂，底部留保护层。出渣均采用 $3.0m^3$ 装载机装渣，20t 自卸汽车出渣至临时堆料场。通风拟采用压入式机械通风方式，风机布置在洞外 40.0m 处，通风管布置在隧洞顶部或拱脚。

全断面开挖过程中，视围岩地质情况，选择适合的钻爆方法。Ⅱ、Ⅲ类围岩循环进尺可以选择 3.0m；Ⅳ类围岩完整性较差，循环进尺可以选择 1.5～2.0m；对于部分破碎的断层带及Ⅴ类围岩段，循环进尺可以选择 0.8～1.0m。

Ⅱ类围岩完整性较好，视开挖情况随机支护。而Ⅲ、Ⅳ类围岩完整性较差，隧洞开挖中除系统支护外，还要采用打锚杆及挂网、喷混凝土等临时支护，对于部分破碎的断层带及Ⅴ类围岩段，应超前支护，采取超前打锚杆及设置钢拱架等措施，确保施工过程的安全。

隧洞施工临时支护顺序为喷混凝土→打锚杆→挂钢筋网→喷混凝土。采用锚杆台车进行锚杆钻孔和安装施工，混凝土采用 $4～5m^3/h$ 喷射机配合机械手湿喷作业施工。

2.3 混凝土工程施工

2.3.1 洞身衬砌

洞身混凝土衬砌采用先浇筑边墙、顶拱后浇筑底板或者先浇筑底板后浇筑边墙、顶拱的顺序技术上都是可行的。但是工程施工工期较紧，先浇筑底板后浇筑边墙、顶拱的顺序要求底板混凝土达到一定龄期后才能行走钢模台车，特别是混凝土浇筑时可能还有部分开挖工作未完成，因此干扰较大，存在进度风险。建议采取先浇筑边墙、顶拱，后浇筑底板的顺序。顶拱和边墙混凝土采用钢模台车分段浇筑，底板采用拉模浇筑，由 $6.0m^3$ 混凝土搅拌运输车自拌和站运送混凝土，采用 HB60 混凝土泵泵送入仓，附着式振捣器和人工持振捣器联合作业，钢筋台车辅助绑扎钢筋。

2.3.2 进水塔施工

进水塔顺水流向长度为 23.5m，垂直水流向宽度为 16.0m，总高 36.3m，总混凝土工程量 1.3 万 m^3。混凝土采用 $6.0m^3$ 混凝土搅拌运输车自拌和站经 8 号路、进口明渠运至工作面；固定式塔式起重机吊 3.0m³ 罐入仓，人工持振捣器振捣。

2.4 施工进度计划

导流洞工程施工时，3 号道路已建成，2 号道路路基具备通向导流洞出口顶部的条件，因此导流洞出口施工条件较好；而进口施工需要先行修建 8 号施工道路。为了尽快打通导流洞，保证汛后截流，规划 2 个施工工作面，施工控制性工期分别为：①出口工作面，施工准备（1 个月）→出口土石方明挖（4 个月）→洞挖（7 个月，综合进尺 80.0m/月）→衬砌（7 个月，综合进尺 60.0m/月）→出口混凝土工程及剩余灌浆工程（2 个月），总工期 21 个月；②进口工作面，施工准备（1 个月）→8 号施工道路修建（4 个月）→进口土石方明挖（4 个月）→洞挖（3 个月，综合进尺 100.0m/月）→衬砌（6 个月，综合进尺 60.0m/月）→进水塔及进口明渠施工（3 个月），总工期 21 个月。

3 施工经验与教训

河口村水库导流洞工程按计划完成，工程按期实现截流，且按计划完成了导流任务，即将下闸改建。根据现场施工情况，总体表明原施工设计方案对现场的施工具有很好的指导作用。针对该导流洞工程的实施，笔者总结以下经验与教训供施工设计时参考。

（1）导流洞工程地形地质条件复杂，基本无地下水影响，隧洞断面也比较适合于机械化施工，水电及交通条件优越。隧洞开挖过程中，分上、中、下 3 部分进行，提高了施工的安全性，开挖速度最高达到 120.0m/月；与邻近 1 号泄洪洞的开挖施工速度对比，设计计划的进度指标不高，存在平行作业的优化空间。从后期衬砌的速度看，达到每 4～5d 一个循环（12.0m），因此计划月均进尺 60.0m 也是可行的。但是导流洞工程实际工期达 30 个月，远远低于国内平均水平。因此，从节约成本、提高生产效率和资金使用价值等方面，尚应加强合同管理、质量管理、进度管理、费用管理和技术保障管理等工作。

（2）导流洞进口施工时，施工干扰、组织不畅、进度滞后导致主体泄洪洞进口开工时发生上下施工干扰，为此不得不间断性停止某些作业面的工作。尽管设置了挡渣墙等拦护措施、加强了安全管理，但是依然进度缓慢。可见，工程建设项目经过总体科学规划、论证与审批后，严格按计划执行是很重要的。枢纽工程是由多个单位工程组成的，相互间存在着紧密联系，一个单位工程的执行偏差会导致整个布局的调整，增加目标实现难度和风险，因此枢纽项目会战期间，进度控制是关键。

参考文献

[1] 刘庆军，郭其峰，王耀军，等. 河口村水库工程地质条件综述及评价[J]. 人民黄河，2011，33（12）：136-138.

[2] 竹怀水，张瑞洵，宋双杰. 河口村水库工程施工条件简述[J]. 人民黄河，2011，33（12）：147-148.

沁河河口村水库导流洞石方洞挖爆破设计

王　鹏

（河南省南水北调中线工程建设管理局）

摘要：沁河河口村水库导流洞衬砌断面大，石方洞挖主要为洞身段和进水塔段石方洞挖。导流洞为城门洞型，设计最大开挖宽度 13.0m，最大高度 17.5m，断面较大。洞挖总长度 720.0m。施工具有工期紧、断面大、技术要求高等特点，石方洞挖开始前，做好石方洞挖爆破设计对施工质量、安全及工期保证是至关重要的。

关键词：导流洞；石方洞挖；爆破设计

1　工程概况

河口村水库位于黄河一级支流沁河最后一段峡谷出口处，下距五龙口水文站约 9.0km，属河南省济源市克井镇，是控制沁河洪水、径流的关键工程，也是黄河下游防洪工程体系的重要组成部分。河口村水库导流洞工程布置在水库的左岸，分进口段、闸室段、洞身段和出口段 4 部分。进口高程 177.00m，出口高程 169.80m，进口明渠段长 141.56m，闸室段 23.5m。洞身长 720.0m，纵坡 1%。导流洞衬砌后断面尺寸为 9.0m×13.5m（宽×高），采用钢筋混凝土衬砌，衬砌厚度 0.8～2.0m。导流洞穿越的地层从进口到出口依次为：太古界登封群（Ard）、中元古界汝阳群（Pt_2r）、寒武系馒头组（$\in_1 m$）。

2　洞挖设计总体思路

导流洞采用自进口和出口两端同时相向掘进的施工方法进行开挖。洞身开挖时采用正台阶法分层开挖的方式，即把洞身分成上下 2 个断面，先开挖上部断面的圆弧段，掘进一定深度后，下部断面形成了 1 个台阶，再用台阶钻爆法对下部断面进行钻爆开挖。上部断面采用每循环一次性钻爆开挖，气腿式风钻钻水平孔，下半断面直墙段采用潜孔钻垂直钻孔，多排微差爆破开挖，当上部断面掘进一定深度后（30.0～50.0m），可以和下部断面协调同步进行钻爆掘进施工，提高工作效率。

根据拟采用的钻孔设备和开挖断面面积，选择最优循环进尺，初步按照施工规范和经验暂定，上半断面循环进尺为 2.5m，总循环次数约 288 次。

3　钻爆设计

3.1　洞脸开挖

洞脸开挖时，为了形成较好的周边轮廓，在开洞口及进洞后的几米，采用多分次，少进尺，勤放炮的方法掘进。在导流洞中下或底部用手风钻钻浅孔（1.0～1.5m），先爆出一个小导洞，然后逐步向外扩大钻爆开挖至周边设计线，开挖掘进 2.0～3.0m 后开始采用上、下部断面分层开挖。

3.2 上半断面（圆弧段）钻爆方法

上半断面炮孔平面布置见图 1，菱形掏槽平面布置见图 2。

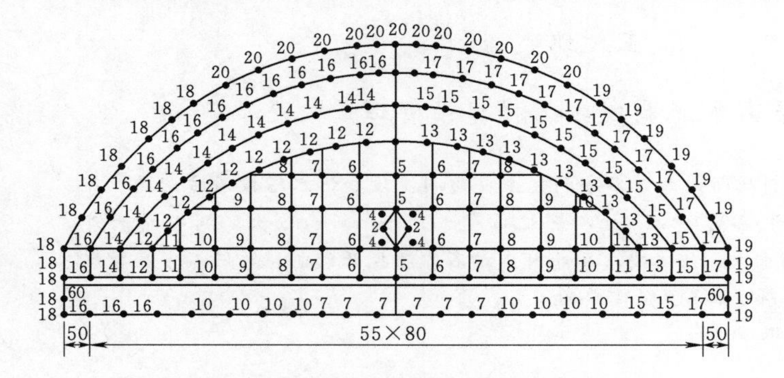

图 1 上半断面炮孔平面布置示意图（单位：cm）

说明：1～20 号为起爆顺序号，周边孔 18～20 号之间间距为 45cm。

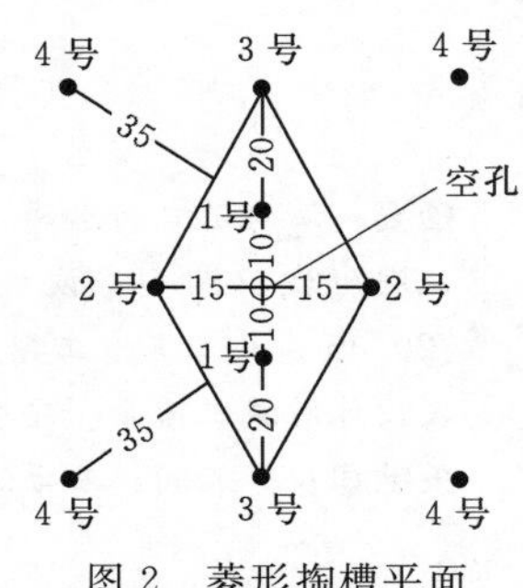

图 2 菱形掏槽平面布置示意图

3.2.1 掏槽孔钻爆参数

钻孔直径 $D=40\text{mm}$，药卷直径 $d=32\text{mm}$，钻孔角度垂直于作业面；钻孔深度 $L=2.5\text{m}$，掏槽孔深度 $L_c=1.1L=1.1\times2.5=2.75\text{m}$；炮眼利用系数 $\eta_c=0.84$；装药量 $\gamma_c=0.8\text{kg/m}$；掏空装药长度 $L_{cc}=\eta_c L_c=0.84\times2.75=2.31\text{m}$，掏槽孔堵塞长度 $L_{cd}=L_c-L_{cc}=2.75-2.31=0.44\text{m}$；掏槽孔单孔装药量 $Q_{cy}=\gamma\eta_c L_c=0.8\times0.84\times2.75=1.85\text{kg/}$孔，掏槽孔数 $N=7$。

3.2.2 辅助孔（底孔）钻爆系数

钻孔深度 $L_f=2.5\text{m}$，炮孔间距 $a=0.65\sim0.75\text{m}$，装药系数 $\eta_f=0.7$，装药量 $\gamma_f=0.8\text{kg/m}$；装药量 $Q_{fd}=h_f\gamma_f L_f=0.7\times0.8\times2.5=1.4\text{kg/}$孔；装药孔长度 $L_{fy}=\eta_f L_f=0.7\times2.5=1.75\text{m}$，堵塞长度 $L_{fd}=L_f-L_{fy}=2.5-1.75=0.75\text{m}$；底孔采用连续装药结构，堵塞长度取 $L_d=0.6\text{m}$，孔距 $a_d=0.6\text{m}$；装药量 $Q_d=(L_f-L_d)\gamma=(2.5-0.6)\times0.8=1.52\text{kg/}$孔。

3.2.3 周边光爆孔钻爆参数

钻爆深度 $L_g=2.5\text{m}$，钻孔孔径 $D=40\text{mm}=0.04\text{m}$；炸药卷直径 $d=25\text{mm}$，钻孔角度沿开挖周边线钻垂直于工作面的炮孔；炮孔间距 $a=11D=11\times0.04=0.45\text{m}$，装药系数 $\eta_g=0.75$；装药量 $\gamma_g=490\text{g/m}$，连续装药长度 $L_{gy}=\eta_g\times L_g=0.75\times2.5=1.88\text{m}$；堵塞长度 $L_{gd}=L_g-L_{gy}=2.5-1.88=0.62\text{m}$；装药量 $Q_{gd}=\eta_g\gamma_g L_g=0.75\times490\times2.5=919\text{g/}$孔$=0.919\text{kg/}$孔；装药形式为连续装药。

3.2.4 起爆网络

采用非电毫秒延期起爆网络系统起爆，各孔按设计雷管起爆顺序号依次起爆，掏槽孔：1 号、2 号起爆时间间隔大于 75ms，以后从 3 号起至 20 号，各段雷管间隔时间 $t\geqslant50\text{ms}$。

3.3 下部断面（直墙段）开挖

3.3.1 下半断面爆破参数

钻孔孔径 $D=90\text{mm}=0.09\text{m}$，开挖台阶高度 $H=11.0\text{m}$，钻孔深度 $L=H=11.0\text{m}$，钻孔倾角 $\theta=75°$；抵抗线 $W=40D=40\times0.09=3.6\text{m}$，排距 $a=0.83w=0.83\times3.6=3.0\text{m}$；孔距 $b=33D=33\times0.09=3.0\text{m}$，采用矩形形式布孔；炸药单耗值 $q=0.40\text{kg/m}^3$，堵塞长度 $L_d=25D=25\times0.09=2.2\text{m}$；孔底柔性垫层长度 $L_R=0.2\text{m}$，装药长度 $L_y=L-L_d-L_R=11.0-2.2-0.2=8.6\text{m}$；装药量 $Qz=qabL=0.4\times3.0\times3\times11=39.6\text{kg}$/孔，每排主爆孔孔数 $N=4$，每次起爆排数 $n=3\sim5$ 排；最边列主爆孔与周边预裂孔（先爆孔）距离 $a_1=2a/3=2\times3.0/3=2.0\text{m}$。

3.3.2 下半断面台阶预裂爆破（光面爆破）参数

预裂孔沿开挖设计周边线钻孔，钻孔倾角为垂直于地面。钻孔孔径 $D_g=90\text{mm}=0.09\text{m}$，钻孔深度 $L_g=H=11.0\text{m}$，药卷直径 $d=32\text{mm}$，线装药密度 $\gamma=600\text{g/m}$；炮孔间距 $a=10D=10\times0.09=0.9\text{m}$，不耦合系数 $\eta=D/d=90/32=2.8$；堵塞长度 $L_d=15D=15\times0.09=1.35\text{m}$，装药长度 $L_{gy}=L_g-L_d=11-1.35=9.65\text{m}$；底孔 1.0m 加强药量 $Q_d=600\text{g}$，孔口 1.0m 减弱药量 300g 用于加强孔底用；$Q=\gamma L_{gy}+Q_d=600\times9.65+600=6390\text{g}$/孔$=6.39\text{kg}$/孔；炮孔排数共左右 2 排，每排炮孔数 $N=11\sim18$ 孔。

3.3.3 下半断面起爆网络

起爆网络采用非电毫秒延期系统起爆，主炮孔采用“V”形起爆形式，减少爆破震动对围岩的影响，周边孔采用预裂爆破控制技术，减少主爆孔对围岩的爆破振动影响作用。装药时主炮孔内装入 2 个同段非电雷管，各孔毫秒延期雷管间隔时间按下半断面布孔分配，每段雷管间隔时间 $t\geqslant50\text{ms}$。起爆时预裂孔首先每排起爆，形成预裂缝后，主爆孔再逐排依次起爆。预裂孔内用导爆索起爆线连接药卷。主网络连接时应注意导爆索的搭接角度大于 70°，特别应注意导爆索的传爆方向为正传爆方向，防止误接引起拒爆。

3.4 钻爆作业及质量控制

3.4.1 钻孔及质量控制

钻孔由现场加工的简易移动式操作平台完成。钻孔工艺是导流洞爆破好坏的一个重要因素，钻工在实际作业过程中，应熟练掌握其技巧，所钻出的炮孔应达到下列精度要求。掏槽孔：眼口间距误差和眼底间距误差不大于 5cm；辅助孔：眼口排距、行距误差不大于 5cm；周边孔：沿导流洞设计断面轮廓线上的间距误差不大于 5cm，周边眼外斜率不大于 5cm/m，眼底处开挖轮廓线最大距离不大于 15cm。钻孔完成后，按炮孔布置图进行检查并做好记录不符合要求的炮眼重新钻孔，经检查合格后，才允许进入下一装药爆破工序。

3.4.2 装药和爆破

炮孔打好后，用高压风管将孔内泥浆、石屑吹净，将钻具及其辅助用品撤到爆破安全区，现场清理干净后，炮工组进入工作面，按爆破设计方案进行装药，已装药的炮眼及时用炮泥堵塞密封，炮眼采取反向连续装药，周边孔采用光爆药卷，同时为了克服岩石的挟制作用，其底部装一加强药卷。炸药装好并堵塞完毕后，由炮工组长检查并确定无误后，安全员下令点火起爆。

3.4.3 出渣

工作面爆破完毕后，打开鼓风机通风排烟，待烟散尽后，安全员进入工作面检查爆破效果，处理危石后，即开始出渣。洞内出渣采用 ZL50 装载机装渣，20t 自卸汽车倒进洞内装车并运至指定渣场堆放。

3.4.4 爆破防尘

爆破防尘采用喷雾降尘，在爆破后，使用压力喷雾机进行降尘，根据实践经验，降尘的效果较好。

3.5 爆后排险及临时支护

爆破完毕、通风排烟后，先由爆破工进洞检查，处理瞎炮，随后进行安全检查，洞顶有无松动破碎岩块，并进行撬除处理。

洞口及围岩破碎、断裂地带均应做钢支撑作临时支护。作临时支护时，应在开工以前备足钢支撑构件，以便于抢护使用。支护时应作扩大断面支护，以保证开挖标准断面的尺寸和日后衬砌混凝土的厚度满足设计要求。

沁河河口村水库导流洞预应力锚杆喷锚支护

章 博 杨 艳

（河南省水利第二工程局）

摘要： 喷锚支护是隧洞工程常用的支护方法，喷锚支护又分为普通喷锚支护和预应力喷锚支护。预应力锚杆喷锚支护施工技术要求高，工艺复杂，施工周期长，特别是在洞内施工，空间狭窄，施工干扰大。优化设计参数，采用合理的施工方法，可保证工程工期及工程的经济性。

关键词： 河口村水库；预应力锚杆；喷射混凝土

1 工程概况

河口村水库位于黄河一级支流沁河最后一段峡谷出口处，下距五龙口水文站约9.0km，属河南省济源市克井镇，是控制沁河洪水、径流的关键工程，也是黄河下游防洪工程体系的重要组成部分。河口村坝址控制流域面积9223km^2，占沁河流域面积的68.2%，占黄河三花间流域面积的22.2%。

河口村水库工程是一座以防洪、减淤为主，兼顾改善生态、供水、灌溉、发电等综合利用的大（2）型工程，导流洞工程布置在水库的左岸，洞身长720.0m，纵坡1%。该导流洞后期下闸封堵后进行龙抬头改建为泄洪洞。导流洞衬砌后断面尺寸为9.0m×13.5m（宽×高），采用钢筋混凝土衬砌。

导流洞穿越的地层从进口到出口依次为：太古界登封群（Ard）、中元古界汝阳群（Pt_2r）、寒武系馒头组（$\in_1 m$）。

2 锚杆施工

2.1 锚杆孔的钻孔

（1）由测量人员按设计图纸中间距和排距的要求定出位置，锚杆钻孔的位置、方向、孔径及孔深，要符合施工图纸要求。钻孔的开孔偏差不得大于10cm，端头锚固孔的孔斜误差不得大于孔深的2%。

（2）在造孔前进行生产性试验，选择合理的钻机参数，钻进过程中对钻具随时进行检验和校正，并在孔内采取导向措施。采用MGJ-50D型钻机进行造孔，在钻进过程中，如发现异常及时停钻，如属地质构造问题，及时进行固结灌浆，固结灌浆待凝后，扫空，继续钻进。

（3）对于破碎带或渗水量较大的围岩，在安装锚束前，应按《水工预应力锚固施工规范》（SL 46—1994）第33节的规定对锚孔进行灌浆处理。钻进过程中，记录每一钻孔的尺寸、回水颜色、钻进速度和岩芯记录等数据。

（4）钻孔完毕时，应连续不断地用水和空气彻底冲洗钻孔，钻孔冲洗干净后方可安装锚杆。在安装锚杆之前，将钻孔孔口采用堵塞保护。

2.2 锚固段的灌浆插锚杆

（1）钻孔工作结束后，用压力风水冲洗，将孔道内的钻孔岩屑和泥沙冲洗干净，直到回水变清。锚固段灌浆工作开始前，通过灌浆管送入压缩空气，将钻孔孔道的积水排干。

（2）锚固段采用水泥砂浆和纯水泥浆进行灌注，浆液的配比应经试验确定。若采用纯水泥浆灌注锚固段，其水灰比取0.4～0.45，浆液中掺入一定数量的膨胀剂和早强剂，其28d的结合强度应不低于1MPa。

（3）锚固段灌浆长度应符合施工图纸要求，阻塞器位置应准确，在有压注浆时，不得产生滑移和串浆现象。灌浆可自下而上一次施灌，进浆必须连续。采用先灌浆后插锚杆的施工方法，注入锚固段的浆液量应进行精确计算，确保锚杆放入后，浆液能充满锚固段。浆液注入锚固段后应尽快下插锚杆，保证锚杆安放到施工图纸规定的位置。锚固段注浆和插杆完成后，待浆液初凝后，再装锚杆垫板、垫圈和螺帽。

2.3 张拉

（1）对锚束张拉的设备和仪器进行标定，标定不合格的张拉设备和仪器不得使用，标定间隔期不超过6个月，超过标定间隔期的设备和仪器或遭强烈碰撞的仪表，必须重新标定后才可使用。

（2）张拉机具主要为千斤顶和油泵，拟选用YCL-120穿心千斤顶，ZB4-500S电动油泵及配套压力表、传感器等，均按照2倍需要配备设备。

（3）张拉力逐级增大，其最大值为锚杆设计荷载的1.05～1.1倍，稳压10～20min后锁定，锁定后的48h内，若锚杆应力下降到设计值以下时则进行补偿张拉，并根据监理的指示进行张拉试验。

2.4 封孔和锚头保护

（1）封孔回填灌浆在补偿张拉工作结束后28d进行，封孔回填灌浆前由监理人员检查确认锚杆应力已达到稳定的设计值。

（2）封孔回填灌浆材料和施工方法与锚固段灌浆相同。封孔回填灌浆采用锚杆中的灌浆管从锚具系统中的灌浆孔施灌，灌浆管伸至锚固端顶面，灌浆必须自下而上连续进行，压力不小于0.8MPa。

（3）为保证所有空隙都被浆液回填密实，在浆液初凝前进行不少于2次补灌。当回浆管出浓浆，孔内吸浆量大于理论吸浆量，回浆密度大于或等于进浆密度，且进浆量与回浆量一致后进行屏浆，达到设计要求的屏浆时间和屏浆压力后结束灌浆。

3 喷射混凝土

3.1 混凝土配合比

施工配合比由实验室提供。一般情况下，水泥与骨料之比为1∶4.0～1∶5.0，水泥用量450～500kg/m³，砂率为45%～55%，水灰比0.4～0.5，速凝剂的掺量2%～6%。拌制混合料时，称量（按重量计）的允许偏差应符合下列规定：水泥和速凝剂为±2%；砂、石均为±3%。

3.2 工艺流程

工艺流程分供料、供水、供风3个系统。

（1）供料。石子和砂按配合比重量过秤，然后进入搅拌机中和水泥混合，拌匀后将混合料倒入运料翻斗车运到作业面，在贮料槽中加入速凝剂并人工拌至均匀后经皮带机送入喷射机中。

（2）供水。采用施工供水系统，如果水压不够，可加设增压装置，管路送到喷头。

（3）供风。由空压机送风进入风包经汽水分离器后用风管送入喷射机。

3.3 喷射作业

（1）风压。利用压缩空气吹送干混合料，要求风压稳定，压力大小适中。空载压力=0.1×输料管长度；工作风压=10+0.13×输料管长度。

（2）水压。一般应高于风压10N/m² 以上。水灰比为0.4～0.5。喷射方向与受喷面的夹角：喷嘴一般应垂直于岩面，并稍微向刚喷射的部位倾斜。喷嘴与受喷面的距离：一般为0.5～1.0m。一次喷射的厚度：夹角为0°时，厚度7～8cm；夹角为90°时，厚度3～4cm。掺速凝剂使一次喷射厚度可增加1倍左右。分层喷射的间歇时间：使用普通硅酸盐水泥，掺速凝剂，间歇时间一般为15～30min。

（3）喷射顺序。可由下而上，以防止混凝土因自重下坠而产生裂缝或脱落。

（4）喷射厚度的控制。采用标桩法，利用锚杆或用速凝砂浆将铁钉固定在岩面上，铁钉长度比设计厚度长1cm，固定1～2个/m²。

3.4 钢筋网喷射混凝土

在进行喷射混凝土前布设钢筋网，钢筋网的间距应为150mm×150mm，钢筋采用直径为6mm、屈服强度240MPa的光面钢筋（Ⅰ级钢筋），水工隧洞内钢筋保护层厚度不应小于50mm。钢筋网喷射混凝土支护厚度不应小于100mm，亦不应大于250mm。使用工厂生产的定型钢丝网时，其钢丝间距应不小于100mm，并应经过喷射混凝土试验选择骨料的粒径和级配。

3.5 常见问题的处理

（1）岩面渗水快或滴水。采用凿孔置导管的办法，化分散为集中，由排水管集中将水导出。对于渗水慢或微弱滴水的岩面，可直接喷混凝土。

（2）喷射料回弹。喷射混凝土的回弹率，一般拱部20%～25%，两边10%～15%。回弹料作骨料会降低喷混凝土的强度，不得重复利用。

3.6 养护

喷射混凝土养护：一般情况下，喷射混凝土终凝后2h，应开始喷水养护；养护时间，一般工程不得少于7昼夜，重要工程不得少于14昼夜；气温低于+5℃时，不得喷水养护；每昼夜喷水养护的次数，以经常保持喷射混凝土表面具有足够的潮湿状态为度。

3.7 喷射混凝土质量检查

每批材料到达工地后，应进行质量检查与验收。混合料的配合比及称量偏差，每班至少检查 1 次，条件变化时，应及时检查。混合料搅拌的均匀性，每班至少检查 2 次。喷射混凝土必须做抗压强度试验。当设计有其他要求时，还应增做相应性能的试验。检查喷射混凝土抗压强度所需试块应在工程施工中制取。试块数量：每喷射 50～100m^3 混合料或小于 50m^3 混合料的独立工程不得少于 1 组，每组试块不应少于 3 个。当材料或配合比变更时，应另作一组。喷射混凝土抗压强度系指在一定规格的喷射混凝土板件上，切割制取边长为 100mm 的立方体试块，在标准养护条件下养护 28d，用标准试验方法测得的极限抗压强度乘以 0.95 的系数。

长砂浆悬挂锚杆在大跨度隧洞支护中的应用

陈 尊

（河南省水利第二工程局）

摘要： 在隧洞大跨度开挖支护施工中，进出口洞脸大跨度的支护稳定直接关系到整个工程的安全、工期及投资控制。常规性的洞脸开挖一般采用洞脸锁口锚杆配合进洞时钢桁架加强支护，但是该施工工法在大跨度隧洞开挖中显得势单力薄。尤其是在破碎岩层段，采用中导洞扩挖及半导洞开挖，洞脸刚性支撑不能一次支护完成时，如何保持围岩稳定是洞脸开挖成败的关键。

关键词： 大跨度；长锚杆；围岩保护

1 施工背景资料

某水库1号泄洪洞工程进口段“1泄0+11.11～1泄0+24.96”施工图中显示为矩形开挖支护断面，开挖跨度为27.02m，开挖高度24.5m。且地质报告标明此处为Ⅳ类围岩，围岩稳定性较差。虽然设计图纸中注明了该段采用钢拱架支撑，但此开挖断面属Ⅳ类围岩且跨度极大，在中导洞扩挖及分层开挖施工中就有可能出现大面积塌方，且为矩形断面拱顶承受压力较大。经施工方、有关专家再三考虑论证，为确保安全施工，在洞顶上方230.00m马道上用简易潜孔钻机钻孔至1号泄洪洞洞内大断面部位，并布置2排×21根加强长锚杆灌浆锚固且与洞内钢桁架相连。形成“上拉下撑”的围岩保护结构。

在支护方案确定后，根据施工经验及现场布置情况，首先拟选定HRB335级B40钢筋为受拉锚筋；锚杆间距1.5m，排距1.0m，梅花形布置，锚杆伸出洞顶部50cm，施工中及时与设计洞顶第二、第四榀钢桁架连接；锚固材料采用富态砂浆或水泥浆。

施工机械选型：根据一般锚杆钻机的工作性能及施工参数，考虑该处地质条件复杂、钻孔直径及深度较大（实际最终断面扩挖后锚杆有效锚固长度为21.5～23.0m，施工中将考虑孔斜等富余钻孔深度，钻孔一般在25.0～27.0m之间）。因此拟选用潜孔钻机作为锚杆施工钻孔机械。其他灌浆用搅拌机、灌浆泵等常用机械等按需要选配。在技术经济条件允许情况下，还可采用300型地质钻机钻取部分孔位岩芯，查明底层裂隙分部，必要时进行裂隙固结灌浆。

2 施工工法

2.1 作业平台搭设

锚杆施工要在洞顶230.00m马道上进行，因原设计边坡开挖平台只有2.0m宽，而施工用的钻机工作平台最少需要3.0m×4.0m（宽×高）空间。为确保安全施工需要搭设作业平台才能布置钻机钻孔。为此，拟在1号泄洪洞洞口出露位置搭设满堂脚手架至230.00m马道。脚手架采用A50mm钢管，底部设4排立杆，每隔1.0m设置1条横杆，并按要求设置斜撑和剪刀撑。脚手架搭设过程中及时将脚手架用锚筋锚固焊接至边坡岩体上，以确保脚手架的稳定性，并与进口两岸的岩体相接，形成稳固的作业平台。

2.2 施工风水电等管线布置

施工用风、水、电等主要借助原边坡支护风、水、电线路，分别架设管路至230.00m平台作业点。

2.3 测量放线布孔

首先进行施工控制网的复核，洞内外坐标的相互验算；然后根据洞内钢桁架的位置，计算出230.00m马道上每一根锚筋孔的孔位及孔斜，并记录孔深，做好标记。

2.4 钻机就位钻孔

钻机按设计布设孔位钻孔。由技术员在岩面用红色的油漆标出锚杆的位置，利用钻机的支架调整好钻孔角度；为了保证孔位正确性，钻孔初期有人工配合钻孔，先用短钻杆钻孔，再换长钻杆钻孔直到设计孔深。钻孔直径至少应大于锚杆直径5cm（并应考虑灌浆管的直径）。

2.5 清孔安装锚杆

清孔主要用高压风对锚杆孔内杂物清理干净，然后用长金属探棒检查孔位及成孔效果，确保锚杆的准确就位。

按照记录好的孔深加工锚杆长度，并做好编号（锚杆接长应采用直螺纹对接）。锚杆放入时要沿着孔位缓慢放下，必要时要辅助定位支架和绳索帮助定位安装，以减少对周围孔壁的碰撞。

2.6 注浆

注浆管在使用前应检查有无破裂和堵塞，接口处要牢固，防止注浆压力加大时开裂跑浆；注浆管应随锚杆同时插入，在灌浆过程中看见孔口出浆时再封闭孔口。注浆前要用水引路、润湿输浆管道；灌浆后要及时清洗输浆管道、灌浆设备；注浆完成，卸下注浆管和锚杆接头，转入下一孔注浆。注浆过程中要记录注浆工程量，然后与事先计算的注浆工程量做比对，出现反常情况要及时查明原因和处理。

2.7 锚杆施工工艺

锚杆施工工艺见图1。

2.8 锚杆施工控制要点

（1）打孔前做好量测工作，严格按设计要求布孔并做好标记，打孔偏差±50mm；锚杆孔的孔轴方向满足设计要求，操作工把钻孔机钻杆的位置摆好并将其稳固地固定在岩面上。

（2）锚杆孔深、间距和锚杆长度均要符合设计及规范要求。孔深要留够一定的富余深度。

（3）用高压风冲扫锚杆孔，确保孔内不留松动石渣、石粉等异物以免影响锚固质量。

（4）锚杆安设后不得随意敲击，其端部3d内不得悬挂重物。

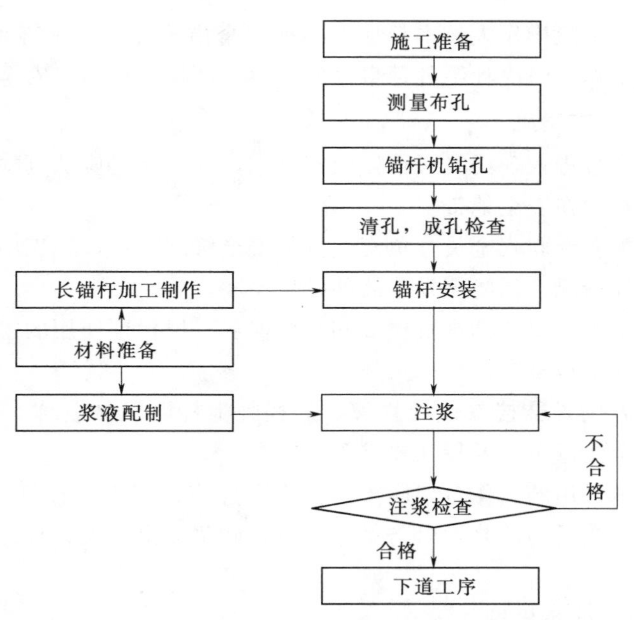

图1　锚杆施工工艺图

3　施工保障措施

3.1　质量保证措施

项目成立以项目经理和总工为核心的质量领导小组，建立严格的质量责任制，同经济挂钩，加强对工程质量的全面管理。建立质量检查机构，制定严格的工程质量内部监理制度，严格执行自检、复检与专职质检员检查相结合的质量“三检”制度和工前试验、工中检查、工后检测的试验工作制度。质量检查负责人行使质量一票否决权，项目经理、总工程师对质量工作全权负责。

3.2　施工控制中的技术保证

（1）施工前，施工技术负责人组织技术人员和施工管理人员学习作业程序，明确施工技术重点、难点，认真进行技术交底、交方法、交工艺、交标准。

（2）严格测量放线工作，断面测量要求准确、及时，做到正确指导施工。

（3）锚杆规格、尺寸及锚固材料应符合设计要求，布置合理。

3.3　安全保证措施

项目设立安全检查小组，针对工序特点，进行安全交底，严格执行各项规章制度，项目部与每个作业人员签订危险告知书和安全责任书。

（1）安全教育和培训。对新进场的工人进行安全生产的教育和培训，考核合格后，方准许其进入操作岗位。对主要作业工人，进行专门的安全操作培训。在采用新工艺、新方法、新设备或调换工作岗位时，对工人进行新操作方法和新工作岗位的安全教育。

（2）落实安全责任制，制定安全管理的各项规章制度。建立健全各项安全生产的规章和管理制度，体现“全员管理、安全第一”的基本思想，明确安全生产责任，做到职责分明，各负其责。施工中除操作人员本身加强各种安全措施外，经理部也将加大检查力度，搞好各方面的协调工作，坚决杜绝各种事故的发生。严格执行施工安全操作规程。

3.4 现场各项安全技术措施

(1) 施工操作人员进入现场时必须佩戴安全帽，施工前，应认真检查和处理作业段的危石，施工机具应布置在安全地带。

(2) 现场施工配置专职安全员，负责现场的安全管理工作，施工中应不间断地观察围岩变化及地质的变异情况，预防突发事故的发生。

(3) 对各种施工机具要定期进行检查和维修保养，以保证使用的安全，所有施工机械由专人负责，其他人不得擅自操作。

(4) 在设备显著位置悬挂操作规程牌，规程牌上标明机械名称、型号种类、操作方法、保养要求、安全注意事项及特殊要求等。

(5) 锚杆钻孔施工用的工作台架应牢固可靠，并应设置安全栏杆；向锚杆孔注浆时，注浆罐内应保持一定数量的砂浆，以防罐体放空，砂浆喷出伤人；处理管路堵塞前，应消除罐内压力。

3.5 环境和文明施工保证措施

(1) 建立健全管理组织机构。工地成立以项目经理为组长，各科室和作业班组为成员的文明施工和环保管理组织机构。

(2) 加强教育宣传工作，提高全体职工的文明施工和环保意识。

(3) 制定各项规章制度，并加强检查和监督。

(4) 加强文明施工管理，合理布置施工场地，合理放置各种施工设施。

(5) 在施工区和生活区设置污水处理系统，不将有害物质和未经处理的施工废水直接排放。并备有临时的污水汇集沉淀设施，过滤施工、生活排水。

(6) 注浆作业人员应佩戴防尘口罩等用具；施工操作人员的皮肤应避免与速凝剂等直接接触。

(7) 对空压机、柴油机等安装防漏油设施，对机壳进行覆盖围护，地面做防渗漏处理，避免漏油污染。

4 投资预估和效果评价

4.1 投资预估

根据上述，某水库1号泄洪洞进口段支护方案，采用B40，$L=22.0$m锚杆；从1号泄洪洞上方230.00m马道钻孔，然后安装加强长锚杆、预埋灌浆管等进行锚固施工。施工工法与定额长砂浆锚杆施工工况相似；因此根据相关定额和规范编制施工单价约1650元/根。施工中考虑脚手架搭拆、人员劳务经费开支等，整个施工加强支护措施合计需要8万元左右，其他裂隙固结灌浆施工辅助措施另计。

当然，采用洞顶悬挂长锚杆施工措施并不是隧洞大断面开挖软弱岩层加固的唯一有效办法，也可在大断面开挖施工中对周围软弱围岩进行管棚法施工、超前小导管施工等。但是在洞内施工中应考虑向洞顶软弱岩层面垂直钻孔施工难度系数较大、平均施工工期较长等不利因素，况且施工中钢桁架接长加固施工中不能充分发挥钢桁架的临时支护作用。相比之下洞脸顶部采用悬挂锚杆灌浆锚固并与洞内钢桁架相连的施工措施是相对比较经济和合理的。

4.2 效果评价

在隧洞洞脸大断面开挖支护施工中，因为围岩地质条件差，需要分层开挖和导洞扩挖等施工措施；而采用钢桁架支撑又无法一次性安装到位。因此采用长砂浆悬挂锚杆与洞内钢桁架相连对保证洞内围岩的稳定起到积极的保障作用。该工法在施工技术上是可行的，效应方面对工期、投资等见效快。但隧洞开挖支护施工加强支护工法形式多样，如何选择投资少、效率快、安全保障系数高的施工措施还要根据具体施工现场条件而定，不可随意对比借鉴。

控制爆破在水工混凝土拆除中的应用

翟春明

（河南省水利第二工程局）

摘要： 水利水电工程建设过程中，经常会遇到建筑物拆除，有时还会遇到需保留一部分的情况，且拆除过程中不允许对周边需保留的建筑物构成破坏，此时就用到了控制爆破。控制爆破的组织及爆破效果直接关系到施工进度、工程质量和安全。通过对某水库导流洞改建为泄洪洞龙抬头段过程中对导流洞衬砌混凝土拆除这一工程实例，揭示了控制爆破在施工工程中的重要性，同时也为今后类似工程的施工提供借鉴。

关键词： 泄洪洞；龙抬头；水工混凝土；控制爆破

1 概述

某水库建设初期，由导流洞承担导流任务，期间进行大坝、1号泄洪洞和2个进水塔的施工，当1号泄洪洞具备过水条件时，导流洞进口下闸蓄水，1号泄洪洞接力导流任务，此时进行导流洞岩塞段和回填封堵段的施工，并把导流洞改建成2号泄洪洞，与1号泄洪洞一起承担水库建成后的泄洪任务。

2号泄洪洞从导流洞上方以抛物线＋直线＋圆弧的方式下穿导流洞，与导流洞后半部一起形成泄洪通道，改建后的2号泄洪洞前端呈龙抬头状。改建过程中，导流洞在两洞贯通相交段80.0m长的边顶拱衬砌钢筋混凝土需要拆除，拆除桩号0＋070～0＋150，拆除工程量5027m^3，导流洞衬砌混凝土拆除后，重新浇筑衬砌混凝土，把9.0m×13.5m（宽×高）的城门洞形导流洞改建为7.5m×13.5m（宽×高）的城门洞形2号泄洪洞。

2 导流洞混凝土拆除总体思路

由于导流洞下闸封堵后的施工任务非常繁重，工期压力很大，因此需在导流洞下闸封堵前，完成边墙混凝土爆破拆除试验和钻孔作业，下闸封堵后，立即集中进行导流洞混凝土的爆破拆除工作，以压缩工期和降低施工成本。

（1）在岩石洞挖工作中，先将0＋070～0＋073段的混凝土拱顶开出一个3.0m×3.0m的溜口作为开挖岩石爆渣的出口，把上面开挖的爆渣从溜口溜到导流洞底板上，然后从导流洞运出。

（2）待洞挖岩石部分全部开挖完毕，龙抬头段导流洞混凝土拱顶全部外漏，此时即可进行混凝土拱顶拆除，采用钻孔爆破法拆除混凝土拱顶，由下游往上游（即由0＋150往

0＋070）通过中心向两边拱脚分块逐块拆除。

（3）在拆除拱顶混凝土前，在两边墙先行钻孔，然后待拱顶混凝土全部或大部拆完时，分层分块进行两边墙混凝土的爆破拆除施工。

（4）采用风钻钻孔控制爆破技术进行混凝土拆除，爆破后配合人工清渣，切割钢筋。落入导流洞的爆渣由机械运出洞外。

3 边墙拆除爆破试验及前期准备

边墙拆除爆破试验安排在汛前进行，试验位置选在拆除段边墙，孔径42mm，连续装药，药卷直径20mm，梯段起爆，并测定周边混凝土质点震动速度，以确定梯段起爆孔数，试验由孔距0.30m、0.35m、0.40m和孔深1.4m、1.25m、1.10m的相互组合组成，共9组。通过爆破试验，确定孔深、孔距和单段最大起爆装药量，为后续的拆除工作提供试验依据。

为缩短整个2号泄洪洞龙抬头段的施工时间，爆破试验成功后，即安排人员在两边墙上按布孔参数进行钻孔，预置留用。顶拱拆除造孔在龙抬头石方开挖完毕和前5仓衬砌完毕后进行，前段0＋070～0＋122因龙抬头拱顶石方开挖高度在2.5m以上，能够从顶部架设钻机从导流洞顶拱自上而下钻孔，后段0＋122～0＋150上部石方开挖高度从2.5m逐渐变为0，不能从顶拱自上而下钻孔，因此，该段顶拱采用边墙的拆除方法，从下向上造孔。顶拱造孔完成后，堵塞钻孔，与边墙一样留置备用。

导流洞封堵完成后集中时间进行装药爆破拆除作业，避免交叉施工带来的危险。拆除顺序自上而下，先拆顶拱再边墙后底板。

4 顶拱混凝土控制爆破拆除

4.1 顶拱混凝土拆除方法

导流洞混凝土顶拱的拱脚与两边墙紧密固定连接为固定支座，跨度13.0m，外弧16.0m，拱顶混凝土厚度2.0m，强度等级C25，内置3层弧形钢筋网，环向主筋直径40mm、间距0.2m，纵向分布筋直径28mm、间距0.2m，保护层厚度165mm，具有跨度大、保护层厚、钢筋粗密等特点，顶拱采用控制爆破进行拆除。拆除先从下游0＋150逐步向上游进行，从顶拱断面中部向两拱脚处分块进行拆除。在0＋150桩号处靠近被保留混凝土拱顶，先分块爆破拆除一道宽1.0～2.0m的隔离区，与保留的混凝土拱顶断开，为以后大量拆除工作提供临空面，并且保护顶拱保留区不受破坏，隔离区槽拆除完毕后，依次往上游进行爆破拆除，先拆除中间部位（6.0m×5.0m），然后再拆除两边拱脚部位。拆除时采用微差控制爆破法，每次爆破后，因钢筋粗大密布，钢筋不可能被炸断，仍以钢筋笼的形式存在，大部分爆渣不能冲出钢筋笼，形成一个钢筋渣笼挂于边墙顶部，对边墙的稳定构成威胁，因此，每次顶拱爆破拆除前，需用人工沿爆破开挖线在混凝土上凿出钢筋，并用乙炔割断，其拆除顺序见图1。

4.2 顶拱混凝土拆除钻爆参数

根据上述混凝土顶拱的钢筋直径、间距、混凝土的强度等级及拆除方案，经综合考虑，确定顶拱控制拆除爆破参数如下。

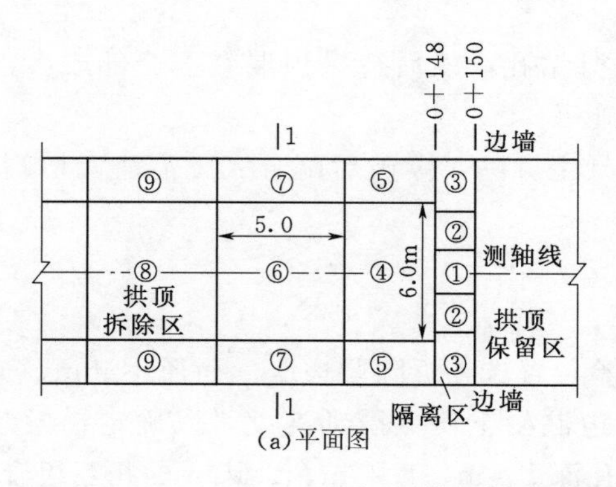

(a)平面图

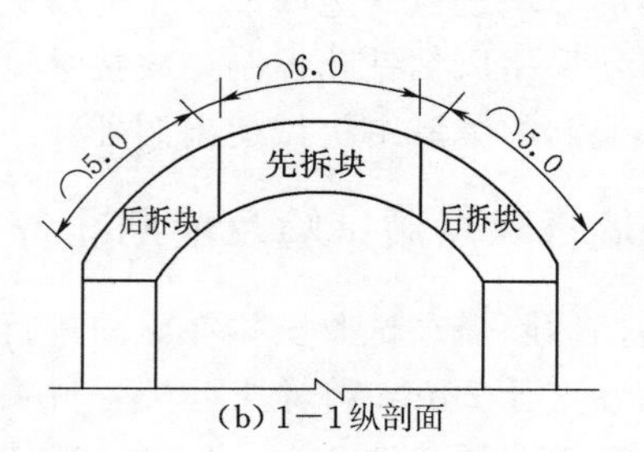

(b) 1—1纵剖面

图 1　拱顶拆除顺序示意图（单位：m）

钻孔直径 $D=40$mm；药卷直径 $d=32$mm；

药品种类：2 号乳胶炸药；拱顶混凝土厚度 $B=2.0$m；

药卷长度 $L_1=0.2$m；每节药卷重量 $Q_w=150$g/节；

钻孔角度 90°（垂直孔）；钻孔孔距 $a=10D=0.4$m；

钻孔排距 $b=10D=0.4$m；最小抵抗线 $W=a=b=0.4$m；钻孔深度 $L=0.85B=1.7$m；堵塞长度 $L_d=9d=9\times32\approx0.3$m；单孔装药长度 $L_y=L-L_d=1.4$m；单孔装药量 $Q_d=\dfrac{L_yQ_w}{L_1}=1050\text{g}=1.05\text{kg}$；单位耗药量 $q=\dfrac{Q_d}{abB}=3.28\text{kg/m}^3$；炮孔排数 $N_1=6$ 排，每排孔数 $N_2=15$ 孔，梅花形布孔；每炮总装药量 $Q=N_1N_2Q_d=6\times15\times1.05=94.5$kg；限制最大一段起爆药量：每 2 孔用一段，相同段别雷管同时起爆；最大一段起爆药量 $Q_D=2Q_d=2.1$kg，炮孔布置见图 2。

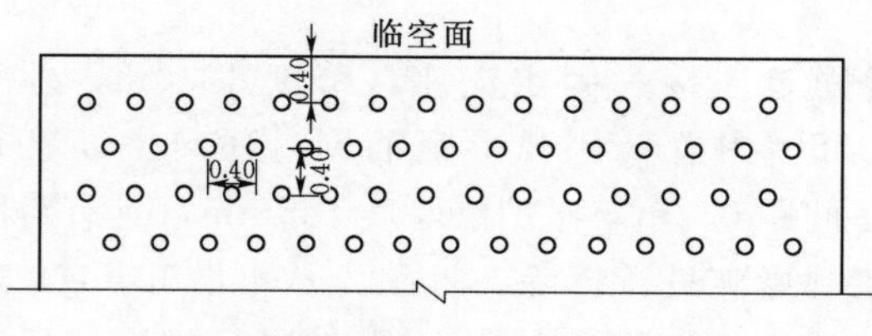

图 2　炮孔布置示意图（单位：m）

4.3　爆破网络设计

采用非电毫秒延时起爆雷管组成孔外接力起爆系统，每个孔内装入 16 段雷管（延时 1020ms），达到孔内充分延时，孔外每 2 个孔并联 1 个 3 段雷管（延时 750ms），同时进行孔外串联连接，实行孔间毫秒微差起爆，起爆顺序为：第一排从一端向另一端，每 2 孔依次间隔延时起爆，前排起爆后，依此顺序转接下一排，间隔延时起爆时差不小于 50ms，其起爆顺序见图 3。

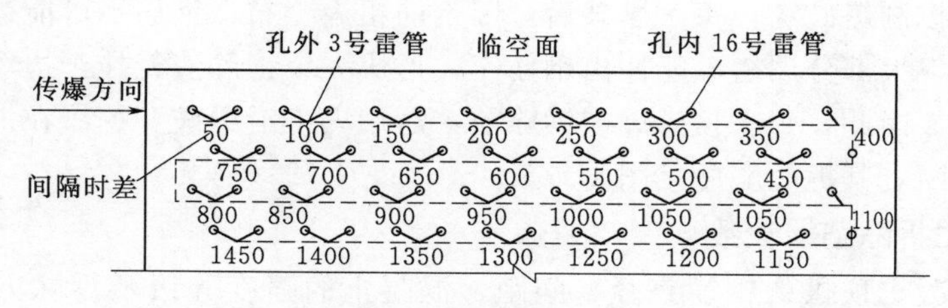

图 3　毫秒微差孔外接力起爆示意图（单位：ms）

4.4 爆破安全装药量验算

根据国家爆破安全规定，水工隧洞爆破允许安全震动速度为 $V_{安}=10\text{cm/s}$，以此来验算最大一段允许安全装药量，$Q_{安}$不小于实际最大一段药量 Q_D。

$$Q_{安}=R_{安}^{\frac{1}{m}}\left(\frac{V_{安}}{K}\right)^{\frac{1}{\alpha m}}=10^{\frac{1}{1/3}}\times\left(\frac{10}{200}\right)^{\frac{1}{1.5\times\frac{1}{3}}}=2.5\text{kg/m}^3$$

式中：$R_{安}$为爆破安全震动距离，m，取 10.0m；$Q_{安}$为一次爆破允许的安全装药量，即单段药量，kg；$V_{安}$为安全允许的震动速度，cm/s，水工隧洞取 10cm/s；m 为装药指数，取 1/3；K 为与爆破场地条件有关的系数，一般为 150～250，取 200；α 为与地质条件有关的系数，一般为 1.5～1.8，取 1.5。

起爆时每 2 孔为一个段别，最大一段装药量 $Q_D=2.1\text{kg}$，小于一次爆破允许的安全装药量，符合安全要求，即 $Q_D\leqslant Q_{安}$。

洞顶混凝土拆除后，导流洞顶部与 2 号泄洪洞底部形成通道，为避免上部物件滑落伤及下部作业人员，2 号泄洪洞龙抬头抛物线段混凝土衬砌施工中的杂物在顶拱拆除前要清除干净，同时封闭龙抬头段进口，防止人员进入形成误坠。

5 边墙混凝土钻爆拆除

5.1 拆除方法

龙抬头段改建 0+070～0+150 段左右两侧墙混凝土厚 2.0m，最大高度 11.0m，混凝土强度等级 C25，钢筋布置与顶拱一样均为 3 层钢筋网，保护层厚度 165mm。

根据设计要求，龙抬头段改建时需把边墙拆除成台阶状，最大拆除高度 11.0m，最小 1.0m，并且只拆除 2.0m 厚边墙中的 1.25m，其余 0.75m 厚混凝土予以保留。为保证保留边墙混凝土的完整性，不能采用大方量的爆破方法，只能采用小面积、小方量、小装药量的控制爆破方法，同时配合人工清渣。爆破方法为：先在边墙上钻垂直孔，靠近保留混凝土的一排孔位为预裂孔，孔深达到开挖边线后自上而下分片分层爆破、清渣和割除钢筋。在接近保留混凝土时减少炸药用量，并预留一定厚度的混凝土作为人工清理层，爆破后人工用风镐清理爆破留下的残埂浮块，直至达到完好混凝土。拆除时，每次拆除宽度 4.0～6.0m，高度 5.0m 左右。

5.2 钻爆参数

和顶拱一样，爆破很难炸断边墙内的钢筋网，只能使混凝土脱离钢筋，然后人工割除钢筋和清除爆渣。钻爆参数如下。

边墙混凝土厚度 $B=2.0\text{m}$；拆除厚度 $B_c=1.25\text{m}$；

拆除高度 $H=1.0\sim11.0\text{m}$；药卷直径 $d=32\text{mm}$；

钢筋保护层厚度 $B_b=0.165\text{m}$；每节药卷长度 $L_1=0.2\text{m}$；每节药卷重量 $Q_w=150\text{g}$；钻孔直径 $D=40\text{mm}$；钻孔角度 $\alpha=90°$（垂直于边墙面）；最小抵抗线 $W=10D=0.4\text{m}$；钻孔间排距 $a=b=10D=0.4\text{m}$；钻孔深度 $L=B_c=1.25\text{m}$；堵塞长度 $L_d=10d\approx0.3\text{m}$；单孔装药长度 $L_y=L-L_d=0.95\text{m}$；单孔装药量 $Q_d=\dfrac{L_yQ_w}{L_1}=0.71\text{kg}$；单位耗药量 $q=$

$\frac{Q_d}{abL}=3.55\text{kg/m}^3$；梅花形布置，每炮炮孔排数 $N_1=10$，每排炮孔数 $N_2=15$；每炮总装药量 $Q=N_1N_2Q_d=106.5\text{kg}$；每3孔为一起爆段，单段装药量 $Q_3=3Q_d=2.13\text{kg}$。

5.3 起爆网络

与顶拱相似，不再赘述。

6 控制爆破效果

(1) 导流洞混凝土拆除过程中，在周边需保留的混凝土表面上安装爆破测试仪传感器来测定质点的震动速度，由于采用了毫秒微差外接力起爆方式，并控制单段起爆药量，实测的质点震动速度在3～7cm/s之间，符合《水利水电工程施工通用安全技术规程》(SL 398—2007) 中允许的震速。

(2) 爆破后通过对周边需保留混凝土表面的细致观察，没有发现裂缝发生。

(3) 顶拱混凝土拆除时，没有形成爆兜，消除了安全隐患。

(4) 事前钻孔备用，拆除过程中连续装药爆破，压缩了施工时间，对整个工程建设工期有利。

7 结论

水利水电工程建设过程中，经常会遇到建筑物拆除，有时还会遇到需保留一部分的情况，且拆除过程中不允许对周边需保留的建筑物构成破坏，此时就用到了控制爆破。控制爆破的组织及爆破效果直接关系到施工进度、工程质量和安全。通过对某水库导流洞改建为泄洪洞龙抬头段过程中对导流洞衬砌混凝土拆除这一工程实例，揭示控制爆破在施工工程中的重要性，同时也为今后类似工程的施工提供借鉴。

特大断面洞室石方开挖

翟春明

（河南省水利第二工程局）

摘要： 地下工程施工必须把安全放在第一位，对于洞室石方开挖，洞脸的有效形成是安全进洞的第一步。特大断面洞室石方开挖，可采用分层分区台阶形开挖方式，为加快工程进度和降低施工成本，可在导洞形成后采用潜孔钻钻孔梯段起爆的方式进行开挖。

关键词： 长锚杆；护拱；钢桁架；分层分区；台阶法；开挖；洞脸

1　概述

地下工程施工必须把安全放在第一位，对于洞室石方开挖，洞脸的有效形成是安全进洞的第一步。特大断面洞室石方开挖，可采用分层分区台阶形开挖方式，为加快工程进度和降低施工成本，可在导洞形成后采用潜孔钻钻孔梯段起爆的方式进行开挖。

河口村水库1号泄洪洞长600.0m，为城门洞型，标准洞段开挖尺寸 $bh=11.0\text{m}\times15.5\text{m}$，断面积 160m^2，根据规范规定属于特大断面（不小于 120m^2），其进口由于进水塔部分塔体深入洞内，形成了 $bh=27.02\text{m}\times24.51\text{m}$ 的城门型洞脸，面积 632m^2，被誉为“中原第一洞”。该洞进口部位原设计为 $bh=27.02\text{m}\times22.39\text{m}$ 的方形洞口，由于大跨度平顶洞口的稳定性较差且洞口位于Ⅳ类围岩区，施工中有出现坍塌的可能，进而危及作业人员安全，经反复与设计单位交流沟通，顶部按1/7.7起拱3.5m，侧墙高度下降1.38m。

2　支护系统的形成

2.1　原设计支护系统

由于进洞前需先做好洞脸围岩的安全支护，原开挖边坡上挂直径6mm、间排距0.15m的钢筋网片，并喷0.1m厚的C20混凝土，原设计洞脸上方设置2排排距1.6m、直径25mm、间距1.5m、长5.0m向上倾角15°的锁口锚杆，洞口内部设置间距1.4m的钢桁架5榀，并在侧墙和顶板围岩上安装直径32mm、长5.0m、间排距1.5m的系统锚杆，同时挂直径6mm、间排距0.15m的钢筋网片，然后喷0.2m厚的C20混凝土（图1）。

2.2　实际支护采用的支护系统

由于锁口锚杆间排距较大、长度较短、数量较少，不能很好地锚固洞口上方的破碎围岩，且开挖后洞顶岩块有脱落的可能，鉴于这种情况，再次与设计单位交流沟通后，进一

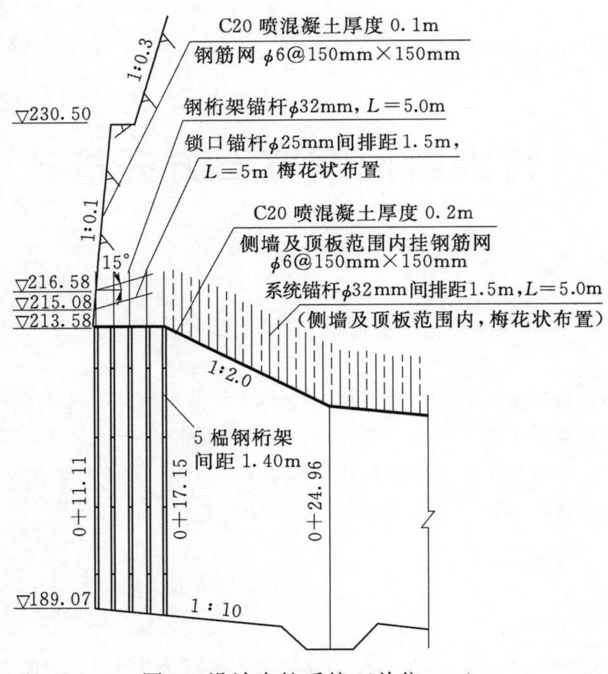

图 1　设计支护系统（单位：m）

步优化了支护措施。

（1）从洞顶 230.50m 马道用 90mm 简易潜孔钻向下钻 2 排孔至第二榀和第四榀钢桁架位置，由于洞室尚未开挖，为保证长锚杆能与钢桁架连接在一起，钻孔深度要超过钢桁架位置 1.0m 以上，达 18.23～21.47m，钻孔开口排距 1.0m，间距 1.5m，梅花状布置，钻孔经冲孔和洗孔后植入直径 40mm 的螺纹钢长锚杆，钢筋采用直螺纹机械连接，钢筋外漏 0.5m，并注入纯水泥浆，为保证水泥浆的饱满度，浆液不可太浓，要能顺利地注入孔内，期间人工不断摇动钢筋，使浆液顺利下淌，直至灌满整个钻孔。

（2）增加 2 排锁口锚杆至 4 排，间距由 1.5m 缩短至 0.5m，长度由 5.0m 增加至 7.0m，直径由 25mm 改为 22mm，均采用梅花状布置，杆端露出岩面 0.3m，并在锁口锚杆的基础上安装 4 排 φ22mm 环向钢筋，然后再用 φ22mm 的斜拉钢筋进行连接，最后喷 C20 混凝土 0.2m，形成一个稳固的洞脸护拱。

（3）其余支护措施不变。

经过优化后的支护系统见图 2，洞脸护拱见图 3。

3　洞室石方开挖

支护系统确定并进行了长锚杆和洞脸护拱施工后，接下来进行洞室石方开挖工作。

3.1　洞口特大断面开挖

如前所述，洞口开挖面积 632m^2，然后渐变为标准断面。洞口开挖从洞顶中间部位开始，先开挖出一个高 5.0m 的导洞，然后扩挖两侧部分，下部采用 90mm 潜孔钻钻孔按层厚 5.0m 分层开挖，起爆顺序为单孔梯段起爆，由于单孔装药量较大，为避免影响周边围

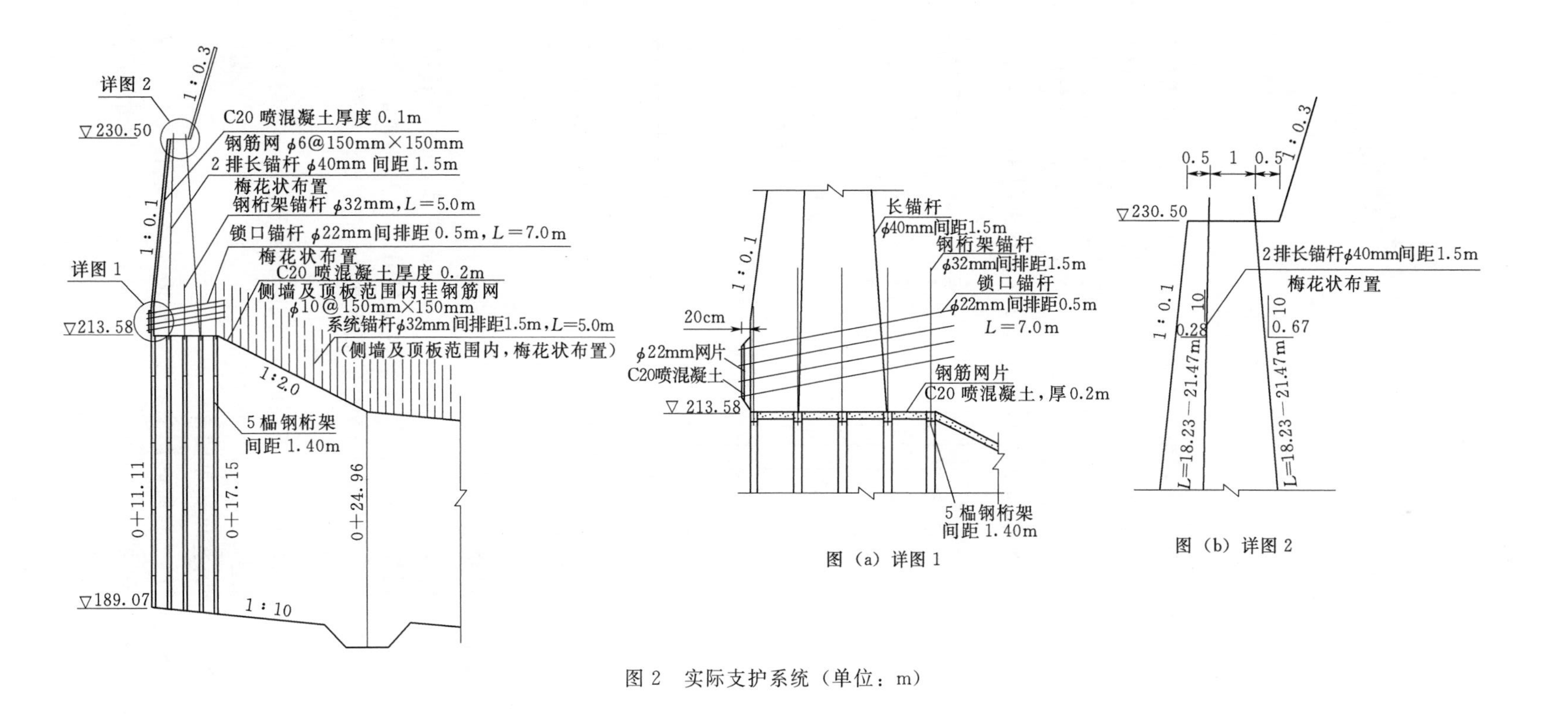

图（a）详图 1

图（b）详图 2

图 2　实际支护系统（单位：m）

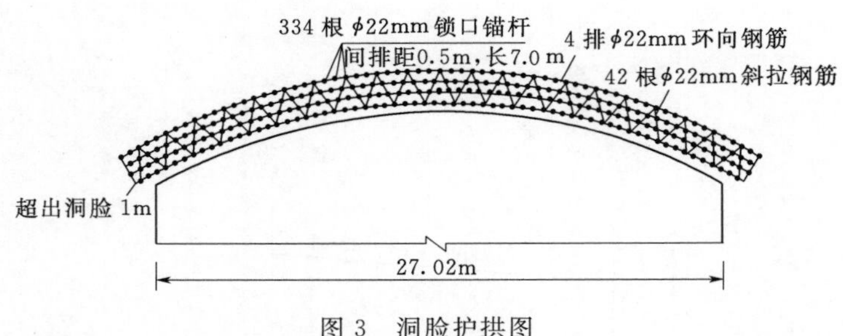

图 3　洞脸护拱图

岩的稳定性及造成开挖面的不平整和超欠挖现象，两侧各预留 2.5m 用气腿式风钻钻孔进行光面爆破。接近基底时，为避免扰动进水塔基底围岩，下部 4.5m 全部采用气腿式风钻铅直布孔毫秒雷管分段起爆开挖，由于洞内其他洞段尚未完成开挖，出渣运输道路不能中断，故接近基底部分分为两个开挖区，开挖一侧时，另一侧作为出渣道路。开挖后及时按设计要求进行钢桁架支护和锚喷支护。进口分层分区开挖见图 4。

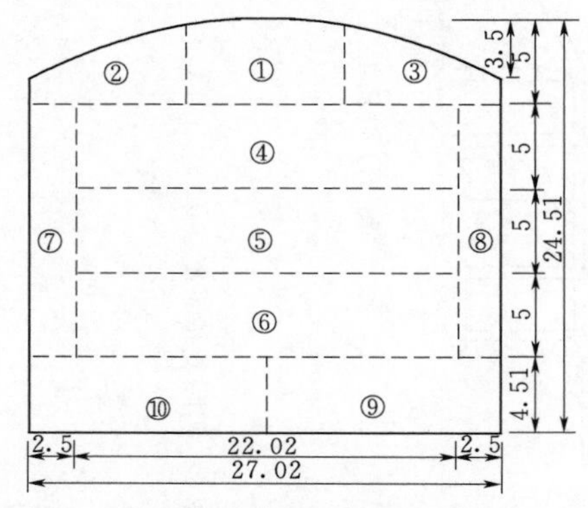

图 4　进口分层分区开挖图（单位：m）

①—导洞；②、③—扩挖区；④、⑤、⑥—潜孔钻分层开挖区；⑦、⑧—气腿式风钻光面爆破开挖区；⑨、⑩—基底保护开挖区

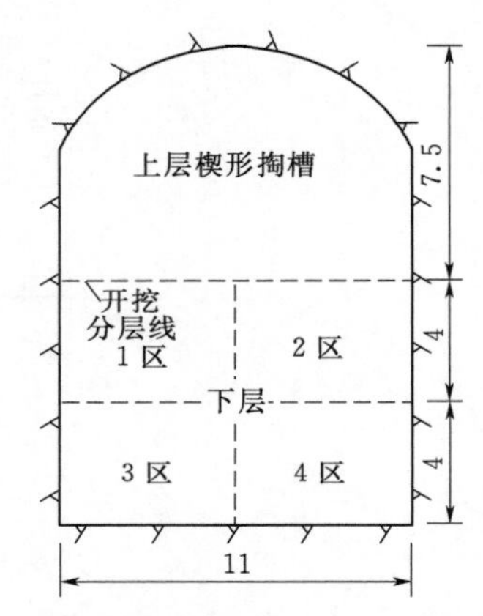

图 5　标准段分层分区开挖图（单位：m）

3.2　标准洞段特大断面开挖

标准洞段为城门洞形，$bh=11.0\text{m}\times15.5\text{m}$，面积 160m²，采用三步五区法开挖（图 5），其中上层在钻爆台车上用气腿式风钻钻孔，楔形掏槽，设置掏槽孔 30 个、扩大孔 30 个、崩落孔 27 个、光爆孔 55 个、底板孔 10 个，连续装药，梯段起爆，循环进尺 3m。

上层 7.5m 开挖前进 30.0m 后，下层的 1、2 区开始开挖，与上层交错前行。1、2 区开挖再前进 30.0m 后，下层的 3 区和 4 区开始开挖，与上道的 3 个开挖区交错前行。这样，全断面就形成了 5 个开挖区，见图 5。

为便于车辆出渣，开挖区台阶间用渣料填筑运输道路，坡比 1∶5，从图 6 中可以看出，当出渣道路占用 2 个开挖掌子面的时候，其余 3 个掌子面可以继续进行钻爆施工，出渣与开挖两不误，避免了相互干扰，极大地提高了工作效率。

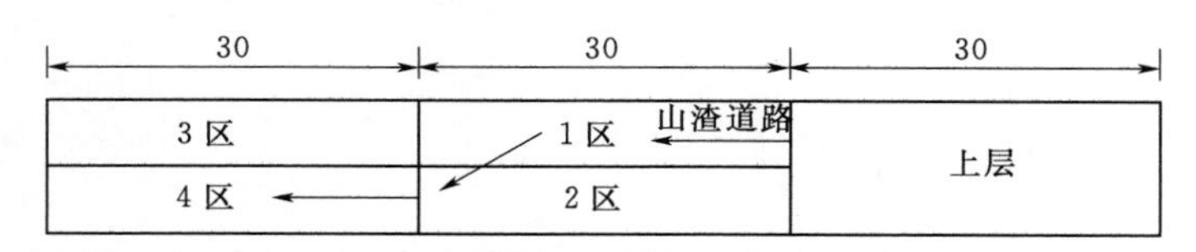

图 6　出渣道路平面图（单位：m）

4　结论

河口村水库 1 号泄洪洞自 2011 年 4 月开工，由于施工组织合理，安全保障措施到位，于 2012 年 2 月完成全洞段（600.0m）的石方开挖，累计完成石方开挖 12.5 万 m^3，未发生任何工程和安全事故，期间还平行进行了 320.0m 计 15960m^3 边顶拱混凝土衬砌施工，取得了骄人的成绩，受到了多方的好评。

河口村水库导流洞衬砌施工技术探讨

毛永生

（河南天地工程咨询有限公司）

摘要： 沁河河口村水库导流洞为城门洞型，衬砌断面大，为全断面衬砌，全断面衬砌过水断面为9m×13.5m（宽×高），视不同围岩类别衬砌厚度不同，采用钢筋混凝土衬砌，衬砌厚度0.8～2.0m。施工具有工期紧、断面大、技术要求高等特点，优化施工工艺是保证工程质量和工期的前提。

关键词： 河口村水库；导流洞；钢模台车；混凝土衬砌

1 工程概况

沁河河口村水库位于黄河一级支流沁河最后一段峡谷出口处，下距五龙口水文站约9.0km，属河南省济源市克井镇，是控制沁河洪水的关键工程，也是黄河下游防洪工程体系的重要组成部分。河口村水库导流洞工程布置在水库的左岸，分进口段、闸室段、洞身段和出口段4部分。进口高程177.00m，出口高程169.80m，进口明渠段长141.56m，闸室段23.5m。洞身长720.0m，纵坡1%。导流洞衬砌后断面尺寸为9.0m×13.5m（宽×高），采用钢筋混凝土衬砌，衬砌厚度8.0～2.0m。导流洞穿越的地层从进口到出口依次为：太古界登封群（A$r d$）、中元古界汝阳群（$Pt_2 r$）、寒武系馒头组（$\in_1 m$）。

2 总体思路

导流洞混凝土衬砌采用全断面钢模台车衬砌，钢模台车采用全液压自动行走衬砌台车。钢模台车安装时先安装轨道，然后进行模板安装校正。全液压自动行走衬砌台车设计为整体钢模板，液压油缸脱立模，施工中靠丝杆千斤支撑，电动减速机自动行走或油缸步进式自动行走，混凝土全部采用混凝土输送泵车灌注。

3 施工工艺

3.1 钢模台车清理

钢模台车就位之前先进行模板的清理和刷油。为使模板清理及刷油操作方便，绑扎钢筋时在分缝部位留出1.0m不绑扎，主筋先固定在已绑扎的钢筋上，待模板就位后恢复。脱模后，台车先往前移动1.0m，施工人员沿所留1.0m空间下游侧钢筋上按间距2.0m环向而站，进行钢模板的清理，同时将脱模剂装入小胶皮桶中，人工手持毛刷将脱模剂均匀涂刷在钢模台车面板上。清刷完 1.0m 后台车再往前移动 1.0m，如此周而复始清理和刷油，直至钢模全部清理干净、刷完脱模油，钢模才能就位。

3.2 钢模台车就位及脱模

（1）安装钢模台车时应注意两侧走行轨的铺设高差不大于 1%，否则将造成丝杆千斤和顶升油缸变形。因导流洞有 1%的坡道，导流洞衬砌时，为了调整衬砌标高，会造成台车前后端的高差、模板端面与门架端面不平行，将使模板与门架之间形成很大的水平分力，造成模板与门架之间的支撑丝杆千斤错位，导致千斤、油缸损坏。因此在设计时，应充分考虑前后高差造成水平分力的约束结构或调整系统。在定位立模时必须安装卡轨器，旋紧基础丝杆千斤、门架顶地千斤和模板顶地千斤，使门架受力尽可能小，防止跑模和门架变形。

（2）钢模台车沿轨道通过自行设备移动至待浇仓位，调节横送油缸使模板与导流洞中心对齐，然后起升顶模油缸，顶模到位后把侧模用油缸调整到位，并把手动螺旋千斤顶及撑杆安装、上紧。

（3）施工前先测量放点，作为台车起升、张开控制点。钢模台车校正时，先将顶拱部分的柔性搭接与上一仓混凝土搭接严密锁定，再进行下游模板的校正。下游模板采用全站仪及垂线法进行校正。安装好钢模后，检查钢模台车周边与已浇筑混凝土的搭接处是否吻合，并用木楔将模板撑紧，使钢模台车周边与已浇筑混凝土的搭接严密，避免漏浆和错台。

（4）钢模台车直段设计浇筑长度为 10.0m，模板面由 9.85m 的硬边和 25cm 的柔边组成。正常浇筑段包括 9.85m 的硬边和 15cm 的柔边，设计搭接长度为 10cm。

（5）侧模底脚 20cm 缝隙用与缝隙较为匹配的方木封堵，内衬 PVC 板以使混凝土表面光滑。铺钉 PVC 板时，必须从一边向另一边推进，PVC 板板间不允许有搭接台阶出现，只允许对接或拼接，如果拼接时 PVC 板相互重叠，则应将上面的一层切除。拼接后，及时用钉子将 PVC 板与方木严密钉实。底脚模板的固定采用丝杆撑在钢轨上，丝杆间距 1.0m。并在两侧各均匀布置 12 个底脚螺旋千斤顶做垂直支撑，防止浇筑时侧模下塌。

（6）脱模时拆去手动螺旋千斤顶及撑杆，侧模下段先用撑杆脱开，后换用手拉葫芦回收，再用侧模油缸脱模，并将底脚千斤顶升起，然后降下顶模油缸，完成脱模。

3.3 校模、堵头模安装及补缝

（1）钢模台车按测量点就位后，通知测量队进行校、验模板，模板合格以后才能进行堵头模板封堵。由于侧模两边均由 3 个油缸控制，中间油缸与上下游油缸运行速度和伸出长度不一致，也会致使模板中部发生变形，为此在钢模台车上纵向拉线，上、下吊线来控制模板平整度。每边边模吊 3 根线，中部和上、下游各一根。纵向拉 3 根线，起拱处下 1.5m 开始，间距 5.0m，即在边模油缸正对位置附近。这样就可以避免中间部位由于全站仪无法检测、难以控制的问题。

（2）封堵头模前先将仓面冲洗干净，采用 3cm 木板，10cm×10cm（宽×高）方木作为背枋及背档。在钢模台车模板端部焊制钢筋套环，将 10cm×10cm（宽×高）背枋穿入钢筋套环固定在钢模台车上，另一端用拉筋固定，使整个堵头模板稳固。堵头模板采用 $\phi12$ 拉筋固定，拉筋沿周圈布置两排，排距约 0.5m，间距不大于 0.6m；拉筋应焊在牢固锚杆或钢筋上，若焊在钢筋上时，此钢筋要求和周围的结构钢筋在上下游方向至少各有5个焊点，以形成稳固的钢筋网。拉筋不够长时可以焊接一端带弯钩的$\phi12$钢筋作为连接筋，连接筋一端与拉筋焊接，焊缝长度不小于12cm，另一端与锚杆底部或结构钢筋焊接。

（3）为防止漏浆产生质量问题，堵头模应拼接严密，靠岩石侧的缝隙需堵塞严密，采用木条密封；靠模板边的缝隙采用双面胶带密封。钢模台车模板间铰接部位一般存在缝隙，对此缝用双面胶带密封。堵头模板先封边墙部分，然后可以开始浇筑，在浇筑边墙的过程中，将顶拱堵头模封堵完毕。

3.4 混凝土衬砌

3.4.1 测量放样

（1）中线控制：导流洞开挖结束后，利用原有控制点对导流洞的中线进行校正和放样，导流洞中线由距离最远的两个控制点进行控制。为方便钢筋和模板的放样，用全站仪将校正后的中线标在导流洞顶部，每5.0m标1个点。

（2）腰线控制：利用洞内水准点，用高程放样的方法，将导流洞腰线用一寸水泥钉控制在导流洞两侧侧墙上，每5.0～8.0m一个。高程放样精度控制在15mm之内。

3.4.2 混凝土衬砌

导流隧洞洞身横断面分垫层、底板、边顶拱（边墙）施工，先将垫层混凝土浇筑至设计建基面高程。

（1）仓位准备及验收。

1）施工通道及下料口。钢模台车底板以上5.0m及11.0m的两侧模上各开3个窗口，用于进人、观察及振捣；边墙下料口设置于拱顶上靠近拱脚的地方，两边及中部各开1个孔；拱顶中心线两侧1.5m处各开3个孔，相互错列布置，用于顶拱振捣。在堵头模板顶拱最高处开一个宽60cm，高度不小于50cm的通道孔。通道孔主要作为浇筑用材料设备和人员等进出仓面的施工通道，在浇筑到顶拱封仓后，再封堵。

2）混凝土输送泵及泵管布设。边顶混凝土浇筑配置两台混凝土输送泵，每边1台，钢模台车上的竖向泵管预先架设，相对固定，用圆钢牢牢焊接固定在台车架上；在台车上部平台处设置泵管弯头，以备连接边墙泵管及顶拱泵管。

3）边墙下料采用两拱脚的开口，泵管进仓后用每节1.5m的连接软管进行下料，软管用铅丝加固，人工两边拖动，软管随混凝土的上升而逐节拆除。下料口距混凝土面高度不超过2.0m。导管架设要尽量缩短泵送距离，靠近泵车的导管要尽量用新管，减少爆管和堵管的可能。

4）清仓冲洗、设备就位。混凝土浇筑前将仓面内的木屑等垃圾清理干净。并将浇筑设备准备到位。振捣设备为手提式振捣棒，在开仓前每边墙放置3台振捣棒，并准备好2台备用，配电盘在钢模台车上设置。仓内照明采用36V低压，仓外照明用220V电压，动力电源装配漏电保护器。堵头处及泵管沿线、混凝土泵车、支撑处等设置照明设施。对混凝土浇筑时，仓面与泵车送料联系用对讲机进行。

准备就绪后，将导管和泵车出料管连接，并在泵车接料口后搭设上料平台。

（2）混凝土浇筑。

1）配合比控制。混凝土采用二级配泵送混凝土，配料单由试验室通过试验取得。为缓解仓面的泌水状况及尽量减少干缩裂缝的产生，需要对混凝土坍落度进行严格控制。

2）浇筑顺序。洞内混凝土浇筑时，先浇筑洞内底板，底板浇筑完成并达到混凝土设计强度的75%后，铺设边顶拱钢模台车行走轨道。边顶拱钢模台车是通过铺设于底板混凝土上的轨道行走实现钢模台车的移动。

3）下料及平仓。混凝土浇筑时必须先铺一层2～3cm的同标号水泥砂浆或不小于10cm厚的同标号一级配混凝土，竖向浇筑速度控制在1.0m/h以下，两边墙混凝土上升应均衡，浇筑高差小于0.8m。

边墙混凝土衬砌下料采用橡胶软管接泵管，每节橡胶软管长度为1.5m，为避免下料点集中，人工用绳子拴住橡胶软管，拖动橡胶软管向左右方向调整，随着浇筑高度上升，将橡胶软管逐段拆除。为便于排水，每层混凝土亦可由中部向两边分坡或一边向另一边放坡，仓内混凝土高差以不大于1.0m为原则。

顶拱混凝土衬砌下料时，将混凝土泵管从顶拱水平进入仓内用90°弯管向两边分叉，混凝土泵管布置于外层钢筋上。泵管用ϕ48mm钢管搭设三脚架支撑泵管体，仓内的泵管应采用1.0m左右的短管，以便于拆、接。混凝土浇筑采用退管法下料浇筑施工，顶拱封拱时通过加大输送压力使混凝土灌满顶拱空间。振捣设备为手提式振捣棒，辅以附着式振捣器进行振捣。

4）振捣。混凝土浇筑应先平仓后振捣，严禁以振捣代替平仓。浇筑混凝土应使振捣器振实到可能的最大密实度，振捣形式采用梅花形或方格形，振捣时间以混凝土表面不再显著下沉，并开始泛浆为准，应避免欠振或过振。混凝土浇筑层厚按40～45cm控制，混凝土浇筑时两边墙和上下游之间上升速度要均匀，边墙混凝土上升高差不超过一层浇筑厚度，上升速度不超过1.0m/h；人工拖动软管均匀下料，混凝土层布料应均匀，避免用振捣器平仓，防止过振。仓内混凝土应安排专人边浇边平仓，不得堆积。仓内若有骨料堆积时，应均匀散布于砂浆较多处，但不得用砂浆覆盖，以免造成内部蜂窝，人工平仓距离不应大于1.5m，采用三角耙或钉耙进行。下料口距离混凝土面高差不大于2.0m，在下料口5.0m范围的钢模表面临时挂一块5.0m长、1.5m宽彩条布，防止下料时水泥浆溅到模板上，引起拉毛现象。浇筑过程中如有骨料堆积用人工均匀散料。

激光全站仪在隧洞工程测量中的应用

王　伟　葛荣波

（河南省水利第二工程局）

摘要：在隧洞工程测量中，用激光全站仪结合编程计算器，根据隧洞设计断面的几何关系推算出相关放样要素来直接测设，计算简单快捷、数据准确可靠，比传统的测量作业省时、省力，能达到资源最优配置。

关键词：隧洞；激光全站仪；编程计算器；准确快速

1　工程概述

1号泄洪洞工程是河口村水库主体工程中的一项大型工程，总投资2.8亿元，工程位于黄河一级支流沁河最后一段峡谷出口处，下距五龙口水文站约9.0km，属河南省济源市克井镇，是控制沁河洪水、径流的关键工程，也是黄河下游防洪工程体系的重要组成部分。

1号泄洪洞工程的洞内施工，主要是在于工程测量。工程测量的好坏直接关系到隧洞的贯通与否，也是整个工程的成败之所在。因此1号泄洪洞的洞内测量是十分重要的，也是整个工程的重中之重。

2　隧洞工程测量前期准备工作

隧洞工程测量是一个比较辛苦的工作，也是一个比较繁琐的工作。它要求的技术含量较高，对人的耐力和意志力是一种考验，因此在测量开始之前要做好所有的准备工作。隧洞工程测量主要分以下几个步骤。

（1）物质器具完备，主要包括：激光全站仪1台，编程计算器1个，标配对中杆1副，红漆及喷漆各1桶，1.5m竹竿1个，记录本1个，手提包1个。

（2）随同人员的岗前培训。在测量中，一个好的测量副手，不论是测量速度，还是测量精度，都能使测量工作事半功倍。

（3）控制网的建立布设测量控制网。

1）根据业主提供的控制点分布及本标段工程要求，组织测量工程师及专职测量员到现场踏勘选点，结合实地埋设控制点。

2）控制点选点原则：相邻点之间通视良好，地势平坦便于测量工作实施。点位选在土质坚实，便于安置仪器和保存标志的地方。视野开阔，便于实施碎部测量。导线各边长度大致相等，除特殊情形外边长不大于350.0m，且不小于50.0m（依全站仪导线测量控制测量的技术要求)。导线点应该有足够的密度，分布均匀。

3) 导线点选定后，在点位上埋设标志，采用木模现场浇筑混凝土的方法，中间预埋ϕ18钢筋，钢筋中心用红漆做好标志位置。

3 隧洞工程的测量形式

在测量准备工作做好后，就要开始熟悉图纸，针对图纸来计算所要测量的放样点坐标。对于隧洞形状有很多种，每一种形状都有不同的测量方式，其计算测量放样点的方式也是不同的。隧洞工程测量形式的选择决定其测量放样的准确性。

3.1 一般隧洞测量形式

对于简单的隧洞形式，只需要控制好轴线就行，然后配合皮尺，就能完成测量放样（图1)，对正圆弧隧洞开挖来说，工程测量很简单，针对圆心，控制好隧洞轴线就可以了，所以在测量的时候只需要测放一下圆心点，然后用皮尺按半径长度画出开挖边线。

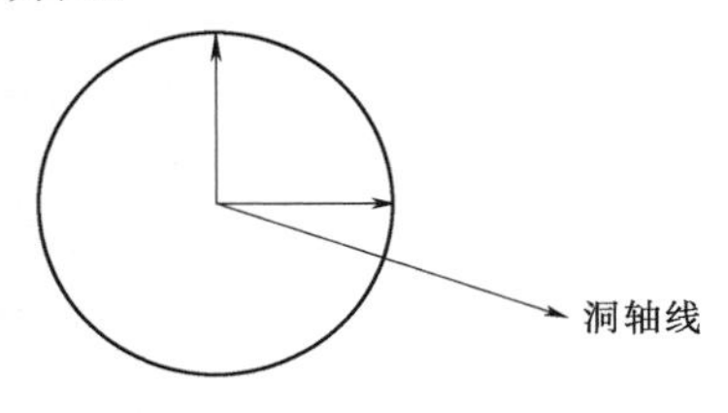

图1 隧洞测量效样图

3.2 复杂隧洞测量形式

对于复杂的隧洞形式，如高、大、长的隧洞，隧洞轴线带有缓和曲线的，为了确保测量放样不出错，一般就是通过经济手段，购买价格较贵的隧洞测量软件。如莱卡多功能全站仪断面测量系统，这种系统在一定的程度上，摒弃了传统断面仪外业测量时的繁琐配置和定位缺陷，减少了外生设备和作业人员编制数量，实现了断面测量野外数据采集软件控制、自动采集等功能，从而达到隧洞断面测量自动化、数字化、计算机化，印证了测量成果的准确性、高效率性，减轻了测量人员的劳动强度。但是这种系统价格昂贵，对于较短、造价不高的隧洞来说，没有能够达到经济实惠及成本资源最优化的要求。

3.3 组合测量形式

利用计算器配合全站仪测量放样。这也是隧洞传统测量放样的一种形式，不但能提高自身的测量速度而且又能达到经济实惠要求。但对测量人员的工程技术要求较高，其中一项，也是最关键的一项——计算器程序的编写。

一般来说，对于一些工程部位，不能通过全站仪直接测放，需要再次计算的，需要通过可编程计算器实现。这也是1号泄洪洞洞内测量的重要形式。这时计算器的使用，对于提高测量速度是至关重要的，而且能大幅度的增加测量放样点的准确性。计算器一般采用fx—5800p编程计算器，这种计算器功能强大，内容复杂。但是它很机械，一旦编程出错，测量现场是无法识别的，除非有过大的变动。测量人员只有下来根据图纸校核，因此，这就对编程序的人的工作素质有较高的要求。在根据工程图纸编程的时候，测量人员要对图纸非常熟悉，懂得高等数学中基本的运算公式和基本的编程原理。这样才能去针对所要测放的部位进行编程。从图1中，可以看到：在拿到图纸后，这时候应该考虑圆弧段的放样怎么编程，用什么来控制圆弧段的开挖线。这是很关键的，用高程还是用圆弧半径来控制，其实二者都是一样的，只是编写程序的方式不一样。如根据图2的形式，来编写一段该隧洞圆弧段开挖形状的小程序。

```
Lbl 0
"X"? →A
"Y"? →B
"Z"? →C
−0.02338→S
Lbl 1
If A≥110 And A≤130: Then 1.6→D: 0.1→E: 125.85→F: 13.2→G: 7.3+E→H:
110→K: 186.08→L: 13.52→M: Goto2: IfEnd
Lbl 2
"DBGC": L+ (A−K) S→N
"ZQYH": N+M→O
(Sin−1 (B/H) ) →P
"YXG": O− ( (H−E) cos (0.5F) ) →T
Lbl 3
Pol (B, C−T)
"CQW": I−H
Goto 0
```

上面这个小程序是1号泄洪洞0＋110～0＋130段的圆弧段开挖程序，其实很简单，只需通过高程、半径等，来控制所有测放开挖点的位置。因此计算器程序的编写，在隧洞测量准备工作中非常重要。但是为了保证其编程的准确性，必须要对其所编的程序进行正反验算，对其误差复核，提高其放样准确性。因此，复核程序的准确性，也是测量工作必不可少的验算过程。

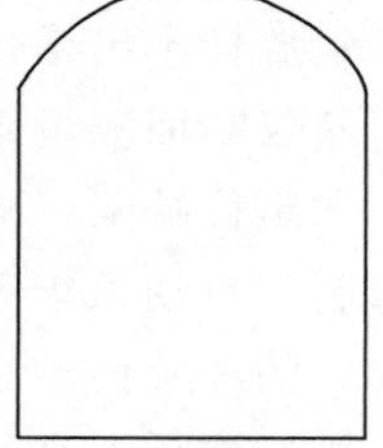

图2　隧洞圆弧段开挖形状图

4　隧洞工程测量放样程序验算

隧洞工程测量放样程序验算可以提高测量放样的精度。在验算过程中，要把图纸、编程计算器、电脑联合起来进行复核验算。

（1）手算和计算器结合。将图纸上的标准开挖断面的坐标计算出来，以图1为例，可以将图1中的圆心高、直圆点、圆弧中心点坐标均计算出来，然后通过编程计算器，将计算后的坐标输入，查看误差值，如果误差值在容许的范围内，说明程序正确，可以使用。

（2）计算器与电脑结合。为了保证其准确性，我们还需要进一步校核，就是计算器和电脑结合复核验算。首先，在电脑上，将图纸中的标准设计断面图画到CAD上；其次，定位好坐标系，在CAD标准图上，任意点一个点，将坐标值输入编程计算器，查看其误差值并与CAD上的标准值比较，依照前述步骤反复核对不同区域的点。

5　隧洞工程洞内快速放样

所有的测量准备工作就绪可以进行进洞测量了，但是在洞内测量时，一般是要求准确、快速，测量的准确性已经毋庸置疑了，但是测量速度，有待进一步的探讨。

测量放样的快慢直接关系到下一道工序的提早开工与否，特别是工期非常紧的隧洞工程，因此洞内测量如何提高测量速度，也成了不容忽视的一项重要议题了。一般情况下，影响测量速度的因素有两种：一是人为因素，二是测量方法及仪器的选用。

5.1 人为因素

简单地说就是，测量人员对仪器、图纸不熟，人为造成测量速度慢，因此测量岗前培训是很重要的。一个熟练的测量人员，对正在放样及将要放样的位置及点位都有潜意识的捕捉，即使打点时，也能准确就位。

5.2 测量方法及仪器的选用

在隧洞测量中，测量方法很重要，方法的选用直接关系到工程进度的快慢。传统隧洞工程测量放样已经不能适应现在快速发展的经济社会。因此在 1 号泄洪洞的隧道工程开挖中，采用自由设站的方法，用激光全站仪、无棱镜测量，来提高测量速度，为提早进行下一道工序争取时间。激光全站仪不需要棱镜，不用考虑棱镜位置是否正确，测量人员只需要测放出准确的开挖位置，用红漆标注即可。

6 应用实例

采用实例讲解的方式，来论述激光全站仪和编程计算器配合使用，可提高测量速度。1 号泄洪洞是一个城门洞，虽然标准断面图存在差异，但是程序设计都是大同小异，故可以 3.3 编制的小程序为基础。

(1) 仪器设站的方式选择。传统的设站是根据两个已知点，一个测量点，一个后视点，来架设仪器。这种方法在隧洞里一般不是很适合，特别是 1 号泄洪洞工程。为了赶工期，隧洞工程分三层五区，交叉作业进行的，本来洞内空间就小，对于控制点的埋设有较高的要求，一是不能被破坏掉，二是能更好地架设仪器，这两点使得控制点埋设在地面上成为枉然，为了能够保证测量不耽搁下一道工序进行，控制点只有选择洞壁上才能更安全，但由于不能架设仪器，因此，自由设站的测量方法最适合 1 号泄洪洞的测量放线。自由设站的测量方法就是在满足规范要求的条件下，可以在两个控制点之间自由架设仪器，这样不仅不因洞内空间小而误事，也不用担心控制点被破坏、仪器被挡住等不利于测量的因素。

(2) 仪器架设好后紧接着就是放样了。放样需要编程计算器来配合放样。在这个隧洞测量中，最复杂就是圆弧放样。根据上述图 1 测量效样图，编辑小程序来放样，该程序中的圆弧是通过圆弧半径来控制开挖边线的。将激光全站仪返回的三维坐标数据，输入该程序中，将会得到设计值与实测值的误差，这样测量人员，只需要用对讲机告诉用红漆打点的人，向圆心方向或向圆心外方向移动多少打点或者喷点就行，打一个点的平均速度，最多 1min。因此在隧道采用自由设站激光全站仪和编程计算器配合使用，能达到事半功倍的效果，不但能够节约人力物力，减少成本，而且能加快工期建设。

7 结论

采用激光全站仪自由设站结合编程计算器，根据隧洞设计断面的几何关系推算出相关放样要素来直接测设，计算简单快捷、数据准确可靠，比传统的测量作业省时、省力，能达到资源最优配置。

参考文献

[1] 中华人民共和国国家质量检验检疫总局、中华人民共和国住房和城乡建设部. 工程测量规范：GB 50026—2007[S]. 北京：中国计划出版社，2008.
[2] 李清岳，陈永奇. 工程测量学[M]. 北京：测绘出版社，1995.

浅谈河口村水库导流洞工程混凝土缺陷修补措施

杨志超[1]　剑建波[2]

（1. 河南省水利科学研究院；2. 河南省河口村水库工程建设管理局）

摘要： 混凝土缺陷处理是一项复杂而细致的工作。在混凝土缺陷处理之前，首先要进行详细的调查，分析混凝土产生缺陷的原因，可有的放矢，制定处理方案。同时，要有一支专业施工队伍，施工前要做出合理的施工组织设计和施工技术交底。在施工过程中，有时还要根据工程具体情况对施工工艺做必要的修改，以保证施工方案的实施。

关键词： 导流洞；混凝土；缺陷；修补

1　工程概述

河南省河口村水库位于济源市克井镇黄河一级支流沁河最后一段峡谷出口处，距下游五龙口水文站约 9.0km。水库控制流域面积 9223km^2，占沁河流域面积 68.2%，占黄河三花间流域面积的 22.2%。设计防洪标准为 500 年一遇，校核标准为 2000 年一遇，大坝全长 465.0m，坝顶高程 288.50m，最大坝高 122.5m，总库容 3.17 亿 m^3，是一座以防洪、供水为主，兼顾灌溉、发电、改善生态、保障南水北调工程防洪安全、为黄河干流调水调沙创造条件等综合利用的大（2）型水利枢纽工程。水库主要工程由混凝土面板堆石坝、泄洪闸、溢洪道、引水发电系统以及对外交通公路等主要建筑物组成。

2 号泄洪洞在施工期间承担导流作用，故前期称为导流洞。2 号泄洪洞为城门洞型，明流洞，洞身断面尺寸均为 9.0m×13.5m（宽×高），洞身长 740.0m。进口底板高程为 210.00m，进口为塔式框架结构，塔高 86.0m，进水塔设有事故平板门及弧形工作门各一道。导流洞混凝土浇筑总量 7.8 万 m^3。

2　混凝土缺陷类型

导流洞洞身衬砌施工过程中出现的混凝土质量缺陷类型如下。

2.1　麻面

混凝土表面局部缺浆粗糙，或有许多小凹坑，凹坑深度小于 10mm，但无钢筋和碎石外露。它是由于模板表面粗糙、未清理干净、润湿不足、漏浆、振捣不实、气泡未排出以及养护不好所致。

2.2　蜂窝

混凝土表面无水泥砂浆，砂浆少、碎石多，碎石之间出现空隙，形成蜂窝状的孔洞，孔洞深度大于 10mm。它主要是由配合比不准确、浆少石子多或搅拌不匀、浇筑方法不当、振捣不合理，造成砂浆与石子分离、模板严重漏浆等现象产生。

2.3 错台

两层混凝土之间的模板因加固不牢在浇筑过程中形成的混凝土错位。

2.4 挂帘

在老混凝土面上浇筑新混凝土时，由接缝处模板缝隙流至老混凝土面上的浆液。

2.5 气泡

拆模后混凝土表面出现有气孔状。

2.6 裂缝

混凝土硬化过程中，由于混凝土脱水引起收缩或者受温度高低的温差影响，引起胀缩不均匀而产生的裂缝。

3 缺陷原因分析

3.1 蜂窝、麻面原因分析

（1）钢模板脱模剂涂刷不均匀，拆模时混凝土表面黏结模板，造成混凝土面有麻面现象。

（2）拆模时间早、漏振、下料方法不对、骨料分离、钢筋网过密、混凝土坍落度过小、结构形体限制等。

（3）模板接缝拼装不严密，灌注混凝土时缝隙漏浆，造成混凝土面有麻面现象。

（4）混凝土振捣不密实，混凝土中的气泡未排出，一部分气泡停留在模板表面，气泡较多时形成麻面，停留气泡少时出现蜂窝。

3.2 混凝土错台及挂帘原因分析

混凝土浇筑产生错台缺陷主要是由模板原因造成的。模板设计不合理、模板规格不统一、安装时模板加固不牢或在浇筑过程中不注意跟进调整，使模板间产生相对错动，都会引起错台。特别是模板下部与老混凝土搭接不严密或不牢固，留下缝隙，引起浇筑时漏浆，是产生错台和挂帘的主要原因。

此外，还有老混凝土立面不垂直或不平整、分缝线不直、老混凝土出现竖向错台、新混凝土模板上部拉杆太紧等因素。

3.3 气泡原因分析

形成气泡缺陷的原因常见的是浇筑分层厚度过大、气泡溢出表面的距离大，此时振捣稍有不足，便容易形成气泡。同时，脱模剂的影响也不容忽视。涂刷在模板表面的脱模剂（隔离剂）一般为油性，如果脱模剂浓度过稠、涂刷厚度过大时，在表面张力的作用下，包裹混凝土内的气体吸附于模板表面，形成较难溢出仓外的气泡，在混凝土凝固拆模后便成为气泡缺陷。

引气剂产生的密集小气泡、减水剂产生的大气泡、高频振捣器产生的小气泡等，和配合比有关的气泡如高流态混凝土、加冰混凝土停留时间长等，这些气泡很难排除干净，而且加气引气剂的目的是在混凝土中形成密集微气泡，增加混凝土的抗冻性和耐久性，因此没必要把内部气泡排干净，表面气泡只处理影响美观的部位即可。

3.4 裂缝原因分析

混凝土在浇筑过程中裂缝的形成有很多原因，主要有以下几个方面。

3.4.1 干缩裂缝

一般是浅层裂缝。产生的原因主要是由于混凝土内外失水程度不同而导致收缩量变形不同的结果。混凝土受外部环境如温度、风速等的影响，表面水分损失过快、收缩较大；内部湿度变化较小收缩较小，较大的表面干缩变形受到混凝土内部约束，产生较大拉应力而产生裂缝。相对湿度越低水泥浆体干缩越大，干缩裂缝越易产生。干缩裂缝多为表面性的平行线状或网状浅细裂缝，宽度多在0.05～0.2mm之间，多位于平面几何中心附近。大体积混凝土中平面部位多见，较薄的梁板中多平行其短向分布。干缩裂缝通常会影响混凝土的抗渗性，引起钢筋的锈蚀，影响混凝土的耐久性，在水压力的作用下会产生水力劈裂影响混凝土的承载力等。混凝土干缩主要和混凝土的水灰比、水泥的成分、水泥的用量、集料的性质和用量、外加剂的用量等有关。

3.4.2 塑性收缩裂缝

一般是面裂。产生的原因主要是混凝土在终凝前几乎没有强度或强度很小，或者混凝土刚刚终凝而强度很小时，受高温或较大风力的影响，混凝土表面失水过快，造成毛细管中产生较大的负压而使混凝土体积急剧收缩，而此时混凝土的强度又无法抵抗其本身收缩，因此产生龟裂。影响混凝土塑性收缩开裂的主要因素有水灰比、混凝土的凝结时间、环境温度、风速、相对湿度等。

4 混凝土缺陷修补措施

4.1 表面缺陷修补原则及要求

(1) HF混凝土表面出现的蜂窝、孔洞、麻面等大于5mm且小于5cm的缺陷可采用无毒环保型的环氧砂浆（如中国水电十一局郑州可研设计有限公司开发的NE－Ⅱ型环氧砂浆系列进行产品）进行修补，对于麻面（轻微）、气泡等小于5mm的薄层缺陷采用环氧胶泥进行修补；对于大于5cm的缺陷采用细石环氧混凝土修补。

(2) 面积大于1.0m^2、深度超过10cm的缺陷，应在基面安装30cm×30cm、孔深50cm的ϕ16mm树脂锚杆，布设20cm×30cm的ϕ16mm钢筋网片，然后回填环氧混凝土或HF混凝土进行修补。

(3) 对于HF混凝土的错台、胀模等缺陷先凿除处理，再按上述要求进行修补。

(4) 修补材料的品质和贮存应符合有关规范规定。修补材料的配比必须在满足设计强度的情况下通过实验确定，并报监理审批后实施。

(5) 对于HF混凝土缺陷修补材料，也可采用预缩砂浆替代环氧砂浆。

(6) 对于地质雷达检测出来的混凝土密实度缺陷，先采用水泥灌浆处理，再采用化学灌浆处理。

4.2 表面缺陷修补施工技术要求

(1) 修补前混凝土缺陷基面表面乳皮和黏附在表面的污染物、薄弱层及松散颗粒、气泡孔内泥浆必须清理干净，露出新鲜骨料，并用高压风枪清除表面的砂粒、粉尘及其他污物。

（2）采用圆片锯等切槽，形成整齐规则的修补边缘，轮廓线间夹角不小于90°。

（3）回填修补材料前，基面应涂刷与修补材料相适应的基液界面黏接材料。

（4）采用树脂材料修补时，基面应保持干燥或满足修补材料允许的湿度要求；采用水泥类材料修补时，基面应吸水饱和，但表面不能有明水。

（5）修补时在槽面涂刷黏接剂后，回填修补材料，涂抹时应尽可能同方向连续摊铺，并注意衔接处压实排气，边涂抹边压实找平，表面提浆。同时，应人工振捣密实或用力压实并及时反复揉压抹平。

（6）修补材料必须在界面黏接材料适用时间内回填。

（7）所有修补表面应与原有混凝土表面齐平并压光平整。

5　混凝土裂缝处理措施

5.1　裂缝处理原则及要求

（1）混凝土出现的裂缝，其处理应按照《混凝土坝养护修理规程》（SL 230—98）的有关规定执行。

（2）外露混凝土建筑物裂缝，当缝宽小于0.1mm时裂缝不做处理，当缝宽在0.1～0.35mm时采用表面凿槽封缝处理，当缝宽大于0.35mm及有渗水的裂缝均采用先凿槽封缝再化学灌浆法处理。

（3）裂缝处理时凿槽封缝材料可采用无毒环保型环氧砂浆或环氧胶泥，但该环氧砂浆（环氧胶泥）应具有可伸缩变形的弹性（也称弹性环氧砂浆），环氧的黏度（25℃）为6～26Pa·s。弹性环氧砂浆、环氧胶泥的配合比必须在满足设计强度的情况下通过试验确定，各种修补材料的品质和贮存应符合有关规定。

（4）裂缝修补施工应在5～25℃环境条件下进行，不应在雨雪或大风恶劣气候的露天环境进行，灌浆应在裂缝开度大时进行。

（5）裂缝处理前应仔细检查裂缝部位，清理缝面的浮尘和污物并冲洗干净，落实缝面的宽度、长度和深度。

5.2　裂缝凿槽封缝法施工技术要求

裂缝宽度在0.1～0.35mm时采用凿槽封缝法处理，沿裂缝凿U形槽，槽宽、深为4～5cm，采用弹性环氧砂浆修补，修补施工技术要求同混凝土表面缺陷修补。

6　结论

混凝土表面的质量缺陷要制定有针对性的缺陷修补、处理办法，并不断研究新材料、新工艺，不断改进混凝土施工工艺和施工组织，完善施工技术，持续改进混凝土质量，不断推进项目施工技术进步，达到减少混凝土缺陷的目的。因此，分析混凝土缺陷产生的原因，积极采取措施预防缺陷的发生是混凝土施工的根本。

在水工施工技术日益发展、施工企业混凝土内在质量普遍得到保证、技术水平逐步同质化的情况下，防治水工混凝土表面缺陷、提高水工混凝土外观质量对施工企业体现技术优势、提高自身竞争能力具有现实意义。

河口村水库进水塔工程混凝土运输系统研究

翟春明

（河南省水利第二工程局）

摘要： 混凝土运输系统是大体积混凝土工程顺利实施的关键，工程实施前，需先对各种运输方案进行比对，以选择最优方案。

关键词： 皮带运输系统；缓降器；Box管；PU牛筋板刮板；布料机

0 概述

混凝土熟料从拌和系统出来后经水平运输和垂直运输到浇筑作业面，施工中，根据地形、工程量、混凝土性质和企业能力等采用不同的运输方式。对于水平运输，中小型工程一般采用斗车或罐车，大型工程一般采用罐车、自卸汽车或皮带机运输；对于垂直运输，中小型工程一般采用溜槽、人工翻仓、汽车吊、输送泵等，大型工程一般采用塔式起重机、门式起重机、塔带机和缆机等。

河口村水库是一座大（2）型水库，其进水塔为2级建筑物，相邻的两个进水塔高度分别为102.0m和86.0m，均为岸坡式建筑物，混凝土工程量13.2万m^3，塔体采用限裂设计。

1 方案的优化与选择

混凝土运输系统是大体积混凝土工程顺利实施的关键，工程实施前，需先对各种运输方案进行比对，以选择最优方案。

1.1 泵送方案

如果采用该方案，则会由于泵送混凝土的胶材用量大、水化热较高、粗骨料颗粒小、收缩比大而不能满足设裂要求；泵送施工能力有限，不能满足施工强度，如果发生堵管现象，则拆管难度大、时间长，很难保证混凝土不出现冷缝，影响工程实体质量；泵送混凝土成本较高，影响项目盈利。因此，泵送方案被否决。

1.2 塔带机方案

如果采用塔带机，需要把拌和站、皮带输送机和塔带机布置在一起，但由于建筑物毗邻陡峭的山体，施工现场极为狭窄，附近没有可供建立混凝土拌和站的场地，若异地建站再用罐车或自卸汽车运输，不能充分发挥塔带机优势，对成本控制极为不利。因此，该方案又被否决。

1.3 皮带机、Box管与仓面布料机相结合方案

结合两个进水塔均为岸坡式建筑物，根据现场地形确定了以下运输方案。

在施工道路旁架设皮带机（简称1号机）进行水平运输，通过铅直布设的Box管进行垂直运输，Box管的下端再架设一条皮带机（简称2号机）把混凝土输送给仓面布料机，360°旋转的仓面布料机两端挂直径420mm的象鼻溜管进行仓面布料，当完成2～3个浇筑层（一般每层3.0m）需要上升布料机时，用900tm塔式起重机把2号皮带机和布料机提升布设，进行下一循环的作业。

混凝土运输系统布置见图1。

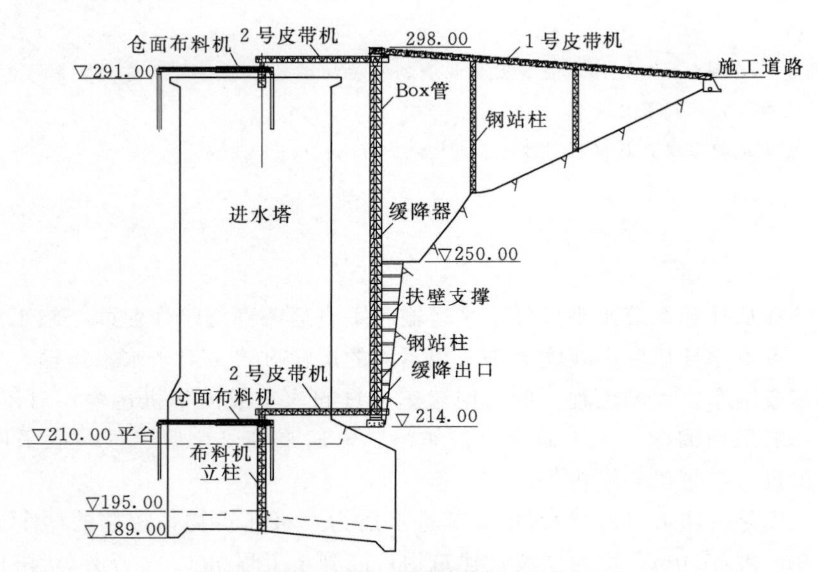

图1 混凝土运输系统布置图（单位：m）

2 问题的提出

该方案虽然能够满足施工强度要求，资金投入相对较少，但同时存在以下技术问题需要解决：Box管该如何架设、如何解决混凝土缓降问题、皮带机刮板怎样设置和采用何种材料、皮带机与布料机怎样才能相互不干扰、系统怎样联动等。

3 问题的解决

3.1 Box管架设

铅直布设的Box管由直径300mm的无缝钢管，壁厚10mm，节长6.0m，加上其他附属设施和下料过程中的冲击力，要求其架设非常牢固。安装边长3.75m等边三角形布置的3根1.0m×1.0m（宽×高）钢站柱，下部埋入1.5m厚的基础C25混凝土中，节间用高强螺栓连接，站柱间设置横撑和剪刀撑，岸坡山体上安装直径28mm注浆锚杆，三脚架与锚杆间用角钢∟75角钢作为扶壁支撑，使3根钢站柱形成一个稳固的整体，然后在三角形中心布置安装Box管，管间螺栓连接。

3.2 缓降器布设

混凝土从高程 298.00m 顺 Box 管铅直下落，最大下落高度 82.5m，冲击力巨大，管壁的抗冲磨能力、骨料破碎与离析、管道堵塞和对 2 号皮带机的冲击都应该充分考虑，最好的解决方法就是设法让混凝土缓降。经过探索，在 Box 管中间设一缓降器，在出口设置缓降出口，一举解决了上述问题。缓降器及缓降出口结构及工作原理见图 2。设置填塞混凝土段是为了让管内存一部分混凝土，使下落的混凝土不至于直接冲击到钢板上而对钢板形成击穿破坏；管内填塞混凝土终凝前打开下部卸料活门，放出填塞混凝土，使管内的填塞混凝土一直保持柔软状态，以减轻冲击力，同时还起到在发生堵管现象时能够及时排除；侧面设置的观察活门是为了观察管壁的磨损情况，以便及时修补或更换。

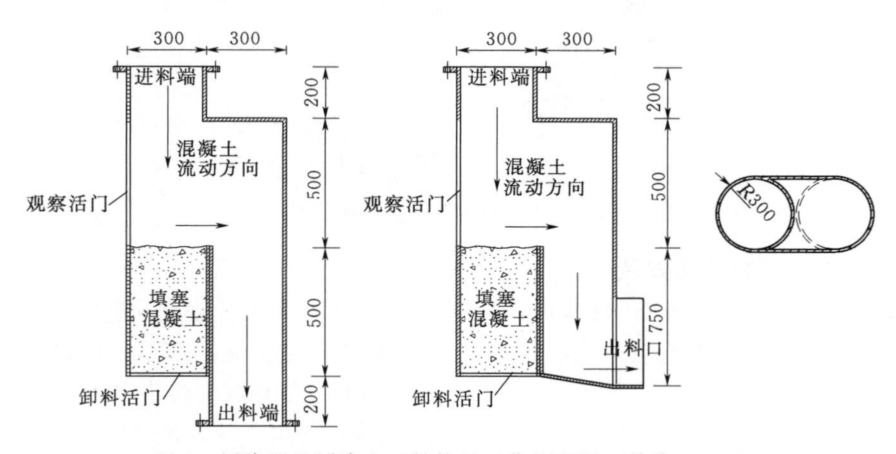

图 2　缓降器及缓降出口结构及工作原理图（单位：mm）

3.3 皮带机运输

皮带机常用于运送例如大豆这样的颗粒材料，这些材料比较干且颗粒间粘聚性较小，对皮带的附着能力较小。当用皮带机运送三级配常态混凝土时，由于混凝土内含有水泥、粉煤灰和其他掺和料，黏聚性较大，砂浆容易附着在皮带上而形成漏浆，对仓面的污染比较大，严重时影响混凝土入仓后的和易性，增加振实难度。因此，刮板的作用就至关重要，刮板材料要具有柔性和耐磨性，做到既不因太硬而刮伤皮带，又不因容易磨损而经常更换，还要把皮带上的砂浆刮干净。

试验证明，采用不同材料作为混凝土运输系统皮带机刮板时，其耐磨能力分别为：高分子聚乙烯板约 300m^3、PE 聚乙烯板约 100m^3、普通钢板约 200m^3、高强钢板约 400m^3。使用钢板作为皮带机刮板时还存在严重损伤皮带的现象，且上述几种材料均不耐磨，这对于每仓 2000m^3 以上的浇筑量来说，浇筑过程中需要多次更换刮板，费时费工且需中断混凝土浇筑，影响浇筑工作的连续性。后经多次试验，采用 15mm×2 的 PU（聚氨酯）牛筋板可以达到连续浇筑 4000m^3 以上不更换刮板的效果，且因该牛筋板具有柔性和弹性，对皮带损伤很小，当砂或小石子卡在刮板与皮带间的时候，牛筋板随着皮带的运转而变形，卡在中间的杂物随皮带的运转而脱落，然后牛筋板恢复弹性工作状态，运行比较理想。

为把皮带上的砂浆刮得更干净，施工中在每台皮带机电动滚筒端均安装了 3 道 PU 牛筋板刮板，第一道为粗刮，经粗刮后皮带上还黏有砂浆，再经第二道细刮，皮带上只黏有水泥浆而无砂浆了，经第三道精刮后皮带上就干干净净了，不会再对仓面形成污染，使用效果良好，但应注意刮板口应平齐，安装时不应过分贴紧皮带，以免伤及皮带。

PU 牛筋板刮板设置形式见图 3。

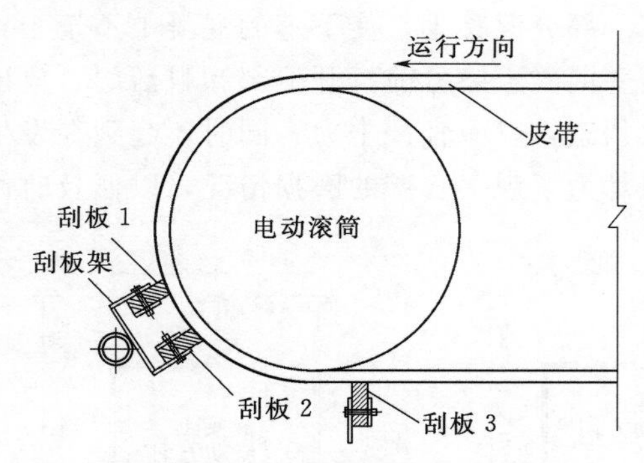

图 3　PU 牛筋刮板设置形式示意图

3.4　布料机与皮带机联动安装

下面需要解决的是仓面布料机与 2 号皮带机相互干扰和系统联动问题。

混凝土经皮带机和 Box 管进入仓面布料机，该机机头部分可以 360°旋转，布料臂可以自由伸缩，臂两端悬挂象鼻溜管，旋转半径 22.0m，为国内旋转半径最长的固定式布料机，在其覆盖范围内可以进行全方位的混凝土浇筑，使用非常方便（图 1）。

2 号皮带机坐落在仓面布料机顶部的旋转支撑上，2 号皮带机下部与布料机布料臂上部高差 1.0m，如果 2 号皮带机不是水平放置，布料机在旋转的过程中就有可能碰到 2 号皮带机，使某些部位的浇筑不能完成，形成浇筑死角。因此，2 号皮带机最好水平架设，如因特殊情况，可通过计算以保证仓面布料机和 2 号皮带机相互不干扰。

在混凝土下料过程中，如果 3 台设备带速不一，特别是出现上料快卸料慢情况，混凝土料就会在前面的皮带上形成堆积，影响系统的整体稳定与安全，因此必须对 3 台设备的带速进行调整，以保证布料机带速不小于 2 号皮带机不小于 1 号皮带机。另外，为减少系统操作人员数量，避免不协调现象发生，设计一套控制系统，该控制系统可以同时控制 3 台设备的运转，并由一人操作，形成混凝土运输系统的联动。

4　结论

混凝土运输系统是一个结构复杂且容易出现故障的系统，能否正常运转关系到混凝土浇筑强度能否实现，关系到浇筑质量的优劣，施工过程中必须对整个系统的方方面面进行详细研究，及时发现问题或把问题解决在初始阶段，以保证整个运输系统的正常运行。

浅谈水工建筑物大体积混凝土底板温度裂缝处理与化学灌浆施工

葛荣波　王　伟

（河南省水利第二工程局）

摘要： 分析水工建筑大体积混凝土底板施工中混凝土温度裂缝的成因形式及危害，在此基础上提出了相关的预防措施及处理裂缝的相关建议和化学灌浆施工方法。

关键词： 水工建筑物；大体积混凝土；温度裂缝；化学灌浆施工

1　温度裂缝形成的原因

温度裂缝多发生在大体积混凝土表面或温差变化较大地区的混凝土结构中。温度裂缝的走向通常无一定规律，大面积结构裂缝常纵横交错；梁板类长度尺寸较大的结构，裂缝多平行于短边；深入和贯穿性的温度裂缝一般与短边方向平行或接近平行，裂缝沿着长边分段出现，中间较密。裂缝宽度大小不一，受温度变化影响较为明显，冬季较宽，夏季较窄。高温膨胀引起的混凝土温度裂缝是通常中间粗两端细，而冷缩裂缝的粗细变化不太明显。此种裂缝的出现会引起钢筋的锈蚀，混凝土的碳化，降低混凝土的抗冻融、抗疲劳及抗渗能力等。

2　温度裂缝处理

先灌底板墩墙下的裂缝，底板流道部分的裂缝等混凝土内部温度稳定后再进行处理。底板裂缝在上部塔架混凝土施工前，先顺裂缝凿出3～5cm的键槽，并用环氧砂浆填补该键槽，或用水不漏灌入裂缝内，起到密封裂缝的作用，以防化灌过程中浆液流失造成浪费或压力达不到化灌要求，然后在裂缝上钻孔埋设间距0.3m的灌浆嘴，进行一期化学灌浆。

一期化学灌浆完成后，安装二期化学灌浆灌浆嘴和检查孔管道，然后顺裂缝扣内径140mm、壁厚8mm的半圆形并缝钢管，把二期化学灌浆管、检查管、回填灌浆管罩在里面。并缝钢管超出现有裂隙段0.5m，并用M8×100的膨胀螺栓焊接固定，以防混凝土浇筑过程中钢管出现位移。预埋的二期化学灌浆管、检查管和回填灌浆管顺并缝钢管引出仓外。闸墩内并缝钢管的上部统仓铺设间排距为20cm的ϕ28mm钢筋网片。

底板混凝土内部温度恒定后再进行二期化学灌浆，化学灌浆结束及压水试验检查合格后，用水泥砂浆对并缝钢管进行回填灌浆。

底板裂缝处理结构布置详见图1。

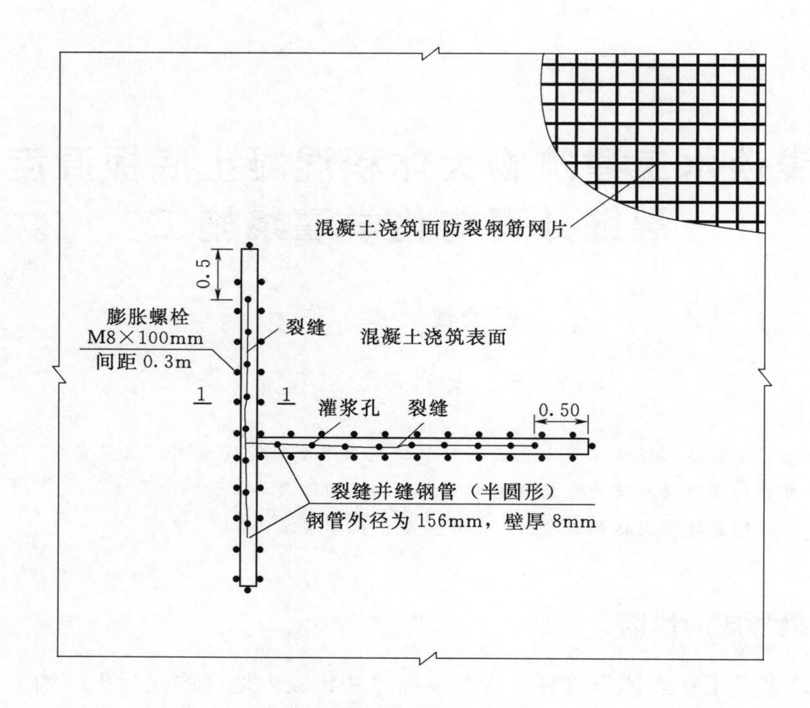

（a）底板一期裂缝处理平面图

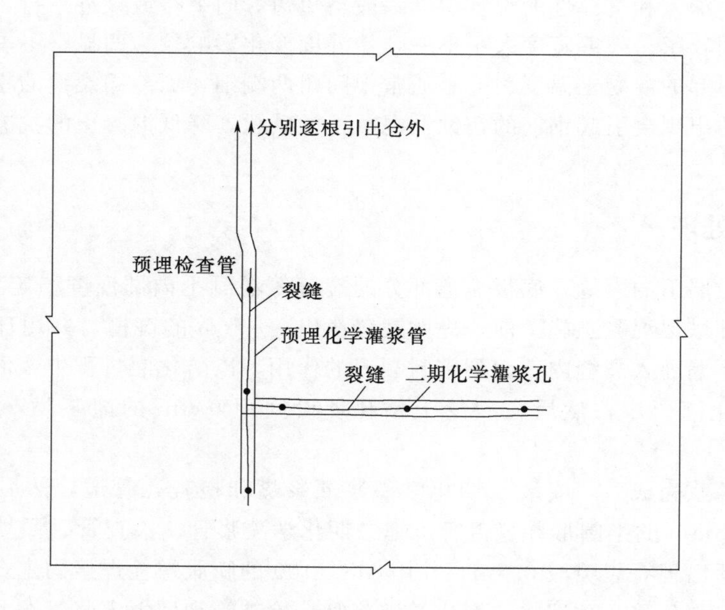

（b）底板二期裂缝处理平面图

图 1（一） 底板裂缝处理结构布置图（单位：m）

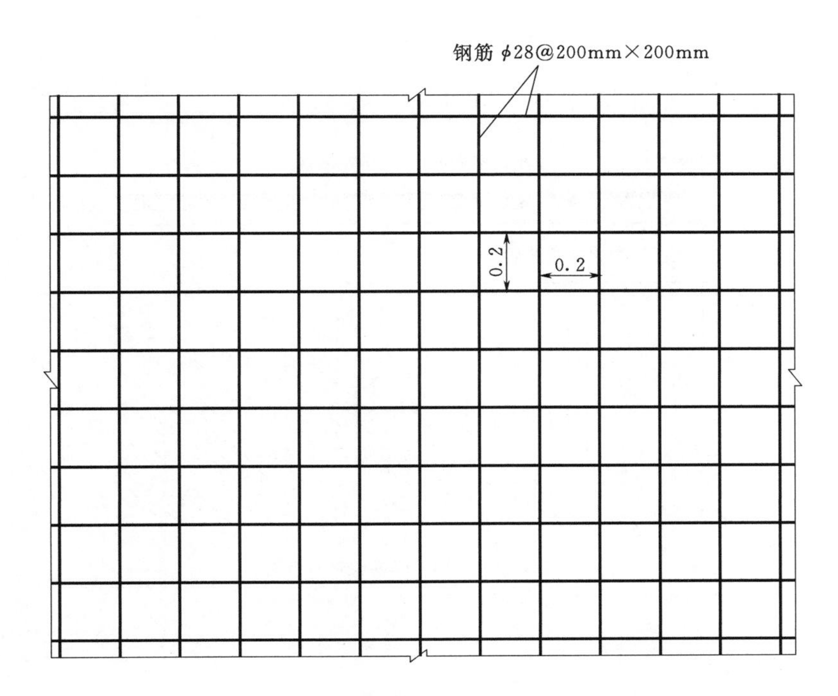

(c) 混凝土浇筑面防裂钢筋网片大样图

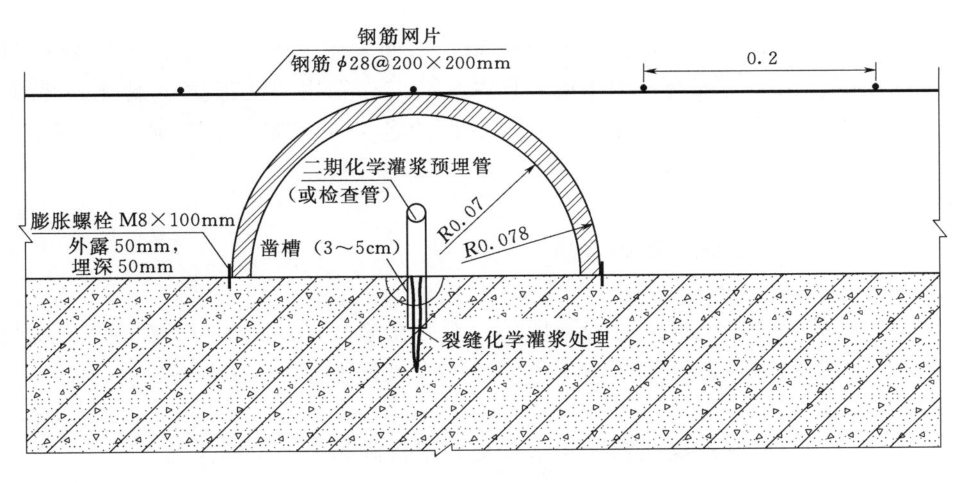

(d) 1—1 剖面图

图 1（二） 底板裂缝处理结构布置图（单位：m）

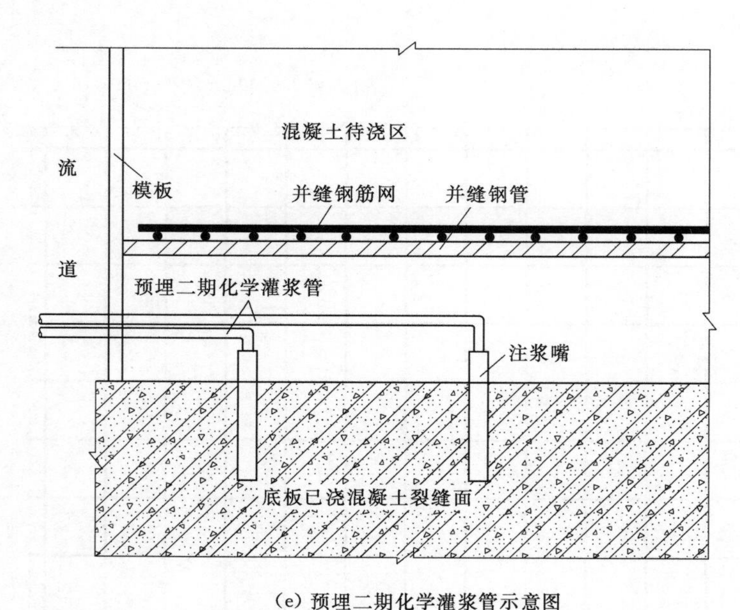

(e) 预埋二期化学灌浆管示意图

图 1（三） 底板裂缝处理结构布置图（单位：m）

3 温度裂缝化学灌浆

依据标段《技术标准和要求》《硅粉（HF）混凝土施工技术要求》《水工混凝土施工规范》（DL/T 5144—2001）、《混凝土养护修理规程》（SL 230—1998）等，确定底板混凝土裂缝化学灌浆。

裂缝处理的化灌浆材，一期采用环氧树脂，二期采用 LW 型水溶性聚氨酯和 HW 型水溶性聚氨酯混合浆液，配合比为 LW∶HW＝7∶3。先用清洗液擦拭混凝土裂缝表面，用环氧胶腻子封缝，然后沿裂缝走向，在裂缝两边各 2cm 宽的范围罩环氧胶腻子进行防护，待环氧胶固化后进行化学灌浆。

3.1 清缝

清除混凝土裂缝周围表面的附着物。

3.2 布孔

按骑缝孔形式对混凝土裂缝进行布置，一般可在缝面布设灌浆嘴。孔距应视裂缝的宽度和通畅情况，浆液黏度及允许灌浆压力而定，一般孔距为 30cm 左右。

3.3 固定灌浆嘴

灌浆嘴采用的是膨胀丝高压灌注止水针头，用自旋膨胀固定灌浆嘴。

3.4 嵌缝止浆

嵌缝止浆的目的是为防止浆液流失，确保浆液在灌浆压力下使裂缝充填密实。在要嵌缝的部位，沿缝人工画线，宽度 2～4cm，并清除范围内松动的混凝土碎屑及粉尘，然后沿缝用高强水不漏对裂缝进行嵌缝封闭。

3.5 压气试验

压气的主要目的是为了解灌浆孔（嘴）与裂缝畅通情况，以确定是否可以灌浆或必须重新布设灌浆嘴，检查嵌缝是否有效，有无漏气现象，压气所用的压力不得超过设计灌浆压力，一般灌浆压力为0.2～0.4MPa。

3.6 配制浆液

根据处理裂缝的要求选择合适的浆材，配制浆液。

3.7 灌浆

灌浆前，应将所有孔（嘴）上的阀门全部打开，用压缩空气将孔内、缝内的杂物尽量吹挤干净，并争取使裂缝处于干燥状态，然后准备灌浆。根据裂缝情况选择灌浆方法，对于比较细的裂缝，需用较长凝结时间的浆液；对较宽裂缝，需用较短凝结时间浆液。灌浆压力视裂缝开度、吸浆量、工程结构情况而定，范围为0.3～0.6MPa，初选按0.4MPa控制，最大不超过0.6MPa。灌浆顺序由下而上、由深到浅，由裂缝一端的钻孔向另一端的钻孔逐孔依次进行，灌浆压力由低向高逐渐上升。

灌浆结束标准根据现场实际情况按如下原则控制：①单孔吸浆率小于0.05L/min；②浆液的灌入量已达到了该孔理论灌入量的1.5倍以上时都可结束灌浆；③当邻孔出现纯浆液后，暂停压浆并结扎管路，将灌浆管移至临孔继续灌浆。

3.8 冲洗管路

灌浆结束后，关闭孔（嘴）口阀门，立即拆卸管路，并用清洗液冲洗管路和设备。

3.9 清孔

对于固化后的化学灌浆材料，应把孔内固结物清除干净，然后用聚合物封孔。

3.10 养护

灌浆结束后，干燥养护7d以上。

3.11 裂缝二次灌浆措施

一次裂缝灌浆完成后，根据裂缝长度在裂缝两端及中间位置重新骑缝再布设2～3个灌浆嘴（缝长在0.5～1.0m时，在中间布设1个；缝长在1.0～3.0m时，在两端各布设1个，共2个；缝长在3.0m以上时，在两端和中间各布设1个，共3个；缝长短于0.5m时不布设），用耐压长管引出，待底板混凝土内部温度稳定后，再进行补充灌浆。

3.12 二次灌浆管数量及管口保护

二次灌浆管要单缝引出，不得集中引出，可与检查管、回填灌浆管同管引出。引出至流道的各管道，要用油笔在管端标注，并采取措施予以保护。

4 质量检查与控制

灌浆前预埋检查管，裂缝处理完毕14d后，钻检查孔进行压水试验，检查单孔透水率应小于0.3Lu，不合格必须补灌，压水检查的孔口压力为0.5MPa，抽样频率（条数）为10%。

质量控制应遵循以下原则：①灌浆严格按照规范规定进行；②做好灌浆记录；③按水利水电工程化学灌浆单元工程质量控制标准施工。

5 结论

混凝土裂缝应根据成因，具体问题具体分析，贯彻预防为主的原则，完善设计及加强施工等方面的管理，使结构尽量不出现裂缝或尽量减少裂缝数量和宽度，以确保混凝土施工的结构安全性。

HF 抗冲磨混凝土在河口村水库 2 号泄洪洞中的应用

陈　攀　孙永波　罗　畅

（黄河勘测规划设计有限公司）

摘要：河口村水库 2 号泄洪洞在设计（校核）水位下，洞内水流流速均大于 30m/s，最高水流流速达到 36.5m/s。高速水流对洞身断面底板及边墙下部空蚀危害较大，经过比选研究：HF 混凝土方便浇筑施工，且具有良好抗冲磨及抗裂性能，在 2 号泄洪洞洞身断面底板和边墙下部 3.0m 以下范围采用 HF 抗冲磨混凝土。

关键词：河口村水库；泄洪洞；HF 抗冲磨混凝土

1　工程概况

河口村水库位于黄河一级支流沁河最后一段峡谷出口处，控制流域面积 9223km²，占沁河流域面积的 68.2%，占黄河小浪底至花园口无工程控制区间面积的 34%。水库是以防洪、供水为主，兼顾灌溉、发电、改善生态，并进一步完善黄河下游调水调沙运行条件的水库，水库最大坝高 122.5m，总库容 3.17 亿 m³，工程属大（2）型，工程等别为Ⅱ等；水库按 500 年一遇设计，2000 年一遇校核，设计洪水时下泄流量 7650m³/s，校核下泄流量为 10560m³/s。水库主要建筑物有混凝土面板堆石坝，泄洪洞、溢洪道、发电洞等。

2　2 号泄洪洞的基本布置

泄洪洞布置有 1 号泄洪洞和 2 号泄洪洞，两洞最大泄流能力为 3918.37m³/s。2 号泄洪洞由导流洞增设一龙抬头洞段改建形成。导流洞洞长 740.0m，最大泄量 1956.7m³/s，洞身断面均为城门洞型，尺寸为 9.0m×13.5m（宽×高），全断面钢筋混凝土衬砌，水库运行期均为明流洞。

2 号泄洪洞在正常库水位下，洞内水流流速除洞出口局部桩号段外，其他桩号段流速均大于 30m/s；在设计（校核）水位下，洞内水流流速均大于 30m/s，最高水流流速达到 36.5m/s。洞内水流流态为高速水流，存在空蚀危险，除结构上需要考虑掺气和提高过流面平整度要求外，还需考虑采用抗冲耐磨混凝土材料，以减少空蚀对结构的破坏。

高速水流对洞身断面底板及边墙下部空蚀危害较大，在洞身断面底板和边墙下部 3.0m 以下范围采用抗冲耐磨混凝土材料，其他为普通 C30 混凝土。

3　抗冲磨混凝土方案比选

目前应用较多的抗冲磨材料按胶凝材料不同主要分为两类，即为有机胶凝类和无机胶凝类。有机胶凝类主要有高分子聚合物的聚合物胶结混凝土、呋喃混凝土、环氧树脂混凝土等；无机胶凝类主要有硅粉混凝土、纤维混凝土、粉煤灰混凝土、铁钢砂混凝土等；其他还有铸石板、条石、钢板等。

环氧树脂等有机胶凝类混凝土虽然有很高的抗冲磨能力，但材料成本高，固化剂有一定的毒性，与基底混凝土的线膨胀系数不一致，在自然条件下会逐渐老化、开裂、脱空。

其他如钢材具有良好的抗冲击韧性，但很难牢固地锚固于混凝土中，而且造价较高；铸石板抗高速悬移质泥沙冲磨能力较好，但材料脆性，抗冲击强度低，板易被击碎；花岗岩等条石质地坚硬，抗冲磨性能好，只是韧性差，开采加工难，施工费时费力。

鉴于上述各种原因，结合工程特点，主要对无机胶凝材料类抗冲耐磨混凝土材料做比选研究，具体选择对目前常用的硅粉混凝土和 HF 混凝土优缺点进行比选。

3.1　硅粉抗冲磨混凝土

硅粉抗冲磨混凝土是以超高细活性硅粉为主，掺配有耐冲磨抗气蚀助剂的复合粉体材料。它能大幅提高混凝土的抗冲磨、抗气蚀性能，并显著提高混凝土的力学性能、密实性、抗冻性和耐久性。

但是硅粉混凝土存有如下缺点。

（1）硅粉混凝土的干缩裂缝问题未能解决。硅粉混凝土的干缩率尤其是早期干缩率较大，使硅粉混凝土在应用中易于出现干缩裂缝，影响其整体强度和使用效果。

（2）硅粉混凝土施工难度大。由于硅粉颗粒极细，比表面积很大，加入混凝土中后，可使混凝土黏聚性增大，流动性变差，施工和易性不好，使混凝土不易振捣密实，不易收光抹面。如果采用泵送浇筑，易发生黏管和堵管现象，泵送性能差。

（3）硅粉混凝土易产生温度裂缝。硅粉混凝土早期强度发展很快，相应的混凝土的水化热放热速度很快，致使混凝土水化热温升高，在混凝土中容易产生较大的温度应力，这一应力在干缩裂缝的顶端产生应力集中，使干缩裂缝扩展延伸甚至形成贯通性的裂缝。

3.2　HF 抗冲磨混凝土

HF 混凝土是由 HF 外加剂、优质粉煤灰（或其他优质掺和料如硅粉、磨细矿渣等）、符合要求的砂石骨料和水泥等组成，并按规定的要求进行设计和组织施工浇筑的混凝土。

HF 作用机理：HF 混凝土通过 HF 外加剂减水、改善混凝土和易性并激发优质粉煤灰的活性，使粉煤灰可以起到与硅粉同样的活性作用，能显著提高混凝土的整体强度并使混凝土的胶凝产物致密、坚硬、耐磨，改善胶材与骨料间的界面性能，使混凝土形成一种较均匀的整体，提高了混凝土的抗裂性的混凝土的整体强度，提高了混凝土抵抗高速水流空蚀和脉动压力的能力与混凝土抗冲耐磨性能。

3.3　HF 抗冲磨混凝土与硅粉混凝土比选

硅粉混凝土价格较高，硅粉生产厂家较少，同时硅粉混凝土施工难度大，施工质量又不易保证。

HF 混凝土与硅粉混凝土同样具有抗压强度、抗冲磨、抗空蚀性能，其黏聚性和保水性介于硅粉混凝土和普通混凝土之间，既克服了硅粉混凝土黏聚性太大不泌水的缺点，又改善了普通混凝土黏聚性差易泌水的性能。掺加粉煤灰的 HF 混凝土其粉煤灰中含有大量的玻璃微珠，在拌和物种产生"滚珠效应"，不但使 HF 混凝土易于施工浇筑，易于振捣密实和收光抹面，并可进行泵送浇筑，克服了硅粉混凝土施工难度大的缺点。同时 HF 混凝土还具有良好的抗裂性能。

经过对比，工程 2 号泄洪洞抗冲磨混凝土选用 HF 混凝土。

4 河口村水库 HF 混凝土基本材料用量配合比及施工效果

HF 混凝土材料：水泥为济源五三一水泥厂 P. O42.5 级水泥；粉煤灰为济源沁北电厂 F 类Ⅱ级粉煤灰；细骨料为金滩天然砂；外加剂为郑州三联化工建材有限公司的 FDN－2 引气型高效减水剂、TM 引气型泵送剂、FL－HF 引气型抗冲耐磨减水剂。经过试验确定，HF 混凝土基本材料用量配合比见表 1，HF 混凝土抗压强度、抗渗性能及抗冻融循环性能试验成果见表 2。

表 1　　HF 混凝土基本材料用量配合比表

级配	坍落度 /mm	水胶比	砂率 /kg	单方混凝土材料用量							粉煤灰掺量/%	外加剂掺量/%
				水 /kg	水泥 /kg	粉煤灰 /kg	砂 /kg	D_{20}石子 /kg	D_{40}石子 /kg	外加剂 /kg		
2	120～140	0.39	43	171	351	87	743	443	542	13.11	20	3

表 2　　HF 混凝土抗压强度、抗渗性能及抗冻融循环性能试验成果表

抗压强度		抗渗性能		冻融循环（100 次）	
R7/MPa	R28/MPa	设计抗渗等级	实测抗渗等级	质量损失率/%	相对动弹模量
38.6	48.4	W6	W8	1.5	87.1

通过对 HF 混凝土试件能测试，冻融循环次数达到 100 次时，试验混凝土试件相对动弹性模量为 87.1%，大于 60%；重量损失率为 1.5%，小于 5%；说明抗冻融性能满足设计要求，即 HF 混凝土的强度、抗渗性能等级及抗冻融性能均达到设计要求指标。

HF 混凝土的流动性性能满足采用泵送浇筑施工技术条件，经过对 2 号泄洪洞的混凝土泵送浇筑实施，该混凝土易于施工浇筑，易于振捣密实和收光抹面，浇筑效果良好，没有出现裂缝，过流面的平整度能达到设计要求。

5 结论

河口村水库工程 2 号泄洪洞（导流洞）断面边墙下部及底板采用的 HF 抗冲磨混凝土，浇筑质量良好，浇筑速度较快，缩短工期，节约投资，经过导流运动期间验证及测试，各项指标均达到设计要求。HF 混凝土方便浇筑施工，且具有良好抗冲磨及抗裂性能，是一种值得推广应用的抗冲磨混凝土材料。

潜孔式偏心铰弧形闸门安装施工测量

魏水平[1]　翟春明[2]

（1. 河南省河口村水库工程建设管理局；2. 河南省水利第二工程局）

摘要： 潜孔式偏心铰弧形闸门对安装精度要求较高，支铰大梁安装精度高低直接关系到弧门的整体安装精度和正常使用，而测量工作贯穿于整个安装过程，对弧门安装精度起到控制作用。实践证明，采用全站仪、高精度电子水准仪、激光垂准仪等仪器按照事先斟订合理的测量方案进行控制测量，能够满足规范规定的安装精度要求。

关键词： 偏心铰；弧形闸门；安装；控制测量

1　概述

河口村水库是一座以防洪、供水为主，兼顾灌溉、发电、改善河道基流等综合利用的大（2）型水利枢纽，工程位于黄河一级支流沁河最后一段峡谷出口处，下距五龙口水文站约 9.0km，属河南省济源市克井镇，是控制沁河洪水、径流的关键工程，也是黄河下游防洪工程体系的重要组成部分，水库总库容 3.17 亿 m^3。河口村水库泄洪洞项目主要包括：进口引渠、2 个进水塔、2 条泄洪洞、出口挑流消能等。其中 1 号进水塔高 102.0m，安装 2 台（套）潜孔式偏心铰弧形工作闸门，门宽 4.874m，门高 9.448m，门底高程 194.445m，门顶高程 203.893m，单扇门体在不含二期埋件的情况下重 100.25t，两扇闸门的设计过水流量为 1961.6m^3/s。

1 号进水塔潜孔式弧形闸门安装过程中需进行测量控制的部件包括支铰大梁、支铰、底槛、侧轨、门楣等。

2　工程测量的总体思路、主要内容及准备工作

2.1　测量总体思路

本工程钢结构测量网线分平面、高程控制两部分，总体思路为：平面控制点使用激光垂准仪向上传递，高程控制点使用钢卷尺向上量距[1]。

2.2　测量主要内容及重难点

垂直度、轴线和标高偏差是衡量安装质量的主要标准，具体的测量内容包括：①建立金结安装专用控制网；②钢衬实际高程测量；③中心控制线、桩号控制线及标高控制线的传递；④支铰大梁安装定位测设及检查；⑤固定支铰、底槛、侧轨、门楣安装定位测设及检查。

本工程的重点是：①控制网的建立和传递；②支铰大梁倾斜度和标高的控制；③固定

支铰的铰座环的桩号、高程、铰座对孔中心线的偏差。

工程的难点是：①作业量大，精度要求高；②施工场地上工种多，交叉作业频繁；③施工现场来自进水塔进口和从泄洪洞出口的穿堂风较大，对高程传递影响明显，测量作业受干扰大。

2.3 测量准备工作

测量准备工作是保证施工测量全过程顺利进行的重要环节，所以必须充分做好测量前各项准备工作。

2.3.1 测量器具的准备

安装测量前需选择精度和性能满足要求的全站仪和水准仪，并对全站仪的对中器、水准气泡（电子水准器）、视准轴误差 C、指标差 i 角等以及水准仪的指标差进行检测和校正。

确定配套使用的测具，包括：与全站仪配套的弯管目镜、高精度电子水准仪、激光垂准仪、经过检定的长钢尺、微型棱镜、钢板尺、弹簧秤等[2]，拟投入本工程的精密仪器见表1。

表1　　闸门安装仪器清单表

仪器名称	型号	标称精度	备　注
全站仪	ZT80 MR＋	测距 2mm＋2ppm，测角 2″	中纬
棱镜			Leica
电子水准仪	DNA－03	每千米往返中误差（精度）不超过 0.3mm	Leica
水准仪	DSZ3	每千米往返中误差（精度）不超过 3mm	
激光垂准仪	DZJ2		苏一光
钢卷尺	50m	Ⅰ级精度	
弹簧秤	100N		

2.3.2 测量人员的配备

测量负责人由曾多次主持闸门安装工作且长期从事工程测量的工程师担任，全面负责测量工作质量、进度、技术方案编制和实施；测量员3名，负责日常轴线、标高测量、沉降观测及内业资料整理等。

3 控制测量

潜孔式弧形闸门的启闭，是由支臂带动门叶绕着位于圆心的支铰转动进而启闭闸门，因此，支铰的安装精度尤为重要，必须建立高精度的安装控制网，才能满足支铰的安装精度要求。

3.1 平面控制网

3.1.1 平面控制网的布设

在底板混凝土浇筑后，测量人员已在流道底板上测设了流道中心控制线和桩号控制线。利用先期控制网对闸门钢衬的结构尺寸（包括偏距、里程、高程）进行复核，根据偏差情况调整起算点坐标和高程，以使闸门安装后能与已浇筑混凝土及孔身钢衬平顺连接。

控制网中主要包括1条“中心控制线”，1条“桩号控制线”。桩号控制线与流道中心控制线呈正交，形成图1所示的正交轴线网，并在正交轴线网的基础上加密形成矩形轴线网（图2）。

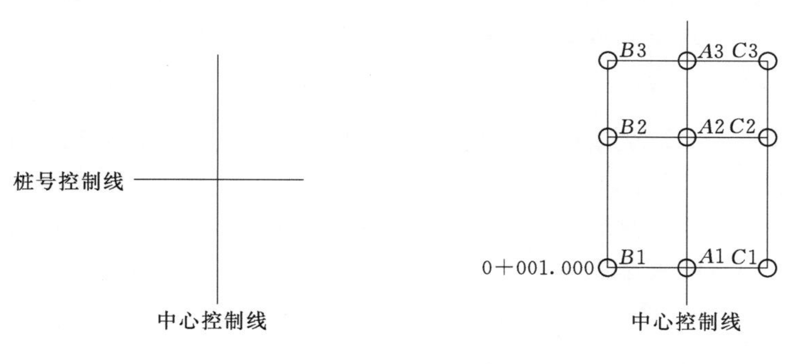

图1　轴线控制网图　　　　图2　正交轴线网图

利用十字正交轴线网，大致确定 $A2$、$A3$、$B1$、$B2$、$B3$、$C1$、$C2$、$C3$ 点位置，将地面清理干净，并用清水冲洗直至露出原底板混凝土面，在各点均匀喷漆；待油漆干燥后，在 $A1$ 点架设仪器，后视轴线控制点，顺时针旋转90°定出方向线，使用已标定的钢尺、弹簧秤、钢板尺、刻刀，在距离 A 点2.0m位置处刻划十字线，标定出 $B1$ 点精确位置，贴上透明胶布加以保护油漆面；用同样的方法依次标定处 $A2$、$A3$、$B2$、$B3$、$C1$、$C2$、$C3$ 点精确位置。量距采用钢尺量距，用弹簧秤控制拉力，读取拉力值、温度值，使用水准仪测出两点间的高差，根据实际长度反算钢尺名义长度。

钢尺量距计算式为

$$l_t = l_0 + \Delta l + \alpha l_0 (t - t_0) \tag{1}$$

式中：l_t 为钢尺在 t 温度时的实际长度；l_0 为钢尺的名义长度；Δl 为检定时，钢尺实际长与名义长之差；α 为钢尺的膨胀系数；t 为钢尺使用时的温度；t_0 为钢尺检定时的温度。

斜距 l 的各项改正如下。

尺长改正：$\Delta l_k = \dfrac{l}{l_0}\Delta l$

温度改正：$\Delta l_t = \alpha l (t - t_0)$

倾斜改正：$\Delta l_h = -\dfrac{h^2}{2l} - \dfrac{h^4}{8l^3}$

故斜距 l 经改正后为

$$\hat{l} = l + \Delta l_k + \Delta l_t + \Delta l_h \tag{2}$$

3.1.2　平面控制网校核

将仪器依次架设在 $B1$、$C1$ 点，后视 $A1$ 点后旋转90°，使用已标定的钢尺、弹簧秤、钢板尺、刻刀，校核该桩号控制线是否与 $B2$、$C2$ 点重合，采用同样方法依次对各点的相对位置进行调整从而获得较高的内部符合精度。

3.2 高程测量

3.2.1 高程起算点的确定

沿上游底板钢衬的周边及中间位置，采集9个点的高程值，计算这9个高程值的标准差及离差系数；如果标准差μ不小于3mm，则剔除其中偏差较大的点位，计算出剩余点高程的平均值，以与平均值最接近者作为高程195.00m起算点。

3.2.2 水准测量准备工作

（1）仪器部分。水准测量前应对所用的水准仪进行校验。校验项目主要有：圆水准器、i角、补偿器、振动器等。

（2）水准尺的改造。使用5.0m塔尺的最顶节作为尺杆，尺杆底部用502胶粘上一去帽钢钉，钢钉尖端打磨成半圆锥形，在尺杆中部绑一50cm的钢板尺，钢板尺上0.5mm的刻度段距地面50cm（图3～图5）。

图3 改造后的水准尺

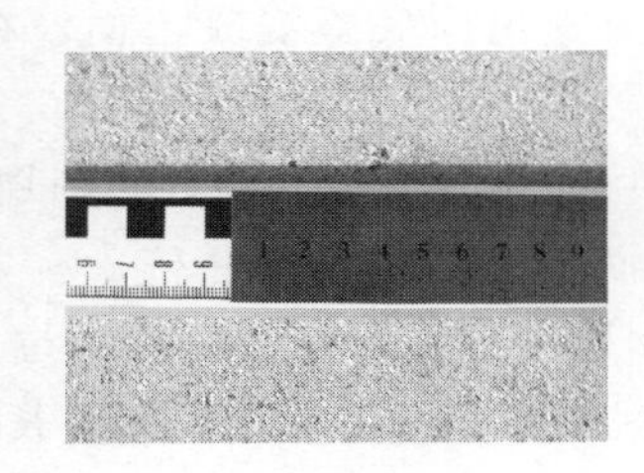

图4 0.5mm刻度段

图5 尺杆底部钢钉尖端

不管是后视点还是前视点，该点处的混凝土残渣必须彻底清除掉，并用抹布将该点地面擦拭干净。镜站从仪器中控制尺杆的左右方向的垂直度，司尺缓慢地将尺杆前后倾斜数次，司镜从仪器中读取的最小测量值作为该点的后视（前视）读数。然后将尺杆附于流道侧墙上，通过尺杆的上下移动，在墙上放出高程194.00m，放样时前后视距差由钢尺量距控制，按照规范要求，前后视距差不得超过2.0m，视距差由钢尺量距控制。

将墙上已测设出的高程194.00m点带线，使用墨盒弹出高程194.00m水平线。

4 控制网的传递

4.1 平面控制网传递

底板上的控制网主要用于底槛、侧轨、门楣的安装。对于支铰大梁和固定支铰的安装，需将控制点传递至其安装平台上。

以底板矩形控制网中0+006.430桩号线与中心线交点为基准，使用弯管目镜全站仪后视中心线，旋转90°，在左右侧墙上测设出0+006.430桩号控制线。按照同样方法将0+009.262等桩号控制线测设在左右侧墙上，将控制网传递到工作平台上，以此作为支撑大梁和固定支铰安装的控制线。

4.2 高程控制网

高程控制需要将大梁安装需要的主要高程点在控制网建立时测设出来，方便以后安装控制时的使用，因此高程控制网的传递需要的是放样出已知高程。经过事先计算，支铰大梁需要控制其上部螺栓孔位高程 205.429m、下部螺栓孔位高程 203.945m。

4.2.1 钢尺测量

在高程 194.00m 线下 50cm 处钻一直径 10mm 的小孔，孔深 60mm，装入膨胀螺丝并外露 3cm，挂上弹簧秤和花篮螺栓，调节花篮螺栓使用双重放大镜观察使钢尺的零刻度线与高程 194.00m 线对齐（图 6）。

上部用弹簧秤控制拉力，读取拉力值、温度值。

4.2.2 垂直度测量

在高程传递时钢尺是贴在混凝土面上读取数据的，因此需要对钢尺的倾斜误差进行改正，对于侧墙垂直度的测量采用在膨胀螺丝安装三角铁钢架并外伸 100cm，用水平尺调整使其水平；在底板矩形控制网外侧控制线上安置激光垂准仪，对中后将控制点投射到角铁上，将激光靶靠近角铁，旋转调焦手轮，使激光靶上的激光光斑最小，量取激光靶激光中心到墙的距离 d_1，垂准仪中心到墙距离 d_2，d_1-d_2 即为该处钢尺的垂直度（图 7）。

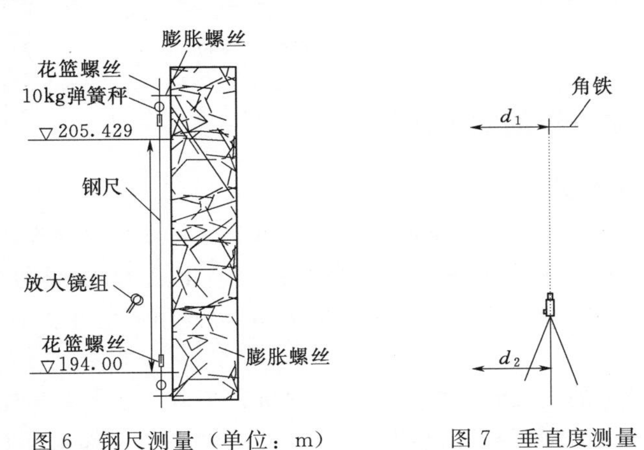

图 6　钢尺测量（单位：m）　　图 7　垂直度测量

4.3 高程的测设

钢尺的改正计算公式为

$$l=\sqrt{(l_0+\Delta l_G)^2-(d_1-d_2)^2} \tag{3}$$

$$\Delta l_T=l_0\times\alpha\times(t-t_0) \tag{4}$$

$$\Delta l_G=[(\gamma\times l_0)^2\times l_0]/(24\times F^2) \tag{5}$$

式中：l 为钢尺实际长度；l_0 为钢尺的名义长度；Δl_T 为温度误差改正；α 为钢尺的膨胀系数；t 为钢尺使用时的温度；t_0 为钢尺检定时的温度；Δl_G 为尺带因重力而引起的误差；γ 为尺带单位重量。

根据需要测设的高程和起算点高程计算钢尺实际长度，再根据钢尺改正计算公式反算钢尺的名义长度，此处设定拉力为标准拉力，温度为实测温度。采用“3.1 平面控制网”

节中的钢尺测量的方法，读取钢尺名义长度，并用刀片在墙体上划出高程点，此点即为改正后的测设高程点。

测出该高程后，使用同样的方法在距离该点下游2.0m处放出同一高程。测出距离该点下游2.0m处位置侧墙垂直度，根据需要放样的实际高程按照钢尺量距的计算公式在相同的拉力与温度下反算出此处钢尺的名义长度 l_0，测设出该名义长度，并用刀片在墙体上划出高程点。

将所刻划的高程点连接就形成了支铰大梁安装需要的高程控制网（图8）。

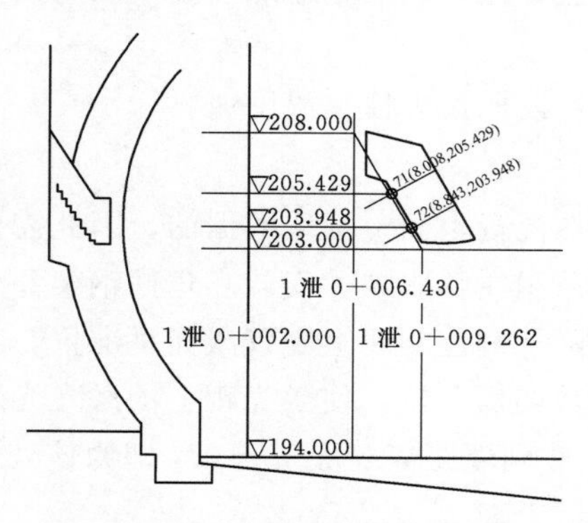

图8　侧墙高程控制网（单位：m）

5　支铰大梁和固定支铰的安装测量

5.1　支铰大梁的安装测量

在弧形闸门的安装中，支铰大梁的安装至关重要。其安装校核程序如下。

（1）利用已测设在侧墙上的桩号线、高程线交会出点 $D1$（桩号0+006.430，高程208.00m）、$D2$（桩号0+009.262，高程203.00m），使用墨盒在 $D1$、$D2$ 点间带线画出大梁倾斜控制线。

（2）按照已测设出的大梁倾斜控制线对大梁进行粗调，使大梁与控制线倾斜度基本一致；同时控制支铰大梁上部螺栓孔高程在205.429m左右，下部螺栓孔高程在203.945m左右。

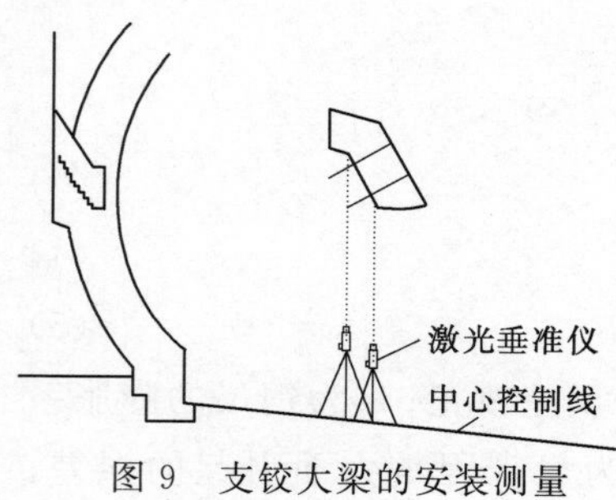

图9　支铰大梁的安装测量

（3）待大梁粗调过后，对大梁的安装位置进行精确调整；将激光垂准仪对准底板中心控制线，将中心线投射到支铰大梁上，调整支铰大梁左右移动使其中心线与地面中心控制线重合；用直角拐尺对准大梁倾斜控制线，调整支铰大梁使其与直角拐尺的刻度部分精确对齐，同时控制大梁上部螺栓孔位高程在205.429m位置；重复以上步骤直至大梁中心线、倾斜度、螺栓孔高程的偏差小于0.5mm为止（图9）。

5.2　固定支铰的安装测量

固定支铰是用预先设置螺栓固定在支铰大梁上，根据已放的支铰中心点进行安装和调整。固定支铰安装测量的项目包括铰座环的桩号、高程、同心度，铰座对孔中心线的偏差。前三项利用支铰中心穿钢丝的方法用钢板尺读数，铰座对孔中心线的偏差采取在底板控制点上架设激光垂准仪，将中心控制线投射到铰座上，利用钢板尺读取偏差。

6　启闭机机架安装测量

机架安装前，用激光垂准仪将平面坐标传递至启闭机底板，采用量距极坐标法放样出机架安装的里程和偏距控制线。利用水准仪测量机架四角工作面的高程误差。

7　底槛、侧轨和门楣的安装测量

（1）底槛安装主要是检查底槛工作面的里程、高程，并计算左右两端平整度。里程可直接用经过检定的钢尺从放样点丈量得到，底槛高程用水准仪测量即可。

（2）侧轨。一般采用钢板尺配合全站仪读数的方法进行，用经过检定的长钢尺丈量支铰中心至侧轨止水中心的距离，即可计算出侧轨的偏距误差和止水面平整度。

（3）门楣的安装主要控制其工作面的里程和高程（至底槛工作面的高差），里程测设采用钢尺量距的方法进行，至底槛工作面的高差采用水准仪悬挂钢带尺进行，并减去底槛的高程误差。

所有埋件二期混凝土浇筑完成后，应进行工作门的竣工测量，检测闸门最终安装误差、方法与埋件安装时相同。

8　弧形闸门安装精度要求

弧形闸门安装精度要求[3]见表2。

表2　　弧形闸门安装精度要求表

项目		精度要求
铰座	偏距	±1mm
	里程	±2mm
	高程	≤2mm
	同轴度	≤1mm
	轴孔倾斜	≤1/1000
底槛工作面两端高差		≤2mm
侧止水座板偏距		+2～−1mm
门楣	里程	+1～−1mm
	止水至底槛的距离	±3mm
启闭机机架	偏距、里程	≤1mm
	高程	±3mm

9　结论

潜孔式偏心铰弧形闸门对安装精度要求较高，支铰大梁安装精度高低直接关系到弧门的整体安装精度和正常使用，而测量工作贯穿于整个安装过程，对弧门安装精度起到控制作用。实践证明，采用全站仪、高精度电子水准仪、激光垂准仪等仪器按照事先斟订合理的测量方案进行控制测量，能够满足规范规定的安装精度要求。

参考文献

[1] 佚名. 钢结构现场安装测量技术[EB/OL]. http：//www. docin. com/p－346356532. html，2012-10-12.

[2] 李俊超，马玉宝. 水布垭工程弧形闸门安装测量方法[J]. 中国新技术新产品，2010（23）：99.

[3] 张亚军，铁汉，毋新房，等. 水利水电工程钢闸门制造、安装及验收规范：GB/T 14173－2008[S]. 北京：中国标准出版社，2008.

浅谈高次团粒喷播技术在河口村水库工程中的应用

王建飞[1]　卢金阁[2]　赵文博[3]

（1. 河南省河川工程监理有限公司；2、3. 河南省河口村水库工程建设管理局）

摘要：泄洪洞出口上方为施工期喷锚支护边坡，不满足环境生态覆绿要求，根据业主指示，对泄洪洞出口开挖已喷混凝土边坡进行生态覆绿，覆绿采用高次团粒喷播技术。效果显著，无二次污染，成本低，推广应用前景广阔。

关键词：河口村水库；高次团粒；施工技术；坡面绿化

1　概述

河口村水库工程位于黄河一级支流沁河峡谷段出口五龙口以上约 9.0km 处，河南省济源市克井镇内，工程开发任务以防洪、供水为主，兼顾灌溉、发电、改善生态。枢纽为大（2）型工程，由大坝、泄洪（导流）洞、溢洪道及引水电站组成。泄洪洞布置 2 条，分为 1 号洞及 2 号洞。两洞均布置在左岸，平行布置，洞距 40.0m。由进口引渠、进水塔、洞身和出口段组成。进、出口均为高边坡，出口开挖边坡坡比为 1∶0.5～1∶0.75，坡高 50.0～70.0m，边坡高陡，中间留有 4 级边坡马道，马道宽 2.0m。泄洪洞边坡开挖成形后，为满足施工期施工安全，均进行混凝土锚喷支护。这种边坡护坡形式，虽然满足边坡安全及防水土流失要求，但由于喷混凝土是一种硬化坡面，不利于坡面的植物生长，不仅自身不满足环境生态复绿的要求，也和周边绿玉葱葱的自然生态坡面不协调，同时长时间喷混凝土也会因老化和剥落，造成原有岩石裸露，更加恶化边坡，恶化周边环境。因此为满足生态环境要求，建设单位经过大量调研，选择了一种新型的边坡生态恢复技术——高次团粒喷播技术。

2　高次团粒喷播技术施工简介

2.1　原理

高次团粒属于生态防护的客土喷播技术，主要依靠锚杆（或土钉）、复合材料网（高镀锌铁丝网或土工网）、人造绿化基盘（即土壤培养基，是用专业的客土喷播设备，由专业人员在被破坏植被的高陡裸露岩石边坡上，使用富含有机质和黏粒的客土材料，在喷播瞬间与团粒剂混合并在空气的作用下诱发团粒反应，形成与自然界表土具有相同高次团粒结构的植生基质材，即瞬间使边坡快速形成和制造出具有最优异性能理想的植物群落植生基础）和植被的共同作用以达到对边坡进行防护绿化。

2.2 材料组成及要求

其组成材料一般有锚杆、镀锌铁丝网、土壤培养基（种植土、有机肥料、种子等）。

（1）锚杆：主要固定镀锌铁丝网，分主锚杆和次锚杆。主锚杆一般布置在坡面上部，直径 12mm（Ⅱ级钢），间排距 1.0m，入坡面深度 30～50cm；次锚杆一般布置在坡面中下部，直径 10mm（Ⅰ级钢），间排距 2.0m。

（2）镀锌铁丝网：为固定植物土，直径 2.0mm 热镀锌铁丝，网孔尺寸 5.5cm×5.5cm（宽×高）。

（3）土壤培养基：土壤培养基为植物生长的土壤基盘，厚度即高次团粒的喷播厚度，一般为 10～12cm。物料主要组成为水、植物土、草炭土或稻壳/锯末、牛粪或鸡粪、草纤维或木纤维、高次团粒剂、草种等。

（4）草种选择与配比。草种选择与配比见表 1。

表 1　草种选择与配比表

品种	种子	用量/(g/m²)	生长季节			
			春	夏	秋	冬
草类	高羊茅	5		●	●	
	黑麦草（多年生）	9	●	●	●	●
	三叶草（白、红）	5		●	●	●
花类	二月兰	1	●			
	野菊花	1			●	
	波斯菊	1			●	
	紫花苜蓿	4	●	●	●	
灌木	刺槐	7	●	●	●	
	紫穗槐	4	●	●	●	
	白榆	2	●	●	●	
	臭椿	1	●	●	●	
	多花木兰	1	●	●	●	

2.3 施工关键技术

（1）主要施工工艺：坡面拆除及处理→铁丝网铺设及锚杆固定→培养基配置拌和与喷射。

（2）坡面清除与处理：首先对坡面的喷射混凝土进行人工凿成鱼鳞坑，坑平面尺寸为 0.3m×0.3m，间排距为 1.5m×1.5m。以便于乔木或灌木植物根系穿过喷混凝土面进入原自然坡面，利于植物生长。然后清理坡面杂物、混凝土块、浮石及松动的岩石，对边坡进行修整，使坡面平顺，以便于铺设铁丝网。已喷混凝土拆除时原有露头的锚杆应尽量保护，原有铁丝网根据拆除情况，能保留的尽量保留。

（3）铁丝网铺设及固定：铁丝网应顺坡面从上到下进行铺设，铺设时应先布置坡顶主锚杆，铁丝网挂入坡顶锚杆后拉紧至坡底再实施次锚杆固定，然后铺设下一幅。两幅网之间不得存在空隙，两网边搭接宽度不少于1个网眼，并用铁丝扎紧。主锚杆端头应做锐化处理，次锚杆端头应做成5cm弯勾，以便于采用扎丝将锚杆与镀锌铁丝网牢固连接。铺设铁丝网和锚杆时，应尽量利用原喷混凝土拆除时保留的锚杆和铁丝网。铺设铁丝网所需锚杆的长度、规格及布置的间排距在满足锚固的要求下，根据现场实际地形、地质条件调整确定。

（4）培养基配置拌和与喷射。培养基按上述表格配比进行配制，并拌和均匀，为达到草灌结合将在基材中加入高次团粒剂 A 料拌和均匀，通过喷播机输送到团粒喷枪处后与团粒反应罐输送过来的团粒剂 B 料瞬间混合，产生团粒疏水反应，将物料喷洒在坡面上，形成物料培养基黏附在坡面上。

1）喷射尽可能从正面进行，喷播时喷枪口距坡面100cm左右，避免仰喷，喷播次序从上到下，凹凸部及死角部分要充分注意，不遗漏，喷射厚度尽可能均匀，喷射一般分3层喷射，首先喷射厚4cm左右不含种子的营养基材，再喷厚4cm左右的中层基盘，最后喷厚2cm含种子的培养基，植物生长条件差一些的地方可加喷1～2层营养基层，播种量41g/m^{2}左右，喷播完毕表面光滑平整。

2）喷播宜在种植季节施工，且雨天不宜喷播施工。

3）喷播施工中必须控制好用水量，保证基质有足够的含水量而不流淌。

4）喷播中应注意找平；喷播完后，铁丝网被基材覆盖的面积应超过80%～90%。

3 植物养护浇灌布置

由于坡面较陡，为防止养护时水流冲刷坡面高次团粒，植物养护浇水宜采用滴灌布置方案。引水源头取自坡顶2号路右侧排水沟已建 ϕ110PPR供水管处，从该处设3通采用 ϕ75PPR管穿路引至坡顶，用 ϕ63PPR管横架1条主水管道，每间隔5.0～6.0m铺设竖向 ϕ25PPR分支水管道；分水管每间隔5.0m设置1个滴灌口；分水管用300mm支架架空安装于坡面有利于滴水灌溉。具体植物养护浇灌布置方案可根据坡面高次团粒分布情况及植物浇灌要求，结合现场地形条件实施。

4 养护管理

（1）高次团粒喷播完毕后应及时铺盖无纺布进行保墒。

（2）养护期应根据出苗期、幼苗期、速生期及苗木硬化期等不同时期，采取不同的养护措施，应根据不同养护期及苗木生长要求及时进行滴水喷灌及施肥，确保草木正常生长，养护期为1年。

5 质量检查

施工完成后，对高次团粒喷播进行了全面检查，检查结果如下。

（1）高次团粒喷播后铁丝网被基材覆盖的面积均超过了85%。

（2）高次团粒喷播后外观无明显龟裂现象。

（3）浇水或下雨后，坡面无浑水产生。

（4）喷播最小厚度满足设计要求（偏差不应大于－10mm），表面喷播均匀。

（5）锚杆固定牢靠，镀锌铁丝网连接牢固。

（6）坡面绿化覆盖率达到了 90%以上。

6 结论

高次团粒喷播具有适应地域广，植被恢复快、适应范围广、施工简便高效、无二次污染、成本低等特点，为我国生态恢复提供了先进新的技术模式，提升了我国生态恢复的技术水平，可替代国外技术，推广应用前景广阔，经济、社会、生态效益显著。

参考文献

[1] 中华人民共和国国家质量监督检验检疫总局，中国国家标准化管理委员会. 林木种子质量分级：GB 7908—1999[S]. 北京：中国标准出版社，1999.

[2] 中华人民共和国国家质量监督检验检疫总局，中国国家标准化管理委员会. 禾本科草种子质量分级：GB 6142—2008[S]. 北京：中国标准出版社，2008.

[3] 天津市园林管理局. 城市绿化工程施工及验收规范：CJJ/T 82—1999[S]. 北京：中国建筑工业出版社，1999.

[4] 中华人民共和国国家质量监督检验检疫总局，中国国家标准化管理委员会. 水土保持综合治理：GB/T 15773—1995[S]. 北京：中国标准出版社，1995.

河口村水库溢洪道喷锚支护施工流程探讨

吕红伟

（河南水利建筑工程有限公司）

摘要：喷锚支护施工工艺作为现代施工中一项比较成熟的施工技术，已经在水利水电、高速公路、穿山隧洞等工程的施工领域得到广泛应用。通过对沁河河口村水库溢洪道的进山口山体喷锚加固的实际施工技术的分析，简要总结了喷锚支护施工工艺在高边坡的山体岩石等加固工程中喷混凝土施工的方法和流程，以及锚杆支护的施工流程在工程中的应用。

关键词：溢洪道；喷锚支护施工；探讨

1　工程概况

河口村水库溢洪道为岸边开敞式，堰型为WES型，堰高7.8m，堰顶高程267.50m，3孔，孔口净宽15.0m，陡槽段净宽52.2m，设计流量6924m^3/s，弧形闸门，挑流消能。溢洪道为2级建筑物。

由于整体地质条件较差，开挖边坡采用水泥砂浆锚杆、挂钢筋网喷射混凝土、引渠自进式中空锚杆、预应力锚索等施工措施加强边坡和底板基础的稳定性。

2　施工工艺及方法

2.1　喷混凝土施工

2.1.1　喷混凝土施工工艺流程

根据现场施工情况，喷混凝土施工工艺流程见图1。

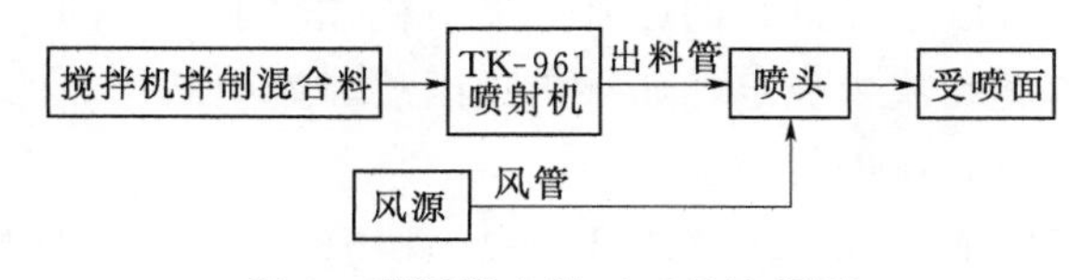

图1　喷混凝土施工工艺流程图

2.1.2　材料

（1）水泥：水泥采用42.50普通硅酸盐水泥，其各项物理力学指标均符合《硅酸盐水泥、普通硅酸盐水泥》（GB 175—1999）。

（2）细骨料：库区料场细骨料为河沙，细度模数为2.90，含泥量为2.00%，坚固性为2%，硫化物及硫酸盐含量为0.27%，云母含量为0.10%。

（3）粗骨料：库区料场石子比例采用三级配，即$D20:D40:D80=40\%:30\%:$

30%，其检测指标均满足《水工混凝土施工规范》(DL/T 5144—2001) 混凝土用粗骨料品质要求。

(4) 水：在混凝土搅拌过程中应该使用不含油脂及酸碱等有机物，质地优良，并符合有关规范规定的水质。

(5) 粉煤灰：华能沁北电厂生产的F类Ⅱ级粉煤灰，其细度为21%，需水量比为97%，三氧化硫含量为0.71%，烧失量为3.93%，碱含量为1.37%，含水率为0.60%。

(6) 外加剂：采用北京瑞帝斯建材有限公司生产的FAC聚羧酸高性能减水剂，其减水率为25.50%，含气量为2.71%，28d收缩率比为96.80%，碱含量为1.04%，FAC-4型引气剂其减水率为7.80%，含气量为8.10%，碱含量为2.26%。

(7) 钢筋网：在护坡上使用直径为6mm的钢筋进行网状绑扎，绑扎间排距0.15m×0.15m。

2.1.3 喷混凝土配合比

现场施工人员要根据具体的施工环境，通过试验数据最终会确定合适的喷混凝土配合比和速凝添加剂的掺和量，要确保喷混凝土的施工强度符合规范要求，喷混凝土的初凝和终凝时间满足实际施工工艺的要求，并最终将合适的配合比试验结果报送监理部进行备案存档。

2.1.4 配料及拌和

根据项目机械设备配置的实际情况，该项目施工用的喷混凝土料需采用JZM350S强制式搅拌机进行搅拌。在对喷混凝土料进行配料、拌和及运输的时候需要注意以下事项。

(1) 在对拌和料进行拌制称重时，需注意控制水泥和速凝剂的添加量应控制在±2%，砂石料的添加量应控制在±3%的规定范围之内。

(2) 拌和料准备就绪后，在对拌和料进行搅拌拌和的过程中拌和时间不能小于2min；如果根据需要还需拌入外加剂时，还需根据情况适当延长拌和时间。

2.1.5 喷混凝土施工

喷混凝土在施工过程中分上下两层，第一层混凝土的喷射厚度为4～6cm，第一层喷射完成之后进行钢筋网的挂设；钢筋网挂设完成之后再继续喷射第二层混凝土。在喷射过程中要遵循自上而下、分段逐段进行的原则。喷射机在喷射施工的过程中要保持连续喷射作业，并保持喷射的速度和流量稳定，如果出现因故障而中断作业的，需将喷射机和输料管中存留的余料清理干净后再进行喷射作业。

在喷射混凝土施工完成，混凝土终凝2h后，现场施工人员应及时对其进行喷水养护，养护时间一般不少于1周时间，而且当气温低于5℃时，不得再进行喷水养护。喷混凝土在雨天冲刷新喷面上的水泥，造成混凝土脱落、气温低于5℃和大风妨碍喷射手进行工作的情况应暂停喷射施工。

2.1.6 喷混凝土修补

在施工过程中发现喷混凝土未能与岩石表面黏结、未能与喷混凝土面黏结、不符合规范要求、没有达到设计规定厚度等情况的喷混混凝土，必须在监理工程师批准前提下进行修补。

2.2 锚杆支护施工

锚杆支护施工程序为：脚手架搭建→钻具就位→布孔→钻孔→清孔→注浆→锚杆安装。主要工序介绍如下。

2.2.1 脚手架搭建

排架搭设根据锚喷支护规划，从坡脚开始搭设。

拆除顺序：由上而下，后绑的先拆，先绑的后拆，先拆栏杆、脚手板，后拆小横杆、大横杆、立杆。

2.2.2 布孔

根据设计图纸及周围岩石情况决定孔位，做出孔位标记并编号，其孔位偏差不超过 100mm。

2.2.3 钻孔

根据现场施工情况，设计孔深小于 5m 的锚杆造孔采用 YO18 凿岩机造孔。设计孔深大于 5m 锚杆造孔采用潜孔钻造孔。

钻孔的孔位应由测量仪器测出具体控制点，再根据施工图纸上标注的间排距确定孔位的准备位置，测量孔位的水平位置在任何方向上偏离实际中心值不超过 100mm，孔深的超深部分不超过 50mm；孔轴的垂直方向孔斜误差不超过孔深的 5%。

钻孔前，由当班技术员确定孔位、孔向正确后，发出书面或口头通知，方可钻孔。对于不良地质带造孔，为防止卡钻和塌孔，采用水泥浆固壁→待凝→扫孔→再继续钻进的方式。

2.2.4 清孔

清孔采用高压风水枪联合冲洗孔内岩粉和积水，直至干净，对于破碎带或其他不良地质带则采用高压风吹洗干净，孔口采取保护措施，防止孔内掉渣、堵塞孔口。

2.2.5 注浆及锚杆安装

边坡锚杆采用 ϕ25mm、ϕ22mm 螺纹钢筋，设计长度 $L=4.0\sim7.0$m，间排距 2.0～3.0m，梅花形布置，锚杆安装前先对锚杆孔内进行注浆，注浆至孔深 2/3 时插入锚杆，锚杆应插主孔底。底板锚杆采用 ϕ22mm、ϕ20mm 螺纹钢筋，设计长度 $L=4.0\sim10.0$m，间排距 2.0～4.0m，和边坡锚杆穿插进行。

3 施工质量保证措施

3.1 喷混凝土质量检验

现场所有的喷射混凝土施工都必须经过监理工程师现场检查并确认合格后才能进行，喷射施工后还应该严格按照有关规定对喷混凝土施工的质量进行抽样检查试验，检查试验的记录结果要报监理工程师审查备案。对于检查出喷射厚度达不到规范要求的，要按照监理工程师的要求进行补喷，直至喷射厚度及强度达到规范要求后方可进行后续的验收等程序。在岩石间进行混凝土喷射作业的过程中应注意岩石与混凝土之间的黏结力，在喷射作业完成之后，要按照监理工程师的指示对喷射区域进行取芯并作抗拉试验，钻取的芯样直径为 100mm，取样后的钻孔，需用干硬性水泥砂浆进行回填密封，试验后的结果需报监理工程师进行审核备案。如果检查发现喷混凝土存在强度不够、表面鼓皮或脱落等缺陷时，应及时对其进行修补和处理，处理合格后经监理工程师检查签认后，方能验收。

3.2 锚杆质量检验

在对锚杆的材质进行检验的时候，需要注意检查每批锚杆中是否附有质量合格证明书，并按照规范要求对每批次的锚杆进行随机抽样检验锚杆性能。在对注浆密实度进行试验的时候，应注意需选取与现场锚杆长度、直径、倾斜度及孔径等要求一致的塑料管或钢管进行试验，并采取的与现场注浆要求相同的拌和砂浆进行注浆，待养护够7d后进行剖管对其密实度进行检查。

按监理工程师指示的抽验范围和数量，对锚杆孔的钻孔规格（孔径、深度和倾斜度）进行抽查并做好记录。在拉拔力试验时，应按作业分区在每300根锚杆中抽查一组，每组不少于3根进行拉拔力试验；在砂浆锚杆养护28d固定后，安装张拉设备逐级加载张拉至拉拔力达到规定值时，应立即停止加载，结束试验。

锚杆的拉拔力不符合设计要求时，检测应再增加一组，如仍不符合要求，可用加密锚杆的方式予以补救；将每批锚杆材质的抽验记录、每项注浆密实度试验记录和成果、锚杆孔钻孔记录、边坡和各作业分区的锚杆拉拔力试验记录和成果以及验收报告提交监理工程师，经监理工程师验收，并签认合格后作为支护工程完工验收的资料。

4 结论

边坡支护遵循从上到下分层分块支护施工。首先进行高程275.00m范围以上的支护施工，然后进行高程275.00m以下的边坡支护工作，底板的锚杆施工穿插进行。首先进行基岩面验收，合格后及时进行锚喷支护。边坡先搭设脚手架，对坡面进行清理，验收合格后，进行素喷3～5cm厚混凝土对基岩面进行封闭，随后锚杆钻孔和灌浆，再挂钢筋网，最后进行第二层混凝土的喷射。底板直接锚杆钻孔和灌浆。

河口村水库溢洪道混凝土浇筑工艺探讨

王　凯

（河南水利建筑工程有限公司）

摘要： 溢洪道是水库的重要防洪设备，根据溢洪道规模和设计要求，溢洪道施工均采用大体积混凝土浇筑施工方法，因溢洪道的工程质量关系到整个水库的安全，所以在施工中需采取合适的方法对大体积混凝土的施工温度及裂缝进行控制，切实提高水库的安全性和可靠性。沁河河口村水库溢洪道在施工中对大体积混凝土裂缝的控制效果较为突出，以沁河河口村水库溢洪道大体积混凝土施工为例，分析把控大体积混凝土施工的注意措施和控制方法。

关键词： 溢洪道；混凝土；浇筑；探讨

1　工程概况

河口村水库溢洪道主要由引渠、闸室、泄槽、挑流鼻坎和出口段五部分组成。溢洪道为岸边开敞式，堰型为WES型，堰高7.8m，闸墩上游侧高28.8m，闸墩下游侧高34.21m，中墩厚3.6m，迎水面为半圆形墩头，堰顶高程267.50m，3孔，孔口净宽15.0m，陡槽段净宽52.2m，设计流量6924m^3/s，弧形闸门，挑流消能。溢洪道为2级建筑物。引渠段桩号0－170～0＋000.00，闸室段桩号0＋000.00～0＋042.00，泄槽段桩号0＋042.00～0＋136.00，挑流鼻坎段桩号0＋136.00～0＋168.58，出口段桩号0＋168.58～0＋196.00。

2　混凝土施工工艺流程

根据现场施工情况，混凝土采用现场拌制，泵送混凝土的施工方法，具体施工工艺流程见图1。

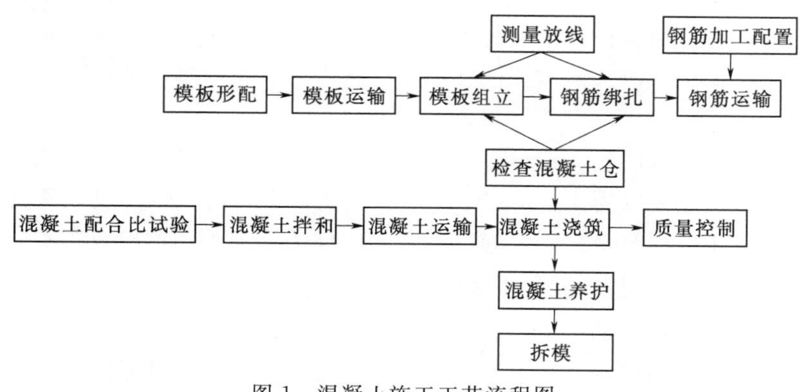

图1　混凝土施工工艺流程图

3 溢洪道混凝土施工

3.1 混凝土拌和系统的分析部署

根据项目实际情况，经考察研究后决定将混凝土拌和系统设在2号营地生产区（2号弃渣场），拌和系统采用最大生产率为$80m^3/h$的HZ120混凝土搅拌站。拌和场内设置4×18.0m宽、30.0m长的料仓，用于存放砂石骨料，计划料仓储量为$8000m^3$，料仓为封闭式，以减少温度、降雨等天气因素对混凝土拌和质量的影响。拌和最大强度分析根据图纸和项目划分本标段最大仓位为引渠段翼墙基础，平面面积为$383m^2$，混凝土浇筑时采用分层台阶法浇筑，按每层30cm算，铺满一层需$114m^3$混凝土，耗时85min，满足规范要求间歇时间。经分析，采用的HZ120拌和系统，每小时生产能力为$80m^3/h$，满足混凝土生产效率要求。

3.2 混凝土原材料的选用

（1）水泥。根据工程质量规范的要求及对各供应商的综合考察，决定溢洪道主体结构混凝土用水泥采用河南省同力水泥有限公司生产的P·MH42.5中热水泥。

（2）粉煤灰。采用华能沁北电厂（济源市五龙实业总公司）生产的F类Ⅰ级粉煤灰。

（3）骨料。粗骨料根据配合比要求分为5～20mm，20～40mm，40～80mm三种级配，细骨料采用人工砂，耐磨混凝土采用天然砂。生产厂家为库区石料厂。

（4）外加剂。减水剂采用北京瑞帝斯建材有限公司生产的FAC聚羧酸高性能减水剂。HF外加剂采用甘肃巨力电力技术有限公司生产的产品。

3.3 溢洪道模板的要求及选用

（1）闸墩模板、边墙模板、闸底板模板。闸墩模板、边墙模板、闸底板模板主要采用1.5m×3.0m组合钢模，局部结合订制小型异型钢模板。站筋与围檩采用10号槽钢，站筋间距60cm，槽钢立放；围檩间距90cm，双槽钢平放；对拉钢筋采用ϕ14mm的弯钩拉筋，间距随围檩与站筋的交点设置而定。模板水平、垂直接缝采用双面胶带镶缝。

（2）溢流面模板。溢流面（闸底板和鼻坎反弧）上部采用滑模（两边安装模板加震动梁，人工抹面、收光配合进行），滑模操作系统主要由钢梁导轨、卷扬机和10.5m×1.0m（长×宽）定型钢模板桁架等组成。

（3）墩头、墩尾圆弧模板。墩头、墩尾模板采用直径1.8m的圆弧模板。

（4）预制梁模板。为保证预制混凝土的外观质量，交通桥的模板采用定型钢模；栏杆混凝土的模板全部采用木模。模板在模板加工厂制作，浇筑混凝土前运至施工现场进行安装，周转使用。

（5）溢洪道引水渠段底板、泄槽底板及边墙等部位模板溢洪道引水渠段底板、泄槽底板及边墙等部位模板主要采用1.5m×0.6m（长×宽）组合定型钢模板，模板采用钢管加固支撑，模板缝采用双面胶带封闭，局部边角部位加工特制小型钢模板及木模。

3.4 施工过程中钢筋、模板、混凝土运输方法

混凝土水平运输采用5辆$10m^3$混凝土运输车运至现场。

混凝土浇筑主要采用塔机吊罐入仓。在闸室下游0+047中间部位设400t塔机1台，

塔机臂长70.0m，主要负责闸室、引渠、泄槽0+042～0+0115.5段模板、钢筋、混凝土等垂直运输任务。另配50t汽车吊1台和皮带机2台，0+0115.5～0+196段完成混凝土浇筑工程的模板、钢筋、混凝土等垂直运输任务。

塔机基础全部位于泄槽底板建基面，采用C30混凝土浇筑。塔机使用完成后，基础不再拆除，塔机基础部位超挖部分采用同泄槽底板混凝土浇筑。

4 混凝土浇筑分仓规划及浇筑方式

4.1 各部位混凝土施工顺序

闸室和挑流鼻坎段压重混凝土浇筑→固结灌浆基础处理→控制室闸底板（不含溢流面HF混凝土）→闸墩→上游翼墙→溢流面HF混凝土→泄槽段及挑流鼻坎侧墙混凝土→上游护底及护坡段和交通桥混凝土。

4.2 闸底板混凝土的浇筑

4.2.1 分仓规划

闸底板共分4联，顺水流方向长42.0m，中间两联宽18.6m，两侧两联宽13.2m。混凝土为C25钢筋混凝土结构，面层为C40HF混凝土。

闸室段底板混凝土分2层，下层为C25混凝土，上层为C40HF混凝土溢流面层。浇筑时先浇筑下层C25混凝土，上层C40HF混凝土待闸墩混凝土浇筑完成后再进行浇筑。

下层C25混凝土按每层1.0m浇筑，计划不相邻的2个闸底板同时施工，流水作业。上层C40HF混凝土按伸缩缝分仓浇筑。

4.2.2 浇筑方式

混凝土拌制以后，采用混凝土运输车运到闸底板上游，塔吊配合皮带机运输混凝土入仓，人工平仓，仓面水平分层厚度0.3～0.5m，ZX-70型插入式震动器振捣。

4.2.3 浇筑注意事项

模板、钢筋、插筋、止水及埋件安装、施工缝处理完毕，经监理工程师检查验收合格，即可开盘浇筑混凝土。闸底混凝土采用阶梯分层浇筑方法，自下游开始向上游推进浇筑。每层阶梯宽1.0m，厚度按0.4m控制，每小时浇筑混凝土方量25m^3左右，下层浇筑完毕，重复作业，浇筑上层混凝土。上下相邻仓位混凝土浇筑的时间间隔，应符合规范规定。

4.3 闸墩混凝土的浇筑

4.3.1 分仓规划

依据闸墩的结构尺寸，分5层浇筑到顶。第1层浇至高程260.20m，第2层浇至高程266.20m，第3层浇筑至高程273.70m，第4层浇筑至高程281.20m，第5层浇筑至高程288.50m。闸墩浇筑分仓见图2。

4.3.2 浇筑方式

闸墩混凝土入仓采用塔机吊混凝土吊罐入仓，ZX-70型振捣器振捣。

4.3.3 浇筑注意事项

闸墩混凝土采用通仓水平分层浇筑方法，沿上下游方向从一端向另一端推进浇筑。下

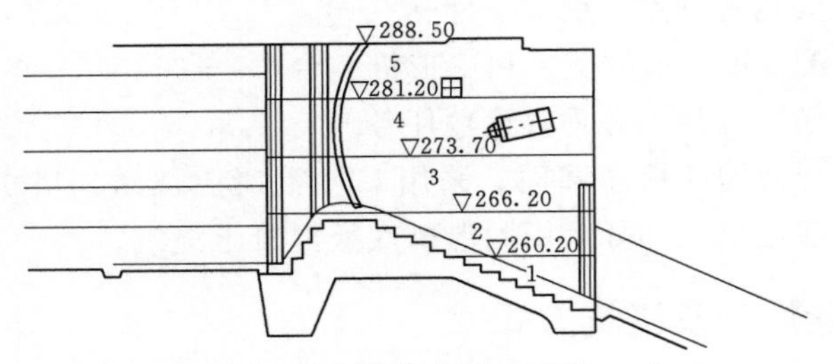

图 2　闸墩浇筑分仓图（单位：m）

注：1～5 为浇筑分层编号。

层浇筑完毕，重复作业，浇筑上层混凝土。上下相邻仓位混凝土浇筑的时间间隔，应符合技术条款的规定。闸墩墩顶混凝土浇筑时，应准确测量定位检修桥梁的安装位置，并人工找平梁底墩顶。

4.4　引渠段边墙混凝土的浇筑

4.4.1　分仓规划

边墙左右岸按分缝各分为 3 块，每块各分 7 层浇筑，分层高度见图 3。

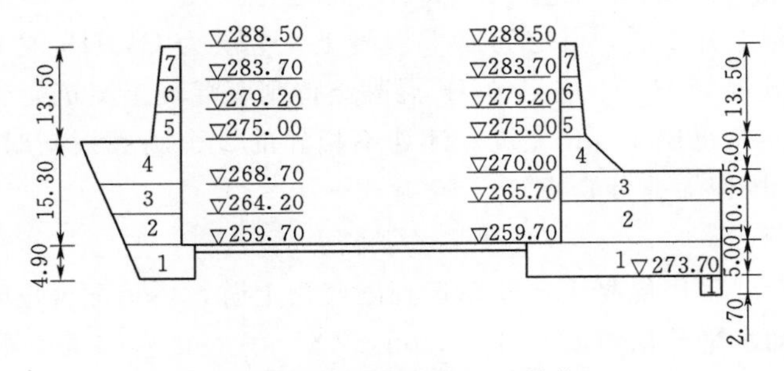

图 3　引渠边墙浇筑分仓图（单位：m）

4.4.2　浇筑方式

浇筑第 1 层混凝土采用运输车配合皮带机入仓，第 2～7 层混凝土采用塔吊吊罐入仓或汽车吊吊罐入仓。

4.4.3　上游护底混凝土的浇筑

按分缝共分为 16 块，最大仓面 112m³。混凝土运输车运至上游，皮带机运输入仓，跳仓浇筑。

4.5　泄槽段混凝土的浇筑

泄槽段底板按施工缝分块浇筑，分为 49 块，跳仓浇筑，塔吊吊罐入仓，人工配合滑模浇筑。侧墙按施工缝浇筑，采用塔吊吊罐入仓，人工平仓，仓面水平分层厚度 0.3～0.5m，ZX－70 插入式震动器震捣。

4.6　挑流鼻坎段底板，侧墙及下游底板混凝土的浇筑

4.6.1　分仓规划

挑流鼻坎段底板按施工缝分层浇筑，下层为 C25 混凝土，上层为 C40 HF 混凝土溢流

面层。一期先浇筑下层大体积混凝土，溢流面层 HF 混凝土同泄槽段一同浇筑。挑流鼻坎段边墙溢流面以下基础部分分层同底板，边墙部分分 2 次浇筑完成。

4.6.2 浇筑方式

混凝土运输车运到底板下游，采用汽车吊配合皮带机入仓，人工平仓，仓面水平分层厚度 0.3～0.5m，ZX－50 型插入式震动器震捣。

5 温度的监测

（1）为了方便监测混凝土的表面温度，质检人员应在混凝土浇筑时，先在仓中预埋几个温度监测钢管，监测底部要密封，管口暂时封堵。

（2）当混凝土的表面温度和周围天气温度相差 20℃时，应该将毡棉去除，让混凝土自然散热；当温度小于 20℃时，应覆盖 3 层毡棉，让混凝土蓄热。

（3）对温度的记录方面，质检人员要认真做好混凝土内部温度和表面温度的测量数据记录工作，详细标注测量的时间、部位等信息，并建档立案，便于查询。

6 结论

河口村水库溢洪道泄洪闸墩长 42.0m，闸宽 15.0m，闸门 15.0m×18.0m（宽×高），从工程规模上来看，溢洪道的墩长和闸孔宽都是目前河南省内第一，闸门也是河南省最大，难能可贵的是在施工不留伸缩缝、后浇带、膨胀带等高难度技术要求下，经过项目部的精心施工，至今未出现裂缝，为大体积混凝土施工积累了经验。

参考文献

[1] 田文辉. 巴家嘴水库溢洪道闸室大体积混凝土施工及质量控制[J]. 甘肃水利水电技术，2009（8）.

[2] 王波，丁建军，韦绍宁. 西吉县什字水库除险加固溢洪道混凝土浇筑施工工艺分析[J]. 科技风，2013（16）.

[3] 刘玉柏，张艳玲，张育. 浅谈混凝土板施工工艺过程质量控制方法[J]. 水利科技与经济，2010（2）.

河口村水库固结灌浆施工工艺探讨

马长江

（河南水利建筑工程有限公司）

摘要： 固结灌浆施工多适用于水利建设的水库施工中，由于水库施工多处于山体之中，需将山体中的河道进行拦河施工，因此需严格控制工程质量。固结灌浆施工主要是通过灌浆施工进一步提高破碎带岩石的力学性能和裂缝间隙的发育，以减少山体岩石的变形和沉降，提高岩石的均质性和整体性，提升岩体的抗压强度和弹性模量。

关键词： 河口村水库；固结灌浆；施工工艺

1 工程概况

河口村水库溢洪道为岸边开敞式，堰型为WES型，堰高7.8m，堰顶高程267.50m，3孔，孔口净宽15.0m，陡槽段净宽52.2m，设计流量$6924m^3/s$，弧形闸门，挑流消能。溢洪道为2级建筑物。引渠段、闸室段、挑流鼻坎段底板基岩固结灌浆孔孔距的间距3.0m，孔深5.0m，正方形布置，灌浆分二序孔进行，灌浆压力0.10～0.40MPa。在闸室段选一片区域先进行灌浆，并根据岩基破碎程度及灌浆结果，最后确定各相应的地基灌浆孔孔距、排距及灌浆压力。

2 工艺流程

孔位放线→钻机就位→钻孔→冲洗、压水试验→灌浆→封孔→质量检查→资料的整理与归档。

3 固结灌浆施工

3.1 孔位放线

固结灌浆施工的时候现场施工人员应根据现场的实际情况及上级设计部门的有关要求进行施工放线，孔位放线时的偏差不超过10cm。

3.2 钻机就位

按照施工要求对孔位放线完成后，组织施工人员进行钻机就位，要求现场施工人员使用水平尺对现场施工场地进行校准和整平，与此同时在钻机钻进、开孔的过程中还要不断地对钻进面的平整度及时进行调整和校核，以保证钻机的稳固平整施工，并将钻孔的孔斜率控制在不超过1%的范围之内。

3.3 钻孔

根据现场施工情况，项目钻孔施工采用YT28型潜孔钻机，开孔孔径76mm。钻孔均自上而下平稳钻进。钻进施工过程中要求现场施工人员要严格按照设计图纸和设计标准进行规范施工，需要对所有施工的钻孔进行统一编号和备案。施工中要对实际孔位和孔的钻进深度进行记录备案，灌浆孔的孔位误差及孔深应符合设计的规范要求。施工过程中要对孔口进行封闭保护，防止在施工过程中在孔中流入污水和落入杂物，与此同时还要对钻孔内涌进的泥水，岩石破碎断层后碎块以及喷护的混凝土的厚度等进行详细准确的记录，并将其作为后期工程验收质量分析的参考依据。

3.4 钻孔冲洗

为了提高灌浆效果，灌浆孔均应进行冲洗，在钻孔结束后采用水泵冲洗孔底沉淀物及孔壁岩粉，直至回水澄清为止，孔内残存的沉积物厚度不得大于20cm。之后进行裂隙冲洗，冲洗压力为该段灌浆压力的80%，大于1.00MPa时，采用1.00MPa。灌浆孔裂隙冲洗后，该孔要立即连续进行灌浆作业，因故中断时间间隔大于24h，则要求在灌浆前重新进行裂隙冲洗。

3.5 压水试验

固结灌浆孔及检查孔应进行压水试验，压水试验采用简易压水法。简易压水可结合裂隙冲洗进行，压水压力为该段灌浆压力的80%，最大不超过1.00MPa。灌浆孔每段压水20min，每5min测读1次压水流量，取最后的流量值作为计算流量，其成果以透水率表示。

3.6 灌浆

3.6.1 灌浆顺序

先进行外侧灌浆孔灌浆，后进行中间灌浆孔灌浆。

3.6.2 灌浆方法

(1) 全孔一次灌浆法，灌浆方式为纯压式，浆液从搅拌罐经过测试合格后放入下面的储浆罐内用HBW150型输送泵的压力把浆液通过30橡胶钢丝管注入孔内，多余的浆液通过回浆管回入搅拌罐内。

(2) 止塞器由内管和外管组成（外管和内管根据需要灌浆孔的深度可增加外管和内管的长度），浆液通过内管进入孔内，多余浆液可通过内管和外管中间的空间通过ϕ30的橡胶钢丝管回入搅拌罐。

(3) 固结灌浆距盖重混凝土预埋孔口0.3m处进行止塞灌浆。如果出现冒浆或沿止塞部位漏浆可向上移动止塞位置。针对可能会出现的冒浆或者沿着止塞位置周围的岩体裂隙冒浆可采取向上移动止塞位置，若冒浆量较小，不做专门处理，按正常方式灌浆至结束标准；如冒浆量较大，采取低压、浓浆、限流、间歇、待凝等方法处理，并根据情况采取嵌缝地表封堵方法处理。

(4) 固结灌浆分为一序、二序，钻孔和灌浆必须按序进行。

3.6.3 灌浆过程控制

灌浆施工过程中灌浆液的浓度应该遵循由稀到浓、平稳改变的原则。灌浆的水灰比采用3∶1、2∶1、1∶1、1∶2四个比例级别。当灌浆灌入速率保持恒定，灌浆压力逐步升高或压力不变，灌注速率逐步减小的时候，不能改变原始的水灰比例。

当某次特定比级的灌浆施工中灌注时间已经达到35min，或者灌浆量已经达到350L以上，而灌注速率和灌浆压力都没有明显变化时，就应该更换水灰比更浓一级浆液进行灌注。如果灌注速率大于35L/min的时候，项目可以根据现场的具体施工情况进行越级调整使用更高浓度比的浆液；如果采用的是最高浓度比级的浆液，吸浆量仍很大、不见减小时，可采取限制流量、降低压力和间歇性灌浆的处理方法进行处理；如果过程中发生回浆变浓的现象，则要换用同一浓度比的新浆液进行灌注施工。

3.7 封孔

所有灌浆孔、质量检查孔、抬动孔等均应采用置换和压力灌浆封孔法封孔。

当灌浆结束后，利用原灌浆管灌入水灰比为0.50：1的浓浆，将孔中余浆全部顶出，直至孔口返出浓浆止。而后提升灌浆管，在提升过程中，严禁用水冲洗灌浆管，严防地面废浆和污水流入孔内，同时，还应不断地向孔内补入0.50：1的浓浆，最后，在孔口进行纯压式封孔灌浆1h，仍用0.50：1的浓浆，压力为灌浆最大压力。待孔内水泥浆液凝固后，灌浆孔上部空余部分，大于3m时，应继续采用导管注浆法进行封孔；小于3m时，可使用干硬性水泥砂浆人工封填捣实。

3.8 灌浆工程资料的整理与归档

各施工班组应对现场施工情况及时进行记录并上交施工记录，资料整理员应随时对施工记录进行校核和汇编成成果资料，发现问题及时反馈，技术人员得到反馈问题应及时进行解决和处理，做到质量问题不过夜。灌浆工程的施工记录、成果资料和检验测试资料包括：灌浆工程原材料试验和质量检验成果、钻孔固结灌浆压水施工记录、钻孔岩芯取样试验成果、质量检查和质量事故处理记录、监理人要求提供的其他资料等内容。

钻探灌浆记录应在现场随施工项目、内容进行记录，必须反映真实情况，压水、灌浆记录采用自动记录仪记录。在遇有自动记录在记录过程中出现故障时，可改为手工记录。

4 抬动观测装置的安装及变形观测

4.1 抬动观测装置的安装

在进行裂隙冲洗、压水试验和灌浆施工过程中均同步进行抬动观测。抬动观测孔位布置，由监理与施工单位根据现场具体情况商定，抬动观测孔固定端应深入基岩5.0m。抬动观测装置安装时首先向孔底填入厚40cm的低标号水泥砂浆，在孔内安装直径50mm左右的护孔管直至孔底，在护孔管内安装一根直径约25mm的钢管。在直径50mm护孔管和直径25mm的钢管之间下部灌入0.50：1的水泥浆，0.50～1m深，上部灌满细沙。把B531电子式的千分表通过磁铁链接杆链接在直径25mm钢管外壁上。在抬动观测孔的周边平整一块约1m^{2}的地方，在平地上安放一块钢板，B531电子式千分表的顶针放在钢板上置零千分表读数，在灌浆的时候千分表的读数可显示在千分表上，也可以通过信号线传递在电脑上（B531电子式千分表可控制范围为0～10mm的地面抬动）。

4.2 抬动变形观测

压水试验及灌浆时，均应同步进行抬动观测，当观测值接近0.20mm时不得继续升压，如升压灌浆后，变形值上升较快或已接近0.20mm时，应立即恢复到升压前的压力灌注。抬动观测须做详细记录，观测工作应连续，不得中断，正常情况要求每5～10min观测记录1次，若遇有抬动的迹象应密切监测。观测应延续到压力、灌浆结束后1～2h，变形回缩稳定为止。

5 结论

施工过程中为了保证浆液质量，施工中还要采用灌浆微机自动记录仪，对施工过程中的灌浆、冲洗及压水等施工过程进行全过程自动监护记录，将会减少人为记录误差，提高质量评定的真实性和准确性。

参考文献

[1] 刘银伟. 光照电站隧洞固结灌浆施工方案探讨[J]. 西部探矿工程，2011（8）：197-199.

[2] 杨世伟，李德勇. 锦屏一级水电站坝基无盖重固结灌浆施工工艺探讨[J]. 探矿工程（岩土钻掘工程），2011，38（8）：56-58.

[3] 卞勇. 水利工程固结灌浆防渗施工技术探讨[J]. 科技与企业，2012（2）：118-118.

河口村水库溢洪道金属结构安装施工探讨

马长江

（河南水利建筑工程有限公司）

摘要： 河口村水库是一座以防洪、供水为主，兼顾灌溉、发电、改善河道基流等综合利用的大（2）型水利枢纽，溢洪道金属结构安装主要是弧形闸门的安装，弧形闸门主要有铰座铰链、支臂及门叶的安装，弧形闸门有相应的启闭设备进行控制，对水库的安全运行有很大作用。结合施工实际，总结金属结构安装的施工特点和技术要求。

关键词： 溢洪道；金属结构；安装施工

1 工程概况

河口村水库溢洪道位于左坝肩龟头山形鞍部，古滑坡体后缘与五庙坡断层之间，主要由引渠、闸室、泄槽、挑流鼻坎和出口段5部分组成。溢洪道为岸边开敞式，堰高7.8m，闸墩上游侧高28.8m，闸墩下游侧高34.21m，中墩厚3.60m，迎水面为半圆形墩头，堰顶高程267.50m，3孔，孔口净宽15.0m，陡槽段净宽52.2m，设计流量6924m^3/s，弧形闸门，挑流消能。溢洪道为2级建筑物。溢洪道闸室段长42.0m。闸室共3孔，底板为WES实用堰，分为4块，2块之间设1cm沉降缝。单孔净宽15.0m，为一开敞式钢筋混凝土结构。闸室前部设弧形钢闸门，液压启闭机控制。工程金属结构安装包括溢洪道闸门及埋件、启闭机等。

2 埋件安装施工

2.1 施工前准备

（1）门槽一期混凝土凿毛，调整预埋插筋。

（2）清除门槽内渣土、积水。

（3）设置孔口中心、高程及里程测量控制点。

（4）搭设脚手架及安全防护设施。

2.2 施工放样

根据孔口中心、高程及里程控制点，利用经纬仪、钢卷尺定出门槽、底槛中心线、牛腿支铰座板，利用DSJ2精密水准仪确定底槛高程。

2.3 安装流程

埋件安装前应按照图纸对埋件进行清点，检查埋件有无变形损坏。由于埋件较长，安装移动过程中要做好保护，防止变形。埋件安装流程见图1。

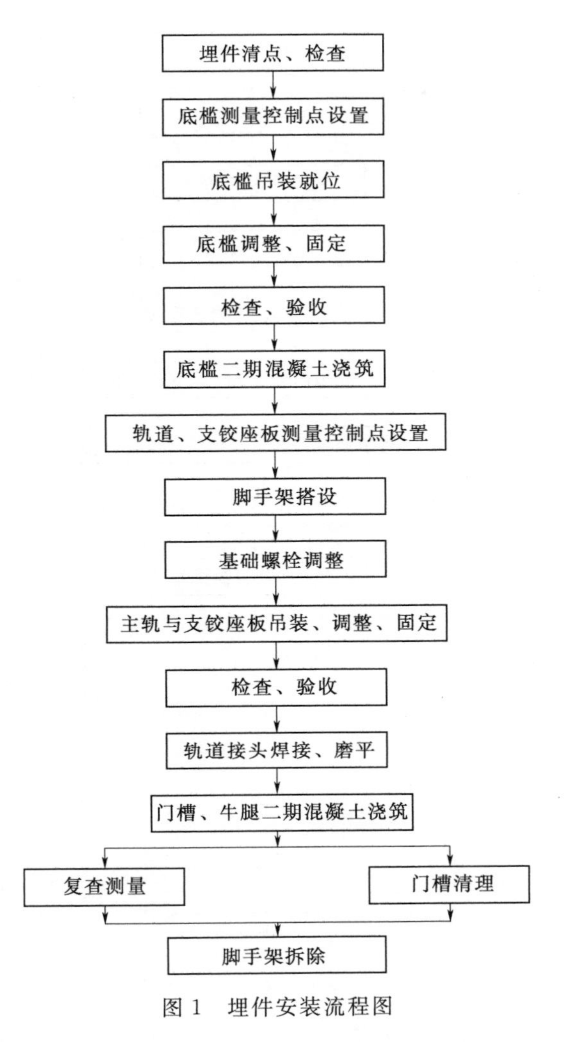

图 1　埋件安装流程图

埋件在安装过程中要反复进行调整，确保安装的公差与偏差符合规范规定。

二期混凝土拆模后，应对埋件工作面及焊接接头处进行清理或磨光处理，并对埋件进行复测，做好记录。

3　弧形闸门安装

溢洪道闸室前部设弧形钢闸门，安装以 300t 汽车起重机为主、塔吊起重机配合，卷扬机、滑轮组为辅。

3.1　安装工艺流程

弧形闸门安装工艺流程见图 2。

3.2　施工方法

3.2.1　清点、检查

闸门运抵安装现场后，存放在引渠底板上按照铰座、支臂、边门叶、横梁、中门叶的

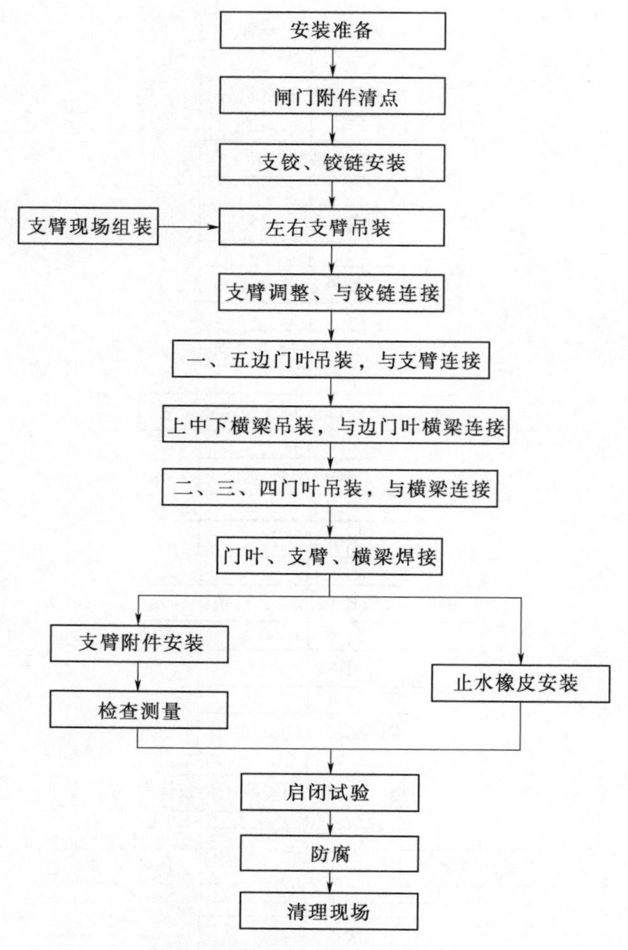

图 2　弧形闸门安装工艺流程图

顺序从下游向上游堆放；应对闸门零部件进行清点、检查，如发现损坏、丢失应及时通知业主及监理工程师采取补救措施，以避免影响安装

3.2.2　铰座铰链、支臂安装

将固定铰和活动铰用手拉葫芦拉紧，防止相对转动。用 300t 汽车起重机提升圆柱铰穿入基础板的固定螺栓调整中心并固定。固定后要对左右铰链孔的同轴度进行检查，在 1mm 内；对启闭机选臂轴与铰链孔平行度进行检查，在 1mm 内。调整高度使铰链与支臂的连接面处于垂直位置。调整后将铰链吊挂于闸墩上。支铰安装工作结束，并经监理人检查认可后，用 C30 水泥砂浆填实。

在闸孔前方的引渠底板对左右支臂进行组装，将支臂尾、上中下支臂、撑杆 3～8 进行连接。用 300t 吊车起吊主吊点、10t 手动葫芦作为辅助吊点进行支臂角度的调节。将弧形闸门的支臂与支铰座连接。连接完成，在支臂下方设置方站柱支撑、千斤顶，确保门叶安装后距离底坎 50～100cm。

3.2.3 门叶安装

臂吊装完成在进行检查、调整后，才能进行边门叶安装。利用汽车起重机将一、五边门叶转运至闸室后，用汽车起重机吊装就位，反复调整支臂、边门叶位置，使铰轴中心至面板外缘的曲率半径 R 和两侧相对差在允许偏差范围以内，与支臂临时连接。连接后对两吊耳孔的同轴度、吊耳孔与铰链孔的平行度进行检查，在1mm内方可进行正式连接。

边门叶安装完成并进行检查后，将上中下横梁与左右边门叶上的横梁进行连接。连接完成后按二、四、三的顺序进行中门叶的吊装。

3.2.4 起吊能力计算

铰链单重9.82t、铰座、铰轴重7.37t、三支臂共重30.59t、边门叶单块重35.56t、中门叶单块重16.8t。

根据现场情况，铰链、铰座整体吊装共重17.19t；吊车就位在闸孔中心紧靠溢流堰处，吊车吊盘中心距离支铰中心距离33.15m。查QAY300全地面起重机性能表，在34.0m远的位置能起吊18.5t，满足需要。

单侧三支臂重30.59t，吊车吊盘中心距离三支臂中心距离23.6m。查QAY300全地面起重机性能表，在24.0m远的位置能起吊32.1t，满足需要。

边门叶重35.56t，中门叶重16.8t，只用复核边门叶起吊能力即可。吊车吊盘中心距离边门叶中心距离为15.8m。查QAY300全地面起重机性能表，在16.0m远的位置能起吊55.5t，满足需要。

3.2.5 闸门焊接

先对焊缝两侧氧化物用电弧气刨进行打坡口，砂轮磨光清理后分段对称焊接，用焊接反变形来控制变形，焊缝经探伤仪检验合格后，方能进行下道工序。

3.2.6 止水橡皮安装

止水橡皮安装前仔细检查有无损伤，核对止水橡皮型号是否符合设计要求，其外形尺寸偏差是否符合规范规定。

弧形闸门侧止水为L形橡皮，底止水为平板直橡皮。先装底止水，后安侧止水。止水橡皮接头黏合后，结合部位要平整。止水橡皮螺孔采用空心冲加工，螺孔位置应与止水压板螺孔位置一致，孔直径应比螺栓直径小1mm。螺栓拧紧后，其端部应比止水橡皮自由表面低8mm以上。

止水橡皮安装后两侧止水中心距离和顶止水至底止水底缘距离的允许偏差为±3mm，止水表面平整度为2.00mm。闸门在工作状态止水橡皮压缩量符合要求，允许偏差为－1.00～＋2.00mm。

3.2.7 闸门试验

（1）无水全行程启闭试验。闸门升降过程中在行程范围内运行应自如，最低位置时止水橡皮密封应严密。在进行无水启闭试验时，必须在止水橡皮处浇水润滑，防止止水橡皮损坏。

（2）动水全行程启闭试验。闸门升降过程中在行程范围内运行应自如，启闭机两侧运转同步，止水橡皮不应有损伤。闸门处于工作位置后止水橡皮压缩应均匀，压缩量符合要求。测量任意 1.0m 处止水橡皮漏水量不大于 0.10L/s。

4 液压启闭机安装

4.1 安装流程

液压启闭机安装流程见图 3。

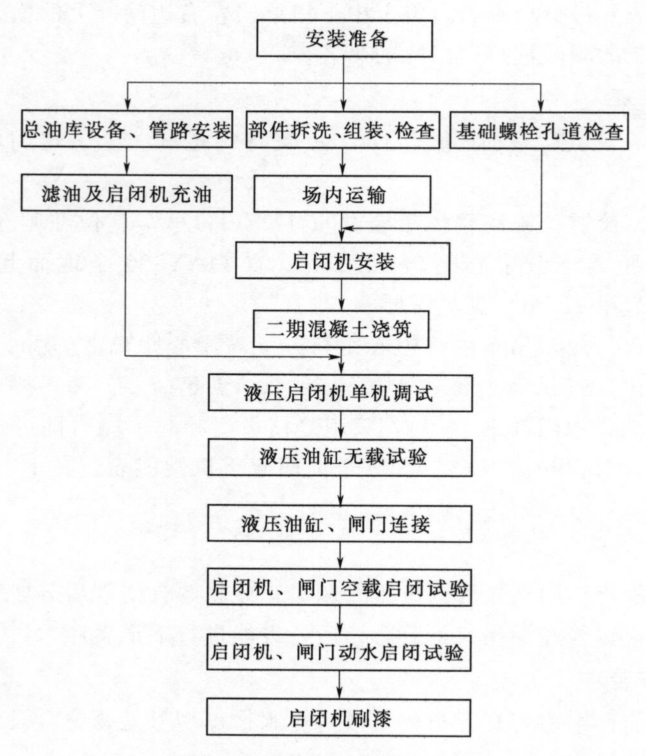

图 3 液压启闭机安装流程图

4.2 清点、检查

液压启闭机液压管路系统配件多，安装前应按照施工图纸及工厂装箱单对所有配件进行认真清点、检查并登记造册，发现损坏、丢失、型号不符，应查明原因，尽快处理。

油缸为启闭机重要部件，检查中应特别注意活塞杆是否变形，在活塞杆在竖直状态下，垂直度不大于 1/2000，同时应检查油缸内壁有无损伤和拉毛现象。

4.3 油压装置安装

启闭机油压装置吊采用汽车吊吊装就位，经水平调整后，将底脚螺栓紧固。吊装就位时，应注意不要损伤油压装置内部元器件。

4.4 液压管路安装

油库、压力管路连接前应进行清洗，油库底部必要时应用面团将杂物及金属削粘去。压力管路弯制应符合规定，接头处密封件完好，连接紧密。

管路安装平直、清晰，布局合理。

4.5 液压油缸安装

液压油缸由于比较长，吊装时应根据液压油缸长度和重量定出起吊点位置及个数，防止变形。

活塞杆与闸门吊耳连接时，当闸门落到底，活塞与油缸端盖之间应留有50mm左右间隙，以保证闸门关闭严密。

4.6 电气安装

启闭机本体吊装就位后，应按照图纸对电气元件进行检查、调试。用仪表测量电气设备绝缘电阻应大于0.50MΩ，所有电气设备外壳应可靠接地。

5 启闭机调试与试验

5.1 启闭机调试

油泵空转运转正常后，将溢流阀逐渐旋紧，管路充满油后，调整溢流阀使其在工作压力的25%、50%、75%、100%的情况下，分别运转15min，工作应正常。

调整溢流阀按额定压力的100%和150%对管路加压，在各试验压力下连续运转10min后保压10min，观察管路系统有无漏渗油现象。

调整溢流阀使油缸（油缸、闸门未连接）以0.50～1.00MPa压力全行程往复动作3次，检查启闭机机电系统工作是否正常。

上述调试完成后，应对溢流阀溢流压力值按工作压力的1.1倍进行整定。

5.2 启闭试验

（1）启闭机、闸门空载启闭试验。闸门与油缸连接后，闸门在无水压情况下全行程启闭闸门3次，启闭机应运转正常，同时应对高度指示器及行程开关进行调整。启闭机运转时应对电机的电流、电压和油泵油压及启闭时间进行记录。

在闭门过程中，应随时做好手动停机准备，防止闸门过速下降。

启闭闸门试验完毕，应将闸门提起，在48h内，闸门沉降量不超过200mm。

（2）启闭机、闸门动水启闭试验。闸门在有水压情况下全行程启闭闸门，启闭机应运转正常。检查止水橡皮密封情况应完好，漏水量符合规范要求。启闭机运转时应对电机的电流、电压和油泵油压及启闭时间进行记录。

6 结论

金属结构较重，吊装过程中容易出现脱钩等情况，造成人员伤害和质量问题，在进行金属构件吊装过程中，要配备专业指挥人员，采用旗语、手语等确保统一调度，安全吊装。

参考文献

[1] 李志武. 芙蓉水库工程金属结构制作与安装技术[J]. 小水电，2006（5）：33-35.

[2] 陈雪艳. 孤石滩水库除险加固工程金属结构设计简介[J]. 科技风，2014（16）.

河口村水库石方明挖爆破工艺设计及安全验算的研究

申　志[1]　孙鲁予[1]　赵文博[2]

（1. 河南省河川工程监理有限公司；2. 河南省河口村水库工程建设管理局）

摘要： 石方明挖采取的爆破工艺是一项成熟的石方开挖技术，但在不同的工程施工中，应根据不同的岩性强度、岩层分布及风化情况等地质条件，设计开挖线的要求，制定适合的爆破工艺设计，并对其进行安全验算，以满足开挖的经济性、可实施性及安全性等要求。通过河口村水库大电站厂房边坡爆破开挖施工的爆破设计及安全验算，重点阐述了爆破参数的确定及安全验算对周边环境的影响，从而体现的在石方爆破开挖中爆破工艺设计及安全验算的重要性。

关键词： 石方开挖；爆破工艺设计；安全验算

1　工程概况及地质条件

工程共设有 2 个地面式明厂房，边坡开挖高程分别为 179.80m 和 215.67m，均坐落在基岩层上面。厂房区地层岩性上层为坡积碎石土及阶级堆积的砂卵石层为主的坡积物，下部基岩为太古界登封群（A*rd*）变质岩系，岩性为花岗片麻岩、花岗岩等。根据前期勘察资料揭露，厂房区覆盖层厚度在 8.0～26.3m 间，基岩面出露高程在 195.47～173.68m 间，基岩面整体东高西低，向河床倾斜。

2　爆破工艺设计

2.1　爆破施工程序及方法

（1）施工程序。场地清理、施工测量、边坡清理、设备及材料的准备、钻孔、装药、爆破（残破处理）、爆渣清理。

（2）施工方法。厂房边坡开挖选用深孔预裂爆破法，首先人工清除表面覆土及强风化岩石至基岩。爆破开挖采取自上而下，分梯段爆破，逐层剥离的施工方法。

基岩明挖自上而下分层进行，爆渣由挖掘机清理，弃至指定渣场。

各工作队、工作面尽量流水作业，充分发挥机械化施工速度快、效率高的优势。爆渣采用 PC220 反铲进行清理出新的钻孔平台，开挖面爆渣由挖掘机装车运至业主指定渣场。

2.2　爆破材料

（1）炸药：2 号岩石乳化炸药。

（2）雷管：工业非电雷管。

(3) 起爆材料：瞬发电雷管、连接线、导爆索。

2.3 爆破设计

2.3.1 基岩开挖爆破设计

基岩爆破开挖主要采用梯段预裂爆破的爆破方法，梯段高度 5～10m，开挖坡度 1：0.30，KSZ-100 型支架式潜孔钻钻孔，孔径 90mm，每次爆破开挖宽度约 20.0m（或危岩体横剖面宽度）；石方边坡上层狭窄不能形成钻孔施工平台，采用 YT-28 手风钻人工凿孔梯段浅孔松动爆破，梯段高度 1.5～2.0m，YT-28 手风钻钻孔，孔径 42mm。每次爆破开挖长度控制在 20.0m 左右，临近设计高程时预留保护层。

2.3.2 梯段深孔预裂爆破参数确定

根据现场踏勘岩体地质情况，爆破参数的设计根据岩体地质情况并参照在厂区孤石与 11 号公路明挖工程经验，保证岩体成功爆破的情况下降低炸药单耗。为此，厂房边坡石方爆破分三阶段进行：第一阶段，先进行一次爆破实验，根据实验情况调整爆破参数；第二阶段，深孔梯段爆破；第三阶段，处理可能因爆破不彻底产生的二次解爆，按照孤石解爆法处理。

2.3.2.1 第一阶段：实验确定爆破参数

爆破实验为下一步的深孔梯段爆破作技术准备。爆破梯段高度 5.0m，KSZ-100 型支架式潜孔钻钻孔，孔径 90mm，每次爆破开挖宽度 20.0m。

(1) 主爆孔爆破参数确定。主爆孔爆破参数确定见表 1。

表 1　主爆孔爆破参数计算表

步骤	计算式	符号意义	计算结果
1	$W_d=k_w d$	W_d 为底盘抵抗线；m k_w 为岩质系数，15～30，取 27； d 为 90（孔径），mm	$W_d=27\times0.09=2.43$m
2	$h=0.25W_d$	h 为超钻深度；m 0.25 为系数	$h=0.20\times2.43=0.61$m
3	$L=(H+h)/\sin\alpha$	L 为孔深；m H 为梯段高度；m α 为孔斜，取 75°	$L=(5+0.61)/0.96=5.84$m
4	$E=0.05+0.03L$	E 为钻孔偏差； 0.05 为开孔偏差； 0.03 为校直偏差	$E=0.05+0.03\times5.84=0.23$m
5	$W=W_d-E$	W 为实际抵抗线；m	$W=2.43-0.23=2.20$m
6	$a=mW$ 每排孔距数$=B/a$ 调整孔距 $a=B/$孔距数	a 为孔距；m m 为密集系数，取 1.30； B 为工作面宽度；m	$a=1.30\times2.20=2.86$m； 每排孔距数$=20/2.86=6.99$ 个； 调整孔距 $a=20/7=2.86$m
7	$b=0.9W$	b 为排距；m	$b=0.90\times2.2=1.98$m

续表

步骤	计算式	符号意义	计算结果
8	$q_{1d}=d^2/1000$ $L_d=0.64W$ $Q_d=L_d\times q_{1d}$	q_{1d}为底部装药集中度；kg/m L_d为底部装药长度；m Q_d为底部装药量；kg	$q_{1d}=90^2/1000=8.10$kg/m； $L_d=0.64\times2.20=1.40$m； $Q_d=8.10\times1.40=11.34$kg
9	$q_1=(0.40\sim0.50)\ q_{1d}$ $L_2=25d$ $L_1=L-(L_d+L_2)$ $Q_2=L_1\times q_1$	q_1为柱状装药集中度，为底部装药的40%～50%；kg/m L_2为堵塞长度；m L_1为柱状装药长度；m Q_2为柱状装药量；kg	$q_1=0.45\times8.10=3.65$kg/m； $L_2=25\times0.09=2.25$m； $L_1=5.84-(1.40+2.25)=2.19$m； $Q_2=2.19\times3.65=7.99$kg
10	$Q=Q_d+Q_2$	Q为每孔装药量；kg	$Q=11.34+7.99=19.33$kg
11	$q=Q\sin\alpha/aWH$	q为单位耗药量；kg/m³	$q=19.33\times0.96/(2.86\times2.20\times10)=0.29$

计算成果

梯段高度/m	炮孔深度/m	孔距/m	底部装药量/kg	柱状装药		单位耗药量/(kg/m³)
				柱状装药量/kg	柱状装药集中度/(kg/m)	
5	5.84	2.86	11.34	7.99	3.65	0.29

（2）预裂孔爆破参数确定。炮孔间距 $a=(0.70\sim1.20)\ D=0.90\times0.09=0.81$m；

不偶合系数 $D_d=D/d=90/32=2.81$，式中 D 为钻孔直径、d 为药卷直径；线装药密度 $Q_x=200$g/m；孔底装药增加值（3～5）$Q_x=4\times200=800$g/m；主爆区最后一排孔与预裂孔的间距＝（0.75～0.90）$a/2=0.87\times2.86/2=1.24$m。

2.3.2.2 第二阶段：确定梯段深孔预裂爆破参数

对爆破实验取得的爆破参数进行适当的调整，梯段开挖高度为10.0m，采用QZJ-100B支架式潜孔钻钻孔，孔径90mm，每次爆破开挖宽度为20.0m。

（1）主爆孔爆破参数确定。根据表1（主爆孔爆破参数计算表）计算，确定第二阶段、梯段深孔预裂爆破参数如下：梯段高度 $H=10$m，孔深 $L=11.25$m，孔距 $a=2.85$m，$Q_d=8.10$kg，柱状装药量 $Q_2=21.98$kg，每孔装药量 $Q=30.08$kg，耗药量 $q=0.36$kg/m³。

（2）预裂孔爆破参数确定。炮孔间距 $a=(0.70\sim1.20)$，钻孔直径 $D=0.90\times0.09=0.81$m。不偶合系数 $D_d=D/d=90/32=2.81$，线装药密度 $Q_x=200$g/m，孔底装药增加值（3～5）$Q_x=4\times200=800$g/m，主爆区最后一排孔与预裂孔的间距＝$0.87\times2.85/2=1.24$m。

（3）布孔及装药结构。为了减少爆破飞石的损坏，爆破采用从一端或两端纵向分梯段开挖和爆破。为充分利用炸药爆能作功，提高爆破效果和减少大块率，所有深孔爆破炮孔布置均采用小排距、大孔距、梅花形布孔方案。另外采用沙袋、土袋、铅丝网等措施覆盖爆破区。孔位布孔见图1。

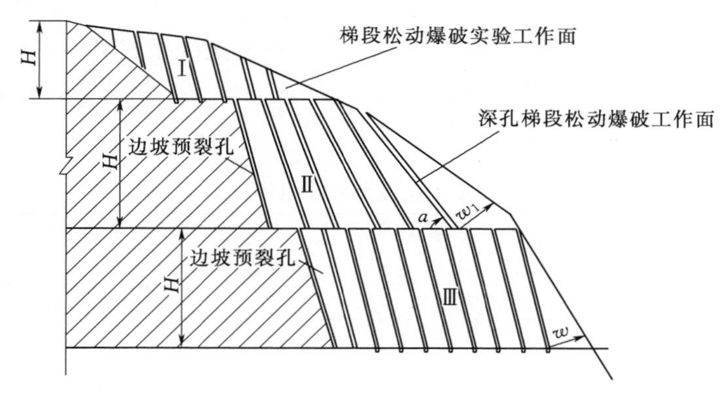

图 1　开挖断面爆破孔布置示意图

为提高爆破效果，主爆孔倾角 a 适当调整，以减少底板抵抗线 W_1，主爆孔均采用塑料导爆管系统实施逐排微差爆破。每次爆破炮孔排数较多（超过 5 排）时采用孔外延时相结合，实施逐排等间隔微差起爆；每次爆破排数较少时（少于 5 排），采用孔内延时微差爆破。在施工进行的过程中，先取 20.0m 开挖段为爆破实验，通过爆破的实际效果，对爆破方案和爆破参数进行适当调整，以达到最优效果。

3　安全验算

工程大电站边坡开挖距离引沁电站约 250.0m，为了验算爆破对该电站的影响程度，需进行空气冲击波超压值计算与爆破振运安全允许距离等方面的安全验算。

爆破采用的是深孔梯段爆破，毫秒延时爆破。钻孔深度为 12.0m，总装药量约 6t，共分为 6 个段位，单段最大装药量为 1t。

3.1　空气冲击波超压值计算

通过计算得出空气冲击波超压值，并根据建筑物的破坏程度与超压关系进行对比分析，确定破坏程度，计算公式如下：

$$\Delta P = K\left(\frac{\sqrt[3]{Q}}{R}\right)^{a} \tag{1}$$

式中：ΔP 为空气冲击波超压值，Pa；K、a 为经验系数和指数，一般梯段爆破，$K=1.48$，$a=1.60$；Q 为一次爆破的梯恩梯炸药当量，kg，岩石型乳化炸药梯恩梯当量为 0.71kg；R 为药包至危害对象的距离，取 250.0m。

计算得到 $\Delta P = 1.48 \times \left(\frac{\sqrt[3]{6000 \times 0.71}}{250}\right)^{1.6} \approx 0.02 \leqslant 0.02$。按所得空气冲击波超压值，根据建筑物的破坏程度与超压关系表进行分析，属于基本无破坏。

3.2　爆破震动安全允许距离

根据爆破安全允许距离计算公式，计算安全允许距离，并根据现场作业点与建筑物实际距离对比分析是否满足安全距离的要求。计算公式如下。

$$R = \left(\frac{K}{V}\right)^{\frac{1}{a}} Q^{\frac{1}{3}} \tag{2}$$

式中：R 为爆破安全允许距离；V 为建筑物安全允许振速，根据国家爆破安全规程的爆破振动安全允许标准水电站及发电厂中心控制室设备安全允许振速为 0.50cm/s（表 2）（爆破振动安全允许振速标准表）；Q 为炸药量，kg，齐发爆破为总药量，延时爆破为最大一段药量；K 为岩石衰减系数；a 为岩石衰减指数。

表 2　　爆破振动安全允许振速标准表　　单位：cm/s

序号	保护对象类别	安全允许振速		
		小于 10Hz	10～50Hz	50～100Hz
1	钢筋混凝土结构房屋	3.00～4.00	3.50～4.50	4.20～5.00
2	一般古建筑与古迹	0.10～0.30	0.20～0.40	0.30～0.50
3	水工隧道	7～15		
4	水电站及发电厂中心控制室设备	0.50		

注　1. 表列频率为主振频率，系指最大振幅所对应波的频率。
2. 频率范围可根据类似工程或现场实测波形选取。选取频率时亦可参考下列数据：硐室爆破小于 20Hz；深孔爆破为 10～60Hz；浅孔爆破为 40～100Hz。

K 值、a 值根据爆区岩性进行选取，标准如下。

（1）坚硬岩石：$K=50\sim150$，$a=1.30\sim1.50$。

（2）中硬岩石：$K=50\sim150$，$a=1.30\sim1.50$。

（3）软岩石：$K=50\sim150$，$a=1.30\sim1.50$。

根据地质资料，大电站厂区岩石为花岗岩，硬度较硬，衰减系数 K 取较小值。同时沁河是个天然的减震沟，河道较宽，深度较大，对爆破的震动衰减作用非常明显，可以减弱一半以上。因此震动衰减系数 K 值取 50，衰减指数取 1.50。

为减少单段装药量，光爆孔分成 2 个段位进行爆破，减少了单段最大装药量，单段最大装药量控制在 1000kg 之内，则引沁水电站中心控制设备爆破安全允许距离 R 为

$$R=\left(\frac{50}{0.50}\right)^{\frac{1}{1.5}}1000^{\frac{1}{3}}=218.0\text{m}$$

引沁电站距离爆破点 250.0m，大于 218.0m，满足爆破振动安全允许距离的要求。

4　爆破效果

根据爆破设计及爆破验算实施大电站爆破施工，山体破碎程度基本具备直接开挖开条件，光面爆破半孔率达到 95%以上，坡面形成情况不错，而且通过多次爆破，均未对附近建筑物造成破坏。通过对爆破效果的分析，说明以前所做的爆破设计与爆破验算是合适的。

5　结论

通过河口村水库工程大电站厂房边坡爆破开挖详细介绍了爆破工艺设计及爆破验算的过程，并在工程实施中得到了检验，从而说明了石方开挖爆破施工前的爆破设计的重要

性，以及爆破验算的必要性。

参考文献

[1] 中华人民共和国水利部. 水利水电工程施工组织设计规范：SL 303—2004[S]. 北京：中国水利水电出版社，2014.

[2] 中华人民共和国国家质量监督检验检疫总局，中国国家标准化管理委员会. 爆破安全规程：GB 6722—2014[S]. 北京：中国标准出版社，2015.

全断面针梁式钢模台车在河口村水库水电站引水隧洞混凝土衬砌施工中的应用

王建飞[1]　武鹏程[2]　建剑波[3]

（1. 河南省河川工程监理有限公司；2、3. 河南省河口村水库工程建设管理局）

摘要：针对河口村水库水电站引水隧洞混凝土衬砌洞段长，施工难度大，进度和质量要求高的特点，工程采取全断面针梁式钢模台车进行混凝土衬砌。通过全断面钢模台车在隧洞混凝土衬砌中的实际应用，介绍了钢模台车的工作原理和操作方式，以及衬砌的施工技术等。它是衬砌隧洞全断面底、边、顶一次成型的设备，立模、拆模由液压油缸执行，使隧洞混凝土衬砌进度快、质量好、成本低、混凝土表面完整美观。

关键词：针梁式钢模台车；圆隧洞；施工应用

1　工程概况

河口村水库水电站引水隧洞工程位于济源市河口村，引水隧洞全长749.922m，设计坡比$i=0.006$，主洞型为圆形断面。混凝土衬砌根据不同开挖半径分A、B、C、D四种断面，A型衬砌厚度为70cm，桩号（引0＋042.15～引0＋089.939）；B型衬砌厚度为50cm，桩号（引0＋089.939～引0＋624.710），A、B型衬砌后洞径为3.5m；C型洞桩号（引0＋624.710～引0＋632.710）；引0＋632.71～引0＋638.710为渐变段，D型洞桩号（引0＋638.710～引0＋699.702），C、D洞型为压力钢管回填混凝土。

引水主洞连接大厂房，由上平段、斜井段和下平段组成。岔洞从引水主洞上平段（引0＋557.96）桩号分出，连接小电站厂房。岔洞长65.035m，洞径1.8m，设计底坡$i=0.004$。

针梁式钢模台车工作范围是上平段（引0＋089.939～引0＋547）长约457.0m，此段混凝土浇筑采用针梁式钢模台车全断面衬砌。

2　针梁式钢模台车的工作原理

针梁式台车衬砌时，底、边、顶一次性成型，立模、拆模由液压油缸完成，定位找正由底座竖向油缸和水平平移油缸执行。台车为自行式，安装在台车上的卷扬机使钢模和针梁作相对运动，台车便可向前移动。

2.1　钢模工作原理

钢模上安装了3组液压油缸，可完成立模、拆模工作。在顶模和边模的对应位置上安装螺旋千斤顶，油缸伸出，钢模定位后，旋紧螺旋千斤顶，这样保证衬砌尺寸的准确性，并减轻油缸载荷。脱模时，先脱顶模，再脱左右边模，最后针梁随支腿竖向油缸向上顶升而上升，使整个台车上升，底模与混凝土脱离。具体运行步骤如下。

（1）液压系统收回针梁承重支腿，手动拆除左右及顶部抗浮架。

（2）启动卷扬机构运行针梁至下一待浇筑仓位。

（3）液压系统支出承重支腿就位。

（4）液压系统收拢顶模板。

（5）液压系统收拢两侧边模板。

（6）液压系统提升底模板（底模脱模）。

（7）卷扬机构牵引模板至待浇筑仓位（仓位钢筋已验收）并对模板进行铲灰、刷脱模油。

（8）调节液压系统及千斤顶支出模板。

（9）测量校正模板，安装抗浮架。

（10）堵头模板施工、架设泵管。

（11）仓位验收浇筑混凝土。

2.2 行走原理

安装在针梁上的卷扬机用两根钢丝绳，分别绕过针梁端部和梁框上的滑轮，固定在针梁两端，针梁和钢模互为支点相对运动使台车前进。脱模之前，收缩底座油缸，悬吊底座，针梁下面轨道落在底模行走轮上，开动卷扬机使针梁向前移动，到位后放下底座，油缸顶住针梁后进行脱膜。脱模后，开动卷扬机使其反方向运动，钢模即向前移动。如此循环往复。可以实现钢模台车的整体前移。

2.3 定位原理

滑动竖向油缸上、下运动台车可作竖向调整，安装在滑枕上的横移油缸可使台车横向调整。

2.4 纵横向稳定原理

解决纵向稳定问题，下有底座竖向油缸支撑，上有抗浮千斤顶固定，使针梁和钢模紧密地结合在一起，增加了整个台车的稳定性。横向稳定装置是两对可定位的伸缩千斤顶，安装在前后抗浮架上，当台车调整后，旋紧千斤顶，支撑针梁，保证台车横向稳定。

3 立模

（1）台车就位：利用附加行走机构及台车卷扬系统将台车行走到衬砌位置。

（2）操作竖向油缸，将台车前后底座支承牢固。

（3）操作侧向油缸、顶模油缸，调整左、右边模及顶模就位，旋紧螺旋千斤顶，将模板支承牢固。

（4）借助测量仪器，操作竖向油缸和横向调整油缸，使模板断面与隧洞断面中心重合一致。

（5）封堵头：采用钢板及木模封堵。

针梁式钢模台车结构布置见图1。

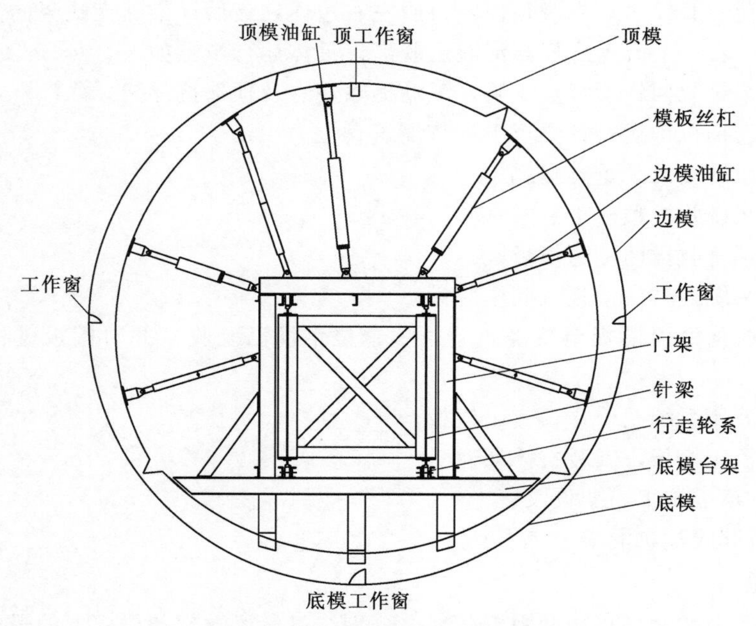

图1 针梁式钢模台车结构布置示意图

4 混凝土浇筑

4.1 底拱浇筑

台车在定位立模完成后，即可进行底拱部分的浇筑，混凝土经腰线工作窗口进料。下料时为避免底模出现脱空区域，及大量气泡出现，下料时从一侧进行下料待混凝土面至底模上 50cm 时将泵管转至另外一侧进行下料。在底模工作窗及腰线工作窗区域进行插入式振动器振捣。在插入式振捣器无法控制的范围采用附着式振动器进行振捣。

底拱混凝土浇筑是钢模台车浇筑控制的重点。由于混凝土流动性有限，加上混凝土振捣过后冒出的气泡难以排出（底拱范围内），容易造成混凝土表面出现气泡、麻面、水道等现象。所以在进行底拱混凝土浇筑时要注意以下几点。

（1）控制混凝土的和易性。确保混凝土的流动性，同时不能出现混凝土离析现象。必要时可采用一级配进行底拱混凝土浇筑。

（2）加强混凝土振捣。在底模工作窗口采用插入式振捣器和底模附着式振捣器振捣，采取从中间向两侧赶的方式，将气泡及浆液往腰线方向赶。

（3）加强检查。由于钢模台车为封闭结构，无法看到底拱混凝土是否浇筑密实，人工用锤子敲击模板检查是否有脱空，如有应及时采取措施，确保混凝土浇筑密实。

4.2 边拱浇筑

在底拱浇筑完成后，边拱浇筑开始，混凝土经腰线处的工作窗口进行下料。为了保证台车的受力均匀和浇筑质量，边拱浇筑时应该调整左右模的混凝土浇筑，使其两边的混凝土表面高度差不大于 50cm，分层下料，逐层振捣。

4.3 顶拱浇筑

紧接边拱浇筑之后的是顶拱的浇筑工序，混凝土由顶模的注浆口进入进行浇筑。浇筑过程中应随时观察浇筑情况，当混凝土浇筑满时，应立即停止混凝土浇筑泵的输送，并关掉注浆孔插销板，封住浇筑窗口，完成后进行附着式振捣。

5 脱模

混凝土浇筑完成后12～15h开始准备脱模，脱模的基本步骤大体如下。

（1）松开各螺旋支承千斤顶，启动液压系统。

（2）收缩顶模油缸，顶模脱离。

（3）收缩左侧油缸，左边模脱离。

（4）收缩右侧油缸，右边模脱离。

（5）向上伸出竖向油缸，底模脱离。

6 结论

实际运用效果表明，全断面针梁式钢模台车作为水电站引水隧洞混凝土衬砌的专用设备，与其他混凝土浇筑设备相比具有以下优点。

（1）混凝土衬砌一次成圆形断面，速度快、质量好。

（2）台车的合模、脱模均为液压操作，既快速、安全，又节省了人力，减轻了劳动强度。

（3）台车设置有调中装置，通过操作调中油缸及主千斤顶，同时观察已浇筑好的混凝土的结合情况，即可校核台车的轴线位置，保证台车的准确定位。

（4）侧模、底模、顶模通过螺栓连接及铰接形成一个刚性整体，又设置有水平支撑，受力合理，结构轻巧。

（5）钢模板之间的连接螺栓、针梁的连接螺栓均具有互换性，根据施工需要，台车可以进行改装后重复利用，降低了成本。

河口村水库引水发电洞混凝土外观质量缺陷处理综述

马　敏[1]　建剑波[2]　陈　磊[3]

（1. 河南省水利科学研究院　河南省水利工程安全技术重点试验室；2. 河南省河口村水库工程建设管理局；3. 黄河水利委员会机关服务局基建处）

摘要： 引水发电洞由于洞径小，混凝土浇筑面狭窄，拆模后外观存在错台、洞径腰线以下局部位置有水泡、气泡、麻面、砂线、水纹、光洁度差等外观质量缺陷。通过采用环氧砂浆修补技术和焕混凝土™硅树脂透明保护涂装体系，使处理后的混凝土外观表面平整，与原混凝土色泽相近，耐磨，强度高。

关键词： 河口村水库；引水发电洞；混凝土外观质量；缺陷处理

1　工程概况

河口村水库引水发电洞布置在左岸泄洪洞右侧，由引渠、拦污栅、闸门井、主洞、岔洞等组成，发电洞进口高程 216.0m。引水发电洞主洞洞径 3.5m，全长 692.9m；岔洞洞径 1.4m，全长 48.08m，引水发电洞未设调压井。电站总装机容量 11.6MW，分大、小电站，各装机 2 台，大电站单机容量 5MW，小电站单机容量 0.8MW。

2　存在的混凝土缺陷类型

引水主洞（引 0＋42.15～引 0＋89.939）段在模板接缝处存在错台现象，错台高差不等（最大处达 15mm），局部位置存在组合模板拼装缝隙过大现象。引水主洞（引 0＋89.939～引 0＋319）段部分混凝土腰线以下存在水泡、气泡、局部麻面、砂线、水纹、光洁度差等外观质量缺陷。

3　缺陷产生原因分析

3.1　错台、缝隙

引水主洞（引 0＋42.15～引 0＋89.939）段为转弯过渡段，轴线转弯半径为 30.0m，隧洞开挖半径为 2.55m，衬砌厚度 80cm，由于转弯半径小，无法采用钢模台车浇筑，施工过程中采用 1.5m×0.3m（宽×高）、1.5m×0.1m（宽×高）钢模板和木模板组合拼接安装，钢模板在转弯段外侧曲线拼接过程中端头不能流线衔接，空缺部分选用了木模补缺，由于不能很好地与相邻的钢模板进行拼接和固定，导致木模板与钢模板不均匀变形，形成错台。

3.2 水泡、气泡、麻面、砂线、水纹

引水发电洞主洞（引 0+89.939～引 0+319）段采用全圆针梁式钢模台车，模板为封闭式定型模板，衬砌厚度 50cm，无法进行人工振捣，外加模板封闭，排水、排气差，脱模后在腰线以下局部形成水泡、气泡、麻面、砂线、水纹等。

4 混凝土缺陷处理措施

根据现场查看，确定引水发电洞混凝土外观质量缺陷处理范围为引 0+42.15～引 0+319 段。

4.1 引水主洞（引 0+42.15～引 0+89.939）转弯段缺陷处理

根据合同技术条款平整度控制标准，对错台部位进行打磨处理。不平整面与水流方向平行的，打磨时做成不陡于 1：30 的斜面；与水流方向垂直的，做成不陡于 1：10 的斜面；局部错台打磨不能够满足上述要求的部位采用环氧砂浆修补；对引水主洞（引 0+42.15～引 0+89.939）转弯段外观全断面采用清水混凝土透明保护工艺处理。

4.2 引水主洞（引 0+89.939～引 0+319）标准段缺陷处理

对于腰线以下形成的麻面、水泡、气泡采用环氧砂浆修补；对引水主洞（引 0+89.939～引 0+319）段腰线以下混凝土表面采用清水混凝土透明保护工艺处理。

在进行处理时，选取 9.0m 长一段作为试验段进行缺陷处理，处理完成后经监理、建设管理等单位联合验收合格后，再进行其他部位的混凝土缺陷处理。

5 混凝土缺陷处理程序

5.1 环氧砂浆修补原则及要求

5.1.1 基面处理

原则上混凝土施工完毕养护 28d 后才宜施工环氧砂浆；用于混凝土缺陷修补时，需要先把错台位置处打磨平整；基础表面上的油污，用明火喷烤、凿除或有机溶剂（如丙酮、酒精等）擦拭等方法处理干净；用喷砂法或其他机械方式（如钢钎凿等）对混凝土基础面进行糙化处理，清除表面上的松动颗粒和薄弱层等；基面糙化处理后，可用电动工具或高压风清除干净混凝土上的松动颗粒和粉尘，小面积修补区域可采用钢丝刷和棕毛刷进行洁净处理；环氧砂浆施工之前，混凝土基面需保持干燥状态，对局部潮湿的基面可用喷灯烘干或自然风干；基面处理完后，应经验收合格（周边混凝土密实，表面干燥，无松动颗粒、粉尘、水泥净浆层、乳皮及其他污染物等）后才能进行下道工序。

5.1.2 底层基液拌制和涂刷

底层基液涂刷前，应再次用棕刷清除混凝土基面上的浮尘，以确保基液的黏结性能；基液的拌制：先将称量好的 A 组分倒入广口容器（如小盆）中，再按给定的配比将相应量的 B 组分倒入容器中进行搅拌，直至搅拌均匀（材料颜色均匀一致）后方可施工使用；为避免浪费，基液每次不宜拌和太多，原则上一次拌和不能超过 1.0kg，具体情况视施工速度以及施工温度而定，基液的耗材量为 0.4～0.5kg/m^2；基液拌制后，用毛刷均匀地涂在基面上，要求基液刷得尽可能薄而均匀，不流淌，不漏刷；基液拌制应现拌现用，以免

因时间过长而影响涂刷质量，造成材料浪费和黏结质量降低。同时还应坚持涂刷基液和涂抹环氧砂浆交叉进行的原则，以确保施工进度和施工质量；拌好的基液如出现暴聚、凝胶等现象时，不能继续使用，应废弃重新拌制；基液涂刷后静停至手触有拉丝现象，方可涂抹环氧砂浆；涂刷后的基液出现固化现象（不黏手）时，需要再次涂刷基液后才能涂抹环氧砂浆。

5.1.3 环氧砂浆的拌制和涂抹

环氧砂浆的拌制：先把称量好的环氧砂浆放入广口低身容器中，混合搅拌均匀（颜色均匀一致）后即可施工使用（大规模拌和也可采用专用拌和机进行拌和）。配比：环氧树脂：干砂：乙二胺：二丁酯＝100：250：8：17。环氧砂浆应现拌现用，当拌和好的环氧砂浆出现发硬、凝胶等现象时，应废弃重新拌制；每次拌和环氧砂浆的量不宜太多，具体拌和量视施工速度以及施工温度而定；环氧砂浆用于混凝土表层修补时，将环氧砂浆涂抹到刷好基液的基面上，并用力压实，尤其是边角接缝处要反复压实，避免出现空洞或缝隙；环氧砂浆的涂抹厚度一般每层不超过15mm，对于厚层修补，需分层施工，层与层施工时间间隔以12～72h为宜，再次涂抹环氧砂浆之前还需要涂刷基液；环氧砂浆涂抹完毕后，需进行养护，养护期一般为3～7d，养护期间要防止水浸、人踏、车压、硬物撞击等。

5.2 清水混凝土透明保护工艺及处理原则

5.2.1 焕混凝土™硅树脂透明保护涂装体系工艺流程

工艺流程：基层处理→颜色调整→底漆滚涂→面漆滚涂。

5.2.2 处理原则

对于混凝土表面的缺陷，原则上修补的数量和部位越少越好，确实需要修补时，可根据不同的缺陷采用不同的修补方法并要注意以下几点。

（1）整体上要求面层基本平整，颜色自然，对混凝土表面油迹、锈斑、冲刷污染痕迹等明显缺陷需进行处理。

（2）对蜂窝比较集中的地方进行补修时，修补材料采用经过调配后的修补腻子，其颜色应与混凝土表面颜色尽可能一致。

（3）混凝土表面直径大于4mm以上的蜂窝孔洞需进行充填修补，对于一些较小的缺陷，如小于4mm的孔洞，尽量不做修补。

（4）用清水擦洗整个混凝土面，并使其干燥。修补、清理后至涂装前，容易脏的地方可用塑料布盖起来保护，所有修补工艺应尽量接近现浇混凝土表面效果。

（5）颜色调整采用焕混凝土™专用色差调整剂。此工序是清水混凝土修补工序中最为关键的一个环节，对施工人员和施工材料都有很高的要求。首先必须对上述色差部分进行调整，弱化色差，然后对整体清水混凝土面进行统一调整，保证施工后的混凝土面无明显色差，光洁，并保留部分混凝土自然的机理和质感。

5.3 色差调整剂

焕混凝土™清水混凝土专门色差调整剂，用于调整混凝土因浇筑过程或者其他原因造成的色差处理，能最大程度恢复混凝土本身的色彩机理和质感。

5.4 底漆

焕混凝土^{TM}水性渗透型底漆具有优异的防水功能，可完全渗透至混凝土内部，有效防止水分进入，并防止返碱产生。

5.5 面漆

焕混凝土^{TM}水性透气型硅树脂面漆，以优异的透气性和耐久性能，非常适合使用含水基材，能有效防止基材老化、被污染以及表面漆膜由于内部水分蒸发而导致开裂脱落，从而达到清水混凝土的长久历新。

6 处理后的效果

引水发电洞采用环氧砂浆修补和焕混凝土^{TM}硅树脂透明保护涂装体系处理后的混凝土表面平整达标，与原混凝土色泽相近，耐磨，强度高，混凝土外观质量达到设计要求。

浅析钻芯取样法检测混凝土强度

张亚铭

（河南省河口村水库工程建设管理局）

摘要：当今社会，人们对建筑结构的安全性日益注重，作为衡量安全性的主要指标的混凝土强度尤为关注。目前，常用的测试方法是钻芯取样法，这是一种准确度比较高的检测方法．本文通过探讨钻芯法的检测特点、选用条件、实施注意事项等方面，提高钻芯法测定混凝土强度的检测质量。

关键词：钻芯取样法；检测；混凝土；强度

0 引言

在水利工程施工过程中，常规的测定混凝土强度的方法有回弹法、超声法、拔出法和钻芯法等，这些检测方法各具优劣，使用范围和方式也略有不同，在他们当中，钻芯法的应用较为普遍，作用一种微破损检测手段，它具有准确度高、检测结果可视化，不受浇筑时间限制等优势，因而受到广大技术人员的青睐。然而，目前我国的钻芯法检测混凝土强度的技术还存在诸如标准不完善等问题，对检测的准确性造成一定影响。

1 钻芯取样法检测特点

所谓钻芯法是指将桩内部的混凝土和桩底部的岩土层通过钻孔取芯的方式取出并进行强度测定的一种检测手段，钻芯法通过选取特定位置进行取样，然后择地试验，具备良好的试验环境，因而不受现场条件的影响，检测结果较为精确，取样可以在实验室条件下采用各种手段进行强度检测，具有其他现场检测方法无可比拟的优势，然而，受方法本身取样点数量的限制，可能存在检测盲区，而且强度检测工作均通过取样完成，无法对桩整体性质进行直接检测，需要联合低应变法等检测手段才能满足检测要求。此外，检测费用和检测周期也是钻芯法的一个短板。

2 钻芯法的选用条件

钻芯法通常情况下是在对无损检测结果存在疑问时使用的。随着混凝土在建筑结构中的大量运用，钻芯法检测混凝土的强度的地位也日益突出，因为其较高的检测精度在工程中深得技术人员的青睐，目前钻芯法主要为其他无损检测方法的复核，当认为试块检测或无损检测方法获得的检测成果有问题时，首选的复核方法即是钻芯法。此外，在混凝土遭受各类侵蚀或者发生破损的情况下，可以直接采用钻芯法检测。因为岩芯法会对混凝土整体产生一定的破坏，而且精度越高破坏性越强，这造成了它使用的局限性，加之检测费用较高，操作繁琐，所以，一般不作为常规的检测手段，仅作为无损检测的验证手段而少量使用。

3　钻芯法检测混凝土强度的具体实施

3.1　检验批范围的确定

在工程施工中，一般而言，浇筑混凝土大多采取分批或分段进行，这就要求我们在检测混凝土强度时也选取同一浇筑批次的混凝土构件；需要通过检测部分构件对同一浇筑批次的混凝土构件进行强度推定时，应该首先确定检验批的范围，目前，工程中的检验批遵照《建筑工程施工质量验收统一标准》（GB 50300—2013）的规定进行划分。

3.2　芯样数量

钻芯法在确定钻孔数量的时候，应根据检测的目的和检测源的结构情况和取样要求综合确定，一般而言，对成批构件进行强度检测时，钻孔数量维持在20～30个，此外，还应考虑钻孔直径，直径越小，钻孔数量应相应增加。针对单个构件的取芯检测，一般情况下选择3个或以上的钻孔，如果构件截面较小，不能满足上述要求，可以适当减少取芯数量。如果钻芯法时为了验证无损检测方法的检测数据，那么取芯的数量不应少于6个，此外，钻孔取芯还应考虑气候、环境等因素。

3.3　位置选定

一般来说，同一结构或同一批次的混凝土构件，其混凝土的强度等级分布一致，所以在岩芯钻孔定位过程中，不必均匀分布，应该充分考虑结构的用途和受力性质，选取对构件破坏最小的位置钻孔取芯。针对不同的框架结构，钻芯法钻孔取样的位置选择如下。

（1）如果是框架梁，当梁截面高度 $h \geqslant 500$mm 时，钻芯部位可选在中和轴上弯矩 $M=0$ 处或者梁跨中中和轴以下部分，梁截面高度 $h<500$mm 时，则取在中和轴上弯矩 $M=0$ 处，而不能在梁跨中中和轴以下部位取。因为在操作过程中，条件、环境的不同，不能提供理想的条件，因此，为了更快速的判断，迅速地找到 $M=0$ 处的大概位置，通常来说，较小的受力在梁跨的1/3处。同时，测出钢筋的具体位置利用钢筋定位仪，避免伤及受力钢筋。

（2）在钻孔过程中，应该尽量避免对构件的影响，选取承受载荷较低的构件。

（3）对于预应力混凝土构件，应该控制钻芯的深度，一般选取为120mm，超过则对检测精度造成影响。

（4）钻孔过程中如需截断钢筋，应提前与设计人员沟通，选择合适的位置以尽可能地降低对混凝土构件的损伤，一般来说，钻孔不允许截断超过12mm的钢筋。

（5）对于柱体混凝土构件，钻芯部位一般选在柱中位置，因为混凝土柱的浇筑过程是自下而上的，一般来说，下部柱体的混凝土强度要高于上部柱体，所以，选择柱中位置钻孔取芯，既能真实反应混凝土构件的强度情况，又不会对柱体造成太大的损伤。

4　钻芯取样过程中的注意事项

一般而言，钻芯法采用膨胀螺丝固定钻芯机取芯，在钻芯法取芯过程中，钻筒高速旋转与混凝土表面接触后造成抖动，如果混凝土试样的强度较低，极易造成钻筒位置游弋，钻筒筒壁与岩芯发生摩擦，造成芯样损失，使芯样出现缩径、缺边、少角、倾斜及喇叭口变形、端面与轴线的不垂直度超过 2°等缺陷，造成混凝土检测强度与实际强度偏差较大，影响对结构作出真实评价，导致出现误判。所以，在取芯过程中，应密切关注钻芯机钻筒情况，发现松动及时紧固，确保钻芯机主轴的旋转轴线与被钻取芯样的混凝土表面呈 90°夹角。此外，取芯构件的混凝土强度不宜低于 10MPa。在具体的钻进过程中，要注意对进钻速度的控制，进钻平稳缓慢。在芯样钻取过程中，要注意机具的工作状态，保证机具的稳定，冷却液流量要适当。芯样取出后应立即按编号进行标记。钻芯后留下的孔洞应及时进行修补。

5 结论

对于工程结构的混凝土强度检测，钻芯法因其检测较为准确的特点而受到广大技术人员的青睐，成为检测混凝土强度，特别是复核无损检测成果的一项重要手段，在结构强度检测方面发挥重要作用。在钻芯法的具体实施过程中要注意本研究涉及的问题，避免影响检测结果。

参考文献

[1] 郭玉彬. 浅谈《钻芯法检测混凝土强度技术规程》CECS03：2007 的技术特点[J]. 工程建设标准化，2014（2）：34-37.

[2] 姚楚炎. 回弹法和钻芯法在混凝土抗压强度检测中差异性浅析[J]. 建筑监督检测与造价，2015（6）：41-43.

[3] 张伟. 回弹法与钻芯法检测混凝土强度的对比研究[J]. 建材发展导向，2015（9）：186-187.

水利工程模糊多模式工期-成本-质量均衡优化

关宏艳　李宗坤　王　娟　葛　巍

（郑州大学水利与环境学院）

摘要：针对不确定环境下水利工程建设项目的工期-成本-质量均衡优化问题，采用双指数函数和二次函数分段模拟工程质量和工期之间的关系，构建了水利工程模糊多模式离散工期-成本-质量均衡优化模型。运用微粒群算法对其进行求解，并将优化结果与相关文献进行对比分析，验证了模型的合理性和计算方法的有效性。最后，将该模型应用于水利工程实例，为决策者进行目标计划和控制提供理论依据。

关键词：水利工程；工期-成本-质量均衡优化；微粒群算法；Pareto 最优解

0　引言

水利工程项目规模大、投资多、建设周期长，对建设期内的工期、成本、质量等目标进行综合控制是水利工程建设项目管理的重要内容。胡程顺[1]建立了水电工程工期-费用-质量综合优化的遗传算法模型，针对水电工程施工的不同阶段建立不同的目标函数从而进行三大目标的均衡优化。王博[2]分析了水利工程施工进度计划的风险性，建立了综合考虑成本-质量-完工风险的进度优化模型，采用遗传算法求解得到满意的决策方案。以上研究没有考虑目标和决策变量的模糊性及多种作业实施模式的情况。在对工期-成本-质量均衡优化模型的研究中，El-Rayes[3]、Mungle[4]、陈勇强[5]等采用专家打分的方式确定质量模型中的因子，该方法增加了模型的主观性。在对质量模型的探索中，高兴夫[6]假定活动质量与时间呈线性递增关系；张连营[7]采用钟形曲线模拟工期-质量关系；王博[2]假定质量与工作持续时间呈二次抛物线形式；ZHANG[8]认为工序质量和工序持续时间呈二次函数关系，以上假定没有考虑作业质量为零的情况以及作业初期质量变化率的问题。在对工期-成本-质量均衡优化问题求解中，王健[9]、杨耀红[10]等人均采用效用函数将多目标转化为单目标进行求解，只给出了一组最优方案，不能满足实际决策的需要。

基于以上情况，考虑由于建筑材料、天气、施工技术等不确定因素导致的目标模糊性和多种作业实施模式的情况，对水利工程建设期工期、成本、质量三大目标进行综合均衡优化。采用分段函数模拟作业质量和作业持续时间之间的关系，提出了水利工程模糊多模式工期-成本-质量均衡优化模型，同时对三个目标进行优化求解，所得结果与文献［4］进行对比分析，验证了模型的合理性和计算方法的有效性。并将该模型应用于一个水利工程实例，为决策者实施决策提供理论依据。

1 模糊集理论的数学基础

1.1 模糊数

模糊数有三角模糊数、梯形模糊数、六点模糊数等多种形式。本研究应用三角模糊数，表示为 $\tilde{A}=(r_1, r_2, r_3)$。对于给定论域，其隶属函数按式（1）计算：

$$\mu_{\tilde{A}}(x)=\begin{cases}0, & x<r_1 \\ (x-r_1)/(r_3-r_1), & r_1 \leqslant x \leqslant r_2 \\ (r_3-x)/(r_3-r_1), & r_2 \leqslant x \leqslant r_3 \\ 0, & x>r_3\end{cases} \tag{1}$$

式中：x 为论域 U 上的变量；$\mu_{\tilde{A}}(x)$为 $x \in U$ 属于 $\tilde{A}$ 的程度，也称 $\mu_{\tilde{A}}(x)$为 x 对于 $\tilde{A}$ 的隶属度。

1.2 模糊数的处理

一般情况下，三角模糊数间乘法和除法运算的结果不再是三角模糊数[11]。但在模糊运算中，一般近似将运算结果看作是三角模糊数，这种处理方法的合理性有待考证。而且传统模糊事件的模糊测度不能够代表决策者的偏好，引进模糊测度 Me 嵌入乐观悲观指数描述决策者态度可有效解决上述不足。徐玖平[12]提出进行期望值操作将三角模糊数转换成一个确定值，三角模糊数的期望值按公式（2）计算：

$$E_{Me}[\xi]=\begin{cases}\dfrac{\lambda}{2}r_1+\dfrac{r_2}{2}+\dfrac{1-\lambda}{2}r_3, & r_3 \leqslant 0 \\ \dfrac{\lambda}{2}(r_1+r_2)+\dfrac{\lambda r_3^2-(1-\lambda)r_2^2}{2(r_3-r_2)}, & r_2 \leqslant 0 \leqslant r_3 \\ \dfrac{\lambda}{2}(r_3+r_2)+\dfrac{(1-\lambda)r_2^2-\lambda r_1^2}{2(r_2-r_1)}, & r_1 \leqslant 0 \leqslant r_2 \\ \dfrac{(1-\lambda)r_1+r_2+\lambda r_3}{2}, & r_1 \geqslant 0\end{cases} \tag{2}$$

式中：λ 为决策者乐观悲观指数（$0 \leqslant \lambda \leqslant 1$），$\lambda$ 越大表示决策者态度越悲观。

本研究提出模型中的模糊变量均为非负三角模糊数，即 $r_1 \geqslant 0$，因此 $E_{Me}[\xi]=\dfrac{(1-\lambda)r_1+r_2+\lambda r_3}{2}$。

例如：$\overline{d}_i \rightarrow E[\overline{d}_i]=\dfrac{(1-\lambda)\ d_{i1}+d_{i2}+d_{i3}}{2}$

2 水利工程模糊多模式工期-成本-质量均衡优化模型

2.1 假设条件

为简化水利工程模糊多模式工期-成本-质量均衡优化问题中的次要因素，对该问题做出如下假设。

（1）一项作业有多个实施模式，每一模式的作业时间不同，消耗的成本和达到的质量也不同。而且每个实施模式的作业时间、成本和质量均是模糊的。

（2）工程项目实施过程中，除资金约束外其他资源无约束。

（3）质量值为相对质量水平，以0～1之间的任意实数表征各作业质量。整个工程的质量为各作业质量加权平均。

2.2 水利工程项目工期、成本、质量目标函数

2.2.1 工期目标函数

在大型水利工程施工进度计划中，施工活动的逻辑关系确定。但由于内部协作和外部环境等诸多不确定因素的影响，施工工序的作业持续时间不确定，表现为一定的模糊性。本研究基于网络计划技术中的关键路径法（Critical Path Method，CPM），以最小化期望总工期为目标建立水利工程项目工期目标函数，见式（3）。

$$\min T=\sum_{i\in ep}\sum_{k=1}^{K}x_{ik}E[\bar{d}_i]$$

$$\text{s.t.}\begin{cases}\sum_{k=1}^{K}x_{ik}=1\\ E[\bar{d}_i]_{\min}\leqslant E[\bar{d}_i]\leqslant E[\bar{d}_i]_{\max}\\ E[\tilde{t}_1]=0\\ E[\tilde{t}_i]+\sum_{k=1}^{K}x_{ik}E[\bar{d}_i]\leqslant E[\tilde{t}_j]\end{cases}\tag{3}$$

式中：i为作业；k为执行模式；K为执行模式个数；x_{ik}为0-1二元决策变量；$\bar{d}_i$为作业i的模糊持续时间；j为作业i的紧后作业；$\tilde{t}_i$为作业i的模糊开始时间；$\tilde{t}_j$为作业j的模糊开始时间。约束$\sum_{k=1}^{K}x_{ik}=1$表示各作业只有一种实施模式；约束$E[\bar{d}_i]_{\min}\leqslant E[\bar{d}_i]\leqslant E[\bar{d}_i]_{\max}$表示作业$i$的期望持续时间在最大和最小时间范围内；约束$E[\tilde{t}_i]+\sum_{k=1}^{K}x_{ik}E[\bar{d}_i]\leqslant E[\tilde{t}_j]$表示紧前作业完成后才能开始紧后作业。

2.2.2 成本目标函数

水利工程建设周期较长，整个施工建设过程中，工程总成本容易受到施工方案的选取、工期压缩、返工修复等多方面因素的影响，因而寻求尽可能低的施工总成本是承包商成本管理的主要任务。本研究主要分析承包商建设期成本，认为水利工程项目总成本包括直接成本、间接成本和延期惩罚成本或提前完工奖励成本。工程项目直接成本为工程中各作业直接成本之和；间接成本为项目审查、管理有关的费用，本研究假定其与工期呈线性关系；延期惩罚成本和提前完工奖励成本是为保证项目按期完成采取额外经济手段而产生的成本。以最小化期望总成本为目标建立水利工程项目成本目标函数，见式（4）。

$$\min C=\begin{cases}\sum_{i}\sum_{k=1}^{K}x_{ik}E[\bar{C}_i]+T\times I_C+\alpha(T-D),\ T\geqslant D\\ \sum_{i}\sum_{k=1}^{K}x_{ik}E[\bar{C}_i]+T\times I_C+\beta(T-D),\ T<D\end{cases}\tag{4}$$

$$
\text{s. t.}\begin{cases}\sum_{k=1}^{K} x_{ik}=1 \\ E[\overline{C}_i]_{\min}\leqslant E[\overline{C}_i]\leqslant E[\overline{C}_i]_{\max} \\ \alpha,\ \beta,\ I_C>0 \\ C\leqslant B\end{cases}
$$

式中：$\overline{C}_i$ 为作业 i 的模糊直接成本；T 为工程实际工期；I_C 为间接成本系数；α 为延期惩罚系数；D 为工程计划工期；β 为提前完工奖励系数；B 为投资预算。约束 $E[\overline{C}_i]_{\min}\leqslant E[\overline{C}_i]\leqslant E[\overline{C}_i]_{\max}$ 表示作业 i 的期望直接成本在最大和最小成本范围内；约束 $C\leqslant B$ 表示工程项目总成本不能超预算。

2.2.3 质量目标函数

水利工程施工特别是河流上挡水建筑物的修建，关系着下游人民生命财产的安全。工程施工质量不但会影响建筑物的寿命和效益，而且会影响改建和维修的费用，更为严重的是一旦失事，对国民经济和生命财产将造成不可弥补的损失。

理论上，工程质量标准不以工期紧张而改变或降低，但在实际的工程施工中，工程质量通常受工期压缩所影响。高兴夫假定活动质量与时间呈线性关系，张连营采用钟形曲线模拟工期-质量关系，王博假定活动时间与质量呈二次抛物线形式，ZHANG 认为工序质量和工序持续时间呈二次函数关系，以上假定没有考虑作业质量为零的情况以及作业初期质量变化率的问题。针对水利工程工序施工复杂的特点，本研究对工序的作业质量做出如下假设：未开工时作业质量为零；作业初期，随着材料、设备、人员等资源的大量投入，作业质量大幅提升；当作业持续时间在最佳时间和临界时间之间时，偏离最佳时间越多，质量提高得越少；当作业持续时间达到临界时间时，再延长作业时间质量水平反而会下降。作业质量与作业持续时间关系曲线见图 1。

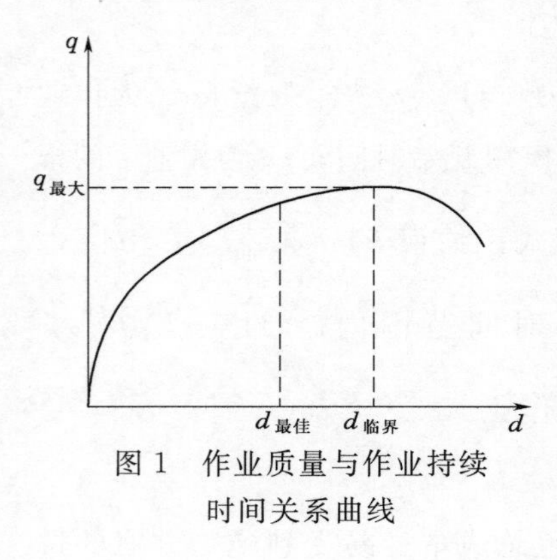

图 1 作业质量与作业持续时间关系曲线

通过双指数函数和二次函数拟合分段函数曲线关系得其函数关系按式（5）计算。

$$
q(i)=\begin{cases}1-\exp(-ad_i^b),\ d_i<d_{临界} \\ 1-\dfrac{1}{k}(d_i-d_{临界})^2,\ d_i\geqslant d_{临界}\end{cases} \tag{5}
$$

式中：d_i 为作业 i 的持续时间；$d_{临界}$ 为作业 i 的临界时间；a、b、k 为正参数项。

整个工程的质量记为各作业质量的加权平均值，以最大化期望总质量为目标建立水利工程项目质量目标函数，按式（6）计算。

$$
\max Q=\begin{cases}\sum_i\sum_{k=1}^{K} x_{ik}\omega_i[1-\exp(-aE[\tilde{d}_i]^b)],\ E[\tilde{d}_i]\leqslant E[\tilde{d}_{临界}] \\ \sum_i\sum_{k=1}^{K} x_{ik}\omega_i\left[1-\dfrac{1}{k}(E[\tilde{d}_i]-E[\tilde{d}_{临界}])^2\right],\ E[\tilde{d}_i]>E[\tilde{d}_{临界}]\end{cases} \tag{6}
$$

$$
\text{s. t.}\begin{cases}\sum_{k=1}^{K} x_{ik}=1 \\ \sum_{i=1} \omega_i=1 \\ E[\widetilde{d}_i]、E[\widetilde{d}_{临界}] \geqslant 0 \\ a、b、k>0\end{cases}
$$

式中：ω_i 为作业 i 的权重。约束 $\sum_{i=1}\omega_i=1$ 表示各作业权重和为 1。

2.3 综合均衡优化模型

在满足工程建设要求的前提下，为同时优化 3 个目标，建立综合均衡优化模型，见式（7）。

$$
\begin{cases}\min T \\ \min C \\ \max Q\end{cases}
$$

$$
\text{s. t.}\begin{cases}E[\widetilde{d}_i]_{\min} \leqslant E[\widetilde{d}_i] \leqslant E[\widetilde{d}_i]_{\max} \\ E[\widetilde{t}_i]+\sum_{k=1}^{K} x_{ik} E[\widetilde{d}_i] \leqslant E[\widetilde{t}_j] \\ E[\widetilde{C}_i]_{\min} \leqslant E[\widetilde{C}_i] \leqslant E[\widetilde{C}_i]_{\max} \\ C \leqslant B \\ \sum_{k=1}^{K} x_{ik}=1 \\ \sum_{i=1} \omega_i=1 \\ E[\widetilde{t}_i]=0 \\ E[\widetilde{d}_i]、E[\widetilde{d}_{临界}] \geqslant 0 \\ \alpha、\beta、IC、a、b、k>0\end{cases} \tag{7}
$$

3 模型求解

水利工程模糊多模式工期-成本-质量均衡优化是一个多目标优化问题，一项作业有多个实施模式，因此问题的可行解空间呈指数增长，成为 NP-hard 问题。传统的基于数学规划技术的算法求解效率低，难以找到最优解或次优解。微粒群算法因具有原理简单、鲁棒性强、易于实现、适于求解非凸非线性问题等优点，在工期-成本-质量均衡优化领域得到了广泛应用[13-15]。

微粒群算法首先初始化种群，将由 m 个微粒组成的粒子群对 n 维空间进行搜索，每个微粒在搜索过程中根据自己的历史最好点和群体内其他微粒的历史最好点，追随最优微粒。经过逐步迭代，最终达到最优解。种群中第 i 个微粒可以表示为 $x_i=(x_{i1}, x_{i2}, \cdots, x_{in})$，它自身经历过的历史最好点表示为 $p_i=(p_{i1}, p_{i2}, \cdots, p_{in})$，种群中所有微粒经历的最好点表示为 $g=(g_1, g_2, \cdots, g_n)$，微粒速度表示为 $v_i=(v_{i1}, v_{i2}, v_{in})$。微粒的位置和速度公式见式（8）。

$$v_{i,G+1}=\omega v_{i,G}+c_1r_1(p_i-x_{i,G})+c_2r_2(g-x_{i,G})x_{i,G+1}=x_{i,G}+v_{i,G+1} \tag{8}$$

式中：G 为迭代次数；ω 为惯性权重，其大小决定着下一代微粒对当前微粒的速度继承多少；c_1 和 c_2 分别为个体学习因子和社会学习因子，学习因子使微粒具有向群体中优秀个体学习的能力，从而向自己的历史最优点以及群体内的历史最优点靠近；r_1 和 r_2 为［0，1］的随机数。

4 算例验证

4.1 算例介绍

所选算例采用文献［4］中的高速公路的例子进行分析。该工程项目包括 18 项作业，由原始数据可得，$T_{\min}=104\text{d}$，$T_{\max}=169\text{d}$，$C_{\min}=102900$ 美元，$C_{\max}=186870$ 美元，$Q_{\min}=0.6193$，$Q_{\max}=0.9876$。

4.2 参数选取

根据前述提出的方法构建综合均衡优化模型，模型中相关参数如下：λ 取 0.5，表示决策者态度无偏好；$I_C=50$ 美元/d，$\alpha=200$ 美元/d，$\beta=120$ 美元/d，$D=121\text{d}$，$B=180000$ 美元，参见文献［4］；权重系数参见文献［3］。

观察原始数据发现数据符合作业质量下降阶段的规律，由此可以确定质量模型中参数 k 的取值范围。由原始数据 $d_1=14$、$q_1=1$，$d_2=15$、$q_2=0.9$ 算出 $k_{\min}=10$。由 $d'_1=15$、$q'_1=1$，$d'_2=33$、$q'_2=0.62$ 算出 $k_{\max}=853$，故 $k\in[10,853]$。作业质量 q 随 k 的增大而增大，经测算各作业中 k 的取值大部分在 200 左右，故本算例中 k 取 200。

由于原始数据没有显现作业质量上升阶段的规律，故拟从总质量的取值范围确定 a、b 的取值范围。a、b 为双指数函数的参数，a、b 的取值对工程质量 Q 的值有影响。

算例 $0.6193\leqslant Q\leqslant 0.9876$，故 $0.02\leqslant a\leqslant 0.5$，$0.7\leqslant b\leqslant 1.7$，本研究取 $a=0.05$，$b=1.5$。

微粒群算法参数为：种群大小 $m=20$，最大进化代数 $G=100$，惯性权重 ω 从 0.9 线性减小到 0.4，$c_1=c_2=2$，$v_{\max}=0.5$。

通过 Matlab 编程并采用微粒群算法对模型进行求解，运行 7.5min 得出优化结果。文献［4］采用模糊聚类遗传算法计算 18.2min 得出优化结果。两者结果对比见图 2。

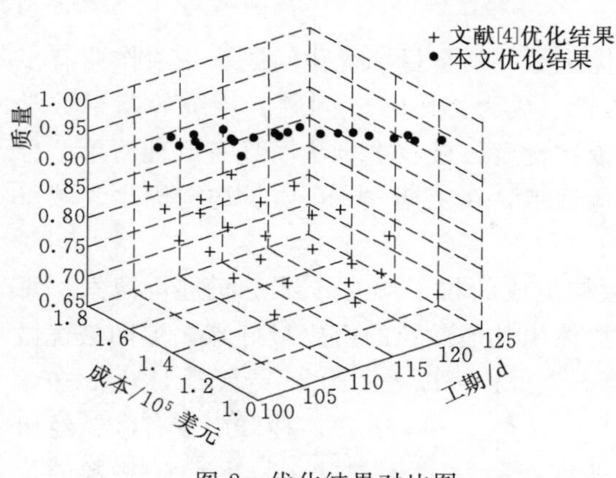

图 2　优化结果对比图

4.3 结果分析

由图 2 可知，优化结果与文献［4］在 pareto 解个数、工期优化区间、成本优化区间方面较为一致，但本研究所选优化的质量水平较高。这是由于文献［4］采用的质量模型为 $Q=\alpha Q_{\min}+(1-\alpha)Q_{\text{avg}}$，质量优化区间在最小质量和平均质量之间，即 $0.6193\leqslant Q\leqslant 0.8945$。本研究质量模型在相关参数确定后的优化区间为［0.9233，0.9876］，故本研究模型优化的质量水平相对较高。采用的微粒群算法收敛速度快、求解时间短，能快速找到质量较高的区间并寻优。计算结果表明选用的模型能较好地实现工期-成本-质量三大目标的均衡优化。

5 实例应用

5.1 实例概况

河口村水库工程是河南省重点水利基建项目，水库控制流域面积 9223km²，500 年一遇设计，2000 年一遇校核，由混凝土面板堆石坝、泄洪洞、溢洪道及引水发电系统组成，是一座以防洪、供水为主，兼顾灌溉、发电、改善生态基流的大（2）型枢纽工程，总库容 3.17 亿 m³，总投资 27.75 亿元，计划总工期 60 个月。

河口村水库工程简化的网络计划图见图 3，河口村水库相关参数及数据见表 1。

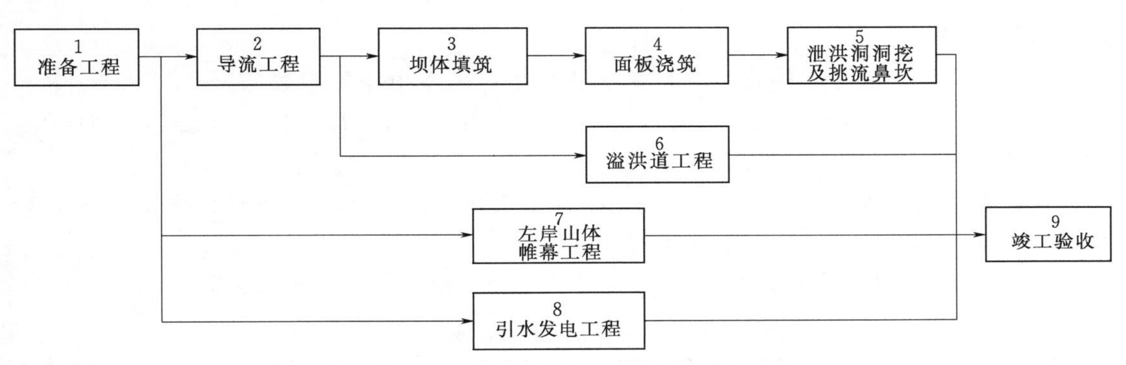

图 3 河口村水库工程简化的网络计划图

表 1 河口村水库相关参数及数据表

工作编号	模式	$\tilde{d}_i$/月	$\tilde{d}_{临界}$/月	$\tilde{C}_i$/万元	ω_i
1	1	9，10，11	11，12，13	19500，21000，22500	0.10
	2	11，12，13	11，13，15	17500，18000，19500	
2	1	7，8，9	5，6，7	10200，10900，11600	0.12
	2	8，9，10	6，7，8	9000，9900，10800	
	3	9，10，11	7，8，9	8094，8992，9890	
3	1	14，16，18	16，18，20	45000，49000，53000	0.15
	2	17，18，19	19，21，23	43000，45000，47000	
	3	18，20，22	20，22，24	37000，41000，45000	
4	1	2，3，4	3，4，5	8200，10200，12200	0.08
	2	3，4，5	3，5，7	6192，8196，10200	
5	1	6，7，8	5，6，7	16000，18000，20000	0.10
	2	7，8，9	5，7，9	14048，16024，18000	
6	1	21，23，25	20，21，22	13000，14100，15200	0.13
	2	23，25，27	21，23，25	12200，13100，14000	
	3	25，27，29	21，24，27	11278，12189，13100	

续表

工作编号	模式	$\tilde{d}_i$/月	$\tilde{d}_{临界}$/月	$\tilde{C}_i$/万元	ω_i
7	1	23，25，27	21，22，23	3250，3450，3650	0.12
	2	25，27，29	22，24，26	3100，3300，3500	
	3	27，29，31	25，27，29	3066，3183，3300	
8	1	25，27，29	27，30，33	4400，4600，4800	0.15
	2	28，30，32	30，32，34	4100，4300，4500	
	3	30，33，36	33，36，39	3630，3965，4300	
9	1	4，5，6	5，6，7	4800，5600，6400	0.05
	2	5，6，7	6，7，8	4000，4800，5600	

5.2 模型求解

根据前文提出的方法构建综合均衡优化模型，模型中相关参数如下：$\lambda=0.5$，$a=0.05$，$b=1.5$，$k=200$，$\alpha=800$万元/月，$\beta=500$万元/月，$I_C=1000$万元/月，$D=60$个月，$B=184000$万元。

微粒群算法参数为：种群大小$m=20$，最大进化代数$G=100$，惯性权重w从0.9线性减小到0.4，$c_1=c_2=2$，$v_{\max}=0.5$。

通过Matlab编程并采用微粒群算法对模型进行求解，优化结果见表2。

表2　　河口村水库工程优化结果表

解序号	执行模式	工期/月	成本/万元	质量
1	2，1，3，2，2，3，3，3，1	55	167574	0.8109
2	2，2，3，2，1，3，2，3，1	55	168550	0.8158
3	2，2，2，2，2，3，2，3，1	54	169074	0.8184
4	2，1，3，2，1，3，3，3，1	54	167933	0.8116
5	1，1，2，2，2，3，3，3，1	53	168457	0.8132
6	2，2，2，1，1，3，2，2，1	52	170389	0.8219
7	2，1，2，1，1，3，3，3，1	51	169437	0.8175
8	2，1，1，1，2，3，2，2，1	50	170413	0.8215
9	1，2，1，1，1，2，2，3，1	50	171965	0.8303
10	1，1，1，1，1，1，2，2，1	49	172800	0.8347

5.3 结果分析

（1）解的个数。简化的河口村水库工程由9个活动组成，平均每个活动有2.8个执行模式，因此可行解空间为2.8^9，即有10578个工期、成本、质量不同的组合方案。通过微粒群算法在大规模搜索空间中找到10个非支配解，使决策者可以在较小的范围内进行方案选择。

（2）三大目标之间的关系。由表2可知，工期和成本近似成反比关系，工期压缩需要投入更多成本，与文献［3～6］的研究结果相同。质量和成本近似成正比关系，质量提高需要投入更多人力、设备等资源从而增加成本，与文献［4］研究结果相同。质量和工期近似成反比关系，水利工程不设废品等级但存在返工、修补、加固等要求，质量提高能减少返工，加快施工进度。这也反映了工期、成本、质量三大目标之间相互影响的关系。

（3）质量水平。本例和算例选取相同的质量模型参数，本例优化的质量比前例要低。河口村水库属于大（2）型水库，工期较长，投资较大，但本文简化的网络计划图属小型网络，活动少、逻辑关系简单。前例包含18个活动的网络计划图属中型网络，优化质量较高，说明本研究模型适合求解中型较复杂的网络。本模型是否适用于大型网络计划图还需要进一步验证分析。

6 结论

通过采用双指数函数和二次函数分段模拟作业质量和作业持续时间之间的关系，较之以往的质量模型克服了专家打分的主观性，考虑了作业质量为零的情况以及作业初期质量变化率的问题，更加符合水利工程施工过程的客观实际。运用微粒群算法对构建的均衡优化模型进行求解，效率较高。优化结果与相关文献对比分析表明，所选模型优化的质量较高，验证了模型的合理性和计算方法的有效性。最后，将模型应用于一个水利工程实例，为决策者进行目标优化和控制提供参考，对工程建设具有较好的指导作用。

本研究通过质量模型探讨了质量和工期之间的关系，但工程质量不仅和工期有关，还和成本有关，需要进一步探究包含工期和成本的质量模型。

参考文献

［1］胡程顺. 水电工程施工进度优化及控制方法研究[D]. 天津：天津大学，2005.

［2］王博，郜军艳，聂相田，等. 综合成本-质量-完工风险的水利工程进度优化[J]. 水力发电学报，2014，33（2）：267-272.

［3］El-Rayes K，Kandil A. Time-cost-quality trade-off analysis for highway construction[J]. Journal of Construction engineering and Management，2005，131（4）：477-486.

［4］Mungle S，Benyoucef L，Son Y J，et al. A fuzzy clustering-based genetic algorithm approach for time-cost-quality trade-off problems：A case study of highway construction project[J]. Engineering Applications of Artificial Intelligence，2013，26：1953-1966.

［5］陈勇强，高明，张连营. 基于遗传算法和Pareto排序的工期-费用-质量权衡模型[J]. 系统工程理论与实践，2010，30（10）：1774-1780.

［6］高兴夫，胡程顺，钟登华. 工程项目管理的工期-费用-质量综合优化研究[J]. 系统工程理论与实践，2007（10）：112-117.

［7］张连营，岳岩. 工期-成本-质量的模糊均衡优化及其Pareto解[J]. 同济大学学报（自然科学版），2013，41（2）：303.

［8］ZHANG L Y，DU J J，ZHANG S S. Solution to the Time-Cost-Quality Trade-off Problems in Construction Projects based on Immune Genetic Particle Swarm Optimization[J]. Journal of Management in Engineering，2014，30（2）：163-172.

［9］王健，刘尔烈，骆刚. 工程项目管理中工期-费用-质量综合均衡优化[J]. 系统工程学报，2004，19（2）：148-153.

［10］杨耀红，汪应洛，王能民. 工程项目工期成本质量模糊均衡优化研究[J]. 系统工程理论与实践，2006，7（7）：112-117.

[11] 李荣钧. 模糊多准则决策理论与应用[M]. 北京：科学出版社，2002.
[12] XU J P，ZHOU X Y. Fuzzy-Like Multiple Objective Decision Making [M]. Springer-Verlag，Berlin，Heidelberg，2011.
[13] 刘晓峰，陈通，张连营. 基于微粒群算法的工程项目质量、费用和工期综合优化[J]. 土木工程学报，2006，39 (10)：122 - 126.
[14] Rahimi M，Iranmanesh H. Multi Objective Particle Swarm Optimization for a Discrete Time，Cost and Quality Trade-off Problem[J]. World Applied Sciences Journal，2008，4 (2)：270 - 276.
[15] ZHANG H，XING F. Fuzzy-multi-objective particle swarm optimization for time-cost-quality tradeoff in construction[J]. Automation in Construction，2010，19 (8)：1067 - 1075.

河口村水库面板堆石坝坝体填筑质量控制综述

建剑波[1]　卢金阁[1]　武鹏程[1]　马　敏[2]

（1. 河南省河口村水库工程建设管理局；2. 河南省水利科学研究院）

摘要：河口村水库大坝为面板堆石坝，大坝建在深覆盖层上，大坝主体的沉降变形是保证大坝坝体及混凝土面板安全的关键。通过对坝体一期堆石体填筑过程严格管理，严把料源和工序控制关，采用先进科技手段，保证了工程质量，加快施工进度，为后期混凝土面板施工赢得宝贵时间。

关键词：河口村水库；面板堆石坝；填筑施工；质量控制

1　工程概况

河口村水库坝型为混凝土面板堆石坝，大坝全长530.0m，坝顶宽9.0m，最大坝高122.5m，坝顶高程288.50m，防浪墙高1.2m，上下游坝坡均为1∶1.5，坝后高程220.00m以下为堆渣平台，堆渣边坡1∶2.5，堆渣平台以下设“之”形上坝路；坝下游为网格梁异性混凝土预制块护坡。

坝体从上游至下游为：上游石渣压盖（粉煤灰、壤土铺盖和石渣盖重）、混凝土面板、挤压边墙、垫层料（特殊垫层料）、过渡料、主堆石、次堆石（下游坡主堆石）、下游护坡及坝后石渣压坡、基础设有反滤料和过渡料，坝后基础设有排水带。坝体填筑总量约为540万m^3，坝基上下游面底宽约368.0m。主要坝料来源：上游壤土铺盖来源于上游谢庄土区，粉煤灰来源于沁北电厂；石渣盖重来源于开挖的石渣备料；垫层料（特殊垫层料）、反滤料来源于石料场人工加工；过渡料、主堆料、次堆料来源于石料开采场。

2　工程施工特点

（1）大坝坝高122.5m，建在覆盖层厚达42.0m的河床上，采用高压旋喷桩基础处理，在国内同类高坝及深覆盖层坝基处理尚属首例。

（2）坝体填筑量大、工期紧、技术要求高、质量标准严。工程大坝及上下游压盖填筑量约743.98万m^3，高峰时段平均强度为29.16万m^3/月。施工过程中必须做到高标准、严要求、科学组织、精心施工，确保各期施工任务的完成。

（3）工程地处“V”形峡谷中，河床狭窄，两岸高峻陡峭，局部地段几乎直立，施工道路布置困难，确保运输道路畅通是保证填筑强度的关键问题。

（4）采用大坝GPS碾压施工质量实时监控系统技术（简称数字大坝），对保证大坝填筑质量，起到了关键作用，在河南省类似工程建设中属首次应用。

3 坝体填筑质量控制要点

大坝填筑质量是大坝建成后安全运行的关键和核心。因此，只有严控各个施工环节，才能确保填筑质量达到设计要求和运行安全。坝体填筑质量控制要点如下。

（1）坝体填筑石料开采粒径应符合设计包络线要求，级配良好，上坝料其他物理力学性质也要符合设计要求，不合格料严禁上坝。

（2）超径石应在石料场解小处理，对个别已运至坝面的超径石采用破碎锤现场及时分解处理或直接运至填筑面外。

（3）大坝填筑质量GPS监控仓面建仓，采用GPS卫星测量配合全站仪测量定线，并用白灰线标示，并及时上报至GPS分控室建仓。

（4）铺料采用"高程饼"法控制铺料厚度，严禁大石集中或架空，保证碾压质量。

（5）振动碾的吨位、击振力达到设计要求，行进速度控制在2.0～3.0km/h，严禁超速行进，碾压方向顺坝轴线，碾压遍数不少于碾压试验参数要求。

（6）各坝料分界处填筑，只允许细料侵占粗料，不允许粗料侵占细料。

（7）分区填筑时，坝体各区坝料应基本平起填筑，避免出现不均匀沉降。

（8）周边料和挤压边墙后垫层料的碾压采用小型振动碾和液压夯板配合压实。

（9）严格坝料加水量控制，达到碾压试验含水率要求。

4 料源质量控制

坝料质量应从源头控制，满足设计级配、岩性、含泥量及物理力学性质合格的要求。坝体填筑料设计主要技术指标见表1。

表1 坝体填筑料设计主要技术指标表

料物名称	垫层料	过渡料	主堆石（排水带）	次堆石	反滤料
干密度/(g/cm³)	2.29	2.21	2.2	2.12	2.26
渗透系数 K/(cm/s)	1×10^{-3}～1×10^{-4}	$\geqslant10^{-2}$	$\geqslant10^{-1}$		$\geqslant1\times10^{-3}$
铺层厚度/cm	40	40	80	80	40
最大粒径/mm	80	300	800	800	60
小于5mm粒径/%	35～50	≤25	≤20		35～55
小于0.075mm粒径/%	<8	≤5	≤5	≤8	≤8
加水量/%	10	10～20	15～20	10～20	10

5 坝体填筑施工质量控制

在施工过程中，有效地控制填筑密实度是保证大坝施工质量的关键。为了保证坝体填筑施工质量，河口村水库工程建设管理局制定了《河口村水库工程大坝填筑质量管理办法》，规范大坝填筑管理，保证填筑施工质量。

5.1 各区料填筑和质量控制

(1) 垫层料区的填筑。垫层料位于坝体最上游侧，是面板的基础。垫层料采用 2m^3 挖掘机装 20t 自卸汽车运到工作面卸料，采用 SD7 推土机粗平、人工精平。在垫层料上游进行挤压边墙施工，再铺垫层料。每层垫层料与过渡料同碾压，碾压后挤压边墙范围内拉线找平，机器定位便于施工。

(2) 过渡料区的填筑。过渡料位于主堆石料与垫层料之间，对垫层料起反滤作用。过渡料填筑方法与垫层料施工基本相同。过渡料因块径较大，含水量少，碾压前必须加水。铺料层厚 40cm，采用 26t 自行振动碾碾压。

(3) 主堆料区的填筑。主堆石料是大坝的主体，起着骨架作用。2m^3 挖掘机挖装，20～25t 自卸汽车运到工作面，以进占铺料为主、混合法铺料为辅，采用 SD7 推土机进行平料，"高程饼"法控制填筑厚度。

(4) 次堆料区的填筑。次堆石填筑区位于坝轴线以下的高程 270.00m 以下的部分坝体，施工方法与主堆石区基本相同。

(5) 特殊垫层料（小区料）的填筑。小区料在趾板后紧靠趾板和面板，局部在河床趾板下面，底部坐落在垫层料上，两侧在岸坡防渗板表面上。

5.2 坝体各区及岸坡结合部的质量控制

坝体填筑各分区及结合部是坝体填筑的关键部位和薄弱环节，以上部位填筑控制原则如下。

(1) 反坡处理。坝体左右岸坡度陡，高差大，岩溶发育，岸坡局部易出现反坡现象，先填混凝土或浆砌修复成顺坡后，再进行坝料填筑。

(2) 堆石体与岸坡或混凝土建筑物结合部，填筑时易出现块石集中现象，对坝体填筑质量及趾板周边缝变形有较大影响，对周边碾压不到地方采用液压振动夯板夯实。

(3) 台阶结合部分质量控制。由于施工分仓或分区填筑等因素，导致两填筑区高差较大而形成梯田式的台阶问题，施工时预留不小于 3m 宽的台阶。

5.3 坝体填筑料技术参数控制

坝体填筑主要控制铺料厚度、洒水、碾压遍数等，监理单位采用 GPS 监控和旁站监理的控制方法，对坝体填筑进行全过程控制。

(1) 铺料厚度。各区坝料铺料厚度按照碾压实验确定的厚度进行严格控制。采用 GPS 测量和"高程饼"法控制。

(2) 碾压遍数。除垫层料（小区料）边角采用 3t XS120A 型振动碾和液压振动夯板配合压实外，其余均采用 26t BW225D 和 XS262 重型振动碾进行碾压，主堆料静 1 高振 7 遍，次堆料高振 8 遍，过渡料静 1 低振 6 遍，振动碾错距 20～30cm 进行碾压控制。同时采用 GPS 碾压实时监控系统对碾压过程进行监控。

(3) 上坝料加水。上坝料采用坝外、坝内综合加水。坝外设加水站集中加水站，采用花管空中加水，专人控制，量化加水；坝内采用移动皮胶软管和 20t 洒水车进行坝面补充洒水。

(4) 大坝填筑 GPS 监控质量控制。面板堆石坝填筑施工质量实时 GPS 监控系统主要组成及总体构成（图 1）。

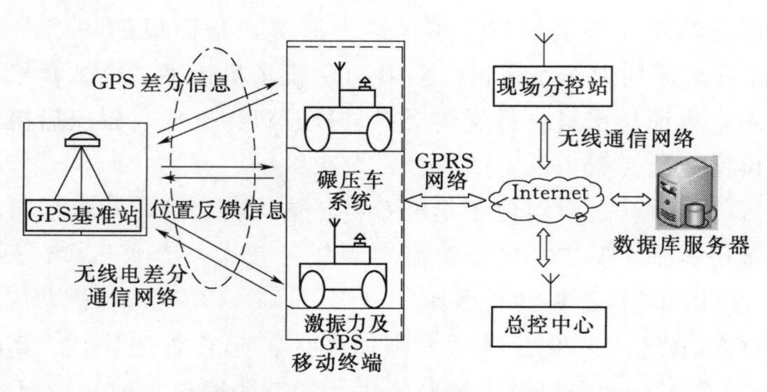

图 1　填筑碾压质量实时监控系统的总体构成图

通过安装在碾压机械上的监测终端，实时采集碾压机械的动态坐标、激振力输出状态，经 GPRS 网络实时发送至远程数据库服务器中；现场分控站和总控中心的监控终端计算机通过有线网络，读取上述数据，进行碾压车轨迹、碾压遍数、压实高程和压实厚度等实时计算和分析，并将结果与预先设定的标准作比较，判断碾压参数是否符合要求；根据偏差，以指导相关人员做出现场反馈与控制措施。

碾压达到设计遍数后关仓，及时输出碾压轨迹图、碾压遍数图、压实厚度图和仓面高程图，把整个建设期所有施工仓面的碾压质量成果保存在后台网络数据库中，并可随时查询，真正形成“数字大坝”。

6　质量控制和检测

坝体填筑质量控制以碾压遍数和试坑法检测干密度（渗透系数）进行“双控”。

主堆料、过渡料、垫层料的干密度、渗透系数、颗粒级配和弹性模量检测结果均符合设计要求。大坝填筑碾压质量 GPS 监控系统，实时全面监控主堆料区 158 个仓面，过渡料区 127 个仓面，碾压质量均满足设计要求。

7　结论

加强混凝土面板堆石坝料源头控制和过程质量指标控制，采用大坝填筑 GPS 监控先进技术和挤压边墙施工工艺，减少人员投入，从 GPS 监控数据和检测结果，保证填筑质量，加快施工进度，为后期混凝土面板施工赢得宝贵时间。

河口村水库面板堆石坝碾压施工质量控制

郑 涛 王建飞 王为然 江永安

（河南省河川工程监理有限公司）

摘要： 根据河口村水库面板堆石坝填筑碾压工程特点，对大坝一期、二期、三期填筑工程的准备阶段、施工阶段以及完工后观测阶段进行了严格的施工质量控制。对原材料开采加工、运输上坝、加水、坝料摊铺、开仓碾压、取样试验、干密度检测等环节进行全过程监控，通过GPS数字监控系统对碾压过程进行远程动态监控，及时处理施工中出现的填筑层厚、碾压遍数、碾压速度等控制参数不达标情况。碾压填筑后的监测结果表明，大坝填筑实测干密度、孔隙率均满足设计要求，沉降变形满足规范要求。

关键词： 面板堆石坝；质量控制；填筑施工参数；GPS数字监控系统；河口村水库

1 工程概况

河口村水库是一座以防洪、供水为主，兼顾灌溉、发电、改善河道基流等作用的大型水利枢纽，位于黄河一级支流沁河最后一段峡谷出口处，下距五龙口水文站约9.0km，属河南省济源市克井镇，坝址控制流域面积9223km^2，是控制沁河洪水、径流的关键工程，也是黄河下游防洪工程体系的重要组成部分。水库正常蓄水位275.00m，死水位225.00m，总库容3.17亿m^3，调节库容1.96亿m^3。

混凝土面板堆石坝最大坝高122.5m，坝顶高程288.50m，防浪墙高1.2m，坝顶长530.0m，坝顶宽9.0m，上游坝坡1∶1.5，下游坝坡1∶1.5，下游综合边坡1∶1.5。坝体从上游至下游依次由混凝土面板、垫层料、过渡料、主堆石、次堆石、预制块护坡等结构组成，总填筑方量为530万m^3。

2 石料料场准备

在石料批量开采生产前，要求施工单位把爆破工艺试验方案及完成后的成果报监理机构批准，合理确定石料的各种技术参数，通过控制各项试验参数保证上坝料的质量。筑坝材料（主堆料、次堆料、过渡料、垫层料、小区料、反滤料）的各项技术指标均应符合设计及规范要求（表1）。在进行石料开采作业前，合理进行场地布置和料区规划，对料场覆盖层进行清理剥离，将料场的植被、表层土和强风化岩层清除干净[1-2]。

石料开采过程中，由建设管理、设计、监理、施工四方联合对开采料岩性进行现场鉴定。符合上坝要求的石料，由挖掘机装自卸汽车运至大坝填筑区（或备料区），不符合要求的石料作为弃料运至弃渣场，避免混杂和随意堆放。

坝体填筑料岩石饱和抗压强度（软化系数）取样3组，主堆料、过渡料、垫层料颗粒级配各取样检测14组，次堆料饱和抗压强度共检测8次，均满足设计及规范要求。

表1　坝体填筑料设计指标要求表

大坝分区	最大粒径/mm	压实厚度/mm	孔隙率/%	干密度/(g/cm³)	级配/%	
					＜0.075mm	＜5mm
小区料	40	20	17	2.20		
垫层料	80	40	16	2.29	＜8	35～50
过渡料	300	40	19	2.21	≤5	≤25
主堆料	800	80	20	2.20	≤8	≤20
次堆料	800	80	21	2.12	≤8	
反滤料	60	40	0.75	2.26	≤5	35～50

3　石方填筑碾压工艺试验

在坝体填筑施工开工前，要求施工单位按照设计和规范要求进行碾压工艺试验。模拟现场实际施工条件，通过分别对过渡料、主堆料、垫层料及次堆料不同区域进行碾压试验，并就石料级配、压实厚度、加水量等参数对压实效果产生的影响程度进行统计、分析和优化，确定铺料厚度、碾压遍数、碾压形式、铺料过程中的加水量等施工参数（表2、表3）和施工工艺，并检验所选用的碾压机械（26t自行式振动碾）的适用性及可靠性，修改优化填筑、压实参数、施工工艺及措施[3]。

表2　石方填筑碾压试验参数表

部位	石料类别	控制干密度/(g/cm³)	最优含水率/%	碾压遍数	碾压形式	铺料厚度/cm
垫层区	石灰岩	2.29	8	静1 振6	低频高振	45
过渡区	石灰岩	2.21	12	静1 振6	低频高振	45
主堆区	石灰岩	2.20	10	静1 振7	低频高振	90
次堆区	页岩	2.12	8～12	振8	低频高振	110

表3　石方填筑碾压试验检测数据表

部位	设计干密度/(g/cm³)	实测干密度/(g/cm³)	实测孔隙率/%	设计孔隙率/%	设计含泥量/%	实测含泥量/%
垫层区	2.29	2.31		≤816	16.0	
过渡区	2.21	2.23	19	≤5	19.0	
主堆区	2.20	2.24	20	≤5	19.1	1.3
次堆区	2.12	2.23	21	≤8	19.2	1.2

4 坝体填筑施工质量控制与管理

施工阶段由于坝体填筑工程量大，持续施工时间长，填筑质量易出现波动，因此施工前期应加强坝体填筑质量检查，严格按照设计及规范要求进行质量检测，形成严格、规范的施工氛围，为后续施工打好基础。坝体填筑施工重点工序为：上坝道路规划施工→仓面规划→上坝料运输（途中加水）→坝料摊铺→洒水→碾压→收仓→质量检验[4]。填筑施工质量控制过程见图1。

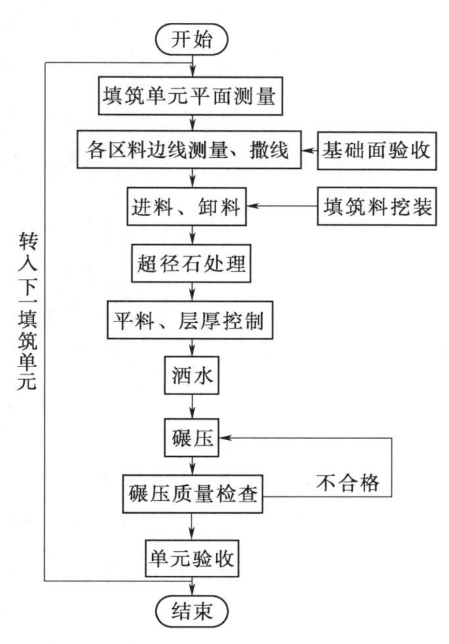

图1 填筑施工质量控制过程图

4.1 测量放线

要求施工单位根据施工控制网对已清理好的坝基及两岸边坡做高程、桩号等标记，测绘基础地形图和断面图，由设计、地质人员进行地质素描和地质编录后，进行由业主、设计、监理、施工单位参加的坝基联合验收。

填筑施工前，按填筑单元和填筑料分区测量放线，各分区采用白灰撒线标识明晰，并插方向标记和层厚高度杆作为控制参照物，以便监理人员和施工质检人员掌握和检查。

4.2 铺料

除小区料、垫层料、过渡料外，主堆料、次堆料主要采用进占法铺料。垫层料区紧贴坝踵面板混凝土边，主要采用挤压边墙技术控制。垫层料和过渡料采用SD16推土机平料。主堆料、次堆料采用SD7推土机进行平料，铺料过程中采用“贴饼”和高度标杆双重控制，以免出现超厚或欠料现象。当遇到大块石集中时，采用小型挖掘机配合处理。

4.3 洒水

堆石坝料含水率是影响堆石坝填筑质量的主要因素之一。根据该工程的实际情况，采用坝外加水和坝面补水相结合的方法。

（1）坝外加水：坝料上坝前，通过设置在上坝路途中的加水站加水，加水时间为15～18s，然后再运输到填筑工作面上。

（2）坝面补水：主要利用左坝肩高程288.00m平台上的200m^3蓄水池管道输水至大坝作业面，局部利用10t洒水车洒水。

（3）加水量控制：按照已经批准的碾压试验成果确定的加水量，在加水站加水5%～7%；在填筑作业面补充加水10%～13%，具体可根据不同天气情况进行调整。

对垫层料（含小区料）应先做含水率试验，当含水率大于最佳含水率时，应在料场脱水；当含水率小于最佳含水率时，应在坝面铺料区洒水，使垫层料碾压时满足含水率要求。

4.4 压实

压实设备采用 26t 自行式振动碾，压实工序在平料和洒水完成后进行。在碾压作业前，若已铺料作业面存在失水情况（如高温、大风天气），须及时进行作业面补水。碾压时沿大坝轴线方向采用全振错距法碾压，碾距重叠不小于 20cm，行车速度不大于 3km/h。

5 基于 GPS 数字监控系统的碾压过程质量控制

该工程碾压过程采用实时 GPS 数字监控系统，由总控中心、基准站、分控站、流动站四部分组成（图 2）。总控中心设置在建管局，基准站位于左坝肩，采用 GPS RTK（动态差分）技术，使定位精度达到厘米级，以满足坝体填筑碾压质量控制与管理要求。流动站是安装在碾压机械上的监控设备。分控站位于右坝肩，用于现场监理及施工单位管理人员使用碾压监控客户端实时监控仓面碾压情况，当出现质量偏差时，能在现场及时通知碾压机械司机进行纠偏。该系统的工作原理：流动站设备实时通过卫星定位系统，接收由基准站发送的差分信号，将差分之后的定位数据和速度、激振力等数据发送给总控中心，经系统处理后实时将大坝填筑施工过程中碾压机械位置、行进速度、碾压遍数、振动情况等监测数据信息提供给分控站进行监控[5-8]。

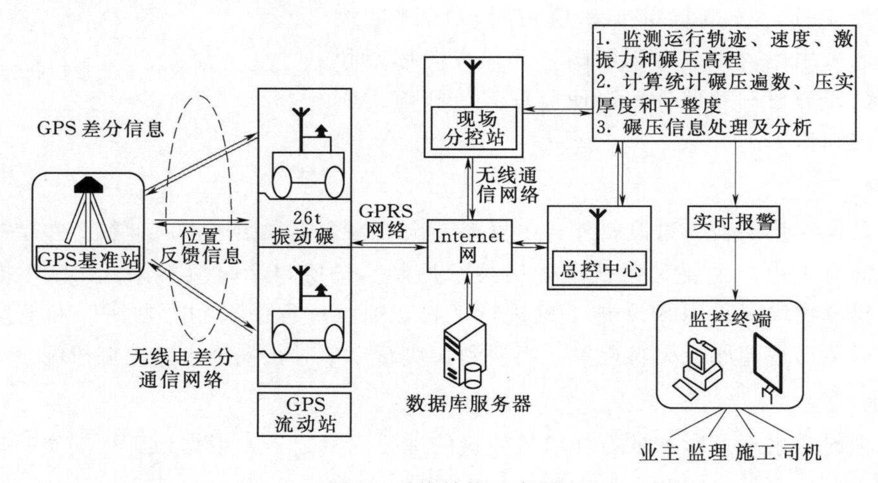

图 2 系统结构示意图

5.1 建仓

按照仓面规划，对需要进行碾压的作业区进行建仓，即分别输入仓面名称、设计碾压标准、碾压机最快行驶速度、设计铺料厚度、压实厚度容许误差率及振动标准等信息，与现场施工人员对接，对碾压设备进行派遣规划，开始开仓碾压。开仓前若有客观上不能被碾压的区域，应排除碾压区域。碾压轨迹见图 3。

5.2 碾压

现场施工人员接到 GPS 分控室指令后开始指挥振动碾司机进行仓面碾压作业。碾压过程中，当监测指标（如振动碾超速等）达不到要求时，系统会立即提示分控站现场监理

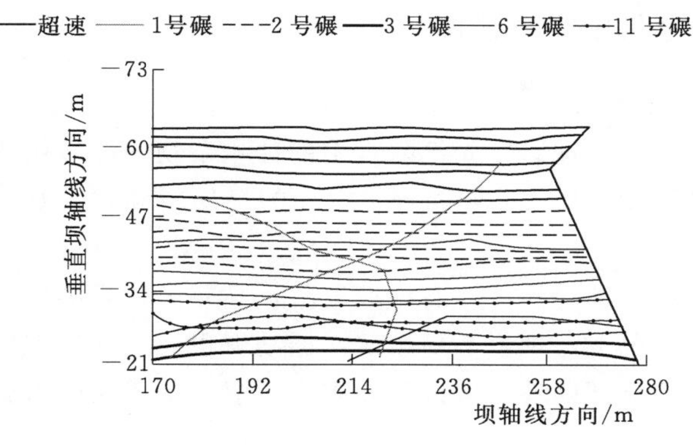

图3 碾压轨迹图

人员及施工管理人员，以便及时纠正和处理操作中出现的问题。每一碾压作业层完成后，系统可自动生成碾压参数统计图形。

5.3 关仓

现场碾压完成后，现场施工人员与控制室操作人员及时沟通，确认是否需要补压，若需要，则按指定的位置进行补压作业。控制室操作人员依据仓面碾压遍数达标率超过90%且无明显漏压、欠压区域时，可以关仓，并把相关碾压图形报表打印并存档。

数字监控系统对河口村水库坝体碾压机械进行实时自动监控，该系统于2012年3月1日进入试运行阶段，截至2013年12月8日完成一期、二期、三期堆石体填筑（顶高程286.00m），有效运行22个月，共完整监控了主堆料区的697个仓面，次堆料区的211个仓面，过渡料区的284个仓面，排水带区的2个仓面，反滤料区的6个仓面，合计1200个仓面的填筑碾压过程。

5.4 压实控制效果

施工填筑过程中，严格控制各项施工参数，压实干密度采用挖坑灌水法测定，取样位置由现场监理人员指定，检测频次按规范要求执行。对坝体填筑干密度、孔隙率等指标进行随机抽检试验，共检测主堆料干密度187组，颗粒级配187组，渗透系数87组，孔隙率134组；检测次堆料干密度120组，孔隙率117组；检测过渡料干密度152组，颗粒级配152组，渗透系数28组，孔隙率149组；检测垫层料干密度202组，颗粒级配202组，渗透系数31组，孔隙率196组。实测干密度、孔隙率均满足设计要求，干密度抽检结果见表4。

表4 大坝填筑干密度抽检结果统计表

取样部位	石料类别	取样数	实测干密度/(g/cm³)	孔隙率/%	设计孔隙率/%
垫层区	石灰岩	202	2.29～2.39	13.7～16.0	16
过渡区	石灰岩	152	2.21～2.37	16.1～19.0	19
主堆区	石灰岩	187	2.20～2.35	17.0～20.0	20
次堆区	页岩	120	2.18～2.28	13.2～21.0	21

6 坝体填筑缺陷处理与变形监测

6.1 岸坡整理后填筑缺陷处理

（1）岸坡溶槽、溶沟处理。首先挖除其中的冲积杂物，然后用垫层料分层填筑，并用振动夯板夯实或小型振动碾压实，再填宽 4.0m 的垫层料和宽 5.0m 过渡料，最后再进入主堆石填筑。

（2）岸坡局部倒坡处理。坝体左右岸坡度陡，高差大，岩溶比较发育，岸坡局部易出现倒坡现象，在倒坡情况下，坝料不易填实，振动碾也无法靠近碾压，应先处理成顺坡后再填筑。对不易处理的局部倒坡，按设计要求先填混凝土或浆砌石修复成顺坡后，再进行坝料填筑。

6.2 沉降变形监测

2012 年 12 月 19 日，大坝填筑至高程 225.50m 左右时，通过坝体上设置的 7 个典型观测点观测其内部水平位移和垂直位移，用莱卡 TS02 全站仪对大坝填筑沉降变形情况进行了观测，沉降变形量较小，大坝沉降变形满足规范要求[9]（表 5）。

表 5　大坝填筑期沉降变形监测结果表

点号	X/m	Y/m	Z/m	垂直累计偏移量/m	水平累计偏移量/m
1	171.1198	93.365	225.1970	0.0008	0.0001
2	139.9790	92.551	225.2668	0.0575	0.0150
3	140.0445	80.404	225.2648	−0.0028	0.0048
4	140.1155	69.362	225.2363	−0.0118	0.0010
5	113.3348	93.113	225.1715	−0.0705	−0.0127
6	172.1520	73.900	225.1637	−0.0445	−0.0128
7	111.0548	69.586	225.1647	−0.0782	0.0062

注　坐标系为相对坐标；X 为坝轴线桩号；Y 为垂直坝轴线桩号；Z 为竖直向高程。

7 结论

在河口村水库工程堆石坝填筑施工过程中，采用了 GPS 数字监控系统，通过安装在碾压机械上的 GPS 精确定位和激振力检测装置，对坝体填筑碾压施工过程进行全天候、实时、连续、自动、高精度的监测和反馈控制。一方面避免了常规的填筑压实质量控制采用的单纯依靠监理人员现场旁站、巡视等人工控制方法，排除了人为因素的干扰；另一方面克服了常规控制方法只有在碾压工序完成且检测试验结果出来后才能发现问题，过程质量信息不能及时反馈，一旦出现问题，处理、返工工作量较大的弊端，有效地保证了坝体填筑质量始终处于受控状态，实现了业主人员、监理人员和施工管理人员对施工过程的实时监控、指导和精细管理，相应减少了施工现场管理人员和现场旁站监理人员的工作量。通过系统的自动化监控，使业主放心工程质量，有效提高了大型堆石坝填筑工程质量控制与管理的水平和效率，使坝体填筑施工速度明显加快，该系统可以在其他类似工程中推广应用。

在填筑施工过程中也存在大块石集中问题，如何减少堆石坝填筑时的大石集中，是建设各方十分关注的一个突出问题，对此在堆石坝填筑施工中进行了一些探索，同时对施工管理也进行了研究，取得了较好的效果。

参考文献

[1] 刘攀，唐芬芬．苏家河口水电站混凝土面板堆石坝坝体填筑质量管理综述[J]．水利水电技术，2011，42（5）：59-62.

[2] 中华人民共和国水利部．混凝土面板堆石坝施工规范：SL 49—1994[S]．北京：中国水利水电出版社，1994.

[3] 杨长征，王钧，洪迎东，等．乌鲁瓦提水利枢纽工程混凝土面板砂砾石堆石坝坝体填筑施工[J]．水利水电技术，2003，34（12）：8-13.

[4] 中华人民共和国国家电能源局．混凝土面板堆石坝施工规范：DL/T 5128—2009[S]．北京：中国水利水电出版社，2009.

[5] 天津大学水利水电工程系．心墙堆石坝施工质量实时监控与系统集成技术及工程应用研究报告[R]．天津：天津大学，2009.

[6] 刘东海，王光锋．实时监控下的土石坝碾压质量全仓面评估[J]．水利学报，2010，41（6）：720-726.

[7] 钟登华，刘东海，崔博．高心墙堆石坝碾压质量实时监控技术及应用[J]．中国科学：技术科学，2001，41（8）：1027-1034.

[8] 曹先升，王飞．面板堆石坝坝体填筑质量实时监控系统研究与应用[J]．人民黄河，2013，35（11）：101-103.

[9] 关志诚．混凝土面板堆石坝筑坝技术与研究[M]．北京：中国水利水电出版社，2005.

浅谈某水库泄洪洞工程项目成本控制分析

陈 尊

（河南省水利第二工程局）

摘要：通过施工方案对比、流程优化、成本分析和效果评价，对工程施工过程中所消耗的资源和费用开支进行指导、调节和限制，及时纠正将要发生和已经发生的盈亏偏差，把各项成本费用控制在预算成本之内。从施工阶段上讲，成本控制分为事前控制、事中控制、事后控制3个阶段；只有这3个阶段相互配合，共同把关，项目的成本控制措施才具体可行。

关键词：成本控制；项目管理；辅助控制

1 控制体系

1.1 组织体系

项目法人是工程项目的领导者，也是成本控制体系中第一责任人。一个健全的成本控制体系应该包括：成本决策机构、成本执行机构、分析纠偏机构。

（1）决策机构。工程项目的策划者，负责大型施工方案的选型、对比、优化和分析。

（2）成本执行机构。工程项目的生产者，负责工程项目的实施、各种人力、机械、材料、能源的消耗。

（3）分析纠偏机构。工程项目的监督者，负责工程项目进度控制、物资财务分析、给决策者提供实时的工程进度及成本核算情况、盈亏分析等。

项目负责人在工程项目实施之前，应根据本公司的技术力量、生产效率等因素对整个工程的施工成本做出预估和判断。在此基础上，首先找出施工项目的赢利点、易亏损点、施工难点等关键性因素；其次，对控制成本的各个分部点分项核算、重点监控；最后，根据过程中的控制情况，不断地总结、纠偏和调整施工工艺流程，以保证项目成本目标的实现。

1.2 控制依据

成本控制依据，首先是施工合同、招投标文件、施工图纸；其次是施工组织设计、施工总进度计划、专项施工方案；最后是变更类资料，如工程变更、设计通知、技术要求、分包合同等，这些都是施工成本控制分析的依据，应翔实、准确，并及时归档。

2 成本控制过程

工程项目的成本控制过程主要体现在3个阶段，即工程实施前的策划、筹备阶段（事前控制）；工程方案实施过程中的人、材、机、能源投入控制阶段（事中控制）；阶段性或控制性节点完成后的成本分析、进度纠偏、控制成果反馈阶段（事后控制）。

2.1 事前控制

事前控制是指在工程项目开工前，对各项准备工作及施工项目的赢利点、易亏损点、施工难度等关键性因素影响进行分析。应从组织、技术、经济、合同等全方位、多角度采取措施。要有明确的组织结构，有专人负责和明确职能分工；技术上要对多种施工方案进行优化和选择；经济上要对成本分析进行动态控制，严格审核费用支出；合同上要缜密、细致的分析承包文件，做到控制方法和目标相一致。

例如，在泄洪洞开挖支护施工中，有两种方案可选。方案一，先进行洞身开挖施工，开挖完成后进行洞身衬砌；方案二，开挖完成一段距离后，进行衬砌施工；边开挖、边衬砌。方案一的优点是施工人员投入少、工序少、交叉作业少，安全生产情况容易得到保障；缺点是各工序占关键线路较多、工期较长、施工进程单一不容易满足节点工期。方案二优点是合理压缩工期、关键线路得到优化、更容易保证节点工期；缺点是交叉作业加剧、人员与机械投入加大，其他辅助性设置随之增多。

经过方案的优化和对比分析，该工程工期控制方面大胆采用了边开挖边衬砌的施工工法，使泄洪洞开挖、衬砌同时施工，且共用一条出口道路。对于衬砌质量保证方面：采用组合式钢模台车以提高模板整体性，同时台车下边不影响机械开挖出渣；轨道采用条带混凝土铺设枕木和钢轨的方法，防止地基的不均匀沉降；浇筑前采用找平层混凝土，大大提高了施工速度，和减少底板漏浆、跑模现象发生。以上措施方案都是集各种优点为一体，既保证了质量又提高了效益。

技术措施不仅对解决施工管理中的技术问题是不可缺少的，而且对于纠正施工成本偏差也有相当重要的作用。运用技术纠偏的关键：①能制定出多角度、切实可行的技术方案；②要对不同的技术方案进行技术经济分析。在操作中要避免仅从技术角度选定方案而忽视对经济效果的分析与论证。

2.2 事中控制

事中控制就是在工程实施过程中的人、材、机、能源投入的控制以及质量、安全措施、财务方面的分析控制等。事中控制要立足于先主动采取措施，控制项目成本的支出，提高单位投资能效比。

2.2.1 材料控制

材料控制是工程项目成本控制的基础。尤其是在水利工程建设中所需的材料种类多、材料价格随季节变化大，采购价格高低直接关系到工程建设的直接成本。因此在工程开始前就要根据工程进度计划编制主要材料进场计划和进场频次。

大宗材料最好采用公开招标、择优录取的方式购买。同时要注意材料采购周期、批量、存量满足使用要求，并正确计量，严格验收。材料使用严格控制，定期盘存，随时掌握实际消耗和工程进度的对比数据。对于周转材料要及时回收，这样有利于提高周转材料的利用率，降低成本；消耗性材料并不是便宜时候买得越多越好，还应考虑材料购买后的储存、转运、耗损的费用。

2.2.2 人工费控制

人工费的消耗数量以工程量的多少定额分配，避免操作中“包而不死”的混工现象发生。在工程结算中，主要体现在保质保量总价承包项目上。在人工费用支出上，只发生在不能使用机械，或需要配合机械的前提下发生，才能避免用工超支。

2.2.3 机械管理控制

随着施工现代化水平的提高，机械成本消耗也在施工成本中占据了很大的比例。因实际操作中的机械使用效率总低于定额机械使用效率，这就造成了机械消耗用量总大于定额用量，形成费用超支。出现此类现象，只有通过加强设备的管理和运用，才能将使用消耗成本降为最低。

在设备的管理和运用方面，要根据工程的需要，科学合理地选择施工机械，充分发挥机械的效能；合理安排施工流水段，以提高机械的利用率，减少机械成本；定期保养机械，提高机械的完好率，为整体工程进度提供保证。此外还要杜绝机械选型过大浪费和机械选型过少造成的误工、误时现象发生。

2.2.4 质量、安全措施控制

项目成本中，质量、安全的投入是保障性的投入，具有可伸缩性，但是质量、安全方面所保障的无形资产却是用成本所无法衡量的。因此，工程施工要严格按照施工验收规范和安全操作规程施工，减少或消除质量、安全事故的发生，为企业创造无形的效益。

施工现场管理，做到按标准操作，一次成活，使质量、工期、成本得到优化。安全管理人员应事先针对施工作业要求，提出安全生产措施，把安全防范落实到每一道工序、每一个岗位。可靠的质量、安全措施，是降低工程成本提供经济效益的有效手段。

加强质量管理，控制质量成本。质量成本是指项目为保证和提高产品质量而支出的一切费用，以及未达到质量标准而产生一切损失费用之和。质量成本包括以下主要方面：控制成本和故障成本。工程质量越高，故障成本就越低。

2.2.5 财务方面分析控制

主要手段是通过审核各种费用支出，平衡调动资金，以及建立各项辅助记录和配合项目部各部门对成本计划的执行情况进行检查监督，对工程建设全过程、全方位进行成本分析并及时反映到决策部门，以便采取有效措施来纠正成本偏差。主要形式为财务收支状况分析、工程结算、分部工程或单位工程成本控制。

2.3 事后控制

在一个独立的分部工程或单位工程结束后，工程方面首先要仔细核对合同条款，按合同要求完成的施工项目、设计变更、联合签证工程都要列入结算中，做到结算全面无遗漏，同时要考虑主要材料的调差情况；再次，要进行招标投标合同条款与实际施工工作条件对比，考虑结算单价的盈亏，并把这个盈亏结果反馈到决策部门，并运用到下一单位或分部工程中。

财务方面要对工程材料消耗情况、各种费用支出情况进行详细统计。主要内容是已完工部分成本分析、主要资源节约超支对比分析、主要技术节约措施及经济效果分析。通过全面分析单位工程或分部工程的成本构成和降低成本的来源，对于下步工程的成本管理具有很大的指导价值。

2.4 辅助控制

2.4.1 激励措施

在成本控制过程中采用一定的辅助手段可明显加快或提高产值目标的实现，如设置节点奖、工程质量安全奖、处罚措施等；这些措施的有效实施能有效提高作业人员的积极性，加大工作效率，节约工程建设工期或提高实体质量，无形中也降低了建设工程成本。

例如，在泄洪洞进口石方明挖、洞身衬砌施工中，采用了节点奖和处罚措施，施工速度明显加快，人员主观能动性显著提高。

2.4.2 合理安排好施工工期

施工成本控制中，工期的因素也是也是一个不容忽视的影响。在施工安排中，尽量做到相应季节干相应活，相应活一定在相应季节干完。否则，不仅增加赶工处理费用、季节性施工费用，而且延长了工期，使企业形象受损、影响力下降、人员积极性受挫、施工质量与安全难以保证。

2.4.3 加强人的管理

施工成本控制靠人来进行，在这个管理中其主导和关键作用的也是人。在人的管理中，除了以人为本的管理理念以外，还要切切实实的给人一个发挥的空间和实战平台。作为管理者要能放权、能驾驭全局；作为执行者要能胜任、能大胆管理。要避免出现管理者能管但是管不到、执行者能管到但无权管的现象。

加强人的管理还要从加强协作队伍的管理力度着手，首先，对协作队伍要做好服务保障工作，各项工作都要细致到位，不能存在压制、欺瞒等行为，要让协作队伍有利可得，才能达到双赢目的。其次，要如实按期结算，让作业队伍及时知道自己的盈亏状况，有盈利自然会舍得投入，自然不会偷工减料，这样项目的管理目标就更容易实现；相反，项目管理人员对作业人员完成的工作量核实不准、克扣完成量，势必产生逆反心理，这也将造成更多的偷工减料事件发生，这些都不利于项目成本目标的实现。

3 结论

施工项目的成本控制是一个复杂的系统工程，且随着工程项目的不同而又有新的差异，在实际操作中应因地制宜、灵活运用。但不论怎么变都离不开事前谋划成本、事中控制成本、事后成本分析和纠偏。尤其是事中控制“人、材、机消耗量的控制”是每一个工程项目的共同点，这就需要管理者在实践中不断总结和提高成本控制的方式和方法，以保证施工项目成本目标的实现。

合理治水　普惠民生
沁河河口村水库溢洪道工程及设备配置

王小龙　马海波

（河南水利建筑工程有限公司）

摘要： 水利工程施工设备配置及管理的好坏，直接影响工程施工的顺利进行，如配置与管理不当，不仅容易造成设备的完好率难以达到要求，还可能造成设备综合使用成本上升，同时影响施工进度及工程质量。本文通过对河口村水库溢洪道的石方开挖，混凝土浇筑及运输，结合工程施工的难点和特点，以及工程的工期和质量要求，阐述溢洪道施工中各种设备的配置及管理，并根据自有设备情况，设备的工程预算，合理调配设备资源，制定了科学的管理规程，对施工中的设备进行科学管理和使用，确保工程施工的质量和进度。

关键词： 石方开挖；混凝土浇筑；机械设备；科学管理

1　工程概况

沁河河口村水库位于黄河一级支流沁河最后一段峡谷出口处，下距五龙口水文站约9.0km，属河南省济源市克井乡，是控制沁河洪水、径流的关键工程，同时也是黄河下游防洪工程体系的重要组成部分。

河口村水库属大（2）型水库，按500年一遇洪水设计、2000年一遇洪水校核，是一座以防洪为主，兼顾供水、灌溉、发电、改善生态，并为黄河干流调水调沙创造条件的水库。水库控制流域面积9223km^2，占沁河流域面积68.2%，占黄河三花间流域面积的22.2%。

溢洪道为岸边开敞式，堰型为WES型，堰高7.8m，堰顶高程267.50m。溢洪道为3孔，孔口净宽15.0m，陡槽段净宽52.2m，设计流量6924m^3/s，弧形闸门，属于2级建筑物。

由河南水利建筑工程有限公司（以下简称河南水建）承建的ZT5标，主要是溢洪道土建及安装工程，主要包括：溢洪道引渠段、闸室段、泄槽及挑流鼻坎段的开挖、支护及混凝土施工，溢洪道基础固结灌浆，溢洪道机电设备和金属结构安装等工程。ZT5标合同工程量主要包括：土石方开挖83万m^3，混凝土浇筑9.8万m^3，钢筋制作安装2958t，锚杆6680根，金属结构件安装710t。

2　关键施工方案

2.1　覆盖层土方开挖

溢洪道两岸边坡地形较陡，覆盖层较薄，覆盖层土方开挖结合岩石开挖同步进行。局部可利用反铲挖掘机自上而下进行表层剥离。渣料由反铲挖掘机直接装 8t 自卸汽车，自卸汽车通过 2 号道路运至渣场。

2.2 石方明挖方案

石方明挖工作内容包括：准备工作、场地清理、边坡观测、完工验收前的维护等。本标段石方开挖工程量较大，约为 72 万 m^3。经仔细研究，决定采用预裂爆破和光面爆破相结合的方法进行施工，根据各部位的实际地形地质情况选用不同的爆破参数。为施工和清理石渣方便，石方开挖按照先边坡、后底板保护层、最后沟槽的施工顺序进行，采用 $1m^3$ 挖掘机配 15t 自卸车清运石渣的施工方案。具体方案见表 1。

表 1　　石方明挖方案表

项目	施工方案
一般石方	潜孔钻钻孔，人工装药，非电雷管爆破
边波	减弱抛掷爆破、预裂爆破
底板保护层	底部光面爆破
沟槽	预裂爆破、松动爆破和人工开挖

开挖后呈薄片状或尖角状突出的岩石均采用人工清理，如石块单块过大，亦可采用单孔小炮和火雷管爆破。碎石渣采用人工清理及 $1m^3$ 挖掘机配 15t 自卸车运输，就近运至监理工程师指定的弃渣场。

2.3 石渣填筑

填筑工程主要包括引渠段边坡渣石渣回填 $5329m^3$，控制室墙后回填石渣 $8159m^3$ 以及挑流底坎与出口段回填石渣 $1050m^3$。根据工程实际情况拟分段自下而上分层填筑，采用 15t 自卸车运输，大面积处采用振动压路机进行压实，边角部位辅以 HW20 型蛙式打夯机夯实。

2.4 固结灌浆

闸室段和反弧段底板采取固结灌浆处理。灌浆前应对基岩面的泥土、破碎岩块和松动块体进行清除，并排降积水。经设计人员和监理验收后，进行钻孔灌浆。其中，闸室段采取无压重灌浆，反弧段先浇筑混凝土后灌浆。

底板基岩固结灌浆孔间距 3.0m，孔深 5.0m，梅花形布置，灌浆按二序孔，灌浆压力可采用 0.2～0.4MPa。施工时应先进行灌浆试验，再根据岩基破碎程度及灌浆试验结果，最后确定相应的地基灌浆孔孔距、排距及灌浆压力。

2.5 混凝土浇筑

本标段的混凝土工程主要包括溢洪道引渠段、闸室段、陡槽段、挑流反弧段、护坡段、交通桥等钢筋混凝土浇筑。

溢洪道工程混凝土施工总的施工程序为：先进行反弧段混凝土压重浇筑，再进行固结灌浆，同时进行闸室段固结灌浆，然后浇筑闸室段、陡槽段，最后浇筑引渠段和护坡段。

2.6 交通桥预制安装

交通桥位于闸室段下游，桥面高程 288.50m，每孔检修桥由 4 根 T 形梁组成。交通桥的施工程序为：T 形梁预制养护→墩顶测量定位找平→吊装就位→盖板栏杆安装→检查验收。

据 ZT5 标工程的项目经理梁军介绍，该工程施工难点主要是以下 3 个方面。

（1）石方运输困难。由于石方开挖量大，且位于山坡上，导致出渣道路不便，特别是陡槽段和反弧段出渣难度更大，为确保石渣的顺利运出，须进行详细科学地规划。

（2）对混凝土浇筑质量要求高。闸室段和陡槽段混凝土浇筑工程量大，施工场地狭窄，混凝土搅拌站又设在河道另侧，运距较远，为此需严格控制混凝土出厂质量，同时要采用良好的温控措施进行保温。

（3）爆破作业多。工程涉及的石方开挖量大，地质情况较为复杂，场地陡峭狭窄，为确保施工安全，必须做好切实可行的爆破技术方案。

3 设备投入与管理

如果机械设备配置与管理不当，不仅容易造成使用率、完好率难以达到要求，还可能造成设备综合使用成本上升，甚至导致自有设备的综合优势变弱。

3.1 设备投入

据河南水建董事长克金良介绍："为了进一步提升企业的综合竞争实力，为企业承接大型工程提供便利，河南水建在最近 5 年的时间内，投资 8003.75 万元用于购置或更新机械设备，该投资额度占公司成立以来购置设备总额的 83.5%。"

为了能合理调配设备资源，保证工程顺利进行施工，项目部根据河口水库溢洪道工程的建设规模、工期及质量要求，向公司提交了设备配置计划。同时项目部根据工程预算、整体进度计划、自有机械设备情况，制订了机械设备租赁计划。

投入溢洪道工程建设的施工机械主要包括：1 台 HZS120 型混凝土搅拌站、1 台中联重科 TC7052－25 型塔式起重机、1 台徐工 QC70 型履带起重机、1 台徐工 25K5 型汽车起重机、1 台湖北楚胜产 10m^3 洒水车，4 台河北利达产 8m^3 混凝土搅拌运输车，2 台宇通重工 955A 型装载机，2 台凯斯 CX210B 型挖掘机和 10 台欧曼 290 型自卸车。

溢洪道引渠段导墙后期，如采用 25t 汽车起重机则无法完成混凝土浇筑需要。为了保证项目施工进度，减少设备投入成本，决定外租 1 台 QC70 型履带起重机。QC70 型履带起重机起重能力强，作业稳定性好，可带载移动，桁架组合高度可自由更换，使用起来方便快捷。

HZS120 型混凝土搅拌站主要用于溢洪道混凝土的生产，TC7052－25 型塔式起重机主要用于闸室段混凝土浇筑以及钢筋、材料吊载运输等任务。C7052－25 型塔式起重机安装在溢洪道上方，臂长 70.0m，最大起吊质量 25t。其支腿采用固定式，独立高度为 73.0m。该塔机采用片式标准节，外置顶升，安全可靠，起升、变幅与回转机构均采用变频无级调速，工作平稳可靠。

3.2 设备管理

混凝土搅拌站、塔式起重机、履带起重机、挖掘机等大型设备日常技术状况的优劣，对于项目施工质量和进度影响很大。为了确保上述大型设备能够发挥出最大使用效能，就要对其进行科学管理。自有设备进入现场后，主要由项目部的设备材料科进行管理。管理内容主要包括安装验收、库存管理、设备台账管理、设备使用、设备日常管理。对租赁机械设备日常管理包括租赁计划上报、租赁合同管理、设备进场验收、日常设备运转记录填写监督以及租赁费用结算等。

为了做到科学管理，项目部制定了操作人员岗位职责及注意事项，要求操作人员严格按照操作规程操作，认真按作业指导书进行工作，服从调度指挥，服务于生产。生产过程中若发现设备故障，应及时向生产调度汇报，并配合机修人员抢修。此外要求操作手必须每天认真填写设备运转记录、日常维护记录、检查周期表、月度检查表、检修费用记录。管理人员根据上述记录，对项目机械设备进行定期检查、巡视。对于检查中发现的问题，要及时传达到操作员、维修人员或售后进行整改。

在公司的设备管理方面，河南水建董事长克金良讲到：公司实行单机管理和集中管理同步进行的管理模式，要求一切管理全部要围绕着机械设备的“使用率”和“完好率”开展工作；项目管理人员利用“OA”办公管理平台，每周把各类报表发送至公司物资机械部，由物资机械部从记录、报表中分析机械设备的“使用率”和“完好率”，从而罗列出机械设备的重点检查对象，并进行跟踪监督管理；公司在机械设备改造方面也进行了大胆尝试，目前已经成功申报2项实用新型专利，还有3项专利正在审批过程中。

基建财务管理由核算型向管理型提升的探索

张玉霞

（河南省河口村水库工程建设管理局）

摘要：随着国家对基本建设管理提出更高的要求，会计电算化技术的发展，账务处理工作的简化，以手工操作为主的传统模式被计算机逐步取代，财务管理的核算职能被科技化、信息化完全替代，逐步改变了财务人员只忙于应付核算、无暇从事管理的局面。电算化能准确地收集工程建设信息，并能及时更新，使项目建设能够进行预测、反映、监督、分析，以便及时调整管理策略，实现信息的使用价值与支持作用，这也是会计职能在逐步由核算型向管理型转变的过程。如何提高财务管理水平，是项目管理层和财务人员面临的迫切的问题。结合河口村水库工程建设，在做好财务核算工作的基础上如何向财务管理方面提升做了一些有益的探索。

关键词：财务管理；核算型；管理型；提升

基建财务管理是工程建设管理中重要的组成部分，是对工程项目的建设过程实施有效控制的各项财务管理活动，是对工程建设过程和建设成果的评价，是监督工程建设管理各个环节的有效工具，更是对工程项目进行计划、决策、实施管理的基础和依据。

1　由核算型向管理型转变的趋势

传统的核算型财务管理仅局限于对各项活动的事后反映，已不能跟上和适应上级主管部门的要求和基建财务管理未来发展的趋势。现代财务管理职能已逐渐从传统的信息处理和提供，转向信息的分析使用和参与决策，以及从事后算账转向事前的预测、事中的控制等。首先，随着国家对水利的投入越来越大，对工程建设项目管理提出了更高的要求；其次，会计电算化的广泛应用，财务人员的工作效率、数据准确性和及时性大幅提高，会计人员的精力也由核算转移到管理分析上来；第三，工程建设管理的需要，要加强投资控制管理，管理层希望财务部门通过财务分析给领导提供决策的依据和建议，使投资更加可控有效；最后，向管理型转变也是财务人员实现自身价值的更高要求，财务人员除了通过加强对专业学习外，还要努力学习工程、概（预）算知识及有关政策法规，适应新时期财务管理、核算、分析的要求，进一步提升自身的价值。

2　发挥财务管理在工程建设中的作用

基建财务部门进行全过程投资控制，是提高项目投资效益的关键所在，它贯穿于工程建设全过程。有计划地分阶段制定投资控制管理目标，可以通过目标控制，在各个阶段的关键环节把投资发生额控制在批准的限额以内并随时纠偏，确保投资控制目标顺利实现，使投资估算、工程概算、设计预算更趋合理准确，真实而客观地反映工程项目实际发生额，最大限度地合理使用人力、物力、财力，从而取得较好的经济效益和社会效益。通过结合河口村水库工程建设，就财务管理转型问题尝试进行研究探讨。

2.1 完善内部控制，规范管理行为

河口村水库是一座以防洪、供水为主，兼顾灌溉、发电、改善河道基流等综合利用的大（2）型水利枢纽工程。水库总库容 3.17 亿 m^3，工程总投资 27.75 亿元。

工程开工伊始，河口村水库工程建设管理局就根据《会计法》《基本建设财务管理规定》等法律法规，结合单位实际，制定了《财务科岗位职责》《工程价款结算制度》等 10 余项财务管理制度。从合同管理、资金管理、成本核算、工程价款结算、档案管理等方面进行规范和控制，用制度规范约束财务行为。建设过程中，结合自查、审计、稽查和专项治理中发现的问题，及时开展调研，把问题梳理归类，对照各项财务制度和有关规定，分析出现问题的原因，找准今后财务管理的重点。同时新增和完善了《建管局财务管理办法》《建管局建设成本管理办法》等 8 项财务管理制度，为工程建设提供了强有力的制度保障。

2.2 强化全过程计划管理，全面掌控建设过程

几年来的建设实践表明，只有强化全过程计划管理，才能全面掌控建设过程。

（1）建立基建核算台账，做到投资核算事前控制。财务建立工程合同、工程施工进度、工程付款进度、进度与付款对比、实际总投资与总概算对比 5 个数据库，及时掌握有关工程投资单项和整体情况，预测资金使用情况，对可能超出概算投资支出的现象提前预警，真正做到投资事前控制与管理。

（2）制定管理费支出计划。根据概算批复的管理费总额和建设工期，制定出管理费控制计划。财务部门跟踪工程进度和管理费支出情况，及时提供实际支出和计划对比的财务信息和建议，使管理费始终处于可控范围内。

（3）按工程需求筹集资金，为工程建设提供保障。根据工程计划下达、进度计划、资金到位、预计支付额度等情况，遵循既满足工程资金需求又节约银行利息支出的思路，分批次根据工程进度办理银行贷款。经测算已节约利息支出 1200 余万元。

（4）认真分析评估，准确归集成本。对于沁北电厂移交的前期工程投资，认真分析、评估在执行不同的会计制度情况下，移交并账后对河口村水库工程建设管理局各项指标的影响，保障并账准确，保证概算归口正确、成本核算完整。

（5）精简人员，降低建设管理成本。河口村水库工程建设管理局根据工作需要按照一人多岗多责，精干高效的原则，最大限度控制管理人员，由 65 人控制到 30 人之内，有效地减少了管理费用的支出。

2.3 严格合同管理，规范价款结算手续

在建设过程中，要想取得好的建设过程控制，合同管理必须严格，价款结算手续必须规范。

（1）财务参与工程建设的全过程。财务部门参与招投标、合同签订、工程价款结算、

设计变更等工作，掌握投标单位的财务状况和资信情况，确认中标单位的资金支付和结算方式，对合同中的财务条款进行审核，了解施工单位工程款支付情况，规范施工单位的财务行为，防控财务风险。

（2）程序规范，权责清晰。工程价款结算突出“工程质量、工程量、工程单价”权责分离的结算模式。按照承包人申报，监理审查，建管局各科室、各主管局长复核，法定代表人签字的程序和结算规则进行。形成了一套相互制约、行之有效的权责约束机制。

（3）变更手续规范。一般变更项目严格按照“现场办公，集体决定，分责办理，依法支付”的原则进行，重大设计变更邀请水利部水利水电规划设计总院专家进行咨询论证，提高了决策的科学性。

（4）加强监督，严把支付关。充分发挥财务监督作用，严格核对实际结算与工程进度、合同新增与变更手续等数据，做到合同不签订不付款、履约保证金不提供不付款、预付款保证金不提供不付款、结算手续不完备不付款，确保了资金安全及有效使用。

2.4 深入调研，转变观念

（1）深入调研，解决难题。通过深入调查研究，分析和解决财务管理难题，不断提升财务管理水平，是财务工作的重要法宝。对工程建设过程中出现的问题、难题列出提纲进行调研。财务部门对资金需求与筹措、财务制度建立与执行、沁北电厂会计核算移交等课题进行了调研，并形成了调研报告。对问题提出建议，为决策提供依据。

（2）转变观念，提升管理水平。财务人员在熟悉工程概（预）算的同时，努力学习工程知识及政策法规，积极参与设计方案、设计变更、施工索赔等工作，了解工程进展情况，依据法律法规和数据，参与工程管理，逐步实现会计职能由“核算型”向“管理型”转变。财务管理水平也迈上了一个新的台阶。

3 结论

河口村水库工程建设管理局对基建财务管理由核算型向管理型提升进行了有益的探索，在资金筹措、投资管理、控制成本、资金测算等方面取得一些经验。同时，在转变的过程中，财务人员综合素质也在不断提升，但仍不能满足新时期财务管理、核算、分析的需要。这就要求财务人员要进一步提升管理水平，发挥财务管理在工程建设中的重要作用。

沁河河口村水库水域资源开发利用的思考与建议

解枫赞[1]　崔　洋[2]

（1. 河南省河口村水库工程建设管理局；2. 黄河勘测规划设计有限公司）

摘要： 在《沁河河口村水库工程初步设计阶段建设征地移民安置规划报告》的基础上，对水域资源开发利用存在的问题及条件进行分析，提出了建设以水文化为核心的国家水利风景区的发展目标定位，构想了景区的发展布局、建设重点，并对今后的建设及管理提出建议。

关键词： 河口村水库；水域资源；开发利用；建议

济源沁河河口村水库的建设为库区发展旅游、疗养、绿化等综合利用，提供了条件。2011 年完成的《沁河河口村水库工程初步设计阶段建设征地移民安置规划报告》[1]（简称《初设报告》）对水域的开发利用进行了初步的规划，但为有计划、有步骤、科学合理地开发利用和保护水利风景资源，以人水和谐发展支持全面建设小康社会，满足了人民不断增长的物质、文化生活需要，实现了生态环境效益、经济效益和社会效益的有机统一。河口村水库水域的开发需要统筹考虑、科学规划、合理布局、精心设计，以有利于水库景区建设的有序开发、良性运行。

1 《初设报告》的开发利用规划

根据《初设报告》关于水库水域综合开发利用的原则及依据，提出的水域开发利用规划包括旅游开发、疗养开发、库周绿化等项目。

1.1 旅游开发

水库建成蓄水后，规划以大坝为中心，布设旅游线路。利用大坝、库区景观、五龙口及周边的王屋山、济渎庙、九里沟、小沟背、小浪底等景点组成新的黄金旅游热线。

1.2 疗养开发

规划水库库周开辟为旅游避暑、疗养境地，修建河口村旅游度假村，和小浪底库区形成济源市两大理想的旅游度假场所。规划度假村床位 188 床，共 94 间标准间，度假村按二星级宾馆作为度假村。

1.3 库周绿化

水库库区绿化工程分为道路库岸绿化区、公共场所庭院绿化区和林果观赏绿化区三大部分。道路及库岸绿化区以种植四季常青观赏树木为主，间置灌木；公共场所庭院绿化区种植观赏价值较高的树种；林果观赏绿化区规划在大坝附近的村庄，栽培具有经济价值和观赏功能的植物。

2 建设开发条件及问题分析

2.1 开发建设条件分析

河口村水库在河南省济源市境内，位于沁河最后峡谷段出口，水库形成600hm^{2}的水面，加上库周及坝区，具有较为开阔的观光、娱乐、休闲、度假或科学、文化、教育活动的水、地域[2]。

水库坝区交通便利，水库距济源市区30.0km以内，有专用公路直达，附近有侯月、焦柳铁路，G55、S28高速公路，G207国道，S306省道，库区水域可行船里程10.0km。

客源主要来自于河南省济源市、洛阳市及山西省临近的晋城、侯马市，并可向周边辐射，结合区域人口规模，预测年旅游游客量可达60万人左右。

近坝库区水面开阔，适宜垂钓泛舟及水上运动，上游库区为峡谷型河道，两岸陡壁悬崖，植被茂盛，入库支流蜿蜒曲折，坡陡流急，自然风景怡人，大坝电站模块及欧式风格的附属建筑物形成人工景致，自然人文景观互为衬托，相彰溢彩。

水库所在的沁河流经485.0km长的区域内，自然和人文景观资源更是丰富，有乾坤湾—李寨、山里泉、五龙口，牛王滩等景区，有古栈道、秦渠枋口、二仙庙、裴休冢、荆浩墓、留村遗址、沁台遗址、王寨遗址和西窑头古墓群等古迹，可与水库景区连成一道黄金旅游热线。

在水库周边还有济渎庙、王屋山、云台山、九里沟、小沟背、小浪底等国家著名景区，与水库景区遥相呼应。更为难得的是，在水库附近有以济渎庙、古济水、枋口秦渠、古灌区、古漕运、古碑石刻为代表的古水利文化群。

2.2 存在的问题

（1）迫切性认识不够。参建单位对主体工程如大坝枢纽及附属建筑物的建设及管理较为重视，但对于社会需求快速增长的形势认识不够，对于水利风景资源的珍贵价值认识不高，水域开发利用尚未同步进行，配套建设滞后[3]。

（2）前期工作薄弱。水域开发利用，涉及水工程安全，水源、水环境保护，水土保持和生态修复等问题，有其特殊的内容和要求，需要以规划来保障。虽然《初设报告》有初步规划，但思想原则、发展目标、任务要求、开发范围、建设规模、项目布局、经济评价、管理措施的规划研究尚存不足。

（3）定位研究欠缺。不同类型的库区有不同的条件和情况，如果水利景区在规划建设时没有应因地制宜，突出特点，造成景区内容没有形成特色，形式流于一般，对游客缺乏吸引力，难以形成“以开发促保护，以保护促发展”的良性运行[4]。

（4）有效管理尚未形成。目前，水库的管理还处于工程建设管理向工程运行管理转型之际，对水域开发利用的规划建设管理尚未到位。若不及早统筹规划，有效管控，将形成各自为战、无序开发的乱局，给今后的经营管理造成困难。

3 目标定位、布局及建设重点构想

3.1 发展目标定位

国家对水利风景区的定义是指，以水域（水体）或水利工程为依托，具有一定规模和质量的风景资源与环境条件，可以开展观光、娱乐、休闲、度假或科学、文化、教育活动的区域。水利风景区建设必须严格按照资源条件和自然规律，因地制宜，顺势而为，突出特色，并有较高文化品位[5]。

从开发建设条件看，河口村水库最突出的优势就是附近有一批具有独特风格的古水利文化群[6]。

（1）古济水。古济水在古代曾与长江、黄河、淮河齐名并称“四渎”，自春秋始，就和华夏民族的人文始祖伏羲一起，受到先民们的祭拜，济水留下的历史遗迹和文化遗产，记载着它的隐秘和神奇[7]。

济水曾是夏王朝的贡道，《禹贡》中 4 条贡道与济水有关，称兖州的贡品“浮于济、漯，达于河”，说明古济水具有漕运的功能[8]。

（2）济渎庙。济渎庙又名清源祠，创建于隋开皇二年（582 年），坐落于济水东源上，为祭祀济渎神“清源王”而建，历代帝王都来此供奉祭祀济渎水神。不仅是河南省现存规模最大的建筑群之一，而且是现今四渎中唯一保存较好的祭祀庙宇[9]。

（3）枋口古堰。枋口古堰有着“北国都江堰”之称的秦渠取水口。秦人方木垒堰，抬高水位，“枋木为门，以备泄洪”，在河流弯道处开口取水，通过隧洞穿过分水岭，将河水输送到灌区。明代在枋口堰的基础上，开挖了广济、利丰、广惠、永利、兴利 5 条水渠，形成五龙分水之势，故称“五龙口”，部分水渠一直利泽至今。枋口是中国水利史上首次利用“水流弯道”原理取水，采用暗洞“隔山取水”的工程实践，是国务院公布的第七批全国重点文物保护单位中唯一的古代水利工程项目[10]。

（4）古秦渠农灌区。古秦渠农灌区是沁河下游沁阳、武陟一带的古灌溉工程，相传始于秦代。魏文帝黄初六年（225 年），河内郡野王县（今沁阳县）典农中郎将司马孚重整引沁灌溉；唐宝历元年（825 年）河阳节度使崔弘礼“治河内秦渠，灌田千顷”；大和七年（833 年）河阳节度使温造修坊口堰，引沁水灌“济源、河内、温县、武德、武陟五县田五千余顷”[11]。

通过对建设开发条件、地域优势、景观特色、文化品位的分析，河口村水库水域开发利用目标建议定位为“水利文化为核心的国家级水利风景区”，和济源其他的水文化景区组团，打造出济源水文化名片，建设成国家一流水利风景区。

3.2 风景区发展的布局

河口村水库国家水利风景区构想分为“水利文化”“湖光山色”“生态保护”“休闲度假”四大区块。

（1）水利文化区块。可由水文化广场区、水利史展馆区、古水农灌模型区、水科技体验区、水民俗演示区等组成。

（2）湖光山色区块。库面景观区，峡谷景观区、瀑布景观区、古栈道景观区、春花秋叶景观区、古人文景观区等组成。

（3）生态保护区块。可由水源涵养区，水土保持区、动植物养护区、湿地保护区、过鱼措施区、生态调度区等组成。

（4）休闲度假区块。可由水上运动区、戏水垂钓区、农作采摘区、品茶餐饮区、健康疗养区、动植物观赏区、儿童嬉戏区等组成。

各区块具有各自的功能和范围，其之间既相对独立，又互为联系，核心与重点是“水利文化”区块。

3.3 建设重点构想

“水利文化区块”是河口村水库水利风景区的核心与重点，具有区别于一般风景区的特色，对游人产生吸引力的亮点，也是景区能否实现生态效益、经济效益和社会效益的统一的关键。

水文化广场区，由“一轴两心四片”组成，以一条水文化大道为轴线，以地刻雕塑的形式，展示从远古到现代济源重大水事，轴线上布设上高下低2个中心广场，上中心广场以举行祭祀活动为主，可引经据典设计其形式、布局和规模。下中心广场以举办大型水事仪式为主，可参考小浪底水库水利风景区的“观瀑”，都江堰水利风景区的“岁修开闸”，挖掘本地传统大型水事活动，如“五龙吐水启开仪式”“沁河防洪祭典”“截流围堰合龙”等，创出品牌，吸引游人并提升景区的文化品位。轴线两侧以池渠和亭台水榭分割为“天、地、水、人”四片，供游人休憩游赏。

（1）水利史展馆区，分为古代水利、近现代水利、济源水利、水利科普4个展区，通过历史文物文献、沙盘模型、浮雕泥塑以及幻影成像等高新科技手段，解密神奇河流四渎之一济水的往世今生，展示济源悠久的治水历史和光辉灿烂的治水文化，再现历史人物治水伟绩，彰显了新中国成立以来济源水利取得的巨大成就。

（2）古水农灌模型区，通过物理模型，声、光、电、影的高科技手段，再现神秘河流济水的历史变迁；展示历史灌区水渠纵横、阡陌桑图、典型工程，是自然、渠网、田园、水文化等景观的综合体。

（3）水科技体验区，将水利工程截水、调水、治水、治污、防洪、节水等方面的科学原理与实用技术，通过简单的实体模型演示，游人并可动手操作亲身体验，科学普及水科技，增强对水利工程技术的理解和认识。

（4）水民俗演示区，表演与水有关的建设、管理、节日活动场景，还原济源古老的灌区的乡风民俗，零距离解读济源水利文化的历史和演变，感受济源水文化的精彩和辉煌。

4 几点建议

4.1 强化领导，组建专职机构

河口村水库即将建成运用，保护和利用好水利风景资源，是水行政主管部门和水管单位一项重要的职责，要从紧迫感和责任感的高度重视这项工作，强化领导，组建专门机构，落实专职人员及责任，加强对水利风景区规划、设计、建设和经营的管理。

4.2 加强协调，鼓励社会参与

水利风景区的功能作用有多种，惠及全社会，需要从多方面给予支持和扶植，要把水利风景区建设与发展纳入地方经济社会发展的长远规划和年度计划，保证政府的主渠道投入。要与相关部门和单位加强协调，协同工作，密切配合，妥善解决水利风景区建设与发展中遇到的各种问题。在保证统一管理、调度和保护的条件下，可采取灵活多样的方式方法，动员全社会力量参与水利风景区的建设与管理。

4.3 加快前期工作，编制发展规划

要依照《水利风景区评价标准》，进行水利风景资源调查，做好风景资源、环境保护质量、开发利用条件和管理评价。按照规范要求，从水利风景区的发展目标和范围、功能结构和空间布局、环境承载能力分析、水资源生态环境保护、投资及效益分析方面编制总体规划，注意突出风景区的特色及亮点，充分体现前瞻性、科学性、合理性，做好国家水利风景区的申报、批复工作。

4.4 做好宣传，超前营销推介

社会形象在水利风景区建设与发展中有着举足轻重的作用。在进行规划、审批、建设工作时，应注意同步与新闻媒体的沟通、联系、合作，通过电视、报刊、网络等多种形式宣传展示水利风景区特色、品位及风采，提高社会认知，扩大影响。分析旅游市场和游客心理，提前制定切实可行的市场营销战略和策略，可以"探索四渎古济水玄迷，寻解北都枋口堰六疑，踏访秦渠古灌区遗迹，体验河口五龙湖神奇"为宣传点进行包装，吸引游客，开拓市场，提高投资回报率。

5 结论

通过对沁河河口村水库水域资源开发的思考，认为要做好河口村水库水域资源开发利用，必须找准定位、全面统筹，坚持高起点、高标准规划。初步提出的河口村水库水域资源开发利用的定位及构建框架，还需要在领导的高度重视下，组建专职机构，组织有资质的设计单位编制好发展规划，经过长期不懈的努力，才能建设以水文化为核心的国家水利风景区，打造济源旅游的新品牌。

参考文献

[1] 崔洋，周金存，宁亚伟，等. 沁河河口村水库工程初步设计阶段建设征地移民安置规划报告[R]. 郑州：黄河勘测规划设计有限公司，2011：77-79.

[2] 孔令磊，王鲜萍，崔洋，等. 沁河河口村水库工程可行性研究阶段建设征地移民安置规划报告[R]. 郑州：黄河勘测规划设计有限公司，2009：76-78.

[3] 朱涛. 水利风景区建设与河道治理开发新理念研究[J]. 水利规划与设计，2013，9：11.

[4] 张文瑞. 生态主义理念在水利风景区规划中的应用途径[J]. 水利规划与设计，2016，1：25.

[5] 中华人民共和国水利部. 水利风景区发展纲要[Z]. 北京：中华人民共和国水利部，2005.

[6] 文化济源编委会. 文化济源[M]. 北京：中共中央党校出版社，2013：11-12.

[7] 刘明. 古老而神奇的济水[N]. 济宁日报，2012-04-12.

[8] 冯军浅论济水及其文化济源文物网研究园地[N]. 济源日报，2014-05-04.

[9] 济源市文物管理局. 踏寻中原古刹之六——济渎庙[EB/OL]. 济源文物网，文物旅游，2014-05-05. http://www.jiyuan.gov.cn.

[10] 翟本会. 济源年鉴1997[Z]. 郑州：济源市地方志办公室，1998：114.

[11] 殷晓章. 济源秦渠媲美都江堰 五龙口古水利设施[N]. 东方今报，2013-06-28.

沁河河口村水库 2016 年汛期防汛调度工作浅析

张亚铭

（河南省河口村水库工程建设管理局）

摘要：河口村水库是一座以防洪、供水为主，兼顾灌溉、发电、改善河道基流等综合利用的大（2）型水利枢纽，是控制沁河洪水、径流的关键工程，也是黄河下游防洪工程体系的重要组成部分。做好河口村水库防洪调度工作对沁河下游社会经济发展意义重大。通过对 2016 年防汛工作的总结和分析，梳理水库防洪调度运用中存在的问题，提出今后水库防汛工作的改进思路。

关键词：河口村水库；防汛；调度；问题；措施

1 水库流域概况

河口村水库坝址位于黄河一级支流沁河最后一段峡谷出口处，下游距五龙口水文站约 9.0km。坝址以上控制流域面积 9223km^2，占沁河流域面积的 68.2%，占黄河小花间流域面积的 34%。主要建筑物由面板堆石坝、泄洪洞、溢洪道、引水发电系统等组成。工程设计洪水为 500 年一遇，校核洪水为 2000 年一遇，总库容 3.17 亿 m^3，正常蓄水位 275.00m，相应库容 2.5 亿 m^3。

流域为峡谷型河道，两岸为陡壁悬崖，河床由砂卵石沉积层组成，间有局部基岩出露，河谷狭窄，宽度多为 300.0～500.0m，河道蜿蜒曲折，坡陡流急，河道平均比降为 5.3‰。

河口村水库坝址以下，沁河淹没区涉及河南省济源市（五龙口镇和梨林镇）和焦作市（沁阳市、温县、武陟县和博爱县）部分乡镇。面积 2116.4km^2，区内总人口约 237.6 万人，耕地 154.45 万亩。

2 水文概况

据流域内 1971—2000 年雨量站资料统计，多年平均降雨量为 600.3mm，年平均气温 14.3℃，年平均蒸发量为 1611mm（E601 蒸发皿）。

河口村坝址以上沁河流域属副热带季风区，最大月雨量出现在 7 月，流域内暴雨主要集中在 7—8 月；沁河洪水主要由暴雨形成，年最大洪峰多发生在 7—8 月。一次洪水历时均在 5d 之内，洪峰陡涨陡落，呈单峰型或双峰型，洪量集中。从洪水组成情况来看，沁河流域洪水来源多以五龙口以上来水为主。五龙口以上洪水主要来源于润城至五龙口区间，从洪水遭遇情况来看，发生较大洪水时，沁河五龙口以上与丹河山路平以上洪水基本可遭遇。

3 工程度汛标准

根据大坝工程级别属1级，按照《水利水电施工导流设计规范》要求，导流泄水建筑物全部封堵后，如永久泄洪建筑物尚未具备设计泄洪能力，参照1级浆砌石坝坝体度汛洪水标准应按设计200～100年一遇、校核500～200年一遇执行。

河口村水库工程建设标准为500年一遇设计、2000年一遇校核。水库尚未竣工验收，属于初期蓄水运用，为确保工程安全，2016年实行降低标准运行。按照河南省防汛抗旱指挥部办公室（以下简称省防办）批准的《河口村水库工程度汛方案》，2016年汛期度汛设防标准采用200年一遇设计、500年一遇校核。汛期限制水位确定为：前汛期（7月1日至8月20日）为237.00m；后汛期（8月21日至10月31日）为270.00m。

4 雨水情综述

2016年汛期（6—9月），河口村水库以上流域（河口—张峰）平均降水量518.4mm，为多年同期平均降水量（424.3mm）的122.2%；在降水空间分布上，流域北部多于流域南部；在降水时间分布上，6月、7月降水大于多年同期平均值，8月、9月降水少于多年同期平均值。

2016年汛期降雨量和降雨频次增多，大的降雨过程有4次，其中，7月14—20日强降雨，19日23时水库入库站（栓驴泉）最大流量达到687m^3/s，汛期入库总量约3.1亿m^3。

上游山西境内张峰水库7月21日14时开始泄水，泄量保持320m^3/s，7月25日23时停止泄水，其间，河口村水库一同泄水。

主汛期最高库水位243.23m，主汛期结束进入后汛期库水位逐渐上升，2016年9月30日8时，库水位256.83m，库容1.56亿m^3。

5 防汛工作准备和实施情况

5.1 科学制定工程度汛方案、预案

2016年是河口村水库初期蓄水第三年，还处在工程建设期，与去年相比，大坝坝顶工程完成，面板、泄洪洞和溢洪道闸门启闭系统投入运用将接受洪水考验，已建工程安全度汛是今年防汛任务重点。河口村水库是一座山区水库，流域河道落差大、流速急，每遇暴雨，山洪直泻而下，预见期短，回旋余地小，防洪决策难度大，容易造成严重的洪灾。如发生暴雨，由于汇流面积大、时间短，极易突发洪水。一旦发生洪水，出现险情，造成的损失和后果难以想象。

河口村水库工程建设管理局领导思想上高度重视2016年防汛工作，结合工程特点和水库运用情况，多次组织参建单位技术人员讨论、完善、细化本年汛期度汛方案和超标准洪水预案，确定度汛目标，并经上级防汛部门审查并批复，使2006年防汛工作有章可循。

5.2 防汛责任制落实及制度建设情况

（1）建立健全防汛责任体系，落实防汛指挥部机构和成员。济源市人民政府市长担任

指挥部指挥长，明确了指挥部领导和成员职责；6月2日召开了河口村水库2016年防汛工作会议，会议对河口村水库安全度汛进行部署和安排。

（2）严格执行防汛值班制度。5月15日开始执行24h值班员值班和领导带班制度。

（3）实行防汛指挥部领导成员分级到岗制度。当水库水位达到244.88m（50年一遇洪水标准），担任副指挥长的河口村水库工程建设管理局局长到岗；当水库水位达到252.94m（100年一遇洪水标准），担任指挥长的市政府市长到岗，担任副指挥长的市武装部长到岗，出现险情时，开展军民联防。

（4）严格执行水库调度责任制，坚决服从省防办调度指令，操作人员严格遵守操作规程，做到定岗定人。

5.3 度汛措施落实情况

（1）确保水文设施工作正常。流域内44处遥测雨量站等水文设施汛前进行维护，出库站在线流量监测设施建成投入运用，满足度汛雨水情信息采集要求。

（2）雨水情传递方面。继续与济源水文局合作，在水库现场设立水情信息中心和水情值班室，确保水情及时收集。汛情信息及时传递方面，利用中国移动短信平台，防汛值班人员每天8:30将雨水情发送到各防汛指挥部成员和有关人员手机上；遇到暴雨等灾害预警和泄水信息，都及时通过短信平台发布，2016年汛期共发布防汛短信4303条；确保防汛人员第一时间掌握汛情信息，便于各单位及时做好相应防御准备。

（3）汛前河口村水库工程建设管理局组织参建单位人员，对泄洪洞、溢洪道闸门进行启闭操作，发现问题及时解决，确保机电设备运行正常；备用发电机汛前完成安装调试，确保特殊情况下投入使用。

（4）防汛安全检查作为一项日常工作持续进行。汛前、汛中多次组织人员对建筑物、排水沟等部位进行了安全检查，存在安全隐患的，安排人员限时整改。

（5）防汛物资储备方面。按照水库防汛物资储备定额和上级防汛部门要求，防汛物资储备到位。

（6）落实以局领导及工作人员为主的防汛抢险队伍。

6 水库泄水情况

河口村水库2014年9月下闸初期蓄水，经过两年试运行，工程运行状况良好。2016年汛期流域内降雨明显增多，是2011年水库开始修建以来最多的年份，共实施6次开闸泄水，均发生在主汛期，累计泄水时长225h，由1号泄洪洞下泄，最大泄量400m^3/s，最小泄量250m^3/s（满足1号泄洪洞挑流最小泄量），削峰百分比为45%，泄水总量约2.22亿m^3。

7 水库调度运用情况

河口村水库2014年9月下闸蓄水，主体工程完工，但整个工程项目未进行竣工验收，仍处于工程建设期和初期蓄水阶段，为确保水库建筑物安全，采取汛期降低汛限水位运行。汛期，河口村水库严格按照省防办批准的初步设计度汛方案调度运行，即前汛期限制水位237.00m，后汛期限制水位270.00m，有效保证了水库初期安全运行。

7.1 泄水调度运用原则

严格遵循上级部门批复的2016年河口村水库调度运用方案，绝对服从有管辖权的防汛抗旱指挥机构（省防办）的调度指挥和监督管理，科学调度，规范操作，确保水库安全度汛。

泄水调度方式分两种，一种是直接执行上级调度机构发出的调度指令；另一种是水库防洪办公室根据掌握的雨水情信息，请示上级调度机构经同意发出的调度指令。

2016年汛期收到省防办调度指令6次，其中2次是水库经请示省防办下发的调度指令。

7.2 水库泄水组织和实施

接上级省防办调度指令后，报告河口村水库防汛指挥部防汛办公室（以下简称水库防办）主任，水库防办主任签字后由工程科具体组织实施。严格按照省防办下发的调度实施，包括开始泄水时间、控制泄量、停止泄水控制标准、安全注意事项等。

确保泄水安全方面采取的措施：泄水前提前通知水库指挥部成员相关单位，包括济源市、焦作市防洪抗旱办公室和济源、焦作黄河河务局，使他们有更充裕时间做好防御准备；安排专人到下游河道人员密集地方通知人员撤离，提前30min拉响防空警报，提醒附近河道人员及时撤离，确保泄水安全。

停止泄水同样提前通知相关成员单位，使他们安排合适时间解除防护，方便人民群众生产和生活。泄水结束向省防办报告本次泄水情况，包括开始、停止泄水时间，下泄流量，泄水量，过程是否正常等，同时抄送相关成员单位。

8 下步水库度汛工作思考

2016年仍处建设期的河口村水库，虽然较好实现安全度汛目标，但通过对2016年防汛工作进行回顾和分析，还是存在影响防汛安全方面的问题，有待进一步改进。

（1）要重视防汛机构建设，解决人员不足问题。水库已由建设期进入运行管理期，但没有专门的防汛机构，更是缺少具备防汛专业的运行管理的人员，不能达到定员定岗要求，汛期只能抽调原施工单位专业技术人员临时解决人员不足问题，防汛值班同样抽调监理单位人员临时顶班，对防汛工作正常开展和水库安全度汛造成影响。建议上级主管部门成立专门防汛机构，开展正常防汛业务，同时尽快充实防汛方面的管理人员，安排防汛业务培训，提高防汛业务水平，以满足水库下一阶段正常运行管理需要。

（2）完善水库防洪综合分析系统，提高水库洪水预报和度汛能力。开发完成的河口村水库防洪综合分析系统刚刚投入使用，使用管理人员人数少，专业知识、技能有待进一步普及和提高；同时最大限度发挥综合分析系统平台作用，更好服务于水库防洪调度，保障水库安全和效益最大化。

9 结论

2016年因汛期流域降水频次和降雨量比往年明显增多，进行了水库蓄水以来首次真正意义上的运行调度，对水库管理者是一个考验，更是难得锻炼机会。通过2016年防汛实练，提高了水库运行管理能力，为以后水库防汛和安全运行积累了更多宝贵经验。

第三篇

科 学 试 验 与 研 究

深厚覆盖层面板堆石坝沉降变形规律分析

汪　军[1]　姜　龙[2]　李永江[1]

（1. 河南省河口村水库工程建设管理局；2. 中国水利水电科学研究院）

摘要： 随着国家经济建设快速发展，基础建设也随之迅猛发展，水利工程进入建设高峰，遇到的工程地质问题越来越复杂。基于河口村水库工程安全监测项目，通过坝基、坝体沉降变形监测资料反馈分析，系统地研究深厚覆盖层面板堆石坝沉降变形变化规律。成果表明：①坝基和坝体沉降填筑期随填筑高度增加而增大，静置期随时间增加而增大，整体呈先增加而后减小直至趋于零的趋势；②坝基和坝体沉降趋稳，主要受坝基地质情况和坝体填筑高程影响；③堆石坝沉降整体与坝型呈不对称分布，其最大沉降量约占坝高的0.72%，符合一般土石坝沉降变形规律。监测成果为保证大坝填料、混凝土面板施工以及评价大坝安全性状提供科学依据，亦可为类似工程提供借鉴和参考。

关键词： 面板堆石坝；深厚覆盖层；监测；沉降变形

0　引言

河口村水库位于黄河一级支流沁河最后一段峡谷出口处，工程规模为大（2）型，是以防洪、供水为主，兼顾灌溉、发电、改善河道基流等综合利用的大型水利工程，也是黄河下游防洪工程体系的重要组成部分。[1-2]

河口村水库坝址区位于吓魂滩与河口滩之间，平面上呈反S形展布，河谷为U形谷。坝址区谷坡覆盖层较薄，谷底覆盖层较厚，且分布4条间断的黏性土层，出露地层有太古界登封群、中元古界汝阳群、古生界寒武系及第四系。坝址区地质构造为馒头组下部发育一褶皱层，以及逆断层（F_9、F_{10}、F_{12}）和正断层（F_1）等。坝址区存在单斜构造双层含水层区、龟头山褶皱断裂混合透水层区、断层密集带低水位区及河床砂卵石含水层及基岩浅层风化区。[3]

鉴于河口村水库面板堆石坝位于深厚覆盖层之上，并结合坝基处理情况，进行了坝基和坝体沉降变形监测。监测成果可及时、可靠地反馈面板堆石坝设计和施工，为施工期、运行期水库安全运行提供科学依据。

1　工程设计及监测方案

1.1　工程设计及施工

河口村水库工程由混凝土面板堆石坝、1号泄洪洞、2号泄洪洞、引水发电洞、溢洪道及水电站等组成，其中混凝土面板堆石坝坝基为深厚覆盖层黏性土，坝体采用上游为级配料、下游为非级配料填筑。坝基覆盖层一般厚度30.0m，最大厚度为

40.0m，岩性为含漂石及泥的砂卵石层，夹 4 层连续性不强的黏性土及若干个砂层透镜体。

结合河口村水库工程勘测成果和面板堆石坝工程特点，坝体填筑，上游区为主堆料区，下游区为次堆料区；坝基开挖和处理，上游核心区为高压旋喷桩，下游覆盖层全部或表层清除。其具体处理情况见图 1。

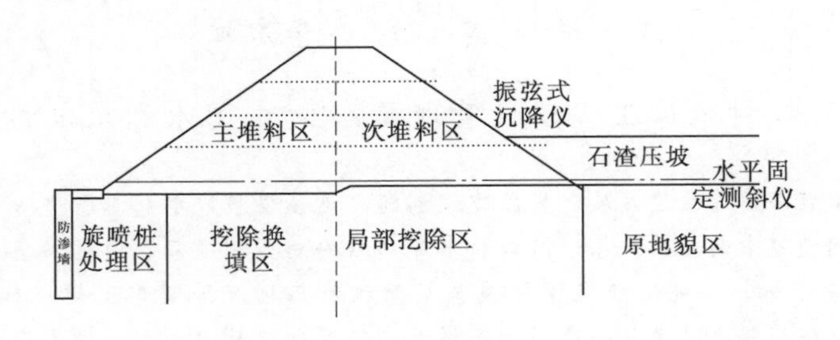

图 1　面板堆石坝坝基处理形象图

坝基覆盖层开挖处理情况，坝轴线上游至防渗墙之间，基础由原河床高程 175.00m 挖至高程 165.00m，并对防渗墙、连接板、趾板及防渗墙下游 50.0m 范围基础采用高压旋喷桩进行了专门加固处理；坝轴线下游次堆料区覆盖层基础开挖至高程 170.00m，但在坝下 0+000～0+180 靠近右岸岸坡部位发现有较厚的黏性土层及砂层透镜体，且有向左岸延伸的趋势，该层黏性土并未完全挖除。

堆石坝填筑情况，2012 年 3 月开始填筑，至高程 215.00m 前坝上下游填筑高程有所差异，至 225.50m 填筑高程基本一致，其后同步填筑直至 2013 年 12 月主体填筑至高程 286.00m。其具体填筑情况见图 2。

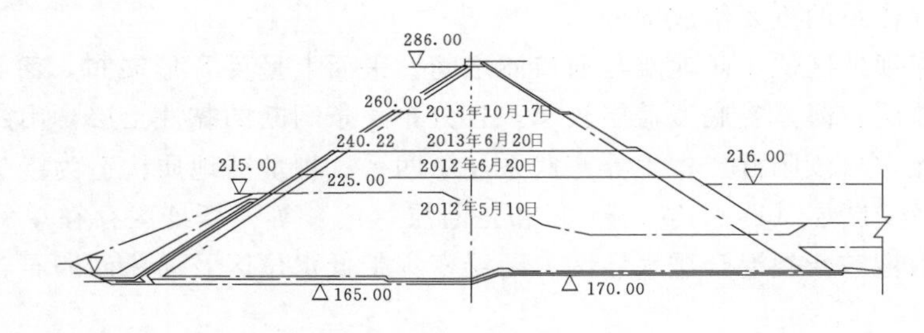

图 2　河口村水库堆石坝填筑高度示意图（单位：m）

1.2　监测方案及施工

结合谷底深厚覆盖层和面板堆石坝结构布置情况，工程采取覆盖层挖除、高压旋喷桩等治理措施。依据坝基处理情况和坝体填筑进度，进行监测施工，确保与土建同设计、同施工、同运行。

为检验治理效果和监测堆石坝受力变形特性，埋设了一套从上游到下游贯通的水平固定测斜仪，用于监测超 350.00m 的坝基沉降；埋设了 3 层从上游到下游贯通的振弦式水管沉降仪，用于监测坝体沉降。其典型监测断面布置情况见图 3。[4]

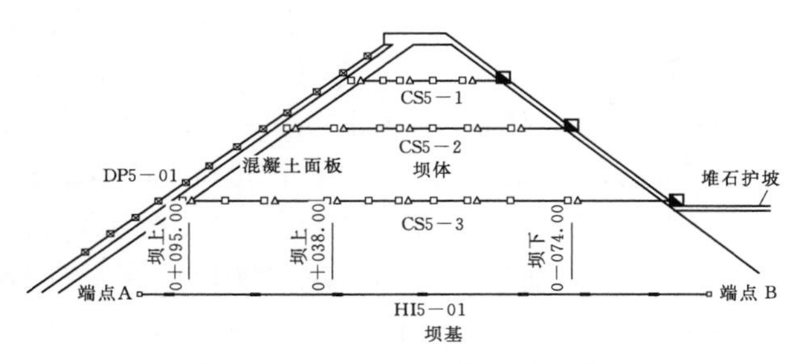

图 3　大坝典型监测断面布置图

2　安全监测成果分析

2.1　坝基沉降变形特性

为了解大坝坝基沉降变化规律，在坝基（高程 173.00m）埋设了 1 套水平固定测斜仪。其沉降随时间变化曲线见图 4，坝基典型剖面沉降曲线见图 5。

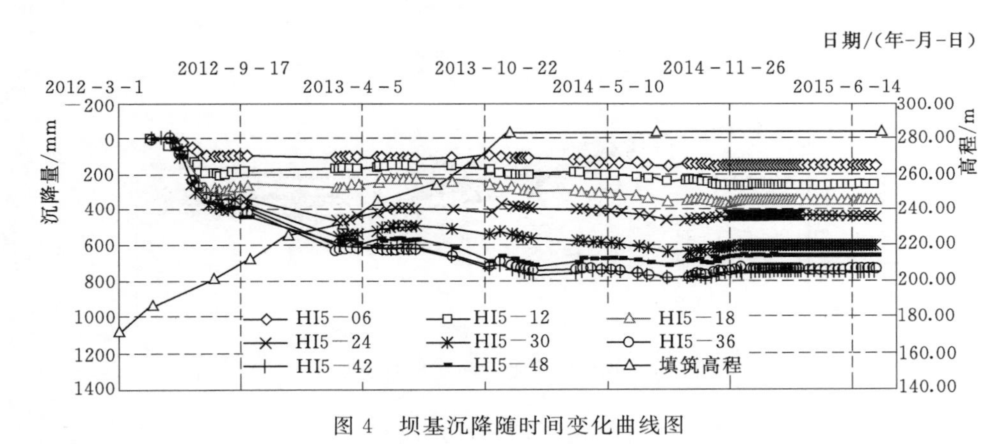

图 4　坝基沉降随时间变化曲线图

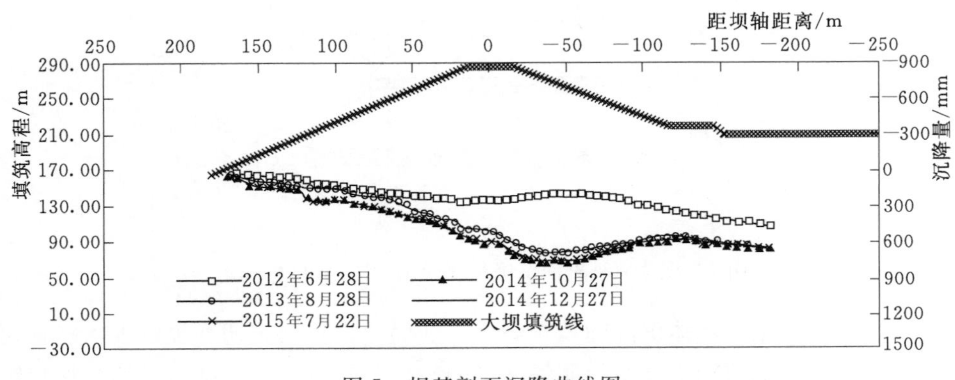

图 5　坝基剖面沉降曲线图

从图 4 和图 5 可见，坝基沉降量随填筑高度增加而增大，坝上游受高压旋喷桩加固影响而较小，坝下游受覆盖层厚度影响而较大，整体与坝型呈不对称分布。沉降速率与填筑高程较为吻合，呈现先增加而后减小直至趋于零的趋势，最大沉降量和速率位置分别在坝下51.0m处以及填筑至高程230.00～250.00m之间，这与坝上游经高压旋喷桩和坝基表层处理有显著关联性，并受大坝整体应力重分布动态调整的直接影响。填筑至高程225.00m时，最大沉降变形量为461mm（D0－182）；填筑至高程240.00m时，最大沉降变形量为651mm（D0－51）；填筑至高程286.00m时，最大沉降变形为789.00mm（D0－51）；填筑至高程286.00m静置近半年后，沉降变形在一定范围内波动，测值基本稳定。坝基沉降在填筑期主要受坝基地质情况和填筑高程影响，在静置期主要受坝基地质条件和水平固定测斜仪系统误差影响。坝基沉降较好地反馈设计和施工，为控制大坝填筑时间和填筑高程（位置）提供科学依据。

2.2 坝体沉降变形特性

为了解大坝坝体沉降变化规律，在坝体（高程223.50m、244.50m和260.00m）布置了振弦式水管沉降仪。其沉降量随时间变化曲线见图6，坝体典型剖面沉降量变形示意见图7。

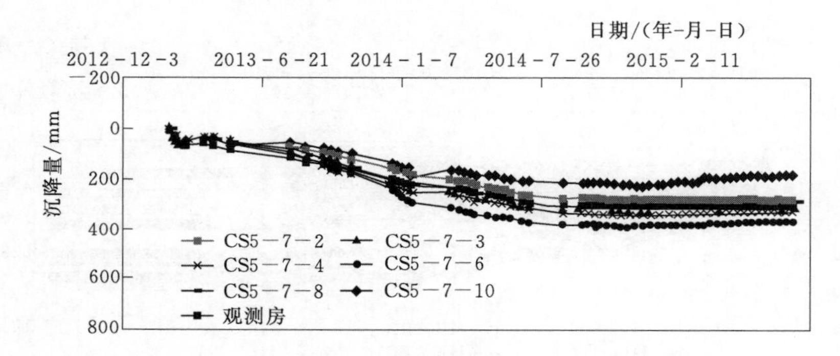

图6 坝体沉降随时间变化曲线图

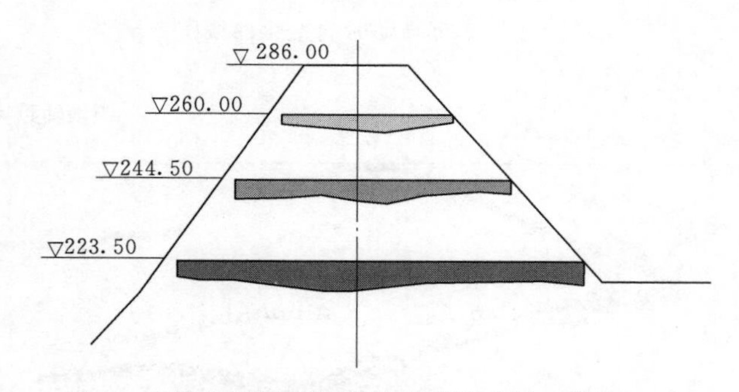

图7 坝体典型剖面沉降量变形示意图（单位：m）

从图6和图7可见，坝体沉降随填筑高度增加而增大，填筑期增幅较大，静置期增幅较小。坝体沉降在填筑前期受坝基地质情况影响较大，填筑一定厚度后受填料性状影响较大，填筑结束后沉降变形仍持续增加，静置近1年后增幅明显减小。坝体沉降填筑期与填筑范围及高程相关性较好，静置期与坝体填料应力重分布调整有关，呈现先增加而后减小直至趋于零的趋势。坝体沉降观测资料最终反馈给设计和施工单位，为混凝土面板设计和施工提供科学依据。

2.3 堆石坝沉降变形特性

依据前述的坝基和坝体沉降变形变化规律，并结合现场施工工况，将大坝 D0＋140 断面布置的水平固定测斜仪、振弦式沉降仪所监测的沉降变形综合分析，堆石坝沉降分布曲线见图 8。

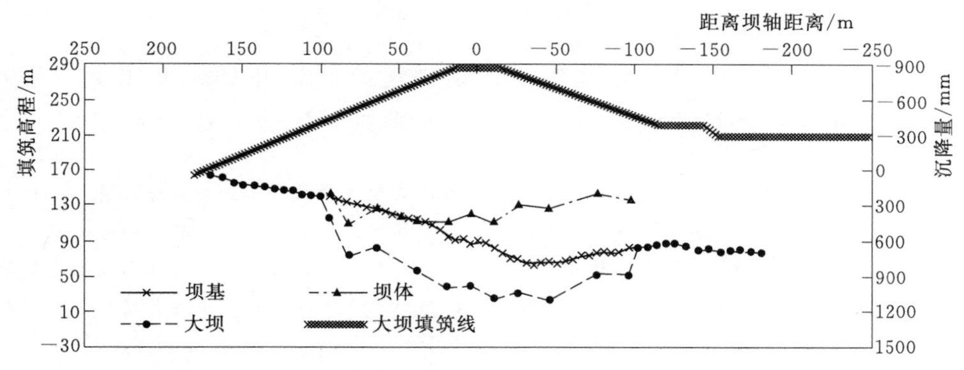

图 8　堆石坝沉降分布曲线图

从图 8 可见，坝基最大沉降 773mm（D0－51），坝体最大沉降 447mm（D0＋82），大坝整体最大沉降量为 1095mm（D0－11）。河口村水库工程堆石坝最大坝高为 112.0m，坝基最大覆盖层厚度为 40.0m。综合考虑大坝高度，现阶段大坝整体最大沉降量约占坝高的 0.72％，整体沉降变形量符合一般土石坝沉降变形规律。监测成果为保证大坝填料时间间隔、混凝土面板施工时间以及评价大坝安全性状提供科学依据。

3　结论及建议

（1）坝基和坝体沉降填筑期随填筑高度增加而增大，静置期随时间增加而增大，整体呈先增加而后减小直至趋于零的趋势。

（2）坝基沉降静置近半年后增幅显著减小，坝体沉降静置近 1 年后增幅显著减小。这主要受坝基地质情况和坝体填筑高程影响。

（3）坝基最大沉降 773mm（D0－51），坝体最大沉降 447mm（D0＋82），大坝整体最大沉降 1095mm（D0－11）。沉降整体与坝型呈不对称分布，其最大沉降量约占坝高的 0.72％，符合一般土石坝沉降变形规律。监测成果为保证大坝填料、混凝土面板施工以及评价大坝安全性状提供科学依据。

参考文献

[1]　邵宇，李海芳，邓刚．面板堆石坝面型特性[M]．北京：中国水利水电出版社，2011.

[2]　艾斌．混凝土面板堆石坝变形及监测问题研究[J]．大坝与安全，1996：6.

[3]　黄河勘测规划设计有限公司．河南省河口村水库工程下闸蓄水安全鉴定设计自检报告[R]．郑州：黄河勘测规划设计有限公司，2014.

[4]　中国水利水电科学研究院．河南省河口村水库工程下闸蓄水安全鉴定安全监测自检报告[R]．北京：中国水利水电科学研究院，2014.

深厚覆盖层上高混凝土面板堆石坝三维渗流特性研究

林四庆[1]　严　俊[2]

（1. 河南省河口村水库工程建设管理局；2. 中国水利水电科学研究院　流域水循环模拟与调控国家重点实验室）

摘要： 通过采用有限单元法，对河口村混凝土面板堆石坝工程进行了三维渗流计算，讨论了正常运行条件和面板裂缝条件下库区的渗流特性。计算结果表明：采用混凝土面板＋趾板＋混凝土防渗墙＋灌浆帷幕的渗控设计方案能够很好地控制库水的外渗，但是在面板出现裂缝条件下，随着裂缝的增加，面板的防渗效果减弱，局部水力比降增大、渗漏量增加，可能对坝体的安全不利。

关键词： 深厚覆盖层；面板堆石坝；渗流特性；裂缝

1　工程概况

河口村水库位于黄河一级支流沁河最后一段峡谷出口处，下距五龙口水文站约9.0km，属河南省济源市克井乡，是控制沁河洪水、径流的关键工程，也是黄河下游防洪工程体系的重要组成部分。

河口村水库工程规模为大（2）型，开发任务以防洪、供水为主，兼顾灌溉、发电、改善河道基流等综合利用。水库建成后，可减轻黄河防洪压力，同时将使南水北调总干渠穿沁工程达到100年一遇设计防洪标准，也可使沁河防洪标准由目前不足25年一遇提高到100年一遇。水库总库容3.17亿m^3，枢纽工程设有混凝土面板堆石坝、溢洪道、泄洪洞、灌溉引水发电洞、电站厂房等建筑物。挡水建筑物为混凝土面板堆石坝，坝高122.5m，正常蓄水位为275.00m，建在厚42.0m深覆盖层上，是国内目前建在深厚覆盖层上最高的面板坝之一，坝体典型剖面图见图1。

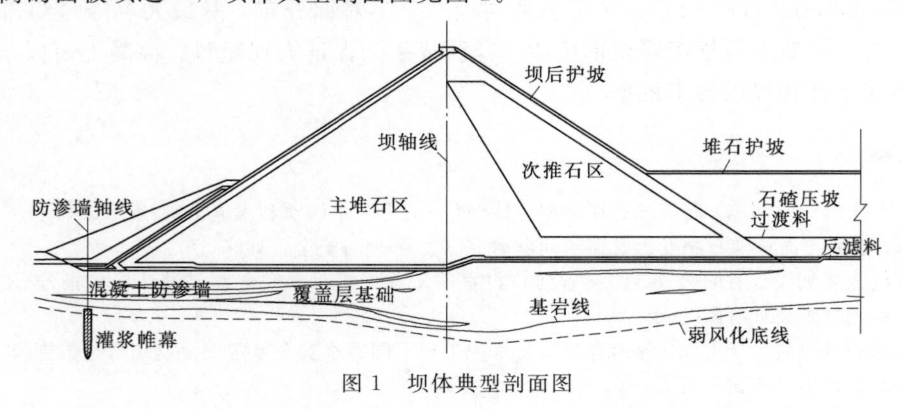

图1　坝体典型剖面图

2 地质条件

河口村水库坝址区位于吓魂滩与河口滩之间，长约 2.5km，平面上呈反 S 形展布，河谷为 U 形谷。河床水面高程 168.00～178.00m，纵坡比降为 4‰。

坝址区河谷为 U 形峡谷，谷坡覆盖层较薄，大部分基岩裸露。河谷宽度一般 200.0～500.0m，最宽不超过 1.0km。残存有Ⅰ级、Ⅱ级阶地。

河漫滩高出河水面 1.0～11.0m，覆盖层厚度 10.0～40.0m，最厚 47.97m。

Ⅰ级阶地，仅分布在一坝线左岸，长 300.0m，宽 40.0m，阶面平缓，高出河水面 15.0～20.0m，为堆积阶地。

Ⅱ级阶地，分布在三坝线、四坝线间的右岸和一坝线左岸，为侵蚀堆积阶地，阶面高程 200.00～205.00m，基座高出河水面 5.0m 左右。

坝段内右岸有一古河道分布，从四坝线右坝肩起，经东、西余铁沟至一坝线右坝肩，全长 2.5km。谷宽 150.0～200.0m，谷底高程 245.00～250.00m，堆积物厚度 5.0～40.0m。在二坝线、三坝线右坝肩，已被后期河流侵蚀，残存无几，唯独余铁沟内保存完整。

3 三维渗流特性

3.1 三维渗流分析模型及参数

河口村三维渗流有限元计算分析中：对大坝中的主要水工结构物进行了较精细的模拟，其中包括坝体结构（混凝土面板、趾板、垫层、过渡层、反滤层、堆石区等）、混凝土防渗墙、防渗帷幕等；对坝基主要覆盖层基础、基岩进行了模拟，包括砂卵石覆盖层、强风化基岩和微风化基岩等。图 2 为生成后的三维渗流有限元网格模型。

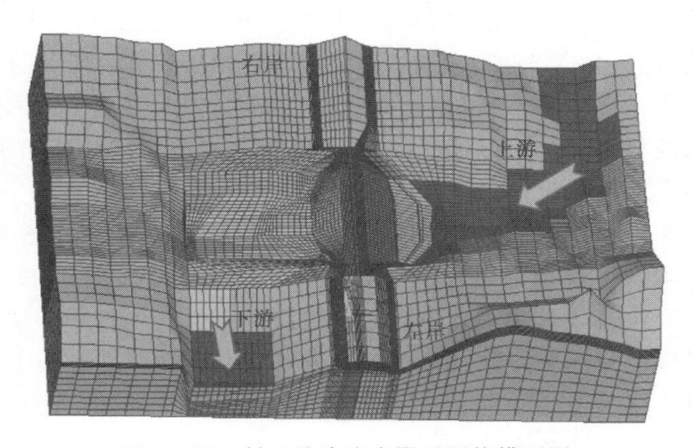

图 2　河口村三维渗流有限元网格模型图

计算域四周截取边界条件分别假定为：计算域的上游截取边界、下游截取边界以及底边界均视为隔水边界面；左岸截取边界和右岸截取边界则均取为第一类边界条件；对于地表边界，坝轴线上游侧，低于河或库水位的地方为已知水头边界（上游正常蓄水位为 275.00m）；在坝轴线下游侧，同样低于下游水位的地方为已知水头边界条件（尾水位均为 175.00m），高于下游水位的地方均为可能渗流逸出面。

计算中所采取的各种材料的渗透系数参照所提供的水文地质资料和室内试验结果，并对比同类型工程来取值。具体取值情况见表1。

表1　三维渗流有限元计算参数取值情况表

材料名称	渗透系数/(cm/s)		材料名称	渗透系数/(cm/s)	
	k_x	k_y		k_x	k_y
黏土铺盖	2.0×10^{-5}	2.0×10^{-5}	坝后石渣压坡	1.0×10^{-1}	1.0×10^{-1}
盖重保护层	1.0×10^{-4}	1.0×10^{-4}	含漂石卵石层 $alQ_4{}^{3-3}$	2.0×10^{-2}	2.0×10^{-2}
混凝土面板	1.0×10^{-7}	1.0×10^{-7}	含漂石细砾石层 $alQ_4{}^{3-2}$	1.0×10^{-2}	1.0×10^{-2}
垫层料	6.0×10^{-3}	6.0×10^{-3}	含漂石砂砾石层 $alQ_4{}^{3-1}$	1.0×10^{-2}	1.0×10^{-2}
过渡料	5.0×10^{-2}	5.0×10^{-2}	强风化基岩	1.0×10^{-4}	1.0×10^{-4}
反滤料	1.0×10^{-3}	1.0×10^{-3}	微风化基岩	1.0×10^{-5}	1.0×10^{-5}
主堆石	1.0×10^{-1}	1.0×10^{-1}	灌浆帷幕	1.0×10^{-5}	1.0×10^{-5}
下游堆石区	1.0×10^{-1}	1.0×10^{-1}	混凝土防渗墙	1.0×10^{-7}	1.0×10^{-7}

3.2　正常运行条件下的渗流特性

图3为正常蓄水位下坝区平面水头等值线分布，图4～图5分别为坝体典型剖面的水头等值线分布及水力比降等值线分布，从中可以看出整个渗流场的水头分布规律合理，水头等值线形态、走向和密集程度都较准确地反映了相应区域防渗或排水渗控措施的特点、渗流特性和边界条件，计算域内的主要防渗和排水措施都得到了细致的模拟，渗控效果也及时得到了正确反映。

（1）混凝土面板。正常蓄水位下河床最大断面中面板下垫层内最高水头为175.22m，坝体中面板消减水头约占上下游总水头差的99%，面板起到比较好的防渗作用。此时面板承受的最大渗透坡降为95.42，垫层内水力坡降最大为0.89，满足设计要求。过渡层内坡降也满足设计要求。面板后河床两岸的渗水基本上在表层风化层向河床和下游渗漏，在河床两岸岩面逸出高程为175.00～178.00m。正常蓄水位下的面板堆石坝坝体各材料分区内的坡降变化不大，均在设计允许范围之内。

（2）趾板。建在冲积层上的趾板，与地基覆盖层接触处最大渗透坡降为0.05。采用防渗墙和帷幕灌浆后，渗流稳定可以满足设计要求。但对于贯穿趾板上下游岩体的断层带、层间剪切带或糜棱岩化带及张开节理等，建议逐条进行处理，即清理后局部深挖并回填混凝土处理，形成混凝土塞。同时，在其两侧加强灌浆，并在趾板下游侧设置反滤排水层进行保护，以提高这些地段的渗透稳定性，避免沿这些薄弱部位形成渗透通道。

（3）坝基防渗墙。坝基防渗墙厚度为0.8m，以最大断面处承受的渗透坡降最大，为68.12，削减水头约94%，说明防渗墙（透水性较覆盖层小1/1000倍，较强风化岩层小1/500倍）有较大的防渗作用。

（4）坝基防渗帷幕。坝基防渗帷幕以最大断面处承受的渗透坡降最大，渗透坡降为18.23，防渗帷幕的渗透性相对于基础岩体小1/50～1/500倍，也能起到一定的防渗作用。两岸坡帷幕末端的水位相差也较大，说明工程设计的防渗帷幕是有效的。

由于河口村水库坝基河床覆盖层透水性强，基础岩体分层现象显著，强风化层和弱风化层埋深较浅，在大坝建成之后，坝基将成为主要的渗漏通道，这是防渗措施要解决的主要问题。正常蓄水下的三维渗流计算结果表明，采用混凝土面板＋趾板＋防渗墙＋帷幕灌浆的渗控体系可以很好地满足大坝的防渗要求。

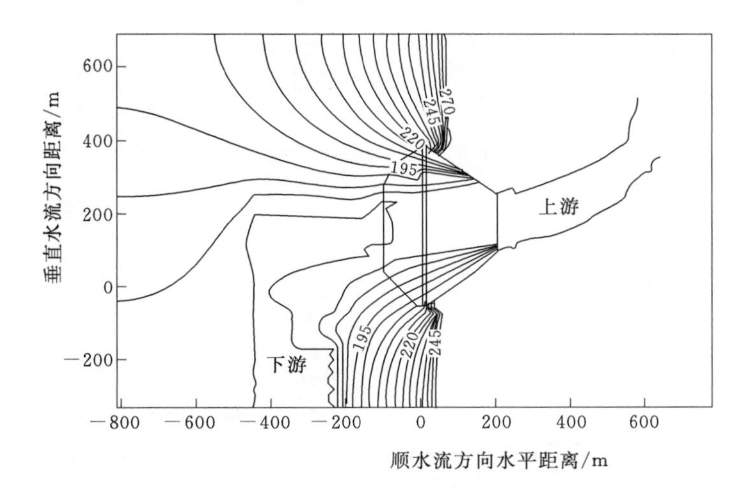

图 3 正常蓄水位下坝区平面水头等值线分布图

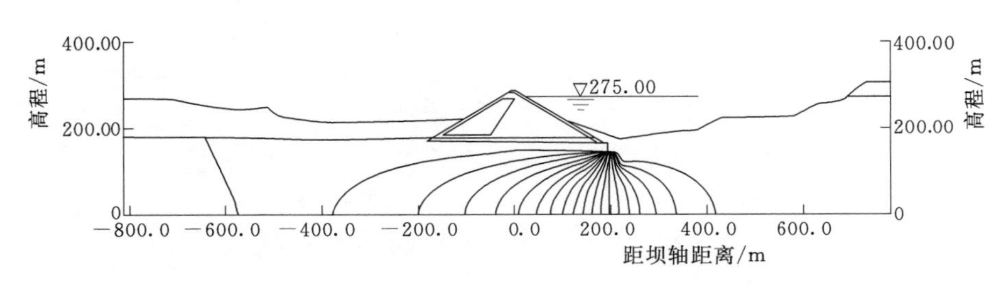

图 4 正常蓄水位下典型剖面水头等值线分布图

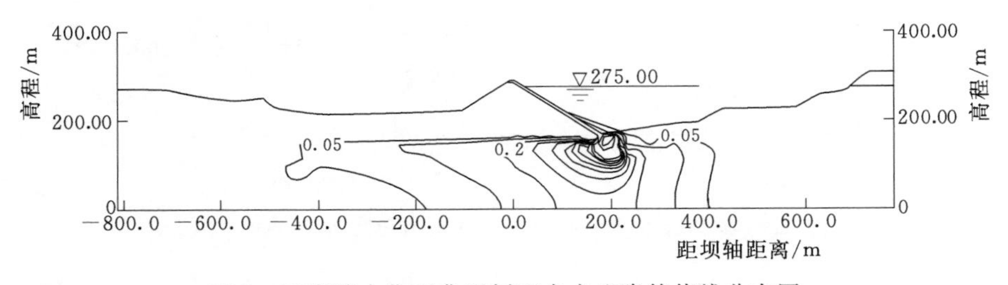

图 5 正常蓄水位下典型剖面水力比降等值线分布图

3.3 混凝土面板出现裂缝条件下的渗流特性

根据以往工程经验[1-5]，混凝土面板在施工期可能会因温控原因出现裂缝，在运行期面板间止水可能会发生破坏，另外面板在蓄水位附近还容易出现压碎破坏区。为了分析混凝土面板在发生裂缝时库区的渗流安全，分别考虑坝体面板出现 1 条、3 条和 5 条垂直贯穿裂缝，裂缝宽度考虑为 2.00mm，对应的坝体典型剖面的水头等值线分布及水力比降等值线分布见图 6～图 11。

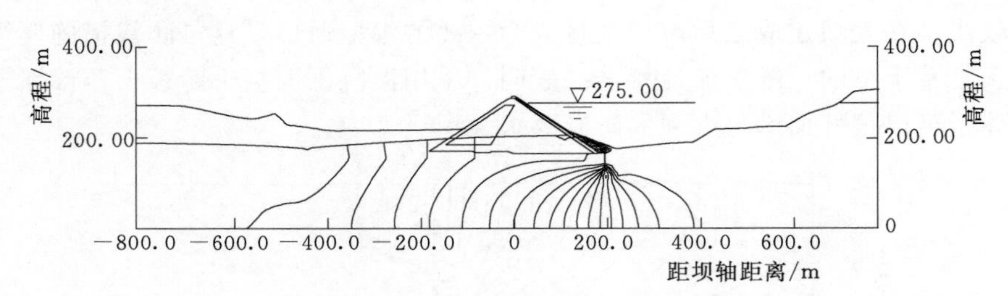

图6　1条裂缝下坝中典型剖面处水头等值线分布图

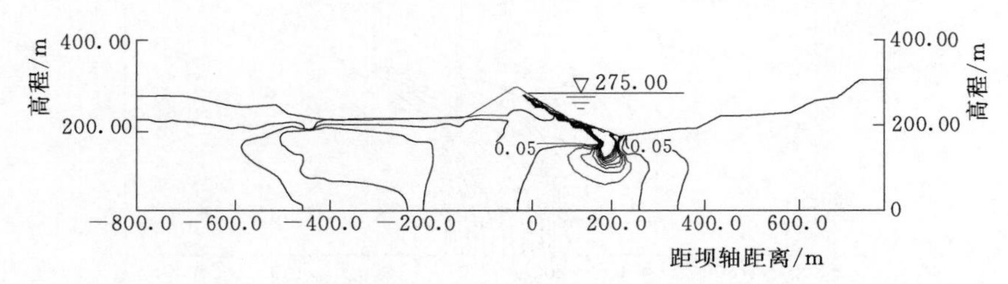

图7　1条裂缝下坝中典型剖面处水力比降等值线分布图

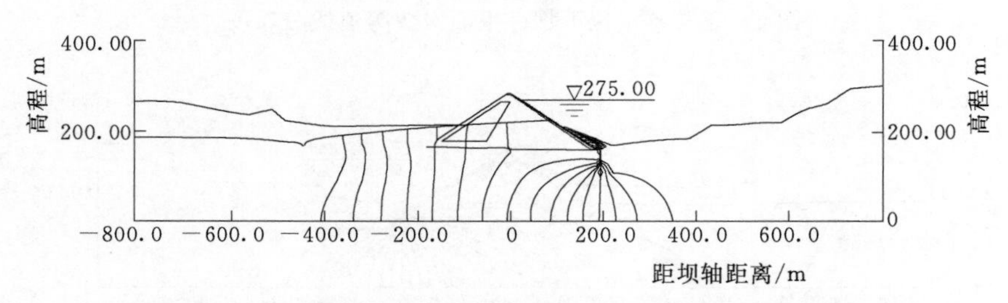

图8　3条裂缝下坝中典型剖面处水头等值线分布图

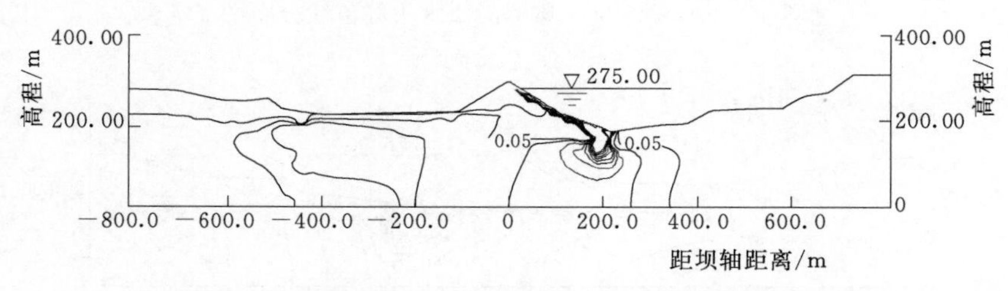

图9　3条裂缝下坝中典型剖面处水力比降等值线分布图

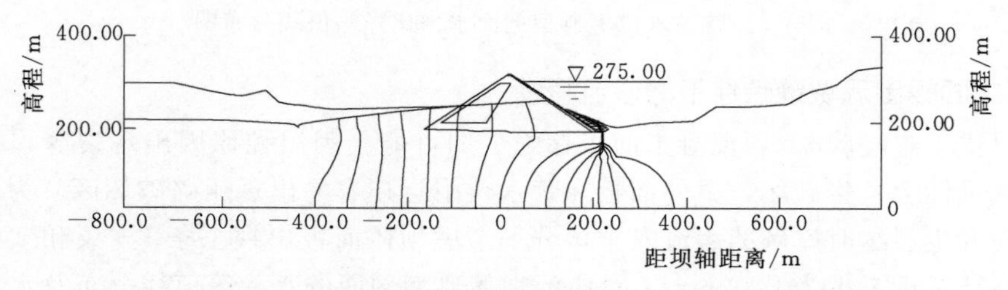

图10　5条裂缝下坝中典型剖面处水头等值线分布图

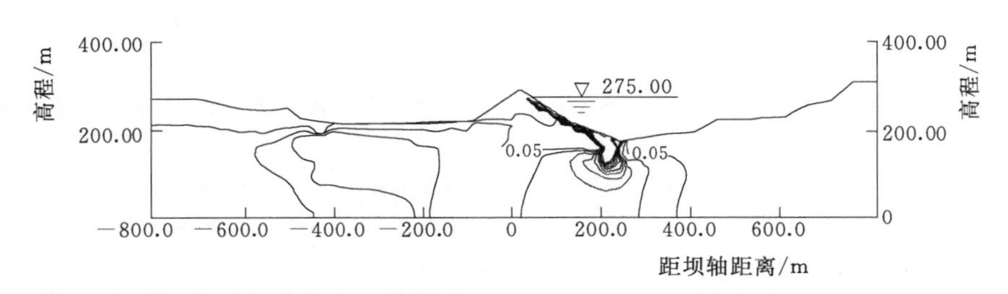

图 11 5 条裂缝下坝中典型剖面处水力比降等值线分布图

从计算结果可以看出：混凝土面板出现 1 条裂缝（坝中典型断面处）时，从水头分布上看，远离面板裂缝区，与正常运行下的情形接近；出现裂缝的坝段，坝体中浸润线抬高幅度较大，面板后水头达到 200.00m，同时防渗墙与防渗帷幕消减水头约 50%，预设主要防渗体的防渗效果大幅度削减，起不到预期的效果；渗透梯度上，垫层中渗透梯度增大较多，最大达到 3.92，考虑到垫层、过渡层和堆石料联合防渗作用，垫层中渗透坡降在允许范围。防渗墙、防渗帷幕的梯度减小，分别降至 36.83、6.16，防渗效果不明显；流量计算结果显示，通过左右岸的渗漏量变化不大，但是通过坝区的总流量增大，达到 13972.14m^3/d，于坝体的长期安全稳定运行不利。

混凝土面板出现 3 条、5 条裂缝时，随着裂缝条数的增加，裂缝影响区域逐步扩大，出现裂缝的坝段，坝体中浸润线抬高幅度进一步加大，面板后水头最高达到 233.14m，裂缝影响区内坝体堆石区大部浸没在水中，预设主要防渗体的防渗效果大幅度削减，起不到预期的效果；渗透梯度上，垫层中渗透梯度逐步增大；流量计算结果方面，通过左右岸的渗漏量变化仍然不大，但是通过坝区的总流量逐步增大，3 条裂缝时达到 18888.72m^3/d，5 条裂缝时达到 21472m^3/d，于坝体的长期安全稳定运行不利。因此面板局部破坏集中渗透对安全运行有一定威胁，在施工和运行期要做好面板裂缝的监测，发现裂缝要及时采取措施。

4 结论

建在深厚覆盖层上的河口村面板堆石坝，在大坝建成之后，坝基将成为主要的渗漏通道，其坝区的防渗问题较为突出。通过对坝区建立的三维有限元渗流分析模型，得出以下结论。

（1）正常蓄水下的三维渗流计算结果表明，坝体混凝土面板、坝基中的防渗墙和灌浆帷幕等主要措施的渗控效果较好，采用混凝土面板＋趾板＋防渗墙＋帷幕灌浆的渗控体系可以很好地满足大坝的防渗要求。

（2）通过对混凝土面板裂缝条件下的渗流分析来看，面板局部破坏引起的库水集中渗透，使得裂缝影响区域内的浸润线抬升、水力比降增大、渗漏量增加，对安全运行有一定威胁，在施工和运行期要做好面板裂缝的监测，发现裂缝要及时采取措施。

参考文献

[1] 麦家煊，孙立勋. 西北口堆石坝面板裂缝成因的研究[J]. 水利水电技术，1999，30 (5)：32 - 34.

[2] 张嘎，张建民，洪镝. 面板堆石坝面板出现裂缝工况下的渗流分析[J]. 水利学报，2005，36 (4)：420 - 425.
[3] 岳翠霞，戴妙林. 混凝土面板堆石坝渗流量影响因素和变化规律分析[J]. 水电自动化与大坝监测，2008，32 (1)：56 - 58.
[4] 李榕，张建海，姚颖，胡著秀. 某面板堆石坝三维渗流有限元计算分析[C] //冯夏庭，李海波. 岩石力学与工程的创新与实践. 第十一届全国岩石力学与工程学术大会论文集. 武汉：湖北科学技术出版社，2010：258 - 261.
[5] 李炎隆，王瑞骏，李守义，丁陆军. 混凝土面板堆石坝面板缝隙渗流计算模型研究[J]. 应用力学学报，2010，27 (1)：145 - 151.

深覆盖层上高面板堆石坝应力应变研究

刘　忠　何鲜峰　高玉琴　李　娜　汪自力

（黄河水利委员会黄河水利科学研究院）

摘要：以河口村混凝土面板堆石坝工程为依托，利用有限单元法研究深厚覆盖层地基上修筑高面板堆石坝应力和变形。研究结果表明：竣工期上游侧堆石位移向上游，下游侧堆石位移向下游；蓄水期上游侧位移减小，下游侧位移增大；无论是竣工期还是蓄水期，面板顺坡向主要表现为压缩变形，且蓄水期顺坡向压应力最大值高于竣工期；蓄水期，面板竖缝及周边缝的位移较竣工期均有所增大，尤其是岸坡周边缝的变形，而位于河床中央的周边缝的法向位移和张开形位移变化较小。由于该工程次堆石料参数较低，故导致蓄水后该坝最大沉降发生位置偏向下游次堆石；研究成果可为同类工程提供基础数据和技术支持。

关键词：高面板坝；深覆盖层；应力变形分析；有限元

1　引言

近年来，随着水利水电工程的建设，特别是西部大开发战略的实施，越来越多的面板堆石坝工程将不可避免地修建于深厚覆盖层地基上，以节省工程投资、缩短工期和简化施工导流。但在深覆盖层上建筑混凝土面板堆石坝，面临的问题比在基岩上建坝要复杂得多。在坝体填筑荷载和水压力共同作用下，覆盖层产生较大的沉降和不均匀变形，对防渗墙的应力和变形性状有重要的影响[1-3]。由于坝体堆石和防渗墙间的密度和变形模量相差较大，势必导致大坝在施工期和运行期的应力、变形差异很大，因而防渗墙—连接板—趾板—面板—防浪墙这一防渗体系的应力变形及各接缝的位移对于覆盖层上混凝土面板堆石坝的安全至关重要，防渗结构的设计须考虑这些因素[4-5]。

虽然目前在覆盖层地基上修建面板堆石坝方面已积累了较多的工程实践经验，但是将面板坝趾板直接建于覆盖层地基上的工程实例尚不多见，大多限于一些中小工程。国内趾板建在覆盖层地基上的混凝土面板堆石坝（坝高 30.0m 以上）已有 10 余座。其中铜街子副坝、塔斯特、柯柯亚、梅溪、楚松、梁辉、汤浦东坝 7 座坝坝高均低于 50.0m；横山水库加高工程，在 48.6m 的黏土心墙砂砾石坝上加高 21.6m 面板堆石坝，总坝高为 70.2m[6]。

横山水库加高工程结束后开始蓄水运行，坝体堆石最大沉降量为 37.0cm，最大水平位移为 14.4cm，周边缝最大法向位移（张开）7.7mm，最大垂直向位移（沉降）6.8mm，最大切向位移 9.0mm；趾板与防渗墙间的连接缝最大法向位移（张开）14.4mm；坝体变形均较小，工程运行情况良好[7]。

梅溪面板堆石坝坝高 40.0m，坝基覆盖层最大厚度为 30.0m，覆盖层防渗措施采用混凝土防渗墙，竣工时坝体（含坝基）最大沉降量为 241mm，其中坝基沉降量为 176mm。蓄水后，坝体、坝基最大沉降量分别增加到 255mm 和 192mm。周边缝最大法向位移（张开）为 3.3mm，最大垂直向位移（沉降）为 19.75mm，最大切向位移为 5.4 mm。蓄水时周边缝位移只增加 3～5mm[8]。

虽然覆盖层上已建的低坝大都表现出良好的运行性状，但是趾板建在深厚覆盖层上 100.0m 以上面板堆石坝的研究较少，在设计和施工上还没有成熟的经验可借鉴。因此，对深覆盖层上修筑高面板堆石坝应力变形开展深入研究尤为必要。

2 工程概况

河口村水库混凝土面板堆石坝工程位于黄河一级支流沁河最后一段峡谷出口处，下距五龙口水文站约 9.0km，设计地震烈度为 8 度。该坝址控制流域面积 9223km^2，占沁河流域面积的 68.2%，占黄河小花间流域面积的 34%。该面板堆石坝最大坝高 122.5m，坝顶高程 288.50m，防浪墙高 1.2m，坝顶长度 530.0m，坝顶宽 9.0m，上游坝坡 1∶1.5，下游坝坡 1∶1.5。主堆石区与次堆石区分界线为坝轴线向下游 1∶0.6。各区坝料的透水性按水力过渡要求从上游向下游增加，下游堆石区下游水位以上的坝料不受此限制。

该坝趾板直接建在厚 40.0m 左右的覆盖层基础上，且该坝体上游存在软土或易液化的夹层，会影响坝体变形或稳定，故坝轴线以上范围内挖至高程 165.00m，在防渗墙到趾板区域打 5 排旋喷桩（20.0m 深，间距 2.0m），依次向下游（趾板“X”线下 50.0m）再打 12 排旋喷桩（20.0m 深，每 4.0m 一排，间距 2.0m）。

3 计算模型及计算参数

选择邓青-张 $E-B$ 模型作为堆石料、垫层、过渡料和覆盖层的本构模型[9-10]。模型以切线弹性模量 E_t 和切线体积模量 B_t 作为计算参数，其表达式为

$$E_t=\left[1-R_f\ \frac{(1-\sin\varphi)(\sigma_1-\sigma_3)}{2c\cos\varphi+2\sigma_3\sin\varphi}\right]Kp_a\left(\frac{\sigma_3}{p_a}\right)^n \tag{1}$$

$$B_t=K_b p_a\left(\frac{\sigma_3}{p_a}\right)^m \tag{2}$$

对于卸荷或再加荷情况，采用回弹模量 E_{ur} 进行计算，E_{ur} 计算公式为

$$E_{ur}=K_{ur}p_a\left(\frac{\sigma_3}{p_a}\right)^{n_{ur}} \tag{3}$$

堆石料的强度在一定程度上表现为非线性，考虑粗粒料内摩擦角 φ 随围压 σ_3 的变化，内摩擦角 φ 的计算公式如下：

$$\varphi=\varphi_0-\Delta\varphi\lg\left(\frac{\sigma_3}{p_a}\right) \tag{4}$$

式（1）～式（4）中，φ_0、$\Delta\varphi$、R_f、K、n、K_b、m、K_{ur} 为该模型计算参数，可用三轴压缩试验确定，p_a 为大气压力。

面板堆石坝中主堆石料、次堆石料、黏土夹层和过渡石料等本构模型采用 $E-B$ 非线性弹性模型进行有限元计算（表 1）；混凝土面板、趾板、连接板等在达到破坏强度之前

线性关系一般较好，故按线弹性材料处理（表 2）；面板堆石坝中混凝土面板与垫层料、趾板与垫层料、防渗墙与覆盖层之间可能有不协调的错动位移发生，进行有限元分析时，设置 Goodman 接触面单元处理这种位移不协调问题（表 3）。

表 1　　筑坝材料邓肯模型（$E-B$）计算参数表

材料＼参数	ρ /(g/cm³)	K	n	K_b	m	R_f	K_{ur}	φ_0/(°)	$\Delta\varphi$/(°)	c/kPa
主堆石料	2.20	1428	0.425	381	0.369	0.825	2200	50.7	7	0
次堆料上部（料场石料）	2.12	913	0.326	225	0.291	0.845	1826	43.5	1.2	0
次堆料下部（渣场石料）	2.12	477	0.483	124	0.544	0.712	1000	42	2.5	0
垫层料	2.29	786	0.451	371	0.399	0.667	1650	48	4	0
过渡石料	2.21	598	0.431	280	0.215	0.789	1196	51	3.6	0
河床砂卵石料（天然）	2.12	913	0.326	225	0.291	0.845	1826	44	0.7	0
河床砂卵石层（旋喷桩区-密孔）	2.15	1150	0.42	550	0.28	0.85	2300	44	1	—
砂卵石层（旋喷桩区-疏孔）	2.15	1100	0.42	500	0.28	0.85	2200	44	1	—
黏土夹层	1.65	76.1	0.818	52.9	0.329	0.589	152.2	25	0	5
夹砂层	1.63	100	0.5	150	0.25	0.85	200	28	0	0

表 2　　筑坝材料弹性模型计算参数表

材料＼参数	ρ/（g/cm³）	E/MPa	ν
面　板	2.50	30000	0.167
趾　板	2.50	28000	0.167
连接板	2.50	28000	0.167
防渗墙	2.50	28000	0.167

表 3　　三维有限元计算接触面参数表

材料＼参数	φ	c/kPa	R_f	K	n
面板与垫层	32	0.2	0.8	21000	1.25
趾板与垫层	32	0.2	0.8	21000	1.25
连接板与覆盖层	32	0.2	0.8	21000	1.25
防渗墙与覆盖层	11	0	0.86	1400	0.66

4　坝体有限元模型

根据河口村混凝土面板堆石坝设计图、该坝填筑和蓄水计划，以及开挖和基础处理说明，考虑坝体分区、施工程序及加载过程，并考虑到防渗墙的连接型式，对坝体及坝基进行剖分，建立三维有限元模型。总共剖分 9862 个单元，11489 个结点，其中防渗墙 64 个单元，连接板 20 个单元，防渗墙与基础间的接触单元 160 个，连接板与基础接触单元 20 个，连接板与防渗墙和趾板的接缝单元 20 个，周边缝 215 个单元，竖缝单元 1530 个，其余接触单元 392 个。坝体的三维有限元模型见图 1，桩号位置见图 2，坝体的典型断面分别见图 3～图 5。

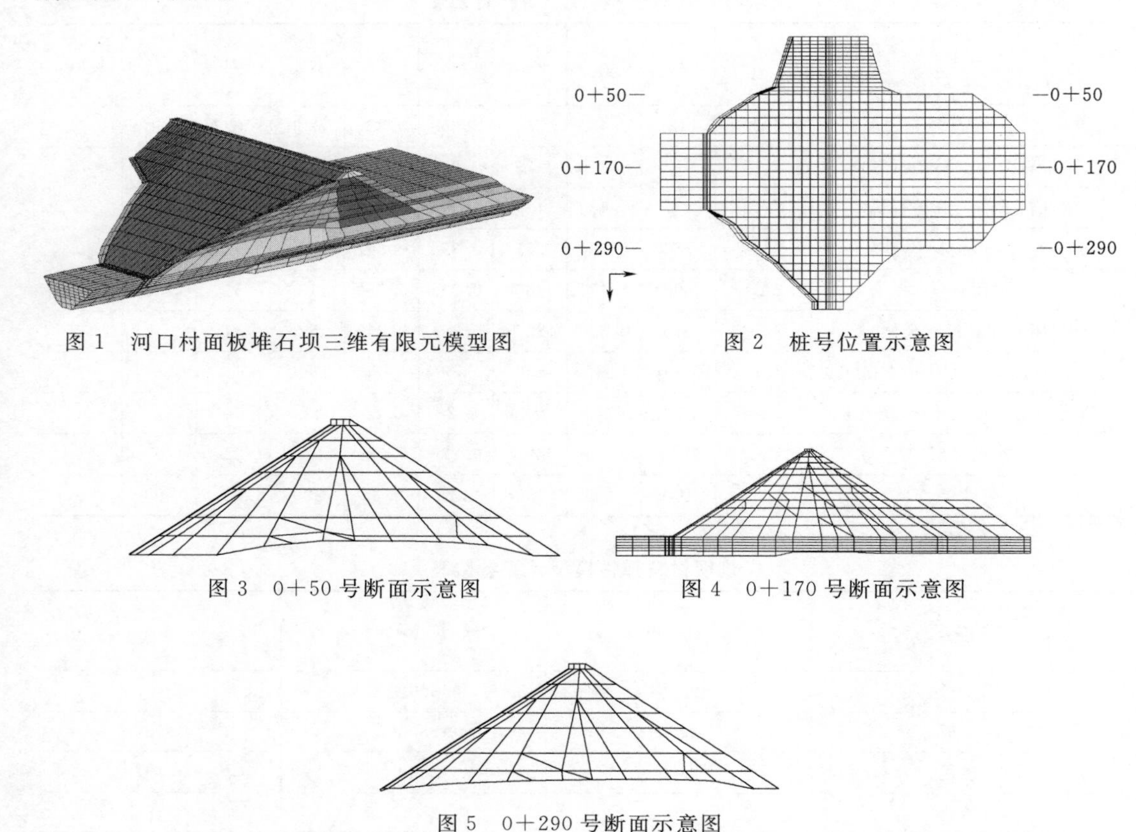

图 1　河口村面板堆石坝三维有限元模型图

图 2　桩号位置示意图

图 3　0+50 号断面示意图

图 4　0+170 号断面示意图

图 5　0+290 号断面示意图

5　深厚覆盖层上高面板堆石坝性状

计算时，首先加载地基覆盖层，并在分级加载坝体之前将结点位移初始化为零，仅保留单元应力，从而获得地基初始应力场。据此，下文所述的位移均是指开始填筑坝体以后的位移。整个有限元模型的坐标系为：x 轴从上游指向下游，y 轴垂直向上，z 轴从左岸指向右岸；在以下的计算分析中，按照土力学的习惯，应力以压应力为正，拉应力为负。下文以 0+170 号坝体断面为重点分析对象。

5.1　坝体变形

图 6 和图 7 分别为竣工期 0+170 号断面的坝体水平位移及竖向位移分布的等值线图；图 8 和图 9 分别为蓄水期 0+170 号断面的坝体水平位移及竖向位移分布的等值线图。

由图 6 和图 7 可以看出，由于堆石体的泊松效应，使得横向断面上水平位移分布规律基本上是上游堆石区位移指向上游，下游堆石区位移指向下游，这符合竣工期面板堆石坝上下游方向位移分布的一般规律；竣工期 0+170 号断面的坝体最大竖向位移发生在 1/3

坝高处。

水库蓄水后，在水荷载的作用下，0＋170 号断面上游侧堆石向上游的位移减小，下游侧堆石向下游的位移增大（图 8）。

由图 9 可以看出 0＋170 号断面的坝体最大竖向位移有所增大，与竣工期相比，最大竖向位移所在位置变化不大。

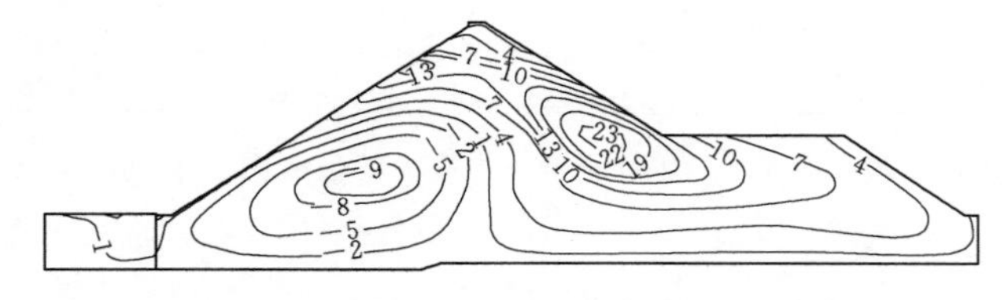

图 6　竣工期 0＋170 断面水平位移等值线图（单位：cm）

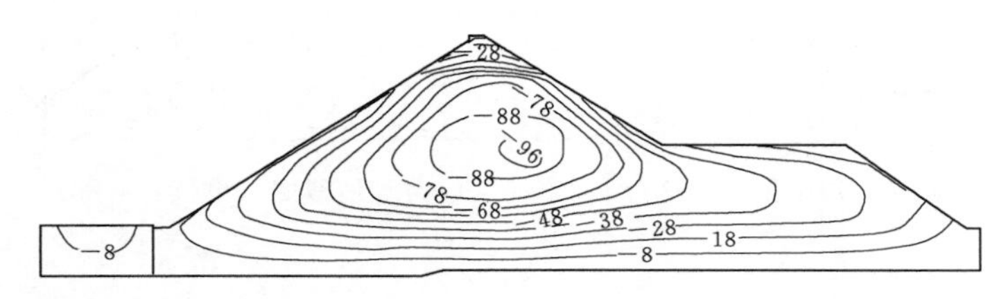

图 7　竣工期 0＋170 断面竖直方向位移等值线图（单位：cm）

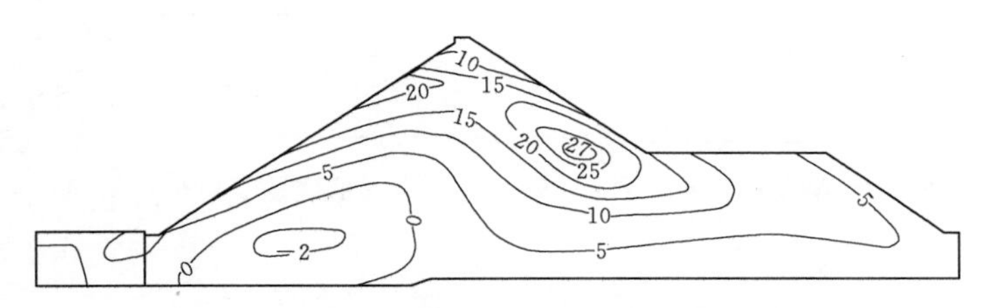

图 8　满蓄时 0＋170 断面水平位移等值线图（单位：cm）

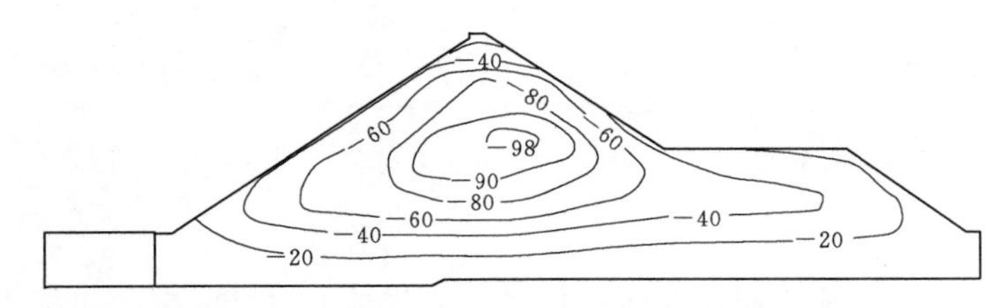

图 9　满蓄时 0＋170 断面竖直方向位移等值线图（单位：cm）

5.2　坝体应力

图 10 和图 11 分别为竣工期 0＋170 断面第一主应力、第三主应力分布等值线图；图 12 和图 13 分别为蓄水期 0＋170 断面第一主应力、第三主应力分布等值线图。

由图 10～图 13 可以看出，坝体应力分布规律如下：竣工期坝体主应力等值线与坝坡基本平行，从坝顶向坝基呈逐渐加大的趋势。0＋170 断面第一主应力最大值为 2MPa，第三主应力最大值为 0.8MPa；蓄水后，受水荷载作用，堆石应力极值增大，所处的位置进一步向上游主堆石区靠近，主堆石区应力较次堆石区应力增加较多。0+170 段面第一主应力最大值为 2MPa，第三主应力最大值为 0.85MPa。

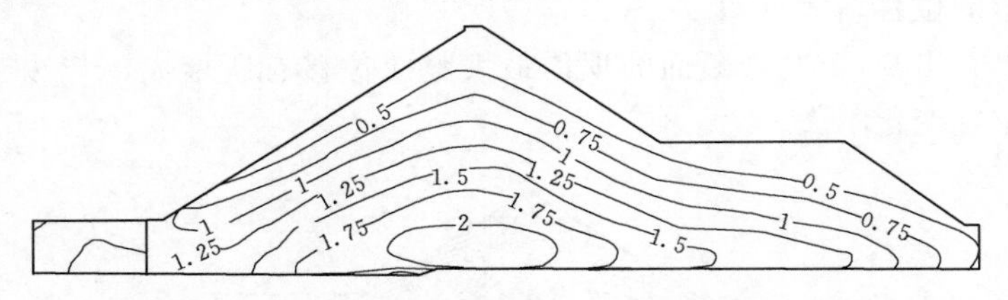

图 10　竣工期 0+170 断面第一主应力等值线图（单位：MPa）

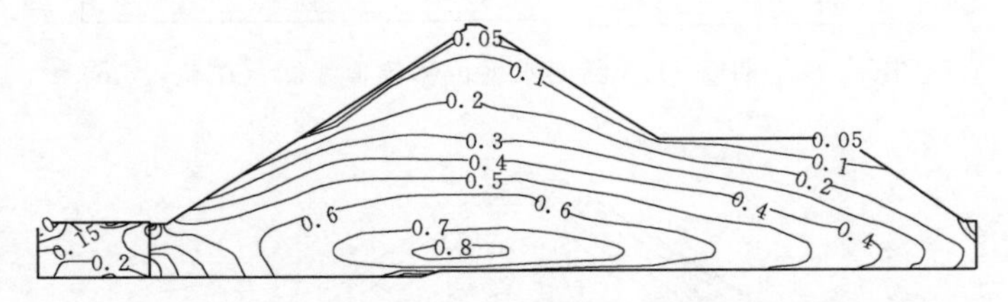

图 11　竣工期 0+170 断面第三主应力等值线图（单位：MPa）

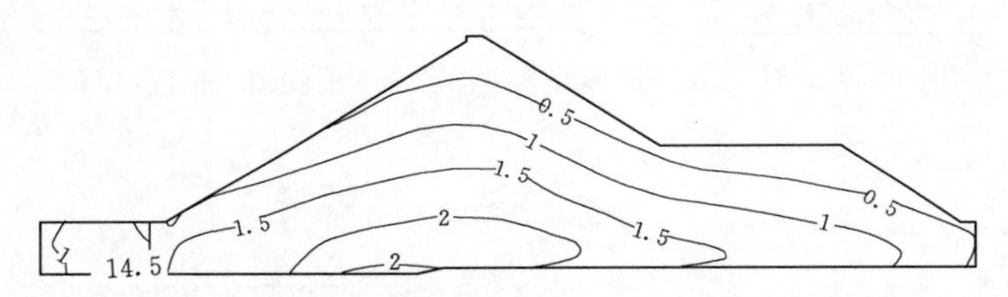

图 12　满蓄时 0+170 断面第一主应力等值线图（单位：MPa）

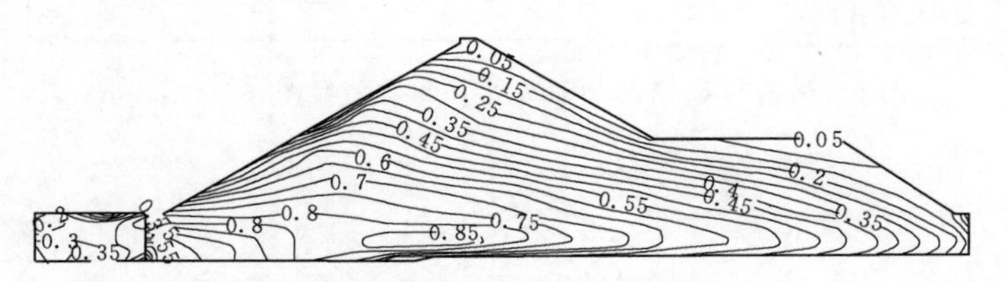

图 13　满蓄时 0+170 断面第三主应力等值线图（单位：MPa）

5.3　面板变形

图 14～图 16 分别为竣工期主坝面板挠度、满蓄时主坝面板挠度和河床中央面板挠度分布情况。

由图 14～图 16 可以看出，竣工期，由于已经经历了一期面板挡水，因此面板挠度基本指向坝内，位于河床中央的面板底部挠度较大，挠度最大值为 7cm；蓄水后，面板变形分布规律较好，面板挠度指向坝内，面板中间区域数值较大，最大值为 24cm。

5.4　面板应力

图 17 和图 18 分别为竣工期主面板顺坡向和满蓄时主面板顺坡向应力等值线图；图 19 和图 20 分别为竣工期面板顺坡向和满蓄时面板顺坡向应力分布图。

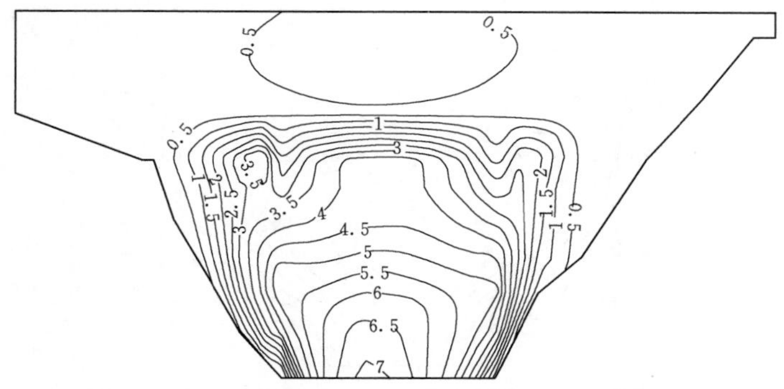

图 14　竣工期主面板挠度分布等值线图（单位：cm）

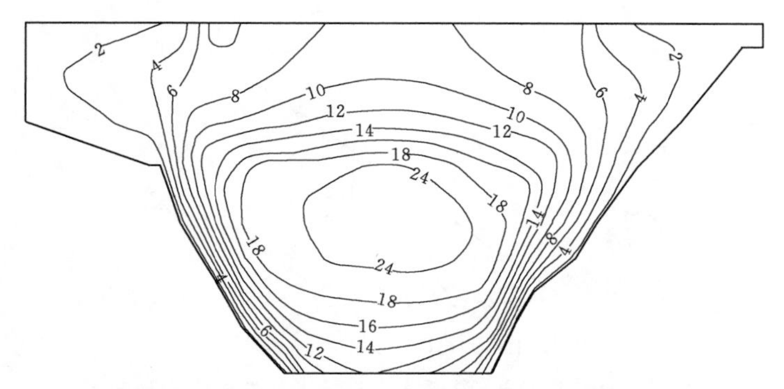

图 15　满蓄时主面板挠度等值线图（单位：cm）

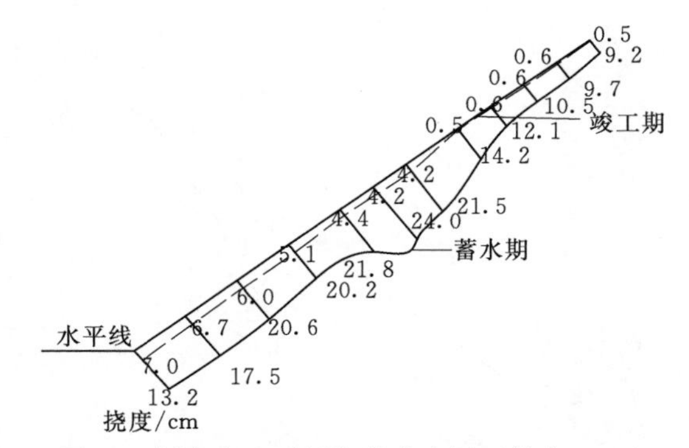

图 16　河床中央面板挠度分布图（单位：cm）

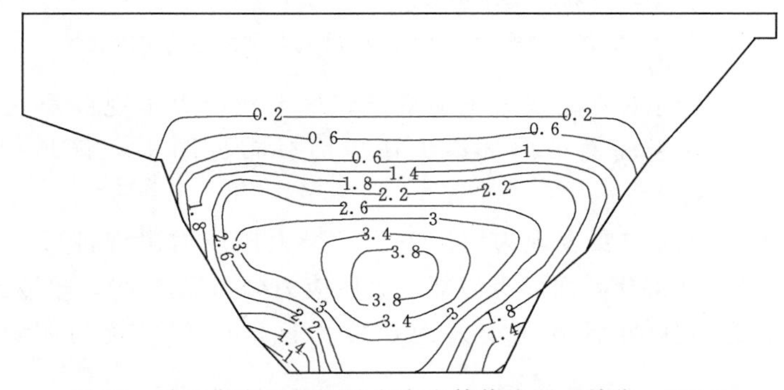

图 17　竣工期主面板顺坡向应力等值线图（单位：MPa）

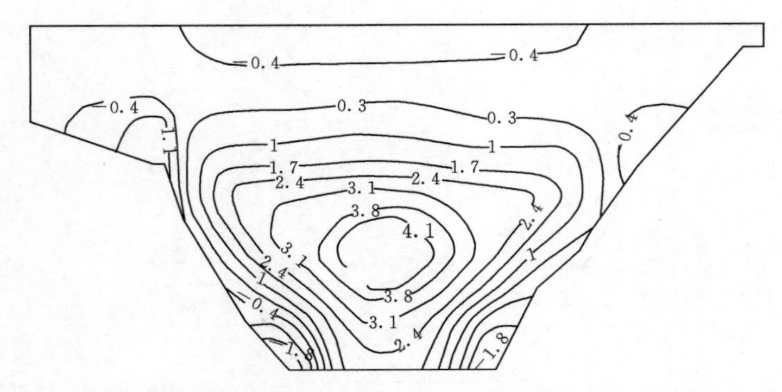

图 18　满蓄时主面板顺坡向应力等值线图（单位：MPa）

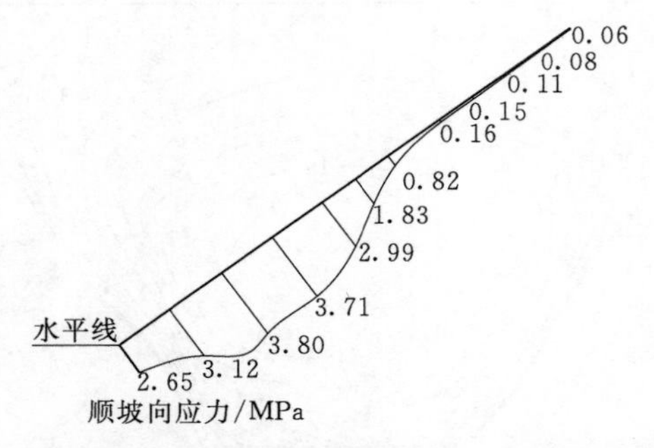

图 19　竣工时 0+170 断面面板最大顺坡向应力分布图

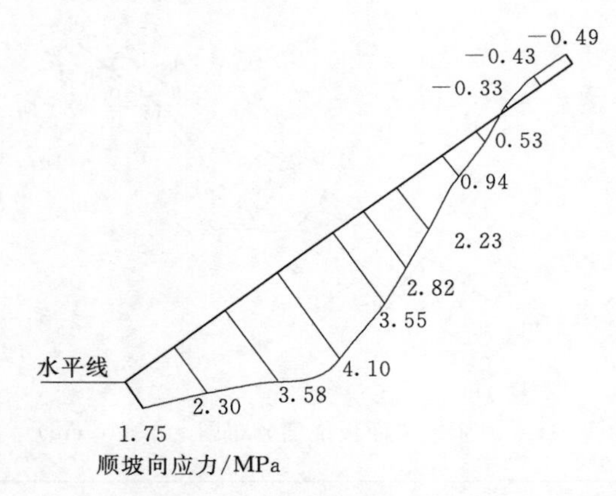

图 20　满蓄时 0+170 剖面面板最大顺坡向应力分布图

竣工期，面板顺坡向主要表现为压缩变形，最大压应力出现桩号 0＋170 断面高程 182.00m 位置，0＋170 断面面板内部最大压应力分布见图 19，顺坡向压应力最大值为 3.8MPa。

蓄水后，面板顺坡向主要表现为压缩变形，最大压应力出现桩号 0＋170 断面高程 182.00m 位置，桩号 0+170 断面面板内部最大压应力分布见图 20，顺坡向压应力最大值为 4.1MPa。但靠近河床两端出现较大的拉应力区，以左岸较为明显，最大拉应力为 1.8MPa。

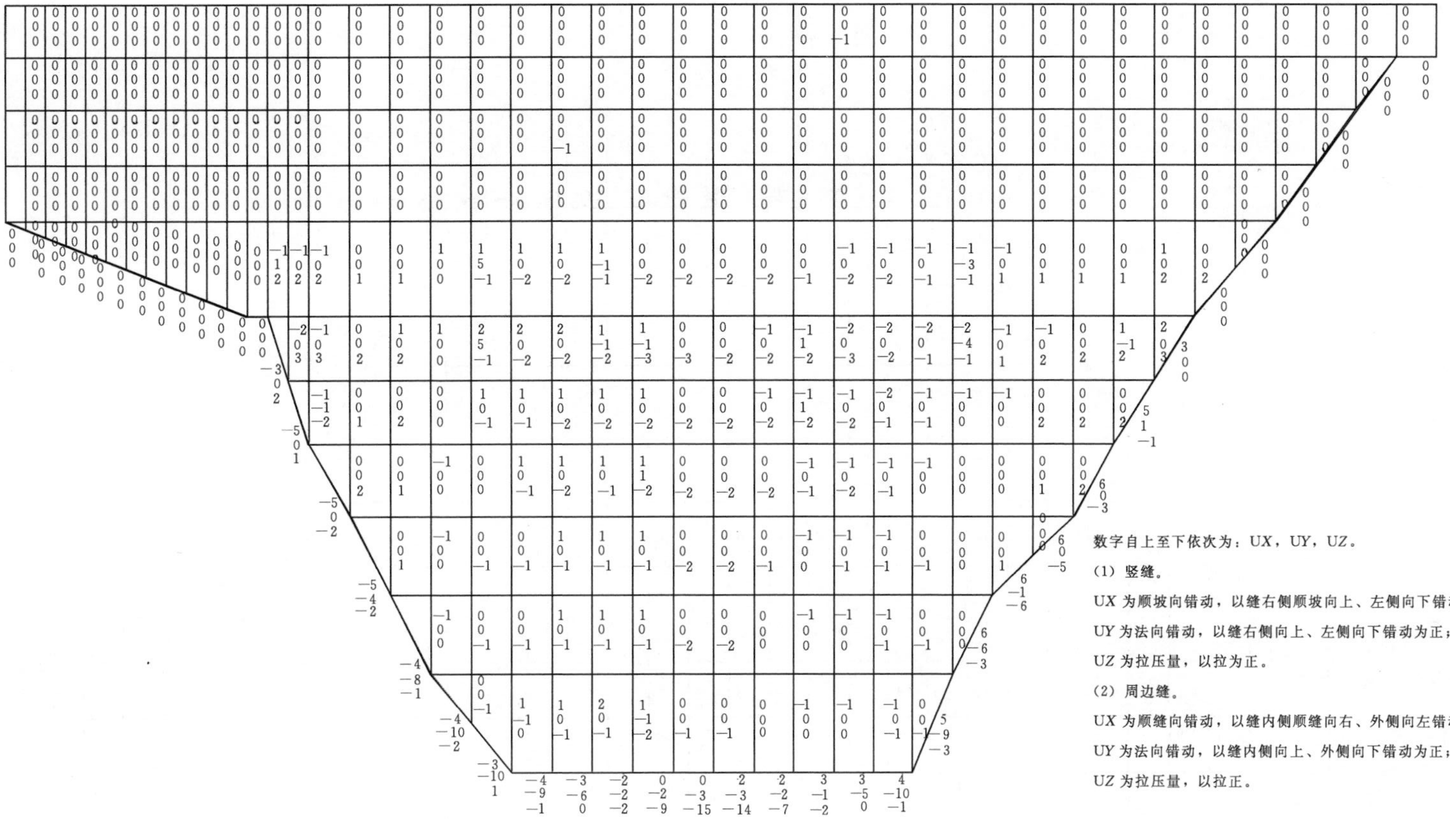

数字自上至下依次为：UX，UY，UZ。

（1）竖缝。

UX 为顺坡向错动，以缝右侧顺坡向上、左侧向下错动为正；

UY 为法向错动，以缝右侧向上、左侧向下错动为正；

UZ 为拉压量，以拉为正。

（2）周边缝。

UX 为顺缝向错动，以缝内侧顺缝向右、外侧向左错动为正；

UY 为法向错动，以缝内侧向上、外侧向下错动为正；

UZ 为拉压量，以拉正。

图 21　竣工期面板竖缝及周边缝的位移图（单位：mm）

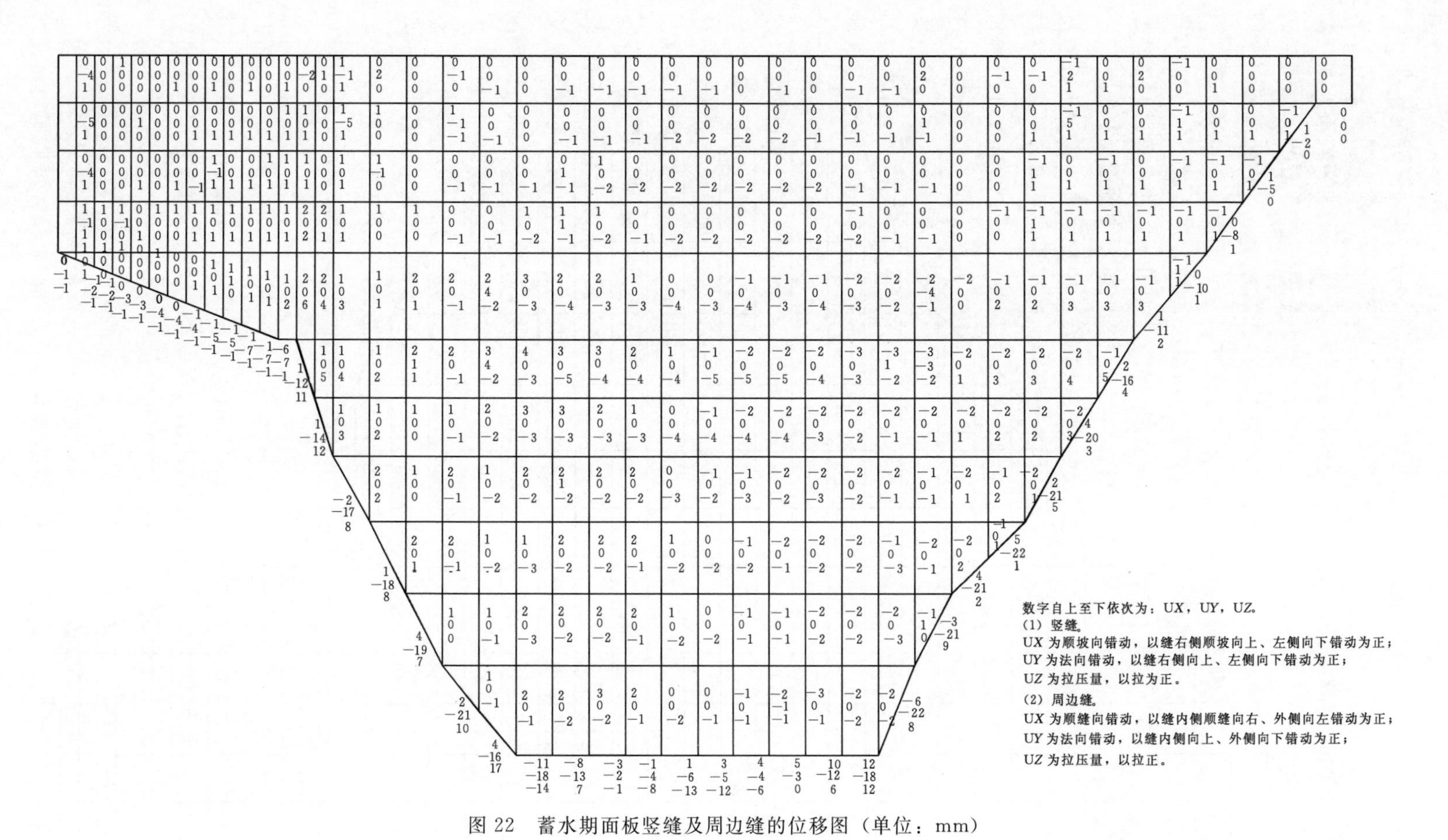

图 22　蓄水期面板竖缝及周边缝的位移图（单位：mm）

5.5 接缝变形

图 21 和图 22 分别为竣工期、蓄水期面板竖缝及周边缝的位移，图中，竖缝对应的 3 个值从上到下依次排列的是：UX 为顺坡向错动，以缝右侧顺坡向上、左侧向下错动为正；UY 为法向错动，以缝右侧向上、左侧向下错动为正；UZ 为拉压量，以拉为正。周边缝对应的 3 个值从上到下依次排列的是：UX 为顺缝向错动，以缝内侧顺缝向右、外侧向左错动为正；UY 为法向错动，以缝内侧向上、外侧向下错动为正；UZ 为拉压量，以拉为正。

（1）竖缝的变形。

竣工期，面板竖缝的变形主要发生在一期面板区域，且数值较小。顺缝方向最大错动为 2mm，主要出现在右岸 2/3 坝高处。垂直面板方向的最大错动 5mm，出现在左岸 2/3 坝高处。竣工期，河床中央竖缝呈压紧状态，最大压缩量为 3mm，面板中部 1/2 坝高处。两岸竖缝呈张开状态，最大张开量为 3mm，出现在左右岸的 1/2 坝高处。

水库蓄水后，面板竖缝的变形有所增加。顺缝方向错动的最大值为 4mm，出现在左岸 2/3 坝高处。垂直于面板方向的最大错动为 4mm，出现在左岸 1/2 坝高处。与竣工期一样，河床中央竖缝呈压紧状态，两岸呈张开状态，不过数值有所增大。最大压缩量为 5mm，出现在面板中部 1/2 坝高处。最大拉伸量为 6mm，出现在左岸的 2/3 坝高处。

（2）周边缝的变形。

竣工期，位于岸坡的周边缝变形较小，各个方向位移均在 10mm 以下，而位于河床中央的周边缝，由于基础覆盖层产生较大的变形，使得周边缝产生较大法向错动和张开位移，法向最大错动位移为 10mm，最大压缩位移为 15mm，但顺缝方向位移较小，小于 4mm。

蓄水期，位于岸坡的周边缝变形较大法向错动变形 22 mm，位于右岸 1/3 坝高处，而位于河床中央的周边缝的法向位移和张形位移变化较小，法向最大位移为 18mm，最大压缩位移为 14mm。顺缝方向位移较小，小于 12mm。

6 结论

（1）竣工期上游侧堆石位移向上游，下游侧堆石位移向下游；蓄水期上游位移减小，下游侧位移增大。竖直位移最大值分布在 1/3～1/2 坝高处，竣工期最大竖向位移为 96cm，蓄水期为 98cm。堆石压最大应力出现在最大剖面（桩号 0＋170），竣工期，第一主应力最大值为 2.0MPa，第三主应力为 0.8 MPa。蓄水期，第一主应力最大值为 2.0MPa，第三主应力为 0.86 MPa。

（2）竣工期，面板顺坡向主要表现为压缩变形，最大压应力 3.8MPa 出现在桩号 0＋170 断面；蓄水期面板挠度最大值出现在面板中部，为 24.0cm。面板顺坡向主要表现为压缩变形，顺坡向压应力最大值为 4.1MPa，但蓄水后面板底部靠近河床两端出现拉应力。

（3）蓄水期，面板竖缝及周边缝的位移较竣工期均有所增大，尤其是岸坡的周边缝变形较大，法向错动达到 22mm，而位于河床中央的周边缝的法向位移和张形位移变化较小。

参考文献

[1] 郦能惠，米占宽，孙大伟. 深覆盖层上面板堆石坝防渗墙应力变形性状影响因素的研究[J]. 岩土工程学报，2007，29 (1)：26-31.

[2] 赵魁芝，李国英. 梅溪覆盖层上混凝土面板堆石坝流变变形反馈分析及安全性研究[J]. 岩土工程学报，2007，29 (8)：1230-1235.

[3] 姜苏阳，邢建营，韩健，等. 深覆盖层地基修建高面板堆石坝技术难点分析[J]. 人民黄河，2011，33 (12)：139-140.

[4] 孙大伟. 深厚覆盖层上高面板坝应力变形性状研究[D]. 南京：南京水利科学研究院，2006.

[5] 赵一新. 深覆盖层地基高面板堆石坝应力变形动力有限元分析[D]. 西安：西安理工大学，2009.

[6] 郦能惠，米占宽. 深覆盖层地基上混凝土面板堆石坝有限元静动力应力变形分析报告[R]. 南京：南京水利科学研究院研究报告，2003.

[7] 唐巨山，丁邦满. 横山水库扩建工程混凝土面板堆石坝设计[J]. 水力发电，2002，7：35-37.

[8] 郦能惠，张建宁，熊国文，等. 中国面板坝运行情况及监测资料分析[A] //中国混凝土面板堆石坝20年. 北京：中国水利水电出版社，2005.

[9] Ducan J. M，Chang C. Y. Nonlinear Analysis of Stress and Strain[J]. Journal of Mechanics and Foundation Division，1970，96 (5)：1629-1653

[10] 钱家欢，殷宗泽. 土工原理与计算[M]. 第2版. 北京：中国水利水电出版社，2006.

河口村水库坝基河床深厚覆盖层工程地质特性研究

郭其峰　刘庆军　王勇鑫

（黄河勘测规划设计有限公司）

摘要： 河床深厚覆盖层是水利水电工程建设中经常遇到的主要工程地质问题之一，河口村水库坝基河床覆盖层最厚处达 41.87m，岩性复杂，地质结构极不均匀。通过勘察、试验等研究工作，基本查明了坝基河床覆盖层不同岩性组的分布情况及其工程地质特性，并分析了对工程的影响，为河口村水库大坝设计提供了科学的依据。

关键词： 河口村水库；坝基深厚覆盖层；工程地质特性

0　引言

根据《水利水电工程地质勘察规范》(GB 50487—2008)（以下简称《规范》)的定义，河床深厚覆盖层是指厚度大于 40.0m 的河床覆盖层[1]。河床深厚覆盖层一般具有结构松散、岩性不连续、成因类型复杂、在水平和垂直方向有较大变化、物理力学性质呈较大不均匀性的特点。正是由于这种复杂性和不均匀性对工程的重大影响，深厚覆盖层上建高坝一直是水利水电工程建设中所面临的难题之一[2-4]。

沁河河口村水库位于河南省济源市沁河中游太行山峡谷段的南端，水库的开发任务以防洪、供水为主，兼顾灌溉、发电、改善河道基流等综合利用。水库设计正常蓄水位 275.00m，大坝为混凝土面板堆石坝，最大坝高 122.5m，总库容 3.17 亿 m^3，为大（2）型水库。河口村水库坝基覆盖层最厚达 41.87m，岩性复杂，其工程地质特性的研究对于在深厚覆盖层上建高坝具有重要意义[5]。

1　坝基基本地质条件

坝址区河谷为“U”形峡谷，两岸大部分基岩裸露。选定坝线位于龟头山北侧，河谷底宽 134.0m。

根据勘探资料分析，坝址区河床覆盖层一般厚 20.0～30.0m，岩性为含漂石的砂卵石层夹黏性土和砂层透镜体，地质结构极不均匀。覆盖层以下基岩为太古界登封群变质岩系，岩性以花岗片麻岩为主，基岩坡度陡缓不同，一般为 22°～45°。基岩谷底存在 6 个长轴顺河向的封闭式深槽，其中坝基范围内深槽最低点高程 131.06m。河床基岩深槽较窄，深槽坡度大于 50°。河床未发现有顺河断层，封闭式深槽的成因可能和峡谷水流下切的不均一性有关。

2 坝基覆盖层工程地质特性

2.1 物质组成及其分布

坝基覆盖层主要是河床、漫滩及高漫滩河流冲积、洪积层，最大厚度为 41.87m，岩性为含漂石及砂卵石层，夹 4 层连续性不强的黏性土及若干砂层透镜体。

(1) 砂卵石层。根据颗分及测井资料分析，坝基河床砂卵石层可分为上、中、下 3 层。上层 (alQ_4^{3-3})：为含漂石卵石层，自河床至高程 163.00m（即河床至第二层黏性土顶板间），厚度 10.0m 左右；中层 (alQ_4^{3-2})：为含漂石细砾石层，高程 163.00～152.00m（即第二层与第三层黏性土间），厚度 10.0m 左右；下层 (alQ_4^{3-1})：为含漂石砂砾石层，高程 152.00m 以下至基岩（即第三层黏性土夹层以下），厚度 10.0～15.0m。

表层 5.0m 和底层 8.0m 为漂石密集层，漂石最大直径 5.0m 以上，一般 1.0m 左右，蚀圆度差，成分以石英砾岩、灰岩、花岗岩为主。卵、砾石成分以石灰岩、白云岩为主，蚀圆度中等；砂子粗粒以岩屑为主，中细粒以石英为主，次为云母及长石。

(2) 夹砂层。根据已有勘探资料，二坝线坝基范围内发现的砂层透镜体有 14 个，岩性为土黄色、黄灰色粗砂或粉砂，以细砂较多，多分布在现代河流水边线的凸岸处，一般长 30.0～60.0m，宽 10.0～20.0m，厚 0.2～4.7m，一般厚 1.0～3.0m，分布不连续。砂层透镜体分布高程为 142.90～173.90m，主要分布在坝轴线附近及下游，以浅表部 15.0m 以上居多，其中有 3 个透镜体分布在下游坝脚附近。

(3) 黏性土夹层。坝基覆盖层内分布的黏性土夹层，其岩性可概化为粉质黏土、重粉质壤土、中粉质壤土、轻粉质壤土共 4 种。根据其分布高程可以概化为 4 层。

第①层：分布高程 175.00～168.00m，自坝轴线向上游，顺河偏右岸呈带状大面积分布，连续性较强，长 350.0m 以上，宽 50.0～100.0m，厚 2.0～3.0m，最厚 6.6m。岩性以棕黄色、深灰色中、重粉质壤土为主，轻粉质壤土次之，含少量小砾石，一般呈可塑或硬塑状。

第②层：分布高程 168.00～154.00m，该层呈带状分布在河床中心，长 800.0m，宽 40.0～100.0m，整体性差，为各小层在高程 168.00～154.00m 上连接而成。该层厚度变化较大，厚 0.5～1.5m，最厚 6.4m。岩性与第①层相似，小砾石含量稍高，多呈可塑或硬塑状。

第③层：分布高程 155.00～148.00m，坝轴线以上呈带状分布，宽 10.0～60.0m，坝轴线以下呈片状分布，厚度差异较大，一般厚 2.0～3.0m，最厚 6.2m，最薄 0.3m。岩性以棕黄色、深灰色中、重粉质壤土为主，有少量轻粉质壤土。含有小砾石和碎石（砾石含量高于①层、②层），呈可塑状或硬塑状。

第④层：分布高程 147.00m 左右，该层连续性极差。坝轴线以上呈长条状分布，宽 30.0m，厚 0.5～1.5m。坝轴线以下呈长 250.0m，宽 60.0m 的透镜状分布，厚 2.0～3.0m，岩性为棕黄色、灰黄色中、重粉质壤土为主，有少量轻粉质壤土，大部分含小砾石，多呈可塑状或硬塑状。

2.2 坝基深厚覆盖层的物理力学性质

(1) 砂卵石层。据颗分结果，颗粒级配曲线为平缓光滑型，不均匀系数 $C_u=100$～

675，为级配良好的中等偏密实含漂细砾石层。河床砂卵石层的渗透系数 $K=1\sim106$m/d，一般 40～60m/d，一般规律是河床中部大，向两岸岸边变小。

河床砂卵石层中，经 63 段 $\gamma-\gamma$ 测井，平均干密度为 2.05g/cm^3，孔隙比为 0.327，比重 2.72。在 6 个钻孔中做跨孔试验，纵波速度 1020～1460m/s，横波速度 298～766m/s，泊松比 0.43～0.46，动弹性模量为 420～1220MPa，动剪切模量为 160～1100MPa，砂卵石层的抗剪强度指标：$\varphi=36°$，$c=0$。

勘察中对部分河床钻孔进行了超重型动力触探试验，上层共统计了 49 段试验，校正锤击数为 3.5～34 击，平均 16.6 击，小值平均 9.6 击；中层共统计 155 段，校正锤击数 3.4～29.5 击，平均 18.5 击，小值平均 12.5 击；下层共统计 11 段，校正锤击数 4.7～20 击，平均 15.2 击，小值平均 11.5 击。其中，上层局部含孤石，造成锤击数偏大，以小值平均值判断，上层的密实度为中密，中、下层属密实结构。

根据重探击数与变形模量的经验关系，上层对应的变形模量为 19.6～97MPa，平均 53.6MPa，小值平均 35.7MPa；中层对应的变形模量为 19.4～85.8MPa，平均 58.3MPa，小值平均 43.2MPa；下层对应的变形模量为 22.75～62MPa，平均 50.07MPa，小值平均 40.72MPa。

（2）夹砂层。根据颗分资料，夹砂层颗分曲线为平缓光滑型，$C_u=16$，一般为级配良好的细砂层，渗透系数 $K=3$m/d。夹砂层天然密度平均为 1.96g/cm^3、干密度为 1.63g/cm^3、孔隙比为 0.66、相对密度 0.69～0.85、比重 2.70，标贯击数 22 击，为密实状态。

（3）黏性土夹层。坝基覆盖层黏性土夹层的物理力学性质见表 1。

表 1　河口村水库坝基覆盖层黏性土夹层的物理力学性质统计表

岩性	天然物性指标				土粒比重	液限/%	塑限/%	塑性指数	渗透系数 K/(cm/s)	抗剪强度		压缩系数 a_{1-2}/MPa^{-1}
	含水量/%	湿密度/(g/cm^3)	干密度/(g/cm^3)	孔隙比						c/kPa	φ/(°)	
重粉质壤土	23.3	2.01	1.65	0.64	2.72	29.3	19.9	9.4	3.7×10^{-5}	22	30.5	0.11
中粉质壤土	19.37	2.04	1.71	0.60	2.72	26.9	19.5	7.4	1.5×10^{-6}	15	31.0	0.15
轻粉质壤土	16.0	1.99	1.70	0.61	2.72	25.1	19.5	5.6	5.1×10^{-6}	20	33.0	0.10
粉质黏土	26.3	1.97	1.56	0.74	2.73	30.5	20.2	10.3		24	26.5	

从表 1 可知，黏性土夹层一般属较密实、中偏低压缩性土。黏性土夹层中，同一种土质的物理力学指标平均值比较接近，但范围值相差较大，主要物理力学指标随深度增加没有规律性。

2.3　坝基深厚覆盖层的渗透变形及地震液化

（1）砂卵石层。试坑及管钻砂卵石颗分曲线均为平缓光滑型，属级配连续土，砂卵石层粗、细颗粒区分粒径 $d=0.7$mm，对应的细颗粒含量 $P=34\%$，按《水利水电工程地质勘察规范》（GB 50487—2008）中有关规定砂卵石层的渗透变形应为流土和管涌的过渡型。但根据工程经验及《水利水电工程地质手册》（原水利电力部水利水电规划设计院主编）（简称《手册》），当不均匀系数 $C_u>20$ 时，一般渗透变形类型为管涌，故砂卵石层的渗透变形仍按管涌考虑。按《水利水电工程地质勘察规范》（GB 50487—2008）中管涌型或过渡型临界水力比降计算公式（G.0.6-2）：

$$J_{cr}=2.2(G_s-1)(1-n)^2 d_5/d_{20}$$

计算结果 $J_{cr}=0.16$，显然用土的渗透变形计算公式来计算砂卵石层的临界水力比降结果偏小。分析其原因，砂卵石深层的颗分取样主要是利用管钻取得，由于钻探取样过程中打碎率较高，试验的颗分曲线与实际有一定出入。允许水力比降根据《规范》附录G中表G.0.7，按管涌型、级配连续考虑：$J_{允许}=0.2$。

根据其密实程度及重探资料，砂卵石层应属不液化地层。

（2）夹砂层。夹砂层属级配连续土，$C_u=16$。砂层粗、细颗粒区分粒径 $d=0.07$mm，对应的细颗粒含量 $P=22\%$，按《规范》中有关规定其渗透变形应为管涌。根据《手册》，当 $10<C_u\leqslant 20$ 时，一般渗透变形类型为过渡型，故砂层透镜体的渗透变形按过渡型考虑，根据《手册》中临界水力比降与渗透系数关系图，砂层渗透系数 $K=0.0035$cm/s，对应的临界水力比降 $J_{cr}=0.83$。

允许水利比降，按《规范》中特别重要工程采用2.5的安全系数，同时根据《规范》附录G中表G.0.7中过渡型的经验值，砂层透镜体的允许水力比降 $J_{允许}=0.3$。

按坝基设计开挖高程168.00m考虑，分布高程在168.00m以上的6个砂层透镜体将被开挖掉，设计开挖高程168.00m以下有8个砂层透镜体，其中4个砂层透镜体分布高程在155.00m以下，砂层透镜体以上河床覆盖层厚度大于15.0m，砂层透镜体较密实，一般属不液化层；155.00m以上的4个砂层透镜体存在地震液化的可能性。

（3）黏性土夹层。黏性土夹层的渗透变形主要是流土，按《规范》中流土型计算公式 $J_{cr}=(G_s-1)(1-n)$ 计算。

计算结果，4种岩性的黏性土夹层的 $J_{cr}=0.98\sim1.06$，按《规范》中特别重要工程采用2.5的安全系数，黏性土夹层允许水力比降 $J_{允许}=0.4$。

3 对工程影响的评价

在坝基河道内覆盖着30.0～40.0m厚含漂石的砂卵砾石层，其间夹多层厚度不等的黏性土层和粉细砂透镜体，工程地质特征极不均匀，它将对水库大坝产生以下重大影响。

3.1 黏性土夹层的抗滑稳定性

根据4层黏性土夹层的分布特征，结合工程开挖（清基）来看，第①层存在的可能性已经很小（大部分将要清除），第③、④层由于埋深较深，分布范围相对较窄。而第②层分布范围较广，且从趾板向下游有抬高趋势，向第①层靠拢，从而形成坝基的主要抗滑稳定控制软弱面。根据试验资料，黏性土夹层的内摩擦角为19°～23°，而砂卵砾石层内摩擦角达36°～39.5°，因而黏性土夹层对坝基抗滑稳定有一定控制作用。

3.2 不均匀沉陷

河口村水库坝基的砂卵砾石层属低压缩—不可压缩性土，砂层透镜体相当于中密—密实；黏性土夹层属中低压缩性土，但其累计厚度达5.0～20.0m，占覆盖层总厚度的1/6～1/2。砂卵砾石层、砂层和黏性土夹层不仅变形模量相差较大，且在空间分布也很不均匀，超过100.0m的高坝坐落在这种各向异性且极不均匀的地基上，可能会产生坝基不均匀沉陷工程地质问题。

3.3 渗透稳定与地震液化

砂卵砾石层和砂层的不均匀系数均大于5，坝基覆盖层可能产生流土或管涌等渗透变形。河口村水库砂层透镜体连续性差，分布范围小，其影响是有限的；但坝基覆盖层的上部，存在个别较松散的砂层透镜体，坝基的砂层可能产生饱和砂土地震液化。

4 结论

根据对河口村水库坝基河床深厚覆盖层的物质组成、分布特征和物理力学性质等工程地质特性的研究，坝基深厚覆盖层可能给工程带来黏性土夹层抗滑稳定、坝基不均匀沉陷、渗透稳定及地震液化等不利影响。在对坝基覆盖层采取适当的工程措施后，在深厚覆盖层上修建河口村水库大坝是可行的。

参考文献

[1] 国家质量技术监督局，中华人民共和国建设部. 水利水电工程地质勘察规范：GB 50487－2008[S]. 北京：中国计划出版社，2009.

[2] 齐三红，王学朝，张绍民. 宝泉电站上水库堆石坝坝基深厚覆盖层特性研究[J]. 岩土力学，2006，27：1286－1289.

[3] 冯玉勇，张永双，曲永新，等. 西南山区河床深厚覆盖层的建坝工程地质问题[J]. 工程地质学报，2000（8）：195－201.

[4] 陈海军，任光明，聂德新，等. 河谷深厚覆盖层工程地质特性及其评价方法[J]. 地质灾害与环境保护，1996，7（4）：53－59.

[5] 罗守成. 对深厚覆盖层地质问题的认识[J]. 水力发电，1995（4）：21－24.

沁河河口村水库坝址区岩溶发育规律分析

王登科　郭其峰　梁　红

（黄河勘测规划设计有限公司）

摘要： 沁河河口村水库位于河南省济源市境内，是一座以防洪、供水、灌溉及发电为一体的综合性水利枢纽工程，特别是肩负着向华能集团沁北电厂供水的重要使命。由于沁河水流量有限，河口村水库的防渗就显得特别重要，而坝址区两岸分布有灰岩地层，局部岩溶发育，因此，要做好水库的防渗处理，就要了解岩溶的发育规律，根据岩溶的发育规律，指导防渗帷幕的设置。

关键词： 岩溶发育规律；地层岩性；地质构造；地壳运动

1　岩溶发育现状

坝址区碳酸盐岩地层多为间层状分布在馒头组（$\in_1 m$）地层中，均在现代河水位和地下水位以上，整体上岩溶不发育，但在这些岩层出露的岸边卸荷区及构造影响区岩溶发育。

1.1　右岸岩溶发育现状

河口村水库坝址区右岸为一缓倾角的单斜地层，受岩性及构造作用控制，岩溶主要发育在馒头组（$\in_1 m$）地层中，多为间层状分布，根据野外地质调查结合钻孔、平洞资料，坝址区右岸岩溶主要发育在馒头组$\in_1 m^1 \sim \in_1 m^3$岩层中，馒头组$\in_1 m^4 \sim \in_1 m^6$岩溶发育弱。

（1）馒头组$\in_1 m^3$岩性为含燧石结核灰黄色泥灰岩及灰质白云岩。该层因层间滑动挤压，褶曲发育，岩体破碎，溶洞发育，呈蜂窝状，洞壁与裂隙中充填方解石晶体，孔径小于10cm的溶洞不计其数。在PD19平硐中揭露的较为典型，大者一般直径0.5～2m，小者0.1m左右，多无充填或半充填状。根据溶洞的统计资料，岩溶发育程度及连通性随距岸坡距离的增加而减弱。

（2）馒头组$\in_1 m^{1+2}$岩性为厚层、薄层白云岩及角砾状白云岩，岩层厚度变化较大，高角度裂隙发育。该层岩溶多发育小于2cm的溶洞，大者5cm左右，多为方解石半充填，少量无充填。根据压水试验成果该层岩溶连通性较好，原因可能与高角度裂隙发育有关系。

1.2　左岸岩溶发育现状

坝址区左岸由于断层、褶皱的发育，岩层产状凌乱。左岸岩溶发育主要受断层、褶皱等地质构造及地层岩性控制。

(1) 左岸古滑坡体岩溶发育在强烈破碎的馒头组$\in_1 m^3$岩层中，岩体溶蚀架空显著，多为0.5m左右不规则的溶洞，其中有碎石、碎屑等呈半充填、半胶结状，透水性极为严重，有些呈无压渗漏。

(2) 左岸因断层、褶皱等构造发育，岩体破碎，在馒头组$\in_1 m^{1-3}$岩体中岩溶较发育，多呈不规则的小溶洞，局部呈蜂窝状，洞径一般1～3cm，大者10cm以上，多为方解石晶体半充填，由于裂隙等，发育的岩溶连通性较好。

根据岩溶发育特征及充填物特征，坝址区发育的岩溶主要为晚更新世（Q_3）及以前所形成的，第四系（Q_4）以来所形成的岩溶主要表现为风化卸荷裂隙的溶蚀及钙质的淋漓等。

2 影响岩溶发育的因素[1]

岩溶作用是指地下水对可溶性岩石进行以化学溶蚀作用为主，机械侵蚀和重力崩塌作用为辅，引起岩石的破坏及物质的带出、转移和再沉积的综合地质作用。

岩溶的发育必须具备的一般条件：①岩石的可溶性；②岩石的透水性；③水的流动性。只有流动的水才能不断带走岩石中的可溶岩，进行溶蚀而不易饱和，从而形成溶蚀作用。

具体到河口村水库坝址区，影响岩溶发育的因素主要有：①地层岩性；②地质构造；③地壳的升降运动。

2.1 地层岩性对岩溶发育的影响

坝址区可溶的碳酸盐岩地层，多为间层状分布在馒头组（$\in_1 m$）地层中，其下为非可溶的汝阳群碎屑岩，故从岩性上限制了岩溶的向下发育。在馒头组（$\in_1 m$）地层，可溶质纯的白云岩、灰岩的分布位置决定了馒头组（$\in_1 m$）中岩溶发育的层位，不可溶的泥灰岩及页岩等限制了岩溶发育的位置。可溶的灰岩、白云岩与不可溶的页岩等互层的地层特点，形成了坝址区馒头组（$\in_1 m$）地层岩溶间层状发育的特征。可溶的灰岩、白云岩的厚度也限制了岩溶的发育程度、溶洞的大小等，如本区最为发育的$\in_1 m^3$岩溶层，即是在两层泥灰岩中间夹的中厚层状灰质白云岩层。

2.2 地质构造对岩溶发育的影响

岩溶的发育还取决于岩体的透水性，岩体透水性主要取决于岩体的裂隙度，褶皱和断裂作用使岩石的破裂程度加大，岩石的透水性大大增强，从而促进岩溶的发育。断层、节理等各组破裂面相互交织、延伸进而控制了岩溶发育的形态、规模、速度和空间分布。褶皱的不同部位，裂隙发育不均匀，岩溶发育程度不同，核部比翼部发育。大型褶皱控制了可溶岩的空间分布和地下水汇水范围及径流条件，影响着岩溶的发育。构造发育的地段往往岩溶作用强，构造线的方向，往往控制了岩溶发育的延伸方向。

坝址区岩溶主要受一组NWW向背斜影响，特别是在坝址区左岸，地质构造的发育对岩溶的影响最为直接，左岸断层、褶皱交替发育，造成左岸馒头组岩体岩溶发育程度高，岩体透水性强。

2.3 地壳运动对岩溶发育的影响

地壳的升降运动同样影响岩溶的发育，当地壳上升较快时，形成的岸坡地形往往较陡，河流两岸中的地下水位下降较快，地下水与可溶岩接触的时间较短，岩溶发育程度较弱，反之则岩溶发育程度较强。地壳升降运动的结果表现在河流的形态及河流阶地的发育程度。河流阶地是地壳运动相对稳定时期的产物，当时的河水代表着地下水的最低排泄基准面。在阶地的形成时期，地下水位在阶地面附近频繁波动，因而，在阶地面高程附近当时的地下循环也最频繁，地下水流动最活跃，故在阶地面高程附近岩溶发育程度较高。

沁河河口村水库工程位于太行山与华北平原的交接地带，地质构造上处于华北断块南缘的二级构造豫皖断块与太行断块的交接部位。据分析，自喜马拉雅旋回以来，工程区的构造运动主要表现为大面积的升降运动。根据调查研究，河口村水库工程坝址区附近分布Ⅳ级阶地，但保留不完整，仅在凸岸有少量残留。Ⅰ级、Ⅱ级阶地分布较低，发育在中元古界汝阳群及太古界登封群地层中。Ⅳ级阶地分布较高，Ⅳ级阶地的形成对坝址区岩溶发育影响不大。Ⅲ级阶地分布高程和坝址区岩溶发育高程基本一致，因此，Ⅲ级阶地的形成对坝址区岩溶发育影响较大，坝址区的岩溶主要是在Ⅲ级阶地形成时期发育的。

3 岩溶发育程度与距岸坡（右岸）距离的关系

岩溶的发育程度主要表现在岩体的透水性方面，另外，岩体的透水性也受断层及节理的影响。根据河口村水库钻孔压水试验资料，在岩溶发育的部位岩体的透水性主要受岩溶发育程度的影响；在岩溶不发育的部位岩体的透水性主要受节理发育程度的影响。由于岩体的透水性与岩溶的发育程度密切相关，因此，岩体的透水性与距岸边的距离间接反映岩溶发育程度与距岸边的距离。

河口村水库坝址区岩溶垂直发育下限受元古界中统汝阳群（Pt_2r）岩层顶面控制，水平发育深度与距岸坡距离关系较为密切。由于河口村水库坝址区右岸断层等构造不发育，地层为近水平的单斜地层，各岩组地层厚度较稳定，分布有规律；而左岸因断层、褶皱等地质构造发育，地层分布较凌乱，各岩组地层厚度变化大，且山体单薄。为研究岩溶水平发育深度，对右岸寒武系馒头组$\in_1 m^1 \sim \in_1 m^3$各地层透水率与距岸坡距离关系进行分析。

3.1 寒武系馒头组（$\in_1 m^{1+2}$）

因$\in_1 m^1$、$\in_1 m^2$位于馒头组底部，岩性也较为相似，岩层厚度较小，做压水试验时在这两层中经常跨层，故将这两层的岩体透水率与距岸坡距离合并分析（图1）。

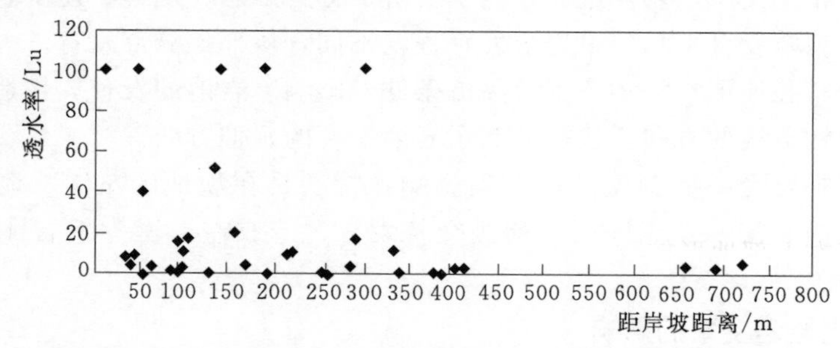

图1 右岸馒头组$\in_1 m^{1+2}$岩体透水性与距岸坡距离散点图

3.2　寒武系馒头组（$\in_1 m^3$）

寒武系馒头组$\in_1 m^3$为坝址区岩溶最为发育的地层，岩层透水性强，为工程区库水渗漏的主要通道。该层透水率与距岸坡距离关系见图2。

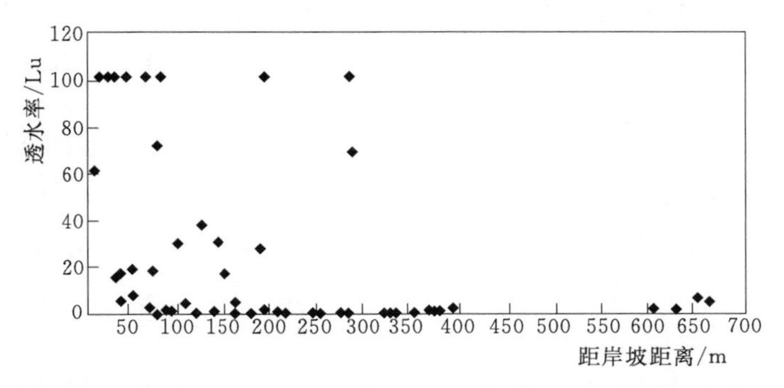

图2　右岸馒头组$\in_1 m^3$岩体透水率与距岸坡距离散点图

从图2中可以看出，右岸馒头组$\in_1 m^3$岩层中强透水段（透水率大于100Lu）集中在距岸坡距离280.0m范围内，在距岸坡距离100.0m范围内透水率大于100Lu段较密集，说明该段内岩溶发育较强烈；在距岸坡距离280.0m以上岩体透水率陡然下降到小于10Lu范围内，故可认为寒武系馒头组（$\in_1 m^3$）岩层受岩溶影响范围为距岸坡水平距离280.0m内。

4　坝址区岩溶发育规律

综合上述分析，坝址区岩溶发育规律如下。

（1）坝址区可溶的碳酸盐岩地层多为间层状，分布在馒头组（$\in_1 m$）地层中，由于可溶的灰岩、白云岩与不可溶的页岩等互层的地层特点，从而形成了坝址区馒头组（$\in_1 m$）地层岩溶间层状发育的特征。

（2）在坝址区馒头组（$\in_1 m$）地层中，岩溶发育程度具有由下至上逐渐减弱，距河岸由近及远逐渐减弱的规律。

（3）构造作用特别是断层及褶皱对岩溶发育深度影响较大，右岸寒武系馒头组（$\in_1 m^3$）因层间滑动，褶曲发育，岩体破碎，岩溶发育；左岸因断层、褶皱及滑坡影响，岩层产状凌乱，岩溶发育。有时断层的存在会超越或加深该地层一般的岩溶水平发育深度。

（4）根据探洞及压水试验资料分析，右岸馒头组地层一般岩溶水平发育深度：$\in_1 m^{1+2}$岩溶水平发育深度距岸坡300.0m，$\in_1 m^3$岩溶水平发育深度距岸坡280.0m。

（5）各地层岩溶水平发育深度和程度与地壳运动即河流形成历史关系密切，地壳升降运动的速度影响岩溶的发育，当地壳上升较快时，形成的岸坡地形往往较陡，河流两岸中的地下水位下降较快，地下水与可溶岩接触的时间较短，岩溶发育程度较弱，反之则岩溶发育程度较强。坝址区右上部地形较陡，岩溶发育程度较弱，下部地形较缓，岩溶发育程度较强。

5　防渗帷幕的设置[2-3]

在水工设计中，防渗帷幕的设置要综合考虑岩体的透水性、库水渗漏对水库及水工建筑物的影响、渗透稳定及经济效益等因素，在这里仅从岩溶发育规律及发育程度即岩体透水性方面确定防渗帷幕的设置。

5.1 右岸防渗帷幕的设置

右岸为一向山体内缓倾（倾角 3°～10°）的基岩谷坡地形，地形较陡，山体较宽厚，岩体较完整，不存在单薄分水岭。防渗主要考虑自岸边至山体岩溶发育程度由强变弱的发育规律，防渗帷幕应垂直河岸设置。

根据右岸岩溶发育规律，强透水层集中在近岸区，且主要集中在馒头组$\in_1 m^1$～$\in_1 m^3$岩层中，因此帷幕的设置，也应集中于此。右岸防渗帷幕自岸边沿垂直于河岸的方向延伸，水平长度约 210.0m，局部可适当延伸至 300.0m。纵向深度，上至库水位 276.00m，下至不透水层高程 200.00m 左右。

5.2 左岸防渗帷幕的设置

左岸自坝轴线向上游 800.0～900.0m 山体单薄，构造发育，岩体破碎，岩溶发育，岩体透水性很强，水库蓄水后存在严重渗漏问题。因此，左岸防渗帷幕的设置应近似平行河岸。由于水工建筑物均布置在左岸，因此，左岸防渗帷幕的设置要考虑水工建筑物的影响。

左岸防渗帷幕下游接坝体防渗帷幕，帷幕向上游经过溢洪道闸室段，穿越整个单薄分水岭，长度约 900.0m。防渗帷幕上至库水位 276.00m，下至不透水层高程 220.00m 左右，局部由于断层带的影响，岩层透水性较强，帷幕线底部高程可降低至 180.00m。

6 结论

河口村水库坝址区两岸分布有寒武系地层，由于可溶岩的存在及地质构造作用，在馒头组下部（$\in_1 m^{1+3}$）岩溶较发育，这种情况在中国北方水库工程中是比较少见的。认识并了解岩溶的发育规律，对河口村水库防渗帷幕的布置及防渗效果有重要的指导作用。通过对河口村水库几十年来大量勘探及试验资料的分析研究，基本了解了河口村水库坝址区岩溶发育的基本规律，为工程的防渗设计提供了参考依据。

参考文献

[1] 黄静美. 岩溶地区水库渗漏问题及坝基防渗措施研究[D]. 成都：四川大学，2006.
[2] 路杰. 黄河上游河源区羊曲坝址岩溶形成机理研究[D]. 成都：成都理工大学，2008.
[3] 李玉申. 岩溶地区水库渗漏难题获解[N]. 中国国土资源报，2001.

沁河河口村水库库区岩溶渗漏示踪试验研究

万伟锋　刘庆军　郭其峰　宫继昌　王耀军　王勇鑫

（黄河勘测规划设计有限公司）

摘要： 沁河河口村水库的岩溶渗漏问题是勘察过程中的一个难点，为了查明库区的寒武系馒头组下部岩层的岩溶发育规律，在库区一河曲间采用两种互补性较强的示踪剂成功地进行了两次示踪试验。试验结果表明，示踪剂接收点的泉水来自河曲上游河水，投放点至接收点的地下水渗流速度为22.67m/h，渗流方向受构造作用控制；接收点示踪剂的浓度变化曲线反映出二者之间不存在大的岩溶型管道流，其渗漏介质主要为裂隙和溶孔混合型。试验结果同时表明，示踪试验是岩溶发育地区进行水库渗漏研究的一种行之有效的手段。

关键词： 水利工程；河口村水库；岩溶；示踪试验

0　引言

岩溶地区的库区渗漏问题一直是水利工程中的热点和难点问题[1]。示踪试验是进行库区渗漏研究的最有效手段之一，也是最为直观、可靠的测定岩溶地下水连通情况的一种方法。通过示踪试验，可以了解研究区地下水运移方向、速度、地下岩溶与裂隙发育状况及地表水与地下水之间的水力联系[2]。近些年来，示踪试验作为研究岩溶水的一种重要手段取得了长足发展，其技术方法不断进步，理论体系日趋完善，在中国南方和北方岩溶区示踪试验都曾有成功应用的先例[1,3]。

沁河河口村水库位于河南省济源市，处于沁河中游太行山峡谷段的南端，距峡谷出口—五龙口约9.0km（图1）。水库设计洪水位285.43m，正常蓄水位275.00m，堆石坝最大坝高122.5m，坝顶长度530.0m，总库容3.17亿m^3，电站总装机11.6MW。

水库及坝址出露的寒武系地层为多层状透水和隔水相间的灰岩、泥质灰岩、页岩、砂岩互层。其中寒武系馒头组下部岩组透水性较强，该层发育有溶孔、溶洞等溶蚀现象，特别是在坝址右岸揭露的一些平洞内及吓魂滩岸坡，岩溶现象较为发育。

库区圪料滩—吓魂滩之间的河道为一典型的河曲“Ω”弯，二者沿河总长度近6.0km，直线距离仅为600.0～700.0m，河曲的“脖颈”处为单薄山体，在吓魂滩长达200.0m的沁河右岸地段以泉群的形式出露有大量的泉水，出露的泉水总流量可达40L/s。经长期观测，泉水大小与河水涨落正相关，根据该现象和圪料滩河水与吓魂滩泉水水质资料对比分析，该泉水主要补给来源为上游圪料滩的河水。泉群出露地层为$\in_1 m^4$下部至$\in_1 m^3$相对可溶岩层，且泉群附近岸坡岩溶较为发育，如此大的泉水流量使人怀疑在圪料滩—吓魂滩之间岩溶是否特别发育，以致存在较为集中的岩溶渗漏通道，形成了管道流。为分析圪料滩—吓魂滩之间岩溶或者裂隙通道类型，评价圪料滩—吓魂滩之间寒武系下部

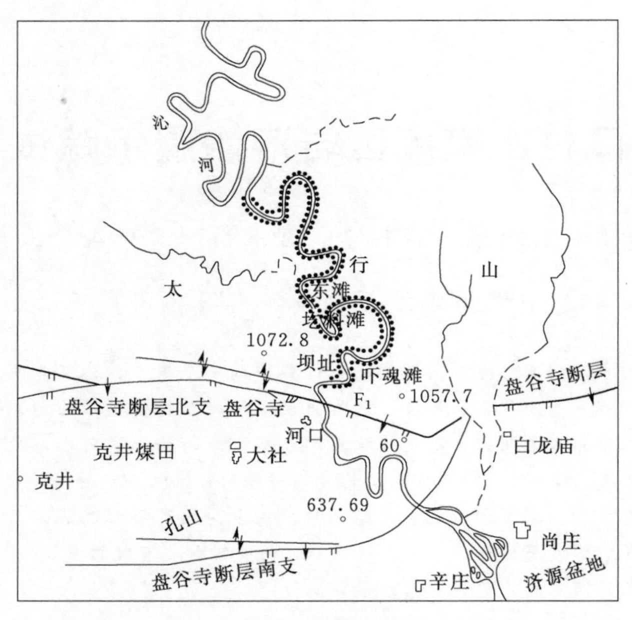

图 1　沁河河口村水库地理位置示意图

透水层的渗透性能，2009 年 11 月在圪料滩—吓魂滩河曲间进行了示踪试验。

1　库坝区地质条件及岩溶发育特征

河口村水库是一个典型的峡谷河道型水库，干、支流比降较大，库面比较狭窄，沁河是该区的最低侵蚀基准面，库尾在和滩村附近，水库面积约 5.92km^2。库坝区基岩裸露，多呈悬崖峭壁。

库坝盘基岩，为一多层状透水与隔水相间的岩体：下部为太古界登封群及元古界汝阳群的变质岩、碎屑岩，是一相对不透水岩体；中下部为寒武系馒头组 $\in_1 m^1$、$\in_1 m^2$、$\in_1 m^3$ 及 $\in_1 m^4$ 下部，岩性为白云岩、泥灰岩及页岩，受构造影响，发育拖曳褶皱，岩体破碎，伴生有溶洞及溶孔；上部为寒武系馒头组上部（$\in_1 m^4$ 上部、$\in_2 m^5$、$\in_1 m^6$）、毛庄组、徐庄组灰岩、页岩、砂岩互层，为相对不透水岩体；库盘顶部为张夏组 $\in_2 z$（包括徐庄组 $\in_2 x_4$）岩溶化灰岩，溶洞发育，透水性强，为透水层，具体见表 1。

上述透水层中，上层含（透）水层—张夏组灰岩质纯，厚度约 200.0m，灰岩中溶洞发育，多为大裂隙所贯通，透水性强，地表支沟多为干谷，该含水岩组由于分布高程较高，在河口村水库库尾处底板高程 275.00m（水库水位设计高程 275.00m），对水库渗漏影响不大。

馒头组下部构造透水层总厚度 32.0～34.0m，分布在沁河河谷两岸，底板南高北低，高程 180.00～232.00m（坝址区河床高程约 170.00m）。在河口村水库的坝址区该透水层底板高于地下水位，成为透水而不含水的岩体，顺河出露延伸长度 5.0km，至库区吓魂滩附近，构造透水层下降至河面，向北倾入河底。压水试验资料表明，该层透水率算术平均值（q）为在 1.37～15.3Lu，少数局部孔段为无压漏水。在水库蓄水后，寒武系馒头组下部构造含水岩组将成为库水沿单薄山体和绕坝向外渗漏的主要通道。

表 1　　库区岩层含（透）水特征划分表

地层	组（群）	段	岩性	含（透）水特征	厚度/m	底板分布高程/m
寒武系中统	张夏组$\in_2 z$	$\in_2 z$	灰岩	岩溶裂隙含（透）水层	200.0	275.00m 以上
	徐庄组$\in_2 x$	$\in_2 x^4$				
		$\in_2 x^3$	页岩 灰岩 砂岩	相对隔水层	190.0～195.0	212.00～314.00
		$\in_2 x^2$				
		$\in_2 x^1$				
寒武系下统	毛庄组$\in_1 mz$	$\in_1 mz^3$				
		$\in_1 mz^2$				
		$\in_1 mz^1$				
	馒头组$\in_1 m$	$\in_1 m^6$				
		$\in_1 m^5$				
		$\in_1 m^4$				
		$\in_1 m^3$	白云岩 泥灰岩 页岩	构造含（透）水层	32.0～34.0	180.00～282.00
		$\in_1 m^2$				
		$\in_1 m^1$				
中元古界	汝阳群 $Pt_2 r$		石英砂岩	相对隔水层		
太古界	登封群 Ard		花岗片麻岩			

与透水层相一致，库坝区发育的岩溶可划分为上下两层，上层主要发育在上部中寒武统张夏组下段亮晶鲕粒灰岩中，以大型的溶洞为主，与河流Ⅳ级阶地高程一致，并主要在构造发育地段发育；下层主要发育在馒头组下部构造透水层（$\in_1 m^4$ 下部～$\in_1 m^1$）中，馒头组下部的岩层均为中等岩溶化岩层，岩溶发育以小规模的溶蚀现象为主，但该层在右岸揭露的平洞和吓魂滩岸坡地段发育有较大规模的溶蚀现象。

2　示踪试验

2.1　试验地段的选取

2.1.1　投放点

试验的投放点选取在圪料滩沁河右岸，投放形式为钻孔投放，通过物探大地电磁法测定，在圪料滩右岸沿线约 600.0m，在河水位以下 30.0m 约有 400.0m 沿河段的电阻率较低，推测为较强富水段，在 400.0m 的较强透水段，还存在有一处极强透水点，推测该处岩体较破碎或者有岩溶发育，钻孔位置即选择在物探剖面上对应的电阻率最低的地点。

2.1.2　接收点

接收点即选择在吓魂滩泉群，由于泉群沿河流出露范围较长，试验进行前对泉水流量较大的泉眼进行了统计，共有 15 处，由南至北进行了编号，分别为 S1、S2、…、S15，

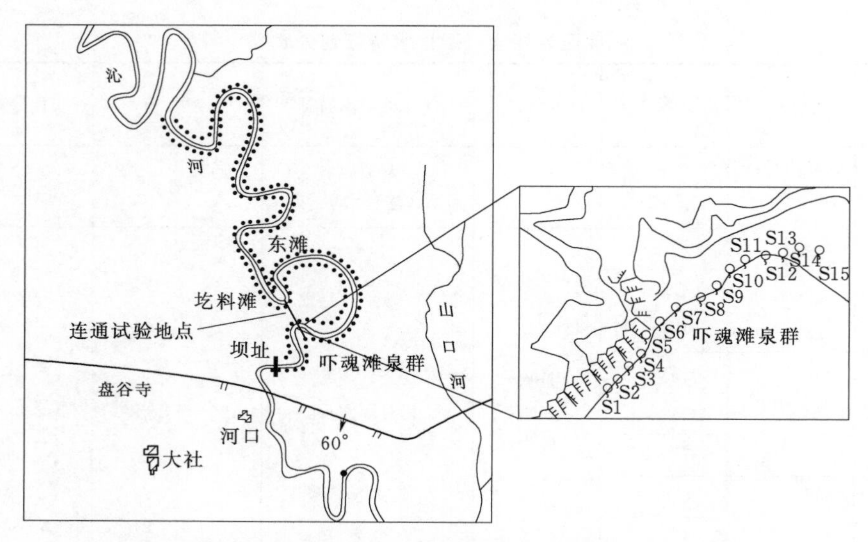

图 2　示踪试验地点及接收点泉点编号图

泉眼之间的间距约为 10.0～15.0m（图 2）。

2.2　示踪剂的选取

本次示踪试验主要选取了两种示踪剂：一种是罗丹明 B；另一种为食盐（NaCl）。

以罗丹明 B 为示踪剂，主要考虑到罗丹明 B 具有以下优点：①肉眼可见性好，把 1g/L 的罗丹明标准溶液稀释 10000 倍，仍能用肉眼分别；②易溶于水，可溶性强；③对环境基本没有污染。但罗丹明 B 的最大缺点是易被吸附。

以食盐为示踪剂进行示踪试验，主要考虑食盐具有以下优点：①具有很好的水溶性（溶解度仅决定于温度）；②对环境基本没有污染；③不易被吸附和生物降解；④便于野外检测，精度高；⑤测量成本低。其缺点是肉眼不可见，需要 24h 值守，且不停使用化学试剂滴定以测量其浓度变化。

采用这两种示踪剂可以充分利用二者的优点，弥补相互之间的不足，实现优势互补。先利用染料示踪，肉眼即可以容易地查找出示踪剂的出露点，可为下一步食盐示踪剂试验提供依据，合理安排下一步食盐示踪剂的开始监测时间，并可减少前期一些不必要的检测工作。

罗丹明 B 采用目测比色法进行测定；食盐（NaCl）采用硝酸银滴定法，以铬酸钾作为指示剂。

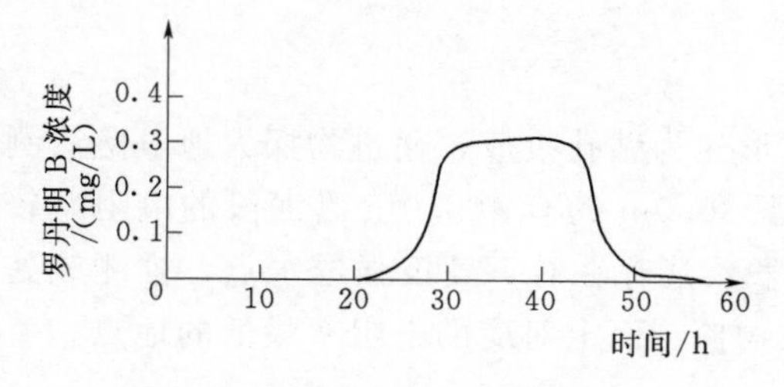

图 3　接收点罗丹明 B 浓度变化示意图（比色法）

2.3　试验过程

2.3.1　罗丹明 B 作为示踪剂

示踪试验于 2009 年 11 月 19 日 10：00 正式开始，投入钻孔罗丹明 B 共 2.5kg，先溶解后再投入钻孔中，投放时间共持续 15min。在投放点投入示踪剂 30h 后（11 月 20 日 16:00 时），在接收点泉群中相对集中部位（S2～S5）接收到了示踪剂，接收到示踪剂的持续时间为 15～17h（图 3），而在其他泉眼处未发现泉水颜色的变化。

2.3.2 食盐（NaCl）作为示踪剂

在第一次示踪试验结束5d后，采用食盐进行了第二次示踪试验。在投放工作进行前，先对吓魂滩的泉水进行了取样，检测其中氯离子的含量，将其作为泉水中氯离子的背景值。食盐投放量为50kg，投放方式为溶解后投放至钻孔中。投放工作在2009年11月26日9:40开始，投放持续时间为30min。

鉴于罗丹明B作为示踪剂时，接收到的泉眼分布为S2～S5，且S4点持续时间最长，本次监测重点监测S3和S4泉点，每半个小时分别对S3和S4取样，测定水样中氯离子的含量，然后和背景值做对比分析，以判断是否接收到了投放的食盐。同时，每间隔一段时间，对其他泉点也取样分析。

S3和S4泉水中氯离子的浓度变化见图4，从图中可以看出，在示踪剂投放后29h后，泉水S3和S4中的氯离子含量均有升高；从持续时间上看，二者也较为接近，基本在12～15h。此外，从其他几个泉眼中不定时所取水样的氯离子含量未发生明显变化。

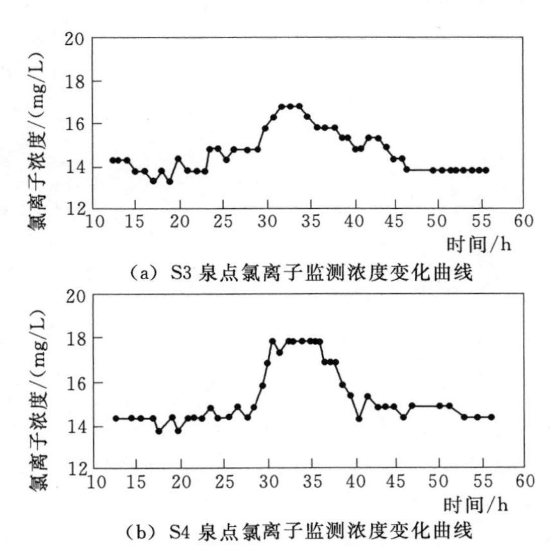

图4 S3、S4泉点氯离子监测浓度变化曲线图

从两种示踪剂的试验结果来看，二者在接收示踪剂到来的时间上非常接近，罗丹明B作示踪剂时用了30h，食盐作示踪剂时用了29h；从持续时间来看，罗丹明B接收到之后持续时间比食盐要长，罗丹明B持续时间约17h，而食盐持续时间为12～15h。这主要是由于溶解后的食盐在地下水中主要以离子形式存在，且不易被岩体吸附，随地下水的运移较快，而罗丹明B为染色剂，虽易溶于水，但易被岩体表面吸附，加之其弥散作用，因而持续时间较食盐长。

3 结果分析

3.1 地下水流速

从示踪试验的结果来看，在上游圪料滩ZK194钻孔中示踪剂投入约30h后，下游吓魂滩泉水处监测到示踪剂，持续时间为 12～17h，从而验证了吓魂滩泉水确实是由上游沁河河水圪料滩处通过下层构造透（含）水层渗漏补给的，由试验测得的地下水流速为 22.67m/h。

3.2 地下水流向

通过本次的示踪试验还发现，在圪料滩进行示踪剂单点投放后，在吓魂滩延伸约 200.0m 的泉群并未全部监测到示踪剂，而仅仅在泉群南部相对集中的 50.0m 地段（S2～S5）接收到了示踪剂，表明投放点不是圪料滩河水向吓魂滩渗漏的唯一通道，而是在圪料滩沿河右岸存在较长的渗漏段（约 400.0m），河水沿河底砂卵石层和基岩裂隙渗入馒头组下部透水岩层后，沿该层向吓魂滩渗漏。此外，由图 5 可以看出，上游圪料滩河水向吓魂滩的实际渗流方向并非最短渗径方向，而是和工程区内 NNW 主构造线方向基本一致，表明渗流方向主要受到构造作用控制。试验结果同时表明，在垂直于渗径的方向上，岩溶或者裂隙相互连通不畅，导致接收点也较为集中。

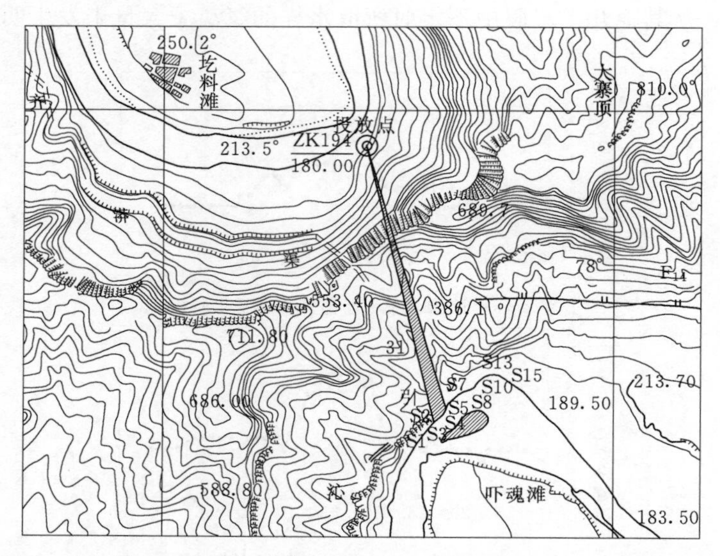

图 5　圪料滩—吓魂滩示踪渗漏示意图（阴影部分为渗流方向及范围）

3.3 渗漏介质性质

在 20 世纪 70 年代，中国的一些学者就利用示踪曲线对岩溶水管流场结构做出了解释与判断，认为：①单一管道为典型单峰曲线；②单管道有水池型为下降支平缓或有台阶的单峰曲线；③多管道型为独立多峰或连续多峰曲线；④多管道有水池型为下降支呈波状起伏或台阶状下降的示踪曲线。梅正星在总结国内外连通试验方法时也提出 3 大类 6 种流场结构的示踪曲线特征[4]。张祯武等通过对各类岩溶水管流场地质条件与示踪条件的归纳，给出了 5 种管流场示踪数学模型和它们的解析解，同时利用理论示踪曲线与实际曲线对比分析，建立了各类岩溶水管流场与示踪曲线间的一一对应关系[5]。根据这些研究成果，结合本次试验中接收点示踪剂的浓度变化曲线形态，推测渗漏介质主要为裂隙管道混合型，并以裂隙为主，接收点处示踪剂监测到之后持续长达 12～17h 的现象也侧面证实了这一点。

此外，通过对圪料滩河水、吓魂滩出露的泉水的水温的反复测量，河水温度在2～3℃，泉水温度为15℃，二者相差10℃以上，这也从侧面反映出地下水在直线距离680.0m的渗段渗流过程中，经过裂隙、小溶孔错综复杂的渗漏介质使得温度得以提升。因而从实验结果分析，圪料滩—吓魂滩之间不存在大的岩溶连通管道。

3.4 试验结果和所掌握的岩溶发育特征对比

试验地点所在区为一单斜构造区，层面向北缓倾，构造形迹微弱，未见有明显的断层和褶皱。但由于临近太行山背斜轴部，在馒头组下部透水层中发育一拖曳褶皱层，其轴向一般280°～300°，褶皱起伏差，一般为1.0～2.0m。在层间“皱曲”发育的地段，由于岩体较为破碎，地下水径流条件好，岩溶现象也较为发育，多以溶孔为主，主要发育在“皱曲”的核部或者沿小断层发育。皱曲一般在近岸坡地段较为发育，因此在局部近岸坡地段，溶蚀现象也较为明显。

根据对坝址区右岸的钻孔、平洞的溶蚀现象的统计分析，溶洞发育的密度、规模都明显与岩体距岸坡远近有关，总体上在距岸坡70.0～80.0m后随距离增加有减弱趋势。另外，根据钻孔压水试验的统计资料，相同岩层的透水性，从近岸—中远岸—远岸有逐渐减弱的趋势，这也从侧面说明坝址区右岸岩层的岩溶化程度由近岸向远岸逐渐减弱。

总体上看，库坝区在地质构造、河流阶地、古河道、风化卸荷和地下水活动相互叠加作用分布的地段，岩溶发育程度一般较高。而圪料滩—吓魂滩之间的山体没有明显的地质构造形迹，且没有河流阶地和古河道分布，仅在试验地点南侧100.0～200.0m馒头组地层下部有小“皱曲”发育，因此二者之间的岩溶程度非常有限，这与示踪试验所分析的二者之间不存在大规模的岩溶型管道流的结论相一致。

4 结论

通过本次示踪试验，较为成功地查清了试验区段馒头组下部的岩溶水文地质条件，得出以下几点结论。

（1）吓魂滩出露的泉水补给来源来自上游圪料滩附近的沁河河水，在圪料滩右岸存在长约400.0m的渗漏段，河水经由馒头组下部透水层沿层向渗漏至吓魂滩溢出形成泉群。

（2）根据示踪试验，示踪剂由投入点到泉水溢出点约30h，换算地下水渗流速度为22.67m/h，结合接收点示踪剂的浓度变化曲线、泉水温度等现象分析，圪料滩—吓魂滩之间不存在大的岩溶型管道流，其渗漏介质主要为裂隙和溶孔混合型，这与前期所掌握的岩溶发育特征基本一致。

（3）接收点相对集中表明在垂直于渗径的横向方向上，岩溶或者裂隙相互连通不畅；试验中地下水实际渗流方向和构造线方向一致，表明渗漏方向主要受构造作用控制。

（4）在岩溶发育地区，示踪试验特别是多元示踪试验是研究岩溶地下水水力联系、岩溶通道模式以及求取地下水流速的直观且有效的方法。

参考文献

[1] 邹成杰. 水利水电岩溶工程地质[M]. 北京：水利电力出版社，1994.

[2] 郑克勋，刘建刚，咸云尚，等. 地下水典型连通示踪模型的数值模拟[J]. 贵州水力发电，2008，22 (3)：54-60.
[3] 孙继朝，郭秀红，刘满杰，等. 黄河龙口库区岩溶渗漏示踪试验研究[J]. 海洋地质动态，2005，21 (11)：33-37.
[4] 孙恭顺，梅正星. 实用地下水连通试验方法[M]. 贵阳：贵州人民出版社，1988：153-159.
[5] 张祯武，杨胜强. 岩溶水示踪探测技术的新进展[J]. 工程勘察，1999 (5)：40-44.

沁河河口村水库盘古寺断层活动性分析

王登科　王和平　张书光

（黄河勘测规划设计有限公司）

摘要： 盘古寺断层是距河口村水库坝址最近的一条断层，它的活动性直接影响水库的安全。遵循定性分析与定量研究，以及传统方法与现代技术相结合的原则，对盘古寺断层的活动性进行了研究。通过对盘古寺断层的出露形迹及其对沿线地形地貌的影响分析及断层泥年龄测定，盘古寺断层不属于活动性断层，因此不影响河口村水库的安全。

关键词： 盘古寺断层；活断层；断层泥年龄测定；河口村水库

沁河河口村水库位于沁河中游太行山峡谷南端，距峡谷出口五龙口约 9.0km。水库以防洪为主，兼顾供水、发电等综合利用，是黄河下游防洪工程体系的主要组成部分。盘古寺断层是距坝址最近的一条断层，它的活动性直接影响水库的安全。对盘古寺断层的活动性存在两种不同的观点，一种观点认为它是活断层；另一种观点认为它不是活断层。

根据 1989 年国家地震局震害防御司的规定，活断层主要指第四纪期间尤其是晚更新世（距今 10 万年）以来活动过，并在今后仍有可能活动的断层。《水利水电工程地质勘察规范》（GB 50478—2008）规定具备下列标志的可直接判定为活断层：①错动晚更新世（Q_3）以来地层的断层；②断裂带中的构造岩或被错动的脉体，经绝对年龄测定，最新一次错动年代距今 10 万年以内；③沿断层有历史和现代中、强震震中分布或有更新世以来古地震遗迹；④在地质构造上证实与已知活断层有共生或同生关系的断裂。

目前活断层研究常用的方法主要有文献研究、航片及卫片判读、地形地貌调查、地表地质调查及年代测定等[1]。笔者对盘古寺断层的研究以野外地质调查和年代测定为主，以文献、地震等资料为辅，采用定性分析与定量研究，以及传统方法与现代技术相结合的方法来分析盘古寺断层的活动性。

1　盘古寺断层分布

经区域地质调查，断层总体呈南西—北东走向，延伸长度大于 60.0km。断层沿太行山山麓展布，构成平原与山区的分界线。盘古寺断层在河口村水库附近分布情况见图 1。盘古寺断层西端位于济源市以北克井镇附近，向 E—NE 方向延伸，从坝址下游跨过沁河，距坝址最近距离约 700.0m。在盘古寺至李庄之间，断层走向呈 280°～300°展布，过李庄后走向转为 60°～70°，构成一个向南突出的弧形断带，航磁异常也反映了该地区呈正异常的弧形带。断层在水库附近出露长度约 8.0km。断层面倾向 S，倾角 50°～70°，为正断层；断距数百米至千米，造成太古界（Ar*d*）片麻岩与二叠系（P）地层或奥陶系马家沟（O_2m）灰岩接触。断层破碎带宽十多米到几十米，断层带物质为含角砾断层泥、角砾岩，未胶结。

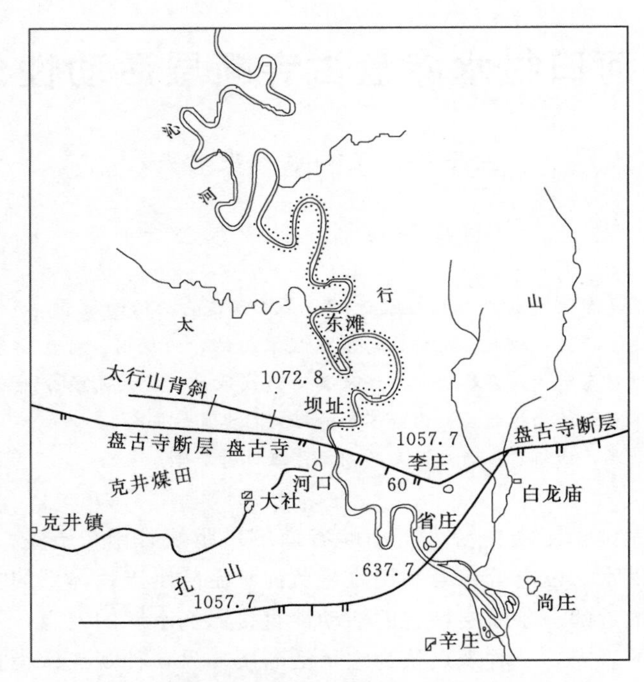

图1 盘古寺断层在河口村水库附近分布示意图

2 盘古寺断层活动性分析

根据区域地质调查，盘古寺断层的形成时间为燕山期，但喜山期还有一定活动性。

2.1 活动性断层特征

20世纪80年代以前的河南省区测资料认为盘古寺断层是一条活动性断裂，判别依据主要有以下几方面：①太行山山前断裂，地貌反差大；②有断层崖及三角面；③横切断裂的沟谷多呈悬谷；④在断层下盘，沁河穿越太行山，存在深邃峡谷、急流悬瀑；⑤翁河附近，有遗弃干涸的牛轭湖，高出河床10.0～15.0m；⑥在饮马道一带小山顶上，有古河道残迹，高出目前沁河河床约300.0～350.0m；⑦断层上盘发育中更新世、晚更新世及全新世冲积物；⑧中更新统与上更新统呈上迭接触，上更新统与全新统呈上迭、内迭两种接触，上迭的全新世坡、洪积物组成洪积锥。

2.2 非活动性断层特征

在对小浪底水利枢纽进行工程勘察时，曾对盘古寺断层活动性进行过研究。在紫陵以北八一水库溢洪道及山口河出山口以南左岸，可见第三系地层与老地层断层接触，但未影响第四系地层。在八一水库溢洪道部位取一组断层泥样品进行年龄测定，结果约为70万年。

为了进一步查明盘古寺断层的活动性，在河口村水库勘察期间，做了大量的地质调查工作，主要从两个方面进行，一方面是根据盘古寺断层的出露形迹及其对沿线地形地貌的影响来分析判断；另一方面取断层泥进行年龄鉴定。

根据在盘古寺至白龙庙间的考查，该断层形成时间应为燕山期，喜山期仍继续活动，但晚更新世（Q_3）以来无活动迹象。判断根据：①断层沿太行山南麓断续出露，地貌成浑圆状，无断层崖及标准三角面；②断层经沁河Ⅱ级阶地，未发现错动面，两盘出露的阶地级数一致；③断层下盘沁河河曲发育，河床覆盖层厚达40.0～50.0m，上部黏性土层（河面下5.0m采样）经C^{14}测定，时代为34800年±1500年，这是地壳近期稳定的证据；④断层上盘克井盆地覆盖层很薄，石炭系、二叠系地层零星裸露，未发现第三系沉积，山前新老洪积扇，呈上迭式扇中扇现象；⑤历史地震、震中分布在焦作以东，经附近地震台网监测，断层带未见发震记录；⑥建于唐代前的盘古寺，恰好位于断层带上，虽几经兴衰，碑文未记录因地震而引起的破坏，寺后建于明代的舍利塔，寺前清乾隆御笔石刻碑楼，均保存完整。

为进一步研究盘古寺断层的活动性，分别在河口村、五龙口、山口河、八一水库溢洪道等部位，共取5组断层泥样品进行断层年龄测试。测试结果表明，盘古寺断层最新活动年龄为12万～70万年，仅1组为12万年，大部分大于20万年，根据《水利水电工程地质勘察规范》（GB 50287—2008）规定的标准，属于不活动断层。

3 结论

遵循定性分析与定量研究，以及传统方法与现代技术相结合的原则[2]，对盘古寺断层的活动性进行了分析研究。一方面根据盘古寺断层的出露形迹及其对沿线地形地貌的影响来分析判断，认为盘古寺断层不具有活动性断层的特征；另一方面取断层泥进行年龄鉴定，包括小浪底水利枢纽工程勘察期间取的一组断层泥样品共6组样品，测试结果表明，断层泥测定年龄均大于10万年（早于晚更新世），盘古寺断层不属于活动性断层。因此，不影响河口村水库的安全。

参考文献

[1] 景彦君，张以晨，周志广. 国内外对活断层的研究综述[J]. 吉林地质，2009（2）：1-3.
[2] 卢海峰. 浅谈活断层及其研究方法[J]. 江苏地质，2006，30（2）：89-93.

复杂地质结构三维建模技术应用与研究

余　军　胡　燚　田永生　马　麟

（黄河勘测规划设计有限公司　信息中心）

摘要： 复杂地质结构工程通常所采用的二维数据信息无法直观表达工程区的地形、地质情况，建立复杂地质结构的三维模型，可以形象、直观地了解工程地质条件的基础信息，回避或减少工程设计的风险，提高工程设计的效率与水平，降低工程投资成本，提高工程设计方案的准确性、科学性和前瞻性。以构建河口村水库的三维地质模型为例，探讨了复杂地质结构三维建模的方法。

关键词： 复杂地质结构；三维建模；CATIA；河口村水库工程

近年来，随着国家经济建设的快速发展，我国水利水电工程越来越多，规模也越来越大。然而大多数工程都处于地质构造复杂、地质信息众多的地区，现阶段工程勘察部门能够提交的只是遥感数据、地形测绘数据、现场勘察资料（断层、产状信息）、钻孔资料、探槽和平洞资料等[1]，这些资料以表格、文字、图表、图纸等格式保存，无法集中统一，而且以二维形式来表达工程区的三维空间信息，无法直观表达工程区的地形、地质情况。在市场竞争日益激烈的情况下，当设计人员提出资料需求时，需要地质人员立即予以反应，因工作量大，考虑很可能不周全，故不同专业提交的成果图之间也有可能存在信息不一致的情况，从而导致各专业设计人员在设计上出现矛盾等。这就给地质专业提出了一个挑战：能否建立工程区的三维地质模型来最大限度地模拟真实的三维地质构造，在工程设计需要地质剖面时，可以随时随地、快速、任意地切换出所需的剖面，而且为保证剖面图的一致性，所有的剖面都从同一个三维地质模型中切出。

1　三维建模的思路

首先，根据CAD地形图生成工程区的地表面模型；其次，将钻孔数据以及平洞数据、覆盖层和地质分层的地表出露线以及产状导入CATIA中；第三，结合覆盖层出露线信息和钻孔、平洞数据以及地质人员的经验，建立工程区覆盖层模型（包括河道和山体的覆盖层）；第四，根据工程区的断层情况，将工程区划分为不同的地质区域；第五，针对每个地质区域块，按高程由高到低逐层建立地质分层面，并根据地质分块与地质分层面建立每块的地质分层体，最后组装成整个工程区的地质体。

2　河口村水库工程三维建模技术难点

在复杂地质结构中，应用三维设计技术建立三维地质模型会遇到一些难点，例如，如何准确表达特殊地形（如陡坎、无高程信息的边坡、狭长山谷中的河流）以及二维CAD地形信息如何转换为三维地表模型，如何在三维空间中表达二维地质数据（钻孔、出露线、产状等），如何在少量信息环境下建立三维的覆盖层模型，如何利用三维地质数据更为近似地建立断层面和地质分层面等。

2.1 地形的生成

（1）地形图的处理。在CATIA中，生成地形表面模型需要地形点云文件（文件为地形离散点的 x、y、z 坐标值），通过曲面命令将点云文件生成地表曲面模型。但一般工程提供的地形图为CAD图纸文件（内容主要是等高线、高程点等），为此笔者开发出了相应的程序功能模块，将CAD的地形图文件转换成CATIA能够读取的点云文件。

（2）地形曲面的生成。在CATIA的DSE模块中，导入点云文件，检查并删除明显不正确的高程点，然后使用相关命令即可生成地形表面模型[2]。由于局部地表结构特殊（如陡崖、深沟等），生成的地表模型可能是错误的，因此需要专项检查生成的地表模型，编辑修改不正确的三角网格曲面，确保地表曲面无误后，生成预期的地形结构体。

2.2 二维地质数据在三维环境中的表达

（1）钻孔数据的表达。将整理好的钻孔数据信息导入到CATIA中，并将钻孔以柱状图的形式显示出来，同时将地层重复或地层缺失以及明确表明是断层的数据点突出显示出来，这些突出的数据点是断层建模的依据。平洞数据的处理和钻孔数据处理类似。

（2）地表出露线的表达。在CATIA中导入CAD地质分层出露线平面图，将出露线的平面图投影到地表模型上，生成三维出露线模型。

（3）产状的表达。根据产状影响的范围大小在实际位置添加产状线条，对于褶皱这种特殊产状，为了更好地表示出褶皱形状，可根据钻孔信息和出露线人为地添加W形线条。

2.3 覆盖层处理技术

对于一般山体覆盖层而言，首先从地表模型中抠出比覆盖层范围稍大一点的地形表面曲面，然后根据覆盖层出露线位置、钻孔数据、平洞数据以及地质人员的经验，添加一些控制点或控制线，强制地表曲面通过覆盖层出露线及人为控制点，生成覆盖层的底面；对于河道覆盖层而言，可以用河道基岩等高线生成一个基础的mesh面，强制刚生成的基础mesh面通过河道覆盖层出露线以及河道内钻孔，生成河道覆盖层的底面，结合覆盖层底面以及地形结构体抠出工程区的覆盖层模型（图1）。

图1　河口村水库工程区覆盖层模型

2.4 断层及地质区域分块处理技术

断层数据主要为断层出露线和断层倾角以及某些揭露出断层点的钻孔数据，地质断层大致分为整体性的大断层和区域性的小断层。对于大断层可以根据断层出露线（实现方式与地质分层出露线思路一致）的大体走向以及断层的倾角，设计出大概的断层面，将断层面 mesh 化后强制该面通过断层出露线以及断层点。针对没有出露线、局部在某个小范围的小断层，可以调入该局部位置的钻孔柱状图，查看柱状图中的断层点、断层缺失点、断层重复点，结合地质人员的经验，绘制出合理的断层面。河口村水库工程整个区域的断层面（图 2)。将地形结构体剔除掉覆盖层后，结合断层面可以将河口村水库工程区划分为不同的地质区域（图 3)。

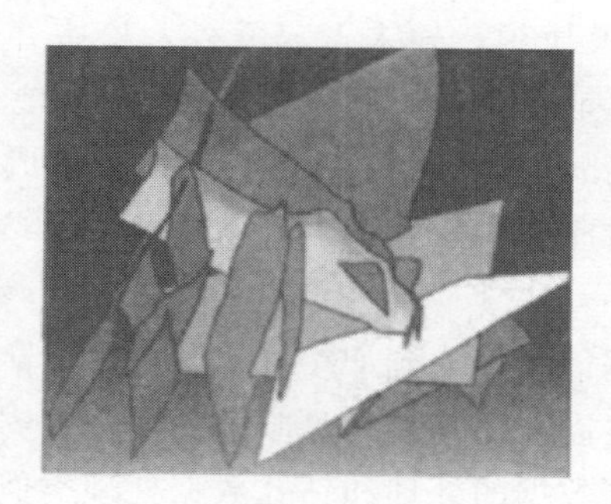

图 2 断层面结构

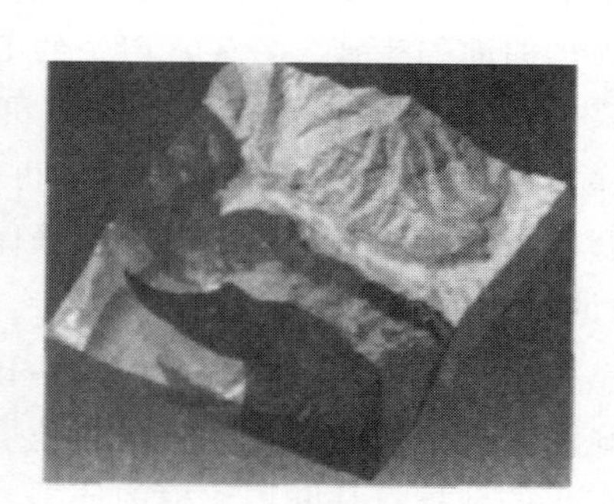

图 3 地质区域分块

2.5 地质分层面技术

河口村水库工程区的岩层走向近于东西，向北缓倾，倾角为 3°～10°，基本上都是上下结构，层层叠加[3]。针对每一个产状而言，它代表此地层以下的每个地层在该区域都是这样的产状结构，因此在制作地质分层面时需按照高程从高往低建立地质分层面，每一个地质分层面通过偏移后都可以作为下一层的基础。地质分层面制作方法与断层面的方法类似，需要强行让每个地质分层面通过该块中的钻孔、产状和出露线等。

在地质构造中，有些地层会出现地层渐灭的情况，针对这种情况，可以根据该区域的钻孔信息以及地质人员的经验添加一些控制线，控制地层渐灭的位置。针对断层渐灭的情况，需要将相邻两个地质分块的同一个地质分层面，在断层交线处强行保持一致，结合地质分层面与地质分块可分割出各地质分层体。

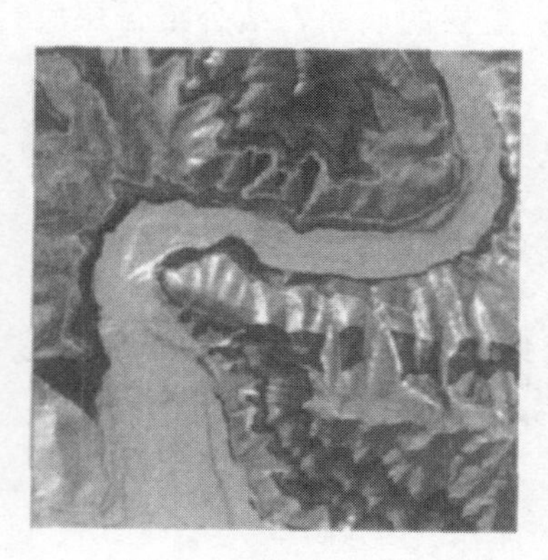

图 4 工程区地质模型

3 工程区地质模型组装

在各地质分层模型建立完成后，需要将各地质块的地质分层体以及覆盖层组装到一个 product 中[4]，河口村坝区地质模型最终效果（图 4)。模型组装完成后，可以利用装配模块中的“切割”命令对整个工程区的地质情况进行切剖查看，局部褶皱、地层渐灭、断层错综复杂的剖面见图 5、图 6。

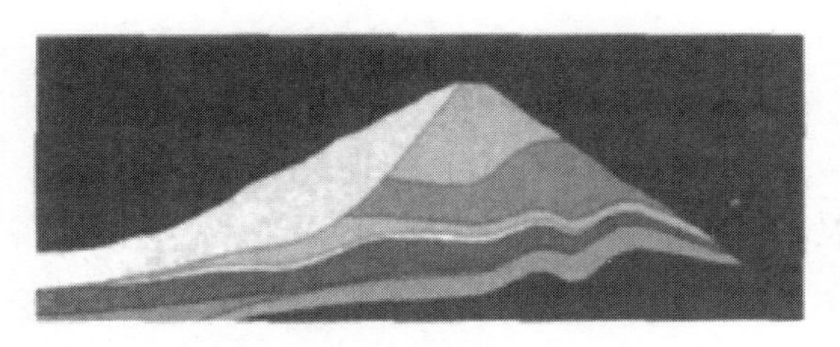

图 5 褶皱与地层渐灭处剖面

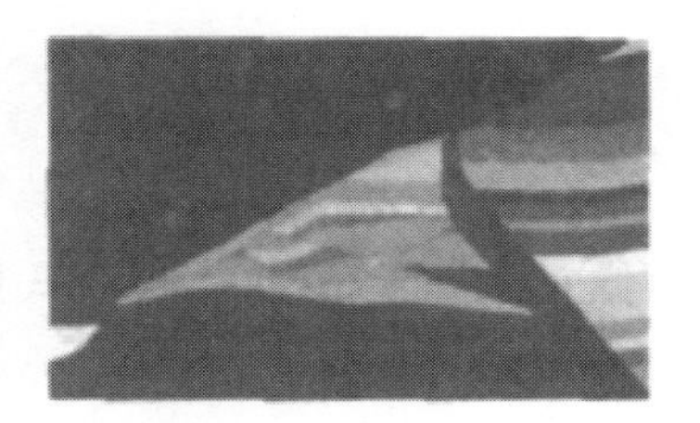

图 6 断层错综复杂处剖面

4 结论

河口村水库工程区地质三维模型的建立，实现了坝址工程区地质条件的三维可视化，为坝址选择方案的最终确定以及工程初步设计提供了强有力的技术支撑。目前该地质模型已经成功应用于大坝、溢洪道、泄洪洞等工程建筑物的设计中，有效解决了泄洪洞进出口开挖设计，以及大坝与溢洪道交叉部分的设计。利用CATIA高效统计工具，可快捷方便地统计各类工程量[5]，大大提高了生产效率，取得了较好的社会经济效益。

建立复杂三维地质模型，可以形象直观地了解工程的地质条件信息，为工程设计提供快速、系统、全面、准确的信息，为工程方案的可视化提供技术支持。复杂三维地质模型的建立便于工程设计人员对复杂工程地质条件的了解，便于决策者采取相应的应对措施，对工程设计方案作出科学合理的选择，利用或避免地质因素对工程施工带来的影响，人为地回避或减少工程设计的风险，降低工程投资成本，提高工程设计方案的准确性、科学性和前瞻性。建立工程区的三维地质模型，可以解决传统二维设计中难以解决的问题，提高工程设计的效率与水平，因此在今后的水利水电工程设计中，应用前景十分广阔。

参考文献

[1] 唐大雄，刘佑荣．工程岩土学[M]．北京：地质出版社，1999.

[2] 王霄，刘会霞．CATIA逆向工程应用教程[M]．北京：化学工业出版社，2006.

[3] 郑会春．河口村水库工程可研报告[R]．郑州：黄河勘测规划设计有限公司，2007.

[4] 张萌．CATIA机械机构设计[M]．北京：机械工业出版社，2006.

[5] 王致明，杨旭，平海涛．知识工程及专家系统[M]．北京：化学工业出版社，2006.

河口村水库面板堆石坝沉降变形研究

于　洋[1]　建剑波[2]　申　志[3]　江永安[3]　魏水平[2]

（1. 河南省水下救助抢险队；2. 河南省河口村水库建设管理局；
3. 河南省河川工程监理有限公司）

摘要：依托河口村水库工程坝基、坝体沉降变形监测资料分析，系统地研究河口村水库面板堆石坝沉降变形变化规律。坝基和坝体沉降填筑期随填筑高度增加而增大，静置期随时间增加而增大。堆石坝沉降整体与坝型呈不对称分布，其最大沉降量约占坝高的0.72%。

关键词：河口村水库；面板堆石坝；监测；沉降变形

1　工程概况

河口村水库坝址区位于吓魂潭与河口滩之间，平面上呈反S形展布，河谷为U形谷。坝址区谷坡覆盖层较薄，谷底覆盖层较厚，且分布4条间断的黏性土层，出露地层有太古界登封群、中元古界汝阳群、古生界寒武系及第四系。坝址区地质构造为馒头组下部发育一褶皱层，以及逆断层（F_9、F_{10}、F_{12}）和正断层（F_1）等。

鉴于河口村水库面板堆石坝位于深厚覆盖层之上，并结合坝基处理情况，进行了坝基和坝体沉降变形监测方案及施工。该监测成果能及时、可靠地反馈面板堆石坝设计和施工，为施工期、运行期水库安全运行提供科学依据。

上游主堆料区坝基为高压旋喷桩处理，间距从上至下逐渐密疏，在1.6～2.4m之间，坝基为挖除换填区，挖除覆盖层表层及浅层透镜体，置换级配碎石；下游次堆料区坝基表层局部挖除，坝后压坡区为原始地貌。其处理情况见图1。

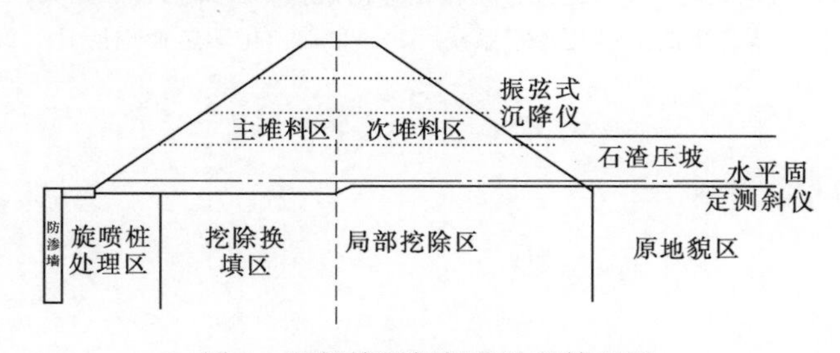

图1　面板堆石坝坝基处理情况图

2　监测设计及施工

2.1　监测设计

结合谷底深厚覆盖层和面板堆石坝结构布置情况，工程采取覆盖层挖除、高压旋喷桩等治理措施。依据坝基处理情况和坝体填筑进度，进行监测施工，确保与土建同设计、同施工、同运行。

为检验治理效果和监测堆石坝受力变形特性，埋设了1套从上游到下游贯通的水平固定测斜仪，用于监测超350.0m的坝基沉降；埋设了3层从上游到下游贯通的振弦式水管沉降仪，用于监测坝体沉降。其典型监测断面布置情况见图2。

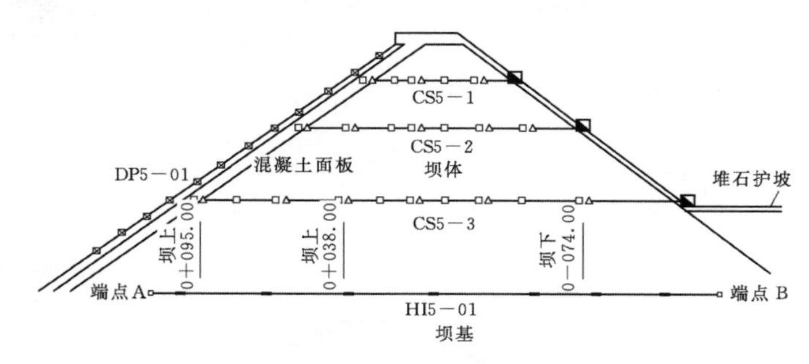

图2　大坝典型监测断面布置图

2.2　监测施工

坝基水平固定测斜仪在高程173.00m处安装埋设，首先开挖沟槽并整平，再浇筑固定端，然后布设连接杆和保护管，再后调整水平固定测斜仪角度和系统调平，最后布设基准管及配套保护装置。整套监测系统共布置63支仪器，全长364.0m，安装埋设时间约10d。

坝体振弦式水管沉降仪在221.50m、241.50m及260.00m处安装埋设，首先开挖沟槽并整平，再浇筑固定端，然后布设连接管和保护管，再后调整振弦式水管沉降仪角度和系统调平，最后布设水管标尺及配套保护装置。3套监测系统共布置34支仪器，全长460.0m，安装埋设时间约20d。

坝基及坝体沉降监测系统安装埋设后，读取初始读数作为基准值，并随填筑高度和时间，测读仪器原始测值，计算相应沉降量，以便反馈给设计及施工单位。

3　安全监测成果分析

3.1　坝基沉降变形特性

为了解大坝坝基沉降变化规律，在坝基（173.00m）埋设了1套水平固定测斜仪。其沉降随时间变化曲线见图3，坝基典型剖面沉降曲线见图4。

从图3和图4可见，坝基沉降随填筑高度增加而增大，坝上游受高压旋喷桩加固影响而较小，坝下游受覆盖层厚度影响而较大，整体与坝型呈不对称分布。沉降速率与填筑高程较为吻合，呈现先增加而后减小直至趋于零的趋势，最大沉降位置和速率分别在坝下51.0m处以及填筑至高程230.00～250.00m之间，这与坝上游经高压旋喷桩和坝基表层处理有显著关联性，并受大坝整体应力重分布动态调整直接影响。填筑至高程225.00m时，最大沉降变形量为461mm（D0－182）；填筑至高程240.00m时，最大沉降变形为651mm（D0－51）；填筑至高程286.00m时，最大沉降变形为789mm（D0－51）；填筑至高程286.00m静置近半年后，沉降变形在一定范围内波动，测值基本稳定。坝基沉降

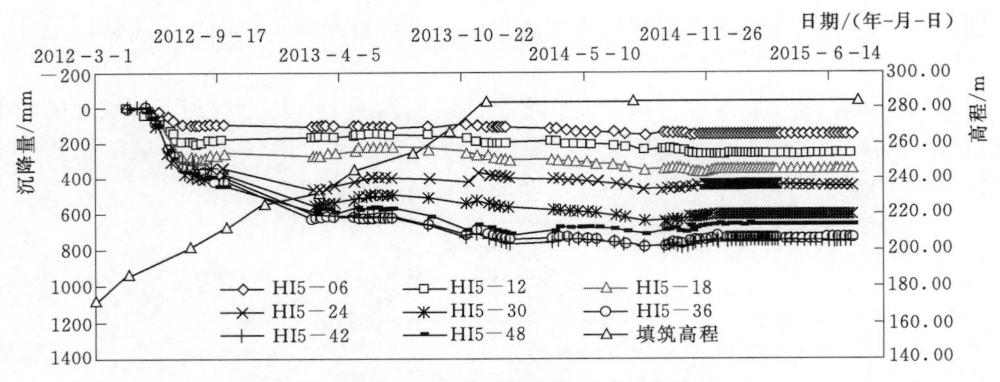

图 3　坝基沉降随时间变化曲线图

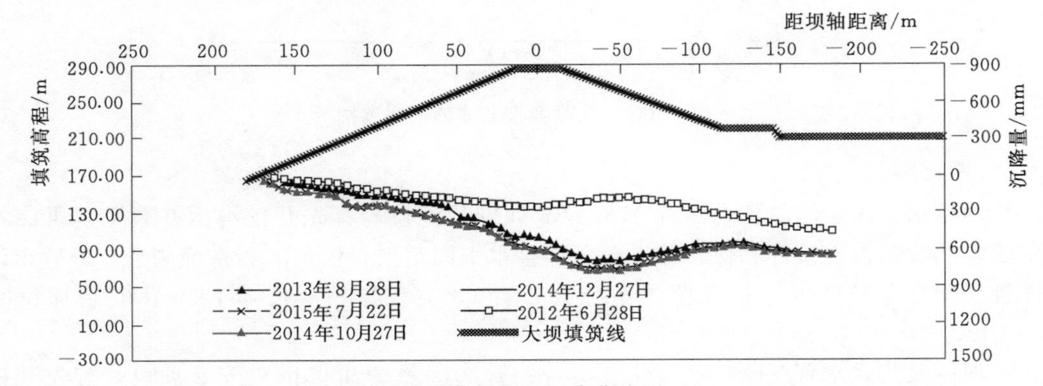

图 4　坝基典型剖面沉降曲线图

在填筑期主要受坝基地质情况和填筑高程影响，在静置期主要受坝基地质条件和水平固定测斜仪系统误差影响。

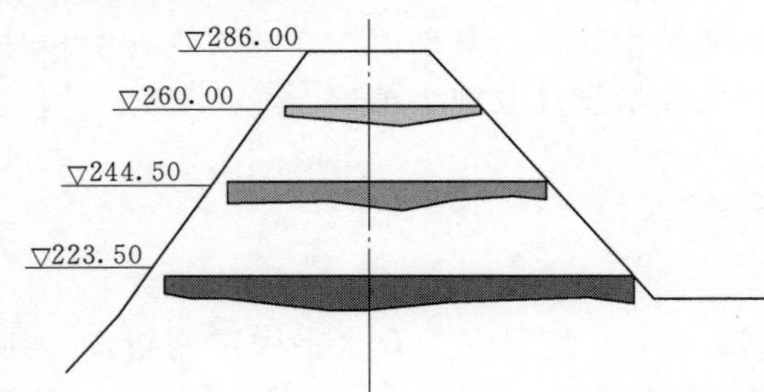

图 5　坝体剖面沉降分布曲线图(2015 年 7 月 22 日)（单位：m）

3.2　坝体沉降变形特性

为了解大坝坝体沉降变化规律，在坝体（223.50m、244.50m 和 260.00m）布置了振弦式水管沉降仪。坝体典型剖面沉降变形见图 5。

从图 5 可见，坝体沉降随填筑高度增加而增大，填筑期增幅较大，静置期增幅较小。坝体沉降在填筑前期受坝基地质情况影响较大，填筑一定厚度后受填料性状影响较大，填筑结束后沉降变形仍持续增加，静置近 1 年后增幅明显减小。坝体沉降填筑期与填筑范围及高程相关性较好，静置期与坝体填料应力重分布调整有关，呈现先增加而后减小直至趋于零的趋势。

3.3　堆石坝沉降变形特性

依据前文的坝基和坝体沉降变形变化规律，并结合现场施工工况，将大坝 D0＋140 断面布置的水平固定测斜仪、振弦式沉降仪所监测的沉降变形进行综合分析，堆石坝沉降分布曲线见图 6。

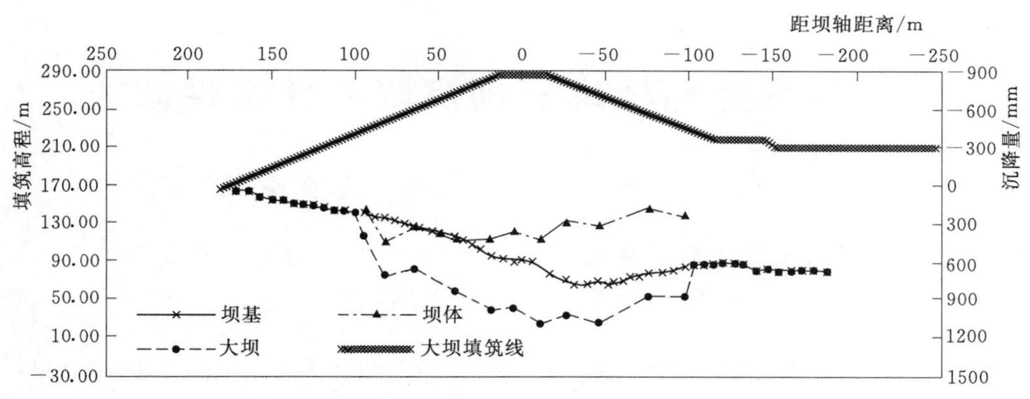

图 6　堆石坝沉降分布曲线图（2015 年 7 月 22 日）

从图 6 可见，坝基最大沉降 773mm（D0－51），坝体最大沉降 447mm（D0＋82），大坝整体最大沉降 1095mm（D0－11）。河口村水库工程堆石坝最大坝高 112.0m，坝基最大覆盖层厚度 40.0m。综合考虑大坝高度，现阶段大坝整体最大沉降量约占坝高的 0.72%，整体沉降变形量符合一般土石坝沉降变形规律。监测成果为保证大坝填料时间间隔、混凝土面板施工时间以及评价大坝安全性状提供科学依据。

4　结论及建议

（1）坝基和坝体沉降填筑期随填筑高度增加而增大，静置期随时间增加而增大。

（2）坝基最大沉降 773mm（D0－51），坝体最大沉降 447mm（D0＋82），大坝整体最大沉降 1095mm（D0－11）。沉降整体与坝型呈不对称分布，其最大沉降量约占坝高的 0.72%。

参考文献

[1]　邵宇，李海芳，邓刚．面板堆石坝面型特性[M]．北京：中国水利水电出版社，2011.

[2]　黄河勘测规划设计有限公司．河南省河口村水库工程下闸蓄水安全鉴定设计自检报告[R]．郑州：黄河勘测规划设计有限公司，2014.

[3]　中国水利水电科学研究院．河南省河口村水库工程下闸蓄水安全鉴定安全监测自检报告[R]．北京：中国水利水电科学研究院，2014.

河口村水库面板堆石坝沉降时效特性研究

魏小平[1]　建剑波[1]　翟　巍[2]　张会娟[3]

（1. 河南省河口村水库工程建设管理局；2. 北京建工四建工程建设有限公司；
3. 中国科学院遥感与数字地球研究所）

摘要： 通过对河口村水库面板堆石坝沉降时效特性分析，探讨了坝基、坝体、大坝整体沉降变形特性，指出三者的沉降变形与坝基地质条件、填筑高程及时间密切相关，随着堆石坝坝高逐渐增加，最大沉降量约占坝高的0.72%，整体沉降变形量符合一般土石坝沉降变形规律。

关键词： 水库；面板堆石坝；沉降；时效

0　引言

随着国家经济建设快速发展，基础建设随着迅猛发展，水利工程进入建设高峰，遇到的工程地质问题越来越复杂。面板堆石坝是土石坝的三大坝型之一，具有投资省、工期短、施工简便、安全可靠、适应性广等优点，极具应用前景的一种坝型。对于面板堆石坝在工程应用中，经常遇到的工程问题是覆盖层越来越厚、面板高度越来越高。基于此，依托河口村水库工程，系统地研究大坝沉降变形时效特性，为施工提供技术支撑，为大坝沉降研究提供科学依据。

1　工程概况

河口村水库位于黄河一级支流沁河最后一段峡谷出口处，下距五龙口水文站约9.0km，属河南省济源市克井镇，是控制沁河洪水、径流的关键工程，也是黄河下游防洪工程体系的重要组成部分，工程规模为大（2）型，工程等级为Ⅱ等，由混凝土面板堆石坝、1号泄洪洞、2号泄洪洞、引水发电洞、溢洪道及水电站等组成，其中混凝土面板堆石坝坝基为深厚覆盖层黏性土，坝体采用上游为级配料、下游为非级配料填筑。

坝基覆盖层一般厚度30.0m，岩性为含漂石及泥的砂卵石层，夹4层连续性不强的黏性土及若干个砂层透镜体。

2　工程监测设计

结合深厚覆盖层、大坝坝型和填料性状，在坝基设置一条水平固定测斜仪，在坝体不同高程布置3条振弦式沉降仪，用于监测坝基和坝体的沉降变形。面板堆石坝不同高程监测布置见图1。

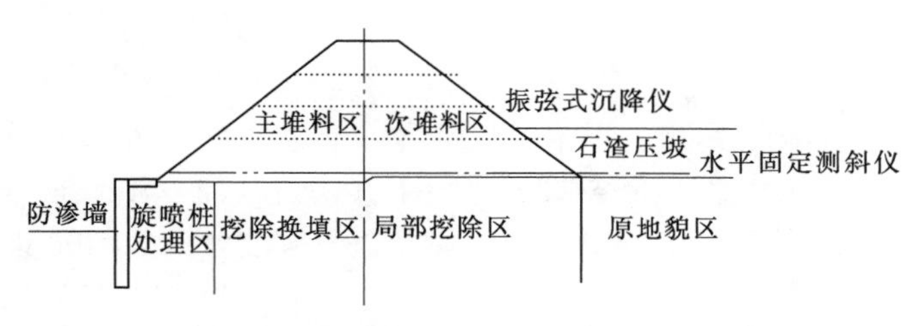

图 1　面板堆石坝不同高程监测布置图

3　监测成果分析

3.1　坝基沉降特性

在大坝 0＋140 断面高程 173.00m 处埋设了 1 套从上游到下游贯通的水平固定测斜仪，按照每隔 5.0m、6.0m 和 7.0m 等间距布置了 63 支水平固定测斜仪，用于监测高超 350m 的坝基沉降，其过程曲线见图 2、测点剖面分布曲线见图 3。

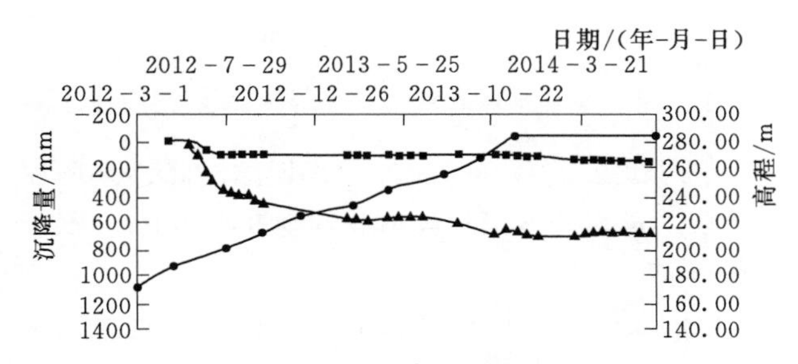

图 2　坝基沉降过程曲线图

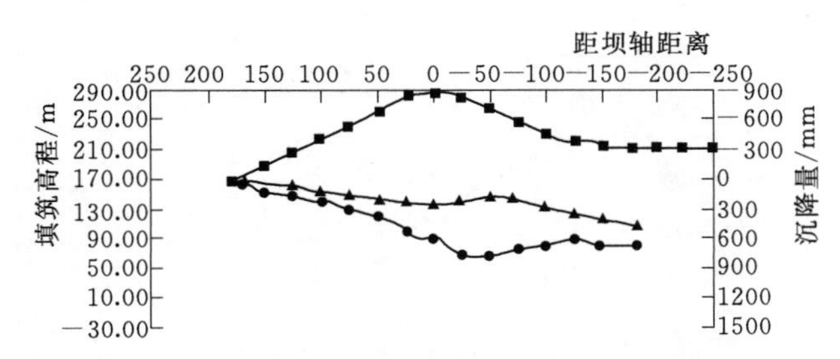

图 3　D0＋140 断面坝基沉降各测点剖面分布曲线图

从图 2 和图 3 可见，随着填筑高程和时间增加，坝基沉降逐渐增加。填筑至高程 225.00m 时，最大沉降变形为 461mm（D0－182）；填筑至高程 240.00m 时，最大沉降变形为 651mm（D0－51）；填筑至高程 286.00m 时，最大沉降变形为 789mm（D0－51）；填筑至高程 286.00m 静置后，沉降变形在－5～15mm 间波动。沉降变形与坝基地质条件、堆石料填筑方式等有关，较符合一般土石坝变形特性。

3.2　坝体沉降特性

在大坝坝体 0＋140 断面 221.50m、241.50m 和高程 260.00m 各埋设 1 套振弦式沉降仪，其沉降时效曲线见图 4、沉降变形分布曲线见图 5。

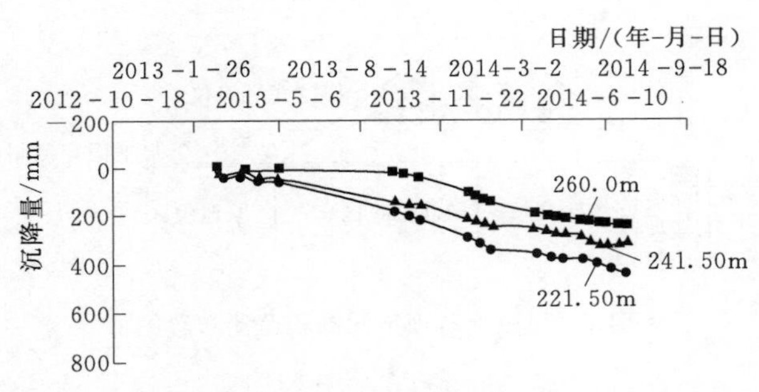

图 4　坝体沉降时效曲线图

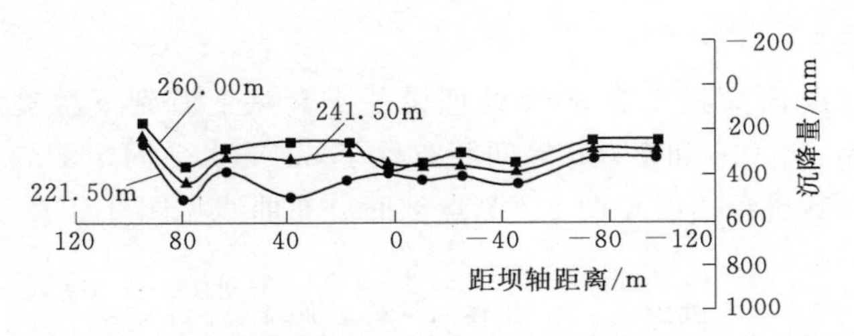

图 5　D0＋140 断面坝体高程 221.50m 沉降变形分布曲线图

从图 4 和图 5 可见，随着填筑高程和时间增加，坝体沉降逐渐增加。坝体 0＋140 断面 221.50m，241.50m 和 260.00m 沉降变形最大值分别为 502.0mm，424.5mm 和 238.1mm。

3.3　大坝沉降特性

综合分析坝基和坝体沉降变形，将大坝 D0＋140 断面布置的水平固定测斜仪、振弦式沉降仪所监测的沉降变形整体整编分析，大坝沉降变形分布曲线见图 6。

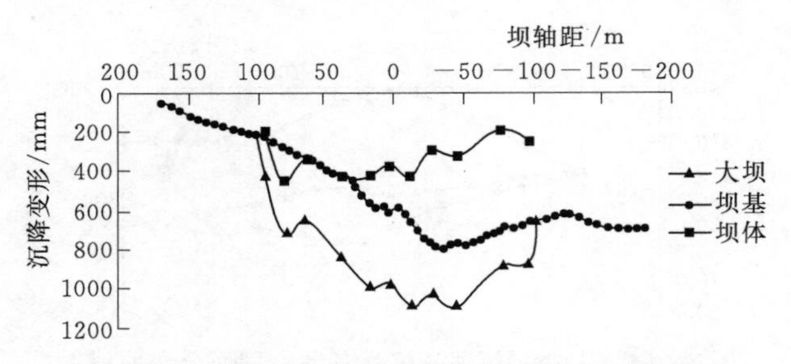

图 6　河口村水库工程堆石坝沉降变形分布曲线图

从图 6 可见，坝基最大沉降 800mm（D0－36），坝体最大沉降 447mm（D0＋82），大坝整体最大沉降 1097mm（D0－46）。河口村水库工程堆石坝最大坝高 112.0m，坝基最大覆盖层厚度 40.0m。综合考虑大坝高度，现阶段大坝整体最大沉降量约占坝高的 0.72%，整体沉降变形量符合一般土石坝沉降变形规律。

4　结论及建议

（1）坝基、坝体、大坝整体沉降变形，与坝基地质条件、填筑高程及时间密切相关，随着堆石坝坝高逐渐增加，覆盖层越厚，沉降变形有所滞后，但沉降速率降幅较大。

（2）大坝最大沉降量约占坝高的0.72%，整体沉降变形量符合一般土石坝沉降变形规律。

参考文献

[1] 邵宇，李海芳，邓刚．面板堆石坝面型特性[M]．北京：中国水利水电出版社，2011.

[2] 艾斌．混凝土面板堆石坝变形及监测问题[J]．大坝与安全，1996（19）：25-26.

[3] 黄河勘测规划设计有限公司．河南省河口村水库工程下闸蓄水安全鉴定设计自检报告[R]．河南：黄河勘测规划设计有限公司，2014.

[4] 中国水利水电科学研究院．河南省河口村水库工程下闸蓄水安全鉴定安全监测自检报告[R]．北京：中国水利水电科学研究院，2014.

基于深厚覆盖层的面板堆石坝沉降变形规律分析

熊成林[1,2]　邓　伟[3]　姜　龙[1,2]

（1. 中国水利水电科学研究院　工程安全监测中心；2. 北京中水科工程总公司；
3. 淮河水利委员会　水利水电工程技术研究中心）

摘要：依托河口村水库工程安全监测项目，通过坝基、坝体沉降变形监测资料分析，系统地研究深厚覆盖层面板堆石坝沉降变形变化规律。成果表明：①坝基和坝体沉降填筑期随填筑高度增加而增大，静置期随时间增加而增大，整体呈先增加而后减小直至趋于零的趋势；②坝基和坝体沉降趋稳，主要受坝基地质情况和坝体填筑高程影响；③堆石坝沉降整体与坝型呈不对称分布，其最大沉降量约占坝高的0.72%，符合一般土石坝沉降变形规律。监测成果为保证大坝填料、混凝土面板施工以及评价大坝安全性状提供科学依据，亦可为类似工程提供借鉴和参考。

关键词：面板堆石坝；深厚覆盖层；监测；沉降变形

1　工程概况

河口村水库位于黄河一级支流沁河最后一段峡谷出口处，工程规模为大（2）型，是以防洪、供水为主，兼顾灌溉、发电、改善河道基流等综合利用的大型水利工程，也是黄河下游防洪工程体系的重要组成部分。河口村水库坝址区位于吓魂滩与河口滩之间，平面上呈反S形展布，河谷为U形谷。坝址区谷坡覆盖层较薄，谷底覆盖层较厚，且分布4条间断的黏性土层，出露地层有太古界登封群、中元古界汝阳群、古生界寒武系及第四系。坝址区地质构造为馒头组下部发育一褶皱层，以及逆断层（F_9、F_{10}、F_{12}）和正断层（F_1）等。坝址区存在单斜构造双层含水层区、龟头山褶皱断裂混合透水层区、断层密集带低水位区及河床砂卵石含水层及基岩浅层风化区[1]。

鉴于河口村水库面板堆石坝位于深厚覆盖层之上，并结合坝基处理情况，进行了坝基和坝体沉降变形监测方案及施工。该监测成果能及时、可靠地反馈面板堆石坝设计和施工，为施工期、运行期水库安全运行提供科学依据。

2　工程设计及施工

2.1　工程设计

河口村水库工程由混凝土面板堆石坝、1号泄洪洞、2号泄洪洞、引水发电洞、溢洪道及水电站等组成，其中混凝土面板堆石坝坝基为深厚覆盖层黏性土，坝体采用上游为级配料、下游为非级配料填筑。坝基覆盖层一般厚度30.0m，最大厚度为40.0m，岩性为含漂石及泥的砂卵石层，夹4层连续性不强的黏性土及若干个砂层透镜体。结合河口村水库工程勘测成果和面板堆石坝工程特点，坝体填筑按上游区为主堆料和下游区为次堆料，坝基开挖和处理为上游核心区高压旋喷桩和下游覆盖层局部或表层清除。

上游主堆料区坝基（D0＋00～D0＋50）为高压旋喷桩处理，间距从上至下逐渐密疏，在1.6～2.4m之间，坝基（D0＋50～D0＋180）为挖除换填区，挖除覆盖层表层及浅层透镜体，置换级配碎石；下游次堆料区坝基（D0＋180～D0＋364）表层局部挖除，坝后压坡区为原始地貌。坝基处理情况见图1。

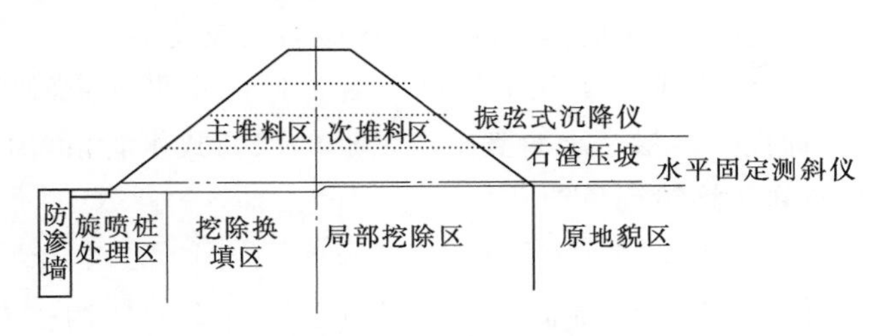

图1　坝基处理情况图

2.2　工程施工

坝基覆盖层开挖处理情况，坝轴线上游至防渗墙之间基础由原河床高程175.00m挖至高程165.00m，并对防渗墙、连接板、趾板及防渗墙下游50.0m范围基础采用高压旋喷桩进行了专门加固处理；坝轴线下游次堆区覆盖层基础开挖至高程170.00m，但在坝下0＋000～0＋180靠近右岸岸坡部位发现有较厚的黏性土层及砂层透镜体，且有向左岸延伸的趋势，该层黏性土并未完全挖除。

2011年5月开始主堆料区坝基高压旋喷桩施工，随后进行坝基开挖和换填，直至2011年12月结束基础处理及下游坝基表层处理施工。

堆石坝填筑情况，首先在坝基上游填筑2.0m垫层料，其上回填主堆料，至高程215.00m时分别填筑主堆料和次堆料，形成堆石坝所谓的“金包银”填料方式。

2012年3月开始填筑，至高程215.00m前坝上下游填筑高程有所差异，至高程225.50m填筑基本一致，其后同步填筑直至2013年12月主体填筑至高程286.00m，河口村水库堆石坝填筑高度见图2。

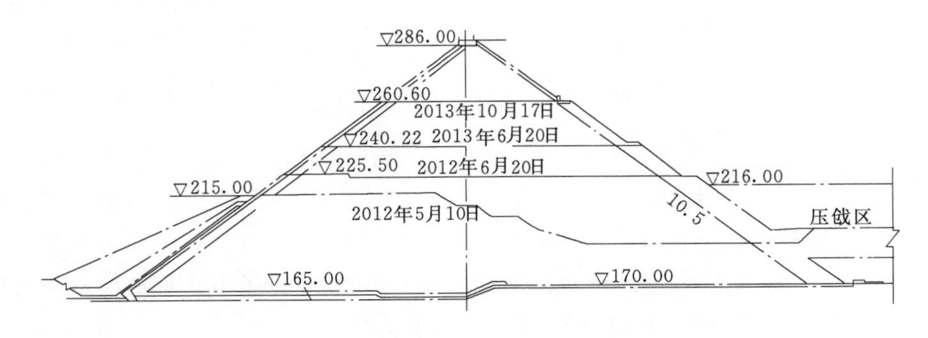

图2　河口村水库堆石坝填筑高度图（单位：m）

3 监测设计及施工

3.1 监测设计

结合谷底深厚覆盖层和面板堆石坝结构布置情况，工程采取覆盖层挖除、高压旋喷桩等治理措施。依据坝基处理情况和坝体填筑进度，进行监测施工，确保与土建同设计、同施工、同运行。水平固定测斜仪用于监测坝基沉降，振弦式水管沉降仪用于监测坝体沉降，单向测缝计及三向测缝计用于监测防渗墙及连接板、连接板及趾板、趾板及面板和面板间变形，土压力计及应变计用于监测混凝土结构应力及应变情况。为检验治理效果和监测堆石坝受力变形特性，埋设了 1 套从上游到下游贯通的水平固定测斜仪，用于监测超 350.0m 的坝基沉降；埋设了 3 层从上游到下游贯通的振弦式水管沉降仪，用于监测坝体沉降。大坝典型监测断面布置情况见图 3[2]。

3.2 监测施工

坝基水平固定测斜仪在 173.00m 高程处安装埋设，首先开挖沟槽并整平，再浇筑固定端，然后布设连接杆和保护管，再后调整水平固定测斜仪角度和系统调平，最后布设基准管及配套保护装置。整套监测系统共布置 63 支仪器，全长 364.0m，安装埋设时间约 10d。

坝体振弦式水管沉降仪在 221.50m、241.50m 及 260.00m 处安装埋设，首先开挖沟槽并整平，再浇筑固定端，然后布设连接管和保护管，再后调整振弦式水管沉降仪角度和系统调平，最后布设水管标尺及配套保护装置。3 套监测系统共布置 34 支仪器，全长 460.0m，安装埋设时间约 20d。

坝基及坝体沉降监测系统安装埋设后，读取初始读数作为基准值，并随填筑高度和时间，测读仪器原始测值，计算相应沉降量[3]，以便反馈设计及填筑施工。

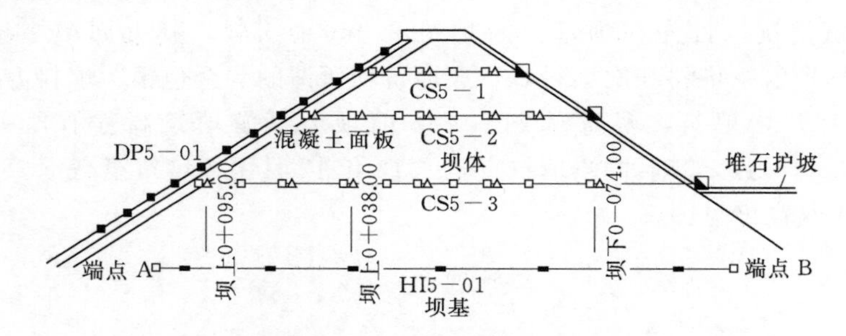

图 3 大坝典型监测断面布置图

4 安全监测成果分析

4.1 坝基沉降变形特性

为了解大坝坝基沉降变化规律，在坝基（173.00m）埋设了 1 套水平固定测斜仪。其沉降随时间变化曲线见图 4，坝基典型剖面沉降曲线见图 5。

从图 4 和图 5 可见，坝基沉降随填筑高度增加而增大，坝上游受高压旋喷桩加固影响而较小，坝下游受覆盖层厚度影响而较大，整体与坝型呈不对称分布。沉降速率与填筑高

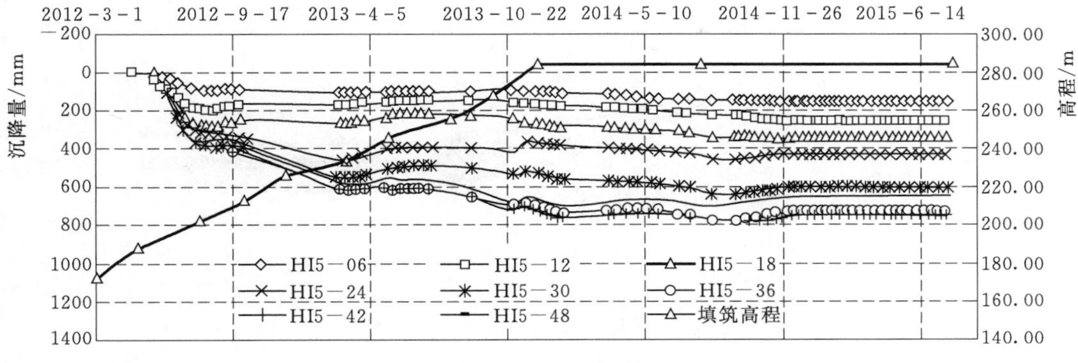

图 4　坝基沉降随时间变化曲线图

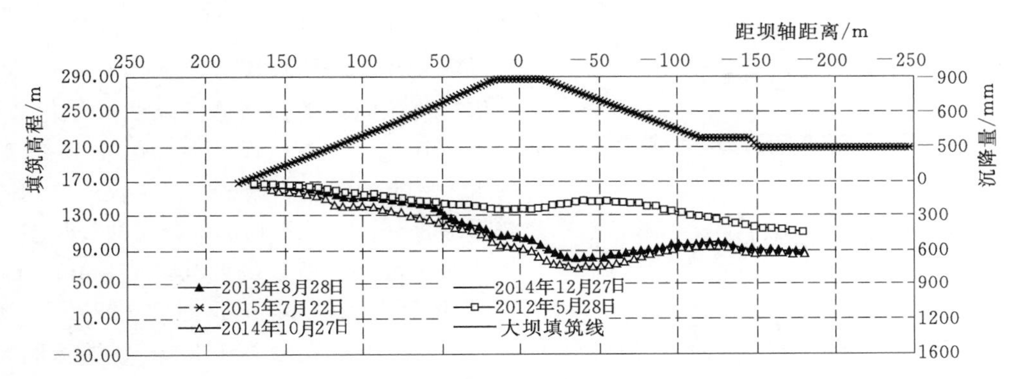

图 5　坝基典型剖面沉降曲线图

程较为吻合，呈现先增加而后减小直至趋于零的趋势，最大沉降位置和速率分别在坝下51.0m 处以及填筑至高程 230.00～250.00m 之间，这与坝上游经高压旋喷桩和坝基表层处理有显著关联性，并受大坝整体应力重分布动态调整直接影响[4-5]。填筑至高程225.00m 时，最大沉降变形为 461mm（D0－182）；填筑至高程 240.00m 时，最大沉降变形为 651mm（D0－51）；填筑至高程 286.00m 时，最大沉降变形为 789mm（D0－51）；填筑至高程 286.00m 静置近半年后，沉降变形在一定范围内波动，测值基本稳定。坝基沉降在填筑期主要受坝基地质情况和填筑高程影响，在静置期主要受坝基地质条件和水平固定测斜仪系统误差影响。坝基沉降较好地反馈设计和施工，为控制大坝填筑时间和高程提供科学依据。

4.2　坝体沉降变形特性

为了解大坝坝体沉降变化规律，在坝体（223.50m、244.50m 和 260.00m）布置了振弦式水管沉降仪。其沉降随时间变化曲线见图 6，坝体典型剖面沉降分布曲线见图 7。

从图 6 和图 7 可见，坝体沉降随填筑高度增加而增大，填筑期增幅较大，静置期增幅较小。坝体沉降在填筑前期受坝基地质情况影响较大，填筑一定厚度后受填料性状影响较大，填筑结束后沉降变形仍持续增加，静置近 1 年后增幅明显减小。坝体沉降填筑期与填筑范围及高程相关性较好，静置期与坝体填料应力重分布调整有关，呈现先增加而后减小

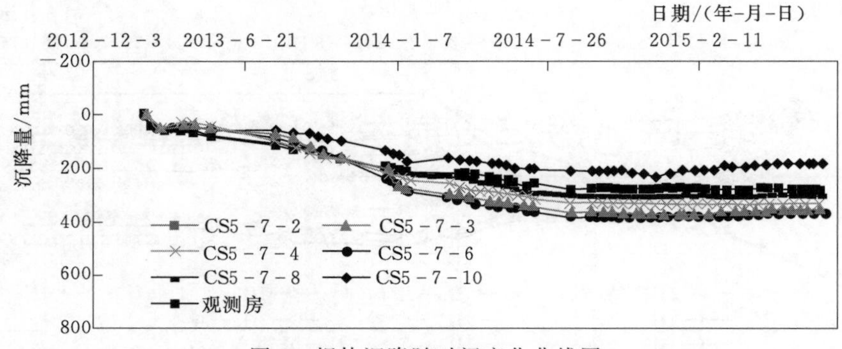

图6　坝体沉降随时间变化曲线图

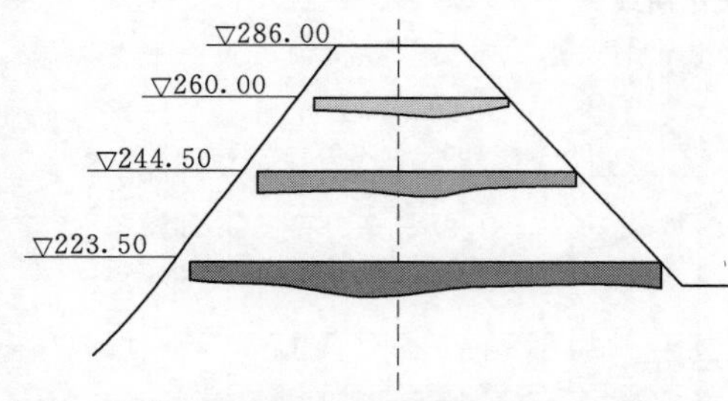

图7　坝体典型剖面沉降分布曲线图（单位：m）（2015年7月22日）

直至趋于零的趋势[6]。坝体沉降较好地反馈设计和施工，为混凝土面板施工提供科学依据。

4.3　堆石坝沉降变形特性

依据前述的坝基和坝体沉降变形变化规律，并结合现场施工工况，将大坝D0＋140断面布置的水平固定测斜仪、振弦式沉降仪所监测的沉降变形综合分析，堆石坝沉降分布曲线见图8。

从图8可见，坝基最大沉降773mm（D0－51），坝体最大沉降447mm（D0＋82），大坝整体最大沉降1095mm（D0－11）。河口村水库工程堆石坝最大坝高112.0m，坝基最大覆盖层厚度40.0m。综合考虑大坝高度，现阶段大坝整体最大沉降量约占坝高的0.72%，整体沉降变形量符合一般土石坝沉降变形规律[7]。监测成果为保证大坝填料时间间隔、混凝土面板施工时间以及评价大坝安全性状提供科学依据。

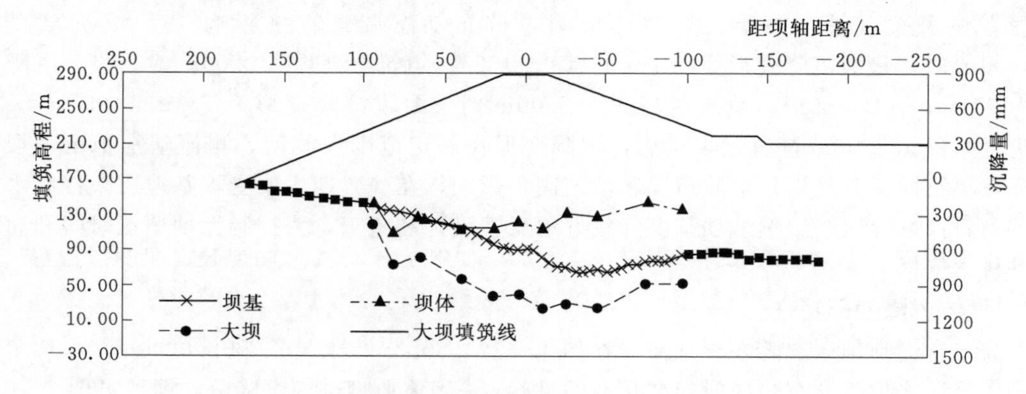

图8　堆石坝沉降分布曲线图（2015年7月22日）

5　结论

（1）坝基和坝体沉降填筑期随填筑高度增加而增大，静置期随时间增加而增大，整体呈先增加而后减小直至趋于零的趋势。

（2）坝基沉降静置近半年后增幅显著减小，坝体沉降静置近1年后增幅显著减小。这主要受坝基地质情况和坝体填筑高程影响。

（3）坝基最大沉降773mm（D0－51），坝体最大沉降447mm（D0＋82），大坝整体最大沉降1095mm（D0－11）。沉降整体与坝型呈不对称分布，其最大沉降量约占坝高的0.72％，符合一般土石坝沉降变形规律。监测成果为保证大坝填料、混凝土面板施工以及评价大坝安全性状提供科学依据。

参考文献

[1] 黄河勘测规划设计有限公司．河南省河口村水库工程下闸蓄水安全鉴定设计自检报告[R]．河南：黄河勘测规划设计有限公司，2014.

[2] 中国水利水电科学研究院．河南省河口村水库工程下闸蓄水安全鉴定安全监测自检报告[R]．北京：中国水利水电科学研究院，2014.

[3] 中华人民共和国水利部．土石坝安全监测技术规范：SL 551－20012[S]．北京：中国水利水电出版社，2012.

[4] 艾斌．混凝土面板堆石坝变形及监测问题[J]．大坝与安全，1996（3）：28－33.

[5] 潘家军，饶锡保，周欣华，等．深厚覆盖层上面板堆石坝新型结构应力变形性状影响因素研究[J]．水利学报，2015，46（S1）：163－167.

[6] 温续余，徐泽平，邵宇，等．深覆盖层上面板堆石坝的防渗结构形式及其应力变形特征[J]．水利学报，2007，38（2）：211－216.

[7] 王玉才．河谷形壮对深覆盖层上面板堆石坝变形的影响[J]．地下空间与工程学报，2013，9（6）：1439－1442.

堆石料的颗粒破碎规律研究

蔡正银[1,3]　李小梅[2,1]　关云飞[1]　黄英豪[1]

（1. 南京水利科学研究院岩土工程研究所；2. 同济大学地下建筑与工程系；
3. 河南工业大学土木建筑学院）

摘要： 粗颗粒土剪切过程中的颗粒破碎现象已被广泛认识，并且在试验和理论方面进行了大量研究。利用大型三轴仪开展了一系列不同级配、不同密度、不同围压条件下堆石料的排水剪切试验，并对试验前后的试样分别进行了颗粒分析，以探讨堆石料的颗粒破碎规律及其影响因素。试验结果表明：密度对颗粒破碎影响较小，而级配和围压的影响较大，围压越高则颗粒破碎越严重。对比试验前后的粒径分布曲线发现，颗粒破碎主要集中在粒径 20mm 以上的颗粒范围内，粒径变化幅度随粒径的减小呈减小趋势。基于分形理论，建立了颗粒破碎分形维数与围压和颗粒级配之间的关系表达式，为进一步研究堆石料的强度、变形及剪胀特性提供依据。

关键词： 堆石料；颗粒破碎；级配；密度；围压

0　引言

堆石料作为一种工程建筑材料，被广泛应用于土木、水利、交通等工程中，如土石坝、传统的抛石防波堤、复合地基中的碎石桩、铁路路基等，其受力变形特性很大程度上决定了建（构）筑物的工作性态。

土石坝的长期变形问题一直是困扰工程界的难题，研究表明该问题与粗颗粒土的颗粒破碎密切相关。近年来，国内外学者对堆石料颗粒破碎特性进行了大量研究，取得了许多重要科研成果。Marsal[1-2]、郭庆国[3]、柏树田等[4-5]、周晓光等[6]、郭熙灵等[7]以及Hardin[8]通过试验探讨了堆石料的颗粒大小、形状、强度、级配、密度、受力情况等因素对颗粒破碎的影响。刘汉龙等[9]通过粗粒料的大型三轴试验指出颗粒破碎率随围压增加而增加，二者之间关系可用双曲线表示。同时指出无论粗粒料的岩性、强度、大小、形状、级配和初始孔隙比等情况如何，若已知围压和材料的试验参数，则可估计其颗粒破碎率。高玉峰等[10]通过对多种堆石料进行大型三轴剪切试验，发现剪切后的颗粒破碎率与围压之间呈线性增加关系。魏松等[11]通过三轴试验揭示了等压固结颗粒破碎率与围压之间呈幂函数关系。凌华等[12]利用超大型和大型三轴仪对级配缩尺后不同最大粒径堆石料进行试验，指出同等应力条件下，颗粒破碎率随最大粒径增大而增大，同时发现当应力较小时，不同最大粒径堆石料的破碎率相近。刘恩龙等[13-14]对堆石料进行了固结应力从400kPa 到 4MPa 的一系列常规三轴压缩试验及等向压缩试验，发现围压低时颗粒破碎轻微，围压高时颗粒破碎严重。众多学者的研究成果仅限于某一个或几个影响因素的基础上开展，堆石料颗粒破碎规律尚不系统，难以定论，有待进一步开展系统研究。

通过开展不同级配、不同相对密度、不同围压条件下堆石料的大型三轴剪切试验，系统地研究堆石料的颗粒破碎规律，进而建立了颗粒破碎与围压和颗粒级配之间的理论关系式，为进一步研究堆石料的强度、变形及剪胀特性提供依据。

1 堆石料颗粒破碎试验方案

1.1 试验设备

试验所采用的设备为水利部土石坝破坏机理与防控技术重点实验室的大型三轴仪，试样尺寸为 ϕ300mm×700mm（图 1）。该设备主要用于研究筑坝材料的强度与变形特性，可进行不同应力路径条件下粗颗粒料的大型三轴剪切试验。该设备主要技术参数为：最大围压 2.5MPa，最大轴向荷载 700kN，最大轴向动出力 500kN，最大垂直变形 150mm。

堆石料渗透性能良好，采用各向等压固结排水剪切试验方法，剪切速率控制为 2.0mm/min，试验采用应变控制。试样的最大允许粒径与试样直径之比（径径比）d_{max}/D 为 0.2。

图 1 大型三轴仪图

1.2 试样制备

试验所用土料取自河南省河口村水库面板堆石坝施工现场。岩性为白云质灰岩，颗粒比重 G_s 为 2.77。堆石料原材料的最大粒径为 800mm，超粒径含量为 58.5%，小于 5mm 的颗粒含量为 10%。由于试验设备试样直径为 300mm，试样的径径比 d_{max}/D 为 0.2，不满足超粒径材料试验的要求。根据《土工试验规程》[15]（SL 237—1999)，按堆石料原始级配及试验设备要求，最大粒径取 60mm，并控制小于 5mm 颗粒含量，配置 4 种典型级配开展三轴压缩试验。试验各级配的粒径分布曲线详见图 2。

从图 2 可以发现，从级配 1 到级配 4，颗粒逐级变细，即级配 1 颗粒最粗，级配 4 颗粒最细。为了量化堆石料的级配，采用分形维数[16] D_0 作为剪切试验前初始级配的衡量指标。

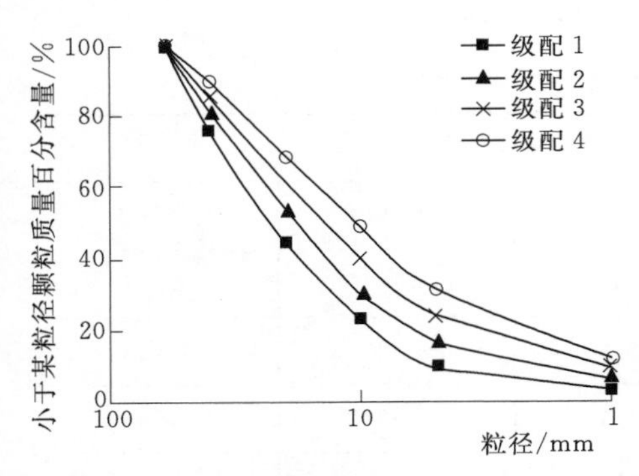

图 2 各级配试样的粒径分布曲线图

堆石料的分形模型[16]可以表示为：

$$\lg\left[\frac{M(r<d_i)}{M_T}\right]=(3-D)\lg(d_i/d_{max})$$

式中：r 为粒径，M（$r<d_i$）为小于粒径 d_i 的颗粒质量，M_T 为全部颗粒的总质量，d_{max} 为粒组内最大粒径。

以 lg（d_i/d_{max}）为横坐标，lg［M（$r<d_i$）/M_T］为纵坐标，则该直线斜率为 $3-D$，从而可得每一级配下的分形维数 D。

剪切试验前各初始级配计算得到的分形维数 D_0（表 1）。不难看出，堆石料初始级配均具有较好的分形特性，分形维数 D_0 越小，颗粒越粗。颗粒破碎分形维数[17]不仅可以表征堆石料颗粒级配的良好程度及颗粒粒径大小，而且能较全面地反映颗粒破碎后的粒径分布状况。本研究采用颗粒破碎分形维数 D 作为衡量颗粒破碎程度的一个量化指标。

试样采用分层击实法制备，共分 5 层。制备完成后采用水头法饱和，并确保每个试样试验前的孔隙水压力系数 B 值大于 0.95。

表 1　　各级配试样参数表

级配特性	d_{max}/mm	曲率系数 C_c	不均匀系数 C_u	分形维数 D_0	分形维数相关系数 R^2
级配 1	60	1.18	6.00	2.082	0.99
级配 2	60	1.64	10.55	2.285	0.99
级配 3	60	2.17	17.23	2.425	0.99
级配 4	60	1.70	18.77	2.531	0.98

1.3 技术方案

拟从级配、相对密度、围压 3 个方面研究堆石料在三轴排水剪切过程中的颗粒破碎规律。因此对配置的 4 种级配试样，控制相对密度分别为 0.60，0.75，0.90，1.00，对每种密度的试样分别在 300kPa，600kPa，1000kPa，1500kPa 4 种围压作用下进行常规三轴固结排水剪切试验，共进行了 64 组试验。试验结束后对各试样进行颗粒分析试验，以研究剪切过程中的颗粒破碎情况。

2 三轴排水剪切试验的颗粒破碎规律

2.1 级配对堆石料颗粒破碎的影响

以相对密度 $D_r=0.75$ 的试样为例，分别在围压 300kPa、600kPa、1000kPa、1500kPa 作用下进行三轴排水剪切试验，研究级配对堆石料剪切过程中颗粒破碎的影响。颗粒破碎分形维数汇总见表 2，各级配试验前后粒径分布见图 3。

表 2　　试验前后的颗粒破碎分形维数汇总表（$Dr=0.75$）

级配特性	分形维数 D_0	破碎分形维数 D			
		300kPa	600kPa	1000kPa	1500kPa
级配 1	2.082	2.209	2.245	2.297	2.345
级配 2	2.285	2.351	2.385	2.423	2.453
级配 3	2.425	2.472	2.494	2.521	2.543
级配 4	2.531	2.557	2.579	2.592	2.619

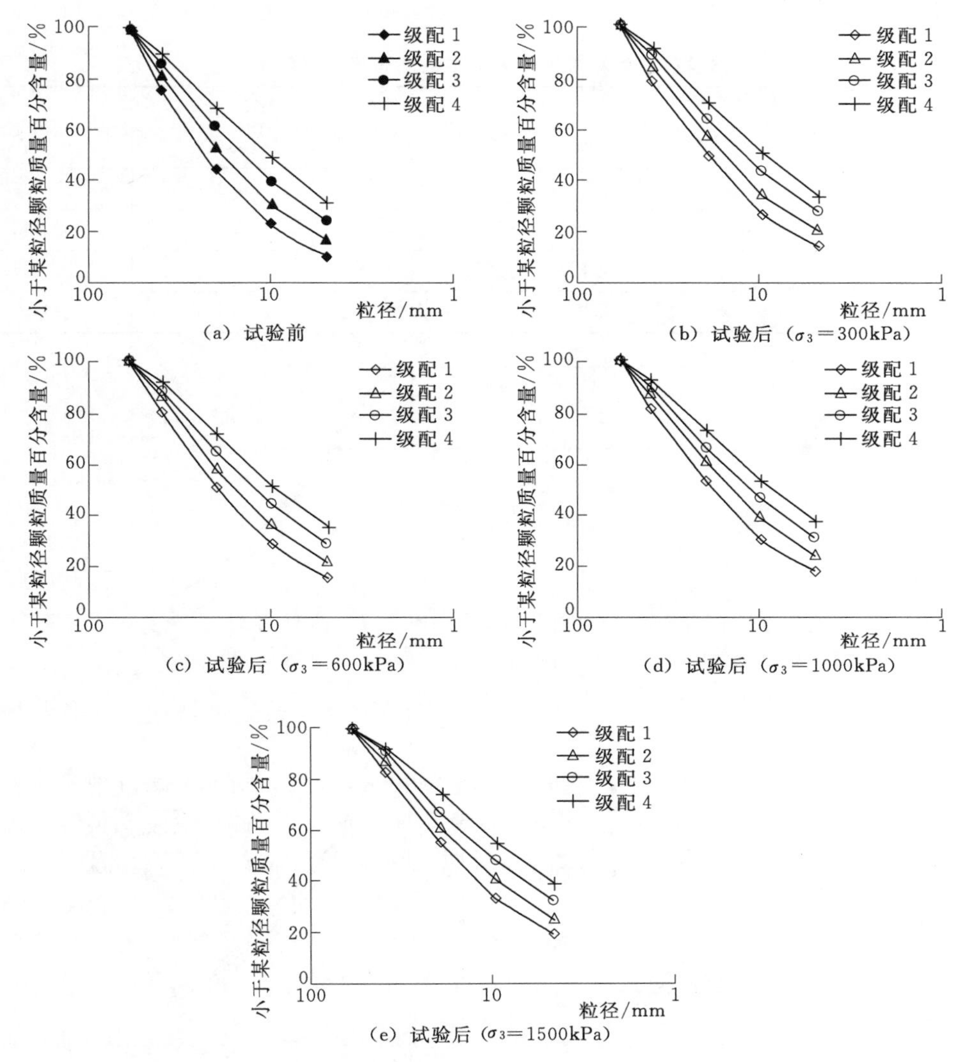

图 3 各级配试样试验前后粒径分布曲线图

根据图 3 及表 2，通过比较可以发现如下规律。①级配 1 试样试验前后粒径分布变化最大；级配 4 试样试验前后粒径分布变化最小；显然，试验前后粒径分布变化随分形维数 D_0 的增大而减小，这说明粗颗粒破碎率高。②试验前后粒径变化主要集中在 20～60mm 范围内，粒径变化幅度随粒径的减小呈减小趋势。③随分形维数 D_0 的增大，试样中细颗粒含量增多，剪切后试样颗粒破碎程度较轻。

综上可知，相对密度及围压一定时，级配对堆石料三轴剪切试验前后粒径变化的影响不可忽视，随着分形维数 D_0 的增大颗粒破碎程度逐渐减轻。

2.2 围压对堆石料颗粒破碎的影响

以相对密度分别为 0.60、075、0.90、1.00 的级配 1 试样为例，研究围压对堆石料三轴剪切试验前后颗粒粒径分布变化的影响，试验前后的粒径分布见图 4，颗粒破碎分形维数汇总见表 3。

表 3　　试验前后的颗粒破碎分形维数汇总表（级配 1）

相对密度	分形维数 D_0	破碎分形维数 D			
		300kPa	600kPa	1000kPa	1500kPa
0.60	2.082	2.183	2.226	2.282	2.329
0.75	2.082	2.209	2.245	2.297	2.345
0.90	2.082	2.218	2.228	2.302	2.357
1.00	2.082	2.204	2.280	2.316	2.367

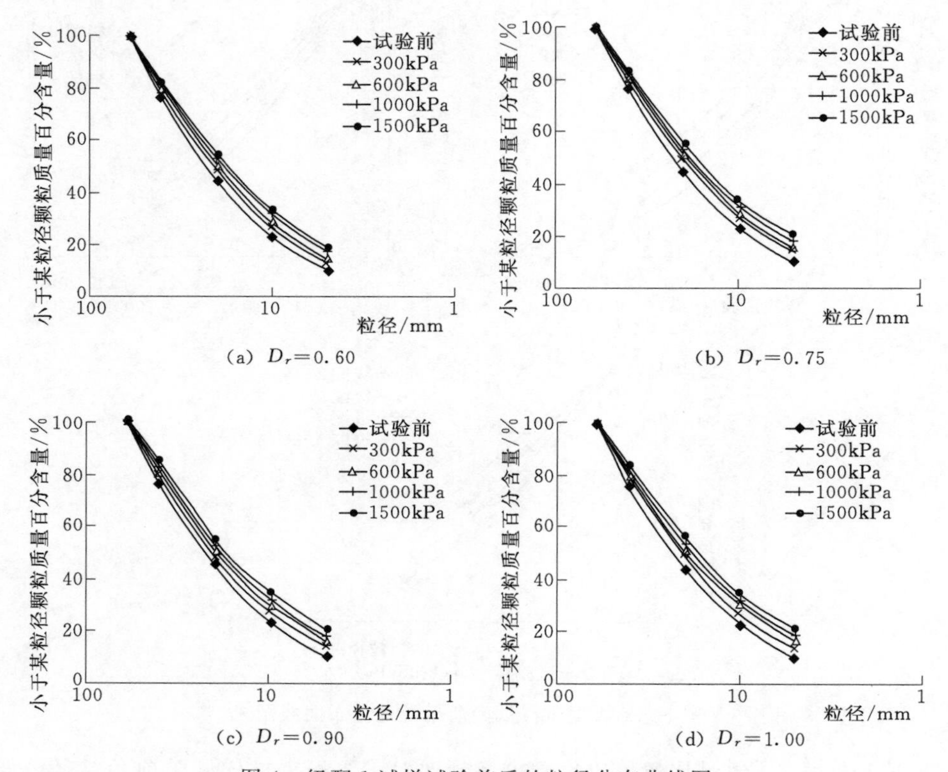

图 4　级配 1 试样试验前后的粒径分布曲线图

从表 3 及图 4 中可以发现如下规律。①围压 σ_3 =300kPa 时，试验前后粒径分布变化最小；σ_3 =1500kPa 时，试验前后粒径分布变化最大。显然，试验过程中的颗粒破碎随围压 σ_3 的增大而增大。②试验前后粒径变化主要集中在 20～60mm 范围内，粒径变化幅度随粒径的减小呈减小趋势。③各粒径分布曲线的变化趋势基本一致。

综上可知，相对密度及级配一定时，围压对堆石料三轴剪切试验过程中的颗粒破碎程度影响显著，围压越大，颗粒破碎越严重。

2.3　密度对堆石料颗粒破碎的影响

以级配 1 试样为例，分别在围压 300kPa、600kPa、1000kPa、1500kPa 作用下，研究

相对密度对堆石料三轴剪切试验前后颗粒粒径分布变化的影响，试验前后不同相对密度试样的粒径分布曲线见图5。

从图5及表3中可以发现，对于具有不同相对密度试样，如果级配和围压相同，试验后的粒径分布基本一致，这说明相对密度对堆石料三轴剪切试验前后粒径分布变化的影响较小，可忽略相对密度对堆石料颗粒破碎程度的影响。

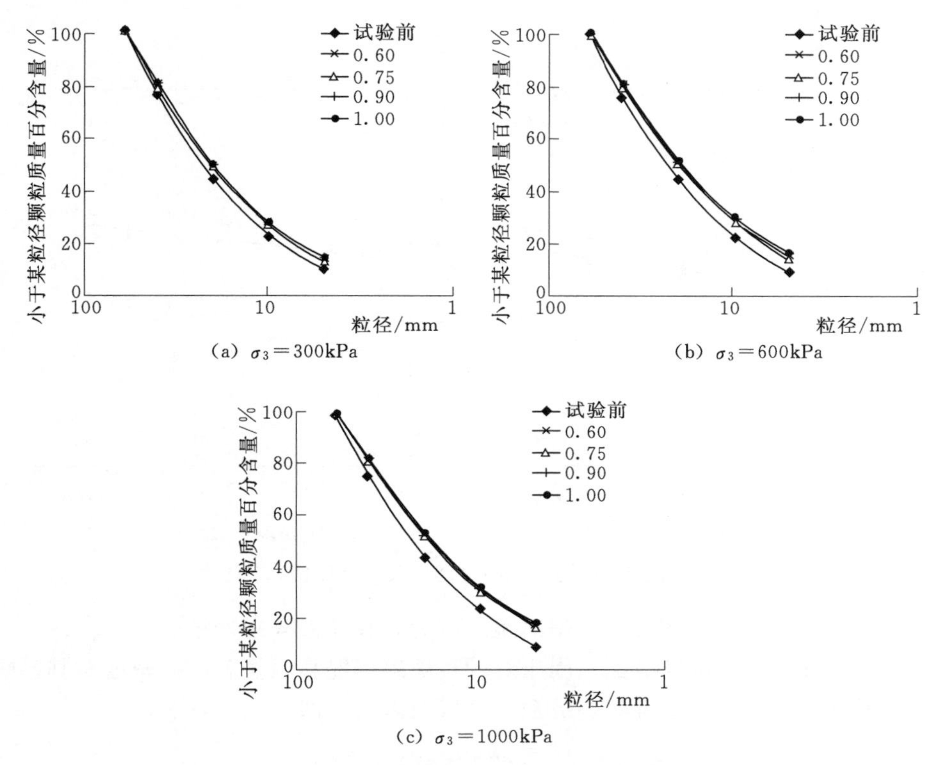

图5 级配1试样试验前后的粒径分布曲线图

3 堆石料的颗粒破碎规律

颗粒破碎是堆石料的一个重要工程特性，通过前述对三轴剪切试验结果的分析，可以初步认为级配及围压对堆石料试验前后的粒径分布影响较大，试样受剪后颗粒发生了不同程度的破碎，而相对密度对其颗粒破碎程度影响较小，可忽略不计。

如前所述，剪切试验结束后得到的试样分形维数 D 不仅可以表征堆石料颗粒级配的良好程度及颗粒粒径大小，而且能较全面地反映颗粒破碎后的粒径分布状况。D 可以通过剪切后的级配曲线直接求得，图6为不同初始级配下颗粒破碎分形维数 D 与围压 σ_3 的关系曲线。由于 D 为无量纲量，故将围压 σ_3 除以大气压强 p_a 转化为无量纲量。

从图6中可以发现如下规律：①各初始级配试样试验结束后的颗粒破碎分形维数 D 与围压 σ_3/p_a 具有较好的线性关系，随着围压增大，破碎分形维数逐渐增大；②级配1试样的颗粒破碎分形维数 D 与初始分形维数 D_0 偏离距离较大，随着级配中细颗粒含量的增加，偏离距离逐渐减小，颗粒破碎程度逐渐减轻；③作用于试样的围压越高，试样的颗粒

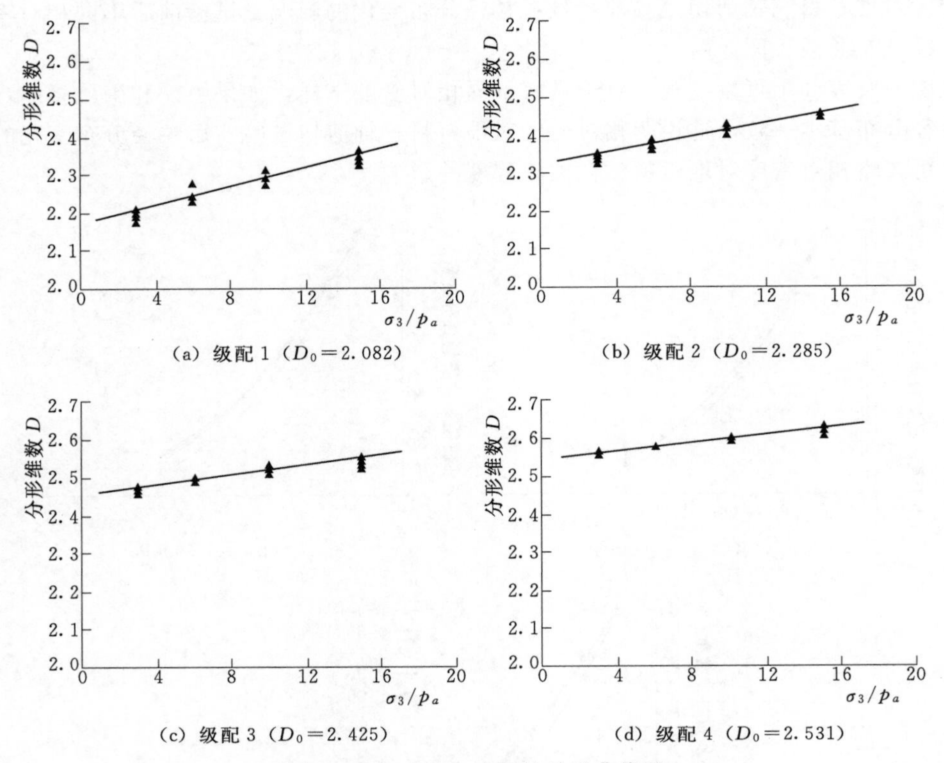

图 6 D 与 σ_3/p_a 之间的关系曲线图

破碎分形维数 D 与初始分形维数 D_0 偏离距离越大，颗粒破碎越严重。

基于上述分析，可知试样级配、围压对颗粒破碎情况影响显著，而密度对其影响可忽略不计，故可设颗粒破碎分形维数是级配、围压的函数，即

$$D=f(D_0, \sigma_3) \tag{1}$$

式中：D 为颗粒破碎分形维数；D_0 为试样初始分形维数；σ_3 为围压，kPa。

由于颗粒破碎分形维数与围压呈线性增长关系，且随初始分形维数增大而增大，最终得出颗粒破碎分形维数 D 随围压、初始级配的变化规律为

$$D=l+\alpha(\sigma_3/p_a)+\beta D_0 \tag{2}$$

式中：l，α，β 为材料参数，对于本研究的堆石料，$l=0.744$，$\alpha=0.008$，$\beta=0.699$。

颗粒破碎分形维数随试样级配及围压的变化规律见图 7。

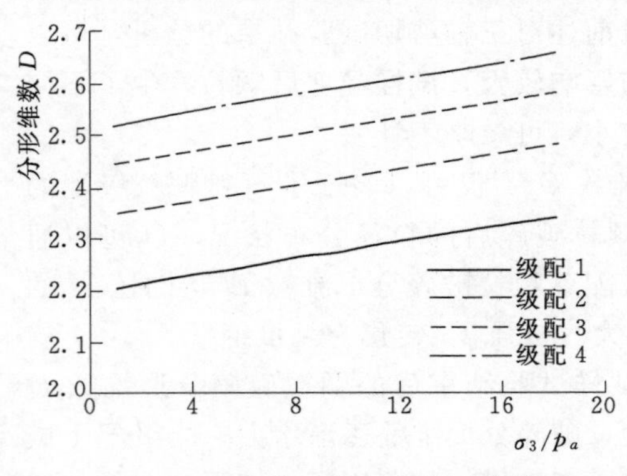

图 7 D 与 σ_3/p_a 之间的关系曲线图

4 结论

通过利用大型三轴仪，开展了一系列不同级配、不同密度、不同围压条件下的三轴剪切试验，并对剪切前后的试样进行了颗粒分析，研究了级配、密度、围压对试验前后试样粒径

分布的影响，探讨了堆石料的颗粒破碎规律，得到以下 4 点结论。

（1）级配、围压一定时，相对密度对试样剪切后的粒径分布影响很小，密度对其颗粒破碎的影响程度可以忽略。

（2）级配、密度一定时，围压对试样剪切后的粒径分布影响较大，颗粒破碎随围压增大而增大，颗粒破碎分形维数与围压呈线性增长关系。

（3）围压、密度一定时，级配对试样剪切后的粒径分布影响显著，颗粒越粗，破碎越严重，随着初始分形维数 D 的增大，颗粒破碎程度逐渐减轻。

（4）建立了颗粒破碎分形维数随初始级配、围压的变化规律公式，可较好地描述颗粒破碎程度与各影响因素之间的关系。

参考文献

[1] MARSAL R J. Large-scale testing of rockfill materials[J]. Journal of Soils Mechanics and Foundation Division, American Society of Civil Enginees, 1967, 93 (2): 27-43.

[2] MARSAL R J. Mechanical properties of rockfill embankment dam engineering[M]. New York: Wiley, 1973: 109-200.

[3] 郭庆国. 关于粗粒土抗剪强度特性的试验研究[J]. 水利学报，1987 (5)：59-66.

[4] 柏树田，周晓光. 堆石在平面应变条件下的强度和应力-应变关系[J]. 岩土工程学报，1991，13 (4)：33-40.

[5] 柏树田，崔亦昊. 堆石的力学性质[J]. 水力发电学报，1997 (3)：21-30.

[6] 周晓光. 堆石在高应力及实际应力路径条件下的强度与变形特性研究[R]. 北京：中国水利水电科学研究院，1998：65-81.

[7] 郭熙灵，胡辉，包承刚. 堆石料颗粒破碎对剪胀性及抗剪强度的影响[J]. 岩土工程学报，1997，19 (3)：83-88.

[8] HARDIN B. Crushing of soil particles[J]. Journal of Geotechnical Engineering, American Society of Civil Engineers, 1985, 111 (10): 1177-1192.

[9] 刘汉龙，秦红玉，高玉峰，等. 堆石粗粒料颗粒破碎试验研究[J]. 岩土力学，2005，26 (4)：562-566.

[10] 高玉峰，张兵，刘伟，等. 堆石料颗粒破碎特征的大型三轴试验研究[J]. 岩石力学，2009，30 (5)：1237-1240.

[11] 魏松，朱俊高，钱七虎，等. 粗粒料颗粒破碎三轴试验研究[J]. 岩土工程学报，2009，31 (4)：533-538.

[12] 凌华，殷宗泽，朱俊高，等. 堆石料强度的缩尺效应试验研究[J]. 河海大学学报（自然科学版），2011，39 (5)：540-544.

[13] 刘恩龙，覃燕林，陈生水，等. 堆石料的临界状态探讨[J]. 水利学报，2012，43 (5)：505-511.

[14] 刘恩龙，陈生水，李国英，等. 堆石料的临界状态与考虑颗粒破碎的本构模型[J]. 岩土力学，2011，32（增刊 2）：148-154.

[15] 中华人民共和国水利部. 土工试验规程：SL 237—1999[S]. 北京：中国水利水电出版社，1999.

[16] 石修松. 平面应变条件下堆石料强度和中主应力研究[D]. 武汉：长江科学院，2011.

[17] 朱俊高，翁厚洋，吴晓铭，等. 粗粒料级配缩尺后压实密度试验研究[J]. 岩土力学，2010，31 (8)：2394-2398.

考虑级配和颗粒破碎影响的堆石料临界状态研究

蔡正银[1]　李小梅[2,1]　韩　林[3]　关云飞[1]

（1. 南京水利科学研究院岩土工程研究所；2. 同济大学地下建筑与工程系；3. 河海大学力学与材料学院）

摘要： 临界状态土力学理论在描述细颗粒土应力变形特性方面较为成功，已经成为建立许多黏土和砂土本构模型的基础。对于堆石料，在应力、密度、级配等因素影响下，其变形特性非常复杂，且高应力条件下颗粒易发生破碎，是否存在"唯一"的临界状态值得探讨。通过对不同级配、不同密度的试样在不同围压条件下的一系列大型三轴剪切试验，研究了堆石料的临界状态及其影响因素。研究发现：不同级配、不同密度、不同初始固结应力条件下，当剪应变较大时试样都趋于临界状态，临界状态的值与初始密度、初始级配、颗粒破碎有关；$q-p'$平面内，堆石料存在唯一的临界应力比M；在$e-(p'/p_a)^{\xi}$平面内，临界状态线基本平行，其截距可以根据初始密度和初始级配直接求得。通过对比分析各试样的临界状态，提出了考虑级配和颗粒破碎影响的堆石料临界状态数学表达式。

关键词： 堆石料；颗粒破碎；密度；级配；临界状态

0　引言

土力学中，临界状态是一个非常重要的概念，其由Roscoe等[1]在描述黏土的应力-应变特性时首先提出，是指土体变形过程中所达到的极限状态。土体达到临界状态后，在继续变形过程中，有效平均正应力、剪应力和体积都不再发生变化，用公式表示为

$$\frac{\partial p'}{\partial \varepsilon_q}=\frac{\partial q}{\partial \varepsilon_q}=\frac{\partial \varepsilon_v}{\partial \varepsilon_q}=0 \tag{1}$$

式中：p'为有效平均正应力；q为剪应力；ε_v为体积应变；ε_q为剪应变。临界状态土力学理论被认为是土体弹塑性本构模型发展的基础，已成为描述土体本构特征的框架。

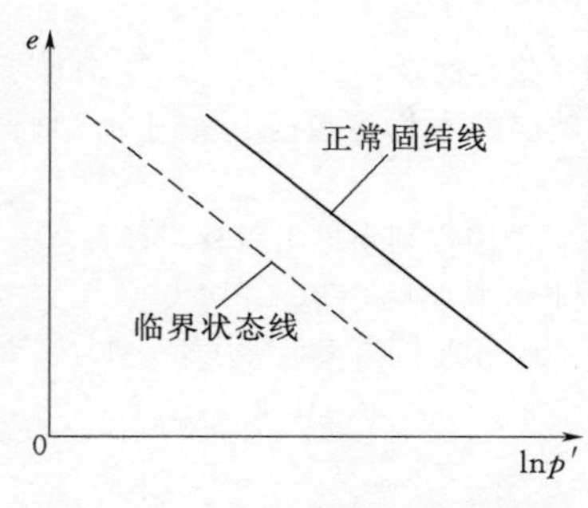

图1　黏土的临界状态曲线图

对于黏性土，大量的研究成果表明其临界状态线在$e-\ln p'$（e为孔隙比）平面内为一条直线，该线平行于正常固结线（图1）。临界状态线作为一种参考，被广泛用于土体本构模型建立中，特别是描述黏性土的应力-应变关系，如著名的剑桥模型。

Li等[2]、蔡正银等[3]、曹培等[4]在总结砂土试验的基础上一致认为，砂土的临界状态与黏土的临界状态不同，$e-\lg p'$平面内呈非线性变化。通过对平均有效正应力进行归一化，可在$e-(p'/p_a)^{\xi}$平面得到一条线性的临界状态

线，即

$$e_c = e_\Gamma - \lambda_c (p'/p_a)^\xi \tag{2}$$

式中：e_c 为临界孔隙比；p_a 为标准大气压；e_Γ 为临界状态线的截距，对应于 $p'=0$ 时的临界孔隙比；λ_c 为临界状态线的斜率；ξ 为材料参数。e_Γ，λ_c 和 ξ 都可以通过三轴试验获得。此外，无论是黏土还是砂土，在 $q-p'$ 平面内，临界状态应力比 M 都是唯一的。

国内外学者对堆石料的临界状态进行了相关研究并取得了一定研究成果。丁树云等[7]通过一系列大型三轴压缩试验，研究了不同初始应力状态与试样密度对堆石料强度和变形特性的影响以及堆石料的临界状态，发现当剪应变足够大时堆石料可以达到临界状态，且其临界状态与初始条件无关。基于砂土的临界状态理论，得到了堆石料在 $e-(p'/p_a)^\xi$ 平面内的临界状态线。刘恩龙等[8-9]通过试验研究，指出不管是排水还是不排水条件下当剪应变较大时试样都趋于临界状态。堆石料的临界状态在 $q-p'$ 平面呈幂函数关系变化，而在 $e-\lg p'$ 平面，颗粒不破碎时临界状态呈线性变化，发生颗粒破碎时则呈非线性变化。Li 等[10]、Xiao 等[11-12]提出了颗粒破碎临界状态的概念，认为堆石料的颗粒破碎临界状态线在 $e-\lg p'$ 平面呈线性关系变化，破碎临界状态线的斜率不变，其初始临界孔隙比与颗粒破碎有关。

通过不同级配、不同初始密度、不同围压条件下的大型三轴排水试验，来研究堆石料的临界状态及其影响因素。此外，对剪切后的每个试样进行颗粒分析试验，通过对比分析探讨了堆石料的颗粒破碎程度及其对临界状态的影响。

1 三轴排水条件下堆石料的变形特性与临界状态

1.1 试验简介

试验采用的设备为水利部土石坝破坏机理与防控技术重点实验室的大型三轴仪。该设备主要技术参数为：最大围压 2.5MPa，最大轴向荷载 700kN，最大轴向动出力 500kN，最大垂直变形 150mm，试样尺寸为 ϕ300mm×700mm。试验所用材料为河口村水库堆石料，岩性为白云质灰岩，颗粒比重 G_s 为 2.77。

试验主要是为了研究应力水平、密度和级配对堆石料变形特性和临界状态的影响。根据《土工试验规程》[16]（SL 237—1999）规定，控制堆石料的最大粒径为 60mm，按照小于 5mm 颗粒含量配置 4 种典型级配，各级配的粒径分布曲线见图 2。对于每种级配，分别控制 4 种相对密实度，并分别在 4 种围压下进行三轴固结排水剪切试验（CD），这样共进行了 64 组试验，具体的试验方案见表 1。

表 1　试验方案汇总表

级配特性	相对密实度 D_r	围压/kPa	试验类型
级配 1	0.60	300，600，1000，1500	CD
级配 2	0.60	300，600，1000，1500	CD
级配 3	0.60	300，600，1000，1500	CD
级配 4	0.60	300，600，1000，1500	CD
级配 1	0.75	300，600，1000，1500	CD

续表

级配特性	相对密实度 D_r	围压/kPa	试验类型
级配 2	0.75	300，600，1000，1500	CD
级配 3	0.75	300，600，1000，1500	CD
级配 4	0.75	300，600，1000，1500	CD
级配 1	0.90	300，600，1000，1500	CD
级配 2	0.90	300，600，1000，1500	CD
级配 3	0.90	300，600，1000，1500	CD
级配 4	0.90	300，600，1000，1500	CD
级配 1	1.00	300，600，1000，1500	CD
级配 2	1.00	300，600，1000，1500	CD
级配 3	1.00	300，600，1000，1500	CD
级配 4	1.00	300，600，1000，1500	CD

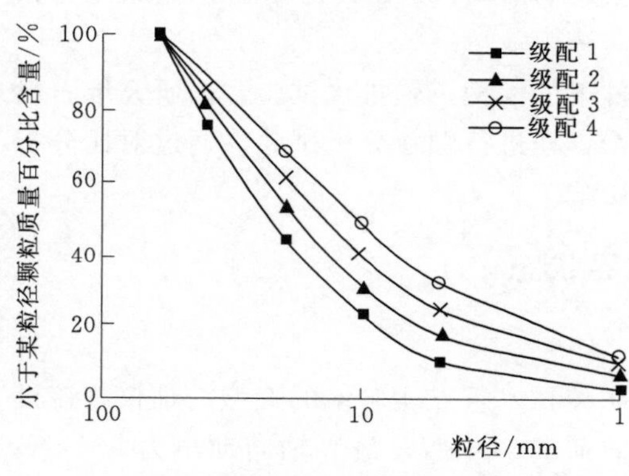

图 2　各级配试样的粒径分布曲线图

试样采用分层击实法制备，共分 5 层。试样制备完成后采用水头法饱和，并确保每个试样试验前的孔隙水压力系数 B 值大于 0.95。试验采用应变控制，剪切速率控制为 2.0mm/min。本次试验以轴向应变 20%作为停止标准，剪切结束后对各试样进行颗粒分析试验，以研究试样受剪前后的颗粒破碎情况。

1.2　堆石料的变形特性与临界状态

由于试验数据较多，各级配试样的变形规律基本一致，在此以级配 2 试样的试验结果为例进行分析研究。

图 3 所示为初始相对密实度 $D_r=0.60$ 的级配 2 试样在 4 种不同围压下的三轴排水剪切试验结果。从图 3 中可以发现，当围压较高时，如 $p'=1500\text{kPa}$，随着轴向应变的增加剪应力不断地增加，其应力应变关系表现为应变硬化。相应的试样体积不断缩小，发生剪缩。当围压较低时，如 $p'=300\text{kPa}$，随着轴向应变的增加剪应力先不断地增加，然后达到一峰值，其后剪应力不断减小，应力应变关系表现为应变软化。相应的试样体积先不断地缩小，至某一值后发生剪胀。从图 3 分析可知，当试样的密度一定时，其变形特性由围压决定，围压越高，应变硬化越明显。反之，围压越低，应变软化越明显。

图 4～图 6 是初始相对密实度分别为 0.75、0.90 和 1.00 的级配 2 试样在 4 种围压下的三轴排水剪切试验结果。对比图 3 可以发现，在同一围压下如 $p'=1000\text{kPa}$，当 $D_r=0.60$ 时，应力应变关系表现为应变硬化，试样发生剪缩。而当 $D_r=1.00$ 时，应力应变关系表现为应变软化，试样发生剪胀，所有试样的试验规律基本一致。这表明，当试样的围压一定时，其变形特性由密度决定，密度越高，应变软化越明显。反之，密度越低，应变硬化越明显。

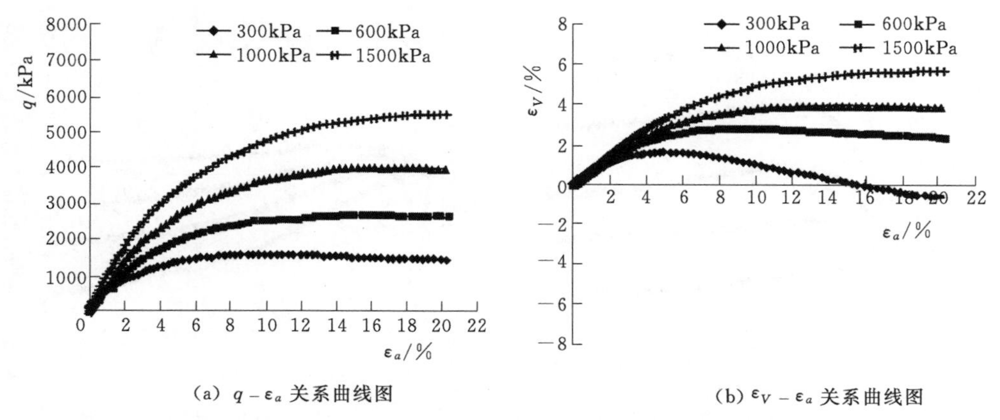

(a) $q-\varepsilon_a$ 关系曲线图　　(b) $\varepsilon_V-\varepsilon_a$ 关系曲线图

图 3　偏应力及体积应变与轴向应变的关系曲线图（$D_r=0.60$）

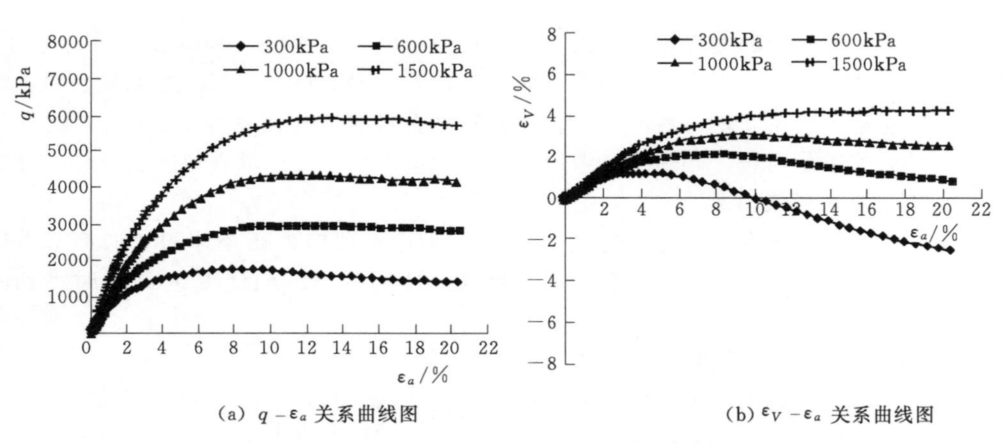

(a) $q-\varepsilon_a$ 关系曲线图　　(b) $\varepsilon_V-\varepsilon_a$ 关系曲线图

图 4　偏应力及体积应变与轴向应变的关系曲线图（$D_r=0.75$）

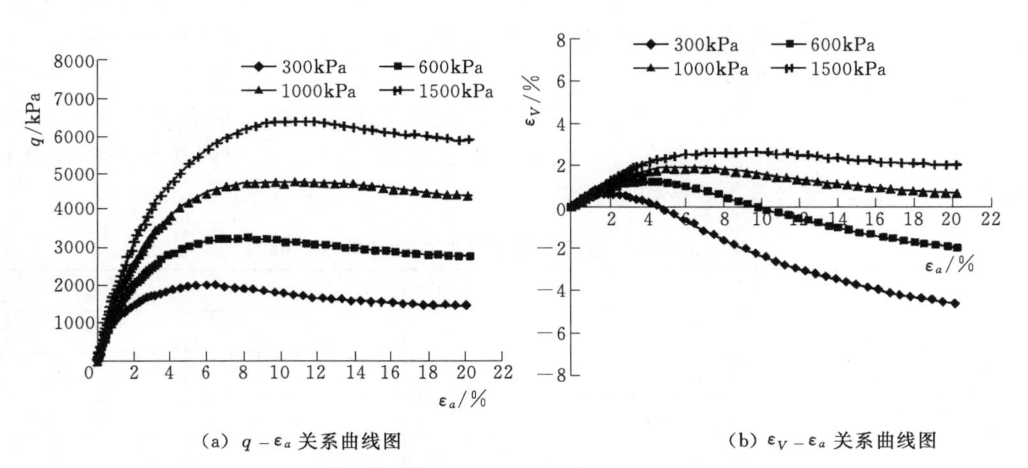

(a) $q-\varepsilon_a$ 关系曲线图　　(b) $\varepsilon_V-\varepsilon_a$ 关系曲线图

图 5　偏应力及体积应变与轴向应变的关系曲线图（$D_r=0.90$）

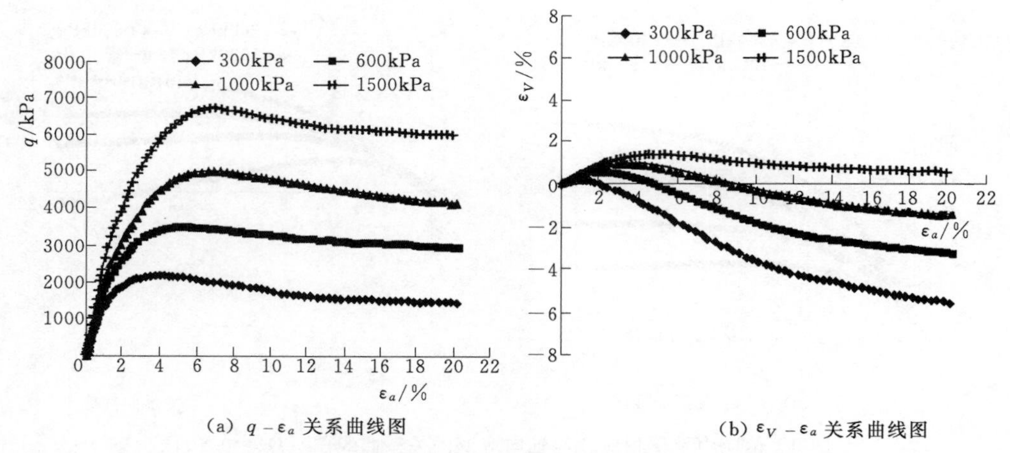

(a) $q-\varepsilon_a$ 关系曲线图

(b) $\varepsilon_V-\varepsilon_a$ 关系曲线图

图 6　偏应力及体积应变与轴向应变的关系曲线图（$D_r=1.00$）

综上所述，堆石料的变性特性取决于其自身的密度（D_r 或 e）和有效平均正应力 p'。研究表明密实的堆石料在高围压下剪切可能出现松堆石料的特性，而疏松的堆石料在低围压下剪切可能会出现密实堆石料的特性。要判断堆石料剪切时表现为应变软化还是应变硬化特性，是剪缩还是剪胀，必须综合考虑其密度和应力水平，即堆石料的变形和强度特性具有密度和应力水平依赖性。

从所有试验结果来看，当应变达到 20%时，无论是剪应力还是体积变形都基本趋于稳定，此时可以近似的认为试样达到了临界状态。本研究以轴向应变达 20%时得到的数据作为临界状态的取值。

1.3　三轴剪切过程中的颗粒破碎

三轴剪切试验过程中，颗粒明显地发生了破碎，特别是高围压的情况。图 7 所示为级配 2 试样剪切前后的粒径分布曲线。

颗粒破碎[13-15]是堆石料的一个重要工程特性，选取合适的量化指标是正确合理反映颗粒破碎程度及能量耗散的前提。本研究采用分形维数 D 来量化颗粒破碎严重程度，D 可根据试验后的级配曲线计算得到[15]。

各初始级配试样经三轴排水剪切试验后计算得到的分形维数 D 见表 2～表 5。不难看出，三轴试验后的试样由于颗粒破碎，其分形维数 D 都小于试验前的初始分形维数 D_0。很显然，颗粒破碎越严重，分形维数越大。

表 2　　级配 1 试样颗粒破碎分形维数汇总表（$D_0=2.082$）

围压/kPa	相对密实度			
	0.60	0.75	0.90	1.00
300	2.183	2.209	2.218	2.204
600	2.226	2.245	2.228	2.280
1000	2.282	2.297	2.302	2.316
1500	2.329	2.345	2.357	2.367

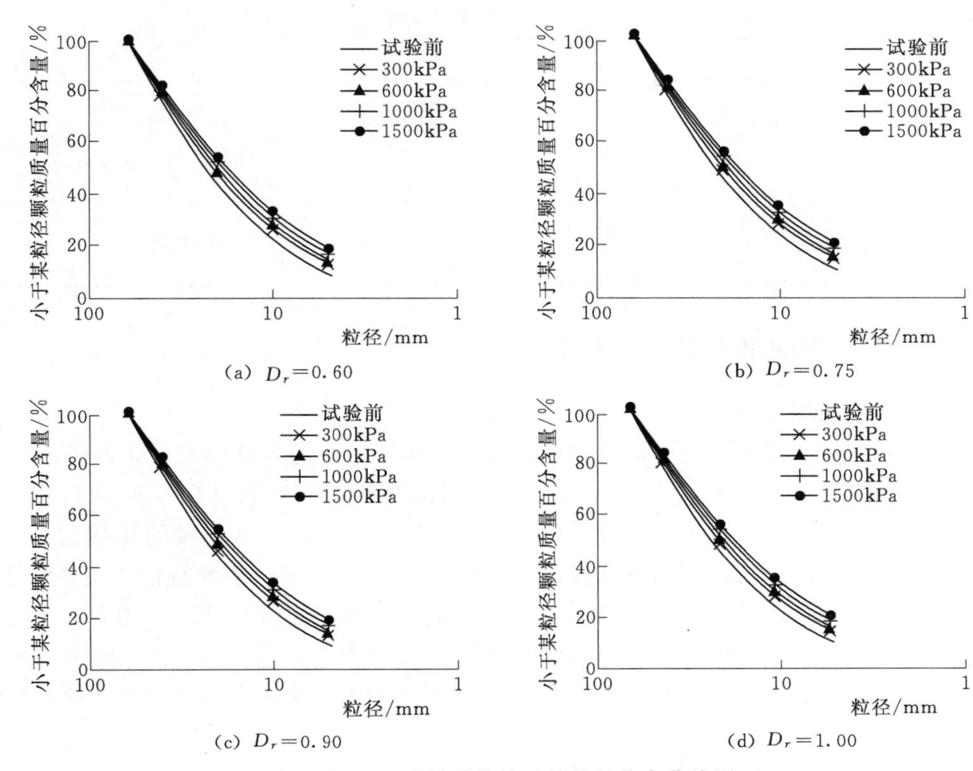

图7　级配2试样受剪前后的粒径分布曲线图

表3　　级配2试样颗粒破碎分形维数汇总表（D_0=2.285）

围压/kPa	相对密实度			
	0.60	0.75	0.90	1.00
300	2.338	2.351	2.353	2.360
600	2.375	2.385	2.391	2.394
1000	2.407	2.423	2.429	2.437
1500	2.452	2.453	2.453	2.462

表4　　级配3试样颗粒破碎分形维数汇总表（D_0=2.425）

围压/kPa	相对密实度			
	0.60	0.75	0.90	1.00
300	2.461	2.472	2.467	2.478
600	2.496	2.494	2.492	2.506
1000	2.516	2.521	2.530	2.536
1500	2.531	2.543	2.550	2.557

表 5　　级配 4 试样颗粒破碎分形维数汇总表（$D_0=2.531$）

围压/kPa	相对密实度			
	0.60	0.75	0.90	1.00
300	2.556	2.557	2.561	2.565
600	2.576	2.579	2.575	2.578
1000	2.591	2.592	2.593	2.599
1500	2.606	2.619	2.624	2.629

2　考虑颗粒破碎的堆石料临界状态

2.1　堆石料临界状态探讨

堆石料的临界状态是研究其剪胀理论的关键，通过借鉴国内外学者的研究成果，本研究对堆石料的临界状态进行了相关研究。从前面的分析可知，当轴向应变达到 20%时，所有试样基本达到了临界状态，这样可以得到每组试验达到临界状态时的孔隙比 e、有效平均正应力 p'和偏应力 q。下面分别在 $q-p'$平面和 $e-p'$平面探索堆石料的临界状态。

（1）$q-p'$平面。各级配试样在 $q-p'$平面上的临界状态点及趋势线见图 8。

从图 8 中可以发现，对于某一级配，所有试样的临界状态点都落在一条直线上，该直线的斜率被称为临界应力比 M，用方程表示为 $q=Mp'$。为了反映高应力条件下颗粒破碎的影

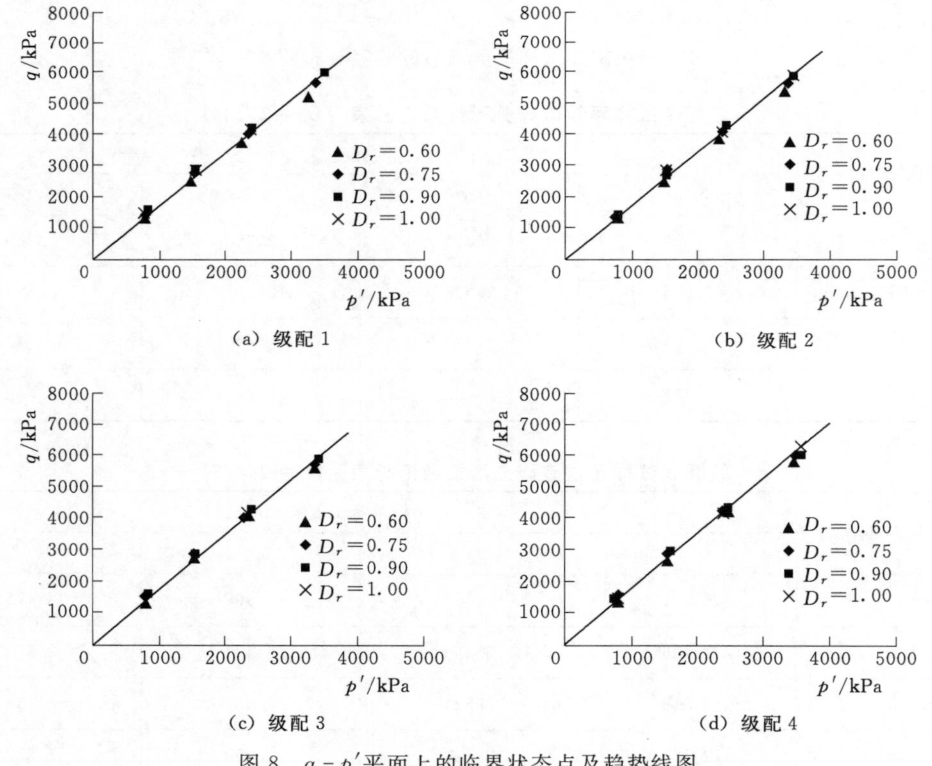

图 8　$q-p'$平面上的临界状态点及趋势线图

响，也有学者用 $q=M\ (p')^b$ 来模拟 $q-p'$平面上的临界状态线，其中 b 为材料参数。

基于上述分析，将 4 种不同级配试样的所有临界状态点绘在 $q-p'$平面上，见图 9。可以近似的认为，在 $q-p'$平面上，堆石料的临界状态试验点呈线性变化趋势，即 $q=Mp'$。对于本研究的堆石料，$M=1.727$。

(2) $e-\lg p'$平面。以相对密实度 1.00 的试样为例，不同级配条件下 $e-\lg p'$平面上的临界状态线见图 10。可见，在 $e-\lg p'$平面上，临界状态线呈非线性关系变化趋势，这与黏土的临界状态线是完全不同的。

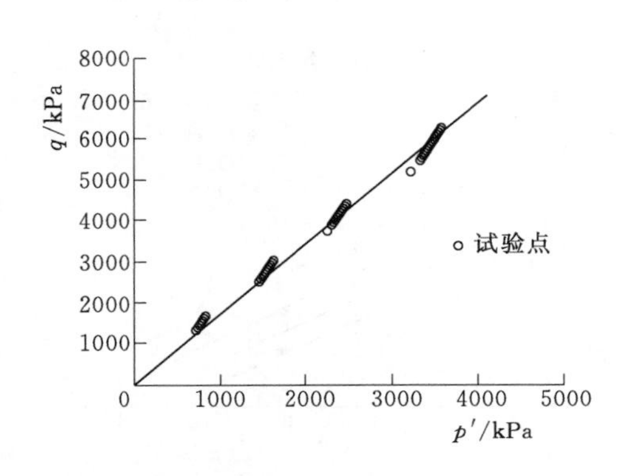

图 9　$q-p'$平面上的临界状态线图

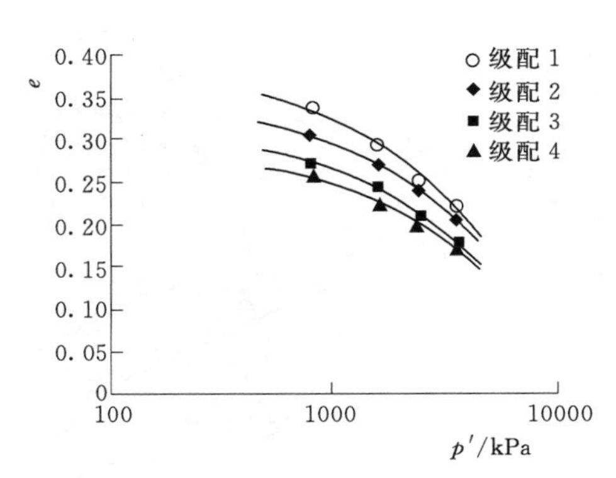

图 10　不同试验级配下 $e-\lg p'$平面上的临界状态线图

(3) $e-(p'/p_a)^\xi$ 平面。借鉴 Li 等[17]对砂土临界状态的研究成果，将有效平均正应力 p'归一化，在 $e-(p'/p_a)^\xi$ 平面内，可得到堆石料的线性临界状态线，表示为

$$e_c=e_\Gamma-\lambda_c(p'/p_a)^\xi \tag{3}$$

式中：e_c 为临界孔隙比；e_Γ 为 $p'=0$ 时对应的孔隙比；λ_c 为临界状态线的斜率；ξ 为材料参数；对于本研究中的堆石料，$\xi=0.7$，$\lambda_c=0.013$。

图 11 为试验得到的不同初始级配和密度的试样在 $e-(p'/p_a)^\xi$ 平面上的临界状态线。可以发现，所有线都基本平行，即临界状态线的斜率基本相等，而所有截距 e_Γ 都不等，这说明 e_Γ 与试样剪切前的密度和级配有关。由于临界状态是试验的最终状态，试验过程中颗粒发生了破碎，颗粒级配发生了变化，因此 e_Γ 也一定与颗粒破碎有关。

2.2　考虑级配与颗粒破碎影响的堆石料临界状态

堆石料粒径大，形状不规则，受剪易破碎，颗粒破碎受围压、级配影响较大。试样剪切后，颗粒破碎直接影响了其颗粒粒径分布，可以采用分形维数 D 来定量描述试样剪切变形后的颗粒破碎情况。

通过前文分析，得知堆石料的临界状态线的截距 e_Γ 与初始密度、级配和颗粒破碎有关。截距 e_Γ 与试样初始孔隙比 e_0 及颗粒破碎分形维数 D 的关系（图 12～13）。从图 12、图 13 可以看出，截距 e_Γ 与试样初始孔隙比 e_0 及颗粒破碎分形维数 D 具有线性变化趋势。通过二元线性回归分析，$p'=0$ 时对应的孔隙比 e_Γ 可以表示为 $e_\Gamma=c-aD+be_0$，对于本研究中的堆石料，$c=0.313$，$a=0.032$，$b=0.527$。对于本研究中的堆石料，研究发现颗粒破碎分形维数 D 与初始分形维数 D_0 之间存在如下关系：

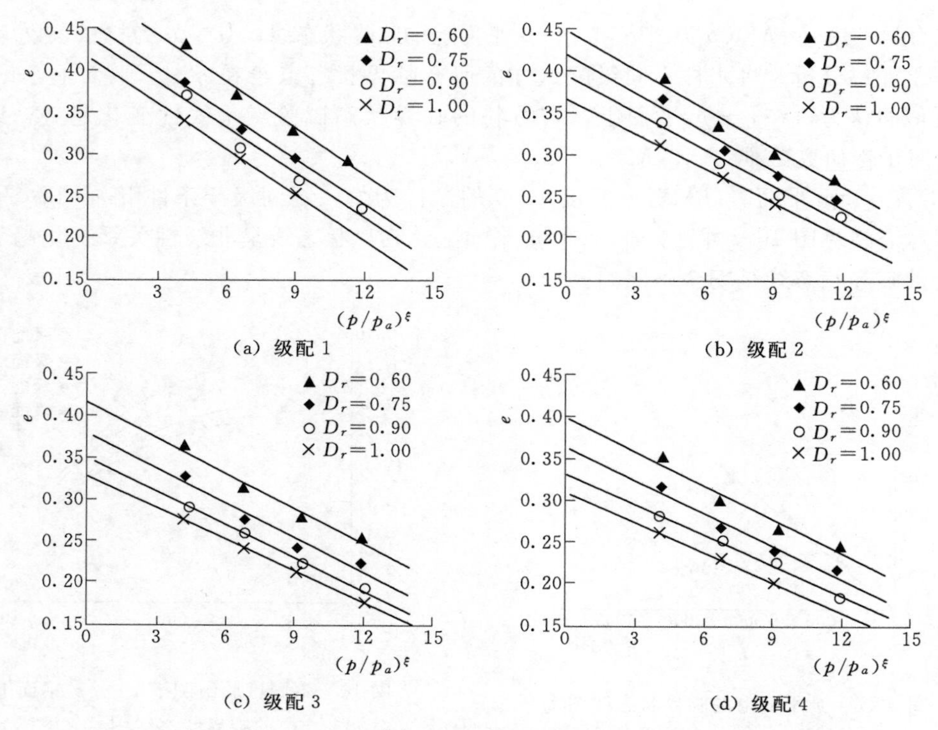

(a) 级配 1　(b) 级配 2

(c) 级配 3　(d) 级配 4

图 11　$e-(p'/p_a)^{\xi}$ 平面内的临界状态线图

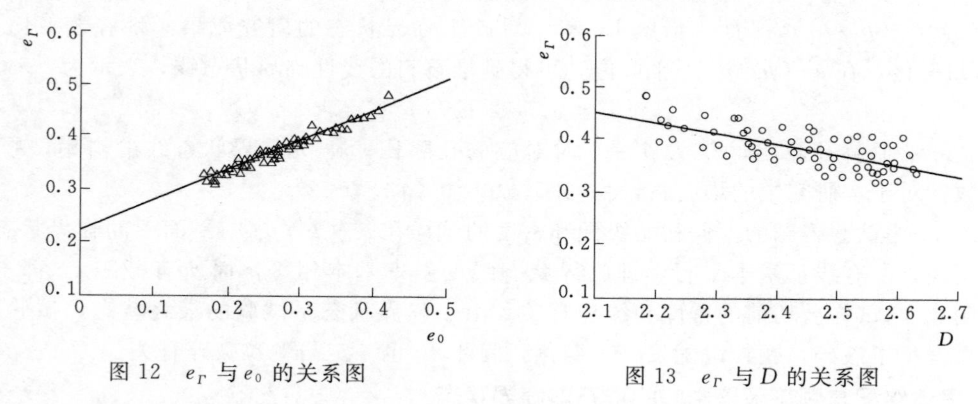

图 12　e_{Γ} 与 e_0 的关系图　　图 13　e_{Γ} 与 D 的关系图

$$D=l+\alpha(\sigma_3/p_a)+\beta D_0 \tag{4}$$

式中：l、α、β 为材料参数，对于本研究中的堆石料，$l=0.744$，$\alpha=0.008$，$\beta=0.699$。

综上，对于本研究中的堆石料，$e-(p'/p_a)^{\xi}$ 临界状态线平面上的临界状态表示为

$$\left.\begin{aligned} e_c&=e_{\Gamma}-\lambda_c(p'/p_a)^{\xi}\\ e_{\Gamma}&=c-\alpha D+be_0\\ D&=l+\alpha(\sigma_3/p_a)+\beta D_0 \end{aligned}\right\} \tag{5}$$

这样，临界状态孔隙比可以通过初始密度 e_0、初始级配 D_0 和有效平均正应力 p' 求得。

3　结论

堆石料的临界状态是研究其剪胀理论及本构模型的基础，通过设置 4 种典型级配，选

取 4 种相对密实度，在 4 种围压条件下开展了一系列三轴排水剪切试验，以研究堆石料的变形特性及其临界状态，主要结论如下。

（1）堆石料的变形特性主要取决于密度和应力水平，密度越大，应力水平越低，堆石料的剪胀特性越显著。

（2）当剪应变较大时，所有试样都达到了临界状态，临界状态与初始密度、初始级配、颗粒破碎有关。

（3）$q-p'$平面内，堆石料存在唯一的临界应力比 M。

（4）$e-(p'/p_a)^{\xi}$ 平面内，临界状态线基本平行，其截距可以根据初始密度和初始级配直接求得。

参考文献

[1] ROSCOE K H, SCHOFIELD A N, WROTH C P. On the yielding of soils[J]. Géotechnique, 1958, 8 (1): 22-53.

[2] LI X S, DAFALIAS Y F. Dilatancy for cohesionless soils[J]. Géotechnique, 2000, 50 (4): 449-460.

[3] CAI Zheng-yin. The deformation behavior of sand[M]. Zhengzhou: Yellow River Conservancy Press, 2004.

[4] 曹培，蔡正银．砂土应力路径试验的数值模拟[J]．岩土工程学报，2008，30（1）：133-137.

[5] 郭熙灵，胡辉，包承纲．堆石料颗粒破碎对剪胀性及抗剪强度的影响[J]．岩土工程学报，1997，19（3）：83-88.

[6] 米占宽，李国英，陈铁林．考虑颗粒破碎的堆石料本构模型[J]．岩土工程学报，2007，29（12）：1865-1869.

[7] 丁树云，蔡正银，凌华．堆石料的强度与变形特性及临界状态研究[J]．岩土工程学报，2010，32（2）：248-252.

[8] 刘恩龙，覃燕林，陈生水，等．堆石料的临界状态探讨[J]．水利学报，2012，43（5）：505-511.

[9] 刘恩龙，陈生水，李国英，等．堆石料的临界状态与考虑颗粒破碎的本构模型[J]．岩土力学，2011，32（增刊 2）：148-154.

[10] LI X S, DAFALIAS Y F, WANG Z L. State-dependent dilatancy in critical state constitutive modeling of sand[J]. Canadian Geotechnical Journal, 1999, 36 (4): 599-611.

[11] XIAO Y, ASCE S M, LIU H L, et al. Strength and deformation of rockfill material based on large-scale triaxial compression tests I: influences of density and pressure [J]. Journal of Geotechnical and Geoenvironmental Engineering, ASCE, 2014, 140 (12): 04014070.

[12] XIAO Y, ASCE S M, LIU H L, et al. Strength and deformation of rockfill material basedon large-scale triaxial compression tests Ⅱ: influence of Particle Breakage[J]. Journal of Geotechnical and Geoenvironmental Engineering, ASCE, 2014, 140.

[13] MARSAL R J. Large-scale testing of rockfill materials[J]. Journal of Soils Mechanics and Foundation Division, American Society of CivilEnginees, 1967, 93 (2): 27-43.

[14] HARDIN B O. Crushing of soil particles[J]. Journal of Geotechnical Engineering, 1985, 111 (10): 1177-1192.

[15] 石修松．平面应变条件下堆石料强度和中主应力研究[D]．武汉：长江科学院，2011.

[16] 中华人民共和国水利部．土工试验规程：SL 237—1999[S]．北京：中国水利水电出版社，1999.

[17] LI X S, WANG Y. Linear representation of steady-state line for sand[J]. Journal of Geotechnical and Geoenviromental Engineering, ASCE, 1998, 124 (12): 1215-1217.

温度变化对堆石料变形影响的试验研究

石北啸[1,2]　蔡正银[1,2]　陈生水[1,2]

(1. 水利部土石坝破坏机理与防控技术重点实验室；
2. 南京水利科学研究院岩土工程研究所)

摘要：高土石坝建设使用的填筑堆石料在外界温度变化时，变形和力学特性会发生改变，可能影响坝体长期变形。首次采用自主研发的大型劣化三轴仪，通过低温、常温、高温及不同温度循环次数下的堆石料流变试验，研究温度对堆石料强度和变形的影响规律。试验发现：堆石料的流变变形受温度影响较大，温度升高，流变量减小，温度降低，流变量增大；经历温度循环次数越多，最终轴向及体积流变量越大。随着流变过程中试样温度的增加，轴向最终流变量呈减小趋势，随着冷却或增热次数增加，轴向和体积变形均呈逐渐减小的趋势。分析认为，温度循环造成堆石料一定程度上的损伤，导致其颗粒强度降低，变形量增大，经历多次温度循环后堆石料内部颗粒的劣化已经完成，变形基本不在明显。

关键词：高土石坝；堆石料；流变；温度

0　引言

中国已建或在建的9.8万多座水库大坝中90%以上为土石坝，随着水资源开发的逐步推进，一批主要由堆石料构筑而成的高土石坝正在中国西南、西北、东北等地区建设或即将开工建设，这些高土石坝受当地筑坝材料的限制，坝体部分材料不得不使用软岩或弱风化岩筑坝，同时，工程所在区域环境条件恶劣，如年度内或昼夜温差大，极寒或高温地区坝体冻融现象频现，库水位大幅波动等，容易导致其强度变形性质发生劣化，宏观上表现为坝体产生的附加后期变形增大，而过大的后期变形极易造成土石坝面板产生裂缝，对土石坝的长期安全性产生不利影响。内外大量已建土石坝安全监测资料显示，堆石料具有长期变形的性质，后期变形至稳定可能要持续几年、十几年甚至更长。如1989年中国建成的第一座面板堆石坝——西北口面板堆石坝，运行7年后坝体仍产生较大的变形[1]。1971建成的澳大利亚塞沙那（Cethana）坝运行10年后仍在沉降[2]。土石坝后期变形一般约为坝高的0.1%。但有些坝的后期变形较大，如天生桥面板堆石坝蓄水后陆续下沉量超过1.0m，蓄水2年后沉降达到最大坝高的1.9%；中国高的西北口面板坝，观测沉降最大的点在施工完成时的沉降为36cm，8年后的沉降发展到66cm，堆石的工后变形量相当大[1]；巴西阿里亚坝实测的最大沉降量达到坝高的2.36%[3]；土耳其Ataturk心墙堆石坝竣工后坝顶沉降达2.5m，坝体最大沉降达7.0m[4]。

众多研究学者逐渐意识到，堆石料除在浸水湿化或稳定荷载下发生长期流变变形外，大坝建设过程及正常使用期间，经历风吹雨淋、水位波动、干湿循环甚至地震动力荷载等外界环境作用，都会对堆石料的变形产生影响。Alberto 等[5]曾对经过 25 年天然风化（水位波动和温度变化等）的玄武岩堆石料进行大型三轴和直剪试验，研究大坝护坡玄武岩堆石料的天然风化情况。Castellanza 等[6]将试样置于侧限压缩仪中施加一定的竖向荷载，在恒定荷载作用下从试样底部注入酸性溶液，观察试验用料的劣化及竖向变形，研究风化作用对易风化碳酸盐岩力学性质的影响。张丹和李广信等[7-9]进行了软岩粗粒土的增湿及干湿循环试验研究，研究结果表明，软岩粗粒土在初次增湿时产生很大的变形，但是在若干次的干湿循环后，试样的增湿变形逐渐变小；而试样在减湿过程中，除初次减湿产生明显的变形外，在反复的干湿循环过程中，减湿变形一直很明显，并成为长期干湿循环变形的主要部分。王海俊等[10]在常规三轴试验仪上研究了干湿循环对堆石料长期变形特性的影响，认为干湿循环作用引起的长期变形非常明显，对于坝体安全和稳定的影响不容忽视。并根据试验研究揭示的变形规律，建立了相应的计算干湿循环变形的数值模型。丁艳辉等[11]用模拟降雨入渗的方法控制堆石体的湿化饱和度，进行了侧限压缩条件下堆石体的非饱和湿化试验，认为只有小孔隙吸附水才是有效湿化含水率，堆石体的湿化变形主要发生在小含水率湿化阶段。孙国亮等[12-13]探讨了干湿、冷热循环作用下堆石料的力学性质，试验表明，干湿循环和湿冷－干热耦合循环均可导致堆石体产生较大幅度的附加变形，其变形机制包括湿化变形、堆石体颗粒湿胀和干缩循环变形以及堆石料的劣化变形等；并认为环境因素的循环变化可导致堆石体颗粒的劣化，堆石体劣化变形是高土石坝后期变形的重要组成部分。

1　坝体上游堆石料的温度影响分区

土石坝坝体不同部位的堆石料所处环境不同，在运行期内受库水位波动、降雨入渗与蒸发等作用的影响，其所处环境也会有所变化。以心墙堆石坝为例（图 1），处在坝体上游浅表层的堆石区，可分为 3 个不同区域，堆石①区，因库水位的涨落而处于干燥到湿润再到饱和的波动状态，堆石料温度受外界环境变化影响明显；堆石②区，虽位于浸润线以上，但受降雨入渗和日照蒸发的外界环境影响，也会出现干燥和饱和的不同状态，且外界温度变化对其影响颇为显著；堆石③区，因长期位于浸润线以下，始终处于饱和状态，随水库内水温的变化也会有温度的缓慢升降过程。

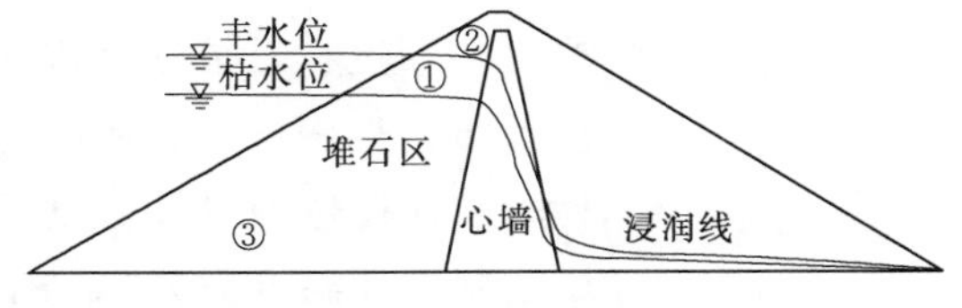

图 1　心墙堆石坝环境影响分区图

处于坝体中的堆石料长期处于流变的非稳定状态，而其流变量和流变速率在夏季和冬季是否发生变化，历经多年夏季高温到冬季低温的温度循环后，堆石料的强度和变形情况如何，这些都会对坝体的长期变形稳定造成影响，而该方面的研究工作因缺乏相应的试验设备和耗时长等条件限制很少有人涉足。采用大型劣化三轴仪，研究在一定应力状态下堆石料变形的温度效应，寻求温度变化引起的堆石料强度和变形规律，在保障大坝建设施工和运营期内的坝体长期变形稳定方面具有重要意义。

2 试验设备及方法

国内专家张丙印等[13]在大型压缩仪上改造成功堆石料风化仪，并进行了温度循环条件下堆石料变形特性研究，为堆石料温度循环变形特性研究提供了很好的研究思路，但该设备试样尺寸较小，直径仅为150mm，高度150mm，尺寸效应明显，且无法施加周围压力和准确获知试样的即时温度。

温度变化对堆石料强度和变形影响试验在南京水利科学研究院筑坝材料试验中心进行，该院自行研制成功的大型劣化仪及其控制系统见图2。该劣化仪采用私服电机带动4根滚珠丝杠进行轴向加载，围压加载也采用私服电机自动控制，控制精度分别为：轴向0.05kN，围压0.1kPa，轴向位移0.003mm，体变量测精度为1mL，可在固定围压和应力水平下进行流变试验60d以上。试样尺寸为：直径300mm，高度700mm。

为实现堆石料在固定围压和一定应力水平下的温度循环，并准确获知堆石料试样温度，针对饱和试样的固定温度和温度循环条件下的堆石料三轴试验，在原有大型劣化仪的设计基础上稍加改造，增加水加热（冷却）箱及其循环控制系统，将固定温度的水在较小的固定压力下从试样底部送入，从试样顶部流出后进入循环加热（冷却）箱，冷却或加热后再次输送，通过水体与堆石料颗粒的直接接触来冷却或加热试样，试样两端透水板上土工布的阻挡作用，试样中的细颗粒并未被带走流失，采集进水口和出水口的水温即可知试样温度。

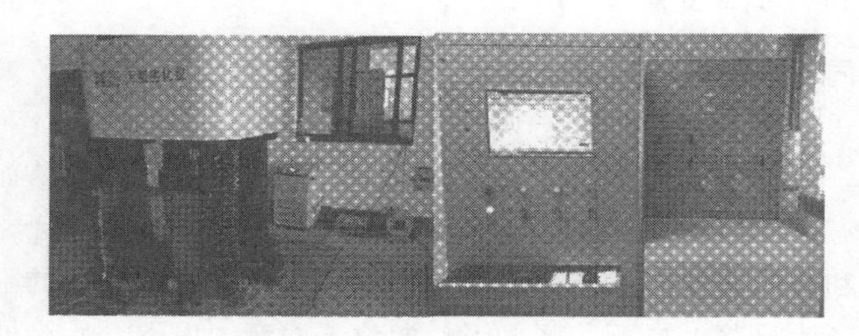

图2　大型劣化三轴仪及其控制系统

采用该设计方法进行堆石料的温度循环试验，试样密度和应力水平均较低时，可在几个小时内实现试样10～40℃之间的一个温度循环过程。根据该方法设计的试样温度变化设计曲线见图3，实际进行温度变化试验时，为检验试样在达到设计温度后的稳定性，当试样温度达到设计温度后并未马上进行升温或降温，试验中试样温度随时间变化曲线见图4。从该曲线上看，在固定围压和应力水平下，试样温度从常温降低到10℃，温度从10℃上升到40℃后回到常温，一个过程所需时间约为6h，并且，温度达到某一设定值后可以持续保持试样恒温，便于进行堆石料在某温度或温度多次循环后的流变试验。

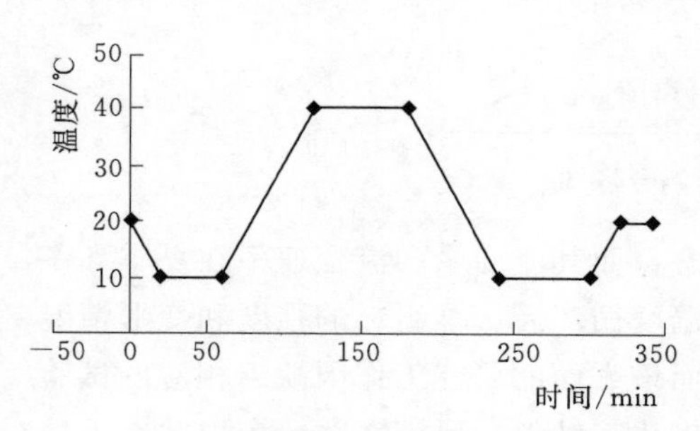

图3　试样温度变化设计曲线图

诚然，因围压和应力水平较低时，堆石料试样内部孔隙较多，自由水流动和温度循环速度较快，随围压和应力水平的提高，流变时间越长，试样越来越密实，内部孔隙越来越少，温度循环速度会变慢，且随着循环次数增加，循环速度也会逐渐变慢。

为研究不同温度下堆石料的剪切强度和流变变形特征，不同温度循环次数后强度及流变变形特征，从某高土石坝料场采样得到的弱卸荷英安岩，按照一定的设计级配缩尺后进行大型三轴试验级配设计，试验级配及缩尺后的试验堆石料级配曲线见图5。

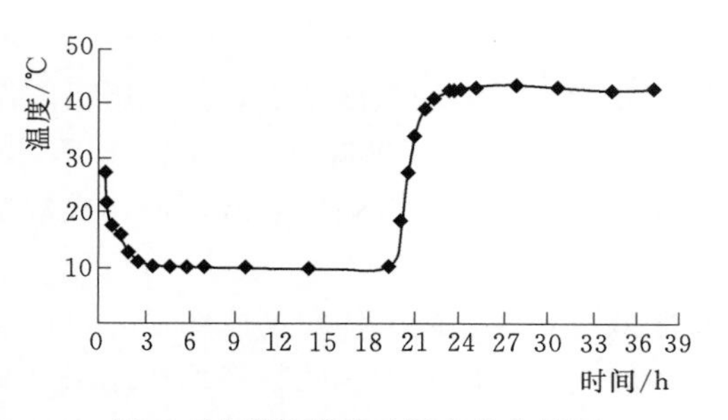

图4 试样温度随时间变化曲线图

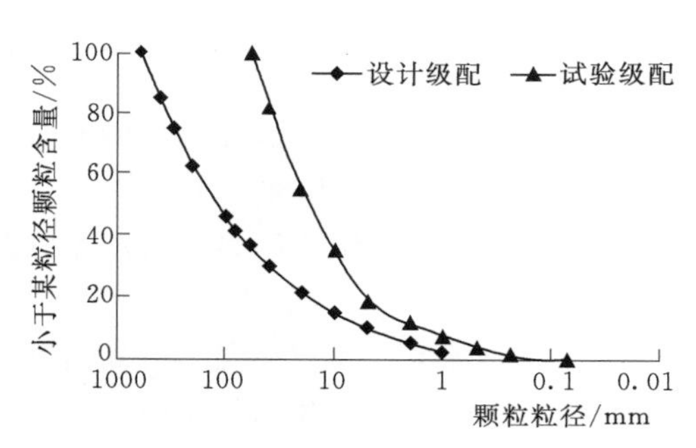

图5 试验堆石料级配曲线图

将不同粒径堆石颗粒按设计级配称重后充分混合均匀，分5层填装制样并击实，控制试样干密度为2.17g/cm³。本次试验设计为围压400kPa、应力水平均为0.4条件下的饱和堆石料试样三轴直接剪切试验，10℃、20℃、40℃温度下的流变后剪切试验，从10℃～40℃～10℃温度循环1次、循环3次的流变后剪切试验，共进行6个温度引起堆石料变形特性的大型三轴试验，各试验中的三轴剪切均为固结完成后的排水剪切试验，试验完成后晾晒并进行筛分。试验过程严格按照《土工试验规程》（SL 237—1999）的规定执行。

为防止温度改变导致各量测数据失真、试验失败，对大型劣化三轴仪上所使用的各测量传感器，如围压传感器、荷重传感器、千分位位移传感器等仪器的温度效应进行标定，并在进行体积变形计算时，计入不同温度下三轴压力室的体积变形，水的体积膨胀系数等，尽量从技术上做到消除或避免测量系统的误差。

3 试验结果分析

3.1 温度对堆石料强度的影响

在固定围压和应力水平下，堆石料经历流变的颗粒翻转、压密过程，颗粒之间接触点增多，孔隙减小，试样更加密实，因此，现有堆石料室内大型三轴试验结果均表明，在一定应力水平下经过流变后的堆石料峰值抗剪强度要比三轴剪切得到的峰值抗剪强度高。但堆石料在不同温度下流变稳定后的剪切峰值强度是否有变化，并未见研究报道。为此，进行了20℃条件下的堆石料三轴剪切，10℃流变，20℃流变，40℃流变和温度循环1次、循环3次，在围压400kPa和应力水平0.4条件下流变稳定后剪切的峰值强度统计，不同试验条件下的峰值强度见图6。

从峰值强度上看，各温度下堆石料流变稳定后再剪切得到的峰值抗剪强度均比三轴直

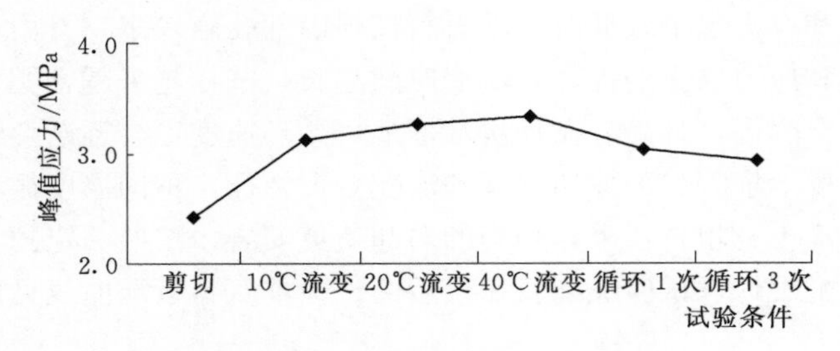

图6　不同试验条件下的峰值强度图

接剪切峰值强度高，随着试样温度的升高，试样流变稳定后剪切强度增加，但经历温度循环后峰值剪切强度明显降低，且随着循环次数增加，峰值强度逐渐降低。由此可以看出，温度对堆石料的强度影响明显，且温度循环变化会导致堆石料颗粒强度衰减，循环次数越多衰减越明显。

堆石料的各组成颗粒在温度升高后都会有热胀效应，颗粒越大体积膨胀明显，可以认为温度升高造成的颗粒体积膨胀改变了原来的试验级配，即所有颗粒的粒径均比原来试验级配中的颗粒粒径稍大。另外，经过流变后的堆石料孔隙率本来就已经比未经过流变的堆石料孔隙率低，各颗粒之间的接触更紧密，在固定围压和应力水平下，受热膨胀后各颗粒接触点增多，在剪应力作用下，尤其是大颗粒之间更容易接触和挤压，因此，宏观上表现出峰值抗剪强度的提高。

3.2　温度对堆石料轴向变形的影响

对温度循环3次试验中的每次冷却和加热过程轴向流变量进行统计，其轴向流变量见图7。从图上看，制冷过程轴向流变量明显增大，而加热时轴向流变量则变为负值，说明堆石料试样在流变过程中逐渐密实，但受热后堆石料颗粒会膨胀，流变量减小。另外，从冷却和加热不同次数来看，随着循环次数的增加，制冷造成的轴向流变量增加和加热形成的轴向流变量减小，均呈逐渐降低的趋势。

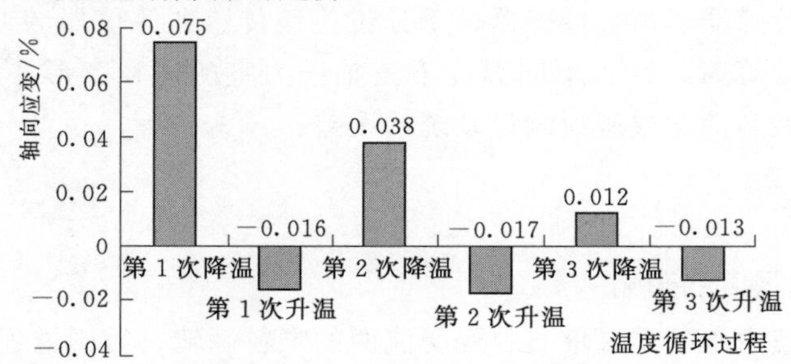

图7　冷却和加热时的轴向流变量图

对比不同温度下轴向流变量、温度循环1次和3次后的轴向流变量（图8），随温度升高，最终轴向流变量逐渐减小，说明堆石料随温度升高而出现体积膨胀，轴向上的变形量也就明显变小。温度循环后流变量明显增加，且循环次数越多越明显。这主要是因为温度的反复循环导致强度较弱或棱角较尖锐的堆石料颗粒破碎，加之围压和应力作用下堆石料各颗粒之间接触越来越紧密，造成堆石料轴向流变量逐渐增大。

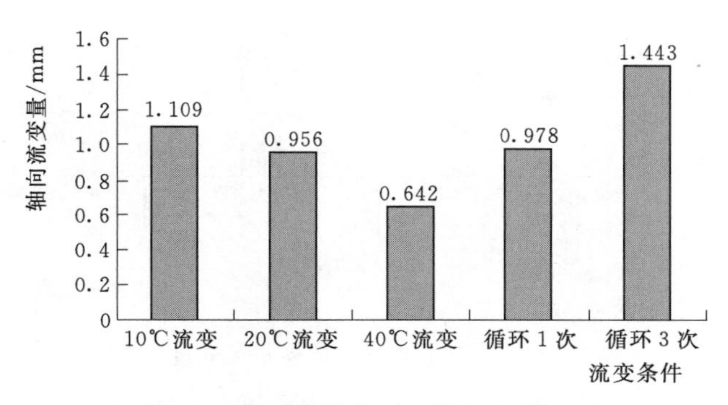

图8　不同试验条件下的轴向流变量图

整理温度循环3次流变稳定后剪切试验的轴向变形和温度变化曲线见图9，从图上可以看出，轴向变形随温度循环而呈规律性变化，总体表现为：温度升高，轴向变形减小，温度降低，轴向变形增大；循环次数越多，轴向变形的增大幅度和绝对变化量越小。正是因为堆石料颗粒的热胀冷缩效应，导致轴向变形量随温度的规律性变化，但由于温度循环的持续，造成的颗粒破碎未停止，轴向变形量仍持续增加，但随着循环次数的增加，堆石料颗粒破碎量逐渐减小，并逐渐趋于相对稳定后，轴向变形将不再显著增加。

3.3　温度对堆石料体积变形的影响

从温度对堆石料轴向变形的影响分析来看，温度升高会导致堆石料的膨胀，轴向变形减小，因此，必然会引起堆石料试样的体积膨胀。堆石料在固定围压和应力水平下的流变试验，可以通过试样的排水量计算出试样的体积变形，整理堆石料3次温度循环试验过程中的试样体积变形和温度变化曲线见图10。

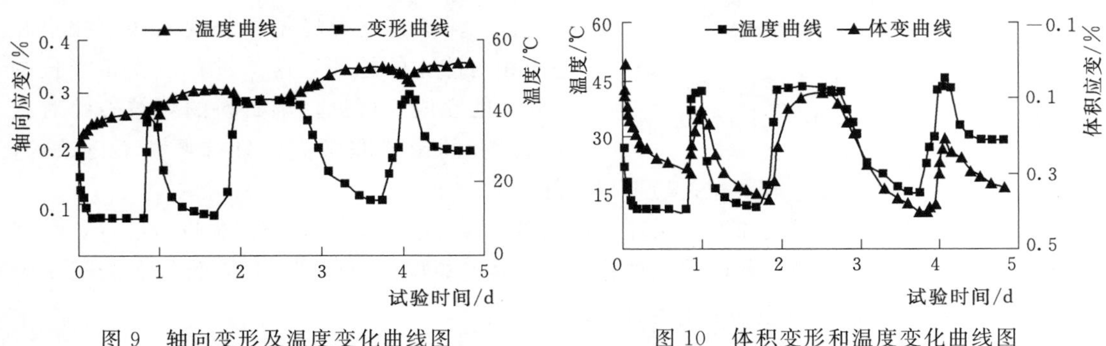

图9　轴向变形及温度变化曲线图

图10　体积变形和温度变化曲线图

图10可见，试样的体积变化和温度变化规律基本一致，即：温度降低，试样体积收缩变形增大，温度升高，试样发生体积膨胀，但流变过程中的总体趋势依然是试样体积不断减小。对冷却和加热时堆石料的体积变形进行分析（图11）可以看出，堆石料体积变形的热胀冷缩效应非常明显，且随温度循环次数的增加逐渐减弱。

将相同应力水平条件下常规流变和温度循环3次流变试验的轴向变形和体积变形曲线分别绘制在同一图上对比分析（图12），从图12可以看出，在围压400kPa，应力水平0.4条件下，常规流变试验经过大致3d时间，轴向和体积变形基本稳定，可以认为流变

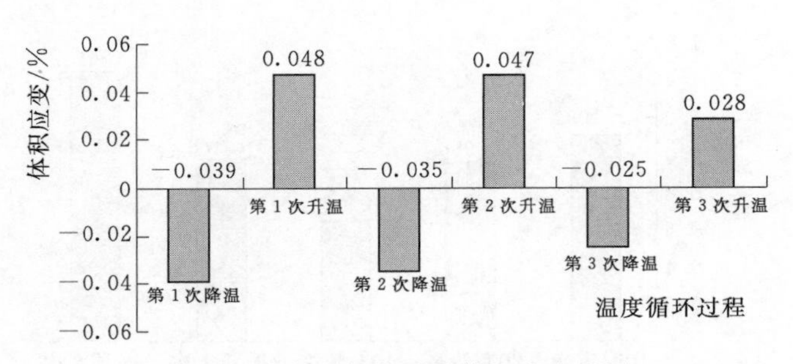

图 11　冷却和加热时的体积流变量图

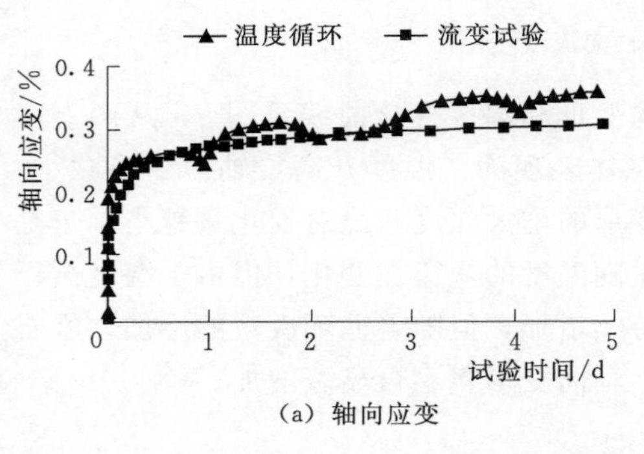

(a) 轴向应变

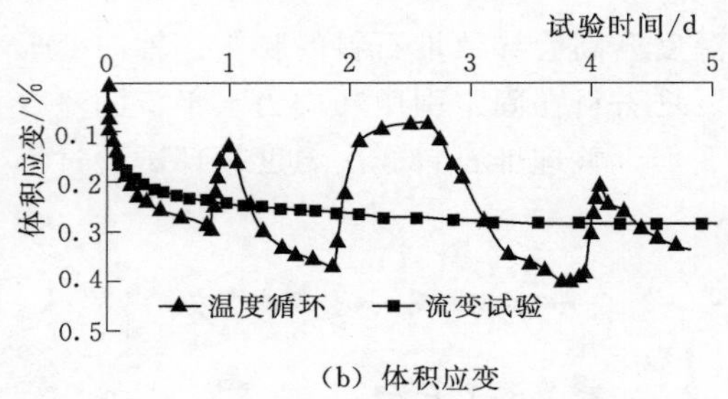

(b) 体积应变

图 12　常温及温度循环时的流变变形图

过程结束。而经历温度循环时轴向和体积变形都随温度有较大幅度的变动，且3次温度循环后的轴向和体积变形趋势仍非常明显，流变稳定时间明显比未经历温度循环时要长；另外，从图上还可以明显看出，温度循环后的体积和轴向最终流变量会比常温下的体积和轴向变形量大。

堆石料流变的主要机理是高接触应力造成颗粒破碎和重新排列，应力释放、颗粒位置调整和转移压密的循环过程，只有当外界环境作用下颗粒不再发生破碎而只有重新排列时，堆石料才会慢慢趋近于较高的密实度和较小的孔隙比，颗粒重新排列阶段的变形量较小而且比较平稳，堆石体变形增量也表现出逐渐减小并趋于相对静止的趋势，这个过程需要相当长的时间才能完成。可见，堆石料的颗粒破碎对其流变过程的影响非常大，只有颗粒不再破碎，堆石料的流变过程才会基本平稳并趋于相对静止。

对常温、温度循环1次和温度循环3次条件下堆石料的颗粒破碎情况进行统计，采用Marsal研究Mica Dam堆石料时建议的指标 B_g 描述颗粒破碎程度。即：计算各粒组试验前后含量的差值 ΔW_k，取所有正值的和作为颗粒破碎率 B_g，用百分数表示，计算公式为

$$B_g = \sum \Delta W_k = \sum (W_{ki} - W_{kf}) \tag{1}$$

式中：W_{ki} 为试验前某一级配粒组的含量；W_{kf} 为试验后对应级配粒组的含量。

其结果见图13，从图上可以明显看出，经过温度循环后颗粒破碎率比常温下流变后的颗粒破碎率高；温度循环次数越多，颗粒破碎率越高，表明温度循环造成了堆石料颗粒的劣化

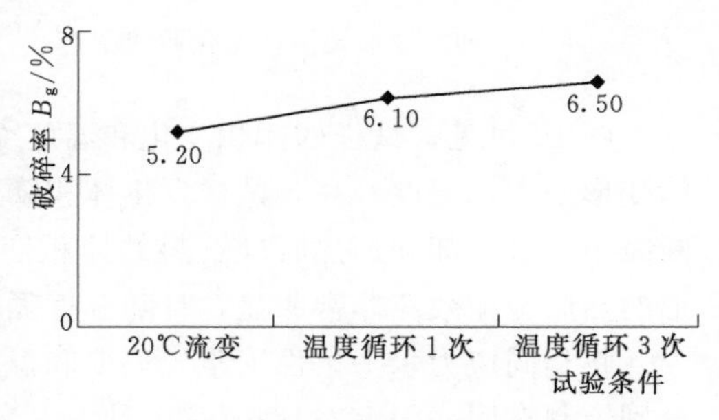

图 13　不同试验条件下的颗粒破碎率图

破碎。

流变过程中棱角较为明显的颗粒因高接触应力而易于破碎，较大颗粒又因自身缺陷，如微裂隙、空洞等的存在，在温度循环过程中受温度的影响而扩大、张开或缩小、闭合，导致大颗粒沿着微裂隙或空洞形成的薄弱面开裂，因此，温度循环后的颗粒破碎率增加。

从以上温度对堆石料强度和变形试验结果来看，温度的改变会影响堆石料的峰值抗剪强度；温度循环造成的堆石料颗粒破碎，对流变后的轴向和体积变形影响较大。无论是轴向变形还是体积变形，均随温度呈规律性变化：温度升高，变形量减小，温度降低，变形量增大。从每次由冷到热、由热到冷来看，随着冷却或增热次数增加，轴向和体积变形均呈逐渐减小的趋势，由此可以认为经历多次温度循环后，堆石料内部颗粒的劣化破碎基本完成后，流变变形将逐渐趋于相对稳定，因此，建议在进行堆石料室内流变试验时，应考虑流变量的温度效应，并根据工程实际情况，以多次温度循环后的流变量进行流变参数的整理。

4 结论

通过多个不同温度和温度循环条件下的堆石料流变试验，对温度引起的堆石料变形进行分析，主要得到如下结论。

（1）首次采用大型三轴劣化仪对温度引起的堆石料变形问题进行研究，不同温度条件下流变后的剪切试验表明，温度会影响堆石料的峰值抗剪强度，堆石料强度随温度的升高而增大，但经历温度循环后的强度衰减明显，且循环次数越多越明显。

（2）堆石料的流变变形受温度影响较大，温度升高，轴向流变量减小，体积变形量增加，温度降低，轴向流变量增大，体积变形量减小；经历温度循环后的轴向和体积流变量均比未经历温度循环的流变量大，稳定时间延长，且循环次数越多，越明显；流变量随温度循环次数增加而逐渐减小，并最终趋于稳定。

（3）温度循环导致颗粒强度逐渐劣化而易于破碎，颗粒破碎率随温度循环次数的增加而逐渐增大，并导致堆石料的轴向和体积流变量均随温度循环次数的增加而增大，流变至基本稳定的时间明显延长。

（4）因温度对堆石料的流变变形影响较为明显，建议在进行堆石料流变试验时，应该考虑流变量的温度效应，以多次温度循环并流变稳定的流变量进行流变参数的整理更为科学。

需要指出的是，本次试验温度循环次数较少，且因堆石料级配、密度和母岩岩性等差别较大，上述结论仅是采用的弱风化英安岩在固定级配和密度条件下的研究结果，其强度、变形和颗粒破碎等规律的普适性仍需大量试验验证。

参考文献

[1] 彭正光. 西北口面板堆石现蓄水 7 年变形分析[J]. 水利水电技术，1999，30（9）：24-27.

[2] MARANDA DAS N E, Advances in rockfill structure[M]. London: Kluwer Academic Publishers, 1991.

[3] 杨键. 天生桥一级水电站面板堆石坝沉降分析[J]. 云南水力发电，2001，17（2）：59-63.

[4] CETIN H, LAMAN M, ERTUNC A. Settlementand slaking problems in the world's fourth largest rock-fill dam, the Ataturk Dam in Turkey[J]. Engineering Geological, 2000, 56 (3): 225 - 242.

[5] ALBERTO S F J, SAY O, PAULO C A, et al. Considerations on the shear strength behavior of weathered rock fills[C] // Committee for the 16th International Conference on Soil Mechanics and Geotechnical Engineering (16th ICSMGE). Osaka, 2005.

[6] Riccardo Castellanza and Roberto Nova. Oedometric tests on artificially weathered carbonator soft rocks [J]. Journal of Geotechnical and Geo-environmental Engineering, 2004, 130 (7): 28 - 739.

[7] 张丹. 软岩粗粒土的增湿及干湿循环试验研究[D]. 北京：清华大学，2006.

[8] 张丹，李广信，张其光. 软岩粗粒土增湿变形特性研究[J]. 水力发电学报，2009，28 (2)：52 - 55.

[9] LI Guangxin, ZHANG Dan, HANG Qigong. Test research on deformation of coarse-grainded soil with weak rock due to wetting-drying cycle[C] //Proceedings of the 1st International Conference on Long Time Effects and Seepage Behavior of Dams. Nanjing, 2008: 122 - 126.

[10] 王海俊，殷宗泽. 堆石料长期变形的室内试验研究[J]. 水利学报，2007，38 (8)：914 - 919.

[11] 丁艳辉，袁会娜，张丙印. 堆石料非饱和湿化变形特性试验研究[J]. 工程力学，2013，30 (9)：139 - 144.

[12] 孙国亮，张丙印，张其光，等. 不同环境条件下堆石料变形特性的试验研究[J]. 岩土力学，2010，31 (5)：1413 - 1420.

[13] 孙国亮. 堆石料风化过程中的抗剪强度和变形特性研究[D]. 北京：清华大学，2009.

NHRI-4000 型高性能大接触面直剪仪的研制

蔡正银[1]　茅加峰[2]　傅　华[1]　凌　华[1]

(1. 南京水利科学研究院岩土工程研究所；2. 南京土壤仪器有限公司)

摘要：介绍了 NHRI-4000 型高性能大接触面直剪仪研制与运用情况。采用数字 PID 模糊控制方式，实现垂直荷载和水平荷载的控制精度；采用 MCS51 单片机控制单元和多机通信等方式，实现垂直荷载和水平荷载的控制；在硬件电路上采用低通滤波等办法，在软件方面采用定量预测方法平滑测试信号，实现了传感器测量稳定性要求；引入 Spcomm 控件和定时控件，运用 Delphi 语言进行编程，实现了自动控制、自动采集、实时绘图等功能。

关键词：接触面；直剪仪；技术指标；控制精度

0　引言

水利工程中混凝土面板堆石坝面板与垫层之间的接触，心墙堆石坝中心墙土料与反滤料，坝壳料与基岩等多种类型的接触，这些通常是坝体关键部位或薄弱环节。材料特性的差异使得接触界面两侧常存在较大的剪应力并产生了位移不连续的现象，开展接触面的力学特性研究具有重要的理论意义与实践意义。

接触面的力学特性试验研究大都在直剪仪上进行。直剪仪是最早、最直接测定土体抗剪强度的试验设备。虽然直剪试验存在不能控制排水条件、剪切过程中试样有效面积逐渐减少、主应力方向变化等缺点[1]，但由于直剪试验经济、简便、直观，有关国家标准及行业规范、规程都将其作为测定土体抗剪强度指标的主要技术手段之一。Potyondy 最早采用直剪仪研究了土体与混凝土接触面的力学特性[2]。可进行粗颗粒土直剪试验或接触面特性试验研究的大型设备代表的有：清华大学岩土工程研究所研制的大型接触面循环加载剪切试验机（TH-20t CSSASSI），剪切盒尺寸为 250mm×250mm（宽×高）[3]、500mm×360mm（宽×高）[4-5]；长江科学院[6-7]等研制的剪切盒尺寸为 600mm×600mm（宽×高）的单剪仪；河海大学[8]研制的平面尺寸为 450mm×450mm（宽×高）直剪仪。

南京水利科学研究院与南京土壤仪器厂有限公司合作研制了 NHRI-4000 型高性能大接触面直剪仪[9]，该设备具有试样尺寸大、应力大、精度高、自动化程度高、操作方便等特点，可用于粗颗粒土的直剪试验，适用于粗颗粒土与其他建筑材料接触面的力学特性试验研究。本研究较为详细地介绍了该设备的研制思路，研制目标及其实现等情况。

1　直剪仪概况

1.1　直剪仪的组成

NHRI-4000 型高性能大接触面直剪仪由框架部件、法向力施加装置、剪切力施加装置、剪切盒、导轨部件、测量单元和计算机控制数据采集软件等组成，见图 1。框架构件承担竖向荷载和水平荷载；法向力施加装置施加竖向荷载；剪切力施加装置施加水平荷载；测量单元和计算机控制数据采集软件的功能主要实现试验控制、满足控制精度要求、采集数据和实时绘图等。

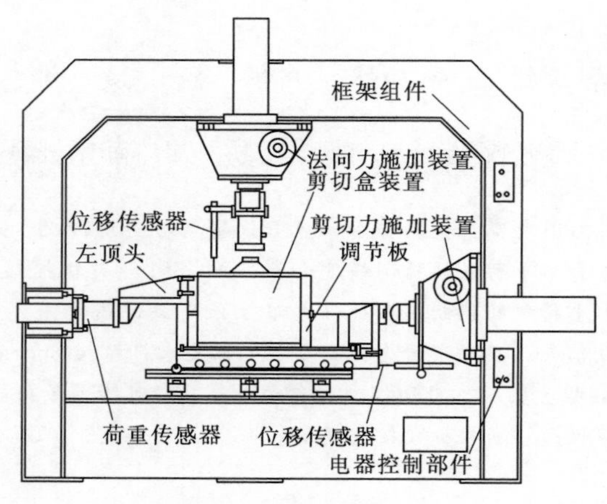

图 1　直剪仪的组成图

1.2　主要技术参数

根据粗颗粒土直剪试验和接触面力学特性试验研究的国内现状，考虑到土木和水利工程的实际情况，设计采用如下技术参数。

（1）剪切盒规格：上盒 500mm×500mm×150mm（长×宽×高）；下盒 500mm×670mm×150mm（长×宽×高）。

（2）上下剪切盒间隙可调范围：0～10mm。

（3）法向载荷。①小载荷范围：0～100kN，测量误差 1%FS；②中载荷范围：100～200kN，测量误差 1%FS；③大载荷范围：200～400kN，测量误差 1%FS。

（4）侧压力测量范围：0～3MPa，测量误差 1%FS。

（5）剪切速率：0.025～5.00mm/min，测量误差 1%FS。

（6）剪切位移：0～170mm，测量误差 1%FS。

（7）法向位移：0～30mm，测量误差 1%FS。

（8）电源：220V，50Hz，功率：3000W。

2　直剪仪的设计研究

2.1　法向力和剪切力控制精度的实现

法向力施加装置和剪切力施加装置均由伺服电机、蜗轮蜗杆减速机、升降机和传感器组成。为了提高工作效率，在主机框架上增加了快进/停、快退/停、启动等按钮，以便能快速调整法向推动头的位置。

根据直剪仪的技术指标要求，竖向荷载的最大量程为 400kN，在进行恒定法向力和剪切力控制时，误差小于 1%。实践中采用了数字 PID 模糊控制方式，通过不同的 P、I、

D 参数组合试验，以最佳 P、I、D 参数满足法向力控制精度的要求。

以竖向荷载控制精度为例，进行多次试验，最终选择了满足竖向荷载控制精度要求的一组数据：P、I、D 分别为 0.02、0.5 和 0.1。在系统完成调试后，进行了法向荷载为 70kN、140kN、210kN、320kN 时的恒载试验。恒载试验结果表明：选择上述参数，控制精度误差在 1%的范围内，其 210kN 时的试验数据见表 1。这表明采用 PID 控制模式，能够满足竖向荷载控制精度的要求。水平荷载的控制精度实现方式与竖向荷载的相类似，不再赘述。

表 1　　竖向荷载在 210kN 时的试验数据表

时间/min	0	10.72	15.77	20.88	22.2	24.27	26.85
竖向荷载/kN	0.14	209.35	211.61	208.73	210.82	209.49	210.32

2.2　控制方法

直剪仪的控制单元共分法向力施加装置、剪切力施加装置、测量单元和计算机软件等部分。为了将这些单元有机地联系在一起，就必须选取一定的控制方式。采用多机通信方式，不但能够发挥单片机实时控制、计算机数据处理控制的优势，而且避免了单片机数据处理能力差，计算机控制实时性不够的问题。同时多机通信方式，也提高了仪器的性能价格比，缩短了开发周期。

实践中法向力施加装置、剪切力施加装置、测量单元采用了 MCS51 单片机控制单元，以一台上位机控制多台下位机的控制方式，解决控制系统的问题；采用多机通信方式，达到了计算机控制法向力施加装置和剪切力施加装置的目的；采用多机通信模式后，可以针对法向力施加装置、剪切力施加装置、测量单元、PC 机控制系统分别进行特定目的、面向对象的编程设计。

2.3　传感器测量稳定性研究

在荷重传感器、位移传感器等测量过程中，环境条件、测量电路本身的稳定性、传感器自身的稳定性会造成传感器测量值的波动，从而影响法向力和剪切力施加装置控制系统的稳定性，导致直剪试验测试结果的不准确。

因此必须采取措施，提高传感器测量的稳定性。实践中一方面在硬件电路上采用低通滤波等措施降低测量值的波动。另一方面，传感器测量中电磁干扰等因素造成测量信号不稳定，由于测量值与信号之间会相互影响和作用，并且存在于整个测试的过程，在软件方面采用了定量预测方法平滑测试信号，以降低信号噪音；同时在软件编程中加入简单移动平均法，进行信号平滑处理。这两种措施有效地实现了传感器的稳定性。

2.4　通信数据可靠性的实现

为保证测试工作连续、可靠、准确，必须保证系统通信和控制的完好。串口数据在传输过程中，由于各种干扰（如电磁等）可能引起信息出错，反馈到控制单元后，必然将导致引起系统的不稳定。因此必须采取一定的措施，保证系统数据安全和完整可靠。

具体实践中采用了面向字符的同步协议，将法向力施加装置、剪切力施加装置和测量单元与计算机控制部分连接起来，组成一个控制测量系统，以保证系统数据安全和完整可靠。当从机接受主机信息后，进行特定字符识别、校验字符计算和辨别，确认准确后，执行规定指令并回发应答信号；当从机确认信息错误时，认为是无效信息。当主机没有收到发回的应答信号时，主机重新发出指令。同样，主机接受从机发回的信息后，也进行特定字符识别、校验字符计算和辨别，确认准确后，再进行数据处理和计算。按照上述措施，通信正常，没有出现误操作和乱码现象。

2.5 系统软件编程

直剪仪对软件的基本要求是完成数据采集、处理、实时图表显示、数据存储，根据试验要求完成对试验的全过程控制。

采用Delphi语言编程，利用Table组件管理数据库。在数据采集处理方面，引入Spcomm控件，根据各个控制单元之间的通信协议，完成数据回传、指令发出等功能。在取得传感器数据后，软件根据传感器的标定系数等参数采用简单移动平均法进行修正数据。在控制试验方面，引入定时控件，定时发出回传数据要求、根据记录数据的要求，将试验的数据写入数据库，实时显示试验过程曲线。

直剪仪的操作软件功能齐全，便于掌握和运用。试验过程数据开放，操作者能够及时修改控制数据，以改变试验方式。在软件的界面上也设置了图表功能，直观显示试验数据的变化，监视试验中异常现象的发生。

3 试验验证

NHRI－4000型高性能大接触面直剪仪试制完成后，进行了综合试验，以验证仪器的机械、测量、控制等综合性能。试验分为两部分：框架构件受力变形试验和粗粒土直剪试验。

3.1 框架构件受力变形试验

试验时框架构件承担法向力和剪切力，其结构设计应合理，需要满足一定的强度和刚度要求，为此进行了框架构件变形试验。试验时分别在竖向和水平向施加作用力，测量竖向和水平向框架构件的变形量，以考核框架构件的刚度。竖向和水平向荷载分为5级，从100kN逐级施加至500kN，再卸荷至0。框架构件变形试验的情况见表2和表3。

表2　竖向荷载作用下变形量情况表

竖向载荷/kN	100	200	300	400	500	0
竖向变形量/mm	0.73	1.42	2.20	3.00	4.00	0.00

表3　水平荷载作用下变形量情况表

水平向载荷/kN	100	200	300	400	500	0
水平向变形量/mm	0.21	0.40	0.65	0.90	1.20	0.00

由表2和表3，框架构件所受荷载与其变形量约呈线性关系，框架构件的结构在小于500kN荷载作用下处于弹性变形阶段，当荷载卸荷至完毕时变形量也可归零，即未发生塑性变形，这表明了在荷载设计指标400kN作用下框架构件是安全的，完全满足试验要求。试验同时也表明了设备电机的驱动功率满足使用要求。

3.2 粗颗粒土直剪试验

为验证直剪仪的可靠性和准确性，进行了粗粒土的大型直剪试验。试验所用粗粒土粒径在 5～10mm 范围内，接近均匀，颗粒棱角较为锋锐。试验方法和强度指标整理方法见《土工试验规程》（SL 237—1999）。试验时竖向荷载分为 4 级，分别为 70kN、140kN、210kN 和 320kN，试样在不同的法向力作用下，进行等应变剪切面直剪试验。试验结果见图 2 和图 3。

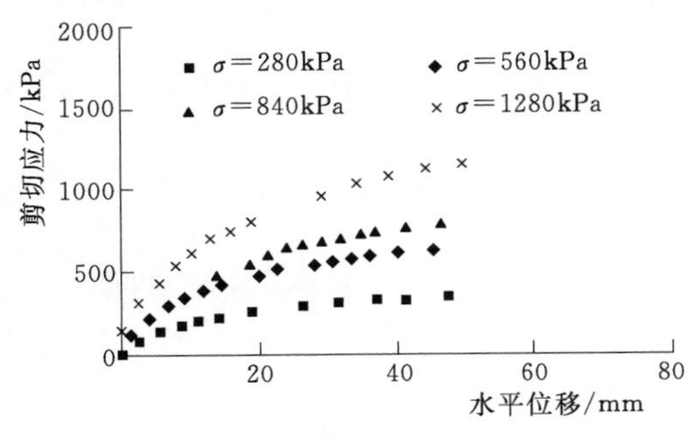

图 2 剪应力与水平位移关系曲线图

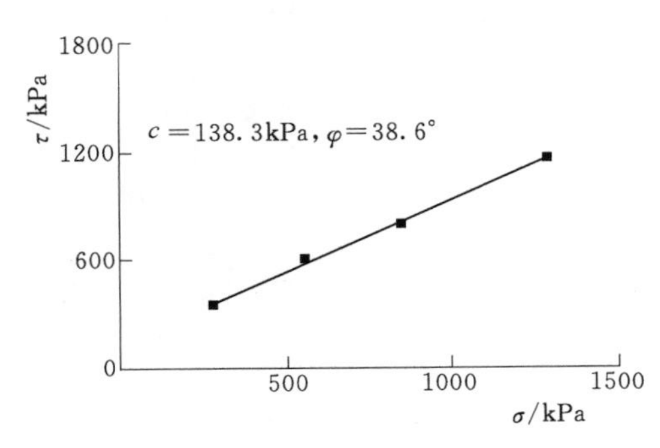

图 3 强度包线图

由图 2 和图 3 可知，试验曲线符合一般规律，强度指标在正常数值范围内，合理可信，表明了直剪仪控制精度和测量精度满足要求。试验过程中发现该设备自动化程度较高，制样完成后，其后续操作皆可通过计算机指令完成，软件控制窗口也简单易懂。试验过程中，试验数据能实时显示，同时也自动绘制试验曲线。这些都表明了直剪仪地研制是成功的，达到了预期目标。

4 结论

（1）NHRI-4000 型高性能大接触面直剪仪具有试样尺寸大、应力大、精度高、自动化程度高、操作方便等特点，可用于粗颗粒土的直剪试验，特别适用于粗颗粒土与其他建筑材料接触面的力学特性试验研究。

（2）NHRI-4000 型高性能大接触面直剪仪的技术指标科学合理，设备的研制思路正确，采用数字 PID 模糊控制方式，满足垂直荷载和水平荷载的控制精度要求；采用 MCS51 单片机控制单元和多机通信等方式，实现垂直荷载和水平荷载的控制；在硬件电路上采用低通滤波等办法，在软件方面采用定量预测方法平滑测试信号，实现了传感器测量稳定性的要求；引入 Spcomm 控件和定时控件，运用 Delphi 语言进行编程，实现了自动采集、自动控制、实时绘图等功能。

（3）框架构件受力变形试验和粗颗粒土直剪试验的试验过程与试验结果表明，NHRI-4000 型高性能大接触面直剪仪的研制是成功的，达到了设计要求。

参考文献

[1] 钱家欢. 土力学[M]. 第 2 版. 南京：河海大学出版社，1995.

[2] POTYONDY J G. Skin friction between various soils and construction materials[J]. Géotechnique,

1961，11（4）：339－353.

［3］张丙印，付建，李全明．散粒体材料间接触面力学特性的单剪试验研究[J]．岩土力学，2004，25（10）：1522－1526.

［4］张嘎，张建民．大型土与结构接触面循环加载剪切仪的研制及应用[J]．岩土工程学报，2003，25（2）：149－153.

［5］胡黎明，马杰，张丙印，等．粗粒料与结构物接触面力学特性缩尺效应[J]．清华大学学报（自然科学版），2007，47（3）：327－330.

［6］周小文，龚壁卫，丁红顺，等．砾石垫层-混凝土接触面力学特性单剪试验研究[J]．岩土工程学报，2005，27（8）：876－880.

［7］张治军，苏华，饶锡保，等．砂砾石与结构接触面强度与变形特性试验研究[J]．三峡大学学报（自然科学版），2008，30（1）：64－68.

［8］殷宗泽，朱泓，许国华．土与结构材料接触面的变形及其数学模拟[J]．岩土工程学报，1994，16（3）：14－22.

［9］茅加峰．NHRI－4000型高性能大接触面直剪仪的设计研究[D]．南京：南京理工大学，2009.

河口村水库坝肩灰岩力学特性试验研究

刘海宁[1,2]　张亚峰[1]

（1. 华北水利水电大学；2. 盾构及掘进技术国家重点实验室）

摘要：从河口村水库坝肩取样制备完整的和含裂隙的灰岩试样，利用TAW-2000岩石三轴仪对制备的岩样进行不同围压下的岩石三轴压缩试验，得到了完整和裂隙灰岩在不同围压下的应力-应变曲线及其变形、强度和破裂特性规律。试验中，裂隙面与最大主应力夹角为0°～80°，围压为5～15MPa。试验结果表明：完整灰岩的峰值强度和变形模量随围压的增大而增大，并且呈线性关系；裂隙灰岩在三轴压缩下有两种破坏形态，分别为穿裂隙面破坏和沿裂隙面滑移破坏；裂隙灰岩的强度和变形特性及破坏特征受裂隙面倾角θ的影响很大，当$\theta>60°$时，沿裂隙面滑移破坏，当$\theta\leqslant 60°$时，穿裂隙面破坏；其中穿裂隙面破坏的灰岩与完整灰岩均为岩体材料的破坏，并且与完整灰岩的破坏形态和强度变形特征相似。

关键词：三轴压缩试验；应力-应变曲线；完整灰岩；裂隙灰岩；破裂特征

岩体在长期的地质作用下所生成的不同类型的节理、裂隙及软弱界面，使岩体成为不连续、非均匀、各向异性的介质体[1]。岩体的破坏机制、强度和变形特性在很大程度上受这些不连续面的规模、密度及空间分布特性的影响。无论在加载或者卸荷条件下，节理和裂隙的形态分布等对于岩体强度和变形的影响都很大，因此对于裂隙岩体在加、卸荷状态下力学特性的研究具有十分重要的意义。

李建林等[2-3]对高边坡节理岩体卸荷非线性力学特性进行了试验研究，指出岩体卸荷时，结构面方向对卸荷特性有直接的影响，不同的结构面夹角对卸荷应力-应变关系也有直接的影响。李宏哲等[4-9]开展了含节理岩石试件的变形特性试验，对试验后的岩样破坏特征、强度和变形特性进行了分析。肖桃李等[10]、路亚妮等[11]通过预制特定倾角和特定尺寸的单裂隙，进行不同围压下的三轴压缩试验，指出三轴压缩条件下试样的破裂模式有3种，即拉剪复合破坏、“X”形的剪切破坏和沿裂隙面的剪切破坏。

河口村水库库区位于沁河中游太行山峡谷段的南端，坝址位于太行山背斜的轴部、盘古寺断层的上升盘，含有多条断裂构造带[12]。由于受到地质构造作用和岩溶等自然风化的影响，基岩中形成了各种产状的节理和裂隙。本研究所用试样取自河口村水库坝肩，主要通过室内试验手段对完整和裂隙岩体的力学特性进行不同围压下的三轴加载试验对比研究，分析三轴压缩条件下完整灰岩与裂隙灰岩的变形、强度、破坏特征和影响因素。

1　试验方案

1.1　试样制备

本试验岩芯取自河口村水库坝肩岩体，均为天然状态下微风化灰岩。采用切割机将岩心制成高度为110mm的岩样，并用专业的磨样机将试样两端磨平。

根据《水利水电工程岩石试验规程》(SL 264—2001)、《工程岩体试验方法标准》(GB/T 50266—2013)，试件尺寸为50mm×110mm，岩样直径的误差不超过0.3mm，端面不平行度误差不超过0.05mm，端面与试件轴线间最大偏差均不大于0.25°，满足试验要求。所用试样的天然容重为26.7～28.5kN/m³。完整灰岩试样有4组，编号分别为1-1、1-2、1-3、1-4，裂隙灰岩试样有4组，编号分别为2-1、2-2、2-3、2-4。

1.2 试验设备

本试验在华北水利水电大学岩土与水工结构重点实验室的TAW-2000型微机伺服岩石高低温三轴试验机上进行。该试验系统主机为四柱式加载框架，油缸下置，控制系统采用进口原装德国DOLI全数字伺服控制器。该试验机轴向最大荷载为2000kN，围压最大为60MPa，活塞最大位移量为100mm，径向和轴向变形采用一体式传感器，测试精度在±0.1%范围内，可以实现岩石在不同围压和温度下的岩石力学参数的确定，获取岩石全应力-应变曲线及峰值和残余强度。

为了防止试验过程中液压油浸入岩样，试验前先用热缩管对岩样进行包裹。

1.3 试验方案

三轴试验共设4级围压，即σ_3分别为5MPa、7MPa、10MPa、15MPa。试验步骤如下：①加围压时采用应力控制，以0.05MPa/s的速度增加围压达到预定值（5MPa、7MPa、10MPa、15MPa），此时$\sigma_1=\sigma_3$；②保持围压在试验过程中不变，为得到完整的应力-应变曲线，采用变形控制方法施加轴向荷载，加载速率为0.02mm/min，直到试样破坏；③继续以0.02mm/min的加载速率施加轴向力，直到轴向应力σ_1不随轴向应变的增加而降低时，结束试验，得到岩样的残余强度。记录试验全过程的应力-应变曲线。

灰岩加载试验方案见表1。

表1 灰岩加载试验方案表

围压/MPa	试样编号	
	完整灰岩	裂隙灰岩
5	1-1	2-1
7	1-2	2-2
10	1-3	2-3
15	1-4	2-4

2 完整灰岩力学特性分析

2.1 完整灰岩强度和变形特征

完整灰岩常规三轴试验的强度和变形参数见表2。在表2中，弹性模量E为平均弹性模量，即加载过程中直线段的弹性模量；E_{50}和μ_{50}分别为峰值强度达到50%时对应的变形模量和泊松比。按照广义胡克定律，弹性模量E和泊松比μ的求解公式为

$$
\begin{cases}
E = (\sigma_1 - 2\mu\sigma_3)/\varepsilon_1 \\
\mu = (B\sigma_1 - \sigma_3)/[\sigma_3(2B - 1) - \sigma_1] \\
B = \varepsilon_3 - \varepsilon_1
\end{cases}
\tag{1}
$$

表 2　　完整灰岩常规三轴试验的强度和变形参数表

围压/MPa	峰值强度/MPa	弹性模量 E/GPa	泊松比 μ	E_{50}/GPa	μ_{50}
5	150.40	40.58	0.31	30.67	0.28
7	175.84	43.65	0.41	36.28	0.39
10	203.64	57.15	0.31	49.60	0.29
15	261.28	71.03	0.34	52.46	0.32

2.1.1　强度参数分析

Mohr-Coulomb（简称 M-C）强度准则是岩土力学中应用最广泛的强度准则之一，M-C 强度准则的表达式为

$$\tau = c + \sigma\tan\varphi \tag{2}$$

式中：τ、σ 分别为剪切破坏面上的剪应力和正应力，MPa。对于三轴试验，τ、σ 可分别表示为

$$
\begin{cases}
\sigma = \dfrac{1}{2}(\sigma_1 + \sigma_3) + \dfrac{1}{2}(\sigma_1 - \sigma_3)\cos 2\varphi \\
\tau = \dfrac{1}{2}(\sigma_1 - \sigma_3)\sin 2\varphi
\end{cases}
\tag{3}
$$

$\sigma_1 - \sigma_3$ 曲线可拟合为线性关系式

$$\sigma_1 = m\sigma_3 + b \tag{4}$$

根据表 2 中的数据，得到线性拟合曲线(见图 1)。

由图 1 的拟合曲线可以看出，加载条件下，峰值强度与围压呈良好的线性关系，通过拟合可以求出 $m = 10.93$，$b = 96.69$，相关系数为 0.996。

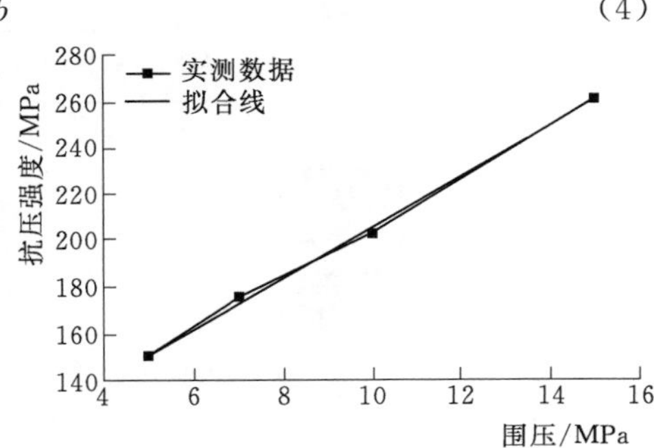

图 1　完整岩体抗压强度随围压变化的拟合曲线图

由 m、b 可以确定岩石的内摩擦角和黏聚力，推导公式如下：

$$
\begin{cases}
m = \tan^2(45° + \varphi/2) \\
b = 2C\cos\varphi/(1 - \sin\varphi)
\end{cases}
\tag{5}
$$

通过式（5）可推出：

$$
\begin{cases}
\varphi = \sin^{-1}[(m - 1)/(m + 1)] \\
c = b/2\sqrt{m}
\end{cases}
\tag{6}
$$

根据表 2 可以计算出加载条件下完整灰岩的抗剪强度参数，即：$c = 14.62$MPa，$\varphi = 56.30°$。

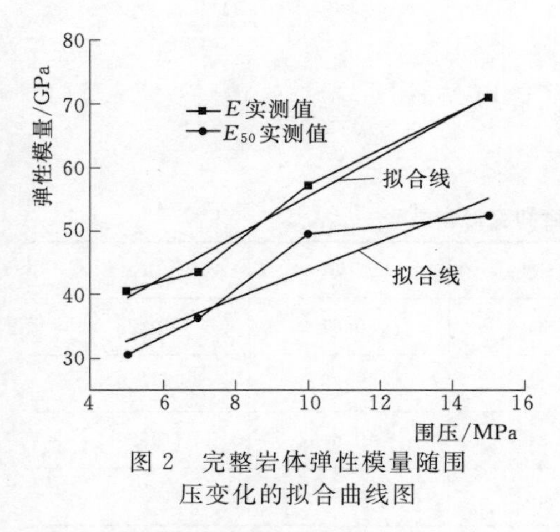

图 2　完整岩体弹性模量随围压变化的拟合曲线图

2.1.2　变形参数分析

从表 2 中可以看出，完整岩体弹性模量和变形模量随围压的增大而增大，且大致呈线性关系，设 $E=k\sigma_3+s$，经弹性模量与围压进行线性拟合，得到拟合曲线，见图 2。

由图 2 的拟合曲线可以看出，弹性模量与围压呈较好的线性相关，可以得出：

$$E=3.18\sigma_3+23.66 \tag{7}$$

相关系数 $R^2=0.992$；

$$E_{50}=2.24\sigma_3+21.57 \tag{8}$$

相关系数 $R^2=0.976$。

2.2　完整灰岩加载破裂特征

完整灰岩的加载破坏和裂纹展开情况见图 3。三轴压缩试验在围压 5～15MPa 的破坏形式分为劈裂破坏和剪切破坏两种，其中试件 1-1、1-2、1-4 的破坏形式主要为劈裂破坏，产生了很多纵向和横向的贯穿裂纹；而试件 1-3 的破坏形式主要为压剪型破坏，剪切面与最大主应力面夹角为 75°左右，并且伴有局部劈裂，这与 M-C 准则预测的破裂倾角（$45°+\varphi/2$）基本上一致。同时，完整灰岩的加载破坏特征也说明了低围压下的破坏特征大都呈劈裂破坏。

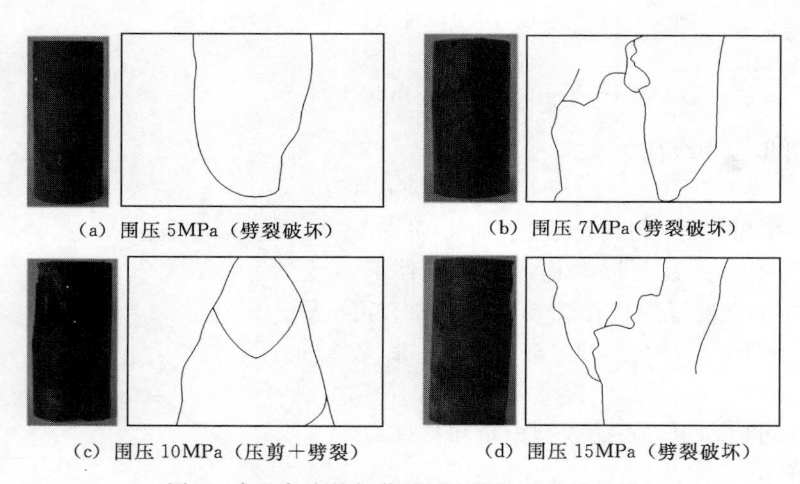
(a) 围压 5MPa（劈裂破坏）　(b) 围压 7MPa（劈裂破坏）　(c) 围压 10MPa（压剪+劈裂）　(d) 围压 15MPa（劈裂破坏）

图 3　完整灰岩的加载破坏和裂纹展开情况图

3　裂隙灰岩力学特性分析

3.1　裂隙灰岩强度和变形特征

3.1.1　强度分析

在均质岩体内岩体破坏面和主应力面总是呈一定的关系。当剪切时，破裂面总是与大主应力面（法线）成 β 角（$\beta=45°+\varphi/2$）。可是，当存在软弱结构面时，情况就不同了，剪切破坏时，破裂面与大主应力面的夹角可能是 $45°+\varphi/2$，但绝大多数情况破裂面就是软弱结构面（裂隙面）。当节理面上的剪应力 τ 达到节理面的抗剪强度 τ_f 时，节理面处于极限平衡状态，即：

$$\tau=\tau_f=c_j+\sigma\tan\varphi_j \tag{9}$$

通过结构面极限平衡的方法，得到结构面破坏准则[1]：

$$\sigma_1-\sigma_3=\frac{2c_j+2\sigma_3\tan\varphi_j}{(1-\tan\varphi_j c\tan\theta)\sin2\theta} \tag{10}$$

式中：c_j、φ_j 为裂隙面的抗剪强度指标，均为常数；θ 为裂隙面与最大主应力的夹角。

假如 σ_3 固定不变，则式（10）的（$\sigma_1-\sigma_3$）随着 θ 而变化。当 $\theta\rightarrow90°$ 或 $\theta\rightarrow\phi_j$ 时，（$\sigma_1-\sigma_3$）$\rightarrow\infty$。这就表明，σ_3 固定不变，当结构面平行于最大主应力时或者结构面法线与 σ_1 成 ϕ_j 时，σ_1 最大。

试验中，裂隙面与最大主应力夹角分别为 30°、60°、0°、80°，围压分别为 7MPa、5MPa、10MPa、15MPa。裂隙灰岩常规三轴试验参数见表 3。试件最终破坏形式为沿裂隙面破坏和穿节理面破坏，试验结果见表 4。

表 3　　裂隙灰岩常规三轴试验参数表

围压/MPa	峰值强度/MPa	E/GPa	μ	E_{50}/GPa	μ_{50}
5	92.62	63.93	0.39	51.46	0.36
7	178.61	47.01	0.21	41.88	0.19
10	220.93	45.07	0.33	41.03	0.30
15	144.31	37.07	0.35	35.77	0.29

表 4　　裂隙灰岩三轴试验结果表

试件编号	裂隙面夹角/(°)	围压/MPa	破坏应力/MPa	破坏形式
2－1	60	5	92.62	沿裂隙面
2－2	30	7	178.61	穿裂隙面
2－3	0	10	220.93	穿裂隙面
2－4	80	15	144.31	沿裂隙面

由表 4 可知，穿裂隙面破坏的灰岩的抗剪强度明显大于沿裂隙面滑移破坏的灰岩的抗剪强度。按照完整岩石抗剪强度参数计算穿裂隙面破坏试样的强度（表 5）。从表 5 中可看出，试样强度理论值和实测值相差很小。所以这类裂隙岩体的破坏可看作是岩体材料本身的破坏，裂隙对其强度无影响。

表 5　　穿裂隙面破坏的试样强度的实测值与理论值比较表

试件编号	裂隙面夹角/(°)	围压/MPa	破坏应力/MPa	理论值/MPa	误差/%
2-2	30	7	178.61	175.84	1.6
2-3	0	10	220.93	203.64	8.5

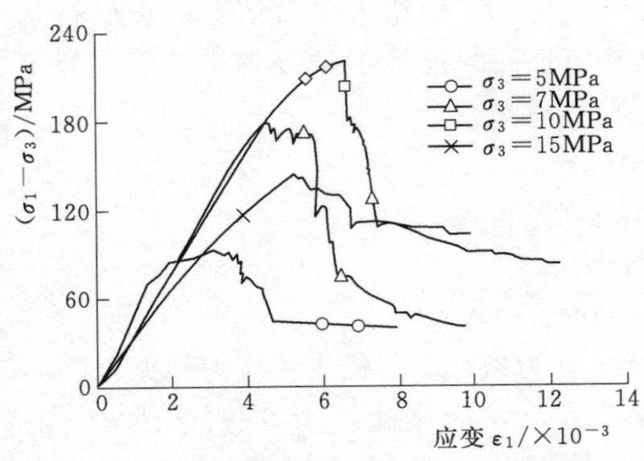

图 4　不同围压下裂隙灰岩的应力-应变曲线图

3.1.2　变形分析

图 4 为不同围压下裂隙灰岩的应力-应变曲线。由图 4 可以明显地看出：试件的变形特性受裂隙面位置的影响最大，沿裂隙面滑移破坏的试样（2－1，2－4）都有较长的屈服台阶，并且在沿裂隙面滑移的过程中承载力几乎保持不变，这可能与裂隙面材料塑性较强有关；而穿裂隙面破坏的试样在 5～15MPa 的围压下，大都没有明显的屈服台阶（试样 2－2 出现了较短的屈服台阶）。

3.2　裂隙灰岩破坏特征

裂隙灰岩试样破坏和破坏裂纹展开情况见图 5，其中红色线条代表试样加载前的天然裂隙。由图中可以看出：在三轴加载条件下，裂隙岩体的破坏形态主要受裂隙面角度的影响，试样 2－2（围压 7MPa）和 2－3（围压 10MPa）的天然裂隙角度分别为 30°和 0°，它们均为穿裂隙破坏，其中试样 2－2 的破坏形式为劈裂破坏，出现了 3 条约为 90°的纵向裂纹；试样 2－3 的破坏形式为穿裂隙面剪切破坏，与大主应力面夹角约为 75°，这与完整灰岩（1－3）的破坏形态大致一致（破裂面倾角为 $45°+\varphi/2$）。试样 2－1 和 2－4 的天然裂隙角度分别为 60°和 80°，均为沿裂隙面滑移破坏。

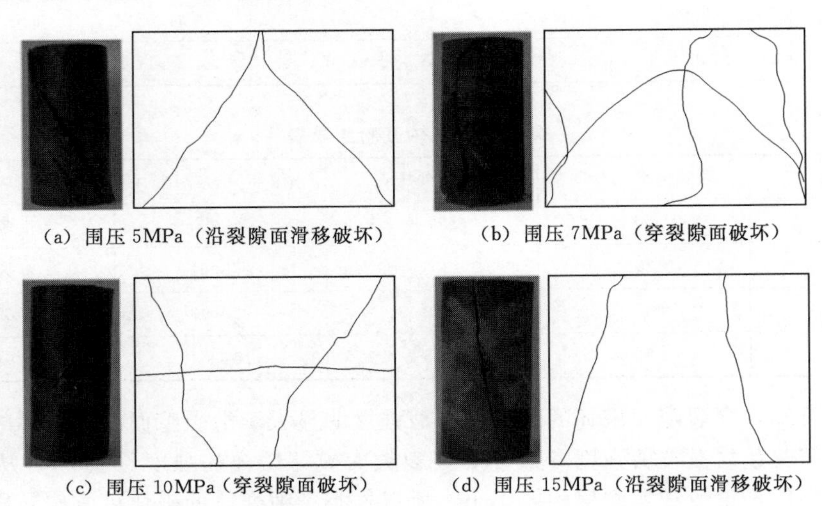

(a) 围压 5MPa（沿裂隙面滑移破坏）　(b) 围压 7MPa（穿裂隙面破坏）

(c) 围压 10MPa（穿裂隙面破坏）　(d) 围压 15MPa（沿裂隙面滑移破坏）

图 5　裂隙灰岩试样破坏和破坏裂纹展开情况图

4　结论

（1）加载条件下，完整灰岩的峰值强度和弹性模量随围压的增大而增大，并且呈线性关系。

（2）完整灰岩在不同围压下的破坏形式有两种，分别为劈裂破坏和剪切破坏，并且在低围压下发生劈裂破坏的可能性更大。

(3) 裂隙灰岩有两种破坏形式：穿裂隙面破坏和沿裂隙面滑移破坏。当裂隙面与最大主应力夹角 $\theta > 60°$时，发生沿裂隙面滑移破坏；当 $\theta \leqslant 60°$时，发生穿裂隙面破坏。

(4) 穿裂隙面破坏为岩体材料自身的破坏，与完整灰岩的破坏形态和强度变形特征相似，可见其与裂隙面的存在无关。

参考文献

[1] 夏才初，孙宗颀. 工程岩体节理力学[M]. 上海：同济大学出版社，2002.

[2] 李建林，孟庆义. 卸荷岩体的各向异性研究[J]. 岩石力学与工程学报，2001，20 (3)：338 -341.

[3] 李建林，王乐华. 节理岩体卸荷非线性力学特性研究[J]. 岩石力学与工程学报，2007，26 (10)：1968 - 1975.

[4] 李宏哲，夏才初，王晓东，等. 含节理大理岩变形和强度特性的试验研究[J]. 岩石力学与工程学报，2008，27 (10)：2118 - 2123.

[5] 黄达，黄润秋. 卸荷条件下裂隙岩体变形破坏及裂纹扩展演化的物理模型试验[J]. 岩石力学与工程学报，2010，29 (3)：502 - 512.

[6] 王在泉，张黎明，孙辉. 含天然节理灰岩加、卸荷力学特性试验研究[J]. 岩石力学与工程学报，2010，29 (增刊 1)：3308 - 3313.

[7] 夏才初，李宏哲，刘胜. 含节理岩石试件的卸荷变形特性研究[J]. 岩石力学与工程学报，2010，29 (4)：697 - 704.

[8] Li C. A method for graphically presenting the deformation modulus of jointed rock mass[J]. Rock Mechanics and Rock Engineering，2001，34 (1)：67 - 75.

[9] Singh M，Singh B，Choudhar J B，et al. Constitutive equation for 3D anisotropy in jointed rocks and its effect on tunnel clouser[J]. International Journal of Rock Mechanics and Mining Sciences，2004，41 (S1)：652 - 657.

[10] 肖桃李，李新平，郭运华. 三轴压缩条件下单裂隙岩石的破坏特性研究[J]. 岩土力学，2012，33 (11)：54 - 59.

[11] 路亚妮，李新平，肖桃李. 三向应力下裂隙岩石力学特性试验研究[J]. 武汉理工大学学报，2013，35 (9)：91 - 95.

[12] 刘庆军，郭其峰，王耀军. 河口村水库工程地质条件综述及评价[J]. 人民黄河，2011，33 (12)：136 - 138.

河口村水库大坝基础处理旁压试验

李　博　王　影

（河南省水利第一工程局）

摘要： 由于河口村水库大坝坝基地址情况复杂，大坝坝基覆盖层厚，且岩性及地层结构特殊，主要岩性为漂卵石、并含有黏土夹层及砂层透镜体，部分岩土体虽然较密实，但均匀性较差，大坝填筑后可能存在不均匀变形等问题。为防止大坝面板及基础趾板、连接板、防渗墙变形过大，需对大坝基础进行加固处理，以确保水库建成后能够安全运行。通过探讨覆盖层基础通过深孔旁压试验，求取旁压剪切模量及地基承载力，为设计施工提供参考数据。

关键词： 旁压试验；剪切模量；承载力

1　工程概况

河口村水库工程位于沁河干流最后峡谷段出口五龙口以上约 9.0km 处，属河南省济源市克井乡，控制流域面积 922.3km^2，占沁河流域面积 13532km^2 的 68.2%，沁河多年平均径流量 11.49 亿 m^3，汛期占 62%。水库总库容 3.30 亿 m^3，主要以防洪、供水为主，兼顾灌溉发电、改善河道基流等综合利用的大（2）型水利枢纽。主要建筑物有混凝土面板堆石坝，最大坝高 122.5m，坝顶长度 530.0m，溢洪道、泄洪洞、引水发电系统等组成，工程等级为Ⅱ级。水库建成后，可减轻黄河防洪压力，同时将使南水北调总干渠穿沁工程达到 100 年一遇设计防洪标准，也可使沁河防洪标准由目前不足 25 年一遇提高到 100 年一遇。因此，地理位置非常重要。

2　旁压试验

2.1　原理及目的

预钻式旁压试验通过旁压器在预先打好的钻孔中对孔壁施加横向压力，使土体产生径向变形，利用仪器测量压力与变形的关系，测求地基土的力学参数（地基承载力、弹性模量等）。预钻式旁压试验适用于孔壁能保持稳定的黏性土、粉土、砂土、碎石土、残积土、风化岩和软岩。

2.2　试验点的布置

试验点布置在有代表性的位置和深度，旁压器的测孔应在同一土层内，满足两试验点的竖向距离不小于 3.0m 或不小于旁压器膨胀段长度的 2 倍距离，试验孔与已有钻孔的水平距离不小于 3.0m。场地同一试验土层内的试验点总个数应满足统计数据的要求（一般不宜少于 6 个点）。本次采用旋四式钻孔测位。

2.3 试验步骤

（1）试验前的准备工作，仪器的标定，主要任务有两项：第一项是弹性膜约束力标定，由于弹性模具有一定的厚度，在试验对施加的压力并未完全传递给岩土体，因而膜本身产生的侧限作用使压力受到损失，这种压力损失值称为弹性膜的约束力，一般规定在每个工程试验前及新装或更新弹性膜放置时间较长，膨胀次数超过一定值时，或温差超过4℃时，必须进行弹性膜约束力的标定；第二项是仪器综合变形标定，由于旁压机的调整阀、量管在加压过程中会产生变形，造成水位下降或体积损失，这种水位下降值或体积损失称为仪器综合变形，故要进行变形标定。

（2）钻机成孔。

（3）充水。将旁压器置于地面上，打开水箱阀门，使水流入旁压器的腔中，并分别回返到量管中，待水位升高到一定高度时，提起旁压器使中腔的中点与量管的水位相齐平，然后关闭阀门，此时记录的量管水位值即是试验的初读数。

（4）放置旁压器。将旁压器放入钻孔中预定试验位置，将量管阀门打开，此时旁压器内产生静力压力，并记录管中的水位下降值。

（5）加压。加压时首先打开高压氮气瓶开关，同时观测压力表，控制氮气瓶，输出压力不超过额定标准，然后操纵减压阀旋柄按要求逐级加压，从压力表读取压力值，并记录一定压力时注水量管中水位变化高度，加压的等级包括加压级数和加压增量，取决于试验目的、土层特点资料整理及成果判释方法和旁压仪精度。根据绘制的旁压曲线的要求，加压等级可采用预计临塑压力的 1/7～1/5。初始阶段加荷等级取小值，必要时可作为卸荷再加荷试验，测定面加荷旁压模量。

（6）每级压力的稳定时间。每级压力下的相对稳定时间标准采用 1min 或 3min，对一般黏性土、粉土、砂土等宜采用 1min，对饱和软黏土宜采用 3min。当采用 1min 的相对稳定标准时，在每级压力下，测读 15s、30s、60s 的量管水位下降值，并在 60s 读数完后即施加下一级压力，直到试验终止。

（7）试验终止条件。应根据试验目的和旁压仪的极限试验能力来确定，试验压力过临塑压力后即可进行结束试验。当以测定土体变形参数为目的时，则当量测腔的扩张体积相当于量测腔固有体积时，或压力达到仪器的容许最大压力时，应终止试验，结束后排除旁压器内的水使弹性膜恢复原状 2～3min 后取出旁压器，移到下一试验点进行试验。

（8）绘制旁压曲线：根据校正后的压力和水位下降值绘制 $P-S$ 曲线。

3 地基土承载力确定

根据旁压试验特征值计算地基土的承载力。

临塑荷载法：

$$f_{ak}=p_f-p_0 \tag{1}$$

极限荷载法：

$$f_{ak}=\frac{p_f-p_0}{F_S} \tag{2}$$

式中：f_{ak} 为地基土承载力特征值，kPa；F_S 为安全系数，一般取 2～3。

对于临塑压力后急剧变陡的土宜采用极限荷载法。

旁压模量的计算公式为

$$E_m = 2(1+\nu)(\nu_c+\nu_m)\frac{\Delta p}{\Delta V} \tag{3}$$

式中：E_m 为旁压模量，MPa；ν 为泊松比；Δp 为旁压试验曲线上直线段的压力增量，MPa；ΔV 为对应于 Δp 体积增量，cm^3；ν_c 为旁压器中腔固有体积，cm^3；ν_m 为平均体积，cm^3，$\nu_m=(\nu_0+\nu_1)/2$。

本次试验为 6 个钻孔，其旁压剪切模量与地基基本承载力见表 1～表 6。

表 1　　1 号孔的标测结果表

序号	试验深度/m	系列 1 旁压剪切模量/MPa	系列 2 地基基本承载力/kPa
1	3.3	2817.04	215.10
2	4.3	332.05	71.20
3	6.1	321.34	91.20
4	8.9	13302.81	586.38
5	14	3501.07	595.08
6	24.6	3999.78	586.60
7	25.6	4080.96	536.98

表 2　　2 号孔的标测结果表

序号	试验深度/m	系列 1 旁压剪切模量/MPa	系列 2 地基基本承载力/kPa
1	4.2	555.49	536.98
2	14.4	2224.87	170.20
3	20.3	3132.50	386.20
4	24.3	9991.00	951.08
5	25.5	710.40	284.20

表 3　　3 号孔的标测结果表

序号	试验深度/m	系列 1 旁压剪切模量/MPa	系列 2 地基基本承载力/kPa
1	4.1	4300.61	466.20
2	14.2	1428.44	247.48
3	19.5	2100.85	421.08
4	24.7	3761.37	555.20

表 4　　4号孔的标测结果表

序号	试验深度/m	系列1旁压剪切模量/MPa	系列2地基基本承载力/kPa
1	2.9	1894.37	499.08
2	4.2	1441.21	571.20
3	6.2	10455.44	458.20
4	9.5	5418.55	961.08
5	201	2212.34	695.08

表 5　　5号孔的标测结果表

序号	试验深度/m	系列1旁压剪切模量/MPa	系列2地基基本承载力/kPa
1	4.1	3702.35	466.20
2	6.1	4465.22	375.20
3	14.9	7257.99	1088.08
4	21.7	4842.04	643.20

表 6　　6号孔的标测结果表

序号	试验深度/m	系列1旁压剪切模量/MPa	系列2地基基本承载力/kPa
1	4.0	1924.50	316.20
2	6.0	4992.44	428.20
3	10.7	21581.05	1051.08
4	14.6	1634.46	648.08
5	20.0	2625.51	618.20
6	23.7	3544.97	410.2

4　试验结果

通过打深孔做旁压剪切模量试验，推测坝基深层变形模量所偶布置的6个测区，根据天然地基和复合地基旁压试验推测结果，黏土层平均旁压模量提高了16.7%～127.88%，平均地基承载力提高了22.26%～94.87%，平均变形模量提高了27.14%～84.89%，砂卵石层平均旁压模量提高了13.83%～68.06%，平均地基承载力提高了38.27%～94.53%，变形模量提高了45.04%～122.67%。

河口村水库面板堆石坝施工动态三维可视化仿真研究

李红亮　翟　建　熊建清　窦　燕　尚晓燕

（黄河勘测规划设计有限公司）

摘要： 针对河口村水库面板堆石坝工程量大、填筑强度高、施工影响因素较多、施工组织设计复杂等问题，以动态循环网络、主导实体时钟值扫描和动态边界约束等技术建立了仿真计算模型，对面板堆石坝的施工实时动态系统仿真，并利用面向对象图形渲染（Object-Oriented Graphics Rendering，简称 OGRE）引擎实时渲染工程三维面貌。计算结果获得了行车密度、填筑强度、机械配置和工程进度等施工参数，实现了仿真过程的三维可视化，不仅为施工组织设计提供了数据支持，且为工程管理提供了决策依据。

关键词： 面板堆石坝；动态仿真；循环网络；主导实体；OGRE 引擎；河口村水库

河口村水库面板堆石坝最大坝高 123.5m，坝长 530.0m，坝顶宽 9.0m，上游坝坡坡比 1∶1.5，下游综合坝坡坡比 1∶1.685。由于坝体填筑量大、工期紧、施工强度高、工序复杂，同时由于影响工程施工的因素众多，涉及交通运输、坝面填筑、面板浇筑等多个系统，尤其是交通运输与上坝强度之间的矛盾较为突出，因此合理的施工组织设计是工程顺利实施的关键。但传统的设计中施工参数的选取、施工方案的制定多凭类比分析或工程经验，设计效率低、精度有限，且实时调整、比选施工方案难度较大。近年来，随着计算机和系统仿真技术的迅速发展，施工仿真技术[1-2]可进行施工实时动态仿真计算，快速进行多方案比选，能使施工参数选取进入到施工过程动态仿真试验[3-4]与施工参数数值分析领域，并能通过 OGRE 引擎实时渲染工程三维面貌，不但能提高施工组织设计的效率和精度，还能优化资源配置、指导施工管理。鉴于此，利用施工仿真技术构建了面板堆石坝仿真模型，并以河口村水库面板堆石坝为例，对其进行了施工实时动态系统仿真，实现了施工组织设计的科学性和高效性。

1　面板堆石坝仿真模型的建立

1.1　仿真系统分析

面板堆石坝施工动态三维可视化仿真系统主要由施工仿真系统和三维可视化系统组成，两个系统分别作为单独的进程实现，并通过公共数据库进行数据交换，见图 1。施工仿真系统又包括供料系统、道路运输系统、坝面填筑系统和动态边界约束系统。仿真计算时，先在主系统中初始化仿真的边界条件和主、子时钟值，然后通过边界约束系统判别降雨对施工的影响，并转入供料系统，控制权交由供料系统的主导实体（装载机），计算主导实体属性值并推进子时钟；装料完成后进入道路运输系统，具有控制权的运输机械根据上坝运输模型模拟计算、推进子时钟；运输机械到达坝面后，控制权变为坝面主导实体，根据坝面作业流程模拟坝面施工，并调用边界约束系统来更新主导实体属性并推进子时钟；最后控制权回归主系统，根据各系统的子时钟值确定主时钟值的推进步长，循环以上过程至结束条件或大坝填筑结束。

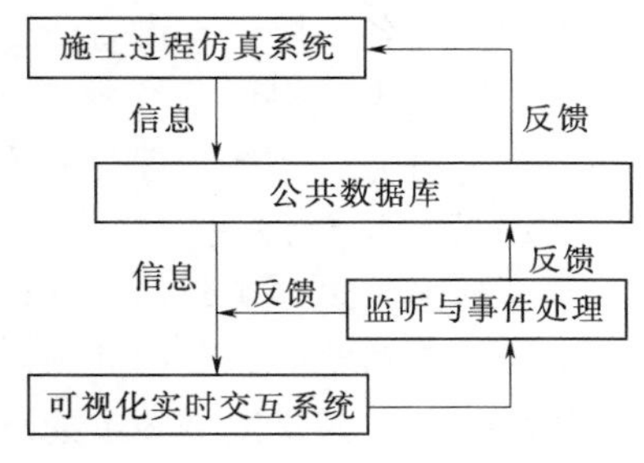

图 1　三维可视化仿真系统模型图

1.2　仿真模型的建立

（1）供料系统模型。为有限元多级随机服务系统模型，包括料场和中转场 2 个子模块，对每个料场、中转场编号，并描述其位置、容量、可供料等属性。模型中以挖装机械（挖掘机和装载机的简称）作为实体（对应子时钟），在每个供料工作面内实时扫描子时钟值最小且处于空闲状态的实体作为主导实体，触发此主导实体事件并推进子时钟，而后控制权转交由道路运输系统。循环上述过程，记录模拟运行过程中的施工数据，即可描述供料系统的整个施工过程。

（2）道路运输系统模型。道路运输过程包括等待装车、装车、重车运行、卸车等待、卸车和空车返回 6 个环节。模型以运输机械作为实体（对应子时钟），运用动态循环网络技术[5-6]，分别将运输机械抽象为运输系统中的流动实体、各运输环节所需时间抽象为符合分布规律的随机变量、各环节抽象为按不同服务规则对流动实体进行服务的机构，运用排队理论建立道路运输模型，并采用主导实体时钟值扫描法推进步长。根据主导实体时钟值扫描法运算步骤，先扫描并选取子时钟值最小的运输机械作为主导实体，读取主导实体状态及属性，判别主导实体的下个触发事件及其时钟推进步长，循环上述过程即可完成道路运输系统的仿真计算。

（3）坝面填筑系统模型。坝面填筑施工包括摊铺、洒水、碾压、刨毛等环节，依据各施工环节建立有限无随机服务仿真模型[7]。模型以分期分区的坝体填筑层作为实体（对应子时钟），采用主导实体时钟值扫描法推进步长，选取子时钟值最小的实体为主导实体，读取主导实体的填筑高程、子时钟值和填筑体积等属性，由属性状态与边界约束条件来判别该主导实体是否触发事件，当允许主导实体触发事件开始填筑时，实时写入各属性数据并推进子时钟步长，若不能触发事件，则扫描选取下一个主导实体。循环上述过程即可获得坝体各层填筑起始时间、施工机械利用率及填筑强度等施工数据。

（4）动态边界约束系统模型。边界约束除包括不同填筑区间的高差限制、单日填筑厚度限制、降雨影响和坝面约束外，还包括坝体填筑过程中工程基础参数的变化，如坝体结构数据和施工机械配置等工程参数的变化。在动态边界约束模型中，人工写入接口、自动写入接口与公共数据库动态链接，其中高差限制和工程基础参数通过人工接口写入，在模拟过程中可实时暂停计算并修改工程参数，并以调整后的施工边界作为新的模拟起点重新计算。降雨影响利用降雨随机模型来确定降雨日期，并假定降雨天数具有一定概率且随机均匀分布，通过自动写入接口实时写入数据库并供坝面填筑系统调用。坝面约束建立自动校正模型，根据坝面面积的大小实时划分施工仓面，同时根据各仓面的施工强度和上坝强度判别坝面各工序是否占直线工期，并自动写入数据库，供坝面填筑系统调用。

(5) 三维可视化系统模型。OGRE是基于虚拟现实技术[8]的图形渲染引擎，主要包括渲染、材质、实体管理、图形界面等系统。三维可视化系统利用OGRE渲染显示施工三维场景，并允许用户以交互的方式在场景中任意漫游。模型中OGRE与静态数据库（含地形、道路等数据）和动态数据库（含坝体仿真数据）动态链接，渲染时先读取原始地形、道路等静态数据并一次性渲染，然后实时读取仿真数据，在每一帧开始时扫描所有的坝块，对满足渲染约束的坝块进行动态渲染演示，并利用帧监听模块和事件处理模块实现与用户的实时交互。

2 实例

2.1 工程基础数据

河口村水库面板堆石坝填筑总量615万m^3，包括主堆石料、次堆石料和垫层料等8种填筑料，坝体填筑分四期、八区进行。工程设有1个石料场，容量为530万m^3；2个土料场容量分别为15.3万m^3、6.0万m^3；2个中转场容量分别为233.5万m^3、37.5万m^3；1个砂石料系统生产能力285t/h，1个混凝土生产系统生产能力115m^3/h；场内布置12条矿Ⅱ级施工道路，总长15.9km。

2.2 仿真结果

(1) 施工进度方案。调整动态边界约束系统中的道路通行能力、施工机械数量等边界条件，可获得多个比选进度方案及每个进度方案的特征施工参数，见表1，其中基本进度方案的工期为27个月。由表1可知，道路行车密度、料场供料能力和机械配置为敏感度较高的因素，是控制工程进度的关键。

表1　进度方案及特征施工参数结果表

进度/月	最大行车密度/(辆/h)	机械配置（料场—主堆石区）/辆		上坝强度/万m^3	
		挖掘机	汽车	月平均	最大月
32.5	45	2	22	17.3	30.2
27.0	56	3	27	20.8	32.9
23.5	65	3	33	23.9	40.3
20.5	77	3	36	27.4	44.6

(2) 机械配置优选。由于机械配置是控制工程进度的关键因素，因此合理的机械配置既要满足上坝强度，又需经济最优。通过仿真计算可获得不同进度方案下的机械配置方案，表2为基本进度方案下的坝体填筑一期、二期的机械配置方案。

(3) 坝体填筑强度。对应每个进度方案，根据动态循环网络和主导实体时钟值扫描法中的主导实体属性，计算每个填筑区每种填筑料的日填筑强度、月填筑强度、日（月）最大填筑强度和平均填筑强度并统计分析。分析成果[9]可为优化进度、调整施工工序和均衡填筑强度等提供论证依据。

(4) 道路行车密度。对应每个进度方案，根据动态循环网络和主导实体时钟值扫描法中的主导实体属性，统计出每条道路的日（月）行车密度及其变化规律，并结合道路的设计通行能力进行分析，通过分析可知[9]，在基本进度方案下道路最大道路行车密度为55辆/h，5号、9号路均为控制性道路，为优化道路、调整进度和上坝强度提供了依据。图2为基本进度方案下的5号路月行车密度直方图。

表2　　机械配置方案表

填筑时段	料源	受料点	供料量/10^4m^3	装载机械		自卸汽车	
				型号/m^3	数量/台	型号/t	数量/台
一期	石料场	主堆石料	112.83	3	3	20	27
	石料场	过渡料	15.64	3	1	20	9
	砂石加工厂	垫层料	10.65	3	1	20	7
二期	石料场	主堆石料	139.59	3	3	20	30
	1号中转场	次堆石料	68.05	3	2	20	18
	石料场	过渡料	3.93	3	1	20	6

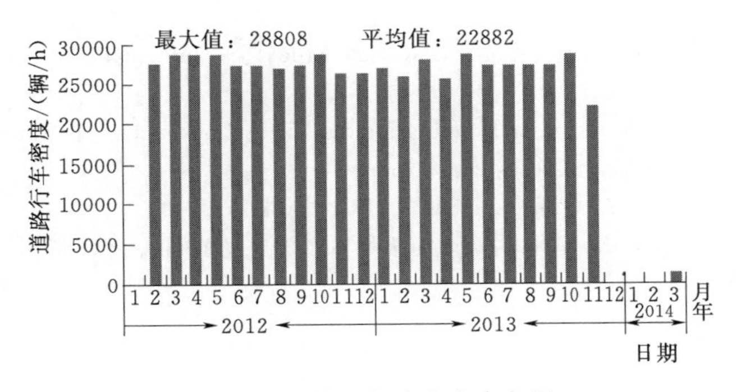

图2　5号路月行车密度直方图

（5）三维可视化。图3为坝体填筑二期的三维可视化界面。三维可视化系统实时显示每个进度方案下的模拟仿真过程，实现了坝体碾压的实时、动态三维演示，并允许用户与界面动态交互。

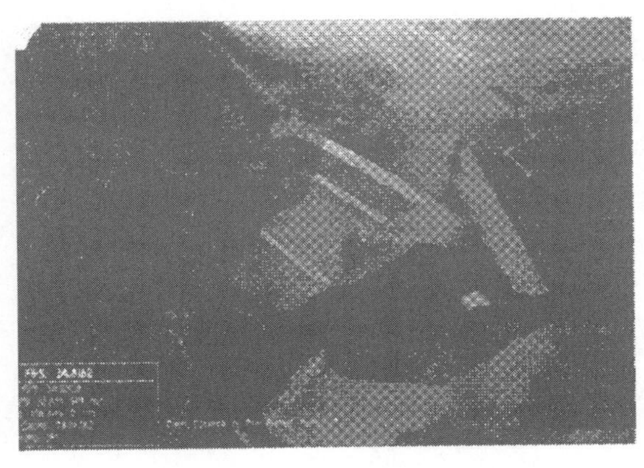

图3　三维可视化界面

3 结论

河口村水库面板堆石坝施工仿真系统全面模拟了施工过程，定量分析了各施工参数，并通过三维可视化实时描述仿真过程，为施工组织设计提供了全面的数据支持，提高了设计精度和效率，且大幅提高了面板堆石坝施工组织设计与施工管理的技术水平。

参考文献

[1] Jim Ledin. 仿真工程[M]. 焦宗夏，王少萍，译. 北京：机械工业出版社，2003.

[2] 孙锡衡，齐东海. 水利水电工程施工计算机模拟与程序设计[M]. 北京：中国水利水电出版社，1997.

[3] 刘珊珊，周宜红. 基于VBA技术的堆石坝仿真可视化建模平台研究[J]. 系统仿真学报，2005，17（8）：2030-2032.

[4] 靳鹏，胡志根，刘全. 施工过程仿真的网络进度计划优化分析[J]. 水电能源科学，2006，24（3）：42-45.

[5] 钟登华，张平. 基于实时监控的高心墙堆石坝施工仿真理论与应用[J]. 水利水电技术，2009，40（8）：103-107.

[6] Balqies S. Applied System Simulation：A Review Study[J]. Information Sciences，2000，124（1-4）：173-192.

[7] Mohan R Manavazhi. A Software Architecture for the Virtua Construction of Structures[J]. Advances in Engineering Software，2001，32（7）：545-554.

[8] Junker G. Pro OGRE 3D Programming[M]. USA，Apress，2006.

[9] 熊建清，翟建，李红亮，等. 河口村水库面板堆石坝施工仿真可视化研究[R]. 郑州：黄河勘测规划设计有限公司，2010.

基于实时监控的堆石坝碾压质量二元耦合评价

王晓玲[1]　周　龙[1]　任炳昱[1]　崔　博[1]　张念木[2]

（1. 天津大学水利工程仿真与安全国家重点实验室；
2. 中国水电顾问集团国际工程有限公司）

摘要： 面板堆石坝的填筑碾压质量直接关系到该水库建成后的安全运行，但传统的以随机取样的干密度实验检测坝体填筑质量的方法，其不能全面反映坝体实际的碾压质量，影响坝体质量评价的可靠性。研究依托面板堆石坝“碾压施工质量实时监控系统”，并基于面板堆石坝填筑质量变异性分析，将工程实际的干密度指标和可靠度理论相结合，建立了坝体干密度-可靠度二元耦合评价模型，提出了评价面板堆石坝碾压质量的具体流程；以河南省某在建水库工程为例，通过料源含水率和粒径参数的可靠性和敏感性分析，研究了干密度的变异性和干密度影响因子对干密度的影响程度，应用耦合干密度及可靠度的碾压质量二元评价给出了完整碾压区域的干密度分布及其满足施工要求的可靠度，提高了评价有效性和可靠性，对面板堆石坝填筑的质量控制提供科学依据。

关键词： 水工结构；碾压质量实时监控；二元耦合评价；面板堆石坝；干密度；可靠度

0　引言

我国是世界上在建和已建的大坝数量最多的国家，随着社会经济发展和文明程度的提高，有效控制和评价大坝填筑施工的质量是学术界和工程界一直在关注的课题。以往的大坝碾压质量控制采用随机取样的干密度实验检测坝体干密度，得到的结果存在随机性，不能完全反映坝体实际的碾压质量，影响坝体质量评价的可靠性[1]。本研究在碾压质量评价中引入可靠度理论，可以有效地考虑干密度影响参数的变异性；对随机性较高的含水率、料源级配参数等的变异性用可靠性理论进行度量，可对坝体填筑质量做出更加真实可靠的评价，在质量控制方面将起到重要作用。

近年来，有关碾压质量评估与分析的研究已经取得了一定的成果。在国外的类似研究多集中在公路路基碾压质量方面，其中 Jiunnren Lai 等[2]尝试利用碾压过程中应力波传播速度评价回填土的碾压质量，在现场碾压填筑中进行试验并与沙锥测试的结果进行了比对分析；IloriA. O. 等[3]基于地震折射理论，尝试利用纵波的反射结果来评价路基的压实质量并取得了一定成果；FacasN. W.[4]研究了碾压控制参数随时空的分布规律，采用连续压实控制和智能碾压机（CCC/IC）两种方法通过参数分布客观评估施工碾压质量的控制效果；国内对大坝坝体碾压质量评价方面的研究已经有所开展，天津大学刘东海、王光烽[5]通过分析碾压参数与压实质量标准之间相关性建立碾压参数和压实质量标准的非线性映射关系来获得仓面任意位置处的干密度以及全仓面的碾压质量达标率，并依此进行了土石坝全仓面碾压质量评估；四川大学冉从勇[6]通过对冶勒大坝填筑施工中影响堆石填筑体整体抗剪强度的各种因素进行分析计算，将质量控制和坝坡稳定复核计算参数的选取相结合进行了填筑施工质量评价；天津大学钟桂良[7]以碾压混凝土坝仓面施工质量实时监控方法为理论基础，开展碾压混凝土坝仓面施工质量控制理论与方法研究，以提高大坝仓面施工的碾压质量控制水平。

综上所述，在国内外开展的坝体碾压质量评价研究工作中考虑料源特性（料源级配、含水率等）对干密度的影响的研究还不多见，已有的类似研究也还没有考虑坝体压实质量影响因素的变异性的影响。为提高坝体填筑质量控制水平，提高填筑质量评价的有效性和可靠性，本研究依托本课题组开发的碾压施工质量实时监控系统[8]获得坝体施工数据，在此基础上对面板堆石坝坝体干密度影响参数的变异性进行分析，将工程实际的干密度和可靠度理论相结合，建立坝体干密度-可靠度的二元耦合评价模型对坝体碾压质量进行评价，提高了坝体填筑质量评价的有效性和可靠性。以河南省某在建水库工程为例，通过料源含水率和粒径参数的可靠性和敏感性分析研究干密度的变异性和干密度影响参数对干密度的影响，避免了在传统的坝体填筑碾压质量评价中将随机点干密度测试结果作为评价标准的缺陷，为建设管理部门的管理决策提供科学可靠的理论支撑。

1 碾压施工质量实时监控系统应用原理

碾压施工质量实时监控系统应用 GPS 技术、GPRS 技术、计算机网络技术以及数据库技术等高新技术[9]，以坝体碾压参数监控为对象，实时采集和监控施工过程中的各碾压参数（碾压遍数、碾压速度、振动状态和压实厚度），实现对面板堆石坝坝体填筑碾压过程的精细化控制。其应用原理见图 1。

图 1 中，系统结构包括监控中心（总控中心和现场分控站）、GPS 基准站、碾压机械流动站和 GPRS 传输网络等部分构成。通过在碾压机械上安装监测设备，对坝体填筑施工过程中的碾压参数（包括碾压机行驶速率、碾压遍数、振动状态、压后高程）进行监测，并将施工数据传送给总控中心和现场分控站，使工程管理人员可以通过电脑对碾压过程进行实时监控，从而实现对碾压参数的及时有效控制，保证碾压施工质量。

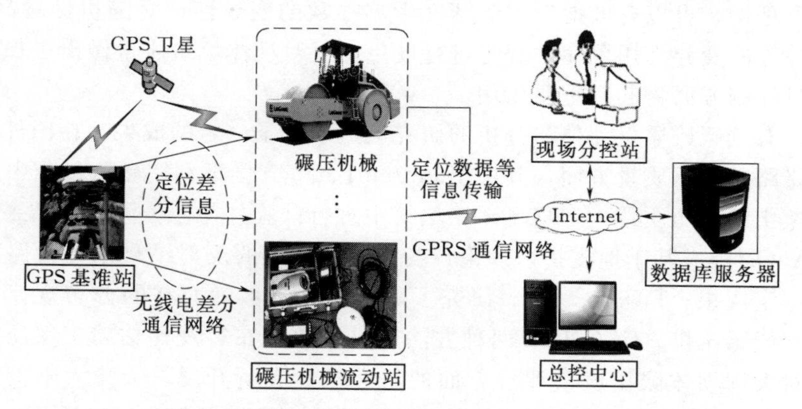

图 1 碾压施工质量实时监控系统应用原理图

2　二元耦合评价理论

坝体碾压质量的干密度-可靠度二元耦合评价模型以碾压施工质量实时监控系统为基础，在面板堆石坝坝体干密度的求解分析过程中，引入干密度影响因子的变异性因素，从而得到求解结果的变异性。借助概率论和数理统计的方法，计算其可靠度 P，从而实现利用二元耦合评价体系对坝体干密度的可靠性评价。

仓面的干密度可靠度综合评价指标 R 可用满足坝体设计要求干密度值（即 $\rho>2.2\mathrm{g/cm^3}$）和可靠度 $P>90\%$的仓面点占总仓面面积的比例方程表示，公式为

$$R=\frac{1}{n^2}\sum_{i=1}^{n}\sum_{j=1}^{n}\{(\rho_{ij},\ P_{ij})\mid\rho_{ij}>2.2,\ P_{ij}>90\%\}\tag{1}$$

式中：n^2 为仓面内的对应位置点总和；ρ_{ij} 为对应某点的干密度值，$\mathrm{g/cm^3}$；P_{ij} 为碾压质量满足坝体设计要求的可靠度。

坝体干密度 ρ_d 的影响因素有含水率、填料颗粒特征参数、碾压层厚度、碾压遍数等，据此可得到坝体干密度的计算方程

$$\rho_d=F(W,\ C_u,\ C_c、N,\ H,\ \Lambda)\tag{2}$$

式中：W、C_u、C_c、N、H、Λ 分别为测点含水率、填料颗粒不均匀系数、填料曲率系数、碾压遍数、碾压层厚度（cm）及其他干密度计算参数。

在干密度的影响因素中，部分因子具有不确定性或变异性较大（不可控制性变异性因子），以含水率为例，堆石坝中坝体承担抗滑稳定和排水等功能，各种岩性的石料的含水率都与碾压干密度之间存在一定对应关系，由于施工中不能对其准确控制，这就需要进行系统变异性分析，分析干密度影响因子变异因素，明确其变异性的大小。而其他参数如碾压遍数、碾压层厚度、激振力状态可通过碾压施工质量实时监控系统精确获得，变异性较小，研究中仅对变异性较大的含水率、填料颗粒不均匀系数、填料曲率系数作为变异性因素进行考虑。首先根据几个变异参数的分布情况计算影响因子的最大可能值，然后得到干密度中值$\bar{\rho}_d$（最大可能压实干密度值）的计算方程

$$\bar{\rho}_d=F(\overline{W},\ \overline{C}_u,\ \overline{C}_c,\ N,\ H,\ \Lambda)\tag{3}$$

式中：$\overline{W}$，$\overline{C}_u$，$\overline{C}_c$ 分别为测点含水率、填料颗粒不均匀系数、填料曲率系数的最大可能值。

在实际应用中，$\bar{\rho}_d$ 可近似作为干密度的期望，即

$$E(\rho_d)=\bar{\rho}_d\tag{4}$$

实际干密度值由多个相互独立分布的影响因子的确定，据经验假定其分布服从正态分布（证明过程见实例），由干密度分布数据可求得干密度方差 $D(\rho_d)$，则干密度变异性系数 δ_ρ 的表达式可定义为

$$\delta_\rho=\sqrt{D(\rho_d)}/E(\rho_d)\tag{5}$$

由干密度分布得到干密度分布函数进而可求得某碾压测点可靠度 P，公式如下：

$$P=1-p(\rho_d<\rho_d')=1-\frac{1}{\sqrt{2\pi}}\int_{-\infty}^{\rho_d'}\mathrm{e}^{-\frac{x2}{2\sigma}}\mathrm{d}x\tag{6}$$

式中：p_d（$\rho_d<\rho_d'$）为某点干密度不满足施工要求的概率；ρ_d' 为施工要求的某一干密度

指标（如 $\rho_d'=2.2\mathrm{g/cm^3}$）；$\sigma$ 为干密度分布的标准差 [$\sigma=\sqrt{D(\rho_d)}$]。

3 二元耦合评价实现

本研究以碾压施工质量实时监控系统为技术支撑，将坝体干密度与可靠性理论相结合，以坝体干密度影响因子为出发点，建立坝体碾压质量的干密度及可靠度二元耦合评价模型。由此，将干密度影响因子的变异性延伸到计算结果的变异性，借助数理统计和概率论的方法，计算其可靠度 P，以此为依据对坝体碾压质量进行综合评价。研究框架图见图 2。

图 2 研究框架中，干密度及可靠度二元耦合评价实现过程如下。

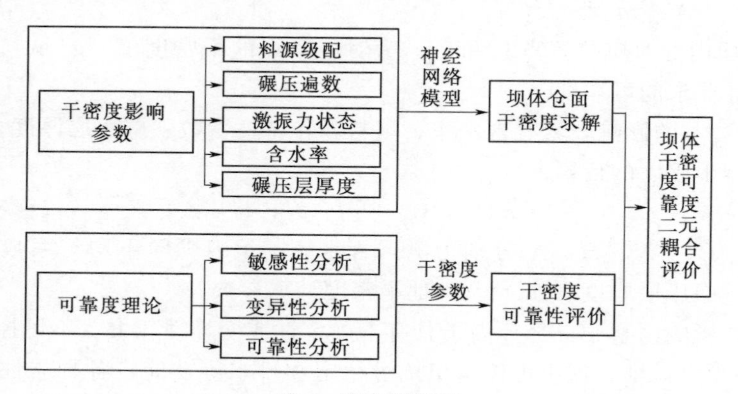

图 2 研究框架图

3.1 影响因子确定和采集

采用面板堆石坝填筑碾压施工质量实时监控系统，采集仓面的碾压遍数 n、压实厚度 h、激振力状态 J（以碾压机不同振动碾压状态下的碾压遍数进行量化），根据实际工程中的仓面挖坑试验，可确定该试坑位置处的含水率、料源级配（不均匀系数、曲率系数）和压实质量（干密度）参数。纯石料填筑坝体由大粒径石料组成，其密实过程是松散堆积体→紧密接触状态→坚实咬合状态，其密实效果体现在颗粒的嵌锁挤紧程度。其干密度的影响因素有：料源松散堆积体接触状态时的颗粒排列形式及颗粒形状、大小、表面特征，颗粒间接触特征以及孔隙特征。现阶段基于可量化的参数有不均匀系数、曲率系数以及影响颗粒间摩擦的含水率和施工控制的碾压参数（激振力状态、铺料厚度、碾压遍数）等，将碾压遍数 n、压实厚度 h、激振力状态 J、不均匀系数、曲率系数以及含水率确定为影响干密度质量的影响因子。

3.2 参数可靠性分析

对收集到的含水率、颗粒特征等参数样本进行分析，坝体填筑质量影响因子主要有：含水率、填料颗粒特征、碾压层厚度、碾压遍数、压实机械类型和功能、碾压速度等。其中机械类型、机械功能、虚铺厚度、碾压速度等影响因子，这些因子均可在坝体施工前通过试验或根据工程经验人为的确定，其施工中的实际参数可以由碾压施工质量实时监控系统加以精确控制和获取，可以作为无变异性因素考虑。不可控制性变异性因子有含水率、填料颗粒特性等，虽然施工前通过试验已确定填筑集料的最优含水率和最佳级配区间，但是施工中既不能对其准确控制，甚至各个点的分布情况也不尽相同。针对不可控变异性因子，含水率、颗粒特征参数等计算参数的试验数据离散性很大，可视为随机变量，假定其服从正态分布（验证过程见实例），然后根据参数分布对其变异性大小进行分析，进而得到干密度的变异性系数，进行干密度可靠性分析。

3.3 干密度求解

已知坝基干密度方程式（2）为非线性方程，为了实现干密度方程的求解，建立干密度质量估算的神经网络模型，模型输入为每个网格上碾压遍数、压实厚度、激振力状况、含水率、不均匀系数和曲率系数，输出为该网格处的干密度。模型训练样本来源于现场试坑试验数据以及对应该处的碾压参数值，随着试坑检测数据的不断增加，神经网络模型进行不断地训练，形成坝体干密度预测的神经网络模型[10]。通过该模型，得到坝体完整仓面的干密度分布数据。

3.4 干密度影响参数局部敏感性分析

在上述研究的基础上，进一步分析单个干密度影响参数变化对干密度的影响程度。分析时只改变一个参数的值，而其他参数采用现场试验参数的参数中值，计算在该影响参数发生变化时干密度结果的变化量，从而衡量干密度对其影响参数的敏感性，确定影响坝体干密度的敏感因素，寻找影响最大、最敏感的主要变量因素，进一步分析、估算其影响程度，以便于采取相应有效的碾压质量控制措施。

3.5 耦合干密度及可靠度的碾压质量二元评价

在已得到碾压仓面的干密度值分布数据基础上，绘制坝体全仓面的干密度平面分布图，利用通过可靠度理论得到的干密度变异性系数 δ，通过式（6）求得某碾压测点可靠度 P，然后通过式（1）得到仓面的干密度可靠度评价指标 R 值，最后基于参数的可靠性分析和敏感性分析结果以及干密度可靠度评价指标 R 值，对面板堆石坝碾压质量进行评价。

4 工程实例

某水库是一座以防洪、供水为主，兼顾灌溉、发电、改善河道基流等综合利用的大（2）型水利枢纽，坝址控制流域面积 9223km^2，其混凝土面板堆石坝最大坝高 122.5m，坝顶高程 288.50m，坝体从上游依次由混凝土面板、垫层料、过渡料、主堆石区、次堆石区，下游干砌石护坡等结构组成。利用大坝填筑碾压过程实时监控系统及现场挖坑试验采集了包含现场挖坑试验测点的含水率、坝料粒径分布的不均匀系数和曲率系数、测点的干密度值以及碾压遍数、激振力状态、压实厚度等影响坝体干密度的相关参数。采用遗传算法优化的神经网络模型实现仓面干密度参数的求解，通过可靠性分析研究影响参数变异性带给干密度参数的变异性，并通过干密度影响参数的敏感性分析来研究干密度的主要影响参数，然后基于以上结果进行了碾压质量干密度-可靠度二元耦合评价。

4.1 参数分析及坝体干密度推求

（1）干密度参数分布状态分析。概率直方图是根据变量的频率与分布的比例间的关系绘制的柱状图形，可以对数据是否符合正态分布进行简单检验。以含水率参数为例，选定

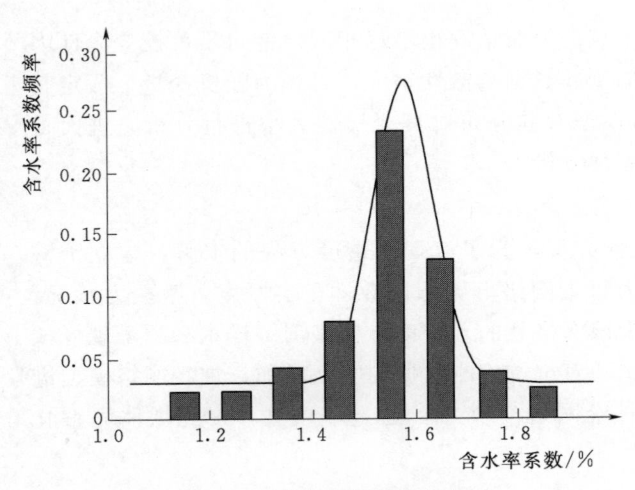

图 3　含水率参数概率直方图

坝体主堆石区的50组现场挖坑试验数据，将数据按照从小到大的次序排列，统计其概率分布，生成正态概率图见图 3。可知，样本数据的频率直方图近似服从正态分布。

（2）干密度推求。采用人工神经网络模型推求干密度以提高其精度，以坝体主堆石区的45个挖坑试验数据为训练样本进行训练，之后预测模型对15组验证样本进行了预测，干密度预测值与实测值的比较（图 4）。由图 4 得知，人工神经网络预测模型对干密度的预测值较实测值偏差均偏小，预测结果有相当高的精度，满足研究需要的精度。

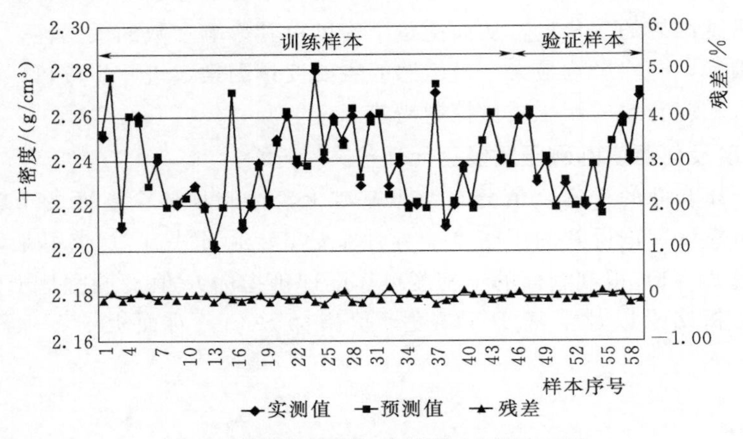

图 4　干密度实测值-预测值-残差比对图

（3）参数可靠性分析。利用人工神经网络预测模型，代入含水率、不均匀系数和曲率系数，得到干密度参数，用干密度参数分布分析干密度的变异性，由式（3）～式（5）得到干密度变异性系数 $\delta_\rho=\sqrt{D(\rho_d)}/E(\rho_d)=0.015$。干密度变异性系数可以反映干密度分布的离散性，可知干密度分布在干密度中值附近集中分布，离散性小，可靠性较好。

4.2　干密度参数敏感性分析

在采用干密度预测模型求解干密度过程中，坝料干密度影响因素众多，有必要评估各影响因素的影响大小，便于实际施工中加强对主要影响因素的控制，以保证坝体的碾压质量。在具体分析时，只改变一个参数的值，而其他参数采用现场试验参数的参数中值，则可以计算在该影响参数发生变化的时候干密度结果的变化量，从而衡量干密度对参数的敏感性，图 5 分别给出了影响参数与干密度变动幅度之间的关系。

由图 5 知，振碾参数和铺料厚度对坝体压实干密度有明显影响，坝料级配、含水率对

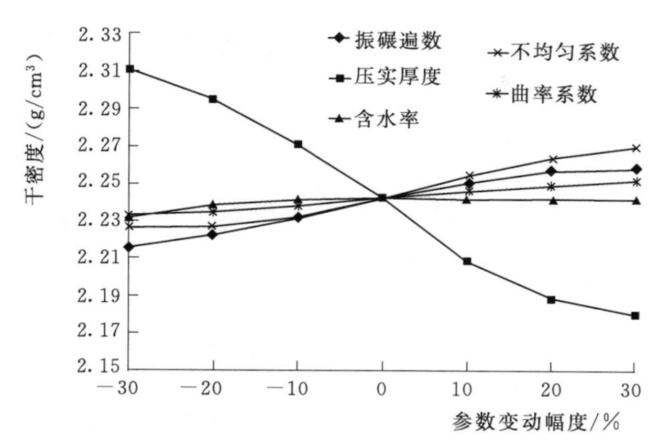

图5　干密度和影响参数变动关系曲线图

坝体干密度影响较小。其中，干密度随着振碾遍数增加而增加，这反映了坝料在碾压机械碾压下坝料结构趋于密实的过程，当压实功能或碾压遍数增加到一定限度时，干密度随碾压遍数的提高不明显；由压实厚度来看，干密度对压实厚度的变化较为敏感，保证较薄层的坝料填铺厚度对提高堆石的密实度是更有效的，当碾压厚度变动超过20%时干密度减小趋势减弱，这反映了碾压机能够有效作用的铺料厚度有限，为了确保碾压效果，应该保证坝料的填铺厚度在设计要求的0.8～1.0m之间；含水率变化在几个影响因素里对干密度的影响作用最小，随着含水率增加，干密度略有增加然后趋于稳定，原因与砾石颗粒粗、空隙大、可自由排水有关；已有研究表明坝料级配对干密度起着决定性的作用，图5中不均匀系数和曲率系数与干密度变化正相关，侧面验证了坝料级配适当有利于坝料颗粒排列和相互挤紧从而提高碾压后干密度，故应加强对料源级配的控制工作。

4.3　耦合干密度及可靠度的碾压质量评价

以面板堆石坝的坝体主堆石区某高程碾压仓面为例，利用大坝填筑碾压过程实时监控系统得到该仓面的压实厚度图形。

根据坝体碾压质量控制指标要求，仓面压实厚度须符合70～100cm区间。该区域仓面压实厚度分布为71.6～97.6cm，满足施工要求。

应用干密度预测模型得到碾压仓面的干密度，由式（6）计算得可得到不同干密度对应可靠度指标（图6），参照面板堆石坝碾压质量验收的干密度控制标准，由式（1）可以求得该仓面的干密度与可靠度综合评价指标R=93.75%，即该仓面完成施工碾压后干密度值可以达到设计要求且可靠度高于90%的面积占仓面总面积的比率为93.75%，仓面碾压质量完全满足施工要求。

综上可知，该仓面碾压区域的干密度参数亦均符合施工标准（大于设计要求2.2g/cm^3），考虑坝体碾压质量影响参数的变异性，结合干密度可靠度评价指标R可得出以下结论：该仓面的施工情况整体良好，压实厚度和碾压干密度均符合施工要求，部分红色区域受碾压参数（激振力状态、铺料厚度、碾压遍数）影响干密度略低，应在该仓面碾压施工完成后，针对该区域进行检查取样以确保大坝填筑质量。对比该区域现场试坑实验取样结果2.26g/cm^{3}可见：传统检测方法给出的结果不能反映该区域干密度分布的变化情况；

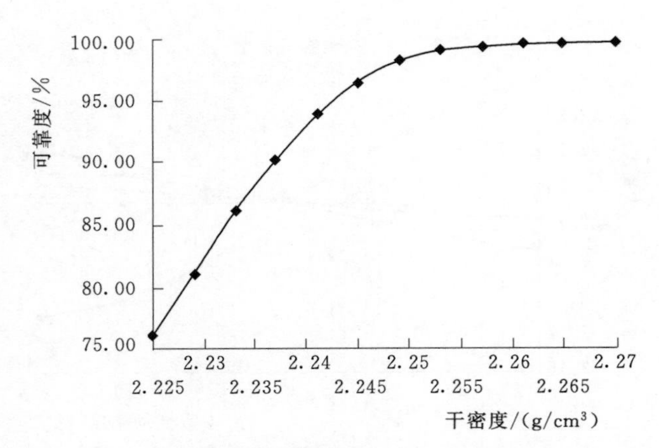

图6 不同干密度对应可靠度指标图

而应用耦合干密度及可靠度的碾压质量二元评价能够给出完整碾压区域的干密度分布及其满足施工要求的可靠度，更有利于现场碾压质量控制。

5 结论

面板堆石坝坝体土石料填筑量大，施工过程繁杂，料源级配及含水率等参数的变异性和碾压质量随机取点检验的控制方式等给坝体碾压质量评价工作带来了很多困难。通过课题组开发的某面板堆石坝的“碾压施工质量实时监控系统”，基于面板堆石坝坝体填筑干密度的变异性研究，将工程实际的干密度和可靠度理论相结合，建立了坝体干密度-可靠度二元耦合评价模型，提出了评价面板堆石坝碾压质量评价的具体流程，可实现对坝体仓面的碾压质量以及对应位置碾压质量可靠性的分析评价。

(1) 与传统面板堆石坝以随机测点干密度值作为碾压质量参数的情况相比，本研究所建模型不但考虑了各参数变异性对干密度的影响，而且与实际情况下坝面碾压质量控制要求相符，所得到的评价结果可以更科学的指导坝体填筑施工工作。

(2) 以某在建水库的面板堆石坝填筑施工为例，通过可靠性分析研究了干密度参数的可靠性，进行了干密度影响参数的敏感性分析，得到了影响坝体碾压质量的重要参数，完成了坝体碾压质量的干密度-可靠度二元耦合评价。坝体填筑质量二元耦合评价可使建设单位更全面地掌握坝体碾压质量信息，为工程的质量控制提供有效的理论与技术支持。

参考文献

[1] 刘长发. 基于横波波速测试的土石复合介质压实质量评价方法研究[D]. 重庆：重庆交通大学，2012.

[2] Jiunnren Lai，Shengmin Wu，Chih－Hung Chiang. Evaluating the Compaction Quality of Backfills by Stress Wave Velocities[J]. Journal of Testing and Evaluation，2011，9：1746－1753.

[3] Facas N W，Rinehart R V，Mooney M A. Development and evaluation of relative compaction specifications using roller－based measurements[J]. Geotechnical Testing Journal，2011，11：1－9.

[4] Ilori A O，Okwueze E E，Obianwu V I. Evaluating Compaction Quality Using Elastic Seismic P Wave. Journal of Materials in Civil Engineering. 2013，7：693－700.

[5] 刘东海，王光烽. 实时监控下土石坝施工全仓面碾压质量评估[J]. 水利学报，2010 (6)：720-726.
[6] 冉从勇. 堆石坝坝体填筑质量控制与评价方法研究[D]. 成都：四川大学，2005.
[7] 钟桂良. 碾压混凝土坝仓面施工质量实时监控理论与应用[D]. 天津：天津大学，2012.
[8] 钟登华，刘宁，崔博. 基于数字监控的高心墙堆石坝施工场内交通仿真研究[J]. 水力发电学报，2012，31 (6)：23-236.
[9] 钟登华，刘东海，崔博. 高心墙堆石坝碾压质量实时监控技术及应用[J]. 中国科学：技术科学，2011，41 (8)：1027-1034.
[10] 贾嵘，白亮，罗兴锜. 基于神经网络的水轮发电机组振动故障诊断专家系统[J]. 水力发电学报，2004，23 (6)：120-123.

河口村水库1号泄洪洞水工模型试验研究

顾霜妹　吴国英　任艳粉

（水利部黄河泥沙重点实验室，黄河水利科学研究院）

摘要：通过模型试验观测了河口村水库1号泄洪洞闸门全开和局开时过流能力、水流流态、流速分布、压力、脉动压力、泄洪洞下游冲刷等参数。试验进行了3种中墩体型比较试验，推荐了较优体型。

关键词：泄洪洞；水流流态；负压；中墩体型

1　工程概况

河口村水库泄水建筑物包括1座溢洪道和2条泄洪洞，其中1号泄洪洞为低位洞，进口底板高程195.00m，进口闸室分为2孔，中墩长60.2m，中墩尾部采用流线型。闸孔每孔净宽4.0m，进口设事故检修门和偏心铰弧形工作门，工作门尺寸为4.0m×7.0m，工作闸门门座进行了突扩和突跌，每孔左右两侧各突扩0.5m，跌坎高度为1.3m，坎下设置1∶10的陡坡。洞身为城门洞型，洞身断面尺寸为9.0m×13.5m。洞内为明流，洞身后接挑流鼻坎，水流直接挑入河道。

河口村水库两条泄洞水头高、泄量大，高速水流问题突出，过流表面极易发生空蚀破坏。其中1号洞最高运用水头96.0m，最大流速达到35m/s以上，需要通过大比尺单体水工模型试验，对泄洪洞体型进行优化选择，研究掺气减蚀设施形式、位置及其保护范围，为在设计中确定一个技术可行、安全可靠、经济合理的泄洪洞设计方案提供技术支持。

2　模型试验研究的内容

（1）进行1号泄洪洞常规的水力学试验，通过试验，观察泄洪洞在上游不同水位情况下流态；量测各特征水位下泄洪洞的流量、不同断面流速、沿程水面线、压力、脉动压力；提供1号泄洪洞起挑水位、收挑水位。验证1号泄洪洞导流期低水位运行情况下洞内流态及出口流态。

（2）验证泄洪洞进口段体型、闸墩尾部体型、渐变段体型的合理性；验证泄洪洞进水塔弧门后突扩突跌掺气后的流态，提供合理的突扩跌尺寸；提供泄洪洞沿程水流空化数，并根据试验确定掺气槽型式位置。

（3）建立下游局部动床模型，验证泄洪洞挑流消能体型的合理性；并推荐1号泄洪洞导流期低水位运行时出口下游防护措施。

3 模型的设计与制作

根据试验要求以及水工模型规范要求[1-3]，模型设计为正态水工模型，几何比尺为35，为了满足糙率要求，1号泄洪洞采用有机玻璃制作，由于模型水头较高，用特制的高钢板水箱模拟天然水库，水箱长5.0m、宽5.0m和高4.0m，进口附近局部地形采用水泥砂浆粉制模型。下游河道模拟长度500.0m，宽度300.0m，采用水泥砂浆粉制，覆盖层和基岩均采用天然沙模拟，模型局部动床范围10m×8m。

4 1号泄洪洞闸门全开试验方案

4.1 闸门出口及过渡段流态

1号泄洪洞在弧形工作闸门后进行了突扩和突跌，当高速水流出闸孔后，受平面上突扩和立面突跌设施的影响，孔口喷射水流冲击侧边壁和底板，在射流冲击的两边墙处均形成侧空腔，并激起水翅，各级库水位下均出现不同程度水翅冲击闸门铰座现象，库水位越高，冲击的频率和强度越大，建议在闸下两侧边墙上增设导流板，以便有效阻挡和消减水翅对门铰的影响。选择导流板宽度为1.0m，导流板位置：首端桩号为0+000.0，高程为202.50m；导流板末端桩号为0+014.0，高程200.00m，供设计参考采用。

4.2 洞身水流空化数

根据模型试验实测压力及断面平均流速，按照式（1）计算水流空化数。

$$\sigma=\frac{P_0/\gamma+P_a/\gamma+P_v/\gamma}{V_0^2/2g} \tag{1}$$

式中：P_0/γ为计算断面处相对压强水头，m；P_a/γ为计算断面处大气压强水头，m，取10.33m；P_v/γ为水的蒸汽压强水头，m，取水温为20℃时，蒸汽压强水头0.24m；V_0为计算断面处流速，m/s。从计算结果可以看出，库水位275.00m和285.43m时，在收缩段末端两侧边墙桩号0+97.3断面水流空化数非常小，分别为0.11和0.08，主要是由于该段边墙收缩角过大，水流在收缩段末端两侧边墙产生脱流，原型中很可能要发生空化和空蚀破坏。从表1中还可以看出，库水位285.43m时，桩号0+068.7～0+173.6之间隧洞洞身水流空化数均小于0.3，隧洞断面流速较大，考虑到沁河为多泥沙河流，建议该段泄洪洞施工时，要选用抗冲耐磨性能好的材料，并严格控制平整度。

4.3 压力分布

试验分别在泄洪洞的进口段、闸室段以及洞身段布置测压点98个。水流出闸室后，闸下底板所测压力均为正压，由于出口突跌，水流冲击底板，压力起伏变化较大，在$i=0.1$的陡坡段压力有个明显的峰值，峰值位于跌坎下14.0～21.0m范围内，三级特征库水位时峰值分别为9.12m、12.58m和16.22m水柱。另外，底板在桩号0+043.82处坡度由陡坡变缓，闸孔水流冲击底板后反弹至边坡处产生第2个压力峰值，三级特征库水位时峰值分别为10.85m、15.86m和16.95m水柱。水流出闸室后，先是闸墩末端逐渐收缩，至0+067.53桩号时，左右两孔水流交汇，而后两侧边墙开始收缩，水流在收缩段末端两侧边墙产生脱流，导致收缩段末端局部范围内边墙上产生较大的负压，库水位238.00m时，最大负压达到0.63m。库水位275.00m时，最大负压达到3.71m。最高库水位 285.43m 时，最大负压达到 4.87m。

表 1　　水流空化数情况表

位置	断面桩号	不同库水位下断面平均流速/(m/s)			不同库水位下水流空化数		
		238.00m	275.00m	285.43m	238.00m	275.00m	285.43m
洞身段	0+97.3	23.8	32.7	34.9	0.32	0.11	0.08
	0+024.5	23.3	31.5	33.2	0.60	0.38	0.38
	0+068.7	25.7	33.2	34.3	0.42	0.26	0.25
	0+103.7	23.8	32.7	35.6	0.51	0.25	0.21
	0+138.7	23.4	32.0	34.7	0.56	0.30	0.26
	0+173.6	23.1	31.3	33.7	0.58	0.32	0.27
	0+243.6	22.7	31.1	31.6	0.60	0.32	0.31
	0+313.6	22.8	29.4	31.8	0.61	0.37	0.32
	0+383.6	22.4	27.1	30.3	0.63	0.44	0.35
	0+488.6	21.6	28.0	30.1	0.68	0.41	0.35
	0+523.5	21.4	27.7	29.7	0.72	0.45	0.39
	0+593.5	21.6	27.2	29.6	0.70	0.45	0.39
挑坎段	0+620.4	20.7	25.4	28.1	0.93	0.72	0.60
	0+631.6	20.3	24.8	26.3	0.96	0.75	0.69
	0+640.8	20.9	25.3	27.3	0.54	0.40	0.35

5　1号泄洪洞闸门局开试验方案

试验实测了闸门不同开度时挑坎的起挑水位（表 2）。闸门开启过程中，会在明流洞内产生水跃，鼻坎处水流贴鼻坎壁下泄，对鼻坎处河床有一定冲刷。当水位升高，流速加大，水流将挑出鼻坎。受模型闸门启闭条件限制，水跃在明流洞内存在的时间较长，而原型是在某特征水位时，逐步开启闸门至要求值。因此，试验结果偏于安全。

表 2　　闸门不同开度时挑坎起挑水位表　　单位：m

项目	闸门开度		
	1/2 开度	1/4 开度	1/8 开度
起挑水位	214.00	231.90	274.90
收挑水位	204.00	214.30	238.80

根据设计要求，试验还测量了几个工况下不同特征库水位下闸门局部开启时水舌挑距，见表 3。在同一闸门开度下，挑坎水舌挑距随着库水位的升高而增大，相同库水位时，水舌挑距随着闸门开度的增大而增大。

表 3　　闸门局部开启时水舌挑距表

闸门开度	水舌挑距		
	H=238m	H=275m	H=285.43m
开度 1/8		34.6	37.8
开度 1/4	36.7	52.5	56.0
开度 1/2	49.7		

6　泄洪洞中墩及渐变段体型修改试验

根据原设计方案试验成果，对泄洪洞中墩及渐变段体型进行了局部修改试验，方案一，将 1 号泄洪洞渐变段上延 20.0m，即两侧边墙收缩段由 30.0m 加长至 50.0m，原设计中墩体型不变；方案二，泄洪洞渐变段上延 20.0m，中墩长度缩短 11.24m；方案三，泄洪洞渐变段上延 20.0m，中墩长度加长 0.76m。

试验表明，方案一，渐变段长度加长后中墩尾部流态得到明显改善，洞身桩号 0+97.53～0+140.0 段水面波动幅度减小，在库水位 238.00m 时，仅在 0+97.53～0+115.0 范围靠近两侧边墙处产生水翅，水翅最大高度 9.0～11.0m，水翅偶尔触及洞壁直墙顶部。在库水位 275.00m 时，两侧边墙处产生的水翅高度明显减小，0+97.53 断面水深分布是中部（水深 7.7m）大于两侧（水深 5.8m）。在库水位 285.43m 时，两侧边墙处没有明显的水翅，桩号 0+97.53 断面水深分布是中部（水深 7.85m）大于两侧（水深 6.0m）。方案二中各级特征水位时在墩的尾部产生的水冠均冲击洞顶。方案三中各级特征水位时在墩的尾部水面波动剧烈，局部水冠高度达到洞直墙顶部。三种中墩体型相比，方案一中墩体型修改流态最差，其次为方案二中墩体型修改，原设计中的墩体型最优，建议设计采用。

7　结论

（1）在库水位 238.00m 以上，弧形工作闸门后侧空腔激起水翅，水翅冲击闸门铰座，建议在闸下两侧边墙上增设导流板。经过多次试验比较，建议设置导流板宽度为 1m，导流板首端桩号 0+000.0，高程 202.50m，导流板末端桩号 0+014.0，高程 200.00m。

（2）闸门全开时，在泄洪洞进口压力流段，泄洪洞各部位压力分布均匀，且为正压。水流出工作门后，底板压力起伏较大。原设计各特征水位时，收缩段末端 0+97.53 两侧边墙处产生较大的负压，渐变段长度加长后收缩段末端侧墙压力分布有较大的改善，最大负压明显减小。库水位 285.43m 时 0+97.3 断面水流空化数由原来的 0.08 提高到 0.13。考虑到水流流速较大，建议进一步提高水流空化数。

（3）局部开启过程中，明流洞内产生水跃，水跃高度低于泄洪洞边墙高度，试验实测闸门 1/8 开度、1/4 开度、1/2 开度时挑坎的起跳水位分别为 274.90m、231.90m、214.00m，试验结果偏于安全，可供设计和运行参考。

（4）由于弧门出口边界复杂，较简单的中墩体型对水流的变化不适应，会在墩尾产生较高的水冠，流态较恶劣。相比而言，原设计中墩体型虽然复杂，但对水流的适应性较好，建议设计采用。

河口村水库1号泄洪洞抗冲磨材料对比研究

甘继胜[1]　翟春明[1]　王　茹[2]

（1. 河南省水利第二工程局；2. 河南科源水利建设工程检测有限公司）

摘要：为了优选沁河河口村水库1号泄洪洞的抗冲磨混凝土方案，对比了硅粉混凝土、HF混凝土和NSF－Ⅱ混凝土的力学性能、抗冲磨性能、变形性能。结果表明：NSF－Ⅱ混凝土的黏度低、施工性能好，其28d抗压强度低于硅粉混凝土，90d二者相当，其抗冲磨强度优于硅粉混凝土；HF混凝土的黏度大、施工性能较差，28d、90d抗压强度与硅粉混凝土相当，其抗冲磨强度与硅粉混凝土接近，在胶凝材料总量与硅粉混凝土相同时，其干缩率要比硅粉混凝土大，充分发挥其减水效果、降低胶材用量时，干缩率可能小于硅粉混凝土；NSF－Ⅱ混凝土的综合性能较优。

关键词：抗冲磨；泄洪洞；HF；NSF；硅粉；河口村水库

河口村水库工程位于河南省济源市克井镇黄河一级支流沁河下游，为大（2）型工程，由混凝土面板堆石坝、泄洪洞、溢洪道及引水发电系统组成。泄洪洞布置两条，1号泄洪洞为明流洞，最大泄洪流量为1961.6m^3/s，设计最大流速35m/s，承担泄洪、排沙任务。洞身断面为城门洞形，断面尺寸为9.0m×13.5m（宽×高），采用全断面钢筋混凝土衬砌，衬砌厚0.8～2.0m。

由于设计流速较高、流量较大，并且衬砌厚度较大，对泄洪洞衬砌混凝土的抗冲磨、防裂要求比较高，因此需要采用抗冲耐磨材料。

1　抗冲磨混凝土材料

目前在我国水利水电工程中用于配制抗冲磨混凝土的材料主要有以下几种。

（1）硅粉-粉煤灰混凝土。通过掺加高效减水剂与硅粉配制的高性能混凝土降低了混凝土的孔隙率，增强了水泥石的强度，可以显著提高混凝土抗冲磨性能、抗气蚀性能[1]，并且混凝土力学性能、密实性、抗冻性等得到改善[2]。

但是，硅粉混凝土水胶比低，拌和物不泌水，浇筑后混凝土表面水分蒸发速度大于泌水速度，因此对早期养护要求很高，稍不注意就容易发生塑性裂缝；硅粉混凝土早期强度发展快，水化热释放集中，自生体积变形较大，发生温度开裂的风险较高[3]；硅粉混凝土黏度大，振捣困难，排气困难，收光抹面难度较大。

将硅粉、Ⅰ级粉煤灰复合掺加，采用聚羧酸系高性能减水剂代替萘系高效减水剂，有助于解决上述问题。例如在建的溪洛渡水电站采用了“5％硅粉＋30％粉煤灰＋聚羧酸减水剂”的抗冲磨混凝土方案[4]，小湾、锦屏一级、向家坝等水电工程也采用了类似的方案。

（2）NSF 混凝土。NSF 硅粉抗磨蚀剂是由南京水利科学研究院承担的国家“七五”攻关项目和水利部、能源部重点项目优秀科研成果转化而成的产品。NSF 硅粉抗磨蚀剂已经有 20 年的成熟应用经验，已在水口、五强溪、龙羊峡、葛洲坝、映秀湾、大伙房、下寨河等水电工程中成功应用，经受了汛期过水考验，最长已运行十余年，有良好工程效益和经济效益。

2010 年，南京水利科学研究院开发出了 NSF－Ⅱ型硅粉抗磨蚀剂，在已有技术和大量应用经验的基础上，针对常规的硅粉混凝土和易性较差、水化热高、自生体积收缩大、容易产生塑性收缩开裂和温度裂缝等问题进行了进一步改进。

（3）HF 混凝土。HF 混凝土是由支拴喜等[5]经过试验研究，并在工程应用中逐渐优化、完善而成的新型水工抗冲耐磨混凝土，由 HF 外加剂、优质粉煤灰、符合要求的砂石骨料和水泥等组成，在水利水电工程中被广泛应用。

另外 HF 剂的减水率很高，在配制 HF 混凝土时，较小的用水量即可满足混凝土坍落度的要求，这样可以降低胶凝材料用量，降低混凝土温升及开裂风险，且骨料比例增大还可以提高混凝土抗冲磨性能。

但是，HF 混凝土也会产生黏性大、板结、卸料困难、振捣困难的问题[6]，在一些工程中还出现了较多的开裂，如泸定水电站[7]、瀑布沟水电站[8]、坪头水电站等。

本研究主要考察硅粉-粉煤灰混凝土、NSF 混凝土和 HF 混凝土的各项性能，优选抗冲磨混凝土方案，以满足泄洪洞衬砌混凝土抗冲、耐磨、防裂设计要求。

2 原材料及配合比

水泥采用海螺 P. O 42.5 级普通硅酸盐水泥，其中已经含有 5%～20%的混合材。砂石采用 5～20mm 的玄武岩小石、20～40mm 的石灰岩中石、天然河沙。硅粉为埃肯 920U 型硅粉，二氧化碳（SiO_2）含量为 91.5%，28d 活性指数为 93%。硅粉混凝土中所用减水剂为 JM-PCA 聚羧酸减水剂，掺量 1.2%时减水率为 25%。NSF－Ⅱ型硅粉抗磨蚀剂为南京水利科学研究院提供的产品，掺量 17.5%时减水率为 25%。HF 剂由甘肃巨才电力技术有限责任公司提供，掺量 2.5%时减水率为 30%。

首先通过试拌，调整好不同配合比的用水量、引气剂和减水剂掺量，控制坍落度为 145～165mm、含气量为 3.0%～3.5%。达到相同坍落度的 HF 混凝土用水量较低，但混凝土很黏。

$C_{90}50$、$C_{90}60$ 两种强度等级的混凝土配合比见表 1。

3 性能分析

3.1 拌和物性能

黏度是反映混凝土施工性能的一项重要参数，而坍落度试验不能衡量混凝土的黏度，因此在本研究中采用流变仪测试了不同混凝土的流变性能，包括屈服剪切应力和塑性黏度，结果见表 2。

屈服剪切应力反映了混凝土开始流动所需要的剪切力大小，塑性黏度则反映混凝土流动时的黏滞性。从表 2 可以看出，在 $C_{90}50$ 强度等级下，NSF－Ⅱ混凝土与 SF 混凝土的屈

表 1　　　　　　　　　　　　　　**混凝土配合比表**

强度等级	编号	水胶比	砂率/%	水/(kg/m³)	水泥/(kg/m³)	硅粉/(kg/m³)	NSF－Ⅱ/(kg/m³)
$C_{90}50$	NSF－Ⅱ－50	0.37	0.38	137	305	0	65
	SF－50	0.37	0.36	133	341	18	0
	HF－50	0.37	0.38	125	338	0	0
$C_{90}60$	NSF－Ⅱ－60	0.32	0.41	140	361	0	77
	SF－60	0.32	0.41	140	416	22	0
	HF－60	0.32	0.41	140	438	0	0

强度等级	HF剂/(kg/m³)	砂/(kg/m³)	小石/(kg/m³)	中石/(kg/m³)	聚羧酸减水剂/%	引气剂/%	坍落度/mm
$C_{90}50$	0	714	466	699	0	0.01	150
	0	685	487	731	1.3	0.01	150
	8	738	482	722	0	0.01	145
$C_{90}60$	0	742	427	641	0	0.01	150
	0	744	428	643	1.2	0.01	165
	11	744	428	642	0	0.01	150

表 2　　　　　　　　　　　　　　**混凝土流变性能表**

编号	坍落度/mm	屈服剪切应力/Pa	塑性黏度/(Pa·s)
NSF－Ⅱ－50	150	230	104
SF－50	150	237	120
HF－50	145	460	286

续表

编号	坍落度/mm	屈服剪切应力/Pa	塑性黏度/(Pa·s)
NSF-Ⅱ-60	150	583	72
SF-60	165	790	152
HF-60	150	428	215

服剪切应力相当，对应的坍落度相同，但 NSF-Ⅱ混凝土的塑性黏度比 SF 混凝土低约 13%。说明在坍落度相当的情况下，掺用 NSF-Ⅱ硅粉抗磨蚀剂的混凝土黏性较硅粉混凝土下降，施工性能略优。HF 混凝土由于用水量较另两种混凝土低，浆体体积小、骨料体积比例大，因此其屈服剪切应力较大，即需要用较大的剪切力才能使混凝土开始流动；其塑性黏度分别是 NSF-Ⅱ混凝土和 SF 混凝土的 2.8 倍、2.4 倍，说明其黏度大大增加。试验中观察到 HF-50 混凝土翻铲困难、容易拔地，达到同样坍落扩展度所需时间偏长。

在 $C_{90}60$ 强度等级下，3 个配合比采用了同样的用水量，浆体体积相当，砂率也一样。此时，三者的屈服剪切应力排序为 HF 混凝土＜NSF-Ⅱ混凝土＜SF 混凝土，说明同用水量下 HF 混凝土的浆体流动性更好，这与 HF 剂自身减水率较高有关。三者的塑性黏度排序为 NSF-Ⅱ混凝土＜SF 混凝土＜HF 混凝土，说明 NSF-Ⅱ混凝土黏性最低，施工性能最好。试验中同样可以观察到尽管三者坍落度接近，但 NSF-Ⅱ混凝土与 SF 混凝土在提起坍落度桶约 3s 后，混凝土停止坍落，而 HF-60 混凝土坍落缓慢，10～15s 才停止坍落，且翻铲困难，黏铁锹。

上述试验结果表明，NSF-Ⅱ混凝土的施工性能优于 SF 混凝土，HF 混凝土黏度大，施工性能不好。

3.2 混凝土力学性能

混凝土 28d、90d 抗压强度以及 28d 轴拉性能见表 3。可以看出，NSF-Ⅱ混凝土 28d 抗压强度较 SF 混凝土和 HF 混凝土偏低，但到 90d 龄期时三者抗压强度基本相当。

在 28～90d 这段龄期内，$C_{90}50$ 强度等级下，NSF-Ⅱ混凝土、SF 混凝土、HF 混凝土抗压强度分别增长 11MPa、3MPa、9MPa；$C_{90}60$ 强度等级下，三者分别增长 12MPa、3MPa、5MPa。说明 NSF-Ⅱ混凝土后期强度增长较多，这不仅有利于提高混凝土长龄期的抗冲磨性能，而且有利于缓解早龄期强度发展过快带来的温度应力问题。

$C_{90}50$ 强度等级下，28d 的抗拉强度 SF 混凝土最高，NSF-Ⅱ混凝土略高于 HF 混凝土，NSF-Ⅱ混凝土比 SF 混凝土和 HF 混凝土的弹性模量分别低 17%和 24%，而极限拉伸值分别提高 16%和 34%。说明 NSF-Ⅱ混凝土承受变形的能力更好，抗裂能力优于 SF 混凝土和 HF 混凝土。

$C_{90}60$ 强度等级下，NSF-Ⅱ混凝土比 SF 混凝土和 HF 混凝土的弹性模量分别低 10%和 7%，三者极限拉伸值接近。说明 NSF-Ⅱ混凝土的抗裂能力略优于另两种混凝土。

表3　　混凝土力学性能表

编号	抗压强度/MPa		28d轴拉性能		
	28d	90d	抗拉强度/MPa	弹性模量/GPa	极限拉伸值/10^{-6}mm
NSF-Ⅱ-50	50	61	4.09	29	147
SF-50	57	60	4.24	35	127
HF-50	53	62	4.01	38	110
NSF-Ⅱ-60	55	67	4.17	38	117
SF-60	61	64	4.64	42	117
HF-60	61	66	4.09	41	110

3.3 抗冲磨性能

抗冲磨强度参照《水工混凝土试验规程》(DL/T 5150—2001) 中的水下钢球法测试，为了避免试件成型时表面浮浆对混凝土抗冲磨强度的影响，冲磨面采用成型底面；水下钢球法要求的叶轮转速为1200r/min，C40以上的高强混凝土平均磨蚀深度往往不到5mm，只能反映混凝土表面的抗冲磨强度。为了客观评价各种混凝土本体的抗推移质冲磨性能，这里采用了高速水下钢球法，叶轮转速4000r/min，冲磨效率是规范中传统水下钢球法的3～4倍。实际冲磨后观察到混凝土最大磨深3cm，可以反映混凝土本体的抗冲磨性能。

混凝土的抗冲磨性能试验结果见表4。28d龄期时，在$C_{90}50$和$C_{90}60$两种强度等级下，SF混凝土与HF混凝土的抗冲磨强度比较接近，NSF-Ⅱ混凝土则要比另外两种高28%～53%。90d龄期时的结果与28d的近似，NSF-Ⅱ混凝土的抗冲磨强度最高。

表4　　混凝土抗冲磨性能表

编号	抗冲磨强度/(h·m²/kg)	
	28d	90d
NSF-Ⅱ-50	2.7	3.8
SF-50	2.1	3.0
HF-50	1.9	3.0
NSF-Ⅱ-60	2.6	4.1
SF-60	1.9	3.2
HF-60	1.7	3.1

3.4 干缩性能

抗冲磨混凝土的收缩开裂一直是一个比较严重的问题，这里测试了干缩性能以评价不同混凝土的收缩开裂风险。

将试件在20℃、环境相对湿度$RH>95\%$的标准养护室中养护至7d龄期后，放入干缩室，测试干缩过程。试验结果见图1和图2。

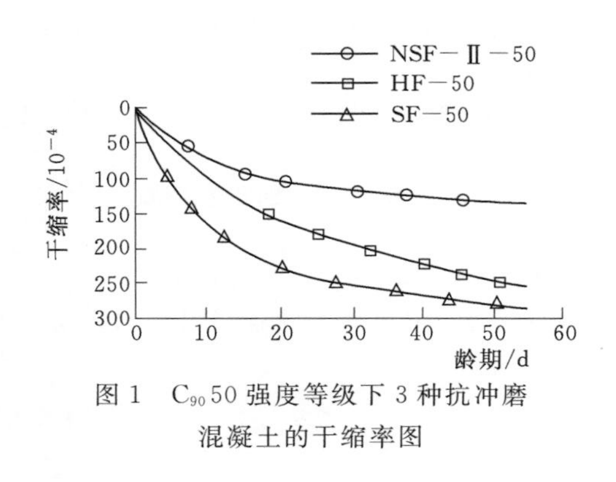

图 1　$C_{90}50$ 强度等级下 3 种抗冲磨混凝土的干缩率图

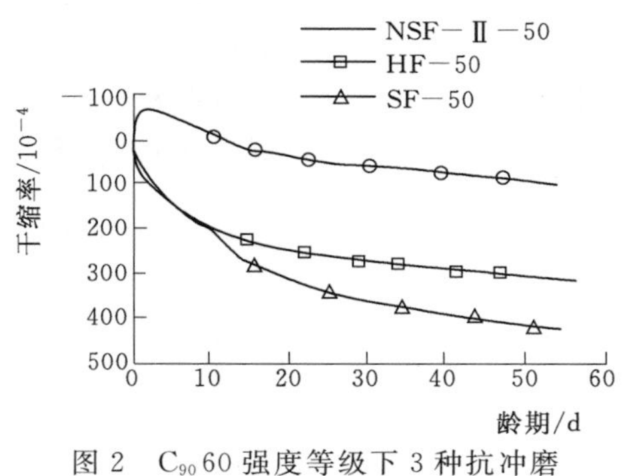

图 2　$C_{90}60$ 强度等级下 3 种抗冲磨混凝土的干缩率图

由图 1 可以看出，在 $C_{90}50$ 强度等级下，SF 混凝土早期干缩发展快，干缩率偏大，到 56d 时干缩率为 284×10^{-6}；HF 混凝土 20d 以前的干缩发展较 SF 混凝土慢，但随后以较大的速率发展，到 56d 时干缩率为 252×10^{-6}，且有赶超 SF 混凝土的趋势。NSF－Ⅱ混凝土在早龄期干缩发展最慢，且 28d 龄期以后干缩发展明显较另两种混凝土慢，56d 时干缩率为 135×10^{-6}。同时注意到 3 种混凝土的胶材用量不同，对干缩率也会有影响。

在 $C_{90}60$ 强度等级下，3 种混凝土的胶材用量相同。由图 2 可以看出，在 10d 龄期以前 SF 混凝土与 HF 混凝土的干缩发展趋势接近，随后 SF 混凝土的干缩发展变慢，而 HF 混凝土的干缩发展仍然较快，到 56d 时 SF 混凝土干缩率为 314×10^{-6}，HF 混凝土为 426×10^{-6}。NSF－Ⅱ混凝土在 24h 左右出现 50×10^{-6} 的微膨胀，随后开始收缩且在 28d 以后干缩率发展明显慢于另两种混凝土，56d 时干缩率为 100×10^{-6}。

上述试验结果说明，SF 混凝土和 HF 混凝土的早期干缩都较大，收缩开裂的风险较大；NSF－Ⅱ混凝土的收缩则远小于另两种混凝土，且在绝对掺量较大时还可能在早期产生微膨胀，可以有效预防收缩开裂。

4　结论

对比了 $C_{90}50$、$C_{90}60$ 两个强度等级下硅粉抗冲磨混凝土、HF 抗冲磨混凝土和 NSF－Ⅱ抗冲磨混凝土的流变性能、力学性能、抗冲磨性能和干缩性能等参数。结果表明，NSF－Ⅱ混凝土的黏度低、施工性能好，其 28d 抗压强度低于硅粉混凝土，90d 抗压强度二者相当，其抗冲磨强度优于硅粉混凝土；HF 混凝土的黏度大、施工性能较差，28d、90d 抗压强度与硅粉混凝土相当，抗冲磨强度与硅粉混凝土接近，在胶凝材料总量与硅粉混凝土相同时干缩率要比硅粉混凝土大，充分发挥其减水效果、降低胶材用量时，干缩率可能小于硅粉混凝土。

综上所述，NSF－Ⅱ混凝土的综合性能较优。

参考文献

[1]　邓明枫，钟强，张立勇，等．高性能混凝土抗冲磨性能试验研究[J]．混凝土，2008（2）：82－86．
[2]　杨坪，彭振斌．硅粉在混凝土中的应用探讨[J]．混凝土，2002（1）：11－14．

[3] 陈改新. 高速水流下新型高抗冲耐磨材料的新进展[J]. 水力发电，2006，32（3）：56-59.
[4] 杨富亮，李灼然. 溪洛渡水电站抗冲磨混凝土配合比优化试验[C] //第八届全国混凝土耐久性学术交流会论文集. 杭州：[出版者不详]，2012：534-547.
[5] 支拴喜，支晓妮，江文静. HF混凝土的性能和机理的试验研究及其工程应用[J]. 水力发电学报，2008（6）：60-64.
[6] 李洁，何升泽，陈玉秀. HF混凝土在坪头水电站施工中的经验教训[J]. 四川水力发电，2008，27（4）：10-12.
[7] 张洋，李海清. 泸定水电站泄洪洞混凝土裂缝处理与防治[J]. 水力发电，2011，37（5）：46-47.
[8] 和建生，王国胜，华芳，等. 瀑布沟水电站溢洪道抗冲耐磨混凝土配合比选择[J]. 水力发电，2010，36（2）：30-32.

NSF－Ⅱ型硅粉抗磨蚀剂性能评估

翟春明

（河南省水利第二工程局）

摘要： 根据设计要求，河南省河口村水库1号泄洪洞底板及边墙下部3.0m采用掺加NSF－Ⅱ型硅粉抗磨蚀剂的$C_{90}50$二级配泵送混凝土，工程量21390m^3，以满足高速水流条件下混凝土的抗冲磨要求。本着对工程质量负责、对业主负责，不能仅凭厂家一面之词就确信其产品质量，有必要经过试验加以检验和评估。

关键词： NSF－Ⅱ型硅粉抗磨蚀剂；黏度；抗冲磨；开裂风险；收缩；仿真试验；评估

0　概述

NSF－Ⅱ型硅粉抗磨蚀剂是国家"七五"攻关项目和水利部、能源部重点项目优秀科研成果转化而成的产品，由抗冲磨组分、膨胀组分、减水组分和凝结调节组分等组成，已在多个重点水利工程中成功运用，取得了良好的工程效益和经济效益。

根据设计要求，河南省河口村水库1号泄洪洞底板及边墙下部3.0m采用掺加NSF－Ⅱ型硅粉抗磨蚀剂的$C_{90}50$二级配泵送混凝土，工程量21390m^3，以满足高速水流条件下混凝土的抗冲磨要求。本着对工程质量负责、对业主负责，不能仅凭厂家一面之词就确信其产品质量，有必要经过试验加以检验和评估。

检验内容分为黏度与和易性检验、抗冲磨防空蚀性能检验、混凝土开裂风险评估3项。

1　混凝土黏度与和易性检验

用混凝土流变仪检测各混凝土的流变性。试验配合比见表1。试验采用焦作岩鑫P.O 42.5普硅水泥，因其中已经含有20%以上的混合材，故不再掺加粉煤灰；细骨料为$M_x=2.8$的天然河砂，粗骨料为灰岩骨料；减水剂为北京瑞帝斯生产的高性能聚羧酸减水剂，减水率27%。通过微调用水量，调整坍落度基本接近。

试验结果见图1。从图1可以看出，尽管同强度的3种配合比坍落度相当，但是NSF－Ⅱ型硅粉抗磨蚀剂混凝土（NSF－Ⅱ掺量13%）的黏度明显低于硅

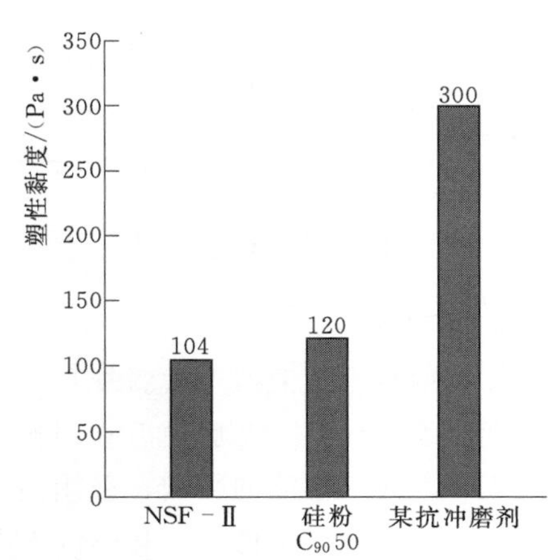

图1　不同抗冲磨混凝土的黏度对比图

粉混凝土（掺量5%）和某抗冲磨剂混凝土（抗冲磨剂掺量2.5%）。混凝土黏度低，容易操作，施工质量易控制，这对平整度要求高的高速泄水建筑物抗冲磨混凝土是很关键的。

表1　对比黏度用混凝土配合比表

强度等级	编号	水胶比	水/(kg/m³)	水泥/(kg/m³)	硅粉/(kg/m³)	NSF－Ⅱ/(kg/m³)	某抗冲磨剂/(kg/m³)	砂/(kg/m³)	小石/(kg/m³)	中石/(kg/m³)	聚羧酸减水剂/%	坍落度/mm
$C_{90}50$	配合比1	0.37	130	305	—	45.6	—	714	466	699	—	150
	配合比2	0.37	133	341	18	—	—	685	487	731	1.2	150
	配合比3	0.37	128	338	—	—	8.7	738	482	722	—	145

2　抗冲磨防空蚀性能

按照《混凝土外加剂》(GB 8076—2008) 中缓凝型高性能减水剂的检测方法，测试NSF－Ⅱ硅粉抗磨蚀剂的减水率、28d抗压强度比、28d收缩率比，并同时成型抗冲磨试件，用转速4000r/min的高速水下钢球法测试28d抗冲磨强度。试验采用外加剂检测用基准水泥，粗骨料为灰岩骨料、天然河沙。

配合比主要参数见表2，性能测试结果见表3。NSF－Ⅱ的28d抗冲磨强度比为163%，满足原有的NSF硅粉抗磨蚀剂的抗冲磨性能指标要求（≥150%）。

表2　抗冲磨性能试验对比用配合比主要参数表

编号	掺量/%	胶材用量/kg	水/kg	水胶比
基准	—	456	223	0.49
NSF－Ⅱ	13%	456	160	0.35

表3　抗冲磨性能试验对比用配合比的主要性能表

编号	减水率/%	28d抗压强度/MPa	28d抗压强度比/%	28d收缩/$\mu\varepsilon$	28d收缩率比/%	28d抗冲磨强度（高速水下钢球法）/[h/(kg/m²)]	28d抗冲磨强度比/%
基准	0	27.9	—	195	—	1.42	—
NSF－Ⅱ	25	48.8	175	187	96	2.31	163

3　混凝土开裂风险评估

3.1　收缩评估

参照《水工混凝土试验规程》(DL/T 5150—2001) 中的干缩测试方法，但为了测试早期收缩，成型24h脱模后立刻测试初长，对比NSF－Ⅱ硅粉抗磨蚀剂与某抗冲磨剂对混凝土早期收缩性能的影响，采用表1中$C_{90}50$的3个配合比。某抗冲磨剂的减水效果略高，相同水胶比条件下，其单位用水量和胶材用量都较低。

试验结果见图2。典型硅粉混凝土在15d时间内一直在收缩，收缩值达到219$\mu\varepsilon$；掺某抗冲磨剂的混凝土在21d测试时间内一直在收缩，21d收缩值达到413$\mu\varepsilon$（15d收缩值为376$\mu\varepsilon$）；而掺NSF－Ⅱ硅粉抗磨蚀剂的混凝土在前5h内收缩约50$\mu\varepsilon$（这可能是由于试件表面游离水蒸发引起），随后开始膨胀，到2d左右达到最大膨胀值12$\mu\varepsilon$，然后开始缓慢收缩，到21d龄期时收缩只有117$\mu\varepsilon$（15d收缩值为99$\mu\varepsilon$）。且从图2中可见，掺NSF－Ⅱ硅粉抗磨蚀剂的混凝土的收缩-时间曲线比其他两种混凝土都平缓，也即收缩发展较慢。掺NSF－Ⅱ硅粉抗磨蚀剂的混凝土干缩性能大幅度改善。

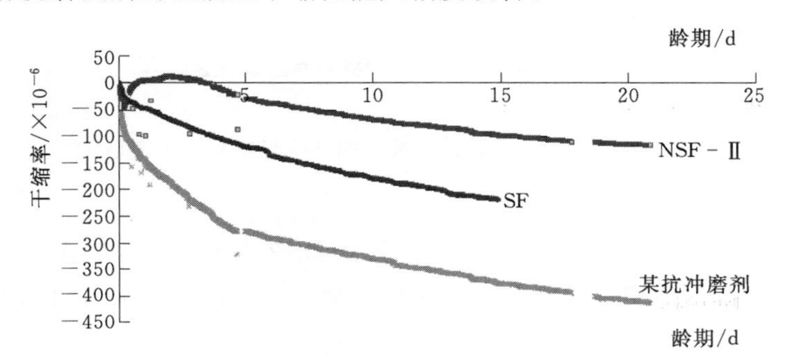

图2　NSF－Ⅱ硅粉抗磨蚀剂与硅粉混凝土、某抗冲磨剂混凝土收缩性能对比图

为了进一步考察从初凝到脱模期间发生的自生体积变形（一般认为这期间硅粉混凝土的自生收缩较大），测试了NSF－Ⅱ硅粉抗磨蚀剂对砂浆早龄期自生体积变形性能的影响，试件浇筑在密闭而轴向约束可忽略的试模内，采用外置式位移传感器立式测长，初凝时测试初长。所用配合比见表4，NSF－Ⅱ掺量13％。

试验结果见图3。与上述混凝土试验结果相似，空白组砂浆在初凝后的5h内自生收缩发展较快，达到300$\mu\varepsilon$，随后进入缓慢收缩阶段，90h的自生收缩为320$\mu\varepsilon$；掺NSF－Ⅱ硅粉抗磨蚀剂后，在初凝后的5h内自生收缩发展大大减慢，只有70$\mu\varepsilon$，随后开始膨胀，90h时不但没有收缩，还有400$\mu\varepsilon$的自生膨胀。

上述2批试验结果都表明：掺NSF－Ⅱ硅粉抗磨蚀剂明显减少混凝土的收缩。

表4　　NSF－Ⅱ硅粉抗磨蚀剂砂浆配合比表

编号	水胶比	水/(kg/m³)	水泥/(kg/m³)	NSF－Ⅱ/(kg/m³)	砂/(kg/m³)	聚羧酸减水剂/%
空白	0.34	187	551	0	1654	1.0
NSF－Ⅱ	0.34	187	480	72	1654	0

3.2　仿真试验

采用温度应力试验机进行温度-应力仿真试验，对比了两种典型的$C_{90}50$抗冲磨混凝土方案的抗裂性。

（1）低热水泥＋30％粉煤灰＋5％硅粉。这是目前溪洛渡[1]等大型水电站典型配合比。

（2）普硅水泥＋25％粉煤灰＋13％NSF－Ⅱ型硅粉抗磨蚀剂。这是河口村水库泄洪洞工程抗冲磨混凝土的实际施工配合比。由于未采用低热水泥、粉煤灰掺量低、用水量较高、胶凝材料总量高，故其开裂风险相对恶劣，可以更苛刻地考察NSF－Ⅱ型硅粉抗磨蚀

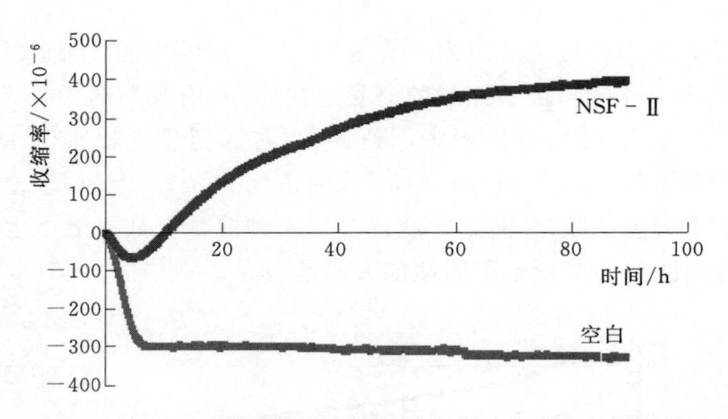

图 3　掺 NSF-Ⅱ硅粉抗磨蚀剂的砂浆早龄期自生变形图

剂的抗裂效果。

采用嘉华 P. LH 42.5 低热水泥、焦作岩鑫 P. O 42.5 普硅水泥、焦作沁北电厂Ⅰ级粉煤灰，焦作汇丰灰岩粗骨料、天然砂，北京瑞帝斯生产的高性能聚羧酸减水剂，配合比见表 5。

表 5　两种典型抗冲磨混凝土配合比表

编号	水胶比	水 /(kg/m³)	水泥 /(kg/m³)	粉煤灰 /(kg/m³)	硅粉 /(kg/m³)	NSF-Ⅱ /(kg/m³)	砂 /(kg/m³)	小石 /(kg/m³)	中石 /(kg/m³)	减水剂/%	引气剂 /×10⁻⁴
低热水泥+30%粉煤灰+5%硅粉	0.37	153	269	124	21	—	780	432	648	1.37	1.0
普硅水泥+25%粉煤灰+13%NSF-Ⅱ	0.35	160	283	114	—	59.4	699	458	559	—	1.0

所谓温度-应力仿真试验，是指模拟混凝土处于实际结构内部的温度历程和约束工况下，产生应力直至开裂。采用对应的温度曲线对比见图 4，系根据浇筑尺寸、混凝土绝热温升、浇筑温度、环境温度、模板散热系数、通水冷却工艺等计算得到。掺加 NSF-Ⅱ的这组混凝土由于绝热温升高、实际施工中未通水冷却，故内部最高温度高得多。

实测综合抗裂参数见表 6，两种典型抗冲磨混凝土温度、应力曲线分别见图 4、图 5。

表 6　综合抗裂参数表

编号	浇筑温度 /℃	最大压应力 /MPa	最高温度 /℃	最高温升 /℃	开裂应力 /MPa	开裂温度 /℃	开裂温降 /℃
低热水泥+30%粉煤灰+5%硅粉	18.6	0.04	45.4	26.8	−2.21	17	28
普硅水泥+25%粉煤灰+13%NSF-Ⅱ	22.5	1.10	64.5	42.0	−2.15	20	44

从图 4 可见，“普硅水泥+25%粉煤灰+13%NSF-Ⅱ型硅粉抗磨蚀剂”的混凝土内部最高温度达 64.5℃，最大温升 42℃，而“低热水泥+30%粉煤灰+5%硅粉”的混凝土内部最高温度 45.4℃，最大温升 26.8℃，二者相差甚远。但模拟寒潮袭击导致混凝土开

裂时的温度，前者为20℃，后者为17℃，换句话说，前者在经历44℃的温降后才开裂，而后者经历28℃的温降就开裂，说明掺入NSF－Ⅱ型硅粉抗磨蚀剂后混凝土抵抗温度应力的抗裂性显著提高。原因之一是在前40h内，掺NSF－Ⅱ的混凝土有1.1MPa的膨胀预压应力产生，抵消了一部分冷缩导致的温度应力（图5）。

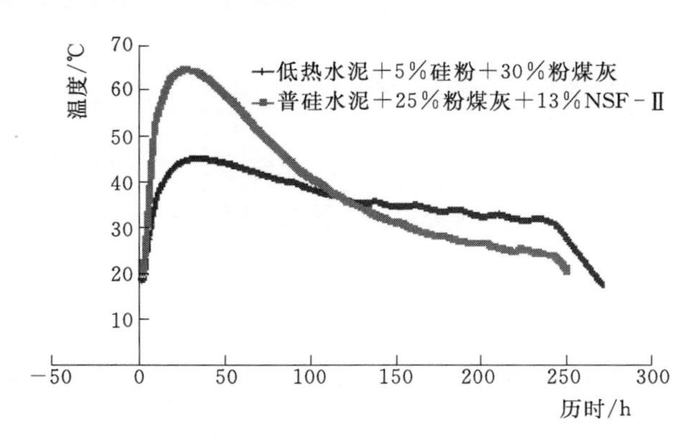

图4　两种典型抗冲磨混凝土温度曲线图

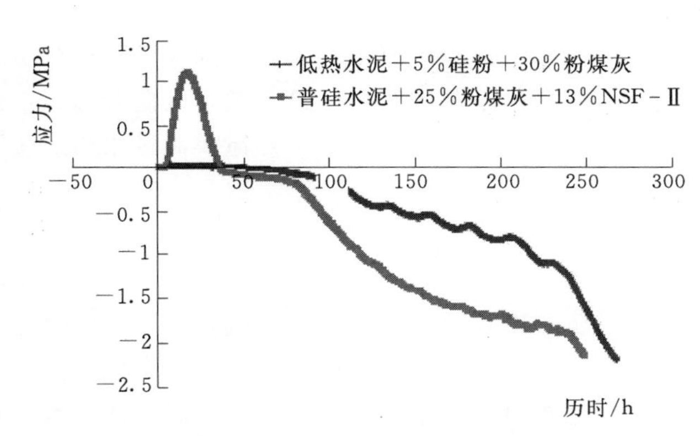

图5　两种典型抗冲磨混凝土应力曲线图

4　结论

通过对在混凝土内掺入NSF－Ⅱ型硅粉抗磨蚀剂后的黏度与和易性、抗冲磨防空蚀性能及开裂风险的检验与评估，由水利部交通运输部国家能源局南京水利科学研究院生产的NSF－Ⅱ型硅粉抗磨蚀剂产品是合格的，能够满足河口村水库泄洪洞工程抗冲磨混凝土的各项技术要求。

参考文献

[1]　吕玉娥，李学峰，陈柯朴．溪洛渡水电站泄洪洞 $C_{90}50$ 硅粉抗冲耐磨混凝土配合比研究[J]．四川水力发电，2010，29（S2）：16－17.

河口村水库进水塔底板裂缝温控研究

欧阳建树[1]　徐　庆[2]　汪　军[3]　黄达海[1]

（1. 北京航空航天大学　交通科学与工程学院；2. 黄河勘测规划设计有限公司；
3. 河口村水库工程建设管理局）

摘要： 采用有限元仿真分析方法对河口村水库1号泄洪洞进水塔底板上层混凝土开裂进行了分析，同时考虑了较长的浇筑历时以及较大昼夜温差对混凝土开裂的影响。计算结果表明：较高的混凝土峰值温度是底板上层混凝土开裂的主要原因，而较长的浇筑历时以及较大的昼夜温差在一定程度上加剧了开裂风险。

关键词： 混凝土；裂缝；泄洪洞；河口村水库

水利工程进水塔本质上属于大体积混凝土，其开裂问题需要格外关注，特别是基础约束范围内的混凝土。进水塔底板位于基础约束区最下部，因此开裂风险最大。结合河口村水库现场施工情况，采用有限元仿真分析方法对1号泄洪洞进水塔底板开裂的可能原因进行分析和探讨。

1　工程概况

河口村水库位于河南省济源市克井镇黄河一级支流沁河下游，是控制沁河径流的关键工程。工程以防洪、供水为主，兼顾灌溉、发电、改善生态，以及进一步完善黄河下游调水调沙运行条件。水库主要建筑物从右岸往左岸依次为混凝土面板堆石坝、溢洪道、引水发电洞、1号泄洪洞和2号泄洪洞[1]。

1号泄洪洞进水塔建基面高程186.087～191.204m，塔顶高程291.00m，下部由混凝土底板和左、中、右墩构成2条流道，高程213.269m以下为大体积混凝土结构，高程213.269m以上为田字形井筒结构。1号泄洪洞进水塔底板平面尺寸为49.0m×33.0m（长×宽），平均厚度为3.5m。1号泄洪洞进水塔底板纵剖面尺寸及材料分区见图1。

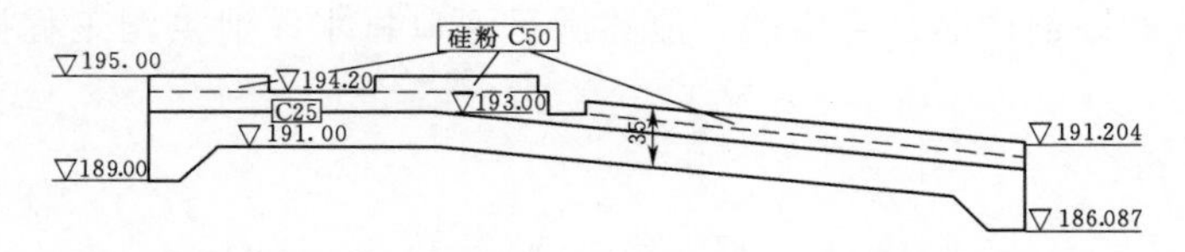

图1　1号泄洪洞进水塔底板纵剖面尺寸及材料分区（单位：m）

1号泄洪洞进水塔底板上层即第2仓混凝土于2012年5月31日晚7时开始浇筑，由于采用混凝土泵车及人工振捣，且仓面尺寸较大，因此直到6月3日凌晨1时左右才浇筑完成，整个混凝土浇筑历时54h。该仓混凝土浇筑完成后28d龄期内，在底板下游侧左右流道发现宽约 0.5mm 的裂缝，底板右墩处出现沿流向的纵向裂缝，裂缝宽度约 2mm。1 号泄洪洞进水塔底板表面裂缝分布见图 2。

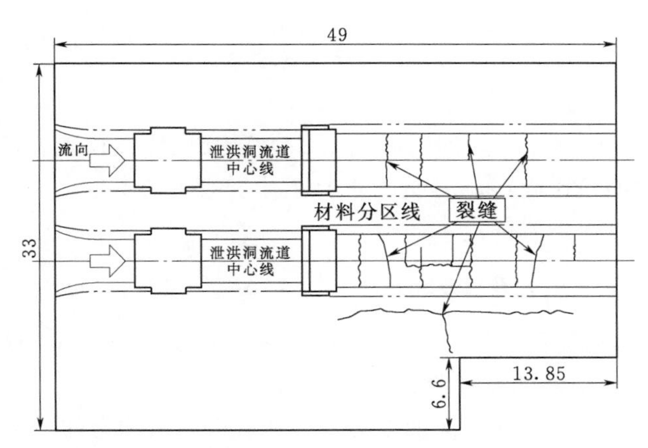

图 2　1 号泄洪洞进水塔底板表面裂缝分布（单位：m）

2　计算原理

2.1　温度场计算

施工期混凝土温度场计算采用等效负热源法，考虑冷却水管的作用。水管冷却等效热传导方程[2]为

$$\frac{\partial T}{\partial \tau}=a\left(\frac{\partial^2 T}{\partial x^2}+\frac{\partial^2 T}{\partial y^2}+\frac{\partial^2 T}{\partial z^2}\right)+(T_0-T_w)\frac{\partial \varphi}{\partial \tau}+\theta_0\frac{\partial \psi}{\partial \tau} \tag{1}$$

式中：T 为混凝土温度；τ 为混凝土龄期；x、y、z 为空间坐标；a 为混凝土导温系数；T_0 为混凝土初始温度；T_w 为冷却水管进口水温；θ_0 为混凝土最终绝热温升值；φ 和 ψ 分别为无热源水管冷却与绝热温升相关的函数。

式（1）等号右边有三项，第一项代表通过柱体边界热流而产生的温度变化，第二项和第三项代表在外表绝热条件下，分别由水管冷却和混凝土绝热温升而产生的平均温度变化。

采用有限单元法计算混凝土不稳定温度场，隐式解法如下[2]：

$$\left(H+\frac{1}{\Delta\tau_n}R\right)T_{n+1}-\frac{1}{\Delta\tau}RT_n+F_{n+1}=0 \tag{2}$$

式中：H、R、F_{n+1} 是与形函数、边界条件及混凝土温升有关的已知量；τ_n 为时刻；T_n 和 T_{n+1} 分别为 τ_n 和 τ_{n+1} 时刻对应的混凝土温度。

通过已知的 T_n 即可求得 T_{n+1}。结合实际工况下的初始条件和边界条件，可以求出混凝土各龄期的瞬态温度场。

2.2　应力仿真计算

设 n 时段内单元应变增量为 $\Delta\boldsymbol{\varepsilon}_n$，考虑混凝土徐变，则该应变增量可表示为

$$\Delta\boldsymbol{\varepsilon}_n=\Delta\boldsymbol{\varepsilon}_n^e+\Delta\boldsymbol{\varepsilon}_n^c+\Delta\boldsymbol{\varepsilon}_n^T \tag{3}$$

式中：$\Delta\boldsymbol{\varepsilon}_n^e$、$\Delta\boldsymbol{\varepsilon}_n^c$、$\Delta\boldsymbol{\varepsilon}_n^T$ 分别表示弹性应变增量、徐变增量和温度应变增量。

考虑外荷载、徐变和温度作用，复杂应力状态下的单元应力增量 $\Delta\boldsymbol{\sigma}_n$ 和应变增量 $\Delta\boldsymbol{\varepsilon}_n$ 关系可表示为

$$\Delta\boldsymbol{\sigma}_n=\overline{\boldsymbol{D}}_n(\Delta\boldsymbol{\varepsilon}_n-\boldsymbol{\eta}_n-\Delta\boldsymbol{\varepsilon}_n^T) \tag{4}$$

$$\overline{\boldsymbol{D}}_n=\frac{E(\overline{\tau}_n)\boldsymbol{Q}^{-1}}{1+E(\overline{\tau}_n)C(t_n,\ \overline{\tau}_n)} \tag{5}$$

式中：$\overline{\tau}_n=(\tau_{n-1}+\tau_n)/2$；$t_n$ 为加载龄期；E 为混凝土弹性模量；C 为混凝土徐变度；Q 为系数矩阵，可由泊松比确定；η_n 为与混凝土徐变有关的参数。

单元节点力增量可由下式确定

$$\Delta\boldsymbol{F}^e=\iiint\boldsymbol{B}^T\Delta\boldsymbol{\sigma}_n\mathrm{d}x\mathrm{d}y\mathrm{d}z=\boldsymbol{k}^e\Delta\boldsymbol{\delta}_n^e-\Delta\boldsymbol{P}_{ne}^c-\Delta\boldsymbol{P}_{ne}^T \tag{6}$$

式中：$\boldsymbol{B}$ 可由单元形函数确定；$\boldsymbol{k}^e$ 为单元刚度矩阵；$\Delta\boldsymbol{\delta}_n^e$ 为节点位移增量矩阵；$\Delta\boldsymbol{P}_{ne}^c$ 和 $\Delta\boldsymbol{P}_{ne}^T$ 分别为徐变和温度引起的单元荷载增量。

将节点力和节点荷载使用编码法加以集合，即可得到整体力的平衡方程。采用位移法可求出各节点的应力。

3 材料属性及计算工况

3.1 材料属性

1号泄洪洞进水塔所处围岩为Ⅳ类围岩，由花岗片麻岩、石英云母片岩组成，岩性较破碎，弹性模量较低，约为3GPa。底板第2仓主要使用二级配C25泵送混凝土，在流道位置使用约80cm厚的 $C_{90}50$ 硅粉混凝土。混凝土配合比见表1。

表1　混凝土配合比表　单位：kg/m³

强度等级	水泥	沙	粉煤灰	粗骨料	水	硅粉
C25	213	785	71	1189	128	
$C_{90}50$	283	699	114	1017	160	59.4

在混凝土浇筑过程中预埋光纤，对混凝土温度进行实时测量与监测，获得浇筑仓各部位温度变化历程。结合上述瞬态温度场计算的有限元方法，从混凝土实测温度反演出混凝土热学特性[2]（表2）。

表2　混凝土热学特性表

强度等级	比热/[kJ/(kg·℃)]	导热系数/[W/(m·K)]	导温系数/(10^{-6}m²/s)	最大绝热温升/℃
C25	1.01	2.383	1.096	40.6
$C_{90}50$	1.03	2.620	0.994	48.1

混凝土弹性模量根据试验拟合如下[3]：

$$\text{C25：}E(\tau)=33.13\times[1-\exp(-0.589\tau^{0.443})] \tag{7}$$

$$\text{C}_{90}\text{50：}E(\tau)=41.89\times[1-\exp(-1.189\tau^{0.329})] \tag{8}$$

考虑混凝土徐变对温度应力的影响，徐变度计算采用如下公式：

$$C(t,\tau)=\left(3.48+\frac{49.11}{\tau}\right)\left[1-e^{-0.3(t-\tau)}\right]+$$

$$\left(12.85+\frac{17.22}{\tau}\right)\left[1-e^{-0.005(t-\tau)}\right] \quad (9)$$

3.2 计算工况

1 号泄洪洞进水塔底板上层即第 2 仓使用二级配泵送混凝土浇筑，采用自然入仓，混凝土浇筑时平均气温为 25℃。混凝土冷却采用 1.0m×1.0m 间距布置的塑料水管，通河水冷却，水管进出口水温最大相差 25℃。混凝土最高温度普遍达到 50℃，局部最高温度为 60℃。整个混凝土浇筑过程历时 54h，浇筑历时远远超出混凝土终凝时间，在混凝土浇筑施工过程中，很可能在该仓混凝土下部和上部之间出现冷缝。同时，底板上层即第 2 仓混凝土浇筑完成约 5d 后，出现了较大的昼夜温差（图 3），最大超过 20℃。

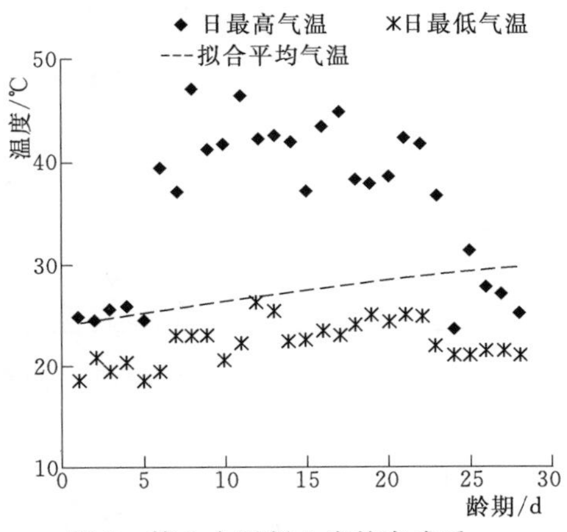

图 3　第 2 仓混凝土浇筑完成后表面气温变化图

综合以上信息，第 2 仓混凝土施工过程中出现的冷缝以及较大的气温昼夜变幅，可能对混凝土开裂有影响，因此有必要分析这两种因素对混凝土温度应力的作用。采用表 3 中的工况进行有限元温度应力仿真模拟，讨论各因素对混凝土开裂的影响。

表 3　计算工况表

计算工况	影响因素	
	冷缝薄层	昼夜温差
工况 1	×	×
工况 2	×	√
工况 3	√	×
工况 4	√	√

注　√表示考虑此因素，×表示不考虑此因素。

3.3 计算模型

使用 ANSYS 软件进行有限元前处理建模，基于以上混凝土温度场及温度应力有限元仿真计算原理编程。前处理建模对底板网格精细划分，以模拟薄层混凝土温度梯度，底板共划分 126248 个单元。为了考虑气温的日变幅，计算时间步长为 3h。对坐标方向规定如下：左岸至右岸为 X 向，顺河向为 Y 向，高程为 Z 向。在基岩侧向及底部施加约束及绝热边界，其余边界参与大气热交换，为第三类边界条件。

4 计算结果及分析

根据底板混凝土的实际浇筑计划，将底板分上下两层，单层平均厚度为 1.8m。由于浇筑历时较长，因此上层即第 2 仓混凝土拟按两薄层进行仿真模拟，浇筑时间间隔约 28h。不同工况下，气温采用拟合平均气温（不考虑昼夜温差影响时，气温采用拟合平均气温）和实测昼夜温差，见图 3。对第 2 仓混凝土的温度应力计算时间为 28d。计算各工况条件下底板混凝土温度应力，第 2 仓混凝土最高温度及最大温度应力统计见表 4。

表 4　各工况下第 2 仓混凝土最高温度及最大温度应力统计表

计算工况	最高温度/℃	最大应力/MPa	
		X 向	Y 向
工况 1	56.35	1.14	1.17
工况 2	56.05	1.30	1.34
工况 3	56.47	1.34	1.21
工况 4	56.06	1.47	1.44

由表 4 可知，气温的昼夜温差使得混凝土最高温度略有降低，降幅在 1℃以内，但混凝土最大应力上升约 0.2MPa。考虑冷缝薄层浇筑时，混凝土最高温度几乎没有变化，最大应力也增加约 0.2MPa。

在工况 1 条件下，即不考虑混凝土浇筑期间的冷缝和昼夜温差的影响，在整个计算时间内，底板下游侧混凝土 X 方向最大应力见图 4。由图 4 可以看出，裂缝位置（图 2）与计算温度应力较大值位置基本一致。第 2 仓混凝土内部，较高温度应力出现在各流道左右两侧、中墩中心、进水塔右墩中心及流道附近。$H-H$ 截面右墩纵向裂缝位置中心点 Ⅰ-a 和表面点 Ⅰ-b，以及流道中心点 Ⅱ-a 和表面点 Ⅱ-b 应力过程线见图 5～图 8。

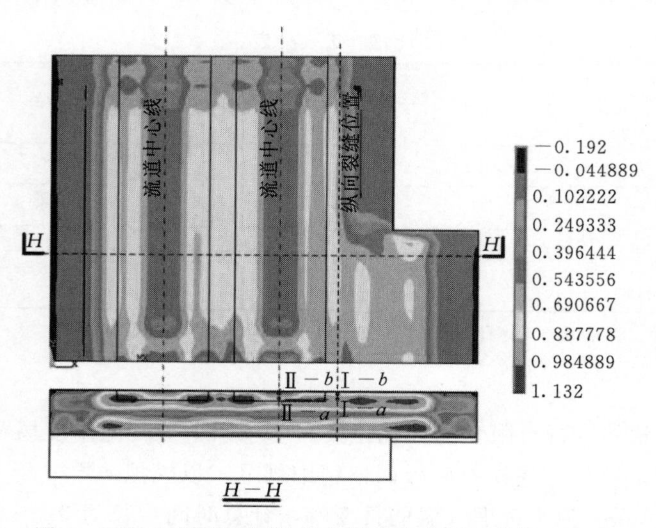

图 4　工况 1 底板下游侧 X 向最大应力图（单位：MPa）

根据底板混凝土右墩纵向裂缝处及流道的应力变化过程，昼夜温差对混凝土表面温度应力影响较大，在 22d 龄期后，混凝土表面温度随气温变化而明显降低，导致应力显著上升。与整体浇筑相比，施工冷缝导致整个降温阶段混凝土内部应力普遍增加约 0.2MPa，表面应力增加 0.1MPa 左右。

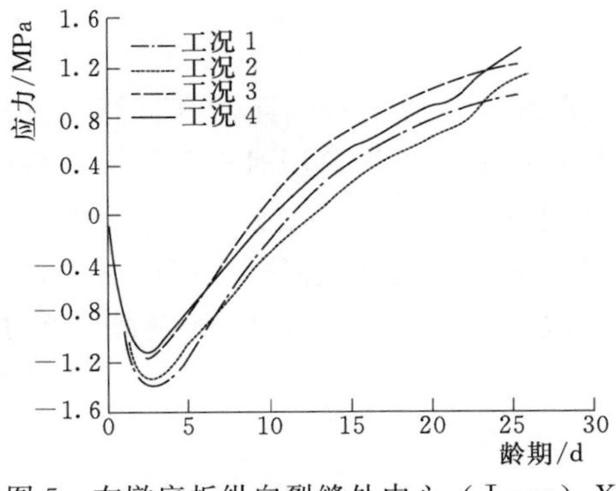

图 5　右墩底板纵向裂缝处中心（Ⅰ－a）X 向应力过程线图

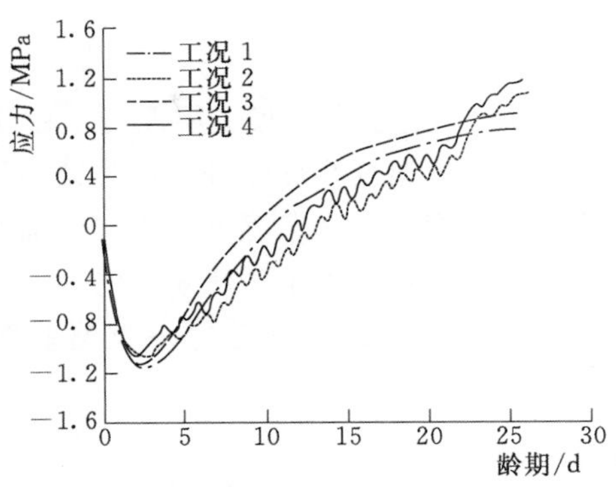

图 6　右墩底板纵向裂缝处表面（Ⅰ－b）X 向应力过程线图

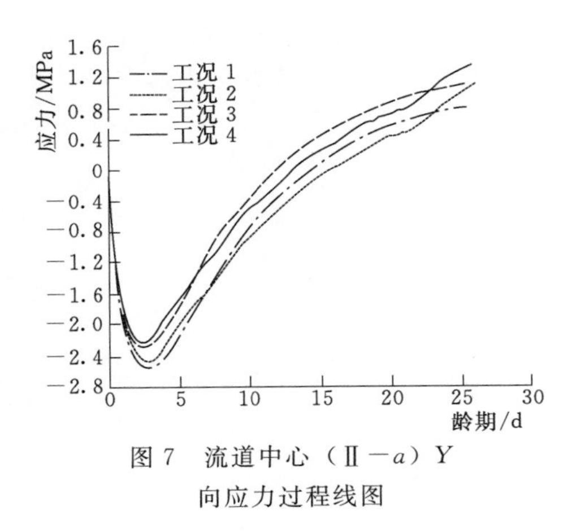

图 7　流道中心（Ⅱ－a）Y 向应力过程线图

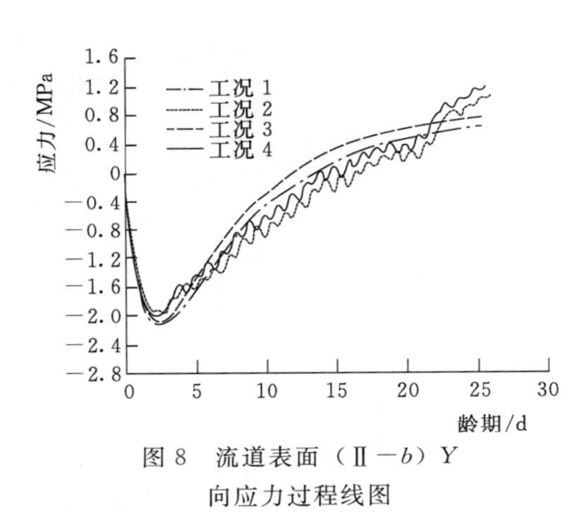

图 8　流道表面（Ⅱ－b）Y 向应力过程线图

对比底板右墩部位 C25 混凝土及流道 $C_{90}50$ 混凝土温度应力过程，在整个计算时间，混凝土在升温阶段膨胀形成的预压应力普遍超过 1MPa，$C_{90}50$ 混凝土升温阶段产生的预压应力超过 2MPa。其主要原因是 $C_{90}50$ 混凝土较 C25 混凝土弹性模量增长快。C25 混凝土 3d 龄期弹性模量达到弹性模量最终值的 62%，而 $C_{90}50$ 混凝土 3d 龄期弹性模量达到最终值的 82%。计算结果显示，C25 混凝土的最终温度应力要高于 $C_{90}50$ 混凝土。由此可见，混凝土早期弹性模量增长较快能够产生较大的预压应力，对降低混凝土温度应力以及防止混凝土开裂是有利的。

由以上温度应力计算结果可知，进水塔底板施工采用的二级配泵送混凝土，水化热产生的较高温度是底板上层混凝土出现开裂的主要原因；而较长的浇筑历时和较大的昼夜温差，在一定程度上提高了温度应力，对混凝土抗裂不利。底板流道部位的 $C_{90}50$ 混凝土早期弹性模量增长相对较快，产生了较大的预压应力，在很大程度上抵消了部分拉应力，从而产生的裂缝仅限于表面附近。C25 混凝土弹性模量较低，且增长相对较慢，预压应力较低，使得温度应力反而较高。因此，可判断底板右墩处的纵向裂缝为深层裂缝。流道和右墩处裂缝宽度的不同从侧面证实了这一结论。

5 结论

1号泄洪洞进水塔底板上层混凝土在施工期出现开裂，通过有限元仿真计算，发现过高的混凝土峰值温度是导致开裂的主要原因，而较长的混凝土浇筑历时以及较大的昼夜温差，在一定程度上增大了温度应力，从而增加了开裂风险。因此，在底板混凝土的施工过程中，应尽量缩短混凝土的浇筑历时，一方面可以加强各浇筑批次混凝土间的联结，从而避免冷缝；另一方面可以避免昼夜温差对混凝土温控的不利影响，降低混凝土的开裂风险。

参考文献

[1] 竹怀水，徐庆，王永新. 河口村水库进水塔底板混凝土温控仿真分析[J]. 人民黄河，2014，36 (10)：120-122.

[2] 朱伯芳. 大体积混凝土温度应力与温度控制[M]. 北京：中国水利水电出版社，2012：567-570.

[3] 康迎宾，张鹏，王亚春，等. 河口村水库泄洪洞进水塔温度应力仿真[J]. 人民黄河，2013，35 (4)：83-85.

河口村水库导流洞水工模型试验及分析

赵雪萍[1,2]　赵玉良[1,3]　李松平[1]　苏晓玉[1,2]

（1．河南省水利科学研究院；2．河南省科达水利勘测设计有限公司；
3．河南省水利工程安全技术重点实验室）

摘要： 为验证河口村水库导流洞布置方案的合理性和优化的可能性，根据重力相似准则，采用比尺1∶40的单体正态模型系统研究了导流洞泄流能力、水流流态及明满流界限、压力分布、进出口体型、消能防冲等，尝试采用不同进口形式来消除进口漩涡，并提出有利于消能防冲的出口形式。对比试验结果表明，在进水口前布置“V”形消涡梁可很好地消除进口漩涡，同时在导流洞出口布设钢筋笼防护，可有效抑制冲坑的进一步发展。

关键词： 导流洞；泄流能力；消涡梁；消能冲刷

河口村水库位于河南省济源市克井乡，控制流域面积9223km^2，总库容3.17亿m^3，正常蓄水位275.00m，装机容量11.6MW。水库枢纽工程由混凝土面板堆石坝、泄洪洞、溢洪道及引水发电系统组成。施工导流期在大坝上下游设土石围堰，导流洞使用后改建为2号泄洪洞。导流洞进口底板高程177.10m，尺寸为9.0m×13.5m（宽×高），洞身直线段长710.0m，底坡为1%，先期泄洪不设挑流鼻坎。1号泄洪洞进口底板高程190.00m，洞身断面均为9.5m×13.5m（宽×高）城门洞型，洞身长552.0m。下游出口设挑流鼻坎，鼻坎高程179.70m，导流洞和1号泄洪洞平行布置，均位于沁河左岸山体，且导流洞位于1号泄洪洞上方40.0m处。为验证河口村水库导流洞布置方案的合理性和优化的可能性，通过1∶40水工模型试验，分析了河口村水库导流洞原设计体型存在的主要问题，提出了导流洞优化体型，并通过模型试验验证了优化体型的有效性。

1　模型设计与试验工况

1.1　模型设计

试验模型按重力相似准则[1]设计，采用正态模型，模型几何比尺为1∶40。其相应流量比尺$\lambda_Q=\lambda_L^{2.5}=10119$、流速比尺$\lambda_V=\lambda_L^{0.5}=6.325$、时间比尺$\lambda_t=\lambda_L^{0.5}=6.325$、糙率比尺$\lambda_n=\lambda_L^{1/6}=1.849$。根据糙率相似准则，模型主河槽及两岸山体糙率在0.035～0.038之间，要求模型糙率在0.019～0.021之间，因此采用水泥粗砂浆粉面拉毛，使模型糙率控制在0.019～0.021之间，以满足阻力相似；导流洞、1号泄洪洞进口引水渠及出口翼墙用水泥砂浆抹制并做成净水泥表面；导流洞、1号泄洪洞出口及洞身均用有机玻璃制作。试验所用仪器和数据量测均符合《水工（常规）模型试验规程》（SL 155—2012）[2]中相关内容的要求。

1.2 试验工况

试验的3种特征工况为：①工况1，导流期间非汛期10年一遇，库水位179.70m；②工况2，非汛期20年一遇，库水位188.60m；③工况3，汛期50年一遇，库水位219.90m。

2 定床试验

定床试验阶段是在选定的导流洞、1号泄洪洞和上下游河道为定床基础上进行的，模型上下游河道试验范围包括坝轴线以上750.0m，坝轴线以下1560.0m。

2.1 泄流能力及水位流量关系

3种特征工况下试验结果见表1。由表1可看出，在工况1下试验实测下泄流量为62.6m^3/s，试验值较设计值60m^3/s大4.3%；在工况2时试验实测下泄流量为548.52m^3/s，试验值较设计值548m^3/s大0.1%；在工况3时试验实测下泄流量为3429.46m^3/s，试验值较设计值3205m^3/s大7.0%，表明各工况下泄流量均满足设计要求。

表1 实测特征水位流量关系表

工况	库水位/m	流量/(m^3/s)				原设计值增大/%
		设计下泄	1号泄洪洞	导流洞	实测下泄	
1	179.70	60		62.60	62.60	4.3
2	188.60	548		548.52	548.52	0.1
3	219.90	3205	1197.90	2231.56	3429.46	7.0

2.2 进口及洞内流态

在试验过程中可观测到进口及洞内流态。①工况1。围堰上游水面平稳，水流缓慢平顺地经引水渠进入闸室，引水渠段的最大流速约2.37m/s，过闸室后沿导流洞平稳地流向下游。②工况2。来流大部分通过导流洞流向下游，只有一小股水流流向河槽左岸边坡，受到边坡顶冲后，沿河槽左岸流向围堰中部，受围堰阻挡后在围堰中部形成两股反向水流。一股沿右岸边坡逆流而上，流速约0.5m/s；另一股沿围堰绕向左岸边坡，并沿左岸边坡逆流而上，流速约0.3m/s。导流洞引水渠左岸水流平稳，由于导流洞进口轴线与原河道有45°夹角，在引水渠右岸进口前形成横向水流，最大流速约2.39m/s。水流经引水渠调整后较为平稳的进入闸室，引水渠段的最大流速约4.05m/s。同时，库水位低于193.80m时，导流洞为明流流态，当库水位持续升高，洞顶出现明满流过渡流态，至库水位201.10m时，导流洞呈满流流态。在明满流过渡时，导流洞前引水渠出现了大量的涡纹，当水位上升至196.40m时，涡纹逐步演化为一个贯通吸气的漩涡，随水位的上升漩涡逐渐增大。当水位上升到201.10m时，漩涡发展到最大，漏斗漩涡直径约4m，漩涡中心位于导流洞进口右侧。但随着库水位的继续上升，漩涡逐渐减小，当水位超过205.00m后，漩涡逐渐消失。③工况3。导流洞为满流，导流洞进口左侧有一间歇性漩涡，漩涡最大直径约2.0m，该漩涡表面下陷明显，漩涡拖带漂浮物进入进水口，但无空气吸入。在1号泄洪洞右孔进口前4.0m处，有一顺时针旋转的间歇性漩涡，最大直径不超过2.0m，水流过1号洞闸门后，形成水翅，中墩末端有大量气泡掺入，水流波动加剧，洞内水面上下起伏。

2.3 动水时均压力

工况1、工况2时导流洞底板全程无负压，压坡线变化较平稳；工况3时除在导流洞洞身出口跌坎处，由于跌坎突变影响产生负压外（压力值−1.61m水柱），导流洞底板全程无负压，且导流洞左边墙和右边墙及洞顶全程无负压；1号泄洪洞全程无负压。

3 出口消能冲刷试验

为了较真实地反映导流洞下游河床的冲刷情况，在导流洞下游出口以下河床模拟成动床。根据河床地质资料，动床的覆盖层采用$d_{50}=3.75$mm的模型沙来模拟；基岩根据岩石抗冲流速，按重力相似准则的流速比尺换算，采用11.5～22.5cm的散粒砾石体来模拟。动床试验是在上述3种特征工况下进行的，为尽可能地减少冲刷，导流洞出口在原方案试验的基础上增设钢筋笼防护，钢筋笼的尺寸为1.5m×1.2m×1.0m（长×宽×高），钢筋笼的防护范围见图1，试验结果见表2。

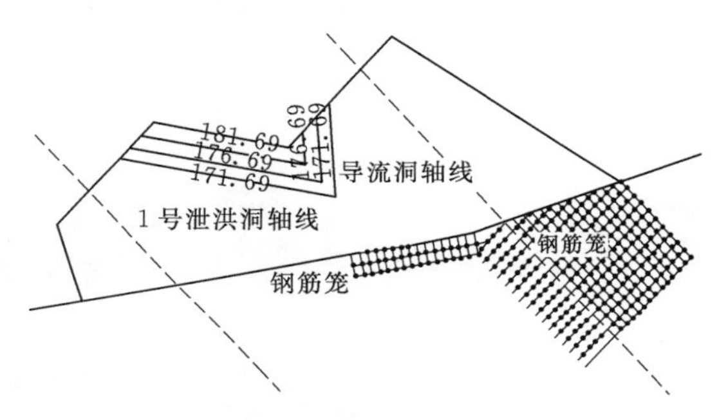

图1 钢筋笼防护范围示意图

表2 导流洞出口消能冲刷试验结果表 单位：m

工况	库水位	未设钢筋笼防护		设钢筋笼防护	
		最大冲深高程	冲坑深度	最大冲深高程	冲坑深度
1	179.70	166.31	1.87	165.80	2.20
2	188.60	160.64	7.36	162.70	5.30
3	219.90	143.11	24.89	143.39	24.61

由表2可知，导流洞出口设钢筋笼防护后，工况1、工况2情况下钢筋笼完好无损，冲坑最深点较未设防护时分别向下游推移了2.0m、10.0m，冲坑深度较未设防护时分别增加0.51m和减小2.04m；在工况3时，设钢筋笼防护和未设钢筋笼防护冲坑最深点基本一致。表明铺设钢筋笼防护可阻挡上游来流在钢筋笼右侧形成淘刷，除了壅水有效增加水垫厚度外，在一定程度上亦抑制了冲坑的进一步发展。

4 导流洞进口体型修改试验

（1）方案1（削坡）。该方案是在原设计方案的基础上进行的。削掉导流洞右岸桩号0−023.5上游189.00m高程以上岩坎。试验观测发现导流洞进口前的漩涡仍然存在，流态和原设计方案基本一致。具体修改见图2，导流洞进口漩涡见图3。

（2）方案2（延长右岸引水渠）。该方案从减小行进水流环量的角度出发，去掉导流洞引水渠右岸和轴线之间的扩散角，使导流洞引水渠右岸和轴线平行，导流洞引水渠右岸最前端的长度由原来的55.7m增至74.8m。试验观测发现导流洞进口前的流态有所改善，但漩涡依然存在。导流洞进口漩涡见图2。

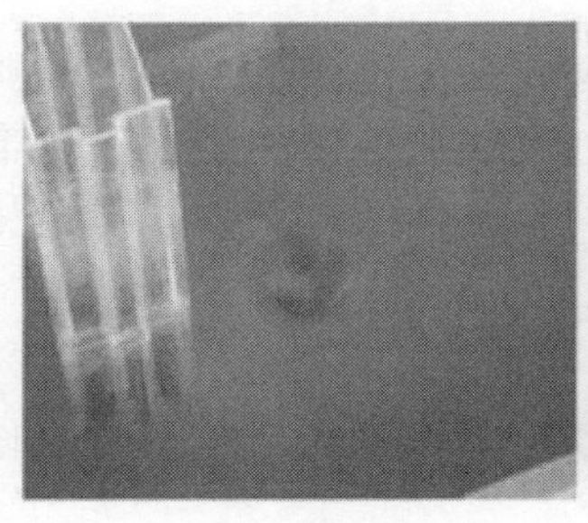
(a) 方案1

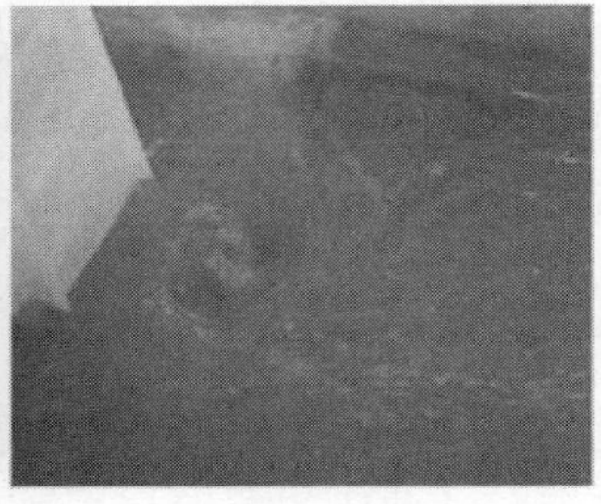
(b) 方案2

图2 导流洞进口漩涡

(3) 方案3（进水口前设置消涡梁）。消涡梁的截面为矩形，尺寸为0.48m×0.60m（宽×高），分3层布置。第1层布置1根，梁的下游侧布置在导流洞桩号0—024.5处，梁底高程194.50m；第2层布置1根，梁的下游侧布置在导流洞桩号0—026.0处，梁底高程197.50m；第3层布置2根，1根梁的下游侧布置在导流洞桩号0—024.5处，梁底高程200.50m；另1根梁的下游侧布置在导流洞桩号0—028.5处，梁底高程200.50m。试验结果表明，布置V形消涡梁后，由于进水口上方过水断面面积有效减小，加上消涡梁遮断了漩涡的流心，截断了漩涡的回转路线，阻止了漩涡的发展，使漩涡失去存在的边界条件，很好地达到了消除漩涡的目的（图3），与文献[3-5]结果相符。

图3 方案3导流洞进口流态

5 结论

(1) 通过模型试验模拟了河口村水库导流洞的水流运动规律，验证了原设计方案的泄流能力能满足设计要求。

(2) 通过对导流洞进口流态的观察分析，提出了改善导流洞进口水流边界条件的方案及抑制下游河床冲坑发展的具体措施，对工程设计和其他模型试验具有一定的借鉴意义。

参考文献

[1] 中国水利水电科学研究院，南京水利科学研究院，长江科学院．水工（专题）模型试验规程：SL 156～165—1995[S]．北京：中国水利电力出版社，1995.

[2] 南京水利科学研究院．水工（常规）模型试验规程：SL 155—2012[S]．北京：中国水利水电出版社，2012.

[3] 陈云良，伍超，叶茂，等. 立轴漩涡多圈螺旋流速分布的研究[J]. 水利学报，2005，36 (10)：1269 - 1272.

[4] 邹敬民，李宝红，高树华. 抽水蓄能电站侧开式进/出口防涡梁结构研究[J]. 水电站设计，1998，14 (2)：36 - 37.

[5] 李华，武超，张挺，等. 水工建筑物进口前立轴漩涡的研究[J]. 西南民族学院学报（自然科学版），2002，28 (4)：479 - 482.

河口村水库泄洪洞水工模型试验研究

李松平[1,2]　赵玉良[1,2]　赵雪萍[1,2]　苏晓玉[1,2]　袁吉娜[3]

（1. 河南省水利科学研究院；2. 河南省水利工程安全技术重点实验室；
3. 河南科源水利建设工程检测有限公司）

摘要： 为验证河口村水库泄洪洞布置方案的合理性和优化的可能性，根据重力相似准则，采用1∶40的单体正态模型系统研究了泄洪洞泄流能力、水流流态、压力分布、空化空蚀、进出口体形等。尝试采用不同挑流鼻坎形式来消除2号洞内起挑前跃后水流局部封顶现象，并提出有利于消能防冲的鼻坎形式。根据试验结果，1号泄洪洞采用中墩修改体形能有效规避宽墩后水冠冲击洞顶的不利流态，同时2号泄洪洞挑流鼻坎采用修改体形可有效解决起挑前跃后水流局部封顶现象。

关键词： 泄洪洞；泄流能力；水冠；挑流鼻坎；河口村水库

河口村水库工程位于河南省济源市克井乡，控制流域面积9223km^2，总库容3.17亿m^3，最大坝高122.5m，正常蓄水位275.00m，装机容量11.6MW。水库枢纽工程由混凝土面板堆石坝、泄洪洞、溢洪道及引水发电系统组成。施工导流期在大坝上下游设土石围堰，导流洞使用后改建为2号泄洪洞。

泄洪洞设低位和高位两条，平行布置。1号泄洪洞为低位洞，进口底板高程为190.00m，洞身断面尺寸为9.5m×13.5m（宽×高），为城门洞形，洞身长552.0m，下游出口设挑流鼻坎，鼻坎高程为179.70m；2号泄洪洞进口底板高程210.00m，洞身断面尺寸为9.0m×13.5m（宽×高），为城门洞形，洞身长582.0m，下游出口设挑流鼻坎，鼻坎高程为179.30m。为验证河口村水库泄洪洞布置方案的合理性和优化的可能性，通过1∶40水工模型试验，分析了河口村水库泄洪洞原设计体形存在的主要问题，提出了泄洪洞优化体形，并通过模型试验验证了优化体形的有效性和可行性。

1　模型设计与试验工况

试验模型按重力相似准则设计[1-5]，采用正态模型，模型几何比尺为1∶40。根据重力相似准则，模型主河槽及两岸山体采用水泥砂浆粉面拉毛，1号、2号泄洪洞进口引水渠及出口翼墙用水泥砂浆抹制并做成水泥净面，1号、2号泄洪洞进出口及洞身均用有机玻璃制作。

试验的3种特征工况如下：①工况1，正常蓄水位，库水位275.00m；②工况2，设计洪水位，库水位284.59m；③工况3，校核洪水位，库水位286.72m。

2 原设计方案试验结果

试验是在选定的 1 号、2 号泄洪洞和上下游河道为定床基础上进行的，模型上下游河道试验范围包括坝轴线以上 750.0m，坝轴线以下 1560.0m。

2.1 泄流能力及水位流量关系

3 种特征工况下试验结果见表 1。

表 1　　3 种特征工况下试验结果表

工况	库水位/m	1 号泄洪洞流量/(m^3/s)		2 号泄洪洞流量/(m^3/s)	
		设计值	试验值	设计值	试验值
1	275.00	2075	2318	1785	1872
2	284.59	2205	2450	1935	2022
3	286.72	2268	2475	2006	2051

从表 1 可以看出，正常蓄水位下，1 号泄洪洞原设计方案试验值较设计值大 11.7%，2 号泄洪洞原设计方案试验值较设计值大 4.9%；设计洪水位下，1 号泄洪洞原设计方案试验值较设计值大 11.1%，2 号泄洪洞原设计方案试验值较设计值大 3.5%；校核洪水位下，1 号泄洪洞原设计方案试验值较设计值大 9.1%，2 号泄洪洞原设计方案试验值较设计值大 2.2%。各工况下，过流能力均满足设计要求。

2.2 挑流鼻坎性能试验

1 号泄洪洞闸门局开和全开的情况下，起挑前洞内均形成水跃，水跃强度小，跃后水流未封顶。2 号泄洪洞闸门局部打开和全开的情况下，起挑前洞内均形成水跃，水跃强度大，雾化现象明显，跃后水流局部封顶，有必要开展 2 号泄洪洞挑流鼻坎优化试验。

2.3 流速流态

1 号泄洪洞水流出闸门后受跌坎突扩的影响，撞击边墙后向上形成水翅，未出现击打门铰支座的现象。水流过桩号 0+060.83 后交汇在一起，在宽墩处掺入大量气体，水流在交汇处形成水冠，水冠冲击洞顶后雾化明显，散落的水花和收缩处的折冲波加剧了收缩断面后洞内水面的波动，随着折冲波的迅速衰减，至桩号 0+280.00 后水面波动逐渐减小。

2 号泄洪洞水流出闸门后，撞击边墙后向上形成水翅，水位高于 240.00m 后未出现击打门铰支座的现象。

2.4 沿程水面线

1 号泄洪洞 3 种工况下水流出有压短管跌落后逐渐加速，水深沿程递减。在宽墩处汇流的影响下，宽墩后水面沿程起伏较大，随着折冲波的衰减和水流自身的调整，水面起伏逐渐减小。根据王俊勇[6]公式计算出各种工况下的掺气水深，正常蓄水位时最小余幅为 26.69%，设计洪水位时最小余幅为 24.21%，校核洪水位时最小余幅为 23.14%。

2 号泄洪洞 3 种工况下水流出有压短管跌落后逐渐加速，水深沿程递减。在突扩跌坎处存在水翅的影响，加之抛物线段水流方向不断变化，流线弯曲，在离心力的作用下断面水流重新分布，过 0+063.68 断面后水面沿程上下起伏。断面水流在龙抬头段分布不均，呈“V”形分布，水深中间小，两侧墙处大。水流在斜坡段和反弧加速，随着折冲波的衰减和水流自身的调整，水流过反弧段后起伏逐渐减小，断面水流分布逐渐均匀。采用王俊勇公式计算断面掺气水深可知，正常蓄水位时最小余幅为35.28％，设计洪水位和校核洪水位时最小余幅分别为38.96％和38.80％，洞身余幅满足设计和规范要求[7]。

2.5 动水时均压力

1号泄洪洞3种工况下底板压力分布良好，底空腔附近压力较小，腔内清水层的存在使其在各级工况下均存在一定正压。底板水舌落点区域有明显的压力峰值，但压力分布仍呈平缓状况。挑流鼻坎段在水流离心力的作用下，压力先升高后降低，压力呈单峰分布，压力数值较大，没有负压。

2号泄洪洞3种工况下龙抬头抛物线段均有负压存在，出现较大负压的原因是库水位很高且闸门全开，单宽流量较大，水流流速及惯性很大，在抛物线段水流具有较大的离心惯性力，流线不能适应边界的急剧变化，因此产生较大的负压。底板其余部位压力分布良好。

3 修改方案试验结果

3.1 1号泄洪洞宽墩修改试验

原设计方案中，水流过桩号0＋060.83后交汇在一起，水流在交汇处形成水冠。为改善宽墩后水流流态，规避水冠对洞顶的冲击破坏，在原设计方案的基础上对宽墩后体形进行修改。修改时底板坡度和收缩断面体形均保持不变，只对宽墩尾部进行修改。在原设计宽墩尾部（0＋060.83断面）新增一流线形尾墩，尾墩长5.0m，流线圆弧半径17.04m。修改后的详细参数见图1。

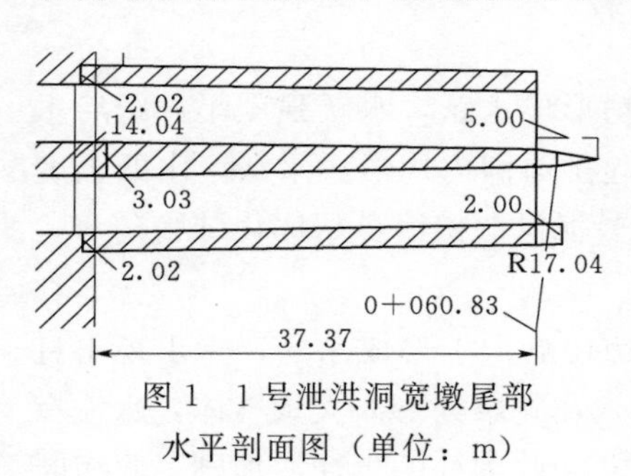

图1 1号泄洪洞宽墩尾部水平剖面图（单位：m）

中墩修改后水流流态大为改善，有效规避了宽墩后水冠冲击洞顶的不利流态，水面波动也较原设计方案更为平稳[8]。

3.2 2号泄洪洞挑流鼻坎体形修改试验

原设计方案中，2号泄洪洞起挑水位较高，加之起挑前水流封顶，大大限制了2号泄洪洞的有效运行。为降低2号泄洪洞起挑水位，对挑流鼻坎体形进行修改。修改后挑流鼻坎圆弧半径由55.00m变为61.27m（圆弧始于0＋616.42，止于0＋643.28），挑流鼻坎高程由179.30m降为178.30m，起挑角由28°降为26°。修改后的起挑水位为239.75m，较原设计方案降低了11.30m。挑流鼻坎出口压力分布良好，无负压出现。

4 结论

通过模型试验模拟了河口村水库泄洪洞的水流运动规律，验证了原设计方案的泄流能力满足设计要求。

通过对1号泄洪洞流态的观察分析，提出了改善中墩水流的可行方案和具体措施，有效规避了中墩后水冠冲击洞顶的不利流态。

通过对2号泄洪洞的仔细研究，指出了龙抬头抛物线段存在负压问题，为该项目1∶35的单体模型试验提供了理论基础，同时通过对挑流鼻坎的研究提出了改善挑流鼻坎起挑水位的具体措施，大大降低了起挑水位。

参考文献

[1] 中国水利水电科学研究院．水工（专题）模型试验规程：SL 156～165—1995[S]．北京：中国水利水电出版社，1995.

[2] 南京水利科学研究院．水工（常规）模型试验规范：SL 155—2012[S]．北京：中国水利水电出版社，2012.

[3] 吴持恭．水工模型试验[M]．北京：高等教育出版社，1982.

[4] 武汉水利电力学院水力学教研室．水力计算手册[M]．北京：水利电力出版社，1980.

[5] 左启东．模型试验的理论和方法[M]．北京：水利电力出版社，1981.

[6] 王俊勇．明渠高速水流掺气水深计算公式的比较[J]．水利学报，1981（5）：48-52.

[7] 水利部东北勘测设计研究院．水工隧洞设计规范：SL 279—2002[S]．北京：中国水利水电出版社，2002.

[8] 夏毓常．水工水力学原型观测与模型试验[M]．北京：中国水利水电出版社，1999.

河口村水库泄洪洞水力学关键问题研究

张晓瑞　孙永波　杜全胜　连惠瑶

（黄河勘测规划设计有限公司）

摘要： 通过单体水工模型试验，研究河口村水库高流速泄洪洞的掺气减蚀措施，优化泄洪洞体型。结果表明：1号泄洪洞弧门后突扩突跌掺气体型合理，能形成稳定空腔，达到掺气减蚀目的；2号泄洪洞龙抬头末端突扩突跌掺气效果好，从洞身水面以上取气能满足掺气需求；2号泄洪洞鼻坎顶高程决定了其运行范围及方式，可低于下游最高洪水位。

关键词： 泄洪洞；高速水流；掺气减蚀；鼻坎顶高程；下游水位；河口村水库

1　工程概况

河口村水库的开发任务以防洪、供水为主，兼顾灌溉、发电、改善河道基流等综合利用。水库总库容3.17亿m^3，正常蓄水位275.00m，正常蓄水位以下原始库容2.47亿m^3，装机容量11.6MW。河口村水库工程等别为Ⅱ等，属大（2）型。主要建筑物有混凝土面板堆石坝、2条泄洪洞、溢洪道、引水发电洞及电站厂房。其中混凝土面板堆石坝最大坝高122.5m（趾板处坝高），大坝级别为1级，泄水建筑物泄洪洞、溢洪道级别均为2级。

河口村水库枢纽泄水及引水发电建筑物均布置在左岸。溢洪道3孔，单孔净宽15.0m，最大泄量6924.00m^3/s；1号泄洪洞进口高程195.00m，最大泄量1961.60m^3/s；2号泄洪洞由导流洞改建而成，进口高程210.00m，最大泄量1956.77m^3/s。三者共同承担水库放空、排沙、泄洪任务。根据枢纽布置以及下游河道地形地质条件，泄水建筑物均采用挑流消能方式，下泄水流直接挑入下游河道。

枢纽在设计、校核洪水时的最大下泄流量见表1。

表1　枢纽在设计、校核洪水时的最大下泄流量表

工况	库水位/m	入库洪峰流量/(m^3/s)	最大出库流量/(m^3/s)
校核洪水	285.43	11500	10560
设计洪水	285.43	8900	7650

2　1号泄洪洞水力学关键问题研究

2.1　双孔工作门相关问题研究

1号泄洪洞最大工作水头90.43m，担负枢纽放空、排沙、泄洪任务，为河口村水库最常用泄水建筑物。由于工作水头高，且须满足水库死水位泄量大于1000m^3/s的排沙要求，孔口尺寸较大，承受总水推力大，因此为保证运行安全可靠，布置双孔偏心

铰弧形工作门，单孔孔口尺寸 4.0m×7.0m（宽×高）。1 号泄洪洞双孔工作门布置型式存在一定的水力学问题，主要为闸门孔口流速为 35.03m/s，弧门后两股高速水流汇合，水力学边界条件对洞内流态影响极大。弧门后由闸室体型过渡到标准洞段，体型变化包括中墩的渐变结束以及侧壁收缩，引起中墩后水冠封顶和侧壁水翅问题。理论上讲，渐变段的长度愈长，流态愈好，但是洞身跨度大，洞段就长，洞室结构复杂，工程量也增加较多。

借助黄河水利科学研究院（以下简称黄科院）1∶35 单体水工模型试验[1]，经过对中墩体型平墩头—弧形墩头—渐变弧形墩头的优化研究，基本消除了两股高速水流汇合产生的水冠、水翅等不良流态。

原设计洞边墙的侧收缩渐变长度为 30.0m，收缩角为 4.76°，黄科院 1∶35 模型试验反映，侧收缩末端存在负压，在 285.43m 水位时，最大负压为 4.78m 水柱。原因是侧收缩角过大，水流在收缩段末端两侧边墙产生脱流。经体型调整，侧收缩渐变长度为 50.0m，收缩角为 2.86°，基本消除了侧收缩末端的负压。

2.2 1 号泄洪洞掺气减蚀研究

1 号泄洪洞采用偏心铰弧形工作门，单孔孔口尺寸为 4.0m×7.0m（宽×高），孔口流速为 35.03m/s，属于高速水流。根据国内外成熟工程经验[2]，结合偏心铰弧门的止水型式布置掺气减蚀设施。弧门后两侧各突扩 0.5m，突跌 1.3m，通气孔布置在中墩和边墩内，通气孔断面面积为 6.555m^2，从塔外最高库水位以上取气。根据潘水波等[3]的试验研究，初步计算此体型临界通气水头为 47.0m，此时孔口流速为 23.96m/s，即高程 242.00m 以上均能形成稳定底空腔，发生掺气作用。

根据黄科院 1∶35 单体水工模型试验结果，1 号泄洪洞在库水位 253.00m 时，弧门后跌坎回水量逐渐减小，通气孔开始通气；库水位 275.00m 时，底空腔长 8.0～10.5m，底空腔最大高度 1.5m，水舌长度 18.2m，侧空腔长度为 0.5～1.5m，通气孔通畅，水翅偶尔冲击闸门铰座，需做导水板加以保护。

3 2 号泄洪洞水力学关键问题研究

2 号泄洪洞由导流洞改建而成。导流洞进口高程 177.10m，洞身纵坡 1%，洞长 740.0m。改建后，2 号泄洪洞进口高程 210.00m，经龙抬头曲线，在导流洞桩号导 0+274.00 处两洞衔接，导流洞利用长度 466.0m，节省了投资。但是，导流洞布置贴近河床，洞身高程低，改建后存在一系列水力学问题。

3.1 2 号泄洪洞掺气减蚀研究

为了更多地利用导流洞，2 号泄洪洞采用龙抬头的布置形式。国内几个工程泄洪洞发生空蚀破坏的实例表明，反弧段下游一定范围内是容易发生空化空蚀的敏感部位，必须进行有效的掺气保护。

2 号泄洪洞工作门孔口尺寸为 7.5m×8.2m（宽×高），最高工作水头为 75.43m，采用普通弧形门，最大泄量为 1956.77m^3/s。根据国内其他同规模水利工程，选择了几个可行的位置，布置掺气减蚀设施进行比较。

(1) 弧门后。方案一：弧门后两侧各突扩 0.75m，突跌 1.8m，通气孔断面面积

$3.17m^2$。由于采用普通弧形门，因此此处的突扩突跌不再是结合止水型式布置。根据潘水波等[3]的经验公式，初步计算此体型临界通气水头为45.0m，即在库水位255.00m以上均能形成稳定底空腔，达到掺气减蚀的目的。但是通过黄科院模型试验观察得知，即使在最高库水位285.43m时，通气孔仍然处于淹没和半淹没交替状态，没有形成稳定底空腔，达不到掺气减蚀的效果。方案二：弧门后不突扩，仅突跌1.8m，通气孔断面面积$3.17m^2$。此方案把突扩移至龙抬头末端，利用末端的高流速进行有效地掺气，既能减小改建段的工程量，又能改善龙抬头段衬砌结构的应力。通过黄科院模型试验观察得知，弧门后突跌方案在高水位时底空腔仍不稳定，不能达到有效的掺气减蚀作用。

通过以上比较分析，两个方案在弧门后均不能形成稳定底空腔，达不到掺气减蚀的目的，且引起龙抬头洞身段水流波动较大。考虑到2号泄洪洞弧门后最大流速为31.8m/s，弧门后不再布置掺气减蚀设施，平坡接龙抬头曲线。

(2) 龙抬头中段。龙抬头中部洞段坡度大，较利于布置掺气坎槽。在上游设挑坎掺气槽，挑坎斜面的坡比为1∶10，水流挑射到下游形成一定长度的空腔，能获得较大的掺气能力。试验结果表明，龙抬头段掺气坎通气孔风速大，水流掺气充分，掺气效果好。

(3) 龙抬头末端。龙抬头反弧段内的水流流速最高，流态复杂，在水流离心力的作用下沿程压力梯度较大。在反弧段内离心力使上一级的掺气水流中气泡加速上浮，掺气浓度衰减较快，国内很多工程在龙抬头末端发生了严重的空蚀破坏。因此，龙抬头末端布置有效的掺气设施是十分必要的。

将2号泄洪洞弧门后的突扩移至龙抬头末端是一种很好的尝试。龙抬头末端工作水头高，水流流速高，且利用龙抬头改建形成突跌，既实现了侧、底空腔掺气，又改善了高速水流在衔接段的运行条件。龙抬头末端两侧各突扩0.75m，突跌1.00m，通气孔断面面积$1.57m^2$。试验结果表明，龙抬头末端突扩方案比不突扩方案掺气效果好，侧向水翅问题通过增设导水板解决。但是，洞身底坡小，下泄水流易产生回流，上溯到掺气槽淹没掺气孔，需继续研究优化掺气槽体型。

(4) 平洞段。龙抬头反弧段末端流速很高，其下游一定范围内极易产生空蚀，应作为保护的重点[4]。2号泄洪洞龙抬头下游为导流洞利用洞段，底坡1%，不利于布置掺气坎槽。根据洞段长，模型试验初拟在下游间隔布置3道掺气坎，研究小底坡掺气坎的效果，以决定龙抬头下游的掺气布置。

3道掺气坎采用同一尺寸，上游设挑坎，挑坎坡面坡比为1∶10，挑坎高0.15m，坎下下挖布置掺气孔，形成掺气槽。

根据黄科院1∶35模型试验，洞身3道掺气坎的掺气效果随着掺气坎位置的下移而渐差，通气孔的风速和通气量也越后越小。掺气槽后水流掺气浓度有一定的增加，但衰减较快，保护长度较短。原因是洞身底坡小，水流回流严重，不能形成稳定掺气空腔，影响掺气效果。

为了提高掺气坎的掺气效果，对掺气坎的体型做了局部调整，将坎高抬高0.1m，掺气坎其他尺寸不变。通过试验观察，掺气坎坎高由0.15m增高至0.25m后，掺气坎下的空腔长度明显增加，通气孔风速明显增大，掺气效果得到改善。

3.2 洞身掺气槽取气方式研究

洞身段掺气槽的取气方式也是需要研究的问题。如果为此做专门的通气井，则工程量增加较多。2号泄洪洞沿程流速高，洞身余幅较大，在进口塔架布置有专门为洞身补气的通气孔，洞身出口也能满足一定长度洞段的补气要求，国内其他工程通过侧墙通气孔从洞身水面以上取气掺气的方式也常应用。经试验观察，2号泄洪洞塔架布置的掺气孔能满足洞身掺气量需求，即从洞身水面以上取气掺气方式可行。

3.3 2号泄洪洞挑流鼻坎顶高程研究

改建导流洞存在突出的消能问题。根据河口村水库的枢纽布置及下游地形地质条件，其适于采用挑流消能。但是，导流洞布置高程较低，洞身出口底板高程169.80m，而河口村水库校核洪水对应的下游水位为180.53m，两者相差10.73m。如果按传统的概念，为了保证自由挑流，把鼻坎高程定在下游最高水位以上，则鼻坎很高，几乎将洞口封住。经计算，起挑高程很高，泄洪洞的应用范围很窄。

根据《溢洪道设计规范》（SL 253—2000）[5]，挑流鼻坎高程应通过比较选定，在保证能形成自由挑流情况下，可略低于下游最高水位。初期2号洞鼻坎高程按500年一遇洪水对应的下游水位确定为179.30m。经过1∶80整体模型试验的验证，下游水位最高时，泄洪洞的泄流能力及挑流消能没有影响。

但是，通过单体水工模型试验观察，2号泄洪洞起挑水位为241.68m，对应流量为$1190m^3/s$。闸门局部开启和全开时洞内流态复杂，起挑前洞内均形成水跃，水跃强度高，跃后水深大，水流剧烈旋滚，雾化现象明显，跃后水流局部封顶。分析其原因，2号洞鼻坎高程179.30m，鼻坎高9.5m，弧门关闭时，洞内出口段会有8.0～9.0m深的水，起挑前易形成水跃。

以上现象表明，鼻坎高程决定了2号泄洪洞的应用范围以及运行方式。根据王章俊[6]关于自由挑流下游界限水深的探讨，鼻坎高程还有降低的空间。经计算，当降低鼻坎顶高程至177.00m或176.00m时，2号泄洪洞最高水位全开时产生自由挑流的下游界限水深大于最大下游水深，即在下游最大水深时能产生自由挑流流态。

4 结论

河口村水库两条泄洪洞工作水头高，泄流规模大，水力设计是该工程的一个重要课题。经过初步设计阶段的方案比选和研究，基本确定了关键部位的布置形式。在施工图设计阶段，仍需对关键部位进行更进一步的优化研究，保证工程能安全可靠运行。

参考文献

[1] 黄河水利委员会黄河水利科学研究院.河口村水库泄洪洞水工模型试验报告[R].郑州：黄河水利科学研究院，2012.

[2] 李珠.小浪底工程排沙洞掺气减蚀设施体型的优化设计[J].人民黄河，1998，20（3）：32-34.

[3] 潘水波，邵媖媖.突扩突跌通气减蚀设施的水力估算方法[J].水利学报，1986（8）：12-20.

[4] 李远发，王敏，王复兴.小浪底工程3号明流洞的几个水力学问题[J].人民黄河，1996，18（1）：45-47.

[5] 中华人民共和国水利部.溢洪道设计规范：SL 253—2000[S].北京：中国水利水电出版社，2000.

[6] 王章俊.自由挑流下游界限水深的探讨[J].广东水利水电，1992（2）：20-24.

河口村水库进水塔底板混凝土温控仿真分析

竹怀水　徐　庆　王永新

（黄河勘测规划设计有限公司）

摘要： 河口村水库进水塔底板混凝土处于基础强约束区，温控标准严格。如何采取经济合理的温控措施降低温度裂缝风险及保证结构安全，成为整个进水塔架温控中的难点与关键点。利用ANSYS三维建模对进水塔架底板混凝土结构进行温度控制仿真分析，计算底板混凝土在高温季节与低温季节的温度场与应力场，并进行对比分析。结果表明，高温季节下浇筑底板混凝土需要采取的温控措施比低温季节施工要严格得多，且温控成本大，出现温度裂缝风险较高，故建议底板混凝土安排在低温季节施工。

关键词： 底板混凝土；温度场；温度应力；温控仿真分析；河口村水库

水利工程的进水塔架尺寸一般小于混凝土重力坝、混凝土拱坝、混凝土闸墩等巨型混凝土结构，是介于大体积混凝土与结构混凝土之间的准大体积混凝土。在物理意义上，这类结构的水泥水化热难以及时发散，在体内积累了大量不必要的热量，致使混凝土内部温度大大高于环境温度；在力学意义上，这类结构因温度上升或下降受到约束后而产生的应力已经大到不得不采取适当措施来防止其开裂的程度；在几何意义上，这类结构整体上并不能和混凝土坝等巨型结构相比较，但是局部浇筑的混凝土块可能比较大。因此，对其温度场及温度应力的分析在整个结构的应力分析中起着重要作用，不容忽视，尤其是底板混凝土的温度应力，其处于强约束区域，是产生裂缝乃至危及结构安全的主要因素，也是整个结构温控中的难点与关键点。结合河口村水库工程泄洪洞进水塔架底板混凝土的施工，进行了不同浇筑季节下的混凝土温控仿真分析研究。

1　工程概况

河口村水库位于黄河一级支流沁河最后一段峡谷出口处，距河南省济源市22.0km，是控制沁河洪水、径流的关键工程，也是黄河下游防洪工程体系的重要组成部分。工程沿坝轴线从右往左依次为混凝土面板堆石坝、溢洪道、引水发电洞、1号泄洪洞及2号泄洪洞。研究的主要对象是2号泄洪洞塔架底板混凝土，该泄洪洞进口高程为210.00m，塔顶高程为291.00m。其中塔基底板尺寸为43.0m×25.0m（顺水流方向×垂直水流方向），最大厚度5.0m，具体尺寸见图1。

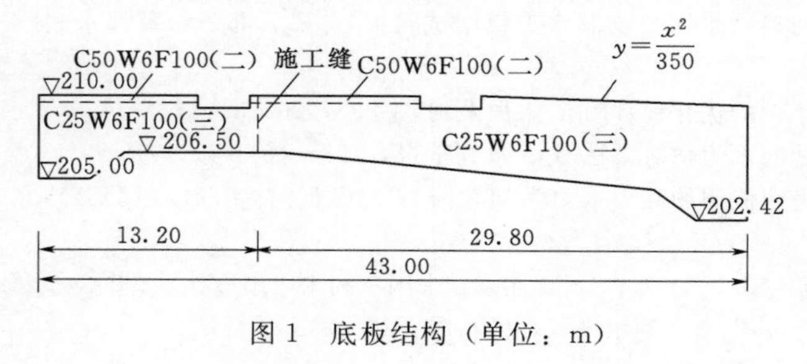

图1　底板结构（单位：m）

2 计算原理与方法

2.1 温度场仿真分析

混凝土空间温度场在计算区域内满足等效负热源法的等效热传导方程[1]：

$$\frac{\partial T}{\partial \tau}=a\left(\frac{\partial^2 T}{\partial z^2}\right)+(T_0-T_w)\frac{\partial \phi}{\partial \tau}+\theta_0\left(\frac{\partial \psi}{\partial \tau}\right) \tag{1}$$

式中：T 为混凝土温度，℃；T_0 为混凝土初始温度，℃；T_w 为冷却水管的进口水温，℃；a 为导温系数，m^2/d；θ_0 为混凝土最终绝热温升，℃；τ 为时间，d；ϕ（τ）为无热源水管冷却效果函数；ψ（τ）为有热源的水管冷却效果函数。

另外，为确保需要的温度场，还应满足以下初始条件和边界条件。

初始条件：

$$T=T(x,y,z,0)=T_0$$

边界条件：第一类边界条件为混凝土表面温度等于已知温度边界，即 $T=T(x,y,z,\tau)=f(x,y,z,\tau)$，$f(x,y,z,\tau)$ 为时间 τ 和空间 (x,y,z) 的已知函数；第二类边界为绝热边界条件，即 $\frac{\partial T}{\partial n}=0$；第三类边界是热交换边界，即 $l_x\frac{\partial T}{\partial X}+l_y\frac{\partial T}{\partial y}+l_z\frac{\partial T}{\partial z}+\bar{\beta}(T-T_a)=0$，$l_x$、$l_y$、$l_z$ 为边界面对总体坐标的方向余弦，$\bar{\beta}=\beta/\lambda$[$\beta$ 为热交换系数，$kJ/(m^2\cdot d\cdot ℃)$；λ 为导热系数，$kJ/(m\cdot d\cdot ℃)$]，T_a 为环境温度，℃。

根据变分原理，且考虑混凝土的浇筑计划、水化热温升、通水冷却情况、环境气温和太阳辐射热等因素，对方程（1）在空间区域用有限单元离散，在时间域用差分法离散，可得到向后差分的有限元计算递推方程，最终计算出施工期混凝土的温度场。

2.2 应力场仿真分析

求出温度场后，通过有限元隐式解法求徐变应力场，计算公式如下[2]：

$$\boldsymbol{K}\Delta\boldsymbol{\delta}_n=\Delta\boldsymbol{P}_n+\Delta\boldsymbol{P}_n^c+\Delta\boldsymbol{P}_n^T+\Delta\boldsymbol{P}_n^v \tag{2}$$

式中：$\boldsymbol{K}$ 为刚度矩阵；$\Delta\boldsymbol{\delta}_n$ 为节点位移增量；$\Delta\boldsymbol{P}_n$ 为外荷载引起的荷载增量；$\Delta\boldsymbol{P}_n^c$ 为徐变引起的荷载增量；$\Delta\boldsymbol{P}_n^T$ 为温度引起的荷载增量；$\Delta\boldsymbol{P}_n^v$ 为自身体积变形引起的荷载增量。

应力增量 $\Delta\boldsymbol{\sigma}_n$ 可按下式求解：

$$\Delta\boldsymbol{\sigma}_n=\boldsymbol{D}_n(\boldsymbol{B}\Delta\boldsymbol{\delta}_n-\Delta\boldsymbol{\varepsilon}_n^c-\Delta\boldsymbol{\varepsilon}_n^T-\Delta\boldsymbol{\varepsilon}_n^v) \tag{3}$$

式中：$\Delta\boldsymbol{\varepsilon}_n^c$ 为徐变应变增量；$\Delta\boldsymbol{\varepsilon}_n^T$ 为温度应变增量；$\Delta\boldsymbol{\varepsilon}_n^v$ 为自身体积变形增量；$\boldsymbol{D}_n$ 为第 $\boldsymbol{n}$ 时段的弹性矩阵；$\boldsymbol{B}$ 为应变与位移的转化矩阵。

$$\boldsymbol{\sigma}_n=\Delta\boldsymbol{\sigma}_1+\Delta\boldsymbol{\sigma}_2+\cdots+\Delta\boldsymbol{\sigma}_n=\sum\Delta\boldsymbol{\sigma}_n \tag{4}$$

由式（2）解出各节点位移增量后，代入式（3）可算出各单元应力增量 $\Delta\boldsymbol{\delta}_n$，按式（4）累加后，即可得到各单元应力 $\boldsymbol{\sigma}_n$。

3 计算模型及参数

3.1 计算模型与边界条件

采用 ANSYS 对 2 号泄洪洞底板混凝土结构进行三维建模。模型中地基深度方向取结构

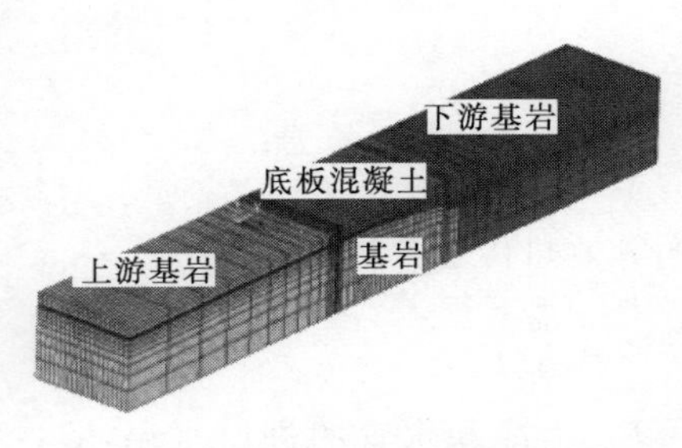

图 2　底板混凝土三维计算模型图

厚度的 1.5 倍，上、下游顺水流方向取结构长度的 1.5 倍。离散中混凝土结构及岩体采用空间 8 节点六面体等参实体单元，共有节点 19492 个，单元 17094 个。其中三维坐标系均以顺水流方向为 Y 轴，指向下游为正；以垂直水流方向为 X 轴，指向右岸为正；以竖直方向为 Z 轴，竖直向上为正。具体计算模型见图 2。

模型中边界条件考虑地基四周施加法向约束，基底施加三向约束，基础计算域边界视为绝热边界。

3.2　基岩及混凝土热力学参数

坝址区谷坡覆盖层较薄，大部分基岩裸露。工程区以花岗片麻岩、寒武系岩层等为主。泄洪洞塔架底板混凝土主要以 C25 三级配为主，其中流道表面 50cm 厚为 C50 二级配混凝土，由试验得到的混凝土配合比确定基岩及混凝土热力学参数，见表 1。

表 1　基岩、混凝土热力学性能参数表

结构种类	密度/(kg/m³)	泊松比	导温系数/(m²/h)	导热系数/[kJ/(m·h·℃)]	比热系数/[kJ/(kg·℃)]	线胀系数/(10^{-6}/℃)	绝热温升计算公式中的系数		
							θ_0/℃	a	b
基岩	2650	0.23	0.0056	10.47	0.71	8.0			
C50W6F100（二）	2420	0.20	0.0040	9.67	1.02	7.3	36.0	0.248	0.962
C25W6F100（三）	2350	0.20	0.0039	8.92	0.96	6.4	27.3	0.189	1.163

注　表中绝热温升计算公式采用复合指数公式 $\theta(\tau)=\theta_0(1-e^{-a\tau^b})$ 拟合，式中：θ 为绝热温升值，℃；θ_0 为最终绝热温升，℃；a、b 为试验参数。

根据相关试验数据，对混凝土弹性模量按复合指数公式分别进行拟合。

C25 混凝土弹性模量拟合公式为

$$E(\tau)=33.1278(1-e^{-0.5885\tau^{0.4427}})$$

C50 混凝土弹性模量拟合公式为

$$E(\tau)=41.8916(1-e^{-1.1885\tau^{0.3292}})$$

3.3　浇筑计划

根据结构设计要求，底板混凝土在距上游 13.2m 处设置一条施工缝，将整个底板分为上下游两部分，本研究考虑分缝分块和总工期要求，底板混凝土浇筑拟按表 2 两种浇筑计划进行。

表 2　底板混凝土浇筑计划表

项目	起浇时间/(年-月-日)	结束时间/(年-月-日)	浇筑季节
浇筑计划一	2012-06-22	2012-08-03	高温季节
浇筑计划二	2012-11-01	2012-12-13	低温季节

3.4 计算工况及温控标准

按照表2中的两种浇筑计划，比选两者满足温控标准所需采取的温控措施，以期分析两者的合理性与经济性。两种浇筑期计划下拟选定的仿真分析计算工况见表3。

表3 计算工况表

计算工况	浇筑温度/℃	冷却水管布置方式/(m×m)	冷却水温/℃	冷却时间/d
一	16	1.5×1.5	15	15
二	8	1.0×1.5	10	15

注 通水冷却时考虑一期通水。

底板混凝土处于强约束区，其允许的最高温度控制标准由允许基础温差及准稳定温度决定。按照《混凝土重力坝设计规范》(SL 319—2005)[3]并结合结构浇筑块尺寸，该工程允许基础温差取19℃，底板混凝土准稳定温度均值取9.8℃，由此得到底板混凝土允许的最高温度控制标准为28℃。

4 结果分析

根据底板混凝土的分缝位置，为比较两种浇筑计划下不同工况温控措施的差异，分别选取上游段13.2m和下游段29.8m中心线典型位置作为关键点(图3)。经过温控仿真分析，得到底板混凝土典型位置温度包络线及典型点温度、应力过程线。

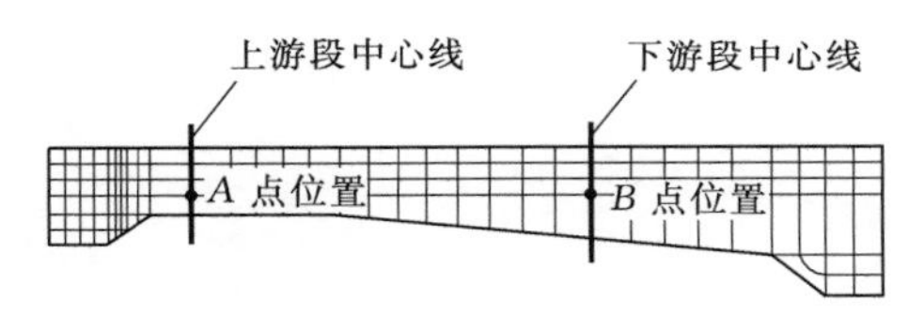

图3 温度包络线及典型点位置图

(1) 由图4可知，在工况一条件下，高温季节浇筑的底板混凝土最高温度出现在上游段高程208.50m，为34.2℃，超过允许最高温度约6.2℃，整个底板混凝土的最高温度均无法满足温控标准。由图5可知，在工况二温控措施下，上下游均能满足相应的温控标准。由图6可知，低温季节浇筑时，仅通过工况一温控措施就可满足拟定的温控标准。

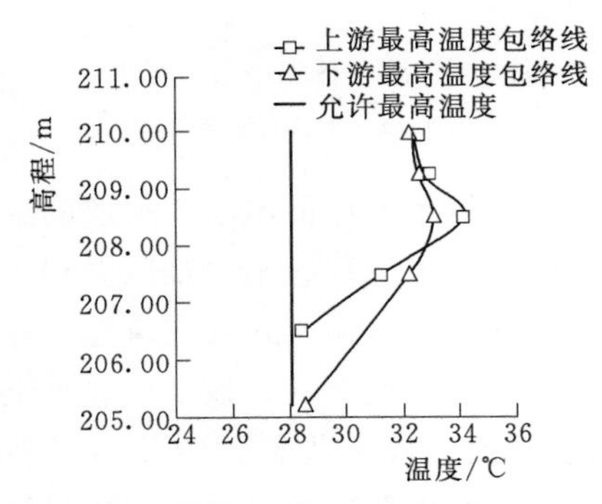

图4 工况一高温季节浇筑时温度包络线图

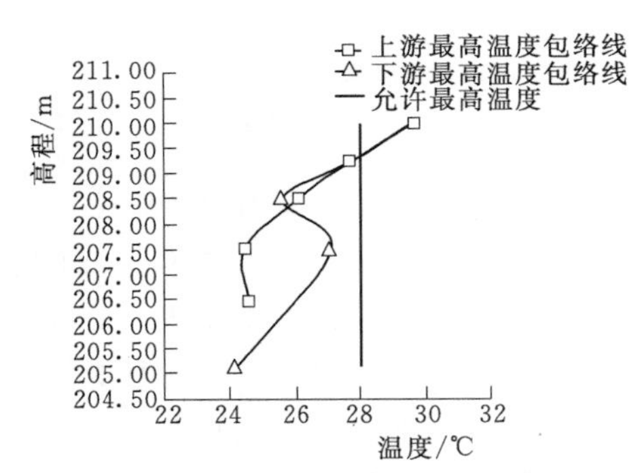

图5 工况二高温季节浇筑时温度包络线图

（2）对两种施工季节下满足温控标准时对应的工况下的底板混凝土绘制温度、应力过程线（图7～图10），从图中可见，高温季节浇筑和低温季节浇筑下的温度、应力过程线变化形式基本一致，混凝土浇筑前2～3d温度上升很快，4～5d达到最高温度，然后温度下降，当上层混凝土浇筑后，在热传递作用下，下层混凝土温度会再次略有上升；同工况、同季节下应力的变化趋势与温度变化趋势相反，随着温度的下降，应力不断上升。由于计算中未考虑保温效果，后期混凝土温度随气温变化较大，因此为避免表面发生裂缝，在施工过程中应该特别注意表面保温措施。

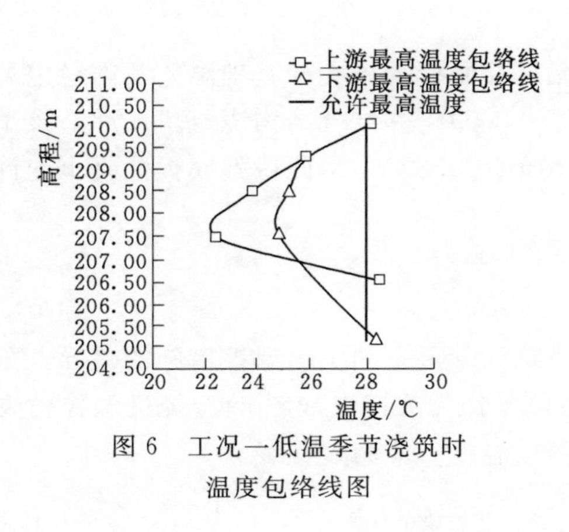

图6　工况一低温季节浇筑时温度包络线图

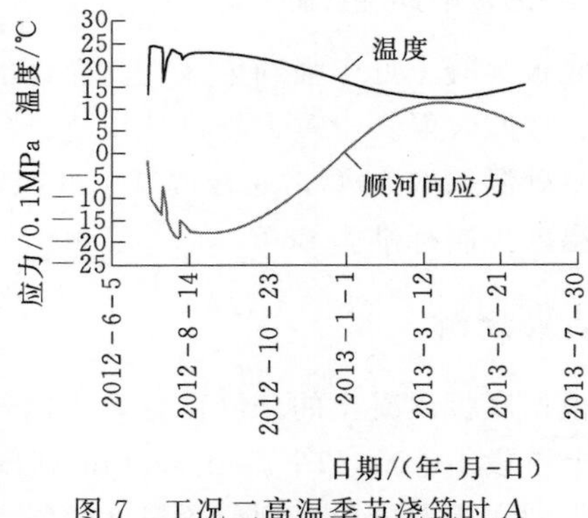

图7　工况二高温季节浇筑时A点温度、应力过程线图

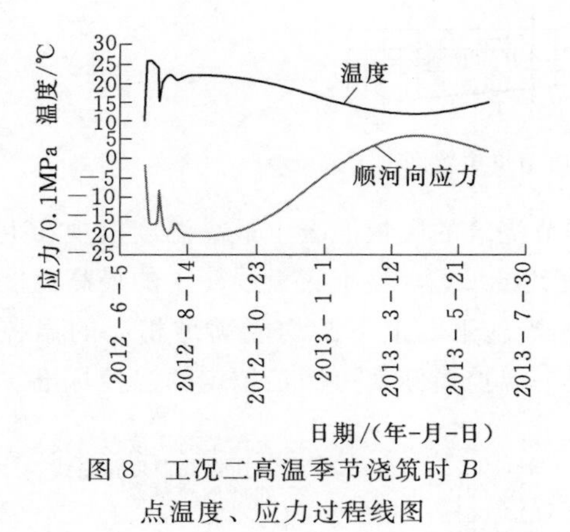

图8　工况二高温季节浇筑时B点温度、应力过程线图

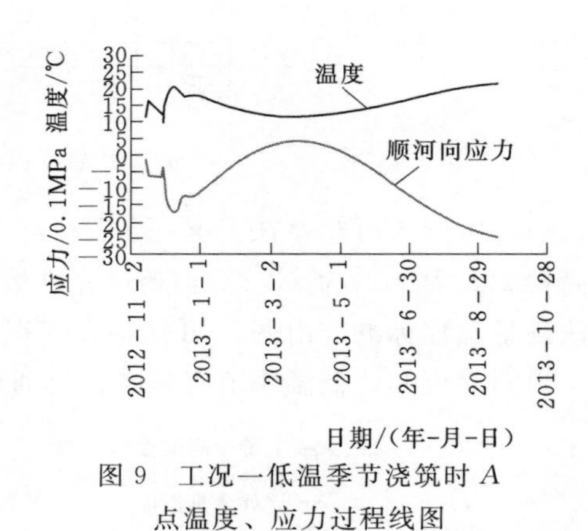

图9　工况一低温季节浇筑时A点温度、应力过程线图

（3）通过比较可知，高温季节施工时需要采取的温控措施要比低温季节采取的温控措施严格得多。就施工难度与成本而言，工况二温控措施在一般工程施工时难以做到，需要从混凝土骨料预冷措施、加冰拌和、冷却水制冷设备、混凝土运输方式及浇筑强度等方面重点控制，中间投入的成本要比低温季节施工时大；就结构特点而言，该工程混凝土方量要比混凝土拱坝、重力坝等巨型结构小很多，在施工时投入大型骨料预冷设备、制冰设备、冷却水制冷设备等亦不经济；就类似工程比较而言，基础部位的混凝土结构起浇时限一般建议安排在低温季节。

(4) 如果因进度需要而将底板混凝土安排在高温季节施工时，除了应采取必要的骨料预冷、加冰拌和及通水冷却等措施外，还应考虑采用低热水泥，原因是高温季节浇筑时混凝土温度应力大，使用低热水泥能明显提高抗裂安全系数[4]；同时施工时应特别注意采取薄层浇筑，安排在低温时段施工，加强浇筑强度，避免中间经历午后的高温时段。浇筑完成后，还要对混凝土表面采取保温措施，以防止外界热量倒灌，建议铺设保温隔热材料，如有条件，可以进行仓面喷雾，以降低施工区域环境温度。

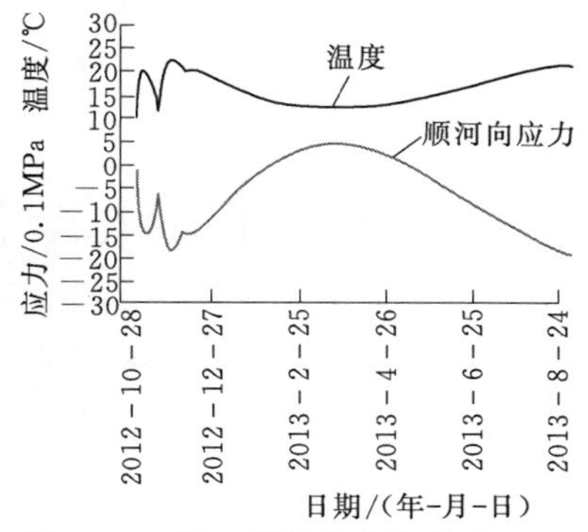

图 10 工况一低温季节浇筑时 B 点温度、应力过程线

5 结论

进水塔底板混凝土处于基础部位强约束区，温控标准较严格。通过温控仿真分析，对比高温季节浇筑与低温季节浇筑两种条件下的温度应力情况可知，高温季节浇筑所采取的温控措施要比低温季节浇筑所采取的温控措施严格得多，温控成本较大，出现温度裂缝的风险性较高，因此一般情况下建议底板混凝土安排在低温季节浇筑。

参考文献

[1] 朱伯芳. 大体积混凝土温度应力与温度控制[M]. 北京：中国水利水电出版社，1999.

[2] 黄玮，万福磊，郑家祥，等. 溪洛渡拱坝陡坡段施工期温度应力仿真分析[J]. 水电站设计，2007，23 (4)：8-13.

[3] 长江水利委员会长江勘测规划设计研究院. 混凝土重力坝设计规范：SL 319—2005[S]. 北京：中国水利水电出版社，2005.

[4] 彭坤，黄达海. 低热硅酸盐水泥在闸墩混凝土中的应用研究[J]. 云南水力发电，2010，26 (6)：51-55.

河口村水库泄洪洞进水塔温度应力仿真

康迎宾[1]　张　鹏[1]　王亚春[2]　吕圆芳[3]

（1. 华北水利水电学院；2. 黄河勘测规划设计有限公司；3. 陇东学院）

摘要：采用有限元软件 ANSYS 模拟河口村水库泄洪洞进水塔的混凝土浇筑全过程。通过施加边界条件及温度约束，计算得到混凝土浇筑过程中的温度场和应力场，并分析底板、侧墙、胸墙、隔墙和边墙的应力场分布及其随时间变化的规律。结果表明：胸墙和边墙拉应力值较大，可能存在裂缝，在施工过程中应特别注意。可以采取对混凝土拌和材料进行预冷，通过合理养护控制混凝土内外温差，以及通水冷却、在混凝土内埋设水管等措施，进一步降低浇筑温度，提高其早期抗拉能力，降低水泥水化热引起的温升。

关键词：进水塔；混凝土浇筑；温控仿真；应力场；ANSYS；河口村水库

大体积混凝土在现代工程建设特别是水利水电工程建设中占有重要地位，我国每年仅在水利水电工程中浇筑的大体积混凝土就在 1000 万 m^3 以上。大体积混凝土结构在浇筑过程中因水泥水化热升温而引起的裂缝严重危害建筑物的安全与稳定。因此，利用 ANSYS 大型有限元软件对施工期混凝土温度及应力进行分析是十分必要的。

1　工程概况

沁河河口村水库工程是一座以防洪、供水为主，兼有灌溉、发电、改善河道基流等作用的大（2）型水利枢纽，沿坝轴线从右往左依次为混凝土面板堆石坝、溢洪道、引水发电洞、1 号泄洪洞及 2 号泄洪洞。本研究的主要对象是 2 号泄洪洞进水口塔架，其进口高程为 210.00m，塔顶高程 291.00m。建基面高程 206.50～203.22m，塔基尺寸 43.0m×25.0m（长×宽）。高程 225.00m 以下为大体积混凝土结构，高程 238.50m 以上为田字形井筒结构，两者之间为渐变段。泄洪洞进水口为有压短进口布置形式，单孔布置，孔宽 7.5m，边墩宽 8.75m。根据建筑物的结构特点，选取合适的基岩范围建立建筑物实体模型，并进行有限元单元离散。

2　计算原理

2.1　混凝土热传导方程

混凝土的温度函数 T（x，y，z，τ）满足热传导方程[1]：

$$\frac{\partial T}{\partial \tau}=\alpha\left(\frac{\partial^2 T}{\partial x^2}+\frac{\partial^2 T}{\partial y^2}+\frac{\partial^2 T}{\partial z}\right)+\frac{\partial \theta}{\partial \tau} \tag{1}$$

式中：T 为温度；τ 为时间；θ 为混凝土绝热温升；α 为导温系数；x、y、z 为坐标。

2.2 初始条件及边界条件

在初始瞬时 $\tau=0$，温度分布函数可以认为是常数，即 $T(x, y, z, 0)=T_0=$常数。

混凝土表面温度 T 是时间的已知函数，即 $T(\tau)=f(\tau)$，当混凝土与水接触时，满足第一类边界条件，表面温度等于已知水温；混凝土表面的热流量是时间的已知函数，若表面是绝热的，则 $\frac{\partial T}{\partial l}=0$（$l$ 为表面外法线方向），即满足第二类边界条件；当混凝土与空气接触时，满足第三类边界条件，经过混凝土表面的热流量为

$$-\lambda\frac{\partial T}{\partial l}=\beta(T-T_a)$$

式中：λ 为导热系数，kJ/(m·h·℃)；β 为表面放热系数，kJ/(m^2·h·℃)；T_a 为给定的边界气温。

2.3 应力场计算原理[2]

假定在每一时段 $\Delta\tau_i$ 内，应力 σ 呈线性变化，令 $\frac{\partial\sigma}{\partial\tau}=\zeta=$常数。若第 n 时段某单元的应变增量为 $\Delta\varepsilon_n$，包括弹性应变增量、徐变应变增量、温度应变增量 3 部分：

$$\Delta\boldsymbol{\varepsilon}_n=\Delta\boldsymbol{\varepsilon}_n^e+\Delta\boldsymbol{\varepsilon}_n^c+\Delta\boldsymbol{\varepsilon}_n^T \tag{2}$$

式中：$\Delta\boldsymbol{\varepsilon}_n^e$ 为弹性应变增量矩阵；$\Delta\boldsymbol{\varepsilon}_n^c$ 为徐变应变增量矩阵；$\Delta\boldsymbol{\varepsilon}_n^T$ 为温度应变增量矩阵。

在徐变、温差及外荷载共同作用下，可得到复杂应力状态下的应力-应变增量关系：

$$\begin{aligned}\Delta\boldsymbol{\sigma}_n&=\overline{\boldsymbol{D}}_n[\boldsymbol{B}\Delta\boldsymbol{\delta}_n-\boldsymbol{\omega}_n(1-\mathrm{e}^{-s\Delta\tau_n})-\Delta\boldsymbol{\varepsilon}_n^T]\\ \overline{\boldsymbol{D}}_n&=\boldsymbol{D}_n/[1+C_n(1-f_n\mathrm{e}^{-s\Delta\tau_n})E(t_{n-1}+0.5\Delta\tau_n)]\end{aligned} \tag{3}$$

式中：$\boldsymbol{B}$ 为应变与位移的转化矩阵；$\Delta\boldsymbol{\delta}_n$ 为第 n 时段的节点位移列阵；$\boldsymbol{\omega}_n$ 为第 n 时段系数矩阵；s 为材料常数；$\Delta\tau_n$ 为第 n 时段；$\boldsymbol{D}_n$ 为第 n 时段的弹性矩阵；C_n 为第 n 时段的徐变度；f_n 为第 n 时段的材料常数；E 为弹性模量；t_{n-1}表示第 $n-1$ 时段。

由虚功原理导出：

$$\boldsymbol{K}\Delta\boldsymbol{\delta}_n=\Delta\boldsymbol{P}_n^c+\Delta\boldsymbol{P}_n^T+\boldsymbol{F} \tag{4}$$

式中：$\boldsymbol{K}$ 为结构的刚度矩阵；$\Delta\boldsymbol{P}_n^T$ 为温度荷载增量；$\Delta\boldsymbol{P}_n^c$ 为徐变变形产生的当量荷载增量；$\boldsymbol{F}$ 为单元外力。

在此基础上由式（2）求得应变增量后，代入式（3）即可求出相应的应力增量。

2.4 有限元仿真原理

利用 ANSYS 对大体积混凝土进水塔进行温控仿真，通过有限元建模，编写、运行循环命令来计算分析施工期的温度场、应力场[3]，利用单元生死功能模拟混凝土浇筑全过程。施工期间要考虑到施工间歇、浇筑温度、层厚、风速、气温、水化热升温等因素。混凝土的材料属性、热力学参数、边界条件都会随时间变化。应力场的计算是在温度场的基础上进行，耗时较长，对计算机的运算能力有一定的要求。

3 计算模型及参数

3.1 计算模型

采用 ANSYS 对 2 号泄洪洞塔架混凝土结构进行建模[4]，选取的地基深度范围为结构

高程的1.5倍，上、下游顺流向范围取坝体最大长度的1.5倍。混凝土结构及岩体采用空间8节点六面体等参实体单元离散，共划分节点94732个，单元81216个。其中三维坐标系均以顺河向为Y轴，指向下游为正；垂直河道水平方向为X轴，从左岸指向右岸为正；以高程方向为Z轴，垂直向上为正。

3.2 基岩及混凝土热力学参数

坝址区谷坡覆盖层较薄，大部分基岩裸露。河漫滩覆盖层厚度一般为10.0～40.0m，最厚处达47.97m。工程区以花岗片麻岩、寒武系岩层等为主。采用的基岩热力学参数见表1。

表1　　基岩、混凝土热学参数表

种类	密度/(kg/m³)	泊松比	导温系数/(m²/h)	导热系数/[kJ/(m·h·℃)]	比热系数/[kJ/(kg·℃)]	线胀系数/(10^{-6}/℃)
基岩	2650	0.23	0.0056	10.47	0.71	8.0
混凝土	2350	0.20	0.0039	8.92	0.96	6.4

C25混凝土弹模拟合公式为

$$E(\tau)=3.31278\left(1-e^{-0.5885\tau^{0.4427}}\right)$$

考虑到徐变对大体积混凝土温度应力的影响，松弛系数计算公式为

$$K(t,\tau)=1-[0.4+0.6\exp(-0.62\tau^{0.17})]\times\{1-\exp[-(0.2+0.27\tau^{-0.23})(t-\tau)^{0.36}]\} \tag{5}$$

式中：τ为混凝土龄期；t为荷载持续时间。

3.3 浇筑计划

参照小浪底塔架温控分析研究以及国内外类似工程的经验，基础部位混凝土结构浇筑一般安排在低温季节进行，该工程距上游13.4m处设置了1条施工缝，综合考虑施工进度计划，将浇筑时间确定为2012年11月1日至2013年6月13日，共浇筑32仓混凝土，每层混凝土间歇期为7d，浇筑温度为10℃，浇筑完成后有56d的温度释放期。对底板进行分缝施工，底板高程以上部分不再进行分缝施工，侧墙与上游胸墙、中间隔墙和下游边墙一同上升。在此浇筑计划下对混凝土进水塔进行温控仿真分析。

4 仿真计算结果及分析

根据浇筑计划及边界条件，考虑到不同部位和高程的边界条件对混凝土温度应力的影响，分别取进水塔的底板、侧墙、上游胸墙、中间隔墙及下游边墙的沿高程方向的关键点进行温度和应力计算。根据各部分结构的高程，底板取表面3个节点；侧墙、胸墙、隔墙、边墙沿高程方向取第8、16、24、32仓（层）的典型节点。计算结果见图1和图2。

由图1可知，从浇筑时刻开始，各部位混凝土大致经历了水化热升温、温降及随环境气温周期变化3个阶段。在混凝土浇筑后初期，底板、侧墙、胸墙、隔墙和边墙处的混凝土温度均急剧上升，这是水泥水化热引起的。混凝土温度达到峰值后，进入温降阶段，底

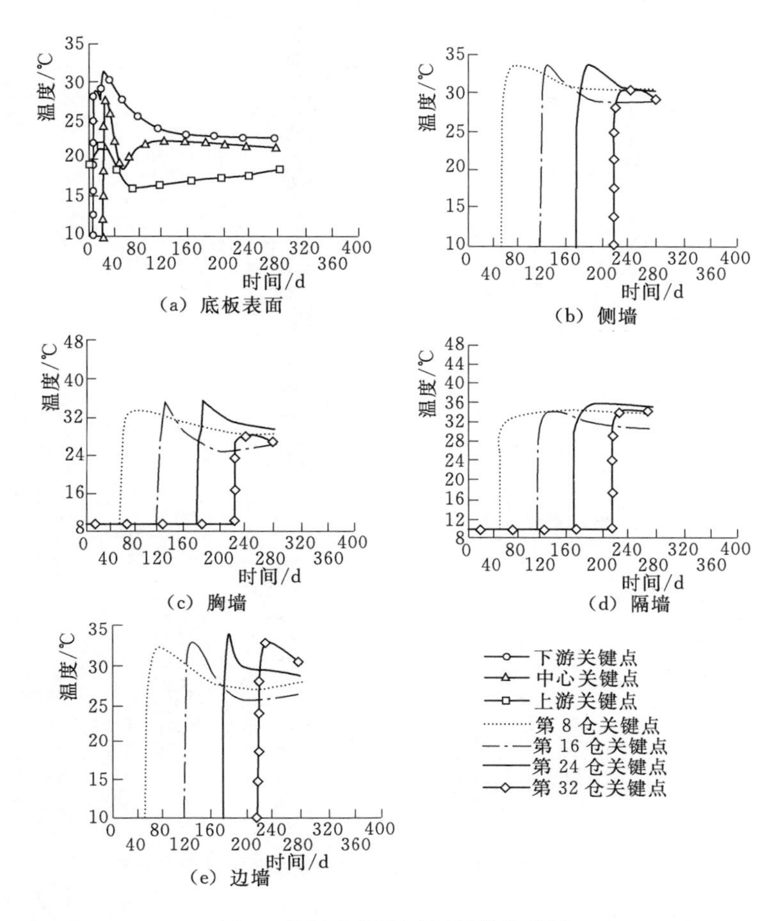

图 1 关键点温度时间历程曲线图

板、侧墙、胸墙和边墙的温降速率较大，中间隔墙的温降速率很小。原因是隔墙处于结构内部，受周围气温影响小，混凝土散热慢。底板处混凝土虽然处于强约束区，但其安排在冬季浇筑，并没有出现温度过高的情况，反而温降更迅速。浇筑后约 40d，各部位混凝土表面温度开始随气温作周期性变化，混凝土内部温度也随之波动。靠近表面的混凝土温度波动较大，内部混凝土温度变化相对滞后[5]。

由图 2 可知，在早期温升阶段，混凝土产生较小压应力，到了后期温降阶段，由于混凝土弹性模量较大，单位温差产生的应力增量较大，因此早期压应力完全被抵消并产生很大的拉应力。混凝土中间胸墙处第 8、16 仓（层）及下游边墙处第 8 仓（层）混凝土浇筑后第一主应力值较大，超过了同龄期混凝土的劈拉强度，因此在这些部位可能会出现裂缝，施工过程中应特别注意防范。

针对施工期胸墙和边墙可能产生的局部裂缝，可以采取以下防范措施[6]。

(1) 加强施工管理，提高混凝土施工质量，在浇筑进度安排上，尽量做到薄层、短间歇、均匀上升。

(2) 对混凝土拌和材料进行预冷，进一步降低浇筑温度，注意混凝土的养护，控制内

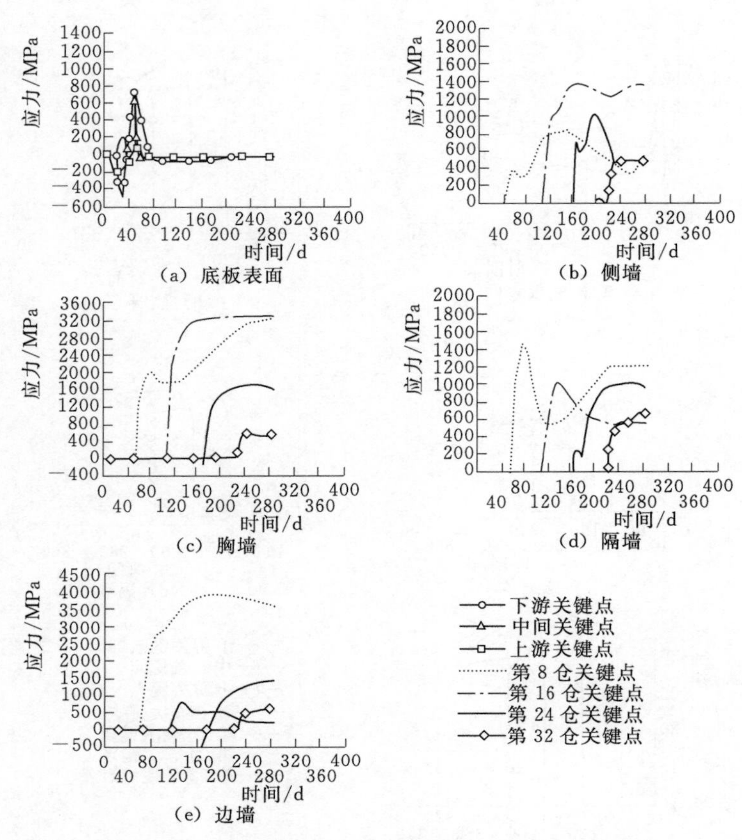

图 2 关键点第一主应力时间历程曲线图

外温差，提高其早期抗拉能力。

(3) 考虑通水冷却，在混凝土内埋设水管，降低水泥水化热引起的温升。

(4) 在胸墙和边墙容易出现裂缝的部位采用低热水泥，使用减水剂减少水泥用量，进一步降低水泥水化热产生的绝热温升，另外掺用适量粉煤灰提高混凝土的抗裂能力。

参考文献

[1] 朱伯芳. 大体积混凝土温度应力与温度控制[M]. 北京：中国水利水电出版社，1999.

[2] 张琼，乐金朝，徐向东. 碾压混凝土重力坝有保温层的温控计算[J]. 人民黄河，2010，32 (1)：89-90.

[3] 祝效华，余志祥. ANSYS高级工程有限元分析范例精选[M]. 北京：电子工业出版社，2004.

[4] 邓凡平. ANSYS10.0有限元分析自学手册[M]. 北京：人民邮电出版社，2007.

[5] 韩刚，齐磊，马涛，等. 大型泄洪洞衬砌混凝土施工期温度场和温度应力的仿真计算[J]. 西北农林科技大学学报，2009，37 (4)：225-230.

[6] 朱秋菊，韩菊红，乐金朝. 闸墩施工期温度应力仿真分析[J]. 郑州大学学报：工学版，2005，26 (1)：47-49.

河口村水库 2 号泄洪洞工作门突扩突跌方案试验研究

刘刚森[1]　武彩萍[2]　宋　倩[3]　王嘉仪[2]

（1. 河南大学；2. 黄河水利科学研究院；3. 河南省白沙水库管理局）

摘要： 河口村水库工程位于黄河一级支流沁河最后一段峡谷出口处，是控制沁河洪水、径流的关键工程，也是黄河下游防洪工程体系的重要组成部分。为了检验 2 号泄洪洞的泄洪能力以及体型设计的合理性，开展了 2 号泄洪洞水工模型试验。通过 2 号泄洪洞水工模型试验，对 2 号泄洪洞的工作门突扩突跌方案的过流能力、压力分布、流态与流速分布、掺气坎掺气效果等进行了试验量测与分析。研究表明，泄洪洞的泄流能力满足设计要求，引起压力脉动的涡旋结构以低频为主，水流脉动压力概率分布接近正态。但闸门出口射流水舌底空腔内存有水体，淹没通气孔，减小底空腔的有效高度和长度。水舌底空腔不稳定及侧空腔水翅等导致龙抬头上段水流波动剧烈。从各掺气坎的掺气浓度分布来看，掺气坎的保护长度相对较小。研究成果对同类工程设计和其他模型试验均具有一定的借鉴意义。

关键词： 工作门突扩突跌；水舌底空腔；掺气坎；脉动压力

1　工程概况

河口村水库位于黄河一级支流沁河的最后一段峡谷出口处，是控制沁河洪水、径流的关键工程，也是黄河下游防洪工程体系的重要组成部分。枢纽由混凝土面板堆石坝、泄洪洞、溢洪道及引水发电系统等建筑物组成，混凝土面板堆石坝最大坝高 122.5m。河口村水库泄水建筑物包括 1 座溢洪道和 2 条泄洪洞，2 号泄洪洞为高位洞，进口底板高程 210.00m，2 号泄洪洞工作突跌突扩方案，弧形工作门尺寸为 7.5m×8.2m（宽×高）。工作门后跌坎高度为 1.8m，左右两侧各突扩 0.75m，坎下设置 1∶10 的陡坡，洞宽 9.0m，陡坡与龙抬头衔接，龙抬头末端设一高度为 1.0m 的跌坎，洞身为城门洞型，洞身断面尺寸为 9.0m×13.5m（宽×高）。在龙抬头段桩号 0+075.0m 处设置一道 B 型掺气坎，即挑坎与跌坎组合型掺气坎，并分别在洞身桩号 0+270.28、0+370.28、0+470.28 处设置 3 道 C 型掺气坎，即挑坎与通气槽组合型掺气坎。泄洪洞挑流鼻坎为连续式，挑角为 28°，反弧半径为 55.0m。

2　模型设计

模型按重力相似准则设计，几何比尺 $L_r=35$，相应的其他主要物理量比尺寸为：流量比尺 $Q_r=5/2L_r=7247$，流速比尺 $V_r=1/2L_r=5.92$；糙率比尺 $N_r=1/6L_r=1.81$；时间比尺 $T_r=1/2L_r=5.92$。

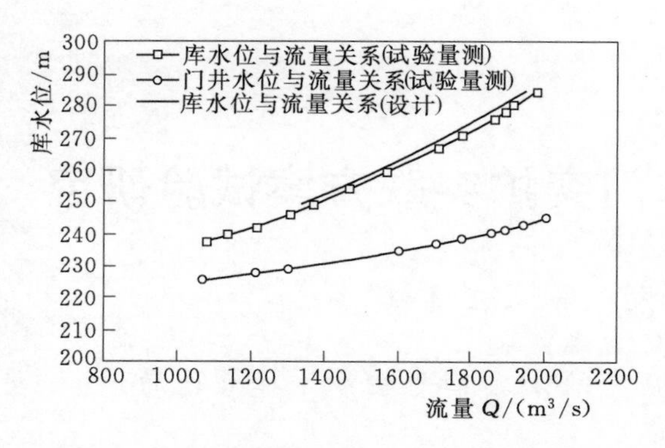

图1 模型实测泄洪洞水位流量关系曲线图

3 试验成果

3.1 泄流能力

试验对泄洪洞闸门全开时的水位流量关系进行了量测，同时对事故门井水位进行了量测，结果见图1。可以看出，试验值大于设计值，泄量满足设计要求。根据试验资料反求流量系数见表1，模型实测综合流量系数与典型的短压力进水口流量系数一致，从泄流量看，进口压力段体型的设计尺寸是合理的。

表1 特征洪水泄洪洞综合流量系数表

库水位/m		门井水位/m	流量/(m³/s)		综合流量系数
			设计值	试验值	
汛期限制水位	238.00	238.00		1085	0.896
设计洪水位	275.00	240.10	1800.49	1845	0.899
校核洪水位	285.43	244.60	1956.77	1988	0.890

3.2 水流流态

结果表明，高速水流出闸孔后形成射流，一方面，在跌坎下方形成底空腔；另一方面，水流因边壁侧扩而横向扩散与两侧边壁间形成侧空腔；侧扩射流在门座不远处再次触壁后，冲击水流沿墙向上窜起形成水翅，向下在空腔内形成水帘，沿两侧壁落入底板。在射流界面上，由于流体的紊动而发生水气交换，形成掺气。由于射流水舌与底板夹角较大，水流冲击底板产生较大的反向上溯水流，汛限水位238.00m时，回流可以达到跌坎处，即底空腔充满水体，无法掺气。在设计洪水（库水位275.00m）时，底空腔也有回水存在，底空腔的有效长度只有水舌底缘长度的30%，通气孔被淹没，主要通过侧空腔供气。在校核洪水（库水位285.45m）时，底空腔的有效长度只有水舌底缘长度的32%～47%，通气孔处于淹没和半淹没交替状态，主要通过侧空腔供气。由于射流水舌和底板夹角较大，不仅在水流冲击点产生较大的反向水流，同时观测到在水流冲击区有一股水流向上翻起，导致龙抬头上段水面上下波动。

3.3 压力分布

在泄洪洞进口压力流段，泄洪洞各部位压力分布均匀，且为正压。水流出闸室后，闸下底板陡坡段所测压力均为正压，由于射流冲击底板，压力起伏变化较大，在跌坎下游有明显的峰值，峰值位于跌坎下游12.0～34.0m范围内。由于突扩跌坎后侧扩射流冲击侧墙，产生清水区。清水区内流线折射，导致局部压力降低，形成低压区。另外，在泄洪洞龙抬头末端跌坎以及洞身三级掺气坎坎后底板上因射流水舌的冲击，水舌下产生局部负压，负压值较小，水舌冲击区短距离内压力迅速增至最高，而后沿程衰减接近下游水深。

3.4 流速分布

试验对洞身不同断面流速进行了量测，结果表明，水流出孔口后，洞身各断面流速分布均为中垂线流速略大于两侧，在龙抬头段断面平均流速沿程增加，龙抬头段末端以下，洞身各断面平均流速沿程减小。在校核洪水时，洞身各断面平均流速大于 30m/s，在桩号 0＋279.28 以上洞身各断面平均流速均大于 35m/s。

3.5 掺气坎掺气效果分析

该方案在龙抬头段桩号 0＋075.0 处设置 1 道 B 型掺气坎，即挑坎与跌坎组合型掺气坎，并在洞身桩号 0＋270.28、0＋370.28、0＋470.28 处设置 3 道 C 型掺气坎，即挑坎与通气槽组合型掺气坎，3 道 C 型掺气坎的尺寸相同。

试验对不同特征水位下各级掺气坎的掺气浓度进行了量测，结果见图 2，在库水位 275.00m 以上，工作门突跌突扩掺气坎至龙抬头段掺气坎（0＋075.0）之间近底层水流掺气浓度沿程逐渐减少，但其掺气浓度均大于 3%，龙抬头段掺气坎至龙抬头末端该段水流近底掺气浓度较其他部位都大。但掺气坎下游为一反弧段，反弧段由于有离心力作用使气量的逸离加剧，掺气浓度沿程衰减幅度大，至龙抬头末端，即坎下 75.0m 断面掺气浓度迅速下降至 3%以下。龙抬头末端跌坎下的最大近底层掺气浓度为 13.1%，至坎下 80.0m 断面掺气浓度降至 3%以下。洞身第 1 级掺气坎坎下的最大近底层掺气浓度为 9%，至坎下 60.0m 断面掺气浓度降至 3%以下。洞身第 2 级掺气坎坎下的最大近底层掺气浓度为 7.5%，至坎下 60.0m 断面掺气浓度降至 3%以下。洞身第 3 级掺气坎坎下 10.0m 断面掺气浓度达到 3.3%，其余部位掺气浓度均在 3%以下。从各掺气坎的掺气浓度分布来看，龙抬头末端及洞身 3 级掺气坎的保护长度相对较小，建议修改掺气坎体型以增加其保护长度。

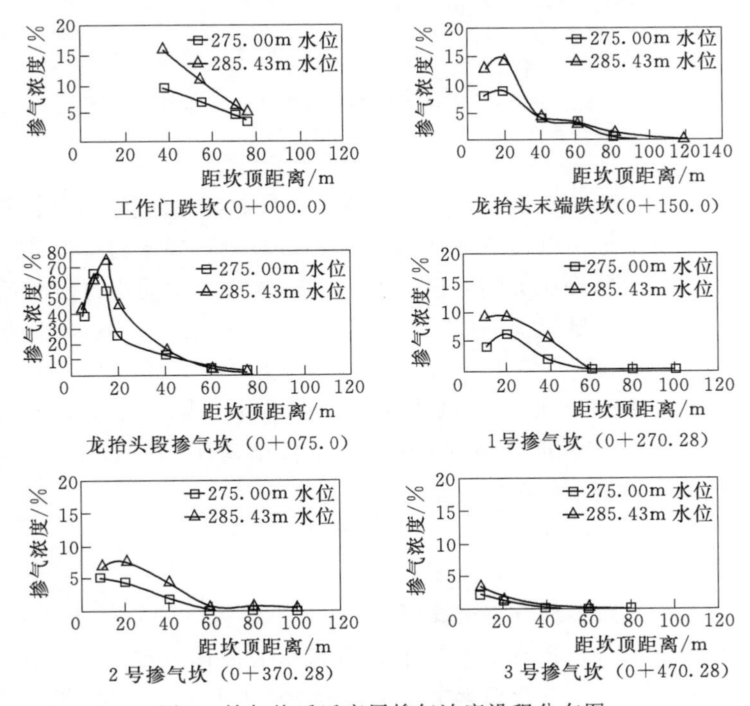

图 2 掺气坎后近底层掺气浓度沿程分布图

图 3 为龙抬头段各断面掺气浓度沿水深分布，可以看出，由于洞内流速较大，一方面从水流表面进行掺气，水流底部主要靠掺气设施进行补气，各断面水流表面掺气浓度都比较大，而底部掺气浓度则随着与掺气坎距离远近发生较大的变化，距离掺气坎越远，断面底部掺气浓度衰减的越快。

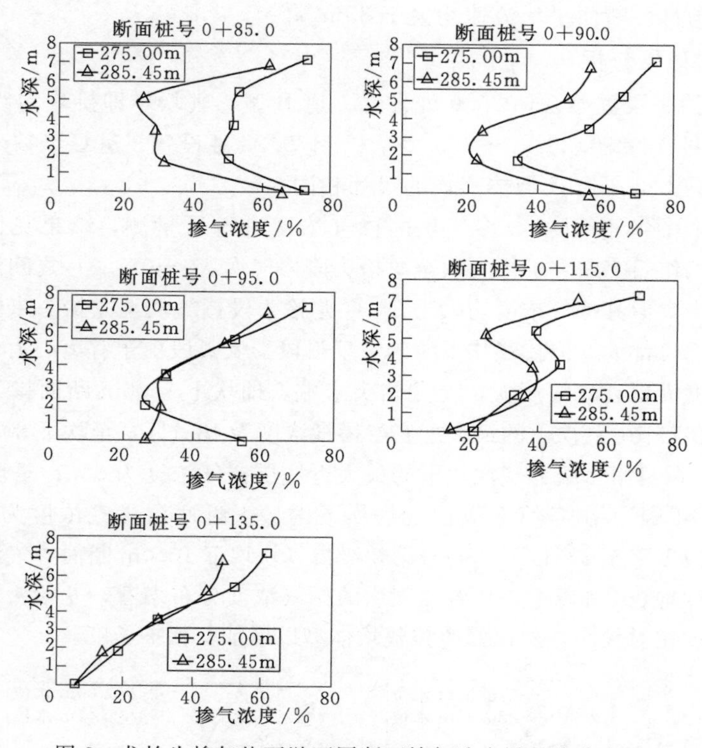

图 3 龙抬头掺气坎下游不同断面掺气浓度沿垂线分布图

3.6 脉动压力特性

试验分别对水舌冲击部位、洞身负压区及挑流鼻坎等部位的脉动压力进行了量测，比较几个部位的测点，脉动压力强度在水舌冲击区相对较大，库水位 285.43m 时水舌冲击区的脉动强度最大，最大脉动压力均方根约为 3.32m 水柱，脉动压力强度系数达到 0.05，其次在侧墙水流脱流区，脉动压力均方根约为 2.36m 水柱，脉动压力强度系数达到 0.036。

引起压力脉动的涡旋结构仍以低频为主，各测点水流脉动压力优势频率范围均在 0.01～1.70Hz（原型）之间，能量相对集中的频率范围均在 2Hz 以下，即各测点均属于低频脉动。水流脉动压力概率分布接近正态。

4 结论与建议

经过对泄洪洞工作突跌突扩方案试验研究可知，该方案泄洪洞的泄流能力满足设计要求，从泄洪洞的泄流量及进口段压力分布看，进口压力段体型设计及工作门尺寸是合理的。引起压力脉动的涡旋结构以低频为主，水流脉动压力概率分布接近正态。但闸门出口射流水舌底空腔内存有水体，淹没通气孔，减小底空腔的有效高度和长度。水舌底空腔不稳定及侧空腔水翅等导致龙抬头上段水流波动剧烈。建议对工作门出口的突跌突扩尺寸以及龙抬头段上段底板体型进行进一步优化。从各掺气坎的掺气浓度分布来看，龙抬头末端及洞身3级掺气坎的保护长度相对较小，建议修改掺气坎体型以增加其保护长度。

参考文献

[1] 武彩萍，李远发，等. 河口村水库2号泄洪洞水工模型试验报告[R]. 郑州：黄河水利科学研究院，2011.

厚壁衬砌混凝土温度应力仿真分析

尹文俊[1]　汪　军[2]　竹怀水[3]　张晶晶[4]　李洋波[1]

（1. 三峡大学　水利与环境学院；2. 河南省河口村水库工程建设管理局；
3. 黄河勘测规划设计有限公司；4. 上海勘测设计研究院）

摘要： 隧洞衬砌混凝土厚度相对较小，洞内环境气温稳定、变幅不大，一般认为由温度应力导致衬砌结构开裂的可能性较小，因此采取温控措施的重要性常被忽视。针对衬砌混凝土的裂缝预防问题，以河口村水库泄洪洞厚壁衬砌工程为例，采用三维有限元方法，分析浇筑方式、浇筑温度等因素对衬砌混凝土温度应力的影响。结果表明，降低浇筑温度、采取通水冷却及表面保护措施可以达到温控防裂的目的，衬砌厚度越大，越应对衬砌混凝土温控引起重视。

关键词： 厚壁衬砌；温度应力；仿真分析；温控措施；河口村水库

水工隧洞衬砌混凝土厚度一般为0.5～1.5m，通常认为其不属于大体积混凝土结构范畴，加上洞内气温变化幅度小，混凝土温度应力在安全范围内，可不采取严格的温控措施。但工程实践表明，一些隧洞衬砌混凝土出现顺水流向及铅直向温度裂缝。目前，部分水工隧洞衬砌厚度达到了2.0m甚至更厚，大厚度、高标号混凝土衬砌的应用使得结构的温度应力问题尤为突出。一些学者[1-5]从徐变、衬砌厚度、分缝长度等方面对常见厚度衬砌混凝土的温度应力问题进行了分析探讨；张晶晶等[6]初步分析了壁厚2.75m衬砌结构的受力特点。笔者结合河口村水库泄洪洞衬砌混凝土（厚2.0m）的施工，针对混凝土的温控防裂问题，分析混凝土徐变、衬砌厚度、浇筑方式、浇筑温度、浇筑段长度、通水冷却、表面保护等对衬砌混凝土温度应力的影响，并根据各因素的影响程度有针对性地提出合理、高效的温控方案，为厚壁衬砌结构的施工提供参考。

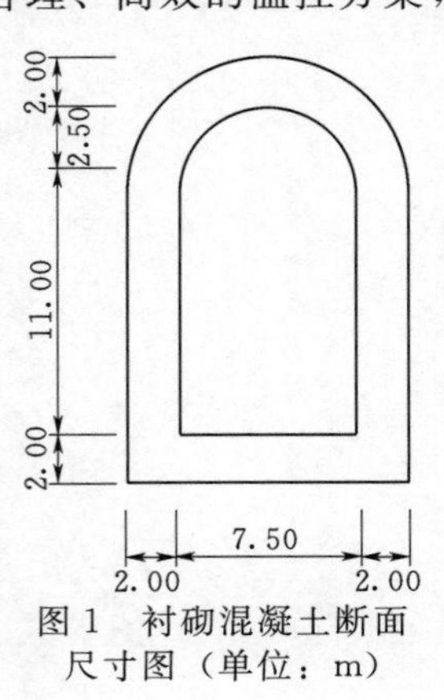

图1　衬砌混凝土断面尺寸图（单位：m）

1　工程概况

河口村水库位于河南省济源市克井镇境内黄河一级支流沁河的下游，总库容3.17亿m^3，正常蓄水位275.00m。工程由大坝、溢洪道、泄洪洞、引水发电洞组成，是一座以供水、防洪为主，兼顾发电、灌溉等作用的大（2）型水利枢纽。笔者研究的2号泄洪洞由前期导流洞改建而成，进口高程为210.00m，泄洪洞总长703.28m，衬砌混凝土标准断面尺寸见图1。采用先底板后边墙、顶拱的浇筑顺序进行施工，底板于2012年9月1日开始浇筑，混凝土浇筑段长度取10.0m。

2 有限元计算模型及计算参数

2.1 计算模型

采用ANSYS有限元分析软件建立泄洪洞衬砌标准浇筑段长度的整体模型。衬砌厚2.0m，顺水流向为10.0m，围岩厚度取20.0m，上、下游围岩范围为15.0m，整个结构的计算尺寸约为洞径的5倍。空间三维坐标系以从左岸水平指向右岸为X轴正向，顺水流向为Y轴正向，铅直向上为Z轴正向。混凝土及周围岩体采用空间六面体8节点等参单元剖分网格，整体模型共划分55183个节点、49060个单元。衬砌结构的前后面（顺水流向）及基岩四周添加侧向约束，为绝热边界，基岩底部施加三向约束，取浇筑温度为混凝土单元的初始温度，取地温为围岩的初始温度。

2.2 计算参数

衬砌采用C30混凝土，基岩及混凝土的热学参数见表1。

表1　　基岩、混凝土热学参数表

材料类型	密度/(kg/m^3)	泊松比	导温系数/(m^2/h)	比热/[kJ/(kg·℃)]	导热系数/[kJ/(m·h·℃)]	线膨胀系数/(10^{-6}/℃)
基岩	2730.00	0.23	0.1283	0.78	10.51	6.00
混凝土	2400.00	0.17	0.0943	1.00	9.43	6.00

混凝土绝热温升$\theta(\tau)$、弹性模量$E(\tau)$拟合公式均采用复合指数式：

$$\theta(\tau)=36.1(1-e^{-0.79\tau^{0.72}}) \tag{1}$$

$$E(\tau)=30.2(1-e^{-0.41\tau^{0.56}}) \tag{2}$$

式中：τ为混凝土龄期。

混凝土徐变$C(t,\tau)$采用8种参数式计算：

$$C(t,\tau)=(x_1+x_2\tau^{-x_3})[1-e^{-x_4(t-\tau)}]+(x_5+x_6\tau^{-x_7})[1-e^{-x_8(t-\tau)}] \tag{3}$$

式中：参数$x_1\sim x_8$的值分别为5.2523、48.3215、0.4500、0.3000、11.8749、20.1873、0.4500、0.0050；t为计算天数。

采用余弦函数曲线模拟洞内气温（不考虑太阳辐射）年周期变化：

$$T_{ad}=15.3+8.2\cos[2\pi(t-210)/365] \tag{4}$$

式中：T_{ad}为按日计算的气温。

混凝土抗裂计算公式[7]为

$$[\sigma]\leqslant\frac{E\varepsilon_p}{K_l} \tag{5}$$

式中：$[\sigma]$为允许拉应力；E为弹性模量；ε_p为混凝土的极限拉应变值，见表2；K_l为安全系数，取1.5。

表2　　混凝土极限拉应变试验值表

混凝土龄期/d	7	28	90	180
极限拉应变/10^{-6}	82	96	102	106

3 计算工况及结果分析

3.1 计算工况

为分析混凝土徐变、浇筑方式、温控措施（浇筑温度、通水冷却、表面保护）、衬砌厚度、浇筑段长度对衬砌混凝土温度应力的影响，拟定 8 种计算工况，见表 3。以工况 1 为参照工况，参照工况的模型结构尺寸、围岩及混凝土热力学参数同前文所述，围岩变形模量为 15.0GPa，底板于 9 月 1 日浇筑，间隔 30d 后浇筑边墙，边墙浇筑完成后间隔 7d 浇筑顶拱。计算结果选择左岸边墙混凝土一半高程处水平截面的中心点和表面点为代表点。根据隧洞衬砌的结构特点及工程经验，应力分析以 Y 向主应力 σ_Y 及 Z 向主应力 σ_Z 为参照（以拉应力为正值，压应力为负值）。

表 3　　计算工况表

工况	因素	徐变	浇筑温度/℃	通水冷却	表面保护	说明
1	参照工况	有	16			
2	徐变影响		16			不考虑混凝土徐变
3	浇筑方式影响	有	16			边墙顶拱浇筑间隔时长改为 30d
4	浇筑温度影响	有	14			
5	通水冷却影响	有	16	有		水温 16℃，通水时长 15d
6	表面保护影响	有	16		有	混凝土龄期 25d 时在衬砌内表面覆盖 6cm 聚苯乙烯泡沫板，等效放热系数为 7.947kJ/(m^2·h·℃)
7	衬砌厚度影响	有	16			衬砌厚度减小为 1.0m、1.5m
8	浇筑段长度影响	有	16			浇筑段长改为 8m、12m

3.2 混凝土徐变对温度应力的影响

表 4 给出了工况 1、工况 2 下衬砌混凝土中心和表面点的最高温度及内表温差值，图 2 为混凝土中心点 Y、Z 向应力历时曲线，表面点应力小于中心点应力，故未列出。由表 4 可看出，徐变对混凝土温度无影响。由图 2 可知，工况 1 中，中心点最大正应力 Y 向为 3.38MPa，Z 向为 3.29MPa，总体来看，σ_Y 大于 σ_Z。不考虑混凝土徐变，中心点 σ_Y、σ_Z 最大值分别增加 0.61MPa、0.59MPa，说明徐变有利于降低混凝土温度应力。徐变影响在早期并不明显，到龄期 20d 后影响逐渐增大，145d 时（时值冬季）影响最大，混凝土应力达到最大值，由冬季转入夏季时，徐变对混凝土温度应力的影响逐渐减小。

表 4　　工况 1、工况 2 情况下衬砌混凝土代表点特征温度表

工况	中心点		表面点		内表温差	
	最高温度/℃	龄期/d	最高温度/℃	龄期/d	最高温度/℃	龄期/d
1	39.27	3.2	29.61	2.2	10.27	4.5
2	39.27	3.2	29.61	2.2	10.27	4.5

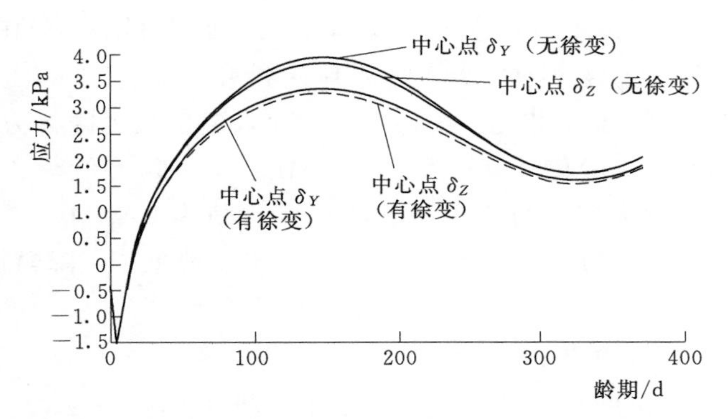

图 2　有无徐变工况下混凝土中心点应力历时曲线图

3.3　浇筑方式对温度应力的影响

工况 1、工况 3 下衬砌边墙顶拱浇筑间歇时长分别为 7d、30d，代表点应力及温度曲线见图 3 所示。由图 3（a）可知，工况 1 的混凝土中心点、表面点最高温度分别为 39.27℃、29.61℃，龄期 185d 时，内表温度相同，之后表面温度因受气温影响而高于中

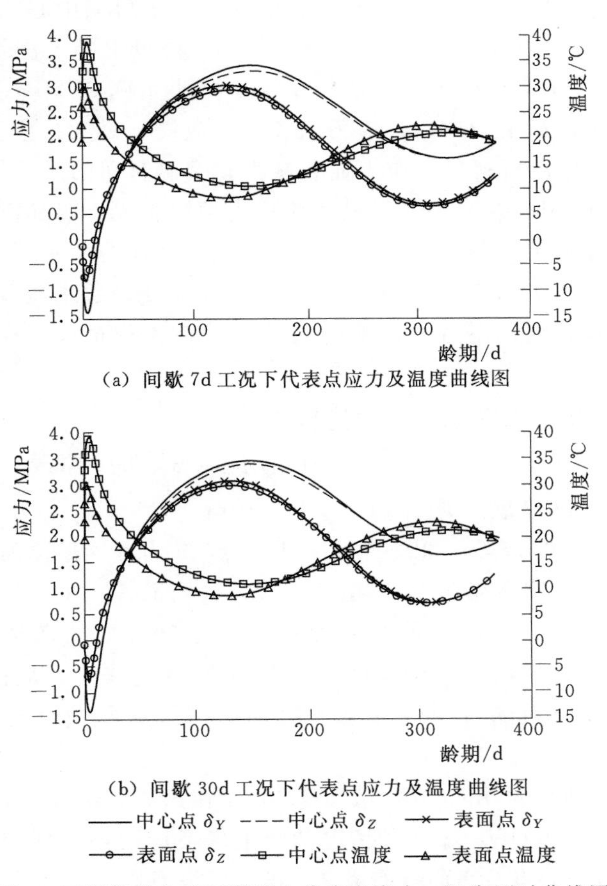

（a）间歇 7d 工况下代表点应力及温度曲线图

（b）间歇 30d 工况下代表点应力及温度曲线图

图 3　不同浇筑方式下混凝土代表点应力、温度历时曲线图

心点温度；龄期为 145d 时，中心点应力 σ_Y 达到最大值 3.38MPa，σ_Z 最大值为 3.29MPa；表面点 σ_Y、σ_Z 在龄期 130d 时分别达到最大值 3.03MPa、2.94MPa。由图 3（b）可知，工况 3 同工况 1 相比，中心点、表面点温度最大降幅为 0.12℃、0.04℃；中心点 σ_Y 最大值为 3.40MPa、增大了 0.02MPa，σ_Z 最大值为 3.32MPa、增大了 0.03MPa；表面点 σ_Y 最大值仍为 3.03MPa，σ_Z 最大值为 2.96MPa、增大了 0.02MPa。可见，间歇时间由 7d 延长到 30d，代表点温度虽然有所降低，但降幅很小，而各向应力却相应增大。

3.4 温控措施对温度应力的影响

以改变混凝土浇筑温度（工况 4）、采用通水冷却（工况 5）及冬季表面保护（工况 6）3 种计算工况来分析温控措施对衬砌混凝土温度应力的影响，结果见图 4，应力只列出数值最大的中心点 σ_Y。由图 4（a）可看出：降低浇筑温度 2.0℃可使中心、表面最高温度降低 1.58℃、0.81℃，随着龄期的延长，浇筑温度对混凝土中心、表面温度的影响幅度逐渐减小；工况 5 同工况 1 相比，中心、表面最高温度分别降低 3.67℃、1.36℃，说明采取通水冷却措施可有效降低混凝土初期温度，减小混凝土内表温差；工况 6 同工况 1 对比，采取冬季表面保温措施，200～300d 龄期混凝土中后期中心、表面温度明显升高，表面温度升幅大于中心温度升幅。由图 4（b）可知：降低混凝土浇筑温度可使混凝土中心顺水流向应力 σ_Y 减小，拉应力最大值较工况 1 减小了 0.29MPa；通水冷却使得混凝土前期应力增长较快，通水结束后，应力增长速率放缓，最大拉应力值较工况 1 减小了 0.40MPa；表面覆盖保温材料后，应力显著减小，降温时间的延长使得应力最大值延长至龄期 171d 出现，内表温差减小使得最大拉应力值降低至 2.82MPa；在龄期 200d 后，各工况下的应力历时曲线几乎平行，原因是混凝土温度在后期主要受气温影响，3 种工况下应力随气温变化而平行波动。分析表明，浇筑温度、通水冷却、表面保护均对混凝土温度应力有明显影响，三者的影响各有特点，在工程最佳工况设计时可考虑三者协同作用。

3.5 衬砌厚度、浇筑段长度对温度应力的影响

图 5 为 3 种不同厚度衬砌的中心点温度及应力 σ_Y 历时曲线。由图 5 可知，混凝土中心点温度随着衬砌厚度的增加而增大，1.0m、1.5m、2.0m 厚衬砌中心最高温度分别为 33.01℃、36.78℃、39.27℃，中心点应力 σ_Y 最大值分别为 2.87MPa、3.24MPa、3.38MPa，出现龄期为 136d、141d、145d。不同厚度衬砌中心点最大拉应力值不同的原因在于：厚度大的衬砌混凝土沿厚度方向的散热效果减弱，衬砌表面温度主要受洞内气温影响，衬砌厚度越大其内表温差越大，从而产生较大拉应力。可见，混凝土的温度应力随着衬砌厚度的增加而增大，厚壁衬砌混凝土的温控防裂措施显得更加重要。

混凝土浇筑段分别长 8.0m、10.0m、12.0m，在这 3 种情况下衬砌混凝土代表点的最高温度及各向最大应力见表 5。3 种情况的温度场及应力场区别较小。由表 5 可看出：浇筑段长度的改变对中心点及表面点的最高温度几乎没有影响；随着混凝土浇筑长度的增加，中心点应力 σ_Y 及 σ_Z 变幅均较小，σ_Y 最大相差 0.02MPa，σ_Z 最大相差 0.04MPa；表

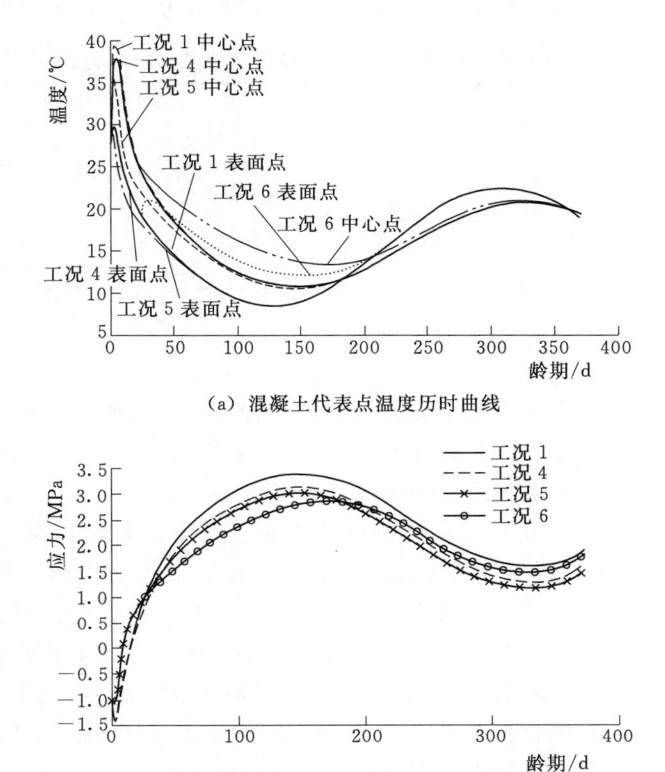

(a) 混凝土代表点温度历时曲线

(b) 混凝土中心点应力 σ_Y 历时曲线

图 4　不同温控措施下混凝土代表点温度、应力历时曲线图

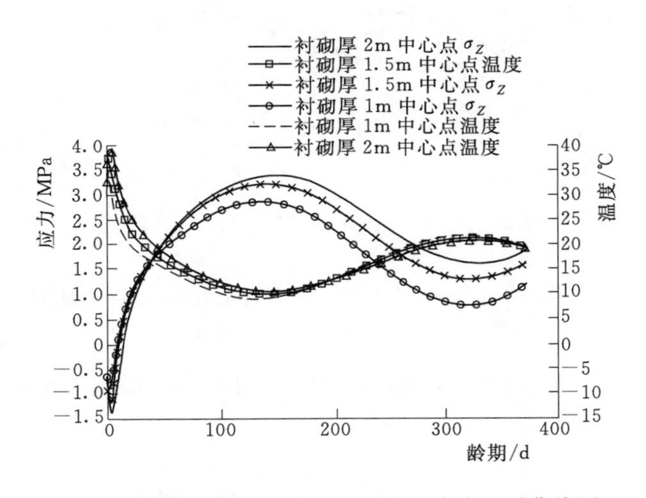

图 5　不同衬砌厚度下代表点温度、应力历时曲线图

面点应力的影响较中心点稍明显，同 8.0m 浇筑段相比，10.0m、12.0m 长衬砌 σ_Y 最大值分别增加 0.09MPa、0.08MPa，σ_Z 最大值分别增加 0.08MPa、0.07MPa。总体来看，

衬砌浇筑段长度对混凝土温度应力的影响较小，工程实际分缝长度可参照设计值。

表 5　　不同浇筑段长度工况下代表点特征温度及特征应力表

浇筑段长度/m	最高温度/℃		最大应力/MPa			
	中心点	表面点	中心点 σ_Y	中心点 σ_Z	表面点 σ_Y	表面点 σ_Z
8	39.26	29.61	3.40	3.34	2.94	2.86
10	39.27	29.61	3.38	3.30	3.03	2.94
12	39.26	29.61	3.39	3.30	3.02	2.93

4　推荐工况

通过分析各因素对混凝土温度应力影响的敏感程度，给出河口村水库泄洪洞衬砌混凝土施工的推荐工况为：9月1日开始浇筑底板，间隔30d浇筑边墙，在边墙浇筑完7d后开始浇筑顶拱。混凝土浇筑段长度取10.0m，浇筑温度为14℃，冷却水管间隔1.0m布置，在边墙混凝土龄期为25d时，采用6cm厚聚苯乙烯泡沫塑料板覆盖衬砌内表面，保温持续时长155d。推荐工况下衬砌混凝土代表点温度、应力历时曲线见图6。由图6可知，混凝土中心、表面点的最高温度分别为33.88℃、27.29℃，表面温度在衬砌覆盖泡沫板后出现短期回升现象，应力也在短期内迅速减小。中心点、表面点的 σ_Y、σ_Z 曲线几乎重合，中心点 σ_Y、σ_Z 最大值均约为2.19MPa，龄期为171d，此时容许温度应力为2.32MPa。总体来看，在推荐工况下，衬砌混凝土代表点应力均在允许温度应力范围内，表明推荐工况能够有效控制混凝土初期温度应力，确保工程安全。

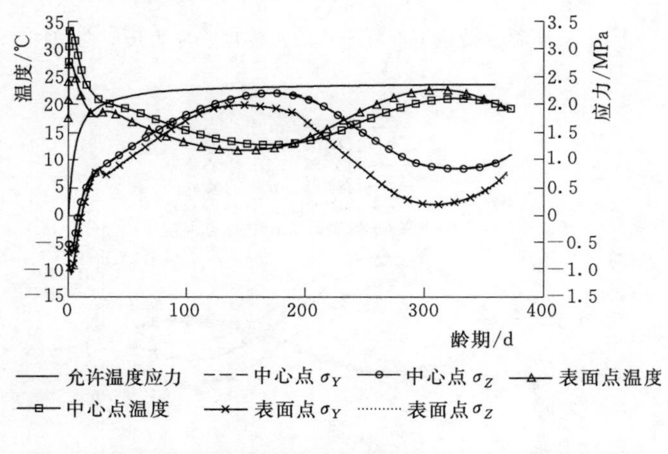

图6　推荐工况下衬砌混凝土代表点温度、应力历时曲线图

5　结论

结合河口村水库泄洪洞工程，对衬砌混凝土温度应力的影响因素进行了分析，结果表明：隧洞衬砌混凝土温度应力偏大，温控防裂问题突出，有必要采取措施控制温度应力；降低浇筑温度及采取通水冷却、冬季表面保护措施能够显著降低混凝土温度应力，合理的

温控措施是控制温度应力、保证工程安全的有效途径；混凝土有徐变、缩短边墙顶拱的浇筑间隔时间对减小温度应力有利；衬砌厚度增加，温度应力相应增大，温控措施需更加严格。

参考文献

[1] 陈哲，段亚辉．徐变与应力松弛对泄洪洞衬砌混凝土温度应力影响分析[J]．中国水运：下半月，2013（12）：329－331.

[2] 郭杰，段亚辉．溪洛渡水电站导流洞不同厚度衬砌混凝土通水冷却效果研究[J]．中国农村水利水电，2008（12）：119－122.

[3] 邹开放，段亚辉．溪洛渡水电站导流洞衬砌混凝土夏季分期浇筑温控效果分析[J]．水电能源科学，2013（3）：90－93.

[4] 杨辉．隧洞形状与衬砌混凝土温度应力关系的研究[J]．科技创新与应用，2012（27）：256－257.

[5] 孙光礼，段亚辉．边墙高度与分缝长度对泄洪洞衬砌混凝土温度应力的影响[J]．水电能源科学，2013（3）：94－98.

[6] 张晶晶，魏水平，王飞，等．某水库导流洞改建泄洪洞衬砌方案对比[J]．人民黄河，2014，36（4）：126－128.

[7] 朱伯芳．大体积混凝土温度应力与温度控制[M]．北京：中国水利水电出版社，1999.

Comparative Study on Calculation Model of Hydraulic Tunnel Lining Structure Between Beam Element and Solid Element

Zhang Jingjing Deng Jun Zhang Kai and Huang Cheng

(College of Hydraulic and Environmental Engineering, China Three Gorges University)

Abstract: According to the standard Specification for Design of Hydraulic Tunnels (DL/T 5195—2004), the free—flow tunnel lining structure should be calculated with beam element of finite element method that based on structural mechanics. However, the practical calculation shows that when the lining structure reaches a certain thickness, the beam element calculation results are no longer accurate. Combining with the engineering example, stress and internal force of lining structure with different thickness were calculated by using beam3 beam element and the solid65 element respectively in frame beam analysis. Differences analysis shows that the solid element is better than beam element in calculation. The influence of solid elements grid size on the result accuracy was conducted, and used to amend the calculation result of the solid element, which provides a certain reference on choosing the right element in the similar projects or structure simulation.

Keywords: ANSYS; Tunnel lining structure; Beam element; Solid element; Difference

1 Preface

With the development of hydropower industry in China, all kinds of hydraulic tunnel scale are also growing, and the research of force structure computation for the tunnel lining has yielded fruitful results. In the existed engineering calculation results, tunnel lining structure is mostly used boundary value method on structural mechanics principle, which is based on the method of structural mechanic. The lining structure is regarded as a closed beam frame structure to be calculated. Such as lining calculation of Pankou Hydropower Station spillway tunnel with no pressure and so on[1]. In the process of a tunnel's reconstruction project, a new layer of concrete with 0.75 meters thickness is planned to be plastered based on the original concrete lining, which makes the maximum thickness of the lining up to 2.75 meters, between beam and deep beam, and the stress characteristics are different from both. In this paper the concrete lining structure of different thickness is studied with the finite element method, through comparing and analyzing the results differences caused by different element type the results of solid element calculation are modified by the grid. Thus it puts forward new ideas for concrete lining calculation, improves the accuracy of the finite element method of solving specific problems, and provides reference for similar engineering problems in the future projects.

2 Calculation Overview

There is a circular arch and straight wall shaped spillway tunnel of a large hydropower project. The tail section of the tunnel is converted from the existed temporary buildings of diversion tunnel. The per unit length concrete tunnel lining structure along the flow direction is taken as the initial model. Detailed dimensions are shown in Figure 1. Counting from the floor center lines, the external head is 63.9 meters, external head reduction factor is 0.4; basement rocks specific weight is 21.75kN/m^3. Top arch is applied vertically downward surrounding rock pressure and the external water pressure along the normal direction of the arch; Side wall is applied the horizontal surrounding rock pressure and the external water pressure; As a beam on elastic foundation, the floor is applied spring constraints, the spring coefficient is 300MN/m^3; The acceleration of gravity with 9.8N/m^2 is applied to the entire framework. Lining structural loads and the constraint are shown in Figure 2 and 3, respectively. Since the lining surrounding rocks are loose, the surrounding rock elastic resistance is not considered. Concrete strength grade is C30 and structure safety coefficient is 1.1, only the persistent situation is considered in this paper.

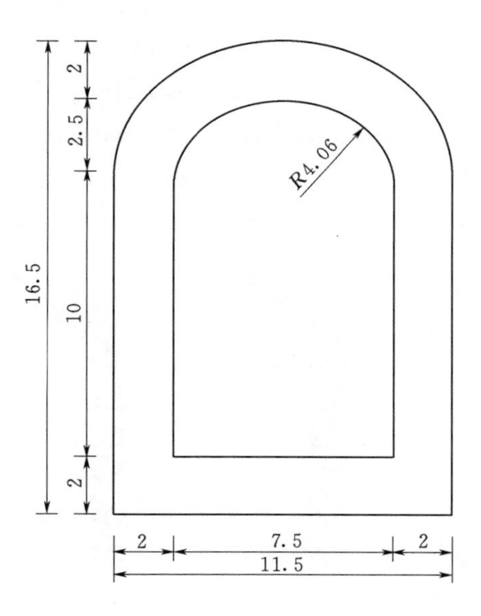

Figure 1 The size of lining structure (Unit: cm)

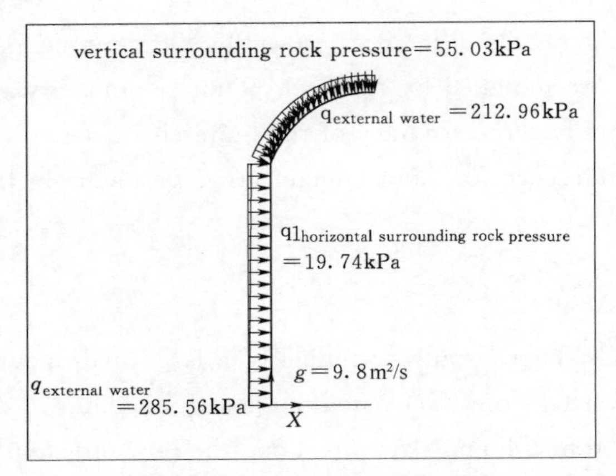

Figure 2 Load of lining structure

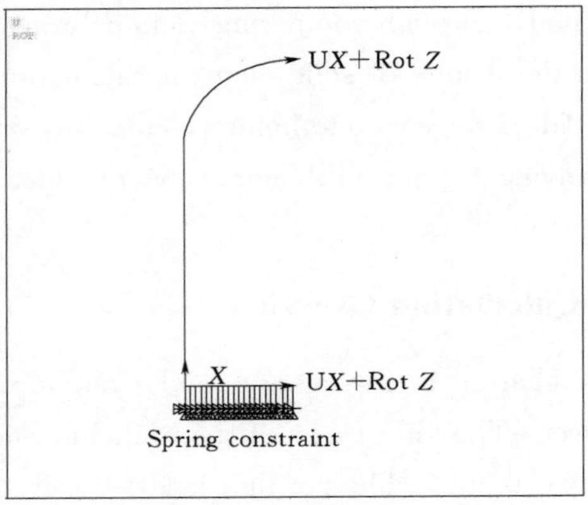

Figure 3 Constraint of lining structure

3 Calculation Analysis Model

According to the standard Design Code for Concrete Structures (DL/T 5057—2009) of article 7. 2. 4[2], the geometric center line of the frame connection section is taken as the axis of calculation. The support length's center distance of the two ends is taken as calculation span or height. In this chapter, the sidewall lining part is focused, according to its stress characteristics, it is calculated as beams, and the calculated height of the beam is 1100cm. Computational geometry and force model are as shown in Figure 2.

In software ANSYS, the finite element model (considering the structural symmetry, only half of the model is built) is established according to Figures 1, 2 and 3 to establish with solid65 solid elements and beam3 beam element are used respectively, the sidewall lining thickness is 0. 75 m, 2 m, and 2. 75 m, respectively, as shown in Figure 4 and 5. Element length is 10cm, the lining model is created with solid 65 solid element , model geometry size is shown in Figure 1, the calculation span of the beam is 10 meters; The calculation span of the beam in the established model of beam3 is 11 meters.

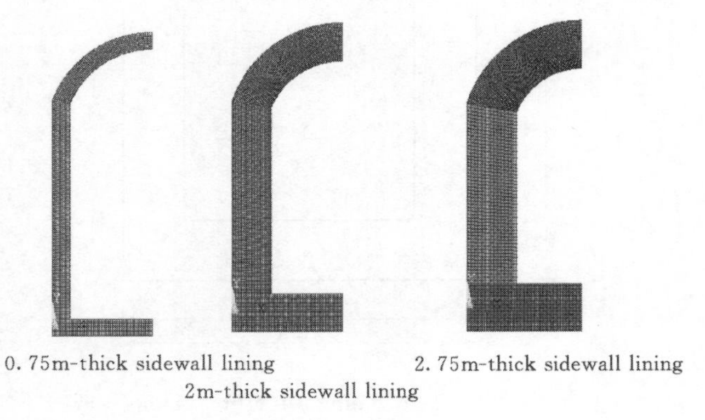

Figure 4 Solid element model

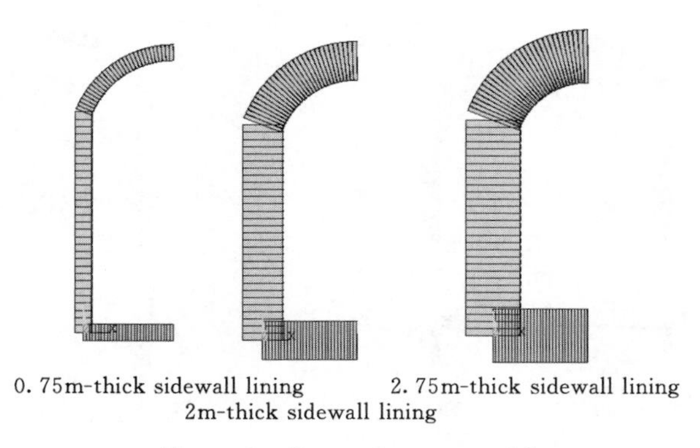

Figure 5 Beam element model

4 Calculation Results and Analysis of Differences

4. 1 Calculation Results

Figure 6 is the distribution of positive stress σ_y by solid65 element model. It can be seen in Figure 6 that with the increase of sidewall's thickness, the maximum tensile stress of inside sidewall are 20. 5MPa, 2. 27MPa, and 0. 86MPa, respectively; The force distribution of beam3 element model is shown in Figure 7. It can be seen in Figure 7 that with the increase of sidewall's thickness, the sidewall span bending moments are 2230 kN • m, 2300 kN • m, and 2390 kN • m, respectively. In order to facilitate comparison, the bending moment calculated by beam element was converted into the maximum normal stress on the cross section according to material mechanics Eq. (1).

$$\sigma = \frac{M}{W} \tag{1}$$

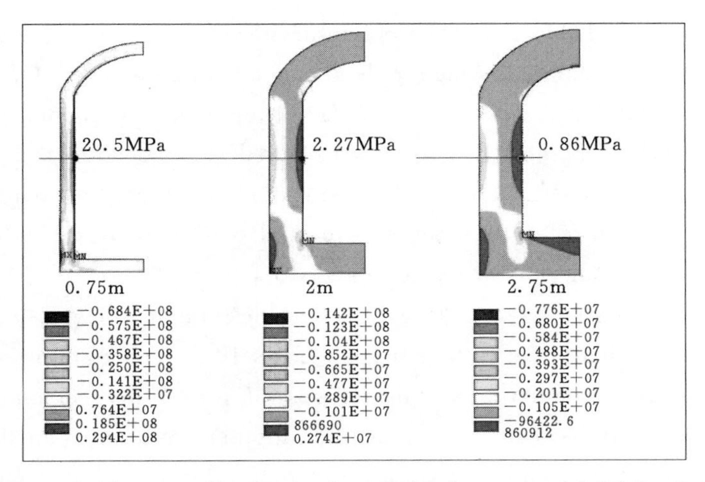

Figure 6 Stress σ_y distribution by solid65 element model (Unit: Pa)

The computational results are shown in Table 1.

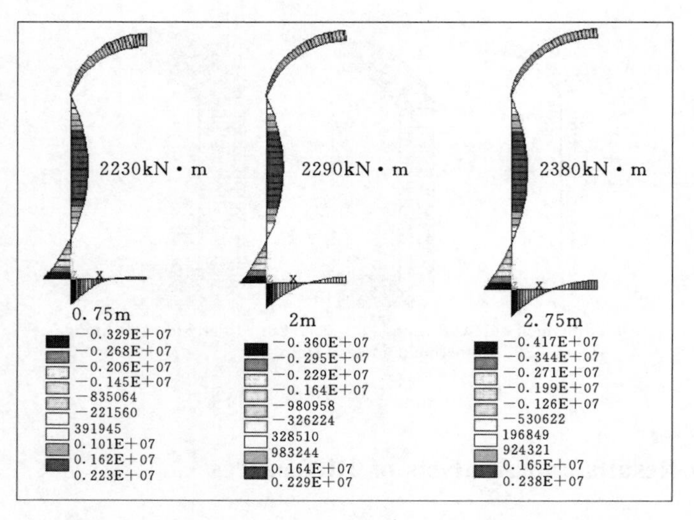

Figure 7 Force distribution by beam3 element model

Table 1 Comparison of calculated results

The thickness of lining sidewall/m	Beam element			Solid element	Relative error /%
	The maximum bending moment value of side wall /(kN・m)	Bending cross section coefficient *W* /m³	The maximum normal stress of dangerous cross section /MPa	The maximum tensile stress of the same cross section /MPa	
0. 75	2230	0. 09	24. 78	20. 5	17
2	2300	0. 67	3. 43	2. 27	34
2. 75	2380	1. 26	1. 89	0. 86	55

4. 2 Analysis of the calculation result's differences between beam element and solid element

It can be seen from Table 1 that the maximum tensile stress of sidewall used by beam element for structural calculated is bigger than that by solid element. Of which, the calculated results of 0. 75m, 2m, and 2. 75m beam element models are 4. 28MPa, 1. 16MPa, and 1. 03MPa bigger than the solid elements, respectively. It is obvious that with the increase of lining's thickness, the results between beam elements and solid elements differ more and more. In this paper, sidewall section is chosen as the research object, the causes of differences is analyzed from two aspects.

One aspect is geometry size. Taking 2-meter thick lining sidewall as an example, in beam element model calculations, the net span *Ln* is 10m, calculation span *L*0 is 12 m; In solid element model calculations, the net span *Ln* is 10m, calculation span *L*0 is 10m (10m<12m). It can be seen that the bending moment of beam span should be smaller in solid element calculation than that in beam element. As it can be seen from Table 1, with the increase of beam cross section, the calculated value by ANSYS will be increasingly deviate from the true situation, when the geometric centers connected line is choose as the calculated span or height in ANSYS calculation model. On the contrary, the solid element model result is more accurate, and closer to the true value.

Another aspect is loads. The main loads applied in this calculation primarily includes three, namely, the external water pressure load, weight load and rock pressure load, which are uniformly distributed. For the different calculation span, the applied load will be influenced. Solid element is applied to the surface as the real situation, while beam element load on center line with the same load, ignoring the reduction of uniform force along the thickness, which causes the applied load bigger than the real situation.

In summary, the geometry size is the main factor in difference analysis. Through analysis, it can be seen that the thicker the lining is, the more distortion of the beam element model in calculations span and the outcome of the beam element based on structural mechanic are. The comparison analysis shows that using solid element model is more broadly applied, realistic, and the calculation result is more accurate.

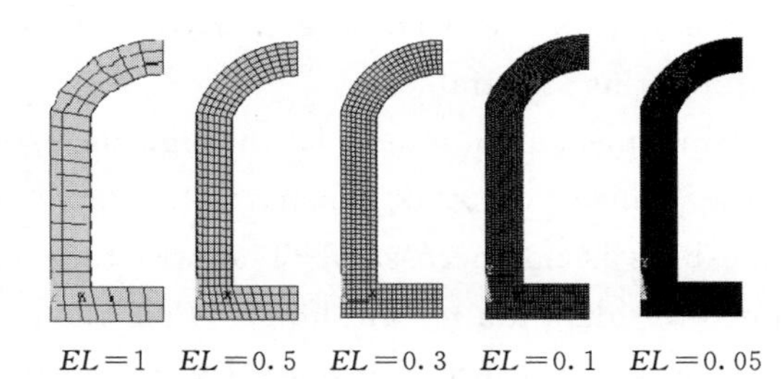

EL=1 *EL*=0.5 *EL*=0.3 *EL*=0.1 *EL*=0.05

Figure 8 Calculation model of different element length

Table 2 Influence of mesh density on stress calculation

Unit length/m	Mesh number	Stress value/MPa
1	65	2.173
0.5	580	2.276
0.3	2281	2.278
0.1	478343	2.277
0.05	145395	2.263

4.3 The impact of grid density on solid element calculation

A 2-meter thick concrete tunnel lining sidewalls taken to establish solid element calculation model, followed 1, 0.5, 0.3, 0.1, 0.05 unit length, successively. And the corresponding number of grid increases sharply. Mesh model is shown in Figure 8. The constraints and loads of this study are applied the same as mentioned above, the result can be seen in table 2. It can be seen in table 2 that in the solid element model, the stress value of the inner side wall in the same point increase first and then decrease, with the increase of mesh density. When the element length ranges from 0. 5 to 0. 1, the stress value is relatively stable and can be considered as consistent in this range. When the element length is longer than 0. 5, the calculation accuracy is reduced, and the calculated value is small; when the unit length is less than 0. 1, the calculation efficiency will be significantly reduced, and the calculated results deviate from the constant value. Therefore, the detailed meshing is not necessary. When the increase of mesh density and the stress value is very small, it can be considered as reasonable.

5 Conclusions

In this paper, the finite element on tunnel lining structure is analyzed based on a practical engineering project on spillway tunnel reconstruction, the conclusions are as following.

Firstly, results calculated through solid element and beam element are different to some degree. Beam element calculation result will be more conservative, and it is inconsistent with the true force acting on the beam effect. However, calculation model using solid element can make up for this shortfall.

Secondly, for solid element calculation model, through the establishment of different mesh element length, the impact of grid density calculations on solid elements is analyzed. The detailed meshing is not necessary. The structure and computational efficiency should be taken into consideration for meshing. When the increase of mesh density and the stress value is very small, it can be considered as reasonable.

Reference

[1] Zhibao Guan. Lining calculation of Pankou Hydropower Station spillway tunnel with no pressure, edited by Yangtze River. Vol. 43 (2012). In Chinese.

[2] National Energy Administration. The Standard Design Code for Concrete Struetures: DL/T 5057—2009[S]. Beijing: China Electric Power Press, 2009.

Experimental Study on Early-age Crack of RC Using TSTM

Shi Nannan Huang Dahai

(Department of Civil Engineering, Beihang University)

Abstract: Thermal stress is a major cause of early-age crack of massive concrete structures. In order to analyze the influencing factors of concrete crack under thermal loads, a series of tests were conducted using the improved Temperature Stress Testing Machine (TSTM). Effects of temperature on crack resistance of concrete were studied on different concrete placing temperatures and curing temperatures. Meanwhile, the roles of reinforcement on concrete "crack resistance" and "crack-width limitation" were quantitative analyzed, which compare cracks of plain concrete and reinforced concrete with the same mix proportion. The results indicate that reinforcement can improve the crack resistance of the structures by approximately twenty percent, which against the engineering experience. After concrete cracks, the cracks photos show that reinforcement can induce the smaller cracks formation, and the crack width of reinforced concrete is about 1/10 of the plain concrete crack width.

Keywords: Early-age crack; Reinforcement; Thermal stress; Temperature history; TSTM

1 Introduction

Massive concrete and reinforced concrete are often used in hydraulic structure, in which thermal stress produced due to the cement hydration heat. Thermal stress induces early-age crack, damages structure and degrades the structural serviceability, water tightness, and durability[1]. Because the hydraulic structure is always in damp or water environment for a long time, hydraulic structures need higher standard to limit crack-width of concrete. Moreover, constructional reinforcement is usually used for limiting crack width of the missive concrete[2-3].

It was indicated that only about twenty percent of cracks for massive concrete structure are induced by external load, while the others are mainly caused by temperature variation, shrinkage, and inhomogeneous deformation, etc.[1]. In hydraulic engineering, high-performance concrete with large temperature variation is usually adopted, which would cause significant thermal stress. Considering the constraints of boundary conditions, thermal cracks are very common.

Early in 1960s, researches on temperature control for crack resistance of massive concrete structures were started in the USA[4-5], and measures of reducing concrete placing temperature and using embedded cooling pipes were practically proven effective. In China, Professor Zhu Bofang started research on temperature control for massive concrete in 1955. In his study, the basic principle as well as specific calculation methods for thermal stress was clarified, and the application of embedded cooling pipes was discussed also. In recent years, many research institutes obtained vast results on numerical simulation for thermal stress in massive concrete structures[6]. Meanwhile, with the development of heat-conduction theory and numerical simulation methods, the causes for cracks in massive concrete structures got further discussed[7-8].

In order to prevent the thermal cracks in massive concrete structures, it is prior to control the temperature variation inside the concrete. Concrete placing temperature of concrete plays an essential role in controlling the temperature[9]. In 2002, researchers in Hohai University studied massive concrete structures using a three-dimensional finite element simulation method. The results indicated that reduction of concrete placing temperature could significantly reduce the maximum temperature rise and thermal stress, and the concrete placing temperature of 16℃ can basically achieve the requirements of temperature control and crack resistance for massive concrete[10].

In the past decades, most researches on temperature control and crack-resistance for massive concrete structures focused on simulation analysis and engineering experience, while laboratory model experiments for quantitative evaluation of thermal stress were rarely conducted. In this paper, a series of thermal stress experiments were carried on under different concrete placing temperature and cooling rate. Then the effects of concrete placing temperature and cooling rate on crack resistance of concrete were quantitatively analyzed.

2 Testing methods

2.1 Thermal stress measuring device

The schematic diagram and mechanical structure of TSTM are shown in Figure 1, respectively. TSTM is mainly consisted of constraint specimen (main specimen), free specimen (supporting specimen), temperature control and test system, stress test system, strain control and test system, and the supporting steel frame.

Feedback control mode was adopted for the testing system. The section size of the concrete specimen is 150mm × 150mm, with effective length 2000mm. The supporting specimen can deform freely without restraint, which has the same temperature history with main specimen. The shape of main specimen like a bone, which has two bigger ends. One end is fixed on the steel frame, and the other is free and connects with a stepper motor and load sensor. There are two displacement sensors can measure the specimen's total deformation with 0.1μm accuracy. When the cumulative deformation of the main specimen exceeds a preset threshold value (e. g. 1μm), the stepper motor will start to pull or push the specimen in order to maintain the specimen length constant.

2. 2 Experimental procedures

2. 2. 1 Experiments under different concrete placing temperatures and cooling rates

Firstly, freshly mixed concrete was poured into test mould of the TSTM, and then temperature sensors were installed. A layer of plastic sheet was covered on the surface of concrete in order to maintain constant humidity. And then, two invar steel bars and the displacement sensors were installed on the invar bars, which were installed on the TSTM in advance.

2. 2. 2 Thermal stress experiments of reinforced concrete

The reinforcement was polished and assembled, and then strain sensors were fixed in reinforcement, which connected to a static strain tester through wires. We start the machine after placing fresh concrete into test mould. The specimen would continue three testing stages: heating, insulation, and cooling. Test will be stopped if the stain change and stress change were rather obvious for the constraint specimen, which could be the sign of cracks. After testing, photos of the cracks were taken.

Figure 1 Physical shape of TSTM

Table 1 Tests parameters and results from splitting tension experiments

Tests	T_p/℃	V_t/(℃/h)	f_{cr}/MPa	f_t/MPa
1	25. 72	0. 33	2. 52	2. 53
2	26. 12	0. 21	2. 77	2. 92
3	20. 53	0. 50	2. 31	2. 84

2. 3 Experimental results and analysis

2. 3. 1 Case1. Effects of cooling rate on concrete crack

By comparing test 1 and 2 in Table 1, temperature curves for each stage of the two experiments are basically the same. However, the final crack temperatures and crack stress are clearly different (Figure 2). The reason is different cooling rates were adopted in the cooling stage for both experiments, which were 0.33℃/h and 0.21℃/h, respectively. As can be seen from the figures, the crack temperature and crack stress are 8.82℃ lower and 0.25MPa higher than high-rate cooling. Moreover, the quantitative results are listed in Table 2, where parameters T_c, ΔT, σ_{cs} and $\Delta\sigma$ denote the crack temperature, temperature reduction, crack stress and the improved value of stress, respectively. The crack indicators proved better crack resistance ability under low-rate cooling.

There are two reasons to explain this result.

(1) At the cooling stage, lower cooling rate induces lower stress growth of stress, which causes redistribution of internal stress. So stress concentration inside the specimen is relieved.

(2) Lower cooling rate induces longer testing time. Thus the effect of creep is more obvious under a longer time. Moreover the concrete strength growth is more sufficient under longer concrete age. In summary, slow cooling makes the specimen difficulty in crack, which make concrete have better ability for crack resistance.

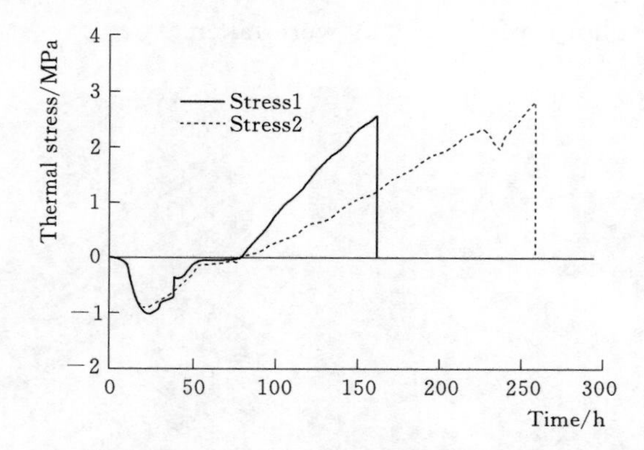

Figure 2 Stress of different cooling rates

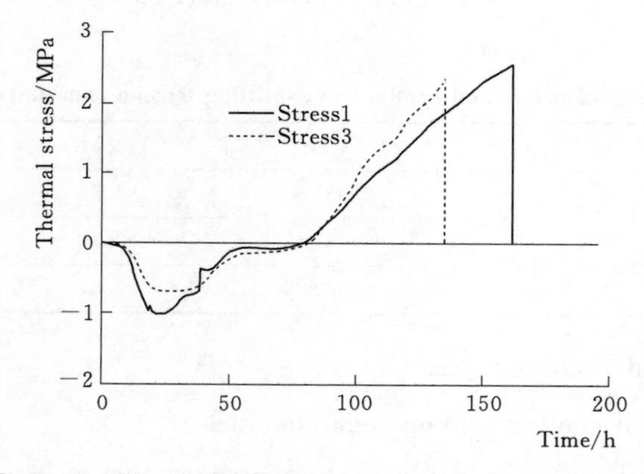

Figure 3 Stress of different concrete placing temperature

2.3.2 Case2. Effects of concrete placing temperature on concrete crack

Higher concrete placing temperature induces higher speed of cement hydration[11]. The relationship between the concrete placing temperature and the internal maximum temperature has the following law: each 10℃ increase of concrete placing temperature will cause about 3~5℃ increase of the maximum temperature rise. Test results in this paper can get the same above law as well. As can be seen from temperature curves of test 1 and 3, the concrete placing temperature in test 1 was 5.2℃, and the maximum increase value for internal temperature of test 1 was 3.7℃ which was higher than that of test 3.

The cooling rate of test 3 was 0.5℃/h. Higher speed of cooling made the concrete age shorter, which made the crack load 0.21MPa lower than that of test 1. However, crack temperature of test 3 is 13.9℃ lower than that of test 1. Although crack stress for test 3 was lower than that for test 1, crack temperature of specimen in test 3 was much higher than crack temperature in test 1. Therefore the conclusion can be obtained that performance of crack resistance for specimen in test 3 is better (than that for specimen in test 1) (Figure 3).

3 Summary

Based on the experiments results obtained in this study, effects of concrete placing temperature, cooling rate and reinforcement on crack resistance ability of concrete was quantitatively analyzed by the thermal stress experiments. Lower concrete placing temperature and cooling rate would generate better crack resistance ability under temperature loading. This conclusion can be considered as the experimental basis for the strict control of concrete placing temperature and cooling rate in actual engineering.

References

[1] Briffaut M, Benboudjema F, Torrenti J M, Nahas G. 2012. Effects of early-age thermal behavior on damage risks in massive concrete structures. European Journal of Environmental and Civil Engineering, 16: 589-605.

[2] Amin M N, Kim J S, Lee Y, et al. 2009. Simulation of the thermal stress in mass concrete using a thermal stress measuring device. Cement and Concrete Research, 39: 154-164.

[3] Bayagoob K H, Noorzaei J, Abdulrazeg A A, et al. 2010. Coupled thermal and structural analysis of roller compacted concrete arch dam by three-dimensional finite element method. Structural Engineering and Mechanics, 36 (4): 401-419.

[4] Yang J, Hu Y, Zuo Z, Jin F, Li QB. 2012. Thermal analysis of mass concrete embedded with double-layer staggered heterogeneous cooling water pipes. Applied Thermal Engineering, 35 (3): 145-156.

[5] Shi J F, Xiong J M, Yu T Q. 2007. Numerical analysis of thermal stress field for mass concrete with cooling pipe. Proceedings of International Conference on Health Monitoring of Structure, Materials and Environment, 1&2: 669-674.

[6] Wu S X, Huang D H, Lin F B, et al. 2011. Estimation of crack risk of concrete at early age based

on thermal stress analysis. Journal of Thermal Analysis and Calorimetry, 105 (1): 171 - 186 .

[7] Sheibany F, Ghaemian M. 2006. Effects of environmental action on thermal stress analysis of Karaj concrete arch dam. Journal of Engineering Mechanics-asce, 132 (5): 532 - 544 .

[8] Lin F, Song X B, Gu X L, et al. 2012. crack analysis of massive concrete walls with crack control techniques. Construction and Building Materials, 31 (6): 12 - 21.

[9] Qian C X, Gao G B. 2012. Reduction of interior temperature of mass concrete using suspension of phase change materials as cooling fluid. Construction and Building Materials, 26 (1): 527 - 531.

[10] Zhu Y M, He J R, Liu Y J. 2002. Temperature control and crack prevention of Long-tan High RCC Gravity Dam with different concrete placement temperatures in summer. Water Power, 11: 32 - 36 (in Chinese).

[11] Zhang R X, Shi N N, Huang D H. 2013. Influence of initial curing temperature on the long-term strength of concrete. Magazine of Concrete Research, 65 (6): 358 - 364 .

闸墩混凝土夏季施工温控措施研究

张　凯[1]　李洋波[1]　庞振瑛[2]　汪　军[3]

（1. 三峡大学　水利与环境学院；2. 河南省水利第一工程局；
3. 河南省河口村水库工程建设管理局）

摘要：针对大型水闸闸墩混凝土施工期温度控制与防裂比较困难的问题，同时考虑夏季高温施工的不利情况，以河口村水库溢洪道闸墩为例，基于温度场和应力场的三维有限元分析方法，通过研究入仓温度、通水冷却、后浇带等因素对闸墩开裂的影响，提出了控制入仓温度、通水冷却与设置后浇带相结合的温控防裂措施。结果表明，提出的温控措施效果较好。

关键词：闸墩混凝土；夏季施工；三维有限元仿真；温控措施；后浇带

1　工程概况

河口村水库位于河南省济源市克井镇黄河一级支流沁河干流最后峡谷段出口处，是一座以防洪、供水为主，兼顾灌溉、发电、改善河道基流等综合利用的大（2）型水利枢纽，下距五龙口水文站约9.0km，是控制沁河供水、径流的关键工程，也是黄河下游防洪工程体系的重要组成部分。设有大坝、溢洪道、泄洪洞、灌溉引水发电洞、电站厂房等建筑物。溢洪道为2级建筑物，布置在大坝左岸，为开敞式溢洪道，堰形为WES形，3孔，孔口净宽15.0m，陡槽段净宽52.2m，设计流量6924m^3/s，弧形闸门，挑流消能。迫于施工进度要求，河口村水库溢洪道闸墩被安排在气温较高的7—9月浇筑，且该地区气温年变幅超过25℃，若施工期最高温度过高，经历寒冷冬季降温，闸墩内部必然会产生较大拉应力。因此，必须采取有效的温控措施，以减小闸墩开裂的可能性。鉴此，采用三维有限元仿真分析方法，对该闸墩夏季施工的全过程进行模拟，通过分析和比较不同温控措施下的温度应力，提出了合理的温控防裂方案，为闸墩及类似工程的实际施工提供了合理的理论支持和依据。

2　仿真计算原理

混凝土施工仿真计算的基本理论、混凝土的徐变模式、水管冷却效果计算方法等均参照文献［1-3］。在求解水管的冷却效果时，采用等效负热源法，将只考虑冷却作用而计算的混凝土平均温度作为绝热温升，得到热传导方程：

$$\frac{\partial T}{\partial \tau}=a\left(\frac{\partial^2 T}{\partial x^2}+\frac{\partial^2 T}{\partial y^2}+\frac{\partial^2 T}{\partial z^2}\right)+(T_0-T_w)\frac{\partial \phi}{\partial \tau}+\theta_0\frac{\partial \psi}{\partial \tau} \tag{1}$$

式中：T 为混凝土平均温度；τ 为混凝土龄期；a 为导温系数；T_0 为混凝土浇筑温度；

T_w 为冷却水进水口温度；ϕ 为无热源水管冷却系数；ψ 为有热源水管冷却系数。

混凝土徐变的计算方法是在温度场求解完成以后，使用有限元隐式求解法求解，基本方程为

$$\boldsymbol{K}\Delta\boldsymbol{\delta}_n = \Delta\boldsymbol{P}_n + \Delta\boldsymbol{P}_n^c + \Delta\boldsymbol{T}_n^T + \Delta\boldsymbol{P}_n^0 \tag{2}$$

式中：$\boldsymbol{K}$ 为刚度矩阵；$\Delta\boldsymbol{\delta}_n$ 为节点位移增量向量；$\Delta\boldsymbol{P}_n$ 为外荷载增量；$\Delta\boldsymbol{P}_n^c$ 为混凝土徐变引起的荷载增量；$\Delta\boldsymbol{T}_n^T$ 为温度引起的荷载增量；$\Delta\boldsymbol{P}_n^0$ 为自生体积变形引起的荷载增量。

应力增量可由式（2）计算得出：

$$\Delta\boldsymbol{\sigma}_n = \boldsymbol{D}_n(\boldsymbol{B}\Delta\boldsymbol{\delta}_n - \Delta\boldsymbol{\varepsilon}_n^c - \Delta\boldsymbol{\varepsilon}_n^T - \Delta\boldsymbol{\varepsilon}_n^0) \tag{3}$$

式中：$\boldsymbol{D}_n$ 为弹性矩阵；$\boldsymbol{B}$ 为几何矩阵；$\Delta\boldsymbol{\varepsilon}_n^c$ 为混凝土徐变应变增量；$\Delta\boldsymbol{\varepsilon}_n^T$ 为温度应变增量；$\Delta\boldsymbol{\varepsilon}_n^0$ 为自生体积变形应变增量。

3 计算参数及计算模型

3.1 计算参数

溢洪道底板和闸墩混凝土为C30混凝土，混凝土及基岩主要材料参数见表1。

表1　　材料参数表

种类	重度 γ/(kg/m³)	泊松比 μ	导温系数 a	导热系数 λ	比热 c	线膨胀系数 α
基岩	2650.00	0.23	0.0056	10.47	0.71	8.00
C30W6F150	2340.00	0.20	0.0040	9.70	1.03	6.70

注　导温系数 a、导热系数 λ、比热 c、线膨胀系数 α 单位分别为 m²/h、kJ/(m·d·℃)、J/(kg·℃)、10^{-6}/℃。

基岩变形模量为5～8GPa。混凝土弹模拟合公式为

$$E(\tau) = 41.76(1 - e^{-0.4137}\tau^{0.5006}) \tag{4}$$

混凝土绝热温升曲线采用指数式：

$$\theta(\tau) = 30.00(1 - e^{-0.3464}\tau^{1.09}) \tag{5}$$

混凝土自生体积变形［$G(\tau)$］资料见表2。

表2　　混凝土自生体积变形表

τ/d	$G(\tau)/10^{-6}$	τ/d	$G(\tau)/10^{-6}$
3	−3.3	28	−16.9
7	−7.6	45	−20.4
14	−12.5	60	−20.6
21	−15.3		

自生体积变形曲线采用双曲线形式，拟合公式为

$$G(\tau) = -28.05\tau/(19.05 + \tau) \tag{6}$$

月平均气温（T_a）资料见表3。

表 3　　气温资料表　　单位：℃

月份	T_a	月份	T_a	月份	T_a
1	0.2	6	25.9	11	8.0
2	2.8	7	27.0	12	2.1
3	8.0	8	25.6	年平均	14.3
4	15.1	9	21.0		
5	20.6	10	15.4		

考虑2℃太阳辐射，气温拟合公式为

$$T_a = 14.3 + 13.4\cos[2\pi(\tau - 210)/365] + 2.0 \tag{7}$$

3.2 计算模型

采用简化计算模型，以中墩为研究对象，采用ANSYS软件建立闸墩三维有限元模型（图1），模型以顺河向为 y 轴，指向下游为正，长度为42.0m；以左右岸为 x 轴，从左岸指向右岸，长度为3.6m；以高程方向为 z 轴，垂直向上为正，高度为21.0m。底板与闸墩分开浇筑，闸墩两侧底板长度各取7.5m，底板厚度为5.0m。基岩深度方向取40.0m，上、下游方向各取25.0m。选用空间六面体8节点等参单元剖分网格，模型整体共划分为54876个单元、61220个节点。基础底部取地温边界，基础垂直平面取绝热边界。基岩底部加三向约束，基岩4个侧面添加侧向约束；底板两侧为对称面，加垂直约束。计算过程中，为了更准确地描述基岩温度变化，计算从浇筑前一年的1月1日算起，到开始浇筑为止，取此时的温度场为基岩的初始温度场。

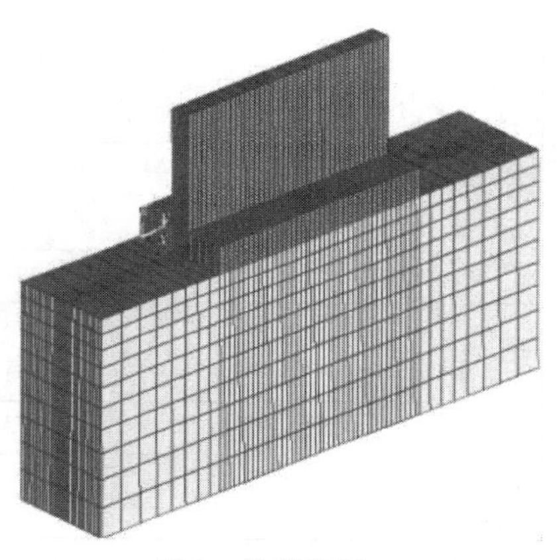

图1　计算模型

4 计算工况及计算结果分析

4.1 计算工况

闸底板浇筑30d后开始浇筑闸墩，进入低温冬季后，采用5cm厚聚乙烯卷材对闸墩整体进行保护。为计算分析入仓温度、通水冷却及结构形式等对混凝土内部最高温度和拉应力的影响，拟定以下四种工况。①工况1。自然入仓，不通冷却水。②工况2。入仓温度控制在15℃，不通冷却水。③工况3。入仓温度控制在15℃，采用1.5m×1.5m水管布置方式，通14℃冷却水，通水持续时间为15d。④工况4。在2个三分点处设置2条2.0m宽后浇带（闸墩浇筑完成60d后浇筑后浇带），其他同工况3。

底板分3层浇筑，闸墩分10层浇筑，浇筑时间及浇筑层厚见表4。

4.2 温度场及应力场分析

采用三峡大学数值仿真课题组自主开发的三维有限元施工仿真分析软件FZFX3DV2.0，计算闸墩混凝土的温度场和应力场分布后，得到各工况下最高温度及最大应力见表5。

表 4　　浇筑计划表

位置	浇筑日期/(年-月-日)	高程/m	层厚/m
底板	2013-07-01	260.00～262.00	2.0
	2013-07-11	262.00～264.00	2.0
	2013-07-21	264.00～265.00	1.0
闸墩	2013-08-20	265.00～266.50	1.5
	2013-08-27	266.50～268.00	1.5
	2013-09-03	268.00～269.50	1.5
	2013-09-10	269.50～271.00	1.5
	2013-09-17	271.00～272.50	1.5
	2013-09-24	272.50～274.00	1.5
	2013-10-01	274.00～277.00	3.0
	2013-10-08	277.00～280.00	3.0
	2013-10-15	280.00～283.00	3.0
	2013-10-22	283.00～286.00	3.0
后浇带	2013-12-22		

表 5　　不同工况下最高温度及最大应力表

工况	最高温度/℃	最大应力/MPa	工况	最高温度/℃	最大应力/MPa
1	46.72	4.25	3	38.10	2.74
2	40.58	3.15	4	37.46	2.45

由表 5 可看出：

(1) 由于气温较高，采用自然入仓方式，混凝土内部最高温度可达 47℃，明显超过温度控制标准；将入仓温度控制在 15℃，闸墩下部最高温度降低明显，进入 10 月施工后，气温降至 15℃，与自然入仓相比，混凝土温度基本无变化。

(2) 对比工况 2、工况 3 可知，通水冷却对控制混凝土内部最高温度的效果非常明显，最高温度降幅超过 4℃。设置后浇带对温度影响不大，这是因为混凝土内部温度主要与闸墩厚度有关。因此，合理控制入仓温度，并结合有效的通水冷却措施，可以有效地降低混凝土内部最高温度，与不采取任何温控措施相比，最高温度降低 9℃左右，最大拉应力减小了 1.5MPa。

(3) 设置后浇带后，由于浇筑块长度减小，基础约束区最大拉应力减小较多（达 2.45MPa）。与整体浇筑（工况 3）相比，高应力区被分为 3 段，在减小最大拉应力的同时（最大拉应力降低约 0.3MPa），也改善了拉应力的分布。

(4) 通过设置后浇带以及采取温控措施，闸墩底部的强约束区仍然难以达到防裂的目的，仍有可能产生较多裂缝，故应配制温度钢筋限制温度裂缝的扩展，可在离基岩 1/4 闸墩高度范围内设置一定配筋率的水平钢筋。

5 结论

（1）与自然入仓相比，控制混凝土入仓温度后，闸墩内部最高温度降低 9℃，闸墩底板最大拉应力减小 1.5MPa，可知降低混凝土入仓温度是夏季浇筑闸墩混凝土最有效的温控措施。

（2）设置两个后浇带后，底板拉应力被分为 3 个高应力区域，每个区域的最大值与整体浇筑相比，降低约 0.3MPa，在施工工期不紧、且温控条件不佳的条件下，设置后浇带是一个有效的施工方案。

参考文献

[1] 张宇鹏，孙淑美，黄玮，等. 向家坝大坝基础齿槽混凝土的温度应力研究[J]. 水电站设计，2008，24（4）：33－36.

[2] 朱伯芳. 大体积混凝土温度应力与温度控制[M]. 北京：中国电力出版社，1999.

[3] 朱伯芳. 有限单元法原理与应用[M]. 北京：中国水利水电出版社，1998.

河口村水库工程施工期安全监测成果分析

李莎莎[1]　武帅军[4]　建剑波[2]　魏水平[2]　江永安[3]　申　志[3]

（1. 漯河水文水资源勘测局；2. 河南省河口村水库建设管理局；
3. 河南省河川工程监理有限公司；4. 河南省陆浑水库管理局）

摘要： 从安全监测设计及施工入手，通过大坝沉降、渗流渗压、应力应变等监测资料反馈分析，成果表明大坝最大沉降量约占坝高的0.72%，防渗墙前后折减水位较明显，防渗效果较好，各部位建筑物及结构受力受地质条件、结构型式有所影响，但测值无显著异常。

关键词： 河口村水库；面板堆石坝；安全监测；沉降；渗流

0　引言

河口村水库坝址区位于吓魂滩与河口滩之间，平面上呈反S形展布，河谷为U形谷。坝址区谷坡覆盖层较薄，谷底覆盖层较厚，且分布4条间断的黏性土层，出露地层有太古界登封群、中元古界汝阳群、古生界寒武系及第四系。受工程地质条件限制，河口村水库建设可能存在如坝址区深厚覆盖层处理、坝基及坝肩渗漏、泄洪（导流）洞进口边坡稳定、洞室围岩变形及稳定等重点难点问题。

1　工程安全监测设计及施工

河口村水库工程规模为大（2）型，由混凝土面板堆石坝、1号泄洪洞、2号泄洪洞、引水发电洞、溢洪道及水电站等主要水工建筑物组成，其工程见图1。

图1　河口村水库工程

结合谷底深厚覆盖层和面板堆石坝结构布置情况，工程采取覆盖层挖除、高压旋喷桩等治理措施。为检验治理效果和监测堆石坝受力变形特性，埋设了一套从上游到下游贯通的水平固定测斜仪，用于监测高超 350.0m 的坝基沉降；埋设了 3 层从上游到下游贯通的振弦式水管沉降仪，用于监测坝体沉降。其典型监测断面布置情况见图 2。

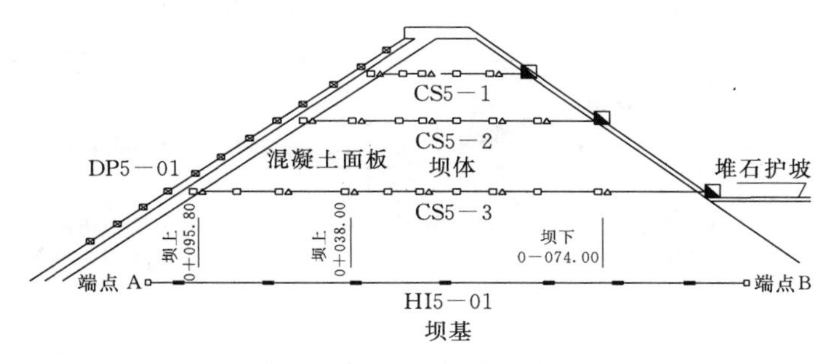

图 2　大坝典型监测断面布置图

结合坝区地质构造（褶皱、断层、岩体破碎）和水工建筑物布置情况，工程采取缩短爆破长度、分层开挖、及时锚杆、钢支撑支护等工程措施。为检验工程效果和监测建筑物变形受力特性，布置多点位移计、测斜管、锚杆应力计等。其典型监测断面布置情况见图 3。

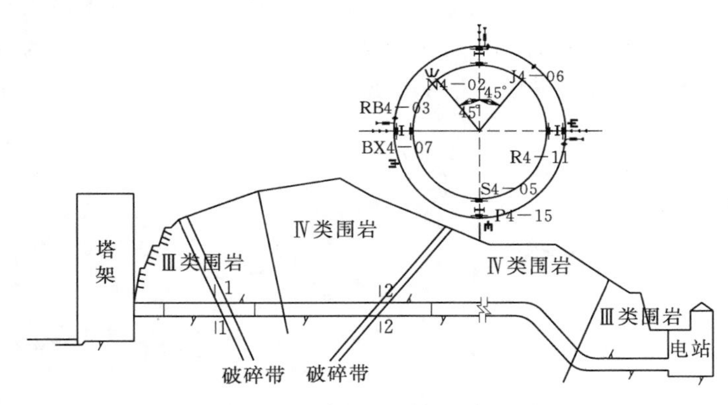

图 3　洞室典型监测断面布置图

2　工程安全监测成果分析

河口村水库工程水工建筑物主要包括混凝土面板堆石坝、防渗墙、泄洪洞、引水发电洞、溢洪道及水电站等，工程建设存在如坝址区深厚覆盖层处理、坝基及坝肩渗漏、泄洪（导流）洞进口边坡稳定、洞室围岩变形及稳定等重点难点问题。结合本工程建筑物结构特征和施工重点难点问题，选取典型断面监测资料进行深入分析。

2.1　大坝沉降特性

为了解大坝坝基沉降变化规律，在坝基（173.00m）埋设了一套水平固定测斜仪。其坝基剖面沉降见图 4。

从图 4 可见，坝基沉降随填筑高度增加而增大，坝上游受高压旋喷桩加固影响而较小，坝下游受覆盖层厚度影响而较大，整体与坝型呈不对称分布。填筑结束后，大坝先期处于应力重分布动态调整过程，后来逐渐趋稳直至稳定。

深入整合坝基和坝体沉降变形，将大坝 D0＋140 断面布置的水平固定测斜仪、振弦

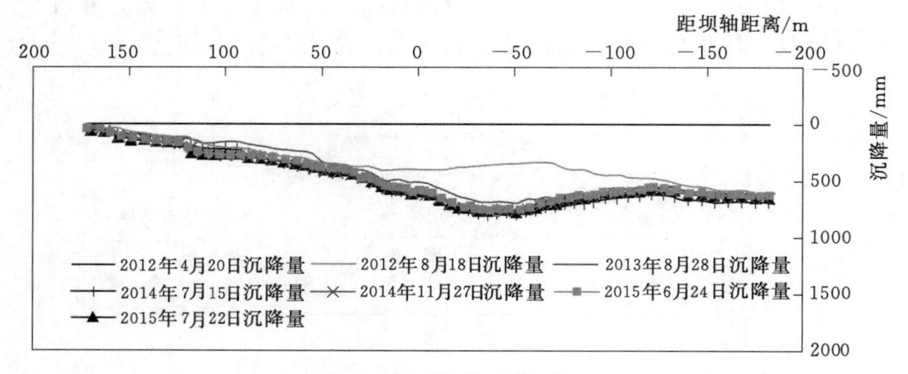

图 4　坝基剖面沉降曲线图

式沉降仪所监测的沉降变形综合分析，堆石坝沉降曲线见图 5。

从图 5 可见，坝基最大沉降 773mm（D0－51），坝体最大沉降 447mm（D0＋82），大坝整体最大沉降量为 1095mm（D0－11）。河口村水库工程堆石坝最大坝高 112.0m，坝基最大覆盖层厚度 40.0m。综合考虑大坝高度，现阶段大坝整体最大沉降量约占坝高的 0.72%，整体沉降变形量符合一般土石坝沉降变形规律。监测成果为保证大坝填料时间间隔、混凝土面板施工时间提供了科学依据。

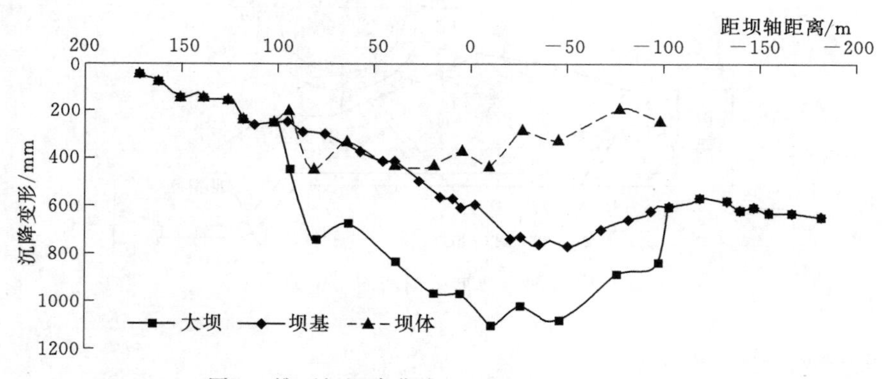

图 5　堆石坝沉降曲线图（2015 年 7 月 22 日）

2.2　防渗墙渗流渗压特性

为了解大坝防渗系统的渗流渗压变化规律，在防渗墙前后、趾板及连接板下、坝基等部位布置渗压计，并在左右岸边坡防渗帷幕内外布置测压管。其相关部位的水位分布曲线见图 6。

从图 6 可见，防渗墙墙前折算水位与库水位较相关。防渗墙后水位折减较大，与库水位不相关，且波动较小。连接板及坝基渗流渗压较小，基本呈无压或少压状态，且测值较稳定。防渗墙前后折减水位较明显，防渗效果较好。监测成果为防渗处理、导流洞封堵及下闸蓄水提供了技术支撑。

2.3　洞室围岩应力应变特性

为了解洞室围岩应力应变特性，在洞室四周布置了锚杆应力计。其断面锚杆应力分布情况见图 7。

从图 7 可见，洞室围岩锚杆受力大部分呈受压状态，且测值较稳定。围岩洞室局部锚杆应力受拉较大，主要受围岩爆破和围岩软弱结构影响。现阶段，受环境温度和围岩结构影响，测值呈周期性波动，且波幅呈减小趋势。监测成果为保证洞室爆破开挖和施工进度提供了科学依据。

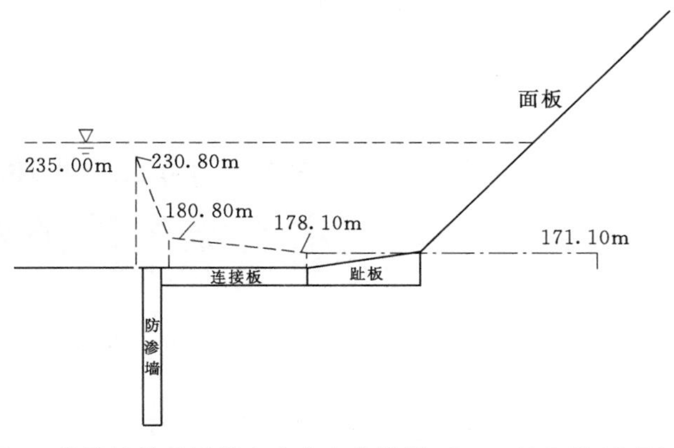

图 6　防渗墙前后折算水位分布曲线图（2015 年 7 月 22 日）

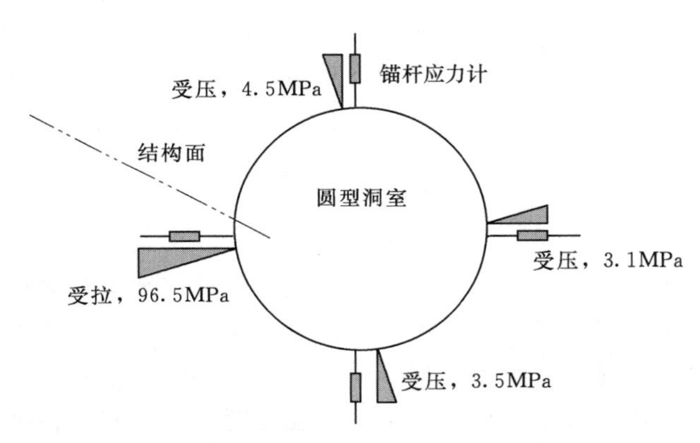

图 7　洞室典型断面锚杆应力分布图（2015 年 7 月 22 日）

3　结论

（1）大坝沉降随填筑高度增加而增大，填筑期增幅较大，静置期增幅较小。受地质条件影响，沉降整体与坝型呈不对称分布，其最大沉降量约占坝高的 0.72%，符合一般土石坝沉降变形规律。

（2）防渗墙前后折减水位较明显，防渗墙前水位与库水位正相关，防渗墙后折算水位与库水位不相关。从防渗墙前后、连接板及坝基折算水位看，防渗效果较好。

参考文献

[1]　徐泽平，邓刚. 高面板堆石坝的技术进展及超高面板堆石坝关键技术问题探讨[J]. 水利学报，2008，39 (10)：1226 - 1234.

[2]　黄河勘测规划设计有限公司. 河口村水库工程设计下闸蓄水自检报告[R]. 郑州：黄河勘测规划设计有限公司，2014.

[3]　中国水利水电科学研究院. 河口村水库工程安全监测下闸蓄水自检报告[R]. 北京：中国水利水电科学研究院，2014.

沁河河口村水库工程
水土流失动态监测研究

张佳男

（河南省农田水利水土保持技术推广站）

摘要： 工程施工期水土流失动态监测是生产建设项目水土保持监测工作的重要组成部分，采取案例分析的方法，以沁河河口村水库工程为例，依据设置的20个水土流失动态监测点，对工程水土流失动态监测进行了研究，并对结果进行分析评价。可为工程下一步建设及同类工程施工提供参考。

关键词： 水库；水土流失；动态监测

0 引言

生产建设项目水土保持监测工作的重点在于工程施工期水土流失动态监测，其可以有效、及时地反映工程建设造成的人为水土流失情况，为工程建设顺利进行及水行政主管部门提供决策依据。以沁河河口村水库工程2014年度建设资料为基础，对水库建设期间水土流失动态监测布局、监测方法、项目区土壤侵蚀强度、施工期动态水土流失量等内容展开研究，为工程下一步建设及同类工程提供参考。

1 水库建设概况

沁河河口村水库是黄河防洪体系的重要组成部分，水库坝址位于济源市克井镇河口村，距济源市20.0km。水库设计洪水位为285.43m，总库容为3.17亿m^3，工程建成后可进一步完善黄河下游防洪体系，提高黄河洪水控制能力，缓解沁河下游水资源供需矛盾，促进地区经济发展。

工程位于伏牛山中条山国家级水土流失重点治理区，核定水土保持防治责任范围总面积857.05hm^2，包括运行管理区、业主营地、永久道路、库区、弃渣场、料场、临时堆料场、施工生产生活区、临时道路、移民安置和专项设施区等建设内容。设计的水土保持措施主要有拦挡工程、护坡工程、排水工程、土地整治工程和绿化工程等。工程施工总工期60个月，截至目前，水库主体工程基本完成，开始蓄水。

2 水土流失动态监测内容及研究

2.1 水土流失动态监测布局

工程建设期间水土保持动态监测是为获取水土保持工作现状，水土流失状况、侵蚀形式、土壤流失量及分布部位等信息而进行的监测。根据工程实际情况，重点监测水库水土保持防治责任范围内的工程永久、临时征占地面积及变化，地表扰动范围及面积，工程建设挖填方面积及数量，取料、弃渣区面积及数量，工程建设期间的水土流失量，水土流失强度及分布范围，共布设 20 个监测点位，对其不间断实施监测以掌握工程水土流失动态变化情况。监测点位见表 1。

表 1　　沁河河口村水库工程水土流失动态监测点表

序号	名称	序号	名称
1	业主营地	11	松树滩土料场
2	金滩沁河大桥	12	谢庄土料场
3	2 号弃渣场	13	3 号弃渣场
4	河口村块石料场	14	引水发电系统
5	1 号临时堆料场	15	3 号临时道路
6	4 号永久道路	16	7 号临时道路
7	余铁沟施工营地	17	泄洪洞施工营地
8	1 号弃渣场	18	库区监测点
9	大坝坝体施工区	19	施工围堰
10	2 号临时堆料场	20	移民安置区

2.2　水土流失动态监测方法和范围

生产建设项目水土保持监测方法包括地面观测、调查监测、遥感监测等多种方法。根据项目实际情况，沁河河口村水库工程水土流失动态监测采用调查监测结合地面定位小区观测的方法。

工程水土流失动态监测范围为水库水土流失防治责任范围，监测期间具体根据主体工程设计与施工实际情况，对水土流失防治责任范围进行动态监测，灵活掌握监测区域的变化。根据监测数据，2014 年度水土流失动态监测范围内新增扰动土地面积 166.52hm^2，全部在库区范围内，实际为水库 2014 年 9 月开始下闸蓄水所增加的水面面积。

2.3　动态监测点水土流失状况分析

2.3.1　动态监测点水土流失面积变化分析

根据监测数据，2014 年上半年各监测点水土流失总面积 58.50hm^2，但由于 9 月水库开始下闸蓄水，2 号临时堆料场、松树滩土料场、河东土料场、库区监测点、施工围堰均淹入水库内，不存在水土流失问题，因此，下半年监测点水土流失总面积减少为 52.30hm^2。

2.3.2　动态监测点水土流失强度分析

(1) 主体工程区有 4 个水土流失动态监测点，其中金滩沁河大桥早已建成，基本不产生水土流失；施工围堰已淹没在水库内；大坝坝体施工区监测点扰动强度大，缺乏水土保持措施，水土流失严重；引水发电系统监测点进入施工后期，不扰动但无水土保持措施，水土流失轻度。

（2）业主营地区动态监测点：硬化、绿化、排水设施完善，2014 年度水土流失为微度。

（3）永久道路区监测点：4 号永久道路排水设施完善，设置挡墙、边坡防护、绿化等水土保持措施，2014 年度水土流失微度。

（4）库区监测点：位于库区内，水库蓄水后淹没。

（5）弃渣场区 3 个监测点：其中 1 号弃渣场已完成水土保持防护，基本不产生水土流失；2 号弃渣场 2013 年已设置永久挡墙、边坡防护、排水等措施，2014 年进行绿化，水土流失轻微；3 号弃渣场水土保持防护措施尚未到位，水土流失较严重。

（6）料场及临时堆料场监测点：其中河口村块石料场 2014 年度部分边坡覆土植树种草，措施较不完善，产生轻度水土流失；1 号临时堆料场原有堆料全部回采，并有大量超挖，位于河滩上，水土流失轻微；松树滩土料场和 2 号临时堆料场回采后所余堆料，暂无防治措施，水土流失较严重，但 9 月水库下闸蓄水后，全部淹没在库内；谢庄土料场变更为河东土料场，上半年取料过程中，没有采取水土保持措施，水土流失较为严重，下半年水库蓄水后，淹入水库内。

（7）施工生产生活区 2 个监测点：其中余铁沟施工营地设置暗涵排水沟，尚无植物措施，水土流失轻度；经施工营地硬化、绿化、排水设施完善，且设置挡墙、边坡防护等措施，2014 年度水土流失为微度。

（8）临时道路区 2 个监测点：排水设施完善，设置挡墙、边坡防护、绿化等措施。2014 年度 3 号临时道路中断，路面较差，产生轻度水土流失；7 号临时道路进行了改造，大部分改造成混凝土路面，并加装护栏，水土流失轻度。

（9）移民安置区监测点：克井镇佃头村移民安置点水土保持工程措施、植物措施、临时防护措施均实施到位，水土流失轻微。

2.3.3 动态监测点水土流失量分析

通过对各个动态监测点在监测时段内的持续监测，经过分析监测数据，结合工程现状，估算项目区土壤侵蚀模数。沁河河口村水库工程项目区土壤侵蚀类型以水力侵蚀为主，土壤侵蚀模数微度侵蚀强度取 200t/(a·km^2)，轻度侵蚀强度取 1500t/(a·km^2)，中度侵蚀强度取 3000t/(a·km^2)，强度侵蚀强度取 5000t/(a·km^2)。

水土流失量等于监测时段内各基本侵蚀单元面积与对应侵蚀强度乘积的总和，因此根据上述数据，计算出 2014 年度动态监测点水土流失量合计 1647.644t，平均土壤侵蚀模数 1263.14t/(a·km^2)，总体处于轻度侵蚀状态。

3 结论

2014 年度水土流失动态监测结果表明：沁河河口村水库工程从主体工程安全角度出发，注重水土保持措施的实施，防治责任范围内的人为水土流失得到基本控制，总体效果良好。2014 年度无较大水土流失灾害事件发生，不存在较大水土流失隐患。但也存在一些问题，如个别监测点水土保持临时防护措施不完善，遇暴雨有可能造成轻度至中度水土流失。另外，部分水土保持措施实施后管理不到位，主要是植物措施和施工临时道路的一些临时防护措施损坏后没有及时维修，堵塞渠道未及时清淤等。

4 建议

通过对沁河河口村水库工程水土流失动态监测研究，根据研究结论，建议施工单位及同类工程应提高水土保持意识，及时补充完善施工期间的水土保持临时防护措施，并加强对已建水土保持措施的运行及管护。另外，在完善水土保持工程措施的同时，更要注重植物措施的实施，对于宜林宜草地，尽可能采取植树种草防护，以增加项目区林草植被覆盖率，改善生态环境。

河口村水库对地下水水质的影响预测

张世平　蔡　琨　任胜伟

（河南省地质矿产勘查开发局第二水文地质工程地质队）

摘要： 根据沁河流域水资源利用规划，河口村水库建成后，枯水期可以调节下泄流量，保证五龙口断面流量不小于 $5m^3/s$。随着沁河下游水量基本稳定，污染物浓度会得到一定的稀释，河水水质的变化会引起地下水水质的变化，地下水水质将得到改善。

关键词： 地下水；水质；模糊综合评判；河口村水库

近年来，沁河下游水环境问题日益突出，局部河段污染物超标严重，其中济源市五龙口段和温县徐堡段氨氮、汞、镉超标，武陟西小庄段氟化物、汞、氨氮、铜、镉、高锰酸盐指数超标。其原因主要为来水量不断减少、取用水量不断增加、污水排放量不断增加。根据沁河流域水资源利用规划（2002 年修订），河口村水库建成后将必然改变其下游的水量，从而改变河道和地下水的水质状况，因此有必要对此展开研究。

1　水库建成后对下游河道水质的影响

沁河下游天然水质的变化采用离子总量来识别。离子总量为水中的钾、钠、钙、镁、氯、硫酸根、碳酸氢根、碳酸根各离子浓度的代数和，是反映河流天然水质特征的重要指标。离子总量越大，说明污染越严重。水库建成后，枯水期可以调节下泄流量，保证五龙口断面流量不小于 $5m^3/s$、小庄断面流量不小于 $3m^3/s$ 的生态用水量，保证沁河年最小入黄水量 1.77 亿 m^3、多年平均入黄水量 6.41 亿 m^3。随着沁河下游水量基本稳定，污染物浓度会得到一定的稀释，沁河下游水质将得到改善。利用离子总量对下游河水水质进行预测，结果见图 1。

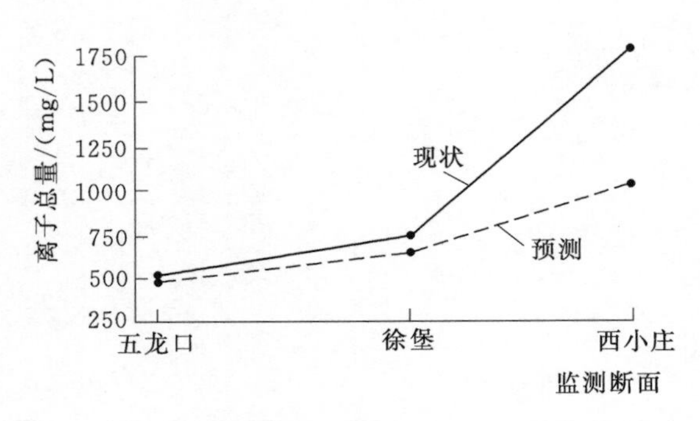

图 1　沁河下游河水离子总量分析结果图

2 水库建成后对下游地下水水质的影响

地下水的补给来源主要为大气降水入渗补给、侧渗补给、灌溉入渗补给。河水水质的变化会引起地下水水质的变化，河口村水库建成后，通过调节下泄量，地下水水质将得到改善。

2.1 公式法

平均离子总量[1]为

$$C=C_s+\frac{\Delta CQ_b}{W}=C_s+\frac{\Delta C}{1+Q_s/Q_b}$$

式中：C_s 为河水侧渗补给的离子总量；C_b 为地下水的离子总量；ΔC 为河水侧渗补给导致的河道内离子总量的增加量；W 为通过监测站的总水量；Q_s 为河水侧渗补给量；Q_b 为地下水水量。

对下游两岸 32 组井水水质进行分析，地下水大部分受到了不同程度污染，基本没有Ⅰ类和Ⅱ类水，多为Ⅳ类和Ⅴ类水，少部分为Ⅲ类水。水库运行后，Ⅳ类和Ⅴ类地下水大部分将逐渐改善为Ⅲ类。

2.2 模糊综合评判法

模糊综合评判模型[2]可表示为

$$F=\boldsymbol{WR}=[f_1\ f_2\cdots\ f_n]$$

式中：F 为模糊综合评判结果；$\boldsymbol{W}$ 为权重；$\boldsymbol{R}$ 为模糊矩阵；f_j 为综合评判指标，可用于分析平均离子总量的影响因素[3]。

分析平均离子总量的影响因素时，f_1 表示河水侧渗补给的离子总量，f_2 表示地下水的离子总量，f_3 表示河水侧渗补给量，f_4 表示地下水水量，f_5 表示通过监测站的总水量。经计算得：

$$F=[0.2219\quad 0.1200\quad 0.2983\quad 0.2028\quad 0.1570]$$

从计算结果可以看出，对平均离子总量的影响由大到小依次为河水侧渗补给量、河水侧渗补给的离子总量、地下水水量、通过监测站的总水量、地下水的离子总量。随着水库的运行，河水侧渗补给量会增大，平均离子总量会减小，地下水水质将得到改善。

3 结论

随着当地社会经济的发展，工农业生产及生活用水的需求量越来越大，致使很多地区水质受到严重污染。建库后河道内常年有水，平水期沁河水对地下水侧渗补给量将增加，可以有效地改善地下水水质。

参考文献

[1] 韦洪莲，倪晋仁，王裕东. 三门峡水库运行模式对黄河下游水环境的影响[J]. 水利学报，2004 (9)：9-17.

[2] 罗永忠，唐小平. 模糊综合评判在成都市固体废弃物处置场环境水文地质评价中的应用[J]. 地质灾害与环境保护，2001 (3)：42-45.

[3] 于明宽. 模糊综合评判法在靖宇县地质灾害易发区划分中的应用[D]. 长春：吉林大学，2006.

河口村水库对下游地下水环境的影响

宋会香

（河南省地质矿产局第二水文地质工程地质队）

摘要：河口村水库建成后，通过调节下泄流量，可以使坝址下游两岸地下水的渗漏补给量大大增加，补给量将略大于排泄量，地下水总体呈正均衡状态，不仅能有效地缓解地下水位的下降趋势，而且对两岸地下水有一定的净化作用，对下游两岸地下水环境具有明显的正面作用。

关键词：地下水；环境；河口村水库

河口村水库位于黄河一级支流沁河最后一段峡谷出口处，是控制沁河洪水、径流的关键工程，也是黄河下游防洪工程体系的重要组成部分[1]。水库的修建会改变河流的基本水文特征，改变下游河道的水文情势，引起河道水量、水质发生变化，对水库下游地下水资源利用产生影响。

1 研究区概况

研究区所处的区域属于沁河及其支流在出山口形成的一系列冲洪积扇及扇前平原组成的山前倾斜平原，地形比较平缓，地势自西向东逐渐降低，西部海拔 135.00～140.00m，东部海拔 90.00～100.00m。地表出露地层主要为第四系全新统（Q_4）、上更新统（Q_3），岩性为卵石、黄色粉土、粉质黏土等，钻孔内也可见中更新统（Q_2）、下更新统（Q_1）。

区内地下水属松散岩类孔隙水，含水地层为第四系松散岩。沁河以北洪积扇区、沁河河床、一级阶地、高漫滩地带属极强富水区，含水层以第四系卵石、砾石为主；沁河左岸冲洪积扇属强富水区，含水层以第四系砾石、圆砾为主；沁河右岸冲积扇属中等富水区，含水层以第四系砾石沙、中细沙为主。

2 地下水环境现状

沁河两岸的冲积扇地下水埋深一般为 8.0～10.0m，沁河漫滩地下水埋深一般为 4.0～6.0m，地下水与沁河河水关系密切。地下水位总体比河水位低，说明存在河水对地下水的补给。受沁河水质影响，河口村水库下游两岸局部地段地下水污染严重[2]，水化学类型复杂，水质较差。根据单指标评价结果，研究区所有监测井中没有Ⅰ类和Ⅱ类水，Ⅲ类水监测井有 4 口，占 22.2％；Ⅳ类水监测井有 6 口，占 33.3％；Ⅴ类水监测井有 8 口，占 44.4％。

平水年地下水主要补给源为大气降水，占总补给量的42.59%；其次为灌溉回渗，占总补给量的28.52%；河流侧向补给量占总补给量的23.39%；侧向径流、洪水入渗量、渠系入渗量均较小。地下水排泄主要为农业灌溉，占总排泄量的64.03%；其次为河流排泄，占总排泄量的18.20%；工业及生活用水占总排泄量的10.66%；侧向径流占总排泄量的9.22%。

3 水库建成后对下游地下水环境的影响

3.1 对地下水资源量的影响

水库的修建将会改变河流的基本水文特征和下游河道的水文情势。河水流量的变化会引起水库下游地下水补给要素及补给量、排泄要素及排泄量发生变化，从而达到新的平衡状态。水库建成后，丰水年全区补给量大于排泄量，地下水量保持正均衡状态；平水期补给量大于排泄量，地下水略有盈余，地下水量保持平衡状态；枯水期补给量小于排泄量，处于负均衡状态，水位呈下降状态。总体上，水库建成后对地下水的渗漏补给量会增加，补给量略大于排泄量，地下水总体呈正均衡状态。

3.2 对地下水位的影响

水库建成后，通过调节下泄流量，可以改善沁河经常断流的局面，维持河流的基本生态环境，使沁河两岸的地下水侧渗补给量增加。水库能有效地缓解地下水位的下降趋势，无论是丰水年，还是平水年或枯水年，研究区地下水位均会有所提升。

3.3 对河道水质的影响

水库建成后，枯水期可以通过调节下泄流量，使沁河下游水量保持稳定，可以对河道水质起到一定的稀释和净化作用，水质将得到一定改善。

3.4 对地下水水质的影响

水库建成后，沁河河水水质将得到改善，从而能够改善地下水水质。下游两岸地下水开采井距沁河较近，河水通过含水层侧渗净化，直接补给地下水，使地下水得到稀释和净化，地下水中的离子总量将变小，地下水水质向好的方向发展。

4 结论

河口村水库建成后，通过调节下泄流量，可以使坝址下游两岸地下水的渗漏补给量大大增加，补给量将略大于排泄量，地下水总体呈正均衡状态，不仅能有效地缓解地下水位的下降趋势，而且对两岸地下水有一定的净化作用，对下游两岸地下水环境具有明显的正面作用。

参考文献

[1] 王现国，杨利国，吴东民，等. 河口村水库工程地下水环境影响研究报告[R]. 郑州：河南省地质矿产局第二水文地质工程地质队，2009.

[2] 张世平，蔡琨，任胜伟. 河口村水库对地下水水质的影响预测[J]. 人民黄河，2010，32 (8)：52-54.

基于生态流量过程线的水库生态调度方法研究

胡和平　刘登峰　田富强　倪广恒

（清华大学水利水电工程系，水沙科学与水利水电工程国家重点实验室）

摘要： 传统的水库调度以兴利调度和除害调度为主，而水库生态调度则是为了实现人类需要的生态环境目标而进行的水库调度，相关的生态目标涉及水质、泥沙、生态系统和防治血吸虫病等。以水电站年发电量最大为优化目标，以生态方案为约束，提出了基于生态流量过程线的水库优化调度模型。利用该模型对黄河流域某子流域进行了水库生态调度计算，提出了4项生态环境目标，组合出5个生态方案。优化计算结果表明，与不考虑生态目标的方案相比，满足4项生态目标的水库调度方案的年发电量仅减少7.6%，可以看出如果采取合理的调度方案实现生态环境目标不会对水库的经济效益产生大的影响。

关键词： 水库生态调度；生态流量过程；生态环境；优化调度

水利工程既为人类带来了巨大的经济和社会利益，又极大地改变了河流的自然演进方向，对河流的大规模改造引起了自然河流的渠道化和非连续化，造成了对河流生态系统的胁迫[1]。人类和生态系统对河流和淡水都存在着极大的依赖性，人类社会与生态系统共享水资源[2]，但是传统的水库调度往往忽略了生态环境的需求，引发了河道断流、生态恶化等一系列生态环境问题[3]。董哲仁于2003年提出了人与自然和谐共处的生态水工学[4]，未来的水利工程既要开发利用水资源又要保护生态环境，之后生态水工学的内涵不断完善[2]，修复和保护生态环境逐渐成为水库调度的重要目标[5]。但是目前对考虑生态的水库调度与传统水库调度的区别与联系的研究还非常缺乏，例如保证河道生态流量可能会影响电站的经济效益，但是水库发电等经济效益受影响的程度尚不清楚，评价实现生态目标对水库经济效益的影响已成为水库生态调度实践需要关注的重要问题。

1　水库生态调度

水库调度一般分为兴利调度和除害调度。兴利调度包括发电、供水、航运、灌溉等，除害调度主要是指防洪调度。但是随着社会经济的发展，水资源短缺的现象日趋严重，水库调度也出现了一些新的方式。水库生态调度是解决水库及下游的生态环境问题，实现人类所需要的生态环境目标而进行的水库调度。

水库生态调度的概念虽然近些年来才出现，但是为了维护河流的生态环境功能而进行的水库调度实践很早就已出现。1970—1972年南非潘勾拉水库制造人造洪峰创造鱼类产卵条件[5]。1989年开始美国的诺阿诺克河在每年4月1日至6月15日的鲈鱼产卵期间控制流量和流量变幅[6]。1996年、2000年和2003年美国科罗拉多河进行了3次生态径流实验[6]。2001年和2002年山东玉符河卧虎山水库进行人工回灌补源试验保护济南泉水[7-8]。

2005 年以来国家防汛抗旱总指挥部 3 次实施珠江压咸补淡应急调水。这些实践都是单一生态目标的生态调度尝试，目前尚未形成完整的理论和成熟的模式。常见的水库生态调度方式有以下几种。

1.1 改善水质

改善水质包括控制水库富营养化、调节泄水温度、改善河道水质和抵御河口咸潮。通过降低坝前水位，增大水库下泄流量，可以加大水库水体的流速，破坏富营养化形成的条件从而达到控制水库富营养化的目的。目前的水温模型已经可以较好地模拟水库的温度分层现象，水库底孔的低温水下泄主要影响到农业灌溉[9]和下游河道鱼类的产卵[10]，通过设置适当的分层引水口可以解决这些问题。上游径流的调节可以有效地控制咸潮入侵的深度和强度，长江口[10]和珠江口[11]都受到咸潮的较大影响，近年来，珠江利用水库调水抵御河口咸潮效果显著。

1.2 保护生态系统

由于自然条件的变化和人类活动的影响，在干旱地区和湿润地区的枯水季节河道断流、生态退化等问题日益突出。利用水库调度保护生态系统旨在保护生物多样性、保护鱼类生产、保护下游湿地和补给下游地下水。河道干流的大型调峰电站对河道流量的调节显著，可能产生河段的缺水或断流，如岷江的干流及支流[10]。漓江枯水期间河道干涸、生物种群大量减少。目前正在构建“六江四库四湖一湿地”的漓江大水系将修复受到人类活动影响的生态系统[12]。产黏性卵鱼类繁殖季节的水位频繁涨落会导致鱼类卵苗搁浅死亡，因此在繁殖季节应该保持水位稳定[10]。对水位涨落过程要求较高的漂流性产卵鱼类在产卵季节要人造洪峰，创造产卵繁殖的适宜生态条件[5]。人工的防洪工程在一定程度上阻滞了洪水对湿地的自然补给作用，可以通过水库预先泄洪、恢复湿地而建立水库与湿地的联合调度[13]，有效地恢复湿地和洪水之间的联系。卧虎山水库地处济南市区上游 25.0km 处，位于玉符河上游的三川会合处。玉符河是回灌补充地下水保护泉水的最佳地段[14]。2001 年和 2002 年的人工回灌补源试验表明，回灌补源对市区泉水补给效果较好[7-8]。

1.3 泥沙调控

泥沙调控主要是在多沙河流上防止水库和河道淤积，如黄河、三峡水库。水库的调蓄改变了天然河流的年径流分配和泥沙的时空分布，汛期洪峰削减，枯季流量增大，大量泥沙在库区淤积，坝下游河道将发生沿程冲刷，河势将发生不同程度的调整。黄河上的多次调水调沙试验、三峡水库的双汛限方案[15]等都在尝试实践蓄清排浑的调度方式。2004 年 9 月，青铜峡水库实施汛末低水位冲库排沙调度，全部过程恢复库容 925 万 m^3[16]。针对水库下游河道的淤积与冲刷问题，宋进喜[17]、严军[18]、申冠卿[19]等学者分别提出了输沙用水量的计算方法，指导水库调度调整下游河道的冲淤形势。

1.4 防治病虫害

目前，防治病虫害主要是指防治血吸虫病和防治蚊子生长。血吸虫的中间宿主钉螺适宜生活在“夏水冬陆”的干湿交替环境中，如果能在夏季控制洪水防止大流量漫滩，在沼泽地带筑堤防护缩小钉螺的生存区域再加以围垦灭螺，就可以有效防治血吸虫病。三峡工程可减少洪灾，稳定长江中下游洲滩和湖区的水位，增加冬季下泄水量，使坝下沿江数百千米内的冬季水位将比建库前有所提高，使钉螺失去“夏水冬陆”的条件，为该地区的血吸虫病防治创造了良好的条件[20]。湖北枝城市据预测建坝 30 年后，常年水位降至 44.13～ 35.12m，使现今九道河河口滩地上的残存钉螺处于常年最高水位线以上，可彻底消灭残存钉螺[21]。美国田纳西河流域管理局水库体系的经验表明，如果在蚊子繁殖季节使水库水位每周升降 0.3m，就会致命地破坏蚊子的生命周期[5]。

2 基于生态流量过程线的水库生态调度模型

2.1 生态流量过程线

天然河道流量过程有涨有落，发电、供水、航运等水库调度使得下泄流量过程平稳单调，改变了河流的自然属性，引发了一系列生态环境问题。为了恢复河流生态系统的多样性，人们已经开展了不少水库生态调度的实践，但是这些生态调度都是单一目标，无法实现多目标长时段的生态调度。基于此，提出了生态流量过程线的概念。生态流量过程线是满足下游各生态环境需要的流量过程范围。生态流量过程线给出流量过程的上下限，大多数情况下给出流量过程的下限。它为河道下游的生物提供生命周期信息，力图满足生态环境对流量过程的要求。生态流量过程线的实质是在受到水利工程胁迫的河流上提供尽可能符合自然河流生态环境需求的水文周期信息。生态流量过程线作为生态调度的基础，是生态调度需要实现的生态目标的具体体现，使得实施多目标的水库生态调度成为可能。生态流量过程线的设计方法的核心是分析各生态环境问题所需要的流量过程，按照一定的规则综合出可以解决或缓解多个生态环境问题的生态流量过程线。生态流量过程线下限的概念见图 1。

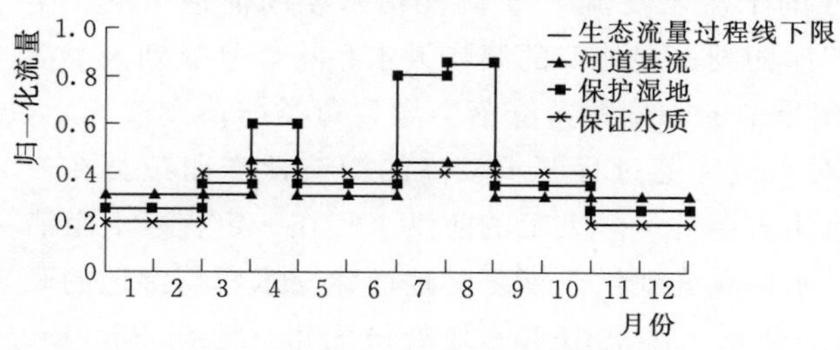

图 1 生态流量过程线概念示意图

2.2 水库生态调度模型

针对下游河道的生态环境问题，以生态流量过程线为依据，通过水库调度提供满足生态环境需要的生态流量过程，从而解决或缓解这些生态环境问题，维持河流的生态环境功能。基于生态流量过程线可以实施多目标的水库生态调度。

在水库调度中如何权衡社会经济效益和生态效益是一个热点问题。文献［22］中将“水库多目标生态调度方法”定义为：水库多目标生态调度方法是指在实现防洪、发电、供水、灌溉、航运等社会经济多种目标的前提下，兼顾河流生态系统需求的水库调度方法。基于生态流量过程线的水库生态调度是指在实现基本的生态环境目标的前提下发挥水库的社会经济效益，但是其大前提是保证人民群众的生命财产安全和正常的生活。

为了在生产实践中实施生态调度，需要建立水库生态调度模型。基于生态流量过程线的水库生态调度模型包括问题识别、目标确定、流量要求计算、生态方案设计和模拟调度等步骤。在实际应用中应包括调度结果调查和再次设计，使得生态调度成为一个动态循环的过程，根据实际情况不断调整调度方案。

（1）问题识别。通过调查流域的历史状况和水资源开发利用现状，分析河道存在的生态环境问题，与各利益相关者进行讨论识别出现阶段需要解决或缓解的生态环境问题。

（2）目标确定。根据识别出的生态环境问题，结合当前的社会经济现状确定在规划期内计划达到的生态环境目标。

（3）流量要求计算。针对每个生态环境目标，依据现有的生态实践案例和生态水文学研究成果，确定实现各生态环境目标所能容许的逐时段（如月）流量过程上下限，得到各生态环境目标对应的生态流量过程线。

（4）生态方案设计。根据各生态环境目标的优先级等原则组合出包括若干生态环境目标的多个生态方案。若生态方案包括若干生态环境目标对应的 M 个生态流量过程，则此生态方案的生态流量过程线计算如下：

$$EQU_j = \min\{QU_{1j}, \cdots, QU_{ij}, \cdots, QU_{Mj}\} \tag{1}$$

$$EQL_j = \max\{QL_{1j}, \cdots, QL_{ij}, \cdots, QL_{Mj}\}(j=1, 2, L, 12, i=1, 2, \cdots, M) \tag{2}$$

式中：EQU_j 和 EQL_j 分别为生态方案的生态流量过程线第 j 月的流量上限和下限；QU_{ij} 和 QL_{ij} 分别为生态环境目标的生态流量过程线的第 j 月的流量上限和下限。若该流量过程线在全年或部分月份不存在上限或者下限，可假设为一个很大的流量或者零。

（5）模拟调度。水库生态调度的指导思想是把生态流量过程线作为社会经济效益最大化优化调度的约束条件。现在的水库大多具有多项功能，无法使用单目标的方式进行优化，为了简化问题本文针对以发电为主要功能的水库，建立的基于生态流量过程线的水库优化调度模型以年发电量最大为目标，以满足生态目标为约束条件。水电站的月发电量为

$$E_j = 8T_jQ_j\left|\frac{1}{2}(Z_j + Z_{j+1}) - H_d\right| \tag{3}$$

则，各月发电量求和后求极大值，即得以月为计算时段的模型的目标函数

$$\begin{cases} \max E = \max\sum_{j=1}^{N=12} 8T_jQ_j\left|\frac{1}{2}(Z_j + Z_{j+1}) - H_d\right| \\ s.t. \quad V_{j+1} = V_j + (QI_j - Q_j)T_j, \ V_{\min} \leqslant V_j \leqslant V_{\max} \\ \quad Z_j \leqslant Z_{FC}, \ Z = f(V) \\ \quad 0 \leqslant Q_j \leqslant Q_{\max j}, \ EQL_j \leqslant Q_j \leqslant EQU_j \end{cases} \tag{4}$$

式中：E_j 为第 j 个月的发电量；E 为年发电量；T_j 为第 j 个月的时间长；Q_j 为第 j 个月的水电站下泄流量；QI_j 为第 j 个月的水库来水流量；$Q_{\max j}$ 为第 j 个月的水库最大下泄能力；EQL_j 和 EQU_j 分别为生态方案的生态流量过程线第 j 月的流量上限和下限；Z_j 为第 j 月的月初水位；Z_{FC} 为汛限水位；$Z=f(V)$ 为水库的水位库容曲线；H_d 为水库下游的水位（假设其不受下泄流量影响）；V_j 为第 j 月的月初的蓄水量；$V_{\min}$ 和 $V_{\max}$ 为水库的死库容和最大容许蓄水量。

可以使用动态规划等方法求解建立的模型得到年最大发电量，模拟给定来水条件下的水库调度过程。其他功能的水库也可类似地建立以生态流量过程为约束的优化调度模型。

3 基于生态流量过程线的水库生态调度实例

黄河某支流河道全长 485.0km，流域面积 13532km^2。河流干流上尚无控制性水利工

程，下游引水灌溉，但是由于河流的天然来水丰枯悬殊，用水矛盾突出，致使下游河道频繁断流。

3.1 问题识别

支流上现无大型水利工程，规划中的河口村水库位于五龙口水文站以上 9.5 km 处，即最后峡谷段出口以上约 9.0km 处，河口村水库控制流域面积 9223km^2，占流域面积的 68.2%。水库的开发任务是以防洪为主，结合供水、生态保护，兼顾发电。河口村水库属大（2）型水库，坝高 117.0m，死水位 225.00m，汛限水位 232.00m，正常蓄水位 272.00m。水库结合灌溉放水进行发电，多年平均发电量 1.0 亿 kW·h[23]。支流出五龙口站后进入冲积平原，长 90.0km 的河道，靠堤防束水，成为地上河，历史上决口频繁，洪水危害很大。下游地区历史上就引水灌溉，近年来农业迅速发展，而天然来水丰枯悬殊，远不能满足灌溉和供水需要，用水矛盾十分突出[23]。

根据河流的特点，以河口村水库为调度对象，以五龙口站为控制性测站，五龙口站以下河段为研究对象来设计生态流量过程线。根据此流域水资源利用规划报告的结论，主要生态环境问题涉及 3 方面：①河道断流情况严重；②局部河段污染严重；③干流缺乏控制性工程，地表水开发利用程度较低，地下水超采严重。

所以，规划中的河口村水库在实现防洪、供水这两大功能的同时需要解决的生态环境问题包括防止河道断流、改善河流水质、适量回补地下水。此外，假设发展旅游业需要维持五龙口站的河道景观，需要保护下游武陟站的河岸湿地。

3.2 目标确定

以河口村水库为调度对象，以河口村水库以下河段为研究对象，以五龙口站为控制性测站。根据以上分析，生态环境保护目标为：①保证五龙口站至武陟站间河道不断流，维持一定的河道基流；②在五龙口站断面水质为Ⅲ类的基础上保证武陟站断面水质达到地表水Ⅳ类标准；③五龙口站需要维持河道景观；④武陟站需要保护一定高程的河岸湿地。

中下游地区岩溶地貌能够影响到壤中流、潜水与深层地下水的水分运动，河床渗漏以及河床附近的岩溶发育也使得岩溶水与地表水有着紧密的联系。如果在干旱或地下水超采的地区保证一定量的河道基流，那么河流可以在一定程度上自然补给地下水，故不再单独考虑补给地下水。

3.3 流量要求计算

为了实现设定的 4 项生态环境目标，具体设计以下 5 项流量指标：五龙口站断面基流、保证武陟站基流、实现水质目标、河道景观和保护湿地。

根据现有的五龙口站 1986—1998 年逐日平均流量资料计算多年平均逐月流量，以这 13 年各月次最小平均流量为各月河道基流量。五龙口站多年平均流量 22.20m^3/s，月基流量占年平均流量的比例从 6%至 29%不等。计算结果见表 1。

为了保证武陟站断面不断流，根据现有的武陟站 1986—1998 年（缺 1988 年）逐日平均流量资料计算多年平均逐月流量，以这 12 年各月非 0 次最小平均流量为各月河道基流量。武陟站多年平均流量 27.37m^3/s，其河道月基流量占多年平均流量的比例从 0.3%到

26.9%不等，计算结果见表2。生态流量过程线的设计是以五龙口站为控制性测站，故根据五龙口站和武陟站的月平均流量关系计算得到满足基流要求的五龙口站的流量过程，见表3。

表1 五龙口站逐月基流过程线表

单位：m^3/s

月份	基流	均值
1	2.29	6.40
2	3.70	7.17
3	5.03	9.88
4	2.11	10.08
5	1.24	8.42
6	1.27	8.75
7	3.43	26.05
8	2.58	62.57
9	4.39	22.05
10	6.22	13.20
11	6.38	15.40
12	4.54	8.81

表2 武陟站逐月基流过程线表

单位：m^3/s

月份	基流	均值
1	0.36	1.03
2	0.09	1.08
3	0.23	2.63
4	0.12	5.67
5	0.61	4.73
6	0.71	4.93
7	0.33	16.64
8	7.38	51.52
9	4.50	18.18
10	2.46	6.64
11	6.47	10.56
12	1.40	3.94

表3 对五龙口站要求的流量情况表

单位：m^3/s

月份	武陟站基流	五龙口站流量
1	0.36	6.28
2	0.09	6.00
3	0.23	6.14
4	0.12	6.02
5	0.61	6.54
6	0.71	6.64
7	0.33	6.25
8	7.38	13.61
9	4.50	10.61
10	2.46	8.48
11	6.47	12.66
12	1.40	7.36

根据子流域水资源利用规划报告，五龙口站断面水质为Ⅲ类，水质较清洁。分析表明，使武陟站断面水质达到地表水Ⅳ类标准，需要非汛期基流量为$3m^3/s$，以维持河道不断流和稀释污水。根据五龙口站和武陟站的月平均流量关系，并考虑一定的沿途用水，五龙口站断面需要维持$9.04m^3/s$的基流。

为了保证五龙口站附近的河流景观效果，需要维持一定的河道水深并随着季节变化水位有所涨落，参考多年平均逐月流量过程线设计水位变化过程。汛期（7—10月）的最小水深1.0m，最大水深1.4m，非汛期（11月至次年6月）最小水深0.8m，最大水深1.0m。假设娱乐设施建在143.00m以上，相应的流量是$157.67m^3/s$，即取$157.00m^3/s$作为全年的非洪水期的流量上限，见表4。

表4 维持五龙口站河道景观所需流量情况表

单位：m^3/s

月份	1	2	3	4	5	6	7	8	9	10	11	12
流量	4.30	6.83	10.34	10.34	6.83	6.83	21.16	38.80	21.16	10.34	10.34	6.83

河道武陟站以下的河道长23.0km，有滩地面积$15.68km^2$。湿地需要维持一定的水深，而且随着季节变化水深要有所涨落。参考武陟站多年平均逐月流量过程线设计保护湿地所需要的水位变化过程，通过水位流量关系得到武陟站的流量变化过程，根据五龙口站和武陟站的月平均流量关系得到五龙口站的流量过程，见表5。

表 5　保护湿地所需的五龙口站流量过程表　单位：m^3/s

月份	1	2	3	4	5	6	7	8	9	10	11	12
武陟	0.94	0.94	1.52	5.05	5.05	5.05	9.73	17.27	9.73	7.09	7.09	2.35
五龙口	6.88	6.88	7.49	11.18	11.18	11.18	16.07	23.95	16.07	13.31	13.31	8.35

3.4 生态方案设计

保证河道不断流是最基本的环境目标，所以各生态方案都包括五龙口站断面基流和保证武陟站基流两个生态流量指标，对其他 3 个目标进行适当的组合得到 5 个生态方案，见表 6。各方案以不同组合考虑这些生态环境问题，各生态方案的月流量过程线是满足此方案中各生态环境需要的最小流量过程，各生态方案的月流量过程线见表 7。

表 6　生 态 方 案 表

方案	(1) 五龙口站断面基流	(2) 保证武陟站基流	(3) 实现水质目标	(4) 河道景观	(5) 保护湿地
1	考虑	考虑	不考虑	不考虑	不考虑
2	考虑	考虑	考虑	不考虑	不考虑
3	考虑	考虑	考虑	考虑	不考虑
4	考虑	考虑	考虑	不考虑	考虑
5	考虑	考虑	考虑	考虑	考虑

表 7　各生态方案的月流量过程线表　单位：m^3/s

方案	1 月	2 月	3 月	4 月	5 月	6 月	7 月	8 月	9 月	10 月	11 月	12 月
1	6.28	6.00	6.14	6.02	6.54	6.64	6.25	13.61	10.61	8.48	12.66	7.36
2	9.04	9.04	9.04	9.04	9.04	9.04	9.04	13.61	10.61	9.04	12.66	9.04
3	9.04	9.04	10.34	10.34	9.04	9.04	21.16	38.80	21.16	10.34	12.66	9.04
4	9.04	9.04	9.04	11.18	11.18	11.18	16.07	23.95	16.07	13.31	13.31	9.04
5	9.04	9.04	10.34	11.18	11.18	11.18	21.16	38.80	21.16	13.31	13.31	9.04

3.5 水库生态调度计算及结果分析

按照河口村水库常规的防洪、发电功能（忽略供水功能）建立水库优化目标函数，求解得到水电站的最大发电量，然后依次考虑各生态方案得到各水库调度方案的最大发电量，从而得到各生态方案对发电效益的影响。水电站年发电量优化模型，以水库年发电量为目标函数，12 个月的发电引用流量作为变量，约束条件包括：①发电引用流量非负、不大于最大引用流量；②水库蓄水量不小于死库容且不大于总库容；③ 6 月末至 9 月末水库水位不高于汛限水位；④考虑生态方案时发电引用流量不小于生态流量过程下限且不大于流量上限。设计 6 个水库调度方案，分别是不考虑生态要求的方案和考虑生态要求的 5 个方案，见表 8。

计算结果表明，不考虑生态要求的水库调度方案 1 的年发电量最大，为 9616 万 kW・h；其他水库调度方案由于考虑生态方案而年发电量有所减少，水库调度方案 2 的年发电量减少量最小，为 4.7%；水库调度方案 6 的年发电量减少量最大，为 7.6%；具体见表 9。

这个算例的计算结果显示，在考虑生态要求后河口村水电站的发电效益没有大幅下降，确切的影响程度需要作进一步的深入研究。

表8　水库调度方案表

水库调度方案	内　容
1	考虑防洪，不考虑生态
2	考虑防洪，考虑生态方案1
3	考虑防洪，考虑生态方案2
4	考虑防洪，考虑生态方案3
5	考虑防洪，考虑生态方案4
6	考虑防洪，考虑生态方案5

表9　各水库调度方案的年发电量表

水库调度方案	年发电量/(万kW·h)	年发电量/(万kW·h)	减少比例/%
1	9616	—	—
2	9169	447	4.7
3	9065	551	5.7
4	9028	588	6.1
5	8941	675	7.0
6	8886	730	7.6

4　结论

（1）目前水库生态调度的理论探讨比较多，但是具体的实施方法比较少，本研究提出了生态流量过程线的概念，初步建立了基于生态流量过程线的水库生态调度模型，实现了多生态目标的水库生态调度。基于生态流量过程线的水库生态调度模型包括问题识别、目标确定、流量要求计算、生态方案设计和模拟调度等步骤，在实际应用中应包括调度结果调查和再次设计，使得生态调度成为一个动态循环的过程。

（2）以黄河某子流域为背景进行了模拟计算，针对下游河道的生态环境问题提出了4项生态环境目标，组合得到5个生态方案。水库优化调度模型分别在6个水库调度方案下求解，结果表明，为了保证河道基流，电站的年发电量减少了4.7%，满足全部4项生态目标的水库调度方案的年发电量减少了7.6%。从初步的计算结果看，河流的生态效益与水库的经济效益并不是完全对立的，实现河流的生态环境目标后，水库的经济效益的下降并不是很大。

（3）基于生态流量过程线的水库生态调度技术所能解决的问题有一定局限，生态流量过程线一般只涉及生态要素中的流速和水位，无法从根本上解决水体富营养化、气泡病等问题，为了恢复河流生态系统的正常生态环境功能还必须结合其他生态修复技术。

参考文献

[1]　董哲仁. 河流生态恢复的目标[J]. 中国水利，2004 (10)：6-9.
[2]　董哲仁. 探索生态水利工程学[J]. 中国工程科学，2007，9 (1)：1-7.
[3]　汪恕诚. 论大坝建设与生态环保的关系[J]. 中国三峡建设，2004 (6)：4-5.
[4]　董哲仁. 生态水工学——人与自然和谐的工程学[J]. 水利水电技术，2003，34 (1)：14-16.
[5]　方子云. 中美水库水资源调度策略的研究和进展[J]. 水利水电科技进展，2005，25 (1)：1-5.
[6]　陈启慧. 美国两条河流生态径流试验研究[J]. 水利水电快报，2005 (15)：23-24.
[7]　张杰. 济南市玉符河回灌补源保泉研究[J]. 水利水电科技进展，2002，22 (3)：19-20.
[8]　吴兴波，牛景涛，牛景霞，等. 玉符河大型人工回灌补给地下水保泉试验研究[J]. 水电能源科学，2003，21 (4)：53-55.
[9]　孙先波. 水库深层水低温缺氧对灌溉作物的影响[J]. 浙江水利科技，2000 (2)：8-9.
[10]　蔡其华. 充分考虑河流生态系统保护因素完善水库调度方式[J]. 中国水利，2006 (2)：14-17.

[11] 张虹．珠江压咸补淡应急调水受到肯定 [EB/OL]．http：//www．hwcc．com．cn，2006.
[12] 蔡德所．漓江水生态系统保护与修复的关键技术[A] //水利部国际合作与科技司．河流生态修复技术研讨会论文集[C]．北京：中国水利水电出版社，2005：231-237.
[13] 赵飞，王忠静，刘权．洪水资源化与湿地恢复研究[J]．水利水电科技进展，2006 (1)：6-9.
[14] 张志华，李伟．卧虎山水库生态用水功能转化探讨 [J]．水问题论坛，2002 (2)：1-2.
[15] 周建军，林秉南，张仁．三峡水库减淤增容调度方式研究——多汛限水位调度方案[J]．水利学报，2002 (3)：11-19.
[16] 张自强．青铜峡水库2004年汛末冲库排沙调度[J]．人民黄河，2005 (10)：29-30.
[17] 宋进喜，刘昌明，徐宗学，等．渭河下游河流输沙需水量计算[J]．地理学报，2005，60 (5)：717-724.
[18] 严军，胡春宏．黄河下游河道输沙水量的计算方法及应用[J]．泥沙研究，2004 (4)：25-32.
[19] 申冠卿，姜乃迁，李勇，等．黄河下游河道输沙水量及计算方法研究[J]．水科学进展，2006，17 (3)：407-413.
[20] 方子云，郑丰．发挥三峡工程对资源与环境的调控作用促进长江可持续发展[J]．水电站设计，1998 (4)：76-79.
[21] 唐超，何昌浩，朱红刚，等．三峡建坝后对湖北枝城市血吸虫病传播的影响[J]．中国寄生虫病防治杂志，2001 (1)：22-25.
[22] 董哲仁，孙东亚，赵进勇．水库多目标生态调度[J]．水利水电技术，2007，38 (1)：28-32.
[23] 水利部黄河水利委员会勘测规划设计研究院．沁河水资源利用规划报告[M]．郑州：水利部黄河水利委员会勘测规划设计研究院，2002.